Digit & Intelligence Empowerment

数智赋能

2022全国建筑院系建筑数字技术教学与研究学术研讨会论文集

Proceedings of 2022 National Conference on
Architecture's Digital Technologies in Education and Research

王绍森　石峰　李立新　主编

华中科技大学出版社
http://press.hust.edu.cn
中国·武汉

图书在版编目(CIP)数据

数智赋能:2022 全国建筑院系建筑数字技术教学与研究学术研讨会论文集/王绍森,石峰,李立新主编.— 武汉:华中科技大学出版社,2022.11

ISBN 978-7-5680-8873-2

Ⅰ.①数… Ⅱ.①王… ②石… ③李… Ⅲ.①数字技术-应用-建筑设计-学术会议-文集 Ⅳ.①TU201.4-53

中国版本图书馆 CIP 数据核字(2022)第 213022 号

数智赋能:**2022 全国建筑院系建筑数字技术教学与研究学术研讨会论文集**　　王绍森　石　峰　李立新　主编
Shuzhi Funeng:2022 Quanguo Jianzhu Yuanji Jianzhu Shuzi Jishu Jiaoxue yu Yanjiu Xueshu Yantaohui Lunwenji

责任编辑:王一洁
封面设计:张　靖
责任校对:刘　竣
责任监印:朱　玢
出版发行:华中科技大学出版社(中国·武汉)　　　电话:(027)81321913
　　　　　武汉市东湖新技术开发区华工科技园　　　邮编:430223
录　　排:华中科技大学惠友文印中心
印　　刷:武汉精一佳印刷有限公司
开　　本:880mm×1230mm　1/16
印　　张:46.25
字　　数:1464 千字
版　　次:2022 年 11 月第 1 版第 1 次印刷
定　　价:228.00 元

本书编委会

（按姓氏笔画排序）

顾　　问：王建国

主　　任：肖毅强

副主任：孔黎明　吉国华　许蓁　孙澄　李飚　袁烽　黄蔚欣　曾旭东

编　　委：王杰　王振　王朔　王津红　孙洪涛　李建成　邹越　宋靖华　范悦

　　　　　胡骉　宣湟　谭良斌　熊璐　薛佳薇

主　　编：王绍森　石峰　李立新

副主编：孙明宇　凌亦欣

前　言

在 2022 年北京冬奥会上，我们见到了多种多样的数字科技和智能技术。数字科技不仅让冬奥会更精彩，也让生活更美好。在"双碳"目标的引领下，建筑设计和建造的数字化、智慧化成为建筑产业转型升级的核心引擎。在此背景下，我们有必要探讨数字建筑的理论、教学、设计和建造，及其与计算机科学、环境科学等学科交叉融通等方面的议题，从而促进建筑领域数字化发展，推进数字中国建设。

由教育部高等学校建筑类专业教学指导委员会建筑学专业教学指导分委员会下属的建筑数字技术教学工作委员会主办的全国建筑院系建筑数字技术教学与研究学术研讨会，其前身是全国建筑院系建筑数字技术教学研讨会，从 2006 年召开第一届会议到现在，不断发展壮大，已经成为我国建筑数字技术领域具有重要影响力的学术会议。今年在厦门大学举办的全国建筑院系建筑数字技术教学与研究学术研讨会已经是第十七届会议了，会议根据当前数字技术发展的特点，选择"数智赋能"作为会议的主题，期待共同探讨建筑教育如何适应当下的时代发展与环境变化，如何能够更好地将多学科交叉的数字化技术运用在建筑设计与建造上，并思考未来行业将如何发展。

本次会议的征文启事发出后，得到了全国建筑院系广大师生的积极响应，他们纷纷将自己的研究成果投寄给论文编委会，最后经过专家评审，共录用论文 133 篇。这些论文的研究覆盖范围广，代表着最近一年国内建筑数字技术研究的主要方向和成果，不少论文都达到了较高的水平。更为可喜的是，论文作者中，出现了许多新面孔，预示着我们的研究队伍新人辈出、不断壮大。

经过对论文的整理，本论文集共分为 9 个专题，即：未来建筑教育及行业趋势、数字化建筑设计实践、数字化建筑设计教学、计算性设计与人工智能生形、新材料应用与人机交互建造、双碳目标下绿色建筑设计研究、数字化建筑遗产保护更新、智能城市与未来人居、数字孪生与元宇宙。

厦门大学建筑与土木工程学院的教师们和研究生们为论文集的出版做了大量前期工作，华中科技大学出版社的编辑们克服了时间短、工作量大的困难，为本书的如期出版付出了辛勤的劳动。除此之外，本次会议还得到了厦门大学建筑设计研究院有限公司、京东方科技集团股份有限公司、驿涛工程集团有限公司、厦门海迈科技股份有限公司、厦门卡伦特科技有限公司、上海赛华信息技术有限公司和袁鑫工程顾问(上海)事务所的大力支持。我们对以上各方的支持和贡献表示衷心的感谢！

由于时间仓促及编者水平所限，本书不当之处在所难免，恳请读者批评指正。

本书编委会

2022 年 7 月

目　录

Ⅳ　计算机设计与人工智能生形

Ⅴ　新材料应用与人机交互建造

Ⅵ 双碳目标下绿色建筑设计研究

Ⅶ 数字化建筑遗产保护更新

Ⅷ 智能城市与未来人居

Ⅸ　数字孪生与元宇宙

Ⅰ　未来建筑教育及行业趋势

罗书宇[1]　王青春[1*]

1. 清华大学建筑学院；sy-luo19@mails.tsinghua.edu.cn

Luo Shuyu[1]　Wang Qingchun[1*]

1. School of Architecture, Tsinghua University

基于 Medium by Adobe 平台的 VR 雕塑教学实践及建筑遗产数字化应用探讨
——以"麒麟献书"砖雕为例

Discussion of VR Sculpture Teaching Practice and Architectural Heritage Digitalization Based on Medium by Adobe Platform: A Case Study of the Brick Carving "QiLin XianShu"

摘　要：研究团队利用 VR 设备，结合传统雕塑方法设计了新的建筑雕塑教学流程，突破了传统教学模式的局限，实现了多元的教学目标。以建筑遗产"麒麟献书"砖雕复原工作为例，团队结合实际教学进行了两轮实践验证，证明了新流程可以有效缩短课时，节省教学空间，开展融合式教学。在此基础上，通过对烧制成品与数字模型的比对分析，检验了新流程的复原效果，探讨了 VR 技术在雕塑类建筑遗产数字化中的应用场景，指出了相对优势及不足。

关键词：虚拟现实；雕塑；建筑美术教学；建筑遗产

Abstract: Combined with traditional processes, the research team introduced VR equipment and designed a new teaching process for architectural sculpture. We broke through inherent limitations and achieved the pluralistic objective of teaching. Taking the brick carving "QiLin XianShu" as an example, the research team carried out two rounds of practice in the teaching. The practice proved that this method can effectively shorten class hours, save teaching space and carry out hybrid teaching. Based on the above, we tested the application results of the new process by analyzing the finished products and the digital models. We also discussed the application scenarios of VR technology in the digitization of sculpture architectural heritage and pointed out the relative advantages and limitations.

Keywords: VR; Sculpture; Architectural Fine Arts Teaching; Architectural Heritage

1 背景

1.1 建筑雕塑课程传统教学模式

1.1.1 课程沿革

雕塑艺术起源于建筑装饰，与建筑密不可分。梁思成先生曾说："正是通过作为建筑装饰，绘画与雕塑走向成熟，并被认作是独立的艺术。"[1] 建筑雕塑是清华大学建筑学院的专业任选课，课程旨在提高学生对立体形态的感知、观察、造型、审美等能力，帮助学生建立对材料、工艺的认知能力，提高动手实践能力，引导学生认识传统建筑构件，建立对建筑遗产的保护意识。自开课以来，建筑雕塑课程一直采用传统工艺，教授学生对脊兽、鸱吻、瓦当、砖雕等建筑构件进行制作，取得了一定的教学成果。建筑雕塑课程全周上课，每周 3 学时，共 48 学时；负责人为清华大学建筑学院副教授王青春。

1.1.2 课程局限

基于传统工艺的建筑雕塑课程在材料、空间、时间上均需要较大投入。传统雕塑材料不可控因素多,易受潮、风干、变性,保存要求高;课程所需教学及储藏空间大;课程总学时较长,学生投入精力较多。此外,因课程实践性强,线上教学有较大困难。

1.2 VR 技术在我国建筑教学中的应用现状

2013 年,教育部发布了《关于开展国家级虚拟仿真实验教学中心建设工作的通知》。2014 年和 2015 年,教育部遴选产生了 100 个国家级虚拟仿真实验教学中心,教学中心的研究方向集中在智慧城市、建筑能耗、工程管理等领域。2018 年,在教学中心的基础上,教育部组建了国家虚拟仿真实验教学项目共享平台,其中,建筑类教学内容集中在空间体验与设计、古建营造与测绘等方面,在光环境模拟、声环境模拟、建筑节能、环境行为学等方面均设置相关教学项目。

通过头戴 VR 眼镜提供沉浸式虚拟环境(immersive virtual environment,IVE)是虚拟仿真的方式之一。从虚拟现实的"3I"特性(3I 即 immersion、interaction、imagination)[2]进行评价,沉浸式虚拟环境体现出更强的沉浸性(immersion)、更贴近人体自然状态的交互性(interaction)和更多的想象性(imagination)。沉浸式虚拟环境的优势在建筑空间感知与设计教学、建成环境实验数据采集等方面得到了集中体现。

2 VR 技术在建筑雕塑课程中的应用

2.1 课程改革背景

2020 年春,受疫情影响,建筑雕塑课程转为远程线上开展,实践教学遇到较大困难。2021 年春,依托清华大学大学生研究训练计划(SRT),研究团队开展了基于虚拟现实技术的雕塑课融合式教学探索,首次尝试将 VR 技术应用于建筑雕塑课程中,结合传统雕塑方法设计了新的教学流程,以 4 名 SRT 成员为主体开展了第一轮实践。2022 年春,再次邀请 4 名学生对新教学流程进行第二轮实践,改进了个别环节,验证了该流程在建筑雕塑课程教学方面的优势与不足。

2.2 基于 Medium by Adobe 的雕塑制作流程

流程分为三个阶段:基于原始资料的数字模型构建,应用 Medium by Adobe 平台的数字模型精修,结合 3D 打印和传统工艺的实体成品制作。全流程以 Medium by Adobe 平台为主体,综合应用了参数化建模、3D 打印等数字化手段,同时保留了部分传统工艺环节。

2.2.1 基于原始资料的数字模型构建

在进入 Medium by Adobe 平台前,需要利用原始资料构建可编辑网格模型。在常见的雕塑类建筑遗产数字化过程中,通过外业采集或在线检索等手段可获得图像、视频、点云等原始资料。通过照片建模、视频建模等手段对原始资料进行处理,可以获得较为粗糙的可编辑网格模型。

在本例中,原始资料包含"麒麟献书"砖雕的人工绘制线稿以及低分辨率图像若干。由于图像数量和质量达不到照片建模的要求,团队采用了以下方法获得初始模型。在第一轮实践中,成员直接通过 Rhino 的 Height Field 指令读取线稿信息,获得了起伏的开放曲面。但由于线稿对雕塑高程信息的表达并不符合实际情况,所得模型的作用仅体现在辅助平面定位上。在第二轮实践中,对此环节进行了改进,成员首先根据线稿及图像信息绘制了雕塑的深度图,再读取深度图信息,获得了基本符合雕塑高程信息的开放曲面。通过任意一种方法获取开放曲面后,均需要将开放曲面转化为封闭实体,并存储为网格模型。

2.2.2 应用 Medium by Adobe 平台的数字模型精修

通过原始资料构建的模型通常存在一定的缺陷,需要通过 Medium by Adobe 平台进行进一步修整。"模料"是 Medium by Adobe 平台的可编辑对象,类似其他应用中的"画笔"工具。为了直接对模型进行编辑,需要将第一阶段获得的网格模型作为"模料"输入应用中。

在本例中,由于"模料"的几何感强、自由度高,不适用于细节调整,故仅在初始阶段被用于模型的输入。使用频率较高的雕塑工具包括"填充(减去)""拉伸""打磨""压平"。"填充(减去)"可替代模料实现雕塑材料的增减,笔触比"模料"更柔和,是最主要的塑形工具。"拉伸"可以实现对雕塑整体或局部的拉高(降低),在麒麟肌肉线条、麒麟牙齿等有机形体的制作方面有着较好的应用。"打磨"和"压平"可以用于制作高精度的光滑表面,如麒麟的眼球、鳞片等。在虚拟现实环境中完成精修后,可将文件保存为常用的 3D 模型格式。

2.2.3 结合 3D 打印和传统工艺的实体成品制作

3D 模型可通过多种方式转化为实体成品。直接方式有 3D 打印、铣削加工等;间接方法可通过布尔运算获得阴模,选用与材料相适应的阴模制备方式和后续制作工艺,制得实体成品。

在本例中，以陶土作为实体材料，相应地，选用 PLA 进行 3D 打印制得阴模，并在后续应用压泥、风干、烧制、上釉、复烧等传统制陶工艺制得成品。

2.3 课程内容设计

课程将建筑遗产影壁砖雕——"麒麟献书"作为教学内容，把砖雕图像均分为 25 块 25 cm×25 cm 的区域，由学生各负责其中一块区域的制作。学生分为 VR 组和手工组，其中较为复杂的"麒麟头"和"麒麟尾"两块由 VR 组学生使用 VR 流程制作，其余各块由手工组学生通过传统流程制作。两组学生同步推进。教学可大致分为三个阶段：第一阶段，雕塑油泥阳模(手工)/雕塑电子模型(VR)；第二阶段，翻制石膏阴模(手工)/3D 打印阴模(VR)；第三阶段，烧制陶土成品。两组学生的上课场景如图 1 所示。VR 组采用的虚拟现实设备是 Oculus Rift 和 Oculus Quest 2。

图 1 手工组和 VR 组上课场景

(图片来源：罗书宇、夏俊豪/摄)

2.4 在教学层面的优势与不足

2.4.1 聚焦教学目的，有效缩减课时

相比于传统工艺流程，利用 VR 技术制作雕塑可以优化或省略部分不符合课程定位的教学环节，从而聚焦教学目的，有效缩减课时。

在传统的雕塑油泥阳模环节，学生在进行雕塑造型之余，需要花费大量时间用于油泥的预热和场地的清洁，而通过 VR 制作雕塑则能够更快速地添加或减去模料，更直观地进行挤压、切削等塑形操作，在创作上也有着更高的自由度，集中地实现了"提高学生对立体形态的感知、观察、造型、审美等能力"这一教学目的。

在传统的翻制石膏阴模环节，学生需要花大量时间和精力翻制石膏模型，而 VR 组可利用数字模型进行 3D 打印获取精确的阴模。经过两个学期的教学实践，我们认为如果全面采用 VR 教学，可以将原本全周上课共 48 课时的课程缩减为 24 课时。课时安排如表 1 所示。

表 1 课时安排

(来源：作者自绘)

	传统课时	VR 课时	缩减课时
Week1	导论		
Week2	雕塑油泥阳模	上底板	绘制灰度图
Week3		蒙图画线	绘灰度图
Week4		雕塑造型	制作底模
Week5			制作底模
Week6		雕塑修型	雕塑修型
Week7			
Week8			
Week9	翻制石骨阴模	做围挡	3D打印阴模	模型处理	3D 打印
Week 10		石膏筑模		3D 打印
Week 11		脱模修型		填充陶土
Week 12	烧制陶土成品	炼陶泥压泥板	
Week 13		修陶泥模型	风干修型
Week 14		脱模素烧	
Week 15		上釉	烧制
Week 16		复烧	

2.4.2 节省教学空间，开展融合教学

借助 Medium by Adobe 平台提供的虚拟现实空间和工具，学生可以利用个人电脑开展雕塑工作，从而有效分散教学空间，节省空间资源，同时也便于开展融合式教学。部分建院校缺少专用美术教室，没有条件开展大规模的建筑雕塑教学，可以使用虚拟现实设备，依托现有的教室资源开展雕塑教学。如果需要线上教学，也可以指导学生独立配置 VR 设备，远程提供数字资源，开展融合式教学，在线上完成前期阶段的工作。

2.4.3 缺少材料感知，脱离传统工艺

由于设备和技术的限制，VR 雕塑缺少对材料性质的感知，雕塑创建逻辑也与传统工艺脱节。Medium by Adobe 平台的雕塑材料并不具有现实材料的物化性质，且 Oculus 设备暂时没有较好的力学反馈方案，所以在雕塑过程中学生无法真实地感知材料。再加之人机交互逻辑与现实世界的差异、网格曲面细分数量的限制，VR 雕塑的制作手法与传统雕塑工艺有着较大的区别，不利于学生对传统工艺的感知和传承。这部分的教学需要通过其他渠道补充，例如依托沉浸式虚拟环境的优势，以全景视频等适应 VR 设备的媒介开展教学。

3 VR在雕塑类建筑遗产数字化中的应用

3.1 应用效果检验

为了检验 VR 技术在雕塑类建筑遗产数字化中的应用效果,团队通过实体模型照片对比、点阵取样对比等方法,分析并指出了该流程的优势与不足。制作和分析的对象是"麒麟献书"砖雕头部的 25 cm×25 cm 区域,头部雕塑的几何构成最为复杂,包含光滑平面、光滑曲面、毛发、镂空等多种情况,有助于充分开展讨论。

3.1.1 VR组与手工组对比

在第一轮实践中,VR 组和手工组各自采用其相应的制作流程,独立制作了"麒麟献书"砖雕的头部部分。VR 组的定位方式是通过软件读取图像信息制得底模,定位精度较高;而手工组需要借助纸稿叠加和肉眼定位,存在较大的误差。

将两个成品的正视图照片分别与线稿叠加进行检验(图2),对比可以看出:VR 流程相对于手工流程,能够更精确地进行平面定位。

(a)   (b)

图2 VR组(图(a))与手工组(图(b))实体模型对比
(图片来源:王鹏/绘,罗书宇、何婉瑜/摄)

3.1.2 线稿法与灰度图法对比

两轮实践中,制作者在基于原始资料的数字模型构建这一环节上采用了不同的方法。第一轮使用线稿法,第二轮则使用灰度图法。线稿不能反映雕塑的高程信息,需要通过 Medium by Adobe 平台,根据制作者的主观判断确定雕塑高程;灰度图的绘制虽也需借助制作者的主观判断,但可以通过调整灰度值以及灰度值之间的相对关系,较为精准地还原雕塑高程信息。

对两种方法所得的电子模型进行 120×120 点阵取样,并对二者的高程信息作差,绘制偏移值分布图(图3)。实心黑点代表偏移值大于高程差平均值20%的点,标识了模型边缘等噪声点位和严重偏差点位。排除这些点位后,对剩余点位的高程差取平均,并用黑色/白色表示偏移值的正/负,用圆圈大小表示偏移值的绝对值大小。观察高程差偏移值分布可发现,灰度图法与线稿

法所得模型在龙头的面颊/眉毛/眼珠等部位均有较大偏移,体现了制作者主观因素的影响。灰度图法所得模型的细节相对更加丰富。

 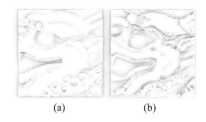

(a)   (b)

图3 线稿法(图(a))与灰度图法(图(b))所得电子模型对比
(图片来源:作者自绘)

3.1.3 陶土烧制效果

第一轮实践进行了陶土实体模型的烧制。在翻模、风干、烧制等过程中存在一系列可能造成误差的因素,需要将陶土成品与电子模型进行对比,分析容易产生误差的主要部位。

对烧制成品进行激光扫描,逆向建模获得电子模型,将其与 VR 精修后的电子模型进行对比,进行 120×120 点阵取样,绘制高程差偏移值分布图(图4)。观察高程差偏移值分布可发现,主要的误差集中于高程变化剧烈的位置及狭缝处。造成此误差的原因是填充陶土时压实不充分,留下了空隙,需要在翻模后进行进一步加工。在这一步,还可以对 VR 精修阶段表达不充分的细节,例如较细的毛发纹理进行补充。

 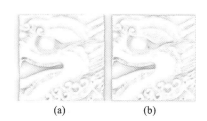

(a)   (b)

图4 电子模型(图(a))与烧制后扫描模型(图(b))对比
(图片来源:作者自绘)

3.2 应用场景探讨

3.2.1 相对优势与不足

三维激光扫描、近景摄影测量或图像三维重建技术[3]是雕塑类建筑遗产数字化的常用手段。表2从设备价格、建模精度、操作难度、特殊要求四个方面,将本文介绍的 VR 建模流程与影像建模、三维扫描进行对比。可以看出,VR 建模流程的优势在于所需设备价格低,操作难度低,适用性广,不足在于精度较低。

表2　数字化手段对比

(来源:作者自绘)

	设备价格	建模精度	操作难度	特殊需求
VR 建模	较低	有主观误差	较低	无
影像建模	高	一般	一般	需购买软件
三维扫描	较高	极高	较高	外业需电源

基于 Medium by Adobe 平台的 VR 建模方法沉浸感强,灵活度高,有益于体现制作者的主观判断。

3.2.2　应用场景

根据 VR 建模工具的优势与不足,我们认为,基于 Medium by Adobe 平台的建模流程精度很难独立满足雕塑类建筑遗产数字化的需要,但可以作为现有建模手段的有益补充。其在以下几种场景下有一定的应用潜力:①极度缺少原始资料,对建筑遗产还原精度要求较低的情况。②获得的模型存在缺陷,需要根据主观判断进行进一步加工的情况。Medium by Adobe 可以作为 Z-Brush、3Ds Max、Maya 等主流建模软件的替代品。相比

之下,Medium by Adobe 的精度较低,使用难度也更低。③需要根据原始资料进行带有创作性质的转译的情况。

4　结语

随着 VR 技术的逐渐普及,基于 VR 技术的各类工具正逐步应用于建筑教育、研究、工程等领域。以建筑雕塑为切入点开展融合式教学,是将 VR 技术引入建筑教学的一次新尝试。在此过程中,基于 VR 技术的建模工具也逐步展现出其在雕塑类建筑遗产数字化中的应用潜力。

参考文献

[1]　梁思成.为什么研究中国建筑[M].北京:外语教学与研究出版社,2019.

[2]　HEIM M. The Metaphysics of Virtual Reality [M]. New York:Oxford University Press,1993.

[3]　周辉.建筑遗产调查记录方法研究[D].重庆:重庆大学,2018.

王静[1,2]*　冯聃雅[1]　刘艺蓉[1]　刘璐[1]
1. 华南理工大学建筑学院；wj99@scut.edu.cn
2. 华南理工大学亚热带建筑科学国家重点实验室
Wang Jing [1,2]*　Feng Danya [1]　Liu Yirong [1]　Liu Lu [1]
1. School of Architecture, South China University of Technology
2. State Key Laboratory of Subtropical Architectural Science, South China University of Technology

国家重点实验室国际合作研究开放课题(2019ZA03)、广东省自然科学基金项目(2021A1515012378)

需求导向下的绿色建筑毕业设计教学：探索中的创新
Green Building Graduation Design Teaching under Demand Orientation: Innovation in Exploration

摘　要：绿色建筑的概念自提出以来，就以减少环境负荷、减少能源消耗、提高建筑性能为目标。随着生活水平的提升及建筑技术的发展，人们越发重视对建成环境质量的需求。华南理工大学建筑学院的绿色建筑及其产业化团队针对当前绿色建筑设计偏重建筑性能优化的现状与人们对城镇化进程中涌现出的新建筑类型带来的新需求间的矛盾，开展绿色建筑专题毕业设计，旨在通过教学探索需求导向的绿色建筑设计方法，形成融合"以人为本绿色建筑价值观、多目标性能优化设计方法、问题导向研究型设计路径"的绿色建筑设计教学体系。期望通过此研究为我国高等建筑院校的建筑教育工作提供经验参考。

关键词：需求导向；绿色建筑；毕业设计教学；以人为本；研究型设计

Abstract: Since the concept of green building was put forward, it aims to reduce environmental load, reduce energy consumption and improve building performance. With the improvement of living standards and the development of construction technology, people pay more and more attention to the demand for the quality of the built environment. The green building and its industrialization team in the school of architecture, South China University of technology, in view of the contradiction between the current situation that green building design focuses on building performance optimization and people's new needs for new building types emerging in the process of urbanization, launched a special graduation project for green building, aiming to explore demand-oriented green building design methods through teaching, form a green building design teaching system that integrates "people-oriented green building values, multi-objective performance optimization design methods, and problem oriented research-based design paths". It is expected that this study will provide experience reference for the architectural education work of architectural colleges and universities in China.

Keywords: Demand Orientation; Green Building; Graduation Design Teaching; People Oriented; Research Design

我们正处于大力发展高效率、高品质建造，实现城镇绿色化、低碳化的时代，这一发展过程中，出现许多新的建筑类型，并对建成环境提出新的需求。建筑行业的发展面临着从传统的"以房屋为本"向当今的"以人为本"转变[1]。绿色建筑由原先注重"目标导向"[2]"性能导向"[3]的设计趋势转向强调从人的需求、人的尺度来营造空间。

"教学即研究"是建筑师及东南大学学者顾大庆针对建筑学所面临的学术研究危机所提出的一种以研究为目的的设计教学观点，提倡一种以工作室教学为模式的设计研究方法[4]。华南理工大学建筑学院具备在教学中探讨新需求下设计方法的研究条件[5]。

华南理工大学建筑学院"绿色建筑及其产业化"教学团队在2018—2021年期间的毕业设计教学中,面对我国快速城镇化发展中的新需求,以商业公共空间、特殊人群住宅、城市交通枢纽与乡村规划等新建筑类型为研究对象,探索融合"以人为本绿色建筑价值观、多目标性能优化设计方法、问题导向研究型设计路径"的绿色建筑设计教学路径。

1 我国绿色建筑设计教学现状

随着我国深入贯彻低碳发展战略目标,建筑节能减排已成为我国经济和社会发展中的一个重要议题。绿色建筑作为其中的一个重要内容,在绿色建筑设计和相关技术方面都取得了显著发展。国内各建筑院校都增设了相关课程,在教学中积极探索满足时代需求的绿色建筑设计方法,国内部分代表性高校建筑学院绿色建筑相关课程教学特点如表1所示。

表1 国内部分代表性高校建筑学院绿色建筑相关课程教学特点

(来源:作者自绘)

教学侧重	学校	教师	教学特点	参考文献
强调绿色建筑技术与科学研究的结合	清华大学	尹稚、林波荣、宋晔皓、唐晓虎、符传庆等	①起始于对绿色建筑标准化的探索与太阳能住宅和被动式太阳房的研究; ②长期以来重视学科交叉与融合; ③强调理论研究与实践的结合	[6][7]
	西安建筑科技大学	张群等	①强调综合、系统的绿色建筑教学体系的建立; ③构建以"绿色"为出发点、以实现建筑综合性能为目标的绿色建筑设计理论; ④强调建筑的"绿色"性能和"形式与功能"同等重要,改变绿色性能作为从属、附加地位的误解; ⑤在建筑设计教学中强调科学研究的介入	[8]
	浙江大学	葛坚、朱笔峰等	以绿色建筑设计为理念整合建筑技术课程	[9]
	南京大学	吴蔚等	①介绍绿色建筑优秀设计案例; ②强调主动和被动节能设计的结合; ③注重可持续发展的时代背景; ④强化量化分析的意识和手段	[10]
兼顾提高建筑性能与建筑技术	天津大学	刘丛红等	①建立比较完整的绿色建筑设计逻辑,学习和应用绿色建筑性能预测工具验证并优化设计方案,将建筑设计创新与绿色建筑理念有机融合; ②在绿色建筑方案设计训练过程中,不刻意强调模拟结果的准确性,但强调模拟结果和形式生成之间的逻辑关系	[11][12]

教学侧重	学校	教师	教学特点	参考文献
兼顾提高建筑性能与建筑技术	重庆大学	王雪松、周铁军等	①采用实验课程模式,以设计课程为核心,结合国内外绿色建筑、太阳能建筑设计等竞赛开展课程教学; ②强调绿色建筑概念的了解并熟练运用辅助设计软件	[13][14]
重视建筑空间与建筑技术的整合	东南大学	张彤、鲍莉、杨维菊等	①探索构建绿色建筑创新教学体系; ②在建筑学本科设计课程的教学中,引入一条贯穿五年的系统的绿色建筑教学线索; ③绿色建筑设计教学体系包括知识传授与设计训练两个方面	[15]-[17]
	同济大学	宋德萱等	①采用新颖的教学手段:针对学生建筑设计方案的某一"片段"因材施教; ②在教学实践中创新:更新剖面设计的节能语言,以剖面设计反映建筑空间与节能的整合; ③创新教学发展:将节能理念进行拓展延伸,强调多学科、多技术的综合运用	[18]
	华南理工大学	肖毅强、王静等	①侧重回应亚热带气候特征; ②重视对传统建筑的学习,利用建筑空间和构件来回应气候; ③整合本硕课程,强调研究型设计	[19]

2 需求导向的华南理工大学建筑学院绿色建筑专题毕业设计

2.1 华南理工大学建筑学院绿色建筑教学体系

2016年9月,华南理工大学建筑学院根据学生的培养需求,对本科高年级的课程设置进行了调整,开设了绿色建筑专门化方向的教学实践[19]。

"绿色建筑及其产业化"教学团队针对不同阶段的学生的特点,开设了不同类型的教学课程,例如本科生教学以绿色建筑专门化、绿色建筑设计与技术、建筑材料与构造及毕业设计等课程为主[20],打造华南理工大学多维一体的绿色建筑教学体系(见图1)。毕业设计是建筑学本科专业学习中最后一个实践环节,它既是对学生在本科五年中积累的专业素质、能力和知识的系统性回顾,也是学生走向实践工作或深造的基石[21]。

图1 华南理工大学绿色建筑教学体系
(图片来源:作者自绘)

2.2 需求导向的绿色建筑专题毕业设计

随着我国城镇化的进程,人们对所处的环境的功能、类型与品质有了新的要求:作为城市发展的必然进程,城市空间的改造更新成为城市发展面临的新需求之一;随着生活水平的提高,人们更加强调个性的释放,人群的分类更加精细化,关怀特殊人群的设计需求逐渐浮现,成为城市的新需求之一;随着人口逐渐向城市聚集,城市正在经历大规模扩张,在此过程中,车站作为综合交通枢纽与城市空间进行一体化规划的空间载体是居民对城市的新需求;随着时代发展,乡村需要重新进行空间、产业、基本公共服务等方面的规划,使得乡村规划成为城乡发展进程中村民的新需求。

华南理工大学建筑学院密切关注当前我国城乡发展过程中出现的新问题与新需求[22]。华南理工大学建筑学院"绿色建筑及其产业化"教学团队依托毕业设计教学平台,开展需求导向的毕业设计教学探索[19]。针对在实际工程项目实践中未能被覆盖的建筑类型,以研究型设计的方式,探索新需求、新类型下的绿色建筑设计方法。华南理工大学建筑学院2018—2021年绿色建筑专题毕业设计探索过程如图2所示。

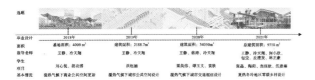

图2 华南理工大学建筑学院2018—2021年绿色建筑专题毕业设计探索过程

(图片来源:作者自绘)

3 需求导向的绿色建筑设计理论探讨

3.1 以人为本的绿色建筑设计价值观

经过数十年的研究,绿色建筑设计领域的一个最为重要的总结是:人的行为是物质空间环境可持续表现的最终决定因素。绿色建筑设计的方法论需要从所谓的机械决定转变为人的行为决定,即我们需要更多考虑人们的行为规律,并采取对应措施以引导人们做出正确决策,才可能实现物质空间的可持续发展目标[23]。考虑到绿色建筑是人的社会实践活动的产物之一,其核心人文理念是"以人为本,诗意安居",就其根本而言,它的一切活动都离不开人[24]。

在华南理工大学毕业设计教学实践中,我们将"以人为本"作为需求导向的绿色建筑设计的价值观。在实际设计过程中,对人的关怀,不仅体现在对舒适度、热适应性的关怀上,还体现在对空间互动的追求上。通过毕业设计引导绿色价值观的推广,把人本导向的绿色建筑设计理念渗透到绿色建筑教学中,不是给人以物化指标[25]的形式关怀,而是把人的行为与建筑、环境关联起来,通过绿色空间的营造满足使用者不同层次的需求。

3.2 以多目标性能优化的技术选择方法

建筑性能包括环境的节能、光性能、热性能等,性能目标之间存在负相关关系,如室内热舒适度和建筑能耗[26]。计算机模拟技术的发展为绿色建筑的定量化设计提供了基本条件。在绿色建筑设计领域,利用计算机辅助进行模拟分析与优化对绿色建筑设计产生了重要影响。性能模拟常用在设计初期,通过对建筑性能的数值模拟、计算与分析定量比较设计方案的优劣[27]。设计初期是为建筑环境营造提供性能优化设计的重要阶段,其中快速、定量的性能评价能够为设计和迭代提供及时反馈,是落实环境营造理念和方法,实现高能效建筑的重要保障。然而,传统基于机理的性能模拟计算存在建模和参数设定耗时耗力、计算量大、速度慢等问题,难以满足方案初期的需求[28]。

因此,考虑到人对性能的感知是多方面的,在毕业设计的探索中,尝试在前期设计的过程中,通过输出"以人为本"的价值观理念,缩小性能模拟选择的变量,形成基于"以人为本"原则的多目标优化的绿色建筑性能设计路径。

3.3 以研究型设计为实施路径的设计思路

设计与研究通常被认为是两种极为不同的智力活动:设计关注解决问题;研究关注知识生产[29]。由于每个项目的业主、基地条件、环境、目标客户、时代背景等大都不同,每个项目都应该是独特的[30]。海德格尔说"技术可能会使人迷失方向。"在这个科技不断进步的时代,绿色建筑概念的兴起也许会使相当部分的设计师迷失方向,一味追求高科技在建筑中的使用,从而建造出所谓的"绿建",其唯手段是瞻,忽视了建筑应当具备人文关怀的本质,成为舍本逐末的选择。

华南理工大学在绿色建筑专题毕业设计教学中,始终坚持把研究型设计作为毕业设计的主导思路,把研究型工作深入毕业设计教学中,探索如何摆脱绿色建筑中设计和技术"两张皮"的问题。华南理工大学建筑学院2018—2021年绿色建筑专题毕业设计信息表如表2所示。

表2 华南理工大学建筑学院2018—2021年绿色建筑专题毕业设计信息表

(来源:作者自绘)

毕业设计年份	指导老师	助教	学生	备注
2018年	王静、冷天翔	朱光藻	刘心悦、胡功博	获2018年华南理工大学校级优秀毕业设计奖

毕业设计年份	指导老师	助教	学生	备注
2019年	王静、冷天翔	朱光蠡	洪钰涵	获第五届中联杯国际大学生建筑设计竞赛优秀奖、第十七届亚洲设计学年奖银奖
2020年	王静、蒋涛、冷天翔	刘艺蓉	梁英伟、谭玉文、袁轶	
2021年	王静、冷天翔、何小欣、包莹、丘建发、林正豪	刘璐	张晶、陶阳、焦钰钦、伍彦蓁	获第十九届亚洲设计学年奖建成环境技术与创新铜奖、优秀奖

4 结语

随着绿色建筑的发展，国内关于绿色建筑教学理念及设计方法的探索多种多样，各有特色。绿色建筑教育在当代建筑教育中占据十分重要的地位，华南理工大学建筑学院绿色建筑教学团队在此背景下，依托现有产学研平台，在工程实践中发现新需求，在建筑教学中探索新方法，在科学研究中提炼新理论[31]。

本文的价值与意义体现在以下几点：

第一，系统整理了当前国内代表性高等院校的绿色建筑教育现状，总结分析其绿色建筑教育特色，为其他高校开展绿色建筑教学提供参考经验。

第二，基于华南理工大学建筑学院自身教学特点与时代发展的需求，依托毕业设计教学平台，研究需求导向的绿色建筑设计方法，融合以人为本的绿色建筑设计价值观，试行多目标性能优化设计方法，探索以问题为导向、以研究型设计为实施路径的绿色建筑设计方法。

第三，以华南理工大学建筑学院绿色建筑毕业设计教学实践作为"教学即研究"观点的支持依据之一，为"教学即研究"观念补充实证案例并探讨了其在实际操作中的可行性。

参考文献

[1] 李兴钢,郭建祥,张准,等.建筑学中的工程、技术与意匠[J].当代建筑,2021(10):6-14.

[2] 毕晓健.目标导向的参数化建筑节能设计方法研究[D].天津:天津大学,2019.

[3] 林波荣,肖娟,刘彦辰,等.绿色建筑技术效果和运行性能后评估[J].世界建筑,2016(06):28-33+126.

[4] 顾大庆.一石二鸟——"教学即研究"及当今研究型大学中设计教师的角色转变[J].建筑学报,2021(04):2-6.

[5] 彭长歆,卢亚宁.一个新传统的形成:1958年的华南工学院建筑系[J].新建筑,2019(05):134-138.

[6] 宋晔皓,唐晓虎,符传庆.清华大学建筑学院绿色建筑研究概览[J].动感(生态城市与绿色建筑),2011(01):116-125.

[7] 尹稚,林波荣.创新城乡生态规划与绿色建筑理论研究与技术实践——清华大学城乡生态规划与绿色建筑教育部重点实验室实践[J].南方建筑,2011(05):14-16.

[8] 张群,王芳,成辉,等.绿色建筑设计教学的探索与实践[J].建筑学报,2014(08):102-106.

[9] 蔺坚,朱笔峰.以绿色建筑教育为导向的建筑技术课程教学改革初探[J].高等建筑教育,2015,24(03):83-86.

[10] 吴蔚.技术与艺术,孰轻孰重?——绿色建筑设计在建筑技术教学中的应用研究[J].南方建筑,2016(05):124-127.

[11] 刘丛红,毕晓健.基于物理环境模拟的绿色建筑设计——天津大学建筑学院本科四年级绿色建筑设计教学简述[J].中国建筑教育,2017(02):31-37.

[12] 赵娜冬,刘丛红,杨鸿玮.理念输出·性能导向——本科四年级绿色建筑专题设计课程策划[J].中国建筑教育,2020(02):64-71.

[13] 王雪松,周铁军.绿色建筑教育实践与思考——以重庆大学建筑城规学院为例[J].中国建筑教育,2011(01):10-14.

[14] 宗德新,王雪松,许景峰.绿色建筑设计教学实践与教学体系建设的构想[J].中国建筑教育,2011(01):21-23.

[15] 张彤.空间调节性能驱动——东南大学本科四年级绿色公共建筑设计专题教案研析[J].城市建筑,2015(31):25-31.

[16] 张彤,鲍莉.绿色建筑设计教程[M].北京:中国建筑工业出版社,2017.

[17] 杨维菊,徐斌,伍昭翰.传承·开拓·交叉·

11

融合——东南大学绿色建筑创新教学体系的研究[J].新建筑,2015(05):113-117.

[18] 宋德萱,吴耀华.片段性节能设计与建筑创新教学模式[J].建筑学报,2007(01):12-14.

[19] 王静,朱光鑫.绿色建筑毕业设计中的研究型设计思维与开放式教学模式[J].城市建筑,2019,16(33):36-39.

[20] 庄少庞,王静.适应能力发展,契合地域特点——专题化建筑构造设计教学的思考与实践[J].南方建筑,2015(03):79-83.

[21] 夏大为,赵阳,庞玥,等.问题或主题,聚焦式毕业设计教学研究[J].华中建筑,2021,39(05):96-100.

[22] 薪火相传、人才辈出——博士(后)论文概要选登[J].南方建筑,2009(05):48.

[23] 黄献明,李涛.美国大学校园的可持续规划与设计[M].北京:中国建筑工业出版社,2017.

[24] 陈柳钦.从人文视角深化对绿色建筑的理解[J].建筑节能,2010,38(11):27-32.

[25] 郭夏清.建设"以人为本"的高质量绿色建筑——浅析国家《绿色建筑评价标准》2019版的修订[J].建筑节能,2020,48(05):128-132.

[26] 田一辛,黄琼.建筑性能多目标优化设计方法及其应用——以遗传算法为例[J].新建筑,2021(05):84-89.

[27] 周浩,王月涛,邓庆坦.基于性能模拟的绿色建筑优化设计模式研究[J].城市住宅,2020,27(02):236-238.

[28] 林波荣,贺秋时,张德银.性能驱动的公共建筑空间形体绿色化设计策略探索及实践[J].当代建筑,2021(10):31-34.

[29] 张路峰.设计作为研究[J].新建筑,2017(03):23-25.

[30] 何宛余.研究型设计实践——从建筑实践到科技实践[J].城市建筑,2017(28):38-40.

[31] 何镜堂,黄骏,刘宇波.华南理工大学建筑教育发展历程回顾[J].南方建筑,2010(04):68-71.

齐奕[1]　李千皓[1]　林晓君[1]

1. 深圳大学建筑与城市规划学院；qiyi@szu.edu.cn

Qi Yi[1]　Li Qianhao[1]　Lin Xiaojun[1]

1. School of Architecture and Urban Planning, Shenzhen University

国家自然科学基金青年基金项目（51908360）、广东省高等教育教学改革项目（0000027135）、教育部产学合作协同育人项目（212101126047）、深圳市科技计划资助项目（ZDSYS20210623101534001）

双碳背景下的数字木构建筑教育国际比较
International Comparisons on Digital Timber Architectural Education under the Background of Dual Carbon

摘　要：本文以数字木构建筑教育为研究对象，选取苏黎世联邦理工学院、斯图加特大学、阿尔托大学等8所在数字木构领域开展前沿探索的高校，通过个案分析、体系比较，梳理归纳高校间在教学理念、教学目标、教学模式、教学组织形式、教学产出等方面的异同，旨在揭示当前数字木构建筑教育发展趋势，梳理数字木构设计思维、工作流、建造方式等因素对木构教育的影响，探讨数字木构知识体系、教学理念、产学研一体化创新模式，为推动面向"双碳"需求的数字木构建筑教育理论创新及实践提供参考。

关键词：建筑教育；数字建筑；木构建筑；国际比较

Abstract：In this paper, the architectural education of digital timber architecture is taken as the research object. and eight universities with cutting-edge exploration in the field of digital timber architecture are selected, e. g., ETH Zurich, University of Stuttgart, Aalto University, etc. Through case studies, system comparisons, the paper aims to sort out and summarize the similarities and differences on teaching philosophy, objectives, modes and organization formats, outputs among universities. The authors aim to revealing the trends of digital timber architectural education, and sort out the influences about design thinking, workflows and construction modes. This article discusses the innovative modes about digital timber architectural knowledge system, teaching philosophy and the integration mode of practice-teaching-research. It will provide the references for the the innovation of teaching theory and practice, to meet the need of carbon peaking and carbon neutral.

Keywords：Architectural Education; Digital Architecture; Timber Architecture; International Comparison

双碳背景与新型建筑工业化为木构建筑带来机遇。2020年9月，我国在第75届联合国大会上明确提出"碳达峰"与"碳中和"的发展目标。作为碳排放大户，建筑业向低碳、生态、可持续发展势在必行。木材具有可再生、可循环利用、可自然降解等优势，推动木建筑发展是实现低碳减排的有效手段。随着数字化技术的不断发展，当代木构建筑设计建造中越来越多地运用到数字技术。面向双碳目标的数字木构成为学界、产业界、教育界广泛关注的领域。为使木建筑实现新型工业化和低碳目标，系统化数字木构研究、教学与实践亟待展开。

人才培养是推动木结构建筑业发展的重要一环。

有别于传统木构建筑教育，数字木构建筑教育强调在建筑工业化基础上，熟悉并掌握数字化、信息化甚至智能化的方法与技术。数字木构建筑教育既涉及当代木建筑的基础知识，又涉及设计、生产、制造过程中的数字技术。传统建筑教育模式显然无法适应新的教学目标与需求。为达成数字木构人才培养目标，必须重新审视并思考木构知识体系更新、数字工作流创建、学科交叉思维培养。为培养未来符合创新性人才，开展数字木构建筑教育的教学研究尤为关键。

相较我国而言，因为工业化水平、市场需求、数字技术发展的阶段不同，国外数字木构建筑教育起步早、体系成熟、产学研整合度高,如苏黎世联邦理工学院、斯图加特大学、阿尔托大学等高校在数字木构建筑领域均具有一定特色。为更系统地了解数字木构建筑教育的发展路径与模式,本文选取8所院校(苏黎世联邦理工学院、斯图加特大学、阿尔托大学、洛桑联邦理工学院、建筑联盟学院、俄勒冈州立大学、慕尼黑工业大学、不列颠哥伦比亚大学)进行数字木构建筑教育比较,旨在为推动木构建筑教育发展、探索适宜我国的数字木构建筑教育之路提供参考。

1 教学理念与教学目标的比较

数字木构由两部分构成:"数字"和"木构"。数字指支持木构建筑的设计、生产及建造的数字技术;木构则指基于工业化的木材设计与建构。两者紧密关联,相互渗透。由于高校间在教学模式、课程系统以及专长方面的不同,数字与木构融合主要可归纳为三种类型:①数字技术主导型,侧重前沿数字技术在木构中的应用;②数字技术辅助型,关注木构的空间、形式、材料本身,将数字技术作为辅助手段;③数字+材料生态导向型,以生态绿色低碳设计为主要目标,基于数字及木材技术,进行原型构建。这三类教学系统从教学团队成员构成、研究方向以及教学产出等角度仍可看出三种类型的差异(表1)。

表1 三种数字木构类型

(来源:作者自绘)

类型	数字技术主导型		数字技术辅助型			数字与材料生态导向型		
特征	侧重数字技术在木构设计建造中的应用		数字技术辅助木构空间、结构、形式、材料的创作与实现			聚焦生态目标,进行数字及木构集成应用,实现原型构建		
代表院校	苏黎世联邦理工学院IBK木结构实验室/NCCR数字制造实验室/Gramazio Kohler Research	斯图加特大学ICD研究所	洛桑联邦理工学院IBOIS木结构实验室	建筑联盟学院Hooke Park木构实验室	俄勒冈州立大学建筑系/木材科学与工程系/TallWood设计学院	阿尔托大学建筑系	慕尼黑工业大学建筑系/TUM. wood木材研究中心	不列颠哥伦比亚大学建筑系/Hilo木构实验室
教育理念	建筑计算和数字制;新技术、材料和工艺能力	当代木构建筑环境与实践;跨学科研究为导向,实验为基础	培养木构数字新范式能力与想法;促进跨学科合作	培养学生对当代木构建筑设计建造的理解和技能	强调木构设计三大要素:材料、数字工具与设计	教育涵盖建筑学基础与应用研究;满足木构行业和国家需求	研究木材生态现状;探索基于数字木构下的可持续策略	新兴技术下木构形式和系统;平衡人类、生态和经济
教学目标	探索前沿数字木构设计建造方法;研究与实践结合	强化材料数字工具与设计;探索数字化设计与建造的多可能性	整合化建筑、结构、形式与材料;提倡木构课程项目连续性	木构建筑设计与建造一体化;适应场地及特定生态条件	木构建筑设计全产业;可持续文化、生物艺术等前沿知识与木构融合	探索建筑设计艺术、木构工程研究及木构产业的整合化模式	整合木材资源的生态化开发、研究探索数字背景下新木材时代的道路	木材研究、建筑生态学和高效新技术在可持续建筑上的应用交集

1.1 数字技术主导型

苏黎世联邦理工学院(ETH)、斯图加特大学(USAT)属于数字技术主导型,即强化探索前沿数字技术对木构设计与建造的创新推动。材料、数字工具与设计为三大教学要素,两校在教学过程中关注要素在设计、制造、建造的深度融合,并注重数字木构设计与建造

施工紧密融合。这种整合式的数字化教学理念使学生可以深刻理解数字设计与建造的方法论价值,同时了解数字技术在新材料中的应用可能性。以数字技术为主导的教学思想,也被拓展至混凝土、纤维、钢等多种材料设计建造之中。数字技术主导型的教学理念的形成,一方面缘于高校在数字科研方面的积累与优势,另一方面

则反映了数字技术已全面贯穿其研究、教学与实践之中,数字木构已从前端数字设计延伸至制造、建造全流程。

1.2 数字技术辅助型

洛桑联邦理工学院(EPFL)、建筑联盟学院(AA)和俄勒冈州立大学(OSU)属于数字技术辅助型,即强调数字技术在传统木构建筑设计教育中的辅助整合作用。三校关注基于木材的建筑形式、材料构造与建造工艺的知识教授,注重木构建形式与空间、结构、工艺以及材料整合设计思维的教育思考,鼓励学生积极参与连贯性的木构建筑研究与实践项目。这种辅助型的教学理念,能让学生理解数字技术作为工具在设计全过程的角色,从而强化木构建筑设计本体的思考。例如,建筑联盟学院鼓励真实环境中的木构建筑设计,强化学生对建筑与环境适应性关系的理解、认知与思考。数字技术辅助型木构建筑设计中,数字技术成为辅助发展学生多元设计想法的触发媒介。

1.3 数字技术与材料生态导向型

阿尔托大学(AU)、慕尼黑工业大学(TUM)和不列颠哥伦比亚大学(UBC)属于数字技术与材料生态导向型,即重视数字技术与木材生态融合对建筑的可持续意义。三校强化木材生态建筑的可预测性与数字化管理的特征,对复杂的建筑、木材生态与环境系统借助数字工具和机器学习等应用进行检测、计算与优化,从而加深学生对木构建筑生态设计链各环节的理解与认知。数字作为媒介与动力,不仅重塑生态导向下的木构建筑设计框架与方法,同时促进材料学、生态学以及计算机科学与建筑学的交叉融合发展。这类教学理念,一方面探索了建筑设计艺术、木构工程研究及木构产业的整合教育模式;另一方面,在"双碳"背景下对推动新型建筑工业化、数字化、建筑绿色生态具有重要意义。

2 教学模式、教学组织形式的比较

2.1 教学模式

教学模式是践行教学理念,达成教学目标的关键。基于对8所院校的教学内容、课程设置、课时数等方面内容的比较(见表2),并结合前文提到的3种数字木构类型,笔者将数字木构教育分为4种教学模式(见图1):平行式、穿插式、整合式、独立式。所谓平行式是指数字课程与木构建筑课程平行组织,两类知识体系传授相对独立,不发生交叠;穿插式指以木构建筑设计为课程主体,完成传授木构的理论、方法与技术知识,其间穿插数

字课程模块作为技术补充,完善木构设计建造知识体系;整合式则指以数字木构为终极目标,即木构建筑设计建造以数字化的方式呈现,因此数字知识部分和木构知识部分彼此关联,相互支撑;独立式则指数字木构作为独立课程体系存在,注重数字技术在建筑设计中充分发挥木材潜能的主导作用,常以实验性木构项目为导向,通过数字体系整合项目设计建造所有必要的知识内容。4种教学模式的目标与特点各不相同,教学成果及教学方式也有所差异。

表 2 基于教学要素的模式归纳方法
(来源:作者自绘)

关键要素议题	关键要素	描述变量	教学模式
数字木构设计方法与理论教学	教学内容	变量1-模式(与课程内容相关)	建立课程类型与课程时间之间的关系,以此来划分8所国外高校数字木构教学模式
木材科学教学			
数字设计分析软件教学与应用			
数字木构制造技术教学			
课程定位	课程设置	变量1-模式(与课程安排有关)	
课程开设阶段			
课程组织形式			
课程周期	课时数	变量2-时间(与教学时间比重有关)	
课时分配			
学分比重			

慕尼黑工业大学(TUM)、不列颠哥伦比亚大学(UBC)属于平行式。如UBC的木构教学相比ETH等院校没有较高的数字化程度,而更关注经典式或复杂性的木构建筑设计本体,数字技术与木构课程相对独立、并行开展,彼此有较少的互动与融合。俄勒冈州立大学(OSU)、洛桑理工学院(EPFL)属于穿插式。EPFL偏重传统或当代木建筑教育体系的架构,教育主要围绕着木构设计理论、Studio以及实际建造展开的,从低年级到高年级的课程认知中穿插数字制造与建造知识的教授,为木构建筑设计提供辅助支撑。阿尔托大学(AU)、建筑联盟学院(AA)属于整合式。AU的 Wood Program 课程在传统木构设计的基础上引入探讨数字木构的可能性,二者相互补充、紧密联系构成数字知识与传统木构的一体化体系。苏黎世联邦理工学院(ETH)、斯图加特大学

(USAT)属于独立式,数字木构课程内容与知识深度紧密相关、层层递进,形成基于木材的教学—研究—项目整合化数字体系。

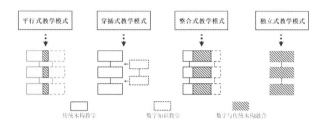

图1　4种数字木构教学模式
(图片来源:改绘自参考文献[5])

2.2　教学组织形式

教学组织是影响教育质量与效果的重要一环。8所院校数字木构课程教学组织形式多元,各具特色,根据不同理念目标与模式特点又各有侧重。总体而言可以将其归纳为基础理论课程、课程拓展模块以及木构研究与实践项目三大类别。基础理论课程主要涉及木构建筑设计理论、数字技术理论与实操培训以及相关设计Studio的开展。课程拓展模块涵盖研讨会、讲座、展览论坛以及实地调研考察等多种方式,作为基础理论的延伸促进了多学科融合,营造交流探讨的浓厚学术氛围,加深学生对数字木构的全面认知与理解。木构研究与实践项目则重视理论的实践与应用,旨在丰富学生"边学边做"木构课程体验与提高团队协作等多元能力。

例如,联邦理工学院(ETH)独立式数字木构的教学组织可划分为理论教学、拓展教学、研究实践三大模块。理论教学主要是本科、硕士理论课程,教授数字木构设计建造的基础理论、技术方法以及设计训练。拓展教学模块由讲座、研讨周、展览组成。讲座为了建立数字化设计与制造的概念认知;研讨周分为调研与研讨两大重要部分,促进学生对数字未来建筑的积极探讨与交流。研究实践模块一方面关注提升学生对机器人等数字制造技术与方法的使用能力,另一方面以数字制造中心(NCCR)等机构为载体,探索建筑设计、工程和施工的创新方式,建立建筑学、结构设计、机器人学、材料和计算机科学等多学科协作的研究方法(见图2)。

●2013年	●2015年	●2017年	●2018年	●2019年
➤ 机器人装配式高层建筑设计	➤ 分级结构	➤ 机器人景观Ⅰ	➤ 建筑数字化ⅡHS18	➤ 建筑数字化ⅡHS1
➤ 深度调制	➤ 机器人线切割暑期班	➤ 可塑性体素	➤ 机器人景观Ⅱ	➤ 机器人景观Ⅲ
➤ 复杂的木结构2	➤ 空间线切割	➤ MAS DFAB:微卡	➤ MAS DFAB:快速黏土地层	➤ MAS DFAB:木构
➤ 复杂的木机构1	➤ 挤压结构	➤ 研讨会周	➤ 研讨会周AS18	➤ 研讨会周AS19
➤ 机器人金属聚集体		➤ MAS DFAB:砖砌迷宫	➤ ROB|ARCH 2018工作坊	➤ 建筑中的数字FS19
➤ 移位帧2			➤ MAS DFAB:渐进式装配	➤ SS19研讨会周

图2　ETH数字木构组织概况(2013—2019年)
(图片来源:作者自绘)

3　教学产出的比较

数字木构的教学产出形式丰富多样,包括设计图纸、模型、产品、实验性项目、展览、研讨会、论文、出版物和视频等。不同的教学成果可以从不同角度体现数字木构的教学理念、方法、教学过程及教学效果。随着木构Pavilion的不断涌现,数字木构越来越注重"以工为学",强调设计与制作结合(Design+Making)。

苏黎世联邦理工学院法比奥·格拉马佐(Fabio Gramazio)教授主导的研究组,长期致力于基于数字设计、机器人建造技术的木构先锋实验。法比奥教授团队关注研究生教学,数字木构教学强调实验性,通过大量实验积累,为实际工程应用提供技术支撑。2017—2022年间,他们完成了一系列复杂木结构的设计与建造探索。以上探索涉及广泛,讨论内容包括复杂木结构数字设计制造、机器人空间木结构装配、机器人木装配节点、分布式建筑机器人木材组装、非标准木构数字设计建造一体化方法等。通过缩尺模型及1∶1建造,验证构想的工作流程、技术手段及设计创意。

建筑联盟学院木构实验室(the AA Wood Lab)以胡克公园(Hooke Park)为依托,通过大量实际项目设计建造,诠释数字木构的多种可能性。AA木构实验室发挥英国森林资源丰富的特点,在胡克公园建立木构建筑教学实践基地,邀请工匠、设计师、工程师、机器人专家、林务员等多方人员共同进行设计建造指导。AA木构实验室创建历史悠久,初期以实际功能为主进行设计实践,学生参与到食堂、实验室等小型木建筑的设计建造中。随着数字技术的发展,AA木构实验室近几年完成了系列数字木构Pavilion设计与建造(教学成果案例参见图3)。相较ETH的Gramazio Kohler Research,AA木构实验室走出学校,寻求在自然真实场景中完成建造,对于学生理解真实场景、生产加工、具体建造具有现实意义。

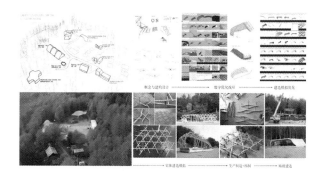

图3　AA数字木构教学成果 Timber Seasoning Shelter
(图片来源:M-Arch Design and Make 2012/2013课程)

4　对我国当代木构建筑教育的启发

4.1　强化课程模块与知识体系构建

课程模块化的教学体系是整合数字木构建筑中多学科化、碎片化知识的重要手段。无论是传统木构建筑设计对形式、空间、结构、材料工艺的探索,还是数字背景下对木材性能、数字设计、智能制造与建造的整合,形成相对清晰的课程模块,构建完善的、层次化的教学体系对数字木构建筑教育的实施尤为重要。根据层层迭代与递进的知识关系,建立数字木构建筑中"建筑-材料-技术"的紧密联系,有利于学生系统了解数字木构特点与原理,熟悉木构建筑设计、生产与建造全过程,提高了

教与学的体验感、适应性与针对性。模块化课程体系改变了过往知识片段化、单一性的课程,强化了知识系统性,可以根据数字木构教育不同理念与目标的需求进行灵活架构。

4.2　注重多学科协作与知识整合能力

当代数字技术促进了数据驱动的跨学科协作,提供了整合多元化知识的工具。而双碳背景下,数字木构建筑是涵盖设计、材料、结构、建造和环境的多元融合学科体系,所以实现数字木构建筑教育需要回应多学科交叉与知识整合的问题,通过系统性整合与架构为设计提供方法论支持。在这个过程中不但要关注数字技术在全过程、全领域的深度介入,培养学生在多学科、多方交叉协作新模式中的适应能力;还要强调数字木构建筑从材料、整体形式、节点构造到制作建造全流程的整合能力。总体而言,在多学科融合的全局视角下,数字木构建筑教育中学生多学科协作与知识整合能力的提升具有重要意义。

4.3　培养设计—制造—建造一体化思维

数字木构与当前建筑工业化的背景紧密相关,既涉及前期的建筑设计,也涵盖木材生产—加工—建造的过程。但当前木构建筑设计建造仍存在流程线性协同不足、缺乏系统性等问题。因此在数字化、信息化、智能化与新型工业化快速融合的背景下,数字木构需要强化设计—制造—建造一体化思维。而在数字木构建筑教育中则要培养学生一体化的设计思维,加强数字化、计算性以及木构建构的紧密联系,形成从木构形式、结构、节点到预制拆分、制作建造全过程的理解与认知。总而言之,设计建造、材料性能与数字技术一体化的数字木构教育体系(见图4)具有重要意义,可以强化设计初期建筑性能信息、建构要素、设计决策与制造装配技术之间的协同关系,培养学生的预制装配思维和整合化驱动数字流的能力。

图4　数字木构设计与建造一体化教育体系架构
(图片来源:作者自绘)

5 结语

数字木构对实现双碳目标,推动建筑数字化、新型工业化具有重要意义。对数字设计与制造的前沿探索是未来木构教育趋势。然而当下国内外数字木构建筑教育存在较大差距,我国仍处于实验阶段,数字木构的人才培养面临严峻挑战。因此,对国内外院校数字木构建筑教育进行系统研究,从知识—能力—思维方面不断推进木构建筑教育体系演进,对探索新理念、新理论、新工具、新方法以及新型人才培养模式具有重要意义,同时也为我国当代木结构建筑设计教育以及未来装配式木构建筑实践提供参考。

参考文献

[1] ROBERTO RUGGIERO. Learning Architecture in the Digital Age:An Advanced Training Experience for Tomorrow's Architect[J]. TECHNE-Journal of Technology for Architecture and Environment,2021:139-143.

[2] DANIELA SILA. Digital Fabrication:From Tool to A Way of Thought [J]. Digital Fabrication,2019:463-470.

[3] EDWARD BECKER. Design Cognition:optimizing knowledge transfer in digital design pedagogy [J]. Architectural Research in Finland,2017,1(1):93-105.

[4] MARIAPAOLA RIGGIO,Nancy Yen-wen Cheng. Computation and Learning Partnerships:Lessons from Wood Architecture, Engineering and ConstructionIntergration [J]. Education Sciences,2021,11(3):124.

[5] XINGWEI XIANG, XIAOLONG YANG,JIXI CHEN,et al. A comprehensive model of teaching digital design in architecture that incorporates sustainability[J]. Sustainability,2020,12(20):8368.

[6] 蒋博雅,刘少瑜,刘昇阳等."设计研究"在当代建筑教育学中的发展与应用——以新加坡国立大学建筑系、苏黎世联邦理工学院建筑学院、香港大学建筑学院、伦敦大学学院巴特莱特建筑学院为例[J].建筑师,2019(02):80-88.

[7] 彭怒,李凌洲.现代木材建造的全方位技术技能培养瑞士比尔高等木材技术学校的启示[J].时代建筑,2018(05):128-135.

[8] BOJAN KARANAKOV,JOVAN IVANOVSKI. Petite Timber Structures in/and Architectural Design Education[J]. Original Scientific Paper,2021,10(01):14-24.

[9] JUDITH SHEINE, MARK DONOFRIO, MIKHAIL GERSHFELD. Promoting Interdisciplinary Intergrated Design Education Through Mass Timber[J]. Reynolds Symposium:Education by Design,2019.

[10] J. CHAPMAN, A. BARRIE, Y. PATEL. Learning by Making:Architecture Students Design and Construct Timber Structures for Schools[J]. New Zealand Timber Design Journal,2017,25:20-27.

[11] YRSA CRONHJORT, KATJA VAHTIKARI, ATSUSHI TAKANO. Aalto Wood:Interdisciplinary Teaching and Research[C]//WCTE 2006. World Conference on Timber Engineering. 2016.

张帆[1]　刘小凯[1*]　段滨[1]

1. 上海交通大学设计学院建筑学系；zfhd@sjtu.edu.cn

Zhang Fan[1]　Liu Xiaokai[1*]　Duan Bin[1]

1. Department of Architecture,School of Design,Shanghai Jiaotong University

数字技术介入建筑学美术课程的教学研究
The Teaching Research of Digital Technology in Architectural Fine Arts Courses

摘　要：随着技术的发展,建筑学专业的培养方案和教育理念也随之发生着巨大的变化,建筑学专业的美术课程也因此从过去单一的强调绘画技能的基本功训练,呈现出了弱化传统绘画基础训练、强化艺术素养培养以及紧密与专业课程衔接的趋势。在此背景下,上海交通大学建筑学系(后简称上海交大建筑学系)在美术课程中进行了数字技术介入的实验教学改革,尝试在素描基础、综合作业和艺术创作三个层面,将数字技术结合传统教学的形式运用于美术教学与创作,课程借助 Processing 编程语言和 AutoCAD 等软件,实现素描关系的认知、创作效率的提高和创作途径的拓展,并在素描、版画、流体画、丙烯画等不同创作类型中呈现了较好的教学效果。根据数字技术介入的教学实践,展望未来美术课教育的新思路。

关键词：数字技术；美术教学改革；数字艺术实验

Abstract：With the development of technology,the training programs and educational concepts of architecture majors have also undergone tremendous changes. The fine art courses of architecture majors,from the single basic training of painting skills in the past,have weakened the basic training of traditional painting,the trend of strengthening the cultivation of artistic literacy and the connection of close professional courses. In this context,the Department of Architecture of Shanghai Jiaotong University has carried out an experimental teaching reform involving digital technology in the art course,trying to combine digital technology with traditional teaching in the three levels of sketch foundation,comprehensive homework and art creation. The course uses the Processing programming language and AutoCAD and other software to realize the cognition of sketch relationship,the improvement of creation efficiency and the expansion of creation methods,and presents a good performance in different art types such as sketching,engraving,acrylic pouring painting,and acrylic painting. Through the application of digital technology,we look forward to the new ideas of fine art education in the future.

Keywords：Digital Technology；Fine Arts Teaching Reform；Digital Art Experiment

1 引言

美术课程是建筑学专业的基础课程,在训练学生对空间形态的理解与创作、艺术审美的培养等方面起着重要作用。随着计算机及智能制造技术的普及和更新,建筑行业的发展随之发生巨大变化,国内建筑学专业培养方案和教育理念也相应发生了变革。美术课程作为专业基础课程在此过程中也面临着较多的现实问题:①计算机绘图的普及使得传统"再现"式的美术绘画技巧在建筑学专业学习中的作用有较大削弱;②取消美术加试之后,理工背景的美术零基础生源比重增大,学生美术基础更为薄弱;③多轮培养计划改革之后,美术课程的课时量有了较大的削减,形成了课时短、任务重的局面。

在此背景下,上海交大建筑学系在教学内容、方法以及创作形式三个方面对美术课程进行了相应的改革,将数字技术介入整个教学过程,尝试以理性结合感性的方式减少学生美术入门的心理障碍和基本功局限,提供更多元化的创作形式,打破传统美术教学千篇一律的美术高考型评价标准。

2 国内建筑学美术课程教学的发展及现状

我国建筑美术教育从源流来看,主体是 20 世纪初的巴黎美术学院体系,以古典美学原则为基础的绘画训练。自 20 世纪 50 年代,我国建筑美术教学又受到苏联契斯恰柯夫造型体系的影响,在其基础上建立了从几何体到石膏像的素描训练体系,用明暗表达形态及空间[1]。随着建筑学教育观念的改变,近年来国内各院校根据自身特点,在美术教学中进行了不同程度的改革,如在手绘方面增加结构素描的内容、在创作形式方面增加版画、拼贴等,但整体还是偏于传统的美术教学。

3 教学改革策略

面临行业发展的趋势变化、生源的变化及课时减少的境遇,上海交大建筑学系尝试运用数字技术对美术教学进行相应的改革,将数字软件及数字加工设备运用到教学的全过程之中:从素描基础到综合作业再到艺术创作的三阶段。素描基础阶段,运用 Processing 编程语言对图像进行像素化亮度分析,以科学理性的方式帮助学生观察和理解空间形态、明暗关系等,打破理工科背景学生的思维和感知局限;综合作业阶段,运用数字加工设备辅助学生完成作品的找形与定位,降低形态绘制的难度,强化对形态空间的理解与表达;艺术创作阶段,利用数字软件进行作品方案的计算性生成,并以手工与数字设备相结合的方式进行综合创作,利用学生的技术所长完成方案的创作及实现,也为学生提供多元化的艺术创作思路。

4 教学改革内容

4.1 素描基础的介入

对于没有任何美术基础的大一学生而言,美术课程是思维跨度较大且短时间无法跨越的难题,长期的理科思维学习惯性是产生这一现象的重要原因。数字手段在基本功训练阶段的介入无疑是他们更容易接受的方式,有助于尽快让他们找到打开艺术大门的钥匙。

4.1.1 明暗关系的认识

素描是学生对于空间形态的结构和明暗关系进行观察和分析,并利用线条和明暗表达对其进行理解的一种基本的表达方式,其中对于明暗关系的认识是基础环节。对于有明确边缘的立方体或者多边形,学生的理解

比较清楚,明暗交界线容易掌握和理解,但是对于球体、圆锥体等曲面体块的明暗交界线往往在理解上有一定难度,加上观察的角度差异、主光源的方向不同和暗部的反光干扰,难度也随之增加了。同时对于明暗交界线,不同的表达需求可能还会产生不同的理解,也不一定有唯一标准的答案。因此在教学中,尝试运用 Processing 软件将对象的明暗进行直观化处理,辅助学生进行理解。

利用 Processing 软件将拍摄的静物石膏进行数字化的处理,用 0～255 来表达照片像素的亮度值,并对区间进行划分,以 150 为界,0～150 的亮度值用黑色(亮度值为 0)进行填充,150～255 的亮度值用白色(亮度值为 255),这样画面就简化为黑白两色,明暗交界线呈现得非常清晰。如图 1、图 2 所示,将拍摄的静物石膏图片设置不同的分界亮度值,得出多种明暗交界线的情况,教学时可针对不同的明暗分布进行讲解,让学生有更多的比较和理解。

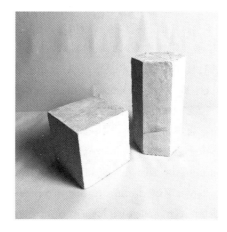

图 1 石膏体实景照

图 2 不同参数下明暗关系对比

4.1.2 色阶的训练

传统的美术色阶训练,往往采用绘制多个不同灰度的色块的方法,从最浅到最深进行过渡,训练明暗过渡和排线的基本功,这个训练容易出现深色不深,浅色不浅的情况,特别是在将色阶训练运用在石膏体素描的时

候,如果对于石膏体深浅的理解不足,对于画面的表达就会出现深浅不到位的情况,画面便会整体偏灰,前后关系不明晰。为了改善这一现象,教学中尝试运用软件对图像进行色阶分解,作为学生表达的辅助工具。

如图 3 所示,利用 Processing 软件将拍摄的静物石膏图片处理为 n 个不同的灰度区域(图 3 中 $n=5$),并进行单纯的灰度填充,将 0～255 分为 n 个不同的灰度区间,并将每个区域设定为一个灰度值,这样的处理类似将一个石膏静物的画面变为色阶图,学生以此图为参考,可以迅速理解明暗的分布和渐变关系,在大关系的处理上,不容易出错。

图 3　色阶分析

4.2　综合作业的介入

数字技术介入艺术创作如今并不罕见,比如投影打稿、打印重绘等方式,为创作提供了很大的便利。美术课程在建筑学培养计划中课时被削减的情况下,需要减少耗时长、运用价值低的训练,充分利用课时进行相应的创作,而合理利用数字手段提高作品创作效率是重要的方式之一。

4.2.1　形态定位加工创作

2021—2022 学年秋季学期,上海交大建筑学系和园林系的大一新生在"造型基础 1"课程中合作完成了一副 8 m×8 m 的大型素描作品《园诞》,如图 4 所示。这幅巨画由 11×11 共 121 张 750mm×750mm 的素描小画组成,占地面积约 64 m²,由建筑学系 32 位同学和园林系 26 位同学分成 8 组,以小组为单位共同完成。

巨幅作品进行创作时,需要解决两个重要的问题:一是如何保证整体的完整拼合;二是避免学生间找形能力差异带来的对位和衔接问题。因此在创作前期需运用数字技术对画布先进行有效的定位,首先利用数字技术对图片进行拼贴及等距划分,然后将每个单元进行矢

图 4　《园诞》作品照片

量化的转化(图 5),最后利用激光切割机进行浅雕刻,在不损坏纸张的前提下,完成单元的打稿和裁剪,保证了图纸的连贯性,并提高了绘图找形的效率。

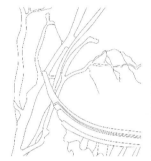

图 5　矢量转化及成果

4.2.2　"套色"丙烯画

传统套色版画,可以利用定位的关联性,进行叠加创作。利用这个原理,创作选择了著名油画《自由引导人民》的局部,运用软件进行块面绘制,并结合安迪·沃霍尔创作《玛丽莲·梦露》作品的方式,进行多色重复绘制。

为保证四幅作品(图 6)的准确定位,学生利用激光切割机进行了"套色"模板的加工,用 Adobe Illustrator 的图像描摹把原画分成四块,按照明暗关系把不同的色块直接分出来(图 7),转入 AutoCAD 调整边界上琐碎的线,让形状较为连贯,降低后期绘图的复杂度,再用激光切割机在硬卡纸上将不同的明暗区域切割出来,最后把硬卡纸遮挡在画布上后用丙烯颜料填充完成画作。利用切割后的硬卡纸进行定位和涂色,大大提高了准确性和制作速度。

4.3　艺术创作的介入

对于建筑学系的学生而言,美术课程除了教授素

图6 学生作品

图7 矢量文件

描、色彩等基本功之外,更多的是培养艺术思维和创作力,但在低年级,创作思维处于起步阶段,有时候会出现"眼高手低"的情况,学生容易产生挫败感,数字手段的介入有助于降低创作的难度,有更高的容错率,并能开拓艺术创作的途径。

4.3.1 数字版画的算法创作和数字化加工

利用数字化手段,可以给予传统艺术形式更多的创作手段和更简便的实现方式,以版画为例,利用激光切割机、CNC雕刻机进行版画的加工,已经成为版画创作的一种普遍应用方式,其优点是快速、易加工以及可控性。

以图8的数字版画作品为例,从左到右,依次为:图案、手绘跳水图像、软件合并图像、矢量化文件和上油墨作品。教学过程中,首先让学生手工绘制了一幅简单的黑白跳水图像,并选择一幅适宜的肌理图案,利用Processing进行两张照片的合并,使得两张图片相互融合。再使用图片矢量化软件将黑白色的图片转化为AutoCAD格式文件,在这个转化过程中,矢量化的线条并不完全光滑,存在一定的锯齿边缘效果,这反而在一定程度上形成了版画的手工感。制作完矢量路径之后,在雕刻板上用CNC雕刻机对边界进行雕刻,并对最后完成的雕刻板进行适当的打磨和修补,滚上油墨,后续的制作流程就采用了传统印制版画的工艺。

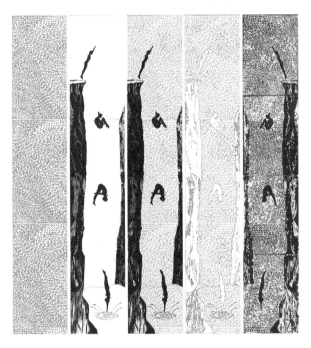

图8 数字版画

4.3.2 流体画的数字控制创作

数字控制的流体画创作是运用激光切割机的精准运行轨迹将流体画颜料按照设定好的路径匀速洒落在画布上的创作。为了打破常规流体画的画布局限,形成更为丰富的画面肌理,创作选择画布的三维化作为突破点,制作石膏体块以形成画面的凹凸肌理,从而实现流体画颜料滴落在不同三维表面形成的丰富肌理。

创作的第一步为三维体块的设计与制作,利用 Grasshopper 软件中 Voronoi 的 3D 算法进行多面体块的生成,将生成的体块制作成硅胶模具并完成石膏倒模浇筑,再将浇筑完成的石膏体块均匀粘贴于画布上。另一方面,流体颜料按比例稀释并灌装于分液漏斗内,漏斗与激光头固定,颜料随着激光头的运行轨迹滴落在画布之上,从而形成重力影响下的图面肌理(图9)。最终的

图9 流体画作品

画面则展现了秩序与偶然相结合的韵律,并在三维层面上体现了流体画的流动性。

这两种创作形式均利用软件进行设计,加工设备辅助创作的实现,为学生提供了一种容易入手的艺术创作方法,既避免了美术零基础带来的创作局限,又发挥了理工科学生在技术探索方面的长处,且最终完成的作品也呈现了一定的独特性。

5 小结

建筑学专业的美术课程,面对的学生大多是以理工科见长、美术基础较薄弱的学生,而课程教学的目的也不同于美术院校,因此在教学内容和方法上应有针对性地改革。本文通过上海交大建筑学一年级"造型基础"教学案例的实践探索,展现了数字技术在美术教学过程中应用的可能性及成效,以循序渐进的方式引导学生从理性分析到感性认知的转化,以扬长避短的方式进行艺术的创作与实践,为其他院校的建筑学美术教学提供一些参考借鉴。

参考文献

[1] 王强.改进建筑学美术教育的途径[J].建筑学报,2009(09):54-56.

[2] 钱锋,伍江.中国现代建筑教育史[M].北京:中国建筑工业出版社,2008.

孙明宇[1*]　饶金通[1]　凌亦欣[1]　石峰[1*]

1. 厦门大学建筑与土木工程学院;smy_arch@xmu.edu.cn

Sun Mingyu[1*]　Rao Jintong[1]　Ling Yixin[1]　Shi Feng[1*]

1. School of Architecture and Civil Engineering,Xiamen University

国家自然科学基金项目(51808471)、中央高校基本科研业务费专项资金资助(20720220079)

面向新工科的厦门大学数字建筑教学体系探索与实践

Exploration and Practice of Digital Architecture Teaching System of Xiamen University for Emerging Engineering Education

摘　要: 面向国家战略需要与我国工程教育改革,厦门大学建筑学科"基于数字技术的建筑师培养体系研究与实践"于2018年入选教育部首批"新工科"建设项目,积极探索数字建筑教学体系建设与实践。本文首先明确"高素质、创新型、复合型"的新型建筑工程师人才培养的目标;进而从宏观层面,结合厦门大学建筑学科"一轴两翼"教学体系,建构纵向(本—硕—博各年级进阶)与横向(理论—实践—研究交互)复合的多维教学体系,实践多专业交叉、产学研融合的培养模式,充分发挥数字建筑教学分支的技术翼支撑作用;然后从微观层面,提出计算性与创造性的双向思维培养理念,介绍厦门大学"计算设计实验"系列课程、厦门大学"数字建造营"的教学实践案例,具体阐述面向新工科的数字建筑教学探索与实践;最后,展望未来与新专业"智慧建筑与建造"、微专业、"人工智能+"等新型、前沿人才培养模式进行结合的可能性。

关键词: 新工科;数字建筑教学体系;建筑教育;计算性设计;数字建造

Abstract: To meet the national strategic needs and reform of engineering education in China,Xiamen University was selected as one of the first "Emerging Engineering Education" construction projects of the Ministry of Education in 2018,actively exploring the construction and practice of digital architecture teaching system. First,make clear the goal and standard of cultivating high-quality,innovative,and compound new architectural engineers. From the macro level, combining with the construction of Xiamen University teaching strategy of "one axis,two wings",construct the longitudinal (undergraduate-master-doctor all-grades) and lateral (technology-design-theory-practice-studies interactions) composite multi-dimensional curriculum system,practice more professional and integration of production,study,and training mode,give full play to the digital architectural teaching branch wing technology support. From the micro level,this paper puts forward the cultivation concept of computational and creative two-way thinking,introduces the "Computational Design Experiment" series courses of Xiamen University and the teaching practice case of "Digital Construction Camp" of Xiamen University,and expounds the exploration and practice of digital architecture teaching for new engineering. Finally,the paper investigates the possibility of combining the new and cutting-edge talent training modes such as "smart architecture and construction","micro major" and "artificial intelligence +" in the future.

Keywords: Ernerging Engineering Education; Digital Architecture Teaching System; Architectural Education; Computational Design;Digital Construction

2013 年,德国政府在汉诺威工业博览会上正式提出"工业 4.0"战略;2015 年,我国提出《中国制造 2025》行动纲领,部署全面推进实施制造强国战略。2016 年发布的《制造专业人才发展规划指南》,预计到 2025 年我国信息技术产业人才缺口将达到 950 万人。2017 年,教育部部署"新工科"建设工作,主动应对新一轮科技革命与产业变革的战略行动。2018 年,厦门大学建筑学科"基于数字技术的建筑师培养体系研究与实践"入选教育部首批"新工科"建设项目。

1 培养目标:新型建筑工程师

数字化时代下,建筑设计领域需要具有新技术教育背景的高素质、创新型、复合型建筑师,这对传统建筑学专业人才培养体系提出了挑战,也为传统建筑学专业课程的改造升级提供了机遇。分析我国制造强国战略,提炼新型建筑工程师人才培养核心目标如下。

1.1 系统多元

面向新工科下的建筑学专业发展趋势,应建立系统而多元的知识体系和能力框架。首先,建立系统化的知识体系。与传统建筑学教育不同的是,新型知识体系应加强计算机科学、计算机图形学等基础学科知识输入,基于建筑学知识体系,围绕形式、功能、结构、环境等核心点,创造性建立系统化数字建筑设计知识体系。其次,建立多元化的能力框架。建筑学学生的就业方向趋向多元化,培养方向将在原有领域的基础上,向智能设计、智能建造、媒体艺术、舞台艺术、装置设计、会展策展、产品设计等方向交叉和拓展。因此,在培养目标中应强化知识体系的系统性和多元性,使学生具备挑战未知领域的知识储备及自我建构知识体系的能力,满足学生适应未来持续革新的多样化需求。

1.2 创新引领

在数字技术影响下,对快速更新迭代的未来具有高度适应能力的新型建筑工程师人才,应是具有"前沿性""时代性"的引领型人才。反映在教育之中,则是立足建筑学科基本问题,通过多学科交叉融合,积极探索建筑改革发展的新理念、新思路与新途径。新理念体现为培养学生将技术与艺术相结合的设计理念,通过数字技术手段的深入应用,从本质上真正提升建筑与自然、建筑与人的关系,以生态、美学为目标导向进行建筑设计的全面升级,建立性能目标与设计方法的本质链接。新思路体现为培养学生复杂整合的建筑设计思维,运用复杂性思维建立建筑形式、环境性能、全生命周期效益之间自下而上的整合关系,建筑师可以亲身投入从设计到建造与管理的整个流程中,探索建筑形式背后的深层逻辑。新途径体现为在建筑设计教学方法中引入数字协同,通过数字设计与建造技术、智能技术,实现建筑设计、加工、建造的无缝连接,实现建筑设计的高效率、高性能化和高完成度。

2 教学体系:纵横复合

2.1 本—硕—博纵向进阶

在整合现有以技术为主的数字化教学资源基础上,厦门大学建筑与土木工程学院增设偏重于理论与设计方向的课程,系统性建构纵向进阶式"数字建筑教学体系"。本科阶段:对低年级本科学生开设数字化建筑设计与建造理论性课程,让学生全面了解当前数字化建筑技术的发展现状,学习数字化建筑设计的思路与方法,并通过课程作业(从几何形式到 3D 打印)的设置与完成初步了解从数字化建筑设计到建造的过程,建立智能化理性创新的建筑设计思维;对高年级学生开展"数字建造节"活动,以主题创新与作品展示等方式,激发教师与学生团队的设计灵感,促进数字化建筑技术在教学与实践中的发展,引发社会对数字化建筑技术应用的关注,引导实践单位对全新数字化建筑设计范式的认识与应用。硕博阶段:对研究生开展多专业融合的数字建筑设计课程,从建筑学本体问题出发,探讨空间、材料、结构、性能等建筑基本问题在新数字技术、智能技术支撑下的相关研究及应用,培养学生的数字化建筑设计思路与手段。以此,从多层面多维度建构复合、整体、开放、创新的数字建筑教学体系(表 1)。

表 1　数字建筑教学体系支撑课程

(来源:作者自绘)

教学年级	课程名称	学时/学分	教学方式
本科一年级	计算机辅助设计	32/2	技术类:CAD、SU、VR
	计算设计实验(一)	16/1	设计类:"几何星球"专题
本科二年级	参数化设计	16/1	技术类:Rhino、Grasshopper
	计算设计实验(二)	16/1	设计类:"自然结构"专题

教 学 年 级	课 程 名 称	学时/学分	教 学 方 式
本科三年级	建筑信息建模	32/2	技术类:BIM
	数字建筑理论	32/2	理论类:专题讲座
本科四年级	数字建造实践	16/1	实践类:开放性多专业校选课、结合数字建造营活动
本科五年级	毕业设计	不限/9	设计类:专题研究型设计
硕士	建筑数字化技术	32/2	技术类:数字设计技术、数控建造技术
	数字建筑理论与方法	32/2	理论类:专题讲座
	建筑设计研究	48/3	设计类:专题研究型设计
博士	数字建筑理论与方法	32/2	理论类:专题讲座

2.2 理论—实践—研究横向交互

新型数字设计及建造技术在满足新形式、新功能等需求之上,更重要的是,可为建筑置入科学化、逻辑化、性能化基因,从理论、实践、研究方面交互创新。实现从知识性教育到创造性教育的转变,是现代教育发展的重要特征,在这种转变中,应将人的创造性潜能视为一种重要资源,并且视为教学过程中培养的客体之一。不同于基础学科,建筑学的科研工作偏重于应用研究,将基础学科发现的新理论、新技术综合运用起来,寻求应用上的创新与突破。在课程体系中建构开放的课程框架,应持续关注以上重点科研领域中最新科研及实践成果,将其及时地纳入教学内容之中,确保学生了解到前沿、最具探索性的设计理念及方法。与此同时,教学过程中学生对课程思考问题的讨论及学生课程作业,将充满创造力与偶然性,这在一定程度上可成为刺激科研工作的灵感来源。由此形成"教学促科研、科研促教学""产学研融合"的良性机制。

3 培养理念:计算与创造双向思维

未来建筑将面临复杂且科学化的现实问题,将计算性思维和创造性思维双向引入建筑教育之中是重要且必要的。在其培养过程中,两者有所区分并相互促进——计算性思维的培养应作为学科基础,创造性思维的培养仍然是重点与突破点。

3.1 "计算设计实验"系列课程

厦门大学建筑与土木工程学院通过开设"计算设计实验"系列进阶课程,创新性地将"计算性思维"与"创造性思维"培养同时融入教学内容之中,调动学生对现实世界现象及空间设计问题的抽象描述,激发其创作灵感,从而培养新型建筑师人才的双向思维能力。

在"计算设计实验"系列课程中,设置了两个进阶主题项目:几何星球、自然结构。在教学设计中重点考虑各项核心要素,并设置六个活动环节:请学生提出驱动性问题设置、聚焦学习目标、投入科学实践、实施小组协作、公开成果展示、多方评价反馈。通过计算思维模块课程与想象思维模块课程相结合,向同学们提出具有挑战度的学科设计问题,驱动学生创造性地完成项目任务;通过真实小组合作进行探究式设计,实现教学中的创新性与挑战性的目标。三大教学模块分别为"计算模块""想象模块""项目模块",针对各教学模块进行"精细化"教学设计(图1),使学生在"计算模块"与"想象模块"学习后,习得充足的基本知识与技能储备,在"项目模块"中落实教学创新理念与目标(课程部分成果如图2、图3所示)。

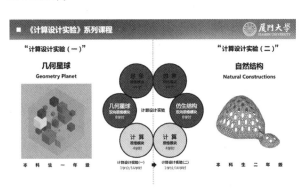

图1 "计算设计实验"系列课程教学设计
(图片来源:作者自绘)

3.2 厦门大学数字建造营

在新工科建设背景下,厦门大学建筑与土木工程学

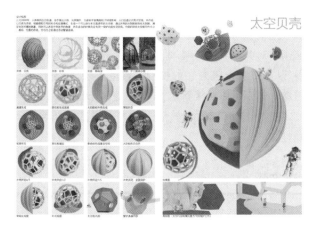

图2 "计算设计实验（一）：几何星球"学生作业
（作业作者：2020级蒲海鲲）

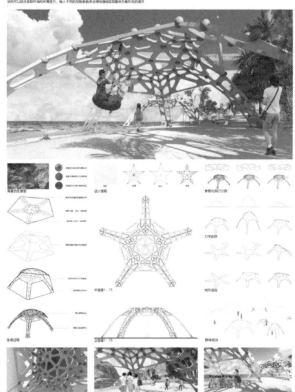

图3 "计算设计实验（二）：自然结构"学生作业
（作业作者：2019级梁洁）

院自2020年起逐年开展"数字建造营"系列教学及科研活动。厦门大学数字建造营是以学生为主体、多专业交叉、跨学年合作的重要学术性实践活动，是以数字建造社、BIM实验室为支撑，以国家自然科学基金课题为导

向，以本硕博学生联合的开放性研究型实践活动。该活动鼓励同学们走进和认识数字建筑，从图纸走向现实，探索数字化建造的可能性（图4）。活动包括开题策划、学生组队、中期汇报及终期答辩，以及活动过程中的专题讲座。一方面，数字建造营是教学体系中所有前续理论课程、技术课程的最终体现形式；另一方面，催生出一系列优秀的数字建造学生成果以及培养了一批在该领域有理想、有志向的青年学子（图5），以此为基点在学术会议、学业竞赛中崭露头角，印证了该教学体系在人才培养上的有效性。

图4 2021年厦门大学数字建造营海报
（图片来源：作者自绘）

4 结语

在"新工科"建设、"双一流"建设的背景下，数字建筑设计教学的引入具有多重价值。数字化时代下，技术、

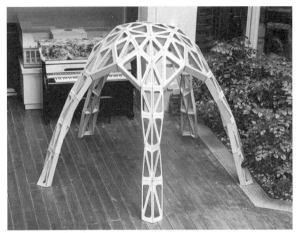

图5 基于海星仿生的数字建造案例及成员合影

(模型作者:梁洁)

社会、经济及文化都以计算机迭代式的速度不断变化,数字建筑教学体系的实践与反思是建筑学专业教育中必须面对并解决的问题,学生亟需新鲜而前沿的理论引导,从而应对未来未知的挑战。展望未来,新型数字建筑教学体系可以对接新专业"智慧建筑与建造",也有与"人工智能＋"等新型、前沿人才培养模式相结合的可能性。

参考文献

[1] 泰格马克.生命3.0[M].汪婕舒,译.杭州:浙江教育出版社,2018.

[2] SEAN AHLQUIST, ACHIM MENGES. Computational Design Thinking[M].Chichester:John Wiley & Sons,2011.

[3] WING J M. Computational Thinking[J]. Communications of the ACM,2006,49(3):33-35.

[4] 威尔逊.创造的本源[M].魏薇,译.杭州:浙江人民出版社,2018.

[5] 孙明宇,饶金通,李立新.几何星球——面向建筑类一年级的计算设计实验[J].当代建筑,2020(11):77-80.

[6] 孙明宇.计算与想象——建筑教育中的双向思维培养[J].城市建筑,2021(22):118-120.

刘吉祥[1]*

1. 厦门大学建筑与土木工程学院城市规划系；liujixiang@xmu.edu.cn

Liu Jixiang[1]*

1. Department of Urban Planning, School of Architecture and Civil Engineering, Xiamen University

城市规划设计教育拥抱城市计算
——以麻省理工学院和香港大学教育创新为例

Urban Planning and Design Education Embracing Urban Computation: Case Studies of Innovations in MIT and HKU

摘 要：随着我国城市发展由"增量时代"进入"存量时代"，加之"国土空间规划"方兴未艾，传统的以形态设计为基础的城市规划设计实践与教育面临挑战，需要理论、视角和方法的全面升级。近年来，愈发多源、多维、庞大的城市数据和加速发展成熟的人工智能等模型算法为规划设计实践和教育提供了革新的动力和机遇。境外部分高校开始了城市规划设计教育改革，创新性地将城市设计与计算机、数据科学等学科相融合，旨在培养适应新的时代需求和行业发展趋势的复合型城市设计人才。本文以麻省理工学院和香港大学相关专业创新为例，简要介绍相关专业的专业宗旨、课程设置等内容，归纳总结专业特色，并分析对于我国城市设计教育创新的借鉴意义。

关键词：城市规划与设计；城市计算；教育创新；麻省理工学院；香港大学

Abstract: Along with the transition of urban development of China from "increment period" to "stock period" and the emergence of "Territorial spatial planning", the traditional practice and education of urban planning and design that is design-based are faced with increasing challenges, requiring comprehensive updating of theory, perspective, and methodology. In recent years, the increasing availability of urban big data and the maturation of analytical methods such as artificial intelligence have provided urban planning and design practice and education with impetus and opportunities for innovation. Some universities abroad have started to reform their urban planning and design education, innovatively combining urban planning and design and subjects like computer science and data science, with the aim of cultivating brand new talents who are adaptive to the new demands and trends of the informational age. Taking MIT and HKU as examples, this paper briefly introduces the aims and course structure of the newly opened degree programs in these two universities, summarizes their unique features, and analyzes their implications for China's reforming of urban planning and design education.

Keywords: Urban Planning and Design; Urban Computation; Education Innovation; MIT; HKU

1 引言

近年来，我国经济社会深入转型发展，城市化水平进一步提高，相应地，城市规划设计进入了全新的发展阶段。一方面，城市规划设计从过去五十年的"增量扩张时代"进入"存量更新时代"[1],[2]。另一方面，随着我国于2019年完成关于国土空间规划的顶层设计，城市规划设计的存在形式，也势必迎来调整与改变[3]。在这样的背景下，传统的城市规划设计需要理论、视角和方法的全面革新升级。与此同时，随着信息社会愈发深入发展，城市作为一个复杂巨系统，与其相关的数据来源越来越多元(如智能手机、社交媒体、城市传感器、城市监测站),数据类型越来越丰富(如位置点/流数据、街景图像、兴趣点),数据分析手段越来越成熟(如人工智能方法)。这些数据和模型算法方面的快速发展为城市规划设计革新发展提供了强大的动力和难得的机遇[4]。城市规划设计的改革需要充分的人才支持,而城市规划设计教育的变革首当其冲。

西方国家更早完成城市化进程,更早面临城市规划设计转型,其城市规划设计教育的创新也同样走在世界前列。近年来,在日新月异的信息技术和蓬勃发展的城市计算新技术催生下,西方城市设计教育创新不断萌发新的特点。西方高校城市规划设计教育对我国影响深远,其体系、模式和创新改革等对于我国城市规划设计教育的借鉴意义一直受到国内学者的关注。例如,金广君作为我国城市设计教育的先行探索者之一,较早地向国内推介了西方国家尤其是北美的城市设计教育的模式和理念,并提炼总结了对于我国城市设计教育路径选择的启示[5]-[7]。张庭伟[8]从知识、技能和价值观三方面介绍了美国的城市规划设计教育,并呼吁我国应加强城市规划设计价值观的培养。韦亚平、董翊明[9]讨论了美国城市规划教育的院系设置、专业特色、课程架构和专业技能培养等,通过与我国规划设计教育对比,提出了相应的改革建议。此外,张颖、宋彦[10],叶宇、庄宇[11],杨春侠、耿慧志[12],王嘉琪[13]史宜、关美宝[14]等学者也进行了有益的探索。然而,上述研究除了史宜、关美宝[14]以麻省理工学院、俄勒冈大学等美国高校为例介绍了美国业已开始的数字化城市设计教育的创新探索外,其余研究均专注美国传统城市设计教育。因此,当前关于西方城市规划设计教育创新的研究和介绍存在明显不足,有必要进一步审视西方城市规划设计教育创新的最新特点,并归纳总结对我国的借鉴意义。

鉴于此,本研究以麻省理工学院(以下简称 MIT)全新的本科专业——城市科学与计算机科学(Bachelor of Urban Science and Planning with Computer Science)的课程设置为案例,结合香港大学(以下简称 HKU)全新的硕士项目——城市计算(Master of Science in Urban Analytics),介绍其专业逻辑、课程设置,并归纳总结专业特色,以期为我国城市规划设计教育提供借鉴。

2 MIT 城市科学与计算机科学本科专业

MIT 建筑与规划学院创建于 1865 年,由建筑系、城市研究与规划系、媒体实验室、房地产中心和艺术文化与科技教学部构成。MIT 建筑与规划学院从 20 世纪 90 年代开始即常年排名美国高校前列,并且形成了计算机教育与研究应用的特色[15]。尤其引人注目的是,2018 年,MIT 批准了全新的本科专业——城市科学与计算机科学——引领了城市设计教育的创新发展。

2.1 专业宗旨

作为一个典型的交叉学科专业,城市科学与计算机科学专业由 MIT 城市研究与规划系和电子工程与计算机科学系联合开设。新专业建立在 MIT 对于快速变革(包括广泛的传感器、持续的数据流、先进的算法、交互式沟通与社交网络,以及分布式智能)的深刻理解之上,通过综合城市规划与公共政策、地理空间分析、设计与可视化、数据分析、机器学习、人工智能、传感器技术、机器人以及城市科学和计算机科学的其他方面内容,旨在培养"具有人文关怀、社会影响力、技术创新力和政策改变力的科学家、规划师和政策制定者"。

2.2 课程设置

MIT 全新的城市科学与计算机科学本科专业为 4 年学制,学生须修满 180 至 195 学分以满足毕业要求。总体来说,专业课程设置属于"理论课程+工作坊+毕业论文"模式。如表 1 所示,理论课程中,占最大比重者为计算机科学相关课程,必修课、专业限选课以及选修课三类课程总计 87~99 学分,其次为城市规划设计课程,共计 66 学分。城市技术工作坊为所学理论、方法提供了应用场景,借以提高学生的实践能力。毕业论文则是学生四年所学的综合考察评定。

从课程架构可以看出,此专业十分强调对计算机科学相关知识和技能的培养(尤其是数据分析和编程),希望学生受到训练后,可以将相关技能应用于城市研究和规划设计中,更好地解决城市巨系统中面临的问题。另外,城市规划设计课程中关于形态设计的内容较少,这也反映了该专业强调循证(evidence-based)、理性的特点。

表 1 MIT 城市科学与计算机科学本科专业课程简表

课程类别		课程内容
必修或专业限选	计算机科学	必修:基于 Python 的计算机科学编程介绍(6 学分);计算性思维与数据科学介绍(6 学分);计算机科学数学基础(12 学分);算法介绍(12 学分);编程基础(12 学分);软件构成要素(15 学分) 选修(2 选 1):统计推断介绍(12 学分);人工智能或机器学习介绍+概率论介绍(24 学分)
	城市规划设计	必修:城市设计与发展介绍(12 学分);空间分析与地理信息科学(GIS)实验(12 学分) 选修(4 选 1,12 学分):信息政策基础;公共政策制定;谈判的艺术与科学;城市能量系统与政策
	城市技术工作坊	3 选 1(12 学分):城市与环境技术实施实验;众包城市;公民技术原型设计;大数据、可视化与社会
	论文写作	2 选 1:本科高等研究讲座;毕业论文研究设计讲座+本科生毕业论文写作
选修	计算机科学	5 选 1(12 学分):计算机制图;辅助技术的原理与实践等
	城市规划设计	20 选 3(30 学分):城市设计工作坊;信息与可视化;健康城市;政策与规划的健康影响;行为科学与城市移动性;大型设计与超大城市景观等

2.3 特色总结

综合上述,MIT 城市科学与计算机科学本科专业具有以下两大特点。第一,深度的交叉性。该专业由建筑与规划学院和工程学院共同开设,专业学生同时属于两个学院,可同时享受两个学院各类资源。从课程设置上亦可见一斑。这样的深度交叉性有助于帮助学生打造交叉性的底层知识架构,培养高水平复合人才。第二,强调工具理性,但同时也不忽视价值理性。通过合适的课程设置,既培养学生扎实的计算机底层技能,又加深学生对城市现象和问题的认识和理解;既完成方法论训练,又实现价值观提升。

3 HKU 城市计算硕士专业(项目)

HKU 建筑学院成立于 1950 年,是 HKU 十大学院之一。发展至今,已经形成了包括建筑学、城市规划、景观建筑学、房地产等专业在内的综合性学院,实力雄厚。HKU 建筑学院办学形式与欧美相似,联系紧密。近年来,HKU 建筑学院也开始了教育改革探索。2020 年,HKU 批准了全新的硕士专业——城市计算。

3.1 专业宗旨

新专业由建筑学院负责开设,包括两种学制,即 1年制全日制硕士和 2 年制兼职硕士。该专业的开设同样基于大数据、人工智能等发展如火如荼的时代背景,试图使用全新的方式理解、规划、管理和优化我们的城市。该专业旨在通过综合社会科学、城市规划与设计和数据科学的原理和方法,训练和提升学生以及专业人士在城市设计、规划、管理过程中应用全新的城市科学和计算方法解决全新问题的能力。

3.2 课程设置

因为学制较短,HKU 城市计算硕士专业课程相对较少(见表 2)。总体来说,课程设置属于"理论课程+毕业论文/设计工作坊"形式。学生须修满 69 个学分并完成毕业论文或设计以获得硕士学位。具体而言,必修课程包括 7 门,主要聚焦城市规划、设计和发展中新数据和新方法的应用。另外还需选修 2 门城市理论课程,供选课程包括城市发展、区域规划、住房、城市设计、形态学等,选择较为丰富。

表 2 HKU 城市计算硕士专业课程简表

课程类别	课程内容
城市分析/计算 (每门课 6 学分,必修)	空间数据分析基础;城市与区域规划发展地理信息系统技术;城市大数据分析;趋向未来城市的编程与人工智能;空间移动性分析;空间规划分析;城市科学
城市理论课程 (7 选 2,每门课 6 学分)	城市发展理论;香港规划实践、法规与伦理;全球化和中国城市与区域发展;国际规划政策与实践;转型中的城市;城市与住房发展;城市设计的价值;城市、社会与环境经济;形态学与城市设计理论
毕业论文/设计 (15 学分)	毕业论文或智慧规划与设计工作坊

3.3 特色总结

综上所述，可以发现，HKU城市计算硕士专业具有以下两大特色。第一，突出的应用属性。不同于MIT新专业着力打造学生的计算机科学的底层思维和能力，HKU新专业更强调对学生应用新数据和新算法的能力的培养，这是由HKU新专业作为硕士项目的定位所决定的。第二，兼具地域特色和全球视野。该专业的城市理论课程中，既有关于中国内地和香港城市发展和规划实践、法规等内容，同时又有国际规划政策和实践相关内容，有助于培养具有国际视野，同时又能实施本地行动的城市专业人才。

4 总结与启示

经过数十年的发展，我国的城市规划设计教育形成了较为成熟的体系、模式与制度。然而，近年来，城市不断发展，城市规划设计体系变革，以及新数据和新算法的涌现，为城市规划设计教育带来了转型创新的内、外双重压力和机遇。我国城市规划设计教育发展历程，受西方国家影响颇深。而值此变革关头，审视世界知名高校的规划设计教育创新，同样可以获得不少启示，总结如下。

第一，开设全新专业，整合教学资源。本文所选两个案例均通过设置全新专业（项目）的形式以应对领域变化，拥抱新技术。与在旧专业中增设部分课程，"小修小补"以"改良"旧专业相比，开设新专业更有利于按照专业定位开设全新课程，整合教学资源。当然，开设全新的本科专业可能需要较长时间的酝酿和准备。

第二，破除学科界限，加强交叉融合。MIT和HKU开设的全新专业（项目），均具有突出的交叉学科属性。其中，MIT新专业同时隶属于两个不同学院，所开设课程也有机融合了计算机科学和城市科学相关内容。而HKU新硕士专业也有多门课程由其他相关院系老师教授。我国众多高校综合性很强，不同类型的学科资源也很丰富。然而不同学科之间的深度融合仍比较欠缺，应该鼓励破除学科界限，加强不同学科之间的碰撞和交叉。

第三，注重技术培养，牢记城市情境。MIT新设本科专业着重打造学生计算机科学的底层架构，同时武装以城市理论。而HKU新设硕士专业则强调新数据和新方法在城市场景中的应用。本质上来说，城市计算是技术手段，其最终目的是要应用于城市场景，以解决城市问题，塑造更美好的城市。这需要对城市现实有着深刻的理解。因此，在人才培养过程中，需要既强调方法论的训练，又注重价值观的塑造和提升，不可"为技术而技术"。

参考文献

[1] 赵燕菁.城市化2.0与规划转型——一个两阶段模型的解释[J].城市规划，2017(3)：84-93.

[2] 赵冠宁，司马晓，黄卫东，等.面向存量的城市规划体系改良：深圳的经验[J].城市规划学刊，2019(4)：8.

[3] 朱锦章.国土空间规划体系下的城市规划传承与融合[J].城市规划，2021，45(4)：8.

[4] 吴志强.人工智能辅助城市规划[J].时代建筑，2018(1)：6-11.

[5] 金广君.美国的城市设计教育[J].世界建筑，1991(5)：71-74.

[6] 金广君，钱芳.CDIO高等教育理念对我国城市设计教育的启示[C]//中国声城市规划学会，华中科技大学.第3届"21世纪城市发展"国际会议，2009.

[7] 金广君.城市设计教育：北美经验解析及中国的路径选择[J].建筑师，2018(1)：7.

[8] 张庭伟.知识·技能·价值观——美国规划师的职业教育标准[J].城市规划汇刊，2004(2)：6-7.

[9] 韦亚平，董翊明.美国城市规划教育的体系组织——我们可以借鉴什么[J].国际城市规划，2011(2)：5.

[10] 张颖，宋彦.美国城市设计专门教育的进展和现状——以六所大学为例[J].国际城市规划，2020，35(6)：14.

[11] 叶宇，庄宇.国际城市设计专业教育模式浅析——基于多所知名高校城市设计专业教育的比较[J].国际城市规划，2017，32(1)：6.

[12] 杨春侠，耿慧志.城市设计教育体系的分析和建议——以美国高校的城市设计教育体系和核心课程为借鉴[J].城市规划学刊，2017(1)：8.

[13] 王嘉琪.美国哈佛大学城市设计硕士项目教育模式探析[J].建筑学报，2019(4)：6.

[14] 史宜，关美宝.美国高校数字化城市设计发展初探[J].国际城市规划，2018(1)：28-33.

[15] 孙一民.近期美国麻省理工学院的城市设计教育[J].建筑学报，1999(5)：3.

邓建勋[1]

1.厦门大学建筑与土木工程学院；

Deng Jianxun[1]

1. School of Architecture and Civil Engineering, Xiamen University

教育部产学合作协同育人项目(202102510016)、厦门大学教学改革研究项目

基于智能建造的 BIM 科创人才培养研究
Research on BIM Innovation Talent Training Based on Intelligent Construction

摘　要：基于智能建造的BIM技术的发展和应用为建筑与土木工程学科人才的培养带来了机遇和挑战。针对学科建设发展的最新需求，以BIM科创实践基地为平台，将BIM信息技术的应用与学科的教学、科创紧密结合，创新人才培养模式。校企合作，进行BIM科创实践基地建设规划；协同育人，深化创新型、应用型人才培养机制；科教融合，创新BIM虚拟仿真"沉浸式"课程教学模式；以赛促学、以赛促创，提升BIM创新型、应用型人才培养质量。在BIM技术的科创实践中不断完善高校人才培养体系，提升大学生的创新实践能力，培养面向未来建筑数字技术的高素质复合型人才。

关键词：智能建造；BIM技术；协同育人；科创实践；沉浸式教学

Abstract：The development and application of BIM technology based on intelligent construction provides new opportunities and challenges for the training of talents in architecture and civil engineering. Aiming at the latest demand of discipline construction and development, the BIM science and technology innovation practice base is taken as the platform to closely combine the application of BIM information technology with discipline teaching and science and technology innovation, and innovate the reform of talent training mode. University-enterprise cooperation to carry out construction planning of BIM scientific innovation practice base; to deepen the training mechanism of innovative and applied talents through collaborative education; integration of science and education, innovation of BIM virtual simulation "immersive" course teaching mode; promote learning and innovation through competition, and improve the quality of BIM innovative and applied talents training. In the scientific innovation practice of BIM technology, the talent training system of universities is constantly improved, the innovation and practice ability of college students is improved, and the high-quality compound talents facing the future building digital technology are cultivated.

Keywords：Intelligent Construction; BIM Technology; Collaborative Education; Science and Technology Practice; Immersive Instruction

1　引言

信息化是促进土木工程行业科技创新发展的重要举措之一。基于智能建造的 BIM 技术的应用和发展为建筑与土木工程学科人才的培养提供了机遇和挑战。

高校作为输送 BIM 人才的重要枢纽，在高校中推动 BIM 技术教育尤为重要。针对 BIM 技术教育改革的不足，国外一些学者分析当前国际 BIM 教育的发展趋势，提出重视可视化高级工程教育思路，从不同角度为 BIM 教育改革与发展、BIM 教学能够更好地融入大学课堂提供了建议[1]-[4]。BIM 给当今建筑业的发展带来了新的驱动力，BIM 人才培养是建筑业推广 BIM 的关键[5]。结合国外 BIM 教育理念，一些学者分析了国内外 BIM 教育的差异和 BIM 人才培养中存在的问题[5]，从课程安

排、师资需求、教学方式等方面提出 BIM 技术在国内高校教学体系中的实施方案[6]。为培养高质量建筑类 BIM 科创人才，高校需要构建适应建筑行业需求的以 BIM 能力为核心的人才培养体系[7]。建筑与土木工程学科的学生是未来建设行业 BIM 技术推广应用的主要储备力量，为他们提供系统化的 BIM 科创与实践将具有很好的前瞻性和实际意义。

2 基于智能建造的 BIM 科创人才培养主要方案

2.1 校企合作，形成优势互补的 BIM 科创实践基地

厦门大学建筑与土木工程学院基于智能建造战略需要，注重建筑与土木工程学科发展的最新需求，开展校企合作，进行 BIM 科创实践基地建设规划，组建 BIM 创新创业团队，科创融合，科教融合，产学研于一体，共同申报和承接科研项目，开展大学生创新创业项目研究。通过与建筑软件开发企业的校企合作，发挥各自的优势，形成优势互补。厦门大学建筑与土木工程学院有教学经验丰富的教师团队，有较完备的实验场地和较好的硬件设备，建筑软件开发企业发挥 BIM 技术的专业优势，给予技术和软件支持，在厦门大学建筑与土木工程学院已有的省级 BIM 虚拟仿真实验教学中心的基础上进行改造升级，为学生提供良好的 BIM 科创实践基地。BIM 科创实践基地以学生为本，提高专业教学标准，加大科创实践教学比例，加强创新型、应用型人才培养的力度。

2.2 协同育人，深化 BIM 创新型、应用型人才培养机制

协同育人，进行 BIM 创新型、应用型人才培养机制研究。通过与深圳斯维尔公司等一些建筑应用软件企业的合作，整合校内外资源协同育人，助力创新型、应用型人才培养的发展战略。在建筑与土木工程学科课程教学、科创实践、课程与毕业设计、实训教学、学生实习、就业等多方面开展深层次合作，建成优势互补、共同发展的长效协同育人机制。

围绕当前的建筑产业技术热点进行创新创业教育改革，鼓励厦门大学建筑与土木工程学院大学生创新创业，创新创业团队由多位专业教师以及优秀学生组成，与企业一起完成"BIM 工作室"或"BIM 实践中心"的建立与运营。协作企业资助专业教师带领学生成立"BIM 工作室"或"BIM 实践中心"，对合作的各项内容进行指导，开展科研合作、开展大学生创新创业项目训练，申报和承接各种科研项目。

针对"智能建造"新型技术方向的新工科专业课程建设及课改项目研究，发挥建筑软件开发企业的产业优势与技术实力，结合建筑与土木工程学科自身的专业特色和教学优势，将最新的产业技术、行业对人才的要求引入教学过程中，通过课程教改，推动高校更新教学内容，设计规划符合新型工科建设要求的人才培养方案、专业课程体系，配套工程实践及工程项目案例，实现校企协同育人、合作发展。

2.3 科教融合，创新 BIM 虚拟仿真"沉浸式"课程教学模式

以 BIM 科创实践基地为平台，将 BIM 信息技术的应用与土建学科的科研、教学紧密结合，不断深化创新人才培养模式改革，开展大学生创新创业项目的研究和土建学科的课程教学。教学设计中强调以学生为中心，以成果为导向，创新 BIM 虚拟仿真"沉浸式"课程教学模式，创新高校人才培养机制。在课程教学中，采用虚拟现实的"沉浸式"教学模式。引入 BIM 技术，虚拟项目现实场景，学生通过角色扮演，进行实际项目的仿真演练，提高实践教学效果。团队构建、角色扮演、BIM 技术植入、案例仿真呈现、任务通关、学生融入项目等多样化沉浸式实践学习，激发了学生的学习兴趣，促进了学生对建筑与土木工程专业知识的理解，培养了学生的创新意识、创新能力。

2.4 以赛促教、以赛促学、以赛促创，提升 BIM 创新型、应用型人才培养质量

依托 BIM 科创实践教学基地，开展以赛促学，以厦门大学认可的全国高校 BIM 毕业设计创新大赛、全国高等院校学生"斯维尔杯"BIM-CIM 创新大赛为指引，组织学生积极参加科创竞赛，让学生在科创竞赛中得到进一步锻炼，强化综合专业技能训练，提升创新实践能力，提升创新型人才培养质量。

通过比赛将行业新技术、新需求与传统教学更好地融合，不仅促进了各高校对 BIM-CIM 技术的教学与应用，而且更多的是促进了在校学生对 BIM-CIM 技术更深层次的了解及专业综合能力的提升。通过比赛搭建了不同高校建筑类专业相互交流的平台，提高了学生的科研实践与创新能力。

3 基于智能建造的 BIM 科创人才培养实践

3.1 BIM 科创实践平台的建设

目前,通过与斯维尔、广联达、海迈等建筑软件开发企业的校企合作,充分发挥双方在理论和实践方面的各自优势,共建 BIM 科创实践基地深化教学改革,促进人才培养与行业需求接轨。通过该科创实践平台,已在课程教学、科创实践、科创竞赛、课程设计、毕业设计、实验实训、学生实习、学生就业等多方面与斯维尔、广联达等公司开展了深层次合作。在课程教学、课程设计、毕业设计、实验实训等方面使用合作企业的有关软件资源用于教学实践,获得很好的效果;利用科创实践平台已申请了一些研究课题,指导学生"大创"项目研究,并取得了一些研究成果;组织学生参加了全国高校 BIM 毕业设计创新大赛、全国高等院校学生"斯维尔杯"BIM-CIM 创新大赛等科创竞赛,并取得了优异的成绩;每年向合作单位推荐优秀学生实习与就业,受到合作单位的好评。

3.2 基于 BIM+VR 虚拟现实场景的沉浸式教学

将 BIM+VR 技术引入课程教学,构建房地产开发虚拟仿真沙盘模型,采用虚拟现实的"沉浸式学习"的教学法,学生通过角色扮演进行房地产开发仿真演练,提高实践教学效果。教学虚拟仿真实践采用 BIM 技术对开发产品业态进行规划布局(见图 1)。根据规划布局设计构建虚拟仿真沙盘模型(见图 2)用于教学。

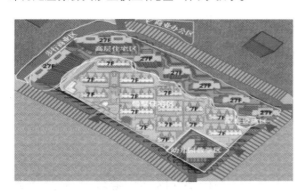

图 1　开发项目 BIM 业态规划布局图

图 2　开发项目 BIM 虚拟仿真沙盘模型

结合城市发展、当地市场情况的研究分析,进行 BIM 建筑业态定位(见图 3)和 BIM 建筑外观建模与渲染效果设计(见图 4),并对楼盘进行公共配套设施的 BIM 设计仿真(见图 5)。

图 3　BIM 建筑业态定位

图 4　BIM 建筑外观建模与渲染效果图

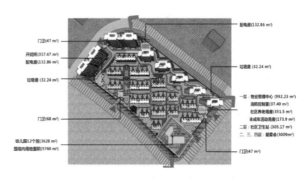

图 5　基于 BIM 模拟的公共配套设施分布图

将 BIM 技术应用于施工场地平面总体布局、综合管线碰撞检查与优化、施工场景漫游等(见图 6)。应用 BIM 技术进行精装设计,在 Revit 软件中建立 3D 精装模型,在 Lumion 软件中放置模型,并进行材质的应用,使模型效果更加真实化(见图 7)。

结合 VR 技术,实现精装 3D 虚拟样板间可视化、具象化,通过扫描二维码就可身临其境地体验精装样板间,亲眼感受户型结构、采光等(见图 8)。

图 6　施工场景漫游

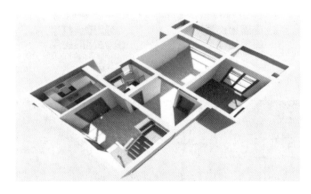

图 7　Revit 精装渲染模型 1F 剖面图

图 8　基于 VR 的精装样板间展示

将 BIM 技术与 VR 技术相结合,让教师和学生仿佛置身于真实的房地产开发场景中,体验房地产开发各阶段的任务目标。

3.3　以赛促教、以赛促学、以赛促创为目标的科创竞赛实践

秉持着"以赛促教、以赛促学、以赛促创"的理念,笔者指导我院的毕业生组队参加了 2022 年"智造·未来"主题的第八届全国高校 BIM 毕业设计创新大赛 D 模块——BIM 招投标管理与应用。该模块以招投标业务为主线,参赛团队基于自选的工程项目资料,完成基于

BIM 的招标文件、投标文件编制、BIM 技术在投标阶段的可视化应用(见图 9～图 12),以及投标博弈过程的思考展示。参赛团队运用广联达 BIM 投标软件(教育版),整合项目 BIM 模型、投标报价清单、施工场地 BIM 三维布置、施工进度计划、BIM 施工动画模拟、BIM 施工组织设计等文件,编制成完整的 BIM 可视化投标文件。

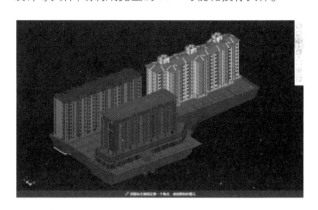

图 9　参赛项目 BIM 建模

图 10　参赛项目效果图

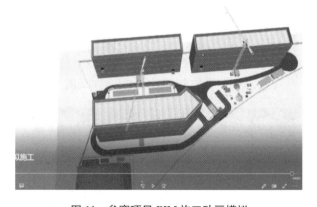

图 11　参赛项目 BIM 施工动画模拟

经过为期八个月的竞赛,我院学生获得了一等奖的好成绩,指导教师获得优秀指导老师奖。

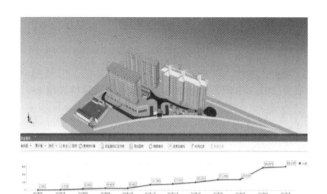
图 12 参赛项目资金使用情况模拟图

2022 年,第十三届全国高等院校学生"斯维尔杯"BIM-CIM 创新大赛分为 BIM 建模和 BIM-CIM 应用两个专项,我院组织了四支队伍参加比赛,涉及智能建造应用、绿色建筑分析应用、工程管理应用以及工程造价应用。

通过团队的努力,我院在此次 BIM-CIM 创新大赛团队赛中获得了三个一等奖、两个二等奖、三个三等奖,在个人赛中获两个三等奖,并获得优秀指导老师奖。

通过各类科创竞赛,全面培养大学生的创新思维和科创能力,提高了学生对智能建造的实践认知,增强了学生智能建造实践与创新能力,深化了 BIM 复合型人才的培养,实现了以赛促教、以赛促学、以赛促创。

4 结语

针对"智能建造"新型技术方向的新工科建设的最新需求,厦门大学建筑与土木工程学院开展校企合作,以建设 BIM 科创实践基地为平台,将 BIM 信息技术的应用与土建学科的教学、科创紧密结合;协同育人,产学研于一体,不断深化创新人才培养模式改革;科教融合,创新 BIM"沉浸式"课程教学方式;以赛促教、以赛促学、以赛促创,在 BIM 技术的产学研科创实践中创新高校人才培养机制,提升学生的创新实践能力,培养面向未来智能建造的高素质复合型、创新型人才。

参考文献

[1] LEE M J, SEUNG W H, JEONG Y W. Integrated system for BIM-based collaborative design[J]. Automation in Construction,2015,58(16):302-313.

[2] OLATUNJI A. Promoting student commitment to BIM in construction education [J]. Engineering Construction and Architectural Management,2019,26(7).

[3] PUOLITAIVAL T, FORSYTHE P. Practical challenges of BIM education[J]. Structural Survey,2016,34(4/5).

[4] ABBAS A, DIN Z U, F AROOQUI R. Integration of BIM in Construction Management Education: An Overview of Pakistani Engineering Universities[J]. Procedia Engineering,2016,145.

[5] 张尚,任宏,CHAN A P C. BIM 的工程管理教学改革问题研究(一)——基于美国高校的 BIM 教育分析[J]. 建筑经济,2015,36(1):113-116.

[6] 郑小侠,徐志超,尹贻林. BIM 对高等院校工程造价专业人才培养的冲击及对策研究[J]. 建筑经济,2016,37(5):115-120.

[7] 李飞燕,盖东民. BIM+产教融合下应用型高校土建人才培养研究[J]. 教育与职业,2021(1):107-111.

张苏娟[1]　李翔[1]*　向立群[1]

1. 厦门大学建筑与土木工程学院；lxplanning@xmu.edu.cn

Zhang Sujuan[1]　Li Xiang[1]*　Xiang Liqun[1]

1. Department of Civil Engineering,School of Architecture and Civil Engineering,Xiamen University

国家自然科学青年基金项目(7210010251)、福建省自然科学青年基金项目(2022J05001)、北京市社会科学基金项目(22GLC049)、厦门大学校长基金青年创新一般项目(20720220114)

基于BIM＋理念的建筑业新工科复合型人才培养策略

Cultivation Strategies of New Engineering Compound Talents in the Construction Industry Based on BIM＋ Concept

摘　要：作为智能建造与管理的核心和基础技术，BIM技术是建筑产业数字化转型升级的有效媒介和重要载体。从教育的视角，储备高水平的人才是国家和行业高度关注的重要问题，如何培养高质量的建筑业复合型人才，以促进整体行业的数字化转型发展，是当下亟须解决的难题。本文聚焦于BIM＋理念，从项目全生命周期角度考虑BIM及其相关数字技术在建筑业的集成应用，提出在新工科背景下，建筑行业人才的培养需要打破原有的专业界限，培养土木、建筑、城市规划、工程管理、计算机等多学科交叉跨界的复合型人才，并据此提出人才培养相关策略和建议。

关键词：智能建造；BIM＋理念；人才培养；数字转型

Abstract：As the core and basic technology of intelligent construction and management, BIM technology is an effective medium and important carrier for the digital transformation of the whole construction industry. From the perspective of education, the reserve of high-level talents is a high concern of the country as well as the construction industry. How to cultivate high-quality compound talents to promote the digital transformation and development of the overall construction industry is an urgent problem that needs to be addressed at present. This paper focuses on the concept of BIM＋, considers the integrated application of BIM and its related digital technologies from a project lifecycle perspective in the construction industry, and proposes that the cultivation of talents in the construction industry under the background of new engineering needs to break the original professional boundaries. In this way, this paper suggests to cultivate interdisciplinary and cross-border compound talents based on the areas of civil engineering,architecture,urban planning,engineering management,compute science,etc. Accordingly, strategies and suggestions for talent training are put forward.

Keywords：Intelligent construction; BIM＋ concept; Talent training; Digital transformation

　　我国建筑业紧跟市场经济发展的脚步，不断进行改革和创新，逐渐完成了现代化发展进程。2017年，住房和城乡建设部印发《建筑业发展"十三五"规划》，提出建筑业未来发展的关键，就是与现代科学技术的深度融合。这些新技术包括但不限于传统基础设施建设与大数据、云计算、物联网、人工智能等新数字技术相融合的智慧和智能建筑，与节能建筑、环保和可持续发展新理念、节能低碳新材料、新技术相融合的绿色(低碳)建筑，与建筑信息模型(building information modeling,BIM)等信息技术、3D打印、装配式相融合的部品化建筑等。智能建造的理念是借助新一代信息和数字技术的引领发展,对工程项目全寿命周期中相关的要素进行动态监测、分析,实现工程项目信息化、数字化和智能化。在当前工业 4.0、新工科和智能建造的时代背景下,随着数字城市、互联网＋、物联网的兴起,行业和相关数字技术集成应用的进一步融合,中国城市化进程的不断推进,建筑业正在面临技术的变革、理念的更新,正逐渐摆脱原先粗放式发展模式,结合精益制造的理念,逐渐进行数字化、智能化、网络化的转型升级[1]。综合来说,我国建筑行业的发展朝着机械化、工厂化、信息化不断发展,实现行业的数字化转型升级。

近几年,BIM＋理念与云计算、物联网、3D 打印、地理信息系统(GIS)、AI 等先进数字技术有效融合,正助力工程项目全生命周期的管理升级,助力生产方式的升级变革。然而建筑行业在创新发展和转型的过程中仍面临诸多技术和管理难题,其中最重要和关键的一个问题就是围绕 BIM＋理念的复合型人才的培养[2]——BIM人才缺乏是建筑业采用和深化 BIM 技术的最大挑战之一[3]。专业技术、知识与能力来自专业人才的培养,人才资源是实现行业数字化发展的重要基础。因此,从某种程度上说,人才的挑选和培育是目前我国建筑业和建筑企业高质量发展和数字化转型的核心。目前,以传统施工管理、工程技术人才培养为主的做法并不符合当下行业数字化和低碳化的趋势,已经逐渐落后。因此,建筑企业必须积极吸纳新鲜的力量,加快改造自身队伍,构建数字化团队,在一定程度上驱动和调整适应未来发展的人才结构。正如宋晓刚[4]在其文章中提出,在目前各行各业数字化的发展背景下,基于 BIM 的复合、交叉、创新性的数字化的管理人才已成为高校智能建造、工程管理、土木、建筑等相关专业的培养重点。培养具有多学科知识体系的复合型工程技术和管理人才是新工科建设人才培养的重要方向[5]。

新工科背景下的复合型人才需要具备土木工程、建筑学、城市规划、工程管理、计算机软件等相关知识体系,以创新发展、交叉融合、共享沟通协调为主要途径,以数字化、信息化、智能化的建设工程项目为导向,围绕智能建造和以 BIM 为核心的技术,并且在一定程度上需要打破原有专业界限。然而,目前高校主要聚焦于 BIM建模、BIM 技术的碎片化应用,或在传统专业课教学过程中的某个环节应用 BIM 软件,知识体系尚不健全,技术和已有课程难以深度融合,针对如何实现 BIM＋理念在工程项目全寿命周期过程中的综合集成应用,实现项目多方协同管理,还缺乏经验。学生掌握软件操作,并

不意味着能够掌握基于 BIM 的项目管理的能力。因此,本文旨在探讨 BIM＋理念在建筑、土木和工程管理等学科教学中的应用,构建学科交叉融合的复合人才培养教学新模式,针对新工科和智能建造的趋势培养多学科交叉跨界的复合型人才。智能建造人才是建筑行业发展的基础。唯有大力培养智能建造人才,我国建筑行业才能够逐步朝着数字化、智能化、高质量的方向发展,顺应产业创新升级趋势。

1 BIM 技术的发展

BIM 一般指在工程建设项目的全寿命周期不同阶段,利用数字化手段,将所有相关的信息、要素和数据(包括物理模型、工程信息、材料属性、工期进度、工程量及成本等)集成统一,从而实现项目设计、工程管理、工程计量计价、精益建造、成本管理、进度管控、运维管理等的信息化、数字化与智能化的过程[6]。BIM 技术不只是一套软件工具、建模软件或数字化 3D/4D/5D 模型,而是贯穿建筑整个生命周期一系列促进信息沟通和交流的管理流程,其核心特点是将项目全寿命周期内(特别是运维阶段)所有信息整合和管理,形成一个信息系统,利用全方位的信息,促进所有项目参与方决策、协调和合作[7]。研究和实践指出,BIM 技术若应用得当,能够帮助建设者和相关管理人员进行决策,实现建设过程中各项资金、人力、材料等资源的最优配置,促进实施过程中业务标准化,实现数字化生产、施工,降低工程的建设风险,提高行业的生产效率,推动建筑行业的项目管理模式变革和商业模式创新发展,最终带来管理效益和利润率提升[2],[7]。

当下,各国正不遗余力推动 BIM 技术的深化和集成应用[8],我国也明确指出,要基于 BIM 技术推进建筑数字化和智能化升级,并随之出台了一系列促进 BIM 深化应用的政策文件,促进相关数字技术的采纳和实施。例如,2020 年 9 月,住房和城乡建设部等九部门联合印发意见,提出要加快新型建筑工业化发展,并进一步提出要加快信息技术之间的融合发展,大力推广 BIM 技术的应用,加快其与其他相关数字技术如大数据分析技术的集成应用。越来越多的研究和实践也提倡 BIM 与新数字技术的融合,如 BIM＋3D 激光扫描技术的集成应用,BIM＋GIS,BIM＋虚拟仿真技术,BIM＋装配式建筑,BIM＋精益建造理念等[9],[10]。

2 BIM＋人才培养体系存在的问题

虽然国家、行业甚至是企业层面都意识到 BIM＋技

术和理念深度应用的重要性,但当下仍存在人才需求旺盛与人才培养不足的矛盾。BIM人才不仅需要掌握技术中涉及的软件的操作和使用,还需要具备多个相关专业的知识(如工程管理、土木工程、建筑设计等),同时也需要具备实践工作经验,了解BIM与其他相关数字技术的融合,从而才能掌握基于BIM+技术的项目管理能力[11]。当前,BIM在建筑、土木和工程管理课程中的教学模式还存在一定局限,教学方法、师资力量、实验室软件硬件设备、教材缺失等方面的问题屡见不鲜。具体来说,当前BIM人才培养体系存在以下几个主要问题。

2.1 专业之间协同性差

目前,基于BIM+技术实现项目多方协同管理,实现BIM在建筑、土木和工程管理专业上的协同应用还较少涉及。王斌等[12]从新工科人才培养角度,提出新工科背景下人才的培养要采用多学科交叉、产学研融合的创新型人才培养的策略。BIM不应仅仅作为一种单独的课程教学,而需要系统地纳入工程管理的课程体系中,需要多课程联合的BIM教育改革模式[11]。但是观察目前高校内建筑、土木和工程管理专业的BIM教学现状可以发现,不同专业之间的交叉融合和协作发展还远远不足。此外,值得注意的是,BIM技术相关的知识体系是跨专业、跨学科的,某一个特定专业的教师很难掌握BIM深化应用所需要的全部知识,较难掌握BIM在前期规划、设计、建设和运维阶段的所有应用。因此,BIM的教学需要跨专业、跨院系,基于多个任课教师之间的沟通交流与紧密协作。因此,这也给院系的协调带来了极大的困难。

2.2 BIM技术应用点分散

目前,学者们也普遍意识到了BIM技术在发展过程中的一些应用问题,其中一个关键问题就是应用点较为分散,系统性较差。与之相对应的,在教学培养体系方面,融入BIM技术的培养体系和课程设置也并不完善,不能适应目前建筑业所提倡的智能建造发展趋势[5]。虽然目前国内高校已经针对BIM技术开展一些工作,但是总体而言其教学依旧存在一些问题,比如目前的课程只是基于传统专业课教学过程中的某个环节(如施工、设计等)引入和应用BIM技术,整体培养体系远没有达到完善的程度。

2.3 BIM+教学理念不足

目前,大部分高校BIM相关的教学主要聚焦于建模方法和过程,较少关注专业之间的协同作业方法,也较少涉及BIM相关的技术集成和融合应用过程,尚没有达

到BIM科研和教学相辅相成的效果。而在研究方面,BIM技术与其他相关技术和理念的集成应用已经得到了国内外学者的认可。比如,BIM和精益建造理念集成应用能够解决建造流程碎片化问题,提高装配式建筑项目的综合效益[13]。Deng等[9]的研究表明4D BIM和GIS技术的结合应用能够促进建筑行业供应链管理和协调。然而教学实践中,尚未系统关注BIM与其他技术或者相关理念的结合,教学模式较为单一,因此教学效果也尚未达到令人满意的程度。

3 "新工科"背景下人才培养实施策略

结合上述几方面问题,本文认为在新工科背景下,工程教育的改革方向要进一步探索培养具有创新能力和整合能力、融合工程科技和管理理念的复合型人才。面向建筑业基于BIM+技术的新工科人才的培养,高校教师们应积极主动适应BIM+等数字技术的发展,提升理念和意识,对传统的专业(如土木工程、工程管理和建筑学)进行改造和创新,从而培养出符合新工科建设目标要求,适应数字化转型发展需要的复合型、交叉型和应用型人才。对标此目标,高校建筑行业相关人才的培养,要适应智能建造、建筑业数字化的发展趋势,围绕BIM及其相关数字技术在工程项目全寿命周期阶段的集成应用,培养技术和管理并行的复合型人才。

3.1 项目全生命周期视角下的BIM+培养体系构建

相关专业人才培养应逐渐考虑建筑项目全生命周期过程,而不仅仅聚焦于某一个单独的工程项目阶段。目前土木工程专业、工程管理专业、建筑学专业学生的培养往往局限于建筑项目某一阶段,尤其关注设计阶段和施工阶段较多,而较少关注设施运营维护阶段,但是BIM相关数字技术的应用要发挥其最大价值,须考虑项目全生命周期不同阶段的应用。BIM人才培养还需要有协同各专业的能力。因此,在未来的建筑业BIM人才培养中,不同专业的培养体系也可以更进一步考虑项目全寿命周期不同阶段,纳入相关专业的部分基础课程。

3.2 跨专业、跨学科协同的课程体系重构和优化

实行多学科融合交叉,培养复合型新工科人才,是当前新工科所倡导的一个重要理念[14]。BIM技术可以与建筑学、土木工程、城市规划和工程管理专业深度融合,且不同专业和学科之间的课程也要进行一定搭接,依托物联网、计算机、管理科学与工程等领域的合作,以传统土木工程、工程管理、建筑学、城市规划为核心基

础,融合信息工程、软件工程、物联网、计算机科学与技术、管理科学与工程、企业管理等相关专业[15],以 BIM 技术为主线进行课程建设,打破原专业界限和壁垒,联合多专业的教师共同打造和构建学科交叉融合的人才培养新模式。在此基础上,学生应加强计算机语言(如Python 语言)的基础学习,为后期可能用到的编程和软件开发奠定一定基础。因此,学校可以组建由土木工程学院、经济和管理学院、建筑工程学院、计算机学院、信息学院等多学院、跨学科的教学团队。土木和建筑学院相关教师可以从智能建造和工程技术的角度出发,传授行业相关的技术知识基础。同时,经济和管理学院相关教师可以从数字化转型、战略管理、企业管理、市场预测与分析、创业机会与创业风险、投融资渠道、法律法规等方面加强学生的训练,培养学生们经济、管理等领域的知识和技能。计算机和信息学院相关教师可以结合数字化技术的发展及其应用,基于大数据分析技术和人工智能、物联网技术、区块链技术等传授相关知识,为新型智能建造复合型人才培养目标的达成起到关键支撑作用。

3.3 产学研协同的 BIM＋实践平台搭建

新工科建设特别强调"产教结合"理念,强化工程实践的教学内容,搭建校企协同的培养体系,深化产学研融合,加强校企合作深度,不仅仅局限于浅层次的学生去工程现场或企业参观见习,要进一步以实际建设项目为导向,实现理论与实践、校内和校外的有机深化结合,使企业工程实践基地和校内科研基地资源互补。一方面,BIM 相关的科技公司和企业可以通过提供产品为学校教师提供支持,为学校的科研及复合型应用人才培养提供基础条件,服务高校教学。另一方面,学校教师可以积极参与企业产品的更新迭代,提供科研上先进的理念和知识,助力产品的进一步研发,并在课堂教学、科研课题或者项目开展中加以应用,反过来推动企业的可持续发展。

3.4 新教学模式探索

教学方面,高校需要探索基于数字技术应用的新教学模式,致力于 BIM＋创新型人才的培养。但培养目标不仅是让学生具备操作软件的能力,而且应该让学生进一步拥有围绕 BIM 等新技术的信息管理能力。该目标可以通过校企合作的形式和案例教学的模式来实现,这样既结合了理论与实践,也融合了教学与科研,因此可很好地实现合作共赢。高校根据企业(包括建筑行业的施工、设计、咨询、建设单位等)的课题和项目可以基于实践指导学生,为其走向社会服务建筑业的发展奠定

基础。同时,鼓励学生组成跨学科、跨专业的学习团队,积极参加各类全国性的数字建造和 BIM 比赛、创新创业大赛、科学与技能竞赛以用大学生创新创业训练等项目,激发创新思维。从教师视角出发,需要促进不同专业方向教师之间的协作(包括但不限于建筑学、城市规划、土木工程、智能建造、工程管理等),可以利用 BIM 技术将专业课程体系串联起来,设计一套基于工程项目全寿命周期的 BIM 技术实践教学案例,促进不同专业教师之间的互补协作,基于多软件的应用保证不同专业 BIM 应用的协同性。

4 结语

总结来说,建筑信息化、数字化和智能化是当下行业发展的必然趋势。基于 BIM＋理念促进和加快行业转型升级是当下建筑行业面临的关键问题,而该问题的解决离不开人才资源。新工科发展背景和智能建造趋势下,建筑行业迫切需要具有 BIM＋等信息和数字技术的综合集成应用能力的复合型人才。BIM 为核心的相关数字技术也将是建筑、土木、规划和工程管理专业从业人员必备的关键技能之一。在 BIM＋理念的基础上,建筑行业高校教学不仅要以 BIM＋技术和平台为中心,也要把新兴信息和数字技术充分融入传统建筑、规划和土木类课程,或结合新开设的相关课程;高校教师也要改变传统的思维和理念,抛弃单一和陈旧的教学模式,进一步注重创新和实践教学,进行建筑、规划、土木、工程管理、计算机等跨学科和专业合作,提升教学理念,培养全方位复合型和创新型人才,实现精细化人才培养。

参考文献

[1] 丁烈云.数字建造导论[M].北京:中国建筑工业出版社,2019.

[2] 赵爽.建筑工程项目参与方 BIM 采纳影响因素及应对策略[J].建筑经济,2021,42(3):51-54.

[3] MURGUIA D, DEMIAN P, SOETANTO R. Systemic BIM Adoption: A Multilevel Perspective[J]. Journal of Construction Engineering and Management, 2021,147(4),04021014.

[4] 宋晓刚.高校工程管理 BIM 协同创新教学体系研究[J].项目管理技术,2021,19(1):36-40.

[5] 袁竞峰,李启明,徐照.面向智慧建造的工程管理人才培养模式构建[J].教育教学论坛,2021,28(7):185-188.

[6] SACKS R, EASTMAN C, LEE G, et al. BIM

Handbook:A Guide to Building Information Modeling for Owners, Designers, Engineers, Contractors, and Facility Managers (Third Edition ed.)[M]. New York:John Wiley & Sons, Inc, 2018.

[7] 李永奎,史雨晨,潘曦宇. BIM 在建设监理领域的应用现状及发展建议[J]. 工程管理学报,2020,34(4):34-39.

[8] LEE G, BORRMANN, A. BIM Policy and Management [J]. Construction Management and Economics,2020,38(5):413-419.

[9] DENG Y C, GAN V J L, DAS M, et al. Integrating 4D BIM and GIS for Construction Supply Chain Management[J]. Journal of Construction Engineering and Management,2019,145(4).

[10] TEZEL A, TAGGART M, KOSKELA L, et al. Lean Construction and BIM in Small and Medium-sized Enterprises (SMEs) in Construction:A Systematic Literature Review [J]. Canadian Journal of Civil Engineering,2020,47(2):186-201.

[11] 李姣姣. 基于 BIM 的工程管理专业教学改革研究[J]. 科技资讯,2021,31:146-148.

[12] 王斌,高江波,陈晨. 面向"新工科"大学人才培养的思考[J]. 教育探索,2018(1):52-55.

[13] 李天新,李忠富,李丽红,等. 基于 LC-BIM 的装配式建筑建造流程管理研究[J]. 建筑经济,2020,41(7):38-42.

[14] 钟登华. 新工科建设的内涵与行动[J]. 高等工程教育研究,2017(3):1-6.

[15] 张卫华,李照广,隋智力,等. 新工科背景下智能建造专业集群建设探析——以北京城市学院为例[J]. 高教学刊,2020(21):96-98.

姜於能[1]　朱千一[2]　张泽[1*]
1. 苏州大学建筑学院；zhangze47@qq.com
2. 苏州大学教育学院
Jiang Yuneng[1]　Zhu Qianyi[2]　Zhang Ze[1*]
1. School of Architecture, Soochow University
2. School of Education, Soochow University

面向多方远程协作的建筑类专业线上教学
——基于分布式版本控制的解决方案

Architecture Teaching Oriented at Multi-party Remote Cooperation: The Solution Based on Distributed Version Control System

摘　要：疫情期间，远程线上协作已成为国内外教学和实践的重要方式。但在建筑类专业领域，现有的"以文字和二维画面为主要展现形式"的线上教学难以有效传达"以三维形态分析和立体空间营造为核心"的专业知识。本文借鉴分布式版本控制系统原理，提出一种针对建筑专业的在线教育解决方案，并对其底层架构模式展开阐述。面向未来，分布式版本控制系统还有赖于相关技术突破，是以数字科技和智能技术赋能建筑类专业教育的重要议题。

关键词：建筑类专业；多方远程协作；线上教学；分布式版本控制；数智赋能

Abstract：During the COVID-19 pandemic, the long-distance online cooperation between teachers and students has become an important way of teaching and practice at home and abroad. However, in the field of architecture, the existing online teaching of "text and two-dimensional pictures as the main presentation form" is difficult to effectively convey the professional knowledge of "three-dimensional shape analysis and three-dimensional space construction as the core". This paper proposes an online education solution based on distributed version control and expounds on its underlying architecture mode. The application of distributed version control systems relays on the development and implementation of related software technology, which is the major issue in enabling architecture specialty education with digital and intelligent technology.

Keywords：Architecture Related Majors；Multi-party Remote Cooperation ；Online Teaching ；Distributed Version Control；Digital Intelligence Enabling

近年来，随着数字科技和智能技术的普及，在线、合作、开放为特征的在线协同已成为专业教学的新常态[1]。新冠疫情期间，"基于Zoom、腾讯会议和钉钉等数字平台开展远程线上教学"已成为国内外教学和实践的重要方式，教学课件和课堂板书的实时呈现，有效保障了基本教学秩序，体现出积极价值。

然而，在以建筑学、城乡规划学为代表的建筑类专业的教学中，现有的这种"以文字和二维画面为主要展现形式"的线上教学方法表现出明显的不适用性，"三维形态分析和立体空间营造"等核心教学内容难以充分展开，频繁地传送专业图纸和电子模型来实现远程设计教学沟通，极大地降低了建筑类专业教学的效率和成效。如何提高"三维形态分析和立体空间营造"的远程教学效率，是推动建筑数字教学技术发展的核心议题。

1 建筑类专业的线上教学困境

建筑类专业主要包括建筑学、城乡规划、风景园林等专业，其研究对象为各类人居环境的场所营造和空间设计。因此，"三维形态分析和立体空间营造"是建筑类专业的核心知识内容，"模型制作与研讨"也一直是建筑类专业进行空间方案推敲和专业知识教学的重要方法。

近年来，数字科技和智能技术不仅颠覆性地改变了建筑建造和设计研讨的管理方法，也为建筑类的专业教学带来重大变革，建筑类专业教育开始呈现出在线、合作、开放的特征[1]。在新冠疫情期间，线下教学难以开展，Zoom、腾讯会议等数字技术平台逐渐成为国内外高校开展教学的主要方式。但"三维形态分析和立体空间营造"等建筑类专业教育的核心内容难以得到充分的展示。在专业课程教学实践中，学生大多只能将设计成果转化为二维图像，进而向指导教师讲解方案。设计小组内的成员也难以高效展开方案讨论，只能通过QQ、百度网盘等工具反复传输不同阶段的图纸或模型文件，严重影响了线上教学效率。

对此，本研究采用问卷调查法，统计建筑类专业学生对线上教学的整体评价（见表1）。研究发现，目前线上建筑教学的沟通效果一般，仍有较大提升空间。而针对"教学综合成效"和"协同设计效率"，学生的主观感受偏向于负面评价，表明传统线上建筑教学模式的成效与效率相较于线下教学有较大差距。

表1 线上教学评价统计分析表

（来源：作者自绘）

名称	最小值	最大值	平均值	标准差	中位数
理解程度（导师—学生）	2	7	4.811	1.244	5
理解程度（学生—导师）	2	7	4.865	1.228	5
理解程度（个人—组员）	1	7	4.405	1.607	5
理解程度（组员—个人）	1	7	4.514	1.609	5
教学综合成效	1	7	3.865	1.456	4
协同设计效率	1	7	3.730	1.836	4

注：评价按满意度打分。

如前所述，建筑类专业在当前阶段开展的线上教学正面临一定的困境，具体表现为以下两个方面。一方面，设计过程文档的反复传输导致了不同终端的设计版本杂乱且难以管理（传统线上协作设计流程见图1），给

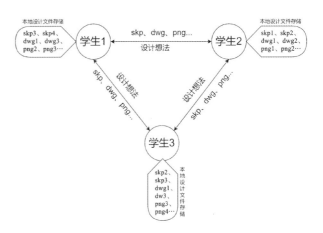

图1 传统线上协作设计

（图片来源：作者自绘）

设计小组的协同带来了较大挑战。

另一方面，教师与学生、学生与学生的即时沟通受限于文字与二维图片的形式，降低了教学效率（传统线上教学模式见图2）。在设计推敲的过程中，也只能通过学生的口述了解平面维度上的设计构思，通过口头评价或进行简单的批注。受限于线上教学，教师远程提出的点评意见可能无法被学生充分理解，从而为优化方案设计带来一定的难度。

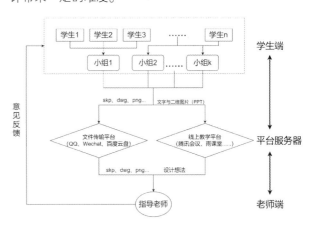

图2 传统线上教学模式

（图片来源：作者自绘）

2 软件开发的借鉴：分布式版本控制系统

在软件开发过程中，编程技术团队往往需要对庞大的代码库进行线上协同开发，并探索出相对成熟的技术解决方案。其中，分布式版本控制系统被认为是实现多方远程高效协同的关键，对建筑类专业的线上教学有较大的借鉴价值。

2.1 版本控制系统介绍

版本控制是一种能够记录文档变化，并根据时间或

修订记录追踪、查询、回溯变化细节,并通过配套软件所形成的系统,是计算机软件开发中的一个重要概念[2]。目前的版本控制系统主要有本地版本控制、集中式版本控制、分布式版本控制三类。

本地版本控制(local version control systems,LVCS)是通过本地磁盘存储文件的不同版本。当文件被修改时,LVCS通过计算差量保存文件补丁。当文件需要被读取时,只需要调取相关的文件补丁即可计算出文件内容。而集中式版本控制(centralized version control systems,CVCS)只是在本地版本控制的基础上,增加了"中央服务器"来存储各个版本的数据库。分布式版本控制系统是一个开源的系统,可以高效管理项目。

2.2 分布式版本控制系统原理

分布式版本控制(distributed version control system,DVCS)与本地版本控制和集中式版本控制均不同。DVCS并不存在"中央服务器",每个用户的电脑都拥有一个完整的版本库。因为,DVCS保存的不是文件变化的差量,而是文件的快照,即把文件进行整体复制并保存,而不关心具体的变化内容。当从服务器拷贝代码时,用户将拷贝一个完整的版本库,包括历史记录,提交记录等。

DVCS极适合于多人协同开发[3]。当用户A用个人电脑对协同开发文件进行了修改,而用户B也用个人电脑对该文件进行了修改,二人只需各自提交修改记录,则他们都能在本地看到对方的修改。DVCS的安全性很高,由于每个协同开发用户的个人电脑中都有完整的版本库,任意一个用户的文件损坏时,都可以从其他用户的个人电脑拷贝原始文件。

2.3 建筑设计类文档管理的挑战

分布式版本控制系统目前主要有Git、Monotone、Bazaar、Darcs等,其中Git最为常见。但Git是基于文件系统的管理方式,以文本中行数据作为数据单元。目前建筑类专业的设计文件均为skp、dwg、3dm、psd等大型二进制文件,这些文件小的有几十兆,大的甚至能超过上千兆。一次设计任务往往涉及多个设计软件,项目文件的内存总和可能会异常庞大。当管理对象从单纯的文本数据转变为大型项目模型,Git的版本跟踪性能会急剧下降。所以,尽管Git能够实现分布式版本控制功能,但基于文本管理的Git并不能很好地管理大型设计模型文件。

3 基于分布式版本控制系统的线上建筑教学模式

3.1 协同设计平台 Autodesk Vault

目前,在建筑工程实践中,已出现部分成熟的集中

式版本控制的工程协同设计平台,其中Autodesk Vault较为典型。Autodesk Vault将Autodesk Inventor、AutoCAD和非CAD文件进行统一管理[4],并且实现了数据版本管理、不同文件类型管理和成员数据共享等管理功能,为设计团队提供了高效安全的协同工作环境。Autodesk Vault主要由文件仓库和SQL数据库组成,分别用于存储Vault管理文件的物理副本和有关文件的信息。从基础架构上来说,Vault单站点系统由一个中央服务器和多个客户端组成,服务器存储所有设计信息的数据文件,客户端对存储在服务器中的文件进行访问(见图3)。

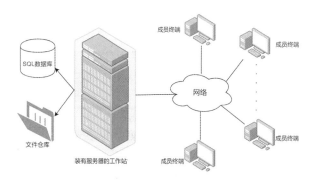

图3 Autodesk Vault 基础架构

(图片来源:作者自绘)

3.2 新型线上建筑教学模式架构

对建筑类专业常用的skp、dwg等大型二进制文件进行版本控制需要服务器具备更大的容量,在传输过程中也需要更大的带宽。基于分布式版本控制系统原理和Autodesk Vault的基础框架,本文提出"抽取操作信息服务器同步"机制,设计出基于操作记录同步的分布式模型管理机制,从而有效记录用户对模型对象的修改,实现本地文件与分布式管理文件的高效同步。

3.2.1 分布式工程文件版本控制框架

本文提出"以操作为对象而非以二进制文件为对象"的分布式工程文件版本控制框架(见图4)。与传统的本地版本控制以及集中式管理模式不同之处在于,分布式工程文件版本控制框架中,设计人员不再将二进制文件上传至服务器,而是由应用抽取出设计人员对"模型文件中的子模型对象"的操作记录,并且将其打包发送到分布式服务器中。服务器接收来自用户的操作信息,实现对模型同步操作,并且同步到全局的不同版本以及数据库中,从而实现局部更新全局协同的工作模式[5]。

3.2.2 基于操作数据实现版本控制

本框架实现操作行为与操作对象的抽取,从应用开

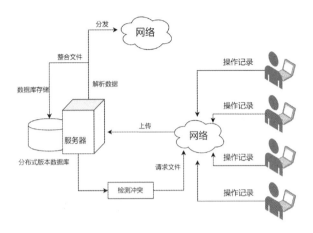

图4 分布式工程文件版本控制框架
（图片来源：作者自绘）

放接口引入操作追踪机制以记录用户对模型的修改，帮助开发者记录建筑模型设计过程中的操作。通过对操作序列进行版本控制，服务器存储文件与版本文件链式结合从而实现版本演变。通过操作文件网络分发，实现局部更新与全局协同的分布式模型版本控制[5]。

(1)操作记录的定义。

为实现用户操作追踪获取，需要记录设计者对模型的操作行为，因此需要抽象出用户对于实体对象的操作，记录内容主要为操作符、操作者id、被操作实体id以及属性的具体修改内容，版本存储实例如图5所示。

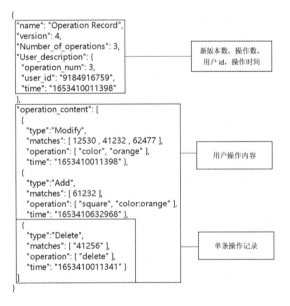

图5 版本存储实例
（图片来源：作者自绘）

(2)操作记录的链式存储。

为实现分布式服务器对于二进制大型文件存储，并

且降低服务器负载，需要在主存中存储工程文件的历史文件。在接收到客户端传输的操作记录后，分布式服务器不需要在第一时间根据操作数据实现历史文件更新操作，而是将接收到的数据包链式存储于原工程文件后，在接收到工程设计人员保存操作时，再将原文件依据操作数据进行更新操作。其中引入检错机制，提高程序的可靠性，在产生差错后，在程序生命周期的结束阶段向用户机请求完成文件进行对比替换，存储过程如图6所示。

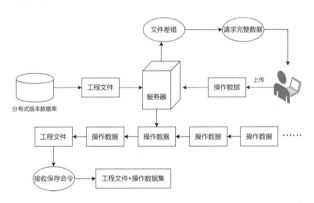

图6 操作记录存储过程
（图片来源：作者自绘）

3.2.3 新型线上建筑教学模式架构

基于上述版本控制框架，本研究进行了新型线上建筑教学模式构建。在小组协同设计的过程中（新型线上协同设计流程如图7所示），组员只需向版本控制平台提交本次修改的文件，则小组内每位成员均能通过本地版本库获取修改后的文件，并能清晰地看到修改记录，实现了对腾讯会议等教学工具的有益补充（新型线上教学模式如图8所示）。

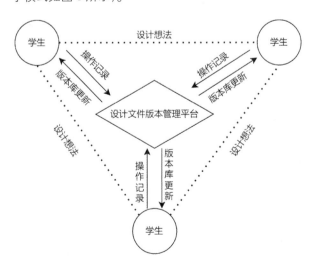

图7 新型线上协同设计
（图片来源：作者自绘）

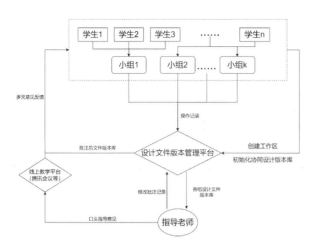

图8　新型线上教学模式

(图片来源:作者自绘)

4　结语与展望

4.1　新型教学模式的优势

与传统的线上教学模式相比,建筑类专业的新型线上教学模式具备以下两大优势。

一是提高设计协同效率。在进行小组协作设计时,组员只需每次提交自己的修改记录到分布式版本管理平台,平台会根据修改记录计算出修改后的设计文件并更新协同设计的各本地版本库,从而实现所有设计成员可在自己的本地电脑看到小组的目前进度,大大减少了传统的反复传送文件和人工管理版本的工作量。

二是强化师生交流成效。在进行课堂交流时,新型模式不再局限于文字与二维图片的展示形式。教师将拥有小组工作区的管理权限,可随时调取小组当前阶段的所有设计文件及修改记录,线上授课时仅需教师共享屏幕逐一查看各小组的设计文件,再结合学生的讲解,可以直观高效地把握学生的设计思路。同样,当任课教师需要给出修改意见时,可以即时在设计文件的具体位置进行批注,让学生也能清晰地了解教师的指导意见。

4.2　研发方向及落地可行性

在已有的框架以及约定的条件下,未来主要研究方向在于设计软件操作接口开发。建筑设计软件种类众多,有些设计软件(如 Auto CAD)自带操作接口,但很多设计软件(SketchUp、Rhino、3D max 等)并没有操作接口,需要抽取出软件对应子对象操作的接口从而获取操作数据包,并且应用于独立的工程数据中。

简而言之,本研究提出的分布式设计文件版本控制系统相当于连接起各种设计软件的枢纽,使之集中于一个开放式的中心管理平台,为远程协同设计提供便利。目前,李俊男等已经进行了基于 Bim 子模型的分布式版本控制研究[5],Autodesk Vault 集中式协同设计软件已经应用于实际工程中[6]。在已有研究和相关应用软件的基础上,仍需要软件工程师和软件架构师构建出更加合理的底层工作框架,并协调建筑设计类软件的支持,最终实现建筑教学提升和数智技术推广的合作共赢。

参考文献

[1]　王江典,沈翀,杨蕾,等.线上和线下本科教学质量的比较分析——基于清华大学教学评估数据[J].中国电化教育,2022,422(3):90-95.

[2]　陈肖彬.版本控制系统 Git 在信息化校园中的简单应用[J].现代计算机,2019(32):95-100.

[3]　郝杰.分布式版本控制系统在海洋管理软件开发中的应用研究[J].海洋信息,2017(1):5-7.

[4]　李雷.基于 Autodesk Vault 的一个数据管理应用实例[J].CAD/CAM 与制造业信息化,2013(12):96-98.

[5]　李俊男,廖梦纯,桂宁.基于 BIM 子模型的分布式版本控制研究[J].浙江理工大学学报(自然科学版),2018,39(1):90-97.

[6]　吴高.Autodesk Vault 使数据不再繁冗[J].CAD/CAM 与制造业信息化,2007(10):36-39.

张睿[1] 黄勇[1]

1.沈阳建筑大学建筑与规划学院;601044420@qq.com

Zhang Rui[1] Huang Yong[1]

1.School of Architecture and Planning,Shenyang Jianzhu University

基于智能创新理念对未来建筑教育的思考
Thinking on the Future of Architectural Education Based on the Concept of Intelligent Innovation

摘 要:随着数字时代的快速发展,建筑教育面临新挑战和新机遇。本文从"通识教育与专业教育""教育特色和定位""未来建筑教育空间与设计"三个方面进行思考和研究。重视培养建筑人才,回归建筑教育本身,创造有利于人才培养的智能空间环境,聚焦于建筑空间、氛围营造、人文精神的融合创新。未来建筑的空间塑造应更具有适应性和创造性,以满足培养未来建筑师的需求。分析行业发展趋势,引导未来建筑教育设计的主要方向。

关键词:创造性;未来建筑教育;教学特色;智慧互联

Abstract: With the rapid development of the digital age, architectural education faces new challenges and new opportunities. This paper considers and studies from the three aspects of "general education and professional education", "educational characteristics and positioning", and "future architectural education space and design". Attach importance to cultivating architectural talents, return to architectural education itself, create an intelligent space environment conducive to talent training, and focus on the integration and innovation of architectural space, atmosphere creation, and humanistic spirit. The spatial shaping of future buildings should be more adaptable and creative to meet the needs of cultivating future architects. Analyze the development trend of the industry and guide the main direction of future architectural education design.

Keywords: Creativity; Future Architectural Education; Teaching Features; Intelligent Interconnection

1 现有教育模式

回顾历史,建筑教育从维特鲁威到帕拉第奥,从意大利布鲁利亚第一个大学到现代巴黎大学的成立,这一过程展现了建筑教育的不断发展和进步,对建筑设计和建造能力也有很大的提升。20世纪初期现代建筑教育在我国崛起,早期在国外留学的前辈包括杨廷宝、梁思成、童寯、林徽因等,形成以"布扎"体系为主,多元化探索的新格局。工学院模式和美院模式也相继被引介到中国,1927年国立第四中山大学建筑科成立,则标志着建筑学大学教育的开始。

2021年建筑圈内对于建筑教育的未来发展,也同样有着热议的话题。在杨廷宝先生诞辰120周年纪念活动中,王建国院士对于当下数字时代的建筑学教学,以及未来建筑学教学进行了相关探讨。近20年来,随着数字时代的快速发展,移动互联网、大数据、云计算、AI等技术不断走入教学模块,建筑教育面临着挑战和机遇。时代的发展更加让我们意识到,学习不再是传统意义上的"传道、授业、解惑",一种以"从前喻、后喻到互喻"为特征的建筑教育模式正在到来。现阶段的教育正伴随着瞬息变幻的时代快速转换,未来建筑教育教学的问题接踵而至。加强基础知识运用,满足不断变化的需求正是我们培养新一代建筑人的主要工作。王建国院士提出未来建筑在教学方向应注重以下五点:新数字化建筑设计,绿色建筑,老旧建筑保护和更新改造,地域化建筑设计,人文关怀。在教育教学的大方向上应创设与体形环境变迁和可持续发展相关的设计课程,结合各高校教学特色,致力于培养跨学科,复合型的新时代建筑人才。这也是现阶段建筑教育的一大难题:执业与教学相通。现阶段学生们对于建筑结构的理解大多数仍停留于课本之上,本科生缺少工地的实践经验;学生在纸上绘制多次的建筑结构构造等,也往往在结束考试后的半年内抛之脑后,在新的学习生活中缺少接触施工现场相关的实践机会。新时代的学生在传统教学中应更加注重扎实理论知识、熟练空间操作,在校园阶段不脱离于实际,结合实践经验、先进工具和技术交叉来满足现实社会快速发展的需要。

2 思考

2.1 通识教育与专业教育

通识教育近年来不断被提出,它是教育的一种模式,区别于专业教育。"Liberal Arts Education"一般译为"普通教育""一般教育""通才教育"等。通识的教育思想可谓源远流长,《中庸》主张,做学问应"博学之,审问之,慎思之,明辨之,笃行之"。古人一贯认为博学多识就可达到融会贯通,通识教育可产生通才,博览群书知人文自然,知古今之事。而现代大学多以学生高考后报考的专业为其本科学习的方向,在低年级会附加政治、英语等基础课程。而在我国创新转型发展的今天,社会需求变化,单项专业教育的弊端也逐渐显露。部分学生专而不通,缺乏对于其他专业的了解。有学者指出:"科学的分科化带来强大力量,也带来了知识分裂和共同价值的缺失。"因此,国内部分高水平综合型大学已将通识教育逐步加入高等教育教学工作中,如清华大学、北京大学、浙江大学等都设置了各自的通识教育学院。

世界范围内对建筑学职业教育公认的年限是五年,但本科期间的课程和教学是否能够压缩或调整,与研究生阶段衔接?从2003年起,美国的一流大学,逐渐将本科建筑学从5年制改为4年制,并且用1至2年的时间进行通识教育,从而更加注重知识的宽度而非深度。我国高校近些年也有所尝试,如清华大学开展的"4+2"本硕贯通的教学体系,学校教育的目标是将人才分类培养,"让学术更学术,让专业更专业"[1]。

目前,世界一流大学的课程体系普遍由三个部分组成:专业课程(major requirement)、通识教育(general education requirement)和自由选课(free elective),通识教育的比重均超过35%。三者都是建筑教育过程中的重要部分,通识教育也在教育变革中不断被重视。如南京大学建筑学院运用"2(通识)+2(专业)+2(研究生)"的教学模式,在本科一年级进行通识教育,接受其他院系的专业课程[2],使学生在学习过程中培养兴趣、激发潜能。二年级是建筑学的通识教育,学生在过程中学习建筑学的历史,培养专业的基本功,在培养过程中不断引导学生在实践和练习中不断提高。

建筑学的教育应该建立在通识教育的基础上,建筑学本身其实就具备通识的性质,它关乎建筑及其环境的认知与创造。与一般工科专业不同,建筑学在发展过程中教育模式发展出分支,其中包含美院模式、工学院模式以及近现代的大学教育的模式。每一类模式的教育方式都具有特色,但其边界都相互渗透。建筑学的通识性特点为:①知识覆盖面广泛;②不同维度和层级间的复杂联系;③具备创造性思维,实践性强。所以建筑师应是具备基本常识、人文关怀、艺术创意、批判性思维的复合型人才。

2.2 教育特色和定位

建筑教育要讲究特色,国内建筑老八校为何能各具特色,而后来的很多高校又为何展现出趋同的倾向?卢济威先生认为,建筑老八校特点十分鲜明,而现在各个学校都差不多[3],这指出了一个关键问题,当下"同"的现状不是一直就有,而是后来发生了"趋同"。而趋同与特色之间的矛盾,我们应如何去分辨?顾大庆教授提出,好的建筑教育必须要有所选择,特别就一个学校而言,必须有一个明确的培养目标,这是教学特色的起点。因此,特色来自选择,应该是片面的[2]。而趋同就现阶段各高校的培养成果而言,虽手段多元但成果不尽相同。这不禁让人想问,建筑教育趋同的是什么?是因为现代化的趋同,还是相互学习借鉴的结果。特色(也就是差异)是每个学校独具的,特色虽迥然不同但依旧能找寻其相通之处,并整理成为在建筑教学过程中"环境因子"的普适性教育空间。

教育特色是各高校直面的挑战,应在满足高质量培养的前提下,发挥各校特色,从历史、地域、文化、社会等层面入手。如东南大学建筑学院曾提出,各学校无论创办年代远近,都有自己的历史背景、办学定位和师承关系,由此奠定了各校的"内在因子"。而学校所在城市和社会环境也同样作为"外在环境"展现教育的特色[2]。每个学校的教育特色都会被各自不同的"内在因子"和"外在环境"所影响,这些作为基础是学校所能影响学生的,希望学生能够逐渐形成自己的学习模式,培养个人兴趣爱好,以自主学习为出发点。促进各学科学生间的相互交流沟通,培养学生独立思考能力和批判性思维是特色建筑教育所希望看到的。因此各学校的自我定位和定级应从两方面着手进行思考。一方面学校从自身教学模式出发(目前主要分为工学院和美院模式),回溯学校历史,定位基础发展目标。另一方面定位人才培养目标,学校想要培养什么样的学生,就要针对专业、学术或综合性人才找到适合各阶段学生培养的教育方案。在借鉴他校优秀的教学模式时,结合自身情况进行探索调整,不要完全照搬。

建筑学本身就是一个具有多重学科的专业,古罗马建筑家维特鲁威《建筑十书》中写道:建筑师应当擅长文笔,熟习制图,精通几何学,深悉各种历史,勤听哲学,理解音乐,对于医学并非茫然无知,通晓法律学家的论述,具有天文学或天体理论的知识[4]。因此在建筑学基础教育教学的过程中,应注意通学知识的传授,不光在专业设计和空间建造上形成自身特色,而是将其他学科的相关知识增加到学生的学习中,提升其综合知识水平。这样在学校传统教育的基础上加强自身特色,在特色建筑教育教学的道路上不断探索,从而寻求各高校建筑学科自由发展的新模式。

2.3 未来教育空间与设计

2.3.1 传统教育空间

20世纪初,京师大学堂的建筑教育空间被划分在工科楼,而工科楼包括课堂、实验室、教员研究室等部分。在之后江苏省成立的苏州工业专门学校中,建筑科则效仿日本东京高等工业学校,设置了拥有大绘图桌的设计教室。新中国成立后,中国建筑教育引入"苏联模式",通过院系调整建立培养专用人才的教育制度。这时的建筑教育空间相对灵活,有些院校未设置独栋建筑馆,与其他专业共用教学楼,学生也没有单独的专业教室可使用。清华大学建筑系在最初建系时就借用旧水利馆二层,位于清华学堂南侧,单层面积约900 m²。内部设置设计教室、素描教室、实验室、图房、工作坊及教职办公用房,可以说十分全面。1952年经过院系调整升级,建筑系馆又迁进清华学堂,后来经过多次搬迁。1995年经梁銶琚先生捐资建成清华大学主楼前新区的第一座院系馆,具备了更加完备的建筑教学空间。同期大批建筑院校相继成立,建筑教学空间逐渐完善。建筑"老八校"系馆多数沿用了饱含建筑历史的旧建筑,将建筑的故事与学院的历史一同载入,烙印着过去的办学历史。建筑专业学生最常用的专业教室在最初与其他学院的教学空间并无差异,都是规整的方形空间,摆放着整齐的绘图桌(可放置日常绘图的A1绘图板),在日常授课时教师在前方用黑板授课,其余时间教师可到学生身旁一对一指导。

2.3.2 现代教育空间的转型

2014年前后建筑教育迎来新的春天,结合新时期教学发展和现阶段教学需求,各学校将教学空间进行灵活分类,并且更加注重空间感受。专业教室是建筑专业学生使用时间最长的教室,低年级时水彩、模型制作的作业,高年级电脑制图、联合设计,班级日常活动都在这里进行。为适应教育变化,近些年清华大学一直灵活改造着专业教学空间,将专业教室间的隔墙拆除,安装百叶窗或软木板,从而使得封闭的走廊可以灵活使用,方便集中评图或临时布展,以提高专业教室的使用率。内部空间为方便学生日常使用也添置了小储藏柜、置物架等,隔断也使得内部空间具有一定的私密性,方便内部管理。建筑馆内也进行了其他空间的改造,例如具有仪式感的评图空间。除了走廊两侧灵活的评图空间,在官方活动或正式展评时也需要一个专属的场所,以营造内心的仪式感,激发学生学术志趣。

2.3.3 对未来教育空间的畅想

当前科技数字化时代的发展不仅对教学制度产生影响,学生们日常学习交流的场所,同样因为教学改革等现实情况而变化。空间不只作为单一课程或学科的专业教室,而是边界模糊、功能增强。在日常的学习环境中,我们或许畅想过优于现状的教学环境:进入系馆内,看到沉于历史岁月的建筑痕迹;进入后中庭空间,学生们正在踊跃讲述自己的看法并与老师讨论;二层的走廊内布置着动态设计展示;公共区的同学们交流着竞赛设计,一侧小型图书室里的同学正在翻阅资料;每个专业班级都有自己的独立教室,但彼此相互贯通,方便学生们日常交流……

未来教育空间的智能化将应用在教学的各个角落,整体空间的氛围和教学制度的改革将是改变空间最重要的部分,并且各高校应积极对教学空间进行改造,为不断进步的建筑教育和教学工作提供更加适宜的教学空间。

3 行业趋势愿景

当今建筑教育已迈入全新的阶段,深化教学改革,优化教学特色,未来建筑教育空间的塑造将更具有适应性和创造性,以满足培养未来建筑师的需求。各高校将培养更具专业技能的高质量综合性建筑人才,以满足社会快速发展的需要。建筑师应具备技术素养、数据素养和人文方面的能力。建筑行业正面临"智能建造"转型升级,这预示着未来建筑业将加快走向智能化和低碳化。从"以人为本"的设计理念出发,中国建筑行业将迎来新一轮的科技革命,走智能化建造升级发展之路,把握数字经济,当务之急是培养新一代智能建造的建筑人才。

建筑教育应顺应发展趋势,沿着绿色建筑、智能建筑的发展方向培养建筑人才;同时回归建筑教育本身,创造有利于人才培养的空间环境,聚焦建筑空间与氛围营造以及人文精神的融合创新。

参考文献

[1]　庄惟敏,钟舸.本硕统筹与通专融合:清华建筑教育的特色与改革[J].当代建筑,2020(01):128-131.

[2]　顾大庆,黄一如,仲德崑,等."建筑教育的特色"主题沙龙[J].城市建筑,2015(16):6-14.

[3]　顾大庆.美院、工学院和大学——从建筑学的渊源谈建筑教育的特色[J].城市建筑,2015(16):15-19.

[4]　汪丽君.基于设计思维创新对未来建筑教育的思考[J].当代建筑,2020(05):128-130.

[5]　维特鲁威.建筑十书[M].高履泰,译.北京:知识产权出版社,2001.

Ⅱ　数字化建筑设计实践

李月湉[1*]   曾旭东[2,3]

1. 中国建筑西南设计研究院有限公司；32893216@qq.com
2. 重庆大学建筑城规学院
3. 山地城镇建设与新技术教育部重点实验室

Li Yuetian[1*]   Zeng Xudong[2,3]

1. China Southwest Architectural Design and Research Institute Co. , Ltd.
2. School of Architecture and Urban Planning, Chongqing University
3. Key Laboratory of New Technology for Construction of Cities in Mountain Area

基于 BIM 技术的建筑设计质量自动检查实现途径探究

Research on the Realization Approach of Building Design Quality Automatic Inspection Based on BIM Technology

摘　要: 为探索如何在现有的设计质量检查基础上实现对更多非几何信息的设计质量检查,本文从基于 BIM 技术的建筑设计质量自动检查的方法构架入手,阐述方法构架中规则转译层、建筑信息模型层、使用平台层、成果优化层四个架构层次自身及相互之间的关系,结合 Eastman 提出的建筑设计质量检查技术路线进行优化,并对优化后技术路线中的自然语言规则转译计算机语言规则的技术及建筑模型信息定义技术两项关键检查前准备工作的内容及形式进行探索。本文以探究基于 BIM 技术的建筑设计质量自动检查的实现途径为目的,通过对方法架构、技术路线及关键技术进行探索,总结出基于 BIM 技术的非几何信息类的建筑设计质量自动检查的方法框架。

关键词: 建筑设计质量自动检查;方法架构;规则转译;模型信息定义

Abstract: To explore how to implement design quality inspection for non-geometric information on the basis of the existing design quality inspection, this paper starts from the frame of building design quality automatic inspection based on BIM technology, expounding the hierarchies itself and the relationship between each other include translation layer, building information model layer, use platform layer and achievement optimization layer of the frame. This paper optimized the technical route of building design quality inspection proposed by Eastman, and explored the content and form of the important preparation works which include the technology of translating natural language rules into computer language rules and the technology of defining building model information. In order to explore the realization approach of building design quality automatic inspection based on BIM technology, this paper summarizes the method framework of non — geometric information automatic inspection of building design quality based on BIM technology by exploring the method framework, technical route and key technologies.

Keywords: Automatic Inspection of Architectural Design Quality; Method Architecture; Rule Translation; Definition of Model Information

1 建筑设计质量自动检查的实现途径

Eastman 于 2009 年发表的文章 *Automatic Rule-based Checking of Building Designs* 中提到建筑设计质量检查系统的框架,框架由信息模型准备、规则转译、执行检查以及输出检查结果四个阶段组成[1](见图 1)。由于建筑全生命周期中建筑策划、建筑设计、建筑施工、使用过程各阶段是一个不断变化的动态过程,各阶段的输出成果对于项目内的其他阶段的动态反馈具有相当大的影响。设计阶段有新的变化或是有问题产生都会导致其他环节产生变化,在建筑设计或是建筑设计的质量检查中往往也需要在动态的调整中不断寻求新的平衡。Eastman 提出的框架逻辑是在设计的前期选择好检查的内容并将其转译为电脑语义逻辑文本,整个流程全依赖于前期的规则文本,不与实际过程中不断流动反馈的设计过程相配合。

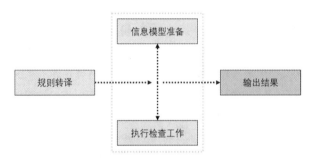

图 1 Eastman 提出的规则检查技术路线
(图片来源:作者自绘)

针对实际设计流程的复杂性与各阶段的互相反馈,笔者认为在 Eastman 规则检查系统框架之上应注重设计质量检查与设计过程的联系,检查结果应当能与规则转译以及模型准备环节有双向反馈的过程,这样才能使变化的设计过程中的设计质量检查与设计本身达成动态平衡,最终得到一个满足各方需求的精细化的建筑设计成果。

以规则转译层、建筑信息模型层、使用平台层以及成果优化层建立基于 BIM 技术的建筑设计质量自动检查的方法架构(见图 2),在方法架构上整理工作流程,以此实现基于 BIM 技术的建筑设计质量自动检查工作,在具体工程项目中使用该套方法能优化建筑设计方案,提升工作效率。

1.1 规则转译层

根据计算机语言的逻辑术语解释相关规范等自然语言规则,以 excel 参数列举等方式将所需要的规则的

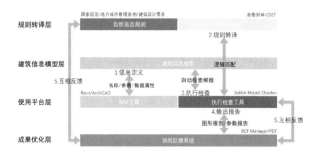

图 2 基于 BIM 技术的建筑设计质量自动检查方法架构
(图片来源:作者自绘)

内容转译,实现设计方案检验的重要依据——自然语言文本的数字化。做好建筑设计质量检查的前期工作,将需要执行检查的国家规范、地方管理条例以及建筑设计需求等具体条文按内容分类整理,清晰条文内容的内在逻辑,为建立检查的规则集文本做好基础工作。

1.2 建筑信息模型层

建筑信息模型层作为方法构架的核心层,对整个设计质量检查方法起着统领全局的作用。根据建筑信息模型对于建筑的构成以及所需的数据属性,以对信息定义的方式建立文本集,建立包含各阶段图纸、三维模型、构件的几何参数与非几何信息等建筑信息的信息模型。设计阶段的成果可直接在使用平台进行应用,不需要再次建立模型用于质量检查,提升工作效率。

1.3 使用平台层

选择市面上广泛使用的平台作为科技黑盒,在平台的检查逻辑上执行规则转译数字化,并作为信息定义的根据,最终在使用平台执行检查这一关键步骤后输出检查结果,作为成果展示与优化的基础。

1.4 成果优化层

成果优化层将以在三维模型中动态高亮的形式直接呈现根据前期设定的规则集与模型的符合程度的结果,设计师可以在查看三维模型的过程中实时修改检查出的问题点或对问题添加经人工审核后的评阅,生成可供再次阅读的文档格式的检查报告。成果优化主要可以通过实时的协同工作对方案进行修改,亦可在生成报告后再次对方案、规则集文本等进行修改,动态式反馈问题,最终达成辅助建筑师完成设计方案优化的目的。

在方法架构中,以建筑信息模型层次为核心,在其基础上完成模型的名称、参数以及数据属性等信息定义,在 BIM 工具中建立相应的建筑信息模型,结合规范文本规则转译成果在执行检查工具中对建立的建筑信息模型进行检查工作,由协同反馈系统结合检查结果在其余各层次之间互相协调,最终获得预期的规则文本设

定结果与检查结果,实现设计的辅助优化目的。同时,以该方法与 Eastman 提出的设计质量检查的技术路线图相结合,优化后形成本文的技术路线图(见图3)。

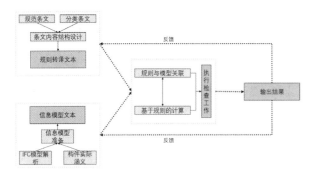

图3 基于 BIM 技术的建筑设计质量自动检查技术路线

(图片来源:作者自绘)

2 基于 BIM 技术的建筑设计质量自动检查关键技术

在建筑设计阶段运用基于 BIM 技术的建筑设计质量自动检查关键技术,利用 BIM 信息集成的特性,在设计过程中根据设计需求计算出设计方案中的潜在问题并对方案进行优化,将 BIM 模型的价值运用到实际操作中[2]。计算机语义转化技术实现自然文字规则的转译,信息模型定义技术实现现实构件与计算机识别语言的指导文本搭建,最后通过输出结果的双向反馈实现设计与设计质量检查的动态平衡,这是笔者提出的检查框架的重点。信息定义要素之间的联系如图4所示。下面将主要对实现研究框架的运行的关键技术进行讨论。

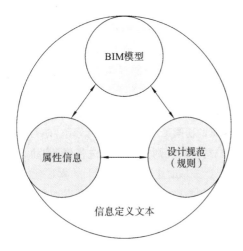

图4 信息定义要素之间的联系

(图片来源:作者自绘)

2.1 建筑信息模型定义技术

检查的依据规则正是对建筑信息模型信息语义定义的依据,也决定了建筑信息模型中确定需要语义定义的内容。建筑设计师与程序员在专业术语表达有很大的区别。通过对规范的整理分析,明确规范检查的对应建筑信息模具体属性数据,且保证信息交换的完整性,在此基础之上才能继续进行检查工作以及后续的设计质量检查的步骤。

2.1.1 设计质量检查所需的 BIM 模型属性数据

建筑信息模型数据具有多源异构性[3]。建筑信息模型中包含建筑全生命周期的所有相关信息,这些信息会随着项目的推进而出现来源广、体量大、类型复杂、数据更新频繁等特点,从而在系统和语义等方面产生组织架构差异[4]。由于不同约束对象的属性数据众多且对 BIM 模型的建筑设计质量检查是基于模型中约束对象的信息属性进行的,在研究具体约束对象的信息属性前需要先了解建筑设计规范条文,明确具体检查的内容,笔者参考了类型学按相近属性分类的方法,首先将规范条文按照是否能转译为数字化条文分为可转译的条文信息(条文内的属性数据在 BIM 模型中有对应的约束对象)以及不可转译的条文信息(条文内的属性数据在 BIM 模型中没有对应的约束对象或没有属性数据)两类,再将与研究内容紧密相关的可转译的条文信息根据其具体约束的内容分为存在类、参数类、几何类、面积类、距离类、数量类、空间关系类以及路径类[5]。

本文选取了《老年人照料设施建筑设计标准》(JGJ 450—2018)中部分规范条例进行分类整理,在各类规范的建筑等级、类型等首要限制条件下,建筑信息通常以建筑中的构件、功能空间、设施元素的属性数据为约束依据,来判断条文中的对象是否合规。表1展示了不同检查对象的检查内容与属性数据。对表中内容分析后可以发现,建筑构件、功能空间以及设施元素在建筑设计相关规范中都起着至关重要的作用,而不同约束对象的数据信息是判断设计合规性的关键。

2.1.2 BIM 模型信息定义的技术路线与原则

图5为 BIM 模型信息定义和技术路线图。规范是基于约束对象的属性数据进行合规性检查的。通过分析上文对建筑设计质量检查与建筑设计规范的概念对象进行分类和对象匹配,以及明确设计阶段需要定义的 BIM 模型信息,在对模型信息进行定义时需要以约束对

表1　规范条文检查对象及内容（来源：作者自绘）

规范约束对象	BIM模型对象	条文内容	检查对象	约束内容	属性数据
建筑元素	建筑构件	5.6.7 老年人使用的楼梯应符合下列规定：1.梯段通行净宽不应小于1.20 m，各级踏步应均匀一致，楼梯缓步平台内不应设置踏步	楼梯	梯段净宽	宽度
		5.7.3 老年人使用的门，开启净宽应符合下列规定：1.老年人用房的门不应小于0.80 m，有条件时，不宜小于0.90 m	门	净宽	宽度
		6.1.3 老年人使用的室内外交通空间，当地面有高差时，应设轮椅坡道连接，且坡度不应大于1/12；当轮椅坡道的高度大于0.10 m时，应同时设置无障碍台阶	轮椅坡道	坡度	比例
功能空间	区域实体	5.4.1 医务室使用面积不应小于10 ㎡，平面空间形式应满足开展基本医疗服务与救济的需求，且应有较好的天然采光和自然通风条件	医务室	使用面积	高度
		5.6.3 老年人使用的走廊，通行净宽不应小于1.80 m，确有困难时不应小于1.40 m；当走廊的通行净宽大于1.40 m且小于1.80 m时，走廊中应设通行净宽不小于1.80 m的轮椅错车空间，错车空间的间距不宜大于15.00 m	走廊	净宽	宽度
		5.2.3 居室设计应符合下列规定：3.居室的净高不宜低于2.40 m；当屋顶空间作为居室时，最低处距地面净高不应低于2.10 m，且低于2.40 m高度部分面积不应大于室内使用面积的1/3	居室	净高	高度
设施元素	设施、家具	5.2.8 照料单元应设公用卫生间，且应符合下列规定：4.应设1～2个盥洗盆或盥洗槽龙头	盥洗盆、盥洗槽龙头	数量	数量
		5.6.4 二层及以上楼层、地下室、半地下室设置老年人用房时应设电梯，电梯应为无障碍电梯，且至少1台能容纳担架	电梯	数量、无障碍要求	数量、长度宽度

象为依据对 BIM 模型中的对应对象进行分类。在信息定义中应当以建筑构件、建筑功能空间、建筑设施以及其他不便分类的对象为分类基础，录入其名称、数量、空间位置、参数、几何信息等数据，通过建筑信息模型的储存与信息分类组成 BIM 模型信息库。对此技术路线定义出的相关信息进行整理后可形成 BIM 模型信息定义文本，在具体实践应用中可以此为基础并结合检查的实际需求与检查结果的反馈对文本进行更新与项目适配。

由于 BIM 模型的信息定义的成果不仅应用于建筑设计质量检查，更贯穿整个建筑的全生命周期，有效、完整且可根据实际情况编辑的建筑元素的信息可以满足设计阶段的方案修改、施工阶段以及运营阶段的信息

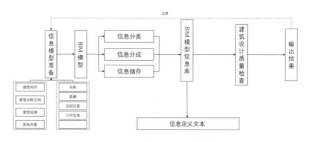

图5　信息定义技术路线图
（图片来源：作者自绘）

查找与修改。在对 BIM 模型进行信息定义时需要围绕阶段性、完整性、专业性、适用性以及适度性几个原则进行定义工作。确保 BIM 模型各元素的信息能在各个阶

段、各个参与的专业都有完整且具有针对性的构成元素分类与信息定义分类,保证满足各种工作所需且各种信息的属性数据,并便于提取查找和修改,在同时满足各项工作的精细程度需求的同时却不冗杂,能保证设计人员在有限的工作过程中搭建出的BIM模型便于储存、传输和交付。

2.2 自然语言规范转译计算机语言规则的技术

由于计算机无法直接使用自然语言编写的判断规则文本作为对建筑信息属性数据的判断依据,要实现计算机对于建筑设计质量的自动检查,需要完成将建筑设计规范、地方城市规划导则以及其他设计相关需求的自然语言文本表达形式转变为计算机语言逻辑语言的检查规则这一核心工作(见图6)。计算机运行规则严格按照内容是否满足相关条件,符合则通过,不符合则不通过,不能对同时包含复杂逻辑关系或既包含逻辑判断关系又包含数据判断的信息内容进行判断,因此要对规范条文进行语句的逻辑拆解后分类整理,通过对现有规则的拓展与自定义组合形成具有检查针对性的、逻辑清晰层级分明的规则集文本。

图6 自然语言与计算机语言转变
(图片来源:作者自绘)

2.2.1 条文的拆分与分类

以《建筑设计防火规范》(GB 50016—2014)中5.1.6这一条款的判断逻辑为例,自然人通过阅读能够快速理解这条条文需要满足的条件,而计算机则需要对逐个对象进行"是"和"否"的判断来确定其是否满足条文要求。若要将其转译成为计算机语言规则,需要理解计算机执行规则运算的书写特征和逻辑关系,并通过逻辑关系对相关关键词进行转译(见图7)。

除可以拆解出属性数据中可数字化的条文,建筑设计规范条文还存在部分不可数字化的需要进行人工检查的条文。除不可数字化的条文须进行人工检查保证建筑设计质量的准确性,对其他可数字化的条文可进行检查逻辑的分类,从质量检查的角度理清条文的构成逻辑。可数字化的条文可具体分为以下四类。

(1)判定存在条件的条文。

这类条文主要以建筑设计某些元素的存在与否作为判定依据,且条文中元素的数字信息不为判定依据或不存在元素的数字信息。元素包括建筑的构件、设施、

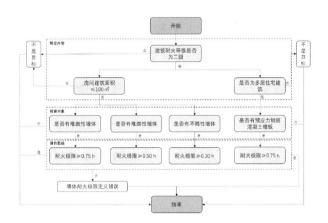

图7 条文转译逻辑示范
(图片来源:作者自绘)

功能空间、设备等构成建筑的所有要素。

(2)判定属性数据的条文。

除对条文中某些元素的存在判定为是否合规外,条文中还会对某些元素构件的属性数据做出明确的数值规定,如建筑中某类房间的个数、构件的具体尺寸、防火分区面积大小、疏散距离、走道净宽等,以此作为是否合规的判定依据。

(3)复合性判定的条文。

前两种条文属于较为理想状况下的条文,在实际操作中,由于建筑设计自身的复杂性,严谨的规范条文信息往往是由两种或两种以上的类型复合而成,且组合时有一定的主次关系,组合的先后关系决定了在对其进行规则检查时的检查对象和检查结果。组合关系可分为三种:判定存在条件为主,判定属性数据为辅;判定属性数据为主,判定存在条件为辅;判定存在条件和判定属性数据并列。

(4)需人工核查的条文。

规范条文中大部分条文可数字化提取其审查的关键信息,除部分使用"可""不可""宜"等低执行度用词的条文需人工核查检查结果外,还存在部分不可数字化的规范条文,如《民用建筑设计统一标准》(GB50352—2019)第6.6.1款中"在食品加工与贮存、医药及其原材料生产与贮存、生活供水、电气、档案、文物等有严格卫生、安全要求房间的直接上层,不应布置厕所、卫生间、盥洗室、浴室等有水房间;在餐厅、医疗用房等有较高卫生要求用房的直接上层,应避免布置厕所、卫生间、盥洗室、浴室等有水房间,否则应采取同层排水和严格的防水措施"。这类条文可直接利用BIM模型的三维可视化进行人工核查。

2.2.2 规则转译的技术路线与原则

条文转译是自然语言规范转译为计算机语言规则的重要过程,其成果也是实现计算机对建筑信息模型进行检查命令的重要依据。规则转译的步骤一般是基于条文判定类型的分类,在此基础上根据具体检查对象选择适宜的既有规则模板,通过对模板匹配具体条文的细节数据的编辑,形成对特定条文的新检查规则(见图8)。在转译技术路线下,能实现规则模板的再利用,为后续其他规则集文本的建立提供参考和实际的模板支持,减少一定的工作量,提升基于 BIM 技术的建筑设计质量检查的工作效率。

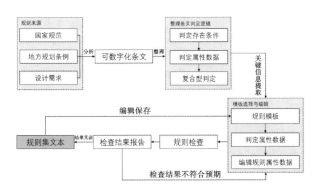

图8 规则集文本转译路线

(图片来源:作者自绘)

3 总结

本文以 Eastman 提出的设计质量自动检查技术路线图为基础,结合实际中不断变化的设计过程,根据检查的实际难点,提出建筑设计质量自动检查的方法架构,并根据方法架构提出技术路线图。此外,总结出规范条文条款转译与建筑信息模型信息定义两项关键技术的内容与技术路线,为建筑设计质量自动检查提供了坚实的理论与技术支持。

参考文献

[1] 王诗旭.基于 BIM 的规则检查技术辅助建筑设计方法研究[D].重庆:重庆大学,2015.

[2] 李璨.BIM 技术在建筑设计质量检查中规范转译的方法研究[D].重庆:重庆大学,2019.

[3] 穆磊.基于 BIM 的建筑消防自动审图研究[D].北京:北京建筑大学,2020.

[4] 高喆,王佳,周小平,等.跨平台的建筑信息模型展示技术研究[J].建筑技术,2017,48(04):405-407.

[5] 石佳.BIM 技术在建筑设计质量检查中模型信息定义方法研究[D].重庆:重庆大学,2019.

王津红[1]* 王子蔚[1] 丁晓博[1] 康梦慧[1]
1. 大连理工大学建筑与艺术学院；1170521570@qq.com
Wang Jinhong[1]* Wang Ziwei[1] Ding Xiaobo[1] Kang Menghui[1]
1. School of Architecture and Art，Dalian University of Technology

基于 BIM 的公共建筑安全疏散距离检测工具研究
Research on Safe Evacuation Distance Detection Tool for Public Buildings Based on BIM

摘　要：BIM技术的应用越来越广泛，除了建筑模型构件本身的参数值（材质、高度、厚度等）外，建筑空间体积、走廊面积等模型信息也具有很重要的价值。在进行 BIM 正向设计或建筑改造时，建筑的安全疏散距离作为建筑设计防火规范的一个重要部分，现今仍多依靠经验判断以及手工计算，效率较低且存在失误的可能。如何准确而又快速地检测建筑的安全疏散距离成为棘手问题。本文以某宿舍为例，针对当前建筑安全疏散距离检验效率低且结果无法可视化表达等问题，提出了一个基于 BIM 的建筑安全疏散距离检测方案。该方案首先通过 Dynamo 或 Grasshopper 对 Revit 模型进行信息提取，获取疏散路径、起始点、终点，然后通过 Dynamo 中的 Python Script 节点或 Grasshopper 中的 shortest walk 节点得出各个疏散门到防火门的最短距离，并对结果进行判断、显示。结果表明：本方法能够快速检测建筑的安全疏散距离，并对不合规范处进行显示，使检测效率和准确度得到很大提升，为 BIM 正向设计或建筑改造时的建筑安全疏散距离检测提供了一种可行性方案。

关键词：BIM；疏散距离；Dynamo；Grasshopper

Abstract：The application of BIM technology is becoming more and more extensive, in addition to the parameter values of the building model components themselves (material, height, thickness, etc.), the model information such as building space volume and corridor area also has great value. In the BIM forward design or building modification, the safe evacuation distance of the building, as an important part of the fire code of the building design, still relies on empirical judgment and manual calculation, which is inefficient and there is a possibility of error. How to accurately and quickly detect the safe evacuation distance of a building has become a thorny problem. Taking a dormitory as an example, this paper proposes a BIM-based safe evacuation distance detection scheme for building safety distance in view of the current problems such as low efficiency of building safe evacuation distance inspection and the results cannot be visualized. The scheme first extracts the information of the Revit model through Dynamo or Grasshopper to obtain the evacuation path, starting point and end point, and finally obtains the shortest distance from each evacuation door to the fire door through the Python Script node in Dynamo or the shortest walk node in Grasshopper, and judges and displays the results. The results show that this method can quickly detect the safe evacuation distance of the building and display the irregularities, which greatly improves the detection efficiency and accuracy, and provides a feasible scheme for the detection of the safe evacuation distance of the building during the forward design of BIM or the renovation of the building.

Keywords：BIM；Evacuation Distance；Dynamo；Grasshopper

1 引言

我国的施工图设计文件审查制度对保障施工图设计文件的基本质量发挥了积极作用,取得较好成效[1]。现今,全国各地陆续出台相关政策,将施工图审查转为设计单位自行审查,这对设计单位的审查能力和方式提出了更高要求。

本文意在通过对于公共建筑安全疏散距离检测工具的研究探索基于BIM的建筑设计合规性审查方法。该方法立足于Revit模型,适用于建筑正向设计或改造阶段,通过Dynamo和Rhino. Inside. Revit插件对模型信息进行提取,运用Shortest walk节点或自行编写的Python Script节点对疏散距离进行分析,并对结果可视化表达。该方法提升了检测效率且具有更多的灵活性。

2 自动化审图应用

近年来针对建筑领域自动合规性审查的相关研究可分为三类:基于图纸/CAD(Computer Aided Design)的自动审查、基于BIM技术的自动审查、基于过程管理的自动审查管理[2]。目前基于BIM的审核平台实现一次系统的编程,就会有广泛、稳定的应用场景,但其开发时间长,对编程能力要求高,无法针对个人的需求提供解决方案[3]。

Dynamo可视化编程灵活性高、上手难度低,可根据用户需求灵活变化,并与Revit模型联动,更容易根据模型的更改随时变换程序,但对于复杂曲面形体的处理存在欠缺。作为计算式BIM技术的重要工具,Dynamo把计算式设计思维和方法融入建筑科学中,推动了建筑设计思维的演化,促进了BIM技术的深度应用[4]。应用Dynamo自动化审查时,设计人员既可根据实际需要编写特定的程序,也可以使审查程序结合设计要求进行实时更新,使审查流程更好地融入建筑设计当中[5]。

Rhino. Inside. Revit作为与Dynamo功能相近的插件同样具有拾取BIM模型信息的功能,借用Rhino内部工具,Rhino. Inside. Revit对于复杂曲面形体的处理更有优势,并且通过Grasshopper可实现灵活编程,与Dynamo节点包形成互补。

3 基于BIM的建筑安全疏散距离检测工具研究

在以应用BIM进行正向设计和旧建筑存量繁多的大背景下,以建筑信息模型为基础进行自动化合规性审图是未来发展的方向,在设计之初就可以避免因不满足规范而引起的问题,避免造成时间和成本的浪费。自动化审图平台目前功能仍不完善,基于IFC文件的审核方式对模型准确度要求较高,且不能对模型修改的效果实时表达。以Dynamo和Rhino. Inside. Revit为工具进行研究具有更多的灵活性,且可以根据方案变化加以修改。本文以对公共建筑安全疏散距离的自动检测为例对自动化审图方法进行探索。

检测工具(程序)设计可利用Dynamo编写也可利用Rhino. Inside. Revit进行编写,二者功能存在一定的互补性和相似性。对于只熟练应用Dynamo和Grasshopper而对Rhino. Inside. Revit不熟悉的用户需要将经过处理的模型转入Rhino进行操作即可,本文以此种方法流程为例进行探索研究。

4 研究方法与流程

4.1 研究思路

对于公共建筑安全疏散距离的检测,首先需要寻找到房间疏散门到安全出口的最短距离,其次再根据建筑类型去判定距离是否符合《建筑设计防火规范》,并对结果进行可视表达。通过Dynamo和Rhino. Inside. Revit对模型信息的拾取得到房间疏散门和安全出口的拐点以及疏散可能用到的所有路径线,再通过Python Script节点基于A*算法进行程序编写或利用Grasshopper插件内置的寻求最短路线的Shortest walk节点进行依次判断。

4.2 操作步骤

4.2.1 模型建立

将模型导出前需要系统、精细地建立模型。对安全疏散距离的检测需要模型中对门类别进行精确划分(见图1),为之后对于走廊表面以及路径线的提取提供方便。

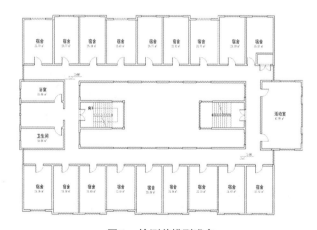

图1 检测前模型准备

4.2.2 模型信息提取

对房间疏散门和安全出口拐点以及路径线的提取可通过Dynamo和Rhino. Inside. Revit进行,本文以

Dynamo 为例进行演示。

（1）通过 Springs 软件包下的 Springs. Collector. ElementsInView 节点提取到视图中墙和房间的实体，如有柱的话也包括柱子（见图 2），并通过 Solid. ByUnion 节点进行合并。

（2）通过同样节点创建楼板实体并在 Revit 节点栏下的 Elements 中找到 Element. Faces，通过 List. Flatten、List. GetItemAtIndex 节点对楼板上表面进行提取（见图3）。

（3）通过 Geometry. Intersect、Surface. Thicken、Solid. Difference 节点求得楼板表面除去墙和房间实体的剩余部分，即走廊部分（见图4）。

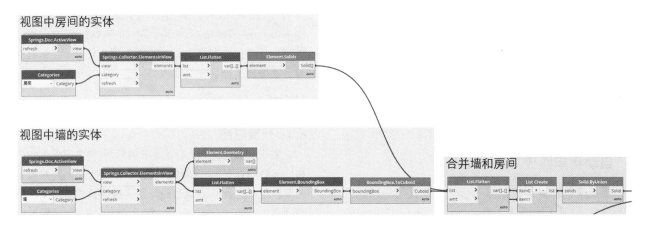

图 2　提取墙和房间实体

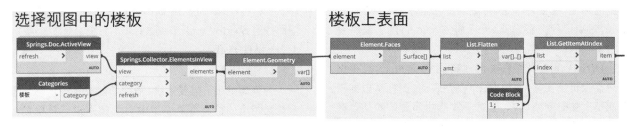

图 3　提取楼板上表面

图 4　提取走廊表面

（4）通过 Springs. Collector. ElementsInView 节点拾取到对应的疏散门和防火门元素并通过 Room. Doors、Element. BoundingBox 等节点提取到疏散门和防火门的 Cuboid 实体（见图 5），用以和走廊上表面求交点。

（5）通过 Geometry. Intersect、Curve. EndPoint、Curve. StartPoint 节点通过找到走廊表面和实体的交集得出交线，再找到交线的首尾点以求得房间疏散门和防火门的下部两个角点并将数据进行合并（见图 6）。

（6）通过 Surface. Thicken、Topology. Faces、Face. Edges、Edge. StartVertex、Vertex. PointGeometry 节点求得走廊上表面各角点，并将房间疏散门角点与防火门角点输入 Line. ByStartPointEndPoint、List. Count、List. FilterByBoolMask 求得与走廊上表面的所有可行性交线（路径线），其中需要对列表的数据级别进行修改（见图 7、图 8）。

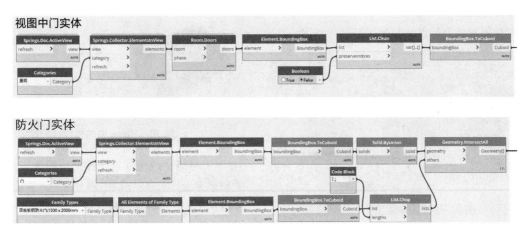

图5 创建疏散门和防火门实体

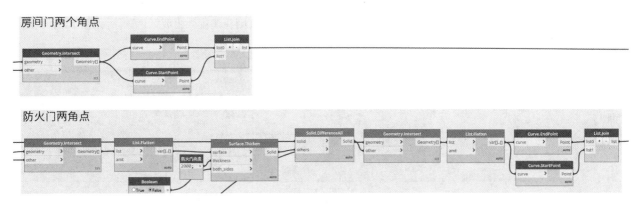

图6 房间疏散门和防火门下部角点

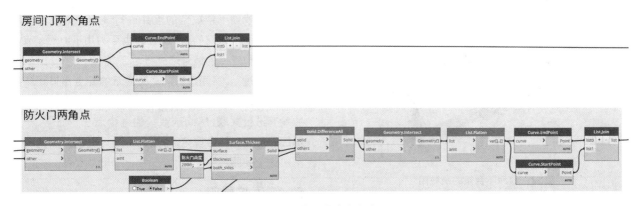

图7 获取走廊各角点

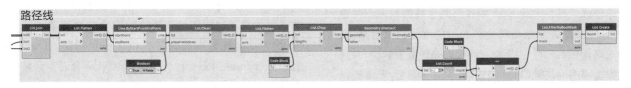

图8 获取所有路径线

4.2.3 判断路径距离、显示结果

（1）将剖切好的模型导出为 DWG 格式，导入 Rhino 中（见图 9）。

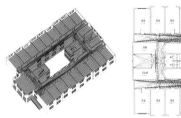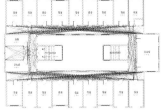

图 9　剖切后的模型

（2）将 DWG 格式文件导入 Rhino 中，关闭除路径线图层外的所有图层（见图 10），并在 Grasshopper 中拾取所有路径线。

图 10　Rhino 中的模型和路径线

（3）将路径线图层关闭并把门图层打开，以便于后期对结果进行观察。按照图 11 程序计算疏散各个点到防火门的距离并得出最短距离加以判断。《建筑设计防火规范》中对于不同的公共建筑类型的安全疏散最大距离都有不同的要求，面对不同类型的建筑，需要在左侧滑块中输入相应的规范数值。本程序设置最小距离大于 12 m 则在违规处生成红色球体（见图 12）。

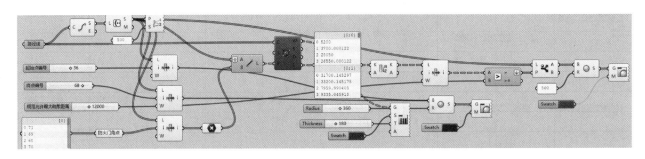

图 11　判定最小距离程序

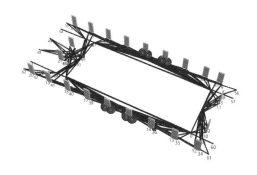

图 12　显示不合规的疏散门

4.2.4 分析结果

在将模型导入 Rhino 前，模型中已经包含所有可能的路径线。在 Grasshopper 中找到路径线的始末点并输出唯一值，将每个点与四个防火门角点分别做运算，在输入端需要 Graft。由于防火门相对来说数量较少，并且在模型中房间疏散门与防火门属于同一图层，无法进行区分，所以通过 Panel 通过输入防火门角点的编号即可，注意在 Panel 处鼠标点击右键，点选 Multiline Data，最后的数据才会按照相应的防火门角点个数来分组。通过筛选可以找到不合规范的点并进行显示。如果需要单独测试某两个点间的最短路径，也可利用 list item 节点通过输入相应点的编号来进行验证。

根据规范，房间疏散距离最近的安全出口距离不得大于规定值。在本程序中，一个房间疏散的两个点并没有进行关联，房间疏散门的两个点一个正常、一个标红即可视为符合规范，当然也可通过更进一层的程序解决这个问题。

5　结语与展望

本文从建筑信息模型出发，在 BIM 正向设计和存量建筑时代的大背景下，探寻基于 BIM 的自动合规性审查方法。本文通过探索公共建筑的安全疏散距离检测工具，为自动合规性审查方法提供了一种思路。Dynamo 和 Rhino. Inside. Revit 作为与主要 BIM 平台联系最紧密的插件，灵活度高且对于编程能力没有较高要求，可根据项目要求灵活编写。

本文展示了从 Dynamo 到 Rhino 的操作流程,较之完全依赖于 Dynamo 或 Rhino. Inside. Revit 不能分别拾取到房间疏散门和防火门下部角点,操作相对烦琐,但可以利用到 Grasshopper 中繁多的插件。本方法尚有不足之处。[①]对于袋型走廊两侧的疏散门还没有更快的检测方法,且遇到平面的标高存在变化的情况尚无法解决,这还需要更复杂的程序来对台阶、坡道等构件进行拾取并提取出有效的疏散路径。[②]对于模型中一些非墙、柱的装饰构件的识别判定还存在欠缺。本方法对于路径线和门角点的提取主要依靠对实体的切割,后期还需要探索更便捷、计算时间更短的提取方式,也会为其他的合规性检测提供思路。随着基于 Dynamo 和 Rhino. Inside. Revit 的优质节点创新,对于安全疏散距离的检测以及其他类型的建筑设计合规性自动审查将变得越来越便捷。

参考文献

［1］ 陈建国,华春翔,胡文发,等.施工图设计文件审查制度发展历程的回顾与分析［J］.中国勘察设计,2019(05):62-67.

［2］ 邢雪娇,钟波涛,骆汉宾,等.基于 BIM 的建筑专业设计合规性自动审查系统及其关键技术［J］.土木工程与管理学报,2019,36(05):129-136.

［3］ 刘洪.基于 BIM 的结构设计规范审查方法研究［D］.重庆:重庆大学,2017.

［4］ 孙澄,韩昀松,任惠.面向人工智能的建筑计算性设计研究［J］.建筑学报,2018(09):98-104.

［5］ 刘学贤,张笑彦.Dynamo 在建筑设计合规性审查中的应用研究［J］.城市建筑,2020,17（19）:160-163.

王正方[1*]　周颖[1]　辛阳鹏[1]　杨乐[2]

1. 东南大学建筑学院；525319342@qq.com

2. 常州市第二人民医院感染管理科

Wang Zhengfang[1*]　Zhou Ying[1]　Xin Yangpeng[1]　Yang Le[2]

1. School of Architecture, Southeast University

2. Infection Control Department, Changzhou Second People's Hospital

基于虚拟现实技术的医院急诊部防感染流程优化和空间改造研究

Research on Optimization of Hospital Anti Infection Process and Space Transformation Based on Virtual Reality Technology

摘　要：2022年全国疫情依旧肆虐。在疫情防治常态化的当下，除防疫定点医院外，普通三甲医院对潜在疫病患者的救治能力也亟须提升。由于普通三甲医院以医治一般患者为主，而为了给少数没有核酸检测报告但又必须救治的潜在疫病患者提供相应的治疗空间，需要对这类医院的急诊科进行防疫改造。鉴于新冠疫情的高度传染性，对于普通三甲医院的防疫改造来说，有必要再增设一个独立疫情应急空间，并在建筑空间上用一种醒目的新颜色与其他空间的颜色区别开来。

关键词：急诊中心；改造；疫情防控常态化；虚拟现实技术；伤病员分类分区

Abstract：In 2022, the national epidemic is still rampant. Under the background of normalization of epidemic prevention and control, in addition to the designated hospitals, the treatment capacity of grade Ⅲ hospitals for potential epidemic patients also needs to be improved. The grade Ⅲ hospitals mainly treat ordinary patients, however in order to provide corresponding treatment space for a few potential epidemic patients who do not have valid nucleic acid test reports but must be treated, the emergency department of such hospitals need to be transformed for epidemic prevention. Considering the high infectivity of the COVID-19, it is necessary to add an independent epidemic emergency space for the epidemic prevention transformation of the general grade Ⅲ hospital, and use a striking color marking the architectural space to distinguish it from the colors of other spaces.

Keywords：Emergency Center；Building Renovation；Normalization of Epidemic Prevention and Control；Virtual Reality Technology；Patient Classification and Zoning

1 引言

新冠疫情对人们生活造成了极大影响，医疗建筑及其应急规划也面临着越来越严峻的考验。我们亟须反思疫情应急阶段日常医疗资源的维护，落实并优化缺少有时效的核酸检测报告的急救患者在综合医院里的抢救空间。然而大多数三甲医院在设计建造时并未考虑以上的使用需求。在此背景下，本文以R医院为例对其急诊科进行防疫优化改造研究与防感染流程设计。

2 文献综述

2.1 缓冲区与防疫设计

防疫医院的住院部设计须兼顾平时与疫时两种状态。疫情来临时须将平面分为清洁区、半清洁区、半污染区、污染区等，通过在病室北侧入口设置双门，病室南侧设置外走廊的方式，一两个小时就可以完成平疫转换。双向开门的病房区将医务人员与患者的活动区域隔开，保障了医务人员的安全；独立病房内的缓冲区为医务人员提供消毒的区域,确保了半清洁区的安全。这样的方式也可应用于急诊部的防疫改造。

2.2 虚拟现实技术与应急医疗

虚拟现实技术(VR)是一种可以创造并使用户沉浸体验虚拟世界的计算机仿真技术。如今虚拟现实技术的日益成熟使得在虚拟世界中对医院改造后的场景进行模拟成为可能,可直观地对改造的可行性进行评估。

3 研究方法

3.1 技术路线

本研究的技术路线如图1所示,该研究首先将R医院急诊部平面图导入Sketch Up软件中建立模型,对医院急诊部现有空间进行评估,确定防疫改造方向的接诊流程与场所安排、急诊科接诊患者的等级与数量,明确大型医疗器械的共用策略以及污染区与洁净区的缓冲区域的设计与流线组织策略,就此针对没有核酸检测报告但又必须救治的患者制定一套应急预案,然后对医院的平面布局进行优化并将修改后的模型导入D5 Render中,设计场景模拟任务并进行虚拟现实模拟以验证方案的可行性,最后邀请多名医学与建筑学领域的志愿者分别佩戴VR眼镜参与模拟实验,并根据反馈改进设计。

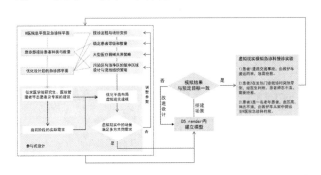

图1 技术路线

3.2 研究对象

3.2.1 R医院概况

R医院为三级甲等综合性医院,占地面积16.4万平方米,建筑面积41万平方米,开放床位4200张。日门诊量约18000人次,日急诊量约600人次。

3.2.2 医院现阶段管理模式

疫情常态化背景下,患者进入普通三甲医院需持有健康绿码、行程绿码、核酸阴性证明,而对于缺少核酸阴性证明且必须救治的患者则缺少安全、有效的治疗方式,因此对急诊部的防疫改造显得尤为重要。

3.3 流程优化

疫情期间进入医院须出示各类健康证明,可能导致

急救患者的抢救延缓。急诊科接诊流程优化如图2所示。设计为必须救治但缺少核酸阴性证明的急救患者设置了隔离抢救区。患者在抢救过程中进行核酸检测,结果确认后如显示阴性,患者直接进入常规治疗流程;如显示阳性,患者在病情稳定后由防护救护车转运至防疫定点医院,隔离抢救区进行彻底消杀。

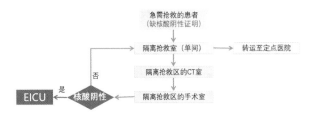

图2 急诊科接诊流程优化

3.4 空间改造

3.4.1 成果概览

R医院急诊部的现状平面和优化平面如图3、图4所示,设计顺应医院原有的结构体系,将急诊科西侧部分可相对灵活布置的设备空间与办公空间等改造为隔离抢救区(见图5),并向南扩建隔离抢救区大厅与供救护车停靠与人员集散的广场;隔离抢救区内部增设2个两面开口的隔离抢救室,一面为患者通道,另一面通向供医务人员使用的缓冲区(也用于转运阴性患者);为保护医务人员设置了穿脱防护服的区域和相应的缓冲区,以及通向隔离抢救区大厅的快速通道(便于迎接病人)。设计优化了平面布局与人员动线组织,明确了大型医疗器械的共用策略。

图3 R医院急诊部原始平面图

3.4.2 缓冲区设计

医务人员:有患者从感染入口进入时,医务人员通

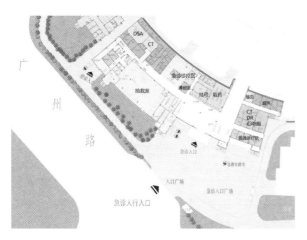

图4　R医院急诊部改造后平面图

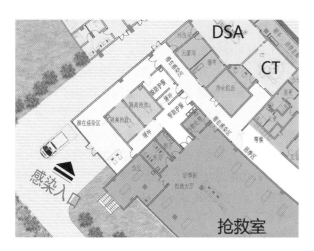

图5　隔离抢救区平面

过抢救室进入用于穿防护服的洁净区,经过缓冲区可进入隔离抢救室或门厅;医务人员在救治结束后在脱防护服的房间进行消毒、脱防护服,经过缓冲区,进入洁净区穿防护服回到抢救室。

患者:治疗过程中进行核酸检测的患者,术后结果若显示阴性则从隔离抢救室被移出,经过缓冲区与须穿防护服的洁净区最终转入抢救室进行后续治疗。

3.5　虚拟现实模拟

3.5.1　场景建设

将 R 医院 Sketch Up 模型(见图6)导入 D5 render,根据医院真实数据与场景照片(见图7)构建虚拟场景,还原真实使用场景的空间使用模式。

3.5.2　模拟过程

志愿者佩戴 VR 眼镜,在搭建完成的虚拟场景中选择并完成场景模拟任务,给出反馈以指导设计的深化。

图6　R医院电子模型　　图7　R医院实拍照片

3.5.3　问卷调查

志愿者在完成实验后填写调查问卷。问卷的内容主要以任务设定的严谨度、虚拟场景的真实度、任务流程的科学性与空间改造的合理性等作为评价标准。

3.5.4　结果分析

问卷以选择题为主,每个问题设置 5 个选项,按照满意度设定−2～+2 的得分区间,量化分析得出空间改造与流程设计有效与虚拟现实技术用于设计可行的结论。

3.6　场景模拟任务

设置三组医疗场景(见图8),还原 R 医院急诊部在改造后应对潜在感染新冠病毒患者的真实救治过程与空间使用模式。

模拟实验1:外科急救

模拟背景:发生交通事故,患者急需抢救

任务流程:急救医生接到通知,穿好防护服在抢救区入口处等待
→救护车到达R医院隔离抢救区入口,医生将患者送入隔离抢救室1
→清创、核酸检测
→CT检查
→手术(期间核酸检测结果为阳性)
→术后将患者送回隔离抢救室1(CT、手术室消毒)
→患者病情稳定后由防疫救护车转运至定点医院
→医生脱去防护服后回到抢救室(隔离抢救室1消毒)

模拟实验2:内科急救

模拟背景:门诊就诊患者突然晕倒,患者神志不清,需要抢救

任务流程:急救医生接到通知,穿好防护服在抢救区入口处等待
→使用担架搬运患者进入隔离抢救室2
→急救科医生诊断,核酸检测
→CT检查(影像科危急值:急性右颞硬膜外血肿,两肺炎症)
→将患者送回隔离抢救室2救治(期间核酸检测结果为阴性)
→搬入EICU(2F)
→医生脱去防护服后回到抢救室(隔离抢救室2消毒)

模拟实验3:老年患者

模拟背景:患者血压高,神志不清,由救护车从家中转运至R医院

任务流程:急救医生接到通知,穿好防护服在抢救区入口处等待
→救护车到达R医院隔离抢救区入口,医生将患者送入隔离抢救室2
→急救科医生诊疗、抢救,核酸检测(核酸检测结果为阴性)
→将患者从隔离抢救室2转运至抢救室
→医生脱去防护服后回到抢救室(隔离抢救室2消毒)

图8　虚拟现实实验场景设定

4 研究结果

4.1 实验方案

受制于疫情、实验设备运输困难等因素,就近征集 6 名东南大学医学院的研究生与 6 名建筑学院的本科生作为志愿者参与实验(见表 1)。其中医学院的研究生均有一年左右的医院实习经历,具备对 R 医院急诊科改造方案与流程设计的科学评价能力。

表 1 实验人员构成

实验者编号	性别	专业	学历	年龄	是否在 R 医院急诊部有过实习、就医经历
1	女	基础医学	硕士研究生	24	无
2	女	基础医学	博士研究生	29	无
3	女	基础医学	硕士研究生	23	无
4	女	护理学	硕士研究生	25	无
5	女	护理学	硕士研究生	25	无
6	女	基础医学	硕士研究生	23	无
7	女	风景园林	本科生	21	无
8	女	建筑学	本科生	21	有(仅路过)
9	男	城乡规划	本科生	21	无
10	男	建筑学	本科生	22	无
11	男	建筑学	本科生	21	有(曾到过急诊科大厅)
12	男	建筑学	本科生	20	无

实验将设定的三个场景模拟任务分别等量安排给 12 人,确保每个任务由 2 名本科生与 2 名研究生分别完成,每名志愿者分别以患者与医务人员的身份进行实验,根据指示到达相应场景,完成相应任务。

4.2 场景模拟结果与分析

虚拟现实模拟实验场景如图 9、图 10 所示。参与实验的志愿者在完成场景模拟任务后以问卷形式对实验结果进行反馈,经统计后得到的结果如表 2、表 3 所示。

图 9 虚拟现实模拟实验场景 1

图 10 虚拟现实模拟实验场景 2

表 2 问卷得分情况

问题	虚拟场景是否真实	任务流线是否通畅	改造方案是否合理
得分	5	9	12
问题	VR 协同设计是否可行	是否利于急诊部提升病患接收效率	在虚拟场景中是否感到眩晕
得分	14	15	3

表 3 问卷得分情况分布

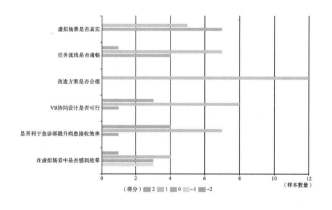

4.2.1 结果综述

100% 的志愿者可以完成实验任务,由数据得知整体改造方案与流程设计基本可行,流线较为清晰,VR 协同设计也得到广泛认可,而虚拟场景的真实度则有待提升。

4.2.2 改造方案

隔离抢救区的位置设置较为合理,扩展出的入口广场与 R 医院的原有道路相接,并与急诊部入口相隔一段距离,保证了救护车的正常通行并降低传染的可能性。设置双向开门的隔离抢救室有效提高了急诊科医生收治病人的效率,缓冲区的设计使得医务人员穿脱防护服的流程精细化,保障了医务人员的安全,缓冲区与病患走廊、隔离抢救区入口相连接的设计进一步提高了使用效率。改造方案在疫情常态化的背景下为无核酸检测报告但急需救治的潜在感染者接受治疗提供了一种有效的解决方案。

4.2.3 流线

在流线设置上虽没有过多交叉,但在虚拟场景行走体验中由于场景搭建不够完全,容易造成误导,需要增加更多标识细节。

4.2.4 VR 协同设计

身临其境的场景体验可以帮助非建筑领域的专家快速理解方案的设计要素并能激发他们建立在其专业知识上的思考,进而大幅提升与建筑师的沟通效率,打破行业壁垒。

根据反馈,场景模拟实验的设定还可进一步细分外科急救与内科急救的救治流程;针对日急诊量 600 人次的医院设置 2 个隔离抢救室可能仍无法满足需求,后续设计中可通过实地调查确定适当增加隔离抢救室数量。

5 讨论

5.1 本研究的意义

为三甲医院急诊部增设隔离抢救区可有效提升其对潜在疫病患者的救治能力,对于国内普通三甲医院的防疫改造具有应用价值,对于提升国内医疗资源在疫情中的运行能力意义重大。

5.2 本研究的局限性与未来计划

虚拟现实技术在医疗建筑领域的应用受限于硬件设备水平,电脑的卡顿与 VR 眼镜的兼容性差等十分影响场景体验。且现阶段画面与交互行为仍难以达到十分真实的水平,如能实现多位志愿者同时体验一个场景,并分别以不同的角色模拟救治过程则可以更加直观地感知空间组织的逻辑。

由于种种原因,实验未能请到急诊救治环节中多工种的专家对设计进行评估,未来的实验将尽可能征集更多群体参与实验,从不同的角度给出评价以指导设计。

实验中志愿者佩戴 VR 眼镜体验后给出的意见对于方案的改进十分有效,未来的医疗建筑设计将是人机协同、多方把控的设计模式。

6 结论

疫情常态化背景下承担着重要社会责任的普通三甲医院应当科学救治缺少有时效的核酸检测报告的急救患者,保障疫情应急阶段日常医疗资源的维护。

针对防疫改造而言,本次设计的急诊科改造方案可行:方案在保护正常就医的患者与医务人员不被感染的同时,为缺少有效核酸检测的患者提供了独立的医疗环境。此外,应急预案的制定需要医生、护士、应急管理者、交警、消防员、后勤人员等各方参与,而大部分参与者并不具备建筑学知识,无法准确想象应急防灾的场景,虚拟现实技术则为专家讨论提供了可视的场景,便于开展协同设计从而实现应急流程精细化。按照目前的国际分诊标准,医院的应急分诊分重症、中症和轻症三类,在建筑空间上分别用红、黄、绿等三种颜色表示。鉴于新冠疫情的高度传染性,对于普通三甲医院的防疫改造来说,有必要增设一个独立疫情应急空间,并在建筑空间上用一种醒目的新颜色与其他空间的颜色区别开来。

参考文献

[1] KENJI T, KAZUO T, IKUO T, et al. A comparison of disaster base hospitals and general hospitals with regard to initial action in an earthquake: study on the initial action system of the hospitals in case of an earthquake disaster part 2[J]. Journal of Architecture and Planning (Transactions of AIJ),2019,84(10):2109-2117.

[2] PHILIP H P, NICOLA B, DAVE T, et al. Virtual-world hospital simulation for real-world disaster response: design and validation of a virtual reality simulator for mass casualty incident management [J]. Journal of Trauma Acute Care Surgery,2014,77(2):315-321.

[3] MACHRY H, JOSEPH A, WINGLER D. The fit between spatial configuration and idealized flows: mapping flows in surgical facilities as part of case study visits[J]. HERD,2020,14(1):237-250.

[4] 周颖,陈欣欣,孙耀南.防疫医院的基本构想与设计策略[J].建筑学报,2020(Z1):49-54.

[5] 马晓辉.基于 VR 的医院应急疏散认知实验与时空行为研究[D].北京:中国科学院大学(中国科学院遥感与数字地球研究所),2019.

[6] 张向芬,张新,朱群.情景模拟演练在应对灾害及突发事件中的应用[J].临床医药文献电子杂志,2017,4(73):14278-14279.

徐熠[1]*　周颖[1]

1. 东南大学建筑学院；463775258@qq.com

Xu Yi[1]*　Zhou Ying[1]

1. School of Architecture, Southeast University

基于行人模拟技术的门诊大厅布局优化
——以患者就诊流线短缩和单向行走为目标

Optimization of Outpatient Hall Based on Pedestrian Simulation Technology : Shortening of Flow Line and One-way Walking Were the Targets

摘　要：大型医院门诊大厅功能复杂，若布局不当可能导致患者移动流线过长，就医效率降低。疫情防控要求患者单向行走以避免感染，且中国居民习惯靠右行走。本文对门诊大厅布局的设计方法展开了研究，旨在提高患者就医效率。对 R 大型医院门诊大厅内的患者行为轨迹进行分析，并对门诊大厅布局进行优化，使用 MassMotion 行人模拟软件对优化前后进行模拟和对比，发现依照就医流程的门诊大厅布局方式可以将患者移动距离缩短 30.59%，移动时间缩短 12.34%。

关键词：大型综合医院；门诊大厅；布局优化；行人模拟

Abstract：The outpatient hall of large hospitals has complex functions. If the layout is improper, the patient flow line may be too long and the medical efficiency may be reduced. Epidemic prevention and control requires patients to walk in one direction to avoid infection, and Chinese residents are used to walking on the right. This paper studied the design method of outpatient hall layout, aiming to improve the efficiency of patients' medical treatment and meet the epidemic prevention and control and residents' habits. The patient behavior trajectory in the outpatient hall of R large hospital was analyzed, and the layout of the outpatient hall was optimized. The MassMotion pedestrian simulation software was used to simulate and compare the optimization before and after. It was found that the layout of the outpatient hall according to the medical treatment process could shorten the patient movement distance by 30.59% and the movement time by 12.34%.

Keywords：Large General Hospital; Outpatient Hall; Layout Optimization; Pedestrian Simulation

1　概论

大型综合医院门诊大厅综合了就医流程中的问询、挂号、取药和交通等功能，若这些功能的布局不合理将会增加患者和陪护人员在门诊大厅内部的移动距离和移动时间，降低其就医效率，对患者的心理和生理造成影响。同时，基于疫情防控常态化的要求，门诊大厅内的患者应单向行走以避免感染，且已有研究表明，中国居民习惯靠右行走[1]。所以我们需要对门诊大厅的布

局设计方法进行研究，使门诊大厅的布局不仅可以令患者及其陪护人员高效就医，还可以顺应其行走习惯并减少感染的发生。

既往对门诊大厅的研究集中在布局形式的设计上[2]-[4]。除此之外，张国材[5]从环境心理学角度研究了就医流程，并提出要按照就医流程合理布局门诊大厅的各个功能。许伊婷[6]使用社会力模型研究了行人在门诊大厅内部的具体行走特征。陈付佳[7]在疫情防控背景下提出了门诊大厅内部各个功能的流线设计。既有

研究缺少对门诊大厅设计进行定量分析。

本文结合疫情防控和居民行走习惯,提出根据就医流程对门诊大厅进行功能布局设计的方法,并使用行人模拟技术对设计方法进行量化验证。

2 研究方法

2.1 实地调研

本文以南京市 R 大型医院为研究对象(图 1),其为三级甲等医院,门诊部日均人流量约为 1.8 万人次。门诊大厅内有 4 个问询窗口、14 个挂号窗口、24 个取药窗口。垂直交通工具有 1—2 号电梯、3—8 号电梯、南扶梯和北扶梯。另外有儿科、康复门诊和老年方便门诊三个诊区。共有两个出入口,因疫情防控要求单向行走,患者及其陪护人员从南入口进,经由问询和挂号等流程后使用 3—8 号电梯或者南扶梯到达诊区,我们称这个流程为进入流程;候诊和问诊完成后,人们使用 1—2 号电梯或者北扶梯回到门诊大厅,取药后从北入口离开医院,我们称这个流程为离开流程。

通过实地调研,获得该医院平面图以及某周周一7:00 至 17:30 该医院门诊大厅的监控视频录像,摄像头的具体位置如图 1 所示。

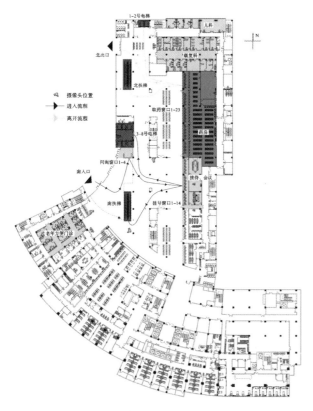

图 1 南京 R 大型医院平面图

(图片来源:作者自绘)

2.2 轨迹跟随

在观察时间段内,每隔十分钟随机跟随一名从南入口进入的患者或其陪护人员,共计跟随 63 名。通过多个摄像头的转换,记录他们进入流程的行走轨迹,并使用 AutoCAD 将行走轨迹对应展现在平面图上。通过统计和分析得知患者及其陪护人员的具体就医流程、就医流程各环节的人数比例以及各个垂直交通工具使用人数比例。由于视频监控角度的原因,离开流程并未被记录。

通过轨迹跟随和数据统计,依据就医流程、单向行走以及靠右行走习惯,对现状平面进行优化。

2.3 行人模拟

2.3.1 模型建立

在 MassMotion 11.0 中建立 R 大型医院门诊大厅模型。根据现状平面图和优化后的平面图设定人员出入口,问询、挂号和取药的活动点以及所使用的垂直交通工具(见图 2)。

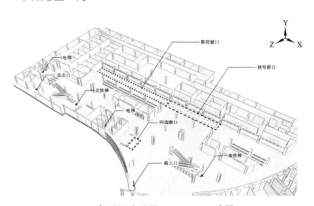

(a)R大型医院现状MassMotion建模

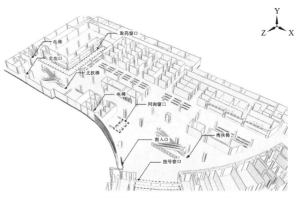

(b)R大型医院优化方案MassMOtion建模

图 2 模型建立

(图片来源:作者自绘)

2.3.2 模拟参数和输入输出内容

对模拟人员参数加以设定,将人员的高度设定为

1.75 m。每个个体(从一个肩膀到另一个肩膀)的宽度设定为0.5 m。

对模拟路径和行为比例设定,将实地调研收集到的进入人数数据(每10 min产生一个人)以及各项就医流程的人数比例作为模拟进入流程的输入数据。将患者及其陪护人员问询的时间均设置为30 s,挂号的时间设置为2 min。对于离开流程,我们做出了如下假设:①使用3—8号电梯就诊的人会使用1—2号电梯回到门诊大厅,1号电梯和2号电梯使用人数相同;使用南扶梯就诊的人会使用北扶梯回到门诊大厅。②完成就诊后的取药人数为50%,每个取药窗口被使用的概率均等,另50%就诊结束后直接从北出口离开医院。③根据经验,将候诊时间设定为60 min,问诊时间设定为5 min,所以第一个使用北扶梯回到门诊大厅的人应比第一个从南入口进入的人的产生时间晚65 min。从模拟的第65分钟开始,每10 min从北扶梯产生一个人,直至63个人完全生成。

由于门诊大厅布局的不合理会产生折返行为,我们认为这些行为会增加移动距离,拉长就医时间,所以我们选用进入和离开流程中的移动距离和就医时间作为就医效率的评价标准,使用MassMotion输出移动距离和移动时间进行分析和比较。

2.3.3 社会力模型

MassMotion软件对于人员行走的定义是基于社会力模型和最短路径算法。社会力模型由Helbing于1998年提出,考虑人群中行人受到的心理作用和外界环境对行人造成的物理作用,更加贴近现实。其主要包括三个基本作用力:行人自身的驱动力 f_i^0 、人与人之间的作用力 f_{ij} 和人与障碍物之间的作用力 f_{iw} 。其表达式为:

$$m_i \frac{d v_i}{dt} = m_i \frac{v_i^0(t)e_i^0(t)-v_i(t)}{\tau_i} + \sum_{j(\neq i)} f_{ij} + \sum_w f_{iw} \tag{1}$$

行人自身的驱动力反映了行人以期望的速度到达目的地,其公式为:

$$f_i^0 = m_i \frac{v_i^0(t)e_i^0(t)-v_i(t)}{\tau_i} \tag{2}$$

其中, m_i 是行人的质量, $v_i(t)$ 是行人的实际行走速度, $e_i^0(t)$ 是行人在时刻的期望速度方向, τ_i 是行人变速的反应时间, $v_i^0(t)$ 是行人的期望速度。

行人间的相互作用力指的是人群中行人难免会与其他行人发生接触,此时行人 i 试图与行人 j 保持一定距离而产生的力,其公式为:

$$f_{ij} = A_i exp\left[\frac{r_{ij}-d_{ij}}{B_i}\right]n_{ij} + kg(r_{ij}-d_{ij})n_{ij} + kg(r_{ij}-d_{ij})\Delta v_{ji}^t t_{ij} \tag{3}$$

其中, A_i 和 B_i 均为常数, d_{ij} 表示两个行人重心的距离, n_{ij} 表示行人 j 指向行人 i 的单位向量。

行走的过程中,行人还会受到来自障碍物的作用力,被称作行人和障碍物间的作用力,该力和行人之间的作用力类似,其公式为:

$$f_{iw} = A_i exp\left[\frac{r_i-d_{iw}}{B_i}\right]n_{iw} + kg(r_i-d_{iw})n_{iw} + kg(r_i-d_{iw})(v_i \cdot t_{iw})t_{iw} \tag{4}$$

其中, d_{iw} 是行人和障碍物之间的距离, n_{iw} 是行人和障碍物的法线方向, t_{iw} 是行人和障碍物的切线方向。

2.3.4 模拟有效性证明

使用MassMotion对现状进行模拟后,可输出各个就医流程节点的使用人数,使用IBM SPSS Statistics 25软件将其与实地调研所得的使用人数数据进行皮尔逊一次线性相关性分析,若相关度显著,则证明模拟是符合现状情况的。

3 结果和分析

3.1 实地调研和轨迹跟随

轨迹跟随结果如图3所示。

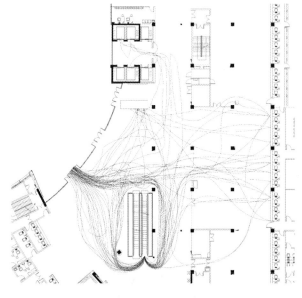

图3 南入口进入患者及其陪护人员轨迹
(图片来源:作者自绘)

通过对轨迹跟随的数据统计,可以获得就医流程的种类和人数比例,如图4和表1所示。各问询和挂号窗

□使用人数比例如表2和表3所示。

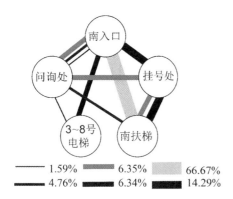

图4 就医流程及人数比例
（图片来源：作者自绘）

表1 进入流程及人数比例
（来源：作者自绘）

就医流程（进入）	比例（%）
南入口—电梯4	1.59
南入口—电梯5	3.17
南入口—电梯7	1.59
南入口—问询-电梯5	1.59
南入口—南扶梯	66.67
南入口—问询—南扶梯	4.76
南入口—问询—挂号—南扶梯	6.35
南入口—挂号—南扶梯	14.29

表2 问询比例（来源：作者自绘）

编号	比例（%）
问询1	12.5
问询2	12.5
问询3	50
问询4	25

表3 挂号比例（来源：作者自绘）

编号	比例（%）
挂号1	7.69
挂号3	7.69

续表

编号	比例（%）
挂号4	15.38
挂号5	7.69
挂号6	7.69
挂号8	15.38
挂号9	7.69
挂号12	7.69
挂号14	23.08

3.2 优化方案

通过对现状的观察，我们认为需要依据就医流程对门诊大厅的布局进行优化，同时考虑单向和靠右行走。保持现状南入口进入，北出口离开的单向行走流线。现状老年方便门诊与挂号窗口及员工办公室和接待室位置交换，这样挂号窗口位于患者和陪护人员的右手边，顺应了靠右行走的习惯。将康复门诊和取药窗口及药房位置交换，直接减少了患者及其陪护人员取药的距离。交换位置的两个功能的面积相似，优化后房间的功能和数量均与现状一致，但挂号窗口和取药窗口均少了一个。现状挂号和取药窗口在高峰时期的利用率并不饱和，所以减少一个对患者就医效率影响不大。

优化后的平面如图5所示。

图5 优化后R大型医院平面图
（图片来源：作者自绘）

3.3 行人模拟

使用 MassMotion 软件对现状进行模拟,模拟进入流程的输入数据见表1~表3,模拟离开流程的输入数据见表4。将现状挂号14号窗口的使用人数比例赋值给优化后挂号13窗口,其他输入数据均与现状模拟一致,对优化后方案进行模拟。

表4 离开流程及比例

(来源:作者自绘)

就医流程(离开)	比例
北扶梯—北出口	46.04
北扶梯—取药—北出口	46.04
1号电梯—北出口	1.98
1号电梯—取药—北出口	1.98
2号电梯—北出口	1.98
2号电梯—取药—北出口	1.98

3.3.1 模拟的有效性证明

令 MassMotion 输出各垂直交通工具使用人数、各问询窗口使用人数以及各挂号窗口使用人数,与实地调研所得进行皮尔逊相关性分析,SPSS 输出的皮尔逊相关性分析见表5~表7所示。可以发现模拟和现状的各个就医流程环节的人数的相关性十分显著,证明模拟的有效性。

表5 模拟和现状各垂直交通工具使用人数相关性

(来源:作者自绘)

		模拟	现状
模拟	皮尔逊相关性	1	1.000**
	Sig.(双尾)		0.000
	个案数	4	4
现状	皮尔逊相关性	1.000**	1
	Sig.(双尾)	0.000	
	个案数	4	4

**. 在0.01级别(双尾),相关性显著。

表6 模拟和现状各挂号窗口使用人数相关性

(来源:作者自绘)

		模拟	现状
模拟	皮尔逊相关性	1	0.803**
	Sig.(双尾)		0.009
	个案数	9	9

续表

		模拟	现状
现状	皮尔逊相关性	0.803**	1
	Sig.(双尾)	0.009	
	个案数	9	9

**. 在0.01级别(双尾),相关性显著。

表7 模拟和现状各问询窗口使用人数相关性

(来源:作者自绘)

		模拟	现状
模拟	皮尔逊相关性	1	1.000**
	Sig.(双尾)		0.000
	个案数	4	4
现状	皮尔逊相关性	1.000**	1
	Sig.(双尾)	0.000	
	个案数	4	4

**. 在0.01级别(双尾),相关性显著。

3.3.2 模拟结果

MassMotion 输出优化前后方案的模拟数据如表8所示。

表8 就医流程及人数比例

(来源:作者自绘)

流程	内容	现状	优化	优化程度
进入	平均移动时间(s)	61	57	7.03%
	平均移动距离(m)	39.31	33.33	15.21%
离开	平均移动时间(s)	112	95	15.24%
	平均移动距离(m)	58.75	34.73	40.89%
总流程	平均移动时间(s)	86	76	12.34%
	平均移动距离(m)	49.03	34.03	30.59%

可以发现,对于门诊大厅内部所有就医流程来说,优化方案可以将平均移动时间缩短12.34%,将平均移动距离缩短30.59%。无论是进入、离开还是所有就医流程,优化后方案均可缩短平均移动时间和平均移动距离,提高了患者就医效率。

4 讨论

4.1 现状门诊大厅布局

根据监控视频录像可以发现,由于挂号收费处距离

75

南入口较远,对医院不熟悉的患者会在门诊大厅内徘徊逗留,通过问询后找到挂号处,延长了就医时间。根据轨迹跟随可以发现,需要现场挂号的患者及其陪护人员从南入口进入后,需要先经过垂直交通工具(南扶梯和3～8号电梯)到达挂号处,完成挂号后折返回到垂直交通处,增加了患者及其陪护人员的移动距离。

依据现状调研的发现,我们提出需要根据就医流程中各个环节的先后顺序来布局门诊大厅各功能的想法。同时为了考虑人的行为习惯,尽量将功能布局在患者行走流线的右侧。

4.2 就医效率

优化方案对于平均移动距离优化的程度更高,可能是由于我们在设计优化方案的时候考虑最多的是距离,在功能调换的时候,将挂号取药调整至进出口附近,直接缩短了就医流线。离开流程的优化程度高于进入流程,可能是由于现状方案取药的位置距离北出口过远。

4.3 局限性

我们将三维立体的空间状态转化成二维平面上的行人运动轨迹,其轨迹并不一定完全准确。后期可以使用编程对视频内的地面和AUTOCAD内的平面相互对应,根据视频实时生成行人运动轨迹。

由于MassMotion内置最短路径算法,对于模拟不需要徘徊和寻路的熟悉医院平面的患者及其陪护人员更为合适。

5 结论

设计者在设计和改造大型医院门诊大厅时,需要根据就医流程对门诊大厅进行布局,同时考虑疫情防控单向行走和居民行走习惯以提高就医效率。

参考文献

[1] 陆伟,李斌,徐磊青.环境行为学[M].北京:中国建筑工业出版社,2022:65-66.

[2] 王汉民,李冰峰.综合医院门诊大厅的空间设计探讨[J].建筑与文化,2020(06):222-223.

[3] 石谦飞,王学敏.基于行为心理的门诊大厅空间环境设计研究[J].山西建筑,2009,35(13):7-9.

[4] 陈文,李必瑜.综合医院门诊部大厅设计浅议[J].重庆建筑大学学报(社科版),2001(02):39-42.

[5] 张国材.从环境心理学角度探讨门诊大厅的设计[J].建筑学报,1988(08):48-52.

[6] 陈付佳,王冰冰.疫情防控常态化下基于患者需求的大型医院门诊公共空间优化策略[J].中国医院建筑与装备,2021,22(09):45-52.

[7] 许伊婷.基于社会力模型的医院门诊大厅多向行人仿真研究[D].北京:北京建筑大学,2020.

徐明月[1*]

1. 东南大学建筑学院；1165160501@qq.com

Xu Mingyue[1*]

1. School of Architecture, Southeast University

运用虚拟现实技术辅助特殊教育学校参与式设计的设想

A Vision for Using Virtual Reality to Aid Participatory Design in Special Education Schools

摘　要：随着孤独症发病率的增高和国家对孤独症患者的日益重视，孤独症儿童的教育和康复正引起全社会的关注，相关配套设施相应增多。但孤独症儿童与正常儿童的认知与行为有明显差异。当前设计工具主要由设计者把控，而使用者缺乏一种直观有效的方法来表达其空间规划理念，产生建筑完工后的实际利用效果与使用者的需要不符的问题。因此，本文提出采用参与式设计的方法，将不同类别的使用者纳入设计过程，运用虚拟现实技术进行环境优化设计、方案比选细化并辅助汇报，辅助特殊教育学校设计的设想。

关键词：特殊教育学校；参与式设计；虚拟现实技术；空间环境设计；孤独症

Abstract：With the increasing incidence of autism and the national emphasis , the education and rehabilitation of children with autism is drawing the attention of society, with a corresponding increase in related support facilities. However, there are significant differences in cognition and behaviour between autistic and normal children. The current design tools are mainly controlled by the designer, and lay users lack an intuitive and effective way to express their spatial planning concepts, resulting in the problem that the actual use of the completed building does not match the needs of the users. This paper proposes a participatory design approach that incorporates different types of users into the design process, using virtual reality technology to optimize the design of the environment, refine the options and assist with reporting, to aid the design of special education schools.

Keywords：Special Education Schools；Participatory Design；Virtual Reality；Spatial Environment Design；Autism

对特殊教育的关注是国家进步和社会文明的一个重要标志。目前，中国的特殊教育高质量发展，建立了以"随班就读"为主体、特殊教育学校为骨干、送教上门及其他方式为辅的多种形式的特殊教育体系[1]（图 1），孤独症谱系障碍作为特殊教育学校学生的主要患病类型，近年来发病率逐年上升。根据 2022 年《中国孤独症教育康复行业发展状况报告Ⅳ》，中国的患病率保守估计为 1%，至少有1000 万成年孤独症患者和 200 万孤独症儿童。国务院办公厅于 2021 年 12 月 31 号转发教育部《"十四五"特殊教育发展提升行动计划》，提出要加快提高特殊教育质量，加强特殊学校建设[2]。随着孤独症儿童数量的增加和社会对这一群体的日益关注，亟待健全面向该群体的服务系统，并为这一群体的设施提供具有针对性的设计。

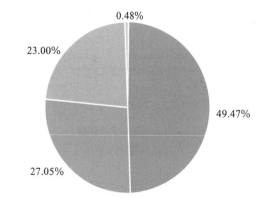

图 1　我国特殊教育安置模式

（图片来源：依据国家统计局数据自绘）

77

1 基于虚拟现实技术的参与式设计方法

目前,大多数特殊教育学校在建筑物理环境方面都按照普通学校的模式,有些特殊教育学校只提供一般的无障碍设施,如坡道和扶手,而不考虑学生的具体康复和学习需求。然而,孤独症儿童在认知、语言、情绪和行为方面有明显的困难,难以适应环境和与他人沟通,同时他们的心理问题因个人成长和教育环境而异。目前,设计工具掌握在设计师手中,相关使用群体参与不足,导致建筑的实际使用效果与用户的需求之间存在差距。对于非专业用户,如家长、儿童、教师、康复师、行政人员和维护人员,也缺乏直观有效的方法来表达他们对空间设计的想法(见图2)。

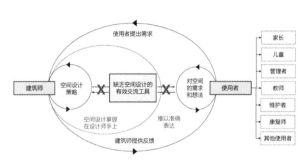

图 2　特殊教育学校设计问题

(图片来源:作者自绘)

本研究提出以虚拟现实技术为工具,创建建筑模型,以孤独症儿童为核心,多元使用者共同参与设计的方法,基于虚拟现实的操作进行环境优化、方案比选与汇报,并以 NG 特殊教育学校的环境改造提升为设想案例(见图3)。

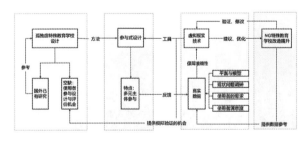

图 3　研究技术路线

(图片来源:作者自绘)

1.1　参与式设计概述

参与式设计(participatory design,PD)的概念是指用户是主要的决策者,设计师和专家是次要的决策者,用户主导的模式取代了以前设计师和专家主导的模式。这种方法使用户需求能更准确地反映在项目中。传统建筑设计与参与式设计方式模式图如图 4 所示。

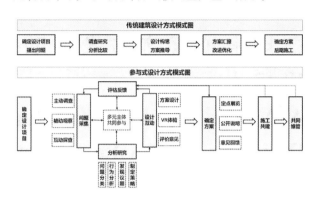

图 4　传统建筑设计与参与式设计方式模式图

(图片来源:作者自绘)

由于孤独症儿童在认知与行为上存在缺陷,使以其为核心的其他使用者群体(家长、教师、管理者、维护者、康复师)与其紧密联系,因此将多元主体参与式设计理论引入孤独症儿童特殊教育学校设计中,对于儿童成长发展、教育环境适宜性和传统环境设计方法创新均具有重要的现实意义。

1.2　虚拟现实技术概述

虚拟现实是一种将建模科学、计算机科学和网络感知技术相结合的新兴技术。通过 VR 软件平台,仿真"虚拟空间",用户可以通过穿戴 VR 设备,在"虚拟房间"中体验到一种"沉浸式"的感觉[3]。国内外研究表明,VR 以其逼真的画面和可控的场景,可以减少孤独症患者在真实社交场合的焦虑,并为学习社会交往、社会沟通、人脸识别和生活技能提供良好的环境和平台。因此 VR 可以用来帮助孤独症患者在真实的社会环境中生活。同时,虚拟现实技术能够对建筑图纸和各种信息材料进行三维建模,为真实景观提供生动的可视化。这使得传统的蓝图和信息资料转变为用户易于理解和接受的视觉空间信息,从而加深了他们对设计的理解。这样一来,提案和想法的价值就会进一步提高。最后,虚拟现实技术可以与专题讨论会相结合。虚拟现实技术使抽象的问题在视觉上可以体现,从而激励用户参与到设计过程中,将建议和想法可视化,并为设计师和用户之间的沟通提供一个交流的平台。

2 NG特殊教育学校主要问题及对策

2.1 NG特殊教育学校简介

该校成立于1983年，是江苏省最早的特殊教育学校之一。全校有89名学生，主要包括智障、脑瘫和孤独症儿童和青年，分9个班，男女比例为1.3：1，有21名专任教师（表1）。学校为特需学生提供学前教育、九年义务教育和职业培训，是江苏省特殊教育现代化的示范学校。

表1 NG特殊教育学校概况（来源：作者自绘）

NG特殊教育学校	
学校位置	南京市龙园北路
覆盖学段	学前、小学、初中、职业高中教育
学生人数	9个班，89人
教师人数	21人
占地面积	8083 m²
建筑面积	2965 m²

该校用地宽松，以一栋U形集中式布局的主体建筑为主，一侧为一层办公行政用房，另一侧为包括感统训练室与唱游教室的二层专用教室用房，中间为三层主要教学区，一层到三层年级逐渐升高。U形所围合的中央为户外活动场地，学校未设宿舍生活用房（见图5）。

图5 NG特殊教育学校区位

（图片来源：作者根据google地图改绘）

学校主体教学区南侧用房为普通教室，北侧用房包括教室办公室、情景互动室、图书阅览室、运动康复室、陶艺室、手工室、计算机室等专用教室，普通教室面积较大，为8.7 m×5.4 m，每班有8～10名学生，并配备了良好的学习、储物和多媒体设备。教室被清晰地划分为不同的功能区域，包括教师教学区、学生学习区和教师办公区。教师办公区相对简单，仅有独立的办公桌，教师办公区与学生学习区没有完全分开（见图6）。

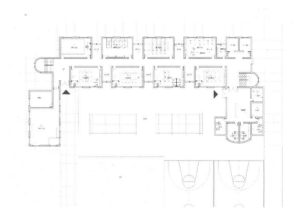

图6 NG特殊教育学校平面图

2.2 NG特殊教育学校主要问题

在特殊教育学校中教室是最主要的空间。根据教学内容和类型的不同，教室被分为普通教室和专用教室。目前，普通教室承载的教学内容和教学方法都变得更加综合，而专用教室在"医教结合"和"康教结合"的发展趋势下，类型也在不断增加。在这样的发展趋势下，NG特殊教育学校存在教室空间单一、不能容纳多样的教学要求、对儿童特征考虑不足，平面处理缺乏针对性、用房数量紧张、功能用房面积不足等问题，教室模式亟须升级优化，为学校师生带来更佳的使用舒适性，推动融合性教育环境构建发展。

2.3 NG特殊教育学校问题对策

针对NG特殊教育学校教室空间的问题，本文提出以下三点对策。

2.3.1 教学单元的综合化策略

我国《特殊教育学校建设标准》中对特殊教育学校具体的功能用房及面积使用要求给出了较明确的规定。特殊教育学校的功能用房如表2所示。

表2 特殊教育学校功能用房（来源：作者自绘）

教室类别	教室名称	配置
普通教室	普通教室	必配

教室类别	教室名称	配置
专用教室	唱游教室	必配
	计算机教室	
	美工教室及教具室	
	职业训练教室	选配
	情景教室	
康复训练教室	语训教室	必配
	评估检测室	
	体育康复训练室	
	心理咨询室	选配
	引导训练室	
	感觉统合训练室	
	多感官训练室	
	水疗室	
公共与生活服务用房	图书阅览室	必配
	多功能活动室	
	行政办公用房	
	学生宿舍与食堂	选配

为保证教学效率,往往集中教学空间要辅以游戏空间、康复空间、生活辅助空间、教师工作空间等多种空间共同完成教学任务,以上空间组合在一起,形成教学单元,为学生提供学习和生活服务(见图7)。教学单元提供综合性的功能组织。一是教学单元由多个功能空间要素构成,针对不同的教学组织模式,都有相应规模的活动空间,如个别教学、小组教学和集中教学;二是教学单元具有空间灵活性,允许根据人们的活动来限定空间。

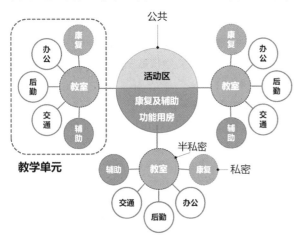

图7 教学单元综合化

(图片来源:作者自绘)

如图8所示,圣科莱塔特殊教育学校教学单元综合化标准化设计,按照课程安排与教学活动流程组织功能分区,提供综合性教学服务,包括集体课程教室、小课教室、个训室、办公、后勤供应(餐厅、厨房)以及辅助功能等(楼梯、卫生间、储藏室)。

图8 圣科莱塔特殊教育学校教学单元

(图片来源:作者自绘)

2.3.2 教学空间的开放化策略

扩大的走廊区域可以作为开放空间使用。走廊除了具有游戏、学习、阅读和社交的功能外,还可以包括教师办公、教学材料储存等功能。在 NG 特殊学校,教室之间的开放闲置空间可以用来设置儿童融入社会需要的场景,用于生活化教学使用,如超市、医院、银行等场景;也可针对儿童的教学需求,提供多功能室用于康复训练,形成综合型开放空间,促进教学成效的提高[4]。特殊教育学校的学生在行为表现方面不尽相同,一些中度至重度智障的学生可能生活应对能力差,难以控制排便行为,而脑瘫的学生可能运动能力差,无法进行距离较远的活动。因此,扩展的走廊空间可用于更衣室、无障碍卫生间、洗手池等设施的设置。

2.3.3 康复用房的集中与分散策略

鉴于康复学习的类型,除了对空间要求高、所需面积大、产生噪音大和需要完整、包容、独立的训练用房,如感统训练室、唱游教室等用房外,相对灵活、小规模、分散的康复空间,如个训室、情绪稳定空间,可在教学单元内或公共空间边角空间分散设置。

3 基于虚拟现实的参与式设计方法应用

3.1 运用虚拟现实技术改造并优化教室环境

由于不能减少班级人数,须维持现有结构与设备管并需要以及尽可能保留现有的墙壁开口(门窗)等基本原因,教室内的环境优化基于空间结构化的理论,即房间的布置需清楚地说明其用途,或者创造清晰的区域,主要包括重新划分教室的空间分区、地面材质的分区、照明方式的区分、引入由空间分区产生的视觉识别，以及适当的陈设等方面。教室外部结合空闲走廊空间，设置进入教室的过渡适应空间、包括洗手池在内的辅助功能区(见图9)、可兼作个训室或心理咨询室的情绪稳定室(见图10)等康复功能用房，或图书阅读活动角(见图11)等方案，提供给不同使用人群进行方案比选。

图9 辅助功能区
(图片来源:作者自绘)

图10 情绪稳定室
(图片来源:Gregory Wendt/Sean Ahlquist)

图11 图书活动角
(图片来源:作者自绘)

3.2 运用虚拟现实技术选择方案与细节优化

在建筑设计的初步方案确定后，完善、比较和细化是非常重要的步骤。一个设计的有用性与它的完善程度密切相关，而采用虚拟现实技术可以捕捉和比较一些重要的视角，从三维可视化角度使建模概念得到验证，设计过程得到不断发展和深化。在设计阶段，由于难以传递模型的空间尺度，所以建造完成后，其空间规模常常与图纸不符。利用虚拟现实技术的三维可视化技术，设计师们可以通过虚拟现实技术，从人的视角和尺度上去体验建筑的空间，并能直观地体会到建筑的空间规模

和建筑的内部和外部情况。针对NG特殊教育学校走廊空闲功能置换的设计方案，不同的使用人群被邀请进入虚拟仿真世界，探索不同解决方案的空间尺度是否符合用户的心理需求，并提出改进建议。

3.3 以VR三维可视化技术辅助方案汇报

传统的设计成果输出方法主要是平面图和效果图绘制，而NG特殊教育学校教室模型的改造，利用虚拟仿真技术将设计结果的可视化输出，使得三维场景环境可以调节环境形态、日照参数等，以模拟最终建筑的效果，并从同一个角度展现项目在不同时期的设计效果。

传统的沟通模式对建筑空间的描述和信息的全面传达具有局限性。故设计师可运用"Mars+VR"建立多维度、多层次的沟通方法，运用3D模式在虚拟空间中为用户提供各种设计方案，将静态报表转换为全景效果、3D动画和完整的动态报表，让使用者充分认识建筑效果，并使用VR设备体验不同的效果；或者输出全景效果的二维码，让用户可以通过手机进入场景，根据规划的路线，自行挑选最适合的方案，从而提高交流沟通和修改完善施工方案的效率，大大改善成果展示的效果。

4 结果

结果表明，使用虚拟现实技术创建的多维虚拟环境可以为具有不同经验与背景的参与者提供一个沟通交流的平台，在参与设计过程中进行互动并为方案的进展作出贡献。随着模型细节的深化，在设计后期促进交流时效果更为显著。将多元主体参与式设计理论引入孤独症儿童特殊教育学校的设计研究中，对促进特需儿童的成长与发展、推动校园环境高质量建设和创新完善传统环境设计方法具有重要的现实意义。

参考文献

[1] 赵斌,凡桂芹,雷艳霞,等.新中国成立以来民族地区特殊教育发展回顾与展望[J].现代特殊教育,2020(19):5.

[2] 国务院办公厅关于转发教育部等部门"十四五"特殊教育发展提升行动计划的通知(国办发[2021]60号)[J].中华人民共和国国务院公报,2022(5):5.

[3] 于露,沈辛怡.VR三维可视化技术在建筑方案设计中的应用与研究[J].成组技术与生产现代化,2021,38(3):6.

[4] 张翼.基于特殊儿童障碍特征的我国特殊教育学校建筑设计研究[D].广州:华南理工大学.

徐一涵[1]* 周颖[1] 辛阳鹏[1] 杨乐[2]

1. 东南大学建筑学院；1946750503@qq.com

2. 常州市第二人民医院感染管理科

Xu Yihan[1]* Zhou Ying[1] Xin Yangpeng[1] Yang Le[2]

1. School of Architecture, Southeast University

2. Department of Infection Management, Changzhou Second People's Hospital

基于虚拟现实技术和行人模拟技术的医院应急模拟及设计优化

Virtual Reality Technology and Pedestrian Simulation Technology on Hospital Emergency Simulation and Design Optimization

摘　要：近年来自然灾害与突发医疗事件频发，对应急防灾医疗体系建设有了更高的要求。完备的灾害事前预案能够大幅减少灾害造成的人员死亡与经济损失。业务持续计划（business continuity plan，BCP），即在灾害发生之前做好预案以便灾害等紧急情况发生时快速启动初始响应，实现业务有序持续运营。国内医疗设施 BCP 并未普及，因此本文选取日本福冈德州会医院作为案例参考，利用虚拟现实技术开展应急场景模拟与评估，为国内医院提供借鉴经验。

关键词：业务持续计划；伤病员分类分区；虚拟现实；行人模拟；空间句法

Abstract: The frequent occurrence of natural disasters and medical emergencies in recent years has placed greater demands on the construction of emergency and disaster prevention medical systems. A well-developed disaster plan can significantly reduce the number of deaths and economic losses caused by disasters, and improve the overall standard of healthcare. A Business Continuity Plan (BCP) is a plan that is prepared before a disaster occurs so that the initial response can be activated quickly in the event of an emergency such as a disaster, enabling the orderly and continuous operation of the business. Since BCP plans are not widely used in medical facilities in China, this paper takes the Fukuoka Tokushukai Hospital in Japan as a case study and uses virtual reality technology to simulate and evaluate emergency scenarios to provide lessons learned for hospitals in China.

Keywords: BCP；Casualty Classification Partitioning；Virtual Reality；Pedestrian Simulation；Spatial Syntax

1　引言

急救与防灾医疗是城乡医疗体系中的重要组成部分。随着近年来自然灾害频发，以及新冠肺炎疫情的持续，急救与防灾医疗逐渐被更多人关注。如果能够优化急救与防灾医疗体系的建设，在各种突发疾病、事故和灾害中及时有效地救护、医治伤病患者，将大幅提升我国的医疗事业整体水平，为社会的稳定发展奠定坚实的基础。

根据国内外各类医疗设施建设的经验与教训，笔者认为制定业务持续计划（business continuity plan，BCP）作为灾害发生前的预案，能够有效提高我国急救与防灾医疗服务水平。

BCP 是一种在灾害发生前制定的预防和反应机制，

通过预先估计突发事件,从各个方面采取相应的预防和处理策略,从而保证灾害发生后医疗设施能够保持一定的急救能力,并且业务水平能够尽快恢复到灾害发生前水平。其制定需要多方专家的参与,如医护人员、政府部门相关人员及交警等,然而大多数专家并不具备建筑学知识,无法正确评估灾害发生时建筑空间安排的可行性以及人员流线的合理性。且由于医院建筑的特殊性,在已经投入使用的医疗建筑中进行灾害场景模拟会极大妨碍日常医疗工作的开展,要在医院中实地进行 BCP 中空间及流线安排方式的评估十分困难。

所以笔者试图通过虚拟现实技术,将抽象的建筑空间立体可视化,提供各方面专家讨论的平台,进而开展协同设计。利用行人模拟技术进行辅助,对 BCP 中的流线进行计算模拟,将抽象的流线合理性评估转变为具体的可视化地图,以便得出更加客观的评价。

2 文献综述

随着近年来社会的发展以及对突发医疗事件的重视程度加深,关于医院应急能力的研究也逐年增加,这些研究多集中于对医院受灾时期应急管理以及医护人员对于突发事件的应对能力方面[1]。BCP 目前在我国尚未被普遍用于医疗事业,仅有部分医院进行了信息科技及业务管理档案方面的 BCP 设计[2],在医院建筑空间与 BCP 优化方面则尚未有完整的研究。

利用虚拟现实技术对现实受灾场景进行模拟,能够模拟出现实世界中不可能发生或者在现实空间中模拟具有高成本、高危险性的场景,因此虚拟现实技术被广泛用于多种行业的防灾减灾计划设计[3]。

3 技术方法

3.1 技术路径总览

本研究的概念性技术路径包括四个部分:数据收集、数据分析、虚拟现实模拟、行人模拟(见图1),采用的调研方法包括分析研究对象福冈德洲会医院的 BCP、研究相关论文与国内医院实地数据采集,得出所需数据后经人流模拟软件及虚拟现实场景体验调研、分析数据得出优化方案,最后重新评估该 BCP 的合理性。

3.2 案例研究对象医院介绍

本研究选取日本福冈德州会医院作为案例研究对象,该医院位于日本福冈县春日市,始建于 1979 年,有床位数 660 床,包括内科、神经科、呼吸科等 38 个部门。作为经过认定的灾害基地医院,其具备完善的 BCP 方

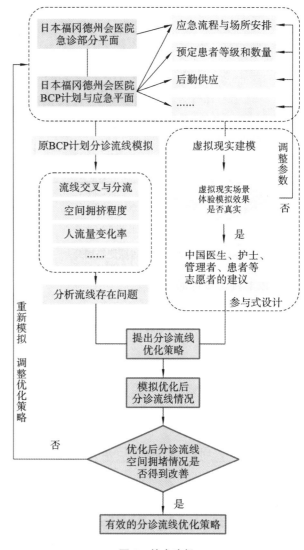

图 1 技术路径

案,但福冈德州会医院并未经历大型灾害,BCP 的有效性未曾得到验证。

3.3 BCP 计划预设平面分诊区域划分

福冈德洲会医院作为大型综合性医院,一层设有入口大厅、内科、外科、儿科、放射线科以及急诊科室,有一个主要玄关和五个紧急出入口。平时就诊流线清晰,即经过导诊台问询后前往相应诊区。

灾害时期一层平面经过重新划分,保留导诊台和正面玄关大厅作为病人接待处,中、重症患者治疗需要相应医疗设施,因此将其安排在原急诊部位置,轻症患者治疗较为简单,故选择空间较为宽松的区域安排。通过分流将中、重症患者分别指引向各自区域进行就诊。另设置一个应急通道出入口供轻症患者进入医院就诊或取药,与中、重病人之间产生较少的干扰(见图2)。

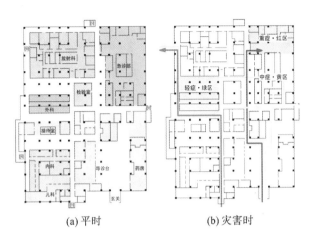

(a) 平时   (b) 灾害时

图2 一层平面应急时期流线划分

3.4 BCP 预设灾后时间节点

根据福冈德洲会医院 BCP 梳理出灾害发生后预计的各时间节点以及对应的响应措施(见图3)。

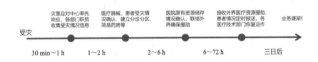

图3 受灾后时间节点

3.5 患者数据

参考东日本大地震时期各医院来院急诊患者数据,根据福冈德洲会医院床位数以及医院平时每日门急诊量,预估医院灾时的应急患者收容能力,并且推测在灾后接收伤病人数最大日来院的各等级患者数量及占比(见图4)。

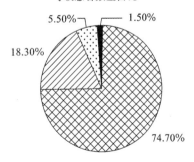

接受伤病人数最大日来院各
等级患者数量占比

5.50%   1.50%
18.30%
74.70%

▨ 轻症患者　▨ 中症患者　▨ 重症患者　■ 死亡患者

图4 接收伤病人数最大日来院各等级患者数量占比

3.6 重症、中症和轻症患者的分类、应急时期预检分诊流程

灾害发生后,医疗资源紧缺,因此应急时期医院很难像平时一样对每位病人都进行细致的诊断治疗。在 BCP 中根据病患的状态以及治疗的优先级将其分为重症、中症、轻症及濒死四种类别,如表1所示,根据不同等级的类别将患者所需应急时期的治疗流程与治疗时间进行梳理分类,如图5所示。

表1 重症、中症、轻症和濒死患者的分类

治疗优先次序	分类	识别颜色	病患状态
最优先治疗	重症患者	红色	呼吸道阻塞,呼吸困难,意识障碍,多数外伤,大量外出血、内出血,大范围烧伤,气道烧伤,多处骨折等,有严重生命危险
等待治疗	中症患者	黄色	全身状态比较稳定,脊髓损伤,中度烫伤等情况,暂时没有生命危险
保留治疗	轻症患者	绿色	可以进行门诊治疗,挫伤,擦伤,轻度烫伤,过呼吸等症状
死亡	濒死患者	黑色	窒息,高度脑损伤,高位头颈损伤,心大血管损伤等导致心肺功能已经停止的状态

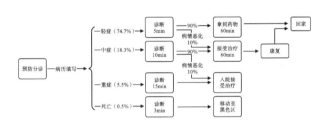

图5 应急时期预检分诊流程图梳理

3.7 虚拟现实模拟分析

使用 SketchUp 软件,依据已分析的灾害前后时期平面图进行简单建模,导入虚拟现实建模软件 Twinmotion 进行虚拟现实场景搭建。设计虚拟现实场景体验任务以及调查问卷,邀请志愿者参与,体验虚拟现实场景中分诊寻路的过程,并通过填写问卷的方式收集志愿者对于利用虚拟现实技术模拟灾时场景可行性的意见以及对于 BCP 中流线安排合理性的意见。

分析虚拟现实场景体验志愿者的模拟感受,分析是否有流线交叉、过度拥堵情况,根据问卷结果统计出目前 BCP 中存在的问题并据此进行优化方案设计。

3.8 行人模拟

将建筑模型导入 Massmotion 人流模拟软件,依据预估患者数据设置 Massmotion 中虚拟人群的参数,依据已梳理的应急时期预检分诊流程进行人流路径数据可视化模拟。

生成 Massmotion 人流密度地图等可视化空间人群拥挤程度的地图,作为客观依据进行参考分析,从数据角度评估流线交叉与分流的程度、空间拥堵的程度等,对原 BCP 中流线设置的合理性进行评定,并提出相应的优化策略。

3.9 空间流线优化设计与再评估

根据问卷结果以及人流模拟结果对原 BCP 方案中分诊流线进行优化设计,调整 Massmotion 中任务参数以及建筑模型,再次模拟评估优化后的流线是否仍有人流交叉和过度拥挤的情况出现。

4 结果

4.1 虚拟现实场景模拟

4.1.1 虚拟现实建模场景效果分析

根据调查问卷收集得到的数据,大部分志愿者能够认可医院建筑的虚拟现实场景模拟,正常开展模拟寻路实验,但也有小部分志愿者认为虚拟现实的场景有违和感,难以感受到应急医疗时期的氛围(见图6)。

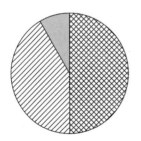

认为虚拟现实场景是否真实还原

☒ 还原

▨ 部分还原,但建筑场景搭建(天花、地面、墙面、桌椅等)不太像医院

▨ 部分还原,但医院内行人与活动与实际情况不符

**图6　参与虚拟现实模拟实验的志愿者
认为虚拟现实场景是否真实还原**

4.1.2 虚拟现实场景寻路流线体验

志愿者任务分为轻症患者流线体验、中症患者流线体验和重症患者流线体验三种。

(1)轻症患者流线体验。

轻症患者分诊区入口在医院的侧门处,因此流线与另两种患者分诊流线剥离。但轻症患者相较中、重症患者人数更多,通往轻症患者诊区的道路较为拥挤(见图7)。

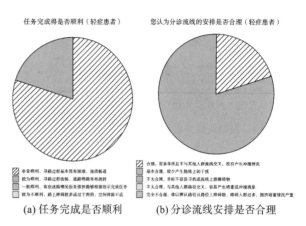

(a) 任务完成是否顺利　(b) 分诊流线安排是否合理

图7　模拟轻症患者入院流线问卷结果汇总

(2)中症患者流线体验。

中症患者分诊分区在原一层平面的急诊区,面积较小、走道面宽很窄,而在应急时期甚至需要在走廊上摆放病床,因此人流拥挤(见图8)。

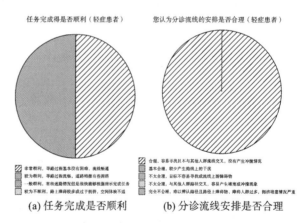

(a) 任务完成是否顺利　(b) 分诊流线安排是否合理

图8　模拟中症患者入院流线问卷结果汇总

(3)重症患者陪护入院流线体验。

重症患者分诊分区也位于原一层平面的急诊区急诊台处,其与医院主入口、中重症分诊区入口之间的距离过远,对于重症患者来说流线过长,入口处未与中症患者分流会影响就诊效率,规划的路径流线中有座椅类障碍物等(见图9)。

4.2 Massmotion 人流模拟

根据灾后接收伤病人数最大日来院的各等级患者数量及占比的数据进行参数设定,利用人流模拟软件模

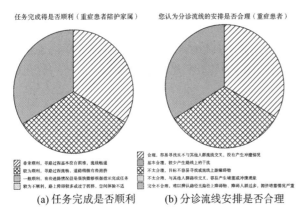

(a) 任务完成是否顺利　　　　(b) 分诊流线安排是否合理

图9　模拟重症患者陪护入院流线问卷结果汇总

拟了灾后接收伤病人数最大日的人流路径,通过6小时模拟得出的最大人流密度地图可以看出,按照原本BCP进行人流模拟时轻症患者治疗及康复区显得较为拥堵,人与人之间的距离较近(见图10)。

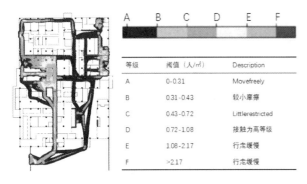

图10　原方案人流最大密度地图

4.3　修改后方案Massmotion人流模拟

4.3.1　流线修改再设计方案

综合分析在虚拟现实场景模拟实验中获得的志愿者主观感受数据以及志愿者建议可以得出,原本BCP计划的分诊流线存在部分流线过长、局部流线交叉等问题。结合Massmotion的首次模拟也能够看出在部分分诊区域出现集中拥挤现象。为此设计了对BCP中应急分诊流线的优化方案(见图11),其优化要点如下。

(1)将中、重症分诊区入院流线分离,重症患者使用北面应急出入口进行出入,缩短重症患者入院后流线,方便急救病床、轮椅的行动。

(2)将轻症患者就诊流线与中重症患者就诊流线完全分离。修改轻症患者治疗区与恢复区的位置,缩短轻症患者救治流线。划分治疗区与恢复区两个区域,将较为宽敞的儿科就诊等待空间作为新的轻症患者治疗区,避免了大量轻症患者在较为狭窄过道中行走造成拥堵

的情况。

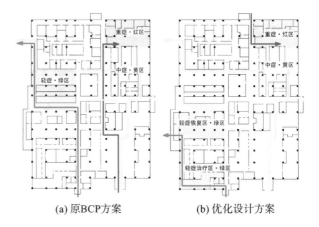

(a) 原BCP方案　　　　(b) 优化设计方案

图11　一层平面应急时期流线优化设计

4.3.2　人流模拟成果

根据灾后接收伤病人数最大日来院的各等级患者数量及占比的数据进行参数设定,利用人流模拟软件模拟了分诊流线修改之后灾后接收伤病人数最大日的人流路径,通过6 h模拟得出的最大人流密度地图可以看出,按照原BCP进行模拟时出现的较为拥堵现象已经基本解决,如图12所示,E等级密度区域面积有了较大减少。

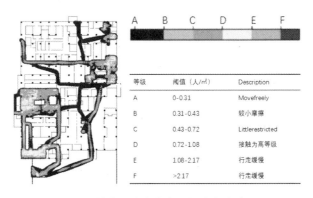

图12　优化流线方案人流最大密度地图

5　讨论

5.1　本研究的意义

通过对福冈德州会医院BCP的评估及再设计,确认了利用虚拟现实模拟技术与人流模拟技术结合的方法能够有效地将抽象的建筑空间可视化,提供多方面群体参与医院BCP设计的平台。总结出在医院建筑BCP设计过程中所需要特别注意的要点,如流线冲突或道路过窄导致人流拥挤等问题。

5.2 本研究的拓展意义

本研究利用虚拟现实模拟技术与人流数据模拟技术所开展的医院建筑应急分诊流线评估及优化实验,其中所涉及的技术路线不仅能用于评估医疗建筑应急分诊时期人流情况,也同样能够应用于车站、大型公共建筑等其他建筑的应急疏散流线评估优化,具有广泛的社会意义。

5.3 本研究的局限性和未来计划

本研究仅针对人流路径是否过于拥挤这一重点,但在进行 BCP 设计时所涉及的建筑科学技术知识远不只有流线,如果结合更多专业建筑知识进行深入研究,想必能够对医疗建筑的灾时应急方案有更大的帮助。

6 结论

作为经过认定的灾害基地医院,日本福冈德州会医院的 BCP 已经相当完备,但经过本次实验模拟仍然发现了其中有关分诊流线设计的不足之处。将各个区域患者入院就诊流线完全分离有助于缓解室内交通拥挤情况,也更加有利于在当前的疫情大环境下保持人与人之间的安全社交距离。

在本次实验中也同样暴露出日本福冈德州会医院建筑设计功能分区的失误,急诊功能区域距离正门玄关过远,而应急时期设置的中、重症治疗区需要依附急诊区医疗设施开展治疗活动,必须设置在距离玄关较远的急诊区域,导致灾害时期分诊流线过长,严重影响了应急时期的诊疗活动。因此建议医疗建筑在进行功能设计时便考虑到灾害时期对急诊部门的需求,为急诊区域增设入口或将急诊区域排布在靠近正门便于出入的空间。

对于国内医院的 BCP 制定,本文总结出了以下建议。

(1)灾时急诊科应划分重症、中症、轻症三个区域开展分诊,且应当避免流线重合,但同时需要保证各个分区之间可能出现的患者转移能够顺利进行。轻症患者来院数量较多,应当划分单独的入口以免与其他患者混杂;可将治疗区域和恢复区域进行适当的划分以免出现过于拥挤的现象。

(2)对于国内医院而言,灾时前往就医的人数将远大于日本福冈德州会医院,因此需要更加注意流线的安排尽可能合理,做好灾害前的准备工作,如分诊区域的划分、应对灾害的物资储备等。

参考文献

[1] 刘逸敏,李捷玮,师恩洲.信息系统审计——医疗业务影响分析与持续计划建立[J].医学信息,2005(7):689-693.

[2] 张伟.医疗建筑设计与应急管理[C]//2010全国医院建设大会——贵州省医院建设与发展专题研讨会会刊,2010:113-119.

[3] 毛军,郗艳红,吕华,等.数值模拟与仿真在地铁火灾防灾减灾中的应用[J].北京交通大学学报,2008(4):52-57.

[4] PUCHER P H,BATRICK N,TAYLOR D,et al. Virtual-world hospital simulation for real-world disaster response:design and validation of a virtual reality simulator for mass casualty incident management[J]. Journal of Trauma and Acute Care Surety,2014,77(2):315-321.

[5] KENJI T, KAZUO T, IKUO T, et al. A comparison of disaster base hospitals and general hospitals with regard to initial action in an earthquake:study on the initial action system of the hospitals in case of an earthquake disaster part 2 [J]. Journal of Architecture and Planning (Transactions Of AIJ), 2019, 84 (10): 2109-2117.

刘子欣[1]　吕瑶[1]　肖毅强[1*]

1. 华南理工大学建筑学院；1254758595@qq.com

Liu Zixin[1]　Lü Yao[1]　Xiao Yiqiang[1*]

1. School of Architecture South China University of Technology

国家自然科学基金面上项目(52078214)、广东省自然科学基金面上项目(2022A15150111539)

基于视觉吸引力的机场文化空间展陈方式研究
——以广州白云国际机场为例

Research on the Exhibition Mode of Airport Cultural Space Based on Visual Attraction in Interest Area：Take Guangzhou Baiyun International Airport as an Example

摘　要：在四型机场建设背景下，本文从机场文化空间展陈方式的视觉吸引力角度出发，利用建模场景照片与眼动追踪技术相结合的方式，对三种典型机场空间与三种展陈方式交叉组合后，对 Tobii Pro Glasses3 眼动仪采集的注视时间、注视点数、访问时间、访问次数等眼动指标数据进行量化分析，探索不同类型空间中不同展陈方式的视觉吸引力，揭示人们在不同空间中的视觉认知模式，并为人文机场建设中文化空间展陈设计提供相应的理论支撑及数据补充。

关键词：眼动追踪；视觉吸引力；文化空间；展陈方式

Abstract：Under the background of four types of airport construction, from the perspective of the visual appeal of airport cultural space exhibition, by combining modeling scene photos with eye tracking technology, after three typical airport spaces and three exhibition ways are crossed and combined, the eye movement index data collected by Tobii Pro Glasses3 eye tracker, such as gaze time, gaze points, visit time and visit times, are quantitatively analyzed. Explore the visual appeal of different exhibition ways in different types of spaces, reveal people's visual cognitive patterns in different spaces, and provide corresponding theoretical support and data supplement for cultural space exhibition design in the construction of humanistic airport.

Keywords：Eye Tracking；Visual Attraction；Cultural Space；Exhibition Mode

随着建成文化强国战略目标的提出，2020 年民航局先后发布了《中国民航四型机场建设行动纲要》《人文机场建设指南》，明确指出以建设"平安、绿色、智慧、人文"四型机场为发展方向。人文机场就是秉持以人为本、富有文化底蕴、体现时代精神和当代民航精神、弘扬社会主义核心价值观的机场，彰显文化的重要性不言而喻。因此，探索机场不同类型空间中最适宜的展陈方式，从而更好辅助进行文化展陈空间的设计实践，对于机场文化氛围的塑造及四型机场的发展建设十分有必要。

当前对文化空间展陈模式的研究大多集中在博物馆环境下，针对机场文化空间展陈方式的相关研究较少，大多仅从实际建设及使用角度对已有实践进行探讨阐述或定性提出设计建议。在空间与展陈整合设计研究方面，崔晨耕从"实物、信息、观众和空间"四个要素出发探索展陈与建筑的关联性[1]；季群珊从空间形态、空间界面、光环境、空间细部四方面论述了空间与陈列的一体化设计策略[2]。在机场文化空间建设方面，田裴裴从中国传统文化入手，结合实例对如何将传统文化元素运用到航站楼设计这一问题提出五点策略意见[3]；刘祎以北京大兴机场航站楼为例，对媒体艺术在公共空间中设置的可能性进行研究[4];李杨以九寨黄龙机场为例,对当地特色文化与室内功能空间的融合及文化氛围营造进行了详细描述[5]。

近年随着大数据时代的到来及各种信息采集、处理技术的成熟,建筑学科逐渐引入以数据主导的新型研究方式,为建筑空间的准确定量研究提供便利条件。而使用眼动追踪技术可以将被试的感知及刺激材料的视觉吸引力进行客观量化,合理解释人在不同空间中的注意力分配程度,为机场文化空间的展陈方式设计提供数据支撑。本研究选取广州白云国际机场中三个典型空间结合三种展陈方式,采用眼动追踪技术,旨在解决在机场的不同空间形态下,不同展陈方式的视觉吸引力如何,以及人对不同空间的观察认知模式有何规律的问题。

1 研究方法

1.1 眼动追踪技术

研究表明,视觉作为人类感知环境的主要方式,占所获取信息的80%以上[6],这些信息经眼部神经系统传输至大脑,再经思维层次的处理形成相应心理感受并经神经系统反馈给眼睛[7],由大脑和眼睛的高度协同一致

性产生注视、扫视、眼跳等一系列相关眼动数据,这些数据较为真实地反映了人们的关注对象和注意力放置比例。通过对某些共性注视特征总结分析,可在一定程度上探究人对空间的认知模式,也可用于描述刺激材料的视觉吸引力指征。

在各项指标中,选取总注视时间(total duration of fixations)、注视点数(number of fixations)、访问时间(total duration of visit)、访问次数(number of visits)来表征人们在观察环境过程中的注意度、理解度和兴趣度,选取首次注视时间(time to first fixation)作为衡量视觉显著度的指标,同时结合热点图进行可视化结果产出。

1.2 机场文化空间展陈模式概况与样本选择

机场航站楼室内空间尺度设计与功能需求及使用者心理需求密切相关,依据不同的旅客吞吐量及规模大小存在一定空间尺寸、比例关系的规律[8]-[10]。本研究按照空间类型及其带来的感受,将机场文化空间分为宽阔开敞型、纵深长廊型、聚集稳定型三种(见表1),分别具有开阔通畅、简单明确、亲切宜人的空间视觉特征。

表 1 机场文化空间分类

(来源:作者自绘)

空间分类	比例	高度	典型功能空间	空间感受	人群行为
宽阔开敞型	面宽:1:20;进深:1:9	18~20 m	出发大厅	高达开敞、视线通畅	驻足观察、等候
纵深长廊型	面宽:1:3.5~1:5	8~11 m	候机指廊、到达廊道	简单明确、导向性强	前行、步行
聚集稳定型	面宽:1:3.5~1:5	7~8 m	候机厅、行李提取厅	亲切宜人、舒适稳定	停留等候

当前研究认为展陈方式包括展陈主题、结构、表现方法、展陈设备等要素,随着其发展呈现手法多元化、数字媒体化、互动场景化趋势,可从不同视角出发依据不同视觉分类标准进行划分[11]。由于本文基于视觉吸引力对不同展陈方式进行量化研究,故从视觉感受角度融合多样展陈因素对展陈方式进行分类,归纳出三种典型的展品陈设方式:展板标识类、悬挂类、展柜装置类。需要注意的是,这一分类中包含数字媒体及传统展品,同时不包括巨型或空间核心位置等具有绝对吸引力的标志性展陈物。

基于以上分类,选取广州白云国际机场中出发大厅、候机厅、候机指廊作为三种典型空间代表,结合以广州舞狮为主题内容的海报、挂幅、装置三种代表性展陈方式进行交叉对比分析。以同一空间作为分组依据,设定A、B、C三组共12张场景建模照片进行实验(见

图1)。

图 1 场景分组及 AOI 区域标注

(图片来源:广东省建筑设计研究院)

1.3 实验设计

1.3.1 仪器与被试

实验采用 Tobii Pro Glasses 3 眼动仪采集被试者的眼动数据,采样率为100 Hz,采用一点式校准,其内置场

景摄像机分辨率为 1920×1080 Pixels,可以提供较高准确度的眼动追踪数据并最小化数据丢失比率。研究选择在不受干扰且光线适宜的室内环境进行,共招募 30 名在校大学生作为被试者。眼动数据采集率达 60% 以上为合格数据,因有 9 人无法进行眼动校准或眼动数据采集样本率过低,最终确定被试者 21 人,年龄在 23—26 岁。考虑到被试者视力水平对实验结果准确性有较大影响,因此所有被试者双眼矫正视力均正常,包括裸眼视力 1.0 以上的 11 人及矫正后视力正常的 10 人。

参照以往用固定方式呈现刺激材料从而进行眼动追踪研究的实验经验[12],本次实验随机播放 12 张建模场景照片,且每张播放 8 s 后自动切换下一张。每次仅容许一人进入被试场地,防止被试者受到外部干扰。

1.3.2 数据处理

眼动数据通过 Tobii Pro Lab 软件进行处理,生成热力图并导出统计数据以待进一步处理。选取三种展陈方式中展品所在位置作为兴趣区(area of interest,AOI),采集不同类型空间及原始场景中相应位置的眼动数据,用于后期分析比较。

2 结果与分析

2.1 注视热点分析

热点图是将注视点、注视时长等信息映射至相应场景照片中的可视化结果,直观展示被观测者重点关注的区域,即兴趣区,如图 2 所示。它通过颜色深浅及范围大小来表示对刺激材料的不同关注程度,其中越偏向红色的区域表示注视时间越长,是视觉关注的核心点,越偏向绿色的区域表示注视时间越短。

图 2 分组场景注视热点图
(图片来源:作者自绘)

(1)整体来看,不论以何种形式展陈的展示物都对视觉产生了程度不一的吸引,此类具有实质内容的符号信息在日渐趋同的机场场景中特别容易引起人们的关注,能协助被试者构建起对某地的强烈认知意象,这一

伴随着视觉体验与场所认知的过程可进一步唤起情绪响应,而这些符号由此成为机场文化情景、塑造文化氛围的重要条件。

(2)对比同类空间中不同展陈方式分析可得出以下结果:在 A 组中,尽管存在两个焦点,但整体视线分布较其他两组更加均匀分散,推测是因为宽阔开敞型空间没有明显指向且提供了更多视线可触达区域,因而为展品陈设提供更多样的方式及位置;在 B 组纵深长廊型空间和 C 组聚集稳定型空间中,对比其他照片场景,悬挂类展品产生的视觉焦点更集中强烈,可能的原因是悬挂类展示物陈设往往与空间走势一致,从而进一步加深视觉吸引。

(3)通过对比原场景照片能够发现,纵深的长廊、具有方向性的天花、屋顶结构等引导性空间要素对人的视觉产生强烈吸引力。即便展示物的加入对空间的视觉吸引点产生了一定影响,形成新的视觉焦点,但由空间引导产生的视觉吸引点依然存在。另外,窗户等具有透明性的视觉特征空间界面比较容易引起人们的视觉关注[13],这与以往的研究基本吻合。因此,在机场文化空间设计中将展品布置与空间走向相结合,或者在合适的区域陈设视觉可穿透性展品,以此保留透明性界面的视觉吸引力,对于展品展示效果提升及文化空间设计都有现实意义。

2.2 眼动指标分析

在眼动追踪研究中,测量对不同要素注意力程度的主要指标是注视时长和注视点数,同时也指出了主要的兴趣区域,对某区域注视时间越长,表明被测试者对兴趣区中信息的处理时间越久[14],对相应内容越感兴趣。而首次注视时间反映了要素被关注的能力,是指在时间区间内从开始时间到第一个注视点出现在目标 AOI 所用的时间,数值越小表明看到目标刺激物的时间越短,视觉显著度越高,如表 2 所示。此外,访问时间、访问次数此类眼动指标也在一定程度上反映了特定 AOI 被关注的程度。访问是指在 AOI 内的第一个注视点开始与 AOI 内最后一个注视点结束(出眼跳之前)之间的眼动行为,访问次数表明进入选定兴趣区的次数,访问次数越多,表明观察该兴趣区的次数越多,处理场景信息时越困难,同时需要更多的定向注意力(见表 3)。

整体来看,展陈物的介入对相关区域视觉吸引力的正向影响是成数倍增加的,且大大缩短首次注视时间,其视觉显著度获得平均 50% 的提升。

表 2 场景 AOI 注视相关指标

（来源：作者自绘）

指标	组别	AOI总注视时间 (total duration of fixations)			AOI总注视点数 (number of fixations)			AOI首次注视时间 (time to first fixation)		
		空白组	实验组	增长	空白组	实验组	增长	空白组	实验组	提高
开敞空间	展板标识类	0.24	1.51	540.4%	1	3	350.0%	2.27	1.11	51.3%
	悬挂类	0.26	1.76	576.9%	1	4	426.7%	3.31	1.20	63.8%
	展柜装置类	0.29	0.96	236.2%	1	2	171.4%	1.35	1.11	17.2%
走廊空间	展板标识类	0.15	0.94	524.4%	0	2	1700.0%	1.73	0.97	43.5%
	悬挂类	0.08	1.30	1591.1%	0	3	633.3%	1.77	1.48	16.4%
	展柜装置类	0.74	2.09	183.6%	2	5	150.0%	1.73	0.97	43.5%
聚集空间	展板标识类	0.93	1.97	111.9%	4	2	−42.5%	2.76	1.10	60.0%
	悬挂类	1.18	2.22	89.1%	4	6	53.0%	2.08	0.57	72.5%
	展柜装置类	0.91	3.38	271.7%	3	5	76.7%	1.48	0.82	44.5%

表 3 场景 AOI 访问相关指标

（来源：作者自绘）

指标	组别	AOI访问时间 (total duration of visit)			AOI访问次数 (number of visits)		
		空白组	实验组	空白组	实验组	空白组	实验组
开敞空间	展板标识类	1.62	0.24	1.62	0.24	1.62	350.0%
	悬挂类	1.87	0.27	1.87	0.27	1.87	426.7%
	展柜装置类	0.99	0.29	0.99	0.29	0.99	171.4%
走廊空间	展板标识类	0.74	0.37	0.74	0.37	0.74	1700.0%
	悬挂类	1.36	0.08	1.36	0.08	1.36	633.3%
	展柜装置类	2.24	0.74	2.24	0.74	2.24	150.0%
聚集空间	展板标识类	0.96	2.06	0.96	2.06	0.96	−42.5%
	悬挂类	2.43	1.38	2.43	1.38	2.43	53.0%
	展柜装置类	3.58	0.94	3.58	0.94	3.58	76.7%

分析 A 组实验数据，看到展板标识类及悬挂类展品可提高 5～6 倍视觉吸引力，远高于装置类展陈物，因此在宽阔开敞型空间中，展板类及悬挂类展品可作为更重要信息的承载体。

在 B 组实验中，悬挂类展品将注视时间提高 15—16 倍，提升比率远高于分别为 524.4% 的展板类展示物和 183.6% 的装置类展示物。但在注视点数及访问次数方面，展板类提高次数比例最高，猜测可能是由于此类展品具有形状规则、外形单一但内容物丰富的特性，使其在空间中较早被注意到，但并不会立马引起阅读兴趣，需要后期更多时间对详细的图文信息进行理解处理。这也在一定程度上揭示了人对空间的认知规律：先进行整体观察，再对兴趣区的局部细节进行更长时间、更多频次的观察。

在 C 组实验中，展板类展品数据值得注意：其注视时间、访问时间都有所增加，但注视点数、访问次数却减少了,表明对此区域的兴趣和关注程度有所增加,视线游移程度降低,即被试者在此区域进行了持续性观察。以上发现对机场文化空间展陈模式带来的启发是,对于在到达廊此类纵深长廊类空间中匆匆走过的旅客而言,悬挂类文化展示物更适宜进行文化宣传;而对于在候机厅此类聚集稳定空间内等待的旅客而言,有更充足的观察及语义理解时间,可设置内容更为复杂、蕴含信息更丰富的展板类展示物。

3 讨论与结论

3.1 结论

本研究利用建模场景照片与眼动追踪技术相结合的方式,对三种典型机场文化空间与三种展陈方式交叉组合后进行量化分析,探索不同类型空间中不同展陈方式的视觉吸引力,揭示对文化空间构成要素的认知规律,并为人文机场建设中文化空间展陈设计提供相应的理论支撑及数据补充。

3.2 讨论

虽然研究对机场文化空间及其展陈模式的选择具有典型代表性,但不同的展陈内容、展陈位置、展陈物色彩等因素都会对实验结果产生或多或少的影响[15]。同时由于研究采用量化交叉对比分析的方法,且实验对被试者视力要求较高,在数据采集及预处理阶段需要消耗大量的时间和成本,因此如果要形成更加准确完善的结论,还需要对更多实验样本进行更多测试以获得足够充足的数据支持。

目前来看,在眼动实验设计方面依然存在可进一步优化的地方。比如,考虑到被试者会不自觉被自身熟悉的要素吸引[16],可采用同时呈现多张场景照片或增加要素种类的方式代替本次实验中单帧照片逐次随机播放的方式,从而降低重复元素对记忆影响而带来的实验误差。此外,"人"和"活动"等非空间要素是场景构成不可缺少的部分,也是产生视觉吸引力的重要构成元素[13],可以加入后期的研究中做进一步探讨。

参考文献

[1] 崔晨耕.博物馆展示设计与建筑的关联性研究[D].上海:上海大学,2006.

[2] 季群珊.当代博物馆空间与陈列一体化设计策略分析[D].杭州:浙江大学,2016.

[3] 田裴裴.浅谈中国传统文化元素在航站楼设计中的应用[J].城市建筑,2015(18):31,34.

[4] 刘祎.公共空间媒体艺术设置可能性研究——以北京大兴机场航站楼为例[J].艺术研究,2021(2):150-151.

[5] 李杨.九寨黄龙机场航站楼建筑设计[J].建筑学报,2004(6):50-53.

[6] EROL OZCELIK, TURKAN KARAKUS, ENGIN KURSUN, et al. An eye-tracking study of how color coding affects multimedia learning[J]. Computers & Education,2009,53(2):209-215.

[7] 孙澄,杨阳.基于眼动追踪的寻路标志物视觉显著性研究——以哈尔滨凯德广场购物中心为例[J].建筑学报,2019(2):18-23.

[8] 谢曦.航站楼室内空间尺度初探[J].建筑技艺,2021,27(5):85-87.

[9] 许天宇.基于旅客体验的航站楼内部空间多样性设计研究[D].陕西:西安建筑科技大学,2020.

[10] 任广璨.航站楼出发大厅设计研究[D].北京:清华大学,2012.

[11] 杭进峰.当代博物馆空间构成与展陈模式的整合设计研究[D].广东:华南理工大学,2020.

[12] MICHAEL D. BYRNE, JOHN R. ANDERSON,SCOTT DOUGLASS,et al. Eye tracking the visual search of click-down menus [C].//CHI 99 Conference Proceedings:Human Factors in Computing Systems,1999:402-409.

[13] 李欣,李渊,任亚鹏,等.融合主观评价与眼动分析的城市空间视觉质量研究[J].建筑学报,2020(S2):190-196.

[14] 杨治良,王新法.心理学实验操作手册[M].上海:华东师范大学出版社,2010.

[15] 袁枝亭.基于眼动追踪技术的卫浴空间色彩视觉舒适度研究[D].景德镇陶瓷大学,2021.

[16] 王敏,王盈蓄,黄海燕,等.基于眼动实验方法的城市开敞空间视觉研究——广州花城广场案例[J].热带地理,2018,38(06):741-750.

曾俊鸿[1*]　周铁军[1,2]　冯子铦[1]　蒋铁[1]

1.重庆大学建筑城规学院;417941717@qq.com

2.山地城镇建设与新技术教育部重点实验室

Zeng Junhong[1*]　Zhou Tiejun[1,2]　Feng Zixian[1]　Jiang Tie[1]

1. School of Architecture and Urban Planning,Chongqing University

2. Key Laboratory of New Technology for Construction of Cities in Mountain Area

基于 Mass Motion 的高铁站进出站流线仿真模拟及优化研究
——以重庆北站北广场为例

Mass Motion-based Simulation and Optimization of in and out Routes of High-speed Railway Station: Take North Square of Chongqing North Railway Station as an Example

摘　要:疫情期间,高铁站作为人群高密度场所,应尽可能减少人员接触。合理的流线设计是缩短进出站时间、提高运行效率的重要手段,也是实现减少聚集的重要措施。因此,本文以重庆北站北广场为例,通过实地调研,分析现状中平面布局与进出站流线的不足之处,利用 MassMotion 软件对进出站情况进行了模拟;再对现有进出站流线进行了优化,利用仿真软件对进出站情况再次进行了模拟。结果显示,经过优化设计,高铁车站进出站时间有较大程度的缩短,人员密度有较大程度的减少。研究为高铁车站平面布局、流线优化设计提供了新思路。

关键词:高铁站;运行效率;时间;平面布局;流线

Abstract: During an epidemic, high-speed rail way stations, as places of high population density, should minimize human contact. Reasonable routes design is an important means to shorten the time of entering and leaving the station, improving the operation efficiency, is also an important measure to reduce the gathering phenomenon. Therefore, taking the North Square of Chongqing North Railway Station as an example, this paper analyzes the shortcomings of the current situation in terms of plan layout and entry/exit routes through field research and simulates the entry/exit situation by using MassMotion software; then the existing entry/exit routes are optimized and the entry/exit situation is simulated again by using simulation software. The results show that after the optimized design, the entry and exit time of the high-speed railway station is shortened to a large extent and the density of personnel is reduced to a large extent. The study provides new ideas for the optimization of the layout and flow line design of high-speed railway stations.

Keywords: High-speed Railway Station; Operational Efficiency; Time; Plan Layout; Routes

1　前言

病毒通常通过飞沫经过呼吸道和近距离接触的方式进行传播,因此保持合理的安全距离,减少人员相互接触,是防控新冠肺炎病毒的重要措施[1]。高铁站作为人员高密度场所与接收外来人员的大型公共枢纽,降低内部空间人员密度与缩短进出站所需时间是防控疫情的关键保障。研究发现,流线空间节点的位置与多条流线之间的相互影响会导致旅客进出站时间变长、效率降低[2],缩短进出站流线与合理布置流线关系对提高高铁站的整体运营效率具有重要意义[3]。本文以重庆北站北广场为例,对其平面布局与流线布置进行研究,针对现状进行模拟发现交通瓶颈,并通过设计改造获得优化方案,为未来高铁站客流组织提供参考。

2 重庆北站北广场概况

重庆北站北广场位于重庆市渝北区,是集铁路、轨道交通、公交、长途汽车、社会车辆等多种方式为一体的综合交通枢纽,高峰时期设计人流规模约为 1.3 万人次每小时[4]。北广场站房总规模约为 9 万平方米,一共为 6 层,如图 1 所示,一层为地面广场与进站层,负一层为进站与多种交通换乘层,负二层为停车与社会车辆换乘层,负三层为出站及地铁换乘层,负四层为地铁 10 号线站台层,负五层为地铁 4 号线站台层。

图 1　重庆北站北广场轴侧分解图
(图片来源:重庆北站市政广场及配套工程方案汇报)

3 现有流线状况及存在问题

高铁车站中换乘交通方式具有多样化的特点,因此人群进出站方式也呈现出多样化的特征。高铁站的人员流线往往来自多种交通方式。高铁站进出站流线复杂且多种流线在固定的平面布局中同时行进的特征,会造成高铁站中的进出站流线相互干扰的现象。

为了探究重庆北站北广场进出站流线现状,研究进行了调研,涉及的主要对象为地面层至负三层,因为以上楼层是确定流线的主要楼层。通过调查发现,行人主要通过公交、地铁、长途汽车和社会车辆四种方式进出站。在进站流线上,行人到达北广场站房后,根据所在楼层,通过楼梯、电梯、扶梯等设施前往负一层或地面层进站,进站时需要依次通过健康码扫码处、检票处、安检处;在出站流线上,行人从负三层检票出站后,直接或者通过楼梯、电梯、扶梯等交通设施到达目的地楼层,选择地铁、公交、社会车辆、长途汽车等交通方式离开车站。

流线具体示意图如图 2、图 3 所示。

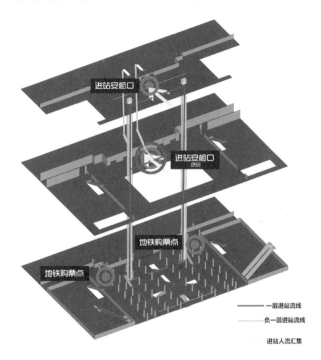

图 2　进站流线示意图
(图片来源:作者自绘)

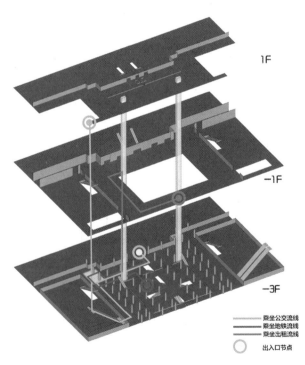

图 3　出站流线示意图
(图片来源:作者自绘)

在流线调研中,研究发现以下问题。在进站流线上,检票入口处发生了拥堵现象。在进站队伍的前方,行人需要扫描健康码与行程码并出示给工作人员,这个流程需要耗费一定的时间,平均等待时间约为 1 min,个别情况达到 3 min。而入口围栏限定的宽度导致了同一时间能够扫描二维码的人数有限,队伍后方的人员需等待前方人员扫码进站后方可前行,因此进站的效率被大大降低了。而在出站流线上,研究发现出站后乘坐地铁的人员与选择其他交通方式的人员在流线上会存在交叉现象,行人之间会存在避让等现象,也在一定程度上降低了交通效率。

研究发现,高铁站进站流线中,人员进站频率是相对稳定的;而在出站流线上,人群往往是呈现潮汐式的。在列车到达时,出站口会通过大量的人流。而在列车到达时刻之间,出站口的人流量是相对较小的。同时为了探究不同时间段的流量,更好地进行模拟,研究在工作日、周末、节假日均进行了多次调查,统计了 5 min 内乘坐不同交通方式进出站的人数,获得了不同时间段的人群密度。然后汇总数据取均值,最终获得了北广场进出站人群流量。数据如表 1 所示。

表 1　进出站人数统计(来源:作者自绘)

类型	地铁	室内公交	社会车辆	长途汽车
进站人数	425	81	210	80
出站人数	431	96	203	76

4　平面改进及模拟优化

4.1　模型构建

仿真模拟作为一种能快速发现问题,解释拥堵机理,并提供应对策略的方法[5],已经广泛应用于建筑布局[6]、流线组织[7]、紧急情况疏散[8]等方面的研究。

为了对北广场进出站流线进行仿真模拟,首先,研究参照了 Jin 的建构逻辑[9],依据测绘数据建立了结构模型(见图 4),其中包含了主要平面、连接平面间的楼梯、电梯、扶梯与关键节点,例如等候区、闸机、扫码处、购票处、安检处等。然后,研究对场景与事件进行了设置。对于行人宏观方面的模拟,研究依据调研流量分布,设定了 5 min 内进出站人员的比例与交通方式。例如在进站流线中,乘坐地铁、公交、社会车辆和长途汽车的比例分别为 0.53、0.11、0.26、0.1;出站中乘坐地铁、公交、社会车辆和长途汽车的比例分别为 0.63、0.05、0.19、0.11(见图 5)。除此之外,研究并对不同流线的节点逻辑进行了设置,例如进站流线中,对流程不

同环节的设置环环相扣;对于行人中观方面的模拟,研究通过调研测量了每个行为的所需时间,取平均值,将其赋值于模拟中的对应事件所需时间。例如,将扫描二维码的时间定义为等候区,等候时间为调研中的平均值 1 min。最后,基于上述模型建构程序,研究通过模拟观察了在整个过程中行人的通行时间与关键节点人群密度,具体结果如下。

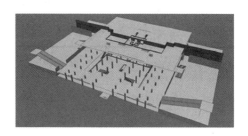

图 4　结构模型
(图片来源:作者自绘)

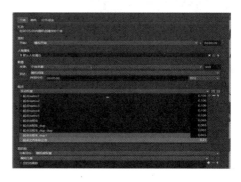

图 5　行人比例设定
(图片来源:作者自绘)

4.2　现有方案模拟结果

在进站模拟中,进站口扫描健康码处存在大量人群滞留现象,如图 6 所示。通过对模拟动画的进一步分析,研究发现上述现象是由于在疫情期间,车站入口处根据相关要求设立了健康码扫描面板,扫码人员在此停顿,然而通道部分宽度较窄,不能允许队伍中所有人同时扫描健康码而达到节约时间的目的,进而造成拥堵现象,这也印证了研究在调研中发现的现象。该区域每平方米人员密度超过 2.1 个,并且严重影响后续进程。同时从个体旅客时间表格行可以得出,在一层和负一层平台进站所需的平均时间是 4 min,最后一个个体的产生时间为 5 min,结束时间为 14 min 29 s,最长通过时间为 9 min 29 s,通行时间相对较长(见图 7)。

在出站模拟中,研究发现,由于地铁购票的设置位置较为偏远,乘坐地铁的旅客如果需要购票,需要到两

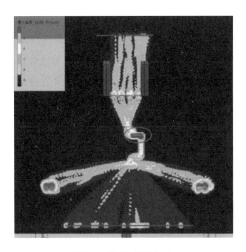

图 6　进站人员密度

(图片来源:作者自绘)

图 7　进站所需时间

(图片来源:作者自绘)

侧自动购票机购票后再折返进站,整体通行距离较长。这不仅增加了通行时间,还导致该流线与其他流线相互影响,交叉处存在拥堵现象,每平方米人员密度超过了1.5个,行人之间还需要避让以免发生碰撞现象,这也符合了调研中发现的问题(见图8)。

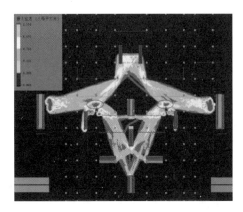

图 8　出站人员密度

(图片来源:作者自绘)

4.3　优化方案模拟结果

针对上述模拟中存在的问题,研究作出了以下优化。在进站路线中,研究将扫描健康码的位置放置在行人进入排队线之前的开阔地区,具体位置为一层和负一层进站通道的外侧,并增设了二维码面板。改造后,旅客不用等待前方人员,而是可以直接在排队前完成扫码,完成扫码后,可以快速通过进站通道进行后续流程。此外,增设的二维码面板能够同时支持多人扫描,加快了进站效率(见图9)。

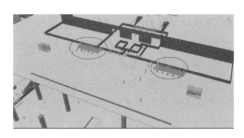

图 9　进站优化方案布局

(图片来源:作者自绘)

通过模拟,研究发现瓶颈效应大为改善,原方案中最拥挤的区域在优化方案中每平方米个体数小于1.5个,且该区域人群处于快速通过状态。每个个体在一层和负一层进站平台上的时间缩短为 2 min 20 s,最后一个个体的产生时间为 5 min,结束时间为 10 min 42 s,最长通行时间缩短为 5 min 42 s(见图10)。

图 10　进站所需时间

(图片来源:作者自绘)

在出站路线中,研究将购票位置进行调整。在优化方案1中,研究将购票位置放置在出站口的正对面,虽然解决了流线交叉的问题,但是模拟显示流线侵占了中部问询空间(见图11)。在优化方案2中,研究将购票位置放置在出站口正面面的外侧。这样既解决了流线交又的问题,同时也为中部咨询平台预留了空间。通过模拟(见图12),我们发现优化方案改善了流线交叉而导致局部人员密度过高的现象,每平方米人员密度小于1。

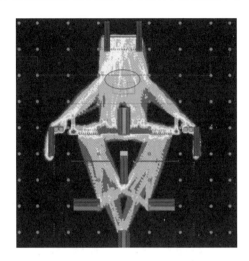

图 11　出站优化方案 1
(图片来源:作者自绘)

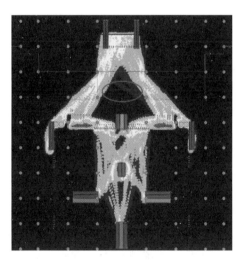

图 12　出站优化方案 2
(图片来源:作者自绘)

5　结语

本文以重庆北站北广场为例,通过实地调研与仿真

模拟探究了进出站流线现状。结果表明,在进站路线中,健康码扫描处是交通瓶颈,易发生拥堵情况。在出站路线中,流线交叉会导致局部产生高密度人群。针对以上情况,文章调整扫码处位置、面积和地铁购票处位置,通过模拟发现优化方案降低了整体通行时间与单位面积人员密度,提高了重庆北站北广场通行效率。

参考文献

[1]　刘斌,等.新型冠状病毒肺炎疫情防控期间武汉地铁客流控制方案研究及评估[J].铁道科学与工程学报,2020,17(09):2397-2403.

[2]　陈彬彬,蔡燕歆,王大川,等.城际铁路地下站与地面站空间与流线对比研究[J].铁道运输与经济,2022.44(02):30-37+58.

[3]　曾凤梅.大型铁路综合交通枢纽旅客流线重构研究[J].铁道运输与经济,2021,43(12):93-100.

[4]　张振豪,郎国岭.重庆北站北广场交通接驳分析与改善研究[J].交通运输部管理干部学院学报,2015,25(02):34-36+48.

[5]　孙倩倩,郭仁拥,于涛,等.考虑行为特征的人群疏散模拟研究[J].中国安全生产科学技术,2021,17(06):136-142.

[6]　FANG H, LV W, CHENG H, et al., Evacuation optimization strategy for large-scale public building considering plane partition and multi-floor layout [J]. FRONTIERS IN PUBLIC HEALTH,2022.10.

[7]　李恒兴,蒋洁菲.高铁站房不同时段功能及客流转换体系研究——以京张高铁崇礼支线太子城站为例[J].铁道标准设计,2022,66(01):135-140.

[8]　YANG X X,et al. Stochastic user equilibrium path planning for crowd evacuation at subway station based on social force model[J]. Physica A statistical Mechancs and Its Applications,2022,594.

[9]　JIN B W, et al. Temporal and spatial distribution of pedestrians in subway evacuation under node failure by multi-hazards[J]. Safety Science,2020,127.

黄海静[1,2]　隋蕴仪[1]*　谢星杰[1]　朱雪峰[1]

1. 重庆大学建筑城规学院；992890333@qq.com
2. 山地城镇建设与新技术教育部重点实验室

Huang Haijing [12]　Sui Yunyi [1]*　Xie Xingjie[1]　Zhu Xuefeng [1]

1. School of Architecture and Urban Planning，Chongqing University
2. Key Laboratory of New Technology for Construction of Cities in Mountain Area

国家自然科学基金项目(52078071)、重庆市研究生教育教学改革研究重点项目(yjg222001)、重庆市高等教育教学改革研重点项目(212007)

基于 ArchiCAD＋的数字化低碳建筑协同设计研究
——以江苏溧阳某科创中心为例

Research on Collaborative Design of Digital Low Carbon Building Based on ArchiCAD＋：Take a Science and Technology Innovation Center Design Project in Liyang，Jiangsu Province as an Example

摘　要：当前建筑业发展趋向绿色低碳和数字孪生，结合 BIM 可视化平台和数字化信息流通，建立科学高效的多专业协同流程是数字化低碳建筑设计的关键。本文以江苏溧阳某科创中心为例，基于 Open BIM 理念，以 ArchiCAD 为工作平台，以 IFC 格式为数据接口，结合 Grasshopper、PKPM、Navisworks、鲁班、绿建斯维尔等软件，提出一套基于 ArchiCAD＋多专业协同的低碳建筑设计流程。实践表明，该流程显著提高工作效率，有利于建筑功能形态、结构设备及性能能耗的整体最优，助力双碳目标的实现。

关键词：ArchiCAD；数字化；低碳建筑；协同设计

Abstract：At present，the development of the global construction industry has become green，low carbon and digital twin. Combining the BIM visualization platform and digital information flow，establishing a scientific and efficient collaborative process among various disciplines of construction engineering is the key to digital low carbon architectural design. This paper takes a science and technology innovation center project in Liyang，Jiangsu as an example. Based on the concept of Open BIM，ArchiCAD is used as the core working platform，and IFC format as the main data interface，combined with Grasshopper，PKPM，Navisworks，Luban，GBsware and other software，and a set of low-carbon building design process and method based on ArchiCAD＋ multi-discipline collaboration are proposed. The practice has shown that this design process can significantly improve work efficiency，which is conducive to the overall optimization of building functional form，structural equipment and performance energy consumption，and contributes to the realization of the double carbon goal.

Keywords：ArchiCAD；Digitalization；Low Carbon Building；Collaborative Design

近年来，由能源过度消耗所带来的全球气候变化、能源危机等问题已经不容忽视，节能减排成为全球共同关注的热点问题。2020 年我国提出碳达峰、碳中和的"双碳"战略目标[1]，为推动可再生能源利用、提高能源利用效率、减少碳排放的研究和实践提供了强大驱动力。同时，国家住房和城乡建设部印发了《关于推动智能建造与建筑工业化协同发展的指导意见》，将积极应用BIM技术确立为提升我国建筑业信息化水平的重点任务[2]。BIM技术可模拟、可协同和可视化的特性为建筑业的低碳转型和数字转型协同提供了支撑。但是，目前行业内各种BIM软件层出不穷，出现碎片化、重复化、协同差等问题[3]。结合BIM可视化平台和数字化信息流通，建立科学高效的建筑工程各专业间的协同流程，是数字化低碳建筑设计的关键。

1 ArchiCAD在低碳协同设计中的优势

常用BIM软件中，用于基础建模的有ArchiCAD、Revit、Bentley、AutoCAD等[4]。其中，ArchiCAD具备贯穿整个建筑工作流程的特性，通过IFC文件可保留建筑全部信息，实现软件间的交互应用。本研究以ArchiCAD为基础搭建BIM平台。

1.1 协调性

建筑工程项目的全生命周期设计，要求各专业间精准、高效的协同合作。考虑不同专业的设计习惯、建模思路的差异性，以及各专业已有成熟的建模及模拟软件，OpenBIM提出基于开放的数据标准和工作流程，协同完成建筑设计、施工、运营的思路[5]，打破各专业软件间壁垒，为所有项目参与者提供无缝协作的可共享项目信息。基于ArchiCAD搭建基础工作平台，采用统一的数据格式，以"ArchiCAD＋Grasshopper"优化建筑布局和形态生成，深化绿建表皮参数化设计；"ArchiCAD＋PKPM"实时反馈结构方案和分析计算结果；"ArchiCAD＋Rebro"有效协同设备专业进行管综设计；"ArchiCAD＋绿建斯维尔"量化风、光、热建筑性能模拟及能耗、碳排量计算，优化设计方案；"ArchiCAD＋Navisworks"进行碰撞检测和施工模拟计划；"ArchiCAD＋鲁班软件"智能智慧算量计价，实现有效决策和精细管理。据此，完成全专业、全过程的建筑项目协同交互设计。

1.2 构件化

ArchiCAD软件采用标准构件化建模方式，以单元构件为基础建模单位，可创建BIM构件库；依据构件材料用量及材料碳排放因子，可创建BIM低碳材料库。将构件作为基础的建材碳排放量的统计单元，选取最优低碳组合方式形成功能单元模块，实现建筑低碳化、建模轻量化，并且可根据不同专业需求定制不同的构件单元，降低专业交叉工作难度。

1.3 模拟性

ArchiCAD与Grasshopper中Ladybug＋Honeybee工具集联动，获取当地气候数据信息，可实时进行建筑风、光、热物理性能模拟[6]。对于建筑能耗的模拟，ArchiCAD软件内置的EcoDesigner可以从ArchiCAD中生成几何模型和材料属性数据，结合导入的地理气候环境信息进行建筑能耗模拟，最后将结果输出成可视化图表以供设计者对方案进行初步评估。对于建筑碳排放的模拟，ArchiCAD可输出完整CAD信息，在绿建斯维尔软件中进行碳排放计算。

2 基于ArchiCAD＋的低碳建筑设计流程

"建筑学部多专业联合毕业设计"是重庆大学建筑学部统筹建筑学、土木工程、建筑环境与能源应用工程、给排水科学与工程、环境工程、工程管理及工程造价7个专业开设的学科交叉课程。2022年，学部多专业联合毕业设计结合重庆大学溧阳研究院科技创新中心项目，积极探索基于OpenBIM的低碳建筑正向设计流程(见图1)。通过搭建ArchiCAD＋协同平台，整合多种软件中的BIM模型，实现建筑、结构、暖通、电气、给排水、管理及造价等多专业协同设计。

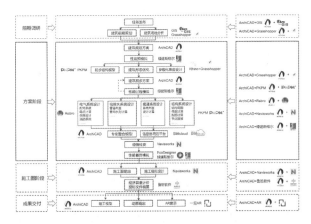

**图1 基于ArchiCAD＋多专业协同
的低碳筑BIM正向设计流程**

此项目以"生态创新、智慧城市"为导向，面向能源、建造、材料、环保领域，打造集产城互动之窗、产学研基地、创新资源聚集口、文化理念共享园、低碳建筑示范地为一体的科创中心。

2.1 前期调研

2.1.1 GIS场地分析

BIM＋GIS技术在市政、规划领域有广泛的应用，对于单体建筑设计而言，利用GIS地理信息的整体把控辅助建立 BIM 建筑模型，实现宏观尺度下空间数据和微观尺度下信息模型的统一，优化建筑决策[7]。

根据任务书，以江苏溧阳城西片区为研究范围，利用 Arcgis 建立评价准则，确定指标权重，构建评价模型，从地形、地貌及地质等方面对科创中心选址规划进行适宜性评价。最终选址于龙潊湖畔，地处城市核心绿带琴廊中段，山水环抱。

2.1.2 Ladybug 气候分析

场地环境气候条件是绿色建筑设计的前提依据，是决定采暖制冷时长、影响建筑碳排放的重要因素。运用 Grasshopper 的 Ladybug 插件，读取溧阳市 EPW 气候数据，以图示语言输出场地的温度、湿度、风速、风向、太阳辐射等气候条件；进而利用 Ladybug+Butterfly 插件，对场地微气候中太阳辐射量、风环境、热环境等进行图解分析。

结果显示，溧阳市属亚热带季风气候，温和湿润、四季分明、雨量丰沛、日照充足。一年中需取暖和制冷的月份各为 4 个月；平均日照时数 1932.9 小时，常年主导风向为东风。基于场地气候条件分析制定方案，采用分区供暖光伏发电、建筑能耗监测系统、智能照明控制系统、水源热泵等主动式技术，以及屋顶绿化、可调表皮外遮阳、场地微气候营造、拔风井构造、绿色材料选用等被动式技术，基于 BIM 实现主、被动整合设计。

2.2 方案阶段

方案以"智慧孵化体、山水花园芯"为主题，打造城市智慧科研中心，营造市民低碳科普公园。建筑以"生态景观"为轴连接南北两个弧形体量，引导东面浮岛延伸、演化为西面山地公园。南、北建筑功能分别为 5 层的配套酒店和 10 层的科创办公(见图 2)。

图 2　重庆大学溧阳研究院科技创新中心模型

2.2.1 Grasshopper 遮阳造型一体化设计

建筑表皮作为主要围护结构，是建筑与环境交流的主要界面。为兼顾建筑空间形态、幕墙采光遮阳、光伏屋顶设置等需求，采用 Rhino 内置的 Grasshopper 与 ArchiCAD 平台进行联动，通过建筑表皮的参数化、低碳化设计，实现建筑空间和形态、施工和造价、能耗和性能三方面的有机平衡、协同控制。

项目采用了三种 Grasshopper 参数化设计方法(见图 3)。①科创办公的南立面遮阳系统，依据表面曲率与太阳入射角度设置渐变式遮阳构件，并在中空玻璃内置植物培养基与攀爬网架，降低太阳直射。②酒店外表皮采取动态遮阳构架，通过传感器感应室内外温度、湿度、风速及日照变化，自动调整遮阳板伸出长度，实现采光、遮阳智能化控制。③采用参数化设计，实现太阳能光伏板顺应弧线屋顶均匀布置，既生成渐变纹理和退晕效果，又保证光伏板大小尺寸的一致性，简化异形设计难度，增强可建造性，节约成本。

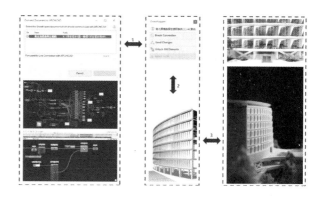

图 3　Grasshopper 参数化表皮生成逻辑

2.2.2 PKPM 结构优化设计

PKPM 是集建筑、结构、设备等设计于一体的工程设计管理软件[8]，多用于结构建模；基于构力 BIMBase 平台，PKPM 与 ArchiCAD 数据互通便于建筑模型与结构模型的整合。

项目构建 PKPM 模型(见图 4)，利用 ArchiCAD 的 YJKS 结构设计插件导入，实现功能空间与结构设计的联动优化。针对底层架空的大跨空间，基于 BIM 的结构与建筑的整合设计，采用两排斜柱支撑形成类似于桁架的转换层，增大竖向刚度、减少竖向挠度，在保障结构安全舒适的同时，满足建筑对空间的需求。经计算，结构 T2/T1=0.82，指标合理、技术可行。

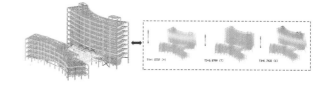

图 4　科创中心 PKPM 结构模型及计算结果

2.2.3　Rebro综合管线设计

Rebro是一款专业建筑机电BIM软件，操作简单，素材库齐全，自带水管、风管等模块构件，可直接组合应用或进行参数化修改；同时，建成的管综模型可直接进行碰撞检测、动画模拟、可视化交底等。

项目依湖而建，湖体通过消防水泵房和过滤装置作为可靠的消防水源；空调系统采用水源热泵渗滤取水方式，将湖体以及地下水作为冷热源，分区对南北楼进行供冷供热，免去空调外机对建筑造型的影响。采用Rebro构建管综模型，对科创中心的强电、弱电、消防喷淋、综合布线、给水、中水、污废水排放、燃气供应、通风空调、防排烟和采暖供热等进行全面的净高及维修空间分析，完成管线综合排布设计；然后通过IFC格式输入ArchiCAD模型中完成整合设计，保障了建筑空间的最大化利用。

2.2.4　绿建斯维尔性能分析

绿建斯维尔软件通过模拟塑造建筑环境对建筑的影响，对建筑的风、光、热等物理性能及能耗、碳排放量进行模拟分析计算。

项目设计过程中以ArchiCAD输出的CAD图纸为基础，应用斯维尔软件简单识别修正，设置建筑地理位置、建筑类型、太阳辐射吸收系数以及计算方法和节能标准等信息，确定建筑内外围护结构；根据暖通、电气等专业反馈，布置各房间设备，设置系统分区、各类机房设备数据，以及太阳能板相关设备数据；然后进行多次模拟反馈，优化建筑方案。模拟结果显示，本项目的建筑性能优良，物理环境优越（见图5）。

图5　绿建斯维尔光环境、风环境模拟结果

2.2.5　Navisworks碰撞检测

美国建筑行业研究院公布，工程建设行业浪费率高达57%，其中因图纸错误产生的浪费占比较大[9]。在Navisworks中整合各专业BIM模型，进行碰撞检测，辅助检查设计中的错误，输出纸质报告，便于及时反馈给各专业，修正施工图纸，避免施工过程返工浪费。

项目利用Navisworks识别、整合各专业模型，经过多次检测及修改反馈，供水系统与电气线路高程冲突、机电管道与土建结构重合等主要碰撞问题全部解决。

2.3　施工图阶段

2.3.1　ArchiCAD施工图输出

BIM软件具有由包含建筑全部信息的三维模型直接出图的功能，图纸成为模型的附属产品。ArchiCAD统筹二维与三维设计，不仅具备标注、填充、绘制等基础功能，而且能够自动生成图纸目录、清单列表等信息。此外，施工方可直接根据BIM模型进行施工，通过BIMx读取图纸，实现无纸化办公。

本项目基于ArchiCAD协同设计，实现全部建筑施工图由ArchiCAD直接输出，避免重复画图，提高设计进度，为多专业联合开展工作提供重要保障。

2.3.2　鲁班软件算量计价

传统造价计算方法是应用算量软件，识别CAD图纸构建三维模型进行计算。鲁班软件基于传统方法新增LBIM板块，可识别IFC文件格式，实现与多种BIM软件的互通。本项目应用鲁班软件，导入各个专业BIM模型，综合计算整体造价；分别选择不同专业模型，自定义板块区域，进行区域校验，实现分区精确管理。

经计算，本项目建筑安装总工程费约1.17亿元，北区科创办公部分单方造价3536元/m^2，南区酒店部分单方造价5100元/m^2。建筑收益来自酒店经营、商铺出租、共享办公租金和科研团队科技成果转化，预计将在第四年实现盈利。

2.3.3　Navisworks施工模拟

利用BIM整合各专业模型进行施工模拟，一方面可以辅助估算施工时长，优化施工方案，控制施工预算；另一方面能提前发现施工中可能产生的问题，规避施工错误，防止重复施工成本增加，保证施工质量。

本项目采用Navisworks进行施工模拟，预知施工时间以及施工过程中的碰撞问题、施工组织流线问题，减少实际施工过程中的资源浪费；采用可持续施工方法，减少对场地环境的干扰、填埋废弃物的数量以及建造消耗；从施工策划、施工准备、材料采购到现场施工、工程验收的整个施工过程，实现动态监督和智慧管理。

2.4　数字化成果交付

住房和城乡建设部《2016—2020年建筑业信息化发展纲要》强调"建立完善数字化成果交付体系""探索基于BIM的数字化成果交付、审查和存档管理"[10]。数字化交付形式是数字化低碳建筑设计中重要的一步。

本项目的数字化交付成果主要包括全专业BIM模型（见图6）、施工图、AR展示三部分。BIM模型包含完整的建筑信息，整合多专业成果，从二维、三维展示效果，即时剖切，展示细部构造，并通过ArchiCAD内置渲染器生成建筑效果图;施工图在 ArchiCAD 自动生成施工图基础上辅助标注输出,满足成果交付规范要求;AR 展示借助"一见 AR"软件,在终端设备上实现实时交互式体验,增强成果的可读性。

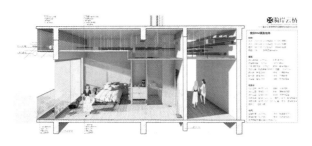

图 6 BIM 全专业模型

3 实践成果

3.1 绿色建筑评级结果

本项目依据《绿色建筑评价标准》(GB/T 50378—2019)从安全耐久、健康舒适、生活便利、资源节约、环境宜居和提高创新六方面进行评分,自评价总分为 88.2,达到绿建三星级标准。

3.2 建筑能耗计算结果

本项目优化能源供给系统,最大化利用太阳能和水源;优化建筑构造系统,减少维护结构传热;优化建筑设备系统,自动调节冷热输出;优化运行管理系统,分户计量、分室控制、分时节电。依据基于 BIM 技术的绿建斯维尔 BECS 能耗计算结果显示,建筑总能耗为 4.75 kWh/m²,实现建筑近零能耗。

3.3 碳排放量计算结果

项目以天然采光和自然通风设计为主要的低碳设计理念,选择绿色环保高性能保温隔热材料,设置太阳能光伏板系统、水源热泵渗滤取水系统、智能控制智慧运维系统、多种植物种植和水资源渗透循环碳汇系统,实现建筑全生命周期碳排放为零,达到零碳建筑目标。

4 结语

研究显示,采用基于 ArchiCAD+多专业协同的低碳建筑 BIM 正向设计流程,一方面能够显著提高建筑设计过程中的协同效率,利于专业间的沟通和决策,降低对接差错率,提高建筑设计的数字化水平;另一方面在减碳目标的驱动下,通过模拟反馈机制实现了建筑性能最优化与碳排最小化,对推进建筑数字化、低碳化设计,具有极强的推广应用价值。此外,推进数字化低碳建筑设计流程能够量化把控未来建筑全生命周期的碳排放情况,提升整个建设过程的管理机制,建立健全建材碳排因子数据库、建筑类型碳排放数据库,实现数字技术为建筑低碳赋能。

参考文献

[1] 坚定信心 共克时艰 共建更加美好的世界——在第七十六届联合国大会一般性辩论上的讲话(2021 年 9 月 21 日)中华人民共和国主席习近平[J].一带一路报道(中英文),2021(6):16-21.

[2] 住房和城乡建设部等部门关于推动智能建造与建筑工业化协同发展的指导意见[J].建筑监督检测与造价,2020,13(4):11-14.

[3] 曾旭东,龙倩.基于 BIMcloud 云平台的建筑协同设计——以某医院设计+为例[C]//共享·协同——2019 全国建筑院系建筑数字技术教学与研究学术研讨会论文集.北京:中国建筑工业出版社,2019:214-217.

[4] 孙晓峰,魏力恺,季宏.从 CAAD 沿革看 BIM 与参数化设计[J].建筑学报,2014(08):41-45.

[5] JO CHANWON, CHOI JUNGSIK. BIM information standard framework for model integration and utilization based on open BIM[J]. Applied Sciences,2021,11(21).

[6] 殷明刚,刘羽岱.基于 Rhino 和 Grasshopper 平台的绿色建筑辅助设计工具开发与验证[J].建筑节能(中英文),2022,50(3):64-71.

[7] 卢勇东,杜思宏,庄典,等.数字和智慧时代 BIM 与 GIS 集成的研究进展:方法、应用、挑战[J].建筑科学,2021,37(4):126-134.

[8] 黄立新,马恩成,张晓龙,等.PKPM 的"BIM 数据中心及协同设计平台"[J].建筑科学,2018,34(9):42-49+129.

[9] 刘照球,李云贵.建筑信息模型的发展及其在设计中的应用[J].建筑科学,2009,25(1):96-99+108.

[10] 2016-2020 年建筑业信息化发展纲要[J].建筑安全,2017,32(1):4-7.

Ⅲ 数字化建筑设计教学

曾旭东[1,2]*　樊相楠[1]　王瑞阳[1]

1. 重庆大学建筑城规学院；zengxudong@126.com
2. 山地城镇建设与新技术教育部重点实验室

Zeng Xudong [1,2]*　Fan Xiangnan [1]　Wang Ruiyang [1]

1. College of Architecture and Urban Planning, Chongqing University; zengxudong@126.com
2. Key Laboratory of Urban Construction and New Technology in Mountain Areas, Ministry of Education

基于山地环境的建筑能耗模拟方法在建筑节能设计教学中的应用

Application of Building Energy Consumption Simulation Method Based on Mountain Environment in the Teaching of Building Energy-Saving Design

摘　要：相较于平地建筑，山地建筑面临着更加复杂的场地环境，其中坡度和坡向是山地地形的重要参数。近年来，建筑学专业学生在进行方案设计的过程中越来越重视建筑的性能表现，在缺乏场地处理经验的情况下，计算机仿真成为学生进行节能设计的重要工具。重庆大学在数字建筑设计课程中引入模拟仿真和数据分析相结合的方法，以重庆某山地片区为研究场地，探究山地地形参量及其影响下的风环境对场地中建筑能耗的影响。

关键词：山地建筑；建筑能耗；地形分析；风环境

Abstract：Compared with flat buildings, mountain buildings face a more complex site environment, in which slope and slope aspect are important parameters of mountain terrain. In recent years, architecture students have paid more and more attention to the performance of buildings in the process of scheme design. In the absence of site handling experience, computer simulation has become an important tool for students to carry out energy-saving design. Chongqing University introduced the method of combining simulation and data analysis in the course of digital architectural design. Taking a mountainous area in Chongqing as a research site, it explored the influence of mountain terrain parameters and the wind environment under the influence on the building energy consumption in the site.

Keywords：Mountain Building；Building Energy Consumption；Terrain Analysis；Wind Environment

联合国环境署在第 21 次联合国气候变化大会中表示，全球范围内建筑物全生命周期产生的碳排放量达总碳排放量的 30%，如果以目前的速度继续增长，到 2050 年将占到 50%[1]，世界范围内众多国家为应对能源和环境问题纷纷提出相应可持续发展战略。自碳中和、碳达峰的目标提出以来，节能已成为我国建筑设计中的重要影响因素。场地处理是整个建筑设计过程的重要组成部分，分析场地中的各种因素对建筑能耗的影响是节能建筑设计的重要环节。近年来，高校建筑学教育越发重视培养学生的节能设计意识，在低年级便会开设相关课程引导学生了解节能设计方法，计算机仿真在其中扮演着重要角色。本文以加强学生在建筑设计中的节能意识为导向，在数字建筑设计课程中引入建筑环境和建筑能耗模拟技术，在案例学习中帮助学生认知建筑设计初期场地对于建筑能耗的影响。

1 研究对象和研究方法

1.1 研究对象

重庆大学地处山城重庆,在建筑设计教学中历来重视对复杂山地环境的处理,因此本文以重庆市某山地片区作为模拟场地(图 1),研究不同场地条件对于某农村二层居住建筑全年能耗的影响。根据《夏热冬冷地区居住建筑节能设计标准》及当地村民作息时间,将冬季室内计算温度设定为 18 ℃,夏季 26 ℃;根据当地村民家庭状况,在卧室和客厅设置分体式空调,其余房间无空气调节设备,采暖计算期为 12 月 1 日至次年 2 月 28 日,制冷计算期设定为 6 月 15 日至 8 月 31 日;室内平均得热强度设定为 4.3 W/m²。综合以上信息创建基准能耗模型,在没有场地内地形因素影响的情况下采用 EnergyPlus 对建筑进行能耗模拟可知,年空调制冷能耗为 29 GJ,年空调制热能耗为 6.75 GJ,年空调总能耗为 35.75 GJ。

图 1 山地地形图

1.2 基于山地环境的建筑能耗模拟

山地地区复杂的地形地貌往往伴随着多变的室外热环境和风环境,进而影响建筑能耗[2]。相关研究[3]指出影响山地微气候的地形参量主要包括海拔高度、坡度、坡向和地形起伏。由于所选片区范围有限,场地内海拔高度变化较小,因此将坡度和坡向作为本次研究的地形参量。地形参量影响下的风环境对于建筑的自然通风具有重要影响,二者与建筑能耗之间的关系如图 2 所示。因此本文以坡度和坡向为初始变量,研究地形参量和风环境共同影响下的山地建筑能耗。

1.2.1 坡度、坡向分析

坡度和坡向是山地地形的重要参量,二者对太阳辐射以及风环境有着显著的影响[4-7]。就坡向而言,南坡向阳,北坡背阴,因此南坡环境温度往往更高;就坡度而言,坡度较小的场地更容易获得太阳辐射,从而使得该场地白天温度较坡度更大的场地高,然而地势平坦的谷底由于通风性差也有可能形成局部高温区[4]。在上述

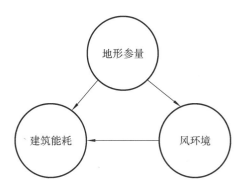

图 2 地形参量、风环境与建筑能耗的关系

因素的共同作用下,复杂山地环境温度的变化难以依照主观经验进行判断。采用数字化方法对场地进行定量分析是本次研究的重点,利用 Grasshopper 对场地进行坡度和坡向分析,并将分析结果以灰度图的形式表示(图 3)。

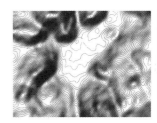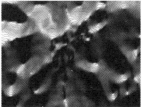

图 3 坡度、坡向分析

1.2.2 风环境模拟

EnergyPlus 等能耗模拟软件使用的气象数据往往来自远离建筑物的机场气象站[8],这些站点所测的数据无法准确反映建筑所处山地环境对建筑能耗的影响,从而造成模拟误差。齐春玲[9]通过耦合 CFD 软件与能耗模拟软件分析了微气候对建筑能耗的影响。刘哲铭[8]将气象文件中的空气温度、湿度、和风速替换为 ENVI-met 软件模拟的建筑周边平均空气温湿度及风速,从而分析室外热环境对建筑能耗产生的影响。然而相关研究[10-11]指出 CFD 模拟非常耗时,在实践中通常只能模拟几种极端情况,对 8760 个小时的全年模拟仍具有挑战性。Kastner 等[12]提出了一种解耦的方法,通过局部和全局敏感性分析筛选出气候模拟的主要参数,利用 OpenFoam 和 EnergyPlus 为各自的空间不均匀变量运行单独的解耦合模拟的方法,从而在可接受的精度范围内运行全年建筑能耗模拟。因此本文采用了 Kastner 开发的 Eddy3D 插件对山地建筑环境进行风环境模拟,分析不同场地条件对建筑能耗的影响。

1.2.3 建筑能耗模拟

场地内的坡度分布在 0°到 41°区间,在区间内选择 10°、20°、30°、40°四种坡度的地形作为研究样本;坡向方

面,将东西南北四个朝向作为场地坡向取值。表 1 为四种坡向与四种坡度的组合结果,如 E-10 表示坡向为东、坡度为 10° 的地形。

表 1 坡度、坡向组合结果

	东	南	西	北
10°	E-10	S-10	W-10	N-10
20°	E-20	S-20	W-20	N-20
30°	E-20	S-20	W-20	N-20
40°	E-20	S-20	W-20	N-20

对满足表 1 中各地形条件的地点进行风环境模拟能够得到对应的风环境数据,将这些数据和基于场地所建的能耗模型进行能耗模拟即可得到基于山地环境的建筑能耗结果,相应技术路线如图 4 所示。

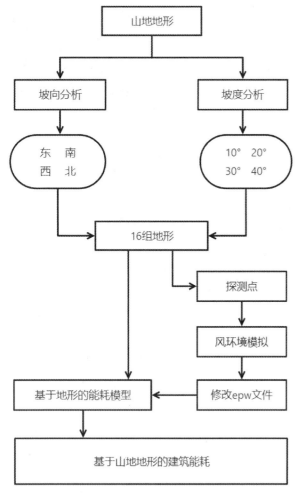

图 4 技术路线

2 实验过程

气象文件中的风向数据分布在 0° 到 360° 的区间内,对场地进行风环境模拟时,每种风向都需要重新对建筑和地形进行网格化处理等操作,这一步骤将会消耗巨大的计算资源。本文采取 Nikkho 等[13] 提出的模拟方法,通过在八个主要方向上运行 1 m/s 的风速计算风速系数,从而产生当地风乘数,在当地 epw 文件的基础上对风向和风速数据进行差值处理即可得到基于场地风环境的 epw 文件,相应流程如图 5 所示。

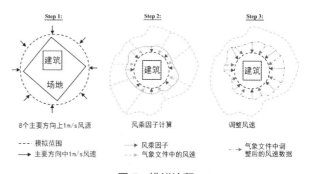

图 5 模拟流程

(图片来源:根据文献[13]改绘)

分别以坡度和坡向为筛选条件对模拟场地进行采样,通过计算交集即可找出满足表 1 中各参数的地形所在,图 6 所示为场地内所有满足 S-30 条件的采样点,共计 48 个。风速探测点设置在采样点上方 10 m 处,将探测点全年风环境模拟结果作为采样点的风环境数据,对所有满足相应地形条件的采样点模拟数据取平均值作为该地形的风环境数据,并将计算结果写入气象文件。

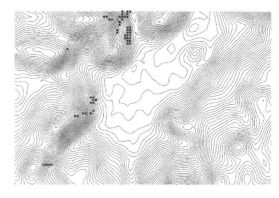

图 6 采样点分布状况

EnergyPlus 难以处理复杂曲面,所以在能耗建模的过程中对山地地形进行了简化处理,将复杂的曲面简化为斜面,图 7 所示为 S-30 所对应的能耗模型。

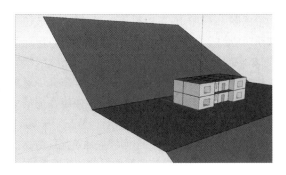

图7 南坡-30能耗模型

将能耗模型与气象文件一一对应进行全年建筑能耗模拟，从输出结果中提取全年空调能耗、年空调制热能耗、年空调制冷能耗。

3 实验结果分析

总体上看，与没有场地因素影响的建筑能耗相比，年空调制热能耗上下浮动不超过0.36GJ，即本次研究中的地形因素对制热能耗的影响非常有限。而年空调制冷能耗的最大浮动值则为2.2GJ，达总空调能耗的6%。

通过对模拟结果中的数据进行不同维度分析能够在一定程度上了解以坡度和坡向为变量的情况下，场地对于建筑能耗的影响，以下分别从坡向和坡度两个角度进行分析。

3.1 坡向与建筑能耗

以坡向为横坐标，能耗为纵坐标得到图8～图11所示的柱状图，表示坡度不变的情况下坡向与建筑能耗的关系。

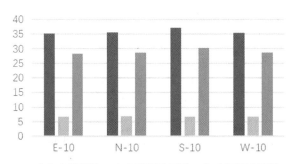

图8 坡向与建筑能耗的关系（坡度＝10°）

通过柱状图可以观察到朝向对建筑能耗的影响主要体现在夏季空调能耗上，总量上冬季制热能耗仅占总能耗的六分之一左右，且各个朝向的制热能耗相差甚小，这一点与重庆地区冬季气候温和、供暖时间较短相吻合；夏季制冷方面，S-10对应的全年空调能耗为16组数据中的最大值，而所有坡度下西坡所对应的全年空调

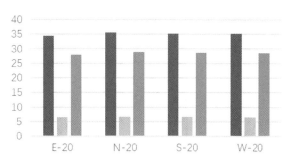

图9 坡向与建筑能耗的关系（坡度＝20°）

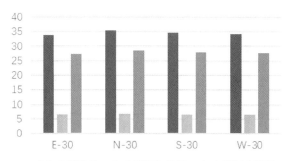

图10 坡向与建筑能耗的关系（坡度＝30°）

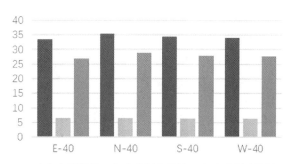

图11 坡向与建筑能耗的关系（坡度＝40°）

能耗均为最小值；与主观猜想不同的是，在20°、30°、40°的坡度下，北坡所对应的建筑能耗为四个朝向的最大值，这是否与场地中特殊的风环境相关有待进一步研究；四组坡度数据的标准差排序为10°($\sigma＝0.88$)＞40°($\sigma＝0.84$)＞30°($\sigma＝0.59$)＞20°($\sigma＝0.50$)，即坡向影响下10°坡度所对应的建筑能耗数据波动幅度最大，20°坡度所对应的建筑能耗数据波动幅度最小。

3.2 坡度与建筑能耗

以坡度为横坐标，能耗为纵坐标得到图12～图15所示的柱状图，表示坡向不变的情况下坡度与建筑能耗的关系。

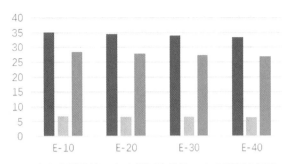

图 12　坡度与建筑能耗的关系（东坡）

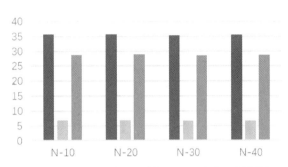

图 13　坡度与建筑能耗的关系（北坡）

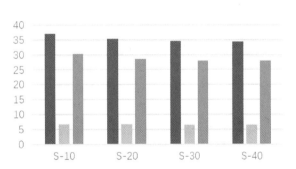

图 14　坡度与建筑能耗的关系（南坡）

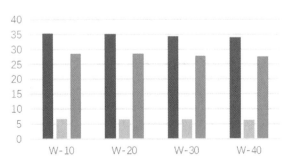

图 15　坡度与建筑能耗的关系（西坡）

根据图 12～图 15 可以得出以下结论：南坡、东坡、西坡所对应的全年空调制冷能耗随着坡度的增加而降低，而年空调制热能耗受坡度影响较小；北坡的倾斜角度与建筑能耗并非单调关系，需要在后续研究中增加坡度细分从而确定两者之间的函数关系；四组数据的标准差排序为 $S(\sigma=1.23) > E(\sigma=0.74) > W(\sigma=0.65) > N(\sigma=0.17)$，即坡度影响下位于南坡的建筑能耗数据波动幅度最大，位于北坡的建筑能耗数据波动幅度最小。

4　结语

本文以量化分析的方法研究了山地地形参量及其影响下的风环境对建筑能耗的影响，通过筛选场地中满足坡向—坡度要求的采样点，得到 16 组坡向—坡度组合下的风速探测点，对每组探测点的模拟数据取均值得到坡向—坡度组合的全年风环境数据，最终将风速、风向数据写入 epw 文件并与对应能耗模型进行能耗模拟。

对模拟结果从坡度和坡向两个维度进行分析可知，山地地区复杂的地形对于建筑能耗有着重要影响，且与人们的主观预测存在一定的差异。因此引导学生将数字化分析方法介入方案设计的过程，对于节能建筑设计是非常有效的方法。

本文尚有许多研究不足之处：忽略了植被、水体、下垫面等因素对于场地风环境的影响；在进行风环境模拟的过程中忽略了空气温度和空气湿度对于建筑能耗的影响；对于坡度和坡向的采样步长过大，没有生成足够的样本，从而导致结果缺乏说服力。针对上述问题，后续研究中作者将进一步优化整个实验过程，完善山地地形对建筑能耗的影响的研究。

参考文献

[1]　SHAO T，ZHENG W，CHENG Z. Passive energy-saving optimal design for rural residences of Hanzhong region in northwest China based on performance simulation and optimization algorithm[J]. Buildings，2021，11(9)：421.

[2]　沈燕. 杨凌地区农村住宅建筑能耗与节能布局研究[D]. 咸阳：西北农林科技大学，2012.

[3]　曾丽平. 大理云龙地区传统山地聚落与民居气候适应性研究[D]. 昆明：昆明理工大学，2015.

[4]　谢雨丝. 山地高密度城区热舒适性的调控策略研究[D]. 重庆：重庆大学，2017.

[5]　SUNARYA W. The importance of site on house heating energy modelling in Wellington-Integrating

EnergyPlus with ENVI-met for site modelling［D］. Wellington：Victoria University of Wellington，2020.

［6］ 齐羚，马梓烜，郭雨萌，等.基于微气候适应性设计的天津蓟州区西井峪村山水格局分析[J].中国园林，2018，34(2)：34-41.

［7］ MA K，TANG X，REN Y，et al. Research on the spatial pattern characteristics of the Taihu Lake "Dock Village" based on microclimate：a case study of Tangli Village[J]. Sustainability，2019，11(2)：368.

［8］ 刘哲铭.基于热环境与节能的严寒地区城市住区空间形态优化研究[D].哈尔滨：哈尔滨工业大学，2020.

［9］ 齐春玲.城市区域微气候环境对单栋建筑能耗影响模拟分析[D].济南：山东建筑大学，2018.

［10］ XU C P，YAN C H，REN J，et al. Numerical analysis the effect of trees on the outdoor thermal environment and the building energy consumption in a residential neighborhood［C］//IOP Conference Series：Earth and Environmental Science. IOP Publishing，2020，546(3)：032007.

［11］ WANG Y，MALKAWI A. Annual hourly CFD simulation：new approach—an efficient scheduling algorithm for fast iteration convergence［C］//Building Simulation，Tsinghua University Press，2014，7（4）：401-415.

［12］ KASTNER P，DOGAN T. Eddy3D：A toolkit for decoupled outdoor thermal comfort simulations in urban areas[J]. Building and Environment，2022，212：108639.

［13］ NIKKHO S K，HEIDARINEJAD M，LIU J，et al. Quantifying the impact of urban wind sheltering on the building energy consumption［J］. Applied Thermal Engineering，2017，116：850-865.

曾旭东[1]　李娴[1*]　王景阳[1]

1. 重庆大学建筑城规学院；L1X1AN@163.com

Zeng Xudong[1]　Li Xian[1*]　Wang Jingyang[1]

1. School of Architecture and Urban Planning, Chongqing University

教育部学位与研究生教育发展中心中国专业学位案例中心 2021 年主题案例(ZT-211061107)

基于行人仿真的地铁站换乘流线优化设计
——以某地铁站设计教学实践为例

Optimization Design of Subway Station Transfer Streamline Based on Pedestrian Simulation: Taking the Design Teaching Practice of a Subway Station as an Example

摘　要：本文在智能城市(smart city)、TOD(公共交通为导向)、安全城市(safe city)、高效空间整合(efficient space integration)等背景下，以重庆某大型地铁站为例，通过文献研究、调研问卷、仿真模拟、案例应用等方法构建站内换乘体系及模拟乘客行为，发现其平面现状、换乘流线、行人分布及密度等存在的问题，提出优化设计方案，并模拟检验与对比评价，探索该站换乘流线优化设计方法。基于 BIM 模型与行人仿真，发掘数字技术在智能城市建设及建筑设计教学实践中的应用潜力，以期为改善地铁站内换乘效率、提高站点安全性等提供一些有益的参考。

关键词：数字技术；地铁换乘站；地铁乘客流线；仿真模拟；优化设计

Abstract: In the context of smart city, TOD(public transport-oriented), safe city and efficient space integration, this paper takes a large subway station in Chongqing as an example. Through literature research, the research methods of questionnaire, simulation, case application building station transfer system and simulated the passenger behavior, found that the plane distribution of current situation, change to the streamline, pedestrians and density of the existing problems and put forward the optimization design, and simulation test and comparison evaluation, explore the method for the optimization design of the station transfer to streamline. Based on BIM model and pedestrian simulation, this paper explores the application potential of digital technology in the teaching practice of smart city construction and architectural design, in order to provide some useful references for improving the transfer efficiency and safety of subway stations in the future.

Keywords: Digital Technology; Subway Transfer Station; Subway Passenger Flow; Analogue Simulation; Optimization Design

1 引言

当今，城市化进程不断加快，城市轨道交通迅速发展，地铁站成为乘客集散的关键节点。建设智能城市背景下，轨道交通换乘研究成为热点，但以往的研究重点大多是城市轨道交通换乘效率的影响因素。随着城市人口规模的不断扩大，行人流的快速增加，站内的客流疏导压力逐渐凸显，针对当前城市大型枢纽站的换乘问题研究相对缺乏。

基于 BIM＋Massmotion 的数字化设计及行人仿真

模拟机制,不仅可以应对复杂的交通变化挑战带来的问题,还有助于客流换乘组织方案的优化。因此,本文以重庆某地铁站的换乘流线为研究核心,针对站内现状进行实地调研,问卷调查、行为观测和记录,对该站换乘距离、换乘时段、换乘方式、乘车密度、乘客流线和旅客换乘感受等方面展开研究。运用流线建模、仿真分析、设计优化等方式,研究换乘时站内客流量过大及行人流动拥挤等问题,探索地铁站内换乘模式的优化路径等。结合数字化技术提出并检验建筑优化设计策略,对于提高该地铁站换乘效率、安全性、便捷性以及数字化建筑设计在教学实践的应用等方面具有重要意义。

2 某地铁站换乘现状概述

2.1 某地铁站概况

某地铁站地处重庆市渝北区——两江城心的商业和交通核心。根据重庆地铁运营线网图,5、6号线和环线在此交会,形成大型三轨换乘枢纽——某地铁站,如图1、图2所示。某地铁站位于龙山路和横一路交会处,站点南面设在龙山景观大道,北部设在城市中心商业广场。共设有八个出入口,线路总长约为50.8千米,共包含站台32个。

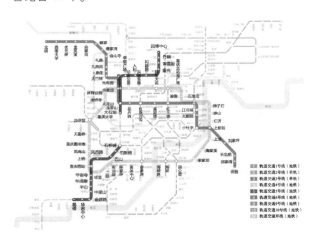

图1 重庆轨道交通5号线、6号线、环线运营线网图
(图片来源:作者自绘)

2.1.1 "十字＋同站台"换乘模式

对某地铁站换乘流线进行研究,5、6号线之间为叠岛式站台,乘客同站台换乘;环线为侧式站台,于站厅换乘。环线与5、6号线构成了十字交叉的空间布局。两线站台的乘客由楼扶梯直达环线站台,与环线间进行台台换乘。

2.1.2 车站规模现状

在高峰时段行车间隔短、客流量大;平峰时段行车

图2 某地铁站街区示意图
(图片来源:作者自绘)

间隔长、客流量适中。某地铁站远期高峰时段的单向换乘客流预计达1.2万人/h。结合客流的最大需求和站台的适宜形式,计算出5、6号线的站台宽宜取19米,环线侧站台宽宜取3.5米(数据来源:重庆城市交通开发投资(集团)有限公司)。

2.2 调查方法概述

2.2.1 调查对象

本研究现场调查主要采集建模数据和参数设置数据,调查对象为某地铁站的建筑空间和站内换乘人群。调查内容包括某地铁站各层平面尺寸和障碍物尺寸(共计四层)、地铁闸机数量及尺寸、换乘楼扶梯数量与尺寸及运行方向;站内换乘人员构成,不同人群的行进速率、半径和方向感,不同时间段内地铁站各方向换乘人数、下车人数、进出站人数等。

2.2.2 调查时间段

本调查选取某地铁站工作日的两个等长时段,即8:30—9:00(高峰),10:30—11:00(平峰)进行人流统计及综合对比分析。

2.2.3 统计方法

某地铁站内换乘线路上的楼扶梯口均设为计数点,共计20个,分别统计通过该点人数及进入两方向换乘人数。

在两个时间段中分别统计各换乘楼层(负一层、负二层、负三层)6个换乘方向的下车人数 x,各5次取平均值,及每股下车人流出站人数 b,由此得出该时段内的换乘人数 $a=x$(下车人数)$-b$(出站人数),共计六组数据,进而计算换乘权重比。

2.2.4 问卷调查与问题分析

本文选取平时和高峰两个时段针对某地铁站乘客使用情况进行问卷调查。共计发放200份问卷,有效数

111

据 182 份。统计分析得出结果,如图 3 所示。

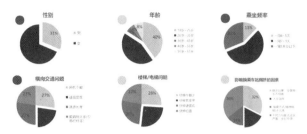

图 3　问卷调查结果数据分析图
(图片来源:作者自绘)

3　换乘流线模型建立与仿真模拟

3.1　BIM＋MassMotion 建模

综合测绘数据,本文利用 BIM 数字技术构建某地铁站基础模型,包括底板、墙体、柱体,导入 MassMotion 软件中,赋予构件功能属性,进行协同共享。最终得到三维换乘流线模型,设置车辆、人群等参数,进行车站换乘人流的数字化仿真模拟(图 4)。

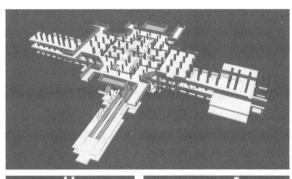

①环线平面图　　　②站厅层平面层

③站台一层平面图　　　④站台二层平面图

图 4　某地铁站行人仿真模型图
(图片来源:作者自绘)

3.2　行人仿真参数设置

3.2.1　换乘车辆设置

在 MassMotion 中针对 6 组换乘流线(环线动步公园方向、环线体育公园方向、6 号线北碚方向、6 号线茶园方向、5 号线园博园方向、5 号线跳蹬方向)分别设置其车辆参数。依据重庆地铁时刻表[1],设置列车发车时刻;将同列闸口合成组件,设为车门;将同列出入口合成组件,设为人流来源。由此完成所有换乘方向的车辆设定,车辆到达时,闸口打开,乘客上下车。

3.2.2　行人参数设置

依据前期调研的人流数据,分别统计平、高峰两时段某 15～20 min 时段内 6 组车辆下车人数 x(表 1),并将人群结构分为三类:老年人、成年人、成年人携带小孩(图 5)。设置人群半径、速率(高峰时段的成年人速率比平峰时段速率恒定值多 0.35)及属性;依据人群比例权重将三种人物属性进行组合。本次行人仿真中共 12 组车辆属性初步设置完成(平、高峰两时段各 6 个运行方向)。

表 1　换乘流线下车人数 x 平均值(来源:作者自绘)

	平时时段	高峰时段
茶园方向	31	75
跳蹬方向	105	248
北碚方向	94	526
园博园方向	23	131
体育方向	31	223
动步方向	91	667

图 5　平、高峰时段乘客人群构成图
(图片来源:作者自绘)

3.2.3　换乘权重设置

根据调研数据,统计得出该站每条线路 6 个方向换乘平均人数,进一步得出乘客换乘权重(表 2、表 3)。将统计数据依次输入 12 组车辆属性中,设置人群下车目的地,完成手动权重。其中每条路线除了 5 个换乘方向人群,还有出站人群,故将所有闸机出入口设为组合。至此,完成车辆全部设置,可以针对换乘路线开始仿真模拟。

表2　平峰时段换乘权重统计表（来源:作者自绘）

	茶园方向	跳蹬方向	北碚方向	园博园方向	体育方向	动步方向
茶园方向	/	31	19.2	3.4	6	22.6
跳蹬方向	6	/	8.2	1.2	2.2	10.8
北碚方向	1.6	4	/	2.8	4	5.6
园博园方向	11.8	25	31.6	/	12.8	32
体育方向	6.6	23	21.8	8	/	8.8
动步方向	3.4	20	6.4	3.8	2.4	/

表3　高峰时段换乘权重统计表（来源:作者自绘）

	茶园方向	跳蹬方向	北碚方向	园博园方向	体育方向	动步方向
茶园方向	/	42	104	41.8	72	214.8
跳蹬方向	15.2	/	41.2	9.6	15.4	62.4
北碚方向	8.2	15.2	/	15.4	47.8	42
园博园方向	25	84.4	155.2	/	18	237.8
体育方向	14	16.6	44.8	9.6	/	61.4
动步方向	5.8	70.4	150.6	43.2	45.4	/

3.3　原始模拟与结果验证

3.3.1　平峰时段与高峰时段的行人分布

基于MassMotion对站内平、高峰两时段换乘流线进行模拟验证,最终得到行人仿真动画,生成各层人群分布热力图(表4)。

表4　行人分布热力图统计表（来源:作者自绘）

序号	模拟时间段	地铁站层数	热力图
1	平峰时段	环线站台	
2	平峰时段	站台一层	
3	平峰时段	站台二层	
4	平峰时段	站厅层	
5	高峰时段	环线站台	
6	高峰时段	站台一层	
7	高峰时段	站台二层	
8	高峰时段	站厅层	

4　优化途径分析与结果验证

4.1　优化设计的研究基础

4.1.1　基于原始模拟结果

基于MassMotion的原始换乘流线模拟,分别运行平、高峰两时段参数,得到行人分布热力图表。综合对比分析后,初步得出以下几点结论:

①站厅层、站台二层、环线层的人流相对密集;

②人流拥堵主要出现在对称的垂直交通之间;

③站台二层整体通行阻碍较大。

4.1.2　基于问卷调查结果

根据前期调查问卷我们归纳出以下几点结论:

①该站指示牌、导乘指引不够明确;

②楼电梯数目缺乏是竖向交通拥堵主要原因;

③影响换乘效率主要因素为不同向客流交叉。

4.1.3　发现问题

优化策略的提出基于以上两组研究结论,其中原始模拟结果是现状,即后续优化设计实验基础,问卷调研结果是可能导致拥堵现状的重要原因。

①原始模拟分析得出的结论侧重于描述拥堵点现象特征(如位置、人员比例等);

②问卷调研结论侧重于描述使用者主观认为造成换乘拥堵的直接因素(如楼扶梯数目等);

③综合分析两组结论,确定优化策略方向。

本次优化设计主要针对上述发现的两个问题:①楼电梯数目不足;②换乘路线途径不合理。

下面为了验证解决这两个问题是否能对现有的站内拥堵现象起到有效缓解,进而提出优化策略。

4.2 优化策略的探索分析

4.2.1 策略一:增加楼扶梯数目

根据原始模拟结果,站台二层的整体通行阻碍较大,因此在站厅层到站台二层,一侧增加一部下行电梯,另一侧增加一部楼梯;站台二层到站台一层,两侧各加一部楼梯和下行电梯。以此加快人流通过站台二层的速率,减轻楼扶梯口的压力。

4.2.2 策略二:改变扶梯方向

优化换乘路线以降低来自环线乘客的换乘路径成本为出发点,通过更改扶梯上下行方向的方式改变换乘路线。将原环线站台到顶层的单向扶梯,改为双向通行;原环线层通往站台一层与站台二层的单向扶梯,方向调转;原站厅层到站台一层的双向扶梯,改为站台一层到站厅层的单向扶梯。

4.3 优化设计的模拟检验

4.3.1 模拟策略一:增加楼扶梯数目

(1)实验过程。

通过拓宽楼扶梯洞口尺寸、增加相应楼扶梯数目的优化实施,进行高峰时段的 MassMotion 模拟检验。得到行人分布热力图,将优化前后对比分析,检验策略一的有效性(表5)。

表5 策略一行人分布热力图优化对比(来源:作者自绘)

优化前	优化后
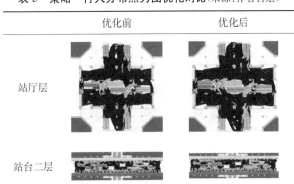	
站厅层	
站台二层	

(2)结果分析。

增加楼扶梯数量的优化后,站厅层乘客在楼扶梯口拥堵现象有所缓解,其他区域不受影响;站台二层楼扶梯口拥堵情况显著减少,其他区域基本未发生变化。

4.3.2 模拟策略二:改变扶梯方向

(1)实验过程。

通过对调扶梯的上下行,进行高峰时段的 MassMotion 行人仿真。得到行人分布热力图,将优化前后对比分析,检验策略二的有效性(表6)。

表6 策略二行人分布热力图优化对比(来源:作者自绘)

	优化前	优化后
站厅层	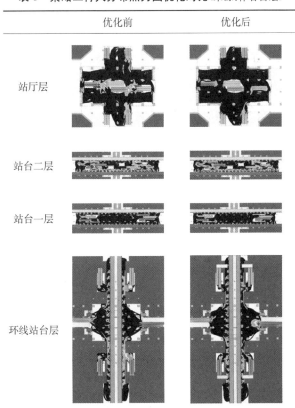	
站台二层		
站台一层		
环线站台层		

(2)结果分析。

站厅层的拥堵现状在优化后得到了有效缓解,人流量显著降低;站台二层中心区的局部拥堵有效缓解,人流量有一定减少;站台一层优化前后人流都相对较少;环线站台层两端的拥堵有所改善,但在中心形成了新拥堵点,优化后的优势在于中心扶梯口等候面积变大,且只有来自环线的换乘乘客一种人流,对其他流线的乘客不造成影响。

(3)验证分析。

上述验证表明,改变扶梯方向的换乘流线优化策略,可以提升站内整体换乘效率。为了进一步检验其有效性,我们引入了行人累积容量计数图等分析图(图6),即个体换乘密度速率、持续时间等,更为直观地评价优化结果。该地铁站有 3 条地铁线路,6 个方向,24 种换

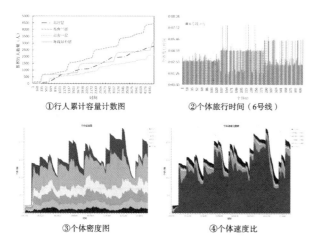

①行人累计容量计数图　　②个体旅行时间（6号线）

③个体密度图　　④个体速度比

图6　策略二优化后行人仿真数据分析图

（图片来源：作者自绘）

乘方式。因布局对称，故选取 12 种换乘方式进行个体换乘时间计算即可。

可以发现，来自环线的乘客换乘时间明显减少；来自 5、6 号线换乘环线的乘客换乘时间有一定增加，但是增幅小于前者的减少值；5、6 号线之间相互换乘的时间基本保持不变。

综上，优化后换乘时间的减少值大于其增幅，收益人数大于失益人数，且优化后的换乘流线有效缓解了各层的拥堵状况。因此得出结论：策略二对提升站内整体换乘效率有显著作用。

5　总结与展望

某地铁站作为大型换乘枢纽，在重庆轨道交通系统中处于关键节点位置，高峰期巨大的人流压力造成站内乘客拥堵现象。本文根据该地铁站的实际情况，从乘客流线和站内布置着手，通过网上搜集资料，实地调研测绘，利用 BIM＋MassMotion 数字技术进行换乘流线的行人仿真，针对该站换乘流线及行人分布密度等存在的问题，提出优化设计策略并模拟检验，对进一步改善站内换乘流线的效率和秩序进行教学探索实践，推动智能城市建设。

在优化实验中，我们发现增加站内楼扶梯的数目对拥堵现象的缓解作用有限，仅能在特殊时间点减少楼扶梯口的拥堵程度。而通过更改现有扶梯方向的途径改变整体换乘流线组织的逻辑，在目前的对比分析结果中展现出有效性。但是在具体实践应用中，还需考虑到消防规范，疏散流线，管理制度，引导难度等问题，去做进一步的验证。本文仅对站内优化设计提出可能性参考，旨在合理引导学生形成数字化建筑设计意识，培养其科研、实践的综合能力。

参考文献

［1］ 胡双平.三线换乘车站换乘节点结构计算分析［J］.铁道工程学报，2011(10):126-130,138.

［2］ 邢彦林.城市轨道交通"十字＋同站台"换乘方案设计［J］.轨道运输与经济，2012(4):87-91.

［3］ 马洪.轨道交通枢纽动态换乘效率及网络客流研究［D］.北京:清华大学，2010.

华好[1*] 李飚[1] 唐芃[1] 李力[1]

1. 东南大学建筑学院；whitegreen@seu.edu.cn

Hua Hao[1*] Li Biao[1] Tang Peng[1] Li Li[1]

1. School of Architecture, Southeast University

美术遇见编程——Processing 生成艺术工作营
Art Meets Programming: Workshops of Generative Design Using Processing

摘　要：生成艺术通过规则与算法来创建图形与动画。通过 Processing 创意编程工具，设计师可以创作前所未有的几何与拓扑结构。为期四周的 Processing 生成艺术工作营将学生引入这个令人兴奋的新兴领域，将理性的编程代码与美术构思相结合，每位学生通过编程进行自己的视觉实验，最终实现个性化的美术作品，包括平面艺术与动画。

关键词：生成艺术；Processing；编程；美术教育

Abstract: Generative art is a revolutionary computational method of creating artwork, models, and animations from rules or algorithms. By using accessible programming languages like Processing, artists and designers are producing novel geometrical and topological structures. The students came to this exciting emerging field during the 4 weeks of the summer school. A step-by-step how-to introduction follows, guiding students through specific, practical instructions for creating their own visual experiments by combining simple-to-use programming codes with basic design principles.

Keywords: Generative Art; Processing; Programming; Art Education

数字技术在建筑设计中的深化不仅体现在技术层面，而且潜移默化地影响着我们对形式与美学的理解。新兴的"生成艺术"就是用编程进行美术创作的一个领域，为广大设计师提供了新的美学理念与创作方式。

1 艺术的数理渊源

按照我们的教育传统，数理、文科、艺术是三个相对独立的教学领域。这种分类观念在学前教育阶段就开始形成，并在小学、中学、高中阶段逐渐加深，最终导致高等院校的大学生在数理思维、文化素养、艺术修养三方面的发展相互脱节。然而，回顾我国与西方的古代时期，数理教育与文化艺术培养之间都不是分离的。

周朝的学者要掌握的六种基本才能是礼、乐、射、御、书、数。这些学问之间有千丝万缕的关联。现代学科分类的历史并不是很长，但艺术、美学的观念自古有之。东晋顾恺之有"美丽之形，尺寸之制，阴阳之数"的著名评论，体现了古人对哲理、数学、绘画之间的关系的感悟。

古希腊学者毕达哥拉斯首先在西方奠定了用数学来诠释自然与美学的传统[1]。他提出"万物皆是数"的理论：一切可以感知的事物都有数，没有数就无法感知和理解任何事物。毕达哥拉斯学派提出了两个与艺术息息相关的数学概念：① 五度相生律（pythagorean tuning），即音程之间的比例都基于3：2；②比例，后来被广泛用于绘画与建筑等视觉艺术。阿尔伯蒂在讨论毕达哥拉斯时指出：使我们耳朵愉悦的声音所遵循的数字，同样可以愉悦我们的眼睛和心灵。文艺复兴时期的多位建筑师（如帕拉迪奥）都采用比例系统来控制建筑平面，由此获得形而上学层面的和谐秩序以及透视上的美学感受[2]。

数学与哲理曾经在中国和西欧让人们对于艺术与美的理解产生了重大影响。可惜的是，如今美学与理性之间的纽带在高等教育中已基本荡然无存。建筑学是一个涵盖理工科与人文科学的综合性学科,但其中的美术教育相对孤立,与其他科目之间缺乏交流。这种现状不利于学生领会视觉艺术与数理逻辑之间的关联。鉴于此,从2019年开始东南大学建筑学院在本科开设了"生成艺术"暑期工作营,通过编程的方式来进行绘图或制作动画,试图在教学过程中使学生重新发现数理与美术之间的纽带。

2 "生成艺术"工作营

在计算机出现以前,颜色与几何图形的科学理论早已为"数字化绘图"奠定了基础。牛顿提出了任何颜色都可以由三原色合成,所以在计算机时代就自然而然地有了 RGB(红绿蓝)颜色模式,其核心是颜色与数值之间的映射关系。笛卡尔坐标明确了图形与底(坐标)的关系,因此在显示器屏幕上绘图变得顺理成章。计算机编程曾经很"高冷",非专业人员很难理解和掌握。但在2000年以后局面有了翻天覆地的变化,Actionscript、Processing 等图形化编程工具非常容易上手,在全球掀起来了一股创意编码的热潮。生成艺术(generative art)得到了飞速发展。

生成艺术通过规则与算法来创建图形、模型、动画,是一种革命性的数字化艺术形式。通过 Processing 等编程工具,当代艺术家和设计师正在创作前所未有的几何与拓扑结构,这些结构广泛地应用于纺织品图案、平面设计、照明、科学图表、雕塑、艺术装置、电影甚至建筑。

为期四周的工作营将学员们引入这个令人兴奋的新兴领域。课程讲解了 Processing 编程语言,介绍了生成艺术的基本原理。将理性的编程代码与美术构思相结合,每位学员通过编程进行自己的视觉实验,最终实现个性化的复杂美术作品,包括平面艺术与动画。学员们通过数理逻辑来感知自然的美与复杂性,并通过代码创造了完全不同于手绘的艺术形式。视频成果可参见以下网址:https://youtu.be/qtPi0JvmWbs。

2019年"生成艺术"工作营时间:2019年8月19日—9月13日。指导教师:华好、李飚。策展(主办:建筑运算与应用研究所):唐芃、李力。研究生助教:李昊、莫怡晨、张琪岩、蔡陈翼。摄影:王笑。视频剪辑:徐怡然。学员:王胤雄、郑钧忆、吴雅祺、李帅杰、郁杰、沈睿、谢钰、缪安雅、刘宇飞、张文轩、刘川铭、鲁松列、殷烨、闻健、曾意涵、吴欣宇。

2020—2022年工作营继续开展,形成建筑学院本科美术教育的一部分。其中2020年工作营增加了文创产品设计的环节(图1)。

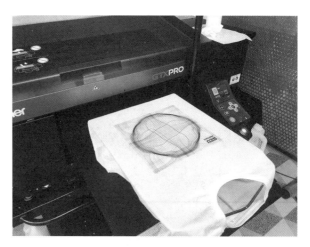

图1 文创作品(李飚,2020年)
(图片来源:作者拍摄)

3 Processing 编程教学

Processing 是由麻省理工学院的 Ben Fry 与 Casey Reas 为艺术家、设计师、学生等开发的创意编程环境,也是 Java 语言的一种集成开发环境(IDE)。"生成艺术"工作营的最大挑战在于:在前2周内同时教会学生们 Java 编程和生成艺术的入门基础,然后他们才能在后2周内进行各自的创作。工作营采用了教师与学生与面对面交流的教学方式(图2)。教师现场编写代码,同学们同时在自己的笔记本上写代码。如果某位学生有问题,教师或研究生助教可以随时去帮忙解决问题。

图2 工作营采用面对面的授课方式
(图片来源:作者拍摄)

绝大部分理工学科在低年级都设有专门的编程课,但建筑学专业一般不教编程。面对这些零基础的学员,工作营采用了绘图与编程一体化的教学方式。譬如,在屏幕上画一根线段的命令为:line(x1,y1,x2,y2),其中 x1,y1,x2,y2 为浮点型(Float)的参数。在这个知识点上,绘图方法与编程知识融为一体。这种授课方式并不要求学生掌握编程的各类理论知识,而注重学生能够习惯用代码来进行绘图。譬如,第一节课介绍了一个有趣的 Cardioid 程序(图 3),涉及了变量、循环、三角函数等知识点,但最重要的是让学生去理解代码与图形之间的对应关系。

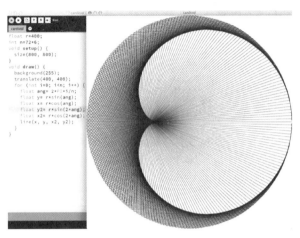

图 3　Cardioid 程序(第一节课介绍)
(图片来源:作者自绘)

工作营始终强调"学"与"练习"的结合。因此在第一周结束时就要求每位同学创作一幅动画作品。不少同学的作品让人眼前一亮(如图 4)。编程的思维与画画的思维有很大差异。大家开始体会到,图形的复杂程度和代码的多少没有直接关系,对代码的巧妙利用可以事半功倍。

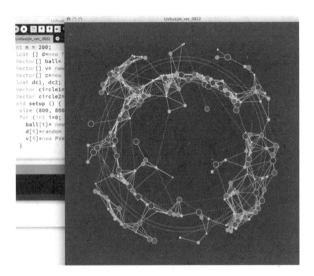

图 4　第一周学生作品(动画截屏)
(图片来源:李帅杰)

第二周结束时,每位同学创作了一幅静态的作品(A1 幅面打印),此时很多作品已经比较复杂,并且显现出好几种不同的思路。大部分学生掌握了基本的编程

绘图技巧,并且具备了一定的模仿与创造能力。个别学生能主动发现新的数理逻辑来创造意想不到的图像,这也是该工作营最理想的教学目标:学生的技巧与思维超越了授课内容。

工作营在后两周进行了一系列专题介绍,包括分形(Fractal)、元胞自动机(Cellular Automata)、粒子系统等[3]。这一阶段,每位学生有更多的时间来构思最终的展览作品:包括两张静态图纸(部分作品见 http://labaaa.org/generative-art-summer-school)、一段视频(见 https://youtu.be/qtPi0JvmWbs)。图 5、图 6 为其中两幅最终作品,体现了学生能够熟练运用数理逻辑来营造带有中国水墨画韵味的作品。

图 5　学生作品(刘宇飞,2019 年)
(图片来源:刘宇飞)

图6　江山春晓(吴巧钰,2021 年)
(图片来源:吴巧钰)

4　美术教学的新起点

虽然 Processing 编程、生成艺术看似都是新兴事物,但其本质是建立数理与图像之间的关系。视觉艺术本身并不单纯依靠灵感,而是与数学几何等科学息息相关。理性与感性,在视觉实验中缺一不可。在西方历史上,黄金分割比、斐波那契数列等数学概念深远地影响了人们对大自然、对美的诠释。而 Processing 等编码工具的出现,使今天的设计师能够很方便地通过编码来进行图形创作,并且能在较短的时间内做出绚丽的效果。

2021 年,华好综合了三年工作营的成果与编程教学经验,出版了《生成艺术:Processing 视觉创意入门》(电子工业出版社),作为"生成艺术"课程的教材。美术与编程,在大家的以往印象中是互不相干的两件事。不管是在中小学还是大学,文科、理科、艺术都是分开教学的。美术课往往注重技艺的培养,看重结果的呈现,但很少触及灵魂的拷问:绘画是为了表现眼前所见,还是为了表达内心世界? 美有没有科学规律可循? 生成艺术的出现让代码与图形之间的关系空前紧密,让人们能够直观地看到数理逻辑与美术作品的关联。而语法结构、随机过程、动态系统、复分析等科学领域为生成艺术提供了广阔的游戏场地,不断衍生出令人惊异的精彩作品。

我们在建筑学专业中常规化地开设生成艺术课程,源于对建筑学美术教育的一个思考:建筑学师生应该把美术作为一种技能,还是重在艺术熏陶? 而生成艺术似乎又打开了一个新的维度:美术还可以用来锻炼理性思维,进而发现美学与数理秩序之间的内在关联。生成艺术在建筑学中会如何发展,还存在很多未知数,但它已经标定了美术教学的一个新起点。

参考文献

[1] 朱光潜.西方美学史[M].北京:商务印书馆,2011.

[2] STEVENS G. The reasoning architect:mathematics and science in design[M]. New York:McGraw-hill,1990.

[3] FLAKE G W. The computational beauty of nature:computer explorations of fractals, chaos, complex systems,and adptation[M]. Cambridge:MIT Press,1998.

[4] 华好.生成艺术:Processing 视觉创意入门[M].北京:电子工业出版社,2021.

韦诗誉[1]　沈锋[2*]

1. 清华大学建筑学院

2. 清华大学建筑设计研究院有限公司；vfengshen@outlook.com

Wei Shiyu[1]　Shen Feng[2*]

1. School of Architecture Tsinghua University

2. Architectural Design and Research Institute of Tsinghua University Co. ,Ltd.

清华大学本科教育教学改革项目(ZY01-02-251)

数据赋能的信息采集
——基于生成性图式的建筑设计教学方法

Data Empowered Information Collection：Generative Diagram as a Pedagogy for Architectural Design Studio

摘　要：在建筑设计教学课中,引导学生在设定题目下进行设计问题解答,是建筑设计教学的一个关键步骤。本文以近年清华大学基础平台建筑设计课教学为例,通过将前期调研中信息采集的内容视为威廉·佩纳的问题探寻法中"信息矩阵"的一个"子集",建立起基于"环境""类型""人群"三个类别的研究分类。引导学生借助数字化工具,对所研究的问题进行数据化抽象,并绘制生成性图式。该教学方法有效地培养了学生逻辑思考的习惯,增强了对调研方法的掌握和对设计问题的理解,为后续设计方案构思奠定了良好的基础。

关键词：建筑设计教学;数据赋能;信息采集;生成性图式

Abstract：In architectural design studio, instructing the student to solve design problem under the settings of a studio is a critical part of the pedagogy. Taking the architectural design studios of Tsinghua University in recent years as an example, by considering the information collection process in the preliminary investigation as a "subset" of William Pena's "Information Matrix" for Problem Seeking, a research framework is established based on three categories - "environment", "typology" and "people". Students are guided to use digital tools to abstract their research questions and finally to draw generative diagrams for their findings. This pedagogy effectively helps the students cultivate the habit of logical thinking, strengthen the grasp for investigation methods, enhance the understanding of design problems, and lay a solid foundation for subsequent design proposal.

Keywords：Architectural Design Studio; Data Empowerment; Information Collection; Generative Diagram

1　建筑设计教学面临的挑战

建筑设计系列课是建筑学教学体系中的核心课程,对于尚处于基础平台的低年级学生来说,普遍存在建筑设计"从何入手"[1]的问题,这也是建筑设计教学首先需要解决的问题。著名建筑理论家、数学家克里斯托弗·亚历山大在其《形式综合论》(*Notes on the Synthesis of Form*)一书中,区分了两种教授设计的方式[2]。第一种教授方式是"非自觉的过程"(unself-conscious process),让初学者逐步地体会对应的技巧,依赖自身模仿的能力来练习——"就像学骑自行车一样,一开始只要做得不对就会摔倒,当他某次偶然做对了,这种成功就使他可以正确地去重复,并通过不断学习来获得所学技能的'总体'的感受"。其特点在于没有明确的规则体系,规则是在纠正错误的过程被揭示出来的。第二种教授方式则被称为"自觉的过程"(self-conscious process),教学者需要将以往需要经过艰辛实践获取的经验浓缩成一系列明确的规则,让初学者在通用原则的基础上更快地学习。

当前的建筑设计教学实践普遍采用的是两种过程并行的方法。但是,正如亚历山大所指出的,今天,伴随着社会、经济和文化形态的快速改变,设计中的问题在数量、复杂性和困难度不断增加的同时,其变化速度也比以往任何时代都更快。建筑设计教学不能再像传统建筑教育一样,依赖传统经验来解决问题。建筑师需要从头开始,仔细将任务想清楚,把形式创造建立在一些法则之上——而这在过去曾是经数辈人不断"试错"才得以实现的。

在建筑设计课前期的调研工作中对设计问题进行甄别和界定,能够强化以问题为导向的建筑形式创造的训练,从而让学生更好地应对当代社会全尺度空间干预的设计挑战。尽管在各个高校的基础平台教学中,涌现出更多将"专题式练习"与"综合式设计"相结合的教学内容,但其中的专题式练习多集中于诸如场地、功能、构造等具体的知识点,而缺乏对信息采集的系统性指导,学生容易在实际调研中"走马观花",后续的方案设计也常常沦为自娱自乐的形式游戏。鉴于此,有必要建构起以设计问题界定为导向的建筑设计教学框架,以强化学生对设计问题的理解和信息采集方法的掌握,使建筑设计教学更符合当代设计的需要。

2 问题拆解与图式综合的教学框架

建筑设计课终期成果最主要的部分是设计对象的形式(form),这也是大部分设计任务需要达到的目标。建筑设计教学则是引导学生在设定的环境("context",区别于狭义的物理环境,此处包含了定义设计问题的所有因素)下,进行设计问题解答的过程。

亚历山大将设计所面临的问题整体定义成一个数学上的集合,通过图论的层级分解("hierarchical decomposition"),可以将这个集合划分为不同层次上的"子集",不同的"子集"具有"高内聚、低耦合"的特性,以便于对其进行单独的研究(图1左图)。对于每个"子集"的设计应对,都可以表示成一个"图式"(diagram),而伴随着不同"图式"的综合(synthesis),就能得到对整体设计问题的解答,也就是设计的形式(图1右图)。

这种对设计问题的分解,并不是否认设计问题内错综复杂的关联;恰恰相反,正是因为认识到设计问题的网状联系,才需要对其进行层级分解,来适应人类认识问题的规律。建筑设计教学应当对这些问题有一个整体性的介绍,以利于初学者更好地学习设计。应该看

到,对问题子集的划分,不同的建筑学者、建筑师根据自身的设计理解和设计理念,存在着不同的见解,甚至有不同的偏重,但就整个建筑实践而言,有一个大致公认的问题合集。这其中比较有代表性的,是"建筑策划之父"威廉·佩纳提出的信息矩阵表(Information Index Matrix,见表1)[3]。

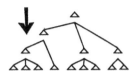 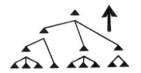

Program, consisting of sets   Realization, consisting of diagrams

图1 问题的拆解与图式的综合

(图片来源:《Notes on the synthesis of form》第 94 页)

表1 威廉·佩纳的信息矩阵表摘录

(来源:作者编译自《Problem Seeking》第五版)

	目标 goals	事实 facts	概念 concepts
功能 function	任务	统计数据	服务分组
人的特征	最大数量	面积参数	人员分组
活动类型	个体特征	人员数量预测	活动分组
空间关系	互动/私密	用户特点	优先级
	价值等级	社群特点	等级系统
	主要活动	组织结构	安全控制
	安全	潜在损失的价值	连续的流线
	进步	时间运动研究	不连续的流线
	分隔	交通分析	混合的流线
	避逅	行为模式	功能关系
	交通/停车	空间适应度	交流
	效率	类型/密度	
	优先关系	无障碍导则	
形式 form	场地因素的成见	场地分析	提升
场地	环境回应	土壤分析	特殊地基
外部环境	有效的土地利用	容积率和建设量	密度
空间质量	社区关系	气候分析	环境控制
	社区生态提升	规范调研	安全
	物理舒适度	周围环境	邻里
	生命安全	心理暗示	自营/租用
	社会和心理环境	参考点/起点	朝向
	个体化	单方费用	可达性
	导向系统	平面布局效率	特性
	项目意象	设备费用	质量控制
	客户期望	可持续性分析	循环经济
	可持续		

	目标 goals	事实 facts	概念 concepts
经济 economy 初始预算 运行成本 全寿期成本	资金的范围 成本效率 最大回报 投资回报 运行费用最小化 维护和运行支出 减少全寿期成本	成本参数 最高预算 时间使用因子 市场分析 能源成本 活动和气候要素 经济数据	成本控制 有效分配 多功能性 商品化 能源节约 降低成本
时间 time 历史 当下 未来	历史建筑保护 静态和动态活动 变化 生长 入驻时间 可用资金	重要性 空间参数 活动 预测 增加的因素	适应性 宽容度 可变性 可扩展性 线性/并发的计划 分期建设

佩纳在 CRS 事务所的学生伊迪斯·切丽在《建筑策划——从理论到实践》一书的序言中指出，现代建筑策划理论的缘起和发展，与亚历山大的《形式生成论》有着相似的社会背景和理论根源，都是在战后愈加复杂的社会环境下，设计界对设计方法的"有意识"的努力[4]。因而，不难发现两者在解决设计问题的方法上存在的相似思路。佩纳将建筑策划工作分为 5 个步骤，分别是建立目标(goals，此处"目标"是为了确立第二步"收集事实"的范围)、收集并分析事实(facts)、揭示与检验概念(concepts)、决定需求(needs)和提出问题(problem)。其中，前三个步骤更偏向于信息的采集和初步分析，后两个步骤则是对信息的深入提炼并提出设计问题。在"五步法"的基础上，佩纳又将设计问题划分为"四个要素"，分别是功能、形式、经济和时间，每个要素又可以进一步划分成三个子要素。将"五步法"中与信息采集密切关联的前三步和"四个要素"进行交错，就得到了一个 3×4 的信息矩阵，这个矩阵基本涵盖了学生进行信息采集时可能遇到的问题类型。

3　信息采集与生成性图式

威廉·佩纳归纳的"四个要素"是对设计实践所面临的问题的全面归纳，但是对低年级设计教学而言，有些分类超出初学者可以细致研究掌握的范围。比如"经济"要素下的大部分问题，都难以成为学生推导设计成果的主要依托。因而，需要对这信息矩阵从另一个维度进行拆分。这个独立的维度，就是所谓的"生成性图式"(generative diagram)。

"生成性图式"被认为是连接数据采集与建筑设计最重要的途径之一[5]-[10]，"图式并非为了表达……而是建构一种即将到来的、崭新的现实"[11]。彼得·埃森曼

所著《图式日记》(Diagram Diaries)[12]是当代建筑图式理论的经典文本，书中提出，建筑受多因素影响整合而成，既包括"内在性(interiority)"——功能、形式、空间、组织结构等因素，即伴随建筑类型而来的内在属性；也包括"外在性(exteriority)"——环境、社会、文化、意义、美学传达等因素，这些也常被统称为"环境"。与此同时，建筑学对人的永恒关注——"建筑的形式和空间不是人体的容器就是人体的延伸"[13]，人及身体、运动及感知亦是空间创造的灵感源泉。综合这些因素，"生成性图式"可以归纳为"环境(外在性)""类型(内在性)""人群(主体性)"三个类别。

基于这三个分类，设计问题可以按亚历山大所论述的方法，自下而上通过图式进行综合(图 1 右图)，最终得到一个具有较好适应性(goodness of fit)的形式。三种分类同时也对应着不同的信息采集、实地调研的方法。由此，整个教学方法的框架得以被建立起来，最终提炼形成如表 2 所示的核心的教学指引。应该说明的是，这个表格是一个建构性的框架，并非对所有采集方法和图式表达的穷举。

表 2　信息采集方法与信息表达形式(来源：作者整理)

目标	数据赋能的 信息采集方法	生成性图式的 信息表达形式
环境 外在性	实地观察 空间演变调查 历史演变调查 时间断代分析 POI 数据获取与分析	照片、视频 航拍、卫星遥感图像 历史地图 功能、视线、交通、 肌理等分析图 分层分析图
类型 内在性	案例群收集 建筑类型学分析 案例使用后评估 功能策划	图片 表达原型的抽象图式 统计图表 功能、流线泡泡图
人群 主体性	访谈与问卷 实地观察 公开数据获取 空间量化感知评价 评价主控指标提取 文本挖掘	统计图表 空间/时间行为地图 空间热力地图 空间情绪地图 关键词词云图 关键词词频排序图表

4　数据赋能的教学过程

通过将前期调研中信息采集过程视为威廉·佩纳"问题搜寻法"的一个"子集"，建立起可供学生们选择的调研矩阵，学生们结合自身兴趣，选取矩阵中若干个交点的问题进行深入研究(见图 2)。在教学过程中，引导

学生借助数字化工具,对所研究的问题进行数据化抽象,并在横、纵两个维度与小组内其他学生的研究课题建立联系,经由"同伴学习",构建起一个相对全面的前期调研中各类信息的关联性图景。

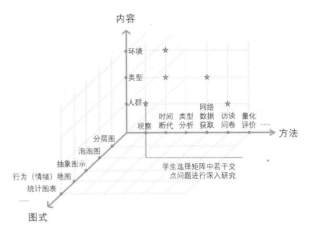

图2 由内容、方法、图式构成的教学框架
(图片来源:作者自绘)

学生需要在设计开启前2周内完成前期调研,其间4次设计课分别举办讲座及进行数据采集内容选取、数据采集原始成果分享、生成性图式绘制、最终成果提交等步骤。以2个教学案例展示教学过程及成果。

4.1 清华大学周边城市社区中心设计

本设计课程以城市社区中心为题,教学目标包括:①"公共、复合功能组织"的设计训练;②初步掌握"社会调查方法",通过场地观察及人群访谈,完善城市空间与城市功能;③了解"环境行为学"的基本知识,通过研究特定人群的生活规律、行为特点、心理特征,探索用恰当的建筑形式、合理的室内空间和周到的细部设计来满足他们特定的行为及心理需求。

基于以上三个目标,小组同学在调研框架内分别选择以下问题开展数据采集与深入研究。

(1)人群类。

实地观察——观察场地周边的社区生活,通过照片、视频、延时摄影等工具记录环境中都发生了什么典型事件,绘制空间/时间行为地图。

访谈与问卷——对典型人群进行访谈与问卷调研,了解他们的具体需求,以及对现状环境与设施的使用感受等,绘制统计图表。

(2)环境类。

周边环境分析——观察场地与道路及周边建筑物的关系;结合上位规划与现状,分析场地周边的功能配置、路网结构、交通流线、视线关系等。

在以上信息采集与表达的基础上(见图3),学生提出了多样化的关注问题与解决方案,如以滑板运动为媒

介,形成首层社区中心、中间架空层开放滑板公园、三四层青年旅社的立体功能布局(见图4),既满足住客短期居住以及与清华学生交流的诉求,也为学生、社区居民补充了运动场地,进一步完善了社区基础设施。

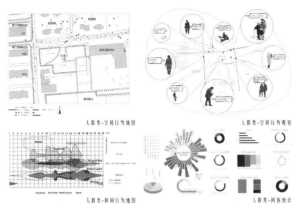

图3 部分生成性图式
(图片来源:王佳筱、王雨涵、李佳莹、赵容、蒋雨函等)

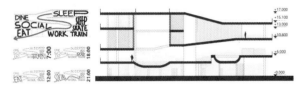

图4 设计策略
(图片来源:黎致德)

4.2 上海松江新城广富林广轩中学设计

本设计课程以上海某新建中学校园及建筑为题,教学目标包括:①掌握中学这一特定"类型"建筑的设计方法,并进行多元学习交流场景创新与空间组织;②学习基于"城市环境"进行建筑设计,理解建筑与周边环境中多种空间要素和功能要素之间的关系,营造良好城市形象。

基于以上两个目标,小组同学在调研框架内分别选择如下问题开展数据采集与深入研究,最终构建起涵盖7项专题研究成果的相对全面的信息图景。

(1)主题类。

案例群收集——跳出对个案的视觉模仿,广泛收集同主题案例,编制案例群库。

时间断代分析——时间断代是前期调研最基础的考察角度,确定各个案例在时间轴上的分布,归纳校园建筑历史演变及动因,绘制校园建筑历史演变图。

建筑类型学分析——提取案例的形式语言与空间关系,进而提出同一主题应对不同环境的一系列空间原型及其适用条件,概括总结为抽象图式。

功能策划——对校园建筑功能进行图式化拆分及重组,厘清其内在逻辑与关联,完善设计任务书,绘制功

能泡泡图。

（2）环境类。

历史演变调查——通过地方志、统计年鉴等文献，梳理场地历史形成、社会建构、文化习俗和经济活动等空间演变的宏观语境，绘制场地历史演变图。

山水格局分析——在简要分析场地周边的功能配置、路网结构、交通流线、建筑肌理、图底关系等基础上，针对山水格局这一突出特征进行深入挖掘，绘制总体山水格局区位图及视线图。

（3）人群类。

行为模式研究——针对走班制及时效性，对中学生这一典型人群进行访谈，了解具体需求，以及对现状环境与设施的使用感受等，绘制行为与空间关联图。

在以上信息采集与表达的基础上（见图5），最终提出兼顾走班时效性及山水融合性的立体校园方案，并在原型库中找到匹配度最高的空间原型（见图6）。

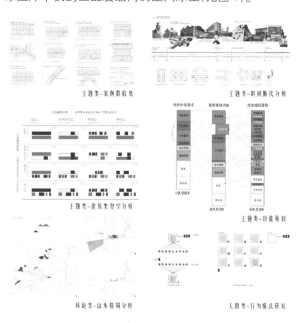

图5　部分生成性图式
（图片来源：敖雨欣、徐炜韬、白颖豪、李峻雯等）

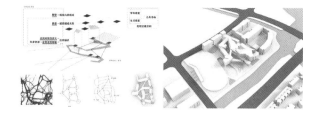

图6　设计策略与成果
（图片来源：敖雨欣、徐炜韬、白颖豪、李峻雯等）

5　结语

亚历山大将教授设计视为一种"自觉的过程"，本次

教学亦旨在为学生建立逻辑思考的习惯，指导学生将宽泛的前期调研夯实为科学的信息采集，并将前期调研中直观化、语言化的现象阐释转变为图式化、数字化的问题凝练，为后续设计提案奠定基础。

从教学过程观察与后续学生反馈来看，明确的教学结构流程可以有效强化学生对时间的把控、对基本问题的理解和调研方法的掌握。同时，通过制定统一、明确的阶段成果要求，减少教学中的含糊与不确定因素，可以引导学生将精力投入关键内容与关键目标之上。而设计策略也随着前期调研的深入而顺势提出，避免学生在寻找构思的朦胧阶段毫无章法，而是有迹可循，这种教学方法对于理工科背景的学生无疑是有效的。

参考文献

［1］黄旭升,朱渊,郭菂.从城市到建筑——分解与整合的建筑设计教学探讨［J］.建筑学报,2021(03)：95-99.

［2］ALEXANDER C. Notes on the synthesis of form［M］. Cambridge ：Harvard University Press,1964.

［3］PENA W,PARSHALL S. Problem seeking：an architectural programming primer［M］. 5th ed. New York：John Wiley & Sons,Inc. ,2012.

［4］CHERRY E. Programming for design：from theory to practice ［M］. New York：John Wiley & Sons,1998.

［5］KOOLHAAS R. Delirious New York：a retroactive manifesto for Manhattan ［M］. New York：The Monacelli Press,1997.

［6］MASS W,MVRDV. Farmax ［M］. Rotterdam：010 Uitgeverij,1998.

［7］胡友培,丁沃沃.彼得·艾森曼图式理论解读——建筑学图式概念的基本内涵［J］.建筑师,2010(04)：21-29.

［8］余佳浩.译后记——图解的可能性与可靠性［J］.时代建筑,2015(04)：185.

［9］徐卫国.生物形态的建筑数字图解［M］.北京：中国建筑工业出版社,2018.

［10］袁烽.从图解思维到数字建造［M］.上海：同济大学出版社,2016.

［11］DELEUZE G,GUATTARI F. A thousand plateau ［M］. Brian Massumi trans. Minneapolis：Minneapolis University Press,1987.

［12］EISENMAN P. Diagram diaries ［M］. New York：Universe Publishing,1999.

［13］程大锦.建筑：形式空间和秩序［M］.刘丛红,译.天津：天津大学出版社,2013.

刘茹枫[1*]　黄蔚欣[1]　胡竞元[1]　王劭仪[1]

1.清华大学建筑学院;liurf1647@163.com

Liu Rufeng[1*]　Huang Weixin[1]　Hu Jingyuan[1]　Wang Shaoyi[1]

1. School of Architecture, Tsinghua University

数字环境下非线性形式的建筑结构一体化设计方法
——以课程"编织结构用于建筑尺度空间设计"为例

Integration Design of Nonlinear Architecture and Structure in Digital Environment: Taking the Course " Weaving Structure for Architectural Design" as an Example

摘　要:面向数字环境下的建筑结构性能化设计转型和编织结构的未来发展,清华大学建筑学院在本科四年级教学中开展了"编织结构用于建筑尺度空间设计"的专题课程。本文介绍了该课程的跨学科研究性设计教学方法以及课程研究中多次迭代形成的编织结构基于受拉—受弯整体单元的生成—找形—验证的数字性能化设计方法,说明了教学方法的可行性和编织结构连续网壳在建筑层面作为连续的围护结构或空间分隔的较高合理性和应用前景。

关键词:编织结构;找形;结构模拟;建筑结构一体化;建筑设计教学

Abstract: Facing the transformation of performance-based design of building structure in digital environment and the future development of weaving structure, the School of Architecture of Tsinghua University carried out the special course of "Weaving Structure for Architectural Design" in the fourth grade of undergraduate teaching. This paper introduces the interdisciplinary research-based design teaching method of the course and the digital performance-based design method — generation, shape-finding and verification on the base of the tensile-bending integral unit of the weaving structure formed by multiple iterations in the course research. The feasibility of the teaching method and the high rationality and application prospect of woven continuous reticulated shell as continuous enclosure structure or spatial separation at the building level are verified.

Keywords: Weaving Structure; Form Finding; Structure Simulation; Integration Design of Architecture and Structure; Education of Architectural Design

1　引言

1.1　数字环境下的建筑设计转型

当今,技术因素包括计算机技术、结构设计方法、建造技术等的发展在空间、形态等多个方面极大地拓展了建筑创新的自由度和可能性,同时也引领了建筑向数字性能化发展的趋势。伴随着计算机技术的快速迭代,"数字"已经深入各行各业。聚焦建筑行业,在建筑设计层面,越来越多的建筑师投入复杂形式,特别是非线性形式的建筑设计之中,基于参数化平台的数字建筑设计受到广泛关注;在结构设计层面,借助计算模拟软件,一方面结构性能计算得到简化,另一方面复杂的结构系统设计和优化成为可能;在建造层面,数控器械、机器人等的发展为复杂形体的落地实施提供了路径。

长期以来,以上三个方面都存在相互制约又相互促进的关系,建筑与结构的关系更是建筑中的核心课题。

针对非线性建筑设计难以在当前建筑结构的"后合理化"模式下形成适宜、高效的形式和结构体系的问题,利用参数化平台,在建筑设计阶段引入结构模拟等结构设计方法甚至让结构作为一种建筑形式创生的依据成为当前的研究热点,即建筑的数字性能化转型[1]。对应这种转型,在建筑设计教学中培养学生建筑、结构一体化的设计思维具有重要意义。

1.2 编织结构的发展现状

编织结构是一种基于弹性杆件主动弯曲找形的空间网壳系统[2],它使用计算机算法生成编织网格,并利用弹性杆件自动找形,具有形态、结构一体化的特点和"几何适应性强、结构效率高、建造简便易行"[3]等优势。目前编织结构已在艺术装置尺度的设计制作中有了成熟的应用,例如使用 FRP 杆采用多层编织技术完成的豫园灯会"鱼旋如意"项目,使用铝合金材料完成的冬奥会"雪绒星"项目(见图1)。在建筑尺度中,编织结构体系的结构优势和自身极具特色的表现形式在非线性形式建筑的数字性能化发展中具有很大潜力。

图1 编织结构艺术装置

(图片来源:左图自绘,右图 https://www.ncsti.gov.cn/kjdt/xwjj/202202/t20220216_59005.html)

面向数字环境下的建筑设计转型和编织结构的未来发展,清华大学建筑学院在本科四年级教学中开展了"编织结构用于建筑尺度空间设计"的专题课程。本文将围绕本次课程的教学内容以及教学中的设计成果展开,探索建筑与结构结合的教学及设计方法以及编织结构适应建筑尺度设计需求的有效方法。

2 "编织结构用于建筑尺度空间设计"的课程内容

2.1 课程概况

本课程属于清华大学建筑学院本科四年级教学"建筑·规划·景观"课程下设的一个主题设计 Studio,在学生已经掌握一定的基础结构知识和参数化设计方法的基础上,以编织结构为载体,着重培养学生的建筑结构一体化思维能力以及使用计算机辅助工具综合解决设计问题的能力。本设计专题已连续开展多年,在探索中

不断完善和丰富课程的教学体系方法。往年的课程以编织结构艺术装置为设计对象,通过对编织结构原理、设计方法及模拟工具的教学,帮助学生掌握基本的找形方法,进一步理解结构与受力关系,进行较为接近现实的结构模拟及实际搭建,建造了多个灯光艺术装置作品,并两次在哈尔滨冰雪建造竞赛中获奖。

而在本次课程教学中,首次关注到编织结构在建筑尺度的应用可能性,对结构性能、与建筑设计的结合等方面提出了全新的挑战。作为一个跨学科的研究性设计,学生需要深入探索结构找形策略,理解结构设计的原理和模拟方法,并探讨建筑结构一体化的设计方法。最终成果要求使用编织结构搭建具有结构意义的大比例尺模型,表现结构形态的合理性与结构之美。

课程历时七周半,分为案例及相关知识学习(两周半)、深入研究及方案设计(三周半)、大比例尺模型搭建(一周半)三个阶段。具体内容将会在2.2中展开叙述。

2.2 自主选题的研究性设计

2.2.1 自主选题

前文提到了本次课程的两个着眼点,展开来说,在非线性建筑的结构性能化设计教学方面,我们关注到,现有的建筑与结构结合或者纳入找形方法的设计教学中多采用特定结构形式和找形方法,例如利用计算机模拟逆吊法进行壳体优化、模拟肥皂泡进行膜结构优化、采用图解静力学进行杆件优化等。可以发现这些找形方法与结构形式之间有着清晰的逻辑关联,且有明确的优化目标,对应的曲面形态也有各自的显著特征,不过也正是这种清晰的关联使得其应用范围有较大限制。学生的学习和设计也是以方法应用为主。而本次课程希望引导学生围绕自选课题进行自主学习并研究创新,让学生在探索过程中更加深入地理解设计方法背后的结构原理,能够正确并灵活地使用计算模拟工具进行设计优化。

而在编织结构的建筑尺度应用层面,不同于装置的设计,建筑设计需要考虑到形式、空间、功能、结构等多个方面的协调问题。编织结构所形成的编织网格应该以什么样形式呈现,如何介入建筑空间中、起到什么样的作用都是值得探讨的问题。而作为结构本身,在实现性能优化的找形方面,由于其利用弹性杆件以及适用的曲面几何形式丰富的特点,体系内的受力情况较为复杂,尚未形成也难以形成各形态普适的形态优化方法。目前研究成形的找形方法主要是在确定的曲面形态下针对弹性杆件的松弛找形,这在编织结构艺术装置设计中已经能够达到较好的性能优化效果,但在建筑设计

中,重力荷载和风荷载对建筑结构的承载能力和稳定性等性能提出了更高的要求,仅限于杆件的找形难以满足建筑设计的需求。因此,一方面需要探究编织结构用于建筑尺度的合理形态,另一方面需要根据形态不同进行针对性的性能优化方法研究。

基于以上教学目标,在开放式的选题方式下,学生从场地、建筑形式、功能等建筑设计要素出发确定了"五道口电影院改造更新""极小曲面编织设计""半地下运动场馆设计"等选题,研究编织结构网壳用于建筑尺度的数字性能化设计方法,包括作为围护结构或承重结构的结构特点、形式特点、曲面及杆件的找形方法等。以建筑设计关注的主要方面为切入点,结合考虑建筑和结构因素,得出的形态和设计优化方法也具有较强的现实意义。

2.2.2 研究性设计

作为跨学科的研究性设计教学,课程鼓励学生在设计的各个阶段主动发现设计问题,并通过案例学习提出合适的解决方法并加以验证。在这个过程中,老师主要起到启发和判断的作用。

在初期的方案生成阶段,教学以加深学生对非线性建筑中形与结构之间关系的理解为核心目标开展。课堂以学生的案例学习分享为主导,案例包含了早期较为经典的物理找形模型(如高迪的悬链线、海恩斯·艾斯勒的充气与悬垂薄膜、弗雷奥托的肥皂泡等)以及当代的建筑和工程案例(如坂茂的竹木编织、悉尼歌剧院的肋拱、大兴机场的 C 型柱、世博轴的索膜、FAST 天眼的索网等)。教学内容穿插于案例的补充点评中,从几何因素(如高斯曲率、测地线)、杆件分布(如杆件拓扑关系)、受力特点(如纯拉压或受弯)等对结构强度和稳定性的影响方面引导学生思考适合提升编织结构结构性能的构型方案。结合各组方案的功能需求,空间特点等,学生在初期确定了马鞍面、拱壳、极小曲面、单页双曲面等结构稳定性较高的基本形态。

在中期的找形优化阶段,为寻求针对性的性能优化方法,采取迭代优化的方法开展研究,以 Grasshopper 中的 Kangaroo、Karamba 等结构模拟插件教学为基础,并邀请专业的结构工程师加入,帮助学生建立符合方案结构受力特点的找形逻辑和依托 Kangaroo 动力学模拟的找形程序搭建仿真的结构模拟平台,对找形结果加以验证,并以此为依据改进找形方法。这要求学生能够充分理解结构的受力特点及关系和模拟插件中各电池的作用并正确地转译为模拟程序,在得到模拟结果后能分析其中薄弱点的成因并通过修改或补充找形程序实现优

化。通过反复调整,初步形成了一套适应于编织结构的曲面优化-杆件优化的找形方法,这将在第 3 部分中结合具体设计说明。

而最后的模型制作阶段,作为对本次研究性设计的反馈,主要是让学生通过大比例尺模型的搭建过程进一步体会方案的结构特点,验证方案的结构性能。考虑到在课程教学的有限时间内的可实施性,各小组根据不同的方案尺度,采用 1∶100 到 1∶50 的比例运用编织结构的数字建造技术制作尺寸大约为 2 m×2 m×2 m 的与结构方案相符的缩尺模型,模型制作要求在一定程度上反映如双层编织、拉索、撑杆、铰接等的构造做法和材料。课程最终完成了 5 组模型的搭建,在一定程度上验证了各组方案的可行性。

2.3 课程反思

编织结构较为特殊的主动弯曲结构和编织形态为学生学习掌握建筑结构一体化的设计思维提供了很好的媒介,它简便易行的曲面一维数字化搭建技术也为方案验证提供了更多途径。理解系统中弹性杆件轴力、剪力、弯矩并存的受力方式和构建杆件受力模拟程序的过程很好地训练了学生结构思维和软件技能,搭建模型的过程也提高了学生的动手能力。在多年的教学积累中,编织结构设计已经成为一种成熟有效的建筑结构一体化教学方法。本次的课程中针对编织结构建筑尺度应用的不确定性所采取的自主选题研究性设计教学方法增加了学生的自主创新占比,学生在此过程中能够更加灵活地运用现有的结构研究成果完善方案,取得了比较丰富的成果。

稍显不足的是,在最后模型制作阶段,建筑尺度的编织网格缩放到模型中出现了网格密度过高、节点过多的情况,这导致模型制作工作量和难度较大。为完成搭建,模型的杆件粗细、节点密度甚至网格密度与实际方案存在一定差异。在之后的课程中可以采用具有结构意义的单元放大模型结合形态示意模型等方式来解决。

3 编织结构用于建筑尺度的数字性能化设计方法探究

课程中一个小组的设计以位于北京市海淀区的已经废弃的五道口电影院及其东侧的宾馆为改造对象(见图2),希望通过编织结构屋面的置入重新塑造该区域的公共空间与建筑空间,将其打造为五道口一处舒适宜人、具有吸引力的活动场所。

该小组发现,在进行建筑改造设计时,为了在保留一定原有大体量建筑的基础上实现整体塑造,置入的编

图 2 编织结构用于五道口电影院激活改造设计效果图
（图片来源：作者自绘）

织结构屋面会面临大跨和悬挑部分的结构强度问题。这也是此类建筑普遍面临的挑战。在工程实践中工程师一般通过增大材料截面、使用桁架等提高构件自身强度的方法来应对。但是这一做法会对建筑的视觉形象产生消极影响。而在编织结构体系中，这一做法对结构美学的消极影响尤为明显，因此该小组试图从结构体系整体优化杆件受力的角度来寻求解决方案。

在编织结构中，杆件的受力状态以受弯为主，同时存在轴力。其中弯矩大小与杆件形态相关，轴力大小及拉压状态与杆件所处的具体位置相关。对同一杆件，弯矩越大，越易破坏，同等弯矩下，受压比受拉更易破坏。这为整体系统的优化提供了两个方向：尽可能将杆件轴力梳理为拉力；通过形态调整减小杆件弯矩。

3.1 受拉-受弯整体单元

在广泛的案例研究中，该小组关注到张拉整体结构以及由该结构演变而来的受拉-受弯整体单元。张拉整体结构由受拉构件和受压构件间的预应力平衡为结构提供足够的刚度，可以在很大程度上减少材料用量，建筑中常见的索膜结构也运用了这一原理。而受拉-受弯整体单元则是通过构件在垂直方向上分别受拉和受弯来达到平衡状态，具有与张拉整体类似的结构特性，如图 3 所示。其中受拉构件可以是索，也可以是膜[4]。

图 3 受拉-受弯整体单元示意
（图片来源：摘自参考文献[4]）

将受拉-受弯单元与编织结构结合，形成如图 4 所示的基本结构单元。该单元中，以高斯曲率为负的马鞍面作为基本形态，从几何特性上提高了结构单元的稳定性。将编织网壳视作一个整体弹性构件，在马鞍面上翘的两侧置入撑杆，为曲面提供拉力，接地两端固定，形成整体受弯起拱，由此形成垂直方向上分别受拉-受弯的单元。需要注意的是，编织结构形成的马鞍面本身具有结

构强度，并不是柔软的膜，因此这种受拉-受弯表述的是单元受外力的状态，通过施加外力优化编织网壳内部杆件的受力状态，将一部分杆件转为受拉状态，实现结构性能上的优化。

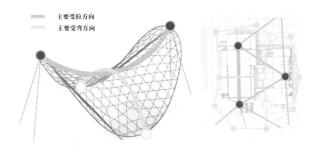

图 4 编织结构的受拉-受弯单元及其在场地内的组合分布
（图片来源：作者自绘）

而对于建筑设计本身，该受拉-受弯单元有着较强的场地适应性和清晰的组织逻辑，通过四个定位点（两个固定点，两个支撑点）即可基本确定单元位置、形态，而将相同定位点合并就可以拼合单元，拼合处处理为喇叭口或 C 型柱的形态，形成整体曲面。旧建筑改造项目当中，需要充分考虑场地现存建筑对设计的限制和启发，这种基于单元的组织方式就有较大优势。

3.2 生成与优化

基于 3.1 的受拉-受弯单元，该小组将编织网壳的生成与优化梳理为以下四个部分，基于 Kangaroo 平台建立找形程序，并在此基础上结合方案的结构模拟表现多次迭代优化。

3.2.1 设计曲面初始状态

编织网格的生成原理是在曲面上通过 Circle Packing 形成 Mesh 面，再由 Mesh 面通过中点细分的方式生成 Kagome 网格，进而形成编织杆件，即编织杆件的形态由 Circle Packing 形成的 Mesh 网格决定。因此可以通过优化初始 Mesh 面的拓扑和边长来较为精确地控制杆件形态，从而实现杆件受力状态优化（见图 5）。经过三角网均匀化、垂直承重区域三角面拉长、减少奇异点等整理工作，三角网生成的编织网壳中杆件更为平滑，结构性能有明显提升。

3.2.2 优化曲面受力状态

从往年的教学中可以发现，由于编织网壳中存在弯矩，直接使用逆吊法对曲面找形得出的壳体并不完全符合编织弹性网壳的受力规律，对支座的作用力较大。因此在此次的课程设计中该小组最初希望直接对杆件构成的体系进行形态上的找形，但是尝试过后发现这种方式在找形时输入的条件过多，受力状态不清晰，无法判

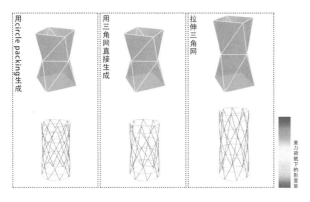

图5 mesh网与弹性杆件受力间的关系

（图片来源：作者自绘）

定找形结果是否有效。进而关注到杆件存在预应力的情况与索膜结构有一定相似性，后借鉴索膜结构的找形方法，将找形过程分为优化曲面受力状态和寻找构件预应力平衡状态两个阶段。

优化曲面受力状态这一阶段中，在细分平滑曲面的基础上，对Mesh网格同时施加向上和收缩的力。向上的力是为增加对重力荷载的承载能力，而收缩的力是考虑到杆件趋向摊平的趋势，曲率较小的平滑曲面有助于减小弯矩。结构模拟的结果验证了该方法的有效性。

3.2.3 寻找构件平衡状态

在这一阶段中，直接使用优化曲面形态所得的细分三角网生成编织网格，固定铰点，给杆件（其中边界杆件在多次实验后设置为较粗杆件用以增加悬挑部分的结构强度）和拉索按照真实情况添加预应力。这一过程在于求解构件的预应力平衡状态，使得构件的受力状态合理化。图6是找形前后杆杠的曲率半径对比示意，找形后杆件曲率半径增大，杆件受弯减小且更均匀，说明了该方法的有效性。

图6 找形前后杆件的曲率半径对比

（图片来源：作者自绘）

3.2.4 评估结构荷载能力

评估阶段既是对前述找形过程的验证，也是对结构承载能力的评价。因为找形过程主要是针对重力荷载的结构优化，其结构模拟只添加重力荷载（包括结构自重和附膜的荷载）。每一步骤后结构模拟结果的不断改

善（见图7）验证了找形方法的合理性。对结构承载能力的评估在重力荷载的基础上添加了风荷载，重力荷载和风荷载作用下的结构形变在可接受范围内。

图7 各步骤优化后结构模拟的杆件形变量对比

（图片来源：作者自绘）

3.3 存在的问题

在模型搭建阶段，该小组采用了往年较少用到的、更加接近建筑材料的弹簧钢。搭建完成的结果与设计中有一定偏差（见图8），主要体现在曲面的各个部分曲率大于预期。分析后发现主要的偏差来源于弹簧钢的初始形态与设计不符，设计中认为其初始形态是直线，但模型中采用的是圆弧状的弹簧钢，预应力状态的不同给结果带来了较大差异。由此也发现当编织结构用于建筑尺度时，材料和加工方式更为多样化，如何确定构件的预应力大小是需要进一步深入研究的问题。

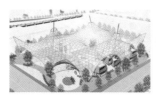

图8 方案效果图与缩尺模型中网壳形态对比

（图片来源：作者自绘）

4 总结

在建筑数字性能化转型的背景下，清华大学建筑学院在本科四年级教学中开展的"编织结构用于建筑尺度空间设计"的专题课程，一方面立足于培养学生建筑与结构结合的思考能力，希望学生通过数字化的技术方法，将两方面专业知识结合，进行一体化的自主创新设计；另一方面着眼于编织结构的未来发展，探究编织结构这种基于弹性杆件主动弯曲找形的空间网壳系统如何适应建筑尺度的设计需求。课程教学中，学生自主选题，老师通过对学生进行结构知识、相关数字化软件的教学，帮助学生理解结构原理，结合案例进行研究性设计并形成了一定的设计方法：寻求满足形式、结构、空间多方面需求的基本形态构成方法，形成契合各自方案的结构特点的找形逻辑和程序，同时借助Grasshopper中

的 Kangaroo、Karamba 等插件搭建结构模拟仿真平台，对找形设计的结构效果加以验证，并以此为依据迭代优化，形成方案后使用编织结构数字化的建造方法制作大比例模型，进一步从中体会和验证受力关系。设计实践发现高斯曲率为负的马鞍面作为"起拱-受拉"整体受力单元同时具有空间组织、形态塑造上较高的适应性和结构上的合理性，可以作为编织结构用于建筑设计时的一种弥合空间、形式、结构的很有潜力的组织方式。设计实践也验证了编织结构形成的连续网壳在建筑层面作为连续的围护结构或空间分隔具有较高合理性和应用前景。

参考文献

[1] 袁烽,柴华,谢亿民.走向数字时代的建筑结构性能化设计[J].建筑学报,2017(11):1-8.

[2] HUANG W, WU C, HUANG J. A weaving structure for design & construction of organic geometry[C]//IASS Annual Symposium Hamburg,2017.

[3] 金书人,胡竞元,黄蔚欣.编织结构空间网壳在参数化建筑设计与数控建造的教学中的应用[C]//黄艳雁,肖衡林,邹贻权.智筑未来——2021年全国建筑院系建筑数字技术教学与研究学术研讨会论文集.武汉:华中科技大学出版社,2021:148-155.

[4] PALMIERI M,GIANNETTI I,MICHELETTI A. Floating-bending tensile-integrity structures[J]. Curved and Layered Structures,2021,8(1):89-95.

李妞[1]　刘晖[1]

1. 华中科技大学建筑与城市规划学院，湖北省城镇化工程技术研究中心；2770334069@qq.com

Li Niu[1]　Liu Hui[1]

1. School of Architecture and Urban Planning, Huazhong University of Science and Technology；Hubei Urbanization Engineering Technology Research Center

虚拟现实技术在适老化疗愈居室环境的应用研究
Application of Virtual Reality Technology in the Healing Habitable Room for the Elderly

摘　要：数字技术的快速发展深刻影响着空间营造及设计研究的变革。本文从老年人的身心特征出发，探索老年人对居室空间环境的需求，梳理适老化疗愈居住环境的影响因素。基于国内外相关文献，总结搭建虚拟场景的路径。同时根据不同机能障碍的老年人，设置不同的虚拟场景实验变量。本文印证了虚拟现实技术在适老化室内环境研究中的适用性，对适老化的设计教学及应用研究工作起到一定的借鉴作用。

关键词：虚拟现实；适老化；疗愈环境；居室；老年人

Abstract：The rapid development of digital technology has profoundly affected the change of space construction and design research. Starting on the physical and mental characteristics of the elderly, this paper explores the needs of the elderly for the living space environment, and sorts out the factors affecting the increasing living environment of age-appropriate chemotherapy. Based on the relevant domestic and foreign literature, summarize the path of building virtual scenes. At the same time, different virtual scene experimental variables were set according to the elderly with different dysfunction. This paper confirms the applicability of virtual reality technology in the aging-suitable indoor environment research, and plays a certain reference role in the design teaching and application research work suitable for aging.

Keywords：Virtual Reality；Aging；Healing Environment；Habitable Room；Elderly

截至 2021 年底，全国 65 岁及以上人口占总人口的 14.2%。按照国际标准，我国已经进入深度老龄化社会。为应对人口老龄化所带来的一系列养老问题，我国现在实行"9073"养老服务制度，但无论是居家养老还是机构养老，居室空间都是老年人日常使用的重要区域。老年人的身心健康及生活质量与其生活空间的环境品质息息相关。随着人口老龄化进程的日益加深，为老年人提供舒适的居室环境已经迫在眉睫。

1　适老化疗愈居室环境设计目标

1.1　老年人的身心特征

人体各项机能会伴随着年龄的增长而衰退。其中感觉机能包括视觉、听觉、嗅觉、味觉和触觉等，是人体接收外界信息的主要方式。感觉机能衰退会影响人体对外界信息的接收，进而影响人体对环境的反应能力。神经系统衰退会使老年人记忆力减退、认知能力下降、出现失智症状。运动系统退化会降低老年人肢体灵活度与平衡度、站坐困难、容易摔倒。在心理层面上，老年人担心发生磕碰、滑倒等突发事件，心理安全感下降，同时他们害怕适应新环境。另外，社会角色的改变导致老年人心理产生自卑感和失落感；与外界交流机会减少导致其出现孤独感和空虚感[1]。

1.2　老年人对疗愈居室环境的需求

作为承载老年人日常活动的重要载体，居室环境势必对老年人的情绪和心理产生重要影响。良好的居室空间环境能有效改善老年人的舒适度及情绪状况，所以适老化疗愈居室环境的设计研究十分必要。疗愈环境起源于医学领域,指对身体健康和心理情绪起到恢复及疗愈作用的环境[2]。19世纪中至20世纪初,英国护士兼统计学家Nightingale发现设置特定的病房平面、尺寸、开窗、通风、采暖、材质和色彩等,能够降低患者的死亡率。随后国外学者证明自然、采光、新鲜空气和安静的环境具有更好的疗愈作用。Malkin(2007)认为具有疗愈作用的环境因素还包括:能够消解环境中的压力因素、自然元素、增强控制感的因素、获得社会的支持、分散注意力的积极事物、激发积极感受的事物[3]。

本文基于疗愈环境理论,梳理适老化疗愈居室环境的影响因素。一方面,通过提高居室环境的安全性与易辨识性来弥补老年人身体机能退化带来的不便;另一方面,通过增加居室环境的舒适性与愉悦性,减少老年人的压力及焦虑问题,增加轻松愉悦的情绪,从而促进睡眠饮食规律,实现身心健康的提升。

2 适老化疗愈居室环境的影响因素

居室环境中能够对老年人产生影响的因素非常多。按照相关理论,居室疗愈因素可以被划分为四类,即物理环境因素、建筑空间因素、室内装饰因素和设备系统因素。物理环境因素包括采光、照明、声音、气味和温度等;建筑空间因素包括空间布局、房间尺寸、窗户尺寸与位置等;室内装饰因素包括界面材质、色彩、室内植物、装饰品等;设备系统因素包括室内扶手、紧急呼救系统、智能地板、智能马桶等。

2.1 物理环境因素

居室空间中光照、声音、气味、温度等物理因素分别对老年人的视觉、听觉、嗅觉、触觉等知觉发生作用,对老年人的身心健康产生影响。例如充足的自然采光和人工照明有助于改善老年人的健康状况,减少抑郁、焦虑等,促进睡眠作息节律,降低患精神疾病的概率[4-5]。过量的噪声则会引起老年人焦虑或失眠,可通过封闭阳台、采用中空玻璃、设置吸声板等方式,降低外界环境的噪声。日常播放舒缓的音乐能够降低老年人的呼吸频率,改善老年人的情绪和耐受力。

2.2 建筑空间因素

居室内空间布局、房间尺寸、窗户大小与位置等也会对老年人身心健康产生影响。不同的空间结构会影响老年人的行动路径,从而影响空间使用的便捷度与安全度[6],如门的尺寸与位置、卫生间与床的相对位置。居室门窗的位置、尺寸、朝向还会对老年人的私密性产生影响。通过设置合理的居室建筑空间因素,能够减少

外部建筑空间带来的压力,增加使用空间的便捷性,提升老年人的私密感与安全感。

2.3 室内装饰因素

居室中常见的界面材料包括涂料、壁纸、木饰面、木地板、石材地面、地毯等。界面材质会由于色彩、纹理、光滑度、反射度、触感等的不同,带给老年人不同的视觉、触觉感受。居室色彩通过视觉感官对老年人在心理情绪及生理节律产生影响。在色彩心理学中,原木色、浅黄色等暖色调给人温暖、明快、自然的心理感受;而浅绿色、浅蓝色等冷色调给人清爽、愉快、自然的心理感受。但由于个体差异,不同的老年人对于居室整体色彩的偏好也不同。此外室内植物对改善和促进老年人环境感知方面也具有积极作用。室内植物对于老年人的疗愈效益主要体现的心理健康、认知能力和感知过程三个方面,具体表现在降低患病风险、集中注意力和改善环境感知等方面[7]。在窗外景观条件不足的情况下,可通过增加室内绿植,为居室环境增添生机。

2.4 设备系统因素

调查数据显示,每年有超过2000万老年人在家中跌倒,住房主要存在三大"不适老"问题:缺少呼叫和报警设施、缺少扶手、室内光线昏暗[8]。其他"不适老"问题还包括:卫生间不好用、地面不平、地面易滑倒等。在老年人居室中,应尽量消除地面高差、增加高差边缘对比、设置扶手等无障碍设计。同时增加家用智能养老设备,如监测老年人摔倒的智能地板、实时自动调整的智能床、自动杀毒加热报警的智能马桶、实时监测心率血压的智能手环等。智能养老设备不仅为老年人的生活带来便利,而且能实时监测老年人的身体安全,为老年人提供安全舒适的居室空间环境。

3 VR技术在适老化疗愈居室环境中的应用

3.1 国内外相关研究

VR作为虚拟场景的呈现工具,相比于照片和视频,能提供沉浸式体验,实现实时模拟与交互,帮助人们更好地体验建筑空间。近年来,国内外学者开始将VR作为室内环境的研究工具。在物理环境与建筑空间方面,Chamilothori(2022)等人将虚拟光环境与真实自然光环境进行对比实验,证明了虚拟光环境的可靠度。随后其团队进一步将VR作为室内光环境的研究工具,探究不同窗户尺寸、窗户格栅光影图案、天空类型及纬度因素下人体的生理、心理情况[9-11]。Maryam Banaei(2020)等在考虑个体差异的情况下,研究不同形式的起居室与被

试者情感状态之间的关系[12]。

在室内装饰方面,国内外学者以色彩或材质为变量构建沉浸式虚拟场景,并邀请健康老年人进行视觉舒适度评价[13-16]。实验表明,老年人对养老居室倾向于中高明度低饱和度的色彩[13],对于墙面色彩更倾向于蓝绿色系,原因是蓝绿色系带给人清爽、安静之感[14-16]。徐磊青团队的实验表明,室内白色材质会引起被试者更高的焦虑水平,木材质则能够有效缓解被试者的焦虑情绪[17]。Yin Jie 等人的研究表明,自然窗景、室内植物、两者结合等三种亲自然设计都能有效减轻被试者的压力与焦虑[18]。在无障碍设计方面,天津大学开设的无障碍通用标识虚拟仿真实验室,以标识的尺度与色彩要素为实验变量,可以为幼童、老人以及残障人士更加有效地设计引导标识。由上可知,VR 技术可以作为适老化室内环境研究的有效研究工具之一。

3.2 虚拟现实场景的构建方式

虚拟现实场景的构建方式可分为两种:基于图像构建与基于三维几何模型构建。VR 技术在室内环境研究中发挥的作用也可以分为两种。①作为提供现实场景的媒介。通过实地拍摄的 360 度照片或视频,构建虚拟自然场景。行动不便或居家隔离的老年人可通过观看虚拟自然场景,以达到减少焦虑放松身心的效果[19]。②作为对比筛选方案的研究工具。利用相关软件构建多种虚拟场景,能够快捷地更改物理参数,如亮度、色彩、材质等,可以节省大量人力、物力。

此外基于三维几何模型构建虚拟现实场景,Murdoch 等人的相关研究阐述了虚拟场景制作的关键流程[20]。首先通过三维建模软件进行空间建构,再利用软件调整材质、照明、配景等模拟真实的场景,最后通过显示设备传达虚拟场景信息[21]。例如,可使用 Revit 软件创建居室空间模型,通过 Fuzor 软件转化成 VR 场景;或采用 Unreal Engine 4 实现对环境模型的建构,由 Steam VR 进行呈现,最后通过头戴显示器观看。虚拟现实场景搭建路径如表 1 所示。

表 1　虚拟现实场景搭建路径

	空间建构	场景实现	呈现方式
构建步骤	建构空间及内部物体	调整材质、照明、配景等,模拟真实场景	显示设备传达虚拟环境信息
构建工具	SketchUp、Revit、Rhino、3DMax	Fuzor、Enscape、Mars UE4、Unity	Steam VR、VIVE PORT、HTC vive、Oculus Rift 等

4　适老化疗愈居室环境的虚拟现实场景构建

4.1　针对行动障碍老年人的疗愈居室环境构建

对于行动障碍的老年人,其肢体的平衡感与灵敏度逐渐降低,行走时容易摔倒,且部分老年人需借助轮椅,所以需要提高居室的安全性与便捷性。在老年人居室内需进行无障碍设计,如重点部位安装扶手、消除地面高差、采用防滑地面、选用圆角家具、设置合适的控制面板高度等。可在虚拟居室环境中,老人易滑倒部位,如坐便器旁、淋浴旁、浴室出入口等,设置不同位置与类型的室内扶手,以筛选出合适的扶手方案;或设置不同材质的地面,如地胶、地板、防滑地砖等,探索合适的地面材质。为兼顾老人正常站坐时和坐在轮椅上时都能方便碰到开关插座,可设置不同的开关插座高度,从而筛选出合适的开关高度。

4.2　针对视觉障碍老年人的疗愈居室环境构建

老年人视觉衰退,出现颜色分辨能力下降、夜间识物下降、对小物件分辨困难、对强光敏感等问题。老年人眼部也容易发生病变,如青光眼、白内障、黄斑变性等。同时大多数老年居室存在照度不均匀、无重点照明、灯具产生眩光等问题,为视觉障碍的老年人带来不便。由此针对视觉障碍的老年人,疗愈居室环境重点关注以下三点:保证稳定良好的照明环境、增加颜色对比度、提高物体辨识度。在虚拟居室场景中,可根据老年人不同的视觉作业或行为活动,设置不同色温及亮度的照明灯具,进而探寻合适的照明方式。在增加颜色对比度方面,界面色彩关系或明度对比不明显时,容易让老年人难以辨识。对家具、门、窗帘、墙面等设置不同的色彩搭配方式,如对比色、邻近色等,筛选出视觉障碍老年人容易辨识的居室色彩搭配方式。

4.3　针对认知障碍老年人的疗愈居室构建

失智症是一种由脑部疾病所导致的认知功能退化的疾症[22]。通过疗愈居室环境干预,帮助失智老人保持独立生活能力,延缓病情进一步发展。目前三种以环境

133

因素为媒介的干预疗法分别是:怀旧疗法、感官刺激疗法及蒙台梭利照护法。针对不同的环境干预疗法,可设置不同的虚拟居室因素。例如在怀旧疗法中,通过摆放老年人熟悉的照片、老物件、老式家具等,让失智老人调动远期记忆,从而延缓其病情。在感官刺激疗法中,利用多种感官刺激因素,如阳光、自然风、窗景、音乐、花香等,激发老年人产生正向行为。例如采用声音疗愈,设置不同的声环境,如鸟鸣声、海浪声、轻音乐等。在蒙台梭利照护法中,可设置相关室内绿植、花卉或鱼缸,让老年人在观赏的同时,能够发挥自身机能,参与日常活动,保持独立生活。

4.4 针对情绪障碍老年人的疗愈居室构建

不良情绪会影响老年人正常的生理功能,导致防御功能、免疫功能下降,出现失眠焦虑等状况。针对情绪障碍的老年人,疗愈居室环境应具有充足的自然采光、舒适的材质色彩、宜人的窗外景色。在自然采光方面,营造明亮的空间氛围。居室采光与窗户形式密不可分,所以可设置不同尺寸形式的窗户,如推拉窗、落地窗、飘窗等,以筛选出良好采光的窗户形式。在材质色彩方面,利用自然材质与低饱和度高明度的色彩,构建出不同的材质色彩搭配方案,促进老年人产生积极愉悦的心理感受。在窗外景色方面,可设置不同的窗外场景,如城市街景、健身公园、树林、湖泊等,探索不同窗景对于认知障碍老年人的疗愈作用。

5 总结与展望

本文从老年人机能退化及心理特征出发,基于疗愈环境理论,探索影响老年人身心健康的居室环境疗愈因素。基于VR技术,总结搭建虚拟空间环境的方法路径,分析将VR技术应用到适老化室内环境研究的适用性。最后根据不同机能障碍的老年人,设置不同的实验变量,构建出不同的虚拟居室场景,以期为机能障碍的老年人营造出安全、便利、舒适的疗愈居室环境。

参考文献

[1] 周燕珉,程晓青,林菊英.老年住宅[M].北京:中国建筑工业出版社,2018.4:21-39.

[2] 黄舒晴,徐磊青.疗愈环境与疗愈建筑研究的发展与应用初探[J].建筑与文化,2017(10):101-104.

[3] MALKIN J. The business case for creating a healing environment[J],2003.

[4] 陈尧东,崔哲,郝洛西.养老空间光照环境对老年人抑郁症的疗愈作用研究进展[J].照明工程学报.

2018,29(6):21-27.

[5] 崔哲,陈尧东,郝洛西.基于老年人视觉特征的人居空间健康光环境研究动态综述[J].照明工程学报,2016,27(05):21-86.

[6] 高冲.医院病房室内环境复愈力研究[D].哈尔滨:哈尔滨工业大学.2021.

[7] 赖鹏程,郑涵青,林心影,等.室内植物对人体心理效益影响研究进展[J].风景园林,2022,29(5):96-102.

[8] 周燕珉,王春彧,秦岭.国内外城市社区居家适老化改造典型案例集[M].北京:中国建筑工业出版社,2021.10:10-17,46-54.

[9] BELLAZZI A, BELLIA L, CHINAZZO G, et al. Virtual reality for assessing visual quality and lighting perception:A systematic review [J]. Building and Environment,2022(209).

[10] MOSCOSO C, CHAMILOTHORI K, WIENOLD J,et al. Regional differences in the perception of daylit scenes across Europe using virtual reality. Part I:effects of window size[J]. The Journal of the Illuminating Engineering Society,2022,18(3):294-315.

[11] CHAMILOTHORI K, WIENOLD J, MOSCOSO C,et al. Regional differences in the perception of daylit scenes across Europe using virtual reality. Part Ⅱ:effects of facade and daylight pattern geometry[J]. The Journal of the Illuminating Engineering Society,2022,18(3):294-315.

[12] BANAEI M,AHMADI A,GRAMANN K,et al. Emotional evaluation of architectural interior forms based on personality differences using virtual reality[J]. Frontiers of Architectural Research,2020,3:138-147.

[13] 张军,张慧娜,谢法连,等.疗愈环境理念下养老机构的居室色彩搭配设计[J].华侨大学学报(自然科学版),2020,41(2):191-198.

[14] 张军,张慧娜.养老机构居室色彩与材质要素的视觉舒适度评价[J].华侨大学学报(自然科学版),2020,41(6):759-764.

[15] TORRES A,SERRA J,LLOPIS J,et al. Color preference cool versus warm in nursing homes depends on the expected activity for interior spaces[J]. Frontiers of Architectural Research,2020,9(4):739-750.

[16] 陈尧东,崔哲,郝洛西.基于VR技术的适老色彩环境循证设计方法探索——以适老建筑室内色彩

设计为例[J].照明工程学报,2019,30(2):123-129.

[17] 黄舒晴,徐磊青,陈筝.起居室的疗愈景观——室内及窗景健康效益 VR 研究[J].新建筑,2019(5):23-27.

[18] YIN J,YUAN J,ARFAEI N,et al. Effects of biophilic indoor environment on stress and anxiety recovery:a between-subjects experiment in virtual reality[J]. Environment International,2020(136).

[19] 张珍,徐磊青.虚拟自然的疗愈效益及其应用趋势[J].南方建筑,2020(4):34-40.

[20] MURDOCH M J,STOKKERMANS M G M,LAMBOOIJ M. Towards perceptual accuracy in 3D visualizations of illuminated indoor environments [J]. Journal of Solid State Lighting,2015,2 (1):02-19.

[21] 陈尧东,支锦亦,向泽锐,等.虚拟现实技术应用于光环境可视化研究的前沿动态[J].照明工程学报,2020,31(1):184-191.

[22] 周燕珉,李佳婧.失智老人护理机构疗愈性空间环境设计研究[J].建筑学报,2018(2):67-73.

张云松[1]　童滋雨[1*]

1.南京大学建筑与城市规划学院；tzy@nju.edu.cn

Zhang Yunsong[1]　Tong Ziyu[1*]

1. School of Architecture and Urban Planning，Nanjing University

基于计算性思维的专家公寓设计教学研究
Teaching Research of Expert Apartment Design Based on Computational Thinking

摘　要：经过多年的教学实践和探索，南京大学在建筑学本科设计课教学中对计算性技术已经有比较丰富的经验积累。本次课程在以往教学经验的基础上延续探索，以南大校园内专家公寓为设计对象，更加关注对建筑设计过程中逻辑性的强调，全组6名同学在既有的限定条件下摸索并应用适当的算法，完成了各自预设的设计目标。设计结果相较于传统的设计方法呈现出明显的丰富性、差异性、创新性。本次设计教学在建筑设计能力训练的基础上，对学生逻辑思维能力和对数字技术的应用能力有所提升，并帮助学生初步建立了计算性设计思维。

关键词：计算性设计；算法生成；公寓设计；设计教学

Abstract：After years of teaching practice and exploration, Nanjing University has accumulated rich experience in computing technology in the teaching of architectural undergraduate design course. This course continues to explore on the basis of previous teaching experience，taking the expert apartment on the campus of Nanjing University as the design object，and paying more attention to the logic in the architectural design process. The six students in the whole group explored and applied appropriate algorithms under the existing limited conditions，and completed their preset design goals. Compared with the traditional design methods，the design results show obvious richness，difference and innovation. This design teaching not only trains students' architectural design ability，but also improves their logical thinking ability and application ability of digital technology，and helps students preliminarily establish computational design thinking.

Keywords：Computational Design；Algorithmic Generation；Apartment Design；Design Education

1　背景介绍

近年来，随着数字技术的发展，建筑学与计算性技术的结合日益紧密。在行业发展的趋势以及新工科建设理念的倡导下，计算性技术逐渐开始被广泛地引入建筑学课堂。

南京大学建筑与城市规划学院一直遵循通识教育与专业教育结合的建筑学本科教学模式，长期实行将数字技术教学与同时期的基础设计课程相结合的教学安排[1]。在以往的建筑学本科三年级的设计教学中，对计算性技术的应用和探索已有多年的实践和经验积累。

往年的设计主要以幼儿园这一规范约束性较强的建筑类型为设计对象[2]，在指导教师、本科学生、研究生助教三方协同解决设计问题、推进设计的小组模式下，侧重于通过计算性技术进行建筑形体的生成和组织。而本次课程在以往教学经验的基础上延续探索，以南大校园内专家公寓这一受相对较弱规范约束的建筑类型为设计对象，更加关注对建筑设计过程中逻辑性的强调；以"从空间单元到系统，从规则到算法"为教学目标，关注空间单元的生成和组合逻辑，以及规则逻辑的算法化表达，借此在计算机的辅助下探索能够解决问题的更多可能。在本次设计课程中，学生们根据各自的逻辑和切入点,尝试了多种生成式设计算法,生成的结果相较于传统的设计方法呈现出明显的丰富性、差异性、创新性。

2 教学计划

从个体到整体、从单元到体系,是建筑空间组织的一种基本和常用方式。本课题首先关注空间单元的生成,并进一步根据内在的使用逻辑和外在的场地条件,将多个单元通过特定方式与秩序组合起来,形成一个兼备合理性、清晰性和丰富性的整体系统。基本单元的重复、韵律、节奏、变异等都是常用的操作手法。此外,如果将设计视作对特定问题的解决方案,从场地环境、功能要求以及空间单元组织的方式出发,可以将设计转化为一系列的规则限定,进而将这些规则转化为算法,我们就可以在计算机的辅助下探索能够解决问题的更多可能。在基于算法的计算性设计过程中,形式只是计算的结果,算法成为我们更加关注的对象。

常见的幼儿园、疗养院等单元空间重复组合的建筑类型往往需要遵循相关建筑设计规范对单元面积、日照时长等方面的规范要求,受制于较多的"强规则条件"的约束,因而这类建筑在计算性技术应用过程中会受到较多限制。而同样作为一种重复性空间单元组织的典型建筑,专家公寓却具有相对较弱的规范约束属性,因此在设计和生成的过程当中将存在更多空间排布组织的自由度和可能性,因此也更利于计算性技术应用的探索和试验。

综上,本次课程设计拟在南京大学鼓楼校区南园宿舍区内新建专家公寓一座,用于国内外专家到访南大开展学术交流活动期间居住。用地位于南园中心喷泉西侧,面积约 3600 m²,地块上原有建筑将被拆除,场内树木可选择性保留。基本规划指标:容积率 1.0,建筑密度不超过 40%,建筑高度不超过 15 m。

3 部分设计案例

本次课程设计分为设计前期分析、逻辑构建、算法实现、成果表达四个阶段。设计过程涉及基于性能评估的最小成本路径生成、基于性能评估的生长式生成、波函数坍缩算法生成、基于多目标寻优的生长式生成等计算性技术。6 名学生独立成组在任务书给出的限定条件下,通过现状分析以及合理的价值判断,提出各自的逻辑框架,摸索并应用适当的算法,完成了各自预设的设计目标。本文选取其中 4 个设计进行简要介绍。

3.1 基于性能评估的最小成本路径生成设计

本设计在完成基本客房空间单元设计的基础上,以寻求更优质的物质空间环境与简单合理的交通流线为导向,对建筑客房单元的排布组合进行生成式设计。首先将场地空间进行网格化划分,力求在简化交通流线的同时,又保证将单元体安排在相对优质的网格中。将设计目标转化为对两个基本问题的满足:一是路径起止点,即垂直交通空间的选择;二是起止点之间最优线路的探寻。确定起止点后,借助最小成本路径算法,根据评价体系给网格打分,将网格中心点看作高程点,分数看作高程,生成类似地形等高线的等分值线,并计算起止点间的最小成本路径,然后再将路径拟合到网格中,得到网格路径。将各层的客房空间单元依附于路径排列即可形成基本的客房排布方案,并进一步细化后续的建筑设计(见图1)。基于此生成的专家公寓,在满足基本功能需求和物理性能的条件下,既能保证流线的简短与合理,又被赋予了相对丰富有趣的空间形态。

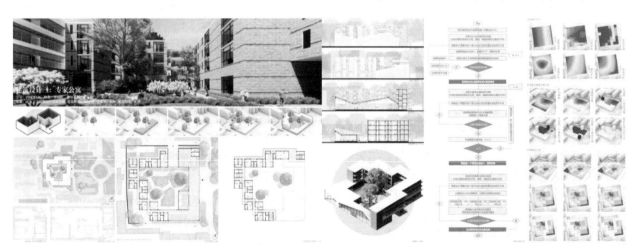

图 1 基于性能评估的最小成本路径生成
(图片来源:设计者邱雨婷)

本设计的创新点在于将最小成本路径这一评估方法应用于建筑生成。这种选点生成路径,并在路径上依附客房单元的方法能够在有效地完成高效率的流线组织的同时,保障每个客房单元都处于物理性能相对优越的空间位置。最终的生成结果表明,该方法是整体性建筑生成的一种可行的方法。

3.2 基于性能评估的生长式生成设计

该方案也是以性能评估为导向的生成式设计;但不同于前一个设计先通过性能评估生成路径,再附上客房单元的自上而下统领式生成的思路,本设计则是基于性能评估,自下而上逐个地直接生成客房单元。在对场地客观现状条件分析的基础之上形成设计者主观的价值判断。在进行了场地退让以及对场内树木选择性保留之后,将日照和景观条件作为影响客房空间单元位置选择的主要因素。在网格化的场地范围内,通过不同的权重设置对场地内网格单元进行评分,并在评分最高的网格单元内置入客房单元;随即将新置入的客房单元纳入场地的评分体系中。通过设置排斥力和吸引力来影响建筑单元的离散和聚集效果,将新建筑单元的影响权重与日照景观进一步综合评分以确定下一个客房单元的位置,依此类推,客房单元在场地网格中逐个"生长"出来。在既定的算法下,初始树木的选择性保留是决定生成结果的重要因素,保留树木的位置和数量都将会对场地日照与景观因素产生较大影响,从而影响最终生成结果。故为了得到相对更合理的设计方案,需要生成多种建筑方案组合,并对其最终的日照和景观等条件进行评估,通过多方案的比对,选取其中性能最优的生成结果进行深化设计(见图2)。

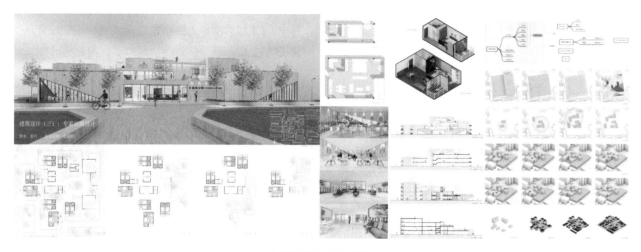

图2 基于性能评估的生长式生成
(图片来源:设计者夏月)

该设计通过迭代生成的方式能够尽可能地满足每一栋建筑的环境性能要求,是建筑单元分布式生成的可行方法之一。

3.3 波函数坍缩算法生成设计

波函数坍缩算法(WFC)[3]是模仿物质向稳定状态变化的熵减过程,根据对象间相邻相斥条件寻找符合规则的排列方法的算法。在游戏界,WFC算法多被运用于自动生成游戏地图。单元重复式建筑设计的功能性与落地性很多情况下都与单元组合间的相互关系有关,这点与WFC算法中依赖对象相互关系约束条件进行生长性的结果生成逻辑不谋而合。该方案首先在三维空间内设计基本单元、规定连接规则(如基于流线的连续性)与场地空间。在场地空间内放置第一个基本单元,并以此为起点寻找符合规则的放置方法向外生长,在生长位置的选择中加入判断择优以获得更好的功能性并保证落地性。基于Rhino平台Grasshopper插件中的GhPython Script电池编写算法,编程过程中综合考虑单元组合后的流线合理性、结构合理性以及日照时长、噪声回避等性能因素。最终实现通过处理输入的场地条件与所需的功能空间单元数据、需要考虑的性能需求等,输出生成的单元三维组合方案(见图3)。

该同学具有较好的编程基础,较好地完成了对生成逻辑的算法化呈现。最终的生成方案既有算法支持的理性依据,又能突破常规的人工排布造成的低效以及造型死板的特点,快速生成相对丰富多变且富有趣味性的空间组合结果,体现了特定规则约束下建筑空间单元组合的更多可能性。

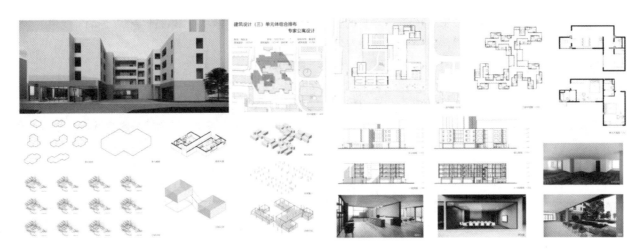

图3 波函数坍缩算法生成

（图片来源：设计者高赵龙）

3.4 基于双目标寻优的生长式生成设计

该方案基于日照时长和疏散距离两个标准进行同步寻优和生成。首先，尽量使客房单元冬至日有更长的日照时长，以此为标准，计算和优化得到顶层客房单元位置；其后，将生成的顶层客房单元纳入环境变量进行下一层客房单元的位置选择，以此类推，从上到下逐层生成客房单元。同时根据《建筑设计防火规范》中对疏散距离的规定，生成垂直交通空间以及首层公共空间和服务用房，并以疏散流线为依据从下到上逐层生成客房布置，确保生成的每一间客房都满足疏散距离的要求。随后对日照时长和疏散距离两项基本需求分别设置一

定的权重参数，从而决定最终结果对日照性能和疏散距离的侧重；将两组生成结果互相结合，生成一系列满足设定条件的组合方案，根据权重参数得到各方案的量化评分，选出其中最优者进行深化设计（见图4）。

该设计结合了建筑日照性能和相关建筑规范的要求，双向寻优，生成了相对理想的体块布置方案，并在此基础上完善了设计。设计相对不成熟之处在于双线并行生成，再通过权重结合的这一过程相对烦琐和冗余，技术路径尚存在进一步优化的空间。但本次设计不失为一次有意义的多角度切入的计算性设计探索实验。

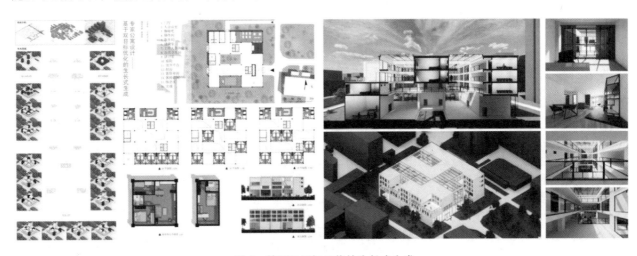

图4 基于双目标寻优的生长式生成

（图片来源：设计者王思戎）

4 总结与讨论

标准单元空间的重复组合是建筑设计中一类常见

的题材，作为更偏实验性的算法生成设计课程，本次设计课程以专家公寓为设计对象展开教学，过程中主要着力于设计逻辑的构建和规则的算法化表达。本文列举

的多个案例均采用了生长式的生成思维,但又有各自的逻辑和切入点。教学和设计的过程,展现了计算性建筑设计的研究价值。

每位同学在 8 周的课程时间内需要完成从分析到概念提出、逻辑构建、算法编写生成设计等一系列工作,其间还需克服种种技术问题并进一步深化设计及图面成果表达;设计成果背后有很大的隐形工作量。由于时间有限,所以部分设计成果在设计深度上有所不足,对传统建筑设计中的细部设计有所欠缺,建筑结构也基本处在结构选型阶段,对建造的经济性未做更深的考虑。本次教学经验也将对未来的设计教学的安排和改进提出新方向。

总体来看本次教学取得了较好的效果,在建筑设计能力训练的基础上,对学生逻辑思维能力和对数字技术的应用能力都有所提升,并帮助三年级学生初步建立了计算性设计思维。设计所采用的一系列方法以及最终设计成果也为同类型建筑设计提供了新的解题思路。

参考文献

[1] 童滋雨,刘铨.南京大学建筑与城市规划学院本科 CAAD 教学改革研究[C]//孙澄.模拟·编码·协同——2012 年全国建筑院系建筑数字技术教学研讨会论文集.北京:中国建筑工业出版社,2012:372-376.

[2] 童滋雨,周子琳,曹舒琪.算法生成在建筑设计教学中的应用——以三年级幼儿园设计为例[C]//董莉莉,温泉.共享·协同——2019 全国建筑院系建筑数字技术教学与研究学术研讨会论文集.北京:中国建筑工业出版社,2019:280-284.

[3] KARTH I , SMITH A M . Wave Function Collapse is constraint solving in the wild [C]// International Conference,2017:1-10.

尹航[1]　李慧希[2]
1.南京大学建筑与城市规划学院；359471786@qq.com
2.南京财经大学艺术设计学院
Yin Hang[1]　Li huixi[2]
1. School of Architecture and Urban Planning，Nanjing University
2. College of Art and Designing ，Nanjing University of Finance and Economics

江苏省高校哲学社会科学基金(2022SJYB0266)

高年级城市设计教学中参数化设计工具的运用研究

Research on the Application of Parametric Design Tools in Urban Design Course

摘　要：为了适应数字化设计技术的发展，我们在四年级城市设计课程引入扩展性较高的 Rhino＋Grasshopper，以及 XKool 等设计软件，注重研究设计原理以制定合适的参数化策略。按照路网生成与地块规划、开敞空间体系与景观规划、建筑生成三个部分分段教学；根据分段特点进行不同的参数化工具应用，并在教学中比较 Rhino＋Grasshopper 与 XKool 的参数化过程与成果的异同。本文通过课程实践与研究，认为参数化工具可以帮助学生探究设计原理、提高分析、研究与设计能力。

关键词：参数化设计；城市设计；分段教学；路网与地块生成

Abstract：Adapting to the development of digital design technology，it has become a trend to introduce parametric design tools into the senior teaching of architecture and urban planning. In the urban design course of 4th grade，we've used "Grasshopper" and commercial intelligent design software such as "XKool". Design course is divided into three sections："road & plot planning，open space system & candscape planning and architectural design". Different parametric tools are applied according to the characteristics of sections；we also compare the differences and similarities between Rhino＋Grasshopper and XKool in process and results. We believes that parametric tools can help students exploring design principles，improving their analysis ，research and design ability.

Keywords：Parametric Design；Urban Planning；Sectional Teaching；Road and Plot Planning

　　城市设计是基于建筑设计、城市规划与风景园林等专业的综合性设计，规划思维与建筑思维的整合，在城市设计教学中一直是重点。规划设计方法对城市与环境数据依赖度高，而容积率、物理性质等数据因子也对建筑设计有较强的控制作用。信息化的设计方法，可以将数据因子转变成控制设计生成的函数，从而将规划与建筑设计的过程参数化。本文即希望讨论高年级城市设计课程中的参数化设计工具教学与运用。

1　参数化设计工具的发展

1.1　参数化设计工具的方向

　　随着相关软件的逐渐成熟，建筑与规划专业领域的信息化程度不断提高，发展趋势大致面向 BIM 正向设计、AR 虚拟现实和 AI 人工智能等，而 AI 人工智能可以"以生成设计的形式呈现，而生成设计通常以建筑设计方法的形式展现"[1]。

　　参数化设计工具是 AI 在"生成设计"阶段所使用的一系列软件。它们可以较好地完成现状分析与资料整理，通过遗传算法等智能设计的方法，借助复杂运算和大数据技术的智能化分析，一可以随后进行设计生成并验证筛选，二可以生成多元设计形态，以供设计自由选择。

　　本文所使用的参数化设计工具主要有两种，一是开放度较高的 Rhino＋Grasshopper 平台，二是窄化应用的

XKool 等商业化智能设计软件。

1.2 参数化设计工具应用现状

21 世纪参数化技术已经在建筑与规划设计领域得到广泛运用,其中以 Rhino＋Grasshopper 的参数化建构平台相对成熟。

国内近期还出现了"XKool"为代表的专门化人工智能应用,设计师通过智能云算法输入场地、容积率等经济技术指标后,软件通过运算在最短时间给出优化方案,不同参数之间高效协同,大大提高了设计效率。

1.3 城市设计中的参数化设计工具

在城市设计中,Rhino＋Grasshopper 的设计平台也得到较多使用,在对环境数据提取、空间结构量化方面都有较为合理的应用基础,实践中将其介入商业街区建筑生成,取得良好效果[2]。

另有 Noah、XKool 等软件,Noah 的内核基于 Rhino＋Grasshopper 进行了优化与整合,可以进行窄化城市设计,如住宅强排、组团生成、车位生成等[3]。XKool 的基本应用方式与 Noah 类似。我们在教学中主要对 XKool 进行了教学和具体的实践运用,其应用方法与效果研究将在下文进行具体阐述。

2 课程分段教学与参数化工具教学

我们的城市设计课程主要授课对象为毕业班建筑学专业的同学。他们有从 200 m² 到 30000 m² 的建筑设计经验,也有城市设计等课堂知识储备;部分同学还曾经接触了 Rhino＋Grasshopper,能够进行一定的参数化建模。

基于城市设计课程的自身复杂性和授课对象设计工具的掌握情况,我们将课程内容分为三个阶段:路网生成与地块规划阶段、开敞空间体系规划阶段以及建筑试生成阶段。

2.1 路网生成与地块规划阶段

此阶段需要对现有环境进行分析整合的阶段,在教学中,建筑背景的毕业班同学没有城市 GIS 数据使用经验,我们主要将路网与地块生成机制简化为交通因子和面积数据因子两个部分。

交通因子中既有周边环境因子主要对已有道路、周边环境对地块设计有控制作用的因素进行分析整合,包括周边道路主要节点坐标、上位规划路网交通量(总道路宽度)、地形坡度情况等,还有与设计情况相关实时变化的道路通达性等指标。

面积数据因子则将需要综合考虑上位规划总体面积控制、不同功能地块的面积适用值等。而后者的数据在本次课程中主要基于相关规范与经验值进行预设

模拟。

2.2 开敞空间体系规划阶段

城市设计中的开敞空间体系对良好的城市空间形态有巨大的决定作用。国内的规划语境中,它主要承接宏观区域层面的绿地系统规划与中观城市层面的绿道规划。而中国的城市绿地系统规划与绿道规划并未形成全覆盖体系,它们对开敞空间体系的控制作用往往受到环境保护力度、城市扩张政策、行政管辖等不可控因素的影响[4]。

具体而言,在我们的城市设计课程中,我们将开敞空间体系及景观规划的设计限定在可以用参数化因子进行控制的范围内,如基于交通的景观可达性流线、景观节点密度变量等。

2.3 建筑试生成阶段

城市设计后期建筑试排可以验证前期规划合理性,也是城市设计成果的重要基础。在课程中,我们利用参数化设计工具进行全过程建筑生成:首先在城市设计路网划分的基础上进行建筑单体的生成;其次对建筑的立面形式、内部空间进行参数化优化;最终基于容积率、日照以及道路通达性等因素影响,将建筑生成结果反馈到地块与路网阶段进行修正设计。

2.4 参数化工具的教学

在课程中,我们主要以下面两种方法指导同学对参数化工具进行学习和使用。

一是案例学习研究法:查找学习参数化设计相关案例,了解研究将地块相关变量指标进行参数化转译的方法,以案例电池作为借鉴及参考。

二是文献查阅法:通过查找阅读国内外相关文章,加强对参数化辅助设计软件的学习与运用,了解参数化设计理论基础、技术支持以及实践现状。

3 路网生成与地块规划阶段的参数化

根据前述对城市设计课程的阶段划分,考虑到不同相关参数化工具的适用性,我们在不同设计阶段进行有针对性的设计工具应用。并研究总结出 XKool 以及 Rhino＋Grasshopper 等设计工具在课程实践中的一些应用办法与发展方向。

3.1 XKool 的城市设计衍生工具应用

XKool 面对城市设计需求,推出衍生工具——城市设计器 X-UrbanTool。

在实际课程中,同学们经过 1～2 课时的在线培训后,基本可以从 X-UrbanTool 在线界面输入目标地块场地,调整规划条件和目标参数,如容积率、建筑密度、塔楼限高,便可得到城市设计方案(见图 1),以及整体分析

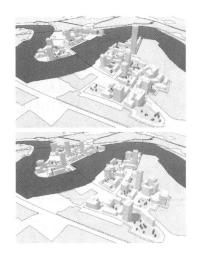

图1 两次不同参数的城市设计方案结果
（图片来源：作者自绘）

图和组团分析图，整体分析包括绿地率、容积率、亲水性分析，组团分析包括功能分布、交通盒分析、绿地分析。

X-UrbanTool 中可控制的参数（见图2）是一些结果性全局数据，这些参数对早期路网和地块如何进行控制未公开，路网和地块均以方格网排列为基础，道路网格对参数变化的敏感度不大。通过实验，我们认为这些参数控制机制包括地块与水景、山体、道路的距离，地块的几何复杂度、均整度等。

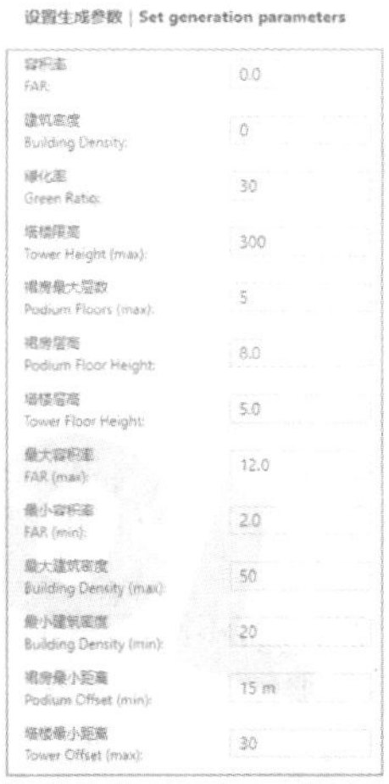

图2 X-UrbanTool 参数情况
（图片来源：作者自绘）

该工具的方案是一次生成包括路网、地块、建筑与景观开敞空间等所有要素，无法按课程要求进行分段。

3.2 Rhino＋Grasshopper 规划生成

利用 Rhino＋Grasshopper 进行路网与地块规划的

路径较为多样。教学中鼓励同学对相关案例、文章进行分析研究，了解熟悉其参数逻辑后自行搭建电池组。在所给定地块周边道路确定的情况下，同学们进行了多种电池逻辑的尝试。

首先用插件 Decoding Space* 得到场地周边与之相接的道路线段，再自编电池组生成场地内道路。通过控制道路的长度范围、道路间的夹角以及最小地块面积从而得到不同的路网方案（见图3），其路网结果复杂，符合旧城改造与传统乡村肌理修复要求，但地块分割不规则，不适应国内城市新区发展实际需求。

图3 插件 Decoding Space 生成的路网方案
（图片来源：作者自绘）

随后将新生成道路的随机角度偏移值进行限定后，路网就以近似方格网的形式进行延展。形成较为规整的路网，进而进行碎线整合、倒角等处理（见图4）。

图4 插件 Decoding Space 生成路网通达性分析
（图片来源：作者自绘）

此外我们尝试了以 2000 m²、5000 m²、20000 m² 等梯度分级控制地块面积。再结合路网生成中过程中的道路长度、随机角度、新生成点间距等参数输入，进行自主优化，进而筛选出若干地块规划基础方案。

为了简化过程，课程规定根据可达性与面积指标区分开敞空间地块（绿地）、混合地块和居住地块，居住地块将用强排算法来生成居住区，而混合地块则是再次进行内部道路生成、用地细分，以及用建筑生成算法生成商业区与办公区，这几种地块合起来最后得到整体的设计方案。

---

* 插件来源：https://toolbox. decodingspaces. net。

3.3 对比分析

XKool衍生工具X-UrbanTool在小面积城市设计生成中效率较高,但其可控参数单一且偏后端,生成结果虽基本符合行业要求,但可塑性与可研究性较弱。

反观Rhino+Grasshopper工具在城市设计路网与地块规划阶段运用潜力巨大。面对不同的环境需求,能有针对性地控制参数变化。但其相关资源较为零散,且无统一逻辑。课程中需要同学对参数选取、算法整合以及路网成果修正进行整合,进行全过程精细操作,应用门槛较高。

4 开敞空间体系规划阶段的参数化

在上阶段的路网中提取出通达度最高的两条主干道作为城市绿轴,通过地块建筑退让的形式可以得到网格化的线性开敞空间体系(见图5)。

图5 基于方格网的路网可达性分析
(图片来源:作者自绘)

此外我们给定经验值,通过参数化选出面积小于1500 m²以及长宽比大于一定数值(3～5)的地块,定义为开敞空间(绿地)地块。将这些地块与主要道路旁的网格化开敞空间进行综合分析,从道路可达性、混合地块可达性、住宅地块可达性、面积占比等方面分析其作为开敞空间的优劣。

但总体而言,开敞空间体系的参数化策略在课程中无法形成跨地块、连续的、非路侧绿地的完整开敞空间,而这种大面积的开敞空间体系(见图6)往往是城市设计需要重点考虑与研究的。

图6 基于主干道路侧绿地的网格化的开敞空间体系
(图片来源:作者自绘)

5 建筑设计阶段的参数化

5.1 XKool的建筑生成

除了其衍生城市设计器可实现从整体路网到局部地块建筑生成,XKool更擅长进行纯住宅强排,课程中同学可设定容积率和建筑密度对住宅地块进行强排,并实时进行日照验算。

5.2 Rhino+Grasshopper的建筑生成

运用Rhino+Grasshopper进行建筑参数化生成的方法较多,课程中将其按地块功能分为混合地块建筑生成和住宅建筑生成两类,并尝试了多种生成策略和方法。

5.2.1 混合地块建筑生成

混合地块的建筑生成,课程采取的方法是先通过面积筛选决定是否需要进一步细分地块,然后以边界退让控制裙房,随后以交通和日照等参数控制塔楼生成。根据之前地块规划的面积分级,仍然通过长宽比以及面积进行用地分类,分别给出容积率和建筑体块策略:边角地块——小型单体多层;中等地块——L型裙房单塔楼;较大地块——回字形裙房单塔楼;超大地块——U型裙房双塔楼等。并分别编写相应的体块生成电池,形成完整的城市设计建筑体块分布(见图7)。

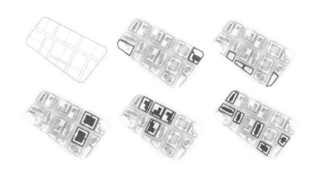

图7 对地块分类进行不同策略的参数化建筑生成
(图片来源:作者自绘)

最终还要以物理性质,如日照分析等参数对建筑体块方案进行优化。

5.2.2 住宅地块建筑生成

运用Rhino+Grasshopper进行住宅强排的方法较多也较为成熟,一般有基于日照系数的梅花式强排、琴键排法和基于密度与地块形状的底商-住宅排法等。

前两种排法均以用地红线退让和模拟太阳光作为主要参数生成纯住宅体块,特征是以单排双排镶嵌。琴键排法应用更广,其排列逻辑以列为单元交替排列,其中"白键"上建筑等分排列,"黑键"上建筑则在满足"白键"间距的情况下，呈南北距离最大化排列。第三种排法则与混合地块生成路径类似，都是循边界退让生成外围街廓住宅，随后再按一定方向进行内部点状建筑生成。

课程中对三种排法和XKool都进行了试用。它们的生成逻辑部分相同，都将面积数据、日照设为参数。而XKool和底商住宅排法都是从边界到内部递进，可以形成较好的街廓，但XKool和琴键排法都无法实现局部底商的住宅强排。

6 结语

总体而言，在城市设计课程中，学生通过参数化设计实践，了解到不同参数化设计工具的优劣与适用环境；在不断探究设计原理、分析工具的过程中，学习并自主创造了一些参数化工具的使用策略。这个过程既训练了学生的软件应用能力，还提高了其设计与研究能力。

在今后的教学中，我们还将提升背景教学质量，让参数化设计工具的使用更有效率，更深入地研究参数化工具在城市设计中的运用。

感谢南京大学建筑学2018级本科生吴高鑫、陈锐娇同学对本文的贡献。

参考文献

[1] 薛洋.建筑设计的信息化应用趋势与思考[J].建筑工程技术与设计,2021(29):535-536.

[2] 邓孟仁,孔维檀,郭昊栩.Grasshopper介入下的建筑空间句法分析——以街区式商业建筑为例[J].南方建筑,2017(3):94-100.

[3] 任芳,王言琪,刘星宇.数字化设计在城市设计应用中的探索[J].工程建设与设计,2021(S1):194-198.

[4] 刘颂,李金婷.中美绿色开敞空间体系比较与启示[J].中国城市林业,2011,9(1):7-10.

[5] 袁烽.从数字化编程到数字化建造[J].时代建筑,2012(5):10-21.

[6] 朱俊杰.基于类型的街廓自动生成系统开发研究[D].南京:南京大学,2013.

[7] 王力凯.基于性能的建筑体量设计生成及优化系统[D].南京:南京大学,2020.

[8] 曲冰.基于数字技术的集约型城市街区形态评价与优化方法研究[D].南京:东南大学.

洪晓强[1]　石峰[1]*

1. 厦门大学建筑与土木工程学院;shifengx@126.com

Hong Xiaoqiang[1]　Shi Feng[1]*

1. School of Architecture and Civil Engineering,Xiamen University

"新工科"背景下绿色建筑系列课程教学体系建设
Teaching System for Green Building Series Courses under the Background of "New Engineering"

摘　要:在"新工科"的背景下,绿色建筑系列课程的教学对提高建筑学本科生的数理思维培养成效至关重要。本文阐述了通过绿色建筑系列课程的教学体系建设,提升建筑学本科生数理逻辑能力以支撑专业人才培养目标的改革路径。从课程内容修订、教学团队建设、教学方法改革和虚拟仿真平台搭建等方面对绿色建筑系列课程教学体系建设进行探讨。

关键词:绿色建筑;建筑技术;课程体系;新工科;教学改革

Abstract:In the context of "new engineering", the teaching of the Green Building Series courses is crucial to improving the effectiveness of mathematical thinking training for architecture undergraduates. This paper expounds the reform path of improving the mathematical logic ability of architectural undergraduates to support the goal of professional talent training through the construction of the teaching system of the green building series courses. The construction of the teaching system of the green building series course is discussed in depth from the aspects of course content revision,teaching team building,teaching method reform and virtual simulation platform construction.

Keywords:Green Buildings;Building Technology;Course System;New Engineering;Teaching Reform

随着人工智能、智能制造等新技术在建筑应用上的加速发展,行业对人才培养也提出了新的要求。在建筑学本科教育中,为探索"新工科"背景下的教学体系,主动适应大数据、物联网、人工智能、虚拟现实等新技术的发展,更新教学内容和课程体系,促进学生的全面发展,厦门大学建筑系在技术类课程中进行一系列教学体系建设,努力构建适应未来产业发展的本科创新人才培养体系。

1 建筑学"新工科"教学内容的引入

"新工科"背景下人才培养的目标是培养思维超前且能适应未来发展的人才,这就要求"新工科"背景下的教学内容要有多学科背景。建筑学人才培养过程不仅具有工程科学元素,也融入了人文社会科学元素,具有显著的交叉学科特征,是"新工科"教学改革的优良"试验田"。

而在高校建筑学专业教学的传统课程体系中,建筑设计主干课程主要是采用侧重于"功能、空间与形态"的建筑设计技能训练的方法,课程内容更多关注形式与功能的问题,几乎不涉及经济性、环境协调性、室内环境品质、节能率等建筑的其他性能指标。而在科技革命和产业变革的大背景下提出的"新工科"教育,为培养面向未来新兴产业人才,数理基础知识的讲授是重要内容之一。绿色建筑设计中涉及热、光、声、日照、通风、能耗、碳排放等建筑性能指标,对这些指标的优化与提升也会涉及较多的数学物理计算内容。

因此,为推动性能指标计算向建筑设计延伸,提升建筑学本科生数理逻辑能力以支撑面向未来的专业人才培养目标,本文对技术类课程中的绿色建筑系列课程教学体系的建设进行阐述。

2　绿色建筑系列课程教学体系建设

2.1　课程内容修订

在绿色建筑课程体系建设中,以建筑学为核心,整合建筑设备、建筑材料、建筑构造、计算机建筑性能模拟、数理分析等相关学科知识,加强相关领域课程的学习,使学生掌握健全的知识体系。在课程设置上,绿色建筑系列课程包括:"热工与光环境""声环境""环境性能模拟""低碳建筑前沿"和"绿色建筑理论与实践"。其中,"环境性能模拟""低碳建筑前沿"和"绿色建筑理论与实践"为新开课程,培养学生定量分析建筑朝向、布局、层高等参数对建筑热环境、光环境、日照、通风等性能的影响,并在此基础上进行优化设计的能力。绿色建筑系列课程如表 1 所示。

表 1　绿色建筑系列课程教学计划

(来源:作者自制)

学年	课程名称	选修/必修
第二学年	绿色建筑-低碳建筑前沿	选修
	建筑构造(一)	必修
第三学年	绿色建筑-热工与光环境	必修
	绿色建筑-环境性能模拟	选修
	建筑构造(二)	必修
	建筑材料	必修
	建筑设备	必修
第四学年	绿色建筑-声环境	必修
	绿色建筑理论与实践	选修
	新型建筑材料	选修
第五学年	毕业设计(绿色建筑专题)	必修

绿色建筑系列课程以绿色建筑概念认知为基础,在全面介绍绿色建筑和建筑性能等基本概念的基础上,以绿色建筑设计实践为目标,完成课程内容的修订,目的是使学生掌握绿色建筑不同设计阶段对建筑光、热环境控制的设计策略。通过理论与实践课程的学习,将分散在建筑热工学和建筑光学中的知识点进行整合,强化学生对相关绿色建筑技术的理解,能熟练运用建筑布局、建筑单体、围护结构设计中的建筑光、热环境调控设计策略。

2.2　教学团队建设

绿色建筑系列课程教学团队以先进的教育理念为指导,以教学工作为核心,开展绿色建筑系列课程的教学研究和教学建设。教学团队以教授为带头人,梯队合理,团队由副教授、助理教授、工程师、助教等不同专业技术职称的教学人员组成,发挥骨干教师传、帮、带的作用,传承优良传统,促进青年教师快速成长。团队成员之间经常互相听课,交流学习,共同切磋,共同进步。

引进校外高水平兼职教师,整合校内外优质人才资源,选聘校外高级技术人员和高水平大学副高级职称以上的教师担任兼职教师,加强校企合作,优化教学团队人才配备结构。定期邀请校外专家开展学术讲座和报告,提高现在教师的科研能力和学术品位。

鼓励现任教师到国外高水平大学访问交流,鼓励现任教师积极申报各类教改项目。同时,也支持校内教师定期到校外实践,促进关键技能的改进与创新,提升教师的实践创新能力。

教学团队成员的学科背景包括建筑设计、建筑技术科学、建筑环境与能源工程、热能工程等不同学科领域,打破专业隔阂,推动教师将研究成果转化为教学内容,形成一支多学科交叉融合、交流频繁、相互支持的教学队伍,教师相互促进,团队稳定发展。

2.3　教学方法改革

为解决传统绿色建筑课程教学中仅仅将绿色技术与建筑设计简单叠加,绿色建筑性能仅仅作为建筑的附属标签的问题,课程教学团队不断创新教学方法,落实以学生为中心的理念,改革教学方法和考核方式,形成以学生为中心的"新工科"教育模式。

教学上以实际绿色建筑的设计实践为核心目标,强调建筑设计任务是以"绿色性能"为目标,使学生了解建筑设计策略绿色建筑性能的影响,并能采用计算机模拟方法进行仿真计算,系列课程中的各门课程均围绕此目标开展。将知识点的讲授与建筑的设计实践结合起来,通过案例分析的方式讲授不同设计阶段需要应用的知识点,让学生掌握绿色建筑的设计方法和借助计算机模拟方法分析计算及优化设计的基本思路。最后,通过绿色建筑设计实践,检验教学效果。

传统的教学方式中,理论课程和实验课程各自独立进行,常常出现理论知识学生难以理解的情况。针对这一问题,为了帮助学生通过亲身体验感受的方式感受建筑物理环境与人体感知的关系,深层次理解绿色建筑的含义,绿色建筑系列课程除了理论课程教学外,部分课程还增加了室内外物理环境实验课、绿色建筑认知实习和设计实践等环节,如表 2 所示。

表 2　绿色建筑系列课程设计实践课程

(来源:作者自制)

课程名称	实验 & 实习	设计实践
绿色建筑-低碳建筑前沿	绿色建筑作品实景照片与实地参观	3D 建筑实体模型构建
绿色建筑-热工与光环境	建成建筑内建筑物理光热环境实验 1	建筑光环境和热环境课程设计
绿色建筑-环境性能模拟	软件实际操作	绿色建筑案例的环境性能模型与分析
绿色建筑-声环境	建成建筑内建筑物理声环境实验 2	建筑声环境课程设计
绿色建筑理论与实践	建筑物理环境认知、实测与优化	小型绿色建筑设计与性能优化设计
毕业设计	—	绿色建筑专题毕业设计

课程组同时还利用厦门大学参加两届中国国际太阳能十项全能竞赛(SD)的获奖作品"Sunny Inside"(如图 1 所示)和"Nature Between"(如图 2 所示)两栋建成建筑,将建筑改造为可供学生参观实习和实验测试的教学平台,课程中通过参观学习、实地调研、实验测试等体验式教学的方式,让学生掌握建筑光、热环境实验测试的基本方法,直观体验热舒适、光舒适对建筑环境的重要性,了解改善建筑环境的基本方法。参观实习结束,分组针对两栋建筑的设计策略进行分析,使学生掌握绿色建筑设计策略的应用方法及实际效果,引导学生将课程的相关知识应用于设计实践。

2.4　虚拟仿真平台搭建

绿色建筑系列课程教学团队通过建立丰富的教学资源库,实现系列课程中各门课程教学资源的共享,为绿色建筑的教学提供全方位的支撑与服务。同时,建设了多项虚拟仿真实验供学生自主学习,弥补课堂学时有

图 1　厦门大学 2013 年国际太阳能十项全能竞赛作品"Sunny Inside"

(图片来源:作者拍摄)

图 2　厦门大学 2018 年国际太阳能十项全能竞赛作品"Nature Between"

(图片来源:作者拍摄)

限的不足,使学生在课后可以方便地观察各种实验现象,大大延伸了实验教学的时间和空间。其中,以厦门大学参加两届中国国际太阳能十项全能竞赛(SD)的获奖作品"Sunny Inside"和"Nature Between"为基础,建设了系列课程通用的虚拟仿真实验项目,如表 3 所示。基于"Nature Between 零能耗建筑 VR 仿真""Sunny Inside建筑节能设计虚拟仿真""建筑群体风环境虚拟仿真""室内光环境分析虚拟仿真"等虚拟仿真实验项目,让学生计算建筑的各项性能指标,分析其节能设计策略。

通过虚拟仿真实验技术,构建了高度仿真的虚拟环境,同时在虚拟环境下显示各类建筑环境性能指标,让学生身临其境地沉浸于建筑环境中,以更自然地方式理解各类物理性能参数,将枯燥的知识转化为更易于接受的可视化场景。课后的访谈中,大部分学生对虚拟仿真

实验具有浓厚的学习兴趣,为深入学习绿色建筑设计理论奠定了良好的基础。

表 3　虚拟仿真实验

(来源:作者自制)

实验名称	内容简介
Nature Between 零能耗建筑 VR 仿真	通过虚拟现实 VR 技术,构建高度仿真的虚拟建筑环境,可以对建筑的各个方面进行直观而深入的展示,继续发挥该零能耗建筑的示范效益
Sunny Inside 建筑节能设计虚拟仿真	基于"Sunny Inside"零能耗住宅的建筑节能设计过程进行虚拟仿真,对不同设计方案的室内环境参数、建筑能耗、碳排放等数据进行反馈,让学生对节能建筑设计有一个直观的了解,有效地促进绿色建筑设计教学的开展
建筑群体风环境虚拟仿真	对高层住宅小区的风环境进行虚拟仿真,软件的实验通过 Phoenics、Autocad 平台结合教学过程来实现虚拟仿真。让学生了解建筑群体布局与风环境的关系,掌握住宅小区风环境设计的要点
室内光环境分析虚拟仿真	对建筑室内光环境进行虚拟仿真,通过房间尺寸、窗户形式与布置方法、室内表面材料、灯具形式及布置方式等多种因素的选择与调节,让学生了解建筑采光与照明设计的过程与要点
棒影日照图绘制虚拟仿真	对棒影日照图的绘制实验进行虚拟仿真,可直接获得任意地点、任意日期和任意时刻的太阳高度角、方位角,并绘制棒影图,结合建筑群体布局研究日照设计

3　小结

"新工科"背景下,建筑学学科内的交叉复合、建筑学学科与其他学科的交叉融合势在必行。绿色建筑教学,需要多专业、多学科协同合作,同时也需要学生掌握更夯实的数理基础知识,是在建筑教学中融入"新工科"内容的有效途径。

以厦门大学绿色建筑系列课程教学体系的建设为例,引入建筑环境性能模拟计算的教学,建立了以绿色性能为目标的绿色建筑设计教学体系。课程建设以培养高水平绿色建筑设计人才为目标,通过培养学生设计思维、工程思维和数字化思维,提升学生跨学科交叉融合的能力,落实以学生为中心的理念,提升建筑学人才的培养水平。

参考文献

[1] 杨维菊,徐斌,伍昭翰.传承·开拓·交叉·融合——东南大学绿色建筑创新教学体系的研究[J].新建筑,2015(05):113-117.

[2] 董海荣,常征.基于绿色建筑设计能力提升的建筑学专业教学改革探索[J].高等建筑教育,2016,25(04):95-99.

[3] 吴蔚.技术与艺术,孰轻孰重?——绿色建筑设计在建筑技术教学中的应用研究[J].南方建筑,2016(05):124-127.

[4] 何文芳,杨柳,刘加平.绿色建筑技术基础教学体系思考[J].中国建筑教育,2016(02):38-41.

[5] 葛坚,朱笔峰.以绿色建筑教育为导向的建筑技术课程教学改革初探[J].高等建筑教育,2015,24(03):83-86.

[6] 贺丽洁,刘烨,赵立志.以绿色建筑为导向的建筑设计课程教学实践[J].教育教学论坛,2016(22):134-135.

吴灈杭[1]

1. 厦门大学建筑与土木工程学院，wuquhang@xmu.edu.cn

Wu Quhang[1]

1. School of Architecture and Civil Engineering, Xiamen University

基于 GIS 空间分析的历史文化街区城市设计教学方法

Urban Design Teaching Method of Historic and Cultural Area Based on GIS Spatial Analysis

摘　要：在历史文化街区城市设计教学过程中融入 GIS 空间分析方法，有助于学生加强对城市保护的科学认识，提高数字技术辅助设计的综合能力。研究将教学过程分为背景理解、问题分析、规划设计三个部分，分别提出各阶段的指导思想、教学重点、主要内容、分析方法、数字工具。该教学方法以真实性、整体性、延续性保护的基本价值判断为思想基础，结合 GIS 空间分析方法与传统调研设计方法，引导学生建立数字技术辅助历史文化街区城市设计的方法框架。

关键词：GIS 空间分析；历史文化街区；城市设计；教学方法

Abstract：Integrating GIS spatial analysis into the teaching process of urban design of historic and cultural area can help students strengthen their scientific understanding of urban conservation, and improve their comprehensive ability of digital technology aided design. The research divides the teaching process into three parts: background understanding, problem analysis, planning and design. And then the research puts forward the key points, guiding ideology, main contents, analysis methods and digital tools for each part of teaching process. This teaching method combines GIS spatial analysis with traditional research and design method based on the value orientation of authenticity, integrity and continuity conservation, which can guide students to establish a method system of digital technology aided urban design of historic and cultural area.

Keywords：GIS Spatial Analysis；Historic and Cultural Area；Urban Design；Teaching Method

1 引言

历史街区更新是城市设计的重要类型之一，运用城市设计的思维方法推进历史文化街区的积极保护，能够更好地促进遗产融入城市发展之中。而 GIS 等数字技术方法的兴起为传统的规划设计教学注入了新的活力，也是当前历史文化街区研究与实践的重要趋势之一[1]。新技术的加入有助于学生加强对历史文化街区保护与发展的科学性认识，提高数字技术辅助历史文化街区城市设计的综合能力。

一方面，历史文化街区城市设计的科学性有待提高。传统的实地调研、问卷访谈等方法难免依赖规划设计人员的主观判断，可能影响城市设计成果的科学性与可操作性。另一方面，GIS 等数字技术的运用尚需和规划设计思想方法紧密结合。GIS 技术不断成熟，更应充分发挥辅助规划设计人员科学描述现状、有效分析问题、做出规划决策的作用。其中，GIS 空间分析方法通过分析算法获取空间数据的位置、分布、形态、演变等信息，能够为规划分析与决策提供直观、可视的参考依据，已是规划研究和实践的重要技术手段。然而，目前的研究和实践仍然存在规划思想与技术方法的脱节。

因而，在教学过程中，迫切需要将思想与方法紧密结合,探讨新兴技术工具与传统设计方法的结合路径。本研究探讨的教学方法针对具有一定 GIS 空间分析能力与建筑规划学科基础的学生,旨在以历史文化街区为空间载体,以历史文化保护的基本价值判断为思想基础,结合 GIS 空间分析方法与传统调研设计方法,从背景理解、问题分析、规划设计三个环节,引导学生建立数字技术辅助历史文化街区城市设计的方法体系。

2 历史文化街区保护与发展的价值导向

历史文化街区的城市设计教学与 GIS 空间分析运用应建立在城市保护基本价值导向的基础上。综合城市保护国际宪章的要求及相关研究的成果,本研究确定了三点历史文化街区保护的价值导向作为思想基础[2][3]。

2.1 历史遗存的真实性保护

丰富的历史遗存是历史文化街区的重要保护价值载体,而真实性保护是传承历史遗存价值的重要原则。为此,应尊重不同时期城市发展留存下来的印记,深入理解城市格局、街巷空间、建筑遗产等有形要素之间,及其与精神文化、城市功能、传统民俗等无形要素之间的关联,探寻城市演进的动力机制,把握遗产价值、载体及其发展方向,并真实展现给公众。同时,为传承遗产价值所做的规划、设计与管理工作也应当真实记录并能够辨识。

2.2 风貌环境的整体性保护

由大量传统建筑、传统街巷组成的风貌环境是历史文化街区重要的保护价值体现,整体保护历史风貌环境是历史文化街区保护的另一重要原则。为此,应拓展城市保护层次,明晰历史文化街区与周边地区级环境的历史、地理和社会等方面的联系,厘清建筑肌理、形态、色彩、风貌、景观视廊等要素特征,以实现风貌、文化、环境等多方面的协同。

2.3 社会文脉的延续性发展

历史文化街区的非物质属性日益受到重视,物质空间可能会出现断层与突变,社会文脉却不会,因而,社会文脉的延续性发展是历史文化街区保护的第三条重要原则。为此,应充分挖掘社会文脉,综合考量社会、经济等与保护和发展相关的所有要素,并尊重相关的所有主体。城市遗产是人们的共同创造和共同财富,需要多元主体共同参与,推动社会文脉传承并融入新的社会背景与城市发展进程之中。

3 历史文化街区城市设计教学方法设计

研究将历史文化街区的城市设计分为背景理解、问题分析、规划设计三个部分,结合上述价值导向,分别提出各阶段的指导思想、教学重点、主要内容、分析方法、数字工具(见图 1),部分内容以北京老城为例加以阐释,进而提出该课程具体教学安排的总体设想与建议。

阶段	指导思想	教学重点	主要内容	分析方法	数字工具/方法
背景理解	历史文化街区城市设计应综合考虑和保护与发展相关的所有要素	历史文化资源与基础空间信息梳理的内容构成与方法,GIS 信息平台搭建	结构性空间要素和基质性风貌环境等历史文化资源,政治/经济/社会/文化等街区发展情况	基础内容:搭建 GIS 基础数据库 自选内容:通过调研、访谈挖掘特色资源并进一步完善数据库	GIS 信息平台 实地调研 问卷、访谈等
问题分析	历史文化街区的保护与发展应当兼顾历史遗存真实性、风貌环境完整性、社会文脉延续性	运用 GIS 空间分析与调研访谈相结合的方法判断街区保护与发展问题	遗产保护 环境提升 居住改善 商业发展 ……	基础内容:空间分析与多元主体诉求分析 自选内容:基于空间分析方法的量化评价	GIS 可视化分析如建筑高度、空间活力;SPSS 数据统计分析,如居民满意度,相关性分析等
规划设计	历史文化街区的城市设计应在保护思想指导下融合多样化的科学研究技术支持	结合资源基础和现状问题,选择城市设计切入点探讨数字技术辅助设计的科学方法与路径	文化遗产保护 公共空间营造 居住环境改善 商业旅游发展 ……	基础内容:基于现状提策略 自选内容:以自选切入点为核心的空间分析与规划设计	GIS 空间分析如可达性/核密度/路径分析等,辅助规划设计决策

图 1　基于 GIS 空间分析的历史文化街区城市设计教学方法框架

3.1 背景理解

3.1.1 指导思想:全面梳理,多方参与

基本信息调研与整理是历史文化街区城市设计的基础。结合历史文化街区保护与发展的基本价值导向,应注重背景理解的时空整体性、要素全面性、方法公众性。为此,应全面梳理有形与无形遗产资源及其保护现状,通过历史演进分析总结资源的时空特点、演进动力与联系;系统整理街区社会、经济、文化发展相关的背景资料;将公众参与融入背景理解过程中,使公众成为历史文化街区资源挖掘人,并通过数据库建立多元互动方式,将成果全面展示给大众。

3.1.2 教学重点:调研方法,平台搭建

背景理解环节应引导学生建立历史文化资源与基础空间信息梳理的内容框架与基本方法,让学生获得资源信息类型和内容等相关知识,掌握实地调研、问卷访谈、图纸解析等调研方法在历史文化街区中的运用方式。同时,引导学生科学搭建 GIS 数据库,作为后续设计工作的重要基础。

3.1.3 主要内容:遗产价值,发展现状

背景理解的主要内容包括历史文化资源梳理和街区发展背景资料分析两个部分。

其一,历史文化资源梳理应包括:①要素梳理,包括结构性、标志性空间要素,基质性、生活性风貌环境,无形文化内涵;②演进动力机制分析,即无形文化内涵如何推进有形空间表征变化,图2以北京老城为例,示意历史文化资源梳理与演进动力机制分析框架,根据不同历史文化街区的特点,具体内容应做调整;③遗产价值及保护利用情况分析。

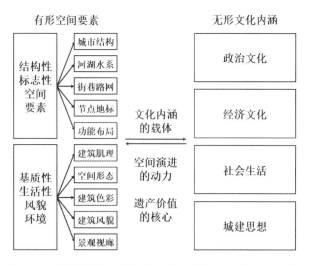

图2 北京老城历史文化资源梳理与演进动力机制分析框架

其二,街区发展背景资料分析应包括:①历史文化街区保护与发展的相关政策、上位规划要求;②社会生活情况,包括住房条件、市政交通、公共空间等空间环境品质,以及居住邻里、商住邻里、社区活动等社区生活组织情况;③经济发展情况,包括用地功能、产业构成、商业发展情况等。具体分析内容应根据历史文化街区的特点,遵循保护与发展相关价值导向调整。

3.1.4 方法工具:GIS 基础数据库搭建

背景理解环节应综合运用文献整理、实地调研、问卷访谈、GIS 数据库搭建等方法和工具。

首先,学生应通过文献研究梳理历史文化街区的基本价值要素,推演演进动力机制,分析遗产价值及载体,了解历史文化街区保护与发展的相关政策和规划。其次,依托 GIS 地理信息系统搭建数据库,录入基本的空间要素和风貌环境信息。随后,通过实地调研获取历史文化资源保护和利用情况,以及社会生活和经济发展情况,完善 GIS 数据库。最后,通过问卷、访谈等方式获取居民、商户、游客等主体对街区文化氛围的感受,了解产业情况、现状问题、发展期望等信息。

在此基础上,学生可选择性探索引导公众参与挖掘街区特色资源,可行的方式包括问卷、访谈、路演体验等,学习从多元主体视角发现保护与发展的相关资源。

3.2 问题分析

3.2.1 指导思想:提升问题分析科学性

科学的问题分析是提升城市设计可行性的重要前提,应对标历史文化街区保护与发展的三个基本价值导向,运用科学的分析方法与技术手段,清晰描述遗产保护、环境提升、居住改善、商业发展等方面的问题,探寻问题产生的原因。

3.2.2 教学重点:问题描述,原因分析

背景理解环节中,学生通过实地调研与问卷访谈等初步发现问题。问题分析环节则重点要求学生对调研发现的问题进行科学描述与原因分析。因此,该环节应引导学生建立历史文化街区保护与发展问题的内容框架与基本方法,学会运用 GIS 空间分析方法科学描述问题、探寻影响因素、解释问题根源。

3.2.3 主要内容:保护与发展的四方面

问题分析环节的主要内容包括遗产保护、环境提升、居住改善、商业发展四个方面。下面以北京老城为例阐释各部分内容。实际教学过程中,教师应根据历史文化街区的现实情况调整内容框架。

在遗产保护方面,应辨析文化遗产保护与利用、空间格局保护与复兴、景观视廊与天际线控制、传统街巷

肌理保护、建筑风貌保护等方面的问题。

在环境提升方面,应辨析绿地广场、特色街巷及其他公共空间的环境品质与空间活力问题。

在居住改善方面,应辨析居住条件、交通停车、公共设施、基础设施、社区氛围等方面的问题。

在商业发展方面,应辨析业态构成、空间分布、服务设施等方面的问题。

3.2.4 方法工具:空间分析,统计分析

问题分析环节应综合运用 GIS 空间分析、SPSS 数据统计分析等方法和工具。

首先,学生应根据背景理解环节对历史文化街区资源梳理与现状调研的结果,对标三个价值导向,对遗产保护、环境提升、居住改善、商业发展四个方面的问题进行整理归纳,并通过 GIS 平台进行可视化处理。例如,学生可以选择用微博签到数据反映公共空间活力,通过核密度分析进行可视化展示,佐证相关问题的阐述。

其次,自选内容是该环节的最关键部分。学生在整体分析上述四个方面问题的基础上,应结合自身兴趣点,深入分析一个关键问题,这一关键问题将作为城市设计的核心概念与重要出发点。例如,以公共空间活力复兴为切入点,在评价公共空间活力的基础上,学生可以深入探究影响公共空间活力的因素,在城市设计过程中即可尝试通过改变影响因素,从而生成规划设计成果。为此,学生需要通过文献研究归纳可能的影响因素,进而通过研究设计与实施,运用 GIS 空间分析与 SPSS 相关性分析,确定有效影响因素及其影响方式。如表 1,经文献研究认为交通可达性、功能混合度、功能密度可能影响公共空间活力,则通过 GIS 空间分析测度历史文化街区的公共空间活力与相关影响因素,进而通过相关性分析发现,公交可达性、车行可达性、功能混合度与该地区空间活力显著相关,而人行可达性、功能密度与活力的相关性不显著,这一发现可作为城市设计的重要依据。

表 1　北京老城某地区空间活力与影响因素的 Pearson 相关性分析(来源:参考文献[5])

		人行可达性	公交可达性	车行可达性	功能混合度	功能密度
城市	Pearson 相关性	−0.008	0.073**	0.040**	0.011**	0.233
空间	显著性(双侧)	0.526	0.000	0.000	0.000	0.120
活力	N	18720	18720	18720	18720	18720

3.3　规划设计

3.3.1　指导思想:整体保护,积极发展

历史文化街区城市设计应遵循保护与发展的价值导向,积极协调保护与发展,结合背景理解和问题分析结果,提出发展愿景、策略与规划设计。

3.3.2　教学重点:策略整合,重点突出

规划设计环节应着重培养学生综合历史文化街区相关资源,应对突出问题,整合规划策略的能力;重点关注学生从关键问题出发,运用 GIS 空间分析等技术方法辅助规划设计,突出方案特色的能力。

3.3.3　主要内容:价值导向,问题应对

规划设计环节的主要内容对应于四个方面的问题,通过文化遗产保护、公共空间营造、居住环境改善、商业旅游发展,应实现历史遗存的真实性保护、风貌环境的整体性保护、社会文脉的延续性保护三大目标。

3.3.4　方法工具:数字化技术辅助设计

规划设计环节应综合运用 GIS 空间分析、系统研究等方法和工具。

首先,学生应结合价值导向与现实问题提出保护与发展愿景,如有条件,亦可结合多元主体的调研访谈结果。其次,围绕问题分析环节学生自选的关键问题展开数字技术辅助的城市设计。仍以公共空间活力营造为例,在文化遗产保护方面,学生可根据历史文化资源情况,通过核密度分析,划定资源密集区作为潜在活力空间,提出资源保护与利用建议。进而结合活力影响因素分析结果,以提升公交可达性、车行可达性、功能混合度为抓手进行资源密集区的城市设计。

3.4　教学安排

本课程设计时长为 16 周,包括课题引入、背景理解、问题分析、规划设计、成果展示五个部分(见表 2)。

4　结语

本研究在历史文化街区保护与发展价值导向基础上,提出 GIS 空间分析辅助历史文化街区城市设计的教学方法,力图通过课程设计达到知识传授、能力培养、价值塑造的目的。其一,传授学生历史文化街区遗产价

值、现实情况、问题分析、策略设计的基本内容框架与方法。其二,引导学生结合自身兴趣点,以及调研访谈过程中发现的关键问题,运用 GIS 空间分析等新技术,科学描述和分析问题,并指导策略设计,提升其科学推进规划设计与研究的能力。其三,始终以历史文化街区的真实性、整体性、延续性保护为价值导向进行教学设计,引导学生接轨国际先进城市保护思想与方法。

表2　教学安排建议

环节	周数	内容
1 课题引入	1 周	教师讲授基础知识,带队进行实地调研
2 背景理解	2 周	全组合作,分专题进行文献整理、平台搭建、实地调研、问卷访谈等
3 问题分析	5 周	小组合作,问题聚焦、文献述评、研究设计、研究实施,形成科学的问题描述与解释
4 规划设计	6 周	小组合作＋个人作业,以核心问题为线索提出整体规划设计,并选择重点地块进行个人深入设计
5 成果展示	2 周	图纸、模型、幻灯片展示准备

参考文献

[1]　韦峰,徐维涛,崔敏敏.历史街区保护更新理论与实践[M].北京:化学工业出版社,2020:13-16.

[2]　边兰春.历史文化街区的保护工作应坚持"求同"和"存异"的基本价值判断[J].城市规划学刊,2018(1):8-9.

[3]　边兰春,吴濯杭,石炀.北京老城历史文化街区保护中的问题辨析与思考[J].北京规划建设,2019(S2):34-41.

[4]　张松,镇雪锋.从历史风貌保护到城市景观管理——基于城市历史景观(HUL)理念的思考[J].风景园林,2017(6):14-21.

[5]　WU Q H,BIAN L C,LIANG S S. The research of urban space vitality creation based on accessibility——a case study in the area of Beijing Yonghe Temple[C]//贺慧,陆伟.城乡环境的差异与融合:第十三届环境行为研究国际学术研讨会论文集.武汉:华中科技大学出版社,2018:249-255.

李翔[1]　郭新[2]*

1. 厦门大学建筑与土木工程学院
2. 上海建筑第八工程局有限公司；xin. f. guo@qq. com
Li Xiang [1]　Guo Xin[2]*
1. School of Architecture and Civil Engineering, Xiamen University
2. China Construction Eighth Engineering Division Co., Ltd.

基于数字化技术的建筑构件设计教学探讨
——以木质咬合窗为例

Discussion on the Teaching of Building Components Design Based on Digital Technology : Using the Wooden Folding-up Window as an Example

摘　要：随着数字化技术的进步，将建筑设计语言进行数字化转译形成参数化的设计逻辑，成为建筑学专业教育的重要内容。因此，如何启发学生使用数字化技术生成具有逻辑性的空间形态，摆脱传统建筑设计的惯性思维，对基于数字化技术的建筑设计教学尤为重要。本研究以德国魏玛包豪斯大学木结构构件的数字化设计教学经验为例，探讨其数字化技术的建筑设计教学经验，总结适合于我国本科生的数字化技术教学应用方向。希望通过数字化教学的深入，推动学生理解数字化设计的原理，了解数字化设计与传统设计的差别，掌握数字化技术辅助设计的基本流程和方法，从而能够进行基础的数字化辅助设计。

关键词：数字化技术；建筑设计教学；木结构构件

Abstract：With the advancement of digital technology, the digitalization of architectural design languages has formed a logic of parametric design, which has become an important part of architecture teaching. Therefore, how to inspire students to use digital technology to generate logical spatial forms and get rid of the inertial thinking of traditional architectural design is particularly important for the teaching of digital technology. This study takes the teaching experience of digital design of wooden structural components of Bauhaus University in Weimar, Germany as an example, discusses the teaching experience of architectural design of digital technology, and summarizes the teaching and application direction of digital technology suitable for undergraduate students in China. It is hoped that through the deepening of digital teaching, students will understand the principles of digital design, understand the difference between digital design and traditional design, and master the basic processes and methods of digital technology-aided design, so as to be able to carry out basic digital-assisted design.

Keywords：Digital Technology ; Architecture Design Teaching ; Wood Structural Components

1　传统建筑设计教学存在的不足

在全球化和信息化的时代背景下，国家迫切需要具有国际视野的数字化复合型建筑专业人才。将建筑设计语言进行数字化转译形成参数化的设计逻辑，成为建筑学专业教育的重要内容。基于数字化技术的建筑设计与传统的建筑设计不同，该技术不对建筑空间成果进行预设，而是通过运算逻辑的调控，达到产生空间成果的目的[1]。因此,数字化技术的应用能够极大地提高建筑设计的教学效率[2]。建筑学专业教学体系也应当更多借助数字化技术,培养学生的创新精神,掌握先进的设计思维,使学生最大化地参与设计的实践活动。

传统建筑设计教学仍存在可以改进的方面。例如,虽然近年来我国从建筑理念、设计方法、表达手段等环节均开始探索数字化设计的方法,但建筑设计教学中数字化技术的运用仍旧不太理想[3]。同时,建筑设计的教学往往限于课堂上的图纸绘制和方案讨论,并未将设计与实践深度结合,这不利于加强学生对建筑结构和建造过程的理解。本研究以德国魏玛包豪斯大学木结构构件的数字化设计教学经验为例,探讨其数字化技术的建筑设计教学经验,总结适合于我国本科生的数字化技术教学应用方向。

2 德国数字化建筑设计教学经验

德国魏玛包豪斯大学是现代主义设计的发源地,是全球建筑艺术类院校教学体制与理念的探索先驱,对建筑和艺术设计的现代转型有先锋引领作用。本节通过分析魏玛包豪斯大学的木结构构件数字化设计课程的教学目的、教学安排、设计步骤和设计成果,展示德国数字化建筑设计的教学经验。

2.1 木结构构件数字化设计教学目的

该课程名称为当代可移动预制单元(mobile automated contemporary unit),是一个具有实验性的、技术导向的建筑设计课程。该课程强调数字化技术和制造加工技术相结合,以建筑技术为导向的建筑设计教学。该课程主要目的为设计一个小尺度的参数可变的模块化建筑,并通过更换模块间不同的组合方式,满足可复制性,可移动性及可变性。在数字化设计完成之后,学生将在老师的指导下,使用 CNC 技术切割木板,按照 1:1 比例完成建筑单体的建造。整个课程设计有助于学生了解从数字化设计到建筑建造的全过程,探讨模块化的设计手法,得到对设计灵活性的启发。

该课程主要培养学生使用 Rhino 和 Grasshopper 软件的数字化技能。值得一提的是,课程的设计是为南苏丹等非洲国家的高密度社区进行在地化设计,最后成果将在非洲进行实地使用。因此材料选择非洲当地比较普遍的木材。课程要求学生设计木结构建筑,整个建筑主体被分解成八个要素,包含墙、楼板、家具、窗、柱、楼梯、屋顶等。八个小组各选一个主体进行木构件设计。每个小组需要对自己选择的主题进行至少三种方案的设计并分享给整个团队,形成方案库。设计要求通过数字化技术,为各个建筑构件设置通用的连接节点,以满

足不同功能要求下的灵活装配方式,同时解决木材难以切割、难以调整和精准度难以保证的问题。

2.2 咬合窗数字化技术建筑设计步骤

本节以咬合窗设计为例,介绍该课程数字化建筑设计的步骤。

2.2.1 设计构思阶段

窗户是室内外连通的重要因素,应满足不同程度的采光和通风的要求。因此固定窗和开合窗将成为必须满足的设计内容。窗的设计首要解决的是各构件间的连接方式。窗构件作为墙要素的一个变体,基于墙单元的纵向主龙骨的基本构架,拆除其横向构件,并以此作为设计基础(图 1)。

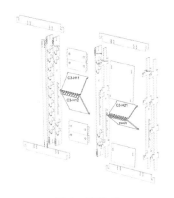

图 1 窗构件
(图片来源:作者自绘)

固定窗采用两片木条与周围龙骨咬合固定,形成夹片,将玻璃固定其中。玻璃固定扇上下分别留出空间,通过可旋转木片达到可控的通风效果(图 2)。

图 2 固定窗
(图片来源:作者自绘)

在设计中,作者为开合窗尝试了多种开启方式,包括转轴窗和咬合窗。转轴窗通过模拟转轴结构,上下扇采用转轴连接,可达到整扇完全开启或封闭的效果。同理利用杠杆原理,可轻易通过一端联动整扇,操作方便(图 3)。

咬合窗利用木结构的韧性,设置锯齿状的咬合节点,将窗的上下扇柔性地连接起来。与刚性材料不同,木构的咬合节点具有较大的容差,能够支撑不同的开启位(图4)。

 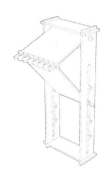

图3　转轴窗
(图片来源:作者自绘)

图4　咬合窗
(图片来源:作者自绘)

2.2.2　数字建模阶段

数字模型建构主要通过 Rhino 展开,为保证整个工作组快速协调的工作,建构数字模型时,重要的构件节点,尤其是各工作组间的交接节点,采用 Grasshopper 设计,关键数据采用数字滑条并单独命名,而非固定数字的输入。这样在深化设计时,可以快速地进行关键数据的调整,以便动态观察关键数据对整个体系的影响。整个过程记录关键点数据。如预先设定的交接节点需要调整的,可以快速通过关键数据的控制,进行多工作组间的协调(图5)。

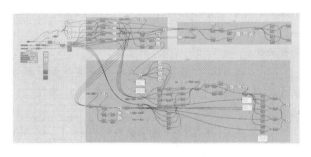

图5　构建数字模型
(图片来源:作者自绘)

2.2.3　建筑成型阶段

各小组在完成各自分配的建筑要素选型以外,同时在案例库中对其他小组构件进行选取,最终完成本组的建筑单体设计(图6)。在此期间,通过对不同小组间单体建筑成果的横向对比,探讨本次模块化设计对建筑灵活性及可变性的贡献。

2.2.4　实体建构阶段

实体建构分为两个阶段。第一阶段通过 CNC 切割

图6　建筑单体设计
(图片来源:作者自绘)

机将各个零件切割后,进行微缩版实体模型的建构。建构期间注意复查预设的连接方式,从建造的难易度、建造顺序、灵活拆改等方式优化设计节点(图7)。

图7　实体建构
(图片来源:作者自绘)

在第二阶段,学生深入非洲当地的社区,在老师指导下进行整个木构建筑的实体建造(图8)。该过程强调通过亲身参与动手搭建的过程,深入了解木构建筑的材料特征和结构特性,并通过实体建筑的搭建为当地社区的生活提供方便。

图8　搭建成木构建筑
(图片来源:https://vimeo.com/124613294)

3 数字化技术建筑教学的启示与应用

3.1 在教学指导思想方面的应用

建筑设计的教学应当在指导思想方面紧跟时代步伐，将数字化技术与建筑设计教学深度结合。这首先要求教师时常关注信息化、数字化最新的发展动态。在教学中抛弃传统建筑设计教学的束缚，注重吸收新的知识体系和数字技术。其次，要求教学中鼓励数字化软件的应用，在设计中充分发挥数字化软件在模拟和计算方面的优势，缩短重复性的绘图和表现的时间，从而将更多精力用于设计和创造过程，提高设计方案的质量[4]。在此基础上，充分利用数字化技术发挥建筑的实效性，提高设计方案的信息承载度，为学生深入思考、强化认知数字化技术的重要性提供平台和机会。同时，教学中应当鼓励学生突破思维限制，尝试复杂形体，并通过Grasshopper、Revit等数字化技术软件辅助建筑体块的推敲和生成。这不仅有助于学生借助数字技术模拟现实，也有助于他们获得更具创新性的空间成果和表达方式。

3.2 在教学内容方面的应用

3.2.1 增加数字化技术基础知识的培养

在教学内容的安排中，不能拘泥于传统建筑设计知识的培养，应当提供充分的课时和机会，加强学生对数字化技术基础知识的学习[5]。在任务书中明确要求学生使用数字化技术和软件平台，并提供参考书籍和网络学习资源，鼓励学生自行学习数字化软件的操作技能，以此推动学生对数字化技术基础知识的深入了解。

3.2.2 图纸设计与建造过程并重

通过教学设置，强化学生通过数字化技术调控平台运算逻辑的能力，丰富设计呈现的空间效果。在此基础上，培养学生利用数字化技术迅捷地完成设计图绘制的能力，提高将设计思维转化为图纸方案的效率。在注重图纸设计的基础上，尽量提供条件让学生进行建筑实体的建造。在该过程中加强学生对建筑材料和建筑结构方面知识的了解，建立图纸设计与实体空间的连接关系，从而强化学生的空间思维和设计的创造力。

3.2.3 引导数字化思维，探究数理模型

数字化设计最核心的部分是其强大的计算能力[3]。强大计算能力的支撑有助于解决建筑形体、空间形态、设计方法等一系列的问题。这要求学生构建数字化思维，掌握基于算法的数理模型方法，通过参数化设计对影响预期结果的变量进行控制。学生应当构建数理模型，完成设计逻辑的可视化，动态地运算建构逻辑中变量与非变量对设计的影响，并通过可视化的结果来优化设计成果。因此，强化数理模型的构建能力，将该模型与空间的几何参数建立拓扑关联，动态关照建筑空间形式，是培养数字化设计思维和动手能力的关键。

3.3 在教学方法方面的应用

教师在进行数字化建筑设计教学时，要重视理论教学与实践教学相结合。定期邀请校内外的专家针对最新的数字化理论进行讲授，开阔学生的视野，帮助他们把握技术的发展趋势。同时将设计课程的内容与经典的理论知识进行融合，方便学生通过设计训练掌握较为抽象的理论内容。也应当鼓励学生通过互联网平台更加深入与全面地对抽象理论的知识进行学习，强化自身的数字化建筑设计理论基础。在此基础上，学校应当引导学生利用假期进行实践学习，促进学生参与建筑物的实体建构，提升学生全面的专业能力。通过信息化技术帮助学生进行系统的、完整的、科学的建筑设计学习，进而为国家培养创新型、复合型的建筑设计人才。

4 结语

在建筑设计教学中，培养数字化设计的能力已经是大势所趋。本研究基于德国魏玛包豪斯大学数字化建筑设计的经验，提出我国数字化技术建筑教学的启示，希望以此推动学生理解数字化设计的原理，了解数字化设计与传统设计的差别，掌握数字化技术辅助设计的基本流程和方法，从而能够进行基础的数字化辅助设计。

参考文献

[1] 刘存钢.对数字化技术背景下建筑设计教学方式改革的思考[J].科教文汇(中旬刊),2021(2):88-89.

[2] 粟庆.建筑设计数字化教学解析[J].新课程(下),2015(12):44.

[3] 石永良.建筑数字化设计实验教学案例解析[J].城市建筑,2010(6):25-29.

[4] 曲翠萃,许蓁.基于数字化技术的建筑设计教学方式改革探讨[J].高等建筑教育,2014,23(5):150-153.

[5] 丁晓博,王津红.数字化设计教学改革的实践与探索[C]//周铁军,严永红.建筑设计信息流——2011年全国高等学校建筑院系建筑数字技术教学研讨会论文集.重庆:重庆大学出版社,2011:157-160.

肖龙珠[1*]

1. 厦门大学建筑与土木工程学院城市规划系；xiaolongzhu@xmu.edu.cn

Xiao Longzhu[1*]

1. Department of Urban Planning, School of Architecture and Civil Engineering, Xiamen University

大数据与机器学习技术语境下城乡规划学背景的数字化城市设计教学探索

Exploration on the Digital Urban Design Teaching in the Context of Big Data and Machine Learning Methods

摘　要：大数据与计算机技术的发展引发了传统城市设计转向数字化城市设计的变革。然而，城市规划行业在克服技术壁垒、应用数字技术方面的进程还十分缓慢。探索城乡规划学背景的数字化城市设计教学方法是有效的解决之道。本文以大数据和机器学习为主导，将数字化城市设计理论、方法、技术和实践有序嵌入城乡规划学背景的城市设计教学过程，探索以学生为中心、以成果为导向的教学策略。本文提出了以项目导向学习、探究式学习、资源型学习等教学方法为主的教学思路和渐进的教学安排，形成了从理论、方法、技术课程到设计实践课程的总教学框架和从循证式研判到参数化设计的设计实践教学路线，构建了动态的教学评价与反馈机制。总之，本文关于城乡规划学背景的数字化城市设计教学探索有助于实现城乡规划学和计算机科学的跨学科的融合，并促进城市设计人才培养思维由经验式感性设计传统向定量化理性分析的转变。

关键词：机器学习；大数据；城乡规划；城市设计；高等教育

Abstract：The development of big data and computer technologies has led to the transition from traditional urban design towards digital urban design. However, the progress in overcoming technological barriers and employing digital technologies is still slow. Exploring the teaching methods based on digital urban design can be an effective resolution. Focusing on the utilization of urban big data and machine learning methods, this study aims to develop a student-centered and outcome-oriented teaching strategy that embeds the theory, methodology, and techniques of digital urban design into traditional urban design. This paper proposes teaching methods for digital urban design teaching including project-based learning, inquiry-based learning, and resource-based learning; it develops a teaching framework combing courses focusing on theory, methodology, and techniques and workshops focusing on design practices; it involves evidence-based study and judgement and parametric design into the workshops; finally, it constructs a dynamic evaluation and feedback mechanism. Overall, this paper helps to effectively combine urban planning and design and computer science, and accelerates the transition of urban design teaching from experience based sensuous design to quantitative rational design.

Keywords：Machine Learning；Big Data；Urban Planning；Urban Design；Higher Education

1　引言

近年来，随着我国城市建设从增量扩张转向存量更新，存量城市设计成为新常态。与此同时，大数据、新技术不断涌现并逐渐渗透进城市设计领域，助力更加人本化、精细化、智能化的城市空间环境提升。传统城市设计转向以数字化和人机互动为特征的"第四代城市设计"[1]的变革呼应了我国"十四五"规划纲要所提出的

"加快数字社会建设"战略部署。然而,尽管数字技术已被广泛应用于许多领域,规划行业在克服技术壁垒、融合数字技术方面的进程还十分缓慢。城市设计天然的综合性和复杂性要求城市设计师具有应用数字技术将人地关系、多方利益诉求整合并转化为空间形态组织方式的综合能力。教育是行业和学科的发展基础,城乡规划学背景的数字化城市设计教育探索,可以促进从"数据研判"到"方案生成"的数字化城市设计逻辑的形成。

数字技术纷繁复杂,大数据支持和计算智能算法驱动是数字化城市设计的两大特点。机器学习是一类发展成熟的计算智能技术,具有强大的分类和预测能力,能够实现智能化空间环境与行为关系解析、空间环境特征识别和空间形态设计。在城乡规划学背景的数字化城市设计教学中,将大数据和机器学习的引入作为主线,有助于学生系统掌握一类技术,将其灵活应用于城市设计实践,并触类旁通,自主探索其他数字技术,避免陷入琐碎的技能获取而迷失其中。

2 城市设计教育转型

2.1 传统城市设计教育

城市设计教育起源于欧洲,然其作为独立专业则兴起于美国[2]。多年来,众多国际杰出高校形成了以设计工作坊为核心、以理论课程或讲座为辅助的城市设计教学传统,教学过程遵循"直观的信息收集—直觉的设计尝试—计算机辅助设计"的模式。值得一提的是,尽管设计导向的培养模式仍是主流,近年来设计结合研究的培养模式逐渐崭露头角[3]。

长期以来,我国学者大量学习国际城市设计教育成功经验,并在我国高校进行了本土化应用[4]。在国内,城市设计往往作为建筑学及城乡规划学的课程或研究方向之一,在本科阶段和研究生阶段均有涉及。尽管存在开设独立专业的呼声,在建筑学或城乡规划学下发展相对完整的城市设计教学体系是目前更为经济理性的选择。然而当下城市设计的学科归属尚不明确且缺乏系统性。在我国规划从属从建设系统改为自然资源系统的变革之下,建筑学及城乡规划学两个学科下的城市设计课程侧重点应有所分化。一方面,建筑学背景的城市设计课程可延续学科对微观空间环境的感性塑造传统,项目实践以空间微更新为主。另一方面,城乡规划学背景的城市设计课程则应转向较大尺度的理性空间分析,寻求形态塑造与资源分配的协同。因此,我国高校城乡规划学背景的城市设计课程引入数字化理论、方法和技术,更新传统教学理念、课程体系和教学内容组

织方式的需求十分迫切。

2.2 数字化城市设计教育

大数据环境的完善和新数字技术的发展带来了城市设计在教育、研究与项目实践三个层面的数字化重大变革[5]。其中,教育层面的变革是数字化城市设计发展的根本。一些国际知名高校在建筑学及城乡规划学两个学科下的城市设计教学中引入数字化理念和新兴技术,引导数字化的空间品质测度、问题诊断和空间环境设计,从而引领数字化城市设计发展。例如,俄勒冈大学设计学院建筑系自2012年起开设参数化城市设计课程,其间,学生将上位规划的要求转化为设计参数,输入参数化设计软件(Rhino及其插件Grasshopper),并结合大数据分析和场地感知,反复推敲、塑造二维及三维空间形态,最终生成设计方案。此外,香港大学城市规划与设计系2021年开设了全新的硕士项目——城市计算硕士。项目中开设了城市大数据分析、编程与人工智能等课程,通过培养学生利用前沿模型算法,获取及分析城市新数据,进而解决城市问题的能力,帮助学生更好地拥抱新方法,适应新的技术环境。总之,当前的数字化城市设计教育还处于初步发展阶段,未形成成熟的培养模式,亟须深化探索及实践。

与建筑学相比,城乡规划学在较大尺度空间环境问题研判与空间资源形态组织方面具有明显优势。这样的学科特点,一方面使得大数据和计算智能技术更易融入其教学之中并发挥理性工具作用,另一方面也对相应的数字化城市设计教育提出更高要求。城乡规划学背景的数字化城市设计人才培养应该帮助学生形成公共导向价值观、构建全面的知识体系、提高空间分析思辨能力、掌握系统化数字技术,并将这些内化为城市设计本能。

3 大数据与机器学习技术语境下城乡规划学背景的数字化城市设计教学探索

3.1 基本教学方法与总体教学安排

为了将大数据与机器学习嵌入城乡规划专业的城市设计课程,引入项目导向学习、探究式学习、资源型学习等基本教学方法。项目导向学习要求学生针对一系列复杂任务的挑战性现实问题进行调查,并通过设计解决问题。对于数字化城市设计,项目导向学习促使学生掌握如何界定现实问题,识别利益相关者及其需求,并将理论应用于实践。探究式学习是一种归纳的逻辑观,从一组观察结果或一个复杂的现实世界问题发展成事实、程序或指导原则。探究式学习能够让学生接触到高

度竞争且往往充满争议的设计世界未修饰的现实。而且对于数字化城市设计,这种教学方法促使学生独立获取技能,以满足设计的多方面要求。资源型学习强调学生从丰富的学习资源中获得解决问题的有效信息。随着信息技术的发展,可利用的学习资源愈加多样。数字化城市设计通过技术过程驱动设计结果,灵活、多种语言、不同级别兼容性、具有熟练度和智能化支持的资源能够促进学生对技术过程的学习。

根据城乡规划学专业的数字化城市设计人才培养需求,教学安排应当着重培养学生的理性分析和设计能力。本科阶段以理论、方法、技术课程为先导,以城市设计工作坊为核心,研究生阶段则在工程应用与研究方面继续深化,形成渐进式的节点嵌入教学安排(图1)。本科阶段一、二年级主要引入数字化城市设计理论与方法,包括非线性设计、参数化设计等理念,以及计算智能如何辅助城市设计师把握城市运行规律、识别城市形态特征和设计城市空间环境。三年级主要引入大数据、机器学习技术,尤其是如何通过编程(如 Python 脚本语言)或使用设计软件(如基于 Rhino 平台的 Grasshopper 可视化编程语言)构建、训练和评估机器学习模型。四、五年级则注重将大数据、机器学习应用于项目导向的城市设计工作坊中。研究生阶段分设计导向(专业型硕士)和设计结合研究导向(学术型硕士)两类,分别在工程应用和研究方面强化数字化渗透。通过在教学节点逐步嵌入(或整合、并行)数字化城市设计理论、方法、技术和应用,让学生不断增加相关知识、发展相应技能,这体现了教学的连续性和整体性。

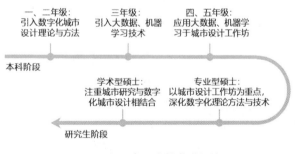

图1　渐进嵌入式教学时间线

(图片来源:作者自绘)

3.2　教学内容组织

城乡规划学专业背景的数字化城市设计课程体系由理论课程和设计课程两部分组成。基于上述教学方法和渐进嵌入式教学安排,提出将大数据和机器学习融入从理论、方法与技术学习到设计实践全过程的教学框架(图2)。

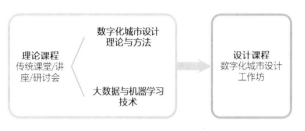

图2　总体教学框架

(图片来源:作者自绘)

3.2.1　理论课程

理论课程以学生获取知识和技能为目标,需要在理论、方法、技术层面发挥引领后续设计课程的作用,主要涉及数字化理论方法和数字技术两个层面的内容,前者以传统课堂、讲座或研讨会的形式展开,后者则以实验课堂的形式进行。

数字技术带来了城市设计理论、方法论的变革。数字化城市设计不仅关注静态的空间,还关注空间内动态的出行、活动、感知等全要素信息,同时注重与城市研究相结合,形成数据采集、分析、设计与表达的核心工作流程[6]。数字化城市设计理论与方法课程从理论范式、方法逻辑和应用实例三个方面动态开展有序组织,培养学生数字化城市设计逻辑思维。

数字技术课程引入的数字技术应是已成熟、成体系、可实施的,并且应与设计课程主线相对应。数字技术,尤其是计算智能往往针对精通线性代数和脚本编程语言的受众,具有较为陡峭的学习曲线。不过,可视化编程环境的完善极大降低了技术门槛。例如,Khean 等人在可视化编程环境 Grasshopper 中开发了一个人工神经网络工具,旨在"通过中介软件解开机器学习的复杂性"[7]。因此,此类可视化编程环境可作为主要工具平台引入数字技术课程教学。

具体而言,数字技术课程引入大数据和机器学习技术,包含大数据采集与处理、神经网络模型、集成树模型与解释器三个主要模块(图3)。大数据采集与处理是数字化城市设计的基础。虽然存在简单易学的爬虫软件,但是掌握灵活的编程语言更有助于提升学生的数字技能,因此课程引入针对大数据采集与处理的 Python 学习模块。作为一类已经发展成熟的计算智能技术,机器学习能够被嵌入城市设计的多个环节。课程引入神经网络和集成树两类机器学习算法。神经网络算法可以应用于空间环境特征(如街道绿视率)识别、空间设计生成、成果图纸渲染等。集成树算法具有强大的可解释性,可以应用于空间环境与行为关系解析和问题研判,从而为设计规则制定提供参考。

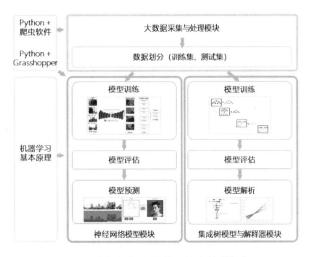

Python + 爬虫软件 →

Python + Grasshopper →

大数据采集与处理模块

数据划分(训练集、测试集)

模型训练　　　　模型训练

机器学习基本原理

模型评估　　　　模型评估

模型预测　　　　模型解析

神经网络模型模块　　集成树模型与解释器模块

图3　大数据与机器学习技术教学框架

(图片来源:作者自绘)

3.2.2　设计课程

设计课程以工作坊的形式展开,采用以学生为中心、以成果为导向的教学理念,通过项目导向的设计实践,培养学生的数字化城市设计实践能力。选题以较大尺度的存量城市设计类为主,遵循"数据收集、问题研判、方案生成、成果表达"的传统城市设计课程主线,发展从"循证式研判"到"参数化设计"的教学路径,在教学过程中引导数字技术对城市设计的全过程介入(图4)。

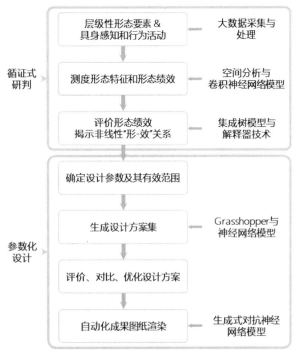

循证式研判

层级性形态要素 & 具身感知和行为活动　　大数据采集与处理

测度形态特征和形态绩效　　空间分析与卷积神经网络模型

评价形态绩效 揭示非线性"形-效"关系　　集成树模型与解释器技术

参数化设计

确定设计参数及其有效范围

生成设计方案集　　Grasshopper与神经网络模型

评价、对比、优化设计方案

自动化成果图纸渲染　　生成式对抗神经网络模型

图4　融入大数据和机器学习的设计实践教学框架

(图片来源:作者自绘)

循证式研判:在医学领域,疾病的诊断和治疗得益于科学而明确的循证过程。基于医学和城市设计的共性,将循证理念应用在城市设计领域,引导城市设计师结合客观研究发现、个人经验技能和多方利益诉求生成最优方案,有助于研究成果向设计实践转化[8]。在城市设计教学中强化循证式研判过程符合当前城乡规划学背景的设计结合研究的培养趋势。对于大数据支持的数字化城市设计,相关教学则应该强调通过数据循证,形成科学理性的设计研判。

空间形态是城市设计关注的对象主体,从依据形态绩效(performance)发现问题,到依据形态特征与形态绩效的关系寻求原因,是一个循证式研判的过程。首先,需要引导学生认知什么是好的空间形态,形成价值判断。好的空间形态具备持续吸引使用者、诱发丰富活动、形成活力的能力,因此城市设计领域普遍将空间活力作为价值目标。当然,空间活力不是唯一的形态绩效评价指标。鼓励学生通过批判性思考形成独立的价值判断。其次,需要引导学生理解形态特征如何影响形态绩效。形态要素包括道路、街区、地块、建筑和功能等,一般使用建筑密度、功能混合度、街道可达性等指标描述形态特征。理解形态特征与形态绩效的互馈规律有助于判断局部形态绩效不理想的原因。

沿着从数据收集到问题研判的循证式研判课程主线全过程介入数字技术。首先,介入大数据采集和处理技术,整理场地(案例地)空间的层级性形态要素,记录场地(案例地)空间使用者的具身感知和行为活动。其次,介入空间分析技术(如空间句法、GIS技术)及卷积神经网络测度形态特征和形态绩效。最后,介入集成树机器学习与解释器技术揭示潜在的非线性"形-效"关系。

参数化设计:把设计转化为由参数控制的逻辑过程。城市的生长过程可以类比为多个由城市形态参数所控制的子系统自下而上叠加的过程。鉴于其对城市生长逻辑的表达能力,参数化设计正在被更频繁地应用于数字化城市设计教育和实践[5,9]。

参数化城市设计的关键是参数的选取和参数值的确定。而从上一步循证式研判所揭示的非线性"形-效"关系中,可以科学有效地提取设计参数及其有效范围,实现从空间形态认知到设计规则制定的转化逻辑[10]。基于Rhino平台的Grasshopper可视化编程语言,生成方案集之后,需要引导学生结合空间感知和多方利益诉求,进行从社会、经济和环境等维度的多方案评价与对比,选取最优方案。

在成果表达阶段,可介入生成式对抗神经网络机器学习技术,实现自动化成果图纸渲染,提高城市设计生产率。

3.3 课程评价与反馈

城乡规划学、建筑学、风景园林学背景的传统城市设计课程和数字化城市设计课程,由于专业背景和内容侧重不同,导致教学目标差异化且成果多样化,相应的评价体系也大相径庭。城乡规划学背景的数字化城市设计教学除了考察一般性的城市空间分析和形态组织技巧,还应考查学生对数字化城市设计理论方法的理解、数字技术的掌握,以及把数字化理念和技术内化为城市设计实践的能力。设计课程评价包括数据获取与处理的准确性和有效性、循证式形态认知与问题研判的科学性、从数据循证到形态设计的逻辑连贯度、设计方案的综合性和可实施性,以及成果表达效果和效率。此外,设计课程往往是以团队协作的方式完成实践项目,应将设计成果和团队协作情况相结合,构建全过程、多维度的评价体系。

课程结束后,采用问卷调查的形式收集学生在每个学习阶段的收获、感受、问题和意见,根据学生的反馈不断修正教学方案,实现动态提升。

4 总结

本文关于城乡规划学背景的数字化城市设计教学探索,可以实现城乡规划学和计算机科学的跨学科精准交互,同时也可以促进城市设计人才培养思维由经验式感性设计传统向定量化理性分析的转变。本文以大数据和机器学习为主导,将数字化城市设计理论、方法、技术和实践有序嵌入城乡规划学背景的城市设计教学过程,提出了以项目导向学习、探究式学习、资源型学习等教学方法为主的教学思路和渐进的教学安排,形成了从理论、方法、技术课程到设计实践课程的总教学框架和从循证式研判到参数化设计的设计实践教学路线,构建了动态的教学评价与反馈机制,可以帮助未来城市设计人才深入理解数字化理念并快速掌握数字化工具,从而提高竞争力。总之,本文能够为数字化城市设计教育提供有效指导与借鉴。

参考文献

[1] 王建国.基于人机互动的数字化城市设计——城市设计第四代范型刍议[J].国际城市规划,2018,33(1):1-6.

[2] 张颖,宋彦.美国城市设计专门教育的进展和现状——以六所大学为例[J].国际城市规划,2020,35(6):106-119.

[3] 叶宇,庄宇.国际城市设计专业教育模式浅析——基于多所知名高校城市设计专业教育的比较[J].国际城市规划,2017,32(1):110-115.

[4] 金广君.城市设计教育:北美经验解析及中国的路径选择[J].建筑师,2018(1):24-30.

[5] 史宜,关美宝.美国高校数字化城市设计发展初探[J].国际城市规划,2018,33(1):28-33.

[6] 杨俊宴.全数字化城市设计的理论范式探索[J].国际城市规划,2018,33(1):7-21.

[7] KHEAN N, KIM L, MARTINEZ J, et al. The introspection of deep neural networks-towards illuminating the black box - Training architects machine learning via Grasshopper definitions [C]//Proceedings of the 23rd International Conference of the Association for Computer-Aided Architectural Design Research in Asia. Beijing, 2018:237-246.

[8] RAZZAGHI-ASL S, ZAREI N. Urban design, medicine and the need for systematic and evidence-based procedures for urban designers [J]. Urban Design International, 2014, 19(2):105-112.

[9] WILSON L, DANFORTH J, DAVILA C C, et al. How to generate a thousand master plans: A framework for computational urban design[C]//The Proceedings on the 10th Symposium on Simulation for Architecture and Urban design SimAUD, F, 2019.

[10] XIAO L, LO S, LIU J, et al. Nonlinear and synergistic effects of TOD on urban vibrancy: Applying local explanations for gradient boosting decision tree [J]. Sustainable Cities and Society, 2021, 72:103063.

范梦凡¹ 丁雯¹ 刘郑楠¹ 林育欣¹*

1. 厦门大学建筑与土木工程学院；lyx33333@163.com

Fan Mengfan¹ Ding Wen¹ Liu Zhengnan¹ Lin Yuxin¹*

1. School of Architecture and Civil Engineering,Xiamen University;lyx33333@163.com

2020 年厦门大学校长基金(20720202016)

基于 VR 技术的建筑空间秩序分析
——以博物馆空间设计为例

Study of Spatial Organization Based on VR：Taking museum as an Example

摘　要：基于参数化设计的建筑通过引入 VR(虚拟现实)技术突破传统的空间互动和体验设计,提供真实自然的实时交互、跨时空的虚拟体验,使人在设计阶段就能体验和感受建筑。因此,本文以博物馆空间为案例基础,对比传统的几何线性博物馆与参数化设计的非线性博物馆的生成方式,探究入口空间、过渡空间和展陈空间的空间组织方式。通过对观展路径数据的解析,统计体验者对各个空间主观感受的问卷调查结果,总结博物馆中两种空间秩序组织上的特点和差异。

关键词：博物馆；参数化设计；VR 技术；空间秩序组织

Abstract：Parametric design in architecture breaks through traditional spatial interaction and experience through the invention of VR (Virtual Reality) technology, providing realistic and natural interactive, cross-temporal virtual experiences that enable people to experience the space during the design process. Therefore, this article is based on the museums, comparing the traditional museums with the parametric museums, and exploring the spatial organization of the entrance space, transition space and exhibition space. Through the analysis of the data on the touring routes and the statistical results of the questionnaire survey on the subjective feelings of the users towards each space, the characteristics and differences in the organization of these museums are summarized.

Keywords：Museums；Parametric Design；VR Technology；Spatial Order Organization

1　博物馆空间类型与 VR 技术

1.1　博物馆的空间类型

在博物馆设计中,空间可大致分为入口空间、过渡空间和展陈空间三类。其中,入口空间指的是引道、庭院、广场构成的外部空间以及门厅、过厅、通道等构成的内部空间,展陈空间以展示物品为主要目的,过渡空间则作为中介串联起展厅与展厅、内部与外部。

1.2　基于 VR 技术的建筑环境心理学

建筑环境心理学是一门研究人的行为模式在建筑环境中如何变化,根据人的心理现象及行为特点来改变建筑环境,以此为线索来研究"人、建筑、环境"三者之间关系的学科[1]。在建筑设计中,环境心理学的应用主要体现在运用空间形态、色彩表达和光环境等要素对人的心理、感知、行为等产生影响[2]。其注重探讨与人的心理感受发生相互联动关系的建筑环境的营造,看重环境中主体对于环境的心理感受和需求[3]。

而 VR 技术能提供真实自然的实时交互、跨时空的虚拟体验,使人不用到真实建筑环境中,就能体验和感受建筑。使用 VR 沉浸式 3D 空间体验,交互式的材质、色彩体验和实践,使得建筑设计具有身临其境的"现场感"。VR 技术的特征与环境心理学有着异曲同工之妙,因此,VR 技术可作为研究环境心理学在建筑中的应用的重要技术手段。

《环境心理学(第四版)》一书中提到了环境认知理论,研究内容主要为人对环境的识别和理解,包含环境意向、距离判断、空间定向、找路寻址等。其中,可以应用到博物馆建筑设计中的环境认知相关概念主要有空间定向、认知地图和同一性,它们分别代表了建筑环境给个体提供的判定方向、辨别方位和对整体环境的把控三个功能,这些在博物馆建筑空间设计中尤为重要[4]。因此,本文将运用环境认知相关理论,从博物馆建筑空间对参观者产生的行为特点作用关系方面进行探讨。

2 数据分析

传统博物馆空间对于人的行为的分解是相当明确的:参观、休息、路过……每一个行为都对应相应的空间,再辅以线性的流线体系,也就是空间界面的相对明晰。这种传统空间在某种程度上来说忽略了人的行为对于空间的影响,更多的是直接用功能去限定行为,缺少对于参观者行为的回应。而非线性空间中,空间展现了较强的功能复合性,复合空间为参观者提供了较多的行为方式,空间对于行为的界定较宽泛。在参数化空间里展览空间是容纳展品的一种空间形态,不仅仅是展示展品的空间,还是引导、容纳参观者的空间,是参观者与展品"对话"的媒介,同时包含了引导、娱乐、休憩、信息传递的功能。

基于此,采用 VR 技术手段,绘制参观者在传统线性空间和参数化设计的非线性空间内的观展轨迹,记录各个空间的到达频率、停留时间与参与者的主观感受,进而探究博物馆中两种空间秩序组织上的特点和差异。

2.1 行为轨迹

2.1.1 入口空间

线性博物馆选择以金泽 21 世纪美术馆和巴塞罗那馆为例。金泽 21 世纪美术馆的几何感鲜明,其四个方向都设置有入口,但功能划分较为明晰,使用 VR 设备的参观者在其中的观展过程相对来说较为流畅。

以"流动空间"著名的巴塞罗那馆可以看作介于几何线性博物馆与非线性博物馆之间的过渡。空间与空间相互关系的模糊性,使得其在具有线性空间的方向性的基础上,营造室内的流动感。主要入口通过墙体在平面上的垂直交错,制造了两种进入流程,一种是沿长边步入,另一种则是从短边切进[5],其呈现在参观者眼前的空间依旧有线性空间的特征,即也具有明显的空间指向性。

而以挪威扭体博物馆和辛辛那提当代艺术中心为代表的非线性博物馆入口空间并没有通过实墙进行围合,而是与其他空间互相渗透,方向上更多地表现出随机性(表 1)。

2.1.2 过渡空间

相对于更为传统的博物馆设计,金泽 21 世纪美术馆的大部分过渡空间分布在整个建筑的外围,展现了相当高的开放度。但是整体来看,过渡空间与展陈空间仍是相对独立的两个空间片段。而巴塞罗那馆则体现了较明显的空间的渐变与转换,当参观者在某一个空间的时候,周围空间是在其周围层叠展开的。而这一点在非线性空间里则得到了更好的呈现,挪威扭体博物馆的过渡空间承担交通功能的同时也是休憩空间与展陈空间,功能高度复合化。辛辛那提当代艺术中心则突破了平面的限制,通过中庭"之"字形的扶梯连接着剖面上不同标高的展厅,引导人流纵向活动,展现了空间的流动性与连续性(表 1)。

2.1.3 展陈空间

传统线性博物馆的展陈空间往往摆脱不了基本单元空间的限制,因此空间形态功能也就是明确、单一的。而金泽 21 世纪美术馆虽然也呈现了基本的空间单元,但是却通过无方向性、无等级性的平面划分形成了均质、暧昧的空间,因而产生了自由的展陈空间。但是这种自由更多地体现在了水平面上,其垂直面上的空间对话并不多。而挪威扭体博物馆通过墙体的翻转进一步模糊了水平与垂直的界限,使得展陈的方式更加灵活多样(表 1)。

2.2 主观感受

2.2.1 入口空间

传统的线性空间入口,其指向性都是相对明确的。基于环境心理学的理论,可知这有赖于我们对日常生活的空间的认知程度,即使是在陌生的建筑内人们也可以凭借长久以来的习惯来识别入口空间的导向性:通往聚集空间,通往服务空间,或者仅仅是通往一条走廊。而在非线性空间中,功能复合化带来的空间重叠性使得入口空间更加均质化,营造出不定向的随机性。

基于此,分别对佩戴了 VR 设备在传统线性空间和参数化非线性空间里游览的试验者进行了简单的倾向性统计(表 2)。

2.2.2 过渡空间

传统线性博物馆设计,空间往往更偏向于片段化,设计时常将展览、休憩、走廊等空间分解开来。其中走廊、休憩这类过渡空间在传统线性博物馆空间中表现出一种与主要空间的离散性，即走廊单纯承载通行功能、休憩空间单纯承载休息功能。也可以说其空间复合度较低。而非线性空间的功能空间之间相互渗透，功能复合较高，大大提高了使用者的空间利用效率(表2)。

2.2.3 展陈空间

传统线性博物馆的展陈空间往往边界简单而明晰。

参观者在其中发生的行为局限在"观展"这一界限内，对于空间的感受往往是不太深刻、稍纵即逝的。在这样的空间里所能呈现的叙事线也是单一的，而非线性空间的展陈空间没有通过特定的边界限定空间，呈现出迷宫的路径特征，倾向于激发人群的体验性(表2)。

表 1　实验数据统计表(来源:作者整理)

分类	作品名称	透视图	平面图	轨迹图
入口空间	金泽21世纪美术馆			
	巴塞罗那馆			
	挪威扭体博物馆			
	辛辛那提当代艺术中心			
过渡空间	金泽21世纪美术馆			
	巴塞罗那馆			
	挪威扭体博物馆			
	辛辛那提当代艺术中心			

分类	作品名称	透视图	平面图	轨迹图
展陈空间	金泽 21 世纪美术馆		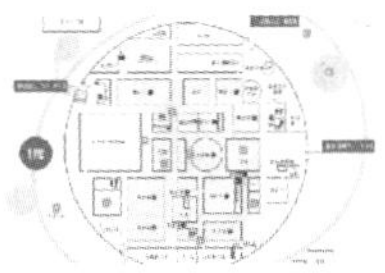	
	巴塞罗那馆		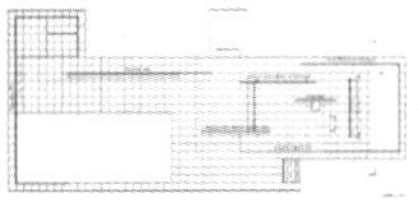	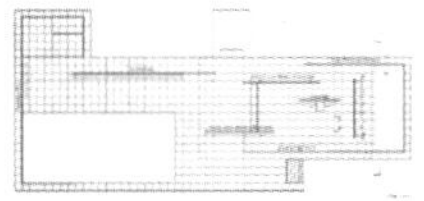
	挪威扭体博物馆			
	辛辛那提当代艺术中心		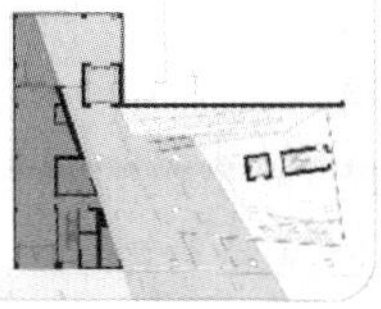	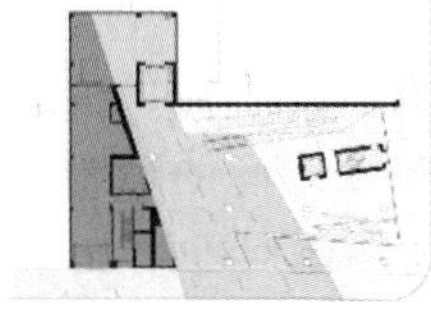

表 2　问卷图示及结果统计(来源:作者整理)

标题 1	−5(弱)	−4	−3	−2	−1	0	1	2	3	4	5(强)	项目	结果
指向性												金泽 21 世纪美术馆	1
												巴塞罗那馆	3
												挪威扭体博物馆	1
												辛辛那提艺术中心	−1.5
复合化												金泽 21 世纪美术馆	2.5
												巴塞罗那馆	0.5
												挪威扭体博物馆	3.75
												辛辛那提艺术中心	4.5
边界感												金泽 21 世纪美术馆	3
												巴塞罗那馆	−0.75
												挪威扭体博物馆	−2.75
												辛辛那提艺术中心	−3

3　参数化博物馆与传统博物馆的空间对比

3.1　入口空间的自由发散性

入口空间是人们进入博物馆建筑时最先感受的空间,是整个博物馆空间序列的开端。同时,它连接了两个不同类型的空间,即博物馆外部空间与博物馆内部空间,起到衔接转换两个不同类型空间的作用。它不仅起到在空间上的过渡作用,同时也起到让参观者在视觉和心理上过渡的作用,循序渐进地将参观者带入博物馆展陈内容中。同时入口空间也具有交通功能、文化功能、活动功能等多种功能。

在传统的线性博物馆设计中,入口空间通常与其他空间存在轴线关系。首先,其特点是空间在轴线上层层递进,在进入高潮展陈部分前可以进行充分的铺垫。其次,各空间主次有别,能够营造出庄重严肃的氛围,秩序感较强,且整体感较强。

在参数化非线性博物馆中,入口空间多为自由式空间。其特点是可以通过不同尺度和类型的空间来营造主题氛围,空间层次丰富,有利于博物馆所要展陈内容的展开。非线性博物馆入口空间秩序感较弱,在一定程度上更能够潜移默化地引导参观者视觉和心理上的过渡。

3.2 过渡空间的渐变连续性

传统的博物馆在设计之初就对不同区域、部门和功能进行了划分,进而打断各个空间的联系,使其彼此孤立、自我封闭。比如走廊就是交通空间,不作为其他建筑事件发生的容器,参观者也不再继续经历展陈空间中的事件。而在一种开放的、深层次的空间序列里,建筑在参观者四周同时发生,层叠展开,面前的所有方向,各种事件都会暗示参观者要做什么,发生什么[6]。而实现多层次重叠的事件,需要非线性参数化设计介入空间,从而实现空间的渐变和转变。比如博物馆的不同空间——封闭空间、非正式开敞空间和完全开敞空间,需要"之间",即过渡空间将其相互连接。而在参数化技术的帮助下,建筑边界更加模糊,进一步强调了空间连接方式的流动性,追求空间的模糊和多义,使过渡空间像自然景观一样具有连续性。

扎哈设计的参数化建筑中就实现了空间的无穷连续和流动,在各个空间单元之间创造了多样化的连接关系,实现了整个博物馆空间的连续性,更有利于体现博物馆的叙事性。而任意空间单元的主要特征也都体现在它与相邻空间单元的渗透与流通上。也就是说,基本展陈单元空间是以其与相邻空间单元间的关系界定的[7]。

3.3 展陈空间的多元未知性

传统博物馆空间通常以点、线、面构成平面进而确定出唯一性空间,具有强烈的基本单元特征。通过固定的秩序塑造空间的整体叙事,空间意义明确而单一。如金泽21世纪美术馆中大小不一的立方体盒子彼此相互分离,并通过四个采光天井作为虚空间联系展陈空间。但其均质的平面划分取消了等级的限制,通过无方向性进一步重构了暧昧、不确定和自由的空间,具有非线性的空间未知性。

非线性参数化在设计之初就突破了基本单元空间的限制,每个空间都具备多样化与个性化特征,类似拓扑异形过程中的即时阶段。处于这种空间中,参观者始终处于一种动态行进中,无法想象其前一格或者后一帧的空间变换形态[8]。扎哈设计的辛辛那提当代艺术中心新馆让每个展厅空间直接与中庭对话,使得空间在水平与垂直方向上达到连续。使用者在同一时刻直接感知建筑中多个空间的展开,带来极其复杂的流动感受。空间在视觉上的连续性激发了参观者主观的创造性行为,通过容纳差异与对立并存的"多重事件",使参观者从中获得丰富的体验和感受。空间处于未完成的状态,将一部分内容组织的工作留给使用者[7]。

4 结语

本研究采用VR(虚拟现实)实验的方法,探究了线性博物馆与非线性博物馆的空间秩序的不同特征。其中,参数化博物馆空间相较于线性博物馆,入口空间呈现出自由发散性,过渡空间富有渐变连续性,展陈空间带来未知多元性,共同激发参观者的多种行为与体验,创造了多种可能。随着科学技术的发展与虚拟现实概念的演进,VR技术也将更多地介入建筑初期设计阶段,从而实现空间体验与利用的最大化。

参考文献

[1] 方莹.基于环境心理学的高校校史馆室内设计研究[D].哈尔滨:哈尔滨工业大学,2017.

[2] 焦典,陈杨,唐建.基于环境心理学的展览空间叙事性研究[J].城市建筑,2021,18(18):121-123.

[3] 陈蓓.论环境心理学在建筑设计中的运用[J].四川建材,2019,45(7):47-48.

[4] 郭睿坤.基于环境心理学的图书馆室内公共空间设计研究[D].邯郸:河北工程大学,2021.

[5] 朱竞翔,王一锋,周超.空间是怎样炼成的?——巴塞罗那德国馆的再分析[J].建筑师,2003(5):90-99.

[6] 高岩,帕特里克·舒马赫.晰释复杂性——与扎哈·哈迪德建筑师事务所合伙人帕特里克·舒马赫的访谈[J].世界建筑,2006(4):18-23.

[7] 董馨潞,殷青.扎哈·哈迪德的"塑性流动"理论与建筑空间探析——以辛辛那提当代艺术中心为例[C]//全国高校建筑学学科专业指导委员会,建筑数字技术教学工作委员会,天津大学建筑学院.计算性设计与分析——2013年全国建筑院系建筑数字技术教学研讨会论文集.沈阳:辽宁科学技术出版社,2013:95-98.

[8] 徐炯,刘峰,赵和生.从"动态构成"到"非线性流体式整体设计"——解读扎哈·哈迪德两个竞赛方案设计语汇[J].城市建筑,2008(1):76-77.

吕锐[1]　Christopher Pierce[1,2]

1. 四川省建筑设计研究院有限公司(SADI);raylu.aa@qq.com
2. 英国建筑联盟学院;pierce_ch@aaschool.ac.uk

Lü Rui[1]　Christopher Pierce[1,2]

1. Sichuan Architectural Design & Research Institute Co.,Ltd.
2. Architectural Association School of Architecture

去中心化数字建筑教学实践与反思
Practice and Reflection on Decentralized Digital Architecture Teaching

摘　要:建筑联盟学院(以下简称"AA"),自1847年创立起就代表着建筑教育开创性的实验精神和对可达领域的无尽探索。进入21世纪后,AA更是涌现出诸多数字化建筑设计的领军人物,让建筑设计融入数字化的时代大潮。为了让全球学子都能感受AA的教学魅力,AA成立了访问学院,开始以去中心化的方式在全球开展教学。本文是笔者和访问学院主席Christopher Pierce对于AA近年来关于去中心化数字建筑的教学实践思辨。

关键词:去中心化;议程驱动;自组织;数字建筑;未来展望

Abstract:Architectural Association School of Architecture (short as "AA" in the following),since its establishment in 1847,has represented the pioneering experimental spirit and endless exploration of possible areas in architectural education. Entering the 21st century,AA has emerged many leading figures in digital architectural design,integrating architectural design into the trend of the digital era. In order to allow students from all over the world to feel the teaching charm of AA,AA established the visiting school and began to teach in a decentralized way around the world. This article is a reflection on the teaching practice of AA's decentralized digital architecture by author and Christopher Pierce the head of AA visiting school.

Keywords:Decentralized; Agenda-driven; Self-organized; Digital Architecture; Future Outlook

1　古老的先锋

成立于1847年的建筑联盟学院(AA)最初由罗伯特·克尔(Robert Kerr)和查尔斯·格雷(Charles Gray)这两位具有开创和独立精神的见习生(Articled Pupils)开创,一度与英国皇家建筑师学会(Royal Institute of British Architects)共用地场地,几经搬迁最终于20世纪70年代来到了紧邻大英博物馆的贝德福德广场现址。在175年的历史中,AA逐渐成为世界上最国际化和最负盛名的独立建筑学院之一,虽然作为独立学院从不参与任何排名活动,但持续不断的杰出校友、广泛开展的展览讲座、专题讨论会和出版物计划使其在当代建筑文化的全球讨论和发展中始终处于中心地位。目前AA拥有来自全球60多个国家的学生和教职员工,并有大量来自世界各地的访问学者、讲师和其他参与者。从19世纪的约翰·拉斯金和乔治·吉尔伯特·斯科特,到最近的校友雷姆·库哈斯、扎哈·哈迪德和理查德·罗杰斯,继承了独立思辨能力的AA杰出校友层出不穷,其代表的各类建筑思潮和在全球的建筑实践一直推动着建筑设计的发展。

与传统的建筑学教育不同,AA的课程并不沿用传统建筑学建筑、规划、景观的分类,而是紧跟最新的数字科技发展和时代思潮发展出诸多富有特色的独立建筑教学系统。进入新世纪以后,AA具有实验性的课程层出不穷,目前的课程集中在两个主要的领域:一是可以获得 AA 文凭(RIBA/ARB Part 2)的本科阶段课程;二是研究生阶段课程,包含景观都市主义、住房与城市化、可持续环境设计、历史理论、涌现技术和设计研究实验室。这些课程开创性地将数字技术和前沿建筑理论融合,书写着建筑学新的历史。

2 时代的浪潮

毕业于 AA 的普利策奖得主、荷兰著名建筑师雷姆·库哈斯在 2016 年 AIA 年会中与 AA 前校长、现任哈佛大学 GSD 设计学院院长莫森·穆斯塔法(Mohsen Mostafavi)的对谈中指出:"今天的建筑有一个严重的问题,那就是不相似的人已经不再交流。我们工作的世界里有这么多不同的文化同时运作,每个文化都有自己的价值体系。如果你想与人相关,你需要对大量的价值观、解释和解读持开放态度。老式的西方'这是''那是'已经站不住脚了。我们需要理智和严谨,但同时也要相对主义。建筑和建筑语言——平台、蓝图、结构——几乎成为我们在硅谷面临的许多现象的首选语言。他们接管了我们的隐喻,这让我想到,不管我们的速度如何,这对硅谷来说太慢了,我们或许可以思考现代世界也许并不总是以建筑物的形式存在,而是以知识或组织的形式存在,我们可以提供的结构和社会建筑学在三千年历史的世界中站立着一条腿,在 21 世纪站着另一条腿。这种近乎芭蕾舞般的延伸使我们的职业出奇的深刻。你可以说,我们是最后一个有记忆的职业,或者是最后一个根源可以追溯到 3000 年前的职业,并且仍然证明了今天这些漫长道路的相关性。"诚然,作为一个继承古老记忆的职业,建筑教育在不同的时代一直面临不同的挑战。正如库哈斯所说,硅谷对建筑设计的影响其实远超建筑师本身,由于计算机或者说数字科技的进步,在短短四十年内,我们就经历了从手绘图纸到计算机辅助设计(CAD)的 2D 电子图纸再到以 Grasshopper 为代表的参数化 3D 设计的飞速变化。AA 之所以能够成为各类建筑风潮的重要发源地,与其对科技深度的解析和关注有关。设计手段的更迭只是表象,AA 对算法和编程的关注带来了近二十年数字化建筑教学的井喷。而就建筑教育的传播来说,AA 从互联网的发展进化中寻觅到了下一个趋势。目前互联网已经从 Web1.0 进化到了 Web3.0。依据科莫德和克里希纳穆绥的说法,Web 1.0 时代是中心化的,"时间大约从 1991 年到 2004 年。在 Web 1.0 中,内容创作者很少,绝大多数用户只是内容的消费者。"[1] Web2.0 是平台化的,用户借由大的社交平台发声,但其收益分配机制依旧是中心化聚集的。自 2008 年中本聪发表白皮书以来,Web3.0 凭借区块链技术对现有互联网进行大幅度改造,各种去中心化和自组织的尝试层出不穷,用户既是内容的创造者又是互联网的拥有者。两年之后,AA 敏感地意识到在这样的技术趋势下一些最具挑衅性、实验性和想象力的学习课程可以通过与世界各地的专家合作来开发,通过引入新的受众为分散在全球各地的社群创造不同类型的机会。因此 AA 开创性地将数字建筑教学实践通过访问学院(以下简称 AAVS)这种去中心化的形式"播种"到世界不同的角落,并鼓励基于每个城市性格生长出不同的工作坊(workshop)。

3 访问学院的数字建筑教学实践

AAVS 经由访问学院主席 Christopher Pierce 博士和所有教职员工的不懈推广,目前在全球范围内都有教学活动。Christopher Pierce 博士在担任访问学院主席的同时也是本科阶段实验性项目单元的课程主管(experimental program unit master),每个城市访问学院分站负责人均是 AA 本校本科、研究生单元的负责人,除了指派分站负责人之外,AA 还会指派协理协助管理和组织区域的教学,负责人会与协理研究区域的具体情况并确定每年度的分站教学内容。Christopher Pierce 博士则会不定期飞往各个分站监督课程进度并主持访问学院结业证书的颁发。这样的组合既保证了本校前沿数字建筑教学方法的直接传达,又确保了在十天左右的极短时间内的建造性和落地性。每个分站的导师则由分站负责人挑选的本地 AA 优秀校友和 AA 本校助教对半构成。笔者作为 AA 校友,于毕业后三年开始逐渐介入 AAVS 在国内的教学工作,并在 2019 年成为 AAVS 协理。AAVS 复制了 AA 著名的"单位制"教学形式的"野生"异质性,保证每个分站在教学组织上的原汁原味。在招生方面,国际学生和建筑爱好者能够通过 AA 官网直接进行在线报名,每个分站也会提供相应的交通和住宿的指引。AAVS 也在积极拓展与全球知名大学(如墨尔本大学等)的学分互认体系,即国际学生在暑假期间于访问学院获得结业证书后,会增加其综合学分,加速获得学位的过程;为了保证教学质量,AAVS 严格将每个分站的人数控制在 50 人左右,因此往往在线报名一经开放名额就会被众多国际学生在短时间内申请一空。以成都分站为例,虽然远在中国西部,但其吸引的来自澳洲、加拿大和美国的国际学生数量超过了成都本地学生,很好地增进了国际学生间的学习交流与友谊。

访问学院的课程形式各异,但都是围绕议程驱动的体系而构建,每个分站的议程会依据分站城市的特色、数字建筑趋势、搭建场地特性等综合性因素由分站负责人和学院协理共同商议而成。分站负责人和学院协理会提前2~3个月在分站城市调研,确定议程,确保学生通过十天的学习实践很好地学习实验性、新颖性和挑衅性的建筑形式。学校通过在一系列独特的农村、城市和国际环境中嵌入多元化的具有创意的学生和导师,促进、测试和吸引全球对建筑学习和交流的兴趣。在大中华区范围内,北京、上海、深圳、香港、台北、成都均开展过不同议程主题的AAVS教学活动。北京、上海和香港分站依托清华大学、同济大学和香港大学与AA的良好合作关系,以这些大学为基础开展教学活动;而深圳、台北和成都更具去中心化的特点,依托本地企业的捐助开展教学活动。在所有大中华区的课程中,成都是唯一每年都进行持续教学的站点。Christopher Pierce博士也每年从伦敦飞往成都进行现场指导(图1),他认为成都站教学活动之所以成功,是在于这座城市独特的魅力和包容的文化土壤。在成都分站的教学实践中,AAVS受到了来自本地企业的自发捐助和政府在宣传推广方面的大力支持,深入成都本地参与各类宣讲、竞赛评审和社会调研活动,形成了真正根植当地的国际数字建筑教学的正向循环。Christopher Pierce博士评价道:"在短短六年的时间里成都分站成长为能够代表访问学院在中国教学成果的范例,与分站负责人Stewart Dodd(AA本校Design & Make课程主管)和协理(即笔者)深入成都本地社会的调研和组织密不可分"。

图1 Christopher Pierce 与 Stewart Dodd 进行教学
(图片来源:AAVS)

以成都分站2019年的工作为例,AAVS与成都本地企业万华集团签署了长期的合作协议,万华集团持续为AAVS提供资金和场地的支持。该集团一直致力于扶持全球建筑教育和设计文化的推广,旗下的A8设计中心已经与麻省理工学院(MIT)等世界一流院校开展了合作,其投资建设的麓湖项目也吸引了包括普利策奖得主让·努维尔等在内的著名建筑师的积极参与。在确定合作关系之后,万华集团总裁罗立平先生还在笔者陪同下飞往伦敦登门拜访了时任AA校长的Eva French女士,双方针对未来工作的开展进行了卓有成效的探讨。在笔者与Stewart先生实地踏勘麓湖中麓客岛的场地并详细了解麓湖的可再生材料利用情况之后,我们将2019年成都工作坊的题目定为"Beyond Typology",即"超越形态"。

参与学生在2019年7月10日至19日的时间内对麓湖的可再生材料进行针对性研究并在湖畔设计搭建融于周边风景的景观亭。第一阶段为期四天,我们首先将参与的学生分为八组,学生们通过高强度的头脑风暴和大量的参数化推演,制定出分组方案。由于AA访问学院的招生并未对参与者的软件掌握和建筑知识做要求,因此前四天也是零基础者在实践中自主学习数字建筑设计的关键时期,来自AA本校的助教能够帮助他们在极短时间内熟悉和掌握必需的Rhino和Grasshopper操作流程。这也是对AA本校鼓励自主学习,助教提供帮助引导的模式的继承。四天后,每组学生提供数字模型加上实体模型给导师组作为评估,由导师组进行投票,选出可优化实施落地的方案,并进入为期三天的第二阶段。在第二阶段,八组学生被打散分配不同方面的研究任务,如整体形态优化、建筑关节研究、建筑基础设计、建筑实施材料等。他们在助教的帮助下使用参数化设计手段快速迭代生成各类解决方案,并不定期与其他小组讨论,以求用进化论的数字化建筑筛选方式,最终确定修建形态(图2、图3)。第二阶段是三个阶段中工作量最大的时期,学生和导师常常会激烈讨论至午夜时分;麓湖也为工作坊提供了全时安保。最后三天是落地建造的第三个阶段,学生们会接受本地工人的培训,熟悉使用相关工具。负责执行的导师会使用数字化编程手段,预先模拟各个建造环节,发现问题并控制各个实施节点时间,保证建造成果在短短三天时间内落地。最终2019年成都分站的建筑成果于当年7月19日准时落成(图4),所有学生在湖畔自己搭建的景观亭下接受了Christopher Pierce博士颁发的结业证书。

4 反思

在新冠肺炎疫情暴发后,AAVS的教学活动受到了

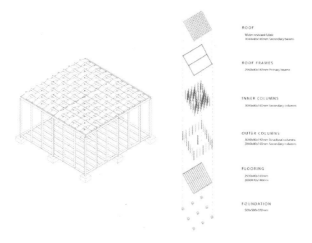

图 2 最终确定的景观亭方案
（图片来源：AAVS）

图 3 景观亭顶视图
（图片来源：AAVS）

图 4 景观亭与分站教职人员
（图片来源：AAVS）

不同程度的影响。访问学院去中心化和自组织的特质是否仍然能够给予各地教学足够的韧性？为此笔者与 Christopher Pierce 博士（以下简称 CP）进行了以下对谈。

笔者：个人感觉在疫情前 AAVS 的教学实践应该达到了历史高峰，但新冠疫情对 AA 访问学院有很大影响，您怎么看？

CP：我不认为 AA 访问学院在疫情前接近其巅峰，无论是在课程数量或学生数量方面，还是在它可能对人

们的生活及未来形式的创意艺术教育产生的影响方面，我们都有很长的路要走。Covid-19 教会了我们需要更加灵活地以不同的方式思考，并以更易于访问的方式提供线上的数字化建筑教学课程。作为访问学院的一部分，2020 年和 2021 年的 AA 夏季课程以线上教学的模式开展，反而让我们接触到了前所未有多的世界不同地区的学员。

笔者：为什么议程驱动会成为 AAVS 教学的核心模式？

CP：最最重要的是任何 AAVS 教学都应具备当代相关性并鼓励未经尝试的方法。我们的目标是以从未想象过的方式解决我们社会中目前已出现或正在涌现的重要问题，这些问题就成为我们的议程。

笔者：我们面临一个去中心化的未来，数据和金融的去中心化正在发生。在您看来 AAVS 会不会成为建筑教育去中心化的开始？

CP：毫无疑问每站访问学院都是不同的，这是 AAVS 最有价值的特质。每个不同的分站都对自己所在区域的高度敏感，并以传统中心化教育无法做到的方式和形式进行运作。AAVS 一直倡导学术自由，鼓励学员以非常规和未经测试的方式探索事物。教育已经开始逐代去中心化了，这种情况只会不断增长和蔓延。AAVS 将抓住这个机遇，利用社会对教育不断变化的观点。在我们看来，地球上的每个人都是潜在的学生。

笔者：在新冠肺炎大流行的影响下，您认为访问学院的教学组织有何值得反思的地方？

CP：爱德华·格利桑特（Edouard Glissant，来自马提尼克岛的法国作家、诗人、哲学家和文学评论家）对我们 AA 访问学院的概念产生了重要影响。我们从新冠疫情大流行中学到的比以往任何时候都要多的是 AA 访问学院能在世界各地不同类型城市开展的价值。我们会持续试验在线上的不同形式教学，但 AAVS 一直都是根植于当地价值观的自主学习课程。

5 展望

笔者：可以谈一下您对于 AAVS 未来的期望吗？

CP：其实我没有确切的期望。AA 访问学院不断被作为其一部分的每个人重新发明和重新想象。它的所有对话者都以一种几乎不知不觉地将它推向未知事物的方式为它做出了贡献。我希望它在创意艺术教育中具有越来越大的影响力。

参考文献

[1] CORMODE G, KRISHNAMURTHY B. Key differences between Web 1. 0 and Web 2. 0[J]. First Monday,2008. 13(6).

黄骁然[1]* 张勃[1] 王艺丹[2] 潘明率[1] 安沛君[1]

1. 北方工业大学建筑与艺术学院；xiaoran. huang@ncut. edu. cn
2. 国家开放大学计算机学院

Huang Xiaoran[1]* Zhang Bo[1] Wang Yidan[2] Pan Mingshuai[1] An Peijun[1]

1. School of Architecture and Arts，North China University of Technology
2. School of Computer Science，The Open University of China

国家自然科学基金项目(52208039)、中国成教协会"十四五"科研规划 2021 年度一般课题(2021-324Y)、2022 北京市高层次留学人才回国资助项目、北京市教育委员会科学研究计划项目资助(KM202210009008)、北方工业大学青年教师启动资金

基于敏捷教学的"数字技术＋建筑学"新工科课程建设实践探索
——以北方工业大学外培计划"建筑初步"课程为例

Curriculum Establishment and Investigation of "Digital ＋ Architecture" Program via Agile-based Pedagogy

摘　要：近年来，数字技术与传统行业进行了深度融合，广泛应用于建筑、城市设计与管理和工业生产等多个领域。在整个发展融合的过程中，数字技术人才的需求持续加速增长。建筑学作为一门综合性较强的学科，覆盖范围广泛，本身具有多学科交叉性，具备良好的新工科孵化基础。与数字技术的深度融合和新工具的引入，使得建筑学科无论实践还是教学，都需要将传统范式和教学法逐步与智能新工科的建设相结合。本文参考国内外数字技术应用型人才培养的先进理念和实践经验，结合北方工业大学建筑学外培项目教学经历，研究基于项目驱动敏捷式教学法的专业人才培养模式，探索服务于学科的"数字技术＋建筑学"专业教育体系，对接产业升级和社会需求。

关键词：建筑数字技术；敏捷教学；建筑初步；外培计划

Abstract： In recent years, digital technology has been deeply integrated with traditional industries, and is widely applied in many fields such as architecture, urban design management, and industrial production. Throughout the development process, the demand for digital technology talents continues to accelerate. As a comprehensive discipline, architecture is closely connected with many other fields and has a good foundation for incubating a new and cross-disciplinary engineering domain. The deep integration with digital technology and the introduction of new tools have made the discipline gradually integrate the traditional paradigms and teaching methods with the establishment of the new smart engineering, both in practice and in teaching. This article reviews the advanced concepts and practical experience both domestically and internationally on digital technology talent cultivation. By investigating the teaching experience of the international collaborative architecture program at the North China University of Technology, we explored the professional talent training model based on the project-driven agile teaching pedagogy, and therefore proposed a "Digital ＋ Architecture" professional education system for accommodating requirements from both industry and society.

Keywords： Digital Architecture Technology；Agile Pedagogy；Intro to Architecture；International Collaborative Program

1 引言

数字设计起源于 20 世纪初的技术革新,并在二战后随着计算机技术的逐渐成熟变得举足轻重。在过去的二十年里,当代的设计实践已愈发依赖数字技术的介入:从简单的 CAD 制图、出图到利用复杂的计算来推测、生成、评估和实施设计。计算机辅助设计 (CAD) 和计算机辅助制造 (CAM) 正在成为当代设计行业的关键基础,并已广泛应用于航空航天、健康和医学、平面设计、建筑、景观、工程、产品设计等多个领域。

建筑学作为一门综合性较强的古老学科,与人类历史发展同步,建筑学大类(建筑学,城市规划,风景园林等)覆盖范围广泛,是关于建筑及周边建成环境的构成原理、实现方式和演进脉络的学科,跨越自然科学和人文社会科学领域,本身具有多学科交叉性,在面临新数字时代挑战的情况下,其内核仍旧具备良好的新工科孵化基础[1]。

数字时代,包括人工智能在内的数字技术的崛起正推动着教育模式的急速转型,也使我们更加坚定了建筑学智能新工科的教育转向。通过全新的培养体系,数字技术＋X"背景下的建筑学智能新工科的学术培养目标也产生了新的方向:人才从单一去向到多元化就业与创业,培养终身学习的工科基础与设计思维。传统的建筑学教育培养模式从学术上看方向受限,在进行数字化融合和跨学科探索上有着一定的欠缺;从就业上看去向单一,一般以建筑设计院、建筑设计企业、设计事务所、地产企业为主。而基于数字技术的新工科课程体系和培养模式,使学生在就业方向上可以有更多元化的选择,跨学科的教育经历使学生可以利用建筑学优越的综合学科优势拥有创新技术创业、数字设计行业、新媒体行业、软件工程行业、跨专业研究深造等多种以往少见的选择[2]。我们希望通过加强数字技术和跨学科的培养模式全面开发学生的潜能,培养出具有国际化视野,可灵活选择就业、创业方式的全面型设计人才,共同推动我国的工业科技革新和设计行业转型。

为了响应社会经济发展的需求,打造数字技术产教融合的共赢生态,本文旨在以北方工业大学外培计划"建筑初步"课程为例,阐述针对"数字技术＋建筑学"新工科课程建设的实践与探索,探讨构建面向"数字技术＋X"复合专业人才培养的敏捷式教学方法,探究如何在本科教育早期阶段建设以项目为驱动的实践模式,从而培养建筑学科专业人才的数字化技术能力和创新能力,加强人才培养,补齐人才短板。

2 敏捷式教学法

敏捷概念最早起源于工业制造领域。在当今的产业链中,敏捷开发(agile development)已逐步取代传统的瀑布开发模型(waterfall development),成为软件工程项目中广泛使用的开发流程框架之一。敏捷开发以用户为中心,强调用户需求的多样性,在力争提高软件开发过程中团队沟通效率的同时,通过多轮迭代的开发方式实现产品价值的不断提升。近些年,鉴于敏捷开发框架在软件工程中的成功经验,基于敏捷理念的教学模式开始被引入国内外的课堂教学当中。敏捷教学理念以学生发展为中心,可以有效适应不同学生的学习特点和需求,通过理论、技术、实践教学的多轮迭代,不断深化学生对知识的掌握程度,不断增强学生的应用实践能力[3]。

在项目驱动的敏捷式教学研究方面,国内学者如王娟等提出一种基于敏捷概念的实践教学框架,采用敏捷开发模式对实践教学活动进行动态管理,以自适应的教学方式提高学生的能力和素质;郭银章和李薇等分别将任务项目驱动和敏捷式教学引入 C 语言程序设计的课程教学和实践教学过程中,以培养学生的计算思维能力和程序设计能力。国外学者如 Rico 和 Sayani 将敏捷方法应用到软件工程课堂和实践教学来培养学生的团队协作和实践能力,经过为期 13 周的课程,学生以小组为单位通过多轮迭代完成电子商务网站的开发;Venkatesh 在 2012 年提出将敏捷概念应用到印度的高等教育系统中,实现了教育资源的高度整合。

具体到数字技术环境下的建筑学科教育改革研究,一些海内外的高校和科研机构也在近十年开展了大量研究和实践工作。国际上,多所顶尖科研院校如美国麻省理工学院的 Media Lab,卡内基梅隆大学的 Digital City Center、英国伦敦大学学院的 CASA(Centre of Advanced Spatial Analysis)、澳大利亚墨尔本大学的 Next Lab 和斯威本科技大学的 SCRI(Smart City Research Institute)等均进行了多年基于数字技术的建筑学科教育改革探索工作。以瑞士国家科学基金会(SNSF)和新加坡政府合作的 ETH Singapore 研究中心为例,其教学体系建设与科研方向紧密结合,开展了以项目为驱动的敏捷式"教学＋科研"体系,将课题组的科研项目和承接的横向产业合作为主题分成多个项目模块,大量介入本科和研究生的教学模块中,形成了产学研三位一体的结构。该体系结合最新的数字技术,成功实现了多个城市设计及交通规划项目的研究突破并达成了本硕博贯通教研的正向循环。

在教改领域探索方面,国内众多高校与科研机构也开展了长期且持续的探索,以清华大学、东南大学、同济大学等为代表的高校也纷纷开展了数字技术＋建筑学的教学探索,并开始尝试建设相应的平台。以同济大学为例,建筑与城市规划学院早在二十多年前便开始尝试将数字技术大量融入建筑学科教学体系中,袁烽、孙澄宇等学者长期致力于探索数字技术＋建筑学的教学和科研模式。教学范式上,连续举办十二年的"Digital Futures 数字未来"工作营已成为以项目为驱动教学平台的范本,其整体框架根据每一年的主题不断调整,划分为不同的主模块,其下又发展出不同技术方向分支的工作坊、主题讲座和论坛,涵盖了数字建造、人工智能、绿色建筑与低碳设计等多个方面[4]。其作为国内建筑智能新工科发展的先进探索项目,通过以项目为驱动的教学方式,已成功探索出一种开放灵活的教研模式和方法,并逐步建立成为建筑与数字技术结合的新工科技术、方法、人才孵化的平台。

3 课程建设探索

结合国内外课程体系建设的优秀经验,本文以北方工业大学建筑与艺术学院的建筑初步课程为例,进行了新工科课程实践建设的探索。该课程为建筑学、城乡规划、风景园林专业必修课,在一年级全学年开设。该课程为一年级学生进行专业设计奠定启蒙教育基础,目的是让学生初步掌握建筑设计的基本方法和表达方式,具有空间构成和组织的能力,了解空间、材质、行为、形式等多方面的关联,学习设计创造的过程和方法。刚入大学校门的一年级同学,通过两个学期的专业课程学习,由不具备专业基础知识到具备一定的专业基础知识,为未来三到四年的学习打下坚实的基础[5]。因此设计初步课程应针对一年级学生的特点,合理安排和设计教学内容。该课程自 2012 年教改以来,以"五造"为单元,建立了同源同理同步的一年级教学平台,从纸板、聚苯、石膏、铁丝、木材等五种基本材料的认知出发,使学生了解材料及指代材料特性,对空间进行认知、体验和构成设计,达到空间认知的教学目的[6]。其中,建筑学的外培计划项目在继承学院教学主体架构的基础上,又结合国际联合教学的特点,利用海外高水平大学的教学资源,大量融入了数字技术的教学认知内容,建立了以"五造"单元为主题的项目驱动式敏捷教学体系,力图达到数字技术学习和设计素养提高双重培养的目标。

3.1 外培项目背景

2015 年正值北京市教委进行国际交流合作的深入推进之年,教委访问团在意大利考察高等教育情况后不久便开始正式实施"外培计划",为市属高校与海外高水平大学联合培养学生提供了一条新路径。具体方式为:由北京市教委确定一批海外高水平大学为"北京市外培计划海(境)外基地",并全额资助学费将市属高校的"外培学生"选派到此学习两年(学生第 1 学年在本校完成基础教学,第 2 和第 3 学年派往海外院校交换),之后回到市属高校完成学业。北方工业大学作为第一批入选该项目的市属院校,与意大利米兰理工大学签署了外培计划教学合作协议,并于从 2016 年开始正式实施,通过高考招收外培生。2017 年又与德国柏林工业大学开展合作,将其增补到北京市教委外培计划项目中。在具体的项目实施过程中,我校的两个外培项目在一年级进行合班管理和统一教学,并以建筑初步的数字化改革和全英文授课为试点科目,探索国际一流的新工科办学模式,努力跻身高水平大学行列。

3.2 教学团队构成

在学院的指导和建筑初步教研组的大力支持下,外培项目对建筑初步课程的教学团队进行了合理搭配:在国内由一名具有一级建筑师资格和多年实践经验的资深教师领衔主讲,搭配一名具有海外背景和数字化设计研究经验的青年教师;海外方面,主要由德国柏林工业大学方面提供团队,每周远程参与设计课的指导和教学,并根据具体的"五造"模块内容调整教学重点和内容,整体师生比接近1:5。

3.3 课程体系和教学内容

如表 1 所示,外培项目的建筑初步课程在沿袭我院传统初步课教学主题的基础上,强调了数字技术和数字化、跨学科工科素质培养内容的介入。在保证基本绘图表达技能传授的前提下,结合 Digital-aided Design 等本院开设的平行课程,与柏林工业大学的多学科教研团队合作,保证每个模块都有先进数字技术和软件的入门级教学内容。在控制难度的情况下保证学生在一整学年内能获得对于数字化辅助设计和辅助建造的初步认知。受疫情影响,2021—2022 学年的教学内容还加强了线上数字平台的使用:在线视频交流采用了 Zoom、Tecent Voov 等软件(图 1);文件传输与携作平台上使用了 WhatsApp、MSTeams、PCloud 等应用;在评图和方案协同推导方面也引入了 Modelo、Miro 等软件(图 2),借助相应的数字技术保证了教学进度和质量。

表 1 　北方工业大学外培计划"建筑初步"课程体系（来源：作者自绘）

教学平台	第一学期			第二学期		
	纸板造	聚苯造	石膏造	铁丝造	木造	综合造
材料指代	纸板指代墙体	块状材料指代城市建筑体块	石膏指代水泥	铁丝等指代线形元素构成	指代木作与特殊节点连接	上述材料的综合应用
理论学习	空间组织划分	城市形态肌理	混凝土建构	建筑装饰艺术	传统木构知识	小型建筑设计
绘图表达训练	基本平、立、剖和透视图画法	鸟瞰图画法，分析图和城市节点	轴侧图的画法，模具详图	钢笔细部描绘，徒手钢笔画	马克笔上色画法，节点大样	综合表达，总平面图绘制
模型制作要点	体会空间生成与形式的关联	对城市空间组成要素的认识与外部空间的模拟	对材料可塑性的把握，模具与形体浇筑	细部的体验与认知，线形材料的组成方法	木材的特性、加工、节点处理方式	建筑与环境、空间、功能、结构的关系
数字技术	SketchUp 草模技术与方法	规划云，Mapbox，Cesium	FDM 和 SLS 3D打印技术	Rhino3D＋GH 曲线建模方法	Revit 等数字模块化建模法	AR 技术展示及空间体验
新工科背景核心技能点	Polygon 建模初步认知与实践	GIS 系统初步认知与实践	数字建造初步认知与实践	参数化建模初步认知与实践	BIM 系统初步认知与实践	数字技术综合应用

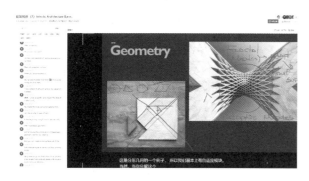

图 1　与柏林工业大学 Sebastián Orozco 合作开展的
教学内容，使用了基于腾讯同传人工智能和
Microsoft 的实时翻译技术，保证学生可以实时
获取翻译信息并在课后收看回放
（图片来源：作者自绘）

在"聚苯造"模块中，主要的教学目标是培养：①城市群体空间环境的体验与认知；②外部空间组合的基本方法；③外部空间设计认知。最终成果在传统的手绘城市分析之外（图 3），还要由四人一组，以小组为单位完成城市模拟模型，范围在 60～100 公顷，比例 1∶5000～1∶1000，需区分建筑、道路、空地，并利用数字化手段调研并标注核心城市空间特征。在这个过程中，我们与柏林工业大学的城市规划和地理信息方向的教师一同为同学们介绍了 Cesium、Mapbox、QGIS 等世界范围内先进和主流的 GIS 分析和可视化工具，并结合模块教学内

图 2　"石膏造"模块中所采用的 Modelo 平台，学生的
模型可以提前上传至云端并进行实时展示，教
师在讲评过程中可以进行三维标注并随时利用
在线工具生成平立剖等技术图纸
（图片来源：作者自绘）

容，完成了有机整合，较好完成了教学目标（图 4）。

在"木造"模块中，我们以木材的材料特性认知入手，以木条、木板等为建模材料，通过学习木建筑的相关理论与技工和节点处理的实践技术，进而对模型进行塑造，同时引入 BIM 等数字化系统的概念，加强学生对"模块化"概念的认知（图 5），从而达到专业启蒙的目的。

图3 "聚苯造"手绘城市空间分析图纸
（图片来源：学生提供，作者自绘）

图4 "聚苯造"模块中所引入的 Cesium 平台，用以获取城市空间大数据并进行可视化分析，学生正利用该工具进行项目汇报
（图片来源：作者自绘）

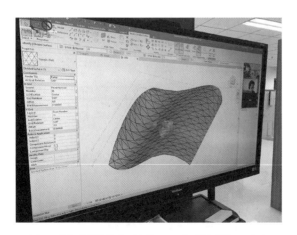

图5 "木造"模块中，柏林工业大学的教师正在向学生讲授 Revit 软件和 BIM 的基础理论知识
（图片来源：学生提供，作者自绘）

经过多个模块项目的训练，当面对最终的"综合造"项目时，同学们已积累了之前"五造"的经验，并真正把要点"嚼碎""吸收"。我们通过以项目为驱动的敏捷式教学方法，让学生较为扎实地掌握了理论知识、数字化技术和手工绘图及模型制作技能，使其可以自由利用多个项目迭代所累积的经验和设计技巧，设计一个小型建筑，并使用相应的数字化手完成从构思到建造再到展示的设计全过程（图6）。

图6 "综合造"模块中期评图，同学正利用 AR 技术向外请专家展示基于模块化插接的搭建项目
（图片来源：作者自绘）

4 结语

教学改革取得的成果和同学们的反馈表明，大量数字技术的引入，在保留原有传统教学内容的情况下，使学生加深了对先进建模技术和空间认知的理解，提高了对建筑学和最新技术融合趋势的认知，掌握了相关软件的基本操作，了解了建筑学与其他学科交叉的应用前景。而敏捷式教学方法的使用和相关课程体系的建立，结合数码可视化的展示方法，可以有效地增进学生的学习效率，提高其学习兴趣。

综上所述，本文参考了国内外学者对"数字化＋X"人才培养的先进理念和实践经验，实践了将项目驱动的敏捷式教学融入数字技术＋建筑学专业的人才培养模式。以北方工业大学外培项目建筑初步课程为例，通过强调培养专业人才的数字技术能力和创新能力，探索了服务于建筑学科数字化拓展的专业教育项目，对接了产业升级和社会需求。

参考文献

［1］ 袁烽,赵耀. 新工科的教育转向与建筑学的数

字化未来[J].中国建筑教育,2017(Z1):98-104.

[2] 蒋正容,刘霄峰,陈新民.新工科理念下建筑学应用型人才培养模式建构[J].华中建筑,2021,39(10):133-136.

[3] 徐晓飞,李廉,战德臣,等.新工科的新视角:面向可持续竞争力的敏捷教学体系[J].中国大学教学,2018(10):44-49.

[4] 袁烽,赵耀.智能新工科的教育转向[C]//全国建筑院系建筑数字技术教学与研究学术研讨会组委会,长安大学建筑学院.数字技术·建筑全生命周期——2018年全国建筑院系建筑数字技术教学与研究学术研讨会论文集.北京:中国建筑工业出版社,2018:15-22.

[5] 王晓博.关于风景园林学科本科生设计初步课程的思索[J].华中建筑,2014,32(07):175-179.

[6] 秦柯.传灯录——北方工业大学建筑初步课程教学实践[J].华中建筑,2017,35(07):123-126.

鲁冠宏[1]　唐坚[1*]

1. 重大工程灾害与控制教育部重点实验室，暨南大学；tangjian1117@aliyun.com

Lu Guanhong[1]　Tang Jian[1*]

1. MOE of China, Jinan University

教育部产学合作协同育人项目（202102067007）、广东省自然科学基金项目（2022A1515011298）、国家社会科学基金项目（20BZJ026）

建筑美学理论教学的数字化探索
——澳门新古典主义建筑"数衍几何"的参数化分析

Digital Exploration of Architectural Aesthetics Theory Teaching：Parametric Analysis of "Digitally-Derived Geometric Design" of Neoclassical Architecture in Macao

摘　要：建筑美学理论作为建筑学本科生建筑设计基础课程的重要组成部分，对学生未来学习发展有重要影响。而作为世界建筑文化瑰宝的西方新古典主义建筑所折射出的设计与美学理念，对当代建筑设计理论有深远的影响。因此，本文以西方古典主义建筑最密集的中国城市——澳门为对象，在建筑设计基础的教学过程中，融入参数化分析的相关内容，运用 Grasshopper、Ghpython、C♯等软件对澳门新古典主义建筑立面的"数衍化几何"美学特征进行参数化分析。教学实践表明，理论与实验教学的有机结合，使学生的自主创新与学习能力得到提高，深化了学生对相关美学概念的认知，取得了良好的教学效果。

关键词：建筑美学；新古典主义建筑；数衍几何；参数化分析

Abstract：As an important part of the basic course of architectural design for undergraduates, architectural aesthetic theory has an important impact on students' future learning and development. The design and aesthetic concepts reflected in Western neoclassical architecture, which are the treasures of the world's architectural culture, have had a profound impact on contemporary architectural design theory. Therefore, this paper takes Macao, the Chinese city with the highest concentration of Classical Architecture in the West, as the object of exploration. Incorporating the content of parametric analysis into the teaching process of the basics of architectural design, which applied Grasshopper, Ghpython, C♯ as analysis tools, makes it possible to reveal the parametric features of Macao Neoclassical Buildings' Facade with Geometry Derivation. The teaching practice shows that the organic combination of theoretical and experimental lecturing has improved students' innovation and learning ability. It also deepened students' cognition of related aesthetic concepts, which proved better teaching results were made.

Keywords：Architecture Aesthetics；Neoclassical Architecture；Geometry Derivation；Parametric Analysis

1 引言

日益繁多的数字化软件与日趋成熟的算法在对传统建筑行业造成深远影响的同时，也给建筑学专业课程的教学带来了新的挑战。选择什么样的软件融入专业教学，如何用具象的算法逻辑分析验证抽象的建筑及美学理论，并引导学生进行数字化实践，培养其逻辑思维能力，是数字化教学探索的一大课题。作为具有明显的

"数衍化几何"特征的黄金分割率理论,仅通过文字描述性叙述无法使学生直观理解其背后隐藏的重要数形关联逻辑。选择使用参数化分析的定量分析法来辅助黄金分割率理论的教学,能使学生对西洋古典建筑的深层"语法"与"理性主义"根源有更深刻的理解。

2 教学方法架构

我们根据建筑学低年级本科生的知识储备基础,制定了如图1所示的教学架构。该教学方法在探索过程中,选择澳门新古典主义建筑为研究对象,因为澳门是西方古典主义建筑最密集的中国城市,拥有大量的古典主义风格建筑。其中不乏被列入联合国教科文组织《世界遗产名录》的历史城区建筑。对这些建筑文化遗产的研究具有重要意义,不仅能加深学生对黄金分割率的数衍化美学概念的认识,还能为后续的外国建筑史学习打下一定基础。此外,由于笔者所在大学毗邻港澳,校内有大量港澳台侨学生,在组织现场参观与资料搜集方面都有一定得天独厚的优势。

图1 教学方法架构图
(图片来源:作者自绘)

2.1 资料文献研究与教学

资料文献研究与教学阶段主要分为澳门新古典主义建筑图纸资料收集与澳门建筑的历史文献资料研究

两大方面,采用授课与课后作业、指导相结合的方式完成该阶段的教学。其中,授课时间为一周(两课时),主要教授西方古典主义建筑的数衍化几何理论,如黄金分割理论、人体比例与尺度理论等,然后完成对澳门历史城区建筑的初步介绍。课后作业内容为完成对特定澳门新古典主义建筑的立面绘制与更详尽的资料文献研究,以小组为单位共研究七栋澳门历史城区建筑,提交成果为CAD图纸与PPT汇报文件,完成时间为一周。

2.2 分析工具的选择与教学

分析工具的选择与教学阶段主要讲授参数化立面分析的相关内容,可供学生选择的工具为Grasshopper、Python for Rhino、C♯ for Grasshopper。本校大学一年级上学期的计算机基础课程以教授Python为主,学生普遍具有一定的基于Python语言的算法阅读与编译能力,因此使用Python for Rhino为立面分析工具是基本的课程要求之一。Grasshopper具有易上手、可读性强、逻辑清晰等特征,有必要将Grasshopper也作为立面分析作业的基本课程要求之一,以适应编程基础不佳的学生。对于编程基础较强的同学,可自主学习C♯以完成立面分析的任务,通过C♯ for Grasshopper实现参数化工具的二次开发新方式。

鉴于课时限制,课后作业选择以较为基础的黄金分割理论(图2)为探究的对象,作业完成期限为三周,提交成果为图片形式的立面分析算法代码和分析结果。在后续的教学过程中,计划融入更复杂的比例与尺度的数衍美学理论。

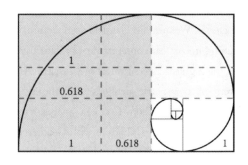

图2 黄金分割率图解
(图片来源:作者自绘)

2.3 数衍几何建筑立面分析

数衍几何建筑立面分析阶段主要侧重引导学生对上述结果的分析,以此归纳出澳门新古典主义建筑立面的数衍化特征。学生在进一步整理分析结果并总结数衍化特征的基础上,将最终结果撰写为课程小论文,并完成最终的课程汇报。

3 "数衍化几何"立面分析应用

3.1 澳门新古典主义建筑发展过程

澳门是一座具有明显的中西文化交融特征的历史名城,其建筑形式也随着中西方的交流呈现出该特征。澳门的建筑风格经历了长时间且缓慢的演变,从历史时期上来看,主要分为三个较为明显的时期[1]。

第一时期为 16 世纪末,建筑风格呈现简朴、简单的特征。在此时期,即使是澳门公共建筑物的代表——议事亭,也是红墙绿瓦,围墙环抱,具有明显的中式建筑特征。从 17 世纪开始,葡萄牙人贸易地位逐渐提升,才出现用土坯、砖石建造的较大规模的西式建筑,虽然如此,但仍然融入了东方的色彩。总体而言,此时期的澳门建筑处于发展时期,尚未构成系统,设计朴素。

第二时期为 17 世纪~19 世纪初,古典主义建筑逐渐在澳门普及。在这一时期西式建筑发展迅速。与此同时,欧洲流行装饰华丽的巴洛克式建筑,而英法在偏好理性传统的驱使下,发展出人文典雅的新古典主义建筑。在这一时期,澳门城市结构开始变化,出现了较多的巴洛克式建筑与新古典主义建筑,建筑风格体现出明显的交融与创新的特征。

第三时期为 19 世纪中后期,新古典主义建筑越来越普及,并与中式建筑风格相融,形成澳门独特的建筑风格。现存较多的澳门历史城区建筑遗产皆来源于此时期。葡萄牙在此时期擅自宣布澳门为其自由港和殖民地,标志澳门建筑进入了新的历史时期。在此期间,葡萄牙人不断扩张居住区,并拆毁了中式关闸,以新古典主义风格的关闸代替。配合填海工程与内港整治规划,澳门逐渐向近代都市发展。与此同时,新古典主义于欧洲兴起,很快便传播出欧洲,在世界范围内广泛传播,澳门也受此潮流席卷。在澳门政府整治下,出现大量的新古典主义风格公共建筑与宅邸。其中不乏进入联合国教科文组织《世界遗产名录》的新古典主义建筑。

3.2 基于参数化的数衍几何立面分析

在本次教学探索的过程中,我们选择了澳门新古典主义建筑中的主教座堂大堂、澳门议事厅等七栋建筑作为参数化立面分析的对象,将学生分为七个小组,每个小组负责完成其中一栋新古典主义建筑的立面分析。其中,主教座堂大堂、澳门议事厅这两个小组的立面分析结果与最终成果汇报完成度较高、完成质量较佳,并且总结归纳出了一定的澳门新古典主义建筑立面的数衍几何特征,因此在本文中着重展示这两组的分析结果与总结归纳的特征。

3.2.1 澳门主教座堂大堂参数化分析(Python for Rhino)

现存于大庙顶的澳门主教座堂(大堂)始建于约 1581 年前后[2],1844 年 12 月重建[3],1937 年再建[4]。主教座堂是列入联合国教科文组织《世界遗产名录》的澳门历史城区建筑,具重要的保护与研究价值。

该小组以澳门主教座堂正立面为研究对象,综合运用历史文档文献考证,实测及数字化转译,基于 Python for Rhino 的参数化分析,得出了如图 3 所示的分析结果,并以此为基础总结得出了主教座堂"数衍化的几何"模度、比例关系与设计规律,总结为以下三点:

①立面总尺寸上采用水平、垂直方向三段式划分,立面首层与二层为等分层化;

②采用了门窗洞口与间距的模数化(模度)及组合方式;

③相较于根号矩形划分,主教座堂的划分更符合黄金分割率,并进一步得出黄金矩形(一次划分)和黄金螺线(连续划分)规律。

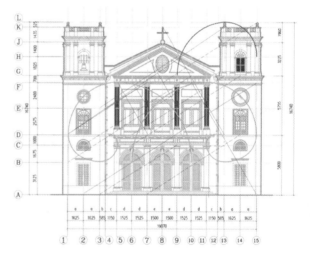

图 3 主教座堂参数化分析
(图片来源:鲁冠宏等学生绘制)

3.2.2 澳门议事厅参数化分析(Grasshopper)

澳门议事厅前地此前为民政总署大楼前的广场,呈一前宽后窄的漏斗形,1993 年起,前地一带铺设黑白色碎石地面,并砌成波浪形图案,既美观又有特色;衬托周围颜色鲜艳的文物建筑,互相辉映,使前地一带显出浓浓的南欧风情。

该小组以澳门议事厅的立面为研究对象,综合运用历史文档文献考证,实测及数字化转译,使用 Grasshopper 内置的电池组,得出了如图 4 所示的分析结

果,并以此为基础总结得出了澳门议事厅"数衍化的几何"模度、比例关系与设计规律,总结为以下三点:

①立面总尺寸上采用水平方向三段式划分,垂直两段式划分,立面首二层有等分层化特征,且存在100 mm的微差;

②采用门窗尺寸与间距为模度,利用模度进行模数化及组合;

③相比黄金分割率,澳门议事厅的立面划分更符合根号矩形划分规律。

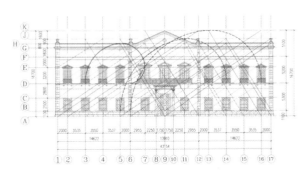

图4 议事厅参数化分析
(图片来源:陈威等学生绘制)

4 教学特色

4.1 实现理论教学与实践教学的融合

本文中的教学探索实践通过建筑美学、建筑历史的理论教学与参数化分析的实践相结合,不仅能加深学生对黄金分割率的数衍化几何美学概念的认识,还能为后续阶段的外国建筑史学习打下一定基础。

4.2 注重利用既有通识课程培养基础

参数化分析工具的选择、课程教学内容的安排、课程作业的设置,三者皆立足于本校建筑学本科生的既有通识课程知识体系,选择学生具有一定基础的编程语言为算法编译基础,在减少占用学生课余时间的同时,加强了学生二次开发参数化软件Grasshopper的能力。

4.3 挖掘参数化分析工具的应用潜力

通过使用参数化分析工具来分析澳门新古典主义建筑立面的"数衍化几何"特征,拓宽了数字化工具的应用潜力,在实现良好教学效果的同时,为澳门新古典主义建筑立面研究提供了新的思路。

5 结论

本文以澳门历史城区的新古典主义建筑为建筑美学理论教学的探索对象,通过引导学生使用Python、C♯等编程语言实现对Grasshopper的二次开发,最终实现对建筑立面"数衍化几何"特征的分析,达到良好的教学效果,为数字化建筑教学提供了新的思路。

参考文献

[1] 杨仁飞.从澳门四百年来的建筑风格看中西文化的交融[J].海交史研究,1997(01):82-87.

[2] 林家骏.澳门教区历史掌故文摘之澳门圣堂史略[M].澳门:澳门天主教教务行政庭,1982.

[3] Valente,Maria Regina.澳门的教堂[M].澳门:澳门文化司署,1993.

[4] 刘先觉,陈泽成.澳门建筑文化遗产[M].南京:东南大学出版社,2005.

胡英杰[1]*   李媛[1]

1.河北工业大学;291299184@qq.com

Hu Yingjie[1]*   Li Yuan[1]

1. Hebei University of Technology

河北省高等教育教学改革研究与实践项目(2020JGJJG028)、河北省高等学校科学研究项目(人文社科类)(SD191039)、河北省高等学校科学研究项目(SD201037)、河北工业大学教学改革项目(202003049)、2021年度天津市一流本科建设课程"建筑设计理论与方法"课程(津教高函[2021]25号)

基于性能提升驱动的数字化建筑设计教学探索与思考

Exploration and Reflection on Digital Architectural Design Teaching Driven by Performance Improvement

摘　要:数字技术设计B课程以"建筑性能提升"为主题,将基于性能驱动的数字化建筑设计方法整合到本科教学中。课程从建筑空间使用者舒适度研究出发,研究建筑性能与空间形态、材料特性、建造方式与建筑性能的内在关联性。并通过建筑环境实测与性能模拟,激发学生对建筑本体问题的综合思考。本文阐述课程的教学目标、主题设定、教学环节、教学成果,并通过总结课程中的问题及收获,思考性能驱动下的数字化设计在建筑学专业本科阶段教学中的潜力与意义。

关键词:建筑性能;舒适度;数字化建筑设计

Abstract: Digital technology design B course takes "building performance improvement" as the theme, integrate the digital design method into teaching. The course starts from the research on the comfort of building space users, and studies the internal relationship between building performance and space form, material characteristics, construction methods and building performance. This paper expounds the teaching objectives, theme setting, teaching links and teaching results of the course. By summarizing the problems and gains in the course, this paper considers the potential and significance of digital design driven by performance in the undergraduate teaching of architecture.

Keywords: Building performance; Space comfort; Digital architectural design

1　引言

在"十三五"规划的实施中,数字化转型成为半数以上的建筑企业推动其业务流程、业务模式及生态系统变革的关键优先事项。数字化作为一项新技术在现代建设中得到广泛应用。随着"双碳"目标的提出,以及"大数据""人工智能"等领域的日新月异,建筑界对于"建筑性能"的关注与研究与日俱增。

建筑数字技术设计是建筑学专业一门以实践教学为主的专业课程。课程任务是训练学生从工程师角度出发,利用建筑性能分析工具以及虚拟仿真实验理解建筑热工性能、声学性能、结构性能等相关建筑技术知识,锻炼学生批判性、综合性的思维方式。课程聚焦学生对建筑的多维认知与综合评价,并以此为基础提出对建筑设计方案的优化。帮助学生了解各类建筑性能分析软件的工作逻辑,拓展学生的建筑设计思维,帮助学生认识到数字技术理性思维对于建筑设计的作用。

2018年河北工业大学建筑与艺术设计学院建筑系完成"牵双线、展四翼"教学体系的完善提升工作,明确将数字建筑设计作为关键一"翼"贯穿建筑学本科教学阶段(见图1)。

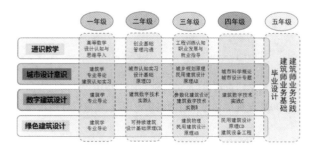

图1 "牵双线、展四翼"教学体系简图
(图片来源:河北工业大学建筑与艺术设计学院教学文件)

依托学院建筑数字技术团队,建筑系本科三年级建筑数字技术设计B课程以"建筑性能提升"为主题,致力于将基于性能驱动的数字化建筑设计方法整合到本科教学体系中。

2 与前置课程的承接关系

2.1 与建筑技术系列课程的关系

在以往课程教学的基础上,建筑技术课程中增加实测和体验内容的比重,在教学中强化"性能"概念,并且从单一性能出发,逐步引导学生认知和分析环境及建筑物理性能如何影响内部空间、建筑形态和表皮的设计。其中建筑物理、环境保护与可持续发展等课程系统介绍绿色建筑性能相关知识和优化逻辑。让学生了解相关软件的功用和基本操作,培养学生通过实测和模拟技术感知建筑环境、分析物理环境性能的能力。

2.2 与数字化设计系列课程的关系

在原有课程体系之中增加了计算思维与程序设计基础、数字化建筑设计基础理论、参数化设计基础等课程,增强学生软件操作应用能力和逻辑思维能力,提高学生通过逻辑规则进行方案创作及控制空间形态的能力,引导学生思考环境与单体关系、方案模型与环境参数关联对几何形态控制与空间性能优化的影响和作用。数字化设计系列课程培养了学生通过计算思维分析问题、创建规则和控制设计过程的能力(表1)。

表1 数字化设计系列课程与前置课程的关系
(来源:作者自绘)

学期	数字技术设计课程	绿色建筑课程
一年级秋季	计算思维与程序设计基础(32)	
一年级春季		
二年级秋季	数字化建筑设计基础理论(16)	

续表

学期	数字技术设计课程	绿色建筑课程
二年级春季	参数化建筑设计基础(16)	环境保护与可持续发展(16)
三年级秋季	建筑空间性能模拟(16)	可持续建筑(16)
三年级春季	建筑信息模型与性能提升(16)	建筑环境实测与优化(16)
四年级秋季	高层建筑参数化设计(16)	高层建筑表皮与绿色性能(16)
四年级春季	参数化城市设计(16)	建筑与城市气候(16)
五年级		

注:括号内为课时数

3 传统教学模式下课程存在的问题

传统教学模式下的数字建筑设计课程存在的问题如下。

(1)学生对于技术类课程普遍缺乏学习热情,难以将诸多专业技术知识运用于设计实践,同时设计课程在物质技术维度的深度也难以取得实质性突破。

(2)课程知识结构虽然明晰且有支撑关系,但是知识教学和实践环境在时间上不同步,使学生难于从整体上理解数字设计方法和软件模拟之间的关系。

(3)课时量不充足,学习和时间在横向和纵向两个维度的延伸和深入不足。

(4)理论知识学习及软件技术学习与设计实践之间难以形成相互支撑,缺少及时的教学反馈。

4 建筑性能的概念界定

建筑数字技术设计是以实践教学为主的专业课程,同时也是主干设计课的重要支撑,但从课程时序和课时量方面来看该课程并不能覆盖建筑设计课程全程。因此教学组基于课程体系和主干课程任务将"建筑性能"作为媒介强化课程与主干课的联系。

建筑性能的概念极为丰富,包括物理指标性要素的描述、建筑的经济合理性、建筑的可持续性等描述性指标,甚至包括建筑空间给建筑使用者带来的心理感受。为了更好地进行本阶段的教学,不但要依据培养计划结合课程,还需要对建筑性能的概念进行界定。基于本课程教学任务与目标,教学中涉及的建筑性能驱动设计是指本科教学中建筑方案的设计阶段,其前置条件为满足主干课程建筑设计中的建筑室内外舒适度与功能设计需求,所提及的建筑性能是指室内环境品质、建筑能耗方面的性能指标、建筑形体与建筑功能方面的性能指标、反映室内环境品质的性能指标。课程中选取性能指标数据时考虑了舒适度评价,建筑环境中声环境、空气质量、绿化这三要素为舒适性的基础要素。人体对所处环境的舒适度感知评价,受社会文化背景、个人心情等多方面因素影响,因此课程中取用的指标数据不仅包含现行绿色建筑设计标准,还包括学生在前置建筑技术课程实测实验的数据。

5 教学实践

5.1 课题设定

建筑设计是一个优化迭代的过程,目的在于通过提出有意义的创意和想法,来解决特定人群的实际问题、创造高品质的场所及体验空间。建筑数字技术设计课程聚焦为学生建立建筑的多维认知与综合评价,利用数字技术通过仿真模拟与分析的手段,拓展学生的建筑设计思维。帮助学生从方案立意、设计目标、梳理思路、分析评价、过程控制几方面认识和控制设计过程。引导学生基于使用者及其需求与基地环境条件,探索光环境、声环境、风环境等要素与建筑体量、空间形态和表皮的互动关系。

课题设计前置阶段承接建筑物理实测课程进行充分的知识和感知准备,通过现场踏勘、调研,结合数据感知进行情景代入,让学生沉浸在物理环境中,以便对所涉及的问题有更深入的个人理解。概念生成阶段,要求学生从自然环境和功能需求出发,选取有利于提升使用者使用感受的某项建筑物理性能重点进行优化,并建立与之响应的物理—参数化模型,通过多次实测与模拟在主客观认知前提下进行方案推演,探索设计优化策略和方法,同时关注建筑空间的丰富性与行为模式的复杂性(图2)。

基地选择一是响应主干课训练需求,二要便于学生多次踏勘和调研,三是基地所在区域的环境和气候条件有其自身特色,具备通过被动式设计回应环境的潜力。

设计专题选择文博建筑、校园环境更新、既有建筑改(扩)建。文博建筑功能多元,空间可塑性强,重点考虑不同功能需求下的性能优化。校园环境更新将微环境调节与既有建筑性能提升结合考虑。既有建筑改(扩)建多选择含特定空间的旧公建、旧厂房,提出节能需求,重点考虑热舒适度、空气龄、外围护构件节能措

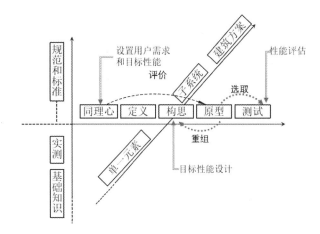

图2 性能概念的不同维度及其在建筑中的应用
(图片来源:根据参考文献[1]改绘)

施、材料选择与构造节点设计。

5.2 教学目标

5.2.1 培养设计思维能力

学生在清晰描述、量化、简化和优化目标的过程中,认识到数字技术下传递的真正的理性思维对于建筑设计的作用;从建筑热工性能、声学性能、结构性能等多角度理性评价建筑并提出优化的方向,锻炼批判性、综合性的思维方式,利用数字技术和仿真模拟与分析的手段,培养建筑设计思维能力。

5.2.2 提高专题研究能力

学生在设计过程中一方面需要从社会、人文、技术多视角对设计进行研究,对相关专题研究深度要求更高。另一方面,需要建立建筑性能优化设计逻辑,通过设计因素分析与评价以及相关专题的深入学习实现设计成果技术含量的提升。

5.2.3 提高设计创作能力

建筑的丰富性和形式的多样性,使得数据与设计并不是单一或者单向联系。学生在设计创新过程中,获取"性能较优"的同时兼顾其他不可量化的主观评价指标,如美学评价、功能组织等,在方案不断迭代的过程中培养辩证的、多元的创作方法与创新思想,避免以往的纯粹流于形式建筑、形态堆砌。

5.3 教学环节

5.3.1 性能优化方向确定及其量化

首先,从基地的环境资源、气候条件出发,在探索设计主题的同时择取适宜的性能优化目标。这一过程除了需要不同时间段的踏勘,还需要将主观感受与实测的气候数据相结合,形成对环境与气候的评测。

其次,从功能需求和使用者感受出发,结合相关建

筑评价标准及规范,对性能优化目标进行量化。以往学生对于建筑物理性能的认知和描述多停留在语言文字上,不能将技术课程中的量化指标与设计实践结合。这将造成后期设计的工作流于形式和堆砌。因此,引导学生清晰定量化地描述性能优化目标非常重要。例如,"建筑空间通风良好"可参看"绿建评价计算表",量化为房间通风换热次数。

再次,基于性能优化的目标,学生在设计进程中会将主观设计决策与量化评价指标纳入思考。通过有针对性的数字模拟,学生可直观感知他们的设计行动对性能量化指标的影响,培养关于采光、太阳能、体块和其他因素的一般直觉,理解影响建筑性能的因素并围绕性能提升来进行设计。

最后,引导学生将性能提升目标简化并转化为设计限制条件,例如"建议学生关注通风和采光的具体指标对空间环境的影响,将优化目标限定在空气龄、采光量等可量化的单一因素"。同时,分解性能优化目标为多个递进的小目标,帮助学生在不同阶段完成不同的小目标,最终实现设定的优化任务。例如,在概念设计阶段定性回应风环性能的关系,在建筑单体设计阶段进行室内空气循环路径与速度的分析与优化。

5.3.2 优化逻辑的建立

在设计的不同阶段,设计目标存在多个不同的解题路径(图3),需要针对不同的路径及对应的若干解决方案,进行综合评判,取得设计问题的最优解答。建筑性能因其可量化性和可观测性成为方案评价的重要依据。

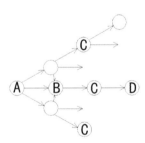

图3 设计推进过程示意图
(图片来源:作者自绘)

首先,在建筑与场地关系及内部功能组织分析基础上,对环境气候条件与建筑体量关系进行图解,在图解的过程中初步建立被动式设计策略与形体关系之间的形式逻辑,完成图解分析与形体体量的多种可能性探索。在此基础上,制作实体模型(草模)和建立参数化模型,进行实验和建筑性能模拟,分析不同体量方案对性能指标的响应。

建筑体量确定后,进行功能分析与流线组织,与此同时思考进行空间组织形式的设计,还需关注有特殊尺度要求的空间对体量设计的影响。在性能优化设计中,鼓励结合自然环境的空间创作。学生在优化通风中庭或内部廊道时兼顾对内部空间丰富体验的提升,例如,学生从教学实验室功能出发,以空间的通风换气路径优化与空气龄标准为优化目标,通过通风性能模拟推敲中庭形式、开窗位置与墙面开洞系数等参数。还有部分学生从空间的光环境中的视觉功能、空间感知出发,以工作面照度和墙面照度为优化目标。

建筑表皮和立面设计环节,除回应内部功能与空间品质的性能需求外,部分学生选取光热性能为优化目标,结合前期体量设计与环境因素围绕太阳辐射量和采光系数展开设计,通过图解分析、性能模拟、计算与比较,优选对建筑性能影响显著的设计方案,从而实现表皮性能的定量优化。

节点设计阶段基于之前的设计前提,对建筑构件的材料和色彩进行选取并进行构造设计,修改建筑参数模型并输入材料和色彩的不同参数,然后通过模拟平台进行设计验证和比较,最终形成了同一生成逻辑下的差异化建筑立面。

5.4 课程总结

5.4.1 关于能力培养

通过分析近三年设计成果,可见学生都会选择与光环境相关的性能指标,90%的学生会选择与风环境相关的性能指标,采用二维图纸表达。光热相关的绿色建筑性能优化目标也会被多数同学所选择。热环境、声环境、结构技术等方面的性能指标优化往往被学生所忽视,其主要原因是以上性能指标涉及的影响因素较多,再加之受软、硬件工具所限使得其不易被分析和理解。针对这一问题,在课程中需要基于技术课程、结合案例在设计过程中对优秀作品进行专项的剖析,引导学生使用多种参数化设计方法,在建立清晰合理的建筑性能优化逻辑基础上,锻炼学生掌握基于性能提升的设计手段。

5.4.2 关于空间创作

以往,学生多着重抽象的空间设计与创作,对空间丰富性的理解还存在不足,多注重形式和从静态角度去设计空间,对于空间使用主体体验、建筑性能、可持续发展的需要等相对忽视。近年来,学生关注了如下几个方面:空气龄选择与功能需求之间的关系;采光和通风等性能与空间功能、使用者感受、空间视觉效果之间的关系;表皮形态设计与自然采光和景观视线、功能活动需求之间的关系等。在学习过程中,学生加深了对基于自洽的性能优化逻辑如何增强建筑空间丰富性的理解。

5.4.3 关于数字化工具应用

从教学中我们发现仅掌握若干软件模拟模块进行单一方面的模拟,无法将建筑与性能参数空间和阈值范围可视化地传递给学生,难以展示更多的设计可能性,也难以直观、快速地辅助他们有效地进行性能优化设计。因此,帮助学生学习掌握面向方案设计阶段的交互式性能优化平台将更有益于该课程教学目标的达成。

6 结语

在数字化建筑设计教学中,应该让学生理解能耗性能并围绕能耗性能来进行设计。将来他们可以更容易地与其他专业工程师沟通,成为建筑设计中最重要的角色,进而可成为建筑性能决策的主导者。未来他们从方案阶段就能够从性能角度进行优化设计,既可以降低建筑的能耗、减少碳排放,又可以提升室内外的环境质量,从而促进建筑整体的品质提升。

参考文献

[1] 孔黎明,罗智星."基于计算思维的建筑性能优化设计"教学探索与思考[J].新建筑,2021(05):107-111.

[2] 孙澄,韩昀松.基于计算性思维的建筑绿色性能智能优化设计探索[J].建筑学报.2020(10):89.

[3] 朱姝妍,马辰龙.基于"知情式"设计理念的建筑性能优化方法研究[J].世界建筑,2022(03):84-91.

[4] 项星玮.以建立教学体系为导向的数字化建筑设计教学研究[D].杭州:浙江大学,2018.

[5] 张群,王芳,成辉,等.绿色建筑设计教学的探索与实践[J].建筑学报,2014(8):102-106.

林瀚坤[1] 曾薇[1] 梁思嫚[1] 谢超[1] 林垚广[1]*

1. 广东工业大学建筑与城市规划学院;hklin@gdut.edu.cn,305624615@qq.com

Lin Hankun[1] Zeng Wei[1] Liang Siman[1] Xie Chao[1] Lin Yaoguang[1]*

1. School of Architecture and Urban Planning,Guangdong University of Technology

气候应对式设计教学:以湿热地区传统城市住宅更新设计为例

Teaching for Climate -Response:A Vernacular House Renovation

摘 要:在我国城镇化快速发展过程中,大量传统城市住宅年久失修,亟须进行可持续更新。本文尝试结合本科创新教学设计,整合气候认知、地方民居、模拟工具等教学方法,促进学生对传统建筑与气候应对的认知与设计能力提升。教学计划包括对于社区生活与空间特征调研、民居热环境长周期实测、气候应对式设计策略与相关可持续建筑标准引入等。教学以气候回应式设计的"调研—分析—设计"流程,探索了多元复合的可持续建筑教育方法。

关键词:气候应对;地方民居;建筑设计教学;湿热地区;主动式建筑

Abstract:After the rapid developing and urbanization in China in last decades,the sustainable renovation of the urban residential will be an important issue in next period. This study attempted to develop an architectural teaching program integrating the study of local climate, vernacular buildings, climate responsive design strategies, and simulation tools. A local house in a high-density neighborhood in a historical area in Guangzhou,China,where refers to a hot-humid climate area,was chosen to renovate in the teaching program. The investigations of urban and the neighborhood development,the construction and the climatic responsive characters of the vernacular houses,the long-term thermal environment character,and the sustainable design strategies were conducted before the design project. The concept of "Active House" with whose standards was introduced to the concept design based on the field studies. This study provided a valuable approach on the adequate pedagogy for a research-integrated design studio in the background of sustainable architectural education development.

Keywords:Climate Response;Vernacular House;Architecture Education;Hot-humid Climate;Active House

1 引言

在我国城镇化快速发展过程中,大量传统城市住宅年久失修,亟须进行可持续更新[1]。近年来,在建筑学教学改革中,城市建筑更新、基础设施提升、社区更新等议题日益受到关注。

本研究尝试整合气候认知、地方民居、模拟工具等教学方法,发展以可持续建筑设计为核心的教学项目。目前在国内外教学项目中,研究性、综合性的设计教案不断发展[2],[3]。其中,尤为重视"设计思维"在建筑设计中的价值,鼓励学生对实践中的真实问题做出回应,并引导其发展出解决问题的创新框架[4],[5]。

本研究基于大学生创新项目展开,主要由7名三、四年级的本科学生参加,研究目标、时间表和工作分配由学生与导师讨论并执行,项目周期为一年。

2 方法

2.1 教学计划的结构

研究项目主要按以下步骤进行:

①社区和建筑特征调研;

②地方气候应对策略调研;

③热环境实测和评估;

④主动式建筑(Active House,AH)标准引入；

⑤基于调研、评估与标准的可持续建筑设计；

⑥建筑性能模拟和评估。

2.2 研究对象：高密度社区的城市住宅

研究计划选取了广州一座建成70多年前的地方民居进行更新设计，建筑所在街区形成于18—19世纪(图1)。项目鼓励学生调查城市形态，了解高密度社区中的社区生活与空间特征。调查方法包括现场观察、测量、采访、图解等。

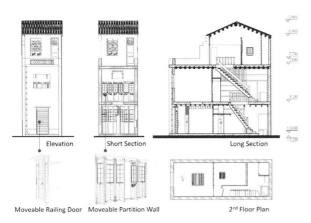

图1 建筑物平面图、立面图、剖面图和部分构造细节
(图片来源：学生测绘)

2.3 地方民居调研

地方民居为典型广州"竹筒屋"，特征为平面狭长布局(宽4米、长15米，见图1)，与相邻的房屋共用一墙。历史上，类似排屋多在香港、鹿特丹和新加坡等海港城市中被建造，提供居住、仓储、经营等用途[6]。学生测绘了研究对象建筑的布局和构造细节，包括特殊功能和装饰性的构造，并整合至三维模型中。该房屋建成多年，在不同的年代均进行过更新与改变。学生通过调研，分析了随着居民使用和现代生活要求变化所带来的空间变化。

2.4 热环境实测

为更深入理解地方气候特征，学生对竹筒屋的热环境指标进行了测量。设备包括HOBO数据记录器(U23 Pro v2)和HD32.3数据记录器(带黑球温度和热线探头)。设备被安装在每层1.5米高的地方。实测时段为2021年1月至8月，涵盖了湿热气候的过渡季和高温季[7]。在调研中，配备热成像仪，可拍摄与识别街道和建筑的表面温度，能直观地了解街谷空间尺度与建筑材料带来的热环境影响。

2.5 可持续设计策略

为加强研究和实践的联系，研究中引入了可持续建筑的标准。在本项目中，设计目标以AH学生竞赛为导向，进行相关标准的介绍与学习。AH标准倡导以节能环保为前提，以建筑健康和舒适为核心，以居住者的幸福为目标的建筑理念[8]。AH标准在近年在国内逐步推广，2020年发布了《主动式建筑评价标准》[9]。相关标准的引入，为学生提供了更综合的视角，考虑可持续性和舒适性之间的平衡。

3 结果和讨论

3.1 社区与建筑调研结果

3.1.1 街区空间与社区特征

竹筒屋更新的挑战之一是所在街区的高密度环境。街道宽度仅为2~4米，长宽比为1.7~7.2(图2)。狭窄的街道空间限制了房屋的日光和自然通风。

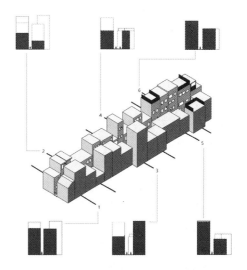

图2 街道断面分析
(图片来源：学生测绘)

研究引入社区观察的视角，记录与分析居民在街道上自发与共享的空间、活动，并促使了在后续更新设计中，更积极地调动私人和公共空间之间的互动。学生通过观察居民如何利用街道空间的方式，理解各种利用方式对街道质量的改变(图3)，如由居民自发种植的盆栽，界定出不同尺度的过渡空间。虽然其宽度被限制在0.5~2米，但也为居民之间的社交互动提供了可能。除此以外，居民在街道增设的雨棚、遮阳晾晒构架、台阶与平台等设施，也呈现了社区中关于交往、占用、共享、让渡等的多种需求与可能。

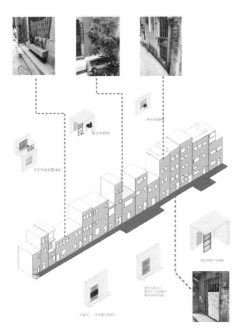

图3 街道空间使用观察图示

（图片来源:学生绘制）

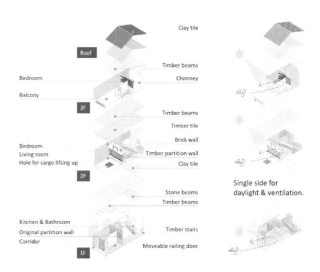

图4 竹筒屋的结构、材料与日照通风特征

（图片来源:学生绘制）

3.1.2 竹筒屋建筑特征

典型竹筒屋为 2 ～ 3 层,为了增加日光和自然通风,通常在平面的中部或末端设置垂直天井。然而,由于对生活空间的需求增加,研究对象建筑的天井已被封闭,并被不同楼层的厨房、浴室和卧室所取代。原有空间特征的破坏造成了一系列室内环境问题,如室内缺乏采光和通风,建筑材料也因潮湿而产生了损坏。居住空间被分割成若干房间,降低了居住质量。

该建筑的建筑材料主要为砖和木材。两侧砖墙限制了房屋宽度不大于 4 米。密集的横梁间距为 0.4 ～ 0.8 米,支撑着木条地板。建筑内留存了丰富的构造,如装饰丰富且具有多种开启方式(全开、上/下半开)的隔断墙、灵活开启的屋顶窗户等,可调节自然通风,具有湿热气候的适应性特征(图4)。

3.2 热环境实测结果

3.2.1 街道热环境

实测有助于理解街道和房屋的热环境。热成像图显示,夏天下午的街道地表温度差达5.1℃(图5)。该社区的街道主要是东西方向,较深街谷空间减少了太阳辐射,但也限制了街道内的空气流动。

3.2.2 室内热环境

实测结果显示,空气温度(Ta)、相对湿度(RH)和黑球温度(Tg)在 3F 和 1F 间的明显差异(见表 1 和图6)。3F 和 1F 的平均 Ta、RH、Tg 差值在春季分别为 2.9℃、

(a)街道照片　　　　(b)街道热成像图

图5 街道表面温度

（图片来源:学生拍摄）

17%、2.4℃,夏季为 3.2℃、19.8%、2.4℃。各测点风速(Va)都保持在 0.2 米/秒以下,原因在于窗户一直关闭,且缺少天井提供自然通风。

表1 春季、夏季平均温度、相对湿度及黑球温度（来源:实测）

指标	春季			夏季		
	1F	2F	3F	1F	2F	3F
Ta/℃	20.2	21.8	23.1	26.7	28.7	29.9
RH/(%)	78.6	66.7	61.6	90.6	77.6	70.8
Tg/℃	20.5	24.1	22.9	28.0	31.3	30.4

引入焓湿图进行建筑的热舒适度分析(图7)。结果显示,该房屋在大多数时间内偏离舒适区域,需要增加被动或主动策略,如自然通风改善室内热舒适度。因此,更新设计将基于现场测量的热舒适特征提出优化策略。

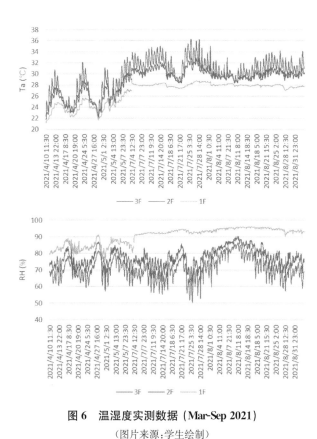

图 6 温湿度实测数据（Mar-Sep 2021）

（图片来源：学生绘制）

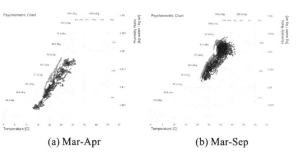

(a) Mar-Apr　　　　(b) Mar-Sep

图 7 焓湿图数据分析（Mar-Sep 2021）

（图片来源：学生绘制）

3.3 更新设计策略

学生在实地调研和热环境测量后,发现了竹筒屋街区与建筑的特点和问题,并由此制定了更新设计策略。

3.3.1 主动式建筑标准导向

更新设计以主动式建筑标准为指导。对湿热气候的适应性是更新设计的一个重要原则。主动式建筑的四个方面被整合到设计过程中(图8)。针对现有房屋自然通风不良的问题,空间设计考虑包括垂直天井、可控屋顶窗和进风口等策略。3F的过热问题需要更好的屋顶隔热结构和遮阳装置。当地居民的习惯,如绿化、半公共空间等,也在室内与室外空间设计中予以考虑。

主动性	舒适性
• 湿热气候回应 • 中庭导向自然采光与通风 • 可控屋顶采光窗	• 改善室内热环境与风环境 • 改善自然采光 • 增加绿植与室内舒适度
能源	**环境**
• 屋顶光伏板 • 屋顶隔热、遮阳改善 • 减少夏季空调用能	• 原有建筑材料回用 • 雨水收集 • 街道空间改善

图 8 基于主动式建筑评价标准的设计策略

（图片来源：作者自绘）

3.3.2 空间和布局生成

空间布局设计过程的图解见图9。建筑将容纳一个三代家庭(1+2+1),考虑场地和体积的限制,各房间垂直叠加;提升空间衔接,楼板垂直偏移半层,楼梯、家具

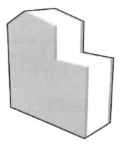

(a) 建筑用地与限制体量

(b) 初步房间布局

(c) 垂直空间连接

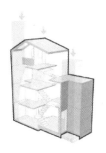

(d) 天井引入通风采光

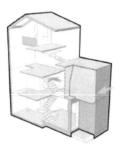

(e) 半开放空间改善街道关系

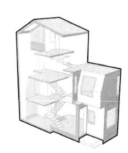

(f) 开窗位置

图 9 设计过程图解

（图片来源：学生绘制）

和结构整合设计(见图9(a)~(c));为了增加房屋的自然通风和采光,在前后设置两个垂直天井;在建筑临街面,设置了带有趟栊门、垂直绿化和祭祀空间的半开放空间,改善紧贴街道空间紧张感(见图9(d)~(e));在天井周边设置开窗和开口,增加采光(见图9(f))。

3.3.3 采光通风模拟评估

研究引入了建筑环境模拟工具(Grasshopper平台与Ladybug + Honeybee工具)。通过气象数据输出 Ta、RH、Va 的图示,并与现场测量数据进行比较(图10)。对室内各层采光和建筑通风(基于夏季主导风)进行了模拟。结果显示如图11、图12所示,不同楼层的主要室内空间的采光与通风均有明显改善。然而,首层房间采光与通风仍稍有不足。由于街道较为狭窄,虽然建筑入口已局部后退留出通风缓冲区域,但首层的整体风速仍偏低(0 ~ 1 m/s)。

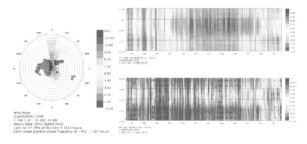

图10 从气象数据导出的风玫瑰、温湿度全年分布

(图片来源:Ladybug 工具输出)

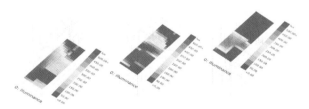

图11 各层采光模拟结果

(图片来源:Ladybug 工具输出)

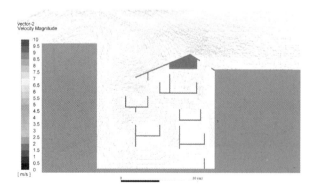

图12 风环境模拟结果

(图片来源:Ansys Fluent 模拟输出)

3.3.4 绿色建筑技术引入

根据空间布局,部分技术被整合到改造设计中(图13)。

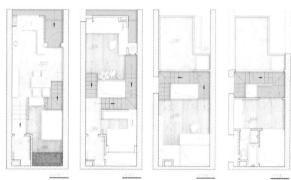

图13 建筑平面与剖面

(图片来源:学生绘制)

(1)光伏板(PV)。由于建筑位于高密度环境中,且与相邻房屋共用侧墙,光伏潜力主要在屋顶,坡屋顶设计与光伏板相结合。经计算,光伏板每月平均供电约85.75 千瓦时,可满足四口家庭约30.5%的能源需求。

(2)绿墙。考虑到附近缺乏绿地,设计希望增加屋顶绿化和室内绿墙。屋顶绿化设置在露台上,绿墙设置在通风天井内,结合自然光改善了植物生长环境。

(3)遮阳。屋顶和顶层的窗户尺寸被最大化,以增加室内的自然通风和采光。结合实测结果,增加可控遮阳装置与双层可通风屋面板,降低顶层夏季过热风险。

(4)水处理。广州雨水丰富,雨水被设计为可收集并可回收利用于绿化。雨水收集也是一种弹性策略,可在雨季减缓高密度街区排水压力。

4 结论

本研究针对旧城大量建筑的更新问题,尝试通过大创项目,引导学生发展综合性的认知框架,包括历史建筑价值、可持续更新理念、性能化导向设计工具、绿色建筑相关规范导则等,以更好地连接教学、研究与实践。

学生的工作成果展示了对湿热气候特征的理解、对于微气候初步分析方法的掌握、对于可持续建筑指引的吸取、以及对地方气候的回应式设计策略。通过接近一年的训练,大创项目与以设计课程为主线的教学形成了良好的互补,拓展了学生对于现实问题的认知,也促进了性能化设计工具的引入。以气候回应式设计的"调研—分析—设计"流程,探索了多元复合的可持续建筑教育方法。在此基础上,对于主干设计课程的优化整合仍有待不断探索与尝试。

5 致谢

本文受以下项目资助:亚热带建筑科学国家重点实验室开放课题(2021ZB04)、广东省哲学社会科学"十三五"规划 2018 年度青年项目(GD18YSH02)、2022 年度校级认证/评估专业持续改进教改专项(广工大教字〔2022〕59 号)、广东工业大学大学生创新创业训练计划项目(xj202111845800)。感谢参与研究项目的同学:曾薇,梁思镘,李晓珊,姚澜,孙瀚嘉,陈立祥,王明宇。

参考文献

[1] http://english. scio. gov. cn/chinavoices/2020-07/20/content_76290732. htm.

[2] HENSEL M, et al. The lampedusa studio: a multimethod pedagogy for tackling compound sustainability problems in architecture, landscape architecture, and urban design[J]. Sustainability,2020,12(11):4369.

[3] CAMILLE D G, DUPRE K. Teaching sustainable design in architecture education: critical review of easy approach for sustainable and environmental design (EASED)[J]. Frontiers of Architectural Research,2019,8(2):238-260.

[4] KEES D. The core of "design thinking" and its application[J]. Design Studies,2011,32(6):521-532.

[5] SOLIMAN A M. Appropriate teaching and learning strategies for the architectural design process in pedagogic design studios[J]. Frontiers of Architectural Research,2017,6(2):204-217.

[6] ESTHER H K Y,LANGSTON C,CHAN E H W. Adaptive reuse of traditional Chinese shophouses in government-led urban renewal projects in Hong Kong[J]. Cities,2014,39:87-98.

[7] ZHANG Z J, ZHANG Y F, LING J. Thermal comfort in interior and semi-open spaces of rural folk houses in hot-humid areas[J]. Building and Environment,2018,128:336-347.

[8] https://www. activehouse. info/.

[9] 中国建筑学会.主动式建筑评价标准[M].北京:中国建筑工业出版社,2020.

朱鲁峰[1]　梁喆[1]　孟浩[1*]

1. 上海大界机器人科技有限公司;hydemeng@roboticplus.com

Zhu Lufeng[1]　Liang Zhe[2]　Meng Hao[1*]

1. ROBOTICPLUS. AI (Shanghai) Co. ,Ltd.

基于智能建造的装配式建筑发展及产学研实践
Development of Prefabricated Building Based on Intelligent Construction and Industry-university-research Practice

摘　要:在国家"十四五"政策的引导下,全国各高校陆续开设智能建造专业及课程,构建跨学科的知识体系,培养综合性专业人才,促进建筑业的积极变革,解决传统建筑业数字化转型困难的问题。为主动应对新技术革命与产业变革,浙江大学土木工程学院结合浙江大学智能建造中心项目,进行了建筑学专业结合智能建造学科转型的尝试。文章进一步介绍了浙江大学在基于智能建造的装配式建筑课程的实践及产学研领域的探索。笔者希望通过此文,吸引来自全球的建筑龙头企业、建筑科技企业、机器人制造商、软件开发商、材料研发商等各领域专家助力智能建造专业未来的产学研合作。

关键词:教学探索;装配式建构;智能建造;数据可视化;离线仿真

Abstract:Under the guidance of the 14th Five-Year Plan of the People's Republic of China, universities across the country have successively set up majors of intelligent construction and courses to build interdisciplinary knowledge systems, cultivate comprehensive professional talents, promote positive changes in the construction industry, and address the difficulties of digital transformation in the traditional construction industry. In order to proactively respond to the new technological revolution and industrial change, the School of Civil Engineering of Zhejiang University together with the intelligent construction center project of Zhejiang University carried out an attempt to combine the discipline of traditional architecture with intelligent construction. The article further introduces the practice of Zhejiang University in the prefabricated building courses based on intelligent construction and the exploration in the field of industry-university-research. The author hopes that through this article to attract experts from all walks of life, including leading construction companies, construction technology companies, robot manufacturers, software developers, and material developers, to contribute to the future collaboration of Industry-University-Research.

Keywords:Teaching Exploration; Prefabricated Construction; Intelligent Construction; Data Visualization; Offline Simulation

1　研究背景:智能建造学科发展

近年来,工程建造正在迈进数字建造乃至智能建造的新发展阶段,产业的变革升级需求反向传导至高校以及职业学校,凸显出人才培养的缺口。

欧洲部分高校对于智能建造的学科设计是具有前瞻性的,以瑞士苏黎世联邦理工学院(ETH)和德国斯图加特大学(University of Stuttgart)为代表的先进学术机构,分别在 2005 年和 2008 年将机器人和计算机技术引入建筑和土木工程学院,并通过数年的发展成为拥有强大师资力量和多学科融合课程的顶级智能建造研究所,培养出一大批能够研发先进技术,并将其运用在规划、设计、建造等领域的硕博士人才,打造了多项优秀建筑作品,持续引领着全球建筑科技、学术和产业的前沿方向。

与传统工科相比,"智能建造学科"更强调学科的实用性、交叉性与综合性，尤其注重信息通讯、机器人控制、软件设计等新技术与传统工业技术的紧密结合。该学科的发展在海外已经备受关注并且日趋扩大渗透至各级别院校，通过先进的实验室软硬件建设，多学科融合的课程设计以及与建筑企业广泛的产学研项目合作，在行业里形成了梯队化的人才培养体系。

2 智能建造学科的产学研实践

2.1 智能建造学科建设实践

近三年来，浙江大学、华南理工大学、西交利物浦大学、同济大学、南通大学、台湾逢甲大学等高校相继与我国先进建筑企业合作并展开了相关实践，建设智能建造实验室，并配合专业老师进行课程的设计，逐渐形成了一套面向智能建造新学科的体系化综合人才培养方案（图1）。

图1 合作院校实验室

以浙江大学智能建造中心为例，由浙江大学土木工程学院委托笔者和上海大界机器人科技有限公司（以下简称大界）于2018年初步搭建完成，提供在读本科生及研究生数字建造基础知识和技术研发的学习及实践机会。

2.2 机器人设备方案实践

浙大实验室机器人设备方案是根据学院的科研发展方向与实验室功能需求定制，结合实际场地情况对机械臂、外部轴系统、末端执行工具系统、电气控制系统、ROBIM软件系统等开展了专门的选型与设计，最终形成满足不同学科教学需求的智能建造实验室方案。

面向建筑领域不同的细分专业，如设计、土木、室内、景观等，该实验室可提供60余项覆盖金属、木材、水泥、新型复合材料等多种建筑材料的增材、减材等机器人制造工艺解决方案。师生可以通过使用ROBIM的图

形化编程功能实现从虚拟设计到机器人生产的快速连接，完成从建筑模型到1:1全尺度建筑打样的建造实践。

2.3 人才实训及产学研合作

行业内某些先锋企业亦设有智能建造人才实训基地（图2），与学校和科研机构开展产学研的合作，为合作院校的师生提供技术培训和实习工作的机会，并定期组织学校线下参观，举办沙龙活动，建立连接学校与学校、学校与企业的智能建造学术与技术交流的纽带，在我国实现智能建造领域梯队化的人才培养体系。

图2 上海大界智能建造人才实训基地

3 基于装配式建筑体系的智能建造学科建设

3.1 数据可视化——ROBIM

"可视化"是一种信息媒介，它是虚拟化设计和物质化施工之间架的桥梁[1]。ROBIM就是这样一款基于可视化的多集成BIM系统。

学生在课程中借助Grasshopper-ROBIM系统，对平面图的形式、结构、构件加工等信息进行整合，并以三维数据进行呈现。课程通过工艺和数字系统相结合的培训，对学生在设计过程中的各个环节进行模拟、优化和建造，并做最终施工过程指导，甚至每个构件的加工和安装设计本身也成为一个数据可视化的过程，把设计过程通过不断迭代实现"可视化"，有效地提升了学生设计的创造能力[2]。

由于学生的课程设计与建造需在一个学期内完成，并且用于最终建造的排期时间极短，这也驱使学生团队探索通过数字可视化技术实现对设计建造全流程的快速把控。

鉴于课程要求的是3D打印工艺的异形装配式幕墙，学生在造型阶段设计了大量复杂曲面来创造轻盈的空间形态。然而，异形曲面转换到打印路径在程序设计上有一定难度：一方面，与以往垂直堆叠的3D打印不同，本课程项目是以倾斜打印的方式进行层积堆叠，需要经过大量反复测试，才能得出倾斜打印适用的参数配置；另一方面，学生必须考虑到组件的形式逻辑和可建性（图3）。对此，学生团队使用Grasshopper中的Kangaroo插件，通过输入各种边界条件，快速得出多组

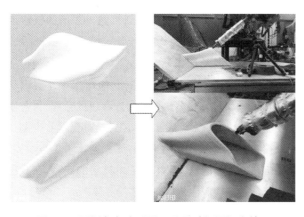

图3 不同倒角角度以及凹凸悬臂加厚打印情况

可能的"解决方案",为3D打印的模块生成形态属性。然后,学生使用Karamba3D插件,通过定义材料属性、支撑条件与荷载分布分析了打印模块的力学性能并进一

步优化了模块形态、截面厚度和节点形式,在这个过程中,原来难以捉摸的结构数据通过数字工具转化为可见的、有形的形式,便于学生直接探索和完善设计中的结构体系,以达到结构性能和美学形式俱佳的最优解。

本次课程工艺的主要难点之一是如何保证倾斜打印材料(纤维改性的PETG)在重力影响下的成型效果,为了测试外部因素对打印效果的影响,学生们做了大量实验:通过调整打印厚度、挤出量、悬挑情况、打印速度、打印角度、打印温度等参数得到了大量实验数据(表1、表2),并总结出了最佳配比以达到预期的成型效果。对于这个复杂的3D打印曲面幕墙系统,学生们适应了打印工艺在测试过程中不断来自人机交互的反馈,并与结构计算插件的校验相结合,确保所有异形曲面的装配式构件都能由机器人一体打印成型。

表1 打印测试结果1

(来源:学生绘制)

编号	变量	计划	照片	打印厚度/mm	挤出量	悬挑情况
实验1	平面,匀速,复杂曲线变层高测试	变层高(2.5~3.5 mm)20层		2.5~3.5	50	45°倾斜体,有悬挑
实验2	平面,匀速,复杂曲线倒角极限值	HI截面:倒圆角15°		3	50	45°倾斜体,有悬挑
实验3		HI截面:倒圆角10°		3	50	45°倾斜体,有悬挑
实验4		HI截面:倒圆角5°		3	50	45°倾斜体,有悬挑
实验5	平面,挤出量相同,测变速	HI截面:倒圆角15°	打印失败	2.7	50	45°倾斜体,有悬挑
实验6	平面,匀速,复杂曲线:倾斜体+倾角	变层高(2.5~3.5 mm)20层		2~3	70	45°倾斜体,有悬挑
实验7		变层高(2.5~3.5 mm)50层		2~3	70	45°倾斜体,有悬挑

表 2　打印测试结果 2

（来源：学生绘制）

编号	材料黏结	点变速赋值	喷嘴打印角度	刮料情况	T1/T2/T3/℃	反馈
实验 1	3.5 处差	匀速	法相,倾角 10°	2.5 处有	220/220/170	层高 3.5 走空,层高不可高过 3 mm
实验 2	良好	匀速	法相,倾角 10°	逆倾角处有略微	220/220/170	倒角半径极限值为 10 mm,路径宜取点 100+,保证转角处路径形态良好,首层挤出量宜多给
实验 3	良好	匀速	法相,倾角 10°	逆倾角处有略微	220/220/170	
实验 4	良好	匀速	法相,倾角 10°	有,严重	220/220/170	
实验 5	良好	转弯处变速	法相,倾角 10°	打印失败	220/220/170	无法打出,不稳定
实验 6	良好	匀速	0～30°	逆倾角处有	220/220/170	在第 25 层出现剐蹭,层高小于 2.5 mm 时,极限倾角为 15°;在喷头层高上坡阶段出现少许刮料情况
实验 7	良好	匀速	0～30°	有,15° 倾角开始于 2 mm 层高,下降上升皆有	220/220/170	

3.2　离线仿真

数字化装配生产范式让学生重新思考智能建造学科的学习领域。机器除了作为工具,还作为学生的创造性伙伴,其数据收集能力拓宽了学生的认知,其分析和计算能力提高了学生的工作效率,其精确处理能力增强了学生在项目管理上的整体把控能力。

在本课程内容的设计和建造过程中,学生们使用 ROBIM 等数字孪生插件模拟并控制部件的预制生产(图 4)。这些智能系统前所未有地赋予了学生对项目全生命周期观察和理解的视角。通过在 Grasshopper-ROBIM 中编写一个适应性的算法程序,学生可以让计算机快速绘制 3D 打印路径,从而使复杂曲面一键转化为加工代码,进而对接机械臂的生产。

离线仿真为学生的生产方案提供了提前预判的可能,避免了在线编程导致的生产"停机"时间。比如学生团队通过算法得到的打印路径往往与目标曲面有所偏差(图 5),离线编程与仿真可以帮助学生更好地调试与规划工作空间、避免出错和资源的无谓损耗,从而达到建造成本最优的解决方案。通过此课程,学生们从设计到建造(图 6),从模型到 1∶1 构件制作,仅在 12 周的课程实践中就遍历了一个装配式异形幕墙系统的全生命周期。

Input　　　Original Output　　　Modified output

图 5　目标曲线与打印路径

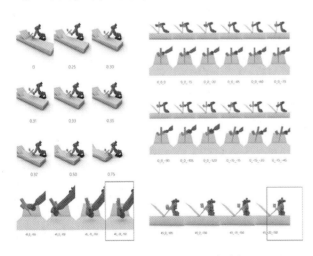

图 4　ROBIM 模拟的预制生产过程

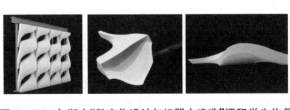

图 6　2021 年浙大"数字化设计与机器人建造"课程学生作品

4　结语

行业内持续的技术创新离不开学科知识的积累与创造,科技的快速发展也对学校的人才培养提出了更高的综合性要求。2019 年,CIBER 国际建筑机器人产业联盟①成立,吸纳了来自全球的建筑龙头企业、建筑科技企业、机器人制造商、软件开发商、材料研发商等,致力于打造行业顶尖的智能建造学术集群,创造建筑科技工作者的技术交流的平台。

客观而言,目前许多高校实践的新工科教育不仅能减轻实际教学负担,提升学生参与度,也能为工程教育认证提供教学过程基础数据,同时加强学校对学生能力评估、教学装备管理、教学过程管理的能力,也为机器人工程、智能制造工程、人工智能等新专业建设提供多元化、体系化的教学实践解决方案,最终建设工程技术人才库,搭建人才数据交易平台。这意味着高校能够直接为企业精准提供人力资源支持服务,打通产学研环路。

可以预见,未来中国制造业仍将蓬勃发展,相关专业人才的落地培养也将不断进行。相信随着中国逐渐对标国际,通过智能建造学科的建设,不仅能将跨行业的、最前沿的硬科技实践传导至各类院校的课程设计和科研工作中,也将助力装配式建筑行业复合型和创新型人才的培养,为国家建筑工业化目标提供充足的梯队人才和从业人员。

参考文献

[1] CARPO M. The Alphabet and the Algorithm [M]. Cambridge:MIT Press,2011.

[2] 袁烽,苏奇,李麟学,等."可视化 vs 物质化"主题沙龙[J]. 城市建筑,2018(19):6-16.

[3] 张烨,许蓁,魏力恺.基于数字技术的建筑学新工科教育[J]. 当代建筑,2020(03):129-133.

[4] 张明皓,姚刚,罗萍嘉,等.新工科背景下创意工科人才培养机制研究——以建筑设计类创意工科为例[J]. 高等建筑教育,2019,28(01):28-34.

[5] 李培根.工科何以而新[J]. 高等工程教育研究,2017(4):1-4,15.

----

① CIBER(Consortium in Built Environment Robotics),国际建筑机器人产业联盟,由大界机器人与新加坡飞码机器人联合发起,持续接纳来自全球的建筑科技商、机器人制造商、软硬件开发商等,通过集合各联盟方的技术、市场与资金优势,加速推出具有软硬件普遍通用性的建筑机器人产品,共同开拓行业应用,致力于引领和应对人工智能和机器人时代的建筑业变革。

Ⅳ 计算机设计与人工智能生形

闫树睿[1]　刘念雄[1*]

1. 清华大学建筑学院；phlnx@tsinghua.edu.cn

Yan Shurui[1]　Liu Nianxiong[1]

1. School of Architecture, Tsinghua University

建筑生成式设计算法发展历史及适用性分析
The Development History and Applicability Analysis of Building Generative Design Algorithms

摘　要：生成式设计算法的发展主要经历了从纯规则式方法到启发式算法、案例推理系统再到机器学习三个阶段。本研究一方面从时间维度对建筑生成式设计算法的历史发展脉络进行梳理，另一方面从空间维度对不同算法的特点和适用性进行横向对比分析，从而为未来生成式设计中的算法选择和改进提供支撑。

关键词：生成式设计；建筑设计；算法；发展历史；适用性分析

Abstract：The development of generative design algorithms has mainly experienced three stages from pure rule-based methods to heuristic algorithms, case reasoning systems and then machine learning. This study sorts out the historical development of building generative design algorithms from the time dimension. Besides, it conducts a horizontal comparative analysis of the characteristics and applicability of different algorithms from the spatial dimension , so as to provide support for the selection and improvement of algorithms in future generative design.

Keywords：Generative Design；Building Design；Algorithm；Development History；Applicability Analysis

近年来，随着数字化、人工智能等技术的发展，数字孪生、人机协作等概念开始进入人们的视野，逐渐成为建筑设计行业未来转向的路径之一[1]。建筑生成式设计是正式伴随着计算机技术的发展而出现的一种以"计算"为主要手段的建筑设计方法。

"生成"这一概念源于哲学领域，法国后现代主义哲学家德勒兹是生成论的代表人物。其强调生成的内在性，即生成的无根基性和无基础性。有和无、有限和无限、实在和潜在共同构成了差异化运动，它们都是"生成"的前提。对于建筑设计而言，生成的概念的直接影响是，将作为"结果"的建筑转化为作为"过程"的建筑，将寻求确定解答的设计过程转化为寻求开放系统的设计过程。所有遵循开放、动态和自下而上的建筑和建筑设计方法都是"生成"，它是相对于以往那种封闭的、静态的、自上而下的传统设计方法而言的[2]。

因此，广义的建筑生成式设计（generative design, GD）关注的不是生成一个结果，而是创造出设计出发点与设计结果之间的一种动态联系。它借助于计算机的大规模运算能力，在各类边界条件和相关参数的约束与激发下，按照一定的生成逻辑探索广阔的设计可能性。此外，建筑生成设计大量采用计算机算法所具备的随机、模糊变量功能，以此成为模拟、逼近建筑设计过程中建筑师的思维特征的基础[3]。

生成式设计算法的发展主要经历了从纯规则式方法到启发式算法、案例推理系统再到机器学习三个阶段。本研究一方面从时间维度对建筑生成式设计算法的历史发展脉络进行梳理，另一方面从空间维度对不同算法的特点和适用性进行横向对比分析，从而为未来生成式设计中的算法选择和改进提供支撑。

1　生成式设计历史发展

生成式设计的早期方法探索主要集中在空间布置问题（space layout problem）、形式语法（shape grammar）、案例推理设计（case-based design, CBD）和进化算法（evolutionary algorithm）等方面。图1对生成式设计方法的历史发展时间线进行了简要梳理。

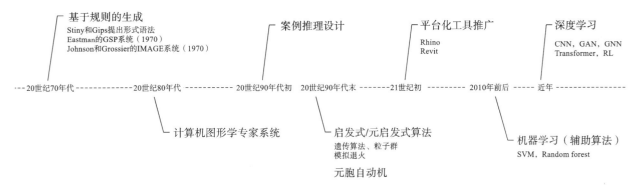

図1 建筑生成式设计主要算法历史发展时间线

1.1 纯规则方法——形式语法

建筑生成式设计的研究可以追溯到20世纪70年代,早期的生成式设计主要关注的是空间布置问题[4]。研究者试图对建筑形式的逻辑关系进行解析,通过建立形式关系规则,使计算机按照一定的规则实现建筑空间的功能排布。如Eastman[5]在1970年开发的"通用空间布局工具"(general space planner),Johnson[6]于1970年开发的IMAGE系统,Pfeffercorn在1972年开发的"设计问题解决工具"(design problem solver, DPS)[7]等。

1972年,Stiny和Gips[8]提出了"形式语法"概念,并在随后的研究中对该理论进行了进一步完善[9]。形式语法指一种构造设计语言与设计过程的方法,即通过规则的转换来驱动形状生成过程的计算机制的数学表达式,其由有限的形式集、有限的符号集、形式规则、经过标签标记的初始形式四个部分构成。该方法成为生成式设计理论上的重要分支,并于20世纪90年代后被大量应用于创作实践和设计教学中[10]。

1.2 案例推理与启发式算法

此外,随着20世纪80年代计算机图形学、视觉模拟技术以及专家系统的运用蓬勃发展,20世纪90年代初,研究者将案例推理(case-based reasoning, CBR)[11]方法引入设计中,提出了案例推理设计[12],对以前案例中的概念、方案和结构等方面进行拆解表达,并录入电脑,作为解决建筑设计中复杂问题的搜索对象。

20世纪90年代末,遗传算法等进化算法被引入建筑设计领域[13][14],解决建筑方案的多目标优化问题。该算法受到达尔文进化论的启发,将优化对象中的各项参数作为"基因",通过一定方式将"基因"进行重组、变异,并通过目标函数对进化后的对象是否满足目标要求进行判定,从而引导优化对象朝着目标方向进化。该算法至今仍在建筑生成式设计中被广泛应用。

21世纪初,随着从业者和建筑院校对生成式设计领域的兴趣日益浓厚,一些CAD公司陆续开发出了生成式设计工具平台[15],这些工具可将建筑的各类要素进行参数化建模,通过对参数的控制来生成建筑形体,使生成式设计开始具有现实可操作性。如基于3D形式语法的第一个计算机应用程序3D shaper[16],以及后来应用较为广泛的Robert McNeel公司基于Rhino平台的Grasshopper,Autodesk公司基于Revit平台的Dynamo。这些软件可以通过可视化的交互界面构建生成算法,实现参数化建模,帮助设计人员生成相应的三维模型。

工具上的进步为生成理论的落地提供了有力的支撑,无论是高校师生还是建筑设计从业者,都开始对生成式设计方法进行广泛探索。生成式设计开始由理论探索转向实践应用,各种类型的生成式设计方法相继被提出。在各式各样的探索中,一些学者开始对生成式设计方法进行系统性梳理。如Chase[17]对各类生成式设计工具进行了系统性总结,作为新手的入门指导。面对各类生成式设计理论在实际应用的转换中所面临的问题,Caldas[18]对各类生成式设计问题进行了梳理,并通过工作营的方式对相应的解决方案进行了探索。Oxman[19]通过综述的形式对早期的生成式设计方法进行了系统化的总结。中国一些学者也开始从教学或实践中对建筑生成式设计的方法体系进行了探索[20-22]。

除了对建筑形式的关注外,在建筑性能设计方面,由于建筑性能易量化,研究者们将各类模拟软件或建筑性能评价方法同生成设计方法相结合,实现基于建筑性能的建筑方案生成或优化[23]。此外,在建筑性能设计中,建筑设计的科学性逐渐得到重视,建筑性能数据的重要性逐渐凸显,建筑生成方法逐渐更紧密地同注重科学实证的数据设计方法[24]相结合。

1.3 机器学习

近些年来,随着机器学习算法的进步,生成算法从侧重于对前期的生成规则的编写,开始向依靠学习算法给予计算机更多自主性转变,建筑生成式设计逐渐走向智能化。建筑师同计算机的关系,从对计算机的绝对控制逐渐向人机结合转变。国内外很多高校开始成立数字化实验室,开展智能生成方法研究,一些智能化商业设计软件开始逐渐走向市场。

在机器学习建筑生成式设计中,具有代表性的是以生成式对抗网络为代表的深度学习建筑生成方法。深度学习应用于建筑方案设计领域尚属起步阶段,现有研究多基于栅格图像进行模型训练,在户型边界条件和户型布局之间建立映射关系。如黄蔚欣[25] 于 2018 年提出了基于 pix2pix 的住宅户型平面生成方法。Liu[26] 使用 pixel2pixel 实现了青年公寓的室内平面生成。Wu 等人[27] 使用了 CNN 对 input boundary 及内部房间位置点进行编码,并用另一个 CNN 反卷积解码,生成户型内部墙体。Nauata 等人分别于 2020 年和 2021 年提出了 House GAN[28] 和 House GAN++[29] 算法。Para 等人[30] 于 2021 年将 transformer 算法应用于户型生成中。

总的来说,生成式设计的进步,除了需要方法和理论上的创新外,还在很大程度上依赖计算机算法以及相应的软件工具的进步等外部因素,随着计算机技术的迭代,生成式设计的潜力也将不断地被挖掘出来。

2 生成式设计算法的适用性分析

总的来说,现有常用建筑生成式设计技术路线可概括为两类:基于数据的算法与基于规则的算法。

2.1 基于数据的算法

基于数据的算法包括机器学习、深度学习、案例推理系统等。这些算法主要从案例数据中获取知识。如机器学习和深度学习通过对大量案例数据进行编码、提取特征,建立输入条件与输出结果之间的函数映射。案例推理系统则将案例中的概念、方案和结构等进行拆解表达,构建案例库。在面对新问题时按照一定逻辑进行检索匹配,并做相应的调整,以适应新的需求。

基于数据的路线有着速度快的优点,但对于建筑设计而言,这类方法容易受到数据数量和质量的双重制约。首先,基于数据的算法依赖大量案例数据,而对于建筑行业而言,每类建筑的案例总量本就有限,且收集难度较大。有限的数据量使得算法的优势难以得到充分的发挥,从而难以应对多样化的设计场景。其次,建筑设计的价值在于通过合理的空间组织来回应场地环境、使用功能、业主需求等多方面因素。这一过程具有特异性和创造性特点。而基于数据的算法虽擅于吸取

既有案例经验,但不擅长针对特异性的问题进行逻辑演绎和再创造。这导致纯基于数据的生成算法只擅于对案例数据的模仿,却难以超越案例而得到更好的结果。所以对于建筑设计而言,基于数据的路线对于解决管线布置、图纸检查等模式化较强的问题适用性较强;对于空间布局等模式化相对较弱的问题,适用性则受到了一定限制。

2.2 基于规则的算法

基于规则的算法包括遗传算法、粒子群算法等启发式算法,以及强化学习等。其核心在于构建评价函数,对生成结果进行量化评价,并将评价结果作为奖励,引导算法向着高奖励方向进行探索,直到达到设定目标。

相对于数据,规则更具灵活性,可根据不同需求进行针对性调整,对于模式化较弱的建筑空间布局问题更具适用性,但亦存在局限。基于规则的算法需要解决的核心问题在于搜索空间同泛化能力之间的矛盾。如围棋的组合可能性为 10^{250},即使普通的住宅户型,其组合可能性也在 10^{50} 左右。在如此多的搜索空间中,如何让算法逐渐收敛到理想的位置是具有挑战性的。因此需要对算法的搜索范围加以限制,使其尽量避免无意义的搜索,提高搜索效率。好的限制方式能够在有效压缩搜索空间的同时保证模型拥有较好的泛化能力,反之,则可能导致泛化能力降低。因此提升基于规则的算法性能,需要通过合理的搜索方式以及评价规则的设计,在压缩搜索空间的同时保证模型的泛化能力。

3 结语

本文对建筑生成式设计算法的历史发展按照纯规则式方法到启发式算法、案例推理系统再到机器学习三个阶段进行了梳理。本文对主要算法进行了横向比较,总结出基于数据的算法和基于规则的算法两类技术路线,并对这两类技术路线的特点和存在的问题进行了比较分析。

可以看出,无论是基于数据还是基于规则,其核心思路都在于将人类的经验融入算法中,基于人类经验的"加持"来解决新的问题。不同点在于基于数据的路线直接通过案例来获取人类经验,而基于规则的路线则是将人类的经验转换为规则,来指导算法进行目标寻优。因此,在未来的建筑生成式设计算法探索中,可以从有效利用建筑师先验经验角度出发,通过算法框架的设计,在保证生成结果多样性的同时,有效控制求解空间的范围,从而得到更好的生成结果。

参考文献

[1] 袁烽,朱蔚然.数字建筑学的转向——数字孪生与人机协作[J].当代建筑,2020(2):27-32.

[2] 徐卫国.褶子思想,游牧空间——关于非线性建筑参数化设计的访谈[J].世界建筑,2009(8):16-17.

[3] 李飚,韩冬青.建筑生成设计的技术理解及其前景[J].建筑学报,2011(6):5.

[4] EASTMAN C M. heuristic algorithms for automated space planning [C]//Institute of physical planning,Carnegie-Mellon University,1971.

[5] EASTMAN C E. GSP:A system for computer assisted space planning[C]//proceedings of the 8th Design Automation Workshop,1971:208-220.

[6] JOHNSON T E. Image:An interactive graphics-based computer system for multi-constrained spatial synthesis [M]. Department of Architecture, Massachusetts Institute of Technology,ACM,1971.

[7] PFEFFERKORN C E. The design problem solver,a system for designing equipment or furniture layouts[J].Eastman,Spatial Synthesis in Computer-Aided Building Design,1972.

[8] STINY G,GIPS J. Shape grammars and the generative specification of painting and sculpture [J]. Segmentation of buildings fordgeneralisation in proceedings of the workshop on generalisation & multiple representation leicester,1971,71:1460-1465.

[9] STINY G. Introduction to shape and shape grammars[J]. Environment and planning B:planning and design,1980,7(3):343-351.

[10] 涂文锋.建筑智能化生成设计法演化历程[D].长沙:湖南大学,2016.

[11] KOLODNER J. Case-based reasoning [M]. San Trancisco:Morgan Kaufmann Publishers INc. ,2014.

[12] WATSON I,PERERA S. Case-based design:a review and analysis of building design applications[J]. Artificial for engineering design, analysis and manufacturing,1997,11(1):59-87.

[13] ELEZKURTAJ T,FRANCK G. Genetic algorithms in Support of Creative Architectural Design[J]. eCAADe Conference Proceedings,1999,645-651.

[14] BENTLEY P. An Introduction to evolutionary design by computers [J]. Evolutionary design by computers,1999:1-73.

[15] OXMAN R. Theory and design in the first digital age[J].Design studies,2006,27(3):229-265.

[16] WANG Y,DUARTE J P. Automatic generation and fabrication of designs[J].Automation in construction,2002,11(3):291-302.

[17] CHASE S C. Generative design tools for novice designers:issues for selection [J]. Automation in construction,2005,14(6):689-698.

[18] CALDAS L,Duarte J. Implementational Issues in Generative Design Systems [C]//First International Conference on Design Computing and Cognition,2004.

[19] OXMAN R. Theory and design in the first digital age[J]. Design Studies,2006,27(3):229-265.

[20] 徐卫国,靳铭宇,清华大学建筑学院.过程逻辑——清华学生"非线性建筑设计"的技术路线[C]//全国高等学校建筑学科专业指导委员会.全国建筑教育学术研讨会.2009.

[21] 李飚,李荣.建筑生成设计方法教学实践[J].建筑学报,2009,3(3):96-99.

[22] 袁烽,里奇.探访中国数字建筑设计工作营[M].上海:同济大学出版社,2013.

[23] MACHAIRAS V,TSANGRASSOULIS A, AXARLI K. Algorithms for optimization of building design:a review[J]. Renewable and Sustainable Energy Reviews,2014,31:101-112.

[24] 刘念雄,张竞予,王珊珊,等.目标和效果导向的绿色住宅数据设计方法[J].建筑学报,2019,(10):103-109.

[25] HUANG W,ZHENG H. Architectural drawings recognition and generation through machine learning[C]//Proceedings of the 38th Annual Couferemce of the Association for the Computer Aided Design in Architecture (ACADIA),2018.

[26] LIU Y. Research on generation of youth apartment plan based on deep learning [D]. Shenzhen: South China University of Technology,2019.

[27] WU W,FU X M,TANG R,et al. Data-driven Interior plan generation for residential buildings[J]. ACM Transactions on graphics (TOG),2019,38(6):1-12.

[28] NAUATA N,CHANG K H,CHENG C Y,et al. House-GAN:relational generative adversarial networks for graph-constrained house layout generation [C]//

European Conference on Computer Vision. Springer, Cham,2020:162-177.

[29]　NAUATA N,HOSSEINI S,CHANG K H,et al. House-GAN ＋＋: generative adversarial layout refinement network towards intelligent computational agent for professional architects[C]//Proceedings of the iEEE/CVF Conference on Computer Vision and Pattern Recognition,2021:13632-13641.

[30]　PARA W,GUERRERO P,KELLY T,et al. Generative layout modeling using constraint graphs[C]// Proceedings of the IEEE/CVF International Conference on Computer Vision. 2021:6690-6700.

李佳骏[1]　贺思远[1]　李飚[1]

1. 东南大学建筑学院；1021901442@qq.com

Li Jiajun[1]　He Siyuan[1]　Li Biao[1]

1. School of Architecture, Southeast University

自然科学基金面上项目(51978139)、2022 年度江苏省碳达峰碳中和科技创新专项资金(第三批)项目"低碳未来建筑关键技术研究与工程示范"

基于差分生长算法的曲面生形与模型构件拆解
Surface Shape and Digital Fabrication Based on Differential Growth Algorithm

摘　要：本文的研究主要聚焦于基于差分生长系统的曲面设计以及针对这种复杂曲面的模型建造方法，包含算法生形、网格的拓扑重构、网格拆分三个大的步骤。首先通过差分生长算法得到基本形体；其次为了保持网格大小的一致性，重新对网格进行拓扑划分，保证后续建造构件大小均匀；模型构件的设计主要通过将网格根据经纬两个方向分条并进行构件拆解，互相叠合并通过节点进行连接形成构筑物模型。模拟建造采用纸板作为原材料，最终作品能够通过轻薄材料自承重的方式建构物化的空间形态，为复杂曲面构筑物的数字化设计到模型建造提供一个可行的实践思路。

关键词：差分生长；复杂曲面；数字化设计；构件拆解；模型建造

Abstract：The research in this paper mainly focuses on the surface design based on the differential growth system and the model construction method for this complex surface, including three major steps: algorithm generation, mesh topology reconstruction, and mesh splitting. Firstly, the basic shape is obtained through the differential growth algorithm. Secondly, in order to maintain the consistency of the mesh size, the mesh is re-topologically divided to keep the size of the subsequent construction components uniform. Thirdly, for the design of the model components, the mesh is mainly based on the two directions of latitude and longitude. Slitting and dismantling components, overlapping each other and connecting through nodes to form a structure model. The simulation construction uses cardboard as the raw material, and the final work can construct a materialized space form through the self-supporting method of light and thin materials, which provides a feasible practical idea for the process from digital design to model construction of complex curved structures.

Keywords：Differential Growth; Complex Surfaces; Digital Design; Structures; Model Construction

1　引言

差分生长是一个经典的算法，它描述了几何表面按不同位置、不同生长率进行生长的模式。这一生物系统能随着时间的推移，通过几何体的物理属性相互作用以及简单的生长速率控制来产生复杂的形式（图 1（b））。差分生长的概念通常用于医学和生物学领域，但通过编程，我们可以用数学建模的逻辑来模拟这一系统，并通过控制各种生长率的因素来设计出各种复杂的曲面。

国外已经有学者对差分生长这一生物模式进行了研究，基础逻辑都是通过三角网格顶点的挤压和半边的分裂来进行网格的面积增长的，Daniel Piker 运用 Kangaroo 和预处理的基础网格来实现这一算法[1]。但是这种方法无法继续迭代生长，最终的网格大小取决于最初的网格数量，比较有局限性。后来 Long Nguyen 在他的 Grasshopper 电池开发教程中用纯 C♯ 的方法实现了迭代生长[2]。他的方法较为高效，但是生长的形式显得较为锋利，不够完美。比较完善的是 Nervous System

205

所研究的 Floraform 算法[3]，他们将自然界植物的生长逻辑加入差分生长算法中，通过控制网格拓扑逻辑，最终能够生成圆滑美观的网格形状（图 1（a））。Andy Lomas 在他的研究中创建了一种名叫"Cellular Forms"的细胞生长系统，用细胞增殖的方式来生成错综复杂的、具有雕塑感的形态[4]，不过严格意义上来讲这种方法不是运用网格的方式（图 1(c)）。

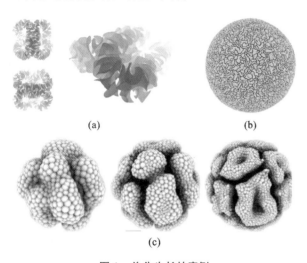

图 1　差分生长的案例

（图片来源：www. andylomas. com）

运用差分生长算法生成的曲面较为复杂，国外的设计师大多数都是运用这一算法进行小型 3D 打印工艺品的设计，但尚未有人运用这一算法进行复杂构筑物的建造实践，本文的研究目的就是探寻这种复杂曲面的生长原理以及探寻针对此类复杂曲面模型的制作方法。

2　差分生长算法研究

2.1　基于差分生长的生形算法原理

单个细胞通过均匀分裂和生长，仔细协调的细分和分化，生物系统便产生了具有特定、可重复的形式和功能的结构。但是这种增长不是统一的，而是有差异的。自然界中的花朵和叶片都呈现出各种美丽有机的褶皱曲面形态，应用数学教授、有机与进化生物学教授 L. Mahadevan 在他的论文中描述了这种褶皱形式形成的原理——在边缘的细胞生长得更多，这使得细胞为了获取充足的生长空间而互相挤压产生弯曲。本文后续的算法也基于以向边缘的优先增长来模拟花朵褶皱的增长。在 Nervous System 的 Floraform 研究基础上，我们研究的是对薄表面上差异生长的计算模拟。我们的系统包括弹性表面的物理模拟以及生长模型。我们将模型表面建模为三角形网格，表示为半边网格结构。它随着时间发展，在网格的每个顶点上计算力，为每个顶点集成

新位置。许多使用的技术都基于离散微分几何，该系统可以分解为以下几个规则。

2.2.1　物理力学模拟

模型表面物理基于 Eitan Grinspun 等人提出的"离散壳体"[5]。网格的每个边缘都被建模为一个抵抗表面拉伸的弹簧，边缘都倾向于变成一个固定长度，当边长过长或过短都会产生弹力。两个面之间的边也具有与抵抗弯曲的面之间的角度成比例的抗弯曲力（图 2(a)）。

2.2.2　网格分裂

随着网格增长，任何增长到长度阈值以上的边都会从中点分裂，每个相邻的三角形都会被分成两部分。为了保持良好的三角形形状，只有当一条边同时是相邻两三角形中最长的边时，它才会被分割。此外，我们引入了边缘翻转来平衡网格细分时的拓扑，避免了大量钝角三角形面的出现[图 2(b)]。

2.2.3　碰撞检测

为了防止生成过程中表面与自身相交，我们建立了一种碰撞系统。网格的每个顶点都被建模为一个球体，其半径等于垂直于表面的预设碰撞距离。当两个球形碰撞体相交时，二者互相会产生一种坚硬的弹簧状力，将它们彼此推开[图 2(c)]。

2.2.4　生长速率

网格的生长速率主要由分裂阈值长度控制。我们可以测量某个网格顶点到网格边缘或者某个区域的距离，然后根据这个距离来确定分裂阈值的大小。距离网格最外边缘越近的边分裂阈值越小，顶点更加密集[图 2(d)]。这种三维网格上沿表面的距离称为测地线距离。为了算这一距离，我们使用了 CMU 的计算机科学教授 Keenan Crane 的一篇名为"Geodesic in Heat"的论文中使用的技术[6]。它采用一种热量梯度的方法来计算测地线距离，称为热核测地线法，并且这种方法对后续网格优化处理也有具体的应用。

2.2　生长参数影响

通过控制不同规则对于生长的影响权重，可以得到不同的生长模型，例如调整网格的抗弯曲力大小可以得到不同褶皱程度的生长结果；降低部分外边缘对生长速率的影响，可得到更多有机的生长形态；还可以在上述规则中加入向性的规则（模拟光照），使生长朝向某个位置移动；基础生长网格的拓扑形态也对最终形态有着很大影响，封闭的网格在数次迭代生长后都呈现出类似于大脑的褶皱状态，而开放的网格则生长出来更像自然界中木耳、菌菇的有机形态。一般来说，生长速率分布越均匀，初始网格越规整，越能够生长出更加均匀、形态更加对称、呈现出一定规律和节奏的网格形态（图 3）。

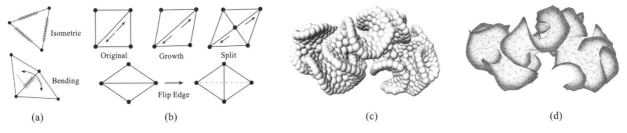

图 2　差分生长算法原理规则

图 3　不同生长参数下的生长模型

3　基础形态网格的重构

3.1　热核测地线法

　　算法生成的初始网格有很多瑕疵,例如边缘的网格更加密集,边缘更短,导致三角网格大小不一致。这些三角面未经处理很难进行下一步工作,我们采用前文所提到的热核测地线方法重新进行优化。

　　首先简单介绍热源测地线法,想象一下用灼热的针触碰网格表面上的一个点,随着时间的推移,热量会扩散到网格的其余部分,并且可以用称为热核的函数 k_t, $x(y)$ 来描述,它测量在时间 t 之后从热源 x 传递到目的地 y 的热量。热量和距离之间的关系可以用 Varadhan 在 1967 年提出的公式计算:

$$\phi(x, y) = \lim_{t \to 0} \sqrt{-4t \log k_{t,x}(y)}$$

　　通过这个计算公式,x、y 之间的测地线距离 φ 可以通过热核的简单逐点变换来恢复,具体的数学计算原理

在此不赘述。这种计算方法与其他传统的计算方法相比,计算时间上提升了一个级别,而且可以保持与之相当的精确程度,我们在 C♯ 平台中实现了这个算法,经过测试能够稳定适用于三角网格的计算。

3.2　基于热核测地线法的三角网格优化

　　基于算法的网格优化的第一步是获取在网格上的等距曲线,完成这一步的方法主要参考了 Daniel Piker 在 Rhino 论坛中发布的名为 "Heat Method" 的帖子。他在里面提到了用热量扩散的方式计算距离场从而得到断面线,但是他的代码方法局限于从单个热源点开始扩散,无法得到连续的外边缘断面线;借助于新的热核测地线算法,我们可以在网格外边缘的顶点上均匀布置热源点,从而得到在基础网格上的热量分布梯度,通过热核测地线的计算公式可以计算得到距离场,我们可以通过距离场得到网格上的到边缘等距的点,相连它们则可以得到网格上基于边缘的一圈圈等距同心曲线[7]。

　　网格优化的第二步是根据同心曲线重新生成三角

网格,取得同心曲线后,根据长度将曲线等分获取均匀布置的顶点,然后通过算法获得每一圈的三角形网格,最终组合它们得到最终的网格(图4)。

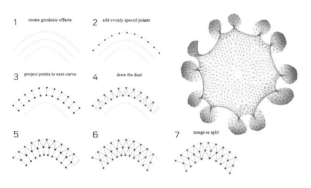

图4 热核法重构网格

(图片来源:Nervous System)

4 模型建造实践

4.1 QuadMesh 处理

我们选取了一个外形褶皱类似木耳的生长结果作为建造的基础模型。为了后续的建造处理,我们将优化后的三角网格进行了四边网格化处理,这里直接采用了Rhino自带的强大的QuadMesh功能,这项功能可以直接将原始网格快速重新生成指定面数的四边面网格,不过生成的四边网格还是有四边边长差异过大的情况,我们将直接生成的四边网格进行了力学处理优化,直接再次应用了前文描述的生形算法中的物理力学模拟原理,最终生成的四边形网格四边大小较为均匀。

4.2 构件设计系统流程

4.2.1 材料选择

本次实践采用小比例模型的模拟建造,模型大小约为40 cm×40 cm×40 cm。由于模型体量较小,采用了0.35 mm厚牛皮纸板作为原材料,固定零件采用M2×4号螺丝,该螺丝螺纹直径为2 mm,长度为4 mm,可以固定3~4层厚的纸板。

4.2.2 网格条形拆分

借助程序的帮助,条形构件能够根据四边形网格的uv方向将其拆分为若干条形的网格,通过反转初始四边形网格的uv方向,可以拆分得到不同方向交织的条带(下文称为经纬方向条带)。我们预先将原始网格进行了偏移,正反两个方向各自偏移量为0.35 mm(建造纸板厚度),加上原始网格,总共得到三层网格,其中上、下两层为表面层,中间为龙骨。首先将上、下两个网格进行经线方向的拆分处理,得到表面层的条带,单层总

计31条,其次先对中间层网格进行uv方向的对调,再进行纬线方向的拆分处理,最终得到中间龙骨层的条带,总计共39条。

另外我们还对每层条带进行了边缘偏移,缩小了每个条带的大小,处理后的每个条带的边缘会向内部偏移0.3 mm,目的是给条带之间预留一些缝隙,以便处理实际建造时形变和材料厚度可能带来的误差(图5(a))。

4.2.3 节点设计

节点主要通过上文提到的M2号螺丝固定,因此需要确定每个螺丝孔的定位与数量。本文挑选了每个四边形网格切分成三角网格时的对角线作为基准线,选取了每个三角形的质心在三角形平面上移动,将移动后的位置作为三层贯穿孔洞的定位点,孔洞形状为直径2 mm的圆孔,三层的三角面互相叠合然后由两颗M2号螺丝固定(图5(b))。

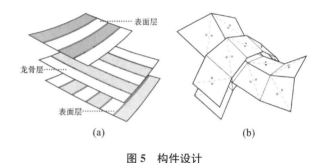

图5 构件设计

4.2.4 构件的展开与标记

每个条形结构由多个连续四边网格组成,但是四边网格无法在平面上直接完全展开,因此实际建造时需要将其切分为两个三角形网格[8]。借助算法我们可以在平面上将其完全展开并在594 mm×420 mm的纸板大小内进行排版,每个单独的纸板构件的都有自己的编号,用激光打印在每个三角面上。我们采用了三段式的字母加数字的编号方法:第一段采用字母加数字代表层数和纸板的顺序;第二段用数字代表条构件在该层所有条形构件中的顺序;第三段用数字代表在该条形构件中三角面所对应的顺序。例如某个三角面上的编号为C2-10-3,代表的含义为该三角面是下表面层网格第10个条形构件中的第3个三角面,排列在C组第2个纸板上(图6)。

4.3 建造最终效果

通过Grasshopper程序进行构件序号的选择,我们可以快速定位到每个构件分别在3D电子模型中和其展开后在打印纸板上的位置,通过核查模型中三角形的编号我们可以确定3层的纸板每个三角形的对位是否正

确，建造总共用时约 16 个小时，共计组装了三层共 101 个条形构件，三层共有 3×161 个三角面，由 161 颗螺丝钉固定。成型的实体模型展现出自由的褶皱曲面形态，类似于自然界的木耳状态。该装置是一个可以依靠自身独立进行承重的弹性结构(图 7)。

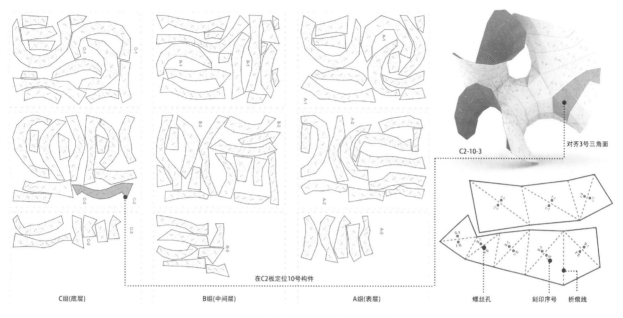

C组(底层)　　　　B组(中间层)　　　　A组(表层)

螺丝孔　　刻印序号　　折痕线

图 6　构件的排版与标号索引

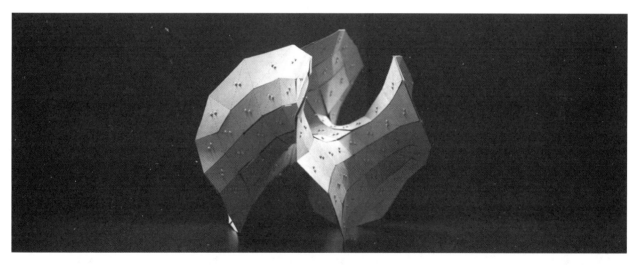

图 7　最终的模型照片

5　总结与展望

复杂曲面形态的建造是当今数字化领域的设计难题。本文以差分生长算法作为创作的基础，将其得出的曲面形态进行优化，最后通过程序拆分成可控的构件并进行制造组装，探讨了设计生形、工艺技术、材料性质以及模型建造等诸多方面的问题，为复杂曲面的装置制作提供了一种可行的思路，同时也是对数字链技术做出的回应。值得注意的是本文基于条状构件的建造只是许多方法中的一种，随着技术的快速发展，我们期待能够用更多样、更完善、更灵活的建造技术来进行曲面构筑物的建造生产，并且实现复杂程度更高、形态更美观的曲面形态。

参考文献

[1]　PIKER D. Differential growth in curves[OL]

209

（2015-06-22）.

［2］ NGUYEN L. C ♯ scripting and plugin development for grasshopper［OL］（2018-05-04）.

［3］ NERVOUS SYSTEM. Floraform—an exploration of differential growth［OL］（2015-06-22）.

［4］ LOMAS A. Cellular forms：an artistic exploration of morphogenesis［M］. AISB,2015.

［5］ GRINSPUN E. Discrete Shells ［M］. Eurographics/ SIGGRAPH Symposium on Computer Animation,2003.

［6］ CRANE K. Geodesics in heat：a new approach to computing distance based on heat［M］. New York：ACM,2013.

［7］ 梁凤娟. 三角网格面及其上曲线等距方法研究［D］. 南京：河海大学,2007.

［8］ 王嘉城. 曲面展开算法与数控建造初探［D］. 南京：东南大学,2020.

贺思远[1]　李飚[1]

1. 东南大学建筑学院；2410831777@qq.com

He Siyuan[1]　Li Biao[1]

1. School of Architecture, Southeast University

自然科学基金面上项目(51978139)、2022 年度江苏省碳达峰碳中和科技创新专项资金(第三批)项目"低碳未来建筑关键技术研究与工程示范"

基于整数规划的停车场车位排布优化算法研究

Research on Optimization Algorithm of Parking Lot Layout Based on Integer Programming

摘　要：随着社会经济的持续发展，城市停车问题日益突显，停车场和地下车库作为集中性的停车场所，对解决城市停车问题具有重大意义。目前的车位主要依赖设计人员的经验进行人工排布，而现有的车位排布算法，无法有效处理复杂轮廓和内部障碍物的影响，也无法协调多种车型和车位方向的组合排布。本研究以露天停车场为研究对象，建立整数规划模型进行车位排布的优化设计。本研究首先建立了符合规范的车位排布数理模型，然后优化区域划分以获取若干规则的可排布子区域。每个区域内，根据不同车型、角度和方向设定模板，设置约束进行优化求解。本研究提出的优化算法精确性更高，并且可以根据具体功能需要协调多种车位(大小、角度、方向)的个数和停车区域。

关键词：停车场；整数规划；车位排布

Abstract：With the sustainable development of social economy, the problem of urban parking has become increasingly prominent. As centralized parking places, parking lots and underground garages are of great significance to solve the problem of urban parking. At present, the layout design of parking spaces mainly depends on the experience of designers to manual layout. However, the existing parking space layout algorithm can not effectively deal with the impact of complex contours and internal obstacles, nor can it coordinate the combined layout of multiple vehicle types and station directions. Take the open-air parking lot as research object, an integer programming model is established to optimize the layout of parking space. Firstly, the mathematical model of parking space arrangement is established. Then, the segmented site is optimized to obtain several regular arrangeable subregions. In each region, templates and constraints are set according to different vehicle types, angles and directions for optimal solution. The optimization algorithm proposed in this study has higher accuracy, and can coordinate the number of multiple parking spaces (size, angle, direction) and parking areas according to the specific functional needs.

Keywords：Parking Lot；Integer Programming；Parking Place Arrangements

1　引言

1.1　研究背景

　　随着改革开放的不断深入，近年来我国经济实力持续增强，汽车产业蓬勃发展，迅速增长的汽车保有量给城市的交通管理带来了巨大的挑战；同时市政建设中停车设施规划不到位，停车设施增长滞后，城市停车问题日益突显。根据国家发改委公布的数据显示，我国大城市小型汽车与停车位之比仅为1∶0.8，停车位缺口仍在不断扩大。

　　建造室外停车场和地下车库是现阶段解决停车位缺口问题的行之有效的方式之一。然而，相较于地面多

211

层车库,地下车库施工周期较长,建造投入成本高。室外停车场较前两者更加经济,而室外停车场占用面积较大,一定程度上会加重城市中的用地紧张问题。所以如何优化车位排布、提高室外停车场的空间利用率,得到经济高效的车位设计方案,成为停车规划研究的探索方向之一。

现阶段的车位排布设计都是通过设计师手动比较少量方案完成的,这一过程对设计师的经验依赖程度较高。本文通过算法对实现地下车库车位的自动化排布进行探索与研究。

1.2 算法选择

整数规划属于数学规划的一类问题,是关于整数变量的最优化问题,即最大化或最小化一个全部或部分变量为整数的多元函数受约束于若干等式和不等式条件的最优化问题,是应用最广泛的最优化方法之一[1]。

整数规划的基本要素可以分为以下几类。

(1)决策变量,通过对目标的影响因素判断得出的所研究问题要求解的未知量,以 n 维向量表示。

(2)目标函数:由决策变量和所要达到目的之间的函数关系得出,记为 $f(X)$。

(3)约束条件:由所研究问题对决策变量 X 的限制条件给出,$X \in D$,D 为可行域。D 常用一组关于决策变量 X 的等式或不等式来界定,分别称为等式约束和不等式约束。

1.3 既有研究

现有的车位排布问题研究主要分为三类:一是定性推导车位排布参数与停车区域尺寸的关系模型;二是建立混合整数规划模型,使用求解器求解;三是设计启发式算法,结合多阶段动态规划等算法进行求解[3]。

既有研究主要集中在:①对垂直停车位的研究,并未考虑到多角度的车位组合;②研究小型汽车车位,对于多种车型车位组合的研究并不充分[2][3],而室外停车场恰恰需要考虑多角度、多种类的车型组合优化的方法。本文提出了一种基于整数规划的多种类多角度车位组合优化方法,立足于 Java 平台建立室外停车场车位排布数学优化模型,并利用 Gurobi 求解器进行求解。

2 规则与求解框架

2.1 规则提取

根据《汽车库、修车库、停车场设计防火规范》(GB 50067—2014)和《车库建筑设计规范》(JGJ 100—2015),停车场车位排布问题主要受到以下几种约束。

(1)规范性尺寸约束。

一些数值约束必须遵守,比如单向行驶的机动车道宽度不应小于 4 m,双向行驶的小型车道不应小于 6 m,双向行驶的中型车以上车道不应小于 7 m,以及最小转弯半径约束(表 1)、选择的车位排布角度(图 1)。

表 1 机动车最小转弯半径(来源:作者自绘)

车型	最小转弯半径 r_1/m
微型车	4.5
小型车	6.0
轻型车	6.0~7.0
中型车	7.2~9.0
大型车	9.0~15.0

(a) 水平   (b) 垂直   (c) 30° 斜列   (d) 45° 斜列   (e) 60° 斜列

图 1 车位排布角度
(图片来源:作者自绘)

(2)位置约束。

车道车位必须在待布区域轮廓内。

(3)不重叠约束。

车道车位彼此不重叠,且车道和车位不与区域内障碍物重叠。

(4)车道相邻和连通性约束。

满足车辆能够安全开入开出车位,是车位正常使用的必要条件,所以每个车位需要有与之相连的、宽度足够的车道。此外,车道必须与出入口相连,形成一个连通的网络。

2.2 求解框架

结合前一小节提取的规则,本文设计了一种三阶段算法,该算法可以处理复杂正交轮廓和障碍物对车位排布的影响,具体步骤描述如下。

阶段 1:依据基本约束对沿着外轮廓的外圈车位进行排布,主要利用几何规则进行,不涉及数学优化。

阶段 2:利用整数规划进行区域划分优化,将场地划分为若干可进行车位排布的矩形子区域。

阶段 3:依据提取的规则,设置变量和车位模板,输入约束条件,进行单区域排布优化。

上述框架中,第三阶段为车位排布的主要步骤,需要将第一、二阶段得出的区域与第三阶段单区域排布结合,可视化最终车位排布结果。

3 停车场车位排布数学模型

3.1 外圈车位排布

外圈车位排布问题可以抽象简化为在(可带洞)正交多边形中,沿着外轮廓紧密放置车位模板。空出车道距离(缓冲区),如图2所示,得到的内部区域B即下一步区域划分的基础图形。

所以,外圈车位排布的目标是需要占据尽量小的面积,而同时能够容纳更多的车位数量。故选用最小的车位模板,即小型车车位(2.5 m×5.5 m)垂直于每一条边进行排布。

外圈车位排布基本逻辑是阵列放置,但是需要注意的是不重叠的规则。笔者发现,对于每个顶点来说,顶点的凹凸性,对于在顶点处的车位模板布置有影响:凸点(图3(a))两侧都需要避让,而对于凹点(图3(b)),为使车位更多,某一边车位可以出头覆盖另一边的模板宽度。基于表2的规则,对外圈车位进行几何阵列的排布,同时得到内部多边形进行下一步的区域划分。

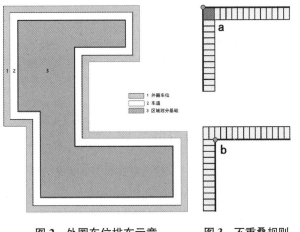

图2 外圈车位排布示意
(图片来源:作者自绘)

图3 不重叠规则
(a:凸点;b:凹点)
(图片来源:作者自绘)

表2 基于顶点凹凸性的车位计算长度(来源:作者自绘)

起点凹凸性	终点凹凸性	边的计算长度
凸	凸	Length−2×d
凸	凹	Length

续表

起点凹凸性	终点凹凸性	边的计算长度
凹	凸	Length−d
凹	凹	Length+d

注:Length 为该边长度,d 为车位长度,此处取小型车车位5.5 m。

另外,将出入口考虑进外圈车位排布,在相应位置空出入口车道宽度。

3.2 区域划分

3.2.1 问题转化

区域划分问题可以抽象简化为在(可带洞)正交多边形中,用数量一定(n)、长 w、宽 d,互不相交的矩形尽可能地占据多边形内部,正交多边形均用矩形进行描述,即一个大矩形减去一组负形矩形(图4)。

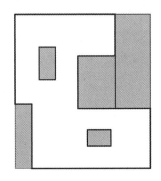

图4 复杂正交多边形的矩形描述
(图片来源:作者自绘)

3.2.2 变量

$$\begin{cases} minX \leqslant x_i \leqslant maxX \\ minY \leqslant y_i \leqslant maxY \\ w_{\min} \leqslant w_i \leqslant \min(w,d) \\ d_{\min} \leqslant d_i \leqslant \min(w,d) \end{cases} \quad (1)$$

其中:x_i,y_i 为矩形基准点横纵坐标;w_i,d_i 为矩形长宽;$minX,maxX$ 代表多边形横坐标范围。Y 同理。

3.2.3 目标函数

$$minE_{cover} = s - \sum_{i=1}^{n} w_i \times d_i \quad (2)$$

最小化未被占据的面积,s 为多边形面积。

3.2.4 约束

(1)矩形在多边形的最小外接矩形内部:

$$\begin{cases} x_i + w_i \leqslant maxX \\ y_i + d_i \leqslant maxY \end{cases} \quad (3)$$

(2)任意两个矩形不重叠,即矩形 i 位于矩形 j 的上/下/左/右任一侧。

213

$$\begin{cases} x_i - w_i \geqslant x_j - M(1 - \sigma_{i,j}^{\mathrm{R}}) \\ x_i + w_i \geqslant x_j - M(1 - \sigma_{i,j}^{\mathrm{L}}) \\ y_i - d_i \geqslant y_j - M(1 - \sigma_{i,j}^{\mathrm{T}}) \\ y_i - d_i \geqslant y_j - M(1 - \sigma_{i,j}^{\mathrm{B}}) \\ \sum_{d=1}^{4} \sigma_{i,j}^{d} \geqslant 1 \end{cases} \quad (4)$$

式中：$\sigma_{i,j}^{d}$ 是一组描述或门（ORgate）的二元变量；M 为取值尽量大的常数，此处令 $M = w \times d$。

（3）矩形和负形矩形不重叠，即矩形 i 位于负形矩形 j 的上/下/左/右任一侧。逻辑同上。

3.3 单区域车位排布

3.3.1 问题转化

给定长为 W，宽为 L 的场地，车型 C_i（小型车/中型车/大型车）及其长、宽为 w_i, h_i，设置 M 种车位，其旋转角度 $\theta_j \in \{30, 45, 60, 90\}$。本文为了简化计算，将一列或一条车位整体作为模板。同时为满足 2.1 小节中的车道连通性约束，将车道也作为模板的一部分加入计算。因此本研究中的标准车道模板由双列车位夹着相应满足规范的车道组成（图5）。通过计算在约束下模板的总数来表征该区域内车位排布。

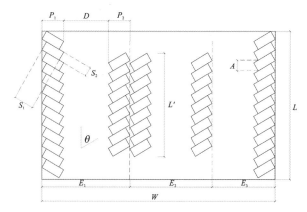

图5 模板及参数示意（P_1, P_2：第一、二列投影长度；w_i，h_i：车位长、宽；E_1, E_2, E_3：各类模板宽度；W：区域横向宽度；L：区域纵向宽度；L'：内部模板的纵向总长约束；A_{θ_j}：每个车位在纵向的计算宽度，与该列车位数相乘受 L' 约束；θ：车位角度）

（图片来源：作者自绘）

3.3.2 模板定义

在场地中排布六大类车位模板：

$$T_i \in \{e_{\mathrm{pvert}}, e_{\mathrm{vert}}, i_{\mathrm{vert}}, e_{\mathrm{phori}}, e_{\mathrm{hori}}, i_{\mathrm{hori}}\}$$

其中：（1）最外侧有车道的纵向双列车位模板为 e_{pvert}，模板的横向长度根据旋转角度计算得出为 $E_{e_{\mathrm{pvert}}, \theta_j}$（车位的投影长 + 车道的宽度，下同理）；（2）内部有车道的纵向双列车位模板为 i_v，其横向长度为 E_{i_v, θ_j}；（3）最外侧有车道的纵向单列车位模板为 e_{vert}，横向长度为

$E_{e_{\mathrm{vert}}, \theta_j}$；（4）最外侧有车道的横向双列车位模板为 e_{phori}，纵向长度为 $E_{e_{\mathrm{phori}}, \theta_j}$；（5）最外侧有车道的横向单列车位模板为 e_{hori}，纵向长度为 $E_{e_{\mathrm{hori}}, \theta_j}$；（6）内部有车道的横向双列车位模板为 i_{h}，其横向长度为 $E_{i_{\mathrm{h}}, \theta_j}$。

3.3.3 目标函数

场地中排布数量最多的车位

$$\max \sum_{i=1}^{5} \sum_{j=1}^{M} \sum_{k=1}^{2} n_{(T, \theta_j)[k]} X_{(T, \theta_j)} \quad (5)$$
$$\forall T_i \in \{e_{\mathrm{pvert}}, e_{\mathrm{vert}}, i_v, e_{\mathrm{phori}}, e_{\mathrm{hori}}, i_{\mathrm{h}}\},$$
$$\forall j \in [1, M], \forall k \in [1, 2]$$

式中：$X_{(T, \theta_j)}$ 为每种模板对应的列数；$n_{(T, \theta_j)[k]}$ 为模板中每一列的车位数量；k 代表第几列（一般有两列）。$k=1$，即第一列的车位数量；$k=2$，即第二列的车位数量。当模板种类为 e 时（贴外墙单列），只有一列车位。即：

$$n_{(e_{\mathrm{hori}}, \theta_j)[2]} = 0 \quad n_{(e_{\mathrm{vert}}, \theta_j)[2]} = 0$$

3.3.4 约束条件

（1）所有车位模板的长/宽和小于区域长/宽：

$$\begin{cases} \sum_{i=1}^{3} \sum_{j=1}^{M} E_{T, \theta_j} X_{(T, \theta_j)} \leqslant W \\ \sum_{i=4}^{5} \sum_{j=1}^{M} E_{T, \theta_j} X_{(T, \theta_j)} \leqslant L \end{cases} \quad (6)$$

式中，E_{T, θ_j} 为模板的宽度。$X_{(T, \theta_j)}$ 为模板数量。

（2）贴外墙的车位模板不超过两个：

$$\begin{cases} \sum_{i=1}^{M} (X_{(e_{\mathrm{pvert}}, \theta_i)} + X_{(e_{\mathrm{vert}}, \theta_i)}) \leqslant 2 \\ \sum_{i=1}^{M} (X_{(e_{\mathrm{phori}}, \theta_i)} + X_{(e_{\mathrm{hori}}, \theta_i)}) \leqslant 2 \end{cases} \quad (7)$$

（3）模板中的每一列车位总长度不超过各自的长度限制 L'。对每个模板的法向长度，应用垂直方向模板的法向投影宽度进行约束，保证纵向和横向模板不重叠。

$$\begin{cases} L'_{\mathrm{h}} = L - \sum_{i=1}^{M} (X_{(e_{\mathrm{phori}}, \theta_i)} E_{e_{\mathrm{phori}}, \theta_i} + X_{(e_{\mathrm{hori}}, \theta_i)} E_{e_{\mathrm{hori}}, \theta_i}) \\ L'_{\mathrm{v}} = W - \sum_{i=1}^{M} (X_{(e_{\mathrm{pvert}}, \theta_i)} E_{e_{\mathrm{pvert}}, \theta_i} + X_{(e_{\mathrm{vert}}, \theta_i)} E_{e_{\mathrm{vert}}, \theta_i}) \end{cases} \quad (8)$$

根据以上公式，添加模板在投影方向长度约束：

$$A_{\theta_j n_{(T, \theta_i)[k]}} - L' \leqslant 0 \quad (9)$$
$$\forall T_i \in \{e_{\mathrm{pvert}}, e_{\mathrm{vert}}, i_v, e_{\mathrm{phori}}, e_{\mathrm{hori}}, i_{\mathrm{h}}\},$$
$$\forall j \in [1, M], \forall k \in [1, 2]$$

式（8）上式中 X, E 为纵向模板的数量和宽度，式（8）下式中 X, E 为横向模板的数量和宽度。式（9）中 A_{θ_j} 同图5。

4 实例应用

为了更加直观的验证本文所提出的停车场车位排布算法的有效性，本文对实例进行了轮廓建模和输入计算。图6(a)～(d)分别展示了三阶段流程的输出结果。

在此基础上改变参数，可以输出不同区域划分、不

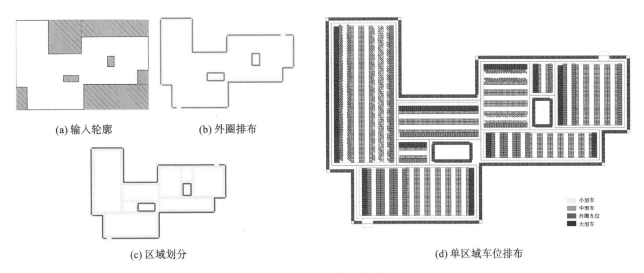

(a) 输入轮廓　　　　(b) 外圈排布

(c) 区域划分　　　　(d) 单区域车位排布

图 6　求解流程与分步结果

(图片来源:作者编写程序导出)

同车型比例控制下的车位排布结果。车型比例和计算结果以及计算时间的情况如图 7 和表 3 所示。

从表 3 中可以看出,区域划分占据时间较多,而作为算法主体的单区域车位排布可以极快找到最优解,充分体现了算法的精确性和高效性。从图 7 中我们可以看出,基于区域划分的排布方法可以识别待排布地块中的大面积空白区域并分割排布,但是某些复杂形体,无法进行有效排布,造成空间的浪费。

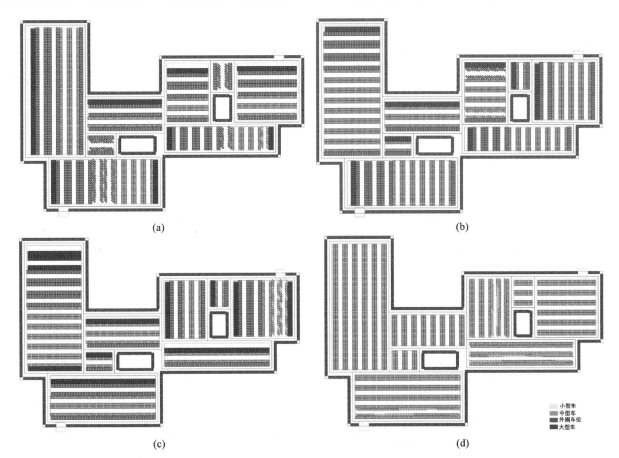

(a)　　　　　　　　　　　　　　(b)

(c)　　　　　　　　　　　　　　(d)

图 7　不同车型比例的排布结果((a)、(b)、(c)、(d)与表 3 第 2~5 行一一对应)

(图片来源:作者编写程序导出)

215

表3 不同车型比例的计算时间(注:模板比例为模板个数比例)

(来源:作者编写程序导出)

模板比例	计算结果	外圈车位	小型车	中型车	大型车	区域划分用时/min	车位排布用时/s
5:2:1	4272	987	2370	660	255	30	6
5:3:2	3831	987	1332	1282	230	30	5
10:5:1	4328	987	2402	756	183	40	6
2:1:1	4035	987	1870	801	377	35	6
—	5239	987	4252	—	—	30	5

5 总结与展望

本研究建立了一种外圈车位排布到区域划分到单区域车位排布的三阶段整数规划算法流程。将场地条件及车位类型比例输入建立的整数规划模型后,得到较为合理的车位排布方案。算法输出结果与人工排布的方案相比,仍有一些需要修正的地方,但整体上解决了人工难度较大的部分工作,提高了车位排布设计的效率。本研究主要解决了正交体系下区域划分和车位排布问题,对于非正交轮廓的场地车位排布算法研究还须进行探索。另外,区域划分占据求解的大部分时间,并且求解效率较低,可以相应加入启发式算法,缩小解空间,提高求解效率。另外,地下车库也是解决城市停车问题的市政设施,进一步研究可以将算法拓展至有柱网的地下库车位排布优化。

参考文献

[1] 孙小玲,李端. 整数规划[M]. 北京:北京科学出版社,2010.

[2] ABDELFATAH A S, TAHA M A. Parking capacity optimization using linear programming[J]. Journal of traffic and logistics engineering,2014,8(2):176-181.

[3] 徐涵喆. 基于区域划分的地下车库车位排布问题算法研究[D]. 上海:上海交通大学,2019.

[4] 利润. 地下停车场车位自动化排布方法研究[D]. 广州:华南理工大学,2020.

[5] KARLSSON M, PETERSSON R. Optimisation of parking layout—a mixed integer linear programming formulation for maximum number of parking spots, applicable for evaluation of autonomous parking benefits[D]. Gothenburg:Chalmers University of Technology,2019.

章雪璐[1] 黄瑞克[1] 李飚[1]

1. 东南大学建筑学院；c_m_zhangarch@163.com，ricksemail@163.com

Zhang Xuelu[1]   Huang Ruike[1]   Li Biao[1]

1. School of Architecture, Southeast University

自然科学基金面上项目（51978139）、2022年度江苏省碳达峰碳中和科技创新专项资金（第三批）项目"低碳未来建筑关键技术研究与工程示范

超图链接：基于整数规划的建筑空间布局及构型
Hypergraph Links: Generation of Architectural Space Layout Based on Integer Programming

摘　要：空间布局设计（generation of space layout，GSL）的求解算法主要包括进化算法、模拟退火算法、数学规划、多智能体系统等，而整数规划（integer programming）作为数学规划中常见的一大类优化问题，以其极高的求解效率和规模适应性被广泛应用于建筑学空间布局生成中。目前已有研究通过整数规划模型实现城市层面整体规划或建筑平面布局生成，但对于三维建筑空间的整体优化算法研究较少。本研究以超图社区课题为例，使用IDEA平台搭建编程框架，通过Java语言构建了一种基于整数规划的建筑体素化三维空间布局构型方法。整个空间布局优化模型通过设定决策变量、目标函数、约束条件，最终找到最优解以实现自动化生成空间布局，得到由空间拓扑关系主导的多个优化方案。本研究旨在探索设计师主导算法规则的生成设计操作方法，可为信息时代建筑空间布局的数字解构提供衍生式设计思维的参考。

关键词：数学规划模型；整数规划；空间布局生成；生成设计

Abstract: The algorithms of generation of space layout (GSL) mainly include evolutionary algorithm, simulated annealing algorithm, mathematical programming, multi-agent system, etc. Integer programming, as a common class of optimization problems in mathematical planning, is widely used in architectural spatial layout generation with its high solution efficiency and scale adaptability. At present, there have been studies on the overall planning at the city level or building layout generation through the integer programming model, but there are few studies on the overall optimization algorithm for 3D space layout. In this study, an integer programming-based 3D spatial layout conformation method for building voxelization is constructed in Java using the IDEA platform as an example for the Hyper-graph community competition. The whole spatial layout optimization model finds the optimal solution by setting decision variables, objective functions, and constraints to achieve automated spatial layout generation and obtain multiple optimization solutions dominated by spatial topological relationships. This study aims to explore the designer-led algorithmic rules of generative design operation method, which can provide a reference of derivative design thinking for digital deconstruction of architectural space layout in the intelligent Era.

Keywords: Mathematical Programming Model; Integer Programming; Generation of Space Layout; Generative Design

1 引言

建筑空间布局生成，亦称空间分配问题（space allocation problem）、空间布局规划（space layout planning），一直是建筑生成设计中的重要组成部分。在建筑设计的初期，建筑师通常需要将所有信息转化为建筑体量的基本布局，明确的空间规则和功能拓扑关系可以被转化为整数规划中的规则限定，利用计算机的强大

算力,在短时间内生成多样化的空间布局方案,从而提高设计效率。

本研究基于"超图社区"的设计课题,希望能在可见的未来打破现代主义式的、准军事化的格子间布局,如克劳德·佩罗和保罗·维利里奥在《建筑学原理》(图1)中提出的那样,创造开放透明、不规则的、混搭的、流线型的空间。因此,本研究将以三维空间为研究对象,基于设计师自己制定的规则系统,提出一种体素化的可用于复杂建筑空间的布局生成方法。程序主要包括两个生成步骤:空间布局生成与基于拓扑关系的功能布局生成。同时在此过程中进行衍生式设计与拓展实验,探索了基于整数规划中明确规则限定下的空间布局的其他可能性。

The individual will always be in a state of resistance- whether accelerating as going down or slowing down as climbing up, whereas when one walks on a horizontal plane, weight is nil.

Architecture Principe
Paul Virilio
Claude Parent
1966

图1 克劳德·佩罗、保罗·维利里奥的设计理念
(图片来源:《建筑学原理》)

2 生成设计方法

2.1 预处理

在建筑内部空间布局的过程中,正交体系下限定计算域的空间布局可以被转化为格网系统中的体素化功能空间,建筑可设计范围被看作边界限定的格网,依据设计精度进行细分,体素越小越能够拟合建筑信息,但与此同时计算量会成倍增长,因此为兼顾计算机算力与空间功能的使用分配,需要将建筑分解为由局部规则限定的精度不同的体素化功能空间:第一阶段使用空间细分网格,用于生成基本建筑空间布局;第二阶段将空间细分网格再次细分形成功能细分网格,以满足进一步复杂的功能拓扑需求(图2)。

图2 场地预处理

2.2 空间布局生成

在整数规划模型的建立中,程序转译着重探索模块的自组织与划分,在空间细分的基础网格上设定目标函数并引入高差、层高、连接节点、采光等具体规则,从而实现连续均质的开放空间。

2.2.1 模型建立

在对预设地块 P 进行网格化处理时,用 $P=\{i,j,k|1\leqslant i\leqslant Width, 1\leqslant j\leqslant Length, 1\leqslant k\leqslant Height\}$ 来描述地块,(i,j,k) 代表第 i 行,第 j 列,第 k 层位置的体素。值得注意的是,此处的 k 值并非传统意义上的"层"的概念,而是由设计师制定的整体细分度,即层高细分数量 $sNum$ 与初始层数 $floorNum$ 的乘积,记为 $fNum$,在本实验中,设定初始层数 $floorNum$ 为 4 层,层高细分数量 $sNum$ 为 6。使用二元变量 F_{ijk},$\forall(i,j,k)\in P$ 来表示可能存在楼板的体素,同时用二元变量 E_{ijk},$\forall(i,j,k)\in P$ 来表示不被占据的体素,当 F_{ijk} 为 1 时,若 E_{ijk} 也为 1,则该格点的体素为空;若 E_{ijk} 为 0,则该格点的体素存在,且 E_{ijk} 只有当 F_{ijk} 为 1 时才有可能为 1(图3)。

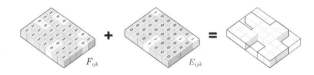

图3 同一体素二元变量的叠加

程序的优化目标为空间利用率最大化,即最大限度地填满计算域。优化目标的数学公式转译可表示为每个格点处 $F_{ijk}-E_{ijk}$ 的值相加最大化,由此设定整数规划模型的优化目标为:

$$\text{maximize}\left\{\sum_{\forall(i,j,k)\in P}F_{ijk}-\sum_{\forall(i,j,k)\in P}E_{ijk}\right\} \quad (1)$$

2.2.2 限制条件

(1)层高限制:为使得建筑中任何位置都能有适宜的活动空间,首先需要满足的基本条件为层高要求,则每一体素与其正上方体素高差不小于 $sHeight$,转化为数学公式则可以描述为 k 中任意连续 $sHeight$ 层的非空体素不得多于 1:

$$\sum_{x=1}^{sHeight}(F_{ij(m+s)}-E_{ij(m+x)})\leqslant 1$$
$$\forall m\in(0,k-sHeight),(i,j,m+x)\in P \quad (2)$$

(2)高差限制:设定任意存在的体素周边至少有 $nNum$ 个与其高差不超过一定高度的相邻体素,使得建筑空间布局满足一定的水平交通需求:

$$\begin{bmatrix} x_1 = F_{(i-1)(j-1)(k+m)} & x_2 = F_{(i-1)(j)(k+m)} & x_3 = F_{(i-1)(j+1)(k+m)} \\ x_4 = F_{(i)(j-1)(k+m)} & F_{(i)(j)(k+m)} & x_5 = F_{(i)(j+1)(k+m)} \\ x_6 = F_{(i+1)(j-1)(k+m)} & x_7 = F_{(i+1)(j)(k+m)} & x_8 = F_{(i+1)(j+1)(k+m)} \end{bmatrix}$$

$$\sum_{m=-1}^{1} \sum_{n=1}^{8} x_n \geqslant nNum, \quad \forall k \in (1, fNum-1) \qquad (3)$$

其中 $F_{ij(k+m)}$ 为 P 中的任意格点，x_n 表示任一格点相对位置的值，且本式仅对于 $F_{ijk}=1$ 时成立，另外，此处需要对 (i,j,k) 进行边缘判定。

（3）连接节点限制：虽然本研究希望能够模糊建筑中"层"的概念，但在数学模型的计算中，依然将"层"作为垂直空间的基本划分，设定单层有 $cNum$ 个单元模块上升到上一层，创建层间交通，引入连接节点数量限制以控制上下空间的联通性强弱；同时，为控制连接节点处的空间形态，限制下方楼层上升的体素与上方连接处至少有 $dNum$ 个体素相接：

$$\begin{cases} \sum_{i=0}^{xNum} \sum_{j=0}^{yNum} F_{ij((f+1)\times xNum-1)} = cNum & (4) \\ \sum_{\forall n \in \{2,4,5,7\}} x_n \geqslant dNum, \quad \forall (i,j,k) \in P & (5) \end{cases}$$

其中 f 表示初始层数，$\forall f \in (0, floorNum-1)$，$xNum$ 和 $yNum$ 分别表示横、纵向格点数量，x_n 表示任一格点相对位置的值，x_n 中 $m=1$，见前述式（3），式（5）仅对于 $F_{ijk}=1$ 时成立。

（4）采光限制：当层数增加时，底层采光条件就会受到较大的影响，因此需要添加采光限制使得每层有一定数量的楼板能直接受顶光源照射（图4），引入二元变量 L_{ijk}，$\forall (i,j,k) \in P$，每层至少有 $lNum$ 个受到光源直射的楼板，若 L_{ijk} 为1，则相同格点的 E_{ijk} 只能为0，其上方所有 E_{ijk} 均为1：

$$\sum_{i=0}^{xNum} \sum_{j=0}^{yNum} L_{ijk} \geqslant lNum \qquad (6)$$

$$\begin{cases} F_{ijk} - E_{ijk} \geqslant L_{ijk}, \quad \forall (i,j,k) \in P \\ L_{ijk} \times F_{ijm} = L_{ijk} \times E_{ijm}, \quad \forall (i,j,k) \in P \qquad (7) \\ m \in (k+1, fNum) \end{cases}$$

其中式（6）中 k 为初始层数中的任意一层，式（7）中 (i,j,k) 为 P 中的任一格点，m 为从第 k 层起至最上层的任一层，两式中的 k 并不相同。

图4 增加采光限制前后的空间布局
（图片来源：作者自绘）

以上限制条件为三维空间布局基本限制条件，其余如边缘判定、连接节点覆盖范围、层间相接、无孤岛等细节限制，不一一赘述，各模块通过以上规则限定生成趋近于预设优化目标的建筑空间布局（图5）。

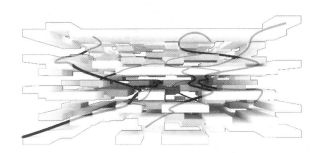

图5 空间布局优化实验连续路径示意图

2.3 衍生生成实验

对于建筑空间来说，基于体素化的空间布局设计方法与正交网格体系虽然应用范围较广，但并不总是适用于所有情况，当建筑为异形空间时，正交网格系统往往无法完全匹配复杂的建筑轮廓，因此需要更加灵活的数据结构与建模方式。本实验在预设地块时尝试引入基于图论的半边数据结构，将前述二元三维数组的网格系统更新为半边网络 M，限制条件同上。该阶段的实验可看作前述2.2小节的后处理阶段，目的是通过该独立步骤使建筑空间更加连续。

基于第一阶段的空间布局优化结果生成第一阶段网格，首先遍历网格中的每一个格点，计算其周边格点标高的平均值并更新其自身标高，通过对网格不断细分迭代后，能够柔化第一阶段生成的空间布局结果（此处采用 CatmullClark 细分方法），产生更加连续的空间与路径并将网格壳体化，实验结果如图6所示。

然而因考虑到人的活动不能一直处于上下行受阻力的状态，其行为模式与活动诉求依然需要一个较为安定的空间，因此在2.4小节的后续实验中，仍然采用正交网格系统进行设计，但可在最后优化阶段通过迭代使标高更加连续。

2.4 基于拓扑关系的功能布局生成

在此阶段中，建筑功能包括办公、居住、服务空间、交通空间等，而这些功能与功能之间的关联方式超越了传统建筑空间点对点的连接，以超图或超链接的模式呈现。在此背景下，本研究从建筑功能的拓扑关系上对超图概念做出回应（图7），使功能拓扑关系具有高度复合性，创造独特的场所属性。

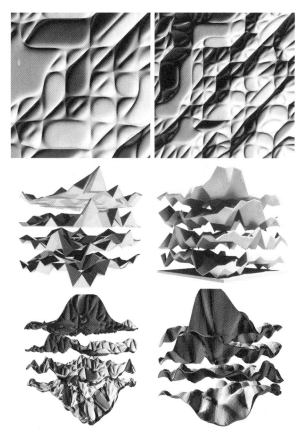

图 6　衍生生成实验效果图

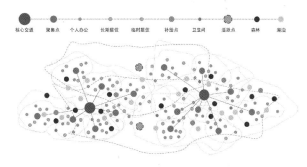

图 7　"超图"功能拓扑关系示意图

2.4.1　模型建立

在进行功能拓扑关系优化时,对上述功能空间进行网格化处理(3 m细分网格),建立模板库供功能拓扑布局使用,以二元变量 $T(t,f,i,j)$ 来表示格点 (f,i,j) 是否被模板 $Template_{kind}$ 所占据,其中 t 为其索引值,记为 ID_{kind},模板数量记为 $tNum$, $\forall (f,i,j) \in R$,优化目标是使得功能模块能够尽可能地占据空间,且交通空间最小化,此处采用多目标优化,需要设定以上两个目标函数的优先级、权重、可接受劣化程度,需要注意的是,多目标优化要求目标函数的优化方向必须一致,即全部最大化或最小化,因此需要通过乘-1实现不同的优化方向(图8):

$$
\begin{cases}
\text{minimize} \sum_{\forall (t,f,i,j) \in T} (-T_{tfij}) \\
\text{minimize} \sum_{\forall (f,i,j) \in R(T_{tfij})}^{T_{tfij}} , t = ID_{traffic}
\end{cases}
\tag{8}
$$

图 8　功能拓扑优化步骤示意图

2.4.2　限制条件

(1)不越界限制:为使建筑布局有效,应当确保所有的模板都在边界内,用网格集 Q 来描述预先设定的边界区域,则 Q 中的任意格点都不能被任意模板占据:

$$
\sum_{\forall (f,i,j) \in Q} T_{tfij} = 0, \forall t \in (0,tNum)
\tag{9}
$$

(2)不重叠限制:在满足内部约束的计算域内,需要使得任意两个模块在空间上不互相重叠,格点如被模板占据记为1,若未被占据记为0,则问题可以转化为 P 中的任意格点只能被任意模板占用一次:

$$
\sum_{\forall t \in (0,tNum)} T_{tfij} \leqslant 1, \forall (f,i,j) \in R
\tag{10}
$$

(3)模板数量限制:为防止某种模板出现数量过多或过少的情况,需要给模板增加数量限制以满足每种功能模块的数量要求:

$$
\sum_{\forall (f,i,j) \in R} T_{tfij} \geqslant cNum, \forall t \in (0,tNum)
\tag{11}
$$

(4)功能范围限制:在模板映射的过程中,为防止出现同一个功能模块跨区域出现在两个高差不同的楼板,需要增加模板的功能范围限制(图9(a)),即 2 m模数模板基准点不得出现在右列下行的 5 个格点中(图9(b)),同理 3 m模板基准点只能出现在左上格点(图9(c)):

$$
\text{If } i\%3 = 2 \text{ or } j\%3 = 2, \text{Then } T_{tijk} = 0
\tag{12}
$$

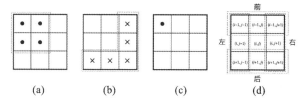

图 9　模板基准点与模板方位示意图

(5)功能拓扑关系限制:主要的功能拓扑关系为超图模式的实现,需要满足任一功能模块的一定半径内配备齐全的服务模块,以其中一种情况为例,限制居住模块一定半径($dist$)范围内至少有 $xNum$ 个交通模块:

$$\sum_{d1=-dist}^{dist+1}\sum_{d2=-dist}^{dist}T_{tf(i+d1+1)(j+d2+1)} \geqslant xNum \qquad (13)$$

其中,t 为任意居住功能模块的索引值,且本式仅当 T_{tfij} $=1$ 时成立,$\forall f\in(0,floorNum)$。

(6)交通模块位置限制:基于第一步优化计算得出的空间布局,对其进行路径创建。限制两块有高层的相邻楼板之间必须创建一个交通模块。首先判断高差出现的方位(图9d),以左方向为例:

$$T_{tf(i-1)(j-1)} + T_{tf(i)(j-1)} + T_{tf(i+1)(j-1)} = 1 \qquad (14)$$

其中 t 表示交通模块的索引值,(i,j) 为空间细分网格的中心格点,$\forall f\in(0,fNum)$。

基于功能拓扑关系的程序运行与最终平面如图10所示。

2.5 实验结果总结

程序采用多线程计算,空间布局生成为线程1,功能布局生成为线程2,设定两个线程计算时间分别为50 s和200 s,在规定计算时间内解池逐步收敛到了3个可行解,求解效率相对较高。同时可将空间布局结果导出进行进一步的功能细化、结构调整等后续处理。通过以上空间布局优化和功能拓扑关系优化,生成空间布局实验效果如图11所示。整个建筑就如"热带雨林"般自由、互联、多元、开放,并且产生连续的空间感受与步行体验。方案中各层空间布局与功能布局基本满足上述所有的限制条件,且所有的空间都可以联通而不产生孤岛。在整个建筑中,有334个体素为空,占总体素数的6.4%,可形成通高空间等多种公共空间,空间密度较为适中,空间利用率较为理想。

图10 基于功能拓扑关系的程序运行与最终平面

图11 空间布局生成实验效果图

3 总结与展望

本研究探索了一种体素化的建筑三维空间布局生成方法,通过数学规划模型的算法规则解决了一种特殊的空间布局问题,同时探索了基于上述规则的衍生生成应用试验。计算机算法的引入为设计方案的多样化提供了可能,设计师能够通过前期的概念策划与规则制定高效而快速地产生丰富的空间效果。虽然后期建筑细部的设计仍需要一些人工的修改与调整,但整体上完成了人工难以排布的空间布局方案,同时寻找了更多可能性。

然而以上案例及衍生应用依然有着一定的局限,对于整数规划这种优化算法来说,较高的求解效率和规模适应性是此类工具的显著优势,但可扩展性与全局搜索能力较差,当建筑规模、复杂度达到一定程度后,对计算机的算力要求较高,且特定的布局问题并不总能表达为线性或二次的限制条件,一旦有不便用数学公式表述的问题和特征,则需要经过多次转化与试验,寻找合理的"衍生问题"和"松弛问题"。对于优化结果来说,整数规划的优化过程对初值较为敏感,容易陷入局部最优解。

而对于其他空间布局生成算法如多智能体来说,能快速收敛至稳定状态,极为高效地确定相对位置关系是其优势,但相较于数学规划,这种算法只是提出问题的一个可行解而不保证其最优。因此本研究将在后续探索中使用相似的规则与限制条件用多智能体方法重新实现,并对比两者的效用与解的质量,以获取更加理想的空间布局系统。

参考文献

[1] 张佳石.基于多智能体系统与整数规划算法的建筑形体与空间生成探索[D].南京:东南大学,2018.

[2] 李思颖.基于整数规划的住区生成方法初探[D].南京:东南大学,2019.

[3] 张柏洲,李飚.基于多智能体与最短路径算法的建筑空间布局初探——以住区生成设计为例[J].城市建筑,2020,17(27):7-10,20.

[4] 叶子超,刘晓俐,王晖.基于流程阶段划分的空间布局自动生成方法效用初步评价[C]//智筑未来——2021年全国建筑院系建筑数字技术教学与研究学术研讨会论文集,2021:329-338..

[5] 郭梓峰,李飚.多层建筑空间布局生成探索[C]//信息·模型·创作——2016年全国建筑院系建筑数字技术教学研讨会论文集,2016:197-202.

[6] 郭梓峰.功能拓扑关系限定下的建筑生成方法研究[D].南京:东南大学,2017.

[7] HAO H, HOVESTADT, PENG T, et al. Integer programming for urban design [J]. European journal of operational research,2018,274:1125-1137.

王佳琦[1]　姜晚竹[1*]　贺仔明[2*]

1. 华南理工大学建筑学院；ucbqwj0@ucl.ac.uk
2. 同济大学设计与创意学院；zim0409@163.com

Wang Jiaqi[1]　Jiang Wanzhu[1*]　He Ziming[2*]

1. School of Architecture, South China University of Technology
2. College of Design and Innovation, Tongji University

复杂约束驱动下的集成式多智能体三维建筑空间规划研究

Complex Constraints Driven Integrated Multi-Agent Space Planning Research

摘　要：空间规划作为建筑设计初期的核心内容，涉及抽象的统筹与决策过程，始终无法摆脱重复试错等滞后低效的人工模式。本文基于多智能体系统，进行了复杂约束驱动下的三维建筑空间规划研究，旨在搭建一种兼顾自下而上的空间单元要求与自上而下的场地环境条件的集成式算法框架，探索了具有生长性与进化性的空间布局生成设计方法。该算法模型由数据端口、智能代理、处理器以及生成器四个部分组成，能够基于给定条件快速生成最符合规则的体素布局模型，并满足实时交互需求。以共享社区项目为例，该模型被验证能为设计者在初期统筹复杂的设计约束，提高了空间设计质量及效率，为后期深化与再创作提供了便利。

关键词：空间规划；复杂约束；多智能体系统；共识主动性；生成设计

Abstract: As the core content of architectural design in the early stage, space planning involves the overall arrangement and decision-making process and has never been able to get rid of the lagging and inefficient manual mode with repeated trial and error. Based on a multi-agent system, this paper conducts research on 3D architectural space planning driven by complex constraints, aiming to build an integrated algorithm framework that takes into account both the bottom-up space unit requirements and the top-down site environmental conditions, to present a generative design method of spatial layout with growth and evolution. The algorithm model consists of four parts: data interface, intelligent agents, solver and generator. It can quickly generate the most rule-compliant voxel layout model based on given conditions and meet the needs of real-time interaction. Taking the shared community project as an example, the model has been verified to be able to coordinate complex constraints in the early stage, improving the quality and efficiency of space design, and providing convenience for later development.

Keywords: Space Planning; Complex Constraints; Multi-agent System; Stigmergy; Generative Design

空间规划（space planning）是建筑、城市设计的核心，是以适当方式组织空间元素与活动，并创造性地满足一套标准或达到某个目的的过程[1]，涉及多方面统筹、多要素权衡、个人风格表达等问题。其相关概念有空间布局问题（space layout problems）、空间分配问题（space allocation problems）等。迄今为止，空间规划问题的解决仍多依赖建筑师的隐性知识推理和经验主义判断，这种传统的人工方式不仅耗费了大量的时间与精力，而且当需要考虑的条件增加时，往往无法精确地完成多方面的量化统筹，须不断试错修改。因此，空间规划的自动化、数字化是计算性设计出现之初就希望解决的问题，伴随着设计规模、设计环境与设计要求的提升，该问题愈发

223

成为 CAAD 研究的热点。

随着元胞自动机、多智能体系统、人工智能算法等技术的建筑化应用,生成设计方法的发展为该问题的解决创造了可能。其中,多智能体系统是以复杂系统科学为基础的算法模型,将自然生态规则应用于建筑设计的过程,提供了动态表示和动态抽象的机会[2]。通过将设计目标设定为分布式智能体的局部约束,空间的生成与组织成为自下而上的生存竞争的结果。这种数字化的建筑系统越来越被认为是人工生命的一种形式,像自然界一样,受个体约束、种群关系的影响,持续性地应对外部环境变化并作出反应。

本文基于多智能体系统进行了复杂约束驱动下的三维建筑空间规划研究,旨在搭建一种兼顾自下而上的空间单元要求与自上而下的场地环境条件的集成式算法框架,探索了具有生长性与进化性的空间布局生成设计方法。该计算模型由数据端口、智能代理、处理器以及生成器四个部分组成,能够基于给定条件快速生成最符合规则的体素布局模型,并满足实时交互需要。以共享社区项目为例,该模型被验证能为设计者在初期统筹复杂的设计约束,辅助方案的生成与推敲,提高了空间设计质量及效率,为后期的深化提供了便利(图1)。

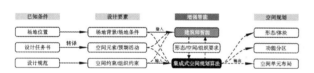

图 1 集成式空间规划算法工作流程

(图片来源:作者自绘)

1 多智能体空间规划研究综述

在计算性设计领域中,空间规划问题被称为抗解问题(wicked problem),具有抗解性与不确定性的特点,这是其与计算性方法的主要矛盾之一,亦是难点所在,具体表现为:①设计要素具有离散性与不稳定性,不存在固定解;②设计约束的不完整性,不存在唯一解;③设计目标相互冲突,不存在完美解;④设计评估受风格和偏好影响,不存在普适解。因此,为了应对上述问题,我们需要一种具有不确定性、可拓展性以及统筹能力的算法模型,多智能体系统是一个非常理想的选择。

多智能体系统(multi-agent system, MAS)被广泛应用于涉及复杂现象的学科,是由在一个环境中交互的多个智能体组成的分布式计算模型,以自下而上的方式解决复杂问题。每个可编程智能体具有各自的属性,通过

交换信息、相互干预实现其自身与宏观层面的目标。自组织性(self-organization)与共识主动性(stigmergy)[3]是其最重要的两个特性,分别代表了其获得整体秩序、结构的性质及个体间进行间接相互作用的性质。

目前,多智能体系统大量被应用于空间布局规划、建筑形态生成与人流模拟,其空间规划应用按照空间表达方式的不同,可大致分为两种:①智能体作为移动的空间单元;②智能体运行以占领空间范围。前者使用智能体代理一个固定形状的建筑体量或是空间单元,李飚在 highFAR 的研究中以单个点式高层为智能体,并根据日照与防火间距赋予其相互排斥的力,实现二维的小区空间排布[4]。类似的,郭梓峰采用三种形状的智能体代理了不同功能的空间单元,并由预设的吸引与排斥力组织各智能体在三维空间中的位置,以指导多层建筑空间生成[5]。而后者则依靠智能体的行为来形成或划分空间范围,Anna Lisa Meyboom 和 Dave Reeves[6] 通过 stigmergy 的原理控制智能体占领或释放空间体素,智能体间则由信息素进行间接交互,以此控制空间位置与形态,生成复杂空间布局。

对于以上两种方式,前者的算法模型框架简单,具有较强的可控制性,对目标的完成度高,适合大批量的简单空间生成。但是,由于其模板化的代理方式自由度不高,导致其分布决策能力不强。同时,智能体组织方式较为单一,导致其信息容纳能力较弱,可拓展性不强,各种约束无法以相同的模式进行系统性的归纳。相比之下,后者算法模型的优势在于其框架的交互性与可拓展性,可以自由添加对空间单元与规划环境的多样化要求。但是由于其组织形式的间接性,导致对于要求的转译较为抽象,空间形态可控性弱,很难与传统的空间形式相呼应。本研究倾向于基于后者的运行模式,依托其包容性的框架,深度探索智能体的运行规则与组织逻辑,重点关注多种建筑空间设计约束引导下的智能体行为控制策略。

2 集成式多智能体空间规划算法搭建

2.1 算法概述与流程

本研究从空间规划工具的可拓展性、不确定性与统筹能力出发,旨在建立一种具有集成性、生长性、进化性的空间设计模型。集成性指能兼顾自下而上的空间单元要求与自上而下的场地环境条件;生长性代表作为约束条件的输入数据项目可以被自由添加或删除;进化性体现在控制智能体行为的运算规则可以不断拓展细化。

基于上述目标,本研究将传统的空间规划过程归纳

为四个步骤，即梳理设计要求、明确空间单元与环境、在环境中组织空间单元、对意向结果进行建模（图2）。在对此流程的算法建模中，我们以多智能体系统为框架，以离散的三维网格代理待规划的场地环境，以一组可编程智能体代理各独立的空间或功能单元，同时，环境及空间设计要求会被链接并分别转译为这两种代理的属性。此时，这些智能体通过不断占领环境中的格点逐渐形成空间形式与边界，空间的生成与组织被具象化为智能体的扩张与交涉行为（图3）。而后，稳态下的智能体规划结果会被处理并生成多种可供后续使用的矢量化模型。因此，抽象的空间规划过程被具象化为"代理数据输入，空间与环境代理编码，多智能体运行，模型生成及可视化"的算法流程。

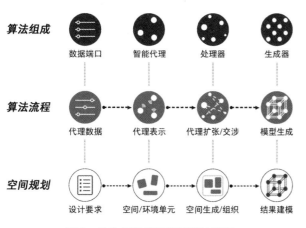

图2 从空间规划流程到算法流程
（图片来源：作者自绘）

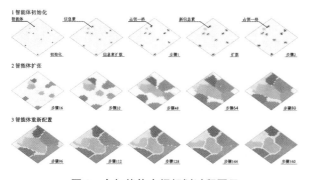

图3 多智能体空间规划过程图示
（图片来源：作者自绘）

2.2 算法组成

本算法采用 Rhino＋Grasshopper 平台，基于C♯语言代码开发，其框架主要由数据端口（interface）、智能代理（agent）、处理器（solver）、生成器（generator）四个部分组成，完成了上述计算流程的搭建。

2.2.1 数据端口

数据端口负责对接各种设计条件并将其转化为规划约束，通过数据的集成、量化与结构化，指导后续规划环境与空间智能体的运行。其主要分为面向环境与空间两类数据端口，每个大类下又分为基础信息与特征信息，分别包含必要的设计参数与可拓展的设计要素。

对于面向环境的数据端口，其基本性质包括空间规划范围、规划单元尺度及形状等。而特征信息则用于容纳待考虑的场地条件，按照条件类型分为区域限定信息与规划环境信息两种，通常以公式、位图或数据矩阵的形式导入。而面向空间单元的数据端口，会以分布式的方式对应每一个目标空间，其中基本信息描述了该单元的位置、功能、体积，而特征信息约束了其具体的空间形态及组织关系。

2.2.2 智能代理

智能代理包括全局的环境代理及局部的空间代理，是场地与空间单元的数字化表示，其属性设置与数据端口中的信息对应。具体来讲，环境代理搭建了空间规划区域，表现为一个由离散的空间节点（node）阵列形成的三维网格（grid）。网格中的每个节点都包含位置、尺寸、形状及颜色等基础属性。其中，颜色用于显示智能体占领情况，各节点初始颜色为[0,0,0]。此外，环境数据端口中的两类特征信息会被拾取至各节点中并转化为不同层级的遮罩层（mask）或称初始信息素，形成环境代理的特殊属性，以影响空间智能体的规划行为。

空间代理，或称空间智能体，根据不同规划精度可以代表建筑体中的一个独立空间或功能分区，表现为规划环境中具有形状的一系列节点集合。其必要的基本属性包括初始位置、体积（占比）及信息素等，而特殊属性则由可拓展的图式（schema）组成。其中，基于共识主动性的原理，信息素是智能体与其他智能体、规划环境相交互的媒介，由一串代码序列表示，前三位有编码功能，后续位数则依次响应节点中的各遮罩层（环境信息）。在规划中，智能体通过向邻接节点释放并读取信息素代码建立环境感知，由处理器计算后决定下一步动作，逐渐形成一个内部封闭的几何体（图3）。此外，图式代表了智能体形成某种特定的空间形体或表现出某种组织行为的属性，可用于限制特定空间单元的具体形态（球体、长方体、不规则形体等）或组织关系等（靠近特定空间单元、趋向特定功能组团等）。

2.2.3 处理器

处理器是算法运行的核心，通过驱动空间智能体在环境代理中的运行，将抽象的代理属性表达为具体的行为并生成点云模型,实现空间的生成与组织。在目前的实验中,其包含了一个针对邻接节点的评估规则及一组控制智能体扩张、移动及交涉的规则。评估规则根据空间智能体的信息素编码(P_A)与当前环境节点中信息素编码(P_N),计算数组中各数的差值和获得偏差值($D=\text{diff}(P_A,P_N)$)。

$$P_i(p_0,p_1,p_2\cdots p_n)$$

$$diff(P_A,P_N)=$$
$$\sqrt[2]{(pn_0-pa_0)^2+(pn_1-pa_1)^2+\cdots+(pn_n-pa_n)^2}$$

基于该评估规则,智能体的扩张规则被定义为占领偏差值最小的点;移动规则作用于智能体达到体积要求时,释放点集中偏差值最大的点,并继续扩张;而当两个智能体占领同一个点时,则对比其偏差值,完成空间的交涉。

2.2.4 生成器

生成器负责空间模型的生成与可视化,提供了多种处理点云模型并输出规划结果的方法。矢量化的点云模型在后期处理上十分灵活高效,目前我们已开发了生成离散的体素模型、生成空间曲面模型、生成水平楼板等不同方式。其中,体素化的模型可以在后期置入不同类型的预制化模块,快速生成模块化或离散式的建筑。

3 创客共享社区空间规划实验

3.1 空间规划模型设置

基于上述方法,我们以创客共享社区作为实验对象,开展空间规划实验。该类建筑空间组织自由、功能类型丰富,且各功能具有多样的形态、环境要求,适宜采用本算法生成。本实验选址于福建省厦门市思明区沙坡尾片区的一处停车场内,基地范围为42 m×72 m×30 m,预期建筑面积为9000 m²左右。经过调研,自然环境方面,该场地日照充足,通风良好,西南临海,景观资源优越;人文环境方面,毗邻中华儿女美术馆与艺术西区,周边业态以旅游、服务业为主,交通线路繁忙,噪声较大,人群类型丰富。

在环境代理搭建中,设置网格节点单元尺寸为3 m,依据场地面积获得14×24×10的三维网格,并根据预期建筑面积设置规划环境的总占有率为0.3。特征信息的输入以场地调研为基础,本实验利用Grasshopper中Ladybug及Butterfly插件提取场地日照及风环境数据,利用城市交通热力图作为交通便利度的分析数据,共计提取日照、通风、景观、噪声以及交通共5项环境信息,分别基于面域或吸引点的数据矩阵形式输入。此外,暂不添加可规划区域限制,在后续对照实验中添加。

在空间代理搭建中,本次实验采用智能体代理功能分区的形式,针对场地附近的创客、游客、学生、原住民四类用户群体,实验设置了常住区域、暂住区域(旅游酒店)、办公区域、休闲区域、绿化区域,以及门厅区域和楼梯等辅助区域,共11个智能体(表1)。每种智能体依据功能及功能的邻接关系设置了不同的信息素(编码功能及响应5项环境信息),如常住区域对日照要求较高。此外,我们在实验中对于各智能体附加了空间形态的图式作为特殊属性,约束其大致的规划形状,具体设置如图4右上所示。

表1　空间代理参数设置

(来源:作者自绘)

	常住区域	暂住区域	办公区域	露台区域	休闲区域	门厅区域	楼梯间
编号	0102	0101	0201	0301	0302	0401	0402
容量(节点数量)	200	280	120	100	100	120	80
颜色	149,217,211	153,214,255	143,255,248	161,239,259	253,231,145	250,170,184	222,144,181
初始位置	(5,1,3); (7,2,7); (8,10,7)	(1,7,4); (9,7,6)	(1,3,1)	(7,12,10)	(7,15,1)	(14,10,1)	(14,1,1); (1,24,1)
日照响应度	0.8	0.6	0.4	0.9	0.3	0.3	0.2
通风响应度	0.6	0.5	0.4	0.8	0.3	0.4	0.2
景观响应度	0.4	0.8	0.2	0.4	0.3	0.2	0.1
噪声响应度	0.1	0.2	0.1	0.4	0.3	0.8	0.8
交通响应度	0.4	0.4	0.6	0.2	0.3	0.8	0.9

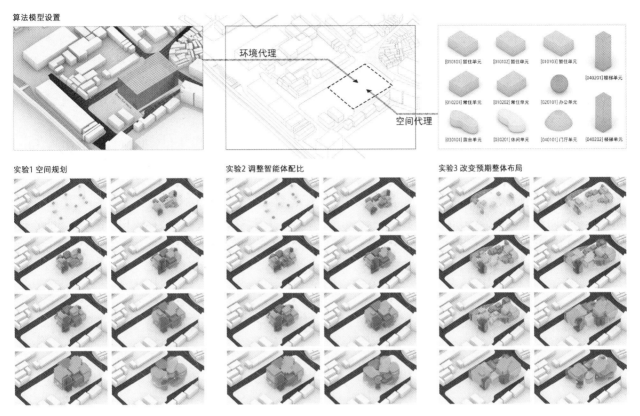

算法模型设置

环境代理

空间代理

[010101]暂住单元　[010102]暂住单元　[010103]暂住单元　[040201]楼梯单元

[010201]常住单元　[010202]常住单元　[020101]办公单元

[030101]露台单元　[030201]休闲单元　[040101]门厅单元　[040202]楼梯单元

实验1 空间规划　　　　　　　　　　实验2 调整智能体配比　　　　　　　实验3 改变预期整体布局

图4　共享社区项目空间规划实验,上:算法模型设置,下:三组对比实验生成过程及结果

(图片来源:作者自绘)

3.2　空间规划对比实验

基于上述设置,实验一旨在验证该算法生成合理空间组织关系的能力。图4左边部分记录了各空间组团生成及组织的过程。其中,办公区域、休闲区域等公共空间主要分布于底层;常住与暂住区位于较高层区域,暂住区域一部分趋向西南侧,接近海景,另一部分趋向北侧,捕捉湾景;天井作为露天区域出现,与居住区域关系密切;门厅空间位于首层东北侧,能够准确对接交通便利度较高的区域;楼梯间则表现出明显的纵向延伸特性,可连通各个功能区域。因此,规划结果可以有效地响应各约束设置,并获得合理的空间规划结果,且够响应对智能体的形态图式约束。

后续的实验我们测试了参数改变对于规划结果的影响,测试该模型的交互性与适应性。在实验二中,改变各智能体的比例,将休闲区域比例提升50%,常住区域比例提升20%。从实验结果中可见,空间组织关系基本维持不变,但休闲区域在二层向外延展,东侧常住区域组团层数增加,可以有效满足新的设计条件。

在实验三中,我们增加了可规划区域的限制,输入

了一个自定义的总体形态,在南、北两侧分别预留入口广场。从实验结果中可见,空间布局出现了一些适应性的变化,各功能区沿平面展开,基本空间连接关系较为合理,休闲区域与门厅空间及入口广场串联,拉长公共空间序列,增强建筑底层活力。但局部区域也存在少数需要调整的地方,如办公区与常住区域联系不够紧密等。

4　小结

应对日益复杂的空间规划问题,本文基于多智能体系统,开展了复杂约束驱动下的三维建筑空间规划与生成研究,提出一种具有可生长性与可进化性的集成式空间规划算法,以快速生成最符合要求的三维空间布局,并满足建筑师实时交互需求。在实验中,该算法表现出了较强的约束处理能力,已验证可以生成合理的功能分区布局模型,并表现出了对于约束条件变化的适应性。在后续的研究中,更多的智能体单元需要被引入,以测试空间单元精度下该模型的分布决策能力。此外,需要建立一系列量化的规划结果评估标准,可以从流线通达

度、空间组构关系、场地资源利用率等角度,更加全面且具体地衡量空间规划结果;最后,强化学习等人工智能算法可以植入处理器中,实现智能体决策自治化。

作为一种智能空间设计工具,集成式多智能体空间规划算法,方便了设计者在初期统筹复杂的设计约束,实现自动化的空间单元组织与规划,以此完成从具体数据到抽象建筑系统的跨越,提高空间设计质量及效率,为后期深化与再创作提供了便利。

参考文献

[1] LIGGETT R S. Automated facilities layout: past,present and future [J]. Automation in construction, 2000. 9(2):197-215.

[2] SINGH V, GU N. Towards an integrated generative design framework [J]. Design studies,2012,33 (2):185-207.

[3] GUY T,ERIC B. A brief history of stigmergy [J]. Artificial life,1999. 97-116.

[4] 李飚,钱敬平. highFAR 建筑设计生成方法探索[J]. 新建筑. 2011,3:99-103.

[5] GUO Z,LI B. Evolutionary approach for spatial architecture layout design enhanced by an agent-based topology finding system [J]. Frontiers of architectural research ,2017,6(1):53-62.

[6] MEYBOOM A L, REEVES D. Stigmergic space[C]. ACADIA,2013.

赵昕宁[1,2] 郭海博[1,2*]

1. 哈尔滨工业大学建筑学院；guohb@hit.edu.cn
2. 寒地城乡人居环境科学与技术工业和信息化部重点实验室

Zhao Xinning[1,2] Guo Haibo[1,2*]

1. School of Architecture, Harbin Institute of Technology
2. Key Laboratory of Cold Region Urban and Rural Human Settlement Environment Science and Technology, Ministry of Industry and Information Technology

国家自科学基金项目(52078153)

基于 AHP-Fuzzy 数学模型的正交胶合木结构高层住宅模数设计研究

Study on Modular Design of Cross Laminated Timber Residential High-rise Buildings Based on AHP-fuzzy Mathematical Model

摘 要: 正交胶合木作为一种全新的建筑材料和建筑形式,在模块化生产和绿色环保方面有较大的优势,因此提出适用于高层住宅的模数设计,实现高层住宅标准化生产和减碳节能。本文通过归纳总结正交胶合木结构模数化设计影响因素,建立评价体系结合 AHP 层次分析法得出影响因素权重,以此为依据进行模数序列选取,通过 Fuzzy 数学模型进行优化决策。通过定性与定量研究相结合,确定优选尺寸序列及具有适应性的住宅空间模式,提出交胶合木结构高层住宅模数应用策略,为我国正交胶合木住宅体系标准化工业化发展提供参考。

关键词: 正交胶合木;低碳减碳;模数设计;AHP 层次分析法

Abstract: Cross Laminated Timber (CLT), as a new building material and construction form, has greater advantages in terms of modular production and green environmental protection and thus proposes a modal design applicable to high-rise residential buildings to achieve standardized production of high-rise residential buildings and reduce carbon and energy consumption. This paper summarizes the influencing factors of CLT structure modular design, develops an evaluation system using Analytic Hierarchy Process to derive the weights of influencing factors, and develops an optimization decision using a Fuzzy mathematical model. The preferred dimensional sequence and adaptable residential space pattern are determined through a combination of qualitative and quantitative research, and the application strategy of CLT high-rise residential modulus is proposed to provide a reference for the standardized industrial development of CLT residential system in China.

Keywords: Cross Laminated Timber; Carbon Reduction; Modular Design; Analytic Hierarchy Process

1 研究背景

迄今为止,建筑产业是全球消耗能源最多、碳排放最多的产业。根据政府气候变化专门委员会 2017 年的报告,建筑物能耗约占全球总能耗总量的 36%;在建筑建造过程以及运营阶段所产生的二氧化碳排放总量约占全球总排放量的 50%。作为世界最大的化石能源消费国和主要的碳排放国,碳中和已成为我国政府决策的指导原则。我国在 2012 年约排放二氧化碳 85 亿吨，占全球排放量的四分之一。其中，建筑碳排放约占 45%，住宅建筑碳排放约占 30%，我国建筑行业的可持续发展面临着严峻的节能和减排压力，减少居住类建筑能耗、降低碳排放量势在必行[1]。同时我国正处于高速城市化发展时期，高层住宅量大面广，成为建筑节能领域关注的重点。

木材在加工的过程中有大量的碳被固化存储，远远大于其生产使用中释放的碳含量，是具有负碳性质的建筑材料。正交胶合木（cross laminated timber, CLT）作为一种新型木结构体系，具有低碳节能、结构安全性高、高度预制化以及节约材料成本等众多优点，以其代替钢结构和混凝土结构的建筑，可以减少钢铁、水泥的使用量，从而减少污染。同时，正交胶合木建筑良好的保温性能，使得建筑使用过程中的能耗较低，较节能环保[1]。

正交胶合木是一种至少由涂布有结构用胶黏剂的相邻层相互垂直组胚加压预制而成的实体木质工程材，主要用于屋盖、楼板和墙体。正交胶合木结构属于重型木结构，具有优越的力学性能，既可以构成剪力墙，也可以与其他材料组合构成墙体。随着城市化进程的不断发展，城市人口密度的增加使得高层住宅成为未来住宅的趋势，正交胶合木高层住宅既可以充分发挥自身材料的特性，又相对传统高层住宅节能低碳环保，具有良好的发展前景。在国外，使用正交胶合木建造住宅已经得到了广泛的应用，尤其在欧洲和北美，正交胶合木被广泛应用于中高层住宅建筑中。目前正交胶合木在我国的研究仍处于探索阶段，研究成果多以性能分析和材料特性为主，在建筑标准制定与设计实践方面都有待发展。

鉴于此，本文以正交胶合木高层住宅为研究对象，分析影响正交胶合木高层住宅模数设计因素，建立评价体系，结合层次分析法得出影响因素权重，以此为依据进行模数序列选取，通过模糊数学模型进行优化决策。通过定性与定量研究相结合，探究尺寸的多因素影响关系，确定优选尺寸序列，构建住宅空间简化户型，提出交胶合木结构高层住宅模数应用策略，为我国正交胶合木住宅体系标准化工业化发展提供参考。

2 研究方法

为建立关于住宅空间模数网格的数学模型，本研究首先定义模数设计影响因素，建构正交胶合木结构高层建筑模数设计的影响因素体系结构层次。基于层次分析法建立评价矩阵，进行相应的一致性检验后得出各指标权重，评价和筛选影响因素，分析影响因素权重占比，

并以此作为模数序列选取依据。通过前文分析可知正交胶合木自身的力学性能优势，故本研究以 5 层正交胶合木剪力墙结构为研究对象，不必以柱间距作为参考对象。研究方法流程如图 1 所示。

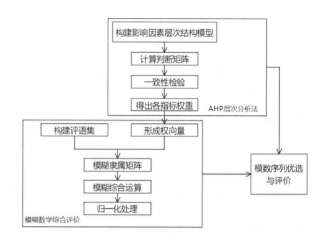

图 1 研究方法流程

2.1 层次分析法（AHP）

层次分析法（analytic hierarchy process, AHP）是美国运筹学家 T. L. Saaty 教授提出的决策分析方法，可以分解复杂的决策问题，两两因素之间进行重要性比较，确定各个影响因素所占权重并进行排序，得到最终较优的决策方案[2]。

本文通过对正交胶合木材料性能特点研究与在高层住宅建设概况分析，对正交胶合木高层住宅模数设计的相关影响因素分析与研究，整合了影响因子的评价指标，主要可以分为产品特性、设计性、经济性、节能性四种类别，对这四个大类下属的主要元素进行进一步归类，从而建立关于正交胶合木高层住宅模数设计影响因素的四级指标体系。

本文建立了相关影响因素评价指标体系后，邀请 15 位相关方专家对指标两两对比，并打分，并进行相关计算，即可得出正交胶合木模数设计相关影响因素的指标权重。对问卷结果中各层次指标数据进行统计分析，各专家排序向量取加权平均值，可得各层判断矩阵结果并进行相应的一致性检验后得出各指标权重，最后的结果具体见表 1。

本文综合层次分析法研究结果，对正交胶合木结构高层住宅模数设计影响因素进行权重排序，可知影响要素主要为设计性因素，经济性次之。其中设计性中主要影响因素包括住宅空间设计性因素和住户需求设计性因素，分别是空间的功能类型和尺度、人体工程学需求、家庭规模与结构；经济性影响因素中主要为建筑安装经

表 1　层次总排序指标权重

准则层	权重	子准测层	权重	指标层	权重
产品性能	0.0434	材料性能	0.0217	力学性能	0.0098
				热工性能	0.0023
				抗震性能	0.0043
				耐火性能	0.0053
		材料质量	0.0217	环境舒适度	0.0054
				结构稳定性	0.0163
设计性	0.6904	住户需求设计性	0.3452	家庭规模与结构	0.1189
				人体工程学需求	0.1888
				适应性设计需求	0.0375
		住宅空间设计性	0.3452	空间功能类型	0.1899
				空间尺度	0.0829
				部品协调	0.0724
经济性	0.1779	建筑安装经济性	0.1186	交通运输	0.0866
				吊装施工	0.0223
				产品组装	0.0096
		建筑使用经济性	0.0593	二次装修	0.0176
				结构选取	0.0097
节能性	0.0883	生产使用节能性	0.0441	资源储量消耗量	0.032
				能耗量	0.0221
				碳排放量	0.0221
		拆解处理节能性	0.0441	建筑废弃物产量	0.0147
				产品再利用率	0.0294

济性因素,具体指标为交通运输。综上所述,以上因素对交胶合木结构高层住宅模数设计影响程度更大,需要优先考虑。

2.2　模糊数学法（Fuzzy Mathematics）

通过前文层次分析指标权重占比可以得出在正交胶合木高层住宅模数设计中,准测层设计性是最优先考量的因素,其中的功能类型与人体工程学需求又占比最大,证实其决定模数选择标准化程度,为模数序列的选取确立前提。优先级影响因素的模数尺寸范围如图 2、图 3 所示。

在选择设计模数时,主要考虑三个问题:长度是否易于使用、数值是否易于使用、是否便于广泛普及。国际上通常用 1 M(100mm) 的 2、3、5 倍数形成的序列作

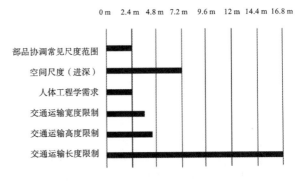

图 2　优先级影响因素的模数尺寸范围

为模数协调的基本单位,称为扩大模数[3]。在前述的统计学研究中,已知空间的功能类型和尺度、人体工程学需求和交通运输等因素为模数设计的主要影响因素,综

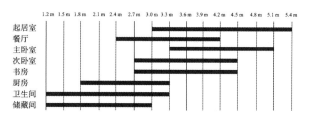

图3 住宅功能空间尺寸范围

合考虑正交胶合木模数影响因素模数的优先级影响因素的尺寸范围及住宅空间使用频率,分析相关功能空间尺寸关系协调及公倍数,最终选取 5 M、6 M、7 M、8 M 为进行深入探讨,如表 2 所示。

依据尺寸可建立空间模型,如图 4~图 7 所示。

表 2 模数和常用尺寸对应关系

模数	尺寸序列/mm									
5 M	1500	2000	2500	3000	3500	4000	4500	5000	5500	5000
6 M	1200	1800	2400	3000	3600	4200	4800	5400	6000	—
7 M	1400	2100	—	2800	3500	4200	4900	5600	—	—
8 M	1600	—	2400	3200	—	4000	4800	5600	6400	—

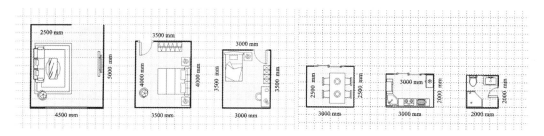

图4 5 M 序列下住宅空间模型

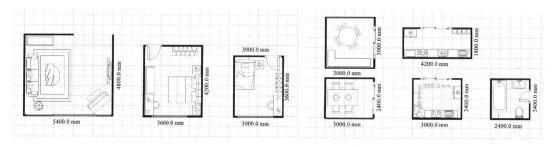

图5 6 M 序列下住宅空间模型

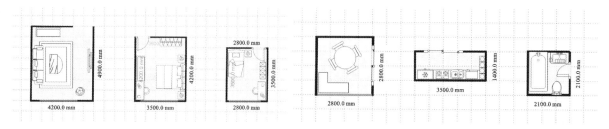

图6 7 M 序列下住宅空间模型

图7 8 M 序列下住宅空间模型

在运用层次分析法确定各指标的权重后,利用模糊综合评价法优选已经建立的几组模数序列。通过发放 4 种模数序列的相关评价问卷,对在评价对象中的第三级所有因素进行等级判断,通过计算、归一化处理后,得到第三级的评价指标模糊矩阵,再通过逐级运算,即先后算出第二级评价因素模糊矩阵、第一级评价因素模糊矩阵后,从而得出最终的评价结果[4]。评价结果如表 3 所示。

表3 综合评价结果

模数序列	综合评价得分
5 M	3.5812
6 M	3.7301
7 M	3.6336
8 M	5.5116

3 户型设计方法

本研究基于综合评价得分,选取 6 M 作为模数的中心数值,以其为基准的模数倍数进行功能空间划分,同时以 3 M 作为增量模数为建筑部品之间协调,这样可以覆盖大部分高频尺寸。

建立正交胶合木高层住宅的水平和竖直模数网格,如图 8 所示。水平模数网格尺寸为 600 mm×600 mm,与正交胶合木板材中线一一对应。竖直模数网格尺寸为 600 mm×1200 mm,考虑门窗尺度与板材整体性。

为了获得模块化生产的住宅空间种类与尺寸,需要依据国内高层住宅的常见布局特征户型模式分布,对其进行聚类分析,构建简化空间模型。住宅的空间模式可按家庭独立使用的居住空间范围进行分类,即每家的居住单元的面积。根据居住者家庭结构的差异,可以将居住者家庭的空间需求按人数分为三种主要居住类型。在居住类型的差异上对功能空间进行排布和整合,以满足不同人群对户型设计的需求。

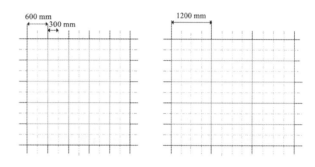

图8 水平和竖直模数网格布置

(1)一居室。

该模式的居住面积为 40～60 m²,特点是在有限的空间里合理组织不同功能活动,如居住、娱乐、储存、工作等。一居室普遍的目标人群的构成主要为 1 人户或 2 人户,对越来越多做出独居选择的年轻一代来说,一居室是他们首要的选择。根据居住者属性的差异可以将一居室分为紧凑型、宜居型、SOHO 型。紧凑型、宜居型满足基本的居住需求上进行尺度区分;SOHO(small office and home office)是小型家庭办公室,这类户型住宅需要满足目标人群生活、工作和居住需求。根据 6 M 模数网格进行户型平面布置,如图 9 所示。

紧凑型　　　　宜居型　　　　SOHO型

图9 一居室户型布置

(2)二居室。

该模式的居住面积为 60～100 m²,是常见的户型模式。其主要特点是户型适中,普适性强,目标人群一般为 2 人户、3 人户,常见的家庭模式是一家三口或老年夫妻。二居室可以分为紧凑型、宜居型、多功用型。前两者是针对住宅空间不同需求的用户人群合理划分功能空间面积和组合形式,后者需要根据具体的住户需求设定,如养老型家庭需要考虑老年人行为模式和特点合理布置功能房间。根据 6 M 模数网格进行户型平面布置,如图 10 所示。

图 10 二居室户型布置

(3)三居室。

该模式的居住面积为 80～120 m²。三居室户型较大,主要有三室一厅、三室两厅两种户型,特点是房间相对宽敞,房型也相对成熟。目标人群一般为 3 人户及其以上,常见的家庭模式是多子女家庭或三代同堂,同时该模式也是讲究居住品质的人士首选。根据 6 M 模数网格进行户型平面布置,如图 11 所示。

图 11 三居室户型布置

4 结语

本研究以正交胶合木特性为出发点,对影响正交胶合木高层住宅模数设计的相关影响因素进行统计和分析,从性能、设计、经济和节能的角度,通过层次分析法赋权得出影响因素权重,对正交胶合木高层住宅模数尺寸进行优选,为进一步模块化建造提供了前提依据。然而由于影响因素的相互联系的复杂性,研究的结果还存在一定的局限性,将在进一步的研究中继续探索改进。

参考文献

[1] 周思源.寒地正交胶合木住宅能耗模拟分析及节能设计方法研究[D].哈尔滨:哈尔滨工业大学,2020.

[2] 李向玲.体育馆在城市防疫中的应变设计研究——以武汉体育馆为例[D].哈尔滨:哈尔滨工业大学,2021.

[3] 周露晴.基于开放建筑理论的医院建筑护理单元标准化设计[D].哈尔滨:哈尔滨工业大学,2019.

[4] 张虹滨.基于AHP-模糊综合评价法的规划环评有效性的研究[D].重庆:重庆大学,2019.

张子怡[1]　邹贻权[1*]　李洲[1]　董道德[1]　王泽旭[1]

1.湖北工业大学土木建筑与环境学院;102000679@hbut.edu.cn

Zhang Ziyi[1]　Zou Yiquan[1]　Li Zhou[1]　Dong Daode[1]　Wang Zexu[1]

1. College of Civil Engineering, Architecture and Environment, Hubei University of Technology

基于数据驱动的悬山木构架设计方法
A Data-driven Approach to the Design of Suspended Timber Frames

摘　要:本文在整理提炼《工程做法则例》及其他相关文献资料中有关悬山建筑木构架的权衡规则基础上,提出一种基于数据驱动的设计方法,将木构架中各构件的尺寸依据提炼出的构成规则和权衡比例,转化为对应的函数变量,在数据库外表示。并以此为基础,在可视化编程平台 Grasshopper 中,将数据库中各构件尺寸的权衡数据链接到其中,将权衡规则转化为计算机程序算法,实现古建筑构件的参数化可控,信息与模型同步并映射。

关键词:数据驱动,悬山建筑,可视化编程,BIM

Abstract: This paper proposes a data-driven design method based on refining the trade-off rules of the wood frame of the hanging mountain building in the "Rules of Engineering Practice" and other related literature, and converting the dimensions of each member of the wood frame into corresponding function variables based on the refined composition rules and trade-off ratios in the database. And based on this, in the visual programming platform Grasshopper, the trade-off data chain of each component size in the database is received, and the trade-off rules are transformed into computer program algorithms to realize the parametric controllability of ancient building components, and the information is synchronized and mapped with the model.

Keywords: Data-driven, Hanging Mountain Architecture, Visual Programming, BIM

1　引言

悬山建筑作为中国古典建筑的重要形式之一,具有严格的模数制度,在现代仿古建筑中仍有着重要地位。但不同形式的悬山建筑乃至各种类型的古建筑之间存在缺乏互通性、设计模型构建难度大、重复性工作多等问题,难以促进古建筑修复和设计的标准化和产业化。为解决上述问题,目前已有相关的研究人员使用参数化的方法对古建筑进行建模。

王钟箐等人[1]在揭示亭子木构架通用法则的基础上,使用 Dynamo 可视化编程平台和 Revit 软件,通过创建参数化的构件定位点模型和自适应构件,最终生成攒尖亭的木构架模型;陈晓卫等人[2]以《营造法式》为基础,研究殿堂式大木作各构件之间的关系,通过 Grasshopper 平台将其参数化,实现以输入对应的参数来生成对应的形体;刘小虎等人[3]以《营造法原》为基础,基于 Processing 平台将各建筑构件间的关联参数化模拟;王茹等人[4]探讨了基于 BIM 的古建筑构建参数化模型的创建方法;罗翔等人[5]以攒尖亭为例,介绍了基于族模型的古建筑参数化建模的初步方法。参数化建模的方式虽在一定程度上解决了古建筑建模的重复性多、效率低等问题,但设计者在与古建筑专家或非建模专业的施工人员沟通设计模型时,存在一定的壁垒。

我国最初采用数据库技术对古建筑进行数字化研究可追溯到 2008 年,王婉等人[6]用 VB 编程生成宫殿建筑的三维模型脚本文件,在 AutoCAD 中运行生成古建筑模型。齐奕等人[7]在讨论基于数据驱动的建筑设计时,采用 Dynamo 数据与 Revit 模型相联动的数字信息驱动设计流。Wang Luqi 等人[8]提出一种从参数化设计开始,对模型构件进行参数化数据驱动的建模方法,证实了基于 BIM 的数据驱动建模方法是可行的。

基于此,本文提出一种基于数据驱动设计的方法,既可生成建筑体量、构件尺寸等参数可控、范围可调的悬山建筑木构架,有利于设计者对于不同的悬山建筑形体进行整体把控,为今后古建筑的复原及现代仿古建筑的新建提供支持,又可有利于设计者、专家和施工人员间的沟通。

2 数据驱动的设计方法

2.1 数据驱动设计

数据驱动的设计过程可以假设为一个中央数据库在收集到了足够多的数据与需求后,作为数据端与模型分离但又同步映射。相较于模型驱动来说,数据驱动更像是一种循证设计,这种方法并不是先验的建立一种逻辑,然后用此逻辑解决问题,而是从现有的大量数据出发,通过对数据的拟合找到解决问题的逻辑,再用此逻辑作为解决问题的方法[9]。

技术的发展让数据积累成为可能,从而带动了驱动方法的研究[10],Tyler Goss 在讨论数据对建筑行业的影响时表明,我们的行业正在从以文档为中心的交付方法转向以数据为中心的交付方法的根本性转变[11]。

数据不同于信息,信息更具有结构化的特点,而数据是原始的,相较于信息,数据具有流动性和普适性。作为驱动设计的数据类型,主要有以下三类。

①固有几何数据,如木构架的柱高与柱径、收分与侧脚等。

②外部生成数据,此数据需与固有几何数据相交互,如木构架的柱高与柱径对支撑结构的影响,生成的压力值;收分与侧脚对阴影的影响值等,根据这些外部生成的数据进而再修改固有的几何数据,以达到较好的实际效果。

③BIM 的补充数据,作为对固有几何数据的补充,通常由 BIM 软件生成,IFC 数据就是一个很好的例子。

在本文中我们只讨论固有几何数据对设计的驱动。

2.2 数据库及可视化平台的选择

作为储存数据的数据库一般可分为两种类型:关系型数据库和非关系型数据库。本文主要讨论关系型数据库。关系型数据库中最典型的数据结构是表格,由表格之间的联系组成数据组织,因其格式一致,使用较方便,关系型数据库也是建筑行业的数据驱动常用的数据库类型。

可用于数据驱动的数据库有很多,但常用于与 BIM 模型联动的专用软件有 dRofus、BIMEye、CodeBook、Building One、SQL 和 Excel 等(图 1)。本文基于 Rhino 建模平台,采用 Grasshopper 可视化编程和 Excel 数据库相联动的工具流。

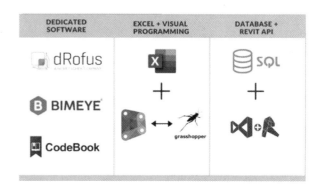

图 1 数据驱动工作流
(图片来源:*Data Driven Design Explained In One Guide*)

3 传统木构架的法则与权衡规则

中国古建筑与古埃及建筑、古西亚建筑、古印度建筑、古希腊与罗马建筑和古拉丁美洲建筑并称为世界六大原生的古老建筑体系[12]。以木结构为主题的建筑体系自形成以来,在历经唐、宋、元、明、清时期后,留有两部完整的历史文化遗产,即宋朝李诫修编的《营造法式》和清朝颁布的《工程做法则例》(以下简称《则例》),为我们研究古建筑工程提供了很好的依据,江浙一带江南营造世家姚承祖的民间著作《营造法原》也颇有影响[13]。至于通则和权衡方面,因明代无典可据,本文则以《则例》为基础,结合《清式营造则例》《工程做法注释》《中国古建筑木作营造技术》《中国仿古建筑构造精解》等文献资料,对清代悬山木建筑的通用法则和权衡规则进行梳理和提炼。

3.1 清代悬山木构架的通用法则

中国古建筑在历经唐宋时期的飞跃发展后,明清时期开始转型进入稳固、提高和标准化时期,土木建筑正式纳入统治集团的管辖范畴,并颁布清工部《工程做法则例》[13]。通用法则中较为重要的是古建筑的尺度体系,不同时代的体系不同,宋《营造法式》中采用的是"营造尺"制和"材分等级"制;清《则例》中采用的是"营造尺"制和"斗口"制。宋、清的"营造尺"是用于丈量房屋的长、宽、高等大尺度的丈量尺制,宋"材分等级"制和清"斗口"制则作为控制建筑规模和丈量木构件规格的一种模数制度。

本文以清代尺度体系为主要参考,清式建筑的规格分为大式建筑和小式建筑,在《则例》中,对大式建筑木构架尺寸的确定以"斗口制"为主,小式建筑没有明确的要求,只得参照相关比例关系进行推算。清式悬山建筑木构架的通用法则主要从面阔和进深、檩数、柱径、步架和举架五个方面进行阐述。

3.1.1 面阔和进深

《则例》中规定,"七檩小式,如面阔一丈五寸……次、梢间面阔,临期酌夺地势定尺寸。如进深一丈八尺,内除前后廊六尺,得进深一丈二尺""五檩小式,如面阔一丈……次、梢间面阔,临期酌夺地势定尺寸,进深一丈二尺"。文献中记录虽较为具体,但实际应用难以掌握其规律,梁思成教授在《营造算例》中总结了一个较为简洁的规定。若檐柱的尺寸已确定,便可据此确定面阔和进深(表1)。

表1 《营造算例》面阔、进深规定

名称	面阔		进深	
	有斗栱	无斗栱	有斗栱	无斗栱
明间	77斗口	7/6檐柱高		
两次间	66斗口	7/8明间面阔	通进深=5/8通面阔	
两稍间	55斗口	7/8次间面阔		

3.1.2 檩数

古建筑中,带斗栱的大式建筑一般称为"桁",小式和不带斗栱的大式建筑称为"檩",桁、檩放在各梁的梁头上,上承椽子。《则例》中规定,大式建筑的木构架尺寸可从三檩至十一檩,小式建筑最多不超过七檩,本研究以三种开间和檩数为主,分别是七檩五开间、七檩三开间和五檩五开间。

3.1.3 柱径

古建筑中的柱高与柱径有一定的比例关系,柱高与面宽也有一定的比例。《则例》规定:"凡檐柱以面阔十分之八定高,以百分之七定径寸,如面阔一丈一尺,得柱高八尺八寸,径七寸七分。"七檩或六檩小式建筑,明间面宽与柱高的比例一般为10:8,柱高与柱径之比为11:1,五檩或四檩小式建筑,面阔与柱高之比一般为10:7,根据这些规定,可以推算柱高柱径与面阔。

3.1.4 步架

清式古建筑木构架中,相邻两檩中的水平距离称为"步架",步架依位置不同可分为廊步(或檐步)、金步、上金步和脊步等,除廊步在尺度上有所变化外,其余各步架的尺寸基本相同。檐柱径为D,则小式廊步架一般为$4 \sim 5\,D$,金、脊步架一般为$4\,D$。

3.1.5 举架

木构架相邻两檩中的垂直距离(举高)除以对应步

架长度的系数称为"举架"。举架在一定程度上决定了屋顶曲线的优美与否,在设置举架参数时需十分讲究,注意屋面曲线的效果,使其自然平缓[14]。清式建筑常用举架有五举(0.5)、六五举(0.65)、七五举(0.75)、九举(0.9)等,一般檐步举架定为五举,称为"五举拿头"。小式五檩一般为檐步五举、脊步七举;小式七檩各步为五举、六五举、八五举等,具体可根据实际情况决定。

3.2 清代悬山木构架的权衡法则

北宋著名匠师喻皓在《木经》中称古建筑的划分为"三分":"凡屋有三分,自梁以上为上分,地以上为中分,阶为下分",即屋顶、屋身、台基[12]。通过对相关文献的梳理和提炼,得出表2所示的清代悬山木构架的权衡比例关系。

表2 清代悬山木构架的权衡比例关系

构件名称	长	宽	高	厚/径
鼓镜			2/100檐柱高	
柱顶石			1/20檐柱高	
檐柱			11 D	D
金柱				D+1寸
瓜柱			D	0.8 D
脊瓜柱			D	0.8 D
抱头梁			1.3~1.4 D	1.1 D
五架梁			1.5 D	1.2 D
三架梁			1.25 D	0.95 D
檐枋	随面宽		D	0.8 D
随梁枋			D	0.8 D
金枋	随面宽		D或0.8 D	0.8 D或0.65 D
上金枋			0.8 D	0.65 D
穿插枋			D	0.8 D
脊枋			0.8 D	0.65 D
燕尾枋	随檩出梢		同垫板	0.25 D
檐檩、金檩、脊檩				D或0.9 D
檐垫板			0.8 D	0.25 D
金垫板			0.8 D	0.25 D
上金垫板			0.65 D	0.25 D
脊垫板			0.65 D	
博缝板		2.5 D		2.5 D
望板				0.1 D
小连檐				0.1 D

结合悬山建筑的通用法则可知,悬山建筑木构架的设计首先需确定初始数据,面阔和进深、檩数、柱径、步架和举架,并以檐柱径为基本参数,根据权衡规则推算出柱高、梁高、梁厚、枋高、枋厚等构件的权衡参数和相关尺寸。

4 数据驱动的工作流程

4.1 Grasshopper + Excel + Rhino 工作流

《则例》《中国古建筑木作营造技术》等相关文献和书籍,提供了古建筑木构架内在的逻辑关系,基于本文第二部分对这些逻辑关系进行梳理提炼得到的比例系数,借助相关工具来设计,便可得到既满足规范又有不同类型的悬山建筑。

Grasshopper是建筑参数化设计软件中一种较为高效的计算机辅助设计工具,是基于Rhino平台的开源式插件,通过计算机设计方法和可视化编程语言,用户只须在Grasshopper文件中对相应的参数进行修改并运行,Rhino就会在其驱动下进行快速反应。

传统的Grasshopper+Rhino工作流需要专业性较强的人员读懂逻辑关系和操作,并不适合非专业人员操作,否则会造成数据混乱等。若非专业人员没有过多建模专业知识,在与古建专家、文物建筑保护人员等沟通设计的合理性、比例关系等时,他们有时很难读懂模型的内在逻辑。因此,在Grasshopper+Rhino工作流中,我们引入了由Excel作为数据库驱动的工作流,如图2所示。

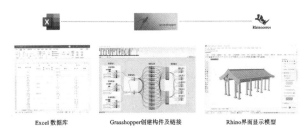

图 2 Rhino+Grasshopper+Excel 数据驱动工作流

古建筑中的开间、步架等初始数据和主要构件间的权衡关系数据在Excel中表示,Grasshopper中依据Excel数据库中的各构件数据和权衡关系进行构件的创建和连接,效果在Rhino中即时显示。Excel表格中的数据比例的变化会及时链接到Grasshopper中,一方面既可宏观地看出各构件的比例关系,另一方面也可方便非专业人员对设计进行评判和交流。

4.2 Grasshopper 逻辑建构

Grasshopper程序的构建遵循IPO(输入—运算—输出)的逻辑,如图3所示,整个程序可分为四个部分,分别为数据输入、数据修饰、数据运算和数据输出。数据输入部分对接Excel数据库内容,利用Grasshopper-Elefront插件将Excel数据库中的数据整理并转化为数据名称+数值的数据键值对(图4)。

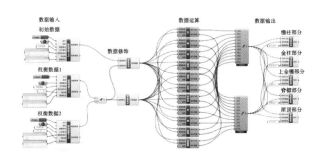

图 3 Grasshopper 程序构建逻辑

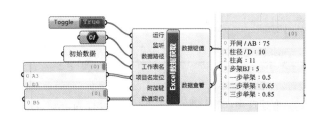

图 4 Grasshopper-Elefront 插件

因Excel数据库中的数据仅为悬山建筑生成所需全部数据的一部分,而数据修饰部分包含悬山木构建筑全部默认数据,通过初始数据以及权衡数据对默认数据进行修饰,可得到符合设计师要求的悬山建筑全部数据。数据运算部分通过对悬山建筑全部数据进行解算,生成柱、檩、梁等几何构件以及相应的构件数据。数据输出部分通过上一步运算所得的构件数据对构件几何进行分类筛选,分别对应悬山建筑五大部分:檐柱、金柱、上金檩、脊檩以及屋顶。

4.3 数据驱动过程

将Excel中的初始数据和权衡数据链接到Grasshopper,分别以檩数和开间、柱径、柱高、步架和举架中某些因素为变量,其余因素为定量。如以檩数和开间为变量,柱径、柱高、步架、举架为定量等,可得到不同样式的悬山建筑木构架。本文分别以两个变量为例说明数据驱动的过程,即具体参照表3,最终得到图5。

檩数和开间为变量,柱径、柱高、步架、举架为定量;步架为变量,檩数和开间、柱径、柱高、举架为定量。

表3 清代悬山木构架变量关系

图示	檩数和开间	柱径	柱高	步架	举架
a	七檩五开间				一步 举架 0.5
b	七檩三开间	$D=10$	$11D$	$4D$	二步 举架 0.7
c	五檩三开间				三步 举架 0.9
d	七檩三开间	$D=10$	$11D$	$5D$	一步 举架 0.5
					二步 举架 0.7
					三步 举架 0.9

(a) 七檩五开间 (b) 七檩三开间-$4D$ (c) 五檩三开间 (d) 七檩三开间-$5D$

图5 不同数据变量生成的木构架

5 结语

本文以《则例》为基础,结合《清式营造则例》等文献资料,对清代悬山木建筑的通用法则和权衡规则进行梳理和提炼,以"檐柱径"为基本参数,根据权衡规则推算出其余构件的权衡参数和相关尺寸,以Excel作为数据库存放各构件的权衡参数,基于Grasshopper平台,对悬山建筑的木构架的各构件进行创建和整体连接,实现以权衡关系的数据驱动悬山建筑木构架的整体设计。

由于古建筑本身构架的多样性,本文使用数据驱动的设计方法的对象是小式或未带斗栱的大式悬山建筑木构架,以"檐柱径"为基本参数进行数据驱动设计。若设计的对象是带斗栱的大式悬山建筑,可将"斗口"作为控制各构件的基本参数。基于数据驱动的悬山建筑木构架工作流还可扩展到其他形式的古建,如庑殿建筑木构架设计、歇山建筑木构架设计等。

参考文献

[1] 王钟箐,胡强,路峻.基于Dynamo可视化编程的攒尖亭参数化设计[J].西安建筑科技大学学报(自然科学版),2021,53(2):247-253.

[2] 陈晓卫,王曦.《营造法式》参数化——殿堂式大木作的算法生形[J].华中建筑,2016,34(12):41-43.

[3] 刘小虎,冰河,潘浩,等.《营造法原》参数化——基于算法语言的参数化自生成建筑模型[J].新建筑,2012(1):16-20.

[4] 王茹,孙卫新,张祥.明清古建筑构件参数化信息模型实现技术研究[J].西安建筑科技大学学报(自然科学版),2013,45(4):479-486.

[5] 罗翔,吉国华.基于Revit Architecture族模型的古建参数化建模初探[J].中外建筑,2009(8):42-44.

[6] 王婉,谢步瀛.中国古代宫殿建筑参数化设计与三维建模[J].东华大学学报(自然科学版),2008(3):270-273.

[7] 齐奕,许锐,尹亚东,等.从OBOM到OBIM:基于数据驱动的开放建筑设计方法初探[C]//智筑未来——2021年全国建筑院系建筑数字技术教学与研究学术研讨会论文集.武汉:华中科技大学出版社,2021.

[8] WANG L Q, ZHAO B, YE Q, et al. A BIM-based data-driven modeling method[M]//ICCREM 2021, 319-330.

[9] MAHPHOOD A, AREFI H. A data driven method for flat roof building reconstruction from lidar point clouds [C]//The International Archives of the Photogrammetry, Remote Sensing and Spatial Information Sciences, Copernicus GmbH, 2017, XLII-4-W4:167-172.

[10] 黄河.基于数据驱动的建筑智能设计程序初探——以外廊式小户型公寓为例[D].深圳:深圳大学,2017.

[11] DEUTSCH R. Data-driven design and construction, 25 strategies for capturing, analyzing, and applying building data[M]. New Jersey:Wiley,2015.

[12] 王晓华.中国古建筑构造技术[M].北京:化学工业出版社,2013.

[13] 田永复.中国仿古建筑构造精解[M].北京:化学工业出版社,2013.

[14] 马炳坚.中国古建筑木作营造技术[J].古建园林技术,2003,(2):62-64.

[15] 王璞子.工程做法注释[M].北京:中国建筑工业出版社,1995.

[16] 梁思成.清式营造则例[M].北京:中国建筑工业出版社,1987.

[17] 梁思成.清工部《工程做法则例》图解[M].北京:清华大学出版社,2006.

[18] 姚承祖.营造法原[M].2版.北京:中国建筑

工业出版社,1986.

[19] 梁思成.营造法式注释[M].北京:中国建筑工业出版社,1983.

[20] 陈明达.营造法式大木作研究[M].北京:文物出版社,1981.

[21] 潘谷西.中国建筑史[M].6版.北京:中国建筑工业出版社,2009.

[22] 谢磊.仿古建筑在园林中的应用研究[M].杭州:浙江农林大学,2010.

[23] 张祥.基于 BIM 的明清官式古建筑构件参数化及其装配研究[D].西安:西安建筑科技大学,2015.

[24] 韩婷婷.基于 BIM 的明清古建筑构件库参数化设计与实现技术研究[D].西安:西安建筑科技大学,2016.

梁洁[1]　施东波[1]　姚蕊[1]　石峰[1*]　孙明宇[1*]
1.厦门大学建筑与土木工程学院;1416741885@qq.com
Liang Jie[1]　Shi Dongbo[1]　Yao Rui[1]　Shi Feng[1]　Sun Mingyu[1]
1. School of Architecture and Civil Engineering,Xiamen University

国家自然科学基金项目(51808471)、中央高校基本科研业务费专项资金资助(20720220079)、大学生创新创业训练计划项目(202110384147)

基于多孔玻璃海绵结构仿生的壳体建筑数字设计与智能建造研究

Research on the Digital Design and Intelligent Construction of Shell Structure Based on the Euplectella Bionics Structure

摘　要:本文以参数化仿生壳体设计与搭建为背景,以多孔玻璃海绵的骨针结构为仿生单元,结合极小曲面,研究出一种新型的仿生壳体结构。项目运用 Rhino 以及其插件 Grasshopper,研究新型仿生壳体结构的参数化设计流程,并探讨以轻质竹编织结构为基础的实体搭建施工体系,为参数化仿生壳体设计在建筑物或构筑物中的应用打下基础。

关键词:壳体结构;仿生;极小曲面;参数化

Abstract: Based on the design and construction of the parameterized bionic shell, a new bionic shell structure is developed by taking the bone needle structure of Euplectella as the bionic unit and combining with the minimal surface. The project uses Rhino and its plug-in Grasshopper to study the parametric design process of the new bionic shell structure, and discusses the solid construction system based on the light bamboo woven structure, so as to lay a foundation for the application of the parametric bionic shell design in buildings or structures.

Keywords: Shell Structure; Bionic; Minimal Surfaces; Parametric

1 研究背景及设计概念

壳体结构自发明至今,一直在建筑领域有着广泛的应用,但传统壳体结构的形式较为单一,在当下对壳体的需求和应用都更加多元化的数字化时代逐渐出现疲态。近年来,随着参数化技术的发展,针对新型壳体结构的研究不断涌现,仿生建筑、极小曲面、轻质装配结构等新型元素在壳体中的应用不断增多。本文以此为设计灵感,以多孔海绵骨针的结构单元为仿生结构,并结合极小曲面,设计出新型仿生壳体结构,结合参数化工具,研究运用具有优良力学性能,较为轻质且易加工的竹制编织结构在壳体上进行智能建造的流程与方法。

1.1 多孔海绵骨针特性

海绵是最原始的多细胞动物,具有变化众多的单体

结构和群体形态,在仿生学中一直有着广泛的应用。其中,多孔玻璃海绵(Euplectella aspergillum)具有相对较大的形体,骨针结构清晰,特别适合作为建筑表皮结构的生物原型做进一步分析研究(图1),如哈佛大学教授 Joanna Aizenberg 与 Weaver J C 等人一同发现了多孔玻璃海绵骨针双骨架交替形成的三维结构,并在 2020 年于 *Nature Materials* 杂志上发表对其网架骨骼结构实体模型的力学性质分析成果。多孔玻璃海绵的外壳全由纤巧的经向、纬向、螺旋向几何网硅质骨针相交织集合而成,其最大的特点在于骨针之间连接形成的立体格架,使其本来的结构形式在很大的程度上得以加强和优化。

1.2 极小曲面特性

在数学中,极小曲面是指平均曲率为零的曲面,即

图1 多孔玻璃海绵骨针结构及简化模型

(图片来源:参考文献[1])

为满足一定约束条件的面积最小的曲面。物理学中,由最小化面积而得到的极小曲面的实例就是著名的普拉托实验。除了具有最小的表面积外,极小曲面表面高斯曲率均为负数,它也因此具有极其稳定的形态,且能够以十分平滑的方式实现空间之间的连接。自然界中某些生物的原型也与极小曲面极其相似,对极小曲面的深入研究也为仿生学的探索提供了很多理论依据。

极小曲面作为微分几何领域的重要分支,对于它的研究已经有200多年的历史。由于具有独特的数理性质、美学潜力和结构特性,极小曲面在各专业都有着十分广泛的应用,其中,建筑学一直是其应用的重要领域。例如,弗雷奥托在斯图加特中心车站的设计中就运用了极小曲面形态的张拉膜结构。

近年来随着计算机技术的应用,参数化设计在极小曲面中的应用得到新的发展。如台中歌剧院的整体造型都采取了极小曲面,东南大学的接待台设计也是基于参数化对 Gyroid 曲面进行调整生成,这些建筑不是从结构找形出发,而是直接从极小曲面的性质入手,更多利用其独特的空间方式,且能够通过参数化实现全程调控和结构优化。我们可以看到极小曲面在参数化技术的帮助下,开始突破传统的应用方式,利用其独有的结构性质形成新型的空间语言。

1.3 竹编结构

竹作为中国传统的建筑材料,具有原料充沛、成本低廉、加工便捷、经久耐用、力学特性优良等经济技术优势,具有可持续发展的绿色前景,同时也兼有自然材料独有的材质美感与中国传统文化的意蕴气节,因而也一直作为优质的建筑材料。而历史悠久的传统竹编手艺,也广泛应用于日常生活用品、工艺品甚至收藏品中,凝结了中华民族劳动人民千年来的智慧结晶。

基于此,本项目的实体搭建以竹作为原料,充分利用竹的多方面优势,并借鉴传统的竹编手艺来对参数化设计生成的仿生表皮方案进行结构编织,在实现方案最佳落地效果的同时,更体现低碳节能的可持续发展建筑

设计理念。

1.4 设计构思

项目基于以上三方面的特点及优势,以多孔玻璃海绵骨针表皮为仿生对象,从其双层生物网架结构中提取结构灵感,结合非线性的极小曲面空间,针对新型仿生壳体结构提出相应的参数化设计方案,并运用竹编的手法,在数字化软件的支持下制作出轻质适宜的构件进行实际搭建。在创造出特殊的建筑表皮肌理的同时,也尝试探索建筑表皮与环境互动的可能性,对于实际工程应用具有重要的意义。

2 参数化仿生壳体设计过程

2.1 空间概念设计

2.1.1 外部结构设计

多孔玻璃海绵的双层骨针结构在自然环境下同时兼具坚固性和美观性,近几年来也有基于多孔玻璃海绵骨针结构抗压性的材料研究。基于此,我们设计中把侧重点放在研究如何将极小曲面与其结合上,同时在形态上也结合极小曲面的特性加以调节。原本多孔玻璃海绵因有海水的压力作用,多呈现为两头窄、中间宽的细长的圆柱形态,空间上相对较为单一(图2)。

图2 多孔玻璃海绵整体形态

(图片来源:http://biodiversitylibrary.org/page/9628642)

我们决定结合人体尺度加以调整,将竖向的空间趋向改为横向,并将装置整体的形态结合极小曲面的特性,形态上更加多变和有趣,在融入仿生概念的同时综合考量空间尺度、力学特性、互动体验及设计美感。

2.1.2 生物意向设计

除了结构上的特性外,多孔玻璃海绵还有另外一个更加有名的别称——"偕老同穴"。多孔玻璃海绵内部常常存在一种长期偏利共生的动物——俪虾(图3),人们普遍认为俪虾是以成对的方式生活在多孔玻璃海绵

之中,直到死亡,因此在日本,它被当作结婚相赠的贵重礼物,祝福新人相伴一生。

图3 多孔玻璃海绵内部生活的一对俪虾

(图片来源:http://do-butsu.com/)

但实际上,俪虾在自然中存在的种群模式更为多样,其在多孔玻璃海绵内部的生存形态根据生活的种群数量的不同和俪虾的年龄的差异可分为三种模式:单只俪虾独居,一对俪虾同居及多只俪虾混居。幼年期的俪虾,由于体型较小,可以自由地在所有孔洞之间穿梭,可同时参与三种模式;而成年期的俪虾由于个体长大,超过了表皮孔径的尺寸,无法从中逃离,只能被困其中。我们从中提取这种有趣的生存模式作为设计灵感,将其映射至不同年龄阶段的人群对装置的互动空间体验上。

2.1.3 早期概念模型

结合以上两方面,我们将装置的主体验游览流线设计为"S"形,从前侧自由进入的开放洞口,到中部较为封闭晦涩的洞口空间,最后至末尾的出口空间重获自由感,为体验者模拟了俪虾的一生。在流线的各个节点处,通过极小曲面之间丰富的变化和连接,形成了形态各异、可观可游、可憩可触的互动洞口(图4)。该装置特别为儿童加设了小型的游览入口,为其提供有趣的穿行体验。

图4 早期概念模型

2.2 参数化建模流程

项目采用 Rhino 及可视化建模插件 Grasshopper 完成设计过程,顺序上采用"面—线—网"的形式(图5),也即先根据设计概念进行曲面空间设计,模拟出合适的极小曲面造型;在得到曲面的基础上进一步优化结构,通过提取结构线,分别得出各层网格线;最后优化数据结构,并根据网格线生成参数化表皮结构。

图5 "面—线—网"工作流程图

2.2.1 极小曲面生成

考虑到极小曲面自身的力学特性,在项目的初期,我们采用了 Kangaroo 力学模拟插件,模拟出和生物原型较为相似的圆柱状表皮,并通过力学参数的调节控制其整体形状,构建仿生表皮网架线,可以用参数控制其间隔和方向(图6)。但在后续优化的过程中,我们发现,基于这种方式生成的极小曲面比较均匀,要想调整成较为不规则的形体过程比较烦琐,不适用于复杂空间的多样找形。

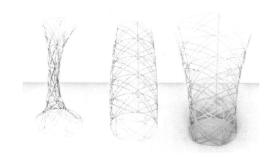

图6 采用 Kangaroo 生成结构模型

后续的设计中我们转化了思路,采用 Milledpede 工具,通过数学函数生成大量标准曲面找形。基于函数生成的曲面形态上更加多样化,但同样也发现曲面生成的随机性较高,较难直接调节,对于后续形态的优化有一定困难。

最后我们决定采用 Milledpede 插件中基于点磁场力和切割边界构建的 iso surface 曲面的方法生成极小曲面。该生成方法的主要优势在于能够通过随机或手动输入的磁场点快速拟合极小曲面造型,且能够通过参数的设定改变点之间对于指定区域空间的干扰,较为直观方便地形成所需极小曲面形态(图7)。

图 7　采用 Milledpede 生成的各种极小曲面

2.2.2　空间结构优化

在运用 Milledpede 插件基本确定了整体的形态后，我们开始针对极小曲面进行优化。由于该方法生成的 Mesh 曲面碎面较多，且形状不规整，在利用 mesh 工具列进行网格线提取时得到的曲线较为杂乱，数据结构不均匀，较难直接利用。而原生物原型的一级网架是基于较为规整的四边形生成，不规则的网格也不利于后续结构的创建。基于此，我们采用了 Sub 工具对于生成的曲面进行拟合，重新得到具有均匀四边形结构线的期望曲面(图 8)，其具有同时转化为 Mesh 曲面和 Surface 曲面的优点，为结构生成提供了思路的多样性。

图 8　优化后的极小曲面形态

2.2.3　编织结构生成

在完成曲面整体的形态后，我们首先将 Sub 曲面转为 Mesh 曲面，通过 Mesh Edges 工具分层导出曲面的外部框架线和内部网格结构线，由于导出的线是基于单个 Mesh 网格的边缘线，需要对线进行进一步处理，以此得到连续的多段折线。

在完成处理后，将折线分类为外部结构线和内部结构线，分别导入 Grasshopper。得到网格线之后，运用 Pframe 工具找到和曲线相切的工作面，再运用 Rectangle 工具和 Sweep1 工具便能生成可调节的参数化竹篾表皮 (图 9)。

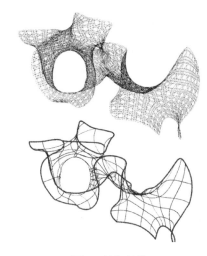

图 9　编织结构

3　实体搭建过程

3.1　数据导出

3.1.1　整体数据结构处理

在得到结构线后，为了得到搭建所需数据，我们对结构线进行了进一步的分类处理。整体上，在导入 Grasshopper 时我们选择将曲线根据结构位置的不同分层导入，进行一次树状结构处理，分别找到每根曲线的中点，运用 List Item 工具进行编号(图 10)，利用 Length 工具测量长度，直观得到每根线的长度数据。

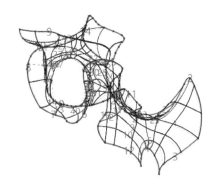

图 10　整体数据编号

3.1.2　局部数据结构处理

在得到整体的结构线的长度和定位后，我们还需得到每根线之间的交点位置。在导入结构线后，我们首先用 Explode 工具进行一次打断。这样处理是为了得到曲线之间交点的数据。根据得到的点的数据，再用 Shatter 工具进行一次分割处理，便能得到两点之间的线段数据，同样用 List Item 工具对每一小段进行编号(图 11)。在经过了上述操作后，我们可以在整体上得到每一根结构线在装置中的定位,同时还能得到单根结构线之间交点的定位和两点之间线段的长度,利于后续的处理。

图11 局部数据编号

在实际建造的过程中,基于上述的处理,我们能够在 Grasshopper 中导出每一根结构线的编号和定位的数据,将曲面建造时复杂的三维定位过程,简化为在直杆上标记杆件之间的交点,然后再通过编织固定交点来定位,让杆件形成自由曲面。这种将三维定位转化为一维定位的降维建造方式,大大简化了传统的自由曲面建造难度。通过使用标准化的构件、简易的杆件定位和参数化指导的编织过程,能够快速、高容错度、低成本地实现自由曲面的建造。

3.2 模型搭建过程

3.2.1 材料处理

在本次1∶5实体模型的搭建过程中,我们选择了10 mm 宽的黄篾竹条作为材料,根据参数化模型中导出的数据,将底座部分、外部结构框架部分和内部连接部分的竹条进行分类,并逐一编号,根据导出的数据将竹条裁剪为对应的长度,在每段的首尾分别预留2.5 cm 的长度以方便编织。在进行了整体的一次偏号后,针对单根竹条,我们又根据数字模型中竹条之间相交节点的位置进行二次定位编号。

3.2.2 骨架搭建

完成对所有竹条的编号后,我们首先按照缩放的比例拟合出底座的轮廓线,进行底座节点的描点定位,确定外部框架的位置。其次先将底座的竹条固定曲度,确定底座后根据节点的位置,运用十字交叉绑法,用绳索往上逐步绑扎固定外部框架(图12)。

在完成外部框架的搭建后,我们开始进行内部框架的绑扎。根据之前在竹条上划分的定位点及编号,以此为依据两两交点固定,进一步确定曲率造型。

在外部及内部骨架绑扎完成后,采用3 mm 宽的黄篾竹条以骨架为基准进行编织结构的搭建。我们将海绵骨针结构简化,提取斜45°的十字编织网格作为抽象

元素应用到编织图案中,采用"一压一抬"的编织手法构成外表皮形态(图13)。

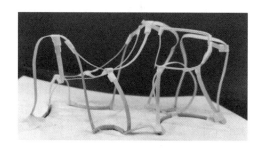

图12 框架草模

图13 1∶5实体模型

4 互动设计

本参数化壳体设计借助参观流线和多样的极小曲面空间效果具有多样的互动可能。在完成主体结构的设计后,我们重新结合生物原型的意向进行设计,在壳体中设计互动节点中加入海洋生物俪虾模型,结合空间感受,并呼应俪虾"偕老同穴、伉俪情深"的意象。当参观者走到走道尽头无路可走时,看见被困在洞穴中的俪虾,仿佛走进了海底,更近一步体验海绵骨针内部。同时,除了游玩空间之外,我们还结合壳体的形态设置了可坐可靠的休憩空间,增加空间和参观者之间的互动(图14)。

图14 场景效果图

5　结语

近年来,针对极小曲面的壳体设计兴起,关于多孔玻璃海绵骨针的研究也逐渐增多,本研究为融合两种结构的仿生壳体设计与建造探索新的可能。极小曲面的空间形态复杂多样,但由于其结构的特性,生成的壳体结构受力依然是稳定的,而编织结构本身由杆件构成,和多孔玻璃海绵骨针结构相似,且具有一定的弹性,使生成的结构更加具有合理性,也符合生物原型的力学性能。

同时在实体建造方面,我们所采用的杆件均为可重复利用的轻质竹篾,采用传统竹构加工的绑法对节点进行固定,材料具有一定的强度和韧性,容易加工成型,且能够拆卸,反复利用。施工方法也较为简单方便,只需得到导出的竹篾长度数据、对应标号及固定点位,将竹篾按相应位置固定便能准确自然地形成所需极小曲面的造型。同时,在搭建完一级龙骨后,二级编织表皮也能够根据手法和设计的不同改变成不同的形态,且方便

更新,对于实际施工具有很大的意义。

参考文献

[1] WEAVER J C,MILLIRON G W,ALLEN P,et al. Unifying design strategies in demosponge and hexactinellid skeletal systems[J]. Adhesion,2010,86:72-95.

[2] WEAVER J C,AIZENBERG J,FANTNER G E,et al. Hierarchical assembly of the siliceous skeletal lattice of the hexactinellid sponge Euplectella aspergillum[J]. Struct. Biol. 2007,158:93-106.

[3] 孙明宇,刘德明.技术与艺术的数字整合——大跨建筑非线性结构形态表现研究[J].建筑学报(学术论文专刊),2016(S1):5.

[4] 陈银河.多孔玻璃海绵轻质结构的仿生研究[D].南京:南京航空航天大学,2017.

[5] 黄蔚欣,吴承霖,张瑞珈,等.基于编织结构的混凝土壳体建造研究[J].建筑技艺,2019(9):4.

苏琬琦[1]　刘文强[1]　孙明宇[1*]

1. 厦门大学建筑与土木工程学院；smy_arch@xmu.edu.cn

Su Wanqi[1]　Liu Wenqiang[1]　Sun Mingyu[1*]

1. School of Architecture and Civil Engineering, Xiamen University

国家自然科学基金项目(51808471)、中央高校基本科研业务费专项资金资助(20720220079)

基于针织技术的可展张拉纺织膜结构的数字化设计研究

Digital Design for Deployable and Tension Fabric Structure Based on Knitting Techniques

摘　要:随着高技术纤维及材料的发展,研究学者开始关注和挖掘纺织品在建筑领域的潜在可能性。本次研究将针对纺织膜结构搭建较为烦琐且需要依靠专业人员进行组装的问题,提出一种可展结构和纺织膜结构有效结合起来的方式,探求一种更快捷的搭建方式。同时探索针织技术中的两种针织组织结构——集圈组织和脱圈组织在可展张拉纺织膜形态方面的影响和效果。本文将运用数字计算方法建立模型信息,并运用Grasshopper、Kangaroo2等参数化插件工具对可展张拉纺织膜进行仿真模拟,以此来展现膜结构的优势和潜力,以及针织技术在纺织膜表面的美学效果,同时对未来在临时建筑上的深入探索和应用提供一定的研究基础。

关键词:针织技术;可展结构;张拉膜结构;针织复合材料;数字设计

Abstract: With the development of high-tech fibers and materials, researchers began to pay attention to and explore the potential possibility of textiles in the field of architecture. In this study, aiming at the problem that the construction of textile membrane structure is complicated and needs to be assembled by professionals, an effective combination method of deployable and tension fabric structure is proposed, and explore a faster way to build. At the same time, the influence and effect of two kinds of knitting structures in knitting technology——tuck stitch and off-loop structure on the shape of deployable and tension fabric structure are explored. The paper will use the digital calculation method to establish the model information, and use parametric plug-in tools such as Grasshopper and Kangaroo2 to simulate the deployable and tension fabric structure. In order to show the advantages and potential of membrane structure, as well as the aesthetic effect of knitting technology on the surface of tensile membrane structure. At the same time, it provides a certain research foundation for the further exploration and application of temporary buildings in the future.

Keywords: Knitting Techniques; Deployable Structure; Tensile Membrane Structure; Knitted Composites; Digital Design

1 导言

1.1 纺织品在建筑上的应用

随着智能技术的发展,纺织品已经实现在建筑领域的应用,突出地表现为大跨度建筑中膜结构的设计和建造。这得益于织物材料有着重量轻、伸缩性和延展性较强等优良特性,对比其他结构材料,织物壳体的建造时间短,且造价低。同时,在设计上可以让建筑师和结构工程师尽情地发挥想象,构建出多样的自由曲面造型。纺织品不是建筑常用材料,用于建筑和皮肤系统的主要纺织材料是聚氯乙烯(聚氯乙烯)、聚四氟乙烯(PTFE)和乙烯四氟乙烯(ETFE)。这些材料非常适合大跨度帐篷建筑、气动建筑、褶皱表皮形式以及临时建筑设施的搭建[1]。早在 40 年前,欧美等发达国家地区就出现了纺织品在建筑上的应用和实践。著名的张拉大师弗雷·奥托(Frei Otto)就曾用渔网、纱线等纺织物作为建筑物理模型找形实验的材料,也在其设计的蒙特利尔世界博览会德国馆屋顶(图 1)、黑施菲尔德露天剧场顶棚等膜结构中应用。

图 1 蒙特利尔世界博览会德国馆屋顶实景和物理模型
(图片来源:https://www.archdaily.com)

目前对纺织品的研究和运用,有基于张拉结构下形成的空间装置,如 Jenny Sabin 设计的 Lumen 装置以及哥本哈根信息技术与建筑中心(CITA)的 Isoropia(图 2 左)和 Hybrid Tower 装置,Sachin Sean Gupta 等人设计制作的 Knit Tensegrity Shell 等,也有基于纺织膜单元形成的建筑表皮,如国王法哈德国家图书馆(King Fahad National Library,2014 年)。这些都在结构形态和表现形式上有所创新和发展。此外,Zaha Hadid Architects 在墨西哥设计的 Knit Candela 壳体结构(图 2 右),是纺织品在建筑建造和施工方面的探索实践。结构整体是一种轻薄的自由外壳形式,其利用纺织品的三维可塑性来探求一种无支架预制混凝土模板的制作方法[2]。除了在结构上的研究外,有相当多的研究学者也开始关注柔性纺织品三维几何图形数字化建模和信息转译。

图 2 Isoropia(左)和 Knit Candela(右)壳体结构
(图片来源:http://www.archcollege.com、http://landscape.cn)

1.2 研究前景和价值

尽管如此,纺织品在针织技术和复合结构的研究还有待发掘。一方面,建筑上运用的纺织品材料大部分为人工合成材料,虽然这些材料被硬化张拉后形成的膜结构可加强整体硬度、稳定结构几何形态造型,但织物三维表面美学效果的表达往往被忽略。不同针织技术编织的织物,有丰富多样的形态变化,表面形成松弛或褶皱的效果,使得静态的织物在一定程度上能体现出动态美,可丰富建筑环境和空间的表达。Erica Hörteborn、Malgorzata A. Zboinska 等人就对不同针织技术下的纺织品进行试验来探讨其在风环境作用下的设计可能性。目的是研究如何应用这些纺织品来改变建筑外部和某些城市元素的静态表达,如立面和风窗[3]。另一方面,纺织膜的形成离不开杆件的支撑和固定,在实际建造中存在搭建烦琐、只能由专业人员操作的问题。而可展开结构作为一种特殊的新型结构,有着易于运输、搭建、拆卸并可重复使用的特点,在航空航天、军事工程、建筑结构等领域占据重要作用。因此将膜结构和可展开结构有效地结合起来,可探求一种新颖的复合结构形式。该结构能实现整体伸缩自由,最大化地利用结构空间,也能方便纺织膜的建造和移动,这对于未来在临时建筑上的研究和应用具有一定的实践价值和现实意义。

2 针织技术

由于织造方法、织物组织、纱线材料等多种因素都会影响纺织面料的肌理效果,纺织品的设计具有无限可能性和创造性。而针织作为纺织面料的织造方法之一,是通过把纱线弯曲形成线圈并相互穿套,进而形成针织物[4]。针织物在纱线成圈的过程中有纵横方向上的两种编织方式,分别形成纬编织物和纵编织物(图 3)。由于纬编织物具有较好的延伸性、易脱散性和不稳定性,本次研究将以纬编织物作为实验对象,能更好观察针织物表面肌理的表达效果。而组织结构设计是织物设计中的重要环节,会影响织物的色彩搭配、肌理感觉、外观造型、整体风格等其他方面[4]。

图 3 经编织物(左)和纬编织物(右)

2.1 集圈组织和脱圈组织

集圈组织是纬编织物中常见的花色组织之一,即在针织物的某些线圈上在一个封闭线圈的基础之上挂一个或几个未封闭的悬弧。在编织过程中,利用集圈的设计排列,并加上不同色彩的纱线变化,可以使织物表面形成各种图案、凹凸、孔眼等花色效应和肌理效果。脱圈组织是一种不完全组织,又称为"漏针",即故意脱散而没有编织形成线圈的编织方式[5]。脱圈走纱会影响织物的外观效果以及结构的延伸性、回缩程度等,一般织物在编织中会防止该情况的出现。

基于以上两种组织结构的特点,笔者受到 Erica Hörteborn 和 Malgorzata A. Zboinska 的研究启发,尝试在 Rhinoceros 中建模并通过 Grasshopper、Kangaroo2 等参数化插件来模拟生成,研究两种组织方式在自重作用下的形态表达。通过观察发现,针织物上编织交错的线圈之间会形成一个个大小不一的孔洞,从这一角度来说,孔洞变化直接影响织物的密度,也是影响织物表面形态的直接因素,而这些孔洞则是由线的状态而决定的。如集圈组织的线圈被拉长,使得孔洞形态异形突变;而脱圈组织中的线圈孔洞并没有完全脱离原始形态,仅放大孔洞比例(表1)。因此在模拟过程中,笔者将对织物表面进行网格划分,通过调整网格线长度的缩放范围来达到一定的仿真效果。虽然数字模型无法对实际物理情况作出准确表达,但是可以在视觉上观察是否符合针织实物的表现情况。模拟结果表明脱圈组织较符合实际情况,而集圈组织模拟情况不大符合实际状态,但是有表现出织物的褶皱、收缩效果(图4)。

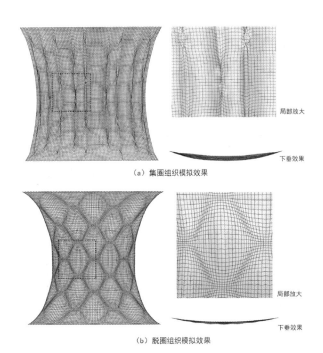

（a）集圈组织模拟效果

局部放大

下垂效果

（b）脱圈组织模拟效果

局部放大

下垂效果

图4　组织结构模拟效果

2.2 针织样片

为探究由集圈组织和脱圈组织组合生成的纹理图案是否能在纺织膜表面上达到较好的三维效果,笔者在确定纱线种类的前提下,通过手工编织针织样片来进行实验,为下一步的可展张拉纺织膜的数字仿真模拟提供一定的实践基础。此次实验选取两种不同的纱线(表2),并用到常见的编织工具,包含 3 mm 棒针、编织扣、钩针等;针织样片总长 22 针,设计三种不同的针织图案(图5)。

表1　针织组织结构的形态和图解表达

组织方式	实物参考图	线圈结构图
集圈组织		
脱圈组织		

表2　样片纱线特性

纱线材料	纱样	纱线描述（支数、颜色、属性）
牛奶棉		五股;灰色;弹性好,略微粗糙,质地较光滑
丝光棉		六股;灰色;纤维细长,悬垂感极好,漫射能力强,质感光滑

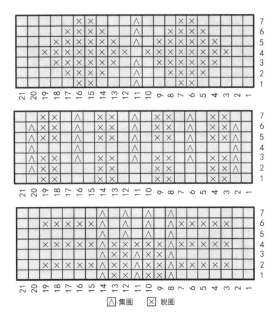

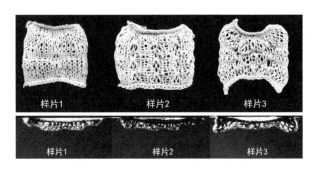

图7 由丝光棉编织的样片及形态表现

图5 针织图案示意图

从样片的形态表现上可得到以下发现。一方面从纱线的材料上来看,由牛奶棉制作而成的样片花纹的凹凸感和褶皱程度更明显,且因棉线的弹性好,整体不容易变形。整体最突出的表现是样片通过纵向拉伸,可以形成有一定拱形效果的立体织物(图6)。而丝光棉纤维细长,悬垂感好,因此编织出来的样片柔软易变形;样片的孔洞变化明显,编织纹理清晰可见。在悬挂情况下,织物表面会因重力作用而下垂,其中样片1的垂感最为明显(图7)。另一方面从样片的图案来看,脱圈会使织物的孔隙率变大,在织物表面会局部形成大大小小的凹凸变化。而集圈除了形成褶皱的效果外,当挂圈的纱线越多,也会限制织物在纵向上的延展性,样片3能直观地看到织物边缘线因纵向拉伸而形成非常明显的曲度。

集圈组织和脱圈组织都会使织物表面形成大小不一的孔洞,织物表面孔洞越多、越密集的区域,其松弛度增大且延展性很好,在三维空间上的变化效果明显。在本次实验中,集圈组织表现突出,它在织物中类似叶子上的脉络或人体的骨骼,是形成织物图案基本框架的重要组织方式。集圈组织不同的排列方式和挂圈数量都会影响织物的拉伸程度,说明其有可展开的潜力,这有助于后续对可展张拉纺织膜结构形态的探索和研究。此外,两种纱线材料编织而成的织物表现形态不同,是因为纱线的捻数、粗细程度、弹性等特性会影响效果的表达。本次研究虽然没有在纺织材料方面深入探索,但是其在建筑结构上的应用也具有很大的研究价值。

3 可展张拉纺织膜数字化仿真模拟

3.1 可展开结构——霍伯曼球体

可展开结构有着展开和收缩两种几何状态,能高效、快速地实现结构形态的改变,充分体现了结构的可适应性。它不仅在航空航天领域中广泛应用有所发展,且在一些临时可移动设施中也有应用,如体育场馆可动无盖、汽车可折叠部件等[6]。因其结构的独特性,可展开结构在各种领域都有应用的潜在性和价值挖掘。可展开结构发展历史可追溯到20世纪初,而查克·霍伯曼(Chuck Hoberman)在1995年发明的霍伯曼球体(Hoberman Sphere)是可展开结构实践的典型代表之一。其通过剪刀式折叠运动原理来实现立体化可展开球体结构(图8),进一步推动了结构工程的创新实践应用。随着计算机技术的发展,有部分学者对霍伯曼球的可展开结构进行数字化研究。

图6 由牛奶棉编织的样片及形态表现

图8　霍伯曼球体构形(左)及
圆环状运动链截面单元(右)

(图片来源:欧海锋.基于霍伯曼球体的负热膨胀及
带隙结构设计与研究.广州大学,2020.)

3.2　数字模拟实验

　　本文将在刘文强学者所研究和构建的霍伯曼球体参数化模型的基础上,提取霍伯曼半球体结构与膜结构组合构建可展张拉纺织膜结构,运用参数化技术模拟生成。目的是将两者结合来研究该结构的可行性和稳定性,同时探索针织组织对纺织膜的三维表面形态效果的影响。霍伯曼半球体结构的参数化模型已提供(图9(a)),因此本次研究主要关注于纺织膜的数字化设计。结构在 Rhinoceros 的 Grasshopper 环境中模拟生成,主要采用两种参数化模拟插件——Kangaroo2、Lunchbox。

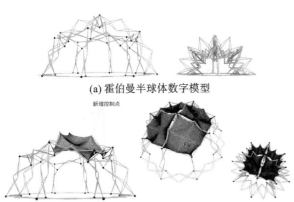

(a) 霍伯曼半球体数字模型

(b) 单元膜和霍伯曼球体的连接　(c) 纺织膜初始形态

图9　膜结构和可展开结构的组合形式

　　通过观察发现,霍伯曼球体各个面的面积会在收缩的过程中急剧减小,不便于整体表面纺织膜的构建,此次实验仅尝试在霍伯曼半球体结构上半部分进行单元化设计来模拟生成(图9(b)),也能更好地表现纺织膜在自重作用下的形态效果。首先,可动控制点是可展开结构伸缩的重要节点,为了保证纺织膜与可展开结构同步进行运动,对霍伯曼半球体上的控制点进行筛选,使其成为纺织膜的固定锚点。通过不断地尝试,发现结构需要增加四个锚点,才能达到更理想的收缩状态。这便形成了纺织膜的初始状态(图9(c)),至此也实现了可展张

　　拉膜结构的数字模型的建立,对可展结构和膜结构的组合有了初步探索。下一步,结合上文提及的集圈组织和脱圈组织的建模逻辑来设计纺织膜的针织图案。集圈组织是形成图案结构框架的主要方式,具有一定可展开的潜在能力,所以沿着膜收缩方向排列集圈组织,其余部分运用脱圈组织,通过不断调节设计参数来实现模拟实验,图10是本次研究运用到的主要参数和运算器。

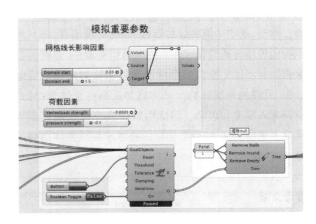

图10　数字模拟的主要参数和运算器

3.3　结构性能和应用

　　从视觉效果上来看,最终模拟生成的数字模型形态可以表明针织组织能改变结构表面的密度和褶皱程度(图11),使其具有一定的美学效果表达。另外,自然界中生物形态常具有色彩、均质、差异等特征的文化性、地域性、科技性美感[7],因此结合自然物形态进行仿生设计可开拓结构的美学性能。表面高密度和张拉程度高的区域,有很大的潜力实现结构的可展开运动,甚至加强结构的载荷能力。同时,可展张拉纺织膜结构在未来建筑领域上能挖掘出巨大的应用价值,如在极端环境下作为临时建筑使用,起到一定遮挡庇护的功能作用;也可以结合绿色技术发展成为一种生态型结构,为人们创造出舒适的空间环境,加强人、自然、建筑结构三者之间的互动性。

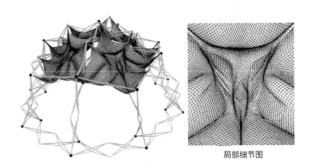

局部细节图

图11　可展张拉纺织膜数字模型及形态效果

4 结语与讨论

本文运用参数化模拟工具初步实现了可展开结构和膜结构的结合,模拟生成一种复合结构形式——可展张拉纺织膜结构。此结构能够解决纺织膜结构的搭建效率问题,在建筑领域的应用存在很大的潜力。就模拟过程而言,其中最重要的建模逻辑就是将针织组织结构简化为网格结构,不断地通过软件的参数化调节进行实验。然而,此次未能将纱线参数、外部环境因素、与可展结构的连接方式等物理因素纳入模拟实验中,最终的数字模型并不能完全真实反映出可展张拉纺织膜的实际效果,且膜的可展开的运动方式并没有完全体现,对此有待深入探索和思考。因此后续研究应该在建筑规模尺度上进行实践,结合数控针织技术来完成整体结构的建造。

参考文献

[1] ALIOGLU T, SIREL A. The use of textile-based materials in shell system design in architecture and an evaluation in terms of sustainability[J]. Journal of contemporary urban affairs,2018.2(3).

[2] POPESCU M., RIPPMANN M, LIEW A,et al. Structural design,digital fabrication and construction of the cable-net and knitted formwork of the knit candela concrete shell[J]. Structures,2021,31:1287-1299.

[3] HÖRTEBOM E., ZBOINSKE M A. Exploring expressive and functional capacities of knitted textiles exposed to wind influence[J]. Frontiers of architectural research,2021,10:669-691.

[4] 潘展展.以树叶为灵感的针织家用纺织品的仿生设计与开发[D].上海:东华大学,2017.

[5] 李璟.纱线选择及组织设计对毛衫面料风格的影响[D].西安:西安工程大学,2012.

[6] 刘文强,孙明宇.基于霍伯曼球的可展开球壳结构数字生成研究[C]//胡骉,徐峰.数智营造:2020年全国建筑院系建筑数字技术教学与研究学术研讨会论文集.北京:中国建筑工业出版社,2020.328-333.

[7] 孙明宇.超越尺度:大跨壳体建筑的微结构仿生设计研究[J].建筑学报,2022,2:28-33.

郭东波[1] 武云杰[1] 孙明宇[1*]

1. 厦门大学建筑与土木工程学院;smy_arch@xmu.edu.cn

Guo Dongbo[1] Wu Yunjie[1] Sun Mingyu[1*]

1. Xiamen University School of Architecture and Civil Engineering

国家自然科学基金项目(51808471)、中央高校基本科研业务费专项资金资助(20720220079)

基于蜂巢仿生的双层网壳建筑结构参数化设计研究
Research on Parametric Design of Double-layer Reticulated Shell Buildings Based on Honeycomb Bionics

摘　要:在国家"双碳"政策的背景下,建筑行业推进绿色、低碳、可持续的设计方法与技术将成为未来建筑设计趋势,仿生设计是其中重要的途径之一。蜂巢结构精巧独特,是以紧密排列的双面锥形六棱柱组合而成,在同等耗材条件下能实现最大限度的空间容量,同时结构也具有轻质、高强、坚固、稳定等特点,在节省建筑材料和提高建筑结构强度方面均具有显著优势。网壳能形成造型丰富的大跨度建筑空间,兼具杆系和壳体的性质,且具有较好的力学性能和经济效益。本文尝试将提取出的蜂巢结构原型与双层网壳结构进行结合,通过可视化编程软件 Grasshopper 以及 Kangaroo 等生形插件对结构进行找形设计和调控优化,旨在探索上述仿生结构的结构合理形式与力学稳定性能,为建筑结构形态创新提供新的设计思路与参考。

关键词:蜂巢;结构仿生;网壳结构;结构找形;参数化设计

Abstract: Under the background of the national "dual carbon policy", the construction industry will promote green, low-carbon and sustainable design methods and technologies to become the future architectural design trend, and bionic design is one of the important ways. The honeycomb structure is exquisite and unique. It is composed of closely arranged double-sided tapered hexagonal prisms, which can achieve the maximum space capacity under the same consumables. At the same time, the structure also has the characteristics of light weight, high strength, strong stability, etc. It has significant advantages in terms of improving the strength of the building structure. The reticulated shell can form a large-span building space with rich shapes, has both the properties of a rod system and a shell, and has better mechanical properties and economic benefits. This paper attempts to combine the extracted honeycomb structure prototype with the double-layer reticulated shell structure, and use the visual programming software Grasshopper and Kangaroo to form-finding design and control optimization of the structure. The purpose is to explore the reasonable structural form and mechanical stability performance of the above-mentioned bionic structures, and to provide new design ideas and references for the innovation of architectural structural forms.

Keywords: Honeycomb; Structural Bionics; Reticulated Shell Structure; Structural Form Finding; Parametric Design

　　建筑业的碳排放在我国所有行业中占有较大比重,是我国"双碳目标"实现过程中的重点关注对象。建筑行业推进绿色、低碳、可持续的设计方法与技术将成为未来建筑设计趋势,仿生设计是其中重要的方式和途径之一。自然界的生物都是经过长时间的演化和优胜劣汰变成如今的形态,其结构、肌理、行为都蕴藏着丰富的有机生成逻辑,具有良好的生态适应性,值得建筑设计师探索和学习借鉴[1]。数字技术背景下的计算机辅助设计促进了各个边缘性学科之间相互渗透融合,也为建筑的仿生设计,尤其是建造方面提供了强有力的技术支撑。参数建构与参数化设计使得新理念和新的复杂建筑形态不断涌现,在建筑形态变得越来越自由和新奇的同时,也造成了形态与结构理性的偏差。基于结构性能模拟生形的新型设计方法能够很好地解决上述问题。不同于传统的从建筑形态出发自上而下的设计手法,结构性能生形以结构性能为优化目标,在设计前期通过参数化生形工具对结构进行算法优化,进而获得满足条件的结构与建筑形态,是一种自下而上的设计逻辑[2]。本文将提取出的蜂巢结构原型与双层网壳结构进行结合,通过可视化编程软件 Grasshopper 以及 Kangaroo 等生形插件对结构进行找形设计和调控优化。阐述了蜂巢仿生双层网壳结构参数化建模找型过程和设计实现,为建筑结构形态创新提供新的设计思路。

1 建筑结构仿生的发展概况

建筑结构仿生作为建筑仿生学中重要的分支,在建筑仿生中发展较为迅速。许多有创见的建筑师与工程师进行了相关的研究与实践活动,在理论和实践上都有了大量研究成果(图1)。关于建筑结构仿生的设计实践,早在 20 世纪初的建筑大师勒·柯布西耶(Le Corbusier)、赖特(Frank Lloyd Wright)等人的作品中就有所体现。如马赛公寓的底层鸡腿柱,约翰逊制蜡公司试验楼的树状支承柱等。随着对钢筋混凝土性能的进一步挖掘,建筑的结构仿生设计上开始出现更加具有突破性的尝试,创造出了风格独特的建筑作品。如意大利建筑工程师内尔维(Pier Luigi Nervi)在1957年设计建造的罗马小体育宫(Palazzetto Dello Sport of Rome),设计灵感来源于葵花,用材经济,形式轻快优美,在考虑结构性能的同时也兼顾了建筑形式的美观。在内尔维的创作中,结构仿生得到更加明确的应用和体现,设计思想后来在 20 世纪五六十年代的巴克敏斯特·富勒(Richard Buckminster Fuller)、弗雷·奥托(Frei Otto)等建筑师的创作中得以进一步发扬。弗雷·奥托致力于对自然形态的研究和寻找,尝试把自然界的形态规律与建筑的结构进行结合,并通过物理实验研究结构的受力和优化[6]。1967年设计建造的加拿大蒙特利尔国际博览会德国馆,是利用网索结构仿蜘蛛网形做的支撑体系,形成连续的大跨度屋盖,形体轻盈,如同一顶顶帐篷。在德国馆结构形式获得成功后,1972 年的慕尼黑奥运会的体育场馆继续采用了这一结构形式。随着数字技术的飞速发展,参数化设计方法开始应用于建筑设计,出现了将建筑设计和结构设计综合考虑,并把雕塑、建筑艺术和结构技术完美结合的优秀建筑师——圣地亚哥·卡拉特拉瓦(Santiago Calatrava)。他擅长从自然

中寻求灵感,通过理性的分析将自然形态融入建筑结构设计中,并进行结构优化与建造。例如 1983 年设计的苏黎世斯达德霍芬火车站(Zurich Stadhofen Train Station)是从人体的姿态研究角度出发,分析了人体构造和受力情况,最终仿照了人体中张开的手的形态;20 世纪 90 年代设计的瓦伦西亚艺术科学城的科学馆,灵感来自树林和叶脉,结构设计巧妙的诠释密林树干,挺拔强硬的纹理清晰有序。

图1 不同阶段代表建筑师及其作品
(图片来源:https://www.archdaily.com/)

近些年随着数字化技术和工具的进步,在结构仿生方面有了进一步的创新与发展,尤其表现在结合结构性能仿生方面的研究中。德国斯图加特大学(University of Stuttgart)和苏黎世联邦工业大学(ETH Zurich)产生了不少研究成果。其中斯图加特大学的 ICD(Institute for Computational Design)和 ITKE(Institute of Building Structures and Structural Design)团队从 2010 年开始每年都会选择一种仿生形态或结构进行研究,在研究透彻其生物性能的基础上,通过参数化设计与机器智能建造技术结合搭建出一个建筑作品。从 2010 年至今,ICD/ITKE 已经建成实验性作品 10 个,其他研究项目若干。2011 年,他们通过对海胆生物结构进行研究,探讨海胆的骨架,并让其转化为实际的建造,完成的一个研究教学临时木材展馆。这一创新设计拓展了仿生学与建筑的结合度。2015 年,他们以来自生活在水下并居住在水泡中的水蜘蛛的巢穴作为形态研究基础,通过对水蜘蛛筑巢方式和巢穴力学性能的分析,进行基于力学性能的仿生建构(图2)。整个亭子是在一层柔软的薄膜内部用机器人织上可以增强结构的碳纤维而形成的轻型纤维复合材料外壳构筑物,同时这种建造方式使用到最少的材料实现了结构稳定性。

从早期的赖特,到在自然结构中找寻结构传力特点来优化结构形式与材料的奥托与卡拉特拉瓦,再到如今结合生物结构性能进行研究的 ICD/ITKE 团队,建筑结构的仿生设计和研究都贯穿着对生态集约、优良性能的追求。

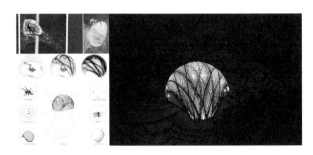

图 2　斯图加特大学 ICD/ITKE 2015 年设计的研究亭

（图片来源:https://www.goooood.cn/）

2　蜂巢结构与双层网壳结构特点及应用

2.1　蜂巢结构的构造特点与仿生应用

著名生物学家达尔文说的"蜜蜂的蜂巢是自然界最令人惊讶的神奇建筑",一语道出了蜂巢筑造之精巧和结构之优越。蜂巢的外表是由一系列大小相同的正六边形相互连接嵌合的。对于一种图形而言,正三角形、正方形、正六边形能够同时满足弥合且不重叠地铺满平面。而在这三种图形中,六边形是最接近圆的图形,即同样的面积正六边形的周长最小,也可以说同样的周长下正六边形能实现最大的覆盖面积。因此,相对其他图形,六边形具有优越的面积周长比和弥合性,是最佳拓扑结构(图 3)。这也是蜂巢的六边形结构被广泛应用在各大领域的原因。大到航天飞机、宇宙飞船、人造卫星,小到纸质包装、塑料缓冲材料,都大量采用了蜂巢结构仿生设计,建筑领域也不例外。从现代建筑大师 F. L. 赖特提出的六边形平面布局,到英国建筑师 Homas Heatherwick 设计的纽约地标式建筑 Vessel,再到 2015 年米兰世博会英国馆、丹麦的 Roskilde 穹顶等,六边形结构深受建筑师们的喜爱。

	面积	周长	面积周长比	弥合性
圆形	3.14	6.28	0.50	否
正三角形	1.30	4.20	0.31	弥合
正方形	2.00	5.66	0.35	弥合
正六边形	2.30	6.00	0.38	弥合
正八边形	2.83	6.12	0.46	否

图 3　圆形及其内接等边形的几何特性

（图片来源:改绘自梁爽,胡福良.建筑设计与城市规划中的蜂巢结构[J].蜜蜂杂志,2021.）

目前仿生实践应用较多的是蜂巢的六边形结构,蜂巢的整体结构还有待开发利用。从蜂巢的整体内部结构来看,它是以紧密排列的双面锥形六棱柱组合而成的,一端是六边形开口,另一端则是由三个完全相同的菱形组成的封闭棱锥体(图 4)。经过大量测量,其中菱形中的钝角都等于 $109°28'$,锐角都等于 $70°32'$。法国科学院院士、数学家克尼格和苏格兰数学家马克劳林经过反复研究后得出结论,要消耗最少的材料,制成最大的菱形容器,菱形的角度正好就是 $109°28'$ 和 $70°32'$。从而在理论上证实了节省材料的最佳角度和蜂巢底部菱形角度完全一致。综上,在同等耗材条件下,蜂巢结构能实现最大限度的空间容量,且具有轻质高强、坚固稳定等力学性能优势。

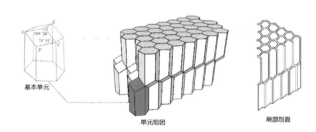

图 4　蜂巢结构几何形态

（图片来源:作者自绘）

2.2　双层网壳的特点

"网壳结构是将杆件沿着某个曲面有规律地布置而形成的空间结构体系,其受力特点与薄壳结构类似,是以'薄膜'作用作为主要受力特征的,即大部分荷载均由网壳杆件的轴向力承受"。这是 1999 年沈世钊院士在《网壳结构的稳定性》[7] 中对网壳结构的描述,突出了网壳结构的特点。网壳可以看作是一种与平板网架类似的空间杆系结构,是曲面形的网格结构,兼具杆系结构和薄壳结构的固有特性,其传力特点主要是通过壳内两个方向的拉力、压力或剪力逐点传力,对空间曲面造型具有良好适应性(图 5)。网壳按层数来分可分为单层和双层,双层网壳比单层网壳多了腹杆,同样具有网壳结构的以下几大特点。①造型优美,适应性强。能实现自由优美的建筑造型,适应多种不同平面布局,无论在外形、平面还是立面设计上都能给建筑师充分的创作空间。②受力合理,有机结合。能充分发挥钢材的力学性能,使承重与维护结构有机地结合起来。③节约材料,建造高效。可用尽量少的材料实现大的跨度,构件可以在工厂细分预制,现场安装,快速高效。在此基础上,双层网壳具有更强的结构稳定性,且能实现更大的跨度,对未来的非线性建筑与大跨度建筑设计具有重要意义。

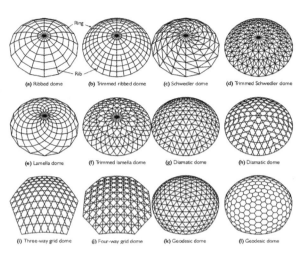

图5　各种网壳结构形式
（图片来源：https://www.pinterest.com/）

3　结构性能模拟的双层网壳建筑结构形态生成

3.1　双层网壳参数化初步建模

　　从蜂巢的自然形态到仿生双层网壳结构的参数化建模，需要经过一系列的步骤。首先，对蜂巢的自然形态进行几何分析，梳理出它的几何逻辑。经过观察分析我们得知了蜂巢结构的几何逻辑（图6）。其次，把这些几何逻辑转化为计算机算法语言[3]。如图6所示，锥形六棱柱的蜂巢单元各个节点均用字母表示，把 AA'、BB' 等其他棱以及顶点 S 的高度设为可调节参数，并通过在输入端设置同一调节参数，使得 S 点和 B、D、F 三个点相较于 A 点所在平面上升和下降的高度保持一致。最后，运用参数的调控实现结构整体的长宽高尺寸、六边形开口大小以及底边菱形倾斜角的变化等，实现网壳结构的参数化初步建模（图7）。

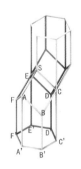

图6　蜂巢单元
（图片来源：自绘）

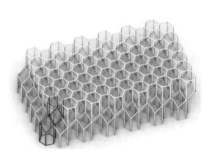

图7　在蜂巢整体结构中的单元
（图片来源：自绘）

3.2　基于逆吊法的 Kangaroo 插件找形

　　逆吊实验法是一种经典的基于力学平衡原理的曲面找形方法，很多建筑结构大师采用这种设计手段创作了经典建筑，如高迪（Antonio Gaudi）、伊斯勒（Heniz Isler）、奥托（Frei Otto）等大师设计的经典建筑作品就反复用到了这种物理实验方法。从结构仿生设计的角度来看，逆吊法的基本原理与生物结构的多样性、差异性之间具有更加广泛的包容性与结合度[4]。因此，本文采用 Grasshopper 参数化设计平台的动力学插件 Kangaroo，对模型的初始网格进行优化，然后模拟逆吊法的找形过程。

3.2.1　网格划分与优化

　　网格划分与优化是找形过程的关键一步，本文尝试运用了不同的工具对网格进行划分。首先运用了 TriRemesh 这个工具。TriRemesh 是 Rhino7.3 版本中新增的网格划分工具，该工具可将 Brep（多重曲面）或网格快速转化为高质量的各向同性三角形网格，重新生成的网格由具有相似边长、角度和面积的三角形组成，并且同时输出其对偶网格。网格中每个内部顶点都被 5、6 或 7 个三角形包围，因此局部也容易生成除了六边形以外的一些五边形和七边形（图8）。

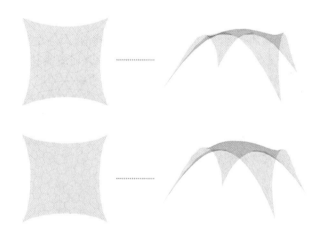

图8　用 TriRemesh 划分的曲面网格
（图片来源：自绘）

　　为了避免以上情况出现，我们又改用了 Lunchbox 进行尝试。Lunchbox 是一款功能众多的 Grasshopper 插件，可以生成诸多由数学公式定义的形状，如螺旋面、莫比乌斯面、柏拉图体等，以及可以实现生成线性结构、曲面细分等功能。我们运用了其最为强大功能——UV 网格划分，可以实现多种类型的网格面划分。如三角形网格、类矩形网格、菱形网格、六边形网格、砖墙式网格等。

经过反复试验对比后发现,Lunchbox对我们需求的六边形曲面网格划分的整体效果较好(图9)。

图9 优化后的曲面网格及其生成的网壳形态
(图片来源:自绘)

3.2.2 Kangaroo 模拟找形

在得到初始网格的基础上,基于逆吊法运用动力学插件 Kangaroo 对 mesh 网格进行悬链曲面找形。逆吊实验源于二维悬链线,悬链曲面可以看作由无数二维悬链线组成的三维悬链网,荷载也由线荷载变为了面荷载。首先,设定 20 m×20 m 的正方形为网格的尺寸边界条件;其次,在正方形的四个顶点上设置锚固点,将网格固定在锚点上;最后进行力学模拟,网格曲面在重力、网格线弹力、锚固点拉力共同作用下达到平衡(图10)。由此得到的曲面形态在均布荷载的作用下,受力效率更高。

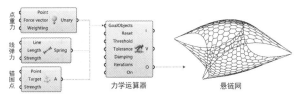

图10 Kangaroo 模拟悬链曲面找形的工作原理
(图片来源:自绘)

3.3 网壳结构形态优化

结合逆吊找形得到的曲面形态,可以进一步推演到蜂巢仿生双层网壳结构。在此基础上,我们可以对该网壳结构进行进一步形态优化。例如利用 MultiPipe 工具,可以在节点处理上得到很大程度的优化,减少节点杆件的穿插交错,对后续的3D打印及建造提供了便利,使建造的效率和精度也会得到相当程度的改善(图11)。

图11 优化后的双层网壳
(图片来源:自绘)

4 结语

结合结构性能的参数化设计已逐渐成为未来建筑设计趋势之一,本文基于结构性能参数化设计方法,研究蜂巢独特的结构与力学性能,通过软件模拟逆吊找形过程,推敲仿生网壳结构"形"与"力"的相互作用。从建筑学视角出发为今后的结构仿生设计提供一定的借鉴,推动仿生学在建筑结构设计中的应用,同时也能对网壳结构的形态创新和发展提供参考。

参考文献

[1] 刘先觉.仿生建筑文化的新趋向[J].世界建筑,1996.

[2] 袁烽,柴华,谢亿民.走向数字时代的建筑结构性能化设计[J].建筑学报,2017.

[3] 徐卫国,李宁.生物形态的建筑数字图解[M].北京:中国建筑工业出版社,2018.

[4] 孙明宇.超越尺度:大跨壳体建筑的微结构仿生设计研究[J].建筑学报,2022,2:28-33.

[5] ADRIAENSSENS S.,BLOCK P,VEENENDAAL D,et al. Shell structures for architecture form finding and optimization[M].London:Routledge,2014.

[6] 奈丁格,梅森那,莫勒,等.轻型建筑与自然设计——弗雷·奥托作品全集[M].柳美玉,杨露,译.北京:中国建筑工业出版社,2010.

[7] 沈世钊.网壳结构的稳定性[J].土木工程学报,1999.

张紫寰[1*]　郭喆[1]　武睿泽[1]
1. 合肥工业大学建筑与艺术学院；540530969@qq.com
Zhang Zihuan[1]　Guo Zhe[1]　Wu Ruize[1]
1. College of Architecture and Art, Hefei University of Technology

基于神经网络分析的脑电优化空间设计方法研究
Research on EEG Optimization Space Design Method Based on Neural Network Analysis

摘　要：后疫情时代的大规模隔离使室内空间对心理健康的影响成为研究的热点。本研究从单一变量与EEG①之间的相关性出发探究并开发了一种可用于对简单要素空间的EEG状态进行预测的自适应人工非线性神经网络模型（ANN），并对其进行了实验测试。该ANN模型以基于EEG的空间优化实验中来自50位志愿者的10000个实验样本进行训练。本次探索性研究表明，所建立的ANN模型具有良好的预测性能，其预测误差普遍在EEG中特定指标的±5％范围内。

关键词：室内空间；EEG；预测模型；非线性自适应神经网络

Abstract：The mass isolation in the post-pandemic era has made the impact of indoor space on mental health a hot research topic. This study explores and develops an adaptive artificial nonlinear neural network (ANN) model that can be used to predict the EEG state of a simple feature space from the correlation between a single variable and EEG, and conducts experimental tests on it. The ANN model is trained on 10,000 experimental samples from 50 volunteers in an EEG-based spatial optimization experiment. This exploratory study shows that the established ANN model has good prediction performance, and its prediction error is generally within ±5％ of specific indicators in EEG.

Keywords：Interior Space；EEG；Prediction Model；Nonlinear Autoregressive Neural Network

1 引言

2019年突如其来的新型冠状病毒的传播不仅挑战了人类的生理，也对人类的心理产生了巨大影响。联合国秘书长古特雷斯表示新冠疫情不仅攻击我们的身体，还增加了心灵上的痛苦，严重影响全社会的精神健康和福祉。长时间的隔离状态使疫情期间造成了广泛的社会经济损失，收入和生计的损失正在造成社会心理困扰。相关研究表明拥有心理疾病的人更容易感染新冠状病毒[1]。同时也有相关研究证实了大规模隔离措施和心理健康因素，如焦虑、抑郁和压力都是造成感染新型冠状病毒的原因[2]。

1.1 研究背景

在建筑空间设计以及人居环境的治理上对人类生理和心理上需求的满足是设计应该注重的要素，其中对于人类弱势群体，如儿童、老人、孕妇等来说，建筑以及空间环境中的各种要素对其心理健康的满足则显得尤为重要。建筑空间与人们的心理空间密切相关，围护结构的颜色、环境中的光线、物体的轮廓，甚至建筑的风格都会影响到人们的心理感受[3][4]。

而在感性工学领域中人类对于空间感性认知的评价类研究层出不穷，一些研究通过采集人眼视觉轨迹和EEG等生理数据[5]，结合SD心理评估[4]，获得了空间元素（水景面积、物体轮廓[6]、照明等）与人体生理数据之

---

① 脑电波（Electroencephalogram, EEG）是一种使用电生理指标记录大脑活动的方法，大脑在活动时，大量神经元同步发生的突触后电位经总和后形成的。它记录大脑活动时的电波变化，是脑神经细胞的电生理活动在大脑皮层或头皮表面的总体反映。

间的一系列联系,并获得了相关的环境改善建议。综上所述,脑电图监测方法在建筑[7]、景观[8]、城市设计[9]和艺术[10]等领域具有巨大的研究潜力。这些研究也充分说明了将 EEG 方法应用于建筑评估和空间设计的可行性。

然而,与建筑物理[11-12]、建筑结构[13]以及其他领域[14-15]相比,上述研究中建立的人体生理数据和空间要素之间的关系似乎还没有精确到定量水平,总体优化建议更倾向于定性建议。所以通过人类的心理感受层面的反馈来定量化优化建筑空间要素显得尤为必要。

1.2　研究目的

本研究从脑电与建筑室内空间的开窗尺寸及室内色彩的相关性出发,通过实验建立起室内开窗尺寸以及室内色彩数值和该环境下多种对应脑电指标的机器学习训练库,通过对实验样本库进行神经网络训练建立起可用于预测典型室内空间下人类的脑电指标,进而可用于推导该空间对人的心理影响。

2　过往研究

在本团队过往的研究中,一种基于 EEG 的实时交互式空间要素优化方法已经建立(图 1),并且该方法在以典型室内空间的窗洞尺寸及室内色彩的优化为案例的 50 人实验中表现出了较为良好的优化性能。然而在优化性能指标并不能完全解释在优化过程中各实验要素之间的关联性,多目标遗传算法优化也具有优化过程中不确定性和模糊性的特征。

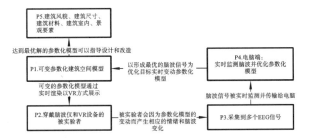

图 1　基于 EEG 的实时交互式空间要素优化方法

在过往研究中所建立的由脑电设备到 Grasshopper 平台的优化算法进而到实时渲染引擎到 VR 设备的闭环优化模式为本研究中的实验奠定了基础,本研究中使用更加精准且支持 16 电极的 OpenBCI 脑电模块进行工具平台的搭建,并尝试建立更加稳定且便捷的虚拟现实与实时优化的连接。我们将考虑更多的基于脑电数据的心理状态,并会将更多样的脑电波数据将作为优化的参考。

3　研究方法

3.1　工具平台

本研究通过 OpenBCI 脑电模块组装了 16 电极耳夹式脑波头套,该模块可实时监测人的 Alpha 波、Beta 波、Gamma 波、Delta 波、Theta 波,脑电设备的数据通过 OpenBCI GUI 以 UDP 网络传输的方式实时发送给犀牛 Grasshopper 的接收端口。参数化模型由 Grasshopper 建立并通过 Twinmotion 实时渲染从而展现给被实验者。在机器学习的研究上,本研究采用脑电优化实验中的实验数据并将其作为神经网络训练的样本库,该数据包含了 10000 个来自 50 位被实验者在观测具有不同窗洞尺寸及室内色彩数值的典型室内场景所产生的 EEG 中五种频段的波形的生成量以及与其相对的窗洞尺寸及室内色彩数值。机器学习以 Pycharm 作为 Python 的运行平台,并在 Python 的使用中调用了 Numpy、Torch 等机器学习的相关库。

3.2　实验方法

本研究中的实验环境为专用脑电以及眼动实验室,实验室内部使用机械通风和人工照明,室内四周有不反光的深色帷幕,无其他声音以及画面干扰。实验室后方是监测室,与实验室通过小窗连接,用以观测实验,实验过程中小窗为关闭状态,监测室对实验不会产生其他影响(图 2)。被实验者在实验开始前先佩戴脑电设备,再佩戴 VR 眼镜,待脑电运行稳定后即可开始实验。

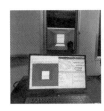

图 2　实验现场图示

为检验本研究优化方法的适用性,本次实验招募了 50 位不同年龄段的志愿者进行优化实验。在这 50 名志愿者中,52% 为男性,48% 为女性,其中儿童占 4%,青年占 76%,中年占 16%,老年人占 4%。本次研究分成了三个阶段:第一阶段为通过控制参数化室内场景中的单一变量以探究脑电与实验变量之间的关联性;第二阶段的实验为通过对单一变量进行线性变化以探究单一变量同脑电之间的函数关系;第三阶段的实验及对优化实验中的实验样本进行神经网络训练并监测其预测模型的拟合程度。

4 实验

为确保多次实验之间不对被实验者的相互影响，以上实验的前两个阶段在实验中分开进行，及先进行单一变量关联性实验并做一定休息后再进行函数关系探究实验。

典型卧室单元参数化模型为本研究在 Grasshopper 平台建立了开间为 4 米、进深为 5 米、高为 3 米的卧室模型。其开窗位于南侧，窗洞大小控制参数为将南侧墙面形状在所属工作平面上 X 轴和 Y 轴均缩放量。本卧室模型的初始室内颜色为白色（R、G、B 三个数值均为 255）。室内模型中不含有其他物件，地板、墙体、天花板的颜色和材质特性皆相同。

本研究在进行实验时，为保证被实验者在观测时可在对应场景产生较为合理的脑电反馈，将每次场景在被实验者眼前停留 5 秒钟，并舍弃第一秒和最后一秒的脑电数值，取中间一段的脑电的平均值作为结果。公式见式（1），其中 Bandpower 代表脑电各频段分别为 Alpha 波、Beta 波、Gamma 波、Delta 波、Theta 波的数值。

$$AverageBandpower = \frac{\int_{t_0}^{t_1} bandpower \cdot dt}{t_1 - t_0} \# \quad (1)$$

值得注意的是，脑电的各个频段的生成量通过快速傅立叶变换得到，为指数叠加方式，见式（2），这会导致部分脑电数值跨度过大从而使个体实验数据影响群体实验数据的平均值和标准差等参数，为更好地研究其与变量之间的相关性和函数关系，本研究中将对个频段脑电数据统一进行标准化处理，且标准化处理以对数的方式进而将呈现指数叠加的脑电数值线性化。对数标准化处理公式如式（3）所示。程序计算中对数默认以 e 为底[16]。

$$X(\omega) = \int_{-\infty}^{\infty} x(t)e^{-j\omega t}dt \# \quad (2)$$

$$f(x) = \log(x - \min + 1)/\log(\max - \min + 1) \# \quad (3)$$

4.1 单一变量下的脑电关联性

在以往对相关理论的研究中，特定脑电指标和人的情感的关联已经被发现，通过改变场景照片分析脑电特定频段的生成量作为评价指标也是可行的。然而作为优化要素的窗洞尺寸与脑电之间的关联性还需要得到验证。

在本次研究中，基于典型卧室单元参数化模型的窗洞 X 轴缩放量被作为单一变量。实验中会依次向被实验者展示窗洞 X 轴缩放量为 0.1 的室内空间 VR 场景以及窗洞 X 轴缩放量为 0.9 的室内空间 VR 场景并实时记测被实验者脑电信息。实验的统计结果见图 3，其中 t 值为前后变化的两组数据之间的相关性，P 值为显著性，灰色线段代表个体变化，蓝色线段代表群体平均值变化，红色竖向线段长度代表标准差。统计计算和图表生成均由基于 Python 的 Matplotlib 完成。

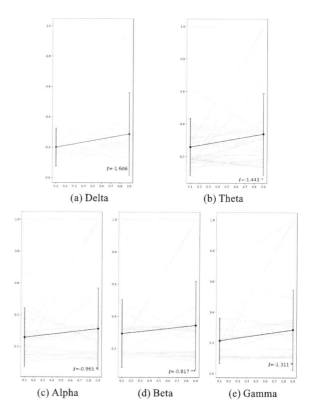

图 3　单一变量下各频段 EEG 变化
Y 轴为标准化后的各频段 EEG 数值，X 轴为窗洞 X 缩放量，
$*P < 0.05，**P < 0.01$

如图 3 所示，通过对实验结果中各频段的标准化的处理后再进行平均值和标准差计算，可以发现在将典型卧室单元的窗洞的 X 轴缩放量从 0.1 变为 0.9 即窗洞的横向尺寸变大之后，被实验者的各个频段的 EEG 均有较为显著的提升。五组数据中的 t 值均小于 0，即说明窗洞的变化使得前后的 EEG 数值具有较为显著的差异性。Beta 波的实验数据的相关性系数 r 值大于 0.5，具有强相关性，其他各频段 r 值在 0.3 到 0.5 之间，具有弱相关性。以上数据可得在保持单一变量即以窗洞 X 轴缩放量为变量下被实验者各个频段的 EEG 指标皆产生了较为显著的变化，且可证明二者具有一定的相关性。

4.2 单一变量同脑电之间的函数关系

在典型卧室单元窗洞 X 轴方向大小被验证与 EEG 具有相关性后,进一步的实验是为了探究窗洞的 X 轴缩放量与 EEG 指标呈现何种函数关系。根据进一步的研究需要,实验中的 X 轴缩放量将依次从 0.1 以 0.1 为步长依次递增至 0.9,共产生 9 个虚拟现实场景。被实验者在观看每个场景时其各频段的 EEG 数值将被记录(图 4)。

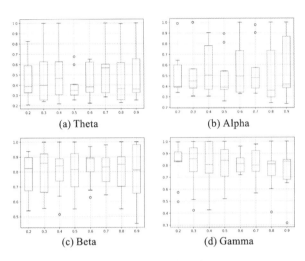

(a) Theta   (b) Alpha

(c) Beta   (d) Gamma

图 4   各频段 EEG 变化箱型图

如图 4 所示,实验记录了第一阶段实验中相关性较高的 Theta、Alpha、Beta、Gamma 四种 EEG 数据(标准化后),并通过箱型图进行统计,通过箱型图的统计可以发现,EEG 数据随着窗洞 X 轴缩放量的逐渐变化呈现出类似于正弦函数的变化趋势。与第一阶段的实验结果不同的是从 0.1 到 0.9 的变化被削弱,而变化的中断则出现较为明显的 EEG 变化。通过对比第一阶段实验结果可得被实验者对单一变化窗洞要素具有适应性且 EEG 数值随着窗洞的逐步变化并没有呈现线性变化。这其中变化的具体影响要素可能涉及被实验者瞳孔对光线刺激的适应以及大脑对画面的适应等。

基于以上实验结果,本研究进行了乱序的窗洞变化实验,通过实验可以发现,在乱序实验中被实验者的 Alpha 波随着窗洞的 X 轴方向变大而呈现出非线性上升,而在 X 轴缩放量为 0.8 时开始下降(图 5)。所以就单一的逐步递增或者递减的要素变化对 EEG 产生的影响来看,实验需要以多种变量同时作用并打乱变化的顺序进而排除人对环境中单一变量的适应而影响实验结果。

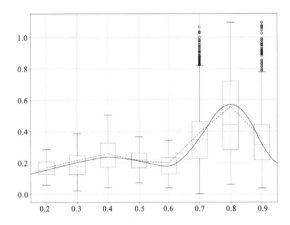

图 5   乱序实验 Alpha 变化箱型图

4.3 多变量优化实验与 ANN 预测模型

本研究以过往研究中的 EEG 遗传算法迭代优化方法进行了 50 人的优化实验,优化实验的目标为使 EEG 指标中的放松度(relaxation)最大化和专注度(attention)最小化。实验共收集到了 10000 个实验样本,每个实验样本包含了典型卧室单元的窗洞的 X 轴缩放量、Y 轴缩放量以及室内色彩 RGB 值共 5 个变量以及被实验者产生的各频段的 EEG 数值。

基于以上实验样本,本研究以典型卧室单元窗洞的 X 轴缩放量、Y 轴缩放量以及室内色彩 RGB 值共 5 个变量作为神经网络训练的输入。并建立了三个隐藏层,各包含 128、128、128 个神经元,输出层为标准化后的 Theta、Alpha、Beta 数值(图 6、表 1)。

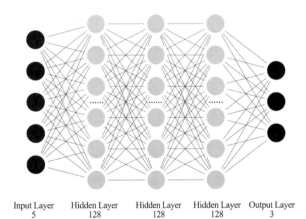

| Input Layer 5 | Hidden Layer 128 | Hidden Layer 128 | Hidden Layer 128 | Output Layer 3 |

图 6   ANN 结构分析图

表 1   ANN 相关参数

ann_parameters	Values
Learning rate	0.003

ann_parameters	Values
Training steps	1000
Loss function	MSE
Activation function	Relu
Optimizer	Adam

经过神经网络训练和测试(图7),Loss值不断下降,预测模型最终将偏差值降至0.17。取样测试中的取样点与预测点在标准化后的 Theta、Alpha、Beta 数值范围为0.0至0.6的范围内具有相对良好的预测性能。实验测试样本中的 Theta、Alpha、Beta 数值在分析中呈现线性分布,其中 Theta 波和 Alpha 波的线性关系较为明显[图7(b)]。经过测试,该预测模型的预测误差普遍在 EEG 中特定指标的±5%范围内,预测数据很好地拟合了训练样本轮廓。

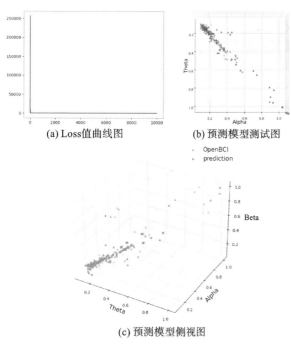

(a) Loss值曲线图　(b) 预测模型测试图

(c) 预测模型侧视图

图7　ANN 预测模型测试分析

5　结语

本研究经过三个阶段的实验与分析,最终建立了一个用于预测特定指标下典型室内空间中人类所产生的 EEG 指标的神经网络模型。通过本研究,室内窗洞口尺寸以及室内色彩被发现和人类 EEG 指标是具有相互关联性的,其中 Beta 波被发现其与室内窗空口的 X 轴缩放量具有特别显著的相关性。研究同时发现人类对环境的适应性导致单一变量下的环境逐渐变化使得 EEG 并不呈现线性变化,从而本研究在研究的第三阶段使用乱序多变量实验并通过 ANN 分析其内在的关系。本研究中的优化实验中所产生的样本中 Theta 波和 Alpha 波的线性关系较为明显,以室内窗洞尺寸、室内色彩指标和 EEG 指标为训练样本的神经网络训练较为有效,并在 Theta、Alpha、Beta 数值范围为0.0至0.6的范围内具有相对良好的预测性能。综上,本研究证实了建立空间要素和 EEG 指标的神经网络预测模型的可行性。

本研究中的对室内色彩的计算指标为 RGB 模式,与在现实场景中的色彩感受有一定差别,在今后的研究中有待进一步改进为 HSL 等色彩指标。ANN 模型的预测能力有待进一步的提高,样本数量需要进一步的扩大。在同一空间内,人稳定下来后的脑电状态更具有代表性,本研究将在未来进一步改进实验方式以使得实验数据更加的准确和具有代表性。

参考文献

[1]　ALSHAMMARI M A , ALSHAMMARI T K. COVID-19：a new challenge for mental health and policymaking recommendations[J]. Journal of infection and public health,2021(9393).

[2]　JIN Y C, SUN T W, ZHENG P X, et al. Mass quarantine and mental health during COVID-19：A Meta-analysis[J]. Journal of affective disorders (Q1), 2021(295)：1335-1346.

[3]　HUANG W X, XU W G. Interior color preference investigation using interactive genetic algorithm[J]. Journal of Asian architecture and building engineering,2009(11)：8.

[4]　ZHAO L,XIA S,ZHAO S C,et al. Integrating eye-movement analysis and the semantic differential method to analyze the visual effect of a traditional commercial block in Hefei, China [J]. Frontiers of architectural research,2021,10(1).

[5]　LI Z, MUNEMOTO J, YOSHIDA T. A study on staying and moving behaviors along waterside[J]. Journal of architecture & planning. 2008, 73 (633)：2341-7.

[6]　左红伟. 徽州文化街区"二次街景轮廓"的量化研究[D]. 安徽：合肥工业大学,2019.

[7]　程车智,李欢. 基于脑电技术的中外建筑风格比较研究[J]. 华中建筑,2018,36(4)：39-42.

［8］ 刘滨谊,范榕.景观空间视觉吸引要素及其机制研究［J］.中国园林,2013,29(05):5-10.

［9］ 李轲,恭忱.脑电技术在游道景观差异性分析中的运用［J］.中南林业调查规划,2015,34(02):34-38＋48.

［10］ MACRUZ A,BUENO E,PALMA G G,et al. Measuring human perception of biophilically-driven design with facial micro-expressions analysis and EEG biosensor2022［M］. Singapore:Springer Singapore.

［11］ SUGA K,KATO S,HIYAMA K. Structural analysis of Pareto-optimal solution sets for multiobjective optimization:An application to outer window design problems using Multiple Objective Genetic Algorithms［J］. Building and environment,2010,45(5):1144-52.

［12］ SUGA K,KATO S,HIYAMA K. Structural analysis of Pareto-optimal solution sets for multiobjective optimization:An application to outer window design problems using Multiple Objective Genetic Algorithms［J］. Building and environment. 2010,45(5):1144-52.

［13］ LI L. The optimization of architectural shape based on Genetic Algorithm［J］. Frontiers of architectural research,2012,1(4):392-9.

［14］ ALJALAL M,IBRAHIM S,DJEMAL R,et,al. Comprehensive review on brain-controlled mobile robots and robotic arms based on electroencephalography signals［J］. Intelligent service robotics. 2020,13(3).

［15］ SHEN X Y,WANG X M,LU S,et al. Research on the real-time control system of lower-limb gait movement based on motor imagery and central pattern generator［J］. Biomedical signal processing and control,2021:102803.

［16］ 李早,宗本顺三.脳波解析法を用いた水景空間と非水景空間の比較研究－中国の住宅団地の外構に対する視聴覚実験による脳波計測［J］.日本建築学会計画系論文集,2010,75(647):67-74.

V 新材料应用与人机交互建造

柴华[1]　郭志贤[2]　袁烽[1]*

1. 同济大学建筑与城市规划学院；philipyuan007@tongji.edu.cn
2. 上海一造科技有限公司

Chai Hua[1]　Guo Zhixian[2]　Yuan Feng[1]*

1. College of Architecture and Urban Planning, Tongji University
2. Shanghai Fab-Union Technology Co., Ltd.

上海市科学技术委员会项目（21DZ1204500）、博士后创新人才支持计划（BX20220228）、上海市级科技重大专项（2021SHZDZX0100）、中央高校基本科研业务费专项资金资助

基于移动机器人现场建造的木构建筑设计探索
Exploration of In-situ Robotic Construction-based Wood Architecture Design

摘　要：建筑建构系统与机器人建造技术的协同开发是建筑机器人建造研究的重要发展趋势。2020年与2021年"数字未来"（DigitalFUTURES）活动中，同济大学与斯图加特大学研究团队联合开展了线上线下混合的数字设计与建造工作营，探讨移动机器人建造技术为木构建筑带来的创新设计可能。基于对建筑系统（包括设计、材料、构造、结构等因素）与机器人建造约束等内容的综合考虑，工作营引导学员探索两种机器人现场一体化建造的新型胶合木结构体系——平面胶合木网格和空间胶合木框架。工作营教学旨在培养设计建造一体化思维，充分理解新兴机器人建造技术的创新建构潜力。

关键词：移动机器人；木构建筑；计算性设计；胶合木结构

Abstract：The co-development of building system and robotic fabrication technology is an important trend in architectural robotics research. In the DigitalFUTURES event in 2020 and 2021, the research team of Tongji University and the University of Stuttgart jointly launched a mixed online and offline workshop to explore the innovative design possibilities brought by mobile robot construction technology to wooden buildings. Based on the comprehensive consideration of building systems (including design, material, tectonics, structure, etc.) and robot fabrication constraints, the workshop guides participants to explore two new types of glulam systems built by mobile robots on-site—glulam beam network and spatial glulam structure. The workshop aims to cultivate the integrated thinking of building system design and construction, so that participants can fully understand the innovative tectonics potential of emerging robot construction technologies.

Keywords：Mobile Robot；Wood Architecture；Computational Design；Glulam Structure

1　引言

在建构文化中，建造技术不仅仅是实现形式的技术手段，也直接影响着建筑建造系统与空间表达。从历史发展的角度，木构建筑的设计与建造系统受到加工工具与生产工艺的显著影响，不同的建造方式具有不同的建构潜力与特性，也对应着不同的木构建造系统。新的工具带来新的知识背景[1]。过去十余年间，机器人建造在建筑学领域的快速发展不仅带来了数字建造技术的飞跃，同时也正在启发新的建筑设计思维[2]。在此背景下，计算设计与机器人建造技术的一体化促使建筑师重新思考木构建筑的设计与建造逻辑，为木构建筑创新设

计提供了重要契机。在机器人木构建造领域,过去十年间涌现出一大批木构设计与机器人建造一体化的研究作品,为建造体系与工具的协同开发建立了成熟的方法论基础[3]。

当前的木构建筑实践强调工厂预制的优势,建筑往往以严格平面网格化组织和模块划分为主要特征。然而对于大多数其他建筑项目来说,建筑需要对特定的场地条件、功能需求、空间组织做出反应,难以采用标准化或模块化的设计策略。与现场建造的钢筋混凝土建筑相比,木构建筑在设计灵活性方面远远不足。木构建筑领域尚不存在一种大尺度、现场一体化建造的建筑系统[4]。

2019年起,同济大学、斯图加特大学、上海一造科技联合开发了机器人现场移动木构建造平台。该平台采用履带式移动平台与大臂展工业机器人,集成多功能的机器人木构建造工具,具备在建造现场进行移动定位与建造的能力[5]。移动机器人平台原型能够在现场采用钉接、胶接等方式将标准木方组合成大尺度木结构构件,为大尺度、一体化建造的现场木构建筑体系提供了技术支撑(图1)。

本文以2020年与2021年"数字未来"(Digital-FUTURES)活动中同济大学与斯图加特大学研究团队联合开展的数字设计与建造工作营为例,探讨移动机器人建造技术为木构建筑带来的创新建构潜力。

图1 移动机器人木构建造平台现场建造工艺流程:定位—抓取构件—涂胶—放置构件—打钉固定

2 移动机器人建造的"胶合木"结构

移动机器人在施工现场将小尺度的木构件通过涂胶、定位、打钉固定,形成一种钉胶混合的连接方式。这种钉胶混合节点不依赖压合设备,在钉和胶的共同作用下实现其性能。钉接与胶接组合的现场建造系统可以视为一种特殊的胶合木结构。

传统胶合木构件在工厂被预制成直线或曲线形态,然后运输到现场进行拼装。胶合木构件的生产已经具备了相对成熟的模式与工艺,结合加工中心等数控加工设备,工厂预制的胶合木构件在尺寸和形状方面几乎可以不受限制。但是,胶合木结构建筑的现场建造仍然受到运输尺寸的限制,结构性能也很大程度上取决于构件连接节点的性能。现场建造的一体化胶合木结构是对传统胶合木结构概念的延伸,通过创新机器人建造技术的引入,从类型学的角度提高胶合木结构建筑的设计与建造可能。

研究基于移动机器人木构建造平台的建造能力,提出了平面胶合木梁网格和空间胶合木框架两种不同类型的机器人建造体系,并分别在2020年与2021年的数字未来活动中通过工作营教学进行了深入探索(图2)。

图2 平面胶合木梁网格(左)与空间胶合木结构(右)
(图片来源:作者自绘)

3 DigitalFUTURES 2020"移动机器人木构建筑"工作营

3.1 主题设置:平面胶合木梁网格

近年来发展迅猛的多层木结构建筑受到模块化设计与建造模式的影响尤为显著[6]。多高层木结构建筑多采用梁柱结构或板柱结构体系,木梁在跨度和方向上遵循严格的网格划分,在设计自由度方面表现出显著局限性[7]。研究以多层木结构建筑为应用场景,基于移动式机器人建造平台开发了一种由高度分化的木梁网格构成的整体楼板结构。与传统的木构建造相比,该建造系统可以被灵活地塑造为多样化的平面网格,从各个方向和跨度上对木楼板进行加固,打破了木梁系统在跨度和方向上的局限性。

研究通过拓扑优化、算法找形等过程开发了一套平面木梁网格一体化的计算设计方法，并在工作营中对该方法进行教学与测试，探索多层木结构建筑设计的丰富可能性。

3.2 教学内容与过程

工作营指导学员使用结构拓扑优化工具进行木楼板的结构优化，使用定制化的设计生成工具进行平面木梁网格系统的生成设计，并最终通过机器人模拟与编程工具FURobot完成机器人建造过程的定义。工作营分为线上、线下教学两部分。线上教学包括主题教学板块，(主要对多层木结构建筑以及机器人木构建造平台化进行理论讲解和开展主题讲座)、技能教学板块(主要教授用于计算设计与机器人模拟的相关数字工具)。工作营的核心部分以小组为单位，指导学生利用教学团队提供的数字工具进行个人设计探索与指导，主要关注于在特定环境中探索多层木结构楼板建筑系统的创新设计策略。工作营的线下部分由导师与学员共同建造了一个平面胶合木结构原型，对研究提出的设计与建造概念进行实验验证。

3.3 教学成果与讨论

线上工作营的成果是形成一系列建立在非标准网格平面与机器人建造技术之上的木结构空间设计，涵盖了不同的应用场景，如错层空间、流动空间、非规则化单元形态，既有水平延展的探索，也有垂直生长的研究(图3)。设计突破了模块化的建造模式，显示了该系统在不同场景下的大量创造性和潜力。线下工作营的成果则是一个机器人辅助建造的单柱支撑的不规则形状的楼板单元，展示了平面胶合木梁网格体系的实际可行性以及视觉质量(图4)。

图3 2020年线上工作营成果

(图片来源：George Guida，Chris van der Ploeg；Kexin Lu，(Vicky) Tong Ning，Sijia Zhong；Xuexin Duan，Lang Zheng，Yicheng Zhang；Yuxuan Wang，Zhiying Wu，Wenjun Liu)

图4 线下工作营建造的平面胶合木梁楼板原型

(摄影：苏骏邦)

工作营探索了一种基于机器人现场移动建造的楼板结构体系，通过在传统楼板结构中引入机器人现场建造的胶合木梁网格，使木梁体系突破了跨度和方向上的局限性。工作营展现了移动机器人建造为木构建筑设计带来的丰富的自由度，教学成果能够为多层木结构建筑设计创新提供参考。

4 DigitalFUTURES 2021"空间胶合木结构"工作营

4.1 主题设置：空间胶合木结构

2021年联合工作营的主题为"空间胶合木构——探索基于在场机器人平台的木构设计与建造(Spatial Glulam Structure——Design potentials of In-Situ Robotic Timber Construction)"。平面胶合木梁网格系统是对机器人现场建造的整体木结构建筑体系的初步探索。该工作营尝试将现场建造的胶合木结构从平面网格向空间网格拓展，进一步探索大尺度、一体化建造的现场木构建造系统的可能性。

空间胶合木建构系统设计以框架结构为原型展开。木框架结构通常以预制生产的胶合木梁组成正交的空间网格。正交的框架结构有利于构件与连接节点的标准化生产，降低了构件与节点加工难度，但结构设计的自由度、建筑空间的灵活性被大大降低。在传统的框架结构中，构件角度的变化将直接带来连接节点加工难度的显著提升。而机器人现场建造技术能够直接在现场组装出空间框架结构，构件与节点可以在一体化的机器人组装过程中建造完成，模糊了构件与节点之间的明确区分，也因此避免了复杂的空间构件和节点的定制加工需求。

4.2 教学内容与过程

该工作营引导学员探索基于现场机器人建造的空间胶合木结构概念。工作营同样采用线上线下结合的方式,线上部分包括主题教学、技术教学与设计探索三个部分,从设计策略、建构系统、机器人建造方式等多个方面对空间胶合木建造系统进行主题探索。为了充分探索机器人建造的空间胶合木结构的设计可能性,线上工作营没有预先限定设计方法和流程,学员可以根据机器人建造平台的建造能力进行空间胶合木结构的设计探索。工作营的线下部分则更加具体化,以一个预先设定的建造系统为原型,在同济大学建造了一个空间胶合木结构展亭,以此对该建造系统的计算性设计与建造过程进行综合展示。

4.3 教学成果与讨论

由于线上工作营的开放性,线上工作营收获了一系列差异化的空间胶合木结构设计探索。例如,Hanlin Dong 等探索了移动机器人现场组装极小曲面结构的可能性;Abhishek Shinde 等人对离散构件的不同组合及其机器人建造方式进行了探究;Chukwuemeka Nwosa 等利用机器人组装逻辑对传统榫卯节点进行了重新演绎;Dominik Reisach 等设计了由机器人组装的离散化异形柱、楼梯、墙组成的空间复合结构;Fabian Eidner 等人以城市更新中建筑屋顶加建为场景,提出了一种机器人现场建造的轻型木框架结构体系(图 5)。线上工作营展现了机器人现场建造的空间胶合木结构的丰富可能性。

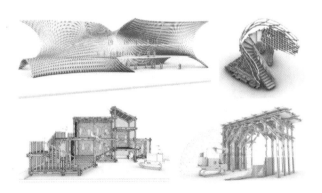

图 5　2021 年线上工作营成果

(图片来源:Dan Liang, Ye Wei, Hanlin Dong;Shahé Gregorian,
Dominik Reisach, Deebak Tamilmani;Fabian Eidner,
Desmond Leung;Abhishek Shinde, Chien-hua Huang, Jiaming Li)

线下工作营在同济大学设计并建造了一个大尺度空间胶合木结构展亭,对空间框架结构的建造流程进行了初步尝试(图 6)。展亭围绕一根混凝土立柱而建造,结构保持自支撑。展亭设计采用拓扑优化技术找形,然后通过在传统正交框架中引入 45 度斜向构件,有效提高了空间与节点建构的多样性。建造完成的空间胶合木结构呈现出结构性能化设计与机器人建造共同作用下的独特的美学特征。

图 6　DigitalFUTURES 2021 空间胶合木结构

(摄影:詹强、郭志贤)

本节呈现了一种基于移动机器人木构建造平台的空间胶合木框架结构的设计与建造过程。研究对空间胶合木框架的建构系统、设计方法、机器人建造方法等方面进行了初步探索,并通过一个大尺度的空间木结构建造装置的设计与建造对该系统进行了示范。研究展亭作为对机器人现场建造的空间胶合木结构的初次尝试,展示了空间胶合木结构的可行性与建构潜力。

5　总结与展望

当前,建筑机器人实验室已经在国内外建筑院校内普及,建筑机器人建造教学也成为建筑教育的重要内容之一。在早期机器人建造教学中,对机器人技术和能力的片面关注会带来机器人的工具化,对建筑学发展的推动作用也微乎其微。建筑建构系统与机器人建造技术的协同开发是建筑机器人建造教学的重要发展趋势。本文以两届线上、线下混合工作营为例,探索以机器人建造技术为驱动力的建筑建造系统设计潜力。线上部分的以设计教学为核心,引导学生以机器人建造逻辑重新思考建构系统设计方式,线下部分则使学员充分理解所探索的机器人建造工艺与逻辑。

可以预见的是,随着建构系统与机器人建造技术的协同开发逐渐融入建筑设计教学中,机器人建造技术带来的建造能力及建构潜力也将不断被发掘,从而不断更新建筑的设计与建造系统,为未来建筑建造提供更加经济高效的创新体系。

参考文献

[1]　SCHINDLER C. Information-tool-technology:

contemporary digital fabrication as part of a continuous development of process technology as illustrated with the example of timber construction[C]//proceedings of the ACADIA 2007,2007.

［2］ 袁烽,柴华. 数字孪生——关于 2017 年上海"数字未来"活动"可视化"与"物质化"主题的讨论［J］. 时代建筑,2018,1(1):17-23.

［3］ MENGES A，SCHWINN T，KRIEG O D. Advancing wood architecture：a computational approach ［M］. Routledge,2016.

［4］ CHAI H,GUO Z,WAGNER H J,et al. In-situ robotic fabrication of spatial glulam structures ［C］// Proceedings of the 27th International Conference of the Association for Computer-Aided Architectural Design Research in Asia (CAADRIA) . 2022;41-50.

［5］ WAGNER H J，CHAI H，GUO Z，et al. Towards an on-site fabrication system for bespoke, unlimited and monolithic timber slabs ［C］//IEEE/RSJ International Conference on Intelligent Robots and Systems （IROS） - Workshop on Construction and Architecture Robotics. 2020.

［6］ GREEN M，TAGGART J. Tall wood buildings：Design，construction and performance ［M］. Birkhäuser,2020.

［7］ KAUFMANN H，KRöTSCH S，WINTER S. Manual of multistorey timber construction ［M］. Detail,2018.

270

李均宜[1]　裘梦盈[1]　闫超[1*]　袁烽[1]
1. 同济大学建筑与城市规划学院；yanchao@tongji.edu.cn
Li Junyi[1]　Qiu Mengying[1]　Yan Chao[1]　Yuan Feng[1]
1. College of Architecture and Urban Planning, tongji University

面向集群弹性变形的离散建构设计研究
Research on Discrete Tectonics towards Swam Bending Behaviors

摘　要：模块化生成设计是装配式建筑走向开放化的基础，其中离散建构是连通模块化构件几何与材料性能的关键。当前针对离散建构体系的设计研究主要是基于固化的构件形式，探索静态条件下构件组合的材料性能。本研究从弹性材料性能切入，探索可弯曲的动态构件如何在模块化自组织的迭代逻辑下产生复杂的集群变形行为；同时，通过建立多层级和多维度的模块化设计方法，对构件的集群变形行为进行实验推演和控制；最终，拓展模块化建筑设计的形式体系，并针对交互建筑设计场景，提供集群化可变建构形式的基本原理和设计技术。

关键词：离散建构；模块化生形；弯曲变形；材料性能；集群行为

Abstract：Modular generative design is the basis for the openness of prefabricated architecture, in which discrete tectonics is the key to connecting the geometry and material properties of modular components. The current design research for discrete tectonic systems is mainly based on the static component form, to explore the material properties of the component combination. Instead of working with those inert forms and materials, this research focuses the properties of elastic material, and explores how dynamic transformations of each component can be aggregated to generate complex swarm behaviors under the iterative logic of modular self-organization. At the same time, the research also established a multi-level and multi-dimensional modular design method, to speculate and to control the swarm transformation behaviors of the system. Finally, it expanded the formal language of modular architecture to some extent, and provided the basic principles and design techniques of transformable discrete tectonics for interactive architectural design scenarios.

Keywords：Discrete Tectonics；Modular-based Formation；Bending Behaviors；Material Performance；Swarm Behaviors

在标准化生产体系的前提下，模块化生成设计是装配式建筑走向开放化的基础。在通过采用自下而上的预制装配思路，在形式语法（shape grammar）[1]、组合设计（combinatorial design）[2]-[3]、离散几何（discrete）[4]等理论指导下，可通过标准化模块的灵活组合[5][6]，产生多样化的结果，实现开放的建筑批量定制。

针对模块化建筑的设计建造一体化流程，当前众多研究展开了对离散建构体系的探索，并与模块化构件的几何规则与材料性能相关联。本研究关注点主要包括模块本身的刚度问题[7]、模块组合的结构连接问题[8]、基于结构受力的模块分布问题[9][10]等。然而，当前针对模块化体系的建构性能研究主要是基于固化的构件形式，探索静态条件下构件组合的材料性能，鲜有对集群构件材料行为的探索。本研究从弹性材料性能与变形行为切入，探索可弯曲的动态构件如何在模块化自组织的迭代逻辑下产生复杂的集群形式变化。同时，通过引入吉尔·德勒兹（Gilles Deleuze）"集群理论（assemblage theory）"，本研究尝试建立一种多层级和多维度的模块化设计方法,对构件的集群变形行为进行实验推演和控制。其中,多层级的组合流程对于生成异质化的(heterogeneous)多样形式起关键作用,多维度的组合规则旨在实现对物质化构件单元拼接的精确几何控制。通过两者之间的相互协同,拓展模块化建筑设计的形式体系,并针对交互建筑设计场景,提供集群化可变建构形式的基本原理和设计技术。

1 多层级与多维度的离散建构体系

1.1 多层级体系的组合流程研究

在模块化生成设计中,模块是可组合、分解和更换的单元。本研究所建立的多层级的装配体系共分为四个层级,最小层级为杆件,向上不断组合,构成单元、部件、构筑物。

从建构角度,最小层级的杆件通过捆扎固定组成基本单元,进而在空间网格中根据形式语法组合相互连接,得到多样化的形式族群、进一步在其中选取兼具可变性、开放性的组合作为重要部件,搭建出具有空间功能的构筑物(见图1)。

| 杠杆 | 单元 | 部件 | 椅子 |

图 1 多层级体系

在整个组合过程中,从杆件到构筑物的推进使得弹性杆件在多层级架构中不断向更复杂的层级组合,最终满足了多样化、定制化的模块化设计需要,同时也符合实际建造组装的逻辑,在建造过程中也体现了形式可拓展和模块可拆卸的优点。

1.2 多维度单元的组合规则研究

在多层级的组合过程中,我们首先确立了U形杆件形式,并以藤条材料予以物质化实现。U形藤条杆件兼具弹性与开放性,因此通过空间组合得到的建构单元,具有搭建弹性、可变的构筑物的可能。然而,基于藤条材料的可变性建造单元因其杆为圆柱体,交界面呈现非规则的几何形式,所以难以梳理其组合连接规则,也难以进行迭代运算。本研究针对U形藤条单元,建立了抽象单元、几何单元、建造单元三个维度,其中三种单元维度之间可以相互映射、替换。

抽象单元从比例和角度的层面保证单元的准确性;几何单元赋予抽象单元以体积和厚度,辅助建造单元对连接组装的方式进行精确定位(见图2);建造单元则基于材料行为的敏感性,以藤条作为弯曲杆的建造材料,将空间网格中的抽象化U形转化为物质化U形,结合建构节点特性和实际建造情况,实现了构筑物弹性、可变的需求(见图3)。整个体系中,利用抽象单元和几何单元的精确性,实现了对任意物质化建造单元的迭代组合过程的复杂运算。

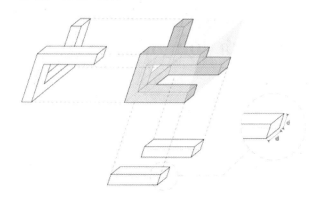

图 2 抽象单元与几何单元

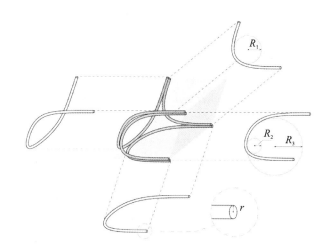

图 3 藤条材料的建造单元

2 多层级与多维度的模块化设计方法

2.1 单元组合策略

多层级与多维度的组合,为探索多样化的单元组合方法提供了不同视角。在本研究中,我们首先引入抽象单元(见图4),将U形杆件简化为三维空间中的线条,以便于在多种空间网格中探索其组合方式。经过比较分析,正六面体和斜六面体网格过于单一,正十二面体网格则过于复杂和开放,在本研究中选择具有一定倾斜角度的平行六面体空间网格作为实验对象。其中,U形几何构件的个数决定了组合方式的多样性。在实验探索中,我们将U形的数量定为3个,确保其具有弹性可变余地和连接组合的开放性。抽象单元弱化了单元中杆件的厚度,将单元整体围合的空间视为实体空间,形态规整,便于对组合规则进行归类。

图4　U形组合的抽象单元尝试与选择

基于抽象单元的组合规则探索和优化,可以减少连接规则的复杂度,提升其可控性。基于空间网格,将抽象单元中的平行六面体作为确定连接规则的基本单元体,连接规则可拆解如下(见图5):

(1)平行六面体的侧面 a 与侧面 b 贴合。

(2)平行六面体的棱 a、b、c 两两同向连接。

(3)平行六面体的棱 d 与 a、b、c 分别同向连接。

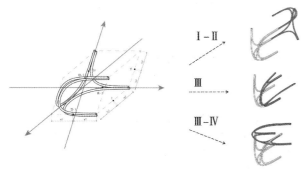

图5　连接节点与组合规则

抽象单元排除了单元间的穿插、咬合等连接方式,因此其组合规则的复杂程度相对较低。在此基础上,我们进一步通过几何单元将空间中的 U 形线条转化为更小层级的、截面符合空间网格的平行六面体规则的杆件,保持其构件体积的同时简化了建造单元中的弯曲弧度。建立几何单元有助于探索研究基本单元间的连接规则,并对实际建造中的定位提供帮助。

根据平行六面体网格的三个轴向,我们将基本单元上的节点分为三类,且规定两两连接时的方向;与此同时,考虑到 U 形的开放性和实际建造时连接处的可滑动特点,进一步在几何单元上增加一组节点以模拟节点可滑动带来的多样性(见图6)。

几何单元 I 类节点位于沿 x 轴正方向的杆件上,每根杆件外侧与内侧分别为节点 I-1、I-2;II 类节点为沿 y

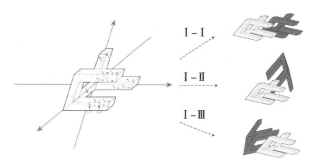

图6　几何单元:连接节点与组合规则

轴正方向的杆件上的节点,包含该杆件外侧与内侧,分别为节点 II-1、II-2;III 类节点为 z 轴方向上的节点,因为考虑到建造限制,只设置了杆件外侧节点 III-1。三类节点间均可两两连接,且可区分为异向连接和同向连接,最终得到了连接规则矩阵。通过将几何单元的连接规则映射到建造单元中,为藤条构件带来的开放性、多样化的接口,通过对节点进行细分归类,设计了咬合、拼接、穿插、叠加等多种的单元组合方式,呈现出较高的复杂度(见图7)。最终,我们通过综合使用基于空间体块的抽象单元和基于杆件的几何单元,可以适用于不同的建造单元组合场景。

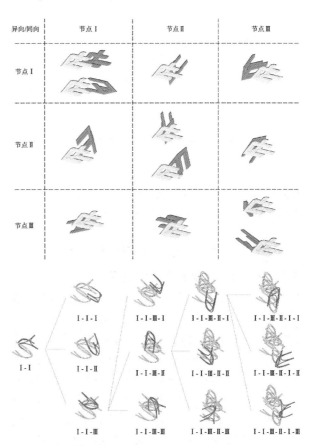

图7　从几何单元到建造单元的组合规则

273

2.2 模块化生成设计方法

根据多层级和多维度的单元组合策略,我们进一步将连接规则输入 Grasshopper 平台下的 WASP 程序后可获得由不同数量的单元随机生成的、丰富的形式族群结果(见图 8)。其结果具有高度差异性,并拥有继续连接生长的可能。通过从中提取可用的组合形式作为部件,为进一步发展成为构筑物提供了众多可能。

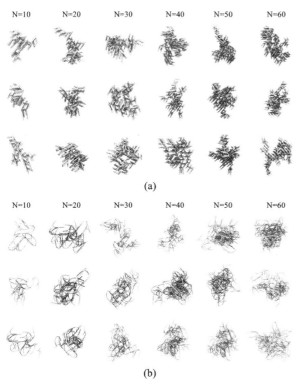

图 8 基于规则一生成的形式族群

同时,我们通过在程序中输入曲线、曲面或体块等干扰因素,可对迭代生成的形式族群赋予边界和梯度限制,最终得到符合设计需求的模块化形态。

3 模块化建造单元的集群弹性变形

3.1 建造单元的数控化弹性变形

从抽象单元到几何单元,再到建造单元,藤条材料的弹性性能为模块单元带来了可变属性。为了定量分析单元的弹性变化,我们首先进行了针对单个单元的变形实验。首先对单元中的 A、B 杆施加预应力,再由绳索 a、b 控制 C、D 杆的弯曲变形(见图 9),通过控制变量法改变绳子长度获得弯曲变形的实验数据(见图 10)。

实验测得单元角度 θ 随绳索长度 L 变化的数据(见表 1),可以得出单元角度变化量与绳索长度之间的一次函数关系式:

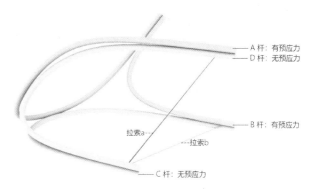

图 9 单元杆件预应力及拉索设置

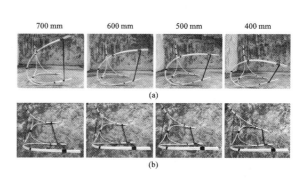

图 10 探究单元角度与绳子长度的实体实验

$$\theta = -0.09L + 59$$

式中:θ——单元杆件角度变化值,单位为度(°);
L——绳子长度,单位为毫米(mm)。

表 1 绳子长度与单元杆件角度改变量的关系

绳子长度(mm)	角度改变量(°)
700	−5
600	6
500	15
400	22
300	32

为了实现单元角度的精确控制,我们引入了 Arduino 远程数控小型直流电机,电机参数为轴直径 6 mm,额定转速 50 r/min。通过计算电机运作一分钟绳子长度的变化量,我们可以进一步通过控制电机的运转时间控制绳索的长度。

最终,通过梳理从单元角度、绳索长度到电机运转时间的物理量转换,我们打通了单个建造单元变形的信息路径(即通过控制电机的运作时间以控制单元变形角度),实现了对建造单元弹性变形的数字化控制。

3.2 基于组合规则的集群弹性变形

在多层级体系中,模块化单元的几何形式会随着层级叠加,最终呈现出复杂的集群化形式。通过引入弹性材料,模块化单元的弹性变形也可以随着迭代组合不断累积,最终形成复杂的集群变形行为。另外,不同于几何形式的匀质累积,弹性变形行为可以只在局部进行累积,便能使多层级体系下的整体形式产生多样化、差异化的运动。

为了降低集群变形行为的随机性,增加设计流程的可控性和可预测性,我们在单个建造单元实验的基础上,对弹性变形累积的规律和原理进行了模拟探索。单元角度变化的叠加和累积在部件层级引起的变化是有序的。在这个假设前提下,我们借助 Grasshopper 平台下由丹尼尔·皮克(Daniel Piker)开发的 Kangaroo2 插件,通过将导入物理实验得到的单元变形数据,对一系列部件进行了变形的模拟以及分析(见图 11),探究不同组合方式下随绳子长度改变而发生的集群形态变化。从初步模拟结果可以看到,通过控制单元变形,特定连接规则下的组合形式可以发生弯曲行为、扭转行为或两种行为的任意组合(见图 12)。这些构件行为可以作为可利用的设计语言运用到设计中,在标准化构件的前提下增加设计成果形态的多样性和可变性,一方面可以通过控制模块的变形,得到个性化、定制化的整体成果,另一方面可以将模块变形与特定使用场景相关联,实现数控交互建成环境。

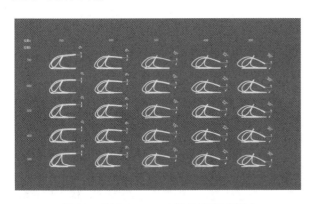

图 11　基于 Kangaroo2 的单元变形模拟

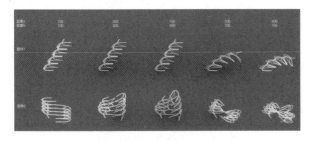

图 12　基于 Kangaroo2 的组合部件变形模拟

例如,利用 600×600×600 的单元,在抽象单元规则控制下可制造出社区种植装置,通过利用集群变形的材料行为特点,种植装置可以追踪阳光以达到最好的日照条件。具体操作中,通过参照《制定地方大气污染物排放标准的技术方法》(GB-T3840-91)附录 B 中提到的方法计算太阳高度角,再根据各种植物的生长特性得出最佳日照角度,即太阳高度角与亭子角度的夹角,从而得到随时间和经纬度变化的整体变化行为。整个装置的弯曲与扭转变化行为沿着多层级体系层层分解,最后可转化为控制绳索长度的电机运转时长,在实际应用中实现交互设计变化与控制。

4　总结

本研究从材料的变形属性出发,探索一种基于弯曲杆件的可变模块单元,该单元可以在自组织迭代逻辑下,产生复杂的集群变形行为。本研究以这种模块作为研究实验对象,一方面,关注离散化建构体系的参数建模和构件库建立,通过研究多层级、多维度的离散几何系统、组合参数模型和变化语法规则,探索模块组合的开放性、多样性和可拓展性;另一方面,为了实现对构件集群变形行为的预判和控制,针对材料变形进行了"虚拟模拟-物质实验"的多模态分析,探索模块组合规则对弹性变形累积的影响机制。

本研究从建构的视角出发,探索了动态物质性能和材料行为在模块化组合设计中的潜力,并最终指向了以环境和人因驱动的交互建筑设计场景,为其提供了集群化可变建构形式的基本原理和设计技术。

参考文献

[1]　LI A I-K. A shape grammar for teaching the architectural style of the Yingzaofashi[D]. Cambridge: Department of Architecture, Massachusetts Institute of Technology, 2001.

[2]　郭娟利,贡小雷,王苗.基于移动互联时代的微空间模块化设计教学[J].中国建筑教育,2020(2):135-138.

[3]　马立,冯伟,周典,等.幼儿园建筑"模块化"设计教学探索——西安交通大学人居学院建筑系模块化建筑营造工坊教学实践[J].中国建筑教育,2018(2):57-71.

[4]　王晖,王蓉蓉.基于规则多面体镶嵌剖切法的建筑表皮设计[J].浙江大学学报(工学版),2015,49(7):1276-1281.

［5］ SANCHEZ J. Combinatorial design：Non-parametric computational design strategies ［C］// Proceedings of the 36th Annual Conference of the Association for Computer Aided Design in Architecture （ACADIA），2016：44-53.

［6］ 闫超,袁烽.数字工匠时代的设计课教学探索——以弗吉尼亚大学客座教学为例［C］//2020—2021 中国高等学校建筑教育学术研讨会论文集.北京:中国建筑工业出版社,2021(3):613-617.

［7］ RETSIN G. Discrete：Reappraising the Digital in Architecture［M］. New York：John Wiley & Sons,2019.

［8］ 辛善超,王志强.模块连接的建构思辨——基于模块化体系的建筑"设计—建造"研究［J］.西部人居环境学刊,2016,31(6):23-28.

［9］ DIERICHS K，MENGES A. Towards an aggregate architecture：designed granular systems as programmable matter in architecture［J］. Granular matter，2016(18：2)：1-14.

［10］ ROSSI A，TESSMANN O. Aggregated Structures：Approximating Topology Optimized Material Distribution with Discrete Building Blocks ［C］// Proceedings of IASS Annual Symposia,2017：1-10.

洪青源[1] 辛冠柏[1] 李嘉熹[1] 李力[1*]

1. 东南大学建筑学院；proibell@163.com

Hong Qingyuan[1] Xin GuanBai[1] Li Jiaxi[1] Li Li[1*]

1. School of Architecture，Southeast University

基于 UWB 室内定位系统的步行引导装置设计
Design of Walking Guidance Device Based on UWB Indoor Positioning System

摘　要：本研究旨在通过使用者携带标记不同目的地的 UWB 室内定位系统的标签，根据其反馈的空间定位，使 LED 灯带作为数据输出的终端指引人前往对应的地点。本研究以 UWB 室内定位系统获取人的坐标定位为出发点，使用上位机坐标解算、本地数据通信、LED 灯带编程等技术实现对整套装置的控制。本研究搭建了 1：1 实物场景，验证了数据获取、传输、解算的合理性，通过建筑内部能够与人行为互动的步行引导装置设计，探索了面向实用功能场景的标志系统，为新时代的智能建筑设计提供了前提基础，为"数智赋能"美好愿景提供了技术支撑。

关键词：智能建筑；互动装置；UWB 定位系统；数据通信

Abstract：This research aims to make the LED strip act as a terminal to guide a person to the corresponding location. The user will carry the tag of the UWB indoor positioning system that marks different destinations，and this tag can show the spatial localization. Taking the UWB indoor positioning system to obtain the human coordinates as the starting point，the control of the whole set of devices is realized by using the coordinates calculation of the host computer，local data communication，LED programming and other technologies. In this research，a 1：1 physical project was built to verify the rationality of data acquisition，transmission and calculation. The design of a walking guide device that interacts with human behavior explores a sign system oriented to practical functional scenes，provides the premise and foundation for the design of intelligent buildings in the new era，and it also provided technical support for the vision of "digital intelligence empowerment".

Keywords：Intelligent Building；Interactive Device；UWB Positioning System；Data Communication

1　项目背景

1.1　室内导航的需求

　　随着 20 世纪 90 年代的互联网时代的到来，信息技术、人机交互技术日趋成熟，其在推动建筑学的发展过程中起到了至关重要的作用。人们对空间品质的要求日益提升，这导致建筑设计师在设计时不得不考虑更全面的功能需求、更复杂的条件约束以及更综合的设计要素。建筑内部的复杂性日益提升，人们在进入类似医院、商场等大型的综合建筑物时往往会显得不知所措，造成"迷失"的现象。在这种背景下，具有互动功能的室内导航系统显得尤为重要，可使用户凭借建筑中的互动标志系统快速高效地到达自己既定的目的地，从而提升空间品质，改善用户的使用感受。

1.2　互动技术

　　互动技术至少包括两个要素：用户（User）和系统（System）。其中用户是指人机互动中的"人"要素；而系统则是承担处理用户信息并做出回应的载体。在整个逻辑闭环中，人主动或被动地向机器发出特定的指令，机器根据既定的程序做出相应的反应，从而向用户提供不同的信息。数据信息从作为用户的人出发，最终又回到用户上，完成整条数据通路。

弗兰姆普敦在《现代建筑：一部批判的历史》中说道："建筑学的全球性生产，不管其内在品质如何，都已经远远超越了个别观察家所能评论的范围，不管他或她如何幻想自己的超脱。"他同时指出："以数字化驱动的环境与结构工程为形式的技术——科学，将建筑技艺带到了一个全新水平的文化高度，同时，这种看来是正面的趋势却由于我们缺乏一种能超越浪费性的消费经济的远见而被抵消。"[1]互动技术作为弗兰姆普敦所指的技术的一部分，其必要性和核心竞争力需要被严肃地对待。目前已有的互动装置以光影效果为主，根据人活动导致的光照、声音、重力等的变化作为数据输入，改变界面形式或空间形态，给人带来不同以往的、充满趣味和丰富性的，甚至矛盾的空间感受[2]。笔者认为，一个能够切实解决用户痛点的互动技术才具有长久和稳定的生命力。考虑到现存建筑内标志系统的不足之处，笔者选择尝试探索带有互动功能的标志系统，即"基于 UWB 室内定位系统的步行引导装置设计"。

1.3 UWB 系统的案例应用

UWB(Ultra Wide Band)技术即超宽带技术，是一种无线载波通信技术，所占的频谱范围很宽，具有系统复杂度低、发射信号功率谱密度低、对信道衰落不敏感、截获能力低、定位精度高等优点，尤其适用于室内等密集多径场所的高速无线接入[3]。它主要由标签、基站、显示平台组成，能够对小范围内持有标签的用户做到较为精确的定位，因此在定位跟踪、机械辅助、智能引导等方面都有着广泛的应用。

2016 年东南大学举办的"建筑·运算·应用展"展示了诸多投影艺术和互动装置，场地内布置了 8 个基站，配备了 30 个标签用于数据采集，测距数据通过局域网传输到服务器上并写入 MySQL 数据库，据此可以绘制不同用户的行动轨迹和整个场地的热力图分布等，可以进一步研究人在一个空间中的行为模式、参观序列、空间吸引力等指标[4]。

以上案例验证了 UWB 系统在小范围内应用的可行性，因此笔者在导师的帮助下引入其他的互动和表现形式作了更多探索。

2 项目简介

2.1 方案概念

在智能手机普及、人机交互技术日趋成熟的当下，有一些弱势群体一时难以适应快速变化的社会，不会使用智能手机的老年人无法在医院线上挂号、无法在餐厅手机点餐、因掏不出健康码无法乘车等新闻屡见报端。

而"手机没电"也位列年轻人焦虑原因之一。我们不禁要提出一个疑问：离开了手机，我们能去哪里？与此同时，建筑功能复杂化、设计要素综合化的趋势也导致了建筑在日常使用中的一些不便，例如当人们进入一个不熟悉的空间时常常会迷路，找不到自己要去的地方。而拥有互动技术加持的室内导航系统可以作为建筑环境的组成部分，弥补原先静态标志系统的短板，实现人与环境的良好交互。

2.2 总体架构

本研究使用到的硬件有 UWB 基站与标签、作为上位机的笔记本电脑、ESP8266 开发板、WS2811 可编程灯带及配套电路元件等。

整套系统架构如图 1 所示。从 UWB 系统出发，根据用户所持标签来获取其在平面中的定位数据，该数据通过 TCP/IP 协议传输至上位机数据库；上位机根据一定的映射关系来解算定位坐标，并将解算结果传输至ESP8266 开发板；开发板则可以根据接收到的不同信息控制灯带做出不同的效果。

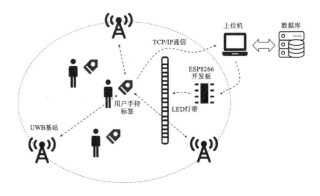

图 1 架构图

2.3 实体搭建

本研究进行了 1∶1 实物场景的铺设与搭建，验证了数据获取、传输、解算的合理性。搭建现场见图 2。

图 2 搭建现场

2.3.1 平面布局

该实验的平面设计以 1.2 m 为模数,将一块 8.4 m× 4.8 m 的场地,分为一个入口、三个路径和三个目的地,在场地三个角上布置了 UWB 基站,平面"迷宫"中一共布置了 10 根灯带,用于指引用户前进。平面布置设计见图 3。

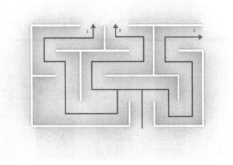

图 3　平面布置设计图

2.3.2 设备搭建

实验使用了 1.2 m 宽的展板搭建场地,在 1.2 m 高度的位置安装了铝合金 LED 灯槽和灯罩,并将导线嵌入在展板立柱内,使用软管封闭,保证了装置的完整性和美观度。灯带效果见图 4。

图 4　灯带效果

2.3.3 电路铺设

实验将灯带按照每块 ESP8266 所控制的范围分为 4 组,分别通上交流电,再按照布置便利的原则,在场地内放置 ESP8266,并将灯带的信号线与引脚相连,部分灯带长度超过了最佳长度 5 m,因此可以在灯带 5 m 左右处另接入电源增压,达到灯带显示更真实的效果。测试效果见图 5。

图 5　测试效果

2.4　指引效果

本研究基于 UWB 室内定位系统的步行引导装置设计,旨在通过使用者携带标记不同目的地的 UWB 室内定位系统的标签,根据其反馈的空间定位,使 LED 灯带作为数据输出的终端指引人前往对应的目的地。用户只需要在进入一个场所时,根据自己想要到达的目的地选择对应的标签,跟随墙上固定的 LED 灯带的指示前进,即可到达预定的地点。

2.4.1　预设模式

当用户行走在手持标签所对应的路径上时,LED 灯带会在用户对应坐标位置之前的前进方向上显示流水灯效果,指引用户向着既定目的地继续前进。预设模式示意图见图 6。

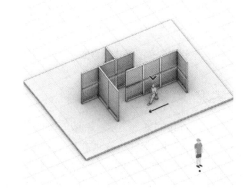

图 6　预设模式示意图

2.4.2　纠正模式

当用户偏离了手持标签所对应的路径时,LED 灯带会显示反向的流水灯指引用户回到正确的路径上,最终到达标志指引的目的地。纠正模式示意图见图 7。

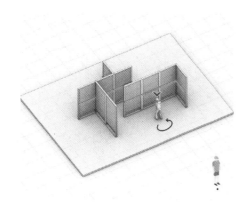

图 7　纠正模式示意图

2.2.3　交汇模式

当两个用户非常接近时,为了保证指引效果的有效性,LED 灯带会将两个用户对应的流水灯前后错开,使用户能够识别出自己的流水灯组。交汇模式示意图见图 8。

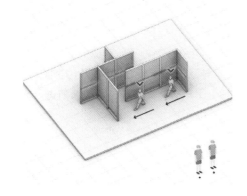

图 8　交汇模式示意图

3　技术实现

该装置可分为数据输入、信息解算与通信、数据输出三个部分。其中数据输入部分将获取的空间三维坐标传输至上位机;信息解算与通信部分的上位机会根据平面映射关系将坐标信息映射至灯珠编号并传输至作为客户端的 ESP8266;而 ESP8266 是控制 LED 灯带的直接元件,会将接收到的解算结果输出直接反映在 LED 灯带的表现形式上。

3.1　数据输入

该装置的整条数据链从用户手持的标签即传感器出发。每一个标签绑定一条既定路径,定时向布置在空间角落的 UWB 基站发送定位信息。基站通过解算后可以得出手持标签的用户在三维空间中的坐标,并将其使

用 TCP/IP 协议传输至上位机,写入已经准备好的数据库中,等待下一步程序的调用。

3.2　信息解算与通信

在建立该系统所服务的平面时,需要将平面进行阴影区划分,每一块阴影区对应一段 LED 灯带;再分别根据路径所经过的区域建立路径-阴影区映射,根据每一根灯带经过的区域建立灯带-阴影区映射,根据 ESP8266 控制的灯带组经过的区域建立 ESP8266-阴影区映射,形成 ESP8266-灯带-路径-阴影区的映射表。映射关系图见图 9。

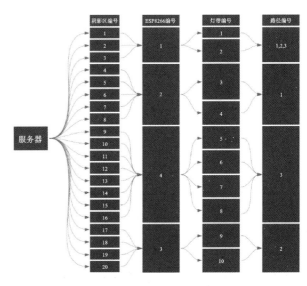

图 9　映射关系图

启动服务器后,系统中的 ESP8266 作为客户端连接上服务器,用户的三维空间坐标开始写入数据库,与此同时上位机每隔 1 s 主动扫描一次平面,读取平面内用户的坐标,随之根据映射表解算出用户当前位置所对应的阴影区编号、灯带编号、灯珠编号以及控制该灯带的 ESP8266 编号。再将上述编号以字符串的形式组织,使用 TCP/IP 协议传输至客户端。

3.3　数据输出

该装置使用 ESP8266 模块作为客户端接收上位机解算的结果,同时控制系统中可编程 LED 灯带的具体表现效果。将接收到的信息拆分后可以得到用户所在位置对应灯带灯珠的编号,而每一次接收到数据时都会刷新一次编号。当使用者行走在手持标签对应的路径上时,LED 灯带会显示流水灯效果指引人向着既定目的地前进;当使用者偏离了对应路径时,LED 灯带会显示反向的流水灯指引人回到正确的路径上。当同一条路

径上有两位用户距离过于靠近时,会将两者对应的流水灯进行错位处理,保持指引装置的可识别度。该装置的技术流程见图10。

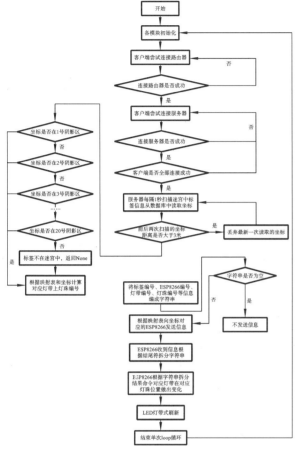

图10　技术流程

4　总结与展望

本研究针对社会经济快速发展情况下建筑功能复杂化、设计综合化倾向导致的部分人群生活不便的问题,将原先静态的标志系统改造为动态可交互的形式,针对同一路径上人群可能出现的行为方式做了不同的区分,实现了独立、直接又有差异化的引导能力。本套装置的数据链条从UWB系统获取用户定位坐标开始,经由上位机解算、客户端执行达到预定设计目的,后续也可以通过升级客户端程序来增加引导路径数量、增加交互方式等。

本研究探索了建筑和日常生活中常见且重要的标志系统的数字化形式,通过建筑内部能够与人行为互动的步行引导装置设计,探索了面向实用功能场景的标志

系统(图11、图12),为新时代的智能建筑设计提供了前提基础,在此基础上可以深入探究数字化标志系统的可能性,以及作为传统建筑组成部分的各要素面向新时代的新形式和新功能,为"数智赋能"美好愿景提供技术支撑。

图11　效果图展示

图12　应用效果

参考文献

[1]　弗兰姆普敦.现代建筑:一部批判的历史[M].4版.张钦楠,等,译.上海:三联书店,2004.

[2]　刘宇飞,刘逸卓,徐友璐,等.基于Arduino的互动座椅装置设计[C]//智筑未来——2021年全国建筑院系建筑数字技术教学与研究学术研讨会论文集,2021,169-175.

281

[3] 刘畅,倪晓明,夏丽莉,等.基于 UWB 的室内人员定位系统的应用[J].物联网技术,2022,12(2):69-72+75.

[4] 虞刚,李力.建筑作为互动——以东南大学四年级建筑设计课程为例[J].世界建筑,2018(7):111-115+123.

[5] 楼海锋.建筑功能与空间的设计趋势及可视化技术研究[J].智能城市,2020,6(10):40-41.

[6] 李力.超宽带室内定位系统在建成环境人流分析中的应用[C]//吉国华,童滋雨.数字·文化——2017 全国建筑院系建筑数字技术教学研讨会暨 DADA2017 数字建筑国际学术研讨会论文集.北京:中国建筑工业出版社,2017:449-454.

彭子轩[1]　华好[1]

1. 东南大学建筑学院；zixuanpeng@seu. edu. cn

Peng Zixuan[1]　Hua Hao[1]

1. School of Architecture, Southeast University

钢筋混凝土梁的拓扑优化设计与 3D 打印模具
Topologically Optimized Design of Reinforced Concrete Beam and 3D-Printed Formwork

摘　要：拓扑优化法适用于建筑结构的设计，该方法大多探索单一均质材料的优化，无法有效指导钢筋混凝土复合材料的设计。本文探讨了钢筋混凝土材料的拓扑优化方法，使混凝土与钢筋的材料性能得到更加合理充分的发挥。拓扑优化后的结构往往是异形的，因此本文探讨了基于 3D 打印技术的模具设计方法，使优化后的结构采用现浇的方式得以建造。本文通过建造实验，验证了钢混结构的拓扑优化设计与利用异形 3D 打印模具进行建造的可行性。

关键词：拓扑优化；钢筋混凝土；异形结构；3D 打印；模具

Abstract：The method of topology optimization is suitable for the design of building structures. Most of the researches use this method to explore the optimization of single-material structure, and thus, cannot effectively guide the design of reinforced-concrete structures, which were made up of composite materials. This paper discusses the topology optimization of reinforced-concrete structures, and tries to fully display the material properties of concrete and rebars. Because topologically optimized structures are often special-shaped, this paper also discusses a formwork design method based on 3D printing technology to enable the structures to be constructed. Construction experiments were conducted to prove the feasibility of topologically optimized design of reinforced-concrete structures and the constructability of construction using special-shaped 3D printing formworks.

Keywords：Topology Optimization; Reinforced Concrete; Special-Shaped Structure; 3D Printing; Formwork

随着生态建筑观念的兴起，人们越来越关注建筑的绿色低碳性能。绿色低碳性能既可以从建筑的全生命周期角度进行分析，也可以从建造过程中使用材料的碳排放量的角度进行分析。拓扑优化是一个迭代的计算过程，通过设置优化约束、优化目标、受力状态限制，拓扑优化算法会优化材料的分布，去除力学上的低效材料，使得结构中的材料分布趋向符合力学性能的、最优化的解决方案，进而使建造过程涉及的材料消耗降低。

ETH 的 Benjamin Dillenburger 等人对楼板的拓扑优化做了研究，并使用 3D 打印技术制造的模具建造楼板[1]-[2]。在 ETH 的 Smart-Slab 项目中[3]，ETH 的研究人员将优化后的异形楼板与钢筋相结合，使用后张法建造了兼具优化效果与钢筋性能的钢筋混凝土楼板形式。

在以上研究的基础上，本文对钢筋混凝土梁的拓扑优化设计方法与 3D 打印模具辅助的建造方法进行了研究。

梁与楼板是框架结构中重要的力学构件，钢筋混凝土结构是我国建筑行业碳排放量的消耗大头，通过对框架结构中钢筋混凝土梁的优化，首先可以节省材料，达到绿色低碳的效果，其次，优化后的结构空间更便于设备管线通过。本文为进一步研究钢混框架结构的拓扑优化做出了铺垫。

1　固支梁的受力分析与钢筋分布

从受力分析的角度，两端有支撑的梁可大致分为简支梁和固支梁(图 1)。简支梁的两端搭在支撑物上，支撑物提供水平和竖直方向的位移约束，不能提供转动约束;而固支梁的制作不仅能约束水平和竖直方向的位移,也能传递弯矩和约束弯矩。因此,简支梁的两端弯矩为正(本文定义使梁下部受弯的弯矩为正弯矩),固支梁的两端弯矩为负。在钢筋混凝土框架结构中,梁通常可视为固支梁,本文选取钢混框架结构中的固支梁作为研究对象。

图 1 简支梁(左)和固支梁(右)

固支梁的受力状态可以通过 Karamba 软件绘制得到,连续梁在两端出现了负弯矩,在中间出现正弯矩,主拉应力线的分布呈现两端高、中间低的状态(图 2),这使得在布筋时,纵向受力钢筋分布在两端上侧和中间下侧,并且通常在主应力线上配合弯起钢筋,在主应力线上形成完整的钢筋结构(图 3)。

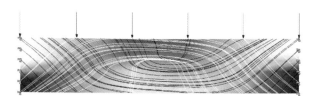

图 2 连续梁的主应力线(黑色:主拉应力线)

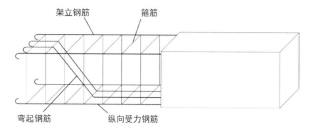

图 3 梁内钢筋布置

本文研究的固支梁,简化了混凝土的性能,将其视为匀质弹性材料,忽略了混凝土在受力状态下会出现裂缝或损伤的特性,以便于有限元分析和拓扑优化。

同时本文简化了布筋的复杂性,忽略了钢筋混凝土梁中箍筋的作用(箍筋在裂缝出现前作用很小),仅对纵向受力钢筋和弯起钢筋在承担主应力上的作用进行了考虑,并将纵向受力钢筋和弯起钢筋合并为连续铺设的钢筋[4]。综上,通过对主应力线的分析,本文预设了一种钢筋的布筋形式(图 4)。

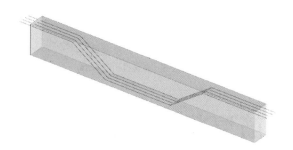

图 4 本文钢筋布筋形式预设

2 基于有限元素法的拓扑优化过程

拓扑优化(Topology Optimization)是一种根据给定的负载情况、约束条件和目标函数,在给定的区域内对材料分布进行优化的数学方法。有限元素法(Finite Element Method,FEM),是一种用于求解微分方程组或积分方程组数值解的数值方法,可用于结构强度计算,是拓扑优化法的重要步骤之一。Abaqus 是一款强大的有限元软件,同时也兼容了 Tosca 拓扑优化求解器。本文将使用 Abaqus 进行力学分析与拓扑优化求解。

在一般情况下,建筑中结构的拓扑优化目的是在限制材料用量的情况下,将结构刚度最大化。从能量的角度来说,相当于最小化总应变能,它的定义为:

$$U = \int_v U_0 dV$$

其中,U_0 为应变能密度(单位体积下的应变能)。应变能(Strain Energy)是指物体在发生形变时贮存于其中的能量[5]。

本文建立的梁模型尺寸为 6000 mm×300 mm×600 mm,在软件中将其划分为边长 20 mm 正立方体单元,总计 135000 个单元(图 5)。

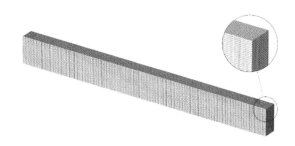

图 5 有限元网格划分

2.1 材料参数、负载情况、约束条件和目标函数的设置

Abaqus 软件并没有预设量纲,因此使用者需要自定义统一的量纲,本文使用的量纲如表 1 所示。

表1 本文所用量纲

量纲	SI/mm
应力	Mpa
密度	t/mm³
加速度	mm/s²

2.1.1 材料参数

本文简化了混凝土的材料参数,其设置如下。

弹性模量:3.00×10^4 Mpa(与 C30 强度等级混凝土相同[4])。

泊松比:0.2。

钢筋的材料参数如下。

弹性模量:2.10×10^5 Mpa(同 HPB300 钢筋[4])。

泊松比:0.3。

2.1.2 负载情况

重力加速度:9.8×10^3 mm/s²。

梁上方分布荷载:2.5 Mpa。

由于本文研究对象为框架结构中的连续梁,因此将梁两端的位移与转动均加以三向约束,使其处于理想的固定状态。物理约束与负载如图6所示。

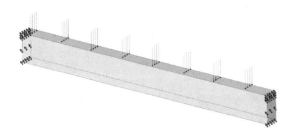

图6 物理约束与负载

2.1.3 约束条件和目标函数

本文以将原本结构体积的 20% 作为优化约束条件,选取"应变能最小化"作为优化目标。本文同时对模型优化过程进行控制,使梁在优化后在长宽方向上对称,并使梁顶部保留一定厚度不参与优化,以保证施工时与楼板一同浇筑的可行性。

2.2 优化结果与常见力学形式的性能对比

优化结果如图7所示,为了证明该优化结果在性能上具有普遍意义上的优越性,本文采取控制变量法,在同样体积、材料基础上,建立了桁架形式、拱形、实心形的模型,对其进行力学分析并得到应变能数值,将应变

表2 控制体积、受力情况下各形式应变能对比

形式	体积	能量数值	图解
未优化模型	100%	2.141e7	
实心模型	20%	5.012e8	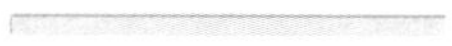
桁架模型	20%	1.761e8	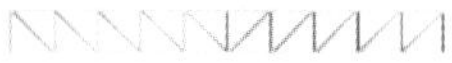
拱形模型	20%	7.078e8	
优化后模型	20%	1.631e8	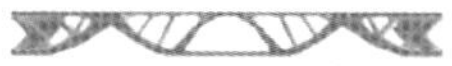

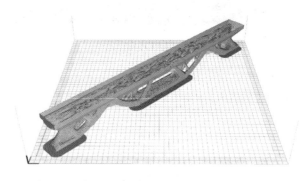

图7 优化结果

3 3D打印模具辅助下建造过程

为了建造实体模型,需要首先制造相应的异形模具。3D打印技术能解决大部分异形模具的问题,ETH的 Jipa 等人探索了大尺度砂型打印机进行异形模具建造的可能性[6]。由于受限于 3D 打印机尺寸与工艺的限制,本文使用 FDM(熔融沉积成型)技术,选取 PLA 透明材料,并以 1∶10 比例进行模型制造,以探究实际建造工艺的可行性。

3.1 3D打印模具设计

Cura 是一款 3D 打印切片软件,用以生成可供打印机识别的 Gcode 文件,本文采用 Cura 软件自带的打印模具功能,通过导入梁模型,即可自动获取其模具的切片 Gcode 文件(图8)。模具打印后如图9所示。

图8 打印效果预览

图9 3D打印模具(俯视图)

3.2 布筋与浇灌

模具制作完成后,按 1∶10 的比例,使用直径2.2 mm的钢筋,按照预设位置进行布筋。固定好钢筋后,制作混凝土并浇灌,静置等待成型,成型后效果如图10所示。

图10 布筋、浇灌与成型

3.3 脱模方法的初步探索

为适应优化构件的异形形状,浇筑所用模具要考虑浇筑便捷性,也要兼顾脱模便捷性。Abaqus 软件拓扑优化模块内置了"脱模"选项,以使拓扑优化的结果满足脱模需求。从整体形状考虑,本文认为可在 Abaqus 中将优化后的形状限制为左右对称的两半,设计出左右两半对称可脱模的模具(图11)。

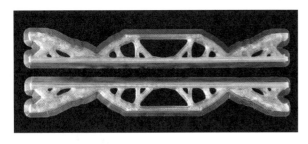

图11 脱模方法探索

Matthias Leschok 的研究[7]使用了可水解的 PVA 材料制造的模具,既能适应复杂的形体,又能便捷地进行脱模。

在大尺度模型中,模具还需要分块,以适应复杂的情况,这一部分的研究可以借鉴 ETH 的 Smart-Slab 项目[3],在该项目中,楼板首先被分为11块,又进一步被细分为181个3D打印模具。

4 总结

本文针对钢筋混凝土梁的拓扑优化设计和建造过程进行了研究。针对本文的不足之处,未来需要进一步研究的方向如下。

混凝土材料参数的进一步研究。本文预设了匀质的混凝土材料,且不考虑损伤特性。但在实际情况中,混凝土的材料参数需要考虑受拉受压的各自特性和损伤特性,且不同的混凝土材料有不同的属性,需要具体情况具体分析。

钢筋分布的优化。在本次研究中,钢筋的位置与分布是通过力学分析进行的预设,在以后的研究中,钢筋与混凝土的分布应该在一个统一的过程中进行优化,以得到力学效果更优、材料分布更佳的形式。

脱模方法的探索。本次研究初步探索了一种局限于 1∶10 的小模型的脱模方法。在真实的建造中,随着构件体积变大,需要更加科学有效的脱模方法。

更大尺度砂型打印机的作用。本文使用的 FDM 三维打印机受制于材料和尺寸,模板不能完全贴合优化后的形状,而砂型打印机则可以做到模板完全贴合优化形式,更加适合不脱模的施工方式。

通过减少在建筑生产过程中的材料用量,碳排放可以大大减少。同时,框架结构作为我国主要的建筑结构形式,是消耗混凝土的主要因素。本研究关注绿色低碳的问题,通过拓扑优化和3D打印的方法,使建筑与生态更加和谐。

参考文献

[1] AGHAEI-MEIBODI M, BERNHARD M, JIPA A, et al. The smart takes from the strong[C]//MENGES A, SHEIL B, GLYNN R, et al. Fabricate: rethinking design and construction 2017, UCL Press, London.

[2] JIPA A,BERNHARD M,MEIBODI M,et al. 3D-printed stay-in-place formwork for topologically optimized concrete slabs[C]//Proceedings of the 2016 TxA Emerging Design + Technology Conference. Texas Society of Architects,2016:97-107.

[3] MEIBODI M A,JIPA A,GIESECKE R,et al. Smart slab:computational design and digital fabrication of a lightweight concrete slab[J]. 2018.

[4] 王庆华,王伯昕.钢筋混凝土结构原理与设计(上册)[M].北京:国防工业出版社,2015.

［5］ BENDSØE M P. Optimal shape design as a material distribution problem［J］. Structural optimization, 1989,1(4):193-202.

［6］ JIPA M A, AGHAEI MEIBODI M, GIESECKE R,et al. 3D-printed formwork for prefabricated concrete slabs ［C］//1st International Conference on 3D Construction Printing (3DcP). ETH Zurich,Digital Building Technologies (ITA),2018.

［7］ LESCHOK M,DILLENBURGER B. Dissolvable 3DP formwork［J］. 2019.

范丙浩[1]　刘一歌[1]　李飚[1]　华好[1]
1. 东南大学建筑学院；220210258@seu.edu.cn
Fan Binghao[1]　Liu Yige[1]　Li Biao[1]　Hua Hao[1]
1. School of Architecture，Southeast University

基于 Arduino 微控制器开发的互动式织物结构设计
Interactive Fabric Structure Design Based on Arduino Microcontroller

摘　要：性能化织物在建筑领域中的探索与应用愈发广泛，譬如织物编织的优化设计可以提升受力结构的强度，热融纱线与生物纤维相结合的织物能够响应环境变化。本文探讨了轻型织物结构的设计，利用织物座椅中的传感器和 Arduino 开源电子平台实现了座椅与人的行为之间的互动，建立了家居、织物与环境之间的交互式联系。座椅将普通纱线与光导纤维混合编织，利用织物中椅面织物中的压力传感器实时监测人椅面压力变化，并将数据通过不同颜色的灯光效果显示给不同使用需求的用户。上述交互情景分为接收与反馈两个步骤，通过织物家具编码过程中植入的这些传感器，获取相应数据，再通过 Arduino 开源电子原型平台，对传感器获取的数据进行整合与分析，使织物对人的行为和环境变化做出实时响应，并通过灯光等途径强化这种交互过程，从而提升用户体验。

关键词：织物；Arduino；互动式设计；家居

Abstract：Performance-based fabric is increasingly widely explored and applied in the field of architecture. For example，the optimal design of fabric weaving can improve the strength of stressed structures. Fabrics that combine heat melted yarns with biological fibers can respond to environmental changes. This paper discusses the design of lightweight fabric structure. The sensor in the fabric seat and The Arduino open source electronic platform are used to realize the interaction between the seat and human behavior，and the interactive connection between home，fabric and environment is established. Temperature sensors embedded in the fabric can sense a person's body temperature when their mood changes，triggering different lighting patterns；Pressure sensors built into the fabric can monitor a person's weight and alert users to the need to gain or lose weight based on a standard weight. By encoding to implant the sensors in the process of fabric furniture，access to relevant data，through the Arduino source electronics prototyping platform，data integration and analysis of sensors，the fabric can make real-time response to change people's behavior and environment，and through the way such as light to strengthen this interaction process，so as to improve the user experience.

Keywords：Fabric；Arduino；Interactive Design；Home Furnishings

1　引言

1.1　研究背景

　　传统的织物材料在家居、服装以及建材领域发挥着不可替代的作用，但随着交互、智能家居等概念的兴起，织物材料单纯的实用性已经无法满足人们日益丰富的使用需求。近年来数字技术与材料技术的发展恰恰为织物的智能性提供了有力的支持，导电纱线、聚合物光子纤维等材料与普通纱线结合，不仅能够提高织物的物理性能，还能够做出感知环境变化或外界刺激并作出反馈的互动式纺织品。

　　主流的互动式纺织品多利用金属丝的导电性形成

柔性织物传感器,不同类型的传感器在测量范围、灵敏度方面存在差异,未达到系统推广的条件;而 Arduino 以 AVR 单片机为平台,可以使用现有传感器、Led 灯、步进马达等输出装置,基于开放源代码短时间内构建出完整的互动系统(图 1),并能跨平台与不同的互动软件结合丰富互动效果,从而将织物自身的传感器功能独立出来,简化了互动流程,这也是利用 Arduino 控制板开发互动式产品的优势。

图 1 互动式座椅原型

1.2 既有研究与问题导向

目前国外已经有许多互动式织物的应用研究,除了针对柔性织物传感器模块的研究,还有研究尝试将电伸缩金属丝等不同类型的材料融入织物的编码当中,从而形成灯光之外的互动效果。其中,由 Google 与著名服装品牌 Levi's 合作设计了一款可触控的外套(图 2),左袖口触控区域使用导电纱线与普通纱线进行编码,将动作信号转化为电信号;使用者可以进行手势操控来控制自己的智能设备,信号处理装置可拆卸的特点让这款交互式服装能够像正常服装一样洗涤。而瑞士的材料研究所 EMPA 也成功开发出一款能够监测心率的电子面料。这款面料主要由基础面料与光纤聚合材料构成,后者可以通过 led 灯光接收皮肤表层的血管脉动信号。该产品有望应用在医疗领域,如制成能够感知病人心率的帽子或者病号服等。

以上研究说明性能化织物在建筑、家具以及服装领域拥有广阔的发展前景,但由于织物互动尚属于开发阶段,所以需要一套适合的互动式织物系统来解决性能织物在不同领域的应用问题。本文基于 Arduino 控制板及

其压力传感器控制织物编码中的光导纤维,形成一套完整的互动流程,为织物在不同领域的互动提供依据。

图 2 Google 互动式夹克
(图片来源:http://www.diankeji.com/news/39907.html)

2 互动式织物的构建

互动式织物旨在构建人与织物、环境与织物之间的互动关系,主要有以下三个层级:一是织物自身通过光导纤维反馈模块与普通纱线混合编织,构成一个整体;二是通过定制传感器类型,对反馈效果进行编码,可以满足不同用户群体的需求,适应不同的应用场景;三是基于互动式织物设计建筑表皮或者家具,使得建筑或者家具可以与人的行为产生交互关系。

2.1 基于受力模拟的织物结构

织物设计中反馈模块采用的光导纤维材料具有弯曲刚度大、低拉伸的特点,在布面受力形变过程很容易因为拉伸过大受到破坏,所以普通纱线与光导纤维混合编制形成的面料一般需要通过计算机对织物进行动静态悬垂模拟,完成基于受力模拟的找形步骤,再现织物在真实使用场景中的形态。本次设计采用 Kangaroo2 运算器限定织物结构的外部荷载和约束条件,构建织物的造型,定形后的布面材料再与光导纤维进行结合(图 3)。

2.2 其他影响因素

良好的反馈效果有利于加深使用者的互动体验,有研究者认为,不同的色彩、光照强度对人的情绪有着不同的影响。例如粉红色灯光有利于降低肾上腺素分泌,减缓心率,从而起到放松情绪的作用,红色灯光与粉红色灯光作用则相反;光照强度则会影响褪黑素的分泌,常见的冬日抑郁症就是患者日光摄取量不足导致内分

泌紊乱引起的,所以座椅布面的灯光设计希望能够调节色彩的冷暖和强度带给人积极的互动体验:当活泼好动的儿童使用座椅时,传感器检测到低压力值,此时的灯光效果为充满生机的绿色或者热烈的红色;当成年人使用座椅时,传感器检测到高压力值,此时的灯光效果为安静的蓝色或者给人希望的黄色。不同的使用人群将获得不同的反馈效果和积极的情绪体验。

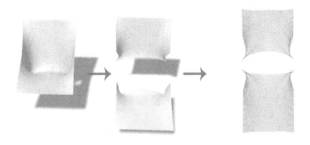

图3　Kangaroo 受力模拟

2.3　互动效果

目前常见的基于 Arduino 控制器开发的互动装置主要有智能灯控、智能语音、烟雾报警等,通过温湿度传感器、震动传感器、人体红外传感器获取外界信息反馈给led 灯、蜂鸣器等终端,互动形式比较多样化,但上述互动装置功能性较强,环境成为与装置互动的主体,人的参与感不强。所以此次将互动式织物应用到椅子上,希望在使用者与椅子之间构建丰富的互动关系。这种反馈由织物表面附着的压力传感器控制参数,并通过与普通纱线一起针织的光导纤维来表现,从而增强参与感和体验感。

3　互动式座椅设计

3.1　总体架构设计

文章涉及的互动式椅子主要由压力传感器模块、Arduino 控制器模块和反馈模块三部分构成(图4),辅以对应的编程设计将压力传感器获得的参数转化为不同的反馈效果。

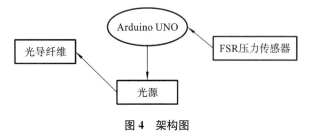

图4　架构图

3.2　系统硬件设计

3.2.1　传感器模块

座椅设计中采用 FSR 薄膜压力传感器来监测是否有人坐下,感应区直径 5 mm,感应范围 20 ～1500 g,由一种随表面压力增大而输出阻值减小的高分子薄膜组成。FSR 传感器有效监测表面不可弯曲,当感应区直径过大时,人使用过程中传感器会随着织物产生较大形变,影响数据的准确度;而 5 mm 的直径采用镶嵌的方式与织物相结合,产生的形变较小,有利于提高数据精度。传感器获得的数据实时传输给控制器模块,当传感器监测到的数值在 30 ～60 g 时,判定为儿童;数值高于 60 g 时判定为成年人。

3.2.2　控制器模块

由于模型选用的传感器量程较小,编码过程中将实际体重映射到量程范围内作为判定条件,通过实时读取传感器数据变化,判断输出的电平高低:当压力值符合判定条件时输出高电平,光导纤维点亮;当压力值不符合判定条件时输出低电平,光导纤维熄灭。

3.2.3　反馈模块与织物设计

目前已经有将极细的 led 灯与普通纱线混纺形成发光布面的研究成果,优点在于 led 灯可编程且每颗灯珠可独立控制,通过对代码进行设计可以实现丰富的灯光互动。但市面上 led 灯带体积较大,和普通纱线的编织存在困难,所以本次座椅布面的反馈模块采用的是 1.5 mm细的光导纤维,每根光纤分别由独立的不同颜色的 5 V 光源进行控制。

为了探究普通纱线与光导纤维混合编织的可行性,布面编织采用传统的针织技术,将两者一起编织形成受力模拟软件中预先得到的织物形状。其中,光导纤维在织物中并不呈等距行分布,而是依据织物在受力过程中的拉伸形变从布面边缘到布面中心由疏到密,光导纤维全部沿纬线方向分布(图5)。

图5　光导纤维分布

3.3 软件设计

座椅设计利用 Arduino 控制器自带的编程软件,调用自带程序库中的压力传感器代码并进行改写,分别控制不同的光导纤维光源,实现了对传感器模块、控制器模块和反馈模块实时的信息处理和响应。

4 结果与展望

织物产品可以带给人天然的舒适感和亲切感,随着人们生活品质的提高,对织物的性能提出了更进一步的要求。本次研究将 Arduino 控制器具有的丰富开源代码库和传感器模块应用到互动式座椅布面的设计中,实现了织物与人的行为之间的互动关系,为基于互动式织物的建筑、家具的设计提供了可行的思路。

从本质上讲,利用 Arduino 控制器开发互动式织物结构只是利用平台开源的属性,短时间内开发出多种互动类型。但传感器模块与织物分离的设计导致测得的数据并不准确,也不能像 Google 那样直接实现织物表面的触控,削弱了互动的效果。考虑到这种情况,开发特殊纱线与普通纱线混纺的柔性织物传感器才是最优解。

Arduino 控制器可以直观地提供给设计师一个由多种传感器与反馈模块组成的简易互动系统,打开设计师的思路,为设计师调整相关参数优化设计流程,开发出更复杂、技术含量更高的互动式织物提供设计依据。

参考文献

[1] 陶肖明. 交互式的织物和智能纺织品[C]// 提高全民科学素质、建设创新型国家——2006 中国科协年会论文集(下册),2006.

[2] 刘一歌,李飚. 建筑织物的计算性转变[J]. 时代建筑,2021.

[3] 阚泓,傅君. Google 交互纺织品专利分析[J]. 纺织导报,2017(10):3.

[4] Fiona Bell. 2021. Self-destaining textiles: designing interactive systems with fabric, stains and light.

[5] Daniela Ghanbari Vahid. 2021. Shape changing fabric samples for interactive.

孙齐昊[1] 李飚[1] 刘一歌[1] 华好[1]
1. 东南大学建筑学院;220210269@seu.edu.cn
Sun Qihao[1] Li Biao[1] Liu Yige[1] Hua Hao[1]
1. School of Architecture,Southeast University

基于结构力学性能的三维织物编码与建造
3D Textile Coding and Fabrication Based on Structural Mechanical Properties

摘 要:在材料技术和数字技术的双重推动下,基于运算的织物创新设计为新型建筑材料开发提供了新途径。为了探索基于结构力学的织物找形与编织结构优化方法,本文进行了织物家具和织物景观构筑物建造实验,通过 Grasshopper 结合 Python 编程来调控织物材料的编织线圈结构和材料分布结构,探讨了根据结构力学分析提高织物的材料利用效率的方法。计算机程序将三维立体织物模型转化为二维编码,帮助建筑师完成从设计模型到织物编码的数字化流程。

关键词:结构找形;粒子-弹簧系统;织物;材料性能;数字建造

Abstract:With the dual promotion of material technology and digital technology, innovative computing-based textile design provides a new way for the development of new architectural materials. In order to explore the optimization method of textile shape finding and weaving structure based on structural mechanics,this paper conducts experiments on the fabrication of textile furniture and textile landscape structures. Grasshopper combined with Python programming is used to regulate the weaving loom structure and material distribution structure of textile materials. Methods to improve the material utilization efficiency of textile based on structural mechanics analysis are explored. The computer program converts a three-dimensional textile model into a two-dimensional code. It effectively helps architects to complete the digital process from design model to textile coding.

Keywords: Form-finding; Particle-spring System; Fabric; Material Properties; Digital Fabrication

1 引言

二十一世纪以来,在材料技术和数字技术的双重推动下,基于运算的织物创新设计为新型建筑材料开发提供了新途径。现有的较为成熟的编码软件很多,承载的信息也很丰富,比如编织纱线、编织动作、编织结构等。但是这些软件主要应用于服装领域。建筑设计中的织物尺度更大,性能要求更高,定制化需求更大,现有的工业编码软件难以高效完成从设计模型到织物编码的转化。

本文基于织物座椅和轻型景观构筑物的设计与建造,探索了三维立体织物编织以及根据结构力学性能优化编织结构的方法。通过基于"粒子-弹簧系统"找形的

方法,得到织物座椅和景观构筑物的结构参数模型。可以根据材料属性、边界条件与人体尺度来改变形态,满足不同使用者的定制化需求,通过结构力学性能分析的方法,改变不同区域的编织线圈结构和材料分布结构,使织物孔隙率沿主应力轨迹线方向减小,在材料利用率低的部分增大孔隙率或开设网洞,由力学分析生成布面纹理,逐渐增强织物的材料利用效率,同时形成优化的织物形态。

为了将优化后的形态进一步与织物的编织特性结合,本文通过 Python 编程结合 Grasshopper 平台来定制织物图形的颜色及组合,得到三维织物的二维编码图形。织物编码中包含纱线种类、孔隙大小、收针、放针、套管等信息,可供数控编织机进行编织,高效灵活地使

建筑师完成从设计模型到织物编码的转化。

2 数字模拟与优化程序

2.1 建立织物的材料行为模拟程序

基于材料行为的设计方法是指以某一材料行为的潜力为出发点的形式生成方法。该方法通过物理测试得到特定材料的强度,研究重点放在材料本身[1]。不同材料在受到不同的环境因素的影响时,其形态与性能呈现出的变化也不同。材料行为模拟能够对这一现象做出定量预测。在传统的建筑形式生成逻辑里,材料行为很少起到决定性的作用。材料行为的数字模拟程序,可以在材料与外部环境因素的互动过程中自发呈现出形式。例如皂膜的曲面形态并非人为预先设定的,而是从液体分子在给定边界条件下寻找表面张力最小点的集体行为中自发显现的。在实际应用中,遵循材料行为规律的建筑形式,往往在材料利用效率、性能上也表现得更加出色。

在材料技术和数字技术双重推进的背景下,设计者可更加精确地控制材料行为的模拟和生形过程。例如,湿度不同的木材会发生不同程度的膨胀弯曲。ICD 的设计师基于对该材料行为的研究,通过编程与木材单元的设计,形成了自成形的立面[2]。类似的木材料的材料行为和木纤维的方向与厚度不同,形成的弯曲程度也不同。基于这一材料行为,ICD 的研究者通过编程改变不同木构件的纤维方向和厚度,组装后即可得到满足结构要求的形态[3]。

本文通过弹簧粒子计算系统来模拟织物座椅和轻型景观构筑物中的材料行为,将材料行为模拟作为推动建筑形式生成的重要动因。通过在基于"粒子-弹簧系统"的参数软件 Kangaroo 上建立模拟索、膜材料系统平衡状态的数字程序。然后调整边界条件及参数,生成满足要求的设计结果。

笔者在织物座椅和轻型景观构筑物的生形过程中,首先对数控编织机制造的织物材料单元进行织物校准。通过测量分析其在一定荷载下的拉伸形变(图 1(a)),将结果作为材料性质的输入参数。接下来构造原始织物平面的四边形网格,作为粒子与粒子之间连线组成的"点—线网格"。然后根据座椅与景观构筑物的框架设置织物的锚固条件(图 1(b))。最终进行对基于材料行为模拟生成的几何形态进行计算和输出(图 1(c))。输出得到的织物形式遵循材料行为规律,兼顾空间需求与力学特性。

2.2 建立基于结构力学的编织结构优化程序

如今,基于建构力学的建筑形态分析方法有很多,其中有限元法(finite element method)是基于计算机技术的一种数值分析方法,其核心思想是"几何离散"与"数值近似",适用于解决力学中带有特定边界条件的偏微分方程问题。但受限于数值的抽象与复杂,有限元法多被用于设计中后期的结构验证。Karamba 插件是一款对建筑师较为友好的有限元分析工具,其作用是预测建筑形式在外部荷载作用下的结构性能(structural behavior)[4]。相比于其他的工具,Karamba 的分析不局限于给定建筑形态进行分析,可以在改变建筑形态时进行实时分析,满足参数化设计过程的要求。扎哈建筑事务所合伙人 Petrik Schumacher 曾指出,在生成适应形态的结构图案方面,Karamba 的整体结构分析结果具有很大价值。比如其分析得出的主应力轨迹线可以作为建筑的密肋楼板(waffle-slabs)、网壳和骨架[5]。

笔者在织物座椅和轻型景观构筑物的编织结构优化过程中,分别基于以下两种力学分析结果进行了编织结构优化的尝试。①对座椅的织物曲面进行了材料利用率分析,提取其可视化结果中材料利用率较低的网格面,在这些网格面的区域内生成图案。生成图案的方法很多,笔者采用了 Grasshopper 平台中 Proximity3D 插件的规则生成图案(即点阵中的每个点与最近的 4、5 个点连线),输出既适应形态又美观的网格纹理(图 2)。②对

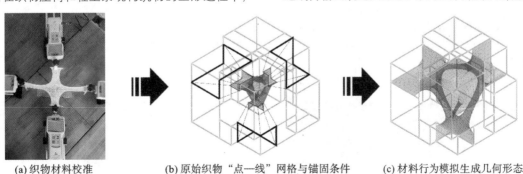

(a) 织物材料校准 　　　(b) 原始织物"点—线"网格与锚固条件 　　　(c) 材料行为模拟生成几何形态

图 1　轻型景观构筑物织物生形过程

(图片来源:作者自绘)

293

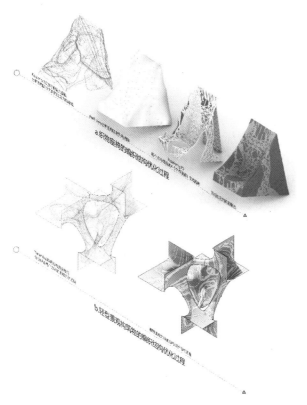

图2　织物座椅和轻型景观构筑物的图案生成过程
（图片来源：作者自绘）

轻型景观构筑物织物曲面进行了应力分布分析，提取出主应力线，再根据主应力线的分布设计带状图案(图2)。在图案生成之后，在针织编码信息中改变织物图案区域的编织线圈结构和材料分布结构，使织物孔隙率沿主应力轨迹线方向减小，使材料利用率低的部分增大孔隙率和开设网洞，逐渐提高织物的材料利用效率，同时形成优化的织物形态。织物座椅和轻型景观构筑物的最终效果如图3、图4所示。

图3　织物座椅效果图
（图片来源：作者自摄）

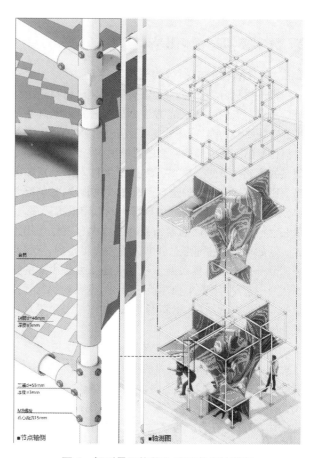

图4　轻型景观构筑物及其节点轴侧图

3　数字建造程序

3.1　将设计模型转化为织物编码的程序

数控编织机能够制造出精度达 1 mm×1 mm 的织物，并且支持多种纤维、线圈结构以及材料分布结构。但由于现有的工业编码软件难以高效完成从设计模型到织物编码的转化，限制了建筑织物的生产效率与发展。如今建筑领域出现了能够自动解析设计模型、生成织物编码的方法，对建筑织物的生产效率提高有巨大价值。比如 Vidya Narayanan 等人研发出的程序可以自动将输入的三维网格解析、转化并输出编织信息[6]。东南大学建筑学院刘一歌研发出的织物转换程序解决了建筑设计软件与织物编码软件之间的数据接口问题，将 Bitmap 数据格式的二位编码图形作为二者的数据接口，不同颜色的像素承载着不同的编织信息。织物编码软件能够快速将其识别转化为真正的织物编码[7]。在本文的研究案例中，笔者基于刘一歌之前的转化程序，通过 Python 编程结合 Grasshopper 平台来定制织物图形的颜色及组合，得到三维织物的二维编码图形。织物编码中包含编织纱线、孔隙、收针、放针、套管等信息,可供数控编织机进行编织,高效灵活地为建筑师完成从设计模型到织物编码的转化。

如图5所示,笔者在从设计模型到织物编码转化过程中,首先依据设计模型的节点、形态与肌理,构建设计模型的四边形主导网格。并根据设计模型的形态特征与生形逻辑将四边形网格切分为盒(box)与筒(cylinder)两类,再将这两类四边形网格展开,形成二维的织物编码图形。在最终输出的 Bitmap 编码图形中,承载了收针、纱嘴、吊目、平纹、套管、开洞等 18 种编织信息。具体而言,收针、放针的编织动作,需要搭建程序提取编织边缘处线圈单元的坐标信息,计算并判断边缘线圈单元的相对位置关系,输出对应收针或放针编织动作的区域,填充对应的颜色信息(图6)。在数控编织机支持的编织动作中,平纹是指经纱和纬纱以一上一下的规律交织,吊目是指编织过程中出针但没有脱圈的编织结构。平纹与吊目的编织动作,需要搭建程序提取之前基于结构力学生成的图案区域,输出对应编织动作的区域,填充对应的颜色信息。笔者在建造实验中完成了从编码

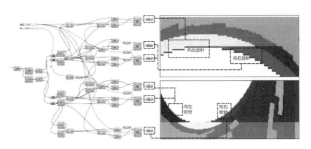

图 6　收针、放针的编织动作编码
（图片来源:作者自绘）

到编织成果的过程,如图 7 所示,对应平纹与吊目编码信息的区域由于编织结构的不同,呈现出预设的透明度不同的图案。该程序探索了设计模型到织物编码转化的方法,为建筑师提供了高效灵活的工具。

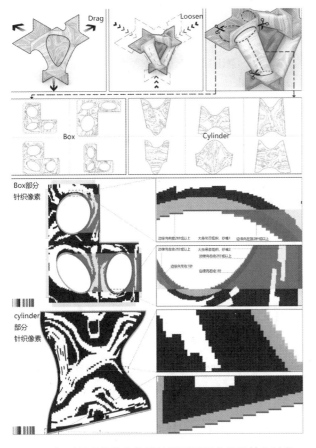

图 5　轻型景观构筑物的设计模型到织物编码转化过程
（图片来源:作者自绘）

图 7　平纹与吊目编码信息的区域编织结构的不同
（图片来源:作者自绘）

4　结语

本文进行了织物家具实验和织物景观构筑物实验(图8),通过 Grasshopper 结合 Python 编程来调控织物材料的编织线圈结构和材料分布结构,探讨了从三维立体织物模型到二维编码的转化及根据结构力学分析提高织物的材料利用率的方法。

图8 轻型景观构筑物效果图

（图片来源：作者自绘）

此次织物建造依然有许多需要改进的地方。在织物分片过程中，将模型简化为盒子与筒的组合，展平为二维平面后进行了编码，展平过程会出现误差，并且最终制造的织物还需人工缝制出三维形态。因此，本文中

从设计模型到织物编码的转化程序还可以对编织单元的组织结构进行编码，通过局部编织工艺，直接编织出具有特定形态的织物，提高建造效率与准确度。

参考文献

［1］ SCHLEICHER S，MAGNA R L. Bending-active plates：form-finding and form-conversion［C］// Conference of the Acadia，2016 B.

［2］ WOOD D M，KRIEG O D，MENGES A. Material computation-4D timber construction：towards building-scale hygroscopic actuated，self-constructing timber surfaces［J］. International Journal of Architectural Computing，2016，14（1）：49-62.

［3］ SCHWINN T，KRIEG O D，MENGES A. Sewing robotic：a textile approach towards the computational design and fabrication of lightweight timber shells［C］// Proceedings of the 36th Annual Conference of the Association for Computer Aided Design in Architecture （ACADIA），Ann Arbor，2016：224-233.

［4］ PREISINGER C. Linking structure and parametric geometry［J］. Architectural Design. 2013（83）：110-113.

［5］ SCHUMACHER P. Design parameters to parametric design［C］// The Routledge Companion for Architecture Design and Practice，2016：3-20.

［6］ NARAYANAN V，ALBAUGH L，HODGINS J，et al. Automatic machine knitting of 3D meshes［J］. ACM Transactions on Graphics（TOG），2018，37（3）：35.

［7］ 刘一歌，李飚. 建筑织物的计算性转变［J］. 时代建筑，2021（6）：6.

谢佳豪[1]*　张烨[2]

1. 天津大学数字化设计研究小组；15093079966@163.com
2. 天津大学建筑学院

Xie Jiahao[1]*　Zhang Ye[2]

1. Digital design research group of Tianjin University
2. School of Architecture,Tianjin University

基于可适应可复用柔性模具的混凝土空间编织研究与实践

Research and Practice of Concrete Space Weaving Based on Adaptable,Reusable,Flexible Mold

摘　要：混凝土材料由于其在形态上的可塑性，在复杂形体建筑上具有广泛的应用前景。文章探索了可重复使用的模具体系和可定制化的空间编织方法，其具有低成本、低技术和设备要求、高形式自由度等优势，有望应用在复杂形体的混凝土建筑中。文章建立了从设计意图到实践建造的工作流程，基于混凝土材料的特性，将结构性能、形体优化和建造逻辑整合到一体化的运算性设计体系中，并通过使用此系统在天津大学的校园内搭建1∶1构筑物（pavilion）来证明该系统和方法的可行性。

关键词：柔性模具浇筑混凝土；黏菌算法；空间编织；数字建造

Abstract：Because of its plasticity in form,concrete materials have a wide application prospect in complex buildings. To solve this problem,this paper explores the reusable mold system and the customizable space weaving method, which has the advantages of low cost,low technology and equipment requirements,high form freedom and so on,and is expected to be applied to the concrete buildings with complex shapes. This paper establishes a workflow from design intention to practical construction,integrates structural performance,shape optimization and construction logic into an integrated operational design tool based on the characteristics of concrete materials,and proves the feasibility of the tool and method by using this system to build a 1∶1 structure (Pavilion) in the campus of Tianjin University.

Keywords：Concrete Pouring with Flexible Mold; Slime Mold Algorithm; Space Weaving; Digital Construction

1 引言

随着材料科学与计算机技术的不断发展，聚合物混凝土、纤维增强混凝土、补偿收缩混凝土等一系列新型高性能混凝土材料不断涌现，结合算法技术与计算机模拟工具的演进，混凝土浇筑的形式与工作流程具有了新的可能性。混凝土的材料特性被延伸，且其本身的性能参数能够被转化为生成逻辑融入设计流程中[1]。作为底层控制。他的文章提出了一种基于PVA软管的可适应可复用柔性混凝土模具系统（图1）及其配套的生型逻辑与结构算法，并通过1∶1空间三维编织搭建实验初步验证了该建造体系的工程可行性与结构经济性。

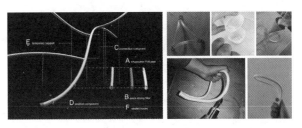

图1　初期实验照片

在这种柔性体系下（区别于传统正交梁柱体系），混凝土构件不作为一根根独立且规整的杆件，而是被编织成一个连续而有机的整体；受压与受拉构件不再加以区分，各种受力形式被统一，以实现对新型高性能混凝土材料特性的充分运用[2]。

　　基于这种结构特点,自然界中一些植物与微生物所生成的自由线性骨骼体系相较于规则的人工结构体系所具有的结构强度与材料利用效率被认为是一个合适的切入点,通过在计算机中优化不同生物的行为逻辑算法以适配柔性模具混凝土体系的建造工序。

2　基于可适应可复用柔性模具的新型混凝土编织体系

2.1　生形算法逻辑

　　该柔性模具混凝土编织体系的生型逻辑受到黏菌觅食算法的启示。其在觅食时黏菌通过反复迭代生成最短觅食路径的行为逻辑与在复杂受力情境下于规则几何结构体内部生成最短力流路径并进行拓扑优化的过程被认为是十分相似的,这种接近于群智能算法的黏菌觅食算法(slime mould algorithm,SMA)[3]也最终作为适配于该柔性模具混凝土体系的基础算法(图2)。该研究通过设置相应基本参数,可以实现以自由线性结构体系替换传统规则几何结构体系来完成设计所需的空间围合与结构支撑等要求(图3)。

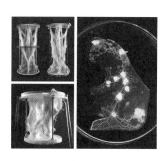

图2　黏菌生长路径演示
(图片来源:http://mycelium-tectonics.com/)

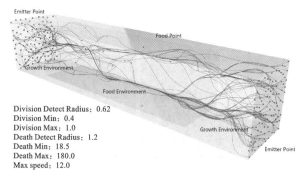

Division Detect Radius: 0.62
Division Min: 0.4
Division Max: 1.0
Death Detect Radius: 1.2
Death Min: 18.5
Death Max: 180.0
Max speed: 12.0

图3　黏菌生形算法演示

　　运用GH有限元结构分析插件Karamba3D对两种结构体系在以结构柱形式起基本支撑作用时材料用量与结构性能方面的差异进行计算对比可得出结论:经由

黏菌算法计算得出的结构路径能够更加灵活地调整材料在结构体上的分布密度,更加契合该结构柱在不同局部的受力变化趋势,从而实现材料使用效率的最大化(图4)。这种结构特性的优势将随着结构形式与受力情况复杂程度的提升而变得明显。数据分析显示,在使用同标号高性能混凝土时,黏菌柱的材料用量仅为实心柱的44.85%,但结构性能达到了实心柱的77.87%。且根据颜色变化情况,我们可以发现黏菌柱的整体受力更加均匀,且受力趋势变化更加平滑。由此,该算法在结构优化上的可行性得到了初步验证。

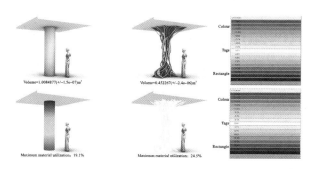

图4　两种结构柱性能对比

2.2　物理性质模拟

　　考虑到计算机中经黏菌算法计算生成的曲线为多次迭代拟合后的结果,实为曲率平滑、缺失物理意义的理想曲线。而在实际建造中受多种条件限制,这类曲线不具备复刻性,因此需要尝试在算机中赋予该曲线实际PVA软管灌注混凝土后的物理参数。根据所选用PVA软管的材料性质、管径壁厚、所使用混凝土密度、压强系数等基本数据,并经过一系列的实际形态对比实验,最终通过GH内置动力学模拟插件Kangaroo2的模拟运算完成了对计算机中理想曲线赋予自重、纵向弹性力度、弯曲回复力度、胀缩回复力度、截面形变阈值等真实物理参数的赋值工作,并通过撰写Python代码完善空间坐标系算法,实现了对算法生成曲线在真实建造中完成近似拟合所需定位刚接点的数量与每个定位刚接点的三维坐标输出(图5)。

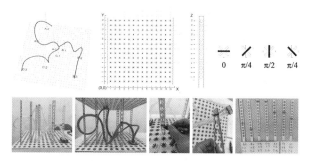

图5　空间坐标系示意

至此该柔性体系从计算机数字模型对接实际建造的初步工作完成，并通过一次简易的桌面级实验验证了该模拟算法对软管实际物理特性的拟真程度与该坐标系统对软管进行近似塑形的可行性。

2.3 材料性能优化

为实现更大尺度和更复杂形式的实体建造实验，需要进一步对混凝土材料进行创新探索。鉴于市面上所售工程用混凝土的调配方式多为实现结构上的抗压需求，并不适配该柔性模具体系，因此需要通过设计对照实验，控制水泥、砂石骨料、玻璃纤维、水分、搅拌时长、凝固时长、软管截面形状等多组变量研究凝固后的混凝土 PVA 软管在不同弯曲程度下的抗压、抗拉、抗剪能力及在进行浇筑塑形时混凝土整体的黏性与流动性（图6），以优化该材料的基本胶凝性能[4]。

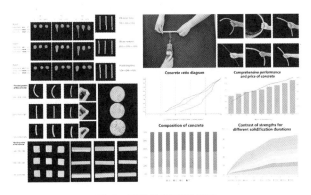

图6　材料性能实验图表

经过为期一个月的多次研究实验，得出调配适用于该建造体系的特殊混凝土的基本结论。砂石骨料比例的提高和骨料颗粒直径的增大会大幅增加混凝土的抗弯、抗剪能力，不易开裂，但会使混凝土的黏性与流动性显著降低，使混凝土在浇筑过程中产生较多气泡，且塑形完成后砂石的沉积分层较为严重，导致软管顶端气泡堆积，结构薄弱，因此需要增加玻璃纤维比例，并在 PVA 软管内部预置钢丝，来保证结构整体的抗弯、抗剪能力，并适当降低砂石含量来保障浇筑过程的顺畅与均匀。

至此，本研究建立起统合了形式生成逻辑、材料配比数据、物理模拟算法、空间坐标矩阵、结构性能优化等多项工作的柔性混凝土编织体系基本框架，该框架提供了能够更加高效利用高性能混凝土材料特性的数字模型与指导实际搭建所需的数据基础。

3 实体搭建实验

团队进一步展开了1∶1实体搭建实验工作，并最终完成了家具尺度下的混凝土编织椅与景观构筑物尺度下的混凝土编织凉亭的搭建实验，证明了该柔性编织体系的可行性。

3.1 柔性混凝土编织椅

为了完整验证该柔性模具建造体系及其适配算法在实际搭建中的合理性与可行性，需要先从中小尺度的混凝土编织椅开始实验。

首先使用生形算法对椅子的基本形态进行拟合。考虑到椅子在结构形式上的对称性，将其拆分为自身呈轴对称的单一椅面构件与呈对称关系并相互紧靠的两个椅背构件。参考市面上常见的座椅参数与形态特征，在 Rhino 中使用曲面工具简易勾勒出椅子的基本形态，并在觅食算法中将其设定为黏菌进行生长活动的基本环境（边界轮廓）。然后将椅腿与地面接触部分（结构支撑点与传力路径终点）设定为黏菌的起始发生点，并根据对椅子原始曲面形态的结构性能分析结果来设置食物点分布的疏密程度（分析数据显示，结构越薄弱的地方食物点越密集，以此来修正最终形体的结构性能），调整参数后开始模拟运算，并对密集的运算结果进行整理简化，生成初步的数字模型（图7）。最后赋予该数字模型相应的物理参数，在真实建造环境下进行形态拟真，并运算得出所需定位点的数量与每个定位点对应的三维空间坐标系。

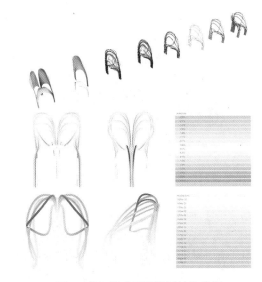

图7　编织椅生型逻辑及结构分析

整体的建造流程可大致分为以下步骤。①在最终的数字模型中测量出所需 PVA 软管数量以及每根 PVA 软管的长度并裁剪。②测量出软管上定位点的位置并在软管相应位置用记号笔标记。③在软管内预置合适长度的钢丝（手动穿入）。④组装坐标系支架。⑤根据之前材料实验所得数据按比例调配混凝土。⑥使用胶塞将软管一端密封，从另一端开口处浇筑混凝土，待浇筑完毕后,使用振捣棒贴近软管外壁进行震动,排出浇筑过程中所产生的气泡,之后使用胶塞将开口密封。⑦将已灌满混凝土的软管组装在坐标系支架上,校对好软管上标记定位点与坐标系支架对应孔位的位置。⑧等待 48 h,确保软管内混凝土完全凝固。⑨使用电热切割刀将软管划开,进行脱模,将混凝土暴露于空气中,进一步凝固。⑩脱模后持续 14 d 对混凝土表面进行规律性洒水养护,14 d 后达到最终结构强度(图 8)。

图 8　编织椅搭建过程及成果照片

该柔性混凝土编织椅的搭建很好地还原了计算机模型的形态,完整验证了该柔性模具建造体系的可行性,但在建造工序的细节上依然存在一些主要问题:①使用人工方式向软管内浇筑混凝土必然会伴随大量气泡,即使使用振捣棒进行震动排气,也会有大量气泡残余,最终因密度原因留滞在结构体上部(椅面和椅背顶部位置),这在较大程度上影响了局部结构的最终强度;②使用电热切割刀拆模效率低,耗时久,且在面对局部复杂形式时操作空间太小,影响操作精度;③在软管内预置的钢丝无法被很好地固定在软管中央,在对软管进行弯曲塑形时钢丝大概率会紧贴管壁,拆模后暴露在混凝土表面,无法起到实质性的结构作用;④软管与软管之间依靠塑形时穿入软管内部的钢钉进行连接,虽在凝固后有较高的结构强度,但穿入钢钉时混凝土还处于流动状态,在这一过程中易造成混凝土的涌出与空气

的涌入。

3.2　柔性混凝土编织景观亭

为了进一步探索和验证其在更大尺度上(近建筑尺度)的建造工序与结构性能,团队开始进行混凝土景观亭的搭建实验。随着搭建尺度上发生的巨大变化,整体的搭建流程与搭建方式也与之前有了很大区别。根据前期的几次尝试性实验,总结出要完成大尺度搭建需要解决的一些关键性问题。①软管的变形问题。随着尺度的增大,所需软管的长度与管径也需要不断增加,想要保证结构的整体强度,主要结构软管的长度将达到 12 m 左右,软管的内径也需要从 20 mm 增长到 50 mm。由于 PVA 本身的材质特性,50 mm 内径的软管在进行弯曲塑形时,软管截面形状极易发生大幅度形变,在与坐标系支架定位点所接触固定的位置会产生明显的塌瘪,使截面面积严重缩水,浇筑凝固后会成为结构的薄弱点。②软管长度的大幅增加使软管内钢丝的置入与混凝土的浇筑都无法再依靠纯粹的人工方式来完成。③管径的增大使软管内产生气泡的数量和体积迅速增大,如不采取合适的排气措施将明显影响结构整体强度。④软管之间的连接问题(节点)。⑤软管与地面之间的连接问题(地基)。

为解决以上问题,首先需要对整体结构的建造流程进行重新设计,并改良个别工序中的操作方式。管内钢丝的置入,可使用电暖行业常用的穿线器来进行辅助工作。由于穿线管自身极好的硬度和弹性回复力度,穿入 10 m 以上的 PVA 软管其本身也不会产生明显变形。在穿线器完整穿过软管之后,将钢丝固定在其端头,再回收穿线器,依靠拉力带动钢丝从反方向穿过软管。这样的操作方式简易便捷,且由于持续施加的拉伸力作用,钢丝在这个过程中基本不会发生扭曲变形,始终保持其最佳的结构性能。

其次是混凝土喷灌机使用的问题。该机器能够将从机器顶部开口倒入的混凝土砂浆经内部泵机的运作从底部端口处加压喷出,常用于远距离喷涂建筑外墙,拥有很高的喷射压力。使用金属喉箍将软管端口固定在喷灌机底部出料口,借用机器产生的推力可以将十分黏稠的高强度混凝土高压送入软管内部,并在浆料向前推进的过程中时刻保持密实,几乎将所有空气从软管的远端开口处挤出,这种操作方式基本解决了软管内浇筑产生的气泡问题。同时,在喷灌机与软管端口之间添加高压球阀,可以在混凝土已经密实充满整个软管后,将远端的软管开口使用堵头密封,接着继续开启机器并运转一段时间,向软管内部再次送入一定量混凝土,使软管处于加压绷紧的状态,之后关闭机器与软管连接处的球阀,卸下软管(球阀保留在软管端口),过量的混凝土就会以一种加压的状态密封在软管内部,使软管一直保持在高压紧绷的状态下,维持完好的截面形状,不会再因弯曲塑形而发生塌瘪形变,保障了最终结构形态的完好,且加压状态下的混凝土在凝固之后也会拥有更高的结构强度。软管之间依然使用类似钉接的螺栓进行连接,但与之前在塑形时进行钉接的工序不同,在进行景观亭的搭建实验时,由于尺度扩大,搭建的整体容错率有了一定的提升,使操作者能够在进行浇筑之前就测量出数字模型中对应钉接点的位置,并在软管相对位置上提前穿入螺栓,使用热熔胶进行密封固定。这样既保留了钉接点的结构强度,又避免了塑形施工时造成的混凝土流失与气泡问题。软管与地面的连接方式采用类似树木生根的方式,在软管端头附近挖出约 20 cm 深的土坑,将端头埋入其中,后再向内部浇筑之前剩余的混凝土废料,之后覆土填平。这种在软管末端浇筑混凝土的方式可以保障其与土地有足够大的接触面积,起到近似刚接点的固定效果,并较好地处理了场地中地混凝土废料。

根据实验过程与结果,大体量制造中空间塑形工具的适配度成为最明显的限制因素。由于系统误差的积累,最终呈现的软管形态与计算机模拟中的结果有不小的差异(图 9)。团队意识到在此柔性编织体系中,设计与建造不应是割裂的关系,而应作为一个具有实时反馈能力,并可进行动态调整的系统后,团队之后可能探索的方向之一便是一种类似于动物筑巢时的行为逻辑,基于实时物理传感和计算分析的现场机器人施工工作流[5]。该方式能够监测当前的编织搭建状态并为下一步的搭建提供动态的指导依据,而不是依赖于显式建模和不可交互的指令。

图 9　编织景观亭搭建过程照片

由于缺乏专业工具与测量手段,目前尚无法判断该结构在面对除自重因素外时(如雨、雪、地震等荷载与外力)的抗压、抗剪性能,单从自身的重力荷载而言(结构整体使用混凝土重量 1.5 t),该结构体系是成立且稳定的(图 10)。

图 10　编织景观亭成果照片

4　结论

这项研究的主要目的是在材料科学与数字化技术加速发展的当下,探讨一种有别于传统混凝土建造体系的建造方法,其本质是对于柔性模具浇筑混凝土技术[6]的一次扩展延伸,旨在探索出一套从生型算法到建造流程相互适配的新型混凝土浇筑建造体系,并通过实体搭建实验来探究其在产品开发、建筑工程、景观艺术等领域的应用前景。由于其基于科学合理的数字分析,但回归于一种低技廉价的建造方式,且对比于现有大多数混凝土构筑物的形式具有较高的视觉辨识度,团队认为该建造体系有较为广阔的发展前景,在这方面,做出的相关研究之一便是探讨这种形态高度自由的建造体系如何实现更加广泛的产品化与用户定制,以期能进一步挖掘该系统的应用价值(用户自定义系统网址链接:https://softhardness.top/)。

参考文献

[1]　张烨,刘嘉玲,许蓁. 性能导向的数字化设计和建造[J]. 世界建筑,2021(6):108-111.

[2]　ALAN C,REMO P. Fabric formwork[M]. London:RIBA Publishing,2007.

［3］ 任丽莉,王志军,闫冬梅. 结合黏菌觅食行为的改进多元宇宙算法[J]. 吉林大学学报,2021,51(6):2190-2197.

［4］ WANG S,DRITSAS S,MOREL P,et al. Clay robotics［C］//Challenges for technology innovation. Lisbon：ROUTLEDGE in association with GSE Research,2017.

［5］ ZHANG Y,MEINA A,LIN X H,et al. Digital twin in computational design and robotic construction of wooden architecture[J]. Advance in civil engineering,2021.

［6］ MARK W. The fabric formwork book：methods for building new architectural and structural forms in concrete［M］. New York：Routledge,2016.

Ⅵ 双碳目标下绿色建筑设计研究

肖毅强[1,2] 李凯璇[1,2] 吕瑶[1,2] 石殷忆[1,2]
1. 华南理工大学建筑学院；sunnydaylillian@foxmail.com
2. 亚热带建筑科学国家重点实验室
Xiao Yiqiang[1,2] Li Kaixuan[1,2] Lü Yao[1,2] Shi Yinyi[1,2]
1. School of Architecture, South China University of Technology
2. State Key Laboratory of Subtropical Building Science

国家自然科学基金青年科学基金项目(51908220)、国家自然科学基金面上项目(52078214)、广东省自然科学基金面上项目(2022 A1515011539)

多侧开窗幼儿园活动室天然采光及能耗多目标优化方法研究

Study on Multi-objective Optimization Method of Natural Lighting in Activity Room of Multi Side Windowed Kindergarten

摘 要：多侧开窗在幼儿园活动室立面设计中较为常见，但不合理的设计可能带来室内照度过高、主要视线范围内的眩光危害、建筑实墙面积过小不利于日常教学活动所需设备的布置、建筑能耗过高等问题。本研究选取广州地区典型幼儿园活动室单元作为研究对象，使用参数化建模软件 Rhino＋Grasshopper 平台中的 Ladybug＋Honeybee 建筑室内光环境及能耗模拟插件以及 Octopus 多目标优化插件作为研究工具，选取室内采光系数标准值 DF、有效天然采光照度时长占比 UDI、眩光指数 DGI、全年空调冷负荷作为评价指标，使用多目标优化算法，对活动室多侧开窗方式及室内连续可使用实墙面积进行优化，以期为多侧开窗幼儿园活动室光环境及能耗设计提供参考。

关键词：幼儿园活动室；多侧开窗采光；多目标优化；Ladybug＋Honeybee

Abstract：Multiple side windows are common in the facade design of kindergarten activity room, but unreasonable design may bring too much indoor illumination, glare hazards in the main line of sight, small solid wall area of the building is not conducive to the arrangement of equipment required for daily teaching activities, and too high energy consumption of the building. The research object was typical kindergarten activity room units in Guangzhou, and the research tools were Ladybug＋Honeybee in the Rhino＋Grasshopper platform, and Octopus, a multi-objective optimization plug-in. The average value of daylight factor, useful daylight illuminance, daylight glare index, and total annual cooling load are selected as evaluation indexes, and the multi-objective optimization algorithm are used to optimize the multi-Aside window opening mode of the activity room, and indoor continuous usable solid wall area, which provide a reference for the light environment and energy consumption design of the multi-side window.

Keywords：Kindergarten Activity Room; Multi Side Window Daylighting; Multi-objective Optimization; Ladybug＋Honeybee

1 研究背景

《幼儿园教育指导纲要(试行)》明确提出,"环境是重要的教育资源,应通过环境的创设和利用,有效地促进幼儿的发展"[1]。充足合理的室内天然采光,不仅可以有效改善室内光环境质量、减少照明能耗需求,同时对提高儿童注意力、促进儿童视力健康发育有着重要的作用[2,3]。较之其他类型教育建筑而言,当前幼儿园在光环境设计上具有以下优势:场地相对独立、建筑平面布局相对灵活、层高较低、建筑容积率较低。多侧开窗作为幼儿园活动室立面设计中较为常见的开窗形式,不仅为儿童提供了更为充足的天然采光,同时也为平衡室内光环境分布的均匀性创造了条件,此外还可为儿童提供更广的视线范围。但是,多侧开窗若设计不合理,同样可能带来诸多设计及使用的问题。

通过对已有文献进行归纳,目前针对幼儿园环境的研究多从儿童行为、空间认知的角度出发[4-7],而对于多个物理环境指标整合考虑的设计优化问题研究较少。本研究选取广州地区典型幼儿园活动室单元为研究对象,分析多侧开窗的采光情况下,开窗方式对活动室内天然采光及制冷能耗的影响。在确定朝向、开窗墙面以及活动单元大小的基础上,以提高室内光环境舒适度、减少能耗为优化目标并选取优选方案集。本研究的方法和结果可为幼儿园建筑活动室天然采光和节能优化设计提供借鉴。

2 研究方法

2.1 优化流程与计算模块

本研究将进行基于多目标优化算法的天然采光及能耗设计优化方法研究,具体流程可分为以下几个步骤(图1):①幼儿园活动室单元的选型,确定单元尺寸,根据规范及结构尺寸确定开窗的建模逻辑;②通过参数化软件平台建立建筑物理模型;③根据规范查阅及文献调研,筛选出优化目标与优化变量,采用广州典型气象年气象数据,并将建筑各部分材料的热工、光学性能参数以及人员活动与荷载数值输入各性能分析模块;④多目标遗传算法优化,通过对解集的比选获得优选方案集。

2.2 模型建立与参数设置

本研究选取湿热地区广州市的典型幼儿园活动室单元作为初始对照方案(图2),活动室朝向正南方向,开门一侧连接走廊,其余三侧均为外墙。活动室层高2.8 m,进深6.8 m,面宽7.1 m,柱宽0.4 m。在此基础上,研究基于 Rhino+Grasshopper 平台进行体量建模。

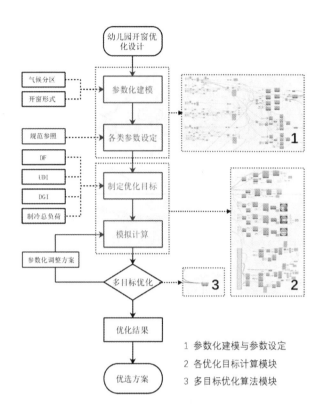

图1 优化流程与各模块电池组

根据《托儿所、幼儿园建筑设计规范(2019年版)》JGJ 39—2016[8]规定,窗台高度设置为0.6 m。在三面开窗外墙上,根据窗墙比、窗台高度及结构约束条件,以1.5 m为网格模数划分窗洞面积,进而组合生成参数化开窗方案。考虑到活动室使用需求,保留对照方案活动室内家具布置,拟定4张位置固定的圆桌均匀布置于房间中心,以桌平面0.35 m高度作为计算的参考平面(图3)。

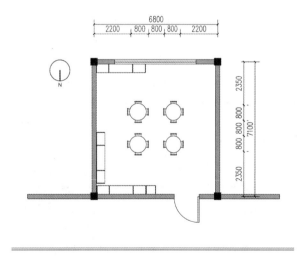

图2 活动室平面布置示意图(单位:mm)

305

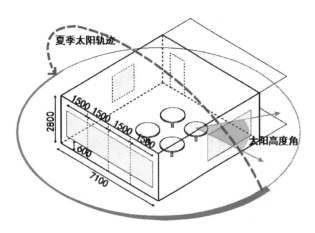

图3　7.1 m面宽开窗变化及眩光计算平面设置示意图

模拟对活动室单元模型材质设置为:内墙、地面、屋面为绝热墙,其余围护结构的光学、热工参数根据相关规范进行设定(表1、表2),此外研究考虑了人员数量、活动时间、换气率及制冷温度的影响,并将儿童活动量设定为成人的0.3(表3)。

表1　现材料光学参数[9]

材料位置	反射率	可见光透射率	颜色
窗户玻璃	—	0.7	—
顶面	0.8	—	白色
墙面	0.7	—	白色
桌面	0.3	—	黄色
地面	0.3	—	黄色

表2　围护结构热工参数[9]

部位	材料	厚度/mm	导热系数 /[W/(m·K)]	传热系数 K/[W/(m²·K)]	太阳得热系数
外窗	铝合金框+中空玻璃	(6+13A+6)	—	2.68	0.4
	空心砖砌体	100	0.9	—	—
	水泥砂浆打底	100	0.53	—	—
外墙	保温层	50	0.03	—	—
	空气间层	100	0.667	—	—
	石灰抹面	12.7	0.16	—	—

表3　儿童活动时间及荷载

人数	学期	日活动时间	换气率	制冷温度	幼儿活动量[10]
30人	春季3—6月 秋季9—12月	8:00—17:00	0.5次/h	>26 ℃	0.3×120=36 W

2.3　优化目标与模拟计算

2.3.1　优化变量的选取及优化目标的函数

本研究选取多侧外墙开窗面积、室内连续可使用实墙面积作为幼儿园多侧采光研究的优化变量。

选用采光系数标准值(DF)、眩光指数(DGI)以及基于全年气象数据的评价指标:有效天然采光照度时长占比(UDI)三个评价指标作为幼儿园活动室内天然采光优化目标,可有效反映幼儿园活动室的天然采光性能。对于活动室的能耗评价,以儿童春季及冬季学期在室内活动时间的空调冷负荷作为优化目标。并根据各优化目标定义与相关规范要求确定相应的目标函数如下。

(1)DF(average value of daylight factor)是指室内工作面上的照度与全年室外照度比例的平均值[11],本研究拟计算DF标准值。DF值越大,表示室内获得采光量越多。优化目标之一为寻求DF最大值,以获得室内最大程度自然采光。

(2)UDI(useful daylight illuminance)是指全年中室内工作面上天然光在一固定区间范围内有效照度的时间占总时间比例。当室内照度为100～2000 lux时,可视为人眼能正常工作的环境光照,活动室内处于该范围的照度时长占比将纳入计算。因此,设定优化目标之一为寻求UDI的最大值。

(3)DGI(daylight glare index)为不舒适眩光指数,数值越大表示不舒适程度越大,根据 DGI 评价分级标准,其数值大于 18 为"可感知",大于 24 表示"轻微不适",大于 28 则视为"无法忍受"。本研究根据东、南、西侧外墙分别选取夏至日(6 月 22 日)9 时、12 时和 16 时作为场景视线方向和计算时段,对三个视线场景中 DGI 的最大值进行优化。

(4)全年空调冷负荷 (kW·h)是衡量建筑节能水平的重要指标。由此设定优化目标之一为寻求全年幼儿园运行期内制冷时间段的总空调冷负荷最小值。

2.3.2 模拟计算与多目标优化

基于参数化建模平台 Rhino＋Grasshopper 平台中的 Ladybug＋Honeybee 插件,对室内天然采光及全年空调冷负荷进行模拟计算。气象数据文件选取广州典型气象年(2003)数据作为输入端,分别通过各优化目标计算模块调用 Radiance、Daysim 采光计算和 Energyplus 中的 Openstudio 能耗计算引擎完成模拟计算。

多目标优化采用较为常见的遗传算法寻优模块 Octopus 插件。由于其默认求解方式为求解优化目标最小值,因此需对采光系数标准值和有效天然采光照度时长占比数值作负数处理。Octopus 参数设置除种群数量为 40,其余均保持默认值。当各优化目标值随迭代计算进行趋于稳定,此时可在帕累托前沿解中进行筛选,得到最优的结果。

3 结果分析

3.1 各优化目标的最优方案比较

多目标寻优算法共完成 40 代计算,在第 19 代时收敛,之后的整个计算过程趋于平稳,因此本研究拟选取第 35 代寻优结果作为后续的分析对象,通过对多目标优化解集分布图进行分析可知,本代次寻优共获得 64 个帕累托前沿解,其中深色表示帕累托前沿解或精英解,浅色则表示历史解。分别比较采光系数标准值、全年有效天然光照度时长占比、眩光指数和全年空调冷负荷四个优化目标下的幼儿园活动室多侧开窗最优设计方案(图 4),并进一步对各侧开窗立面的连续可使用实墙面积进行对比。

由表 4 可知,相较于单侧立面开窗的初期对照方案,全年空调冷负荷最优方案的空调总冷负荷的优化率达到 3.2%,有效照度时长占比最优方案的有效照度时长占比优化率达到 10.3%,眩光指数最优方案的眩光指数最大值优化率达到了 22.1%,以上三个方案的开窗面

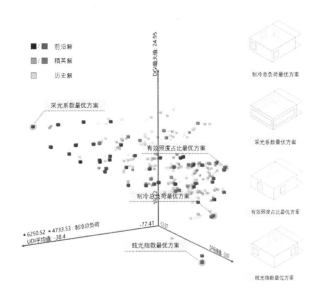

图 4 多目标优化 35 代解集空间分布及最优方案

积均为 6.75 m²,连续可使用实墙面积为 34.5 m²,而采光系数最优方案的采光系数标准值优化率最大,达到了 273.5%,开窗面积为 27 m²,此时三侧开窗面积均达到最大并占满墙面有效区域。

3.2 综合优选方案的筛选

相较于上述四个优化目标的最优方案,设计过程中通常需考虑四个目标之间的相互关联,综合筛选较优方案,使得较优方案的各优化目标的优化效果更加均衡。本研究根据 35 代解空间分布图中部集中区域,选取帕累托前沿解作为优选方案,并对选取的四个较优多侧开窗设计方案进行汇总(表 5),可视化比较不同方案间各优化目标和连续可使用实墙面积的差异。

由表 5 可知,四个优选方案的连续可使用实墙面积和窗户面积较为均衡,相较于初始对照方案而言增加了开窗面积,保证室内天然光环境和一定的连续墙面积,且能够较好匹配幼儿园活动室使用功能和行为需求。例如较优方案三中,开窗总面积为 15.75 m²,连续可使用实墙面积达到 18 m²,全年空调冷负荷为 5370 kW·h,采光系数标准值为 7.57%,有效照度时长占比为63.46%,眩光指数最大值为 22.7,除全年有效照度时长占比略小于初始对照外,其余优化目标数值均得到明显的改善。在实际方案与优化进程中,相关设计人员可以根据具体设计需求,结合四个优化目标的综合数值,从帕累托前沿解解集方案中灵活挑选合适的窗墙组合方案。

表4　各优化目标的最优方案模拟数值及优化率比较

方案类型	优化目标				优化率				开窗及连续可使用实墙面积/m²	
	空调冷负荷/(kW·h)	采光系数标准值/(%)	有效照度时长占比/(%)	眩光指数	空调冷负荷/(%)	采光系数标准值/(%)	有效照度时长占比/(%)	眩光指数/(%)	窗	墙
初期对照	4888.80	3.37	70.16	25.33	—				6.75	30.24
冷负荷最优	4733.53	3.2	73.51	21.37	3.2	−5	4.8	15.6	6.75	34.56
采光系数最优	6250.52	12.59	38.40	24.05	−27.9	273.5	−45.3	5.1	27	0
有效照度占比最优	4734.63	3.26	77.41	23.06	3.2	−3.3	10.3	9	6.75	34.56
眩光指数最优	4735.96	3.11	69.77	19.72	3.1	−7.7	−0.6	22.1	6.75	34.56

表5　部分优选方案的各优化目标模拟结果及窗墙面积参数比较

优选方案一	优选方案二

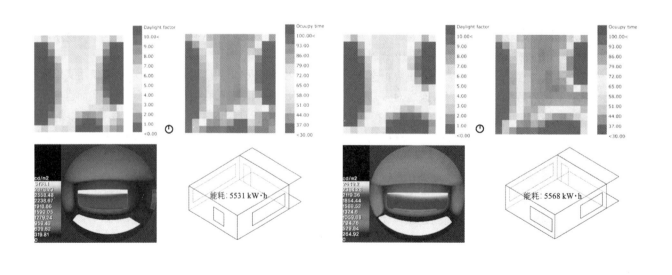

可使用连续墙面积(m²)＝14.4　　窗户面积(m²)＝18	可使用连续墙面积(m²)＝14.4　　窗户面积(m²)＝18

308

优选方案三		优选方案四	

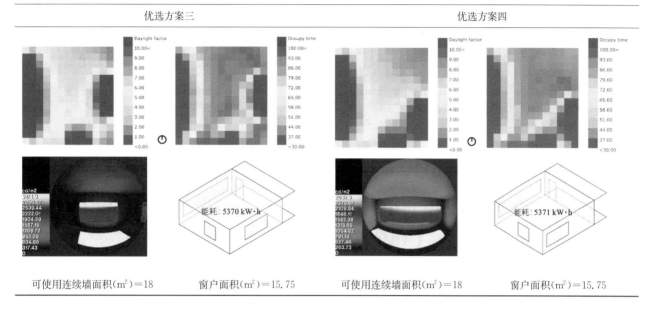

| 可使用连续墙面积(m²)=18 | 窗户面积(m²)=15.75 | 可使用连续墙面积(m²)=18 | 窗户面积(m²)=15.75 |

4 总结与展望

本研究以湿热地区广州市典型的幼儿园活动室单元为研究对象,运用多目标优化算法,对多侧开窗幼儿园活动室的天然采光和能耗评价指标进行寻优,并比较寻优后不同方案开窗面积及连续可使用实墙面积。结果表明,运用该方法能较好实现灵活布局模式下的幼儿园活动室多侧开窗设计与优化,为幼儿园活动室天然采光与节能优化设计提供参考,研究成果具有以下特征。

(1)运用本研究方法可快速实现不同开窗和墙体面积的动态调整与可视化。

(2)经过多目标优化后的各项评价指标总体上相较于初始对照方案更优。

(3)优选方案的开窗面积与连续可使用实墙面积能够较好兼顾天然采光、能耗指标以及使用需求。

本研究的研究对象选取典型活动室单元,后续可结合建筑与环境整体关系,完善模型与场地信息,同时考虑其他物理指标对幼儿园活动室使用需求与舒适度的影响,进一步完善方法流程。

参考文献

[1]中华人民共和国教育部.幼儿园教育指导纲要(试行):2001 [S].北京:北京师范大学出版社,2019.

[2]HESCHONG L. (1999). Daylighting in schools: An investigation into the relationship between daylighting and human performance. Detailed Report. ED444337 B.

[3] YACAN, SAFAK D. Impacts of daylight on preschool students' social and cognitive skills[D]. Lincoln: The University of Nebraska-Lincoln,2014.

[4]赵虎,李志民.我国当代幼儿园建筑设计发展历程解析[J].城市建筑,2017(16):115-117.

[5]陈西蛟.基于空间认知的幼儿园建筑内部环境设计——以泉州宝秀幼儿园内部空间设计为例[J].中外建筑,2016(05):131-133.

[6] SAMIOU A I, DOULOS L T, ZEREFOS S. Daylighting and artificial lighting criteria that promote performance and optical comfort in preschool classrooms [J]. Energy and Buildings,2022,258:111819.

[7]BØRVE H E, BØRVE E. Rooms with gender: physical environment and play culture in kindergarten[J]. Early Child Development and Care, 2017, 187 (5-6): 1069-1081.

[8]住房和城乡建设部.幼儿园建筑设计规范:JGJ 39—2016 [S].北京:中国建筑工业出版社,2019.

[9]住房和城乡建设部.民用建筑绿色性能计算标准:JGJ/T 449—2018 [S].北京:中国建筑工业出版社,2018.

[10]何亚洁.基于使用行为与热舒适关联的广州市幼园活动室空间环境分析研究[D].广州:华南理工大学,2020.

[11]住房和城乡建设部.建筑采光设计标准:GB 50033—2013 [S].北京:中国建筑工业出版社,2012.

曾旭东[1,2] 杨韵仪[1] 张晓雪[1]

1. 重庆大学建筑城规学院；zengxudong@126.com
2. 山地城镇建设与新技术教育部重点实验室

Zeng Xudong[1,2] Yang Yunyi[1] Zhang Xiaoxue[1]

1. College of Architecture and Urban Planning, Chongqing University
2. Key Laboratory of Urban Construction and New Technology in Mountain Areas, Ministry of Education

重庆市建设科技项目(城科字 2021 第 6-16)

双碳目标下基于 BIM 技术的低碳建筑改造设计研究
Research on Low-carbon Building Renovation Design Based on BIM Technology Under the Dual Carbon Goal

摘 要：建筑节能是解决未来全球能源困境，助力实现碳达峰、碳中和目标的重要途径。本文开展基于 BIM 技术的低碳建筑改造设计研究，以某卫生院改造项目为例，通过 BIM 能源模拟技术探究外墙传热系数、保温层厚度、外窗传热系数、外窗遮阳系数等对建筑能耗与碳排放的影响，完成建筑改造方案阶段的碳足迹、能耗、能量平衡等的评估，并归纳总结出低碳目标导向的老旧建筑改造优化设计方法。研究证明，基于 BIM 技术的低碳建筑改造方法科学高效。

关键词：BIM；老旧建筑改造；节能减碳

Abstract：Building energy efficiency is an important way to solve the future global energy dilemma and help achieve carbon peak and carbon neutral goal. This article carry out low carbon building design based on BIM technology research, to a health facility renovation project as an example, through the BIM energy simulation technology to explore the outer wall heat transfer coefficient, thermal insulation layer thickness, the coefficient of heat transfer coefficient, outside the window shade impact on building energy consumption and carbon emissions, complete the assessment of building retrofit scheme phase such as carbon footprint, energy consumption, energy balance. And summed up the low-carbon target - oriented old building renovation optimization design method. The research proves that the low-carbon building reconstruction method based on BIM technology is scientific and efficient.

Keywords：BIM；Renovation of Old Buildings；Energy Conservation and Carbon Reduction

建筑节能是解决未来全球能源困境、助力实现碳达峰、碳中和目标的重要途径。既有建筑量大面广，普遍具有围护结构(墙体窗户等)老化、节能标准落后、碳排放强度大等问题，导致环境超负荷运转，碳达峰不能只抓新建，忽视既有。国务院印发《"十四五"节能减排综合工作方案》，其中城镇绿色节能改造工程要求全面提高建筑节能标准，积极推进既有建筑节能改造。"新建建筑"与"既有建筑改造"并行是我国城镇建设的一大转变，对既有建筑进行节能改造是降低碳排放量，推行建筑节能的重要专项工作[1]。数字化节能改造正逐渐改变传统改造方法存在的数据收集与整合困难、复合化改造难度大、智能化和低碳节能有待提升等问题，精确建模的 BIM 系统结合建筑能源分析工具能进行建筑能源消耗、碳足迹和建筑能源性能评级，为建筑师提供直观可视、综合协调、及时有效的能耗分析模拟以支持早期设计决策，有利于实现建筑全生命周期与可持续设计里的节能减排。

1 基于BIM的建筑低碳节能改造设计

1.1 研究对象

大邑县悦来镇公立卫生院现状为3层的多层建筑，结构为砖混结构、框架结构等形式，建筑品质不佳、比例不妥、整体较为陈旧。本文选择该卫生院作为研究对象，借助BIM技术进行建筑模型构建、能耗模拟与碳排放量计算，辅助卫生院改扩建设计，打造功能合理、安全舒适、低碳节能的村镇医疗设施建筑。

1.2 研究方法

1.2.1 BIM模型建立和数据转换

本研究选择ArchiCAD软件依据原始图纸进行BIM建模，构建卫生院的空间造型、结构体系、构造材料、并精确设置卫生院所处经纬度和气象环境条件，主要包括太阳辐射强度、日照时长、空气温度与湿度、风速和风向等[2]。在建模过程中，利用BIM Cloud和信息同步技术解决多专业人员加入团队工作中的问题，实现建筑、结构和机电实时协同设计。ArchiCAD软件中Ecodesigner能源分析工具符合建筑节能设计标准，且内置于BIM工作环境的核心，建筑师可以利用熟悉的BIM系统，将精确建模的功能区块分配到多个热量块，通过BIM模型几何和材料属性自动分析功能，将建筑模型(BIM)转换为建筑能源模型(BEM)，实现与建筑设计过程同步的性能模拟与数据转换(图1)。

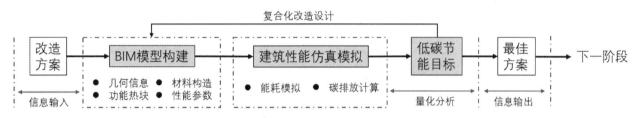

图1 基于BIM的建筑低碳节能改造优化设计流程

(图片来源：作者自绘)

1.2.2 能源消耗与碳排放模拟

建筑能源消耗与碳排放仿真模拟地点为四川省成都市，在环境中加载成都的气象信息(EPW文件)。卫生院的经纬度(30°40'N,104°1'E)，朝向为正北方向，海拔高度为500 m；成都地处夏热冬冷地区，大气最高温度为34.79 ℃，最低温度为0.90 ℃，平均温度为16.94 ℃，日照辐射平均为650.00 W·h/m²，选定3A区域标识为潮湿气候，建筑所在地土质为砾石，导热系数为1.4 W/(m·K)，密度2200 kg/m³，热容量1900 J/(kg·K)，周边环境为花园，20%地面反射比；定义BIM模型热量区块，并为各个热量块添加相应的运营配置文件以及MEP系统，即设置每个能量区域的地源热泵、新风系统、中央空调、内部光源时长。以医院病房区为例：赋予病房区"医院病房或宿舍"的配置文件，默认运行条件为全天候24 h内部温度在20~26 ℃区间，工作时长共计8760 h。软件模拟结果如图2所示，能量评估结果包含项目碳排放，项目能量平衡，热块关键值，热块能量平衡，热块每日温度配置文件，能源消耗等28个项目[2]。

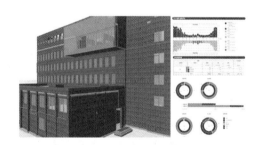

图2 BIM模型与能量评估报告图

(图片来源：软件模拟)

2 BIM性能模拟实验仿真分析

2.1 研究指标

本研究基于BIM技术进行节能减排相关性能模拟辅助老旧建筑改造方案设计，以建筑能耗与碳排放模拟得出的参数结果，作为改造方案优化的依据。《建筑碳排放计算标准》(GB/T 51366—2019)规定建筑碳排放的计算边界指与建筑物建材生产及运输、建造及拆除、运行等活动相关的温室气体排放的计算范围[3]。建筑全生命周期的碳排放量计算公式为式(1)：

$$C_{LCA} = C_m + C_c + C_a + C_d \tag{1}$$

式中,C_{LCA}——建筑全生命周期总碳排放量,t 或 kg;

　　C_m——建材物化阶段的碳排放量,t 或 kg;

　　C_c——建筑施工阶段的碳排放量,t 或 kg;

　　C_a——建筑运行阶段的碳排放量,t 或 kg;

　　C_d——建筑拆除阶段的碳排放量,t 或 kg。

　　实现设计阶段的建筑能耗与碳排放的控制,就要以主要建材的消耗量为依据,从建筑运行能耗角度考虑,在方案中进行建筑材料、建筑结构、设备系统等的合理选择。BIM 基础数据库的建立与完善对既有建筑能耗与碳排放的测算与改造优化设计辅助控制有重要意义,依据《公共建筑节能设计标准》(GB 50189—2015)、《四川省公共建筑节能设计标准》(DBJ 51/143—2020)等节能相关规范补充完善既有建筑低碳节能改造的具体设计参数与 BIM 基础数据库,并确定相关性能模拟的边界条件。本文涉及的建筑部分围护结构的热工性能参数与改造优化具体构造方式见表 1、表 2。

表 1　部分外墙的热工性能参数与构造方式

(来源:作者自绘)

名称	每层材料名称	厚度 /mm	导热系数 /[W/(m·K)]	蓄热系数 /[W/(m²·K)]	储蓄碳排放量 /(千克CO₂/千克)	外墙传热系数 /[W/(m²·K)]
外墙 1 (基准)	水泥砂浆	20.0	0.930	11.370	0.220	0.742(<0.8)
	加气混凝土砌块	260.0	0.180	3.160	0.088	
	水泥砂浆	20.0	0.930	11.370	0.220	
外墙 6	水泥砂浆	20.0	0.930	11.370	0.220	0.242(<0.8)
	加气混凝土砌块	260.0	0.180	3.160	0.088	
	挤塑聚苯乙烯泡沫塑料	100.0	0.030	0.340	1.080	
	水泥砂浆	20.0	0.930	11.370	0.220	

表 2　部分窗的热工性能参数与构造方式

(来源:作者自绘)

名称	规格型号	外窗面积 /m²	立面窗墙比	加权传热系数 /[W/(m²·K)]	综合太阳得热系数 SHGC
窗 3	塑料型材 $K_f=2.7W/(m²·K)$窗框面积20% + 6mm 高透光 Low-E+12mm 空气+6 透明	305.71	0.23	2.10 (<3.0)	0.405 (<0.44)
窗 4	塑料型材 $K_f=2.7W/(m²·K)$窗框面积20% + 6mm 高透光 Low-E+12mm 氩气+6 透明	305.71	0.23	1.66 (<3.0)	0.348 (<0.44)

　　根据节能设计的规范法规与改扩建设计的具体要求,综合分析夏热冬冷地区相关研究成果与地方建筑实践[4],确定此次建筑低碳节能模拟实验变量(见表 3)主要包括外墙传热系数(K 值)、外墙保温层厚度(mm)、外窗传热系数(K 值)、外窗太阳得热系数(G 值)、遮阳百分比(%)。

表 3　低碳节能改造设计变量取值(来源:作者自绘)

参数类型	模拟变量	取值
围护结构	外墙传热系数	0.2,0.3,0.4,0.5,0.6,0.7
	保温层厚度	0,5,25,50,100
	窗太阳得热系数	0.3,0.4,0.5,0.6
	窗传热系数	1.5,2.0,2.5,3.0
遮阳装置	遮阳百分比	0,10,40,80

2.2　模拟结果分析

　　运用 Ecodesigner 进行单因素动态仿真分析,计算卫生院模型在 14 种不同改造方案设计下建筑全年冷热负荷,能量消耗与碳排放情况。项目实践共获得基准方案及优化后的能耗模拟计算数据、饼状图和条形图文件共 360 页。将各低碳节能设计因素的模拟结果进行分组对比分析,对建筑的能源消耗与碳排放提供有价值的反馈从而辅助改造设计做出更好的决策。

2.2.1　外墙传热系数与保温层厚度

　　由图 3 可知,单位面积纯热能,能量消耗以及 CO_2 排放随着外墙传热系数增大而升高,呈正相关趋势。四条曲线相关斜率出现拐点时,外墙传热系数取值为 0.668,其中建筑冷却能量的消耗出现由升到降的转折。由分析可知,拐点出现时外墙增设了保温层,根据《公共建筑节能设计标准》(GB 50189—2015)中对夏热冬冷地区公共建筑设计标准,外墙保温层厚度增加,复合墙体加权传热系数 K 随之减小,采用外墙保温时冬季采暖的能量消耗明显高于夏季制冷的能量消耗,由此可知在夏热冬冷地区,外墙采取保温技术措施对冬季节能效果有着更为显著的影响[5]。外墙传热系数取值在 $0.55 \sim 0.65$ 范围内,单位面积的冷热负荷、CO_2 排放量随着外墙传热系数降低得更为显著,分析可知夏热冬冷地区夏季供冷相较于其他地区能量消耗大,过度的保温会阻碍室内热量的排出,增大夏季冷负荷引起反节能,因此应合理选择外墙保温层厚度,控制复合墙体保温层厚度在 $15 \sim 50$ mm 范围内[6]。

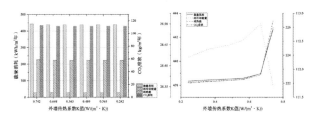

图3 外墙传热系数与节能减碳效果
(图片来源:作者自绘)

2.2.2 外窗传热系数与综合太阳得热系数

通过设置不同的玻璃类型与窗框形式得到四种不同的外窗热工性能参数。图4为不同外窗传热系数的全年单位面积冷热负荷、能量消耗与 CO_2 排放柱形图,全年单位面积冷热负荷、能量消耗与 CO_2 排放随外窗传热系数变化趋势图。由图4可知,外窗传热系数与单位面积纯热能、能量消耗以及 CO_2 排放均呈正相关的变化趋势,减小外窗传热系数 K 值和综合太阳得热系数 $SHGC$ 将有效地减少全年建筑能耗与 CO_2 排放。减小外窗传热系数时冬季采暖的热能消耗远远高于夏季制冷的能量消耗,外窗保温对于夏热冬冷地区而言,冬季节能效果更明显。比较外窗传热系数与太阳得热系数单位能耗与 CO_2 排放量可知,减小外窗太阳得热系数比减小外窗传热系数节约能耗与降低碳排放量效果更加显著,以隔热为主能在夏热冬冷地区实现最大程度建筑外窗节能[7]。

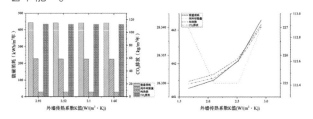

图4 外窗传热系数与节能减碳效果
(图片来源:作者自绘)

2.2.3 外窗遮阳率

增加遮阳设施对防止太阳辐射的效果显著,能有效降低夏季建筑物能耗。不同的遮阳形式、构造方式以及材质颜色对遮阳效果都有一定的影响,为了简化计算流程,倾向于定量地分析遮阳率对建筑物能量消耗与碳排放的影响作用,故将窗洞口的遮阳统一设置为遮阳百分比,经分析测算得到图5。总体来看,窗洞口遮阳率与单位面积纯热能、能量消耗以及 CO_2 排放呈负相关的变化趋势,增大窗洞口遮阳率能有效地减少全年建筑能耗与 CO_2 排放。遮阳率对夏季冷却能量消耗有较为明显的效果,对于冬季热能消耗影响不大,在实际使用中,遮阳构件一定程度上会影响室内采光和通风,因此采用便利的活动遮阳构件能够更好地满足全年的使用需求。

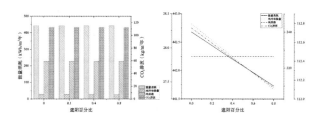

图5 外窗遮阳率与节能减碳效果
(图片来源:作者自绘)

2.3 综合策略与优化效果

上述内容是控制单一变量后分析相关措施对建筑能耗与碳排放的影响,在获悉了单一变量与建筑能耗和碳排放量之间的相关性之后,综合分析多种优化策略下的建筑能耗与碳排放量变化,多方案对比筛选出了其中 CO_2 排放与能量消耗最低的设计方案。在最后得出的分析报告中(图6),与标准方案相比建筑整体能耗减少了 18%,建筑整体碳排放量减少了 18%,优化设计低碳节能效果明显,基于 BIM 技术的仿真模拟数据对建筑的低碳节能改造设计具有技术参考价值。

性能等级表格				
能量使用	单位	提议的设计结果	基线建筑结果	节约%
加热	能量使用(kWh)	837.56	1274294.48	34.27
	高峰需求(kW)	1.00	1366.87	26.86
冷却	能量使用(kWh)	126.34	136543.47	7.47
	高峰需求(kW)	0.45	530.07	15.11
公共热水	能量使用(kWh)	40.72	40732.23	0.04
	高峰需求(kW)	0.01	14.35	0.07
换气扇	能量使用(kWh)	27.90	27895.63	0.00
	高峰需求(kW)	0.01	6.72	0.00
照明	能量使用(kWh)	114.40	114399.79	0.00
	高峰需求(kW)	0.02	21.70	0.00
设备	能量使用(kWh)	840.38	840379.65	0.00
	高峰需求(kW)	0.10	99.53	0.00
总的年度能量使用:(kWh/年)		1987288.95	2434245.45	18.36
年度过程能量(kWh/年)		954779.65	954779.65	0.00

图6 卫生院综合优化后能量消耗对比
(图片来源:软件模拟)

3 结语

老旧建筑低碳节能改造是一个复杂的体系。本文利用 BIM 技术采集老旧建筑信息化数据，构建既有建筑地理气候、材料构造性能的 BIM 数据库，通过能源与碳排放的仿真模拟与定量分析较为直观地展示出外墙传热系数、保温层厚度、外窗传热系数、外窗遮阳率等建筑热工性能参数以及建筑材料、构造、窗洞遮阳等各种保温隔热措施对建筑碳排放与能耗的影响。综合分析数据证明，利用 BIM 技术辅助夏热冬冷地区老旧建筑改造，通过改善围护结构热工性能降低全年能耗与碳排放效果明显，其贡献率接近 20%，冬季采暖节能效果尤为显著。在建筑改造设计早期介入低碳节能技术与 BIM 技术，以能量评估和碳排放数值图表作为方案优化依据，对低碳建筑复合化改造设计有较好的指导意义。

参考文献

[1] 黄海静,林犀.既有建筑节能改造中的类型学方法——欧洲经验及对我国的启示[J].建筑学报,2020 (Z1):164-170.

[2] 王景阳,朱浚涵,王夕璐,等.基于 BIM 技术的能耗分析方法在建筑教学中的实践[C]//数字·文化——2017 全国建筑院系建筑数字技术教学研讨会暨 DADA2017 数字建筑国际学术研讨会论文集,北京:中国建筑工业出版社,2017:363-367.

[3] 刘科.夏热冬冷地区高大空间公共建筑低碳设计研究[D].南京:东南大学,2021.

[4] 李晓俊.基于能耗模拟的建筑节能整合设计方法研究[D].天津:天津大学,2013.

[5] 杨少玮,张伟捷.夏热冬冷地区墙体外保温对建筑节能影响的研究[J].建筑节能,2020,48(11):102-105.

[6] 薛一冰,相楠.山东地区高层住宅建筑能耗影响的敏感性分析[J].建筑节能(中英文),2021,49(9):80-84,131.

[7] 黄惊,刘士清,唐小虎,等.夏热冬冷地区办公建筑外窗热工性能及节能效果分析[J].建筑节能,2019,47(6):88-92.

曾旭东[1] 黄洁[1]
1. 重庆大学建筑城规学院；zenxudong@126.com
Zeng Xudong[1] Huang Jie[1]
1. School of Architecture and Urban Planning, Chongqing University

基于CFD数字技术的重庆多高差住区架空层风环境优化策略探讨

Discussion on Wind Environment Optimization Strategy of Overhead Layer in Chongqing Multi-height Difference Residential Area Based on CFD Digital Technology

摘　要：重庆住区由于复杂的场地条件，因此需要进一步研究在山地条件下架空层对风环境的优化作用。本文以某山地住区为例，通过调研测绘建立多类型架空层模型，并利用CFD数字技术对多方案进行风环境模拟。通过横竖向研究架空层开洞方式对风压的作用效果。基于模拟计算结果，提出理想的架空层架设方式。本文旨在通过对此代表性较强的多高差入口建筑进行研究，为山地住区建筑自然通风设计提供参考。

关键词：数字技术；风环境模拟；山地住区；架空层

Abstract: Due to the complex site conditions in Chongqing residential area, it is necessary to further study the optimization effect of the overhead layer on the wind environment under mountain conditions. Taking a mountainous residential area as an example, this paper establishes multi-type overhead layer models through surveying and mapping, and uses CFD digital technology to simulate the wind environment for multiple scenarios. The effect of the opening method of the overhead layer on the wind pressure is studied horizontally and vertically. Based on the simulation results, an ideal overhead layer erection method is proposed. The purpose of this paper is to provide a reference for the natural ventilation design of buildings in mountain residential areas by researching this representative multi-height difference entrance building.

Keywords: Digital Technology; Wind Environment Simulation; Mountain Settlements; Overhead Floors

1 引言

随着我国经济的飞速发展，我国对节能减排的重视也日渐提高，在此背景下降低建筑能耗、减少建筑碳排放量、以绿色观念建造建筑并向绿色建筑转型是我国建筑行业未来发展的重点与趋势。建筑设计中能够通过被动式节能措施降低建筑能耗，其中设置架空层能够优化自然通风，降低设备需求与排放，能够达到建筑节能减碳的目的。但在复杂山地环境下的住区风环境的研究并不完备，重庆住区入户层在复杂山地影响下发展出多高差入口空间，本文重点研究在其基础上的架空层架设能否进一步对住区风环境进行优化。

通过对国内外相关文献的整理分析研究可知，当前对建筑风环境模拟主要采用CFD数字模拟方法与风洞试验，其中由于CFD数字模拟方法成本低、效率高[1-2]，因此对其利用的频率更高。而对住区风环境研究主要集中于建筑布局[3-4]，对架空层的研究主要针对底层架空层[5-6]。

总体上针对山地住区风环境的研究还较少，且对架空层的研究也仅局限于底层架空空间，未能充分考虑山地复杂地形下的架空层空间,仍然存在较大的研究空间。

　　本文通过对国内外建筑风环境以及住区架空层风环境的研究现状进行分析,对山地住区特殊住区地形环境进行研究,研究山地住区架空层的架设方式对住区风环境的影响。并通过调研测绘建立建筑现状模型,根据现状结果建立多类型架空层模型,进一步利用CFD数字技术对多方案进行风环境模拟,探究山地住区架空层架设方式对住区风环境的影响,探寻适用于山地住区的架空层架设方式。

2　场地高差对住区风环境的影响

　　根据对文献调研进行总结,现有文献基本基于平整场地来对建筑布局及朝向进行研究,对场地存在高差条件下的住区风环境研究尚存在不足,因此需要进一步研究。

2.1　多高差住区入口层设置

　　由于重庆坡度基数大,环境复杂多变,根据因地制宜的必要设计原则,重庆山地住区设计大多具有立体多维性,住区入户层发展出多高差入口空间,从而使建筑多存在一面或两面连接道路,与道路距离近,风环境存在特殊性,因此需要研究其入口布置方式,进一步研究场地高差对风环境的影响。

2.1.1　住区入口布置方式

　　重庆山地住区多高差入口形式的本质是住区场地内高差变化,建筑顺应地势而建,道路顺地形而走,从此自然形成建筑多高差入口。可简单分为底层中间层与顶层入口[7]。但从对场地风环境的影响上进行分析来看,顶层活动场地与建筑相结合的情况下,建筑屋顶部分与活动场地处于同一高度,相当于平地,住区顶层入口对场地风环境基本无影响。因此将多高差入口方式分为底层入口加单个中间层入口与底层入口加两个中间层入口。由于每个入口都由道路连接生成而来,因此基本不存在三面不同高差的情况,因此未将三个中间层入口纳入研究范围内。基本住区入口层布置方式如表1。

2.1.2　多高差住区活动区设置

　　由于高差的存在,山地住区的活动区设置也与平地建筑存在较大不同。平地上对住区活动场地的考量较多在于总平面上可达性,以及日照要求。而在山地住区中,活动场地需要增加考虑垂直向的交通可达性。在底层架空与中间层架空的布置条件下,活动场地的先决条件是可达性,也因此活动场地的布置随入口布置于道路

表1　住区入口层布置方式(来源:作者自绘)

方式	底层入口	底层+中间层入口	底层+2中间层入口
图示			
适用范围	道路与住宅地面标高相近	住宅两面存在不同高差道路	住宅三面存在不同高差道路
活动区域	无任何限制	随小区主要道路设置活动场地	多设置于中间层,便于多建筑共同使用

的主次而变化。而在住宅三面均存在不同高差道路的底层入口加两个中间层入口的情况下,建筑基本被高差环绕,活动空间布置优先满足周边建筑的共同使用,多设置于多高差的中间层。

2.2　山地高差条件下风环境计算

2.2.1　计算研究条件

　　国内外对风环境研究方法主要有现场实测分析、风洞试验以及CFD(计算流体力学)数字模拟三种。其中CFD数字模拟方法成本低、效率高,且能够较好适应复杂地形条件下的计算。因此本文主要利用CFD技术对风环境进行模拟研究。

　　湍流模型能够反映流体流动的状态,《绿色建筑评价技术细则》中对室外风环境计算推荐使用标准k-ε湍流模型。CFD方法计算的原理是在分析计算域中建立守恒方程。一般表达形式如下所示。

$$\frac{\partial(\rho\phi)}{\partial t} + \mathrm{div}(\rho\phi U) = \mathrm{div}(\Gamma_\varphi \mathrm{grad}\varphi) + S_\varphi$$

式中,φ可以是速度、湍流动能、湍流耗散率及温度等物理量,具体参照表2。

表2　计算流体力学的控制方程

(来源:绿建斯维尔风环境报告书)

名称	变量	Γ_φ	S_φ
连续性方程	1	0	0
湍流动能	k	$\alpha_k \mu_{eff}$	$G_k + G_B - \rho\varepsilon$
湍流耗散	ε	$\alpha_\varepsilon \mu_{eff}$	$C_{1\varepsilon}\frac{\varepsilon}{\kappa}(G_k + C_{3\varepsilon}G_B) - C_{2\varphi}\frac{\varepsilon^2}{\kappa} - R_\varepsilon$
温度	T	$\frac{\mu}{P_r} + \frac{\mu_t}{\sigma_T}$	S_T

　　在CFD数字模拟中,需要设定风场信息及工况信息。为使结果更明显,相较于夏季1.1 m/s风速,此次计

算选取 1.6 m/s 的冬季工况。由于道路不同方向对场地风环境的影响较大,对其影响风环境的判定较难,因此本次计算将建筑及场地布置按照冬季来风方向 NNE 来布置,降低道路遮挡对风环境的影响。

山地住区由于特殊设计策略导致山地建筑场地两侧标高间的落差较大,较高一侧住区活动空间来风存在被遮挡的情况,因此本文在对住区在山地条件下风速变化的计算中将活动场地设于经过山地的部分,从而更直观反映山地对风环境影响。

2.2.2 计算模型建立

本次设定 5 种场地条件对风环境进行计算,如图 1 平面与剖面示意图。分别对建筑有无坡地条件下风环境、有无建筑遮挡条件下风环境、有无道路遮挡下风环境进行模型建立。其中第四种为建筑底层入口加一中间层入口建筑场地环境,第五种为建筑底层入口加两个中间层入口建筑场地环境。

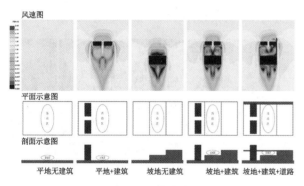

图 1 人行区域 1.5 m 高度处风速图(上)及不同场地条件布置方案示意图(下)
(图片来源:作者自绘)

2.2.3 计算结果分析

本研究首先对平地与坡地条件下的计算结果进行对比。在 10 m 高差的场地条件下,整体外部风环境从原来平稳保持近地面风速 1.4 m/s 左右提升至 1.8 m/s 左右。其中受 10 m 高差影响,活动场地约 1/4 区域出现无风区,活动场地整体风速下降明显。

其次通过对比平地有无建筑的风环境能够得出建筑对风环境的作用。建筑迎风面靠山墙部分会出现较大的风速,两建筑间夹缝能够形成较大风速放大效果,不利于冬季防风条件,因此在场地布置上需要避免对风速要求较高的儿童及老人活动区安排于建筑夹缝及建筑角落位置。而在坡地情况下建筑布置能够较大程度地优化整体场地风环境,在坡地条件下建筑角部风速放大作用小于平地条件,能创造出更加均匀舒适的室外风

环境。且在建筑间夹缝放大风速的作用下,无风区有大量的改善,相较于布置建筑前,无风区减少约 1/2。坡地条件下对迎风面建筑的布置能够优化整体风环境。

最后通过比对道路对风环境的影响,总体会降低道路一侧风速,但需要进一步具体细化遮挡条件才能够得出相应结果。

综上计算结果可以得出,坡地在无建筑遮挡条件下活动区风环境较差,无风区较大。平地条件下建筑遮挡会降低风环境舒适度,但在坡地条件下,迎风面建筑的布置能够很大程度降低无风区,得到风速较为平均的活动场地。

3 多高差架空层对住区风环境的影响

建筑底层架空层作为影响居住建筑自然通风的影响因素之一,能够增加居住区内通风量,且能较好适应南方潮湿环境。研究表明通过架设底层架空层能够较好改善居住区内风环境情况[8]。但重庆住区入户层在复杂山地影响下发展出多高差入口空间,能否有效实现架空层的通风效果尚不明确,需要针对多高差场地进行具体研究。由此针对多高差入口设置架空层对住区风环境的影响进行研究。

3.1 模型建立

3.1.1 场地现状

针对多高差住区进行调研,并选取具有山地住区特点且高差情况较为复杂的重庆某居住区作为模拟计算对象。该住区场地条件复杂,建筑与周边存在三个高差连接,如图 2(左图)所示。

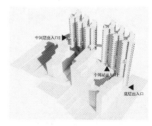

图 2 建筑入口分布(左图)与建筑活动区分布(右图)
(图片来源:作者自绘)

底层与中间层出入口 2 分别连接两条城市道路,中间层出入口 1 连接住区内部消防通道,出入口楼层分别为 1 层、8 层与 15 层。住区活动区如图 2(右图)所示,分别与底层出入口、中间层出入口 1 相连接,其中中间层活动区为主要活动场地,与建筑 8 层相连接。其余三边均有建筑围绕,由于建筑形态为退台状,且其中一面建

筑基本位于活动区下,因此整体空间闭塞感较弱。

3.1.2 风环境参数确定

在计算中以项目实际情况出发,设定风环境参数。我国《绿色建筑评价标准》(GB/T 50378—2019)对建筑室外风环境要求已有明确规定。冬季工况下主要避免风速过大,规定人行区距地面 1.5 m 高度处风速与风速放大系数分别小于 5 m/s 和 2,建筑迎背风面风压差小于 5 Pa。夏季、过渡季工况下主要避免风速过小,规定场地内活动区不得出现无风区,可开启外窗室内外表面风压差大于 0.5 Pa 的比例要达到 50%。

以此标准为参照,分别对冬季活动区风速放大系数、建筑迎背风面风压差、夏季活动区无风区比例与可开启外窗室内外表面风压差达标比例进行计算。

依照建筑布置,确定冬夏两工况风场计算域大小,并根据《民用建筑供暖通风与空气调节设计规范》中对重庆最多风向与最多风向平均风速的描述,对冬夏季工况下风速风向进行设置,如表 3 所示。

表 3　冬夏季工况风场计算域信息与边界风速风向

(来源:作者自绘)

标题 1	冬季工况	夏季工况
顺风方向尺寸/m	400	433
宽度方向尺寸/m	352	340
高度方向尺寸/m	169	169
示意图	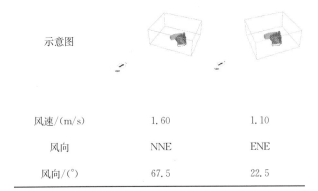	
风速/(m/s)	1.60	1.10
风向	NNE	ENE
风向/(°)	67.5	22.5

3.1.3 多方案对比设计

根据建筑现状,建筑架空层设置位置为 1F、8F 与 15F,并将三个位置架空层进行组合,共得出 7 种竖向架空层布置方案。横向方案对建筑架空层架空范围进行研究,分别对架空层范围为 1/3、2/3、5/6 的情况进行模拟计算。主要方案设置如图 3 所示。

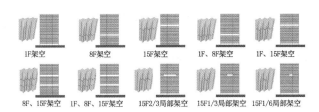

| 1F架空 | 8F架空 | 15F架空 | 1F、8F架空 | 1F、15F架空 |
| 8F、15F架空 | 1F、8F、15F架空 | 15F2/3局部架空 | 15F1/3局部架空 | 15F1/6局部架空 |

图 3　架空层多方案对比设计

(图片来源:作者自绘)

3.2 模拟计算结果分析

对架空层多方案进行 CFD 模拟计算,针对建筑冬季活动区风速放大系数、建筑迎背风面风压差、夏季活动区无风区比例与可开启外窗室内外表面风压差达标比例进行统计分析,计算结果如表 4 所示。

3.2.1 垂直向分析

通过对冬季各方案进行总结,可以发现由于重庆冬夏季工况下风速较小,几乎无法造成风速大于 5 m/s 的情况。但在架空层与建筑场地布置高度一致时,可能会出现风速放大系数大于 2 的情况,如图 4 所示。

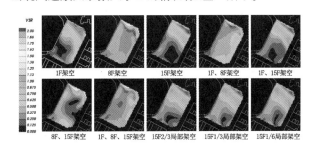

图 4　冬季活动场地风速放大系数

(图片来源:作者自绘)

冬季迎背风面风压差数据如表 4 所示,随建筑架空层设置面积增大而减小,即增加架空层的架设能使建筑室内通风风速降低,优化冬季室内风环境。但在无架空层布置情况下,建筑迎背风面风压差为最大,达到 2.905 Pa,仍与标准限值 5 Pa 存在较大距离,因此可以判断在重庆等风速较小地区基本可以忽略此项。

夏季可开启外窗室内外表面风压差达标比例均达到 79% 以上,因此也可以判断其基本可以忽略此项。

夏季无风区面积受架空层影响较大。活动场地 1.5 m 处风速图如图 5 所示,面积比例见表 4。建筑无架空层情况下无风区面积比例达到 23.4%,单一架空层中仅底层架空层设置对风环境存在优化作用,无风区面积比例为 19.5%。单独设置 8 层与 15 层架空对活动区风环境存在负优化作用。可看出即使在场地存在高差情况下,底层架空层仍然能较好优化场地风环境。对架空层进行组合后,1 层加 15 层高低两架空层对风环境优化最明显,达到 15.3%。

表4　多方案架空层设置下风环境参数(来源：作者自绘)

分析主题	建筑迎风和背风面风压差			可开启外窗室内外表面风压差			人行区域1.5米高度处无风区面积	
布置方案	迎风面平均气压/Pa	背风面平均气压/Pa	建筑迎背风面风压差/Pa	建筑表面面积/m²	室内外风压差大于0.5 Pa建筑表面面积/m²	达标比例/(%)	无风区面积/m²	比例/(%)
垂直布置方案 无架空	2.035	−0.87	2.905	29806.3	27076.1	90.8	221	23.4
1层架空	2.025	−0.76	2.785	29669	25323.9	85.4	183.9	19.5
8层架空	1.965	−0.585	2.55	30653	25252	82.4	240.7	25.5
15层架空	1.773	−0.93	2.703	30630.1	26020	84.9	260.9	27.7
1、8层架空	1.505	−0.848	2.353	30516	24039.9	78.8	243.9	25.8
1、15层架空	1.84	−0.758	2.598	30493.1	23876.6	78.2	144.1	15.3
8、15层架空	1.322	−1.1	2.422	31462.6	24903.7	79.2	246.3	26.1
1、8、15层架空	1.395	−0.88	2.275	31343.5	23218.7	74.1	187.4	19.9
水平布置方案 1/3架空	1.533	−1.617	3.15	30428.8	23947.5	78.7	138.6	14.7
2/3架空	1.684	−1.099	2.783	30254.2	24039	79.5	135	14.3
5/6架空	1.724	−1.086	2.81	30195.3	24122.5	79.9	133	14.1

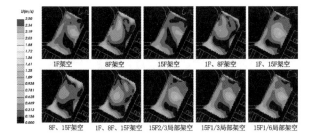

图5　夏季活动场地 1.5 m 处风速图
(图片来源：作者自绘)

3.2.2　水平向分析

基于垂直向结果对架空层水平向布置进行进一步研究。以垂直向布置最优方案，即底层架空加15层架空为基础，改变架空层比例，研究水平向架空层对风环境影响。在此研究范围内，冬季风环境无较大改变，仅夏季活动区域无风区存在优化。但从15层完全架空到仅架空1/6区域，无风区面积最高减少了1.2%。且架空面积越小，优化程度越高。

3.2.3　架空层布置策略

综上可以总结出架空层对住区风环境的影响主要在于减少夏季活动场地无风区。验证了底层架空的设计手法对山地建筑同样也有优化作用。除底层架空层外，可在建筑高于活动层的入口平面进行架空层布置，

对室外风环境同样存在优化作用，且布置位置越靠近活动场地，在一定范围内架空范围越小，优化作用越大。

4　总结与展望

本文从重庆多高差入口研究出发，初步探究了多高差住区架空层的布置对室外风环境的影响。通过调研与文献分析整理出重庆多高差住区原型，并对多高差住区入口层进行多方案设计，明确多高差入口架空层各项模拟变量。通过调整建筑原型模型，进行不同工况、不同设计方案对比模拟，利用CFD数字模拟技术进行风环境模拟。通过竖向对比各入户层架空方式的模拟结果，研究各高度架空层对场地整体风环境的影响，再通过横向对比架空层开洞大小的模拟结果，研究架空层开洞方式对风环境的作用效果，并得出以下结论。

(1)由于建筑间夹缝对风速具有放大作用，因此较无遮挡情况下场地风环境，将建筑布置于迎风面能够优化中间层活动场地风环境。

(2)多高差条件下底层架空仍然能够有效优化中间层活动场地风环境。其余入口架空层布置时应避免与活动场地布置于同一标高，尽量布置于活动场地标高以上入口层。且可以根据经济需求降低架空层比例，并尽量靠近活动场地范围。

参考文献

[1] HALL R C. Evaluation of modelling uncertainty. CFD modelling of near-field atmospheric dispersion. Project EMU final report [R]. European Commission Directorate-General XII Science, Research and Development Contract EV5V-CT94-0531, WS Atkins Consultants Ltd., Surrey, 1997.

[2] 吕添添, 刘智勇. 绿色建筑室内外风环境的模拟与分析[J]. 绿色环保建材, 2018(03): 172+174.

[3] 胡晓峰, 周孝清, 卜增文, 等. 基于室外风环境CFD模拟的建筑规划设计[J]. 建筑与结构设计, 2007(4): 14-18

[4] 徐刚, 彭兴黔, 赵青春. 住宅小区行列式排列风环境数值模拟研究[J]. 郑州轻工业学院学报(自然科学版), 2009, 24(4): 80-81.

[5] NIU J, LIU J, LEE T, et al. A new method to assess spatial variations of outdoor thermal comfort: onsite monitoring results and implications for precinct planning [J]. Building and Environment, 2015, 91: 263-270.

[6] XIA Q, LIU X, NIU J, et al. Effects of building lift-up design on the wind environment for pedestrians[J]. Indoor and Built Environment, 2017, 26(9): 1214-1231.

[7] 王光华. 川渝坡地住区的适地设计策略初探[D]. 重庆: 重庆大学, 2015.

[8] 许凤, 陈玉英. 自然通风的应用形式及节能与舒适性探讨[J]. 制冷与空调(四川), 2008, (04): 50-53.

王津红[1*] 吴丁萌[1] 李慧莉[1] 李世芬[1]
1. 大连理工大学建筑与艺术学院；851447781@qq.com
Wang Jinhong[1*] Wu Dingmeng[1] Li Huili[1] Li Shifen[1]
1. School of Architecture and Art，Dalian University of Technology

中庭空间自动化生成与多目标优化分析
Automatic Generation of Atrium Space and Multi-objective Optimization Analysis

摘　要：中庭空间在建筑中应用广泛，能有效调控室内外舒适度水平，然而大型公建中庭空间尺度较大，在初步体量设计方面往往难以进行整体分析和优化。对此本文以辽宁省大连市多层综合办公楼设计为案例，使用一种基于 Grasshopper 平台体量自动化生成的公共建筑庭院空间设计方法。该方法借助 EvoMass 减模型算法，在给定条件基础上自动生成包含单个或多个中庭空间的组合方式，对生成的多方案体量进行性能对比分析完成前期中庭设计。生成后的结果使用稳态阶段岛进化算法（SSIEA），将孤岛模型方法和稳态替换策略与进化算法集成在一起，可对建筑中庭空间产生丰富设计多样性的优化结果。最终的建筑体量通过 GH-Wind、Honeybee 等多种可视化模拟分析插件进一步进行采光、热辐射、建筑形式等物理环境分析。

关键词：体量生成；中庭空间；参数化；多目标优化

Abstract：Atrium space is widely used in architecture and can effectively control indoor and outdoor comfort level. However, the large scale of atrium space in large public buildings makes it difficult to conduct overall analysis and optimization in preliminary volume design. Therefore, this paper takes the design of multi-storey comprehensive office building in Dalian as a case, and uses a public building courtyard space design method based on automatic generation of Grasshopper platform volume. With the help of EvoMass subtraction model algorithm, the method automatically generates a combination of single or multiple atrium spaces on the basis of given conditions, and conducts performance analysis on the comparison of the generated multi-scheme volumes to complete the preliminary atrium design. Steady-state island evolution algorithm (SSIEA) is used to integrate the island model method and steady-state replacement strategy with the evolutionary algorithm, which can generate optimization results with rich design diversity for the architectural atrium space. The final building volume is further analyzed on physical environment such as lighting, thermal radiation and building form through various visualization simulation analysis plugins such as GH-Wind and Honeybee.

Keywords：Volume Generation；Atrium Space；Parameterize；Multi-objective Optimization

1 引言

中庭空间是在建筑中贯穿整个建筑高度形成的共享空间，它是建筑体量生成过程的重要节点，直接影响着建筑自然采光、自然通风、热舒适、体型系数等物理性能。中庭最早作为入口与中心庭院的使用方式出现于古罗马建筑中，当时多为开敞小尺寸结构。19 世纪中期，玻璃结合室外空间能够辅以室内集中供热，使得温室玻璃与建筑迅速结合，人类历史上真正意义的中庭诞生了。随后的几十年里技术的发展使中庭空间的尺度日益增大，中庭作为大众活动场所的社会公共性特点日益增强[1]。在当前引入参数化人工生成的时代背景下，中庭不单作为多种属性空间存在，它更承担着协调自然通风、采光、热舒适等多性能优化的作用。

多目标优化分析的概念具体到建筑学的性能设计中,指为了达到某几项具体的性能需求,对建筑设计的中间过程进行控制,调整能够影响该性能指标的参量,完成多个目标的实现[2]。多种运算法则可以辅助建筑师生成多目标优化结果,例如遗传算法、蚁群算法、粒子群算法等等,这些算法通过多种形式探索海量方案下平衡多性能的最优解。本文的多目标优化使用稳态阶段岛进化算法 SSIEA,将孤岛模型方法和稳态替换策略与进化算法集成在一起,可控制建筑形体变化的参数,探寻多种因素对建筑中庭的影响,实现建筑绿色优化[3]。

2 中庭自动化生成流程

传统被动式建筑设计遵循先设计后分析的单向过程,即根据设计经验与场地需求进行初步体量生成,在此基础上深化模型形成具体方案,最终对方案进行模拟分析评估,判断结果是否适合性能需求。这种设计形式主要依托于感性经验,性能设计多处于建筑设计结束后的验证补充环节。由于模拟分析阶段接近整个流程尾声,此时根据结果再对方案进行大幅度调整的工程量过大,设计师往往仅会在原有基础上进行微调,最终达到的多目标优化效果十分有限[4]。因此,此次中庭建筑设计提前加入性能模拟优化,可在中庭建筑设计初期阶段快速提供可行性草案分析,使建筑性能协同优化设计所具有的强大潜力得到充分挖掘。

2.1 平台选择

EvoMass 软件是基于 Grasshopper 平台开发的插件,由王立凯等学者在 2020 年公开发布提出,目前已在性能模拟、形体初步生成、高层建筑设计等多方面有初步应用。该插件能够使用减法或加法两种形式生成多种建筑体量,建筑快速生成虚拟原型。在性能算法方面,它提供了一种以多样性为导向的进化算法 SSIEA,该算法将孤岛模型方法和稳态替换策略与进化算法集成在一起,使用户能够对建筑体量设计进行基于绿色性能的设计优化。结合建筑体量生成模型和 SSIEA,该插件可以在特定场地与任务条件下完成绿色建筑性能优化。

2.2 研究对象

本次研究对象选择辽宁省大连市某高校多层教学楼建筑(图1)。传统高校教学楼常采用多层建筑形式,建筑内部形成各类庭院与回廊空间,建筑本身功能需求简单集中,切合本课题研究需求。大连市地势起伏,多层教学楼周边场地前后略有高差,但建筑红线内基地平整,且考虑到此次研究对象更针对建筑内部本体,因此场地模拟设置为平坦地势。

图1 大连市某高校多层教学楼建筑
(图片来源:自绘)

2.3 形体参数设置

根据教学楼常见规格与基地条件设置体量参数,并形成了多种形体与中庭组合方式(图2)。原教学楼层数为7层,为了直观感受中庭的影响,层高设置为 Min=7,

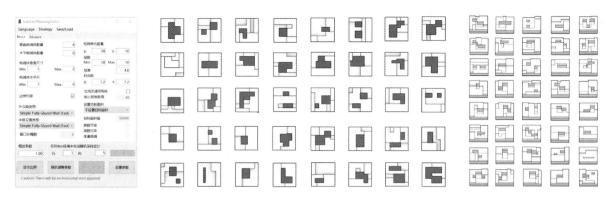

图2 多种形体与中庭组合方式
(图片来源:自绘)

Max＝7的不变量,层高3.6m均高,柱跨为标准7.2 m×7.2 m,柱网单元数根据场地需求设置为X＝12,Y＝12,建筑面积根据要求设置为50000 ㎡。出于保温防寒需求,北方建筑要求体型系数较小,外表不宜有太多凹凸,且根据调研周围建筑保留规整形体,因此生成的建筑体量与周边呼应,撤销中间层切割与底部架空选项,主要研究在规整外观下不同形式庭院空间对建筑的影响,保证模拟结果的可比性及代表性。生成结果(图2)直观表明了中庭具有多种可能性:①生成庭院位置有多种类别,即中庭不临边、临单边、临相邻边、临对立边与临三边几种形式,其中不临边核心式中庭生成数量众多,形式广泛。②生成的适宜中庭造型有矩形、T形、L形、方形叠加型等造型。③中庭数量上有一和二两种。④单一中庭两边比例0.2～1.0。

3 多目标优化流程

3.1 优化参数设置

在限制条件下以减法形式生成多层中庭体量后,分析以下几点:①中庭位置、数量、形状、尺寸对建筑同一外表体量性能的影响。②同等情况下多类型中庭的优劣程度。③多目标优化下利用IESSA算法生成中庭性能的最优解。

多层中庭教学楼建筑多目标优化可分析内容较多,可以根据下列几类目标进行迭代优化:体型系数、中庭占比、中庭日照时长、窗墙比、窗地比等数值型性能指标。由于篇幅和显示效果限制,在实际计算中采用两类典型目标进行模拟:①体型系数最优解。②中庭占比最优解,具体GH生成文件与算法参数设置如图3所示。

3.2 算法结果分析

体量共迭代164次,形成散点图与系列折线图结果(图4),模拟了多种条件下的最佳解,本次优选(表1)分别指出在三类情况下的最优解:①体型系数最优解,运行序列为14、154 号。②底层中庭面积占比最优解,运行序列为138、184 号。③两者结合情况下的优化解,运行序列为0 号。

通过研究表明,在建筑基本外形与场地条件的限制下,中庭数量、造型、占比面积等的不同会对建筑物理性能产生极大影响[5]。通过算法生成优化中庭后,可进一步根据Ladybug、Honeybee、DIVA、GH-Wind等同平台分析工具生成具体参数并带入 SSIEA算法进行迭代优化,图5为多种中庭在采光日照下的分析,相关时长参数可代入寻求最优解。

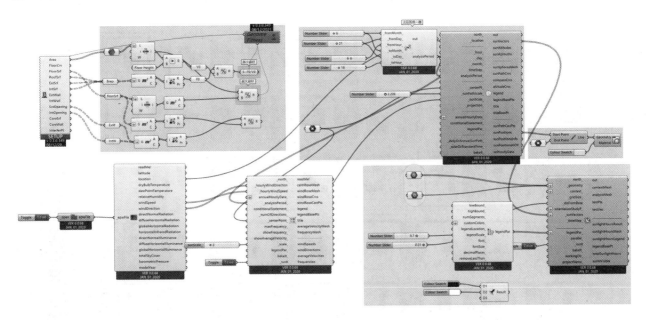

图3 Grasshopper 生成过程

(图片来源:自绘)

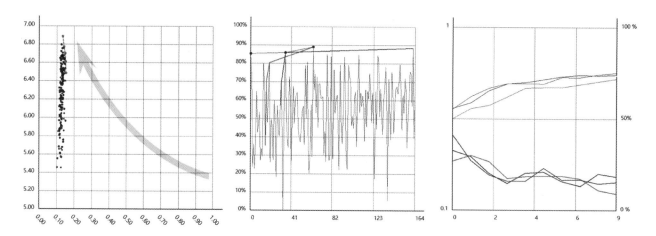

图 4　变量散点图与折线图分析图
（图片来源：自绘）

表 1　最优输出成果数据统计（来源：自绘）

类别	运行序列	体型系数比	中庭占比	Ovl Fitness
1	0	0.154135496	6.15362069	75.37%
2	14	0.143511807	6.818386839	85.33%
3	138	0.154956004	6.708333333	84.71%
4	154	0.139663508	6.887701019	92.59%
5	184	0.157229132	6.594382022	83.85%

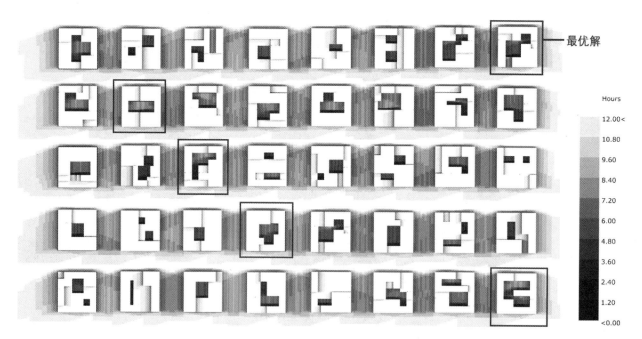

图 5　采光日照分析与变量下最优解
（图片来源：自绘）

4 总结与思考

本文以大连某高校教学楼的方案设计为例，针对寒冷地区规整外观下多层建筑中庭空间体量设计，展示了体块设计初期的多种生成结果，并在体型系数、自然通风、采光日照、中庭面积最大化等方面模拟对比分析得出优化结论。

早年通过GH平台Substrate等运算器建筑师可构建城市体量设计与肌理生成，近些年建筑方面的体量生成设计也有显著发展，这一类的体量生成可与表面成形、算法优化等多研究方向结合，给建筑乃至城市设计带来突破性变革。加入自动化体量生成草案后的建筑初期设计方法流程，能够辅助参数模型的建构逻辑，优化生成较佳的方案。提前加入环境模拟优化步骤，使建筑师有更多的精力投入后续深化与修改方案，是作为未来建筑师与人工智能协同合作的一大参考。

参考文献

［1］ 雷涛.中庭空间生态设计策略的计算机模拟研究［D］.北京：清华大学，2004.

［2］ 田一辛，黄琼.建筑性能多目标优化设计方法及其应用——以遗传算法为例［J］.新建筑，2021（05）：84-89.

［3］ Wang L，Janssen P，JI G. SSIEA：a hybrid evolutionary algorithm for supporting conceptual architectural design［J］. Artificial intelligence for engineering design analysis and manufacturing，2020（4）：15-28.

［4］ 王力凯.基于性能的建筑体量设计生成及优化系统［D］.南京：南京大学，2020.

［5］ MA Q，HIROATSU F. Parametric office building for daylight and energy analysis in the early design stages ［J］. Procedia - Social and Behavioral Sciences，2016（2）：25-38.

雷震[1]

1. 宾夕法尼亚大学；Zhen_Lei@outlook.com

Lei Zhen[1]

1. University of Pennsylvania

炎热气候下的双层幕墙设计的热性能研究
Thermal Performance of Double-skin Facade Design in Hot Climates

摘　要：双层玻璃幕墙（DSF）作为一种建筑立面系统，近年来在商业建筑和公共建筑的应用中非常流行，其具有隔热、防辐射、提高热舒适度和视觉质量等优势。文章探讨了目前双层玻璃幕墙技术方法、性能参数和设计前景，重点针对炎热气候下的热性能，以及利用自然通风和微气候的被动式设计策略进行研究。文章首先梳理了双层玻璃幕墙的研究现状，其次在技术层面上总结了结构参数和集成操作，最后分析了当代数字化幕墙的实践方法。因此，双层玻璃幕墙可以通过优化设计改善炎热气候下的室内环境，解决本身的局限性，以提升立面系统的热性能。

关键词：双层玻璃幕墙；自然通风；热性能；建筑模拟

Abstract：Double-skin facade (DSF), as a building facade system, has been very popular in commercial and public buildings in recent years. It has the advantages of heat insulation, radiation protection, thermal comfort, and visual quality. This paper discusses the current technical methods, performance parameters, and design prospects of DSF, focusing on thermal performance in hot climates and passive design strategies using natural ventilation and microclimate. This paper summarizes the research status of DSF, then discusses its parameters and integrated operation from the technical level, and finally analyzes the practical methods of digital DSF Design. Therefore, DSF can improve the interior environment in hot climates by optimized design, addressing its limitations, and improving the thermal performance of the facade system.

Keywords：Double-skin Facade; Natural Ventilation; Thermal Performance; Building Simulation

建筑环境设计将被动式策略作为节约建筑能耗、自主调节室温的手段，通过生态设计手段及组件结构来提高建筑性能。在传统建筑围护中，大量使用玻璃使热增益或热损失显著，双层玻璃幕墙系统便由此产生。它是在两层玻璃间创造一个缓冲区，作为绝缘屏障防止极端气候条件下的不利影响。幕墙的空腔通风可以是自然的或机械的，特别是对于高层建筑，实现了将透明外墙与能源效率相结合的愿景[1]。然而，双层玻璃幕墙起源于欧洲，作为寒冷气候的开发产物，存在炎热气候下室内过热、建造成本高、可持续效益低和地域适用性窄等问题。所以，对于双层玻璃幕墙的具体分类、参数规格以及在不同气候下的使用模式是必须要考虑的，同时数字化建筑性能模拟为建筑立面设计提供了重要参考依据。

1 双层玻璃幕墙概述

1.1 幕墙概念与组成构件

双层玻璃幕墙作为一种混合系统，由外部玻璃和内幕墙的实际建筑立面组成。这两层被空腔隔开，其具有固定或可控的空气入口和出口，并且可能包含固定或可控的遮阳装置。它作为分隔内与外的建筑围护结构，在立面中具有局部加热和冷却作用。而空腔可以充当热缓冲区、通风通道，以多种尺寸和组合模式改善建筑性能，例如借助自然通风以冷却建筑，利用密闭性增加隔热性能，搭配建筑机械集成系统降低能耗。典型双层玻璃幕墙的功能组件分别是空腔、遮阳元素、通风开口、玻璃板、结构框架和控制组件。

1.2 工作原理和运行模式

通风空腔起到热缓冲的作用,减少了诸如制冷季节的热增益、采暖季节的热损失以及不对称热辐射引起的热不适等问题[2]。在建筑立面设计中,为提高玻璃幕墙被动式加热和冷却潜力,有玻璃层、空腔和通风路径的组合构件(图1),具有加热和冷却两种模式,分别用于不同季节条件[3]。在炎热夏季地区,双层玻璃幕墙主要利用通风口释放空腔内的热量,分散采光和隔热以避免过热或冷凝。开放式的腔体内外的百叶窗和遮阳板有效地减少腔体与室内之间的热传递。通风口位置和大小控制热气流的运动方向、速率和流量。进气口的位置需要远离抽气口,一般出气口可以设置在天花顶和女儿墙。同时,采用低辐射和低发射率涂层或薄膜的玻璃(low-E),通过反射长波红外线来减少热辐射并保留可见光。

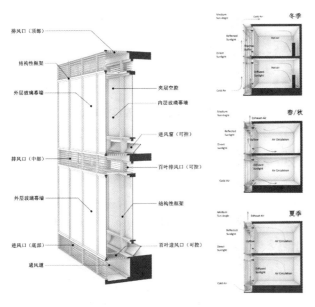

图1 组合构件(左)与各季节的运行模式(右)

1.3 双层玻璃幕墙的分类

研究人员通常将空腔的深度与宽度、空腔的分隔模式以及通风模式作为划分双层玻璃幕墙类型的参考标准。空腔充当热缓冲区、通风通道,或两者的组合。它的宽度和高度参数决定了双层玻璃幕墙的尺寸和性能。一般宽度分为窄型空腔和宽型空腔,通常以0.4 m作为中间值,前者会显著限制气流和空气速度,但往往增大了浮力效应。Oesterle等人根据立面系统的结构提出了四种主要类型,包括:箱体式(box window),廊道式(corridor),井竖式(shaft-box),整体式(multi-storey)[4]。此外,比利时建筑研究所还增加了第五种类型,百叶窗

立面,其外表皮是透明的旋转百叶窗,可以开放和封闭空腔。目前,中国应用最多的是箱体式,而井竖式非常少[5]。空腔的通风策略也可以根据冬夏两季气候分为气密式和通风式。所有这些关键的定义元素,都被整体归纳到双层玻璃幕墙的分类方法中(图2)。

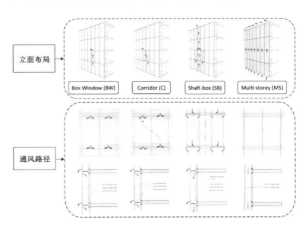

图2 双层玻璃幕墙的分类方法
(图片来源:参考文献[3])

2 双层玻璃幕墙的热性能技术

2.1 技术结构与热性能参数

针对双层玻璃幕墙的热性能参数的优化设计,首先考虑的是空腔开口大小,以确保空腔与相邻立面的自然或机械的通风;其次,玻璃种类也决定了辐射量和负荷量,包括材料属性和搭配方式;同时,在空腔内放置百叶窗可以降低围护成本和能源消耗,不同的遮阳位置和方向同样影响热性能。

空腔的深度可以显著影响建筑能耗,一般空腔在80 cm至100 cm,最大可以拓宽至200 cm左右。在温带气候区域,夏季炎热且冬季寒冷。以韩国首尔一栋建筑单体为例,通过模拟8 cm至148 cm的空腔深度,研究人员发现当深度减至38 cm,热负荷和冷负荷平衡,总能耗达到最小值(图3)。同时,较窄的空腔会产生更强的烟囱效应和空气运动,从而有效通过空腔内抽离热气。而深度大于100 cm的空腔,堆积效应会降低,且向室内的热传递会增加[6]。因此,较窄的空腔是热气候下的首选,但需要考虑气流方向对建筑的影响。

同时,采用低透光率和高吸收率的外层玻璃,并结合低辐射的内层玻璃,可以减少对使用空间的热增益。通常做法是使用双层玻璃作为内层,单层玻璃作为幕墙的外层。根据玻璃性能测试研究,外层玻璃使用高吸收性内部材料和0.4的透射率与吸收率,将导致产生空腔

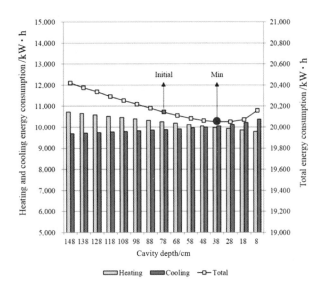

图3 空腔深度对应的建筑能耗

（图片来源：参考文献[7]）

内最高空气流量。而在不同内外层玻璃特性的模拟中
（图4），尽管案例 b 和 d 的参数存在差异，但最终能耗相
对接近。因此，当外层玻璃具有更好的反光性时，可有
效减少通过空腔进入建筑物的热量增益。此外，在玻璃
类型参数研究中，内层玻璃的外表面属性变化最能影响
建筑能耗，说明其玻璃类型在空腔中热传递的重要性[7]。

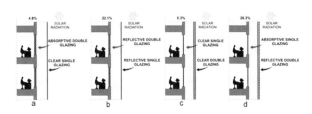

图4 内外层玻璃特性的对比

（图片来源：参考文献[6]）

2.2 热传递与通风模式

根据风的压力差与热浮力同时作用于双层玻璃幕
墙的影响，在不同季节气候下，可以设计不同通风模式
下的气流轨迹（图5）。一共六种模式，包括作为主加热
器以提供空气，作为排气管与机械通风结合，以及作为
独立的通风体系。它们分别对应冬夏两个季节，产生不
同的热交换和通风行为。同时，另一组研究人员对炎热
干燥气候下的伊朗地区进行 CFD 模拟，以南北向的建筑
结构检测空腔内部的空气流速，表明垂直分隔并不会产
生积极的气流结果，反而增加额外负担。同时，随着夏
季空腔内温度增高，空气回流给居住者带来热不适

感[8]。因此，建议将通风通道设置在北面，解决暖空气
进入问题，并增加了出口的速度和体积。

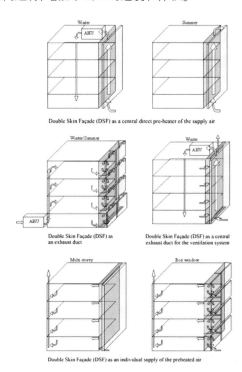

图5 不同通风模式的双层玻璃幕墙

（图片来源：Poirazis,H.,2006）

2.3 热气候下的集成性操作

双层玻璃幕墙通常与其他构件、材料和建筑系统相
互搭配，以此达到最佳的热性能，应对不同的气候挑战。
炎热气候下的典型集成操作主要涉及遮阳设备与通风
烟囱这两大方面。首先，在空腔内放置遮光设备，既降
低了维护成本，也可以高效隔绝热交换。研究者通过模
拟三种不同的情况：靠近内层，靠近外层以及位于腔体
中间（图6）。研究表明当百叶窗被放置在空腔的中间
时，可以很好地建立热循环，空气在百叶窗的两侧流动。
热百叶窗板条周围的湍流气流形成一个大的向上浮力，
将空气从空腔的顶部驱出空腔。而当转角为 $80°$ 时，浮
力效应将空腔内的自然通风率提高了 35%。此外，植
被可以作为自然遮阳手段，在空腔内将太阳辐射转换为
潜热传递，比百叶窗更有优势。

而在无风气候的情况下，因无法保证建筑上层的自
然通风，在双层玻璃幕墙的上方考虑了一个太阳能烟囱
的蓄热空间，以加强空腔的烟囱效应（图7）。通过实验
模拟，为确保最佳气流通过顶层，建议空腔的面积不小
于 16 m²。虽然较大的空腔面积有较高的通风率，但压
力差会使上层换气率显著下降[9]。所以，增加太阳能烟

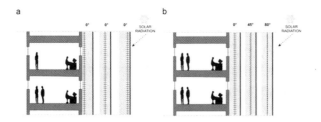

图6 百叶窗的不同位置和角度
（图片来源：参考文献[6]）

囱的高度可以提高通风率，也有利于获得有利的压力分布。由于太阳能烟囱可接受的高度总是有限制的，所以建议太阳能烟囱高度至少在两层楼高以上。

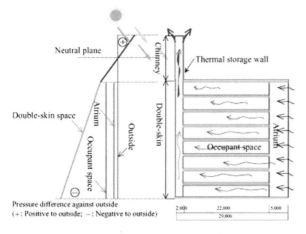

图7 烟囱效应的自然通风建筑原型
（图片来源：参考文献[9]）

同时，研究人员也对相变材料（PCM）遮阳系统进行测试，发现集成的相变材料板降低了双层玻璃幕墙的平均空气温度和出口温度，同时提高了空腔中空气与遮阳板之间的传热性[10]。在炎热气候下，相变材料的遮阳系统可以将穿透外层玻璃并困在空腔中的多余太阳能吸收，并限制额外的热量进入内层的室内中（图8）。相变材料板与铝板相比，可以吸收腔内大量的多余热量，尤其在不同时间里，相变材料系统的空腔气温普遍低于铝质系统的空腔气温，并且铝板周围气温显著高于相变材料板的周围气温。同时，TU Delft的建筑环境团队也在探究基于相变材料的高性能围护结构设计（图9），其被动式的Double Face 2.0利用相变熔点接近人体舒适度的属性，以凹凸曲面化3D打印的透明材料作为内层，改善普通玻璃对室内环境造成的过热问题。总体而言，相变材料系统具有潜力作为一种有效的热管理装置，适用于高温气候下的双层玻璃幕墙集成性操作。

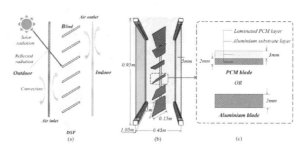

图8 集成性相变材料遮阳系统
（图片来源：参考文献[10]）

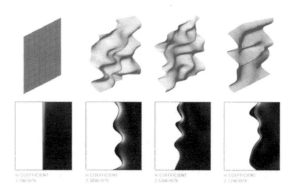

图9 立面的曲度大小与热系数
（图片来源：Farrugia, E., 2018）

3 双层玻璃幕墙的数字实践

3.1 高通风的双层幕墙建筑

在生态建筑实践中，中国广州位于夏季炎热湿润型的亚热带地区，珠江大厦（PRT）成为当下实现双层玻璃幕墙的应用和净零能耗目标的模范。其双层玻璃幕墙是一个箱体式的幕墙配置类型，由层高单元幕墙面板的垂直和水平方向划分。此高层建筑的外表皮采用双层隔热玻璃单元（IGU），而内部表皮为单层玻璃，可调节的百叶窗被放置在靠近腔体内表皮处。空腔从房间中吸收空气，作为抵御室外热量的热缓冲区。热空气通过天花板上的管道被抽出，并通过自然通风返回到地面空气处理系统进行热交换和空气除湿（图10）。隔热玻璃单元的三层玻璃幕墙和可控百叶窗组成了东西向的立面系统。因为微气候是随着建筑高度的增加而形成的，所以其气候响应具有独特性。随着高空风速的增加，收集风能的潜力呈指数增长，在海拔较高的地方，空气温度、湿度和密度都较低，从而降低了以制冷为主的建筑能耗。珠江大厦正是充分利用了炎热气候下高度、采光和风能的优势，与普通高层建筑的遮板墙相比，它具有双重密封性以此防止空气渗透，并创造了环境热舒适度的可控性。

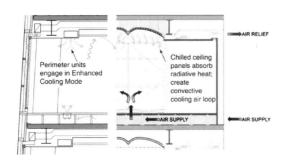

图 10　通风模式下的办公区构造剖面

(图片来源：参考文献[3])

3.2　立面性能优化工作流

在高层建筑的双层玻璃幕墙设计方法研究中，建筑能源模拟(BES)往往不能准确预估气流受浮力驱动的温度、辐射和速度。所以，建筑能量模拟常常结合 CFD 测量整个建筑立面和室内的气流和热模式，以此进行空气动力学的优化。珠江大厦是综合 CFD 建模和物理建模风洞下的立面研究，以此认知空腔与开放的办公区域之间的气流关系，并将墙体施工、辐射吊顶和架空地板的信息输入模型中，计算热传导和通风量等数据。根据建筑性能的优化方式，可以提供两种双层玻璃幕墙的模拟工作流，为分析和决策提供可能的路径。在样本工作流 A 中(图 11)，使用多个单准则的软件进行热性能分析和光照分析，其目的在于优化立面设计中的特定建筑指标，如工程、辐射和采光等，并进行实时的设计阶段调整。在样本工作流 B 中(图 12)，说明了如何使用多准则的软件来研究整个建筑的朝向、形式、立面几何和机械系统之间的关系，从而优化整体建筑性能。双层玻璃幕墙的立面结合采光、热能和气流特征，并与 HAVC 系统相结合，使仿真模型可以反馈并协助调整空腔深度、位置和遮阳设备的方式，以及提高整体的建筑性能，测试不同气候条件下立面参数的有效性。

图 11　基于热性能和采光的单准则软件流程

图 12　基于 IES－VE 的多准则软件流程

4　结语

自从双层玻璃幕墙在 1981 年北美的西方工业化大楼首次应用和 1903 年德国的第一座集成双层玻璃幕墙建筑诞生以来，建筑发展便开始考虑到极端气候下的室内环境舒适性问题。它的应用如今在欧美以及亚洲等地越来越受到欢迎，其保证了高性能玻璃外墙的热、光、声、美学等属性。同时，其相关动态元素，如可控制的通风开口和腔体集成装置，可以响应气候环境的变化，满足居住者的个性化需求。双层玻璃幕墙需要综合从立面参数、建筑参数到场地参数等一系列数字化研究，也涉及各种能源途径，如加热、冷却、照明和通风。而在炎热气候下，其主导因素是隔热与自然通风，文章需要进一步探究模拟地域性参数以及混合模式下的热交换方式，完善双层玻璃幕墙的热性能优化设计方法。

参考文献

[1]　HAGAR E, MICHELE D C, ANGELO Z. A simplified mathematical model for transient simulation of thermal performance and energy assessment for active facades[J]. Energy & Buildings,2015,104.

[2]　TESHOME E J, FARIBORZ H. Modeling ventilated double skin facade—A zonal approach[J]. Energy & Buildings,2008,40(8).

[3]　MARY B B. Bioclimatic Double-Skin Facades[M]. London：Taylor and Francis：2019.

[4]　王萌.炎热潮湿气候下双层玻璃幕墙的应用与性能优化[D].合肥：合肥工业大学,2020.

[5]　俞天琦,王艳.外循环双层玻璃幕墙能耗模拟研究[J].建筑节能,2020,48(06):12-17＋21.

[6]　SABRINA B, KENNETH I. Perspectives of double skin facades for naturally ventilated buildings：A review[J]. Renewable and Sustainable Energy Reviews, 2014,40.

[7]　JAEWAN J, WONJUN C, YOUNGHOON K, et al. Optimal design of a multi-story double skin facade [J]. Energy & Buildings,2014,76.

[8]　NAZANIN N, MAJID S. Performance enhancement of double skin facades in hot and dry climates using wind parameters[J]. Renewable Energy,2015,83.

[9]　WENTING D, YUJI H, TOKIYOSHI Y. Natural ventilation performance of a double-skin facade with a solar chimney[J]. Energy & Buildings,2004,37(4).

[10]　YILIN L, JO D, GEORGIOS K. Heat transfer analysis of an integrated double skin facade and phase change material blind system [J]. Building and Environment,2017,125.

王一粟[1]　王明宇[1]　冯刚[1*]　纪硕[1]
1. 天津大学建筑学院;fenggangarch@tju.edu.cn
Wang Yisu[1]　Wang Mingyu[1]　Feng Gang[1*]　Ji Shuo[1]
1. School of Architecture,Tianjin University

数字化视域下的可变建筑表皮设计研究
Dynamic Building Skin in the Perspective of Digital Technology

摘　要:可变表皮研究是建筑学前沿课题,也是绿色建筑领域的重要方向。随着材料科学、控制论、数字化技术等领域的交叉融合,可变表皮相关理论框架、技术方法与流程策略正经历范式的创新与转换。本文通过系统性文献分析,明晰多专业交叉融合下衍生的可变表皮相关概念,并基于知识图谱解读可变表皮研究的热点与趋势。最后,对设计性研究案例进行梳理,分析在建筑性能模拟、人工智能算法等数字化手段介入下解决动态元素设计问题的实现流程与难点。

关键词:可变建筑表皮;能耗表现;室内舒适;计算性设计

Abstract: Dynamic building skin is a frontier research topic within the architectural field,also an important subject for green building research. As the development in material science,cybernetics and digital technologies,a paradigm shift in the field of dynamic building skin is occurring,with a profound effect on the theoretical framework,technology applications and design strategies. This article builds on a systematical literature review,clarifies related concepts derived from interdisciplinary communication,unscrambles the topical issues and trends in dynamic skin research based on knowledge graph. In the end,through analysis of design research cases,the article discusses the strategies and current issues in the design of kinetic building elements with digital approaches including BPS (building performance simulation) and optimization algorithms.

Keywords: Dynamic Building Skin;Energy Performance;Indoor Comfort;Computational Design

可变表皮系统可以追踪室内外物理环境的变化和使用者的需求,重复性、可逆转地改变建筑表皮单元的性状,是一种可自主"呼吸"的仿生表皮系统。可变表皮在改善室内物理环境,降低建筑运行能耗以及新能源利用方面具有广阔前景,在"双碳"背景下具有良好的理论与实践价值。此外,可变表皮系统还具有独特的动态美学价值。

20世纪60年代以来,随着仿生学、人工智能、多维可变机械系统等前沿技术的发展,可变建筑表皮相关的研究领域逐渐拓展深化。近十年间,许多政府组织或研究机构以可变表皮或建筑为核心启动了相关研究专项。例如,欧洲科学和技术联盟(COST-European Cooperation in Science and Technology)的 COST Action-TU1403,国际能源署(IEA-International Energy Agency)的 ECBCS Annex 44,荷兰企业局的 FACET 项目,等等,致力于打破相关专业间的技术壁垒,探索可变元素在绿建方向的新理念与新技术。

可变表皮研究逐渐突破建筑学的学科范畴,其认知框架与创作思维模式逐渐转变。本文对可变表皮与不同专业融合产生的相关概念进行概述,并探讨数字技术视域下可变表皮领域的研究热点与前沿动态,从建筑性能模拟、设计优化等角度分析可变表皮的数字化技术应用。

1　可变表皮相关概念

由于研究侧重点的区别,目前存在多种与可变表皮相关的概念,包括适应性表皮、动态表皮、响应式表皮、主动式表皮、自动化表皮等。其中大多由仿生学、机械设计、控制论等其他专业引申到建筑学领域。

20世纪初期,"动态(kinetic)"一词开始在雕塑艺术中沿用。1920年发布的《现实主义艺术宣言(Realistic Manifesto)》中将"动态节律(kinetic rhythms)"列为艺术的五个基本原则之一。动态建筑表皮以精妙的机械设计为核心,其中既包括以提升环境性能为目标的表皮系统,又包括以动态美学为核心的设计,例如上海复星艺术中心模仿舞台幕帘效果的可变立面。

2007年出版的《立面:建造原理(Facades: Principles of Construction)》一书是最早使用"适应性"一词描述特定立面类型的学术出版物之一[1]。书中将"适应性"定义为建筑立面适应气象环境的能力,强调环境的时变性和瞬态性,认为具有适应性的建筑立面应当充分利用太阳能、光线、热量等环境中的要素并主动适应环境的变化。近十年来,埃因霍温理工大学的研究团队以气候适应性建筑外壳(CABS-Climate Adaptive Building Shells)为核心进行了一系列研究。根据该团队的定义,气候适应性建筑外壳可以重复性、可逆转地改变自身功能、特征或行为,来回应性能要求和边界条件的变化,提升建筑整体性能表现[2]。

响应式(responsive)、交互式(interactive)、智能化(intelligent)等可变表皮概念的出现与以数字化为依托的响应式环境、自动化技术、智能化系统等综合性技术的发展密不可分。

智能化建筑表皮通常包括感应元件、控制系统、制动装置等组件,由建筑的"大脑"——智能建筑管理系统(BMS-Building Management System)指挥,能够感知并按照一定逻辑处理环境中的信息,并即时做出反应。《智能化建筑(Intelligent Buildings)》中指出,智能化建筑应当具备"了解(know)"室内外的情况,"决定(decide)"怎样能够以更高效的方式为居住者提供更方便舒适的环境,并快速"响应(response)"居住者需求的能力[3]。建筑表皮由智能化"大脑"调节,通过性状的变化实现优化环境或提升能源效率的目的。

响应式的概念同样源于计算机科学。1968年,麻省理工学院创立了"建筑机器组(architectural machine group)",研究电脑辅助下的设计方式与响应式的建筑环境。建筑机器组的创办人尼葛洛庞帝(Nicholas Negroponte)曾说明,与可控式的环境相比,响应式环境发挥更主动的作用,可经由运算主动发生变化,更强调建筑环境对使用者需求的反馈[4]。虽然与智能化的建筑表皮概念相似,但响应式表皮系统所用的算法应当具备学习能力,能够通过获得的"经验"自我调节。

交互式表皮的缘起与新媒体交互艺术的发展息息相关。与智能化、响应式不同,交互式的概念通常以使用者的直接参与为基础,着重通过视觉感知或多感官途径将使用者传递的信息进行反馈,更强调人与建筑之间的交流互动。交互式表皮系统的构建通常包括收集使用者行为信号的感应器、对信号进行运算的微处理器等。此类表皮的运动不一定与环境性能表现有关,而是交互实现的媒介载体。因此,互动式表皮也属于媒体(media)表皮。

2 基于知识图谱的热点及趋势分析

本研究中采用文献管理软件Endnotes,基于Wed of Science核心数据库对可变表皮相关研究进行检索和分析。基于上述对可变表皮相关概念的总结,本文中选用了"adaptive(适应性)""kinetic(动态)""dynamic(可变)""responsive(响应式)""interactive(互动式)""smart(智能)""intelligent(智能化)""bio/biomimicry(仿生)"与"skin(表皮)""shell(外壳)""envelope(封装)""facade(立面)""enclosure(围护)"等词汇进行交叉检索。筛选掉冗余结果后,共得到423篇文章。

VOSviewer软件可以基于知识图谱原理,对研究的主体或关键词进行共现聚类分析,以实现研究领域内合作网络、共词网络的可视化展现。上述关键词根据研究的密切关系被分为3个聚类(见表1),由此总结该研究领域的三个热点方向:可变表皮提升建筑室内环境舒适度的能力(聚类1);可变表皮对建筑能耗,尤其是制冷、制热方面能耗的影响(聚类2);可变表皮与光电建筑的结合(聚类3)。

将关键词的平均发表时间叠加到共现网络的标签视图后,可以更直观地观察可变表皮领域内的共词网络关系和热点变迁(见图1)。图中关键词标签的大小代表其出现频次的高低,标签着色越深则代表该关键词所属文章平均发表年份更近。本研究中还以每五年为时间段,分别提取各时间段内的关键词共现信息。通过对关键词信息和共现网络的分析,可以得出以下结论。

(1)与能源效率相关的研究是可变表皮领域的重点。聚类2中,"能源(energy)""能源消耗(energy consumption)""能耗表现(energy performance)""能源效率(energy efficiency)"这些与能耗直接相关的关键词分别在94、68、47和35篇文献中出现。

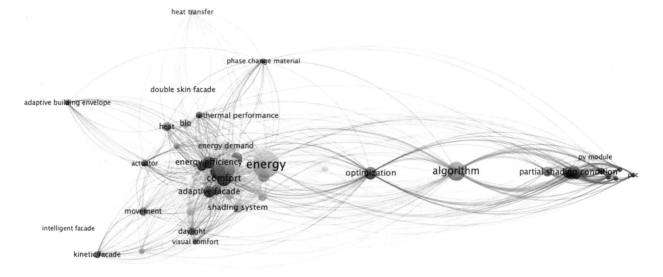

图 1　可变表皮研究领域关键词共现网络的标签视图

（图片来源:自绘）

表 1　各聚类中代表性关键词的信息

（来源:作者自绘）

聚类	代表性关键词	词频	相关性分数
聚类 1	舒适	45	0.7132
	遮阳	32	0.1281
	通风	22	0.7117
	控制策略	21	0.4469
	自然光	20	0.779
	室内环境	19	0.6916
	视觉舒适	13	0.8524
聚类 2	能源	94	0.2561
	能源消耗	68	0.6894
	热舒适	29	0.6566
	制热	27	0.7406
	太阳辐射	22	0.6844
	制冷	17	0.6413
	热交换	14	0.5385
	相变材料	12	0.3447
聚类 3	算法	60	0.6003
	PV 系统	32	2.1777
	部分遮光条件	32	2.0612
	最大功率点跟踪	30	2.2536

(2)与舒适度相关的研究更关注可变表皮在室内光环境和视觉舒适方面的调节能力。在聚类 2 的 19 个关键词中,包括"遮阳(shading)""自然光(daylight)""视觉舒适(visual comfort)"等与室内光环境相关的词汇超过1/3。

(3)与光伏一体化结合的可变建筑表皮研究在近几年出现的频率较高。相较其他聚类,该领域内关键词分布更集中且平均发表年份更近。通过对各时间段的信息提取可知,与光伏技术相关的可变表皮研究基本集中在 2013 年以后。光电立面、光电屋顶的角度,可变光伏板部分遮光状况,以及在部分遮光条件下如何利用合理的算法追踪光伏电池的最大功率点是该领域内的核心话题。

(4)与人工智能算法结合正在逐渐成为可变表皮研究的主流趋势。"算法(algorithm)"一词处于共现网络的中心位置,与其他 47 个关键词具有连接关系,与各聚类内的关键词都呈现相关性。2007 至 2012 年内相关文献的关键词提取中并未出现算法相关信息。2013 年至2018 年以及 2019 至今的两个时间段内,"算法"一词的出现频率分别达到 12% 和 16%。

(5)可变表皮与新材料的结合在近十年内得到了更多关注。相变材料、智能材料是该领域研究的关键。尤其与智能材料结合的可变表皮研究,在近 5 年内逐渐成为该领域的热点议题。

3　以绿色性能为核心的计算性设计

如前所述,可变表皮领域的研究以能源利用效率、室内舒适度和新能源利用为核心。针对光伏发电的最大功率点追踪等技术目前尚须热科学、能源工程等专业领域人员进行研究。建筑学领域针对可变表皮的研究大多集中在其提升绿色性能表现方面的潜力。本研究在前文所述423篇文章中筛选到40篇非传统可变表皮设计性研究案例，其中29篇中运用数字化手段进行绿色性能的模拟优化。对室内热环境、光环境和预期能耗的优化为本领域设计性研究的核心内容。

经过对相关文献中设计流程的总结，大多数非传统可变表皮的创新性设计均遵循设计-模拟-优化的流程框架(见图2)。对于可变表皮来说，不但需要模拟表皮形态、材质、单元排列模式等静态参数，还需要模拟形变模式与控制逻辑等动态参数。之后，通过模拟运算工具获得绿色性能相关数据，并针对绿色性能输出参数进一步进行表皮和形变参数的优化。

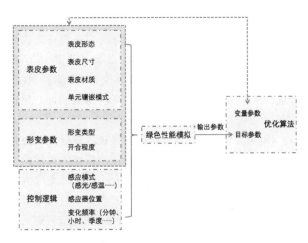

图2　可变表皮计算性设计-模拟-优化流程
(图片来源：自绘)

对于以绿色性能为目标的可变表皮设计来说，模拟运算工具的选择既要能够支持动态环境数据的获取，又需兼容可变组件的动态变化。考虑到操作的友好性和与3D建模软件的兼容性，内置于Rhino＋Grasshopper参数化设计平台的、或内置于Revit等BIM平台的插件是建筑设计领域常用的绿色性能模拟工具(见图3)。基于Rhino的可视化编程工具Grasshopper令建筑师能够通过算法实现模型参数、运算参数的控制，与可变表皮运动状态和控制逻辑的表达具有天然的互适性。因此，基于Rhino＋Grasshopper平台的性能模拟工具是可变表皮设计性研究中最常见的选择，其中以Solemmaz出的DIVA(目前已推出更新的软件ClimateStudio)，以及包括Ladybug、Honeybee在内的Ladybug插件组为主(见表2)。这些插件(组)均以EnergyPlus和Radiance等软件

作为模拟运算引擎。

如何兼容表皮非常规的折叠、平移、缩胀、扭转等运动变化、以及如何在模拟中体现全时段的控制策略仍是此类研究中的难点。在实际的设计研究案例中，大部分研究针对表皮某一设计变量重复建模，如表皮单元的镶嵌排列方式[5]、表皮单元的尺寸[5][11]、表皮的材质参数[11]和表皮开合程度等代表运动状态的参数[6][11][12]等，对有限时间段或某一时间点表皮的不同状态进行静态模拟。有少数研究中的设计以寻找全年最优运动状态为目标，进行在表皮不同开合状态下全年环境指标的运算[7]。

上述策略均未对可变表皮的运动策略进行全时段模拟，难以保证模拟的完成度和准确性。面对表皮本身的运动波动对预测建筑长时段性能表现造成的挑战，一些研究尝试采用EnergyPlus自身的EMS(能源管理系统)功能，通过Erlang编程语言编写EMS程序，通过传感器、执行期、程序和程序调用管理器的设置，完成对表皮运动变化和控制逻辑的模拟运算，以获得在一定表皮变化策略下的全年动态性能数据[8][10]。但EnergyPlus EMS相对是一款开发者友好的工具，对编程语言的掌握能力要求较高。

如前文所述，与人工智能算法的结合是近年来可变表皮研究领域的热点趋势。目前，与Grasshopper平台结合的Wallacei、Octopus等运用遗传算法的多目标优化引擎在本领域设计研究中较为常见。遗传算法通过在迭代过程中遗传因子的交叉和变异来演化得到更优解。其过程中需要的运算量较大。也有研究通过Gh_CPython等工具实现基于Python语言的Grasshopper平台与基于其他编程语言的MATLAB等平台的数据交换，通过其他算法进行优化设计，如利用BCMO(平衡复合运动优化)进行表皮最优开合状态的寻找[7]。

4　结语

本研究阐述了在多专业融合下的可变表皮相关概念，通过系统性的文献分析总结了此领域内的前沿热点话题，并筛选其中非传统可变表皮设计性研究案例，以归纳可变表皮计算性设计的实现流程与难点。

对建筑设计领域而言，以数字化为依托的自动化、智能化等技术的融合大大拓宽了可变表皮理论和研究的边界。数字化性能模拟和算法优化工具强大的数据处理能力，以及这些工具与3D建模软件、可视化编程平台的兼容，使建筑师能够以更直观的数据视角衡量可变表皮多维度的设计参数与多目标的环境参数，提升了设

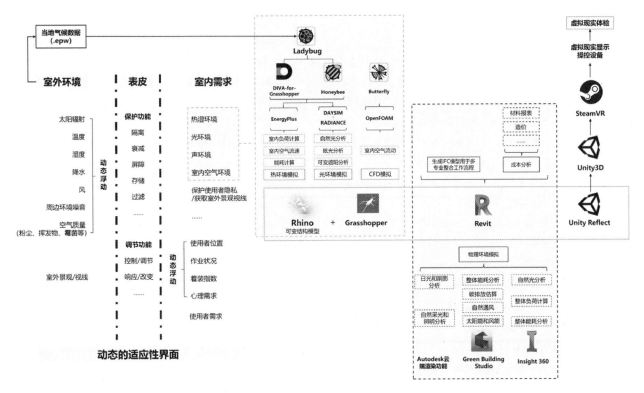

图3 可变表皮数字化性能模拟运算技术框架

(图片来源:自绘)

表2 相关研究中的绿色性能模拟应用

(来源:作者自绘)

文献来源	工具	时间	步长	输出参数
[5]	Ladybug 插件组	夏至日 6 点到 19 点 冬至日 8 点到 15 点	每小时	照度过量面积百分比(OAP)、照度不足面积百分比(PAP)、日光眩光概率(DGP)
[6]	Ladybug 插件组	春分日、夏至日与冬至日 10 点,13 点与 16 点	特定时间点	照度和辐照度
[7]	DIVA 和 ARCHSIM	全年	每小时	年度日照曝光率(ASE)、年度空间日照水平充足性(sDA)
[8]	EnergyPlus EMS	特定日程表内的全年 使用时间(共 2145 个小时)	每小时	热舒适参数(非舒适时间)
[9]	DIVA	春分秋分、夏至冬至 12 点与全天	每小时/ 每 10 分钟	室内工作面照度/室内温度、制冷能耗
[10]	EnergyPlus EMS	全年	每小时	—
[11]	Ladybug 插件组	每月第 22 日的 9 点,12 点与 3 点	特定时间点	照度、制冷能耗与照明能耗
[12]	DIVA	春分秋分、夏至冬至 9 点,12 点与 3 点	每小时	照度

计者面对复杂性问题的处理能力。但在实际研究中,可变表皮形变策略、控制逻辑的模拟仍受限于模拟工具与

算法的选择,亟须加强参数化模拟工具与可变建筑变化波动属性的适配性,开发更加用户友好的可变元素运动

过程与控制策略模拟工具。

参考文献

［1］ KNAACK U,KLEIN T,BILOW M,et al. Facades：principles of construction ［J］. Ursula Engelmann. Basel：Birkhause Verlag AG,2007. 85-101.

［2］ LOONEN R C,TRCKA M,COSTOLA D, et al. Climate adaptive building shells：state-of-the-art and future challenges［J］. Renewable and sustainable energy reviews,2013,25：483-493.

［3］ ATKIN B. Intelligent buildings［M］. Worcester：Billings & Sons,1988. 1.

［4］ NEGROPONTE N. Soft architecture machines ［M］. Cambridge,MA：MIT Press,1975. 132-133.

［5］ 孙澄,韩昀松,王加彪. 建筑自适应表皮形态计算性设计研究与实践［J］. 建筑学报,2022(02)：1-8.

［6］ RIZIA R A,ELTAWEEL A. A user detective adaptive facade towards improving visual and thermal comfort［J］. Journal of Building Engineering,2021,33：1-16.

［7］ LUAN L T,THANG L D,HUNG N M,et al. Optimal design of an Origami-inspired kinetic fac,ade by balancing composite motion optimization for improving daylight performance and energy efficiency ［J］. Energy,2021,219：1-15.

［8］ KURU A,OLDFIELD P,BONSER S,et al. Performance prediction of biomimetic adaptive building skins：Integrating multifunctionality through a novel simulation framework［J］. Solar Energy,2021,224：253-270.

［9］ YI H,KIM D,KIM Y,et al. 3D-printed attachable kinetic shading device with alternate actuation：Use of shape-memory alloy（SMA）for climate-adaptive responsive architecture［J］. Automation in Construction,2020,114：1-20.

［10］ TABADKANI A,TSANGRASSOULIS A, ROETZEL A,et al. Innovative control approaches to assess energy implications of adaptive T facades based on simulation using EnergyPlus［J］. Solar Energy,2020,206：256-268.

［11］ SHIA X,TABLADAB A,WANG L. Influence of two motion types on solar transmittance and dyalight performance of dynamic façade［J］. Solar Energy,2020,201：561-580.

［12］ MAHMOUDA H A,ELGHAZI Y. Parametric-based designs for kinetic facades to optimize daylight performance：Comparing rotation and translation kinetic motion for hexagonal facade patterns［J］. Solar Energy,2016,126：111-127.

倪浩展[1] 赵文卓[2] 蒋沃林[3] 鄂明泽[3] 王道杨[1] 姚佳伟[1]*

1. 同济大学建筑与城市规划学院；1952849@tongji.edu.cn(jiawei.yao@tongji.edu.cn)

2. 同济大学测绘与地理信息学院

3. 同济大学土木工程学院

Ni Haozhan[1] Zhao Wenzhuo[2] Jiang Wolin[3] E Mingze[3] Wang Daoyang[1] Yao Jiawei[1]*

1. College of Architecture and Urban Planning, Tongji University

2. College of Surveying and Geographic Informatics, Tongji University

3. College of Civil Engineering, Tongji University

国家自然科学基金项目(51908410)、上海市青年科技英才扬帆计划项目(19YF1451000)

基于深度学习的低碳城市建筑屋顶太阳能利用潜力评估

——以上海市虹口区为例

Utilization Potential Assessment of Rooftop Solar Energy in Low-carbon Urban District Based on Deep Learning: A Case Study in Hongkou District, Shanghai

摘 要: 精准的屋顶太阳能发电潜力表征可以促进高密度城市光伏系统的优化部署,并支持可再生能源相关政策的制定。但如何准确地估算建筑屋顶太阳能发电潜力是一个长期的挑战。本项目以上海市虹口区为例,基于深度学习与3D-GIS技术精准识别与估算城市建筑屋顶的总可用面积,并以此测算屋顶太阳能光伏发电潜力。研究得出虹口区居住建筑屋顶总可用面积约为 3.20 km²,总体屋顶太阳能辐射量约为 991.6 GW·h/y。

关键词: 低碳城市;建筑屋顶;太阳能发电潜力;深度学习;3D-GIS

Abstract: Accurate evaluation of rooftop solar potential can help with optimal photovoltaic system deployment in high-density cities and renewable energy policy making. However, a big challenge is how to accurately estimate the potential of rooftop solar energy generation. Using deep learning and 3D-GIS technology, this study predicts the total available area of urban building rooftops and rooftop PV power in Hongkou District, Shanghai. This research finds that the entire usable roof area of residential structures in Hongkou District is around 3.20 km², and total rooftop solar radiation is about 991.6 GW·h/y.

Keywords: Low-carbon City; Building Rooftop; Solar Power Potential; Deep Learning; 3D-GIS

1 前言

全球变暖是当今人类社会面临的重要问题,这已成为学界共识[1],其治理需要各国间的广泛合作,同时也需要创新性的解决方案。在此背景下中国提出了 2035 年碳达峰、2060 年碳中和的目标[2],构建以新能源为主体的新型电力系统,以探索更可持续的发展模式。为达到这一严苛的目标,需要社会各碳密集行业降低碳排放量。其中,建筑行业仍有相当大的改进空间。建筑业二氧化碳排放量在全球能源和过程相关二氧化碳排放中占比接近 40%,而 2018 年我国建筑全过程碳排放总量为 49.3 亿吨,占全国碳排放总量的 51.3%[3]。因此,建筑行业的低碳化对于碳中和目标的重要性不容小觑。

近年来太阳能光伏板成本价格不断下降,正逐渐成为受欢迎的传统能源替代物。根据国际能源署(IEA)的预期,至 2024 年,太阳能光伏发电(solar photovoltaic,PV)在可再生能源总量中的份额将增长到 50%[4]。2021 年国家能源局试点整县推行建筑屋顶分布式光伏建设,规定了总屋顶光伏安装比率,其中有八个试点在上海[5]。作为常住人口超过 2600 万的特大城市,上海率先提出了力争在 2025 年实现碳达峰的目标[6]。然而,在煤炭消费总量占一次能源比重上,上海仍远高于中国其他同规模城市,如深圳[7]。因此建立包括建筑光伏系统在内的清洁低碳能源体系,成为亟待解决的问题。为了低碳城市建设的顺利推进,需要科学、准确地对城市范围内屋顶光伏潜能进行评估。

2 文献综述

近年许多研究围绕如何准确估算一定区域内屋顶太阳能发电潜力进行。对屋顶光伏潜力的估算大致可以分为三个步骤:(a)通过卫星图像获得屋顶相关信息;(b)在考虑建筑间遮挡、植被覆盖、气候对大气透过率的影响等环境因素的基础上,对发电能力进行系数修正;(c)计算一定时间内的总辐照强度,并通过 PV 板的工作效率将其转化为电能。屋顶信息,包括轮廓、方位角等,可以通过深度学习算法从卫星图像中提取。

Zhong et al. 使用 DeepLab v3 算法对南京城市屋顶可用面积进行了语义分割,并通过数据增强方法提高了模型的可靠性[8]。为了将建筑屋顶上已安置的太阳能板从总面积剔除去,Edun et al. 利用 CNN 算法和迁移学习对屋顶轮廓以及其上已安装 PV 板进行识别,并采用霍尔变换估算房屋方位角[9]。一些研究将屋顶按照几何特性分为平顶、斜顶等类型,不同类型对应不同屋顶倾斜角度,以解决安装角度对太阳能利用率的影响,其中 Mohajeri et al. 采用了 Support Vector Machine (SVM) 算法实现对屋顶类型的自动提取[10];而 Assouline 在屋顶类型提取的基础上,建立随机森林模型(RF)以提高估计准确性[11]。本文为提高对实际屋顶可用面积的估算精度,将通过 CNN 算法剔除屋顶障碍物的面积,并将其与 ArcGIS 中 2.5D 模型整合以优化结果。

遮挡系数的引入和建筑类型的划分也是近年来研究的热点。陈子龙等通过引入归一化植被系数(NDVI)来计算植被遮挡系数,以估计植被对于光伏潜力计算的影响[12]。在城市区域,建筑密度大,建筑物之间的相互遮挡对相关的计算有着巨大影响。Jung et al. 使用

ArcGIS 对已识别的屋顶生成 PV 板栅格,并使用 Solar analyst 工具计算屋顶遮挡下的太阳辐照度[13]。Ren et al. 提出考虑建筑物间遮挡对动态太阳能辐照度计算的影响[14]。基于 ArcGIS 导入 epw 气象数据文件,能够实现对目标区域气象遮挡系数的实时计算,进一步得出精确的数据。相同屋顶面积下,不同建筑类型的光伏潜力也不同。毋亭等利用城市路网划分研究单元,根据建筑面积、公众认知度对 POI(Point of Interest)数据进行重分类和权重赋值;在此基础上使用核密度估计方法,并利用格网分割核密度,进而定量分析,实现城市功能区的划分和识别[15]。Rosenfelder et al. 通过机器学习对 LiDAR 图像和街景图像进行分析,依据建筑外表面特征进行分类和耗电量估计[16]。通过光伏潜力和耗电量的综合比对,更加高效地进行屋顶光伏的安装。

3 研究框架

本研究以上海市虹口区为例,尝试探索这一问题的解决方案。首先,本研究建立了一个无监督深度学习网络以提取出建筑物屋顶障碍物,并整合包括建筑高程、建筑物轮廓、建筑物间遮挡系数、POI 数据等多源数据,对虹口区建筑受光辐照强度进行模拟,以估计区域内总光伏潜能。由于数据来源皆公开可获得,本研究可以推广到其他区划或城市。本研究成果可用于为城市规模铺设 PV 板的规划提供政策参考,或为相关公司提供一定区域内 PV 板发电潜力的信息。本研究技术路线见图 1。

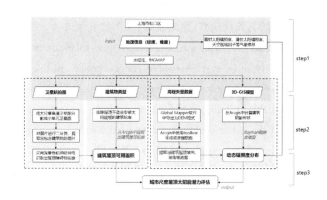

图 1　技术路线
(图片来源:作者自绘)

3.1 POI 数据提取

在真实的城市街区中,建筑物的类型往往是多样的。本研究通过引入建筑物 POI 数据(表 1),排除历史建筑、商业建筑、文化建筑等不适合安装太阳能光伏板的

表 1　建筑物 POI 数据提取
（来源：作者自绘）

	建筑物数量/栋	建筑屋顶总面积/km²	平均建筑屋面面积/m²	占比
全属性	11337	7.94	700	100%
住宅属性	3500	2.33	666	30.8%

建筑,选取城市中占比最高的住宅建筑轮廓,避免了过高估计建筑屋顶的可用面积。

虹口区为上海市辖区,位于上海市中心城区东北部,介于北纬 31°14′38″—31°19′50″与东经 121°27′18″—121°30′46″,总面积 23.45 km²,其中陆地面积 22.54 km²,水域面积 0.91 km²。

本研究基于 ArcGIS 平台和 BIGEMAP 数据源,通过对上海市虹口区建筑 POI 数据进行分析,得到上海市虹口区建筑物数量总计为 11337 栋,建筑屋顶面积总计为 7.94 km²,平均每一栋建筑物的屋顶面积 700 m²。其中住宅类建筑总计 3500 栋,占比 30.8%,总建筑面积为 2.33 km²,平均每一栋建筑物的屋顶面积 666 m²。

3.2　基于 3D-GIS 的建筑屋顶太阳辐照度计算

太阳辐照度是指特定研究区域所接受的总太阳辐射能。从地理尺度看,不同区域的维度不同,导致地面水平辐射强度存在差异,一般低纬度地区太阳能物理潜力高于高纬度地区。同时,在同维度地区,由于气候条件差异,太阳辐射受同样阴雨等天气影响。因此,太阳能辐照度受地域自然资源条件所限制。关于屋顶太阳辐照度计算,将首先从 3D-GIS 数据中提取建筑物几何图形,包括屋顶轮廓和建筑物高度。基于提取的建筑几何图形。然后通过 Grasshopper 的插件 Ladybug,获取 epw 气象数据并导入 ArcGIS,最后在 ArcGIS 中计算上海市虹口区 2021 年全年太阳能辐照度。经过测算上海市虹口区 2021 年全年太阳能辐照度为 991.6 GW·h/y（图 2）。

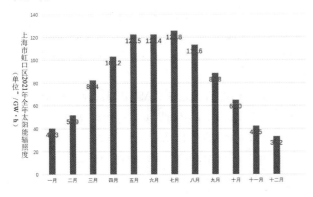

图 2　上海市虹口区 2021 年太阳能辐照度预测值
（图片来源：作者自绘）

```
folder_path_val_masks = 'data/all/val/labels'

# Load dataset
train_set = DataLoaderSegmentation(folder_path_train_image, folder_path_train_masks)# 80%
test_set = DataLoaderSegmentation(folder_path_test_image, folder_path_test_masks,augment=False)# 10%, No augmentation
val_set = DataLoaderSegmentation(folder_path_val_image, folder_path_val_masks,augment=False) # 10%, no augmentation

train_loader = DataLoader(train_set,batch_size=5, shuffle=True ,num_workers=0)
val_loader = DataLoader(val_set,batch_size=5, shuffle=True ,num_workers=0)
test_loader = DataLoader(test_set,batch_size=5, shuffle=True ,num_workers=0)

model = UNet(3,1,False).to(device)
print(len(train_set),len(test_set),len(val_set))

# Init training parameters
num_epochs = (600)
loss_function = torch.nn.BCEWithLogitsLoss(weight=torch.FloatTensor([4]).cuda())
model = UNet(3,1,False).to(device)
optimizer = torch.optim.Adam(model.parameters(), lr=0.1)
# Be opted for the linear scheduler. For example, every 60 epochs the learning rate is multiplied by 0.8.
al_param=60
scheduler = torch.optim.lr_scheduler.StepLR(optimizer, al_param, gamma=0.8, last_epoch=-1, verbose=False)

# Train model
history_train_loss, history_val_loss, history_train_iou, history_val_iou = training_model(train_loader,loss_function)

torch.save(model.state_dict(), 'model/trained_model.pt')
```

图 3　Double U-Net 神经网络核心代码
（图片来源：作者自绘）

3.3　基于深度学习的建筑屋顶可用面积计算

本研究首先使用 double U-Net 神经网络[17]对卫星航拍图进行语义分割,以识别建筑物屋顶上的障碍物占用区域,该网结核心代码如图 3 所示。在本研究中,可用屋顶面定义未被任何障碍物占用的屋顶面积,如绿色植物、装饰结构、电梯机房和空调系统的室外机。其次,将从 ArcGIS 中提取的建筑物屋顶轮廓与识别出的障碍物相结合,通过匹配卫星图像和 3D-GIS 数据提供的坐标,可以获得建筑物屋顶可用面积轮廓。最后通过计算建筑物屋顶可用面积与建筑物屋顶轮廓面积的比值,得到建筑物屋顶可用面积平均优化系数。

Double U-Net 神经网络是 U-Net 神经网络的一种改进结构,它采用了两层结构,并利用预先训练好的 VGG-19 作为编码器。U-Net 是一种广泛使用的图像分割架构,用于像素级预测,它包括用于特征提取和学习的编码路径,以及用于基于学习特征进行分割的解码路径。Double U-Net 神经网络由两个串联的 U-Net 神经网络组成。Double U-Net 神经网络和 VGG-19 的体系结构可以显著增加网络的深度,使其能够更好地学习代表性特征,从而提高预测精度。

4　总结与展望

本文以上海市虹口区为例,利用深度学习和 3D-GIS

的方法,从高清城市卫星影像中识别和分割出建筑物屋顶可用面积,最终计算了上海市虹口区总体屋面太阳能光伏利用潜力,获得了城市尺度太阳能光伏利用潜力量化结果。经过测算,上海市虹口区居住建筑屋顶总可用面积约为 3.20 km²,总体屋顶太阳能辐射量为 991.6 GW·h/y。

本文仅从建筑物 POI 类型、屋顶可用面积的角度来计算屋顶太阳能发电潜力,在后续研究中将考虑建筑物之间的遮挡效应、建筑物屋顶倾角等因素对屋顶太阳能发电潜力的影响。真实高清数据的获取与实地测量一直是此类项目研究的难点与重点。本研究缺乏实地数据的获取,以纠正模型数据的偏差。在未来的研究中,可以考虑增加实地数据的获取,通过与预测数据进行对比,可以不断提高模型的预测准确率。

参考文献

[1] Climate Change 2021: The Physical Science Basis, IPCC Report [EB/OL]. https://www.ipcc.ch/report/ar6/wg1.

[2] 中华人民共和国中央人民政府(2021),国务院关于完整准确全面贯彻新发展理念做好碳达峰碳中和工作的意见[EB/OL]. http://www.gov.cn/zhengce/2021-10/24/content_5644613.htm

[3] 中国建筑节能协会(2020).中国建筑能耗与碳排放研究报告[R].

[4] IEA. Global solar PV market set for spectacular growth over next 5 years, October 21, 2019. Accessed on August 1, 2020 [EB/OL]. https://www.iea.org/news/global-solar-pv-market-set-for-spectacular-growth-over-next-5-years

[5] 国家能源局综合司关于公布整县(市、区)屋顶分布式光伏开发试点名单的通知,国能综通新能〔2021〕84 号[EB/OL]. http://zfxxgk.nea.gov.cn/2021-09/08/c_1310186582.htm

[6] 上海市城市总体规划 2017—2035[EB/OL]. https://www.shanghai.gov.cn/newshanghai/xxgkfj/2035004.pdf

[7] 上海市人民政府新闻办公室"十三五"生态环境保护规划完成情况和"十四五"规划思路[EB/OL]. https://aqwg.shio.gov.cn/TrueCMS//shxwbgs/2021n_1y/content/fbe214de-f806-4d52-be86-b2c5510a49f8.html

[8] ZHONG T, ZHANG Z, CHEN M, et al. A city-scale estimation of rooftop solar photovoltaic potential based on deep learning [J]. Applied Energy, 2021, 298, 117132.

[9] EDUN A S, PERRY K, HARLEY J B, et al. Unsupervised azimuth estimation of solar arrays in low-resolution satellite imagery through semantic segmentation and Hough transform [J]. Applied Energy, 2021, 298, 117273.

[10] MOHAJERI N, ASSOULINE D, GUIBOUD B, et al. A city-scale roof shape classification using machine learning for solar energy applications [J]. Renewable Energy, 2018, 121, 81-93.

[11] ASSOULINE D, MOHAJERI N, SCARTEZZINI J L. Large-scale rooftop solar photovoltaic technical potential estimation using Random Forests [J]. Applied Energy, 2018, 217, 189-211.

[12] 陈子龙,王芳,冯艳芬.以广州市为例的城市建筑屋顶光伏利用潜力的多元评价[J].太阳能,2021 (11):64-74.

[13] JUNG S, JEOUNG J, KANG H, et al. Optimal planning of a rooftop PV system using GIS-based reinforcement learning [J]. Applied Energy, 2021, 298, 117239.

[14] REN H, XU C, MA Z, et al. A novel 3D-geographic information system and deep learning integrated approach for high-accuracy building rooftop solar energy potential characterization of high-density cities[J], Applied Energy, 2022, 306A, 117985.

[15] 毋亭,汤志伟.基于 POI 数据的城市功能区划分和识别——以泉州市主城区为例[J].辽宁大学学报(自然科学版),2021,48(01):28-37.

[16] ROSENFELDER M, WUSSOW M, GUST G, et al. Predicting residential electricity consumption using aerial and street view images[J]. Applied Energy, 2021, 301, 117407.

[17] CADEI R, ATTIAS R, JIANG S. ML2020 Project 2 Detecting available rooftop area for PV installation with LESO-PB lab. 2020. https://github.com/riccardocadei/Rooftop-CNN-detection.

董宇[1]　赵紫璇[1*]　罗宇枫[2]
1.哈尔滨工业大学建筑学院,寒地城乡人居环境科学与技术工业和信息化部重点实验室;zixuanzhao2022@foxmail.com
2.澳大利亚新南威尔士大学建筑与环境学院
Dong Yu[1]　Zhao Zixuan[1*]　Luo Yufeng[2]
1. School of Architecture, Harbin Institute of Technology; Key Laboratory of Cold Region Urban and Rural Human Settlement Environment Science and Technology, Ministry of Industry and Information Technology
2. School of the Built Environment, The University of New South Wales

节能降耗导向的冰上运动场馆可持续运营数据平台构建研究

Research on the Construction of Sustainable Operation Data Platform of Ice Sports Venues Oriented by Energy Saving and Consumption Reduction

摘　要:建立节能降耗冰上运动场馆可持续运营数据平台可以为相关理论研究工作带来重要的评价工具和信息支持,同时也将在今后全国不同气候区冰上运动场馆可持续运营实践领域表现出巨大的潜力。本研究参考国内外已有相关可持续建筑数据库结构与利用现状,结合冰上运动场馆可持续运营关键技术的系统梳理,针对性地提出我国节能降耗导向的运营数据平台的构建思路,并紧密结合基础资料、围护结构、设备运行等,创建了相应的三级数据指标体系,形成具有广泛代表性的长效动态的数据平台,并通过实际项目数据整理对数据库各指标进行标准化,为数据库的建立提供理论支撑。

关键词:节能降耗;冰上运动场馆;可持续运营数据平台;指标体系

Abstract:The establishment of the sustainable operation data platform for energy saving and consumption reducing ice sports venues can bring important evaluation tools and information support to the relevant theoretical research work, and will also show great potential in the sustainable operation practice of ice sports venues in different climate areas in the future. This study refers to the existing domestic and foreign sustainable building database structure and utilization status, combined with the ice sports venues sustainable operation key technology of systematic combing, put forward the construction of energy saving and consumption reduction oriented operation data platform in China, and closely combined with the basic data, envelope structure, equipment operation, created the corresponding tertiary data index system, form a widely representative long-term dynamic data platform, and through the actual project data to standardize the database index, to provide theoretical support for the establishment of the database.

Keywords:Energy Saving and Consumption Reduction; Ice Sports Venues; Sustainable Operation Data Platform; Indicator System

1　研究背景

国家以2022年北京冬季奥运会为契机提出了"三亿人上冰雪"的发展目标,随着国家冰雪运动战略发展和建筑可持续理念的推广,冰上运动场馆正逐渐成为当前体育建筑发展的新着眼点。冰上运动场馆的运营,面临使用场景的变化性、设备技术的复杂性、智能化技术的冲击性、空间尺度的特殊性等众多特殊问题，实际工程的需求与理论研究上的匮乏形成巨大矛盾，建筑界一直在探讨其可持续运营，寻求建筑尺度与能耗、成本与营利之间的平衡。

冰上运动场馆这一类体育建筑面临大尺度、高投资、高能耗、运营困难的困扰，在建筑工程中实现节能降耗具有重要的现实意义。实现节能降耗，可通过两方面途径[1]。其一是采取技术改造，如增加先进的技术设备与高效设施、运用新型建筑材料等方法。这种方法虽然可以创造一定的节能经济效益，不过需要先进行较大的投入，随后才可能达到降耗目标。另外，对于运营管理水平提出了较高的要求。在减少投资的基础上，利用精细化管理手段，才可以产生节能降耗的效用。

如今，绿色节能建筑在我国实现了充分的发展和运用，国家政府也出台了很多配套的政策，无论是理论研究方面还是实践领域，都取得了不错的成果。通过对已有建成冰上运动场馆的统计对比及分析研究，建立其节能降耗导向的可持续运营数据库也同样重要。通过数据库收集优秀的工程案例，并结合相关数据的比较研究，可以更好地总结得到不同区域进行冰上运动场馆建筑设计的主要影响因素，为冰上运动场馆可持续运营的深入推动提供参考。

2 国内外相关数据平台研究现状

2.1 国际相关数据平台现状

冰上运动场馆可持续运营的核心是建筑设施的多元性与实用性，以及冰上运动馆运营方提供的服务内容和服务质量的实用性、创新性和用户满意度。从节能与降耗的角度出发，利用多样化的技术方案，可以充分减小运动场馆的整体能耗，对于缓解生态环境压力、提升场馆可持续发展能力、追求综合效益，都具有重要的帮助[2]。如表1所示，全球范围内如今已创建了多个代表性的以节能降耗为核心目标的数据库。而冰上运动馆属于大跨度空间的特殊公共建筑类型，由于其自身的特殊性，现行数据库以及评价指标体系并不完全适用[3]（图1）。冰上运动场馆具有空间复杂、功能多样、能耗巨大、人流集中等特点，对建筑可持续运营具有特殊要求，需要针对冰上运动场馆可持续运营构建定制化数据平台。

表 1 世界上主要建筑运营能耗数据平台及主要模块

（来源：作者自绘）

数据平台名称	应用范围	核心内容	主要模块
ZEBRA 2020	欧盟	建筑数据、整理分析	国别分布、指标水平、市场评价
EnOB	德国	建筑运行、监测分析	实测数据展示、项目运行评价
Passivhaus	德国	案例展示	项目查询、信息展示
ODYSSEE	欧盟及挪威等地区	建筑能耗分析	国别分布、能效指标、年度分布
CBESC	美国	建筑数据、整理分析	能源形式、能效指标、能源发展
HPBD	美国	案例展示	项目展示
APEC 100	亚太地区	案例展示分析	项目整理、数据分析

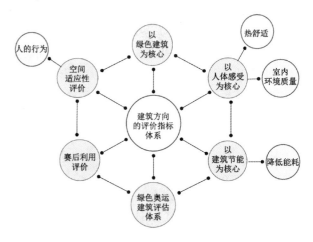

图 1 针对建筑方向的评价指标体系

（图片来源：作者自绘）

2.2 国内数据平台现状

考虑到我国节能降耗导向的建筑可持续运营的研究与实践都还处在起步阶段，一些理论探究与数据平台的建设工作也在逐渐推进。结合围护结构、气密性等关键课题，按照相应的目标创建了专题数据库，对现有的研究体系具有良好的拓展作用[4][5]。

结合现有全球范围内的可持续建筑数据库成果，不难总结出以下特点。

(1)现有的数据库基本是偏向于项目示范或者建筑

项目的能耗水平,前者对于建筑实践可以带来一些示范,不过对于气候区域、指标数据的关系有所忽略。这种耦合关系对于具体的设计和运行工作都具有重要的借鉴价值。后者则为政策标准导向提供数据支持。

(2)我国如今的建筑数据库,在案例示范、多因素考虑方面还较为淡薄,无法满足实际的使用标准。所以,创建更加完善的、契合的可持续运营数据库很有必要。在指标系统上,应该考虑到更多的性能参数,对于设计研发环节以及运行效果环节,更加注重;在案例选择上,应该结合不同气候区位的特征、建筑项目的形式等,进行拓展丰富;在具体效益上,应该多进行横向、纵向的对比研究,选择更多指标体系,从而深入挖掘建筑指标与气候、设备等存在的耦合关联。

3 可持续运营数据库框架体系

3.1 冰上运动场馆可持续运营需求的3个维度

为创建更加完善、更加契合的可持续运营数据库,第一步要厘清和明确其中的主要维度与关键要素,同时建设好内嵌的指标体系。后续的运营管理环节,可以视为"投入—变换—产出"的过程(图2),运动馆的运营离不开前期如人力、物力等一系列的投入,再通过各种形式的转化以后变成各种冰上运动相关的产品和服务满足人们的需求[6]。在这个过程中目标就是通过投入转化和产出的过程而获得尽可能高的利润和收益。因此,可以将冰上运动场馆运营的需求划分成安全、成本、效益三个方面,分别对应不同的目标。所谓安全层面,是指运动馆规模大、因素复杂,同时设备以及工作人员的类别比较繁多复杂,安全隐患更多,所以需要充分维护安全,这是整个场馆运营的基础;成本控制指冰上运动场馆的成本需要得到控制管理,具体涉及建设、运营以及回收三个模块,是整个场馆运营的关键;效益提升是冰上运动馆运营的最终目的。整个场馆的运营项目大致可以分为两个部分:①经济效益表现在门票、租金、运动训练、参观等方面,这直接关系到场馆的竞争力和运营水平,有助于引导更多的民众参与进来;②社会效益表现在对市区发展、行业带动以及居民生活质量提升等方面的价值。冰上运动场馆的开设对于整个城市的发展都能够起到明显的带动作用。

3.2 冰上运动场馆可持续运营数据库关键指标

承办冰上项目的场馆由于其本身的特殊性,使得场馆里温度分区复杂,非常容易被外界风、光、热环境所干扰,由于对于能源的消耗需求巨大,是冰上运动馆可持续设计关注的重点。在设计时适宜的形体是首要考量

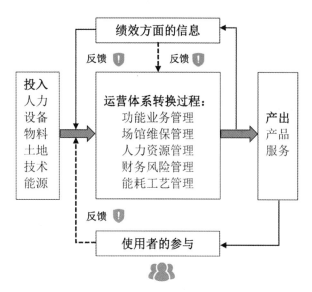

图2 冰上运动场馆运营活动过程
(图片来源:作者自绘)

因素,而其参数主要涵盖了表面积、容积、形状等。第一个参数为建筑同外界开展能量交换的决定要素,容积关系到整个场馆的空调负荷,形状则关联的是对于风、雪、融雪等外界环境因素是否有很好的适应性。物理空间构成与能耗息息相关,通过采取灵活适宜的被动措施,可以使其具有很好的减耗效率。该类建筑设施要凭借极为复杂的设备设施来维持其良好运转,除了普通场馆所具备的水电和照明设备之外,还需要配备其他场馆不需要的冰面维护设备以及制冰系统的资源回收设备等(图3)。现阶段国内的冰上运动场馆基本上都存在场馆内采光和温度控制不良的现象,因此科学有效的场馆设计能够确保运动员和观众都有良好的体验,而且还能够充分利用场馆的资源,避免资源的过度浪费,达到可持续运营的目标(图4)。

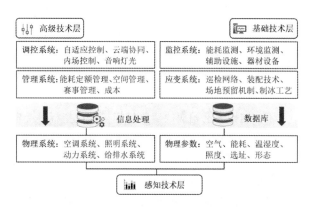

图3 冰上运动场馆可持续运营技术体系
(图片来源:作者自绘)

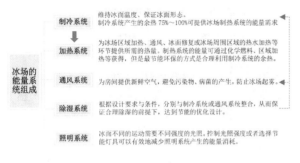

图4 冰场能量系统的组成与利用

（图片来源：作者自绘）

4 冰上运动场馆可持续运营数据库构建

建立本数据库的核心目标是为今后以节能降耗为导向的冰上运动场馆可持续运营实践带来参考和借鉴，同时在技术、区位、成本、效果四个方面的耦合关系上进行研究，带来重要的信息支撑。数据库的建设应该侧重考虑一些已建成项目，结合项目规模、区位因素、功能定位等，努力达到相应的节能降耗标准，在实际项目选取中，可参考室外环境条件、设备系统、围护结构等具有突出特色的项目纳入数据库，从而为未来的研究带来更多指导。

4.1 可持续运营数据库指标体系的建立

数据库涵盖三级指标体系，一级指标对应节能降耗导向的冰上运动场馆可持续运营需求的3个维度，而二级、三级指标则是对冰上运动场馆可持续运营的一些重要指标进行选择和整理，注重数据库的实用性与差异性。

基础资料内容可以划分为三个部分。首先是项目基础内容，比如项目介绍、规模大小等，便于内部管理；其次是气候方面的指标，比如温湿度数据、大气辐射等，从而为后续的计算分析带来参考；三是场馆运营经济指标，拟通过维保支出、运营收入、经济规模（可包含当地人均生产总值、人均可支配收入等指标）等指标提供数据支持。

围护结构包括相应的建筑指标与构造指标。而前者为场馆规模、体积大小等数值，并进行进一步的模拟分析，全面研究运动场馆不同参数与长远运营的关系。后者侧重于运动馆的构造设计、热工指标等内容。

设备系统主要为建筑能耗、节能措施、可再生能源等三方面内容，分别从冰上运动场馆能源需求与形式、主被动节能措施采取状况与效果、可再生能源使用种类

与效率等方面进行数据采集。具体指标筛选及数据内容详见图5。

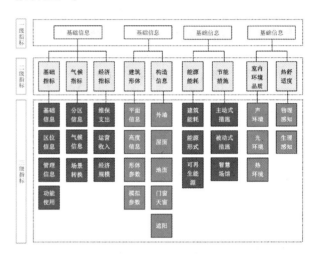

图5 三级数据库指标体系

（图片来源：作者自绘）

4.2 可持续运营数据库指标体系的检验优化

指标体系建立后，可通过数据整理，对以上框架展开进一步的检验与完善，可以概括为以下几点。

（1）构建细致、明确的数据获取路径，为进一步的研究工作带来充分的信息支持。本数据库更加侧重于区位因素、自然气候等。为保障数据信息的科学性及对比性，数据采集来源应锁定相应版本及年份的国家统计年鉴、设计标准等官方文件。

（2）特殊数据信息的标准化处理。在采集环节中，数据信息的来源复杂，项目工程也比较特殊，使得数据的参考价值下降，误差偏大。在对偏差进行处理时，基于图纸与转译、建模环节（图6），保障数据和真实情况相契合。

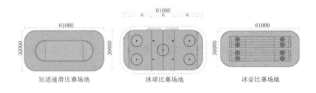

图6 冰上运动场地布置

（图片来源：作者自绘）

（3）场馆真实运营数据的可比性优化。运营数据与调查工作密切相关，因为每个场馆具有不同规模大小以及工艺技术等，以及调查过程可能受到保密等原因影响，从而数据价值下降。对于室内热环境、光环境以及能耗监测，采用几何中心点位结合周围均匀多点位的测试方式，确保干扰最低（图7）。

图 7 实时数据库接收端界面
（图片来源:作者自绘）

4.3 可持续运营数据库的结构模式

冰上运动场馆可持续运营数据库的建立不仅有利于把握冰上运动场馆整体运营情况,还为场馆可持续运营的分析提供数据操作平台。为方便数据的采集,数据库的构建基于大数据互联网平台,使用 Node.js、Express 构建 Web 万维网应用框架[7],利用 MongoDB 为核心建库工具(图 8),并用在 Web 应用中可以使用实现端对端解决方案而广泛使用的 AngularJS 作为数据库前端开发工具[8][9]。该数据库依托大量的场馆运营现状数据及内嵌数据,实现对场馆可持续运营的分析、管理与应用,所

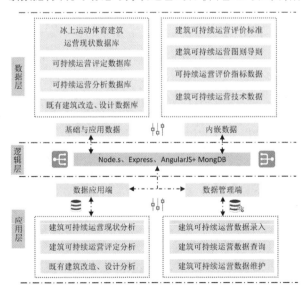

图 8 数据库的结构模式
（图片来源:作者自绘）

以数据库开发目标应包含冰上运动场馆运营现状数据的采集与录入、运营数据的编辑及更新、场馆运营数据的查询分析、场馆运营的现状分析与评价、场馆运营的策划与改造等(图 9、图 10)。

图 9 冰上运动场馆基本信息浏览界面
（图片来源:作者自绘）

图 10 冰上运动场馆可持续运营数据库数据录入
（图片来源:作者自绘）

5 结语

冰上运动场馆可持续运营数据平台可以提供基于既有场馆实际运营的数据支撑和分析工具,因此在节能降耗冰上运动体育建筑领域具有重要潜力。而构建数据平台,第一步是创建相应的平台框架与数据体系,同时明确采集过程中的可靠性。

通过梳理国内外节能降耗导向的建筑数据库研究工作,明确了场馆信息结合横向分析的数据库的构建目标,在冰上运动场馆可持续运营的前提下,关注气候区位、场馆规模、体育工艺三者耦合关系的研究。通过对场馆可持续运营核心技术的梳理,总结了冰上运动场馆可持续运营的 3 个关键维度,同时创建了涵盖基本信

息、设备设施、围护结构、冰场环境四方面的框架体系与数据指标。基于实际调研和需求,对获取的数据信息展开标准化操作,实现了特殊差异数据的标准化处理、实调信息的可比性优化。确保冰上运动场馆可持续运营数据平台的构建及采集工作,为后续运营数据分析提供扎实基础。

参考文献

[1] 徐伟,杨芯岩,张时聪.中国近零能耗建筑发展关键问题及解决路径[J].建筑科学,2018,34(12):165-173.

[2] 住房和城乡建设部.建筑工程可持续性评价标准:JGJ/T 222—2011[S].北京:中国建筑工业出版社,2011.

[3] 范磊.公共建筑可持续性综合评价方法研究[D].北京:北京交通大学,2020.

[4] 王好,叶蔚,高军,等.我国学校建筑室内污染物数据库建立与评价[J].建筑热能通风空调,2019,38(02):37-41+52.

[5] XIONG F,SUN X,SI P,et al. Investigation on thermal performance of primary school dormitories mainly used at night in severe cold plateau[C]//17th International Conference on Sustainable Energy Technologies (SET 2018),Wuhan,China. 2018.

[6] 肖淑红.体育服务运营管理.[M].2版.北京:首都经济贸易大学出版社,2015.

[7] 郭理桥.建筑节能与绿色建筑模型系统和数据库建设关键技术探讨[J].中国建设信息,2010(06):8-19.

[8] 熊勤芳,何一明.城市建设基础空间数据库建设方法的探讨[C]//全国测绘科技信息网中南分网第二十一次学术信息交流会论文集.2007:246-248.

[9] 郭瑞.基于ArcEngine的城市规划数据库管理系统的研究和实现[D].长沙:中南大学,2008.

黄茜[1,2]* 孙澄[1,2] 曲大刚[1,2]
1.哈尔滨工业大学建筑学院;huangxi_hit@hotmail.com
2.寒地城乡人居环境科学与技术工业和信息化部重点实验室
Huang Xi[1,2]* Sun Cheng[1,2] Qu Dagang[1,2]
1. School of Architecture, Harbin Institute of Technology
2. Key Laboratory of Cold Region Urban and Rural Human Settlement Environment Science and Technology, Ministry of Industry and Information Technology

国家自然科学基金重点项目(51938003)、黑龙江省重点研发计划项目(GZ20210211)

基于神经网络的自然采光办公空间视觉舒适度预测方法研究

Research on Visual Comfort Prediction Method in Daylighting Office Based on Neural Network

摘　要:本研究根据现有视觉舒适性研究成果,提出耦合桌面水平照度(Eh)、人眼处垂直照度(Ev)、视野质量(VQ)三个主要光环境参数构成的视觉舒适性综合性描述指标CVC(composite visual comfort)。本文提出基于神经网络的自然采光办公空间视觉舒适度预测方法研究。通过实验实测及问卷获得光环境数据 Eh、Ev 及视野质量 VQ 和对应的视觉舒适度主观评价值;利用所获数据分别训练了 BP 神经网络及 PSO 优化下的 BP 神经网络,然后验证模型,优化参数,对比结果选择最优预测模型。

关键词:视觉舒适性;预测方法研究;神经网络;办公建筑;光环境模拟

Abstract: Based on existing visual comfort research results, the research proposes a comprehensive description index of visual comfort (CVC) composed of three main light environment parameters: desktop horizontal illuminance (Eh), vertical illuminance at the eye (Ev), and view quality (VQ). This paper proposes a method for predicting the visual comfort of daylighting office based on neural network. The light environment data Eh, Ev and VQ and the corresponding subjective evaluation value of visual comfort were obtained through experimental measurements and questionnaires; the BP neural network and the PSO-BP neural network were trained with the data, and verified the model and optimized the parameters and compared to select the optimal prediction model.

Keywords: Visual Comfort; Method of Prediction; Neural Network; Office Building; Daylight Simulation

　　自然光对于人类的健康和幸福感的提升有重要影响作用,已经被多方面研究印证[1,2]。其中办公空间作为大量人群长时间使用的建筑空间类型,办公空间光环境舒适性问题值得重点关注。办公空间光环境舒适性不足不仅会直接导致使用者的低效率、低满意度,同时会伴随意外的使用者的环境干预性行为,易造成设备能耗的增加。目前照明耗电量占比超过办公类建筑总耗电量的四分之一,仅次于暖通空调系统[3]。因此对于办公空间视觉舒适性及相关预测方法研究具有很高的社会性价值。但由于目前还没有一种被普遍认可和大量应用的视觉舒适性的综合性描述指标,导致相关光环境舒适性评价工具缺乏,造成建筑设计过程中不能直接调用成熟方法及工具,造成光环境舒适性方面的设计短板,造成后期建成空间的能源浪费等现象。在健康建筑与"双碳"目标的大背景下,本研究以建设量与存量大、单位面积能耗高的办公建筑为研究对象,总结已有视觉舒适度评价指标与方法,提出一种综合水平、垂直照度与视野质量的综合性视觉舒适度评价指标;并提出一种基于神经网络的针对该综合性视觉舒适度指标的预测方法。

1 视觉舒适度评价指标

光环境舒适性的定义和具体引发因素是什么在学术上一直没有定论,照度虽为目前最为常用的评价指标,但在光舒适性上的评价作用很有限。视觉舒适性为描述视觉无不舒适情况下的状态,是当今较被认可的定义。视觉舒适性的影响因素很多,除了目前使用的物理量,还与文化、年龄、外界景象等因素有关。生理变量或者心理因素等可以影响感知到的不舒适度,如解释个体之间对眩光感受的差异。本文对现有研究中发现的对视觉舒适性影响显著的因素及指标进行梳理,可分为以平面照度、眩光、视野质量为主的单因素指标及多因素耦合的综合性指标两类。本文提出研究中所应用到的视觉舒适度综合性描述指标CVC。

1.1 单因素视觉舒适度指标

1.1.1 与平面照度相关的评价指标

光环境评价指标中应用最为广泛的即是与平面照度相关的评价指标。基于易被测量及模拟的水平面照度值,可进一步得到如采光系数 DF(daylight factor)、照度均匀度等静态指标。若再累计不同时间段下的照度水平数据可得到目前研究领域及标准规范中常用的动态指标,如自然采光百分比 DA(daylight autonomy)、有效天然采光照度 UDI$_{300\sim2000}$(useful daylight illuminance)。

sDA(spatial daylight autonomy),北美照明学会推荐使用的采光指标,是同时在采光的空间和时间两个纬度上进行评估的采光标准。一般采用 sDA$_{500 lx,50\%}$ 表示 50% 的空间达到 $50000lx$ 时人们对空间视觉舒适度与满意度较高[4]。但该指标未加入对照度上限值的考虑,导致无法排除眩光情况,因此不能完全保证视觉舒适性。

1.1.2 与眩光相关的评价指标

眩光问题一直是自然采光环境空间中的重点问题。在电脑更加普及的 VDT 办公模式下,眩光引起使用者视觉不舒适的概率也大大增加。普遍应用的眩光类指标有日光眩光指数(DGI)、统一眩光等级(UGR)、日光眩光概率 DGP(daylight glare probability)、视觉舒适概率(VCP),眩光类指标多为瞬时值且计算复杂,所以在实际工程项目设计中应用相对较少。后续有学者提出一种简化的方法,用坐着的人眼高度 1.2 m 的每个点的垂直眼睛照度(Ev)计算DGP,公式如下。

$$DGPs=6.22\times10-5\times Ev+0.184 \qquad (1)$$

SVD(spatial visual discomfort)将眩光评价指标叠加

了时间,SVD$_{DGP\geqslant0.45-20\%}$ 表示超过 20% 的占用时间内 DGP 高于 0.45,会引起空间使用者的不舒适。

1.1.3 与视野质量相关的评价指标

办公空间的窗除了满足人们对于日光的需求外,还提供与外界交互的视野。由于人们对于视野的生理及心理需求被诸多研究广泛证实[5],在办公空间视觉舒适性方面的各类评价标准将视野质量纳入考量。例如 LEED 2015 版[6]设有视野质量(view quality,VQ)条目,其中表示需要常驻空间地板面积的 75% 能够从窗口获得直接对户外的视线,获取外部清晰图像,在不能有任何阻碍的前提下,满足视野系数、视野深度、视野范围和窗外景观特征这四个建筑物内视野主要因素条件中的两个,则该空间视野质量可受到认可。另有多名学者对量化视觉质量进行研究探讨。Hellinga 等[7]开发了一种算法来评估通过外部窗口的视图质量。Won Hee Ko 等[8]提出了一种视野质量评价方法框架,基于三个主要变量:视野内容(view content)、视野获得量(view access);视野清晰度(view clarity),提出计算公式(2)。本研究采用此视野质量 VQ 计算方法。

$$VQ=V_{content}\cdot V_{access}\cdot V_{clarity} \qquad (2)$$

1.2 多因素视觉舒适度研究

由于视觉舒适度问题的复杂性,诸多学者从单一指标描述视觉舒适度研究转向借助统计学、神经网络、深度学习等工具的多因素视觉舒适度研究。

Martell 等[9]应用神经网络预测模型研究基于视觉舒适和节能目标下的优化设计。Xue P 等[10]研究结果显示光舒适是受人们的行为方式和建筑采光条件共同影响的。光均匀分布的比例是使用者心理感觉光舒适关键因素。刘刚等[11]研究了照度、相关色温、照度均匀度对舒适度的影响规律,同时根据得到指标对舒适度的影响因素进行量化研究,通过 SPSS 软件进行多元非线性回归分析,提出了办公室光环境评价数学模型。

1.3 综合性视觉舒适度评价指标

根据已有视觉舒适性影响因素的研究成果可知在自然采光办公建筑空间中,足够的光照度、没有眩光的发生、良好的视野在使用者的舒适度评价方面起主要的影响作用。因此本研究选取桌面水平照度(Eh)、人眼处垂直照度(Ev)、视野质量(VQ)三个主要光环境参数构成的视觉舒适度综合性描述指标(composite visual comfort),文中简称CVC。其中桌面水平照度可用于衡量光量是否充足;人眼处垂直照度可通过公式(1)计算得到 DGP 值,用于衡量眩光情况;视野质量通过公式(2)计算获得。

选择此三个变量也综合考虑了综合性舒适度评价

指标的易模拟性和计算性,为未来基于视觉舒适性的建筑空间智能化设计工具的开发做铺垫。若评价指标由于参量过多或运算过于复杂,容易导致以此为核心的研究方法在后期设计推广实践中、从业者在使用过程中"门槛"过高或运算量过大、运算时间过长,降低了工具的可用性与易用性。

本文所选用的三个参量中,桌面水平照度(Eh)与人眼处垂直照度(Ev)均为瞬时值,视野质量(VQ)为各网格点一个方向下的定值,因此视觉舒适性综合性描述指标CVC亦为瞬时值。后期工具开发应用中可通过Ev、Eh累积运算结果获得动态光环境指标,如UDI、sDA等,也可获得基于全年光环境的动态CVC指标,更利于指导建筑早期阶段的设计。

2　基于神经网络的自然采光办公空间视觉舒适度预测方法

由于现有的单因素或单类型因素评价指标不足以作为舒适度的判定指标,而获得一个综合性的光环境舒适度预测工具,需要整合多个因素,获得一个综合性评价指标与使用者主观舒适度感知之间的关系。

本文基于上一节的综合性视觉舒适度评价指标,提出基于神经网络的综合性视觉舒适度预测方法(见图1):

第一步,设计并开展综合性视觉舒适度实验,利用照度仪测量、相机拍摄并填写问卷。第二步,统计水平、垂直照度,实地测量数据;根据图像计算获得视野质量值;统计调研问卷,获得办公空间使用者综合性舒适度数据。第三步,建立神经网络模型并训练及验证、调试。第四步,获得综合性视觉舒适度预测模型,用于指导设计实践。

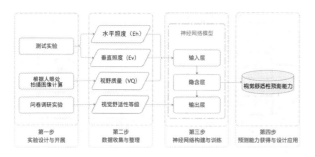

图1　基于神经网络的办公空间视觉舒适度预测方法框架
(图片来源:作者自绘)

3　综合性视觉舒适度实验

3.1　实验设计与开展

实验在爱因霍芬理工大学实验室5月期间进行。

房间5.5 m宽,5.1 m进深,空间高2.7 m。西侧采光(窗洞尺寸5 m×1.35 m)。实验室共布置4套办公桌椅,桌面放置显示器、键盘、鼠标(见图2)。三个实验位置椅子后放置测量及拍摄设备套组(照度仪、鱼眼相机)固定于三脚架上,相机镜头及照度仪感光区距地面1.2 m。实验中受试者以随机顺序坐在A、B、C三个位置,如图2所示,每个位置上进行2分钟的纸质办公及2分钟的电脑办公行为,完成后填写该位置当时的光环境的舒适度评价问卷,每完成一组测试休息1分钟。整个舒适度实验是不干扰性测量,问卷基于使用者的主观舒适度感知。

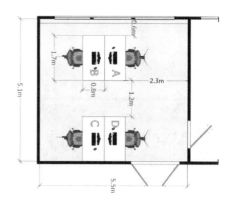

图2　综合性视觉舒适度实验室平面布置图
(图片来源:作者自绘)

3.2　实验数据与整理

人眼位置处配有鱼眼镜头的相机装置拍摄记录各位置180°广角视野照片,如图3所示,用于计算此位置视野质量(VQ)数值。利用公式(1)可得实验中A、B、C三个位置下的视野质量(VQ)值,如表1所示。

图3　实验测量设备布置
(图片来源:作者自绘)

表1 各实验位置视野质量计算（来源：作者自绘）

位置	$V_{content}$	V_{access}	$V_{clarity}$	VQ
A	1	1	1	1
B	0.75	1	1	0.75
C	0.75	0.5	1	0.375

综合性舒适度问卷评价分7个等级对应1～7分（很不舒适、不舒适、不太舒适、一般、较舒适、舒适、很舒适）。实验室窗外视野情况如图4所示，A、B、C三个实验位置处视野情况如图5所示。

图4 实验室窗外视野情况
（图片来源：作者自绘）

图5 A、B、C三个实验位置处视野情况
（图片来源：作者自绘）

4 综合性视觉舒适度神经网络预测模型

4.1 神经网络算法选取

4.1.1 BP神经网络

BP神经网络作为使用范围最广泛的神经网络之一，算法中进行信号的正向传播与误差的反向传播，其对复杂非线性函数具有良好的训练与预测效果。整体结构可分为输入层、隐含层、输出层三部分。隐含层神经元个数根据公式(3)确定，其中y代表隐含层节点个数，n为输入层节点个数，m为输出层节点个数，a为1到10的整数值。

$$y = \sqrt{n+m} + a \qquad (3)$$

实际操作中a需要反复实验对比找到较适合的值，本研究中a取6，即隐含层节点数为8时预测模型预测准确度最高，即形成3-8-1的神经网络结构，如图6所示。

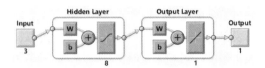

图6 单隐含层BP神经网络预测模型结构图
（图片来源：作者自绘）

尝试双隐含层BP神经网络，设置如图7所示的3-8-15-1神经网络结构，进行相同数据集的训练与预测，其结果并没有3-8-1结构的神经网络效果好。

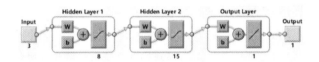

图7 双隐含层BP神经网络预测模型结构图
（图片来源：作者自绘）

4.1.2 PSO-BP神经网络

粒子群算法，也称粒子群优化算法（particle swarm optimization, PSO），是一种仿生算法，由Kennedy和Eberhart于1995年提出，算法流程如图8所示。PSO操作性好，需要调节的参数少，可优化权重和阈值选取，能够减少过度运算并提高整体模型预测准确度。

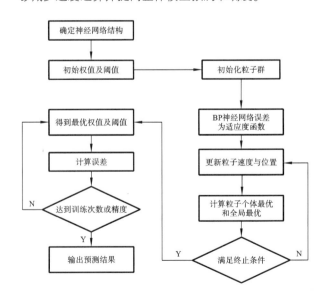

图8 PSO-BP神经网络预测模型算法流程图
（图片来源：作者自绘）

4.2 预测模型的训练与评价

选取应用的 BP 神经网络,结构如图 9 所示。神经网络训练参数中最大迭代次数为 1000、学习率 0.01、误差范围目标 0.001。PSO 优化的 BP 神经网络模型中参数设定:种群规模为 20,最大迭代次数为 100,学习因子 c_1、c_2 设定为 2,惯性权重为 1。

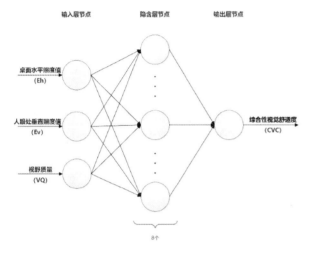

图 9　BP 神经网络预测模型结构示意图
(图片来源:作者自绘)

300 组数据中 270 组为训练组,30 为验证组,数据模式如表 2 所示。各输入、输出数据具有差异,运算时进行归一化处理,统一为 [0,1] 之间数据。BP 神经网络与 PSO-BP 神经网络模型预测验证组结果对比如图 10 所示,预测误差如表 3 所示,可以看出 PSO-BP 模型具有更好的预测效果。

表 2　输入与输出数据节选(来源:作者自绘)

编号	Eh(lx)	Ev(lx)	VQ	CVC
1	1151.4	548	1	5
2	1117.2	581	0.75	6
3	228	205	0.375	4
4	2166	2075	1	3
5	860.7	900	0.375	6
…	…	…	…	…

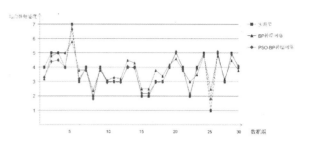

图 10　模型预测验证组结果对比图
(图片来源:作者自绘)

表 3　两个神经网络模型预测误差(来源:作者自绘)

模型	BP 神经网络	PSO-BP 神经网络
MAE	0.0338	0.0299
MAXAE	0.08	0.07
RMSE	0.0360	0.0345

5　结语

本文提出了一种基于神经网络的视觉舒适度预测模型。研究根据光环境质量方面研究成果,整合水平照度、垂直照度、视野质量三个主要光环境参数构成视觉舒适度综合性描述指标 CVC。研究采用实测实验获得被测试者所处办公空间的垂直与水平照度值,通过视觉舒适度问卷调研获取所处环境视觉舒适度评价值 CVC;并应用深度神经网络探索挖掘上述三方面光环境参数与视觉舒适度评价指标之间的数据关系,从而实现开放办公建筑视觉舒适度预测的目标。未来该模型与模拟软件相结合可实现设计阶段的办公建筑视觉舒适度预测目标。该模型能够更好地辅助建筑师进行方案创作,完成平面设计与空间布置。希望本研究能为建筑光环境研究、计算性设计理论方法及其技术工具开发等相关领域提供有益的启示和参考。

参考文献

[1]　VEITCH J A, NEWSHAM G R. Lighting quality and energy-efficiency effects on task performance, mood, health, satisfaction, and comfort[J]. Journal of the Illuminating Engineering Society,2013,27(1). B.

[2]　CAJOCHEN C. Alerting effects of light[J]. Sleep Medicine Reviews,2007,11(6):453-464.

［3］ 中国建筑节能协会. 中国建筑能耗研究报告 2020［J］. 建筑节能（中英文），2021，49（02）：1-6.

［4］ MARDALJEVIC J，HESCHONG L，LEE E . Daylight metrics and energy savings［J］. Lighting Research & Technology，2011，41（3）：261-283.

［5］ ARIES M ，VEITCH J A ，NEWSHAM G R . Windows，view，and office characteristics predict physical and psychological discomfort［J］. Journal of Environmental Psychology，2010，30（4）：533-541.

［6］ KUBBA S . LEED v4 practices，certification，and accreditation handbook：second edition ［M］. Cambridge：Elsevier，2015.

［7］ HELLINGA H ，HORDIJK T . The D&V analysis method：A method for the analysis of daylight access and view quality［J］. Building & Environment，2014，79：101-114.

［8］ KO W H，KENT M G，SCHIAVON S，et al. A window view quality assessment framework［J］. LEUKOS. 2021.

［9］ MARTELL M ，CASTILLA M ，RODRÍGUEZ F，et al. An indoor illuminance prediction model based on neural networks for visual comfort and energy efficiency optimization purposes ［C］// International Work-Conference on the Interplay Between Natural and Artificial Computation. Springer，Cham，2019.

［10］ XUE P，MAK C M，CHEUNG H D. The effects of daylighting and human behavior on luminous comfort in residential buildings：A questionnaire survey［J］. Building and Environment，2014，81（nov.）：51-59.

［11］ 刘刚，刘梦柳，雒琛，等. 基于评价实验的办公室光环境舒适度研究［J］. 照明工程学报，2017，28（6）：48-51，69.

刘宇波[1] 何晏泽[1] 邓巧明[1]*

1. 华南理工大学建筑学院，亚热带建筑科学国家重点实验室；dengqm@scut.edu.cn

Liu Yubo[1] He Yanze[1] Deng Qiaoming[1]*

1. School of Architecture, South China University of Technology, State Key Laboratory of Subtropical Building Science

国家自然科学基金项目(51978268、51978269)、华南理工大学研究生教育创新计划资助项目

基于多目标优化的退台式教学楼顶部采光系统形式探索

Form Exploration of the Top Lighting System of Educational Buildings with Setbacks Based on Multi-objective Optimization

摘　要：通过引入顶部采光系统能够很好地解决中小学教学楼常见的侧窗采光方式存在的局限性。退台式的教学楼可以为每个教室引入顶部采光，本文试图采用多目标优化的方法探索这一模式下顶部采光系统的形式。本方法允许预先输入教室主体参数和气候条件，优化目标涉及采光充足性、眩光、开窗面积和退台距离。在广州地区气候下的实验中验证了方法的可行性，实现了采光的大幅度改善，并产生了多种兼具适应性和形式特点的顶部采光方案。

关键词：顶部采光；形式探索；多目标优化

Abstract: The limitations of the common side lighting method in educational buildings can be well addressed by introducing top lighting systems. In this paper, a multi-objective optimization approach is adopted to explore the form of top lighting systems in a two-story building with a setback. The method allows for presetting the classroom's attributes and climate data, and the optimization objectives include daylight adequacy, glare, glazing area, and setback distance. The feasibility of the approach is verified in an experiment in the Guangzhou climate, which achieve a substantial improvement in daylighting and yield a variety of top lighting solutions with both adaptive and formal characteristics.

Keywords: Top Lighting; Form Exploration; Multi-objective Optimization

1 引言

在中国，中小学教学楼通常为多层，采光方式以侧窗采光为主。侧窗采光容易导致采光不均的问题，即近窗处存在眩光，远窗处照度水平显著降低。一间教室进深可达 7～10 m，需要容纳 40～50 名学生，加之学生的位置长期不动，使得学生无法享受到平等的、高质量的自然采光。光线不足和光质量差是中国学生近视率不断上升的重要原因之一[1]。

许多研究表明，充足的自然采光对学生的健康和学习表现有很大影响，除了防止眼睛损伤，还能缓解抑郁、提高注意力和学习效率等[2]。此外，充足的采光可以减少电灯的使用，从而节约能源。如何合理设计教室采光系统从而改善光环境是教育建筑中的一个重要问题。

采光系统可分为顶部采光系统和侧面采光系统（图 1 左）。顶部采光指从天花板上方提供自然光的方式，侧面采光指从侧墙提供自然光的方式。由于中小学教室的最小净高为 3～3.1 m，本研究将 3.1 m 以上的高侧窗

也作为一种特殊的顶部采光方式,用于区别传统教室的侧窗设计。顶部采光能够提供比侧面采光窗更稳定、更均匀的自然光[3]。但目前引入顶部采光的教室案例通常都只有一层或只位于教学楼顶层。

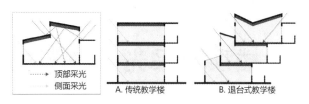

图 1　顶部采光和侧面采光(左),传统教学楼(中)与退台式教学楼(右)
(图片来源:自绘)

退台是一种能将顶部采光系统整合到多层建筑中的设计策略(图 1 右),对解决教育建筑现存的采光问题具有巨大潜力。在这种建筑形式中,教室单元的采光条件将受到退台距离和顶部采光系统形式的影响。目前尚未有对退台式教学楼的顶部采光形式的研究。

本文以两层退台式教学楼作为研究对象,提出了一种基于多目标优化的形式探索方法,能够生成多样化、性能导向的顶部采光系统,进而改善教室的采光环境。

2　方法

该方法分为三个部分:参数化原型设计、多目标优化及方案筛选(图 2)。设计目标包括采光充足性、眩光、玻璃面积和退台距离。由于上下层教室的相互影响,整个设计流程将分为两个阶段,在下层教室生成过程中,上层教室主体作为环境因素加入采光模拟中。上层教室生成后也将作为环境因素影响上层教室的生成。

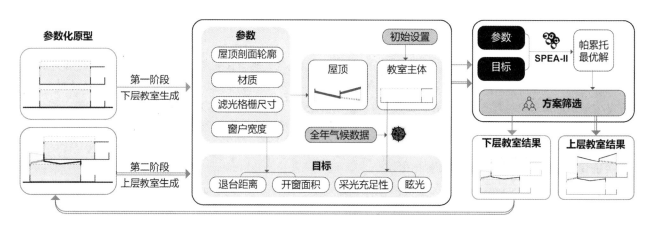

图 2　研究框架
(图片来源:自绘)

多目标优化是解决建筑性能优化的重要方法之一,其目标是找到一组帕累托最优解[4]。对于某个解来说,如果找不到所有目标都较之更优的解,则可称之为帕累托最优解。基于遗传算法的多目标优化算法能够实现全局搜索,避免在优化过程中陷入局部最优解,是目前解决多目标优化问题的一种流行方法。这种方法被广泛地应用于形式优化和探索中。

与侧面采光系统相比,过去对于顶部采光系统形式优化的研究相对较少,并且都关注单层建筑或多层建筑顶层的情况。Yi 等人[5]使用多目标优化的方法对一种锯齿形天窗系统进行优化,优化目标包括结构完整性、采光和材料成本。Futrell 等人[6]将多目标优化的方法应用于某个教室项目中,该教室有一个确定形式的垂直天窗,基于视觉和热舒适性以及能耗对天窗进行尺寸、材质以及天花板形状的优化。它们都专注于某一种顶部采光形式的优化,但这并不适用于形式探索。

本文通过对参数的合理设置使参数化原型能够囊括大多数的顶部采光系统形式,进而扩大解空间,实现对更多形式的探索。

2.1　参数化原型设计

顶部采光系统的形式要素包含天花板的形状、开窗的尺寸和方向、必要的滤光装置等。图 3 为四种带有常见的顶部采光形式的一层教室的剖面。

这些形式的屋顶剖面都可以被视作一条多段线,每条线段所代表的功能取决于它的材质。例如,一条水平线段代表天窗还是天花板取决于其是否是玻璃材质。在本研究中,垂直的线段被称作垂直件,水平或倾斜的线段被称作水平件,滤光格栅被称作反射件。

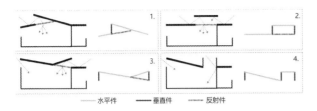

图 3　典型顶部采光形式
(图片来源:自绘)

上下层由于退台的存在,其原型有所不同。上层教室的顶部采光系统由 2 个水平件、3 个垂直件、2 个反射件构成;下层教室的顶部采光系统,有 3 个水平件、3 个垂直件、1 个反射件构成。其中,被上层教室覆盖的水平构件将构成室内天花板的轮廓(图 4)。

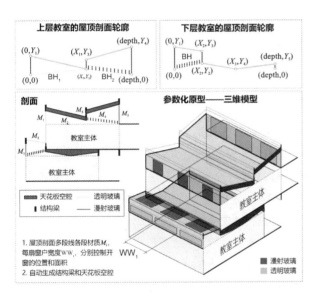

图 4　参数化原型
(图片来源:自绘)

表 1 列出了参数原型包含的所有参数。(X_i, Y_i) 是屋顶剖面多段线的顶点,用于控制屋顶的基本形状。X_i 及 Y_i 采用的较大的步长(0.5 m 和 0.4 m),以避免不必要的形式勘探。每个线段都有一个材质变量 (M_i),取值可以是 0(透明玻璃:直射透射率为 0.8)、1(漫射玻璃:漫射透射率为 0.55,反射率为 0.15)和 2(实体:反射率为 0.7)。对于玻璃材质的水平件或垂直件,将会依据参数 WW_i 继续划分出更小的窗口,实现对开窗面积更精细的控制。反射件的尺寸由变量 BH 控制,其材质为漫射玻璃。

表 1　原型参数(来源:自绘)

参数	范围	步长	解释
X_i	0.5～9 m	0.5 m	多段线控制点坐标
Y_i	0～2.0 m	0.4 m	
M_i	0,1,2	1	各段材质
WW_i	0.9～3.0 m	0.2 m	窗宽
BH_i	0～0.8 m	0.1 m	格栅高度

出于对实际建造的考虑,原型中加入了两种对采光影响较大的建筑元素,结构梁和天花板空腔(用于容纳设备)。结构梁将在水平件的末端生成,其高度为教室宽度的 1/12。在上层教室中,如果水平件为实体材质,则将生成深高度为 0.5 m 的天花板空腔。在下层教室,天花板空腔将在实体水平件与上层地面之间生成。

2.2　多目标优化

强度帕累托进化算法 2(strength Pareto evolutionary algorithm Ⅱ, SPEA-Ⅱ)是最流行的多目标优化算法之一,其筛选原则能够较好地保持解的多样性[7]。本研究使用基于 SPEA-Ⅱ 的 Grasshopper 插件 Octopus 作为优化工具。在本研究中,共有四个优化目标,包含采光充足性、眩光、开窗面积和退台距离。

2.2.1　采光充足性与眩光

动态采光指标是基于全年日光数据的评价指标,相比采光系数等静态指标能够更加真实地反映出长期的采光情况。其中,空间日光自主性(sDA)和年日照量(ASE)为最重要的动态采光指标,分别被用于评估采光充足性与眩光。

二者的组合被证明可以更全面地评估室内光环境[8],并在多个采光标准中使用。例如,在欧洲标准 EN 17037 中,最高一档的采光建议值为 $sDA_{750lx\backslash50\%} > 95\%$(对于水平窗)和 $sDA_{750lx\backslash50\%} > 50\%$(对于垂直或倾斜窗);在 LEED v4 中,$ASE_{1000,250h}$ 应控制在 10% 以内。$sDA_{750lx\backslash50\%}$ 表示全年至少 50% 的占用时间中超过 750 lx 的面积占总面积的百分比。$ASE_{1000,250h}$ 是指全年接受超过 1000 lx 阳光直射的时间超过 250 h 的面积占总面积的百分比,本文以这两个指标作为优化目标。同时以 $ASE_{1000,250h} < 10\%$ 为约束条件。不满足约束的解将从优化过程中排除,从而避免不必要的搜索。

采光模拟采用 Grasshopper 插件 Ladybugtool,其可以调用日光模拟程序 Radiance。测试平面位于地板上方 0.7m 处。测试网格尺寸为 0.5 m×0.5 m(图 5 左)。

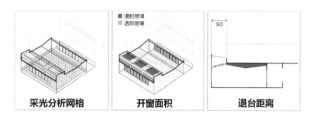

图 5　优化目标计算方法
(图片来源:自绘)

2.2.2　开窗面积和退台距离

一般来说,玻璃面积越大,采光越多,过热和耗能的问题也会越显著。然而热模拟和能耗模拟十分耗时,因此本文采用一种替代指标,即开窗面积(图5中),用于间接反映可能存在的热舒适性和能耗问题。Leslie[9] 在其编写的教室指南中,采用开窗面积作为评估运营成本的近似指标,因为玻璃的热工性能比实墙差。

退台距离是另一个重要指标。退台距离越大,可用来容纳顶部采光系统的空间也越大,同时建筑占地面积也越大,造成空间浪费。因此,退台距离将作为优化目标之避免空间浪费(图5右)。

2.2.3　优化算法参数设置

优化算法不同的参数设置会对优化速度和结果产生巨大的影响。例如,更多的变异和杂交能够使优化过程探索到更多未知的解,但与此同时也更难收敛。就本研究而言,解的多样性更加重要。彻底地优化需要耗费大量的时间,这在实践中是不现实的,同时也是不必要的。在概念设计阶段,设计师更需要多个良好的解,而不是一个最佳的解。因此,高杂交率、高变异率和低变异概率的组合可以实现对更广泛的解的探索。同时适中的精英率能够在每一代中保留一半的最优解传递至下一代,以确保优化不断向前发展(表2)。

表 2　多目标优化算法参数(来源:自绘)

参数	数值
进化代数	30
种群规模	100
精英率	0.5
变异概率	0.2
变异率	0.9
杂交率	0.8

3　实验

本设计方法可以适用于不同的气候条件和教室主体设计,因此可以被推广到更多的设计场景。本文实验选址位于中国广州(北纬23.08度,东经113.14度),属于典型的亚热带季风气候,夏季炎热,冬季温和。

表3列出了本文教室主体基本属性的设置。在采光模拟中,教室主体各面的材质属性设置为:墙面反射率为0.5,地面反射率为0.2,侧窗透射率为0.7。

表 3　教室主体设置(来源:自绘)

参数	数值/m	教室主体模型
教室长宽	10×9	
教室净高	3.1	
下层教室层高	3.9	
侧窗尺寸	7×1.5	
窗台高度	1.5	
走廊宽度	2.5	

3.1　结果筛选和形式评价

经过30代的优化,下层教室生成51个帕累托最优解,选取其中一个解加入上层教室的生成中,最后获得61个帕累托最优解。由于生成的帕累托最优解较多,因此需要进行必要的筛选。

虽然解在参数取值上不尽相同,但存在形式上的趋势性。依据形式上的相似性,所有解被划分为3组,每一组都呈现出具有形式上的显著特征(图6)。接着对所有解的各个目标表现分别排序,综合排名最好的解将作为每一组解的代表以三维模型展示,其余的解则用剖面展示。进一步的选择则可以依据用户的偏好进行。本实验中被选取加入上层教室的生成或作为最终方案的解用带点矩形边框高亮显示。

下层教室的解都呈现出向南退台的趋势,即在教室北侧生成顶部采光,这可能是由于来自北方的日光大部分是漫射光,且较为充足,避免了阳光直射或眩光的问题。第一组采用漫射天窗和透明高侧窗的组合,该组在SDA中表现最好,但在GA中表现最差;第二组采用了透明倾斜天窗,在GA中表现最好,但在ASE中表现最差;第三组采用朝北的高侧窗,所有目标的表现相对平衡,因此选取第三组的较优解加入后续的生成中。

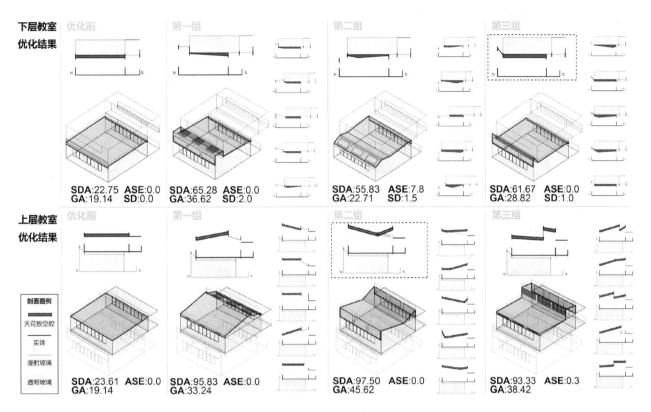

下层教室
优化结果

优化前　　　　　第一组　　　　　　　　第二组　　　　　　　　　第三组

SDA:22.75 ASE:0.0　　SDA:65.28 ASE:0.0　　SDA:55.83 ASE:7.8　　SDA:61.67 ASE:0.0
GA:19.14 SD:0.0　　GA:36.62 SD:2.0　　GA:22.71 SD:1.5　　GA:28.82 SD:1.0

上层教室
优化结果

优化前　　　　　第一组　　　　　　　　第二组　　　　　　　　　第三组

剖面图例

天花板空腔

实体

漫射玻璃

透明玻璃

SDA:23.61 ASE:0.0　　SDA:95.83 ASE:0.0　　SDA:97.50 ASE:0.0　　SDA:93.33 ASE:0.3
GA:19.14　　　　　GA:33.24　　　　　GA:45.62　　　　　GA:38.42

图 6　实验结果

（图片来源：自绘）

上层教室的解侧重于改善教室南部采光，因为南侧走廊阻挡了来自南方的自然光。第一组采用向南倾斜的天窗，GA 表现最好；第二组南北两侧均有高侧窗，并采用漫射玻璃或透明玻璃和反射件的组合，过滤南侧的直射光，该组在 SDA 中表现最好，但 GA 表现最差；第三组采用南部和中部高侧窗的组合，该组 ASE 的表现较差。选取第二组的较优解最为最后方案。

图 7 展示了最终方案的外部透视图和剖透视图。

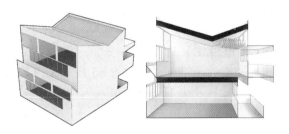

图 7　最终结果

（图片来源：自绘）

3.2　性能评价

与优化前相比，SDA 提高了 243.3%，达到了欧洲标准 EN 17037 的最高采光水平。ASE 和 SD 的性能控制在较低的水平，这验证了该方法可以在改善采光的同时能较好地控制眩光和空间占用。GA 增加了 36.16，这将导致更差的热舒适性和更高的运行成本。这种不良影响需要通过进一步的模拟来证实。

SDA 平均值呈现逐代增加的趋势（图 8 上），同时上层教室采光性能整体优于下层教室。下层教室的优化在第 17 代开始收敛，而上层教室的优化在优化结束时似乎仍在向前推进。原因是上层教室的方案空间较大，可以通过增加进化代数来改进。图 8（下）表示了帕累托最优解各目标性能的平均值。SDA 在上层的性能优于下层，而 GA 的性能稍差，ASE 的性能稍好。

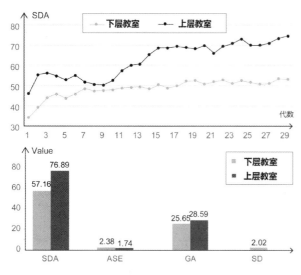

图 8　每代 SDA 平均值变化(上),帕累托最优解表现平均值(下)

(图片来源:自绘)

4　结论

本文提出了一种基于多目标优化探索两层建筑顶部照明系统形式的方法,并实现了在广州地区气候条件的生成,验证了该方法的可行性。该方法实现了建筑性能与形式多样性之间的平衡。结果在采光方面有了很大的改善,并呈现出丰富的适应气候条件的形式特征,包括屋顶构件的尺寸、材料和方向,这将为建筑设计早期阶段提供采光设计策略的指导。

这种方法仍有局限性,将成为未来研究的改进方向。首先,虽然原型可以覆盖大多数典型的类型,但在实践中,用户对几何体有更多的定制需求,例如更多的孔径、弯曲的天花板形状、不同的反射组件等,这需要更多的参数和更复杂的原型。其次,玻璃面积是热舒适性和能耗的近似指标,这是模拟时间和精度的折中。引入专门的热舒适性和能耗指标将使结果更具说服力,但需要改进模拟时间,例如使用机器学习进行性能预测。

参考文献

[1]　中华人民共和国住房和城乡建设部.建筑采光设计标准:GB 50033—2013 [S].北京:中国建筑工业出版社,2012.

[2]　READ A. Integration of daylighting into Educational (School) building design for energy efficiency, health benefit, and mercury emissions reduction using heliodon for physical modeling[D]. Rochester Institute of Technology,2017.

[3]　Office of Energy Efficiency and Renewable Energy. National best practices manual for building high performance schools [M]. U. S. Department of Energy,2007.

[4]　KONAK A,COIT D W,SMITH A E. Multi-objective optimization using genetic algorithms:A tutorial [J]. Reliability engineering & system safety,2006,91(9):992-1007.

[5]　YI Y K,TARIQ A,PARK J,et al. Multi-objective optimization (MOO) of a skylight roof system for structure integrity, daylight, and material cost[J]. Journal of Building Engineering,2021(34):102056.

[6]　FUTRELL B J, OZELKAN E C, BRENTRUP D. Optimizing complex building design for annual daylighting performance and evaluation of optimization algorithms[J]. Energy and Buildings, 2015 (92):234-245.

[7]　ZITZLER E,LAUMANNS M,THIELE L. Improving the strength Pareto evolutionary algorithm[J]. Evolutionary Computation,2001,5(2):121.

[8]　HESCHONG L,et al. Approved method:IES spatial daylight autonomy (sDA) and annual sunlight exposure (ASE)[M]. IES-Illuminating Engineering Society,2012.

[9]　LESLIE R P. Patterns to daylight schools for people and sustainability[M]. Lighting Research Center, Rensselaer Polytechnic Institute,2010.

金仕萌[1*]　缪军[1]

1. 华南理工大学;1104659300@qq.com,103048840@qq.com

Jin Shimeng[1*]　Miao Jun[1]

1. South China University of Technology

基于 SWMM 数字模型的城市住区海绵设施系统设计及效用研究

Design and Utility Research of Sponge-city Facility System in Urban Residential Area Based on SWMM Digital Model

摘　要:如何合理布局低影响开发(LID)设施达到最大效益,是海绵城市未来贯彻落实亟待解决的问题。文章对 LID 设施在城市住宅区中的分类和应用进行了研究和梳理,并使用 SWMM 软件对广州一住宅小区进行了 LID 设施的效用研究,分别在 3 种重现期条件下对模型进行参数设计。实验数据表明,单独 LID 设施的海绵效应存在代表最大效益的数据拐点,LID 设施组合布设时产生的海绵效应明显大于 LID 设施单独布设,并存在最佳布设比例。此为城市住宅区海绵城市建设提供了思路和方法。

关键词:SWMM;海绵城市;绿色建筑;LID;城市住区

Abstract:Reasonable layout of low-impact development (LID) facilities to achieve maximum benefits is an urgent problem to be solved in the implementation of sponge cities in the future. This paper studies and sorts out the classification and application of LID facilities in urban residential areas,and uses SWMM software to study the utility of LID facilities in a residential area in Guangzhou. The parameters of the model were designed under three return periods. The experimental data show that the sponge effect of individual LID facilities has a data inflection point that represents the greatest benefit. The sponge effect generated by the combined layout of LID facilities is significantly greater than that of LID facilities alone,and there is an optimal layout ratio. It provides ideas and methods for the construction of sponge city in urban residential areas.

Keywords:SWMM; Sponge City; Green Building; LID; Urban Settlements

1　引言

近年来,城市住宅用地面积累计增加,天然地表被不透水的硬质材料所替代,雨水自然渗透、净化和储存面临着巨大挑战[1]。在新版《城市居住区规划设计标准》中,新增了"应采用低影响开发建设方式,充分利用河湖水域促进雨水的自然积存、自然渗透与自然净化"[2]的指导方针,在住宅区景观设计中,同样应结合低影响开发策略,采用分散、小规模的源头治理机制和技术措施相结合的设计,实现对雨水径流和污染的控制低影响开发,LID 作为一种新兴雨水管理技术,在消减城市雨洪和滞留污染物等方面效果显著[4]。如何将海绵城市理念渗透到城市住宅区中,合理布局低影响开发(LID)设施达到最大效益并与住宅区景观设计相结合,是海绵城市未来贯彻落实亟待解决的问题。本文旨在通过 SWMM 数字模型对城市住宅区中的海绵设施进行模拟分析,通过实验数据,对比海绵设施的单独效益与组合效益,为海绵设施系统设计提供思路。

2　住区景观设计海绵设施原理与应用

2.1　基本原理

海绵城市在住宅区景观设计中的应用体系可以按

359

照雨水处理流程分为雨水收集、雨水储存、雨水利用三个部分。其中雨水收集指的是雨水在住宅区建筑表面进行收集,如居住区的屋顶、公共场地、道路、绿地、透水路面、下沉绿地、生态树池等。雨水储存是指收集到的雨水,除了地表水自然下渗,通过雨水桶、地下水箱、透水水箱等储水模块进行储存,或者利用人工湿地和湖泊实现雨水的暂存[7]。雨水利用是将雨水净化后输送至绿化灌溉系统、景观喷水系统、生活用水系统等,从而实现雨水的循环利用(图1)。

景观设计相结合,构建整体低影响开发雨水系统,进而构建海绵城市居住区景观,实现城市住宅区雨水管理和利用。

图1 海绵城市在住宅区景观设计应用体系
(图片来源:自绘)

2.2 设计应用

城市住宅区中的海绵设施主要是以"收水-蓄水-用水"三种设施进行分类[5]。将海绵设施(表1)与居住区

表1 城市住宅区雨水设施应用表(来源:自绘)

设施分类	设施名称	应用介绍
收水设施	绿色屋顶	用于住宅区建筑屋面,通过屋顶绿色植物吸收雨水,达到蓄积和排放的目的
	透水铺装	用于住宅区内道路、广场、消防通道、停车场等硬质空间区域,透水铺装属于多孔介质,能够使雨水渗入地表,减少雨水径流,补充地下水
	植草沟	能够使雨水渗入地表,减少雨水径流,补充地下水
	生态树池	用于住宅区道路两旁绿化隔离带等狭长地带,能够收集地下径流
	雨水花园	用于住宅区广场或道路等树荫要求较高等区域,以树池来作为生态滞留单位进行收水。用于住宅区公共绿地部分,自然形成或人工挖掘的浅凹型绿地,被用于汇聚和吸收雨水,使雨水逐渐渗入土壤,涵养地下水
蓄水设施	雨水桶	多用于规模较小的庭院区、低密度住宅区,多用于收集、沉淀、净化雨水,设置于地上
	地下水箱	多用于高密度住宅区,设置于地下的储水箱
	透水箱	特制的可渗透地下水的水箱,同时也有被动蓄水的功能
用水设施	绿化灌溉系统	用于住宅区的公共绿地、道路绿地,将雨水净化后成喷灌用水使用
	景观喷水系统	用于住宅区景观喷泉、人工湖、池塘等景观用水区域,将雨水作景观用水使用
	生活用水系统	用于住宅区居民生活使用,将雨水利用成生活用水,如洗车、冲厕、环卫等使用

3 基于SWMM的模拟分析和效用评价

3.1 研究区概化

本研究所选研究区位于广东省广州市,所处地区为亚热带季风气候区,降雨充沛。境内地势平坦,起伏不大,平均坡度为5%,为广东地区较为典型的商住区,建筑首层裙楼为商铺,上层为住宅区,小区内绿化丰富,景观道路清晰,配有地下车库和幼儿园。研究区占地面积37950 m²。依据研究区管网资料、水系河道资料、场地

下垫面类型共划分为99个子汇水区,概化出193条灌渠、128个节点[3]。考虑到土地情况,对遥感图像进行分析,确定各子汇水区的不透水面积比例,并利用面积加权法确定研究区约20%为不透水面积[3],得到研究区LID设施分布概化图(图2)。

3.2 模型相关参数的选取

模型相关参数主要参考SWMM模型用户手册和其他文献选取率决定,主要内容如下。①子汇水区参数,如不透水面积比例、坡度等,借助于GIS确定;②漫流宽

图 2 LID 设施 SWMM 模型概化图

（图片来源：自绘）

图 3 研究区 LID 布局划分图

（图片来源：自绘）

度,面积与最大地表漫流长度的比值,可由公式计算而得;③下渗参数,根据研究区土壤情况,Horton 下渗模型参数取土壤最大下渗率为 16.93 mm/h,最小下渗率为1.27 mm/h;④地表洼蓄量及粗糙率,透水地表洼蓄量取值 5 mm,糙率取值 0.15,不透水地表洼蓄量取值 0.5 mm,粗糙率取值 0.013;⑤管渠参数和节点参数,由研究区管道与河道资料确定,管道粗糙率采用 0.013,河道粗糙率采用 0.02[3]。

综合考虑研究区的空间布局、景观现状等因素,对研究区的不同地块进行了 LID 布局划分(图 3),选择渗透铺装、雨水花园、雨水桶和屋顶绿化四种适用的低影响开发措施进行模拟分析[6],主要分为:①渗透铺装,设置在硬质铺装广场和园路区域;渗透铺装表层储水深度取值 2 mm,粗糙率取值 0.15;硬质铺装层厚度 120 mm,孔隙率 0.15;储水层厚度 300 mm,孔隙比 0.5;②雨水花园,设置于绿化区域;雨水花园表层厚度 200 mm,土壤层厚度 500 mm,蓄水层厚度 200 mm;③雨水桶,设置于不上人屋面;雨水桶高度设为 800 mm,排水偏移高度150 mm;④屋顶绿化,设置于可上人屋面屋顶绿化表层厚度 50 mm,土壤层厚度 150 mm,蓄水层厚度 100 mm。

暴雨模拟:本次实验选择了研究区从 1967 年到2019 年共 53 年的降雨数据,使用年最大值法整理分析

其多时间段降雨数据,根据研究区夏季温暖多雨气候特点,抽取 2019 年 6 月 12 日 0 时至 2 时的 2h 作为代表性暴雨过程,按同频率法缩放得到 5 年、10 年和 50 年一遇设计暴雨过程。

3.3 LID 模型模拟和效益分析

为分析所选 LID 措施对研究区降雨径流的削减作用,将选定的 4 种 LID 措施分别单独设置在选定区域,并通过模拟计算得到不同的 LID 布设比例在不同重现期内的径流系数,绘制径流系数与铺设比例的关系曲线(图 4)。

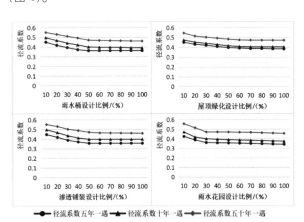

图 4 径流系数与铺设比例的关系曲线

（图片来源：自绘）

由径流系数曲线分析得到：

(1)在不同频次暴雨情况下，研究区内布置的LID措施都能达到降低径流的成效。但LID措施对径流的降低效果与布设面积并不呈现简单的线性关系。从折线图可知，当LID设施设计比例到达某一数值，径流系数曲线出现明显的转折点，径流系数的削减效果减慢甚至趋于不变，转折点说明LID设施达到最大暴雨承载量。固转折点处为最经济的LID布设比例，既能达到最大径流削减量，又能控制LID设施成本。

(2)随着暴雨雨量由5年、10年到50年一遇变化，LID措施对径流系数的削减能力降低，最优布设比例也减小，即LID设施对于较小重现期降雨条件下的径流控制效果更好。

(3)不同LID设施的特征不同，对径流削减的能力也不同。综合三种重现期下4种LID措施单独布设的最优比例分别为：屋顶绿化约60%，雨水桶约50%，渗透铺装约50%，雨水花园约20%。尽管几种LID措施的设计比例与径流系数的减弱曲线有类似的走向，但由于LID措施参数的设置存在差异，不同地区的土壤情况、降雨特点不同，模拟实验只是提供案例，不能得出所有LID设施最优布设比例是定值的结论，相同暴雨条件下不同LID设施的最佳布设比例也有所不同。文章所做研究仅为LID设施在住宅区中的设计提供思路。

3.4 组合方案初探

据上述研究，本文4种LID措施的布设存在最优比例，与不同暴雨条件下的LID措施的最优布设比例不同，因此分别就3种暴雨情况，针对无LID和最优布设比例的几种LID方案进行径流削减效用对比，得到的数据如表2所示。

表2 各重现期下最佳LID布设方案效用比较（来源：自绘）

项目	最优布设比例	径流系数			径流系数减小率		
		5年一遇	10年一遇	50年一遇	5年一遇	10年一遇	50年一遇
无LID设施	—	0.469	0.497	0.578	—	—	—
屋顶绿化	约60%	0.393	0.415	0.473	16%	16%	18%
雨水桶	约50%	0.363	0.401	0.471	22%	19.30%	18.20%
渗透铺装	约50%	0.357	0.398	0.47	23.80%	19.90%	18.60%
雨水花园	约30%	0.360	0.401	0.47	23.20%	19.30%	18.60%
组合布设(6:5:5:3)	—	0.105	0.188	0.293	77.60%	62.17%	49.30%

由表2可知，将各项LID设施按照最优布设比例组合布置后径流系数有更大幅度的减小，然而其减小率略小于各LID设施单独布置时对径流系数减小率相加，究其原因可能为：在各项LID设施以最佳比例单独布设时对排水管的排水能力进行了最大的利用，且受到研究区的不透水面积等因素限制，各项LID设施组合后部分子汇水区的排水能力达到上限，因此组合方案的径流系数减小率会小于各LID设施单项布置时对径流系数的减小率相加。

4 总结

经过研究总结，海绵城市的设施有诸多的分类，本文按照"收水-蓄水-用水"的分类办法对海绵设施进行了分类，并单独讨论了每一种设施的功能和应用场所。在针对海绵设施分类及选用的基础上，本文选取了一个地处广州的住宅区，利用SWMM雨水分析软件对不同LID设施在居住区的屋顶花园、道路绿地、公共景观的应用效益展开讨论。并根据5年一遇、10年一遇暴雨模拟，计算最佳布设方案，发现最佳布设比例（屋顶绿化60%、雨水桶50%，渗透铺装50%、雨水花园30%），对降雨径流消减效果最佳，给城市排水管网的设计提供指导，为解决城市内涝问题提供解决思路。

面对海绵设施未来布设研究，应该关注的问题有：①海绵设施的效用与植物配置、景观材料等其他影响因素相关,如何通过设计改进,并使低影响开发技术能在更加广泛的条件下得到较好的应用效果;②如何控制和处理污染物,提高海绵设施的使用寿命和更换周期,需要进一步讨论;③住宅区作为城市的重要组成,与整个城市排水系统的"大海绵"相比,只能算作是维系一方的"小海绵"。诸如各个城市斑块设计中的海绵工程设施与城市排水系统、绿化系统如何相辅相成,仍需要深入研究。

参考文献

[1]　马岸奇.海绵城市的24种实现方法[J].砖瓦,2018(02):68-69.

[2]　住房和城乡建设部.城市居住区规划设计标准:GB 50180—2018[S].北京:中国建筑工业出版社,2018.

[3]　王婷,习秀媚,刘俊,等.基于SWMM的老城区LID布设比例优化研究[J].南水北调与水利科技,2017,15(04):39-43+128.

[4]　刘文,陈卫平,彭驰.城市雨洪管理低影响开发技术研究与利用进展[J].应用生态学报,2015,26(06):1901-1912.

[5]　徐涛.城市低影响开发技术及其效应研究[D].西安:长安大学,2014.

[6]　胡爱兵,任心欣,丁年,等.基于SWMM的深圳市某区域LID设施布局与优化[J].中国给水排水,2015,31(21):96-100.

[7]　王文亮,李俊奇,宫永伟,等.基于SWMM模型的低影响开发雨洪控制效果模拟[J].中国给水排水,2012,28(21):42-44.

徐斐[1*]　唐海达[2]

1. 华南理工大学建筑学院；202021005699@mail.scut.edu.cn
2. 深圳大学建筑与城市规划学院

Xu Fei[1*]　Tang Haida[2]

1. School of Architecture, South China University of Technology
2. School of Architecture and Urban Planning, Shenzhen University

深圳市科技计划项目(JCYJ20210324093204011、JCYJ20210324093209025)

低碳导向的湿热地区半开放高大中庭空间优化方法及应用研究

Research on the Space Optimal Method and Application of Large Semi-closed Atrium in Hot and Humid Region Oriented Toward Low-carbon Objective

摘　要：半开放高大中庭空间是公共建筑室内外环境进行能量交换的重要媒介。但由于空间尺度大、接收太阳辐射多、渗风量大、室内温度分层，为满足使用者热舒适需求，半开放高大空间夏季的空调冷负荷较大，致使建筑运行能耗和碳排放量高。本研究基于设计师常用于模拟优化的 Rhino＋Ladybug/Honeybee 平台，结合建筑环境领域认可的适用于预测高大空间温度分布和能耗计算的区块模型，整合出一套针对湿热地区半开放高大中庭空间温度分布和碳排放计算的数值模拟方法，并应用于中庭空间设计因素与中庭碳排放之间关系的探讨。结果显示，屋顶透过率、吸收率与空调制冷碳排放量呈正相关，顶部开口面积、截面高宽比与空调制冷碳排放量呈负相关。降低屋顶透过率的碳排放降低幅度最大，可以达到50.5％；增加顶部开口面积的碳排放降低幅度最小，仅为1.2％。可见本研究为半开放中庭空间的低碳设计提出合理的设计策略，有助于改善室内热环境，实现节能减排。

关键词：湿热地区；半开放高大中庭空间；低碳建筑；数值模拟；空间优化策略

Abstract：Large semi-closed atrium is an important medium for energy exchange between indoor and outdoor environment of public buildings. However, due to the large space scale, more solar radiation receiving, large air infiltration and indoor temperature stratification, the air conditioning load of large semi-closed atrium in summer will be high in order to reach the thermal comfort condition, resulting in high building operation energy consumption and high carbon emission. Based on the Rhino＋Ladybug/Honeybee Tool commonly used by architects for simulation and optimization, and combined with the Block model which is recognized suitable for the prediction of the temperature distribution and energy consumption of large space, this research developed a numerical simulation method, which was utilized to explore the relationship between the design parameters and the carbon emission. The results show that the transmittivity and absorptivity of the roof are positively correlated with the carbon emissions of air-conditioning, and the top opening area and the height-width ratio are negatively correlated with the carbon emissions. The carbon emission reduction rate of decreasing the roof transmittivity is the largest, which can reach 50.5％. And the carbon emission reduction rate of increasing the area of top opening is the smallest, only 1.2％. The research proposes appropriate design strategies for the low-carbon design of the semi-closed atrium according to the simulation results, which can help to realize energy saving and emission reduction.

Keywords：Hot and Humid Region；Large Semi-closed Atrium；Low-carbon Building；Numerical Simulation；Space Optimization Strategy

1 研究背景

2020年我国提出了"力争2030年前实现碳达峰，2060年实现碳中和"的目标。作为碳排放三大部门之一，目前我国建筑建造和运行相关二氧化碳排放占我国全社会总排放量的比例约为40%[1]。其中，从建筑全生命周期(50年)看，大型公共建筑运行阶段碳排放占比约为89.3%[2]。由此可见，建筑领域尤其是大型公共建筑运行阶段的碳排放控制对于实现我国双碳目标具有重要意义。

高大中庭空间作为连通室内外环境的"气候空间"[3]和沟通不同建筑分区的交通空间，被广泛应用于商场、医院、机场和车站等大型公共建筑中。中庭空间通常使用透明或者半透明的屋顶材料进行自然采光，在室内营造自然舒适的光环境。在湿热地区，中庭的屋顶通常会设置局部开口，在过渡季的时候利用自然通风排除室内热量，提升室内人员体感舒适度。半开放的高大中庭空间可以为室内营造动态、舒适的风光热环境。但是大量实测发现，在炎热的夏季此类中庭空间的使用者热舒适感受往往会出现过热的情况[4][5]，从而需要增大空调功率改善人体热舒适，空调能耗的增加会导致建筑运行阶段碳排放量的增加。

研究室内空间温度分布和空调能耗的方法包括缩尺模型实验[6]、CFD模拟[7]、节点模型(nodal model)[8]和区块模型(block model)[9]等。缩尺模型难以保证边界条件与全尺度空间的一致性；CFD模拟需要给大空间划分大量的网格，导致计算量巨大；节点模型过于简化，难以分析大空间的温度分层；区块模型以计算成本较低、综合考虑各区块的热交换过程等优点，被广泛应用于大空间的温度分布和空调能耗研究中。

2 研究方法

2.1 数字技术模拟方法

本研究将使用软件模拟和数值计算的方法，基于设计师常用于方案设计和模拟优化的 Rhino＋Ladybug/Honeybee 平台，结合建筑环境领域认可的适用于预测高大空间温度分布和能耗计算的区块模型，整合出一套针对湿热地区半开放高大中庭空间温度分布和碳排放计算的数值模拟方法。该方法可以定量分析湿热地区半开放中庭空间设计因素与中庭制冷用电产生的碳排放量的关系，探讨在满足室内热舒适要求下的低碳优化设计策略(图1)。

首先，以深圳某张拉膜屋面下的半开放高大中庭空间为研究对象(图2(a))，在Matlab平台上建立描述该空间传热平衡的区块模型。然后，在 EnergyPlus 平台的气候数据网站中下载得到深圳的气候数据，并选取需要考虑空调制冷的4月至11月的典型气象日作为研究时段，以该时段室外的空气温度、风速和太阳辐射强度等作为边界条件。同时利用 Rhino＋Ladybug/Honeybee 平台模拟得到区块模型计算所需的室内太阳辐射分布数值(图2(b))，在区块模型中计算得到中庭全年制冷能耗数据。最后，根据碳排放计算公式计算得到中庭全年制冷用电产生的碳排放量。

2.2 区块模型的建立

空气、墙壁、地板和屋顶依次被划分成了5个大区块，如图2(c)所示。根据建筑的层数将每一个大区块划分成 n 个小区块。每个区块之间都遵循传热传质平衡。根据该原理，第 i 层空气的能量平衡方程如式(1)所示：

$$Q_{ai} = Q_{cw} + Q_{af} + Q_{mix} \qquad (1)$$

式中，Q_{ai} 为 i 层空气在单位时间内的热量变化；Q_{cw} 为 i 层空气与 i 层壁面的对流换热量；Q_{af} 为空气流入或流出产生的热量变化；Q_{mix} 为 i 层空气与相邻层空气掺混产生的热量变化。

第 i 层壁面的能量平衡方程如式(2)所示：

$$Q_{wi} = Q_{cw} + Q_t + Q_s + Q_r \qquad (2)$$

式中，Q_{wi} 为 i 层壁面在单位时间内的热量变化；Q_t 为壁面与附近区域的热传导换热量；Q_s 为壁面吸收的太阳辐射热量；Q_r 为该壁面与室内其他壁面的热辐射换热量。

联立各个区块的能量平衡方程式，即可求出室内温度分布和空调制冷能耗。

2.3 中庭热环境模拟及碳排放测算

在数值模拟中，中庭首层空调的运行时间设置为早上8点至晚上10点，其余时间则为非空调运行时间。室内热环境采用分时调控的策略，即在早上8点至晚上10点的时间段内，以使用者操作温度[10]30 ℃为舒适温度的临界值，通过空调制冷保证其维持在30 ℃以下，其余时间则不考虑空调制冷。通过区块模型的数值计算，可以求出中庭空间的热环境数值和空调负荷。最后，参

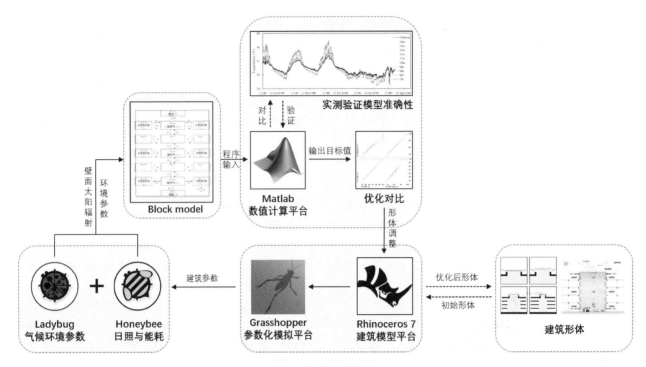

图 1 技术路线流程

（图片来源：作者自绘）

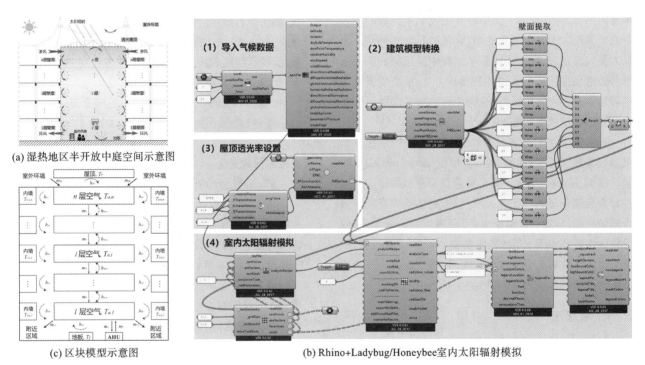

(a) 湿热地区半开放中庭空间示意图

(c) 区块模型示意图

(b) Rhino+Ladybug/Honeybee室内太阳辐射模拟

图 2 研究方法

（图片来源：作者自绘）

考 GB/T 51366—2019 的计算公式，电能碳排放因子取值为 0.3748 kgCO₂/(kW·h)（广东省 2020 年电力平均碳排放因子参考值），计算出模拟时间段内中庭空间建筑运营阶段空调制冷用电产生的碳排放量。

2.4 模拟工况设置

本研究选取了屋顶透过率、屋顶吸收率、顶部开口面积和截面高宽比作为半开放中庭空间的设计要素,定量分析这四种要素与中庭空调制冷碳排放量的关系。每种要素均设置了5种工况,如表1所示。工况3为基础工况,在研究每一种要素的过程中,该要素按5种工况进行调整,其他要素则维持在基础工况。

表1 设计要素模拟工况设置

设计要素	工况				
	1	2	3	4	5
屋顶透过率/(%)	30	40	50	60	70
屋顶吸收率/(%)	1	5	10	15	20
顶部开口面积/m²	0	30	60	90	120
截面高宽比	1	1.28	1.56	1.84	2.12

3 模拟结果

如图3(a)和(b)所示,随着屋顶透过率和吸收率的增大,每个月制冷产生的碳排放量也会随之增大,屋顶透过率和吸收率与碳排放量均呈正相关。

如图3(c)所示,在七月顶部开口面积与碳排放量呈正相关,而在其余月份均呈负相关。这是由于在气候较为温和的时段,适当增大开口面积可以提升自然通风率,在夜间可以为第二天白天进行预冷;在气候炎热的时段,增大开口面积会增加室外热空气的渗入,增大空调负荷,从而使碳排放量增加。

如图3(d)所示,截面高宽比与碳排放量呈负相关。一方面,增大中庭高度可以增加垂直压力梯度,从而促进热压通风;另一方面,中庭高度越大,到达中庭首层的太阳辐射越少,可以有效减少空调负荷,减少碳排放量。但是,当高宽比为1的时候,其碳排放量比高宽比为1.28的工况要少,这是由于在高宽比为1和1.28的两种工况中,室内所得太阳辐射量差距不大,这种情况下中庭空间体积越小,能耗和碳排放也就越少。

如图3(e)所示,屋顶透过率、吸收率与模拟时段内总空调制冷碳排放量呈正相关,顶部开口面积、截面高宽比与总空调制冷碳排放量呈负相关。通过计算可得,降低屋顶透过率的碳排放降低幅度最大,透过率为30%的工况与透过率为50%的工况相比,降碳幅度可以达到50.5%;增加顶部开口面积的碳排放降低幅度最小,开口面积为120 m²的工况与开口面积为60 m²的工况相比,降碳幅度仅为1.2%。在对半开放中庭空间进行优

化设计时,可以按照屋顶透过率、截面高宽比、屋顶吸收率和顶部开口面积的优先级去优化设计。

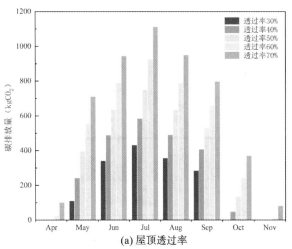

(a) 屋顶透过率

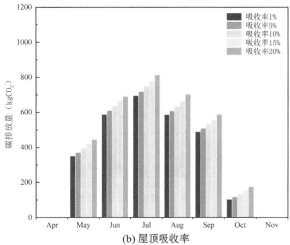

(b) 屋顶吸收率

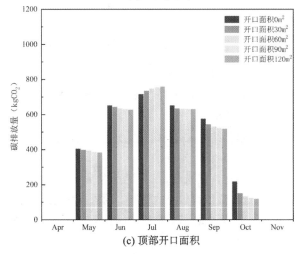

(c) 顶部开口面积

图3 各工况碳排放量计算结果
(图片来源:作者自绘)

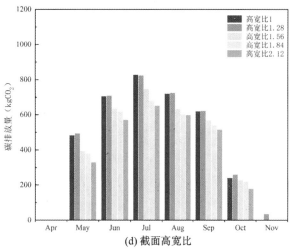

(d) 截面高宽比

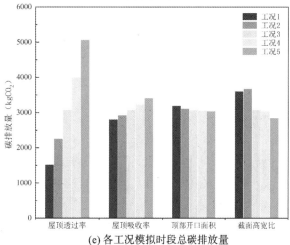

(e) 各工况模拟时段总碳排放量

续图3

4 优化策略

根据上文的模拟分析结果和现有的工程实践,本节按照屋顶选材、截面高宽比和顶部开口设计的优先级,对这类半开放高大中庭空间设计提出优化策略。

4.1 屋顶选材

根据模拟结果,在选材时,优先考虑材料的透过率,其次再考虑吸收率。

关于透过率的选择,在满足室内采光需求的前提下,尽量选择透过率较小的材料。同时,也可以使用辐射制冷涂层、表面镀点和集成光伏等新技术,改变屋顶材料的透过率。

相比透过率的可变性,材料的吸收率较难改变,但可以通过一些技术手段去降低屋顶表面温度。屋顶淋水是一种有效降低表面温度的策略,同时也能保证屋顶具有一定的透过率,在实际工程中已被广泛应用。

4.2 截面高宽比

模拟结果显示,高宽比与碳排放量呈负相关,所以高宽比取值越大越好。但是在实际设计中,高宽比往往需要根据建筑的功能、层数以及采光需求去确定。当高宽比较小时,可以适当地缩小屋顶的采光面积或者降低屋顶透过率,避免出现过热和眩光等问题;当高宽比较大时,中庭首层可能出现采光不足的情况,在该情况下,使用高漫反射率的墙体壁面材料可以有效地将阳光引入室内,同时避免出现眩光。

4.3 顶部开口设计

本研究发现,顶部开口面积在温和气候下越大越好,在炎热气候下越小越好,所以顶部开口设计的关键就是使用面积可变的开口调控策略,根据气候的不同改变开口面积。在实际工程中,通常会在顶部开口处安装百叶窗,通过改变百叶的角度控制开口面积。同时,在百叶窗处使用淋水蒸发降温等策略也可以有效地增大自然通风的速率。

5 结论

本文利用数值计算和软件模拟,提出了一套适用于研究湿热地区半开放高大中庭空间温度分布和制冷负荷的技术流程,以此计算出建筑中庭空间在运行阶段空调用电产生的碳排放量。应用该方法,本研究探讨了半开放高大中庭空间设计因素与碳排放量的关系。模拟结果显示,减小屋顶的透过率和吸收、增加顶部开口面积和截面高宽比均能降低全年的碳排放量。其中,降低屋顶透过率的碳排放降低幅度最大,透过率为30%的工况与透过率为50%的工况相比,降碳幅度可以达到50.5%;增加顶部开口面积的碳排放降低幅度最小,开口面积为120 m²的工况与开口面积为60 m²的工况相比,降碳幅度仅为1.2%。根据模拟结果和现有的工程实践,本文对此类中庭空间的设计提出了优化策略,为低碳空间设计提供了研究方法和参考数据。

参考文献

[1] 林波荣,侯恩哲.今日谈"碳"——建筑业"能""碳"双控路径探析(1)[J].建筑节能(中英文),2021,49(05):1-5.

[2] 白路恒.公共建筑全生命周期碳排放预测模型研究[D].天津:天津大学,2019.

[3] 肖毅强,刘穗杰.高层绿色建筑的气候空间构建探索——广州珠江电厂办公业务综合楼[J].新建筑,2020(01):108-112.

［4］ 杨延萍,陶文博,郑志敏. 广州大学图书馆中庭热环境测试分析［J］. 建筑技术,2015,46（06）:514-516.

［5］ TANG H, DING J, LIN Z. On-site measurement of indoor environment quality in a Chinese healthcare facility with a semi-closed hospital street［J］. Building and Environment,2020,173:106637.

［6］ WALKER C, TAN G, GLICKSMAN L. Reduced-scale building model and numerical investigations to buoyancy-driven natural ventilation［J］. Energy and Buildings,2011,43(9):2404-2413.

［7］ RUNDLE C A, LIGHTSTONE M F, OOSTHUIZEN P, et al. Validation of computational fluid dynamics simulations for atria geometries［J］. Building and Environment,2011,46(7):1343-1353.

［8］ CRUCEANU I, MAALOUF C, COLDA I, et al. Parametric study and energy analysis of a personalized ventilation system ［J］. International Journal of Mathematical Models and Methods in Applied Sciences,2013.

［9］ HUANG C,LI R,LIU Y,et al. Study of indoor thermal environment and stratified air-conditioning load with low-sidewall air supply for large space based on Block-Gebhart model［J］. Building and Environment,2019,147:495-505.

［10］ ASHRAE. Handbook-fundamental, chapter 9:thermal comfort and chapter 18:nonresidential cooling and heating load calculation［M］. Atlanta,GA:ASHRAE Inc,2017.

王凯[1]　孟庆林[1]　毛会军[1]　唐佑[1]

1. 华南理工大学建筑学院,亚热带建筑科学国家重点实验室;arwangkai@mail.scut.edu.cn

Wang Kai[1]　Meng Qinglin[1]　Mao Huijun[1]　Tang You[1]

1. State Key Lab of Subtropical Building Science, School of Architecture, South China University of Technology

夏热冬冷地区博物馆建筑被动节能技术适宜性研究
Study on the Suitability of Passive Energy Saving Technology for Museum Buildings in Hot Summer and Cold Winter Areas

摘　要: 夏热冬冷地区博物馆建筑的能耗居高不下,采取适宜的被动节能技术是其低碳发展的关键。本文对夏热冬冷地区常见的被动节能技术进行概述,并以白石篆刻艺术博物馆为例,采用EnergyPlus能耗模拟软件探究各项节能技术对其建筑能耗的影响。结果表明:电扇空调联动控制技术对空调冷负荷的节能效果最佳,节能率为15.75%,围护结构性能提升对空调热负荷的节能效果最佳,节能率为9.53%,综合节能技术兼顾了各项节能技术的特点,全年空调总负荷的节能率达到12.80%。在考虑照明能耗后,可调节内遮阳大幅增加了建筑照明能耗,节能率为−8.21%。而对于建筑总能耗而言,电扇空调联动控制技术节能效果最佳,为3.42%,可调节内遮阳节能效果最差,为−0.56%,综合节能技术节能率也仅达到4.60%。因此,夏热冬冷地区的博物馆此类大空间公共建筑仅依靠被动节能技术难以达到理想的节能效果,需结合其他节能措施进一步降低建筑能耗。

关键词: 博物馆建筑;节能技术;能耗模拟;节能率

Abstract: The building energy consumption of museums in hot summer and cold winter areas is high, and adopting appropriate passive energy saving technology is the key to its low-carbon development. This paper summarizes the common passive energy saving technologies in hot summer and cold winter areas, and takes The Baishi Engraving Art Museum as an example to explore the impact of energy saving technologies on its building energy consumption by using EnergyPlus energy simulation software. The results show that the linkage control technology of electric fan air conditioning has the best energy saving effect on the cooling load of air conditioning, and the energy saving rate is 15.75%. The improvement of enclosure structure has the best energy saving effect on the heat load of air conditioning, and the energy saving rate is 9.53%. The comprehensive energy saving technology takes into account the characteristics of various energy saving technologies, and the energy saving rate of the total air conditioning load reaches 12.80% in the whole year. After considering the lighting energy consumption, the adjustable internal shading significantly increases the building lighting energy consumption, and the energy saving rate is −8.21%. For the total energy consumption of buildings, the linkage control technology of electric fans and air conditioners has the best energy saving effect of 3.42%, the worst energy saving effect of adjustable internal sunshade is −0.56%, and the energy saving rate of comprehensive energy saving technology only reaches 4.60%. Therefore, such large-space public buildings as museums in hot summer and cold winter areas cannot achieve ideal energy saving effect only by relying on passive energy saving technology, and other energy saving measures should be taken to further reduce building energy consumption.

Keywords: Museums; Energy Saving Technology; Energy Consumption Simulation; Energy Saving Rate

1 引言

2021年10月24日,国务院发布的《2030年前碳达峰行动方案》中明确提出加强适用于不同气候区、不同建筑类型的节能低碳技术研发和推广,推动超低能耗建筑、低碳建筑规模化发展。为了响应国家节能减排的号召,积极采用适宜且有效的节能技术是未来公共建筑低碳健康发展的关键。夏热冬冷地区是我国人口密度集中与经济发达的主要区域,该地区的能耗变化对我国总体建筑能耗有显著影响。夏热冬冷地区夏季炎热以及冬季寒冷的气候特点使得该地区公共建筑采用夏季制冷和冬季采暖相结合的模式成为常态,这也导致建筑总能耗量居高不下。而博物馆建筑作为传承历史文化的一种重要公共建筑形式,对室内环境和设备要求较高,并且容易产生人员聚集,其建筑能耗水平更是显著高于一般公共建筑[4,5]。

国内外已有相关学者逐渐认识到博物馆建筑的特殊性并进行了一系列研究,主要研究集中在室内光环境优化、不同阶段建筑能耗分析和设备各部分能耗组成方面。然而,鲜有学者重视不同节能技术运用在博物馆建筑中的实际节能效果及其适宜性。此外,我国地域辽阔,由于供暖制冷、日照情况、风力风向、环境条件等外部因素的影响,不同热工分区的建筑能耗差异非常大[13],即使相同的节能技术对于各个地区的博物馆建筑所产生的节能效果也差异甚大。

因此,针对上述研究不足,本文以湖南湘潭白石篆刻艺术博物馆为例,采用EnergyPlus能耗模拟软件对围护结构性能提升、浅色外饰面、可调节内遮阳和电扇空调联动控制四种适宜性被动节能技术的节能效果进行模拟,进而分析不同节能技术对建筑能耗产生的影响,为夏热冬冷地区的博物馆建筑适宜性节能技术的设计和发展提供相应的指导。

2 夏热冬冷地区被动节能技术设计

夏热冬冷地区由于其夏季炎热和冬季寒冷的气候特点,在进行节能设计时应兼顾夏季隔热和冬季保温。根据以上设计要求,夏热冬冷地区的公共建筑在进行节能技术设计时,通常采用以下几种设计方法:

(1)围护结构性能提升。通过改变外围护结构的热工性能,从而降低建筑室内能耗,合理地进行围护结构性能的提升,有助于建筑节能。

(2)浅色外饰面。浅色外饰面可以增强对太阳辐射的反射效果,减少外围护结构所接受的太阳辐射热量,

因此,夏季空调制冷能耗量会相应降低,从而达到节能的效果,具体形式如图1(a)所示。

(3)可调节内遮阳。可调节内遮阳可以通过控制在夏季开启遮阳,减少夏季进入室内热量,在冬季关闭遮阳,使冬季太阳辐射进入室内,以此达到夏季与冬季同时节能的效果,具体形式如图1(b)所示。

(4)采光顶喷淋降温。采光顶喷淋降温可以有效降低夏季太阳辐射透过率和表面温度[14]。杨昶等[15]研究表明,喷淋之后在采光顶表面形成的雾层可以使采光顶玻璃的太阳辐射透过率降低9.0%~12.3%,并使玻璃下表面温度降低10.7~11.0℃。该项措施可以大幅降低中庭区域夏季制冷能耗,具体形式如图1(c)所示。

(5)电扇空调联动控制。翟永超等[16]研究表明,空调房间若在开启空调的同时开启风扇,在保证室内环境相同热舒适度的前提下,可将空调设定温度上调1~2℃,从而达到建筑节能的效果。

(6)太阳能光伏发电。太阳能光伏发电是一项发展迅速的创新绿色技术,一般采用在建筑平屋面布置光伏发电系统的方式,如图1(d)所示,这种做法可以同时兼顾遮阳与发电的效果,有利于建筑节能。

(a) 浅色外饰面   (b) 可调节内遮阳

(c) 采光顶喷淋降温   (d) 太阳能光伏发电

图1 被动节能技术设计

(图片来源:(a)、(b)来源于华南理工大学历史环境保护与更新研究所;(c)来源于论文[14];(d)来源于http://www.dajingpv.com/index.php/article/index/catid/12.html)

3 模拟设置

3.1 项目概况

以湖南省湘潭市白石篆刻艺术博物馆为例,项目总建筑面积为5230.6 m²,其中地上两层建筑面积为3266.4 m²,地下一层建筑面积1964.2 m²,建筑总高度

17.6 m。建筑各层平面图以及展厅空间如图2所示。

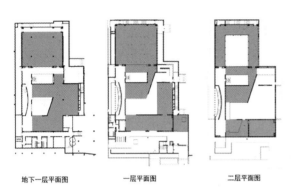

地下一层平面图　　　一层平面图　　　二层平面图

图2　建筑各层平面图及展厅空间

（图片来源：华南理工大学历史环境保护与更新
研究所提供底图，作者自绘）

根据项目的实际情况，拟采用以下节能技术对建筑能耗进行控制，分别为：围护结构性能提升、浅色外饰面、可调节内遮阳、电扇空调联动控制以及四项综合节能技术。采用 EnergyPlus 对各项被动节能技术进行能耗模拟，相应工况设置如表1所示。

3.2　基本参数

建筑围护结构按照实际构造进行设置，主要围护结构屋顶、外墙、内墙以及外窗的热工参数如表2所示。

博物馆建筑能耗模拟将根据《公共建筑节能设计标准》(GB 50189—2015)进行设置，结合博物馆的实际运行作息与建筑特点，模拟采用商业建筑的热扰及全天时间作息，每周设置星期一为休息日，星期二至星期日为工作日，除此之外，照明控制设置如表3所示。模拟气象数据采用距离湘潭市10公里的株洲市气象站数据。

表1　模拟工况设置（来源：作者自绘）

节能技术	参照建筑	围护结构性能提升	浅色外饰面	可调节内遮阳	电扇空调联动控制	综合节能技术
工况	ET-0	ET-1	ET-2	ET-3	ET-4	ET-5

表2　建筑围护结构热工参数（来源：作者自绘）

围护结构	传热系数/[W/(m²·K)]	热惰性指标	太阳得热系数
屋顶	0.499	3.214	—
外墙	0.587	3.857	—
内墙	0.895	3.479	—
外窗	2.600	—	0.435

表3　照明控制表（来源：作者自绘）

空间功能	0.75 m处平均照度/Lx	照明控制
展厅	≥450	关闭
	<450	开启
门厅/走廊	≥300	关闭
	<300	开启

3.3　其他参数

3.3.1　围护结构性能提升

建筑围护结构性能提升主要是对外墙和外窗的热工性能进行优化，外墙的优化方案是将构造中的水泥砂浆更换成导热系数更低的保温砂浆。外窗的优化方案是将中空玻璃中的空气换成氩气，降低外窗的传热系数，围护结构性能提升后的热工性能如表4所示。

表4　围护结构性能提升后热工性能（来源：作者自绘）

围护结构	传热系数/[W/(m²·K)]	热惰性指标	太阳得热系数
外墙	0.497	3.927	—
外窗	2.400	—	0.435

3.3.2　浅色外饰面

建筑浅色外饰面采用一种热反射涂料，该反射涂料太阳光反射比为0.92，半球发射率为0.87，导热系数为0.03 W/(m·K)。

3.3.3　可调节内遮阳

为了保证建筑在遮阳的同时获得一定的采光效果，在天窗采用可调节低辐射透明卷膜遮阳措施，低辐射膜的相关参数如表5所示。卷膜的调节作息按季节控制：夏季遮阳面积比例为100%，过渡季遮阳面积比例为50%，冬季遮阳面积比例为0。

表5　低辐射膜光热性能（来源:作者自绘）

内遮阳材料	导热系数/[W/(m·K)]	可见光透射比	太阳得热系数
低辐射膜	0.030	0.067	0.211

3.3.4　电扇空调联动控制

建筑在空调区域安装适当数量的风扇,风扇间隔约为4 m,每台功率为45 W,同时将所有空调区域上午9时至晚上8时的空调设定温度上调1 ℃,风扇作息与空调作息统一,最后将电扇耗电量统一折合为空调制冷能耗量(空调制冷综合性能系数IPLV以4.5为计算值),便于对节能效果进行比较。

4　模拟结果

4.1　全年空调节能效果

采用不同节能技术的建筑全年单位空调面积冷负荷如图3所示,参照建筑全年单位空调面积冷负荷为131.48 kW·h/(m²·a),围护结构性能提升使得单位空调面积冷负荷达到141.45 kW·h/(m²·a),节能率为−7.58%,外墙围护结构性能提升反而增加制冷能耗;浅色外饰面对单位空调面积冷负荷降低效果非常有限,节能率仅为1.8%;可调节内遮阳可将单位空调面积冷负荷降低5.7 kW·h/(m²·a),节能率为4.34%;电扇空调联动控制对单位空调面积冷负荷降低值高达20.71 kW·h/(m²·a),节能率为15.75%,综合节能技术能够将单位空调面积冷负荷降低至113.51 kW·h/(m²·a),节能率为13.67%。综上所述,由于围护结构性能提升带来的负面影响,综合节能技术的节能率并不理想,在考虑有效降低夏季冷负荷的节能措施时,应当优先采用电扇空调联动技术。

不同节能技术对建筑全年空调单位面积热负荷的影响如图4所示,围护结构性能提升可将全年单位空调面积热负荷降低11.87 kW·h/(m²·a),节能率达9.53%。除此之外,浅色外饰面、可调节内遮阳和电扇空调联动控制三项节能技术对单位空调面积热负荷的降低效果十分有限,节能率分别为1.98%、0.74%和0.02%。对于冬季采暖而言,浅色外饰面相当于在室外侧增加了一层高热阻材料,由于涂层厚度仅为0.3mm,保温效果并不明显。综合节能技术可将全年单位空调面积热负荷降低至108.9 kW·h/(m²·a),节能率达11.89%。

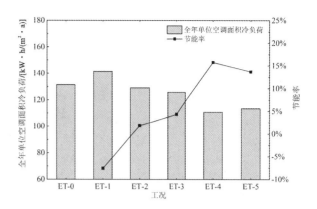

图3　不同节能技术对单位空调面积冷负荷的影响
(图片来源:作者自绘)

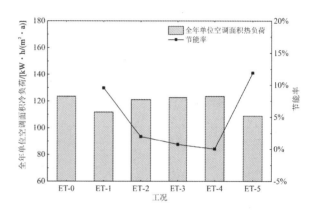

图4　不同节能技术对单位空调面积热负荷的影响
(图片来源:作者自绘)

不同节能技术对建筑全年单位空调面积总负荷的影响如图5所示,尽管围护结构性能提升对单位空调面积冷、热负荷的影响幅度均较大,但对于单位空调面积总负荷仅降低1.81 kW·h/(m²·a),节能率为0.71%;浅色外饰面和可调节内遮阳对单位空调面积总负荷影响均不大,节能率分别1.89%和2.59%;电扇空调联动控制节能率高达8.13%,综合节能技术对单位建筑面积总负荷的降低效果最显著,节能率达到12.8%。综合考虑空调总负荷,电扇空调联动控制技术明显优于其他三项节能技术,综合节能技术能进一步增加节能效果。

4.2　建筑总能耗分析

据统计,博物馆建筑的空调系统和照明系统的能耗明显高于其他类型公共建筑[9]。为了方便对建筑总能耗进行统计,将建筑总能耗简化为空调系统、照明系统、室内设备系统以及电梯系统四个方面。

采用不同节能技术的全年单位建筑面积耗电量的统计如图6所示,采用围护结构性能提升、浅色外饰面

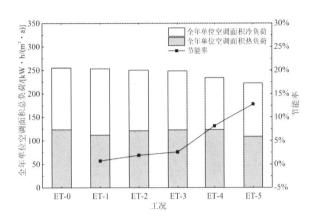

图5 不同节能技术对单位空调面积总负荷的影响
（图片来源：作者自绘）

和电扇空调联动控制三项节能技术都能相应降低建筑总能耗，其中电扇空调联动控制能将建筑全年单位面积耗电量降低至 80.68 kW·h/(m²·a)，可调节内遮阳反而会小幅度提高建筑总能耗。

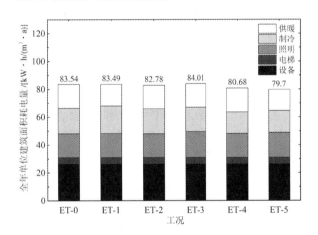

图6 不同节能技术对单位建筑面积耗电量的影响
（图片来源：作者自绘）

各项节能技术在用能系统中的节能率如图7所示，综合来看，围护结构性能提升和浅色外饰面对建筑总能耗影响效果均不明显，可调节内遮阳能在夏季降低部分空调冷负荷，但是建筑整体照明能耗大幅提升，全年单位建筑面积能耗有部分提高，电扇空调联动控制技术对空调冷负荷降低效果十分显著，并且对建筑热负荷以及照明系统没有影响，整体节能率为3.42%，综合节能技术节能率仅为4.6%，因此，在进行节能技术设计时，应充分权衡照明能耗进行设计与优化。

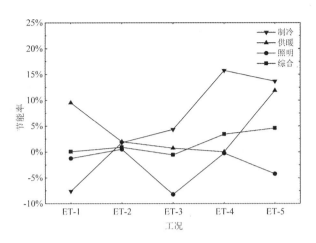

图7 各项节能技术在用能系统中的节能率
（图片来源：作者自绘）

5 结论

本文以湖南湘潭白石篆刻艺术博物馆为例，对各项被动节能技术的节能效果进行分析，得出以下结论：

（1）对于空调制冷节能效果而言，电扇空调联动控制节能率为15.75%，而围护结构性能提升节能率则为－7.58%，综合比较下，采取电扇空调联动控制可以有效降低夏季空调制冷能耗。

（2）对于空调采暖节能效果而言，围护结构性能提升节能率达9.53%。浅色外饰面、可调节内遮阳和电扇空调联动控制三项节能技术的节能率分别为1.98%、0.74%和0.02%，综合节能技术节能率为11.89%。

（3）综合分析全年空调总负荷的节能效果，围护结构性能提升对单位空调面积冷、热负荷的影响幅度均较大，但节能率仅为0.71%，电扇空调联动控制节能率高达8.13%，节能效果最为显著。

（4）综合考虑照明能耗后，参照建筑全年单位面积耗电量为83.54 kW·h/(m²·a)，各项节能技术对其影响幅度均不大，综合节能技术节能效果最显著，但其节能率仅为4.6%，因此，博物馆建筑仅依靠被动节能技术的整体节能效果并不理想，可以采用主、被动节能技术相结合的形式进一步降低建筑能耗。

参考文献

[1] 白颖,唐孝祥.融入地域文化的广州乡村既有建筑绿色改造适宜性关键技术研究——以广州从化南平村民居改造为例[J].南方建筑,2020(03):64-70.

[2] 冒亚龙,葛毅鹏,冒卓影.地域文化与绿色技

术交融建筑创新理论与实践[J].南方建筑,2021(01)：1-6.

[3] 徐峰,王伟,周晋,等.湖南省绿色建筑发展状况及技术选用研究[J].建筑科学,2018,34(06)：65-73+96.

[4] 邓扬波.夏热冬冷地区高层办公建筑的气候适应性研究[D].武汉:华中科技大学,2004.

[5] 王沁芳,许鸣,孙飞燕.夏热冬冷地区公共建筑能耗因素分析[J].砖瓦世界,2014(06)：42-43.

[6] 黄晓丹.基于Ecotect软件的岭南地区绿色建筑优化设计——以增城某小型既有博物馆为例[J].广东工业大学学报,2016,33(06)：96-101.

[7] 林燕,巫丹,黄骏.广东地区遗址博物馆展厅天窗优化设计初探[J].南方建筑,2021(03)：45-51.

[8] GE J, LUO X, HU J, et al. Life cycle energy analysis of museum buildings：A case study of museums in Hangzhou[J]. Energy and Buildings,2015,109：127-134.

[9] 杨晓红.博物馆类公共建筑运行阶段的用能分析[J].智能建筑与城市信息,2014(10)：62-64.

[10] CONG C, XIANGZHAO M, XING L, et al. Energy analysis of relics museum buildings[J]. Energy Procedia,2015,75：1809-1818.

[11] KRAMER R P, MAAS M P E, MARTENS M H J, et al. Energy conservation in museums using different setpoint strategies：A case study for a state-of-the-art museum using building simulations［J］. Applied Energy,2015,158：446-458.

[12] 王雯翡,吕丽娜,李晓萍,等.北方地区某大型博物馆关键技术节能效果分析[J].建筑节能,2020,48(10)：26-31.

[13] 王有为.谈"碳"——碳达峰与碳中和愿景下的中国建筑节能工作思考[J].建筑节能(中英文),2021,49(01)：1-9.

[14] MAO H, MENG Q, LI S, et al. Cooling effects of a mist-spraying system on ethylene tetrafluoroethylene cushion roofs in hot-humid areas：A case study in Guangzhou,China[J]. Sustainable Cities and Society,2021,74.

[15] 杨昶.南方地区玻璃采光顶喷淋降温系统设计研究[D].广州:华南理工大学,2019.

[16] 翟永超,张宇峰,孟庆林,等.湿热环境下空气流动对人体热舒适的影响(1)：不可控气流[J].暖通空调,2014,44(01)：42-46+93.

毕广宏[1]　刘嘉懿[1]　赵立华[1*]

1. 华南理工大学建筑学院，亚热带建筑科学国家重点实验室，lhzhao@scut.edu.cn

Bi Guanghong[1]　Liu Jiayi[1]　Zhao Lihua[1*]

1. State Key Laboratory of Subtropical Building Science, School of Architecture, South China University of Technology

基于机器学习的卷帘遮阳自适应控制策略研究
An Adaptive Control Strategy Study for Roller Shades System Using Machine Learning

摘　要：动态遮阳系统因其可变的机制与较高的适应性，有望进一步降低建筑能耗。然而，动态遮阳的性能很大程度上受控制策略的影响。本研究旨在探索一种基于机器学习的自适应遮阳控制的方法，达到尽可能降低建筑能源需求（照明和制冷）的目标。通过响应输入的环境参数，自适应控制模型可以调节遮阳的位置，更好地权衡照明节能与制冷节能的关系。结果表明：自适应控制策略可减少38%的综合能耗，接近最佳的节能效果。

关键词：卷帘遮阳；自适应控制；建筑能耗；机器学习

Abstract：Dynamic shading systems are expected to further reduce building energy demand as their adjustable mechanisms for higher adaptability to changeable environment. However, the performance of a dynamic shading system is significantly effected by control strategy. This study aims to explore a novel approach for adaptive shading control using machine learning, with the goal of reducing building energy demand (lighting and cooling) as much as possible. By responding to the input environmental parameters, the adaptive control model can adjust the position of shading to better balance lighting energy savings with cooling energy savings. The results show that the proposed models were able to achieve nearly optimal energy efficiency with reducing 38% building energy demand.

Keywords：Roller Shades, Adaptive Control, Building Energy Consumption, Energyplus, Machine Learning

1　引言

建筑遮阳是减少建筑能耗、改善室内光热环境的有效手段[1,2]。面向实现碳达峰、碳中和的目标，权衡建筑遮阳对建筑各项能耗的综合影响，确定合理的动态控制策略，充分发挥其节能潜力，是建筑节能亟待解决的一项难题。本文以广州地区办公建筑为例，介绍了一种基于机器学习的遮阳自适应控制策略研究方法，并在2020年实测气象数据下与同类遮阳控制策略进行对比，从节能潜力和采光表现两方面对所提出的遮阳自适应控制策略进行了评价。

2　研究方法

2.1　研究工具

本研究采用EnergyPlus能耗模拟软件和Python编程语言。EnergyPlus是由美国能源部和劳伦斯伯克利实验室共同开发的一款建筑能耗模拟软件。EnergyPlus的准确性已经过较多研究的验证并广泛应用在动态遮阳和自适应立面的研究中[3]。同时，选择使用Python语言对EnergyPlus能耗模型模拟设置进行批量化编译，以实现建筑能耗自动连续模拟和对模拟计算结果进行后处理。

2.2　机器学习

本研究采用决策树（decision tree，DT）与随机森林（random forest，RF）分类算法来建立卷帘遮阳的自适应控制模型。这两种算法简单易行且预测速度快，在实际应用中不会对控制器产生运算负担。它们是类似研究中最常见和最广泛使用的分类算法。在得到充分的训练后，它们建立的模型能依据输入的环境参数来预测最佳的遮阳位置，从而使得动态遮阳系统可以快速响应复杂多变的环境进行调节,达到减少建筑能耗和提升室内光环境的效果。

2.3 建筑模型与模拟设置

如图 1 所示,本文采用一个标准的办公房间(6 m 宽×4 m 深×4 m 高,窗墙比 0.60)作为研究对象。假定这个办公房间只有一面外墙暴露在环境中,天花、地板和其余三面墙与办公房间相邻,相邻房间室内温度基本相同,因此可以将内围护结构看作是绝热面,没有热量传递。依据建立的广州地区典型建筑模型[4],设置外墙的 K 值为 1.5 W/(m^2·K),外表面太阳辐射吸收率为 0.75;外窗系统的 K 值为 2.6 W/(m^2·K),太阳得热系数为 0.21,可见光透过率为 0.35;内墙、天花和地面内表面反射系数分别设置为 0.4、0.7 和 0.25。卷帘遮阳外表面反射率 85%,可见光透过率 5%,运行时间设置在工作日 7:00 到 18:00。

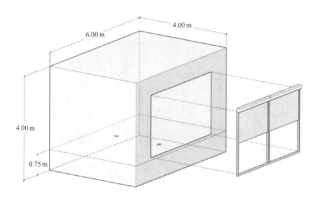

图 1 房间模型与照明控制点示意图

办公建筑内热源包含照明灯具、电气设备和使用者释放的热量。本研究中,照明功率密度设为 9 W/m^2,电气设备功率密度为 13 W/m^2,人员密度为 0.25 p/m^2。除此之外,办公房间由理想空调系统进行制冷,COP 设置为 4。如图 2 所示,照明、电气设备、HVAC 系统及人员在室时间表依据《建筑节能与可再生能源利用通用规范》[5]设置。模拟中还设置了可连续调光的分区照明控制系统。分别在距外窗进深 1 m 和 3 m 处居中设置照明控制参考点(地面上高 0.75 m 处),距外窗 2 m 以内范围的照明由设置在 1 m 处的参考点控制,距外窗 2 m 到 4 m 范围的照明由设置在 3 m 处的参考点控制。当参考点采光照度满足 500 lx 时,其控制区域则无须照明。

2.4 气象文件

本研究中采用广州典型年气象数据和 2020 年广州实测气象数据,分别用作能耗模拟与模型预测的验证。

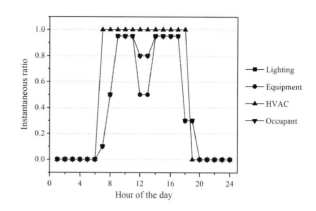

图 2 照明、电气设备、HVAC 系统及人员在室时间表

典型年气象数据由 CSWD(Chinese Standard Weather Data)气象数据源提供。CSWD 气象数据源由中国气象局国家气象信息中心气象资料室和清华大学合作编制,包含中国 270 个台站的典型年逐时气象数据,常用于中国建筑节能的研究中。2020 年广州实测气象数据由华南理工大学亚热带建筑科学国家重点实验室观测获得。

2.5 工作流程

图 3 展示了用 DT 和 RF 分类算法开发自适应控制模型的流程。以尽可能减少能源需求为目标,结合 EnergyPlus 和 Python 的遮阳控制寻优结果用作自适应控制模型训练的数据集。共有 20097 组数据被用来训练和交叉验证开发的模型。在建立 RF 与 DT 模型的过程中,遮阳位置分别对应于 5 个预测结果,但输入环境参数是不同的。图 4 显示了 RF 和 DT 模型对应选定的输入参数。这些参数不仅能概述室外环境的整体情况,也反映了建筑照明和制冷的能源需求。在建立好模型后,采用 2020 年实测的广州气象数据对模型的表现进行评估。

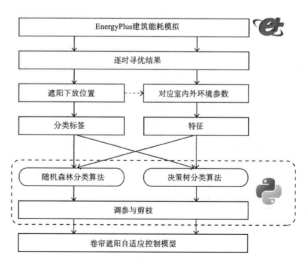

图 3 自适应模型开发流程

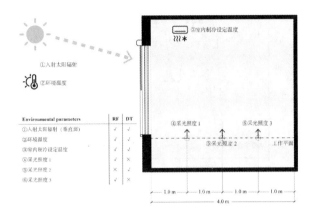

图4 自适应模型输入参数示意图

3 结果与分析

3.1 模型表现

图5给出了自适应控制模型在各朝向下的预测准确率。预测准确率是指模型预测遮阳位置与最佳遮阳位置相同的数量在总预测数中的占比。在东南西三个朝向上，RF和DT模型的平均准确率分别为87.1%和80.2%。DT模型的准确率低于RF模型。考虑到所提出的自适应控制方法的目标是降低建筑综合能耗，自适应控制模型需要进一步在能耗表现上评估其性能。

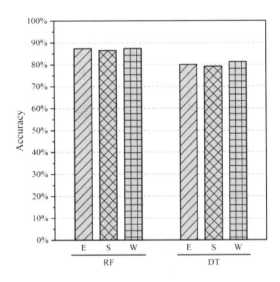

图5 自适应控制模型的预测准确率

3.2 能耗表现

通过与同类遮阳控制策略的比较，分析所提出的自适应控制模型的能耗表现。卷帘系统的不同遮阳控制策略描述如下。

(1)Ctrl-Optimal:根据遮阳控制寻优结果得出的遮

阳控制策略；

(2)Ctrl-RF:根据RF自适应控制模型预测的自适应遮阳控制策略；

(3)Ctrl-DT:根据DT自适应控制模型预测的自适应遮阳控制策略；

(4)Ctrl-Solar:在工作时间段内，如果入射太阳辐射>100 W/m²，则卷帘遮阳完全覆盖；

(5)Ctrl-DGI:如果在工作时间内日光眩光指数(DGI)>22(视线方向与窗户平行)，则卷帘遮阳完全覆盖；

(6)Ctrl-Work:在工作时间段内卷帘遮阳完全覆盖。

图6给出了在不同遮阳控制策略下，南朝向房间的年能耗强度。首先，在Ctrl-RF和Ctrl-DT下，照明和制冷能耗与Ctrl-Optimal大致相等，达到了较低水平。这说明尽管自适应控制模型与寻优控制策略存在偏差，但仍能达到接近最佳的节能效果。

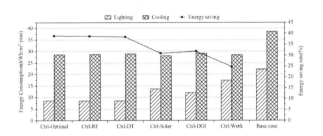

图6 不同遮阳策略下南向房间年能耗强度

在各种控制策略中，制冷能耗相差不大。年制冷能耗强度变化在28.1到29.2 kW·h/(m²·a)之间。自适应控制策略(Ctrl-RF和Ctrl-DT)的优势体现在减少照明能耗方面，与基准工况对比，所提出的自适应控制策略使照明能源需求减少了60%以上，其年照明能耗强度低至8.5 kW·h/(m²·a)。Ctrl-RF和Ctrl-DT在减少综合能耗(制冷与照明)方面表现最好，其节能率分别为38.7%和38.3%。在其他朝向也呈现出相似的趋势和结论，不同朝向下自适应控制策略的节能效果相差在1%以内。

3.3 采光表现

遮阳系统同样也会对建筑采光造成影响，因此在本研究中，给出有效采光照度[6](useful daylight illuminance,UDI)三个范围的结果——100~500 lx、500~1000 lx、1000~2000 lx,以评价自适应遮阳控制的采光表现。采用模拟结果中近窗采光参考点上的逐时照度，分别统计了不同工况下工作面照度在全年工作时间段内的占比。

如图7所示，对不同遮阳控制策略年UDI值进行了对比。首先，自适应控制策略(Ctrl-RF和CRTL-DT)的UDI(100～2000 lx)值相对Ctrl-Optimal较低，但保持在70％以上。而与基本情况相比，所有的控制策略都达到了更高的UDI值，并减少了大于2000lx的占比。同类控制策略(Ctrl-Solar、Ctrl-DGI和Ctrl-Work)的UDI值主要分布在100～500 lx。但Ctrl-RF和CRTL-DT反而在500～1000 lx和1000～2000 lx的百分比相对较高。500～1000 lx和1000～2000 lx是相对重要的，因为它们代表了自然采光充足且不需要电力照明的情况。这样采光结果也解释了自适应控制策略在节省照明能耗方面的优势。

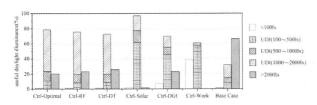

图7　不同遮阳策略下有效采光照度(100～2000 lx)

4　结论与讨论

本文提出了一种基于机器学习的遮阳自适应控制方法，用于卷帘外遮阳的动态控制，以实现降低建筑能耗的目标。选择位于中国东南部广州市的一个典型办公房间作为研究对象。将遮阳控制寻优的结果作为机器学习训练的数据，采用决策树与随机森林两种分类算法，建立卷帘遮阳系统的自适应控制模型。在2020年实测气象数据下，通过与同类遮阳策略比较，分析了自适应控制策略能源与采光表现。结果表明：

(1)通过机器学习建立的遮阳位置预测模型适用于不同立面，RF和DT模型在东南西三个朝向上的平均预测准确度分别为87％，80％。

(2)与其他遮阳控制策略对比，自适应控制策略(Ctrl-RF和Ctrl-DT)综合能耗最低，节能效果最明显。在南向，Ctrl-RF和Ctrl-DT的节能率分别为38.7％和38.4％；采光表现上，Ctrl-RF和Ctrl-DT的UDI(100～2000 lx)分别为75.7％和72.9％。与寻优结果相比，预测模型建立的自适应控制策略(Ctrl-RF和Ctrl-DT)在能源和采光表现上没有差异，是可行且准确的。

本研究建立的自适应遮阳控制策略能平衡照明节能

与制冷节能两者关系，以达到接近最优的节能效果。它在室内光环境方面也避免了一般遮阳策略会带来的工作面采光照度过低或容易产生不舒适眩光的问题。它有望为现实应用中提供可行的动态遮阳方案，最大程度上减少建筑运行能耗，同时为使用者提供舒适室内光环境。

在实际中应用，仍有一些挑战需要在未来的研究中解决。受限于模拟软件和天气数据，预测模型只能实现每小时一次的动态控制。对比实际情况下每时每刻都在变化的环境，这样的控制间隔显得较长。而当实现更短时间间隔的控制时，有必要考虑遮阳控制的平滑度以及面对不确定性条件下的稳定性。这样可以避免频繁和大幅度的遮阳位置变化，从而避免对使用者产生干扰[7]。因此，各方考虑下的自适应遮阳控制仍需要进行进一步研究。

参考文献

［1］管玲俐.外遮阳对建筑能耗和室内光热环境的影响[D].南京:南京理工大学,2018.

［2］余理论.建筑外遮阳对室内光环境的影响研究[D].重庆:重庆大学,2010.

［3］LOONEN R C G M,FAVOINO F,HENSEN J L M, et al. Review of current status, requirements and opportunities for building performance simulation of adaptive facades [J]. Journal of building performance simulation. 2017,10(2):205-223.

［4］CHEN S, ZHAO L, ZHENG L, et al. A rapid evaluation method for design strategies of high-rise office buildings achieving nearly zero energy in Guangzhou[J]. Journal of Building Engineering. 2021,44:103297.

［5］中华人民共和国住房和城乡建设部.建筑节能与可再生能源利用通用规范:GB 55015—2021[S].北京:中国建筑工业出版社,2021.

［6］NABIL A,MARDALJEVIC J. Useful daylight illuminances:A replacement for daylight factors[J]. Energy and Buildings. 2006,38(7):905-913.

［7］BAKKER L G,HOES-VAN OEFFELEN E C M, LOONEN R C G M, et al. User satisfaction and interaction with automated dynamic facades:A pilot study [J]. Building and Environment. 2014,78:44-52

袁楚雁[1]   赵立华[1]

1. 华南理工大学建筑学院,亚热带建筑科学国家重点实验室;lhzhao@scut.edu.cn

Yuan Chuyan[1]   Zhao Lihua[1]

1. State Key Laboratory of Subtropical Building Science,School of Architecture,South China University of Technology

基于全局敏感性分析的广州地区高层酒店节能研究
Research on Energy Efficiency of High-rise Hotels in Guangzhou Based on Global Sensitivity Analysis

摘 要:本文收集了 78 栋高层酒店建筑的工程图纸,分两种布局形态、三种服务等级建立六种高层酒店建筑典型建筑模型,并分别计算出其基准能耗值。在此基础上,通过 R 语言编辑生成 4000 个样本规模的建筑数据库,借助 EnergyPlus 软件以广州地区为例计算其能耗,最后对结果进行全局敏感性分析,得到对该地区高层酒店建筑能耗影响较大的因素主要为:标准层层数、建筑总层数、单层客房数量、单个客房面积;屋面传热系数、各向外窗 SHGC、屋面太阳辐射吸收率;制冷机 COP、室内设定温度。

关键词:酒店建筑;典型建筑模型;敏感性分析;基准能耗

Abstract:Based on the engineering drawings of 78 high-rise hotel buildings,six typical building models of high-rise hotel buildings are built according to two layout forms and three service levels,and their reference energy consumption values are calculated respectively. On this basis,a building database of 4000 sample sizes is generated by R language editing,and energy consumption is calculated by EnergyPlus software with an example of Guangzhou area,the main factors affecting the energy consumption of high-rise hotel buildings in this area are:the number of standard floors, the total number of floors, the number of single-storey rooms, single room area; heat transfer coefficient of roof,SHGC,solar radiation absorptivity of roof,COP of refrigerator,indoor set temperature.

Keywords:Hotel Building;Typical Building Model;Sensitivity Analysis;Benchmark Energy Consumption

1 引言

建筑能耗是世界能源消耗总量中的一个重要部分。建筑物消耗的能源占世界能源消耗量的 40% 以上,排放的二氧化碳占二氧化碳总排放量的三分之一[1]。Chung M 等人的研究表明,在常见的三类公共建筑——办公建筑、医院建筑与酒店建筑中,酒店建筑能耗最高,超过医院建筑 45%[2]。酒店建筑运行时间长,对热舒适水平要求高,具有很大的节能潜力。

建立高能耗公共建筑的典型能耗模型有助于了解该类建筑的能耗特点与节能潜力,比对各种节能技术的效果,是节能工作的基础。一些发达国家在 20 世纪就开始建立建筑典型模型的工作。中国香港在 1975 年至1995 年间调研了 146 栋商业办公建筑,通过 DOE-2 模拟建立了典型建筑能耗模型[3],该模型在亚热带地区具有一定的典型性。

在建筑设计的过程中掌握并关注对能耗影响较大的因素,是建筑节能的有效手段。Lam J C[4] 等以香港的一栋写字楼为例,对年建筑能耗、峰值设计负荷等重要参数进行了敏感性研究。对于酒店建筑,周伟业等得出客房入住率对酒店能耗的影响最大,其次是每日人均热水用量、人均客房占有面积、客房空调开启时间、室内热湿环境[5]。李沁[6] 对重庆市 145 栋公共建筑的总体用电现状进行统计分析,得出酒店类建筑每日能耗主要与入住率有关,单位建筑面积年能耗主要与建筑层数与客房数显著相关。目前,在公共建筑中对于酒店建筑这一建筑类型能耗相关研究相对较少,难以指导建筑设计,建立的典型模型选取的案例较少。

本研究的主要目标是确定影响高层酒店建筑能耗的关键性因素,因此首先需要通过调研确定建筑形式与范围并建立典型模型,然后通过拉丁超立方抽样方式生成输入参数随机取值与组合的模型,利用 EnergyPlus 进行模拟计算,最后通过敏感性分析得到建筑几何特征、围护结构性能与内热源因素对建筑能耗的影响。工作流程如图 1 所示。

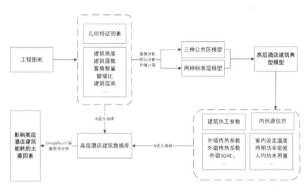

图 1　工作流程图

2　研究方法

2.1　图纸统计与分析

酒店建筑一般是公共区域、后勤服务区域和客房区域三者的组合[7],公共区域主要为底层裙楼,客房区域主要为上层塔楼标准层,每层布局面积都基本一致,后勤服务区域穿插其中。典型建筑模型的输入参数可以总结为建筑构造、建筑用能设备信息、内热源信息、建筑几何信息、建筑地理信息几类,前三类信息根据《公共建筑节能设计标准》(GB 50189—2015)(以下简称《公建标准》)确定,几何信息通过调研确定。

本研究收集到高层酒店工程图纸共 78 套,其中广州地区 10 套,广东其他地区 9 套,国内其他地区 31 套,地区未知的 28 套。其中广东地区尤其是广州地区的案例数目较少,但调研中发现高层酒店建筑的地域性特征并不明显,因此不区分地区对全部案例进行统计。本文选取的建筑几何特征因素有:建筑朝向、建筑层数、标准层层数、公共部分层数、标准层层高、公共部分层高、建筑高度、标准层走道宽、客房面积、客房长宽比、每层房间数、客房窗墙比、标准层过道窗墙比、公共区各向窗墙比、标准层后勤服务面积、公共区使用面积、公共区后勤服务面积。由于特征因素较多,且存在相互关联,因此采用回归分析的方式减少输入变量,拟合优度 R^2 在 0.8以上则认为可以回归方程替代该变量输入。

2.2　抽样生成建筑模型

拉丁超立方抽样是一种分层随机抽样方法,能够从变量的分布区间高效采样,是代理模型中一种常用的抽样方法。为了探究高层酒店建筑的几何特征对其能耗的影响,避免运行与热工因素的干扰,首先依据《公建标准》设置其热工参数与运行时间等,燃气锅炉热效率设置为 0.95,客房人均热水用量 110 L。底层公共区仅区分为控温与非控温区域,不做细分,控温区域内热源参数依据商场建筑设置,将几何特征因素作为变量输入,抽样后随机组合生成 4000 个模型。具体取值如表 1所示。

表 1　几何特征因素变量及取值

编号	变量名称	范围或取值
①	标准层层高/m	3~4
②	公共区层高/m	3.4~6
③	总层数	8~22
④	标准层层数	④×0.93−2.448
⑤	公共区层数	③−④
⑥	标准层走道宽/m	1.6~3
⑦	单个客房面积/m²	35~46
⑧	客房宽长比	0.44~0.54
⑨	建筑朝向	0~360
⑩	客房窗墙比	0.1~0.9
⑪	标准层过道窗墙比	0.1~0.9
⑫	一字形后勤面积/m²	⑫×⑤×0.135+65.323
⑬	一字形单边客数	4~20
⑭	回字形长边客数	6~16
⑮	回字形短边客数	2~5
⑯	裙楼单层控温面积/m²	619~4111
⑰	裙楼单层非控温面积/m²	−68.151×⑤+0.162×⑯+319.64
⑱	公共区南北向窗墙比	0.3~0.9
⑲	公共区东西向窗墙比	0.3~0.9

在分析酒店热工参数与运行状况对其能耗的影响时,采用统计生成的典型几何模型计算,将热工参数与运行时间作为变量输入。模型通过 R 语言编译生成,变量取值的范围根据调研结果与相关标准确定,具体如表 2 所示。

表2　热工参数及内热源因素变量及取值

变量名称	范围或取值
客房照明功率密度/(W/m²)	5~7
客房照明功率密度/(W/m²)	2.5~3.5
夏季室内设定温度/℃	24~27
冬季室内设定温度/℃	20~22
人均热水用量/L	110~140
制冷机组 COP	5.3~6.3
东向外窗传热系数/[W/(m²·K)]	2.0~4.0
南向外窗传热系数/[W/(m²·K)]	2.0~4.0
西向外窗传热系数/[W/(m²·K)]	2.0~4.0
北向外窗传热系数/[W/(m²·K)]	2.0~4.0
东向外窗 SHGC	0.18~0.44
南向外窗 SHGC	0.18~0.44
西向外窗 SHGC	0.18~0.44
北向外窗 SHGC	0.18~0.44
外墙太阳辐射吸收率	0.35~0.8
外墙传热系数/[W/(m²·K)]	0.5~1.5
屋面太阳辐射吸收率	0.35~0.8
屋面传热系数/[W/(m²·K)]	0.3~0.9

2.3　能耗模拟及敏感性分析

本文采用 EnergyPlus 软件作为能耗模拟计算的工具,作为一个建筑能耗逐时模拟引擎,EnergyPlus 的准确性得到各国学者的验证与认可,在建筑能耗模拟领域被广泛使用[8]。由于该软件输入的是 ASCII 码文件,可以采用 R 语言进行编辑、修改与输入,计算结果也可以使用 R 语言读取、统计与分析。

计算出能耗后,采用标准回归系数法(SRC 法)进行敏感性分析,因其计算简单、结果直观,是建筑能耗分析领域常用的一种敏感性分析方法。SRC 法通过计算标准回归系数 SRC 判断变量的重要程度,SRC 绝对值越大表示变量对结果的影响越大[9],而其为正表示变量与输出值呈正相关,为负则相反。

3　研究结果及分析

3.1　高层酒店建筑典型几何模型

调研得出高层酒店建筑标准层的平面形式主要为矩形,在平面布置方式上有一字形与回字形两种,公共部分主要是底层裙楼,形状一般与地块形状接近或与上

层塔楼一致。酒店客房大多为双人间,用能习惯与时间表基本一致,因此按房间面积加权平均折算为相同的房间,最后统计客房数量与单个面积,公共区域统计各区域服务类型与面积。

根据《旅馆建筑设计规范》(JGJ 62—2014),旅馆必须设置公共区,可以分为服务旅客的对外服务部分以及员工使用的后勤服务部分[10]。除必须设置大堂外,国家规范和行业标准对于公共区规模与类型没有明确的规定,统计得到结果也极为离散,参考性较弱。酒店公共区设置情况受服务等级、建筑年代、用地状况等诸多因素的影响,公共区的类型多、空间大一定程度上是酒店服务水平高的体现,目前新建的酒店公共服务区域有越来越大的趋势。

调研统计的 78 个案例中包含公共区域信息的共 59 个,功能区有详细标注的案例共 49 个,将每个类型出现的频率按照 25% 为单位划分为 4 个等级,出现频率由低到高分别对应 3 个等级的公共区模型,出现频率 25% 以下的视为特殊值不计算,以确定公共区的类型。统计结果如图 2 所示。

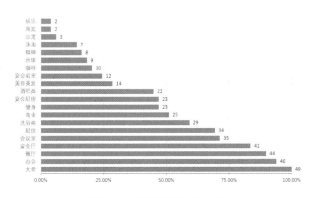

图2　公共区类型统计结果

各案例公共区面积规模从 400~6000 m² 不等,设置内容差异大,很难以一个值完全代表等级参差的酒店建筑,因此在公共区单层面积调研结果中确定 3 个聚类中心作为三个等级分别建立模型。各类型公共区的面积也以聚类分析按照等级确定,如图 3 所示。这里区分的等级并不能对应《旅馆建筑设计规范》与《旅游饭店星级的划分与评定》(GB/T 14308—2010)中划分的酒店等级。客房标准层及客房数等数值与公共区面积无明显关联性。

其他建立典型建筑模型的研究表明,在各类型建筑空间面积一定的情况下,各空间的空间位置对建筑总能耗并无明显的影响[11,12],因此在确定面积后可以根据需要简化裙楼建筑模型。底层裙楼形状一般与上层塔楼

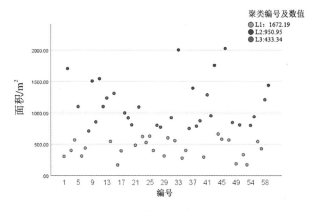

图3 公共区聚类分析结果示意(大堂)

一致,统计得到一字形与回字形塔楼宽长比分别为0.3与0.8,以此作为裙楼形状参考。根据各类公共区面积以聚类分析方法取三个值分别代表三个等级,具体取值如表3所示。

表3 公共区类型与面积取值

名称	等级		
	L1 面积/m²	L2 面积/m²	L3 面积/m²
大堂	1672.2	951.0	433.4
办公	1566.2	1071.9	240.6
餐厅	3026.2	1314.9	439.7
宴会厅	1211.6	676.8	230.2
会议室	799.8	309.2	—
商业	554.9	169.5	—
洗浴	577.7	220.8	—
健身	173.3	—	—
美容美发	94.9	—	—
酒吧	466.0	—	—
厨房	1008.7	526.0	199.9
单层合计	3381.0	1571.4	671.9
单层后勤	627.7	334.6	188.9

对于客房标准层,统计的数据使用箱图法去除明显离群的值并得到其范围,再根据数据的特点取算数平均值、中位数或采用 K 均值聚类方法取典型值。

典型模型朝向为正南北向,共17层,其中客房标准层14层,层高3.4m,公共部分3层(L3公共部分2层),层高4.8 m,建筑高度67.5 m。客房共308间,面积40 m²,长宽比为2:1,其中卫生间面积8 m²占客房比例为

0.2。每层客房20个,过道宽2.2m。一字形标准层南北各10个客房,后勤服务部分划分为南北两块,宽度9.7m;回字形标准层短边2个客房,长边8个客房,中部为后勤服务区域。标准层部分窗墙比根据《近零能耗建筑技术标准》中房间数>75间的酒店基准建筑取0.34,公共部分则根据统计数据平均值取0.67。两种类型高层酒店典型几何模型示意如图4所示。

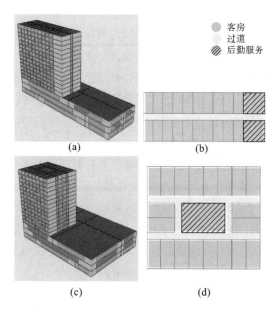

图4 一字形典型模型(a)与标准层平面示意图(b),
回字形典型模型(c)与标准层平面示意图(d)

3.2 能耗模拟结果及其影响因素

建筑基准能耗是科学评定建筑节能改造措施效果的重要指标,目前国家规定的近零能耗、超低能耗建筑都以《公建标准》的建筑能耗水平作为基准。通过前文确定了高层酒店建筑两类标准层几何模型以及三个等级的公共区几何模型,组合形成共六种形式。以广州地区为例,根据《公建标准》中对夏热冬暖地区甲类公共建筑的规定限值,设置屋面传热系数为 0.80 W/(m²·K),外墙传热系数为 1.5 W/(m²·K),外窗传热系数为 2.5 W/(m²·K),东、南、西向太阳得热系数 SHGC 为 0.24,北向为 0.30。由此计算出可作为参考的基准能耗如表4所示。

表4 广州地区酒店建筑基准能耗参考值

模型名称	基准能耗值/(kW·h/m²)
回字形 L1	112.11
回字形 L2	115.64

383

模型名称	基准能耗值/(kW·h/m²)
回字形 L3	134.25
一字形 L1	109.08
一字形 L2	114.38
一字形 L3	130.26

可以看出在客房数量相同时,两种平面形式酒店能耗差异不大,回字形布局能耗整体上略高于一字形。公共区面积小、种类少的等级酒店单位面积建筑能耗有增大的趋势,这是由于公共区运行时间明显较客房区域短,其平均能耗与客房部分相比较小,而低等级酒店公共区在总面积中占比较小。

在建筑几何特征方面,对建筑能耗影响程度由高到低的因素依次为:标准层层数、建筑总层数、单层客房数量、单个客房面积、控温公共区面积、客房窗墙面积比、走道宽,其他因素影响不明显。回字形与一字形平面形式对于几何特征的敏感性趋势类似。基于建筑热工性能的单位面积能耗 SRC 分析如图 5 所示。

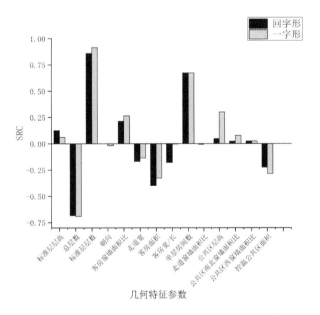

图 5　基于建筑几何特征的单位面积能耗 SRC 分析

从建筑热工性能方面来看,对建筑能耗影响程度由高到低的因素依次为:屋面传热系数、各向外窗 SHGC、屋面太阳辐射吸收率、外墙太阳辐射吸收率、各向外窗传热系数。相对于回字形平面,一字形平面形式对于外墙传热系数和太阳辐射吸收率的敏感性更高,这可能是

由于在设定条件下,一字形平面的建筑有更多外墙为南北向。基于建筑热工性能的单位面积能耗 SRC 分析如图 6 所示。

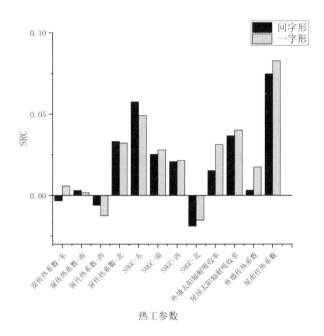

图 6　基于建筑热工性能的单位面积能耗 SRC 分析

从运行状况对单位面积能耗的影响来看,对建筑能耗影响最大的依次为:制冷机组 COP、夏季室内设定温度、人均热水用量、冬季设定温度、客房照明功率密度。基于运行状况的单位面积能耗 SRC 分析如图 7 所示。

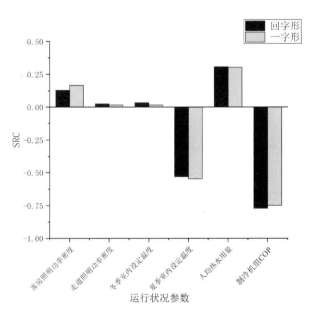

图 7　基于运行状况的单位面积能耗 SRC 分析

4 结语

本文通过工程图纸统计与分析分两种布局形态、三种服务等级建立六种高层酒店建筑典型建筑模型,并分别以广州地区为例计算出其基准能耗值由 109.08 kW·h/m² 至 134.25 kW·h/m² 不等,为确定该地区高层酒店建筑的近零能耗与超低能耗限制提供了参考。

从几何特征与热工性能等方面分析了对该类型建筑单位面积能耗影响较大的因素,主要有标准层层数、建筑总层数、单层客房数量、单个客房面积、控温公共区面积、客房窗墙面积比、屋面传热系数、各向外窗 SHGC、屋面太阳辐射吸收率、制冷机 COP、室内设定温度。在设计该类型建筑时关注这些因素可提高建筑节能工作的效率。

参考文献

[1] PÉREZ-LOMBARD L, ORTIZ J, POUT C. A review on buildings energy consumption information[J]. Energy and Buildings,2008,40(3):394-398.

[2] CHUNG M, PARK H C. Comparison of building energy demand for hotels,hospitals,and offices in Korea[J]. Energy,2015,92:383-393.

[3] LAM J C. Energy analysis of commercial buildings in subtropical climates [J]. Building and Environment,2000,35(1):19-26.

[4] LAM J C,WAN K K W,YANG L. Sensitivity analysis and energy conservation measures implications[J]. Energy Conversion and Management,2008,49(11):3170-3177.

[5] 周伟业,彭琛,刘珊,等.酒店建筑能耗影响因素分析[J].建筑科学,2015,31(10):31-37.

[6] 李沁.重庆市公共建筑能耗定额方法研究[D].重庆:重庆大学,2014.

[7] 李静.现代酒店建筑空间组合方式研究[D].北京:北方工业大学,2012.

[8] COAKLEY D, RAFTERY P, KEANE M. A review of methods to match building energy simulation models to measured data[J]. Renewable and Sustainable Energy Reviews,2014,37:123-141.

[9] TIAN W. A review of sensitivity analysis methods in building energy analysis[J]. Renewable and Sustainable Energy Reviews,2013,20:411-419.

[10] 中华人民共和国住房和城乡建设部.旅馆建筑设计规范:JGJ 62-2014[S].北京:中国建筑工业出版社,2014.

[11] 潘晓,陈毅兴,邓章,等.典型建筑能耗模型搭建——以长沙商场建筑为例[J].西安建筑科技大学学报(自然科学版),2021,53(06):947-954.

[12] 郑林涛.基于机器学习方法的珠三角地区商场空调全年负荷预测研究[D].广州:华南理工大学,2019.

Han Xiaoli[1]   Song Gongming[1]   Qian Yubin[1]   Song Jingchen[2]

1. College of Architecture, Xi'an University of Architecture & Technology; songjingchen001@126.com

2. School of Mechanical Engineering, Xi'an Aeronautical University

国家自然科学基金面上项目(52178025、51478374)

Study on Air Courtyard Design Strategy of High-rise Residential Building Based on Wind Environment in Xi'an

Abstract: High-rise residential buildings with air courtyard in cities of China are popular due to improving the quality of living life. Air courtyard design of high-rise residential buildings needs theoretical guidance in order to achieve the best ecological, aesthetic and use effect. Based on the wind environment and climate conditions of Xi'an which located in semi-arid and semi-humid, warm temperate climate zone, the wind in different types of air courtyard experimental models is simulated by Phoenix, the air courtyard wind environment of high-rise residential buildings in different orientations is simulated under the dominant wind direction in Xi'an during the concentrated use period of the air courtyard as the input condition, so as to achieve the data of wind environment of high-rise residential buildings in different locations, different scales and different orientations. Then the relationship between the wind environment and high-rise residential air courtyard is summarized, air courtyard design strategies and target with theoretical and practical advantages is put forward.

Keywords: High-rise Residential Building; Air Courtyard; Wind Environment; Design Strategy; Xi'an

1 Introduction

A large number of high-rise residential building is helpful to improve the utilization efficiency of building materials, energy, land, road and infrastructure. In high-rise residential building negative psychological, behavior and visual effect become obvious due to the outbreak of Covid-19. It is welcomed because air courtyard of high-rise residential building with three-dimensional greening, viewing and resting for residents as the transition space between indoor and outdoor can be shared or private.

Comfortable wind environment of the air courtyard of high-rise residential buildings can stimulate activity of animals and plants, slow down the urban heat island effect, spread pollutants and improve the air quality of the living environment. Scientific analysis, reasonable selection of location orientation and scale of the air courtyard of high-rise residential buildings by Phoenix is helpful to correct layout and realize use effect. This study qualitatively analyze and quantitatively simulate wind environment of air courtyards on high-rise residential building with different directions, so as to clarify the relationship between the location of air courtyards on high-rise residential building and comfortable wind environment in spring, summer, autumn and winter. Suitable location and design strategies of air courtyard of high-rise residential building in Xi'an is helpful to construct design method of residential building.

2 Problems related to correlation between the air courtyard of high-rise residential buildings and wind environment

2.1 Study on air courtyard wind environment of high-rise building lack of clear design guidance

Comparing with the qualitative research on the influence of the dominant wind direction on the building and site, quantitative simulation of ventilation conditions at different locations of the building make the basic condition of architectural design guidelines clear and more scientifically, so as to create the best use effect of indoor and outdoor space. Function, structure, use effect and economy of the air courtyard of high-rise residential building are closely related to its wind environment, comfort wind environment come from the appropriate location, orientation, form and scale of the air courtyard. By quantitatively analyzing of 24 locations of air courtyard of high-rise residential building under specific wind environment, the distribution characteristics of wind field around high-rise residential building which is to determinate location and scale of air courtyard of high-rise residential building scientifically is summarized.

2.2 The qualitative analysis of the dominant wind direction lacks strong support to improve the scientificity of the design method

Thermal design code of civil buildings (GB 50176—2016) stipulates that "buildings should be oriented towards the dominant wind direction in spring, summer and autumn", "buildings should not be shielded from each other, and the bottom floor of buildings upstream of the dominant wind direction should be attached from the ground", but guideline of courtyard design methods facing various wind environment is lack. Based on dominant wind direction, the hourly wind environment in the key use stage has not been deeply simulated by Phoenix, Ecotect and other software. Taking the wind direction of the whole year, a season, a month or a typical day as initial wind condition of Phoenix, accurate wind field in the use stage by calling the hourly wind data in the EnergyPlus meteorological database is simulated. The wind conditions in key use periods are screened and summarized with grid, so as to assist in selecting the location of the air courtyard of high-rise residential building and guide the design of the air courtyard.

2.3 Suitable wind environment standard for air courtyard of high-rise residential building need be clarified

Conventional meteorological statistics determine the grade of wind speed according to three data, that is average wind speed, average maximum wind speed and extreme maximum wind speed. The detailed feeling of human body on different wind speeds is take the average wind speed as the design reference value. The average wind speed at the height of 1.5m on the site is selected as the evaluation index, the ideal wind speed should be limited to less than 1.0 m/s which can be felt by human body, When the wind speed exceeds 1.5 m/s, the air flow will interfere with the work of the desktop. Especially in the cold winter in Xi'an, the wind flue duct will cause obvious discomfort. The wind speed below 1.5m/s can make human comfort. The complete calm wind in summer will make people feel uncomfortable. Breeze is the wind speed that is greater than 0.25 m/s. In order to ensure the residents comfort throughout the year, 0.25～1.5 m/s is selected as the optimal wind speed for courtyard under the prevailing northeast wind in Xi'an throughout the year(Table 1). The wind environment standard of human comfort plays an important role in controlling the design of air courtyard elements, their location and form.

Table 1　Impact of wind speed on human body
(source: Drawn by the author)

Wind speed /(m/s)	Impact on human body and operation
0—0.25	Imperceptible
0.25—0.5	Happy and suitable for work
0.5—1.0	Pleasant and paper bew away possibly
1.0—1.5	Blowing and blew away easily the paper on the table
1.5—1.7	Obvious wind strike

3　Research methods and process

3.1　Designing air courtyard model of high-rise residential building

After four different layout models of the same high-rise residential building in different directions is built, the coupling law between plan orientation and ventilation effect is observed by wind environment simulation. The square plan size of the high-rise residential building is 30 m×30 m, the height is 100 m, and the height of each floor is 3 m and the height of the guardrail in air courtyard is 1. 1 m, the quantitative description observation wind field laws of the typical opening courtyards in the corner, middle of the high-rise residential building by taking four different orientation models of the plan layout of the high-rise residential building as the prototype.

3. 2 Proposing screening conditions of wind

Based on the "dominant wind direction", the input conditions of the wind environment simulation of high-rise residential buildings adds three peak periods: 7:00—8:00 a. m. , 12:00—14:00 p. m. and 18:00—20:00 p. m. in spring, summer, autumn and winter. According to the urban meteorological data in the special meteorological data set for thermal environment analysis of Chinese buildings, the wind rose map of Xi'an has big difference between all year and four seasons.

The annual average wind speed in Xi'an is low, an average wind speed is 2. 3m/s in spring, 1. 73m/s in autumn, 2. 2m/s in summer and 1. 8m/s in winter. Northeast wind prevails throughout the year. Although the annual wind speed in Xi'an is low, the static wind frequency is high, which has good ventilation and cooling effect. Therefore, Xi'an has good outdoor wind speed conditions in the transition season. The annual average wind speed is smaller than that in coastal areas, but larger than that in inland cities such as Chengdu and Chongqing.

3. 3 Setting evaluation indicators and simulation conditions of wind environment

By the outdoor wind module, Phoenix and Ecotect simulate the air courtyard wind environment of high-rise residential buildings in eight directions: east, west, south, north, northeast, southeast, southwest and northwest. The calculation domain is 500 m to simulation boundary from the inflow end and 1000 m from the outflow end to the simulation boundary. It meets the standard of "5 H from the inflow end and 10 H from the outflow end", H represents building height, the minimum grid size is 1 m, the background grid size is 5 m and the grid transition ratio is 1. 2. It is automatically increased density at the dense part of the model elements to obtain the total grid number between 90000 and 2250000. The "building grid transition ratio with regular shape should not be greater than 1. 3"

that is meet the specification requirements. The convergence accuracy is set to 0. 0001, and the calculation will stop when it reaches convergence. The evaluation index refers to the relevant requirements for site ventilation in transition season and summer in the evaluation standard for green buildings (GB / T 50378—2019), which is "there is no vortex or windless area in the site, and the" non static ratio (area ratio of non static wind area) represent the comfort wind environment of different high-rise residential buildings and the suitability for any animals and plants, that the "static wind area" is the wind speed less than 0. 3 m/s.

4 Simulation calculation and result analysis

4. 1 Corner courtyard

Based on basic sunshine and perennial dominant wind environment in Xi'an, the simulation are carried out for the corner courtyard of high-rise residential building (Table 2). Including concave corner courtyards in the southeast, northeast, southwest and northwest, the advantageous areas were selected from each points.

Table 2 Simulation result of localized microclimate environment of corner convex courtyard and one side courtyard

(source: drawn by the author)

	Corner courtyard simulation result and screening superior area
Sunshine simulation	
Wind environment simulation	
	One side courtyard simulation result and screening superior area
Sunshine simulation	
Wind environment simulation	

The basic data of 12 points in the corner courtyard of high-rise residential building are counted and analyzed. The sunshine simulation results show that 1,2,5,6,7,8,9,10, 11 and 12 points can ensure sunshine for more than 3h, while the sunshine at other points cannot meet the sunshine demand of communication activities. Wind environment simulation results show that the wind speed at 1,2 and 7 o'clock is relatively high, which is not conducive to winter activities. 4,10 and 11 o'clock are in the quiet wind zone with low wind speed, which is not conducive to summer activities. The analysis of the wind environment at each point of the corner courtyard of high-rise buildings shows that the positions 5,6,8 and 12 can achieve comfortable state. It can be seen that the suitable order for arranging the air courtyard is northwest, northeast, southeast and southwest according to superimposed effect.

4.2 One side courtyard

The wind environment of 11 points in one side courtyard of high-rise residential building is analyzed under double elements. The sunshine simulation results show that 1,2,5,4,5 and 9 points can meet the sunshine demand of 3h, while the other points are not enough to meet the sunshine demand of communication activities. Wind environment simulation results show that the wind speed at 4 and 7 point is relatively high, which is not conducive to garden activities and long-term stay in winter.

Based on wind environment and sunshine data of each point in one side courtyard of high-rise residential building, it can be known that point 5, 6 and 12 can be in a comfortable state sunshine and wind. When the air courtyard is arranged in the north direction, there is no sunshine all day in the cold season, it is the influenced of high-speed wind at the corner. The microclimate of the courtyard is the worst, so it is not suitable to be arranged on one side in the north direction. The air courtyard is arranged in the south where belongs to wind shadow area of the building with sufficient sunshine and pleasant wind speed. South air courtyard is suitable for people's daily activities. The layout of the south courtyard should be mainly recessed, and shading should be paid to attention in summer. When the air courtyard is arranged in the east direction, it is affected by the perennial northeast wind. The courtyard should reduce the degree of overhanging and focus on recessed; and the sunshine time of the courtyard is limited all day, so the depth of the courtyard should not be too large. When the air courtyard is arranged in the west direction, it is in wind shadow area of the building, and the environment can meet the daily activity needs of residents. It should be arranged in a semi recessed and semi

overhanging to meet the sunshine and day lighting in the courtyard while meeting the activity scale of the courtyard. The corner courtyard is illuminated by sunlight from two directions, and the shading effect is poor, so it is necessary to pay attention to shading measures.

5 Conclusion and prospect

Simulation form single element observation to double element observation, the following strategies for the air courtyard design of high-rise residential buildings are obtained.

(1) The orientation of the air courtyard of high-rise residential buildings has obvious influence on the practical effect, and the rank is northeast, southeast, southwest and northwest from best to worst. The orientation selection and layout optimization of the air courtyard should be based on the specific wind environment conditions, which can effectively reduce the design mistakes of the air courtyard of high-rise residential buildings, and improve the use effect of the air courtyard of high-rise residential buildings, so as to make the regional architecture design theory and evaluation more accurate and scientific.

(2) In the past, few architecture design puts forward the design strategy according to wind environment simulation of each component, this research iteratively simulate the micro climate including the main wind environment and sunshine, and put forward air courtyard design strategy of high-rise residential building by simulation of the dual factors , it can make the high-rise residential building design have a solid theory foundation and integration with nature. It is an important step to advance the original design method of qualitative analysis to quantitative analysis. The optimal layout of various landscape elements in the air courtyard under microclimate conditions, the correlation between wind environment and design under different scales, and the correlation between the influence of garden design elements on wind environment still need to be further studied and explored.

References

[1] National Engineering Technology Research Center for Housing and Residential Environment, China Architectural Design Institute Co. , LTD. Health Housing

Evaluation Standard ［S］. Beijing: China Planning Press. 2017.

［2］ GREEN G, TSOUROS A. City Leadership for Health: Summary Evaluation of the Phase IV of the WHO European Healthy Cities Network［M］. WHO Regional Office for Europe, 2008.

［3］ JASON P. The sky garden and the urban green ［M］. Beijing: China Machine Press. 2019.

［4］ ZHEN S, DU H, WANG Q. A study on the correlation between aerial courtyard and perceived density of semi-enclosed residential buildings—A case study of Vanke Fengjing in Guangzhou ［J］. Chinese landscape architecture, 2019, 35(09): 110-114.

吴巨湖¹　唐海达¹　李春莹¹　潘振宇¹

1. 深圳大学建筑与城市规划学院；wjh734153133@163.com

Wu Juhu¹　Tang Haida¹　Li Chunying¹　Pan Zhenyu¹

1. School of Architecture and Urban Planning, Shenzhen University

国家自然科学基金项目（52078296、52008245）、深圳市科技计划项目（ZDSYS20210623101534001、JCYJ20210324093204011、JCYJ20210324093209025）

基于多目标优化的光伏-辐射制冷-遮阳一体化设计
Integrated Design of Photovoltaic-radiative Cooling-shading Based on Multi Objective Optimization

摘　要：为应对能源危机和环境污染问题，建筑领域迫切需要开发运用可持续性的建筑技术，探索建筑节能减排新策略，这也是响应碳达峰、碳中和呼吁的重要举措。本研究将太阳能光伏发电、天空辐射制冷与建筑遮阳技术相整合，以实现建筑空间的合理利用和可再生能源的全天利用，提供零碳能源的同时可降低建筑能耗，优化室内光环境。

研究选取深圳大学校园内一单层办公用房为场地，在三扇窗户上方加设可中轴旋转的一体化遮阳，同时考虑周边建筑遮挡影响。在此基础上，使用 Grasshopper 平台上的 Radiance 模拟室内采光量，Openstudio、Renewables 和 GH_CPython 分别计算建筑能耗、光伏发电量和辐射制冷量。运用 Octopus 遗传算法工具进行多目标优化，使室内采光尽可能多、建筑能耗尽可能低的同时，可持续能源量尽可能大。结果表明，当一体化遮阳板宽度为 1.0 m，倾角为 10°时，得到最优遮阳形式。加设一体化遮阳后，空调、电器设备等建筑终端能耗减少了 91.7 kW·h，此时，光伏年总发电量为 577.6 kW·h，年辐射制冷节电量为 414.0 kW·h。由建筑终端能耗减少量、光伏发电量和辐射制冷节电量产生的年度节能总量为 1083.3 kW·h。结合电能二氧化碳排放因子，3.6 m² 的一体化遮阳碳减排潜力为每年 571.0 kgCO₂。光伏-辐射制冷-遮阳一体化设计为建筑领域实现双碳目标提供了一种可行的解决方案。

关键词：建筑遮阳；光伏建筑一体化；辐射制冷；多目标优化；建筑碳中和

Abstract：In order to cope with the energy crisis and environmental pollution, the building sector urgently needs to apply sustainable building technologies and explore new strategies for building energy conservation and emission reduction, which is also an important measure to respond to the call for carbon peaking and carbon neutrality. This study integrates solar photovoltaic power generation, sky radiant cooling and building shading technology to realize the rational use of building space and the all-day use of renewable energy, providing zero-carbon energy while reducing building energy consumption and optimizing indoor lighting environment.

The research selects a single-storey small house on the campus of Shenzhen University as the site, and adds an integrated sunshade that can rotate on the central axis above the three windows, and considers the influence of surrounding buildings. On the basis, using the Radiance on the Grasshopper platform to simulate the indoor day lighting. Openstudio, Renewables and GH_CPython respectively calculate the building energy consumption, photovoltaic power generation and radiative cooling capacity. The Octopus genetic algorithm tool is used for multi-objective optimization, so that the indoor lighting is as much as possible and the building energy consumption is as low as possible. The results show that the optimal design result is obtained when the width of the sunshades is 1.0 m and the inclination angle is 10°. After adding the sunshades, the energy consumption of air conditioners, electrical equipment and other building terminals is reduced by 91.7 kW·h. At this time, the annual power generation of the sunshades is 577.6 kW · h, and the annual energy saving of radiative cooling is 414.1 kW · h. The total annual energy saving from EUI, PV and RC is 1083.3 kW · h. Combined with the carbon dioxide emission factor of electricity, the carbon emission reduction potential of 3.6 m² sunshades is 571.0 kgCO₂. In summary, the integrated design of photovoltaic-radiative cooling-shading provides a feasible solution for the building to achieve the double carbon goal.

Keywords: Building Shading; BIPV; Radiative Cooling; Multi-objective Optimization; Building Carbon Neutrality

1 研究背景

煤炭、石油、天然气等化石能源的消耗进一步加剧全球能源危机,传统能源的使用不仅造成环境污染,同时由于排放大量的二氧化碳等气体而产生温室效应,引起全球气候变暖。根据中国建筑节能协会统计数据,2019 年中国建筑全过程能耗总量为 22.33 亿吨标准煤,占全国能源消费的比重为 51%;碳排放总量为 49.97 亿吨二氧化碳,占全国碳排放的比重为 49.97%[1]。

面对日益严峻的资源和环境问题,中国制定了一系列方针政策和法规,采取了一系列积极措施。2020 年 9 月 22 日,中国承诺力争于 2030 年前实现碳达峰,2060 年前实现碳中和目标。2022 年 4 月 1 日起实施的《建筑节能与可再生能源利用通用规范》(GB 55015—2021)对建筑节能提出了明确要求,规定夏热冬暖、夏热冬冷地区,甲类公共建筑南、东、西向外窗和透光幕墙应采取遮阳设施[2]。为实现建筑碳中和目标,需转变建筑用能结构,从化石能源转向零碳能源,从火力发电等传统能源利用技术转向太阳能光伏发电、天空辐射制冷等可持续能源利用技术。

太阳能光伏发电(PV)通过太阳能光伏板可将光能转化为电能。光伏发电不受地域限制,不需要消耗燃料,可为建筑提供清洁环保的能源。天空辐射制冷(RC)是典型的被动式制冷技术,通过大气层在"大气窗口"波段(8~13 μm)的高透过性,将地球表面物体的热量以辐射的形式散到低温外太空,充分利用外太空的低温冷源特性,达到被动式制冷效果。

空间上,太阳能光伏发电、天空辐射制冷等技术可与建筑结合,提供清洁环保的零碳能源,但其安装使用需占用较多场地,而建筑表面空间十分有限,因而形成了空间矛盾,建筑遮阳与可再生能源利用技术的结合可最大限度地节约建筑空间;时间上,太阳能光伏发电时间在白天,天空辐射制冷作用主要在夜晚,两种能源利用技术存在使用时间窗口。

因此本研究尝试将太阳能光伏发电、天空辐射制冷与建筑遮阳技术相整合形成一体化遮阳,以实现建筑空间的合理利用和可再生能源的全天利用。白天一体化遮阳板光伏面朝上,通过光电转换获得电能,夜晚辐射制冷面朝上,将建筑热量散至低温外太空,并利用管道和蓄冷水箱收集冷量(图 1)。

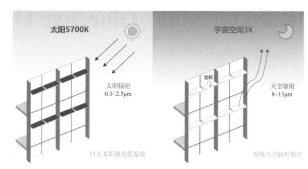

(a) 设计原理

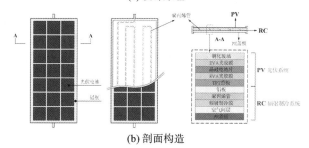

(b) 剖面构造

图 1 设计原理与剖面构造
(来源:作者自绘)

2 研究方法

2.1 模拟框架

为了研究光伏-辐射制冷-遮阳一体化设计的性能效果,本文以夏热冬暖地区一单层办公用房为研究场地,在 Rhino 和 Grasshopper 平台中进行可视化编程模拟,选用 Radiance 引擎模拟建筑室内采光量,Openstudio、Renewables 和 GH_CPython 分别计算建筑能耗、光伏发电量和辐射制冷量。然后运用 Octopus 遗传算法工具进行多目标优化,以一体化遮阳板的宽度和倾角为变量,使室内采光尽可能多、建筑能耗尽可能低、可持续能源量尽可能大(图 2)。一体化遮阳优化模拟分为 4 组模块,包括建筑场地模型、采光模型、能耗模型和可持续能源计算模型(图 3)。

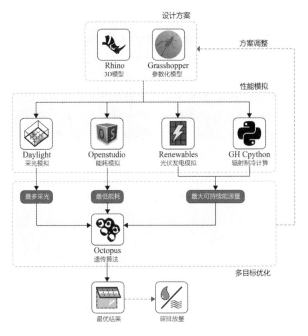

图 2 模拟框架

（来源：作者自绘）

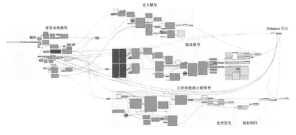

图 3 GH 各模块电池组示意图

（来源：作者自绘）

2.2 模型建立与参数设置

2.2.1 建筑场地模型

研究选取深圳大学校园内一单层办公用房为模拟场地（图 4），建筑开间 29.11 m，进深 4.5 m，净高 3.0 m，朝向为南偏西 25°。墙面上共开有九扇窗户，窗宽 1.25 m，高 1.73 m，窗台高 0.87 m，在三扇窗户上方加设可中轴旋转的一体化遮阳以研究其性能，同时考虑周边建筑遮挡对一体化遮阳能效的影响。建筑场地南侧间隔 9 m 为两层高的科研用房，平面大小为 52 m×48 m，高度为 8 m。建筑与场地模型需转换为可用以采光和能耗分析的能量模型，即根据热工分区原理分别建立模型。

场地天气采用深圳地区典型气象年数据，相应气候文件可在 EnergyPlus 网站下载[3]。模拟时间根据办公建筑常规使用情况设定为每日 8:00—18:00，除节假日和周末时间外的全年。

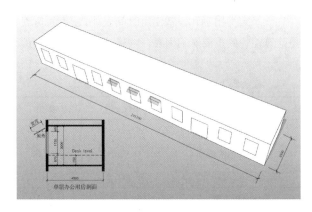

图 4 办公用房尺寸示意图

（来源：作者自绘）

2.2.2 采光模型

根据《建筑采光设计标准》(GB 50033—2013)[4]，取距室内地面 0.75m 的水平工作面为采光分析平面，测点网格单元大小定为 0.2m×0.2m。本文采用动态采光模拟分析技术，基于气候和时间，于年周期上分析建筑光环境，并选择有效采光度 UDI 来评价建筑采光性能。

UDI 通常划分成三个区间：$UDI_{<100}$，$UDI_{100\sim2000}$，$UDI_{>2000}$。其中，$UDI_{100\sim2000}$ 表示有效采光出现的频率，即一年中房间某点天然光照度介于 100 lx 与 2000 lx 之间出现的频率[5]。为了更科学地评价建筑采光性能，本文采用 $UDI_{100\sim2000}$ 大于等于 50% 的面积占整个房间面积的比值为采光指标[6]。

2.2.3 能耗模型

暖通空调、电器设备等建筑终端能耗采用能耗分析软件 OpenStudio 进行模拟，为了模拟更真实的建筑使用情况，需先设定表示每小时人员出勤率、灯光空调与设备负荷使用率的时间表。时间表参数设定示意如图 5 所示。"0"表示建筑中无人员活动，设备停止工作；"1"表示全部人员与设备处于工作状态。暖通空调系统采用风机盘管结合独立新风装置，空调能效比 COP 为 3.5，在工作时间段内室内温度高于 28 ℃阈值时，空调开启，制冷温度设定为 26 ℃。

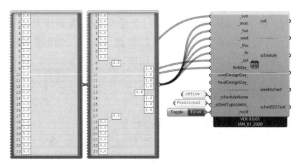

图 5 时间表参数设定示意图

（来源：作者自绘）

除了人员出勤和设备使用时间表外,设备的负载也是建筑能耗的重要影响因素,各参数设置如表1所示。

表1 设备负载参数(来源:作者自绘)

参数	单位	数值
单位面积设备负载	W/m²	13.5
单位面积立面渗透率	m³/(s·m²)	0.0003
单位面积照明密度	W/m²	3
单位面积人数	ppl/m²	0.2
单位面积通风	m³/(s·m²)	0.001
单位人数通风	m³/(s·person)	0.001

2.2.4 可持续能源计算模型

(1)光伏发电计算模型。

一体化遮阳设计中采用单晶硅太阳能光伏组件,光伏组件转换效率为15%;温度系数为±0.45%/℃,即太阳能电池每升高/降低1℃,光伏组件的直流输出功率减少/增加0.45%;除去组件框架和电池之间的间隙后,光伏组件有效面积比为95%。

光伏发电性能由Ladybug插件的Renewables工具组模拟计算,设定一体化遮阳每天6:00—19:00光伏面朝上,同时将单层办公用房和周边建筑设为遮挡物。

(2)辐射制冷计算模型。

一体化遮阳中的辐射体处于能量平衡状态,数学模型的建立基于辐射体温度均匀和稳态传热两个假设基础[7]。辐射体的能量平衡方程如下:

$$P_{\text{cooling}} = P_{\text{rad}}(T) - P_{\text{atm}}(T_a) - P_{\text{bld}}(T_{\text{bld}}) - P_{\text{solar}} - P_{\text{loss}}$$

其中,P_{cooling}为辐射体的净辐射制冷功率;$P_{\text{rad}}(T)$为辐射体自身的热辐射功率;$P_{\text{atm}}(T_a)$为辐射体吸收的大气辐射功率;$P_{\text{bld}}(T_{\text{bld}})$为辐射体吸收的建筑墙面辐射功率;$P_{\text{solar}}$为辐射体吸收的太阳辐射功率;$P_{\text{loss}}$为辐射体的冷量损失功率。$T$为辐射体的绝对温度;$T_a$为环境温度;$T_{\text{bld}}$为建筑墙面的温度。

对于上述能量平衡方程,当辐射体温度等于环境温度时,辐射体获得最大制冷功率$P_{\text{cooling\_max}}$。辐射制冷量数据通过在GH-CPython中编程计算获得。

3 分析与讨论

3.1 一体化遮阳节能减排分析

Octopus是基于苏黎世联邦理工学院的SPEA-2和HypE算法的运算程序,可在多个目标之间产生一系列优化的帕累托解集[8]。开始运算前应先设置最大运算

代数、种群大小等参数。

如图6所示,经过5代的计算后,帕累托解分布趋于稳定。散布的方块代表了不同的解,其中红色不透明方块代表帕累托前沿解,即是所有符合优化目标的一体化遮阳设计形式,黄色透明方块表示历史运算中的精英解,颜色越淡代表代数越老。图7是帕累托前沿解的平行坐标图,最粗线条表示最理想的解决方案,即当遮阳宽度为1.0 m,倾角为10°时,一体化遮阳获得最优设计形式,对应目标值如表2所示。

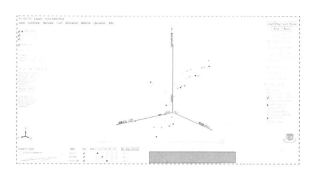

图6 Octopus交互界面与帕累托解三维分布图
(来源:作者自绘)

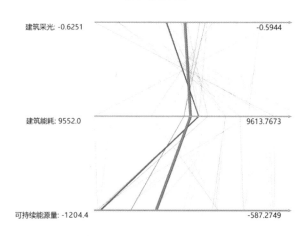

图7 帕累托前沿解平行坐标图
(来源:作者自绘)

表2 多目标优化参数与结果(来源:作者自绘)

类别	名称		数值
变量	宽度		1.0 m
	倾角		10°
优化结果	建筑采光		61.0%
	建筑能耗		9584.9 kW·h
	可持续能源量	光伏发电	577.6 kW·h
		辐射制冷	414.0 kW·h

首先,在建筑采光方面,如图8所示,加设一体化遮阳后,$UDI_{100\sim2000}\geqslant50\%$占比由无遮阳时的64.7%减少为61.0%。虽然加设遮阳后室内远窗区域天然光减少,但近窗区域有效采光度相应增加,说明一体化遮阳可以优化室内光环境,减少太阳直射光,并防止眩光的产生。

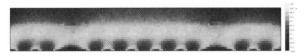

无遮阳 $UDI_{100\sim2000}\geqslant50\%$ 占比:64.7%

一体化遮阳 $UDI_{100\sim2000}\geqslant50\%$ 占比:61.0%

图8 建筑采光性能变化

(来源:作者自绘)

其次,在建筑能耗方面,建筑终端能耗量(EUI)由无遮阳时的9676.6 kW·h下降为9584.9 kW·h,节能量91.7 kW·h,每月能耗如图9所示。结合表3可知,一体化遮阳加设前后,变化量最大的为制冷和照明设备。室内天然光数量的减少要求采用人工照明进行弥补,一定程度上加大了照明能耗。同时由于遮阳可减少进入室内的太阳辐射量,避免室内过热,从而大幅降低空调负荷。

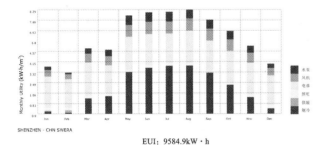

EUI:9584.9kW·h

图9 每月建筑能耗示意图

(来源:作者自绘)

表3 建筑能耗年节能清单/kW·h(来源:作者自绘)

用电设备	无遮阳	一体化遮阳	年节能量
制冷	3368.9	3261.3	107.6
供暖	37.4	39.1	−1.6
照明	268.0	324.1	−56.1
电器	3862.3	3862.3	0.0
风机	1253.8	1233.8	19.9

用电设备	无遮阳	一体化遮阳	年节能量
水泵	886.2	864.4	21.8
总量	9676.6	9584.9	91.7

最后,在可持续能源方面,太阳能光伏年发电量为160.5 kW·h/m²,接收到的太阳辐射量为1265.5 kW·h/m²,实际光电转换效率为12.7%,三块遮阳板面积为3.6 m²,则年总发电量可达577.6 kW·h。辐射体年辐射制冷量为402.5 kW·h/m²,即总辐射制冷量为1449.2 kW·h,已知空调COP为3.5,则辐射制冷量转化为电能约414.0 kW·h。

综上,由建筑终端能耗减少量、光伏发电量和辐射制冷节电量产生的年度节能总量为1083.3 kW·h。根据《建筑碳排放计算标准》(GB/T 51366—2019)[9],南方区域电网平均CO_2排放因子为0.5271 $kgCO_2$/(kW·h),结合年度节能总量,计算得到一体化遮阳碳减排潜力为每年571.0 $kgCO_2$。

3.2 一体化遮阳技术经济分析

光伏-辐射制冷-遮阳一体化设计采用智能遮阳控制系统,主要由PV+RC遮阳板、电机及控制系统组成。可先依据当地气象资料,对不同月份、季节及不同朝向的最佳宽度和倾角进行多目标优化计算,然后将数据导入智能遮阳控制系统中,电机控制器按照设定的数值控制不同朝向的遮阳旋转角度。

太阳能光伏电池组件一般按功率(W)计算单价,单晶硅光伏组价市场价格为2元/W,标准功率为170 W·m²,故每平方米单晶硅组件价格为340元;辐射体采用反射型辐射制冷膜,每平方米230元。3.6 m²的一体化遮阳总成本为2052元。根据2022年国家电费收费标准,一般工商业电价为0.54元/(kW·h)。一体化遮阳年度节能总量为1083.3 kW·h,则约3.2年可回本。

4 结语

本文提出了一种光伏-辐射制冷-遮阳一体化设计的可持续建筑技术方案,并使用Rhino+Grasshopper软件平台模拟和优化一体化遮阳设计性能。研究内容分为两部分:第一部分是通过接入不同组件模块来构建多目标优化的参数化环境,以深圳大学一单层办公用房为研究场地,建立建筑场地模型、采光模型、能耗模型和可持续能源计算模型。然后根据一体化遮阳优化变量和目标,运用Octopus遗传算法工具进行多目标优化;第二部分是对最优一体化遮阳形式进行节能减排和技术经济分析,总结技术措施应用过程中的系统原理,同时对一体化遮阳的经济成本进行简要阐述说明。

本文采用多目标优化的方法对光伏-辐射制冷-遮阳一体化设计进行研究,有助于推动可持续建筑技术的研究进展。在全国各省市不断出台政策支持光伏建筑一体化发展的背景下,一体化遮阳设计有着十分广阔的推广应用前景。在后续的研究中可考虑适应不同地域气候、不同城市街区尺度的一体化遮阳设计策略。

参考文献

[1] 中国建筑能耗与碳排放数据平台[EB/OL]. http://www. cbeed. cn/#/calculate.

[2] 中华人民共和国住房和城乡建设部.建筑节能与可再生能源利用通用规范:GB 55015—2021[S]. 北京:中国建筑工业出版社,2021.

[3] Energy Plus[EB/OL]. https://energyplus. net/weather.

[4] 中华人民共和国住房和城乡建设部.建筑采光设计标准[S]. 北京:中国建筑工业出版社,2013.

[5] NABIL A, MARDALJEVIC J. Useful daylight illuminances: A replacement for daylight factors[J]. Energy and Buildings,2006,38(7):905-913.

[6] 边宇.建筑采光[M]. 北京:中国建筑工业出版社,2019.

[7] 赵斌.天空辐射制冷及其与太阳能光电转换综合利用的研究[D].合肥:中国科学技术大学,2020.

[8] Octopus[EB/OL]. https://www. food4rhino. com/en/app/octopus.

[9] 中华人民共和国住房和城乡建设部.建筑碳排放计算标准:GB/T 51366—2019[S].北京:中国建筑工业出版社,2019.

马用超[1] 石峰[1*] 陈忱[1*] 赖子韩[1] 杨思瀚[1] 钟杰[1]

1.厦门大学建筑与土木工程学院;shifengx@xmu.edu.cn,chenchen2303@126.com

Ma Yongchao[1] Shi Feng[1*] Chen Chen[1*] Lai Zihan[1] Yang Sihan[1] Zhong Jie[1]

1. School of architecture and civil engineering,Xiamen University

国家自然科学基金资助项目(52078443)

基于计算机视觉的高校建筑室内热环境研究
Study on Indoor Thermal Environment of Classroom Building Based on Computer Vision

摘 要:人员行为的不确定性和不可预测性,导致建筑能耗在模拟与实际中有所出入,因此了解人员在室内环境中的被动式调节行为,对于创造舒适的室内热环境以及指导建筑的节能减碳具有重要的意义。本研究以中国厦门地区学生教室作为研究对象,在传统的现场实测与问卷调查等方法的基础上,引入计算机视觉技术,捕捉、分析人员全过程的被动式调节行为动作,通过与现有研究的预测模型比较,研究用户的热舒适调节行为与驱动因素之间的关联。

关键词:计算机视觉;被动式调节;调节行为;热舒适

Abstract: The uncertainty and unpredictability of people's behavior lead to the discrepancy between the simulation and the actual building energy consumption. Therefore,it is of great significance to understand the passive regulation behavior of people in indoor environment for creating a comfortable indoor thermal environment and improving the work efficiency of people. Based on the traditional methods of field measurement and questionnaire survey,this study takes the classroom of students in Xiamen,China as the research object,introduces computer vision technology, captures and analyzes the passive adjustment behavior of the staff in the whole process,and studies the relationship between the user's thermal comfort adjustment behavior and the driving factors by comparing with the existing prediction models.

Keywords: Computer Vision; Passive Technology; Regulating Behavior; Thermal Comfort

1 引言

随着我国碳达峰、碳中和战略不断深入推进,在建筑行业中采取绿色低碳的技术成为实现"双碳"目标中的关键一环。对建筑环境的研究通常会涉及建筑的模拟计算,众多研究者发现模拟计算的结果往往与实际建筑运行的结果有较大差别[1]。其中的主要原因是室内人员行为造成的用能方式有较大的差异,而软件模拟过程中对人的行为常作为定值或者直接忽略,从而导致模拟与人的实际行为参数有较大差距,降低了建筑能耗模拟结果的准确性,不利于节能减碳。因此了解室内人员的行为对于建筑热环境的研究具有一定的帮助[2]。

建筑室内人员的被动式调节行为,主要集中于门窗、窗帘以及对于自身(增减衣物等)的调节上,其中对窗户的调节能够改变室内温度和湿度的同时而不消耗能源,是目前对于室内人员被动式行为调节研究的主要方向。目前国内外现有的研究以住宅民居与传统办公建筑为主,针对高校教室建筑的研究较少,表1为含有开窗预测模型的国内外高校建筑开窗行为研究的回顾。

Zhang 等人认为室外温度对开窗行为具有高度的关联性,并通过实测数据验证一个开窗的随机模型;D'Oca等人将统计学方法与数据挖掘技术结合,建立了开关窗行为的预测模型,认为室内外空气温度、一天中的时间以及入住率都是影响开关窗行为的重要因素;Stazi 等人

表 1　高校建筑开窗行为研究回顾

作者	测试地点	建筑类型	研究方法	影响因素
ZHANG 等[3]	谢菲尔德(英国)	高校办公	皮尔逊相关性分析、随机模型	室外温度
D'Oca 等[4]	法兰克福(德国)	高校办公	逻辑回归、聚类分析、关联规则挖掘	室内外温度、一天中的时间、入住率
STAZI 等[5]	安科纳(意大利)	学校教室	线性回归、逻辑回归	室内温度
PAN 等[6]	北京(中国)	高校办公	逻辑回归、皮尔逊相关性分析	室内外温度
谷雅秀等[7]	西安(中国)	学校教室	逻辑回归、"Z-score"法	PM2.5、室内温度

认为室内温度是影响开关窗行为的决定性因素,而室外温度则对人员行为影响较小;Pan 等人综合考虑了的室内外空气温度、风速、湿度、PM2.5 等环境因素对开窗行为的影响,并认为室内外空气温度为主要影响开窗行为的因素;谷雅秀等人认为在过渡季节,室内 PM2.5 浓度与开窗行为紧密相关,室内温度次之[7]。

现有的研究大多聚焦于对热舒适实际调研的结果,很少涉及人体热环境的动态调节过程,无法预测人员行为在时间维度上的演变情况;并且传统的调研方式会在一定程度上引导测试者有意识的行为反馈,从而导致热舒适调研结果与实际不符。本研究以中国厦门地区学生教室作为研究对象,在传统实验的基础上加入计算机视觉技术,通过分析捕捉人员全过程的被动式调节行为动作,并将实验数据与现有研究的预测模型进行比较,研究用户的热适应被动式调节行为的概率与原因。

2　研究对象与方法

2.1　测试对象概述

本研究的测试时间为过渡季(春季)2022 年 5 月 22 日,厦门属夏热冬暖地区,春季气候特点为由冷变暖、降水增多,春季平均气温相对温和但湿度较大。本次实验选取了厦门市某高校教学楼的教室为研究对象,教学楼共 5 层,单廊式布局,坐北朝南,南北两侧均无遮挡,本文选取了该教学楼 3 层的一间教室作为监测点,建筑外观如图 1 所示,内部情况见图 2,具体房间信息见表 2,其中包括房间尺寸、室内高度、座位数量、窗户数量、建筑朝向等信息。该教学楼在过渡季常通采用开门、开窗的方法来进行自然通风改变室内热环境,房间的使用频率高。

图 1　建筑外观　　　图 2　教室情况

表 2　测试点信息表

测点信息	参数数值
房间尺寸/m	12.4×7.4
内部高度/m	3.6
座位数量/个	84
窗户数量/个	8
房间朝向	南

2.2　测试仪器监测

室内测试的设备包括萤石云摄像头、温湿度记录仪、黑球温度计、风速计、CO₂浓度检测仪等;室外环境参数则是通过厦门市气象站来获取,包括温度、相对湿度、风速、风向、太阳辐射等,设备参数明细见表 3。

表 3　设备参数明细表

测量参数	仪器名称	测试范围	精度	记录间隔
室内空气温度	温湿度记录仪 Swema 12	−40～125 ℃	±0.5 ℃	1 s
室内相对湿度		0～100%	±1.5%	1 s

测量参数	仪器名称	测试范围	精度	记录间隔
室内黑球温度	黑球温度计 Swema 05	-40~125 ℃	±0.5 ℃	1 s
室内风速	风速计 SwemaAir 50	0~30 m/s	±0.04 m/s	1 s
室内 CO_2 浓度	CO_2 浓度检测仪 SwemaAir 300	0~5000 ppm	±50 ppm	10 s
室外空气温度		-40~75 ℃	±0.21 ℃	
室外相对湿度	厦门市气象站	0~100%	±2.5%	1 h
风速		0~76 m/s	±1.1 m/s	
风向		0~355°	±5°	
太阳辐射		0~1280 W/m²	±10 W/m²	

实验期间将萤石云摄像头安装至教室后侧靠门离地 2 m 高度的位置,由该摄像头捕捉实验全过程的人员行为热环境调节动作。室内环境参数包括室内空气温度、室内相对湿度、室内风速、室内黑球温度以及室内的二氧化碳浓度,将其上传至电脑端,根据 Swema Multipoint 软件记录人员的热舒适指标(PMV);室外环境参数包括室外空气温度、室外相对湿度、风速等,从厦门市气象站导出相应数据。

CO_2 浓度检测仪共 5 台,均匀分布于教室四周离地面 0.75 m 桌子上,其余环境参数监测仪器集成于热舒适度仪上,布置于教室中间离地面 1.1 m 高度的支架上,所有设备测量仪器在教室平面中的具体布置如图 3 所示。实验选取周末学生作自习用的空教室,CO_2 浓度检测仪每 10 s 记录室内 CO_2 浓度,其余室内环境参数每 1 s 记录一次,每 3 min 导出一组室内人员热舒适度数值。为了保证实测数据的准确性,工作人员提前 20 min

到场布置测试仪器,待稳定后进行数据读取。

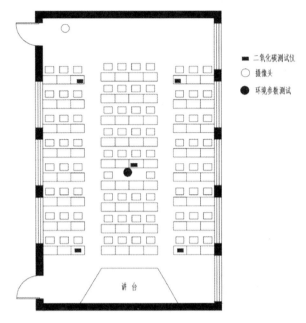

图 3　测量仪器布置图

2.3　主观问卷调查

本次实验使用电子问卷收集室内人员的教室环境的主观热感受评价,对被试者在调研期间进行共 4 次问卷调查。问卷调查的内容参照 ASHRAE55 标准制定[8],问卷内容主要分为三个部分,包括了如性别、着装、BMI 值等人员基本信息;测试者的热感觉、热舒适、热期望等个人主观的热环境评价指标,以及测试者行为调节的偏好和顺序、与他人的差异等因素。

3　实测结果与分析

3.1　被试者情况

表 4 为被试者的基本信息,所有参与自习的被试者均为在校大学生并且身体健康无过度肥胖、衣着合适符合过渡季节的穿着,因此不会产生极端热感觉的案例。

表 4　被试者基本信息表

人员数量		服装穿着		人员 BMI 值			
男	女	服装热阻最大值	服装热阻最小值	BMI<18.5	18.5≤BMI<24.0	24.0≤BMI<28.0	28.0≤BMI
7	4	长袖+薄外套+长裤+短袜+运动鞋	短袖+短裤+短袜+运动鞋	3	7	1	0
		0.57	0.26				

3.2 室内外环境参数

测试期间室内外温度、湿度变化趋势如图 4、图 5 所示。当天教室室外温度变化范围为 21.1～23.8 ℃,室内空气温度的变化范围为 24.9～26.2 ℃;室外湿度变化范围为 69%～88%,室内湿度变化范围为 57.5%～64.0%。根据《民用建筑室内热湿环境评价标准》(GB/T 50785—2012)中室内体感温度Ⅰ级上下限分别为 18 ℃和 28 ℃,室内的温度波动均在规定范围内,且室内湿度未超过 70%,这表明教室内温度整体达标。

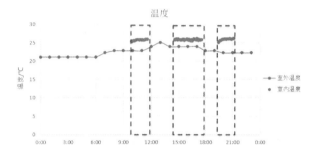

图 4 室内外温度变化趋势图

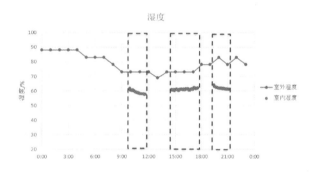

图 5 室内外湿度变化趋势图

对教室室内外环境参数的统计结果如表 5 所示,包括室内外温度($\theta_{内}$、$\theta_{外}$)、室内外温度($RH_{内}$、$RH_{外}$)、室内风速(v)、室内二氧化碳浓度(C)。

表 5 测试点信息表

参数	$\theta_{外}$/℃	$\theta_{内}$/℃	$RH_{外}$/(%)	$RH_{内}$/(%)	v/(m/s)	C/ppm
最大值	23.8	26.2	88	64.0	0.37	1028
最小值	21.1	24.9	69	57.5	0.04	556
平均值	22.5	25.8	79.1	60.6	0.17	663.1

3.3 热感觉与热舒适

对被试者的热感觉与热舒适进行了统计,结果如图 6、图 7 所示。在热感觉投票方面,在一天中 56.8% 的被试者投票为适中,投票值在 -1～+1 之间的频率为 93.2%,表明大部分的自习者认为教室内的环境是可以接受的。但在第三组投票中,50% 的被试者投票稍凉、凉等选项,说明该段测试时间内,教室整体环境较凉;而在第四组投票中,36.3% 的被试者投票稍暖、暖、热等选项,说明该段测试时间内教室环境变得闷热。

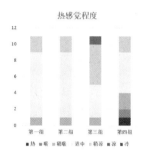

图 6 热感觉分组投票

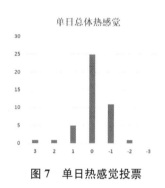

图 7 单日热感觉投票

图 8、图 9 为被试者对教室的温度与湿度舒适性的投票,温湿度舒适度人数比例与热感觉投票基本一致,温度与湿度舒适的比例均为 81.8%,觉得不舒适的比例为 18.2%,表明测试期间对大部分自习者来说教室的热环境是舒适的,对室内环境满意度较高。同时,对比环境整体可接受率(93.2%),表明被试者对环境具有一定的适应性,约 10% 的人群感到略不舒适且通过调节行为达到可以接受目前的室内环境。

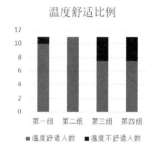

图 8 温度热舒适投票

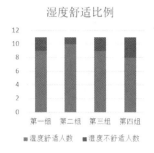

图 9　湿度热舒适投票

3.4　热期望

被试者对教室内热环境的温度与湿度期望进行投票,结果如图10所示。从当天整体情况来看,希望温度不变的被试者占72.7%,希望湿度不变的被试者占77.3%,说明教室从早到晚的热环境整体较为适宜,能够满足大部分学生的自习需求。在第四组问卷调查中,36.3%的被试者希望温度降低,同时18.2%的被试者希望温度升高,说明不同人群之间的热感觉有一定差异。

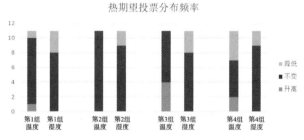

图 10　热期望分组投票

3.5　计算机视觉下的行为调研

图 11(a)为冷热感觉的性别差异,图11(b)为调节频率,图11(c)为调节习惯。72.7%的被试者认为异性之间存在一定的冷热差异,36.3%的被试者认为同性之间也存在一定的冷热差异,且在一定程度上会考虑他人而减少自身调节。在调节频率上几乎不的选项没有存在,说明当环境恶劣到一定程度所有被试者都会进行调节行为,且72.7%的被试者在调节前会询问他人感受,因此调节行为习惯是需要考虑的一大因素且难以通过普通方式获取相关信息。

当感到热不舒适时,对自身的调节是大部分被试者优先采取的调节策略,次要的调节策略则是开关窗与调节采暖空调等方式,少部分选择如喝冷/热饮等其他方式进行调节。

通过计算机视觉技术,能够减少人员主观上对行为调节的影响,从而提高人员调节预测的准确性。通过摄像头进行人员行为的动态捕捉,对试验期间人员行为的

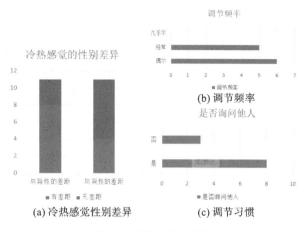

(a) 冷热感觉性别差异　　(c) 调节习惯

图 11　调节行为差异图

次数进行分析。通过人员行为的统计可以看出,在当天的全时段实验中,人员的冷热调节行为较少,且时间段集中于晚上,可能是晚上室内因关窗导致变得闷热的原因。

图 12　人员调节行为

图 13 将人员行为与实时的 PMV 进行对比可以得到在进入与离开教室的时间段,人员会进行一定的调节,同时在室内环境有明显变冷或者变热的趋势下,室内人员会做出相应的措施改变环境,使得环境呈现热中性。但是总体来说,被试者的调节次数较少,且上文舒适度投票中有部分人员感受到不舒适,但是没有做出相应的调节,可能是考虑他人而减少自身调节所导致的。

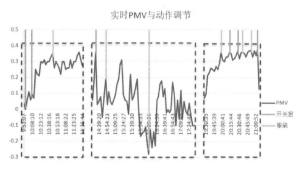

图 13　实时 PMV 与动作调节

4 既有模型的验证

现有的开窗行为研究中最常用的算法为二元逻辑回归(binary logistic),将其视为二分类问题,即因变量为窗户的开与关两个状态,自变量为环境因素(室内外温湿度、二氧化碳浓度、风速等)。

在二元逻辑回归模型中,假设因变量为 y,影响 y 的 n 个自变量分别为 x_1,x_2,$x_3\cdots$,x_n,P 表示事情发生的概率。二元逻辑回归的方程如公式(1)所示:

$$\mathrm{Log}it P = \log\left(\frac{P}{1-P}\right)$$
$$= \beta_0 + \beta_1 x_1 + \beta_2 x_2 + \cdots + \beta_n x_n$$

式中:β_0 为常数;β_1 为回归系数;x_i 为自变量。

本文对 Zhang、Stazi、Pan 等提出的三个模型进行比较计算,因样本数量较少不足以得出开窗模型,因此将测试时间段内的开窗总时长占比作为开窗概率进行计算,具体结果见图 14。由图 14 可知,实测的气候数据并不能与三者的模型相匹配,可知厦门地区高校教育建筑的开窗模型需要考虑湿热地区的气候、多人教室使用者心理以及调节习惯的影响,说明现有的模型并不适用。

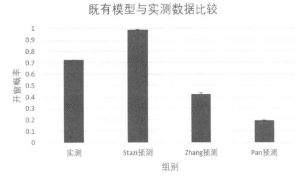

图 14 既有模型与实测数据比较

5 结论

通过对湿热地区高校教育建筑室内热环境的研究可以得出两点主要结论。

(1)将计算机视觉技术与实测结合,得到人员实际调节行为与问卷调研有一定出入。在多人教室空间内,当感到热不舒适时,约 10% 的人群因考虑他人等心理因素,而不采取调节动作,因此心理因素应当基于一定的考虑。

(2)现有的高校教育建筑的开窗模型并不能与厦门湿热地区相匹配,因此需要在后续的研究中建立有关模型。

参考文献

[1] SHI X,SI B,ZHAO J,et al. Magnitude,causes,and solutions of the performance gap of buildings:A review [J]. Sustainability,2019,11(3):937.

[2] 师元.基于皮肤温度的居民室内热适应行为量化研究 [D].西安:西安建筑科技大学,2020.

[3] ZHANG Y,BARRETT P. Factors influencing the occupants' window opening behaviour in a naturally ventilated office building [J]. Build Environ,2012,50:125-34.

[4] D'OCA S,HONG T Z. A data-mining approach to discover patterns of window opening and closing behavior in offices [J]. Build Environ,2014,82:726-39.

[5] STAZI F,NASPI F,D'ORAZIO M. Modelling window status in school classrooms. Results from a case study in Italy [J]. Build Environ,2017,111:24-32.

[6] PAN S,XIONG Y Z,HAN Y Y,et al. A study on influential factors of occupant window-opening behavior in an office building in China [J]. Build Environ,2018,133:41-50.

[7] 谷雅秀,崔桐,刘奕巧,等.西安地区某办公建筑过渡季开窗行为特征及其影响因素分析 [J].建筑科学,2020,36(12):62-73.

[8] COMITTEE A S. Thermal environmental conditions for human occupancy:ANSI/ASHRAE Standrad 55-2017[S]. Atlanta:ANSI/ASHRAE,2013.

王振宇[1] 石峰[1*] 陈忱[1*] 杨思瀚[1] 钟杰[1] 赖子韩[1]

1. 厦门大学建筑与土木工程学院；shifengx@xmu.edu.cn,chenchen2303@126.com

Wang Zhenyu[1] Shi Feng[1*] Chen Chen[1*] Yang Sihan[1] Zhong Jie[1] Lai Zihan[1]

1. Department of Architecture and Civil Engineering,Xiamen University

国家自然科学基金资助项目(52078443)

基于计算机视觉技术的办公空间光环境精细化监测方法研究

Study on Building Luminous Environment Control System Based on Computer Vision Technology

摘　要：本研究以天然光环境下的办公空间为研究对象，提出了一套基于计算机视觉技术精细化监测室内办公人员光环境感受的方法。通过计算机视觉技术中的骨骼关键节点模型监测室内办公人员的行为与位置，并利用图像处理技术获取办公人员对应工作面的照度值。同时结合问卷收集办公人员对工作面亮度充足度的主观评价，对本研究提出的精细化监测方法的可行性进行了测试，数据结果表明，办公人员的感受与基于此方法的监测结果具有良好的相关性。

关键词：自然光景；计算机视觉技术；工作面照度；行为分析

Abstract：This study takes the office space under the natural light environment as the research object, and proposes a set of methods based on computer vision technology to finely monitor the light environment perception of indoor office workers. The behavior and position of indoor office workers are monitored through the skeleton key node model in computer vision technology, and the illuminance value of the office worker's corresponding work surface is obtained by using image processing technology. At the same time, the feasibility of the refined monitoring method proposed in this study was tested by collecting the subjective evaluation of the brightness adequacy of the working face by the office staff. The data results show that the feeling of the office staff has a good correlation with the monitoring results based on this method.

Keywords：Natural Light；Computer Vision Technology；Illumination of Working Plane；Behavior Analysis

1　引言

1.1　研究背景

随着十九大以来"双碳"目标的不断推进，光环境的监测调控一直是建筑学界研究的热点。办公空间作为现代人类工作学习的主要场所，其室内光环境的设计要求一直受到广泛重视。现有的天然光环境评价体系包括光环境的充足度和舒适度两方面，其中充足度主要采用采光系数(daylight factor,DF)和水平工作面照度来衡量[1]。采光系数表示的是室内某一点的自然光与室外日光之间的百分比关系，它不会受到室外光照环境变化的影响，采光系数反映的是人体对于室内亮度的主观感受。照度是光照强度的简称，它表示的是单位面积上所接受可见光的光通量[2]，而且，室内水平工作面的照度会受到室外光照环境变化的影响，因此通常将照度作为反映室内人员视野范围中光环境充足度的评价标准。

国家强制性标准《建筑照明设计标准》(GB 50034—2013)在规定办公建筑的照度标准值时，要求普通办公室的水平工作面照度值不低于 300 lx[3]。在这一标准下，办公建筑空间在设计过程中就应确保室内灯具的布置能够满足室内各个工作面的照度要求。因此在开启室内照明时,室内并不会出现工作面照度低于标准值的情况,但在仅有天然采光的傍晚时分,室内照度会随天色渐暗逐渐降低,并低于自然采光标准值450 lx[1],然而人们往往不会在照度低于标准值时及时做出反应,长此以往,室内人员的视觉健康与工作效率都会受到影响。此外,由于天然光线在室内分布不均匀,离采光口距离越远,光线会越暗[4],即在同一空间中,工作面照度值是不尽相同的。因此,结合室内人员的实际位置,建立一套可实时反馈的精细化监测系统,可以减少采取统一照明所造成的不必要的建筑能耗。

1.2 计算机视觉技术在建筑领域的相关应用

计算机视觉技术作为信息时代发展的技术产物之一,它的主要任务是通过计算机及相关设备对目标进行识别、跟踪,并进一步通过图像处理从中获取信息。由于存储信息量大、处理速度快,它已经被广泛应用在医疗、工业、教学、交通等诸多领域[5]。现阶段,计算机视觉技术在建筑室内人员的行为监测和光环境评估等方面展现出了较好的应用潜力,目前学者们已可用骨骼关键节点模型等计算机视觉技术来定位人员姿态。在光环境评估方面,有学者通过对基于第三视角拍摄的图像处理,可以检测到拍摄时场景中的光环境亮度指标,通过场景中的亮度比来判断是否会产生眩光,但此方法无法精确定位到人眼位置的视野图像。此外,有学者通过基于模拟人眼视角捕捉的图像计算出眩光值,以评判当前视角的光环境舒适性,因为这需要将设备放置在人眼位置,所以无法高效、低成本地应用于多人场所。综上所述,目前尚无研究基于第三视角的计算机视觉技术准确定位并监测人眼可视范围的光环境感受,在结合人员行为的光环境需求进行实时的光环境监测评估方面的研究还存在空缺。

1.3 研究目标

本文基于已有研究,提出了基于计算机视觉技术实时获取办公空间工作面照度和监测室内人员行为的方法,并对天然光环境下的办公空间进行实测研究。采用计算机视觉技术采集室内水平工作面照度与室内人员位置情况,通过问卷调查和访谈了解室内人员的主观视觉感受,结合客观数据和主观评价,检测基于计算机视觉技术所提出的光环境精细化监测方法的可行性与准确性。

2 基于计算机视觉技术的照度采集方法

2.1 基于计算机视觉技术获取照度信息原理

利用计算机视觉技术所采集的图像中,每一点的灰度值与实际物体对应点的曝光量之间存在如图1所示的明确关系,即感光特性曲线[14]。

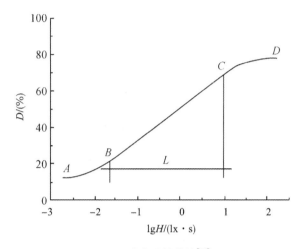

图1 感光特性曲线[14]

图1中所呈现的是在某一标定情况下,拍摄图像灰度值与曝光量之间的关系,由图可见,图像的灰度值 D 与曝光量的对数值 $\lg H$ 的关系呈现出两种明显不同的趋势:其中低灰度段与高灰度段 D 随 $\lg H$ 的增加几乎无变化,中灰度段两者呈现良好的线性关系:

$$D = a\lg H + b \tag{1}$$

其中,a 为感光特性曲线线性关系段的斜率,b 为感光特性曲线线性关系段的截距[15]。

对图像进行处理可以获取各像素点灰度值 D、曝光量 H 与拍摄目标点亮度值 L 存在对应关系:

$$H = K \times L \times T \tag{2}$$

其中,$K = \dfrac{\pi\tau}{4\,F2}$,$T$ 为曝光时间。由于同一摄像头的焦距 F 与透射系数 τ 均为定值,K 为定值。

在天然采光情况下,建筑室内主要光源是天空扩散光,天然光线经过工作面反射到人眼的反射类型为漫反射[16],工作面照度与反射亮度满足以下关系:

$$E = \pi L / \rho \tag{3}$$

其中,E 为物体表面接收到的照度,L 为漫反射亮度,ρ 为物体表面漫反射率,为一定值。将式(3)带入式(2)中,可得曝光量 H 与照度 E 的关系式:

$$H = K \times \frac{E\rho}{\pi} \times T \tag{4}$$

因此,在曝光时间确定的情况下,曝光量 H 和照度

E 呈现线性关系。综上所述,结合式(1)和(4)可知,图像灰度值与照度值存在对应关系:

$$D = a\lg\left(K \times \frac{E\rho}{\pi} \times T\right) + b \quad (5)$$

上述关系式可以简化为:

$$D = a\lg E + c \quad (6)$$

其中,$c = a\lg(K \times T) + b$,表示图像灰度值与照度对数值的线性关系段的截距,对于确定曝光时间的同一个计算机视觉设备来说,a 与 c 均为定值。

因此,当我们选择一个合适的曝光时间,使所需要测试的环境照度位于感光特性曲线线性范围之间时,可以直接通过计算机视觉技术采集图像的灰度值获取环境照度值。

2.2 获取计算机视觉技术图像与照度映射关系

由于上述计算机视觉技术图像灰度值与照度值对应关系确立在曝光时间确定的基础上,因此首先我们应当确定所需要检测的照度值范围所对应的曝光量,以此确定一个合适的曝光时间。本研究所需要检测的是天然光环境下人眼所感知的水平办公桌面照度,因此需要检测的照度范围以天然采光最低标准值 450 lx 为中间值,选取照度最低标准值 300 lx 作为检测范围的最小值,则对应 600 lx 为检测范围的最大值,即保证300 lx~600 lx 的照度范围对应的曝光量位于线性区间即可。由于人眼感知此范围的照度值时并不会感到过亮或者过暗,因此在选取曝光时间时选择一个与人眼观察时感受相近,可以清楚反映当前所检测的水平工作区域光环境即可。

本研究实验在厦门大学曾呈奎楼四楼某一办公室开展,实测房间仅北向侧窗采光,窗墙比为 34.8%,内外透视图如图2所示。在本次实验所使用的计算机视觉设备曝光时间范围中,结合人眼感受到的办公空间光环境的实际情况,选取的曝光时间为 1/250 s,图3为此设定下计算机视觉技术所拍摄的室内水平工作面环境。

(a)办公室外部环境   (b)办公室内部环境

图 2 实验教室室内外透视图
(图片来源:作者自摄)

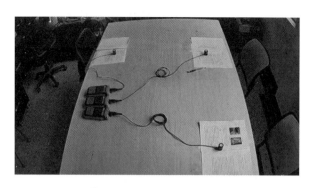

图 3 计算机视觉技术捕捉的水平工作面图像
(图片来源:作者自摄)

根据室内一天中照度分布的规律,选取的实验时间为一天中的 15:00—18:00,可结合实际天气情况进行调整。在室内办公人员对应的工作区域放置常规纸质作业,同时将照度计布置在纸质作业的正中央(图3)。实验场景布置与仪器放置完成后,开启计算机视觉监控录像功能,选取多个时刻通过计算机视觉技术捕捉图像,并记录下同一时刻对应的照度计检测值。

图像的灰度值是指包含纯黑(0%)、纯白(100%)以及两者中的一系列不同饱和度的过渡色,其反映的是画面的明暗程度。图像的亮度值是指画面的明亮程度,在灰度图像中,某一像素点的灰度值越高,则该像素点越亮,反之,则越暗,因此图像各像素点的灰度值可以通过像素亮度来间接表示。本研究将利用 HDR Scope 软件读取计算机图像各像素点的灰度值对应的像素亮度,以此反映出灰度值与照度的对应关系。通过对收集数据的处理获得此曝光时间下的计算机视觉技术图像亮度与照度值的对应关系,如图4所示,其对应关系对数回归率约为 0.96。

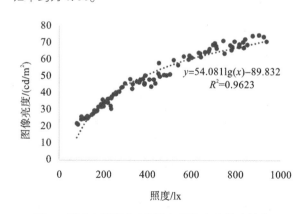

$y = 54.081\lg(x) - 89.832$
$R^2 = 0.9623$

图 4 测试点的照度实测值与图像亮度的映射关系

上述映射关系可以反映出在曝光时间为 1/250 s 时,当基于此计算机视觉设备测量照度区间为 200～

1000 lx 时,获取的计算机视觉图像亮度与照度实测值存在着良好的对应关系。因此在此区间范围,可以通过检测此计算机视觉图像来准确获取实际场景中对应点的照度,从而建立起基于计算机视觉技术获取照度值的监测方法。

3 基于计算机视觉技术的人员行为分析

随着计算机视觉技术的发展,Toshev 等人提出了一种可以识别动态人体、实现人员定位的骨骼关键节点模型,同时结合 OpenPose 开源软件,通过学习图像特征和相关模型可以估计人体的姿态。这项技术有利于我们获取办公空间的人员位置与姿态,并对人员的不同姿态所对应的不同行为进行识别,如图 5 所示,在同一场景中,站立、工作、休息都对应着不同的姿态模型。

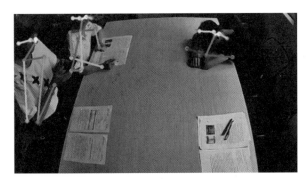

图 5 基于计算机视觉技术的人体姿态识别
(图片来源:作者自摄)

本研究将结合这一计算机视觉技术,通过骨骼关键节点模型监测正在工作区进行书面工作的人员,并进一步对其所感知到的天然光环境下的工作面照度情况进行监测。

4 测试实验设计

4.1 实验数据收集流程

获取基于计算机视觉技术的图像亮度与实际照度值的对应关系后,继续在同一实验办公室结合室内人员对水平工作面亮足度的感受,对本研究提出的精细化监测方法的检测结果进行测试。测试实验将分为室内人员主观评价和基于计算机视觉技术的照度数据采集两部分,测试场景布置如图 6 所示。

主观评价部分通过纸质问卷的形式,在一天中的15:00～18:00,每隔半小时采集室内人员在天然光环境下进行水平作业时对工作面的光环境感受,问卷的内容

图 6 测试实验场景
(图片来源:作者自摄)

包括个人信息与光环境亮足度评价。光环境亮足度评价分为五个等级:很亮、较亮、合适、较暗与很暗[19]。

计算机视觉技术图像采用萤石监控摄像头采集,默认基础参数,关闭白平衡功能与自动补偿等自适应调节功能,设置曝光时间为 1/250 s。在测试全过程中开启录像功能,并在实验时间内每半小时,即室内人员填写问卷时,采集一张计算机视觉技术图像,采用 HDR Scope 软件读取图像亮度,通过映射关系的公式计算得到对应工作面亮足度。

4.2 实验数据结果分析

本次测试研究样本数为 31,其中评价工作面很暗、较暗与刚好的样本数为分别为 5、20 和 6,通过对人员问卷信息和计算机视觉技术的监测数据的处理,将室内人员在问卷中填写的光环境亮足度评价与监测的水平工作面照度相对应,得到如图 7 所示的结果。

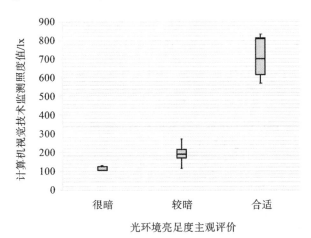

图 7 光环境亮足度评价与监测照度的相关性

由图 7 可得到以下结论:测试人员对工作面亮足度评价为很暗时,对应照度为 100～120 lx,评价为较暗时,对应照度为 120～280 lx,评价为刚好时,对应的照度为 560～840 lx。综上所述,办公人员对工作面的评价结果与基于此方法的监测结果具有良好的相关性。

5 结语

本文结合了图像处理技术和骨骼关键节点模型等计算机视觉技术,提出了一种能够结合办公空间人员实际行为与位置,获取其对应水平工作面的照度值,实现精细化监测的方法。此方法为监测室内人员的个性化工作面光环境感受提供了一种无接触、低成本、便于操作的途径,而且能够对光环境的具体调控提供重要数据基础,以实现被动式优先、主动式优化的调控技术,达到减少能耗和碳排放的目标。

参考文献

[1] 中华人民共和国住房和城乡建设部.建筑采光设计标准:GB 50033—2013[S].北京:中国建筑工业出版社,2013.

[2] 柳孝图.建筑物理[M].2版.北京:中国建筑工业出版社,2000.

[3] 中华人民共和国住房和城乡建设部.建筑照明设计标准:GB 50034—2013[S].北京:中国建筑工业出版社,2014.

[4] 陈红兵,李德英,涂光备,等.天然采光影响因素分析与照明节能[J].照明工程学报,2004,(4):1-5.

[5] 吴妮真.计算机视觉技术研究及发展趋势分析[J].科技创新与应用,2021,11(34):58-61.

[6] TOSHEV A, SZEGEDY C. Deeppose:human pose estimation via deep neural networks[C]. The Proceedings of the IEEE Conference on Computer Vision and Pattern Recognition,2014.

[7] YANG B, CHENG X, DAI D, et al. Real-time and contactless measurements of thermal discomfort based on human poses for energy efficient control of buildings [J]. Building and Environment,2019,162,106284.

[8] 王嘉亮.高动态范围图像技术在建筑天然光设计中的应用[J].建筑学报,2010,(S2):37-9.

[9] 田会娟,洪振,郝甜甜,等.基于数码相机图像的室内照明眩光测量方法研究[J].激光与光电子学进展,2019,56(2):199-206.

[10] 李鸥,甘甜.高动态范围图像在建筑空间非视觉光环境中的运用[J].图学学报,2020,41(5):8.

[11] 孔哲,李想,张如嫣,等.基于HDR实测的高校教室采光环境评价研究[J].照明工程学报,2021,32(4):32-38,47.

[12] WIENILD J, CHRISTOFFERSEN J. Evaluation methods and development of a new glare prediction model for daylight environments with the use of CCD cameras[J]. Energy Build,2006,38(7):743-57.

[13] 洪振.基于数字图像的眩光评价方法研究及控制系统设计[D].天津:天津工业大学,2018.

[14] 张九红.利用图像数字化处理研究天然采光系数[D].天津:天津大学,2005.

[15] 杨立彬,熊显名,张文涛,等.基于摄像机图像的实时亮度测量方法[J].桂林电子科技大学学报,2017,37(3):223-7.

[16] 朱颖心.建筑环境学[M].北京:中国建筑工业出版社,2010.

[17] WEI SE,RAMAKRISHNA V,KANADE T, et al. Convolutional pose machines[Z]. IEEE,2016:4724-4732.

[18] CAO Z, HIDALGO G, SIMON T, et al. Openpose:realtime multi-person 2D pose estimation using part affinity fields[J]. arXiv e-prints,2018.

[19] 杨叶欣,王奕涵,王晶晶,等.基于主观评价与实测调查的高校多媒体教室光环境综合评价——以沈阳建筑大学某多媒体教室为例[J].光源与照明,2022,(1):109-14.

刘郑楠[1]　汪瑶[1]　李婧琪[1]　石峰[1]*
1. 厦门大学建筑与土木工程学院；shifengx@126.com
Liu Zhengnan[1]　Wang Yao[1]　Li Jingqi[1]　Shi Feng[1]*
1. School of Architecture and Civil Engineering, Xiamen University

国家自然科学基金资助项目(52078443)

厦门大学建筑系图书馆的建筑环境优化设计研究
Study on the Optimal Design of the Architectural Environment for the Library of the Faculty of Architecture in Xiamen University

摘　要：本研究以厦门大学建筑系图书馆为例，应用三维建模软件 Rhinoceros 和参数化平台 Grasshopper，分析研究对象采光和通风现状。基于 Ladybug 插件对室内特定区域进行光环境模拟，得到全年典型光照日的照度分布、采光系数及不舒适眩光概率 DGP，探索引起不舒适眩光的可控因素并提出相应的改造策略。运用计算流体力学的方法，通过风速矢量图与风压云图分析和优化风环境。预期改善图书馆建筑环境，在提高室内舒适性的同时，对书籍保护产生积极作用。

关键词：建筑节能；建筑改造；视觉舒适度；自然通风

Abstract： This article takes the library of the Faculty of Architecture in Xiamen University as an example to explore the daylight and ventilation by using Rhinoceros, the 3D modelling software, and Grasshopper, the graphical algorithm editor. The illuminance distribution, daylight factor and daylight glare probability (DGP) of typical day in the whole year were obtained by the simulation of specific indoor area in Ladybug. Then the controllable factors causing uncomfortable glare are explored and the corresponding improvement strategies are proposed. Using CFD technology, the wind environment is analyzed and optimized through wind velocity vector maps and wind pressure cloud maps. This research is expected to improve the architectural environment of the library, enhance indoor thermal comfort and play a positive role on book conservation.

Keywords： Energy Efficiency; Building Reconstruction; Visual Comfort; Natural Ventilation

1　概述

随着当今教育事业的蓬勃发展，为满足广大师生对精神文化的不懈追求，以塑造优质的阅读空间为目标，在为其提供良好、舒适的阅读环境服务方面，须不断完善既有图书馆的设施建设。合理、高效的自然采光与自然通风可以在一定程度上降低建筑能耗，减少室内对人工光源与空调系统的依赖，为改善建筑内部物理环境质量提供助力。

由于图书馆内部读者的视域较为固定，不适眩光容易对其阅读效率产生不利影响。当前不舒适眩光的主要评价方法包括窗的不舒适眩光指数(discomfort glare index, DGI)、眩光指数(glare rating, GR)和统一眩光值(unified glare rating, UGR)等[1]。近年来，对建筑内部空间的整体光环境测算主要通过实测、问卷调查和计算机模拟研究[2]-[4]。随着国内对可持续发展理念认识的不断深入，关于图书馆室内光环境方面的研究也日益丰富，例如郭佳奕、孙一民运用 Ladybug 和 Honeybee 探究和评估建筑的节能效果与采光质量[5]；昆明理工大学的杨焕宇运用 Ladybug 运算器与 Octopus 运算器对昆明高校图书馆光环境进行了分析研究[6]。

除现场实测、风洞试验外,风环境研究方面使用较为普遍的是根据 CFD 方法开发的 ANSYS Fluent、PHOENICS、OpenFOAM、Airpak 等软件,通过模拟建筑室内外的风场、温度场、压力场等辅助设计。在国内,通过计算机模拟实验与实测数据对比推进设计优化的研究成果也并不少见,如华南理工大学陈少伟[7]、哈尔滨工业大学建筑学院史立刚[8] 等。随着 Butterfly 软件的开发和应用,配合 Rhinoceros 可以更加集约、高效和便捷地调整模型信息,提高性能仿真实验的效率[9-10]。但目前针对图书馆建筑室内风环境和涉及使用者舒适度影响因子等方面的研究还较为欠缺,有必要针对具体案例进行深入研究。

本研究以厦门大学建筑与土木工程学院内既有的图书资料室为例,从采光、通风的调控策略入手,对书库、阅览及办公区域进行空间布局上的改造。利用 Grasshopper 平台进行风、光环境的模拟,通过可视化功能验证优化建筑空间的可行性,以期为具体的建筑实践提供参考。

2 建筑系图书馆现状

以厦门地区为典型的亚热带海洋性季风气候,夏无酷暑,冬无严寒,9 月至来年 2 月以东北季风为主,4 月至 8 月为东南季风。常年平均气温为 20.7 ℃,年平均日照时长为 1877.5 h,年平均降水量为 1335.8 mm,年平均相对湿度为 78%,全年主要划分为春雨季、梅雨季、台风季、秋季和冬季(图 1)。

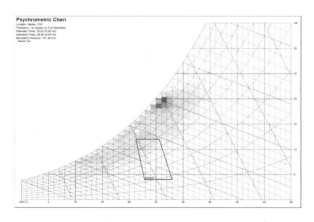

图 1 厦门地区焓湿图
(图片来源:作者自绘)

根据厦门地区的气候特点,建筑在设计和改造时需要考虑遮阳和通风性能。本文研究对象建筑系图书馆位于曾呈奎楼片区,开间 23.24 m,进深 27.35 m,净高 3.6 m,窗宽 1.75～5.40 m 不等,窗高 2.3 m,窗台高 0.5 m。现为专业图书资料室,藏有专业中外文图书资料 30000 多册、中外文期刊百种及相关声像资料等,但存在严重的光照问题和通风问题。其中,由全玻璃天窗带来的紫外线严重损坏专业书籍,并产生眩光,影响师生阅读。此外,北侧封闭实墙和西侧办公室的阻隔使室内无法形成穿堂风,使得室内湿度较高,舒适性差(图 2)。

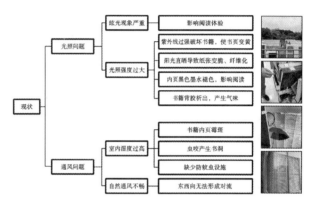

图 2 现存问题
(图片来源:作者自绘)

3 图书馆风光环境改造设计

3.1 模拟设置

本研究中的风、光环境模拟主要包括两个步骤:第 1 步,对现有建筑空间进行建模和分析,确定需要改造的区域;第 2 步,以第 1 步分析得出的结果为依据,通过平面与剖面上的优化设计,验证方案的可行性(图 3)。

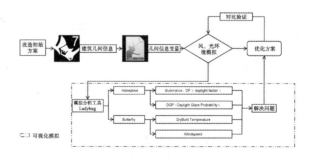

图 3 设计思路流程图
(图片来源:作者自绘)

(1)根据《建筑采光设计标准》(GB 50033—2013)规定,厦门属于Ⅳ类光气候区,光气候系数 K 值为 1.10,图书馆建筑采光等级为Ⅲ级,水平工作面选取距地面 0.75 m 处,测点网格单元尺寸均为 1 m×1 m。

(2)本研究所采用的 CFD 模拟软件为 Butterfly,根据《民用建筑绿色性能计算标准》(JGJ/T 449—2018),对象建筑距离计算域边界的距离大于主要建筑物高度的 5 倍,对象建筑顶部至计算域上边界的垂直高度大于主要建筑物高度的 5 倍,流入侧边界至对象建筑外缘的水平距离应大于主要建筑物高度的 5 倍,流出侧边界至对象建筑外缘的水平距离应大于主要建筑物高度的 10 倍。依据实际情况,场地周围是以中低层建筑为主的市区,本研究所采用地面粗糙度 Z_0(m) 设定为 1.0。模拟采用稳态不可压缩流求解器与 Laminar Model 层流模型,为提高运算效率与准确性,所用的网格数为 125 × 125 ×25。

3.2 光环境模拟结果分析

本文研究对象为图书馆建筑,通过对该图书馆进行建模,并模拟其采光性能,得到以下结果:全阴天空模型下初步模拟得出室内照度分布不均匀,玻璃天窗下的室内区域照度值较高,最高为 7959.96 lx,并随着进深方向逐渐降低(图 4)。此外,通过对 DGP 研究的量化和图像化模拟人的主观感受,补充说明室内光环境的缺陷。根据 DGP 评价标准,DGP 大于 0.4 表示出现的眩光不利于工作。现有玻璃天窗下的图书馆室内空间在夏至日、冬至日和春分日的 DGP 值分别为 1、0.89、0.82(图 5)。其中,现有三角锥玻璃天窗引入太阳光是造成室内眩光的主要原因,且太阳辐射热无法透过玻璃天窗散发出去,使得室内温度比室外高,室内热舒适度大大降低。

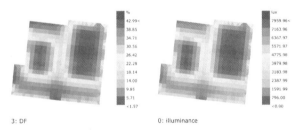

图 4 采光系数分布图(左)与全阴天空模型下照度值分布图(右)
(图片来源:作者自绘)

图 5 夏至日(左)、冬至日(中)、春分日(右)室内眩光情况
(图片来源:作者自绘)

以优化该空间的采光性能为目的,本研究通过 Rhino 与 Grasshopper 平台对现有建筑空间进行建模,并主要从遮阳、采光和通风三个方面进行调控(表 1)。其中,将玻璃天窗改造成锯齿形天窗,上覆太阳能光伏板屋面,垂直面为可电动开启进行室内自然通风的上开窗,引入北侧均匀天光,保证室内阅读环境的采光需求(图 6、图 7)。

表 1 建筑通风采光调控策略
(来源:作者整理)

设计策略	功能	调节范围
太阳能光伏屋面	遮挡太阳光,保持室内温度,为室内提供电能	—
北向天窗采光	引入北侧均匀天光,减少室内人工采光	—
室内电动窗帘	根据室外温度和辐射情况开启或关闭	打开或关闭
门窗智能通风	室外温度大于26°或小于18°时关闭,其余时间为自然通风	可控制开启角度 0～90°

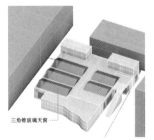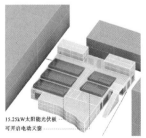

图 6 现状(左)与优化方案(右)轴测图
(图片来源:作者自绘)

410

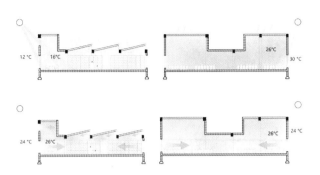

图7 剖面优化示意图
（图片来源：作者自绘）

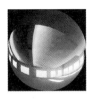

图9 夏至日（左）、冬至日（中）、春分日（右）室内眩光情况
（图片来源：作者自绘）

运用 Ladybug 工具包对锯齿形天窗下的空间模型进行光环境模拟，并对模拟结果进行处理。在参数化平台 Grasshopper 中的模拟参数设置主要包括几个方面：基地气象数据、分析网格单元尺寸、室外遮挡物拾取等。选取夏至日 6 月 21 日 12:00 时采光系数和照度分布情况（图8）与现有建筑环境（图4）进行对比：采用锯齿形天窗的优化方案空间照度范围为 600～3044 lx，相较于现有方案的照度有明显下降。由此可见，锯齿形天窗的图书馆能适当减少阅读台面出现高照度值的情况。此外，全玻璃天窗的图书馆采光均匀度为 0.0029，锯齿形天窗的图书馆采光均匀度显著上升，为 0.0146。优化后的锯齿形天窗下图书馆室内空间在夏至日、冬至日和春分日的 DGP 值分别为 0.38、0.49、0.32（图9）。

3.3 风环境模拟结果分析

对厦门市典型气象年的气候数据——全年风向及风速进行分析，输出代表厦门地区典型气象年的全年风玫瑰图及平均风速玫瑰图（图10）。模拟所设初始风场为梯度风场，所设风速为厦门地区全年盛行风向的平均风速，即 10 m 高度处 3.14 m/s 的东南风。优化方案将办公空间调整至北侧，从而为阅读区域引入东西向穿堂风（图11）。当室外温度为 18～26 ℃时，电动控制门窗和天窗会开启进行自然通风。

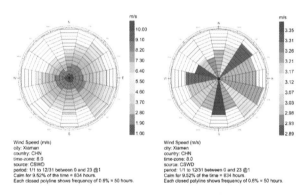

图10 全年风玫瑰图（左）与平均风速玫瑰图（右）
（图片来源：作者自绘）

本研究对改造前后的 2 个模型进行了风环境模拟，通过改变室内隔墙、增加天窗的设计策略引入海陆风。截取室内外 1.5 m 处（人体站姿头部位置）的风速值，以量化的方法验证优化方案的可行性。图 12 为 2 组 1.5 m 高度的风速模拟图，可见优化方案的室内及周边风速较现有建筑明显增大，通风效果变好。通过分析图书馆室内及周边环境的风压情况（图13）可以发现：优化后的建筑方案周边无风区减少，且建筑迎风面与背风面的风压大于 2 Pa，有利于室内自然通风。

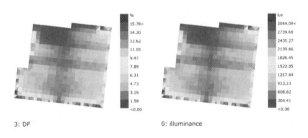

图8 采光系数分布图（左）与全阴天空模型下照度值分布图（右）
（图片来源：作者自绘）

由此得出，锯齿形天窗相对于三角锥玻璃天窗能有效减少室内眩光概率，提升采光均匀度，增加室内光环境舒适度。

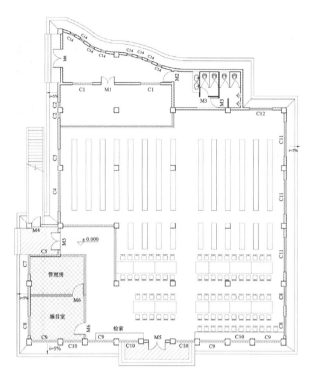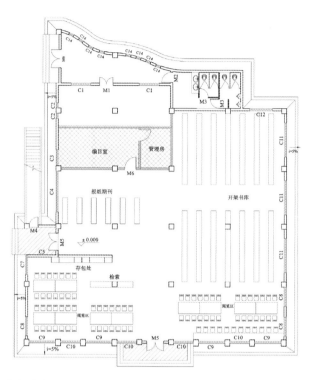

图11　现状平面图(左)与优化方案平面图(右)

(图片来源:作者自绘)

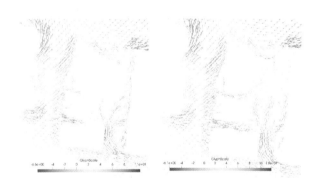

图12　现状(左)与优化后(右)1.5 m高度的风速矢量图

(图片来源:作者自绘)

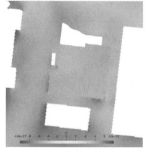

图13　现状(左)与优化后(右)1.5 m高度的风压云图

(图片来源:作者自绘)

4　结论

本文通过改变屋面天窗与室内布局两个方面,以厦门大学建筑系图书馆为例,建立了优化前后的两个分析模型,并分别模拟其光环境和风环境,对比分析了建筑几何形态对室内物理环境的影响,得出的主要结论如下。

(1)对于图书馆建筑而言,锯齿形天窗在眩光调节方面起到了积极作用,为太阳能光伏板提供朝南的屋面空间,引入北侧均匀天光,在节能减排和提升阅读体验方面成效显著。

(2)在改造既有建筑的过程中,应尽量减少封闭空间对室内通风的隔绝影响,在直接采光、通风的同时保证公共空间的完整性。

(3)相比于不可开启的玻璃天窗,电动开启的锯齿形天窗可有效提高室内自然换气次数,改善风环境。

综上所述,改造既有建筑的形态及布局能够有效改善室内风环境和光环境,从而提升舒适性,减少建筑能耗。

参考文献

[1]　赵建平,王书晓,高雅春.健康照明应用研究

发展与展望[J].科学通报,2020,65(4):300-310.

[2] HIRNING M,ISOARDI G,COWLING I. Discomfort glare in open plan green buildings[J]. Energy and Buildings,2014,70:427-440.

[3] OMAR O, GARCÍA-FERNÁNDEZ B, FERNANDEZ-BALBUENA A A,et al. Optimization of daylight utilization in energy saving application on the library in faculty of architecture, design and built environment, Beirut Arab University［J］. Alexandria Engineering Journal,2018,57(4):3921-3930.

[4] 毕晓健,刘丛红.基于Ladybug＋Honeybee的参数化节能设计研究——以寒冷地区办公综合体为例[J].建筑学报,2018(2):44-49.

[5] 郭佳奕,孙一民.基于Ladybug-Honeybee的建筑节能采光设计及评估——以广州科技图书馆项目为例[C]//智筑未来——2021年全国建筑院系建筑数字技术教学与研究学术研讨会论文集.武汉:华中科技大学出版社,2021:416-427.

[6] 杨焕宇.基于Octopus优化算法的昆明高校图书馆光环境研究[D].昆明:昆明理工大学,2020.

[7] 陈少伟,陈昌勇.基于风环境模拟的中小学建筑布局研究——以广州为例[J].建筑节能(中英文),2021,49(1):33-41.

[8] 史立刚,李玉青,陶露露,等.基于风环境模拟的低碳建筑形态设计研究[J].当代建筑,2022(2):130-133.

[9] 李玉萍.基于参数化风环境模拟的岭南地区多层建筑中庭优化设计研究[D].广州:广州大学,2021.

[10] 张永胜,赵楚.太原理工大学明向校区图书馆室内外风环境模拟研究[J].城市建筑,2022,19(6):149-151.

刘姝宇[1]　裘虹瑜[1]　宋代风[1*]

1.厦门大学建筑与土木工程学院；songdf22@163.com

Liu Shuyu[1]　Qiu Hongyu[1]　Song Daifeng[1]

1. School Of Architecture and Civil Engineering，Xiamen University

福建省自然科学基金(2019J01007)、厦门市科技计划项目(XJK2020-1-11)

基于热岛功能区划的城市住区热环境设计框架优化
——以厦门市为例

Optimization of Urban Residential Thermal Environment Design Framework Based on Heat Island Functional Zoning: Taking Xiamen as an Example

摘　要：目前利用模拟软件辅助节能应对热岛问题已成趋势，其中框架条件对结果实用性影响极大。为了提高框架条件实用性，优化现行框架与城市气候复杂性和多样性之间的匹配程度，通过文献调研、田野调查与数据统计等方法，以厦门城市热岛缓解为导向，提出基于热岛功能区划的城市住区热环境设计框架。结果表明，模拟框架条件与模拟结果比选标准的优化能为热岛防控导向下的城市住区热环境设计提供技术支持，助力精细化、科学性的城市设计管控。

关键词：热岛功能区划；城市住区；数值模拟；框架；厦门市

Abstract：At present, it has become a trend to use simulation software to assist energy saving to cope with heat island problem, and the framework conditions have a great influence on the practicability of the results. In order to improve the practicability of the framework conditions and optimize the matching degree between the current framework and the complexity and diversity of urban climate, this paper proposed a thermal environment design framework for urban residential areas based on the functional zoning of heat island based on the guidance of Xiamen urban heat island mitigation through literature research, field investigation and data statistics. The results show that the optimization of the simulation framework conditions and the comparison criteria of the simulation results can provide technical support for the thermal environment design of urban residential areas under the guidance of heat island prevention and control, and help refine and scientific urban design control.

Keywords：Functional Zoning of Heat Island；Urban Residential Area；Numerical Simulation；Framework；Xiamen

在热岛效应加剧、建筑能耗增加和建筑节能时代需求背景下，城市住区设计对能耗问题颇为关注[1][2]。热环境模拟技术具有成本低、周期快、再现性强、扩展范围宽等优势，在设计前期作为城市节能设计的重要手段被广泛使用[3][4]。

热环境模拟边界条件的设定对模拟结果会有很大影响，直接关系到设计优化方案的实用性。当前，模型过程的框架条件设置，大多遵循现行《城市居住区热环境设计标准》[5]，基于建筑气候区划标准划定的建筑气候区选取框架条件(如取典型气象日的平均值)、设计必选思路。鉴于在气候功能区划精度方面的不足，现行思路难以适用于地形复杂，甚至含多个地理气候单元、城市气候问题成因复杂的城市。

随着气象条件监测精度的提升、相关气候功能区划理论的进步，针对性区划方法的开发可为城市住区热环境设计与模拟提供精准框架。本研究以厦门市为例，基于精细气候分析成果探索热岛功能区划的开发及与此相应的城市住区热环境设计框架，为住区热环境设计模拟提供地域化的框架与思路。研究成果将为厦门市城市热岛管控提供精细化模拟框架，亦为其他气候复杂地区城市住区设计热环境模拟框架条件的设定提供参照。

1 设计框架优化的必要性与思路

现代城市气候理论表明，城市的不同区域在城市热岛气候问题的发生过程中发挥着不同的作用[6]。因此，要在气候条件复杂的城市中缓解城市热岛、降低建筑能耗，住区设计中的热环境模拟框架条件应当得到针对性开发，以期提高项目所在区域在缓解热岛问题中的住区设计效率。

1.1 现行设计标准

目前住区热环境设计的标准采用《城市居住区热环境设计标准》(JGJ 286—2013)(以下简称《标准》)，其中第四章规定了居住区夏季平均迎风面面积比限值(表1)，第五章提出了城市居住区室外热环境评价性设计方法，主要方法在于，以住区用地范围内 1.5 m 高度处的平均气温为核心指标的夏季逐时黑球温度，评价住区内的热环境质量；用单一评价指标的干球温度和空气温度的差值定义住区内部平均热岛强度。

表 1 居住区夏季平均迎风面面积比限值

(来源：《城市居住区热环境标准》)

建筑气候区	I、II、VI、VII 建筑气候区	III、V 建筑气候区	IV 建筑气候区
平均迎风面面积比	≤0.85	≤0.80	≤0.70

由此观之，《标准》对住区热环境的框架条件设置具有以下特点。

首先，在水平方向的散热方面，《标准》利用建筑气候区划标准进行区划。建筑气候区划标准虽然能够针对不同的气候条件做出不同的节能设计，但是由于我国疆土辽阔，为了宏观控制和便于应用，分级不宜过多，因此此标准仅作为一个基础性区划。在精细化设计的背景下，尤其是复杂气候条件下，若依旧采用相同的标准一概而论，即整个城市设定一致的模拟框架条件，则会导致节能设计策略针对性弱、指导价值有限的缺陷。

其次，在热岛强度的评定方面，《标准》采用的热岛定义和计算公式在地域条件复杂地区的计算结果与经验不符。以厦门为例，由于海陆风和山谷风的双重作用，单一类型数据对当地热岛评定与现实情况或日常经验相悖。如，部分岛外林区(如竹坝)被视为强热岛地区，而部分岛内高密度建成区(如观音山)被视为冷源地区。

最后，在室外热环境评价方面，《标准》以湿球黑球温度作为评价指标，即以距地面 1.5 m 处的人体舒适度为基准。然而，城市居住区能耗和地表人体舒适度并不必然相关。为了降低城市住区的核心能耗，需要提出更综合的评价指标，并且在不同区域关注不同的指标，设定不同评价因子影响权重，提高方案比选标准的科学性，完善热岛防控方案设计。

因此，需要对城市住区热环境设计框架条件进行优化，以适应城市多维复杂地理气候条件。

1.2 框架优化思路

为了突破建筑气候区划的限制，因地制宜地设计节能方案，研究将以厦门市为例，开发基于城市气候优化整体目标的热岛功能区划工具，为面向热岛防控的住区热环境设计提供科学化、精细化的模拟框架条件。

首先，在热岛强度定义方面，考虑到厦门地区包含多个地理气候单元，且各自局地气候类型与影响要素存在显著差异，具有特色丰富的多样气候，因此将单一指标法修正为多源数据整合对比的方法，优化抓取热岛问题区域和冷源资源区域的技术路径，提出热岛功能区划的规则。

其次，在评价指标方面，针对不同的热岛功能区划，确认各区域在热岛过程中的角色，以最大化利用资源和最小化热污染负荷为原则，明确不同的热岛防控和节能任务，提出关于节能设计策略的不同评价指标，确定各个指标的影响权重，设计不同的热岛防控方案，为后续的住区节能设计提供科学支持。

2 热岛功能区划

2.1 区划原则

热岛效应的定量表现一般有气温观测和亮温反演两种[7]。亮温反演在反映城市建设对城市气候的影响上具有优势，而气温观测可以更好地反映大气运行与城市下垫面的相互作用。本研究综合考量研究范围内的亮温和气温特点，通过地表亮温和近地面气温的比对，对城市空间进行功能分类和区划，精准化评估热岛问题区域和冷源资源区域。

基于翔实的城市气候研究成果，本研究确定了厦门市热岛区划原则。具体而言，高气温、高亮温的区域划定为"作用空间"；中低气温、高亮温区域划定为"影响空间"；中气温、中亮温的区域划定为"近端补偿空间"；低气温、低亮温区域划定为"远端补偿空间";高气温、中低亮温的区域划定为"不宜建设空间"。其中,作用空间为城市建设密集区,是城市热岛核心区域;补偿空间为冷空气生成的源头空间,以为热污染区输送冷源为目的,研究中将补偿空间分成近端补偿空间(位置上更靠近热污染区域的补偿空间)和远端补偿空间(位置上更远离热污染区域的补偿空间)两大类;影响空间为作用空间和补偿空间的过渡区域,承载部分补偿空气的通过,同时又为作用空间带来部分热污染;不宜建设区域由于难以支持住区建设,后续研究将不重点关注。

2.2 区划结果

依据上述原则,得到厦门市热岛功能区划的具体分布[8](图1)。

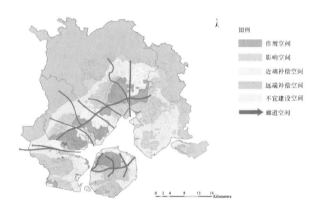

图1 厦门市热岛功能区划
(图片来源:《城市热岛防控导向下基于 Ucmap 的厦门市高层住区布局类型研究》)

结果显示,厦门市的热岛功能区划整体上形成了"以作用空间为核心、影响空间为夹层、补偿空间为外围"的环形结构。其中,由于城市建设而导致的夏季热岛核心区域可分成三大部分,即湖里区中部及西部、集美区南部建成区、同安区东北部建成区,由影响空间和不宜建设空间包围。距离较近的热岛斑块呈现连接成片的发展趋势,如果没有水体和山体的分隔,热岛斑块极易相互连接。

厦门沿海的热岛核心区(杏林湾、高崎机场等)在日落之后散热较为缓慢;而更靠近内陆区域的高海拔不宜建设空间,由于海风难以到达,呈现出日出后升温快速、日落后散热缓慢的特点;北部山区和东南沿海区域可作为主要的补偿空间,而岛内的东坪山、文圃山一带区域也具有一定的冷空气补偿作用。值得注意的是,在制订方案时,补偿空间的利用必须结合该区域风向。

3 基于区划的设计框架

3.1 数值模拟边界条件

根据功能区划获取厦门市相关气象边界条件(表2),可以得到相关结论。

(1)关于各区划的平均风速,在厦门岛内外各处作用空间的年平均风速与夏季平均风速相较其他区域并不必然相对较小,甚至表现出比补偿空间风速更大的现象,因此作用空间的热岛强度更大并不能简单地归因于城市通风不畅。具体而言,作用空间风速(1.9716 m/s)、影响空间风速(1.9914 m/s)、近端补偿空间风速(2.0076 m/s)、远端补偿空间风速(1.8032 m/s)相差甚微。

(2)关于各区划的平均气温,作用空间较其他空间较高,因此可以通过将远端补偿空间的冷源气流导向作用空间的方式达到降低温度、缓解热岛问题的目的。具体而言,作用空间气温(29.8022 ℃)比影响空间气温(29.3988 ℃)高 0.4034 ℃;影响空间气温比近端补偿空间气温(29.2652 ℃)高 0.1336 ℃;远端补偿空间气温(27.4339 ℃)与其他区域相差较大,比近端补偿空间气温低 1.8313 ℃。

表2 厦门市相关气象边界条件
(来源:《城市热岛防控导向下基于 Ucmap 的厦门市高层住区布局类型研究》)

热岛功能区	平均风速/(m/s)		平均气温/℃	
	平均值	中位数	平均值	中位数
作用空间	1.9716	1.9521	29.8022	29.9542
影响空间	1.9914	1.9528	29.3988	29.4298
近端补偿空间	2.0076	1.8790	29.2652	29.2465
远端补偿空间	1.8032	1.6542	27.4339	27.8877
不宜建设空间	1.8249	1.8134	29.8235	29.7452

由上述气象信息统计发现,作用空间中热量并不存在淤积运输困难,作用空间相对其他区域在夏季更为炎热的原因并不能简单地归因于城市通风不畅,而是要从作用空间在厦门全域的相对位置关系入手。

3.2 比选标准确定

研究发现,作用空间热岛强度更大的原因在于其处于海陆风和山谷风中下游,风资源抵达此处的风温较高。即,热岛形成原因在于城市建设强度和可用风资源温度较高双重因素综合形成。

因此,基于热岛形成机理,摒弃评价效能较低的夏季逐时湿球黑球温度,而将和建设强度有关的发热量,以及和可用风资源温度相关的散热量作为住区节能设计的比选标准。

通过热岛功能区划对热岛防控进行任务拆解,极大提高了城市热岛防控和建筑节能的管控效率和质量,进而明确作用空间、影响空间、近端补偿空间、远端补偿空间、不宜建设空间等区划的热岛防控目标,提出区划内住区节能设计的热岛防控任务,确定各区划内优选方案的筛选原则和价值导向(表3)。

总而言之,本研究拟采用降低气流中上游散热、增强中上游散热的思路,对其中的住区设计目标和任务进行明确,为后续的住区节能设计提供必要的框架条件。

表3 区划中住区设计的热岛防控任务
(来源:《城市热岛防控导向下基于 Ucmap 的厦门市高层住区布局类型研究》)

功能区划	建设强度	热岛防控的特色目标	热岛防控任务	
作用空间	较高	充分利用局地环流降温	优先使用低发热量方案 避免使用高发热量方案	优先使用高散热性方案
影响空间	中等	减少对流经气团的增温	发热量不高于平均水平 避免使用高发热量方案	优先使用低散热性方案
近端补偿空间	中等	减少对流经气团的增温	发热量不低于平均水平 避免使用高发热量方案	优先使用低散热性方案
远端补偿空间	较低	保障优质冷空气的生成	避免使用高发热量设计	无
廊道空间	低	承载冷空气运输	不推荐住区建设	

4 结论

质量的核心内涵是用户需求的满足程度,用户多样性意味着需求的多样性。住区的热环境质量是重要的,既要满足住户自身的舒适度要求,更对城市热岛的生成与缓解具有重要的影响。要精准地衡量与提高设计方案的热环境质量,模拟的边界条件与结果的比选标准至关重要。前者是决定模拟结果的基础条件,后者则是决定结果选择的必备工具。在复杂地理条件与精细化管理的双重背景下,由边界条件与比选标准组成的设计框架需要得到具有高度靶向性的地域化拓展。

具体而言,首先,本研究尝试突破传统热岛防控节能设计思路的局限,开发多源数据整合对比的方法,优化热岛判断路径,制定热岛功能区划规则。其次,分析各热岛功能区与热岛现象的时空分布特征,制定热岛防控整体策略与防控方案。再次,确认各区划不同的热岛防控和节能任务。最终,获取各个区域的热环境优化设计框架。较之一般性的通用框架,高度地域化的新框架具有一定的理论优越性。

参考文献

[1] 袁青,赵妍,冷红.形态类型学视角下小城镇居住街区能耗模拟[J].哈尔滨工业大学学报,2021,53(2):122-131.

[2] 汪坚强,高学成,李海龙,等.基于科学知识图谱的城市住区低碳研究热点、演进脉络分析与展望[J].城市发展研究,2022,29(5):95-104.

[3] 范悦,钟鸿峰,何玥儿,等.室外热环境品质提升视角下既有住区建筑层级更新策略研究[J].建筑学报,2022(2):46-51.

[4] 劳钊明,李颖敏,邓雪娇,等.基于 ENVI-met的中山市街区室外热环境数值模拟[J].中国环境科学,2017,37(9):3523-3531.

[5] 中华人民共和国住房和城乡建设部.城市居住区热环境设计标准:JGJ 286—2013[S].北京:中国建筑工业出版社,2014.

[6] 肖扬.市规划技术与方法[J].城市规划学刊,2021(4):123-124.

[7] 杨敏,杨贵军,王艳杰,等.北京城市热岛效应时空变化遥感分析[J].国土资源遥感,2018,30(3):213-223.

[8] 刘姝宇,等.城市热岛防控导向下基于 Ucmap的厦门市高层住区布局类型研究[R].厦门:出版者不详,2022.

谢菲[1] 刘航[1]*

1. 湖南大学;fei_soarch@hnu.edu.cn,1037620755@qq.com*

Xie Fei[1] Liu Hang[1]*

1. Hunan University

湖南省自然科学基金一般项目(2018 JJ2047)、湖南省重点实验室开放课题项目(HNU-SAP-KF220201)、2022 年湖南大学教学改革研究项目(531120000002)

"双碳"背景下绿色高层建筑设计新趋势与新策略探索
——以长沙某建筑为例

New Trends and Design Strategies of Green High-rises under the Background of "Double-carbon" Development: Taking a Building in Changsha as an Example

摘　要:在"双碳"战略背景下,本研究运用 CiteSpace 分析最近 5 年的有关文献,探究"双碳"目标引导下的绿色建筑设计研究转向的重点领域和发展瓶颈,旨在厘清绿色建筑未来发展的新趋势。在此基础上,本项目以长沙某建筑为例,提出绿色高层建筑设计与地区文化、特色经济集群等城市功能空间混合布置,形成垂直生态社区的设计思路,试图从节能技术、社会文化构建与地方经济融合等几个方面来探索地方性高层建筑设计创新策略,为绿色建筑设计转型提供新思路。

关键词:绿色建筑;低碳建筑;高层;设计策略

Abstract: In the context of "double-carbon" strategy, this study firstly uses CiteSpace to analyze the relevant literature in the past five years to explore the key areas and development bottlenecks of green building design research under the guidance of "double-carbon" goals, in order to clarify the new trend of green building development in the future. On this basis, taking a building in Changsha as an example, this project tentatively puts forward the design idea of mixing green high-rise building design with urban functional space such as regional culture and characteristic economic clusters to form a vertical ecological community, tries to explore the design innovation strategy of local high-rise buildings from the aspects of energy-saving technology, social and cultural construction and local economic integration, so as to provide new ideas for the transformation of green building design.

Keywords: Green Building; Low Carbon Building; High-Rises; Design Strategy

20 世纪 60 年代,美籍意大利建筑师保罗·索勒瑞首次将生态与建筑合称为"生态建筑",引发了日后"绿色建筑"的浪潮[1]。长期以来,绿色建筑设计研究主要集中在电气设备、智能化管理等建筑节能技术和系统更新方面,忽略了建筑材料、建造以及运行方面设计前期方案阶段的介入思考。2020 年,为了进一步改善全球气候变暖问题,中国提出 2030 年"碳达峰"与 2060 年"碳中和"战略新目标,国家双碳发展战略倒逼建筑行业低碳化转型,因此深化建筑节能,提升城市建筑工业化低碳发展水平、提高低碳设计能力及其精细化程度也成为建筑行业乃至社会发展日益高涨的诉求,绿色建筑设计研究及实践从分专业节能设计组织终端向设计前端关注建筑布局、地方材料与结构及其建筑运营中使用者行为空间绩效等设计末端的关注转变。为了厘清这种变化，并且找到绿色建筑未来发展的新趋势，本研究采用CiteSpace分析最近5年的有关文献，探究"双碳"目标下的绿色建筑设计研究转向的重点领域和发展瓶颈。

1 基于文献计量绿色高层建筑设计趋势研究

1.1 数据样本与研究方法研究设计

本研究选取中国知网CNKI数据库作为本次文献计量样本来源，检索时，期刊索引类别为CSCD、CSSCI、北大核心，采用高级检索，主题词包括绿色建筑、设计。文献类型主要为"综述"或"论文"，搜索时间跨度是2017年1月至今，下载包括上述检索词的标题、摘要、关键词等所有文献共588篇。经过筛选低相关数据，最终收集580篇核心文献构成本研究的基础数据，导出并保存为Refworks格式。

本研究将文献计量法和科学知识图谱两者结合，通过可视化的方式（文献计量软件CiteSpaceⅢ[2]）进行定量描述、评价和预测绿色建筑研究学术现状与"双碳目标"下的发展趋势，有助于相关科学领域研究热点、发展前沿问题及其背后结构关系的呈现，本文利用CiteSpaceⅢ对收集到的数值进行关键词分析，包括共现、突现和聚类分析，此外，为进一步挖掘内容中的细节，本文将检索到的文献进行分析，深化绿色建筑设计研究转型趋势的理解与把握。

1.2 绿色建筑研究总体趋势

1.2.1 年度发文量的研究分析

据CNKI检索结果可知，2017—2018年，绿色建筑设计研究领域的发文量减少。2019—2020年略有回升，从2020年度开始至今发文量出现逐年减少的态势（图1）。文献年度变化原因可以归纳为几个方面：①2017年以前研究过多，可研究内容减少；②2019年绿色建筑评价标准修正旧版的不足，强调绿色建筑主体的感受。这一期间文献开始对技术堆砌式绿色建筑进行反思，提出绿色高层建筑需要技术与文化相结合理念。

1.2.2 前沿文献及研究热点与趋势分析

文章关键词是对文章重点内容的高度概括，分析文章关键词出现的次数、关联度、突现情况，可以对研究领域的热点问题、前沿文献有一个高度的把握[3]。本研究主要从关键词共现知识图谱、突现知识图谱、聚类知识图谱、时区知识图谱四个维度进行研究。

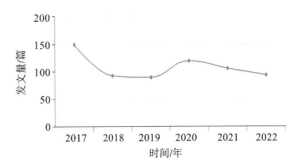

图1 近五年"绿色建筑及设计"相关发文量

关键词共现图谱可以反映领域内的热点问题。如图2所示，关键词节点大小体现出健康建筑、节能、碳中和、评价标准等词共现频率高，成为今年绿色建筑研究热点方向。一定数量学者关注建筑设计与评价标准、建筑类型与技术应用之间互相推动关系的探讨。

图2 关键词共现知识图谱

1.2.3 基于关键词的研究领域动态分析

关键词突现图谱是指在特定时期某研究领域对于某个主题关注程度的变化情况，其与该研究领域的前沿问题相关联[4]。从研究趋势来看，以人为本、人居环境等主题讨论一直贯穿于绿色建筑设计研究当中。城市环境品质的提升是健康生态的生活保障，因而，如图3所示，住宅、高层、医疗等重要建筑类型的精细化设计研究成为学术界日益关注的方向。

景观设计	2017	2.08	**2017** 2018
适宜技术	2017	2.08	**2017** 2018
设计管理	2017	2.02	**2018** 2019
绿色环保	2017	1.91	**2019** 2020
高层住宅	2017	3.94	**2020** 2022
住宅设计	2017	2.93	**2020** 2022
高层建筑	2017	1.95	**2020** 2022
医疗建筑	2017	1.86	**2020** 2022
绿色生态	2017	1.86	**2020** 2022
绿色建造	2017	1.83	**2020** 2022

图3 关键词突现知识图谱（2017—2022年）

本研究基于文献数据的关键词突现分析,可以得到10个关注度最高的聚类词,再结合图4所示聚类词的内容,通过梳理绿色建筑研究的重点,本文归纳出绿色高层建筑设计研究领域几大动态,具体内容如下。

(1)2017年绿色低碳循环的新时代高质量发展方向推进绿色建筑的环境品质提升成为重要研究议题。

(2)2018年国家供给侧结构性改革促使绿色建筑展开对与人因工程、环境行为等相结合的新领域的探索。

(3)2020年"双碳"战略引导绿色建筑低碳转型,加强精细化设计创新及推广应用研究。

(4)城市中复杂建筑类型低碳化、生态化一直是绿色建筑研究、设计、治理难点,对其创新开发和利用关系到未来低碳城市环境绩效及社会活力营造,也是绿色建筑设计创新的一个重要研究内容。

图4 关键词聚类知识图谱

如图5所示,根据CNKI文献检索可以得到关键词时区知识图谱,本研究通过检索文献关键词出现的时间,结合社会条件进行分析,研究发现与绿色建筑相关的大多概念在2017年已有涉及,在2021年前后出现的碳中和、热环境、装配式等信息需要特别注意,显然这与国家在2020年推行的双碳战略有紧密的关系。时区知识图谱进一步佐证了文献发表的聚类和共现知识图谱所展示的近5年的绿色建筑设计研究的发展动态和未来趋势。

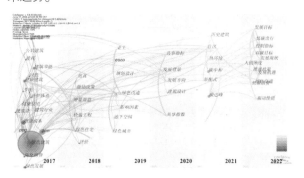

图5 关键词时区知识图谱

2 绿色高层建筑设计策略及低碳转型思考

如上文所述,绿色建筑面临的高品质、精细化、文化特征性、综合体评价等发展挑战,是新时代城市低碳转型亟须解决的问题。因此,本研究以长沙某建筑为例,尝试性地结合地域文化特征,提出绿色高层建筑设计与地区文化、特色经济集群等城市功能空间竖向混合布置,形成垂直生态社区的设计思路,从低碳节能技术、社会文化构建与地方经济要素融合等几个方面来探索地方性高层建筑设计创新与场所营建策略。

2.1 项目概况

场地位于湖南省长沙市马栏山视频文创产业园内的三角洲上,为浏阳河所围绕,邻近高架桥(图6)。产业园功能以视频创作办公为主。长沙作为一座老城,拥有着悠久的历史以及丰富的人文气息与民风民俗,如何协调长沙的烟火气息与建筑的办公属性是设计需要解决的难点之一。与此同时,基地所在的物理环境对设计的制约有城市高架桥对建筑的影响、建筑形态对场地风环境的塑造。

图6 基地位置图

2.2 设计策略与路径构思

2.2.1 搭建社会文化与地方经济集群

设计者在研究中发现长沙有很多不同类型的文创园,例如湘绣、科技等,在这样的环境下,视频文创作为一种特色产业,需要有其独特性,避免同质化。

因此设计者提取了老长沙的记忆碎片,总结得出了八种湖湘特色,用叙事的手法将其转化为空间体验,凝聚在八个形态各异的体量里,然后将其按照一定的体验路径依次置入建筑中,由低到高,由外及内,最大程度丰富了建筑的功能属性与人文体验,构建了文创园里的文化属性(图7)。

利用上文所述的建筑所在城市文化的精神属性以及浏阳河独特的景观优势,可以创造数字视频与湖湘文化的融合,这些与置入高层建筑中的长沙特色商业体系一起打造在地的经济集群,带动经济发展。

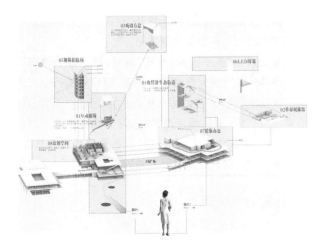

图 7　文化路径置入

2.2.2　低碳节能预评设计指引与垂直生态社区策略

为实现绿色建筑标准,设计前期分析首先基于《绿色建筑评价标准》(GB/T 50378—2019)[5]对建筑初步方案进行二星级以上预判。评估关注点重在从人的角度分析建筑环境的舒适健康性,从自然的角度评判环保节能性。

(1)绿色建筑预评估与分析。

首先基于 2019 年版《绿色建筑评价标准》,分类评分,并筛选出本地适宜的绿色技术。

其后,本设计结合场地环境影响以及建筑自身应有的特质,对物理环境方面进行模拟验证和方案对比,绿色建筑环境分析主要分为三个方面:声环境规避、风环境适应风向、热环境遮阳节能。设计以三者为基础进行生态塑形,即以能量形式化为基础,以符合环境要素为核心所进行的建筑设计[6]。

需要说明的是,设计者在前期测量得到周边噪声等级之后,分析出本项目的声环境设计主要是为了降低高架桥噪声的影响(图 8),可以采取的方法包括高架桥隔声板、绿植隔声、建筑自身隔声(隔声玻璃、声桥节点构造设计等),除此之外,在前期的功能布置方案比选时,特意将声环境要求不高的功能房间排列在靠近高架桥的一侧,减小噪声造成的危害。风环境模拟和设计分析除了保证常规舒适度外,在风环境深化设计阶段,通过多次模拟比选,充分利用前文提到的湖湘特色空间形态塑造导风盒子,来避免在建筑角部形成涡流(图 9)。热环境分析及模拟则考虑素有火炉之称的长沙的气候特点,针对热环境进行调节,使用的策略包括通风、遮阴等被动式节能和使用设备的主动式节能。

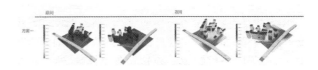

图 8　声环境影响对建筑的处理分析图

风速度云图——加入导风盒子(左图红色示)后 A 平台处的静风区面积明显减少,同时倒侧建筑东北角的风速同样减缓B 平台处的静风区同样减少,比较适宜

图 9　风环境影响对建筑的处理分析图

(2)垂直生态社区策略。

设计方案基于绿色建筑策略和高层建筑空间复杂性,采取垂直生态社区建构策略,将以上各种环境策略与建筑垂直空间要素结合。譬如,建筑的顶面是接收热辐射最多的界面,在本设计中,作者采用种植屋面的方法生成屋顶花园的自然系统降低辐射影响。建筑的西立面需要着重处理西晒,也要抵抗高架桥的噪声,作者选用立体绿化体系,形成由下到上(乔木、立体种植、空中花园)的体系,做到既能降低西晒影响,也能有效改善声环境(图 10)。此外,建筑四周依据不同的太阳辐射角度和辐射量,用 Grasshopper 软件模拟对比不同的板间距、长度和角度,计算得出最优值,以期最大限度控制热辐射能耗。

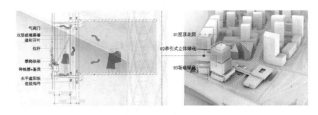

图 10　西立面隔热处理分析图

关于玻璃幕墙设计,作者采用双层呼吸生态玻璃幕墙,设置两层玻璃和进、出风口,在不同季节设定不同的开启状态,从而形成空气的流通,进而改善热环境。

除了以上三类,设计中还包括一个地下庭院和层层跌落的裙楼形成的雨水收集系统,同时地面也采用特殊的材料收集雨水,循环利用。在建筑施工阶段,进行绿色施工,采用绿色建材;在后期管理阶段,采取智能化管理措施。这些都是构建垂直生态社区的重要措施。

2.3　绿色与低碳设计对比和转型思考

绿色设计与低碳设计[7]比较有某些差异:其一,设计目标有差异,后者强调碳排放总量控制;其二,内涵有区别,后者基于碳循环寿命周期;其三,两者的设计方法是递进、传承关系。比如常见的绿色建筑类型细分为节能建筑、碳中和建筑(零碳建筑)、负碳建筑、健康建筑等。而当前从绿色转向低碳,从主干到分支,这正是绿色建筑理念精细化设计的一个体现。

与此同时,当今的绿色建筑也存在着一些问题。许多绿色建筑成为绿色技术堆砌的功能机器,其成功的唯一标准即是否满足绿色评价标准,忽略了其容纳的使用者的体验以及城市文化要素的传播任务。因此,在绿色建筑转型的进程中,亟须新数字设计与评价手段(如BIM),建造能够真正融入城市与生活的绿色低碳建筑。

本研究在长沙高层建筑设计中,尝试针对以上问题进行分析和提取解决策略,为绿色建筑未来发展提供参考。

3 结论与展望

据世界银行统计,到 2030 年全球要实现节能减排目标,70% 的减排潜力在建筑节能方面[8]。随着绿色建筑的精细化发展,高层建筑的低碳设计成了研究前沿。英国彭博公司总部(福斯特建筑设计事务所)在尊重场地历史和人文环境的同时采用低碳技术,减少了 35% 的能耗和二氧化碳排放,并获得了 98.5 分的有史以来最高的英国 BREEAM 绿色建筑评分[9]。中国首例上海2010 年世博零碳馆(伦敦范例)利用太阳能、风能和水源热能联动来实现空间内的通风、制热、制冷和除湿等,满足人居舒适性的各项要求[10]。还有上海中心大厦内部中庭,形成了一个巨大的生态空腔体,建筑采用双层玻璃幕墙和风力发电设备,节约能耗。

首先,本研究发现:对于"双碳"目标引导下高层绿色建筑设计首要的发力点在于形体塑造、细部构造、通风体系、绿色建材、能源循环及二次利用和专业协作平台技术,除此之外,还要以人为本,考虑建筑的在地性,避免设计与评价体系的脱节。

其次,本文基于文献分析得出了近年来绿色建筑的新趋势。通过对比绿色建筑和低碳建筑的异同,结合设计与实例,本文提出了社会文化建构和经济集群建设相结合的高层绿色建筑设计新策略,旨在为日后绿色低碳高层建筑的设计前端提供新思路。

最后,为服务于国家"双碳"战略,绿色低碳建筑设计将会是建筑行业的重点研究内容,而良好的行业人才培养模式是稳定绿色发展的重要手段,因此对于当前的教育体系来说,加强绿色建筑教育,强调理论与实践的结合,协助建筑学学生完成从校内到校外的角色转型,将是当下国家建筑教育发展战略的大方向。

参考文献

[1] 林宪德.绿色建筑[M].北京:中国建筑工业出版社,2011.

[2] 陈悦,陈超美,刘则渊,等.CiteSpace 知识图谱的方法论功能[J].科学学研究,2015,33(2):242-253.

[3] 李伯华,罗琴,刘沛林,等.基于 Citespace 的中国传统村落研究知识图谱分析[J].经济地理,2017,37(9):207-214.

[4] 李先跃.中国文化产业与旅游产业融合研究进展及趋势——基于 Citespace 计量分析[J].经济地理,2019,39(12):212-220.

[5] 中华人民共和国住房和城乡建设部.绿色建筑评价标准:GB/T 50378—2019.[S].北京:中国建筑工业出版社,2019.

[6] 吴琦.基于风环境塑形的建筑设计策略研究与实践[J].城市建筑,2022,19(4):97-101.

[7] 李志龙.绿色建筑设计原理及发展研究[J].房地产世界,2022,(6):23-25.

[8] 罗毅."双碳"目标下发展绿色建筑、建设低碳城市研究[J].江南论坛.2022,(4):21-25.

[9] 罗隽.高技派绿色建筑的前世今生[EB/OL].(2021-10-29)[2022-04-25]https://baijiahao.baidu.com/s? id=17149224955589278846&wfr=spider&for=pc.

[10] 陈硕.世博零碳馆:零碳理念与实践[J].建设科技,2010,(10):80-85.

舒欣[1]* 陈晨[1]

1. 南京工业大学;494704966@qq.com

Shu Xin[1]* Chen Chen[1]

1. Nanjing Tech University

国家自然科学基金项目(51908279)、江苏省自然科学基金项目(BK20190680)

基于 BIM-Grasshopper 的办公建筑表皮性能优化设计研究

Research on Optimization Design of Office Building Skin Performance Based on BIM-Grasshopper

摘　要:本文以南京某办公建筑为例,创建基于 BIM 技术与 Grasshopper 参数化平台的协同工作流程,探究建筑表皮对建筑生命周期环境的影响。利用建模软件 Revit 建立建筑信息模型,并通过 Rhino. Inside. Revit 联动 Grasshopper 建立建筑性能模型,对采光质量、建筑能耗进行仿真运算,利用 Octopus 插件对模块化表皮自变量及目标参数进行优化,优化结果同步反馈给建筑信息模型修改相关参数。结果表明联动 BIM 技术与 Grasshopper 参数化平台可以为减排决策提供数据支持,协助设计人员选择更为低碳的建筑表皮方案。

关键字:BIM;Grasshopper;建筑表皮;多目标性能优化

Abstract: Taking an office building in Nanjing as an example, this paper explores the impact of building skin on the building lifecycle environment based on the collaborative workflow of BIM technology and Grasshopper parametric platform. The building information model is established using the modelling software Revit, and the building performance model is established by linking Grasshopper with Rhino. Inside. Revit to simulate the quality of light and building energy consumption, and the modular skin independent variables and target parameters are optimised using the Octopus plug-in, the optimisation results are fed back to the building information model to modify the relevant parameters. The results show that linking BIM technology with the Grasshopper parametric platform can provide data to support emissions reduction decisions and assist designers in selecting lower carbon building skin options.

Keywords: Building Information Modelling; Grasshopper; Building Skin; Multi-Objective Performance Optimization

1 引言

为了应对能源危机和环境问题,全球基本达成节能减排共识,中国也做出"碳达峰、碳中和"的相关承诺。根据中国建筑节能协会统计,全国建筑全过程碳排放总量为 49.97 亿吨 CO_2,占全国碳排放总量的 50.6%,其中建筑运行阶段碳排放总量 21.3 亿吨 CO_2,占全国碳排放总量的 21.6%[1]。由此可见,建筑业的节能减排工作对全国实现碳中和有直接影响。

近年来,BIM 技术被广泛应用于建筑设计、施工与运维过程。其优势在于 BIM 模型承载了海量的项目数据,设计阶段利用其项目数据可以进行碳排放估算并尽早地提出解决方案。但传统 BIM 核心建模软件在建筑的参数化设计上仍具有局限性,与参数化性能模拟工具缺乏统一的平台,设计与分析过程需要重复转化数据,导致在建筑复杂参数优化上存在较大难度。因此,在整合 BIM 方法与工具的基础上,融入能与之协同工作的 Grasshopper 建筑性能模拟优化流程,有利于在建筑表皮设计初期提出更加全面和科学的优化设计决策。

2 基于 BIM-Grasshopper 的办公建筑表皮性能优化设计方法

2.1 BIM 技术在建筑表皮性能优化设计中的应用

BIM 工具种类众多,本文使用 Autodesk Revit 软件建立建筑信息模型,在建模过程中通过编辑族构件将设计信息储存在建筑模型中。根据参数类型和参数属性将族构件分为定量信息模型和参数控制模型。其全生命周期环境评价插件 Tally 可以从建筑模型中提取材质信息,联系美国生命周期清单数据库和全球性数据库(Gabi)并重新定义模型构件的详细材料信息,识别未明确建模的材料(如隔汽层等),量化建筑整体或部分对环境的全生命周期影响[2]。

2.2 建筑性能模拟与多目标优化方法

Grasshopper 是内置于 Rhino 中的参数化设计平台,拥有丰富的插件,其中 Ladybug Tools 插件是基于 Radiance、Daysim、Energyplus、OpenStuido 等仿真引擎开发的性能模拟分析工具。Ladybug Tools 分为 Ladybug、Honeybee、Dragonfly、Butterfly 四个工具,每个工具都由模块化组件构成,能够灵活地运行在不同的设计阶段。

多目标优化以 Octopus 插件为核心,该插件基于 HypE、SPEA2 等遗传算法,结合 Ladybug Tools 可以实现性能导向下的建筑形态与空间等设计决策。

2.3 BIM 与 Grasshopper 的联动方法

Rhino. Inside. Revit 是完全内置于 Rhino、Grasshopp 和 Revit 中的插件,可以查询、修改、分析和建立原生 Revit 元素。在 Rhino. Inside. Revit 中可以拾取 Revit 中的模型,避免重复建模,有利于后续在 Grasshopper 平台进行建筑性能模拟与多目标优化分析。Rhino. Inside. Revit 还可以联动建筑信息模型中的实例控制参数与建筑性能模型中的几何控制参数,实时反馈性能优化结果(图 1)。

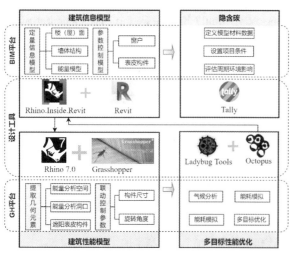

图 1 碳中和导向的办公建筑表皮气候适应性设计流程

3 基于 BIM-Grasshopper 的办公建筑表皮性能优化实践应用

本文以南京某办公建筑为例,主要论述 BIM 与 Grasshopper 的联动过程,以及探讨建筑表皮的优化对建筑全生命周期碳排放的影响。该办公建筑地上共 28 层,其中 3～28 层为商业办公空间,层高为 4.2 m,标准层面积为 2100 m²,总面积为 56327 m²。

3.1 建立建筑信息模型

本文基于 Revit 2023 建立建筑信息模型,并通过自适应族建立表皮模块(图 2)。根据设计要求控制表皮模块网格垂直间距为 2250 mm,水平间距为 4200 mm,新建遮阳宽度(w)、遮阳高度(h)两个实例参数控制形状图元的尺寸变化。

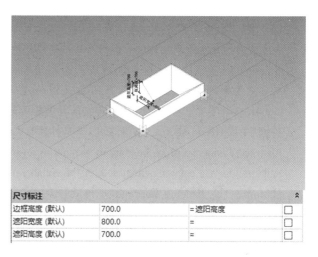

尺寸标注			
边框高度 (默认)	700.0	= 遮阳高度	☐
遮阳宽度 (默认)	800.0	=	☐
遮阳高度 (默认)	700.0	=	☐

图 2 表皮模块及其参数

Revit 2023 内置的能量分析功能可以直接在模型中快速建立能量模型(图 3),能量模型可以通过详细建筑图元(墙、楼板、屋顶等)或体量图元建立。本案例使用"房间或空间"模式建立能量模型,有利于减少模型生成的时间并方便进一步分析建筑性能,并且 Revit 提供了多种元素的 API(应用程序接口),允许其他程序调用或请求程序内的数据,因此 Rhino. Inside. Revit 可以直接提取 Revit 中的能量模型数据。

3.2 建立建筑性能模型

本文通过 Rhino. Inside. Revit 结合 Grasshopper 平台建立建筑性能模型,其转化逻辑为:提取 Revit 几何图形→联动参数值→输出参数化模型→转化性能模型。

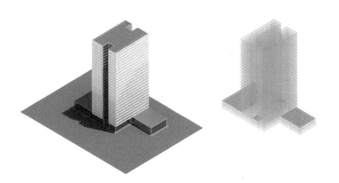

图 3　建筑信息模型与能量模型

3.2.1　提取 Revit 几何图形

在 Rhino. Inside. Revit 插件中,Filter 模块的组件可以筛选并提取能量模型中的能量分析空间与能量分析洞口的几何图形,再输入到 Graphical Element 与 Element Geometry 组件中提取建筑表皮构件的几何图形。

3.2.2　联动参数值

Inspect Element 组件可以直接查询建筑表皮构件的实例参数并输出到 Element Parameter 组件中,该组件识别参数名称的同时可以重新设置参数值,并在 Revit 中实时生成原生 3D 元素且不丢失信息。

3.2.3　输出参数化模型

Rhino. Inside. Revit 中提取的参数化模型仍是三维几何图形,不利于进行性能分析与动态调整,因此建筑表皮仍需要在 Grasshopper 中进一步转化。由于 Revit 程序限制,本案例新建 Grasshopper 文件用于参数化模型进行性能模拟与多目标优化,通过 Pancake 插件在 Grasshopper 环境内实时交换数据(图 4)。

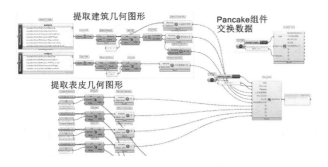

图 4　提取并输出参数化模型

3.2.4　转化性能模型

要进行建筑性能模拟与分析,需要将参数化模型转化为可被 Ladybug Tools 利用的性能模型。在 Grasshopper 平台中,使用 Honeybee 插件中的 HB Room from Solid、HB Shade、HB Aperqures 组件拾取办公标准层分析空间、拾取建筑遮阳表皮、玻璃幕墙的 Brep,将其转化为可供 Honeybee 读取的性能模拟实体,另外赋予实体传热系数、导热热阻、构造材质与暖通条件等参数,最终经过 HB Model 转化为性能模型(图 5)。

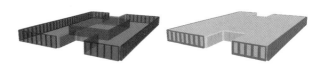

图 5　参数化模型与性能模型

3.3　性能模拟

基于 BIM-Grasshopper 的办公建筑表皮性能优化设计目标是提高天然采光质量的同时降低能耗水平,因此本文选取 sDA、ASE 和 EUI 作为建筑性能评价指标,量化建筑表皮形态优化结果对建筑性能的影响。

sDA(spatial daylight autonomy)即空间全天然采光时间百分比,代表每年部分工作时间达到最低照度水平的分析区域百分比。最常用的指标是 sDA300/50%,表示一年 50% 工作时间中,工作平面超过 300 lx 的天然采光照度面积百分比。

ASE(annual sunlight exposure)即全年光暴露量,代表接受过多太阳直射的工作平面面积百分比。当照度值超过 1000 lx 且全年时长大于 250 h 可能会产生过多太阳直射,会引起眩光或增加制冷能耗[3]。

EUI 即能源使用强度,单位是 $kW \cdot h/(m^2 \cdot a)$,表示一年内单位面积的综合能源消耗,包括供暖、制冷、通风与人工照明等[4]。

3.3.1　物理参数设置

建筑相关参数参照《公共建筑节能设计标准》(GB 50189—2015)、《建筑采光设计标准》(GB 50033—2013)等节能设计规范设置,材料属性按照构造类型由传热系数、导热热阻、太阳得热系数和可见光透过率构成(表 1);模拟参数主要设置对建筑性能有明显影响的相关参数,例如工作时间、照明功率密度、设备功率密度、人均建筑面积等(表 2)[5]。

表1 材料属性

(来源:作者自绘)

构件类型	传热系数/[W/(m²·K)]	导热热阻/[(m²·K)/W]	太阳得热系数(SHGC)	可见光透过率(VT)
外墙	0.42	1.94—	—	—
幕墙	2.0	2.02	0.26	0.55

表2 模拟参数

名称	数值	单位
工作时间表	周一至周五8:00—18:00	—
照明功率密度	9	W/m²
设备功率密度	15	W/m²
人均建筑面积	0.1	人/m²
工作平面高度	0.75	m
光伏发电系数	19	%
加热点温度	20	℃
制冷点温度	26	℃
HVAC类型	风机盘管风冷冷水机组带中央空气源热泵	

3.3.2 光环境与能耗模拟

光性能模拟以 Honeybee Radiance 插件为主,输入南京的 epw 气象数据,通过 Annual Daylight 和 Direct Sun Hours 两个组件分别运行年度日光研究和太阳直射时间分析,利用 Daylight Control Schedule 组件根据年度日光结果输出电力照明时间表,用于控制能源模拟中的电灯运行时间;能耗模拟使用 Honeybee Energy 插件,通过 HB Model to OSM 组件将 Honeybee 模型写入 OSM 文件(OpenStudio 模型),在 EnergyPlus 中运行分析程序。该案例模型在未设置遮阳表皮时,sDA、ASE、EUI 分别为 100%、51.03% 和 137.93 kW·h/(m²·a),表明办公空间内工作平面天然采光充足,但是容易产生眩光。

公共建筑,尤其是高层办公建筑立面具有巨大光伏

发电(Epv)潜力,建筑表皮构件与光伏组件结合设计可以充分利用建筑立面的潜在能源,通过 Ladybug 模拟建筑全年接受的太阳辐射量,经过光伏发电系数转换,评估立面的光伏发电潜力(图6)。

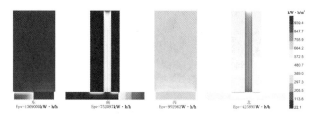

图6 建筑物立面潜在光伏发电量

3.4 多目标优化

3.4.1 设置优化参数

多目标优化流程通过 Octopus 插件实现,根据四个朝向的遮阳宽度(w)和遮阳高度(h)评估 sDA、ASE、EUI 三种性能目标。遮阳宽度(w)取值范围为 0.1~0.8 m,遮阳高度(h)取值范围为 0.3~0.9 m,步长均为 0.1 m。优化算法参数包括精英率、突变率、突变大小、交叉概率、种群数量五项参数(表3)。

表3 优化算法参数

精英率	突变率	突变大小	交叉概率	种群数量
0.5	0.2	0.9	0.8	60

3.4.2 优化结果分析

由于 Octopus 默认计算每个目标性能的最小值,因此运算时设置 sDA 值为实际值的负数。比较表皮构件的多目标优化演进过程,随着迭代次数的增加,解的分布逐渐由分散变为聚拢,其中最靠近坐标原点的就是理论最优解[6](图7)。表4列举了办公建筑表皮的四个最佳设计选项,包括 sDA 最优解①、ASE 最优解②、EUI 最优解③和最均衡解④。

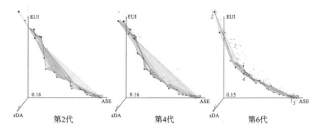

图7 多目标优化演进过程

表 4 最佳设计选项

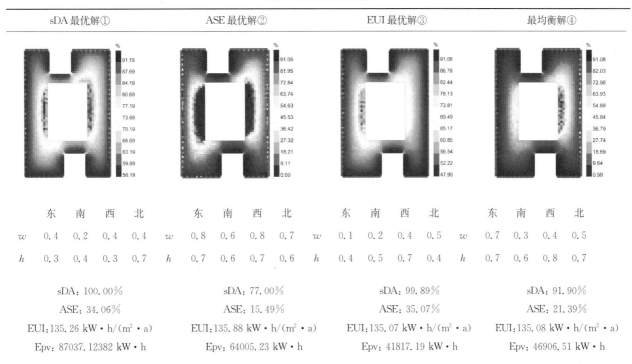

sDA 最优解①	ASE 最优解②	EUI 最优解③	最均衡解④
东 南 西 北	东 南 西 北	东 南 西 北	东 南 西 北
w 0.4 0.2 0.4 0.4	w 0.8 0.6 0.8 0.7	w 0.1 0.2 0.4 0.5	w 0.7 0.3 0.4 0.5
h 0.3 0.4 0.3 0.7	h 0.7 0.6 0.7 0.6	h 0.4 0.5 0.7 0.4	h 0.7 0.6 0.8 0.7
sDA：100.00%	sDA：77.00%	sDA：99.89%	sDA：91.90%
ASE：34.06%	ASE：15.49%	ASE：35.07%	ASE：21.39%
EUI：135.26 kW·h/(m²·a)	EUI：135.88 kW·h/(m²·a)	EUI：135.07 kW·h/(m²·a)	EUI：135.08 kW·h/(m²·a)
Epv：87037.12382 kW·h	Epv：64005.23 kW·h	Epv：41817.19 kW·h	Epv：46906.51 kW·h

经过权衡多性能目标，最终确定设计选项中的最均衡解④为性能相对最优方案，该方案与优化前相比采光质量较好，可减少 2.07% 的运行能耗，并且能够全年提供 46906.51 kW·h 的光伏能源。

4 建筑整体碳排放水平对比

Tally 可以计算并预测全球变暖潜能值、潜在性酸性物质、潜在性烟雾颗粒等评价指标。建筑表皮的优化基本不会改变主体构造和使用的材料，因此 Tally 进行全生命周期评价时，主要受运行能耗影响。本案例主要关注全球变暖潜能值(GWP)，该指标可以直观地评估建筑全生命周期碳排放水平[7]。

将 Honeybee-Eenergy 模拟的单位建筑面积能耗(EUI)与潜在光伏发电量(Epv)折算结果输入 Tally 中，转化为建筑物运行阶段产生的生命周期环境影响，与建筑材料生命周期环境影响叠加，评估建筑在全生命周期中的碳排放(表5)。

结果表明，优化后的建筑表皮会一定程度增加生产阶段碳排放量，但是从建筑的全生命周期角度来看，通过提高建筑性能，可以显著降低建筑运行阶段的碳排放(图8)，与光伏组件结合设计，优势则更加明显。

表 5 全球变暖潜能值(GWP)

碳排阶段	优化前 GWP (kg CO₂ eq)	优化后 GWP (kg CO₂ eq)	GWP 差值 (kg CO₂ eq)
生产阶段	24250000	24440000	−190000
施工阶段	266294	267567	−1273
运行阶段	401500000	390700000	10800000
拆除阶段	2264684	2264761	−77
总计	21985316	22175239	−189923

全生命周期内碳排放
■优化前GWP ■优化后GWP ■GWP差值

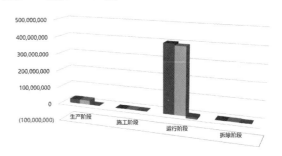

图 8 建筑整体碳排放水平

5 结语与展望

近年来,建筑表皮向自适应、可调节方向发展,使得建筑具有更主动积极的环境响应特征[8]。本文通过 Rhino. Inside. Revit 插件联动 BIM 工具与参数化性能分析工具,基于不同性能评价指标进行多目标优化。实践表明,该优化设计流程可以辅助设计人员进行方案设计决策,实现建筑节能减排的工作目标。

由于篇幅有限,该建筑表皮优化设计流程仅在 Revit 与 Grasshopper 平台内进行,事实上围绕 BIM 技术与参数化性能模拟的平台软件仍在不断更新,例如以 ArchiCAD 为核心建模软件,通过 Grasshopper-ArchiCAD Live Connection 插件联动 Grasshopper 和 ArchiCAD 的优化设计流程;或者基于 BIM-Dynamo 参数化平台,利用 Project Refinery 优化模块权衡多种性能目标的设计方法[9];另外通过整合多目标优化算法与人工神经网络算法,可以显著提高多目标优化决策效率[10]。

参考文献

[1] 重庆大学,中国建筑节能协会.中国建筑能耗与碳排放数据库[DB/OL].[2022-05-05].http://www.cbeed.cn/#/calculate.

[2] 毕雪皎,杨崴,陈译民,等.基于 BIM 的小型形态可变建筑生命周期评价[C]//数字技术·建筑全生命周期——2018 年全国建筑院系建筑数字技术教学与研究学术研讨会论文集.2018.

[3] HESCHONG L, WYMELENBERG V D, KEVEN, et al. Approved method: IES spatial daylight autonomy (sDA) and annual sunlight exposure (ASE)[S]. [S. L.]: IES-Illuminating Engineering Society, 2012.

[4] LEE J, BOUBEKRI M, FENG L. Impact of building design parameters on daylighting metrics using an analysis, prediction, and optimization approach based on statistical learning technique[J]. Sustainability, 2019, 11.

[5] 田一辛,黄琼.西安市办公建筑多目标优化设计[J].哈尔滨工业大学学报,2020,52(12):185-191.

[6] TOUTOU A, FIKRY M, MOHAMED W. The parametric based optimization framework daylighting and energy performance in residential buildings in hot arid zone[J]. [S. l.]: AEJ - Alexandria Engineering Journal, 2018.

[7] 王加彪.建筑自适应表皮形态性能驱动设计研究[D].哈尔滨:哈尔滨工业大学,2022.

[8] 曾旭东,杨韵仪,陈诗逸.基于 BIM＋Grasshopper 的性能分析方法在节能建筑方案设计中的探索[C]//智筑未来——2021 年全国建筑院系建筑数字技术教学与研究学术研讨会论文集.2021:17-24.

[9] FV A , NS B , AH C . Optimization of PV modules layout on high-rise building skins using a BIM-based generative design approach[J]. [s. n.], 2021.

[10] 孙澄,韩昀松,任惠.面向人工智能的建筑计算性设计研究[J].建筑学报,2018(9):98-104.

马嫒[1*] 刘启波[1]

1. 长安大学建筑学院;799935334@qq.com

Ma Yuan[1*] Liu Qibo[1]

1. School of Architecture,Chang'an University

环境宜居目标下西安地区高校宿舍区室外风环境舒适性研究

Study on the Outdoor Wind Environment Comfort of University Dormitory Area in Xi'an Area Under the Goal of Environmental livability

摘　要: 宿舍建筑作为高校 13 类建筑之一,具有总量大、与学生生活和学习息息相关的特点。本研究以改善西安地区高校多层宿舍区室外风环境舒适性为目标,对西安地区 15 所高校的多层宿舍区进行实地调研,从建筑层面分析其对室外风环境的影响。进而以西安市冬夏季主导风向、风速为依据,运用正交试验法,利用 Phoenics 软件对多层宿舍区进行室外风环境模拟,提出适宜西安地区高校多层宿舍区室外风环境舒适性的设计策略,以某高校多层宿舍区为例进行优化设计,并对照《绿色建筑评价标准》进行室外风环境评价。

关键词: 环境宜居;高校宿舍区;室外风环境;舒适性研究;数值模拟

Abstract: As one of the 13 types of buildings in colleges and universities,dormitory buildings have the characteristics of a large amount and are closely related to students' life and study. This study aims to improve the outdoor wind environment comfort in the multi-storey dormitory areas of colleges and universities in Xi'an,conducts field research on the multi-storey dormitory areas of 15 colleges and universities in Xi'an area,and analyzes its impact on the outdoor wind environment from the architectural level. Then,based on the prevailing wind direction and wind speed in winter and summer in Xi'an City,using the orthogonal test method and Phoenics software to simulate the outdoor wind environment of the multi-storey dormitory area,a design strategy suitable for the outdoor wind environment comfort of the multi-storey dormitory area of colleges and universities in Xi'an is proposed. ,taking the multi-storey dormitory area of a university as an example to optimize the design,and evaluate the outdoor wind environment according to the *Green Building Evaluation Standard*.

Keywords: Livable Environment; University Dormitory Area; Outdoor Wind Environment; Comfort Research; Numerical Simulation

1 引言

2019 年版《绿色建筑评价标准》和《绿色校园评价标准》相继出台,对居住建筑和校园建筑场地风环境的评价标准做了明确的规定,这些都标志着高校宿舍建筑在规划设计中需要更加注重室外风环境的质量和舒适性。

此外,2020 年 9 月我国明确提出了"双碳"目标,建筑行业作为碳排放占比较重的行业,通过促进建筑室内外通风换气,可以有效减少能源消耗,进而降低建筑碳排放。

建筑室外风环境的优劣,直接关系到夏季建筑室内能否进行顺畅的自然通风,降低能耗,同时也会对冬季围护结构的渗透风产生影响[1]。国外学者主要从城市尺度、街巷尺度、建筑群体与建筑单体等层面展开研究。在建筑层面,建筑布局形式、建筑单体朝向、尺寸是主要研究对象;国内研究内容多集中在居住建筑方面,近些年增加了医疗建筑、体育建筑方面的研究[2]。此外,国内外主要使用数值模拟法对校园整体或教学楼建筑进行模拟分析并提出优化策略。

2 建筑风环境影响因素及评价标准

2.1 建筑风环境影响因素

同一区域或城市的建筑布局形式和形态特点因其地形地貌、建筑形态、平面尺寸、空间组合形式等因素的不同,所形成的外部风环境也不相同,主要影响因素分为外部因素和内部因素两个部分。

外部因素如下。①选址位置:在城市规划设计中的选址位置对建筑群体的室外风环境具有较大的影响。城市郊区建筑物密度低,风流动时的阻力相对较小,风速高于城市中心。②道路与开敞空间:道路对气流有很大的影响,风速的大小在一定程度上取决于道路的走向及宽度。广场、绿地等不仅可以聚集风,还能够调节风速,对建筑周围风环境进行优化。

内部因素如下。①建筑布局形式:建筑布局形式是

影响室外风环境的重要因素,常见的建筑布局形式一般有行列式、错列式、围合式、周边式、自由式等。②建筑平面尺寸及建筑高度:建筑单体的不同因素组合影响进入建筑群内的空气流量、气流流向,从而产生不同的风场,影响建筑室外风环境。③建筑朝向:当其他因素保持不变时,建筑朝向的变化会对风环境产生明显的影响,建筑的不同朝向会产生不同的风场。④建筑形态:建筑形态丰富多样,对风环境的影响也复杂多变,风在不同的建筑形态周围绕流的特征不同,所形成的风场也不同。

2.2 室外风环境评价标准

《绿色建筑评价标准》(GB/T 50378—2019)第8章"环境宜居"部分阐述的室外环境,是绿色建筑的一个重要组成部分,直接影响着人们在室外活动时的感受和健康、生态保护,同时也会对建筑内部的环境质量和节能产生一定的影响。"环境宜居"章节内容主要包含对"建筑规划布局、场地生态环境、场地噪声、光污染、场地风环境、热岛强度"的评价。冬季风速太大会引起人体不适,夏季、过渡季场地通风不畅会对室内外的通风散热、污染物的扩散产生不利影响,如表1所示。

表 1 场地内风环境评价标准

(来源:《绿色建筑评价标准》[3])

条文号		评价规则	得分
8.2.8	冬季典型风速和风向条件下	建筑物周围人行区距地高 1.5 m 处风速小于 5 m/s,户外休息区、儿童娱乐区风速小于 2 m/s,且室外风速放大系数小于 2	3
		除迎风第一排建筑外,建筑迎风面与背风面表面风压差不大于 5 Pa	2
	过渡季、夏季典型风速和风向条件下	场地内人活动区不出现涡旋或无风区	3
		50%以上可开启外窗室内外表面的风压差大于 0.5 Pa	2

3 西安地区高校宿舍区室外风环境现状

根据《民用建筑设计统一标准》(GB 50352—2019)的分类标准,西安市气候区划属于ⅡB 寒冷地区,该气候区建筑设计基本要求见表2。

3.1 西安地区高校宿舍区现状

由于高校建设的时期不同,受到地理位置环境以及高校发展历史、发展规模、在校学生的数量等因素的影

表 2 西安市气候分区及建筑设计基本要求

(资料来源:《民用建筑设计统一标准》[4])

建筑气候区划名称	热工区划名称	建筑气候区划主要指标	建筑设计基本要求
ⅡB	寒冷地区	1月平均气温 −10~0 ℃ 7月平均气温 18~28 ℃	应满足冬季保温、防寒等要求,夏季部分地区应兼顾防热

响,各高校中宿舍区的布置形式在整体校园中的规划布局也有所区别。通过对西安地区 15 所高校不同校区宿舍区现状的调研整理,可以得出以下结论。

(1)建筑群体布局形式:西安地区高校宿舍区建筑群体布局形式有以下四种:行列式、错列式、围合式、混合式,主要以行列式为主,其次为错列式及围合式,极少数高校采用混合式布局。

(2)建筑单体形态:受到建筑抗震设防烈度要求的限制,西安地区高校宿舍楼建筑单体平面形式都比较规整,无过多变化,最常见的是"一"字形和"凹"字形,平面形式较为单一。

(3)建筑朝向:建筑朝向多遵循南北朝向,部分建筑受地理条件和学校规划要求的限制,建筑朝向略有不同。

(4)建筑层数:早期的高校宿舍建筑多以 3 层为主,中期和新建的高校宿舍建筑以 4～6 层为主,在调研的西安地区高校中,新建的宿舍建筑层数多为 6 层,少数学校宿舍建筑达到 7～8 层。

3.2 西安地区高校宿舍区风环境实测

本研究对西安电子科技大学北校区东侧宿舍区进行实测,发现冬季(图 1)和夏季的室外风速均小于 5 m/s,但宿舍区内部风速差距较大,在风速过小的情况下容易形成静风区,对局部通风非常不利,如图 2 所示;同时在实测时观察到污染物容易在宿舍区内部堆积,会对学生的生活和身体健康产生极大危害。

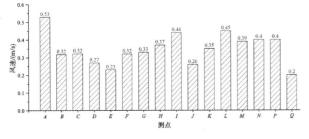

图 1 西安电子科技大学北校区东侧宿舍区冬季各点全天平均风速

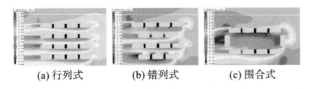

(a) 行列式　　(b) 错列式　　(c) 围合式

图 2 不同布局形式的建筑 1.5 m 处的风速云图

4 西安市高校宿舍区室外风环境模拟

4.1 室外风环境模拟条件

西安地区高校宿舍区建筑的布局形式、建筑形态、建筑尺度等组合形式多样。为了探讨不同建筑要素对室外风环境影响的规律,本小节运用控制单一变量的方法,模拟并对比不同建筑因素变化对室外风环境的影响。

本研究参照《民用建筑供暖通风与空气调节设计规范》中室外计算参数,建筑形态以"一"字形为基础,气候条件以西安地区冬季室外风速为初始数值进行模拟分析,如表 3 所示。

表 3　西安市室外空气计算参数汇总表
(来源:《民用建筑供暖通风与空气调节设计规范》[5])

西安常年风速、风向及频率		
夏季户外平均风速/(m/s)	1.9	
夏季最多风向	C	ENE
夏季最多风向的频率/(%)	28	13
夏季室外最多风向的平均风速/(m/s)	2.5	
冬季户外平均风速/(m/s)	1.4	
冬季最多风向	C	ENE
冬季最多风向的频率/(%)	41	10
冬季室外最多风向的平均风速/(m/s)	2.5	

4.2 建筑形式与布局因素对室外风环境的影响

4.2.1 建筑布局形式

三种布局形式的工况都由体量为 40 m×15 m×18 m(5 F)的建筑单体组成。

如图 2 所示,通过对不同布局方式内部风速对比分析可知,由大到小依次为错列式、行列式、围合式,说明建筑布局对宿舍区内部的风环境影响明显。同时从三种布局形式的静风面积来看,由小到大依次为行列式、错列式、围合式。

4.2.2 建筑长度

在其他各因素保持一致的条件下,建筑长度取值分别设定为 40 m、50 m、60 m。

如图 3 所示,通过对多层建筑不同长度工况平均风速对比分析可知,行列式布局下平均风速 $v_{40\text{ m}} < v_{50\text{ m}} < v_{60\text{ m}}$,错列式布局下 $v_{40\text{ m}} < v_{60\text{ m}} < v_{50\text{ m}}$,围合式布局下 v

$_{60\,m}<v_{50\,m}<v_{40\,m}$。建筑长度逐渐增长时,行列式与错列式宿舍区内部形成了明显的通风走道,风环境在一定程度上得到改善。

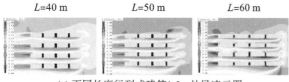
(a) 不同长度行列式建筑1.5 m处风速云图

(b) 不同长度错列式建筑1.5 m处风速云图

(c) 不同长度围合式建筑1.5 m处风速云图

图 3　不同长度建筑 1.5 m 处风速云图

4.2.3　建筑宽度

在其他各因素保持一致的条件下,建筑宽度取值分别设定为 14 m、16 m、18 m。

如图 4 所示,通过对多层建筑不同宽度工况平均风速对比分析可知,三种布局下平均风速均为 $v_{18\,m}<v_{16\,m}<v_{14\,m}$,说明宿舍区室外平均风速与建筑宽度呈负相关,随着建筑宽度的增加,多层宿舍区内平均风速减小。

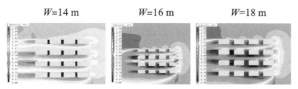
(a) 不同宽度行列式建筑1.5 m处风速云图

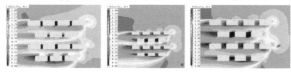
(b) 不同宽度错列式建筑1.5 m处风速云图

(c) 不同宽度围合式建筑1.5 m处风速云图

图 4　不同宽度建筑 1.5 m 处风速云图

4.2.4　建筑高度

在其他各因素保持一致的条件下,建筑高度取值分别设定为 11.4 m(3 F)、18.6 m(5 F)、22.2 m(6 F)。

如图 5 所示,通过对三种工况平均风速对比分析可知,行列式布局下平均风速为 $v_{3\,F}<v_{5\,F}<v_{6\,F}$,错列式 $v_{3\,F}<v_{5\,F}<v_{6\,F}$,围合式 $v_{6\,F}<v_{5\,F}<v_{3\,F}$。行列式与错列式布局中,建筑高度的增加增大了建筑南北间距,有利于“狭管效应”的形成,能够提高宿舍区室外风速。

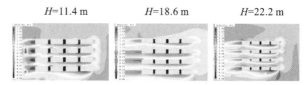
(a) 不同高度行列式建筑1.5 m处风速云图

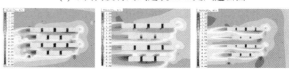
(b) 不同高度错列式建筑1.5 m处风速云图

(c) 不同高度围合式建筑1.5 m处风速云图

图 5　不同高度建筑 1.5 m 处风速云图

4.3　基于正交试验的高校宿舍区风环境优化分析

4.3.1　因素的选取与水平的确定

本研究对多层建筑和高层建筑设置了 4 种不同的影响因素:建筑布局形式 A、建筑长度 B、建筑宽度 C、建筑高度 D,每个因素设置 3 个不同的水平数,如表 4 所示。

表 4　西安地区高校宿舍区多层建筑室外风环境影响因素取值

影响因素	取值		
A 建筑布局形式	A₁(行列式)	A₂(错列式)	A₃(围合式)
B 建筑长度/m	B₁(40)	B₂(50)	B₃(60)
C 建筑宽度/m	C₁(14)	C₂(16)	C₃(18)
D 建筑高度/m	D₁(11.4)	D₂(18.6)	D₃(22.2)

结合 L9 正交试验表将每个因素水平组合的代码转换为建筑相关要素的水平指标,建立高校宿舍区不同组合的典型模型,对多层宿舍区正交试验方案进行数值模拟,模拟结果风速云图如图 6 所示。

4.3.2　正交试验方案与结果

在各典型宿舍区内部共提取 90 个风环境模拟测试

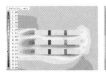 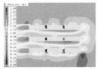

行列式40 m×14 m×11.4 m　行列式50 m×18 m×18.6 m　行列式60 m×16 m×22.2 m

 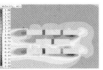 

错列式40 m×18 m×22.2m　错列式50 m×16 m×11.4 m　错列式60 m×14 m×18.6 m

围合式40 m×16 m×18.6 m　错列式50 m×14 m×22.2 m　围合式60 m×18 m×11.4 m

图6　多层宿舍区正交试验方案风速云图

点的风速值进行计算,得到各宿舍区方案的平均风速值。由表5可以看出,方案3即行列式布局、建筑长度60 m、建筑宽度16 m、建筑高度22.2 m(6 F)试验方案平均风速最大。方案7即围合式布局、建筑长度40 m、建筑宽度16 m、建筑高度18.6 m(3 F)试验方案平均风速最小。

表5　多层宿舍区正交试验各方案极差分析表

模拟方案	A 建筑布局形式	B 建筑长度/m	C 建筑宽度/m	D 建筑高度/m	平均风速/(m/s)
$A_1B_1C_1D_1$	1(行列式)	1(40)	1(14)	1(3 F)	0.71
$A_1B_2C_3D_2$	1	2(50)	3(18)	2(5 F)	0.76
$A_1B_3C_2D_3$	1	3(60)	2(16)	3(6 F)	1.03
$A_2B_1C_3D_3$	2(错列式)	1	3	3	0.81
$A_2B_2C_2D_1$	2	2	2	1	0.98
$A_2B_3C_1D_2$	2	3	1	2	1.02
$A_3B_1C_2D_2$	3(围合式)	1	2	2	0.56
$A_3B_2C_1D_3$	3	2	1	3	0.76
$A_3B_3C_3D_1$	3	3	3	1	0.93
K_1	2.5	2.08	2.49	2.62	
K_2	2.81	2.5	2.57	2.34	
K_3	2.25	2.98	2.5	2.6	
k_1	0.833	0.693	0.415	0.873	
k_2	0.934	0.833	0.857	0.780	

续表

模拟方案	A 建筑布局形式	B 建筑长度/m	C 建筑宽度/m	D 建筑高度/m	平均风速/(m/s)
k_3	0.750	0.993	0.833	0.867	
优水平	A_2	B_3	C_2	D_1	
极差 R	0.184	0.300	0.442	0.093	

从四种因素的极差 R 值可以看出,建筑宽度(0.442)>建筑长度(0.300)>建筑布局形式(0.184)>建筑高度(0.093)。这意味着在西安地区高校多层宿舍区规划布局时,建筑宽度可作为首要考虑因素,其次为建筑长度、建筑布局形式,而建筑高度对多层宿舍区室外风环境的整体影响不大。以最大风速为指标,确定各因素的最优水平,其最优组合是 $A_2B_3C_2D_1$,即建筑布局形式为错列式、建筑长度为60 m、建筑宽度为16 m、建筑层数为3层的试验方案。

5　西安地区高校宿舍区室外风环境舒适性优化

对正交试验设计结果计算与分析可得,西安地区高校多层宿舍区各影响因素下最优的水平组合方案为建筑布局形式为错列式、建筑长度为60 m、建筑宽度为16 m、建筑层数为3层的试验方案,将此方案应用于西安电子科技大学北校区东侧宿舍区中,不改变周围环境现状,仅将宿舍区按照最优组合进行布局,选取14个测点对比优化前后风速数据(图7),最优方案风速云图、风压云图如图8、图9所示。

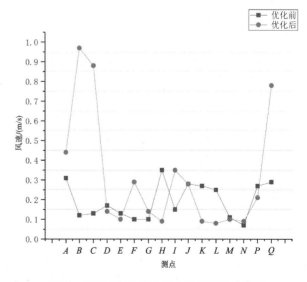

图7　西安电子科技大学北校区东侧多层宿舍区采用最优组合前后数据对比图

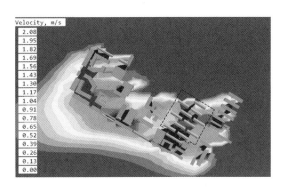

**图 8　西安电子科技大学北校区东侧
多层宿舍区最优方案风速云图**

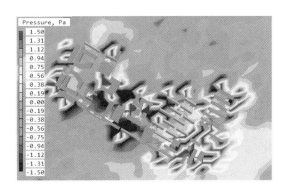

**图 9　西安电子科技大学北校区东侧
多层宿舍区最优方案风压云图**

多层宿舍区最优方案的平均风速值为 0.39 m/s,该方案的平均风速值大于原有方案的平均风速值 0.12 m/s,大幅地改善了多层宿舍区室外风环境,一定程度上有效地提高了人们室外活动时的舒适性。

与《绿色建筑评价标准》场地风环境评价规则相关内容进行对比,具体内容如表 6 所示。

表 6　多层宿舍区最优组合室外风环境评价表

	评价内容	是否满足要求
冬季典型风速和风向条件下	1.5 m 人行高度处宿舍区室外风环境风速小于 5 m/s;	(√)平均风速 0.39 m/s
	室外风速放大系数小于 2;	(√)
	建筑迎风面与背风面表面风压差小于 5 Pa	(√)最大风压差 3 Pa
夏季典型风速和风向条件下	场地内人活动区不出现涡旋或无风区	(√)

6　结论

本研究基于西安地区气候特征,结合单因素模拟与正交试验法,以实际项目为例进行了风环境方案优化设计,对照《绿色建筑评价标准》(GB/T 50378—2019)中对室外风环境的要求,结果表明了优化策略的合理性和可行性,为今后西安地区高校宿舍区风环境优化提供设计思路。

参考文献

[1]　杨丽.绿色建筑:建筑风环境[M].上海:同济大学出版社,2014.

[2]　钱锋,杨丽.体育馆建筑的风环境模拟研究[J].建筑科学,2017,33(10):202-207.

[3]　中华人民共和国住房和城乡建设部.绿色建筑评价标准:GB/T 50378—2019[S].北京:中国建筑工业出版社,2019.

[4]　中华人民共和国住房和城乡建设部.民用建筑设计统一标准:GB 50352—2019[S].北京:中国建筑工业出版社,2019.

[5]　中华人民共和国住房和城乡建设部.民用建筑供暖通风与空气调节设计规范:GB 50736—2012[S].北京:中国建筑工业出版社,2012.

刘思思[1] 刘启波[1]*

1. 长安大学建筑学院；543541575@qq.com

Liu Sisi[1] Liu Qibo[1]*

1. School of Architecture，Chang'an University

陕西省社会科学基金项目(2018 H06)、中央高校基本科研业务费专项资金(300102419670)

基于绿色建筑性能的千河流域传统民居院落风环境影响因素研究

Study on Influence Factors of Traditional Residential Courtyard Wind in Qianhe River Basin Based on Green Building Performance

摘　要：本文以千河流域地区的三合院院落为研究对象，以营造舒适的风环境为视点，选取与院落几何形态相关的影响因子为控制变量，即院落面宽 W、院落进深 D、建筑檐口高度 H。运用 Phoenics 软件进行定量研究，从而归纳出院落几何形态特征与其风环境的耦合关系。测试结果表明当院落形态 $W：D：H$ 为 $1.2：3：1$ 左右时，其风环境可促进夏季的自然通风、兼顾冬季的防风，以达到提高人体的舒适程度、改善人居环境质量的最终目的。

关键词：传统民居；风环境；数值模拟

Abstract：In this paper，the triple courtyards in the Qianhe River Basin are taken as the research object，from the perspective of creating a comfortable wind environment，the influencing factors related to the geometric shape of the courtyard are selected as the control variables，namely，the width of the courtyard W，the depth of the courtyard D，and the height of the building eaves H. Using Phoenics software for quantitative research，the coupling relationship between the geometric characteristics of the courtyard and its wind environment is summarized. The test results show that when the courtyard form $W：D：H$ is about $1.2：3：1$，the wind environment can promote the natural ventilation in summer and take into account the wind prevention in winter，so as to improve the human comfort and the quality of living environment.

Keywords：Traditional Residential Buildings；Wind Environment；Numerical Simulation

1 前言

千河流域地区民居作为关中平原地区传统人居环境的代表，蕴含丰富的绿色营建经验、深厚的文化底蕴、良好的地域适应性，是典型且珍贵的生态人居研究对象。我国住房和城乡建设部于 2013 年提出建设"美丽宜居村庄"，并指出适宜、舒适的室外物理环境是评价宜居村庄的重要标准之一。其中，改善风环境是室外物理环境优化的核心内容[1]。陕西省住房和城乡建设厅于 2021 年颁布的《住房和城乡建设部　陕西省人民政府关于在城乡人居环境建设中开展美好环境与幸福生活共同缔造活动合作框架协议》中提出组织农民群众共同建设美丽宜居乡村，提升农房设计建造水平，提高农房品质，推动农村用能革新，加强传统村落和传统民居保护利用，塑造乡村特色风貌。院落作为传统民居的高频室外活动场所，居住者在该场所活动的舒适性尤为重要。

为此,本文以千河流域的三合院为例,探索绿色性能视角下院落风环境的影响因素,提供健康舒适的建筑室外环境,降低气候不利条件的影响,提升室外活动的适宜性,减少能耗、助力双碳目标。以期为该地区乡村民居的绿色建设提供可供参考的理论成果。

传统民居院落空间风环境的研究吸引了众多学者的关注,利用计算机模拟的方法定量分析院落形态对建筑风环境的影响。通过对比不同方案,以寻求营造最佳风环境的形态参数。林波荣[2]等探究了四合院的几何形态对院内风环境的影响;李涛[3]等总结了关中"窄院民居"庭院空间的比例,对促进夏季自然通风具有重要作用;李世芬等[4]提取了四种典型合院类型,分析对比了不同类型院落冬季风环境的作用情况。

1 千河流域民居基本状况

1.1 千河流域地区气候条件

千河(汧河)属渭河一级支流,位于干旱地区和湿润地区之间,属暖温带半湿润的大陆性季风气候区,四季气候差异明显。夏季气温高、雨水多,冬季干燥寒冷、降水稀少。本文利用 Grasshopper 中的 Ladybug 对千河流域地区进行全年风环境模拟,并对气象数据进行筛选(图 1)。分别选取 6 月、7 月、8 月作为夏季风环境数据,选取 12 月、1 月、2 月作为冬季风环境数据。由图 1 可得,千河流域地区夏、冬季及全年的主导风向均为东南风。

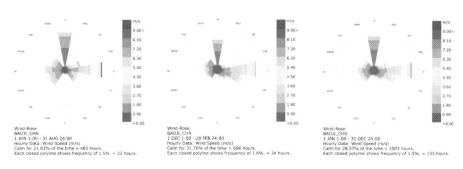

图 1 千河流域地区夏、冬季及全年风向风频
(图片来源:作者自绘)

1.2 民居院落的民意调研

风环境对使用舒适度和建筑能耗具有较大的影响,良好的建筑院落风环境利于改善其使用的舒适性及降低建筑能耗。当通风不畅时,污染物难以排出,影响空气质量,从而影响人体健康状况;当冬季院落风速过大时,会造成建筑围护结构的冷风渗漏,进而降低使用舒适性,增加采暖负荷。因此,健康的风环境不仅可以提高使用舒适度、改善人居环境质量,还有利于延长建筑的使用寿命。

在调研该地区民居院落的过程中,对当地居民发放了调查问卷共 200 份,其中有效问卷 178 份(图 2)。据调研数据显示,78.52% 的居民认为院落空间非常重要,14.33% 的居民认为比较重要,5.24% 的居民认为一般重要,仅有 1.91% 的居民认为不重要。由此可得,不论是实际功能还是心理需求,合理、舒适、健康的院落空间对当地居民来说都至关重要。

2 调研基本情况

2.1 调研民居概况

调研民居为"三合院"(图 3),有正房和西厢房,层高

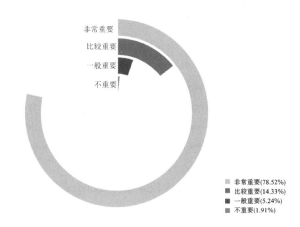

图 2 居民对院落空间重要程度的期望调查
(图片来源:作者自绘)

为一层,双坡顶。正房为三开间;堂屋开间 3 m、进深 5.2 m、屋架 1.5 m、檐口高度 4 m;卧室每间开间 3.35 m、进深 5.2 m、檐口高度 4 m;西厢房整体开间 10.35 m、进深 3.8 m;院落围墙高为 2 m、院落面宽 6.55 m、院落进深 17.8 m;该民居的宅基地面积为 238.05 m²。

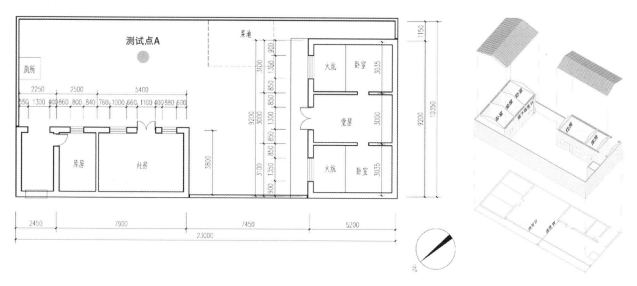

图 3　调研民居模型图

(图片来源:作者自绘)

2.2　实测数据

调研日天气实测数据如表 1 所示。

2.3　评价标准

针对风环境优劣的评价,本文以《绿色建筑评价标

准》(GB /T 50378—2019)为依据进行判断,即建筑物周围人行区风速低于 5 m/s,且室外风速放大系数小于 2,即满足不影响室外活动的舒适性和建筑通风的需求[5]。

表 1　调研日天气实测数据

(来源:作者自绘)

时间	天气	温度/℃	相对湿度/(%)	风向	测试对象
2020.8.2	晴	34/20	67	东南风 2 级	室外院落
2020.12.9	晴转多云	5/-4	56	西北风 2 级	测试点 A

3　民居院落的风环境模拟

本文采用计算机流体力学数值模拟(CFD)方法,所采用的 CFD 模拟软件为 Phoenics,该软件可以准确模拟环境中的风场。

3.1　模型搭建

使用 SketchUp2019 搭建模型并将三维模型导入 Phoenics 模拟软件,模型数值见表 2。

表 2　院落尺寸变化的模拟工况

(来源:作者自绘)

	面宽 W/m	进深 D/m	建筑檐口高度 H/m	W∶D∶H	宅基地面积/m²
工况 1	4.8	12	4	1.2∶3∶1	147.92
工况 2	4.8	15	4	1.2∶3.75∶1	173.72
工况 3	4.8	18	4	1.2∶4.5∶1	185.6
工况 4	9.6	12	4	2.4∶3∶1	230.48

437

	面宽 W/m	进深 D/m	建筑檐口高度 H/m	W:D:H	宅基地面积/m²
工况 5	12	12	4	3:3:1	271.76
工况 6	9.6	12	6	1.6:2:1	230.48
工况 7	9.6	12	8	1.2:1.5:1	230.48
调研民居	6.55	17.8	4	1.6:4.45:1	238.05

3.2 模型验证

选取调研日 2020 年 8 月 2 日的气候条件设置为模拟条件,并用调研民居的模型进行测试。通过对比模拟结果和实测结果,从而验证模型是否可靠。测点位置如图 3 所示,测试高度为 1.5 m。选取 9:00—18:00 时段的 6 个时刻,分别为 9:00、11:00、13:00、14:00、16:00、18:00。

通过实测结果和模拟结果的比较(图 4)可得,模拟结果整体小于实测结果。分析其原因可知,相较实测环境,模拟环境更为单一,且实测过程中受不可控的人为作用、仪器精准度等因素影响,所测数据也会存在一定误差。其中,第一组数据相差较大,分析原因为该调研日全时段平均风速为 0.112 m/s,实测数据远大于 0.112 m/s。故该时刻实测时存在偶发性阵风的情况。综上,对比六组数据,实测结果与模拟结果虽存在一定误差,但总体上实测值与模拟值吻合较好,该模拟方法可行,模型可靠。

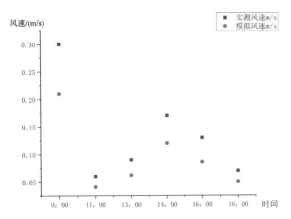

图 4 实测结果与模拟结果比较

(来源:作者自绘)

3.3 模拟中的参数设置

本文设定研究环境为稳态流场,模拟边界横向长度、竖向长度均为模型横向及竖向最大长度的 5 倍;计算区域高度为模型最大高度的 3 倍。湍流模型采用标准 $k\varepsilon$ 湍流模型。入流边界采用大气边界宏命令来设置;出流边界为自然出流(natural outflow)。上空面和侧面边界、建筑表皮边界及地表面边界均设置为无滑移壁面(no-slip wall)。由于调研环境位于乡村,故地面粗糙度指数 a 设定为 0.16。网格在 x、y、z 轴方向均设为 0.5×0.5。迭代次数设为 1500。

本文模拟所设初始风场为梯度风场,根据上文并结合《民用建筑供暖通风与空气调节设计规范》(GB 50736—2012),分别对夏季和冬季的风环境进行模拟(图 5、图 6)。夏季的主导风向为 ESE,风速设为全年室外最多风向的平均风速,即 2.9 m/s;温度为 29.5 ℃;相对湿度为 58%;大气压强为 959.8 hPa。冬季的主导风向为 ESE,风速设为全年室外最多风向的平均风速,即 2.8 m/s;温度为 −5.8 ℃;相对湿度为 62%;大气压强为 979.1 hPa。测试高度均为 1.5 m。

4 结果分析

本文对民居院落的几何形态进行变形,对比分析不同院落几何形态下的建筑风环境情况。选取了院落进深、院落面宽、檐口高度三个影响因子。通过分别控制一个影响因子不同且另外两个影响因子相同的方法,可生成三组。第一组为不同院落进深情况下的建筑风环境情况,包括工况 1、工况 2、工况 3;第二组为不同院落面宽情况下的建筑风环境情况,包括工况 1、工况 4、工况 5;第三组为建筑不同檐口高度情况下的建筑风环境情况,包括工况 4、工况 6、工况 7。

4.1 院落进深对建筑风环境的影响

随着院落进深的增加,院落内的风速逐渐增大。工况 1 院落整体风速较为稳定,获得了相对更加温和的风环境。工况 2 夏季院落局部风速 2 m/s 左右。院落整体风场分布不均,西厢房山墙面存在涡流,东卧室前角部为静风区,不利于室内通风;冬季卫生间处风速有所增大,穿过院落空间去往卫生间时,人体感受较差。工况 3 夏季西厢房山墙面处几乎为静风区,且处于建筑角部,易积存空气中的污染物,难以扩散,影响环境卫生;当冬季时,院落局部风速 3 m/s,且大面积区域风速大于 2 m/s,较易导致冬季室内冷风渗漏的情况出现,需对建

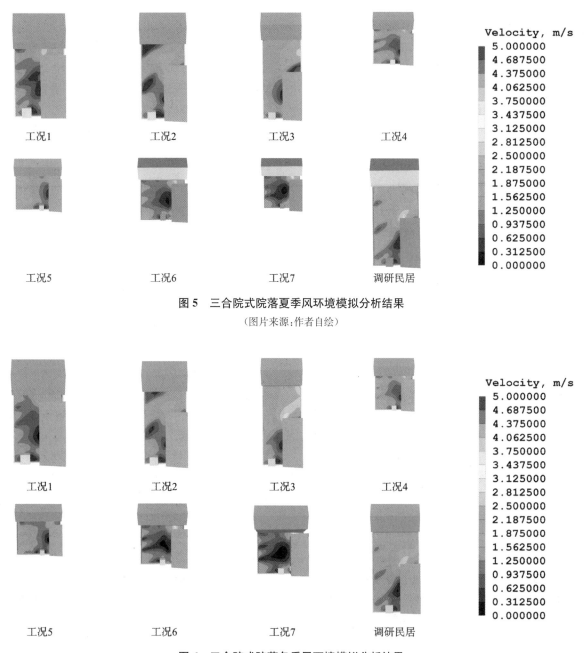

工况1   工况2   工况3   工况4

工况5   工况6   工况7   调研民居

Velocity, m/s
5.000000
4.687500
4.375000
4.062500
3.750000
3.437500
3.125000
2.812500
2.500000
2.187500
1.875000
1.562500
1.250000
0.937500
0.625000
0.312500
0.000000

图5　三合院式院落夏季风环境模拟分析结果

(图片来源:作者自绘)

工况1   工况2   工况3   工况4

工况5   工况6   工况7   调研民居

Velocity, m/s
5.000000
4.687500
4.375000
4.062500
3.750000
3.437500
3.125000
2.812500
2.500000
2.187500
1.875000
1.562500
1.250000
0.937500
0.625000
0.312500
0.000000

图6　三合院式院落冬季风环境模拟分析结果

(图片来源:作者自绘)

筑西北面和东南角处加强防风和保温措施,但会增加建筑能耗,不利于建筑节能。

4.2　院落面宽对建筑风环境的影响

随着院落面宽的增加,风速逐渐增大。工况4院落的不同区域风速变化明显,风场分布不均。西厢房的背风面因面宽增大,导致其背面形成负压区,产生较大的风影区。其建筑后面为西卧室,所产生的风影区会影响建筑室内的通风效果。同时,夏季东卧室的通风情况差于西卧室。卧室作为主要活动空间,室内舒适性大大降低。另外,随着面宽不断增加,风影区的面积并非呈线性关联,工况5不论是夏季或冬季,该区域的风影区面积均小于工况4。而院落的中部区域,随着面宽增大,风速也逐渐增大。

4.3　檐口高度对建筑风环境的影响

随着檐口高度的增加,院落静风区面积增大。其原因为空间的围合性增强,导致风无法进入院落。同时,西厢房的背风面由于建筑高度的增加而形成大面积的风影区。对比夏季的工况4、工况6、工况7可得，风影区面积与建筑高度呈正相关。随着檐口高度的增加，一层（测试高度1.5 m）西卧室通风状况越来越差。另外，建筑入口处存在穿堂风的情况，并随檐口高度的增加，该区域风速也在增加，但风速提升并不明显，这是因为卫生间的阻挡大大减弱了风力。

5　结论与建议

本文在实地调研的基础上，对院落风环境的影响因素进行了定量研究，并建立了7种工况，以Phoenics模拟软件为工具，对不同工况下的风环境进行了模拟分析，得出以下结论。

（1）所有工况通过模拟风环境，其模拟结果虽均满足《绿色建筑评价标准》(GB/T 50378—2019)内的相关要求，但依然存在不利的通风或防风情况，仍有可改进的空间。在1.5 m的测试高度，所有工况的院落内部风速都在4 m/s以下。

（2）当院落面宽增大时，其风速也在增大。需注意的是夏季通风佳，其冬季建筑的保暖性能会受到影响，同时增大建筑能耗；当院落进深增大时，夏季正房通风得以改善，但局部会出现风速过大的情况，不利于冬季建筑保暖；当建筑檐口高度增大时，院落内静风区面积增大，局部出现风影区，不利于建筑环境健康及人体健康。

（3）正房与西厢房的连接处较短时，该处易形成积存垃圾、污染物等现象。

（4）院落空间$W：H：D$为1.2∶3∶1时，即工况1的院落风场分布更稳定，更有利于夏季自然通风及冬季低风速的营造。同时，所选取的工况1其宅基地面积满足《陕西省实施〈中华人民共和国土地管理法〉办法》中

川地、塬地每户不超过200 m²的规定。

针对本文研究，提出以下建议。

（1）尽可能避免主要活动空间（正房）前方有阻碍物或建筑，可适当拉开其与正房的间隔距离，避免风影区的形成，从而影响后面建筑的室内通风及舒适性，同时可以避免"狭管效应"的发生。

（2）民居高度宜采用一层，两层高度会影响一层建筑室内的通风情况，不利于人的使用活动，从而降低舒适性。

（3）虽扩大面宽或进深可以改善建筑的通风情况，但也会减弱建筑冬季的保温性能，从而增大建筑能耗。当建筑整体面积扩大，宅基地面积随之增大时，对自然环境也会造成一定的破坏。

（4）为避免建筑入口处存在穿堂风现象，导致冬季入户人体感受较差，可将卫生间设于入口平行处位置，阻挡冬季寒风的侵袭。

参考文献

［1］　张欣宇，金虹.基于改善冬季风环境的东北村落形态优化研究[J].建筑学报，2016(10)：83-87.

［2］　林波荣，王鹏，赵彬，等.传统四合院民居风环境的数值模拟研究[J].建筑学报，2002(5)：47-48.

［3］　李涛，杨琦，伍雯璨.关中"窄院民居"庭院空间的自然通风定量分析[J].西安建筑科技大学学报（自然科学版），2014，46(5)：721-725.

［4］　李世芬，董惟澈，刘代云，等.基于冬季室外风环境模拟的东北乡村住居优化设计研究[J].西部人居环境学刊，2022，37(1)：139-146.

［5］　中华人民共和国住房和城乡建设部.绿色建筑评价标准：GB/T 50378—2019[S].北京：中国建筑工业出版社，2019.

魏大森[1]　刘伟[1]

1. 长安大学建筑学院；2016539850@qq.com

Wei Dasen [1]　Liu Wei [1]

1. School of Achitecture,Chang'an University

基于自然通风模拟的体育馆表皮形态优化设计策略研究

Research on Optimization Design Strategy of Gymnasium Skin Shape Based on Natural Ventilation Simulation

摘　要：随着数字化设计的发展与应用，体育建筑表皮形态呈现出复杂化与非线性的特征，而其在设计时也出现了构件尺度、面积等数据难以精准调控及表皮形态影响建筑自然通风等问题。本文以某高校体育馆设计方案为例，通过 Grasshopper 参数化建模程序与其自带的 Galapagos 遗传算法模块优化设计过程，以实现对所提出的四种非线性表皮形态以满足窗墙比数值为目标的精准调控，同时通过 Eddy3d 插件对模型进行自然通风条件下的风环境模拟并对比结果分析出最优形态，为体育馆表皮的优化设计策略提供可借鉴的方法。

关键词：体育馆表皮；形态优化；遗传算法；自然通风模拟

Abstract： With the development and application of digital design, the skin shape of sports buildings presents complex and non-linear characteristics. However, it is difficult to accurately control the data such as component size and area, and the skin shape affects the natural ventilation of buildings. Taking the design scheme of a university gymnasium as an example, through the optimization design process of the Grasshopper parametric modeling program and its own Galapagos genetic algorithm module, this paper realizes the precise regulation of the four proposed nonlinear skin forms to meet the window wall ratio. At the same time, the model simulates the wind environment under the natural ventilation condition through the Eddy3d plug-in, and compares the results to analyze the optimal form, It provides a reference method for the optimization design strategy of gymnasium skin.

Keywords： Gymnasium Skin；Morphological Optimization；Genetic Algorithm；Natural Ventilation Simulation

1　引言

随着数字化设计的发展与应用，越来越多的体育馆表皮设计开始呈现出空间曲面化的特征。但这也使得表皮设计过程中出现了非线性形态构件尺度难以把控的问题，因此在以某些如窗墙比等量化要求下进行表皮形态设计时，难以高效地找到满足要求的形态。同时表皮设计往往更侧重于形态观感而忽视了表皮作为建筑外围护结构对建筑室内自然通风条件的影响，使得表皮形态设计与室内风环境设计两者缺乏联系[1-3]。因此，优化非线性表皮的数字化设计过程使其能高效计算出符合设计需求的最优形态，以及将表皮设计与建筑风环境优化设计相结合成为当前数字化设计背景下的体育馆表皮设计策略研究亟须解决的问题。

2　项目简介

2.1　项目概况

本项目为青岛理工大学临沂校区体育馆方案设计，项目包含主馆与副馆两座场馆，其中主馆主要作为体育赛事场馆，副馆主要作为风雨操场，为在校学生的日常体育课程授课、体育训练等活动提供场地，本文主要以副馆的表皮形态与自然通风条件下的室内风环境为研究对象。

在方案设计中采用流线型的形体设计策略,并对表皮进行细分,将每个表皮单元进行形态变化以生成非线性的空间曲面开窗形式,呈现出动态感和韵律感,建筑表皮的窗洞构造形式为可开合式百叶窗,当百叶窗全部开启时,其80%的有效面积可用于自然通风(图1)。体育馆平面呈不规则的曲面形态,东西向轴线最长为72 m,南北向轴线最长为60 m。建筑共两层,首层为小型活动场地、教室、服务空间等,二层为篮球、羽毛球等球类运动的活动场地,建筑屋面采用张弦梁体系作为大跨支撑结构,实现了体育馆二层的无柱大空间设计需要。建筑高度为15 m,满足羽毛球、篮球等室内场地以及屋面吊顶、设备等的高度需求。

图1　建筑效果图

2.2　环境气候分析

本项目位于山东省临沂市费县,地处华东地区,气候条件属温带季风气候,气候适宜,光照充足,年平均气温在12.3～13.3 ℃(图2)。临沂地处我国东南沿海,冬夏海陆温差显著,风向随季节变化明显,夏季盛行西南风,冬季盛行东北风(图3),年平均风速为2.52 m/s,月平均最高风速出现在五月,平均风速为3.37 m/s。

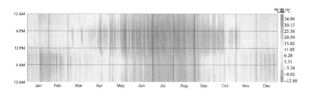

图2　临沂地区全年温度

2.3　设计要点

本项目进行表皮设计时,应塑造具有特色的表皮形态。同时,结合当地气候环境数据,考虑室内光照与热辐射等因素,项目要求外立面窗墙比应趋近0.25,且营造充分利用自然通风的稳定的室内风环境。

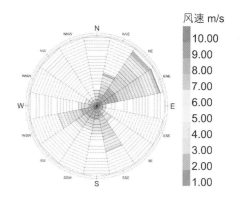

图3　临沂地区风玫瑰图

因此在设计时使用数字化设计方法,通过参数化建模实现四种非线性表皮形态方案的生成,并使用遗传算法对参数化建模程序进行优化,以快速求解各自满足窗墙比要求的最优形态,最后对生成的四种表皮形态进行室内风环境模拟,对比分析得出最合理方案[4-5]。

3　数字化设计的应用

3.1　建立数字化模型

为了使表皮以理性逻辑呈现出非线性空间曲面的形态特征,且能通过改变参数调节表皮形态,本研究采用了数字化设计中参数化建模的方法,通过基于Rhino平台的Grasshopper参数化建模程序实现对体育馆模型的构建[6-7]。在表皮的形态设计中,首先对体育馆外立面应用几何分形理念,将建筑外立面作为一个完整的空间几何曲面,利用Isotram电池组对曲面进行U/V网格划分,将外立面划分成所需要的若干空间曲面细分网格。而后将划分好的每个细分网格在网格顶点所在的二维平面上设计出具体的窗洞形式,最后通过Copy trim电池组将其映射至相应空间曲面表皮网格中,完成表皮的整体形态设计(图4)。其中窗洞的形式基于对矩形几何要素的变化调整,最终拓扑构建出呈现非线性特征的表皮形态(图5)。

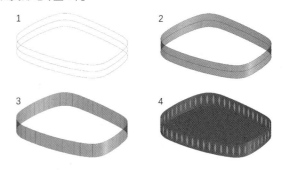

图4　体育馆参数化模型生成过程

图 5　由矩形图像拓扑生成表皮窗洞形态

3.2　表皮形态拓扑生形

基于 Grasshopper 建模程序构建的参数化模型，可通过调节参数与曲面关键结构线的形态快速生成不同的拓扑形态，在本参数化建模程序中，将按照当前建模逻辑生成的表皮形态作为方案 1，此时参数化程序中变量因子为窗洞横向与纵向几何要素的尺度，而在此基础上增加改变细分外立面的 U/V 网格比例这一尺度变量则可使得网格与表皮单元在横向产生形变，进而拓扑生成方案 2，另外在方案 1 的基础上增加以正弦函数曲线数值变化为主的形态变量，生成窗洞大小呈现出符合函数图像渐变韵律的方案 3，最后对方案 1 同时增加两种变量以生成同时具有横向形变与渐变韵律的方案 4（图 6）。

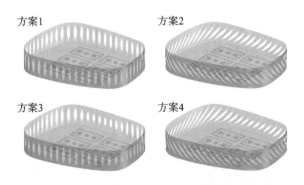

图 6　通过改变变量类型拓扑生成四种表皮方案

通过对当前拓扑生成的四种表皮形态分别计算其窗墙比数值，可知其均不满足项目要求的窗墙比 0.25（表 1），故应修改变量以使计算结果更趋近目标值。对于单一变量可在其范围内通过穷举法找出变量的最优解，但当前不同方案存在多个变量因子，且变量因子与开窗面积之间的计算关系复杂，因此为了快速求出变量数值最优解，应对当前建模程序进行优化。

表 1　不同方案优化前窗墙比

方案	方案 1	方案 2	方案 3	方案 4
窗墙比	0.179	0.179	0.141	0.161

4　遗传算法优化表皮形态

4.1　应用遗传算法

Galapagos 电池组为 Grasshopper 参数化建模平台中可使用遗传算法与退火算法对搭建的参数化建模程序进行最优解计算的模块。其中遗传算法寻优逻辑为将变量在其区间内随机生成若干组数据进行计算，而后将其数据作为算法的第一代基因型，并根据与目标值的趋进程度将其相互作用优化生成第二代基因型，该过程反复循环迭代最终产生最优解。

面对四个方案参数化建模程序中的多个变量因子，笔者使用 Galapagos 模块中的遗传算法，以窗墙比 0.25 为计算目标，分别对其表皮形态的参数化建模程序中变量数值进行最优解计算（图 7）。以此对原建模过程进行优化，实现以某结果数值为目标的非线性构件形态尺度的最优解计算。

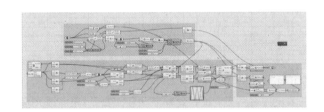

图 7　方案参数化程序应用遗传算法求最优解

在算法设置中，对窗洞横向与纵向几何尺度、U/V 网格形变量、函数系数等数据设置相应数据区间，确保计算得出窗墙比范围包含目标数值 0.25，并将计算值与目标值两者差值的绝对值做目标，将 Fitness 调至 Minimize，基因迭代数设置为 50 代，每代基因型设置为包含 50 组变量。

4.2　结果分析

根据遗传算法运算结果可知，寻优计算完成后四组方案变量最优解与目标值差值分别为 0.0015、0.0046、0.0001、0.0001（图 8），且经检验，四组变量最优解所对应的表皮窗墙比满足项目要求窗墙比数值（表 2），说明使用遗传算法优化参数化建模程序，满足了以某数值指标为运算目的的非线性表皮形态建模形态精准找形的设计需求，并大幅提高了其通过改变参变量数值进行找形方面的效率。

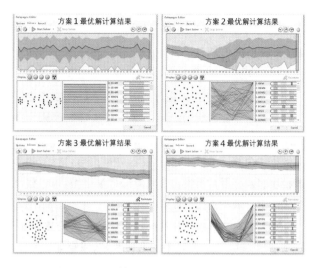

图 8　应用遗传算法对不同方案最优解运算结果

表 2　不同方案优化后窗墙比

方案	方案 1	方案 2	方案 3	方案 4
窗墙比	0.2515	0.2495	0.2499	0.2499

在本节中，由于难以直接分析出变量与非线性表皮窗墙比之间的计算关系，且所设计的具有空间曲面特征的表皮方案其窗洞面积计算方法较为复杂，笔者采用参数化建模与遗传算法结合的方法优化设计过程，使得参数化程序能以项目要求数值为运算目标，通过多代基因型数据的优化迭代实现其最优形态所对应参数的求解运算，实现对异形表皮形态的精准调控。

5　室内风环境模拟

5.1　Eddy3d 风环境模拟插件

通过遗传算法对四种非线性表皮方案形态根据项目要求进行优化后，笔者使用基于 Grasshopper 平台的 Eddy3d 插件分别对自然通风条件下的四种表皮方案所营造的室内风环境进行仿真模拟。

Eddy3d 插件是基于 CFD 技术，通过流体动力学相关理论开发的用于对建筑室内外风环境进行仿真模拟的参数化插件，由于良好的开发环境，其能与 Ladybug、Honeybee、HB-Radiance 等参数化建筑环境与能耗模拟插件进行联动，共同对性能驱动设计的理念发展起到推进作用。

Eddy3d 插件可通过 Ladybug 插件读取 epw 气象数据文件，得出相应地区所需时间段的风环境条件，并基于参数化建模程序结合场地环境对所设置的建筑模型进行仿真模拟(图 9)，能根据建筑的形态与开窗形式清晰地反映出相应的自然通风条件下室内外风环境状况，并对相关数据进行分析处理，以图示的方式展示模拟结果。

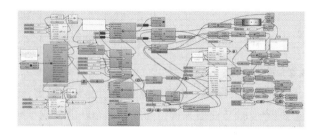

图 9　基于 Eddy3d 插件建立风环境模拟程序

5.2　建立风洞模型

通过 Ladybug 插件对建筑所在地区的 epw 气象数据文件进行读取，计算并分析当地一年中的月均风环境数据，选择较有代表性的五月份平均风速与风向作为仿真模拟试验的自然风条件。

通过 Eddy3d 插件针对建筑模型尺度大小并结合自然风方向建立风洞模型，风洞尺度为 100 m×60 m×20 m，将建筑模型完全包含在风洞模拟范围内(图 10)，同时建筑表皮的窗户以全部开启的方式作为通风口与外部环境联通，并将窗户面积的 80% 作为有效通风面积以切实反映不同表皮形态下建筑室内风环境的实际状况，并将风洞模型细分为边长 0.5 m 的正方体进行计算，以满足仿真过程中的精度要求。

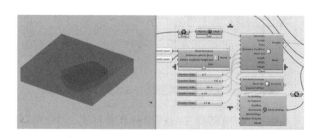

图 10　建立风洞模型并设置相关参数

在仿真结果的读取方法上，Eddy3d 主要通过在模拟空间范围内某点布置探测器的方式对风环境数据进行读取并做进一步的运算，而后通过 Ladybug 中的相关图表处理工具将模拟结果以图示的方式进行输出。本文主要针对使用者的感受对室内风环境进行研究，因此将数值探测器以 1.8 m×1.2 m 的间距在室内 1.5 m 标高平面上进行全覆盖布置，以满足对表皮围合的整体室内风环境进行分析的目的(图 11)。设置完成后，对四种不同形态的表皮方案进行模拟。

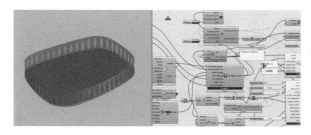

图11 将探测器以固定间距在室内全覆盖布置

5.3 仿真模拟结果

通过模拟可得出四种表皮形态下室内平面1.5 m标高处的风环境模拟结果,同时对所模拟出的风环境图像进行规范化处理使四种表皮所对应的风环境图像其图例均一致以进行对比分析(图12)。

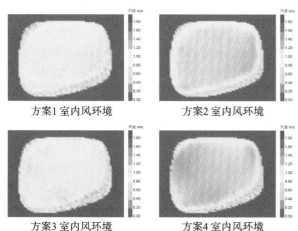

图12 四种表皮形态所对应的风环境图像

将探测器所得出的所有数据进行汇总处理可分析出不同表皮形态所形成的室内风环境中风速各项数据(表3)。本研究主要探讨室内风环境对使用者的影响,因此将室内风环境中风速的稳定性作为主要评判依据。

表3 四种表皮方案对应风环境数据

	最大风速/(m/s)	最小风速/(m/s)	风速均值/(m/s)	风速值标准差
方案1	2.0198	0.0534	0.8783	0.1483
方案2	1.5506	0.0401	0.9969	0.1669
方案3	2.0043	0.0732	0.8866	0.1516
方案4	1.8641	0.0413	1.0357	0.1867

经过数据及图像对比分析可知,方案1的风速值标准差最低,即通过探测器在其室内环境中测得风速数据离散程度更小,表明方案1表皮形态下的体育馆室内风环境更为稳定。而方案4的平均风速值最大,说明在该表皮形态下对自然通风的利用程度最高,但其风环境稳定性较低。可知在当前对室内风环境的高稳定性需求下,表皮形态方案1为所提出四种方案的最优选择。

6 结论

本文通过参数化设计方法构造四种空间曲面形态体育馆表皮方案,并使用遗传算法对其形态控制参数以窗墙比数值为目标进行最优解计算,实现了对非线性表皮形态的精准调控,并通过对其形成的室内风环境模拟,以及对模拟所得数据与图像进行分析,对比得出以风环境稳定性为目标的最合理表皮形态方案。通过本研究,对体育馆表皮形态优化设计策略做出以下总结。

(1)对于非线性表皮形态设计应使用参数化建模方法,通过调控参数变量数值以生成表皮形态,增强形体逻辑性的同时便于对其相关数据进行优化处理。

(2)对于以某计算数值为目标的最优解形态计算,应在参数化建模程序的基础上对变量进行合理区间限定,使用遗传算法对其求解,提高设计效率。

(3)对表皮形态设计应考虑其艺术性与实用性,将形态设计与通风设计、采光设计等相结合,提高建筑形态观赏性的同时营造高效舒适的室内空间。在设计阶段可使用仿真模拟软件对数字化模型进行分析,以优化表皮方案形态。

参考文献

[1] 郭欣宇,王旭楠,张龙巍.基于参数化的体育馆形体集成优化设计研究[C]//全国建筑院系建筑数字技术教学与研究学术研讨会组委会,长安大学建筑学院.数字技术·建筑全生命周期——2018年全国建筑院系建筑数字技术教学与研究学术研讨会论文集[C].北京:中国建筑工业出版社,2018.

[2] 程征.基于自然通风模拟的体育馆设计策略研究[D].哈尔滨:哈尔滨工业大学,2019.

[3] 吕冠男,董宇,张一楠.基于自然通风模拟技术的体育馆通风口位置选择设计[C]//孙澄,刑凯,夏楠,等.模拟·编码·协同——2012年全国建筑院系建筑数字技术教学研讨会论文集[C].北京:中国建筑工业出版社,2012.

[4] 李晋.体育馆形态非对称性对运动场地自然通风及热舒适性的影响[J].华南理工大学学报(自然科学版),2013(3):8.

[5] 曹岳超.基于自然通风模拟的体育馆界面形态设计研究[D].哈尔滨:哈尔滨工业大学,2015.

[6] 时辰,韩昀松,孙澄.自然通风工况下的寒地复杂中庭空间热环境模拟与分析[J].新建筑,2020(1):5.

[7] 傅强.基于实测和计算机模拟分析的南京某高校体育馆室内环境性能改善研究[C]//《中国建筑教育》编辑部.建筑的历史语境与绿色未来——2014、2015"清润奖"大学生论文竞赛获奖论文点评[C].北京:中国建筑工业出版社,2016.

张涛源[1] 付孟泽[1] 吴迪[1*]

1. 郑州大学；archwudi@zzu.edu.cn

Zhang Taoyuan[1] Fu Mengze[1] Wu Di[1*]

1. Zhengzhou University

河南省重点研发和推广专项(科技攻关)项目(222102110125)、河南省自然科学基金青年基金项目(202300410428)

基于行为模式的古镇民居能耗分析
Energy Consumption Analysis of Ancient Town Dwellings Based on Behavior Model

摘　要：随着建筑能耗研究的逐步深入，人们开始关注建筑中使用者的行为对能耗的影响。本文以道口古镇内一栋民居为例展开研究，用 DesignBuilder 进行不确定性和敏感性分析，选取人员密度、室内设备功率密度、换气次数、供暖温度设定值四个与人行为息息相关的因素，研究各因素对建筑能耗的影响趋势及显著性程度。结果表明：87% 的采暖能耗分布在 7698~9498 kW·h 内。采暖温度设定值是影响道口古镇民居建筑采暖能耗的最显著因素，其余依次是换气次数、人员密度、室内设备功率密度。人员密度、换气次数、供暖温度设定值与采暖能耗呈现正相关趋势，室内设备功率密度与采暖能耗呈现负相关趋势。

关键词：建筑能耗；人行为；道口古镇；敏感性分析

Abstract：With the gradual deepening of the research on building energy consumption, people begin to pay attention to the impact of users' behavior on energy consumption in buildings. This paper takes a folk house in Daokou ancient town as an example to study. Use DesignBuilder to analyze uncertainty and sensitivity, select four factors closely related to human behavior: personnel density, indoor equipment power density, ventilation times, and heating temperature setting value, study the influence trend and significance of various factors on building energy consumption. The results show that 87% of the data are distributed between 7698 kW·h and 9498 kW·h. The ventilation rate is the most significant factor affecting the heating energy consumption of residential buildings in Daokou ancient town, and the rest are the setting value of heating temperature, personnel density and indoor equipment power density in turn. Personnel density, ventilation times, heating temperature setting value and heating energy consumption show a positive correlation trend, while indoor equipment power density and heating energy consumption show a negative correlation trend.

Keywords：Building Energy Consumption；Human Behavior；Daokou Ancient Town；Sensitivity Analysis

1　引言

从 20 世纪 70 年代的能源危机到如今的俄乌战争所导致的能源紧缺，能源已经成为社会日益关注的重大问题。我国 2018 年建筑能耗占全社会总能耗的 36%，其中建筑建造能耗占比为 14%，建筑运行用能占比为 22%，建筑运行阶段具有巨大的节能潜力[1]。随着计算机算力的提升和建筑能耗分析的深入，通过几代关键技术的突破，建筑模拟技术在计算机辅助建筑设计中扮演着日益重要的角色[2]。建筑的能耗计算也开始从对建筑本体的研究，到关注建筑中使用者的行为对能耗的影响。

针对人行为的随机性所导致的能源消耗，不同学者针对不同的影响因素展开了相关研究。阮方、钱晓倩等[3]通过问卷调查、软件模拟的方法，从全年节能效果出发，归纳出人不同类型的用能模式与居住建筑外墙内外保温的相互关系，指出在人行为对外墙内外保温的能耗评价，具有直接、显著的影响；程烜、郑竺凌[4]以某户居住建筑为样本,通过实测与能耗模拟的方式,结合问卷及居室实际状况分析了人行为因素对空调开关模式及能耗的影响,指出人员行为模式对居住建筑能耗,特别是空调能耗的影响显著;王莹莹、刘加平等[5]通过问卷调查,获得居民冬季室内的活动轨迹,确定采暖房间及采暖运行时段,对提供居民热舒适需求的采暖策略具有一定的借鉴意义。

针对人行为的复杂性,如何有效定义人行为参数输入是进行模拟计算的重要前提。孙禹、冷红等[6]利用多主体(multi-agent)建模技术,提出设计集成建筑能耗模型,模型中将环境模拟、行为模拟模块各自独立构建,再进行交互,实现热环境模拟和基于主体活动的设备能耗模拟的有机结合。王闯、燕达等[7]提出一种基于马尔可夫链和事件的室内人员移动模型,用于描述和模拟人员个体在建筑中的位置移动过程,进而准确模拟建筑热环境及室内设备的运行能耗。

综上所述,人行为的复杂性和随机性是研究人行为与能耗关系的重要部分。其中在公共建筑和办公类建筑中使用者的生活方式与时间表息息相关,能耗模拟的结果与实际结果之间的出入较小。而在居住建筑中,居民个性化的生活方式导致居住建筑的能耗分析结果受居民行为模式的影响波动较大。其中民居建筑因其所处生活环境塑造的生产生活方式和发展轨迹的历史延续性[1],而使这一特点更加突出。本文立足于道口镇的基本气象条件,采用 DesignBuilder 作为模拟软件,选取跟人行为关系密切的参数,进行不确定性和敏感性分析,以期获得人行为与能耗的关联程度,对人主体行为的引导提供一定的借鉴意义。

2 模型提取和人行为参数设定

2.1 能耗模拟模型提取

基于道口镇现阶段住宅的基本特征,选取了具有代表性的道口镇顺北街某宅的西厢房为基础建筑模型。平面形式为一字形,开间 12280 mm,进深 4380 mm,建筑层数为两层,第一层用隔墙将室内空间划分为客厅、卧室和厨房。第二层主要以储藏空间为主。

在模型中将两层平面分别用不同的 block 建造,一层 block 从左至右分为三个 zone,分别对应卧室、客厅、厨房三个功能分区,二层 block 分为两个 zone,对应两个功能分区。模型以 zone 为最小单元,只考虑四周的围护结构和室内功能,室内布局和楼梯不在建模考虑之内。屋顶形式为双坡屋面,屋顶有内凹曲面,但是幅度不大,

坡度约为 30%,建模时忽略内凹曲面,建立双坡屋面。结构类型为传统的砖木混合营造方式。建筑基本模型平面图如图 1 所示,建筑围护结构构造方式及热工性能如表 1 所示。

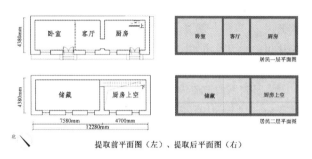

图 1　建筑基本模型平面图

表 1　建筑围护结构构造方式及热工性能

构件	材料层	厚度/mm	密度/(kg/m³)	比热容/[J/(kg·K)]	传热系数/[W/(m·K)]
外墙	外青砖	240	1700	800	1.38
	内土坯	320	2050	180	
地面	素土夯实	—	—	—	2.98
	三合土	150	480	180	
	水泥砂浆	20	1650	920	
	瓷砖	8	1000	1000	
屋顶	木椽	70	2000	800	2.64
	塑砖	30	1900	880	
	泥背	100	1500	840	
	小青瓦	15	2810	90	
外窗	玻璃	3			6.25

2.2 能耗模拟模型气象参数选择

从 EnergyPlus 官网气象数据中下载数据库(chinese standard weather data,CSWD)内安阳气象数据的 epw 文件,再将 epw 文件导入 DesignBuilder 中作为室外气候环境参数。冬季采暖对能源需求相对较高,选取冬季采暖期(11 月 15 号到次年 3 月 15 号)为时间段进行模拟。

2.3 人行为参数设定

人行为的用能方式是影响区域建筑能耗密度变化的重要因素。根据《居住建筑节能设计标准》(DB11/891—2020),农村采暖温度为 14 ℃,城市为 18 ℃,供暖温度的设定值是居民冬季采暖舒适与否的关键。而人是房屋使用的主体,人员密度影响着居住建筑的使用。

人对建筑的使用程度则体现在室内设备功率密度和换气次数,换气次数不仅表示房屋围护结构的气密性,也与人员进出房间、开关窗的频繁程度有关。本文根据道口镇居民所处的生活环境与生活方式:冬季采暖期内室内采暖设备(电暖扇)大部分时间处于关闭状态;很少开窗通风,入户门一般处于关闭状态,选取 4 个人行为与能耗相关的因素,即供暖温度设定值、人员密度、室内设备功率密度、换气次数。

人员密度的取值考虑到不同家庭结构人口的数量,选取 0—0.03—0.05(人/m²)的三角分布,民居里 1 个人换算成人员密度为 0.01,则 0—0.03—0.05 的人员密度值代表着 0—3—5 人;室内设备功率密度,选取 0—5—8(W/m²)的三角分布;自然通风换气次数考虑到农村住宅构造的局限性和居民的生产生活方式,选取 0—0.3—0.5(ac/h)的三角分布;供暖温度设定值设定为 14 ℃~18 ℃的正常连续型分布[9]。抽样方式采取简单随机抽样,模拟次数为 200 次。

3 能耗与因素结果分析

3.1 单因素不确定性结果与分析

单影响因素能耗分布及变化趋势见图 2,图 2 中选取的节点对应的能耗值见表 2。

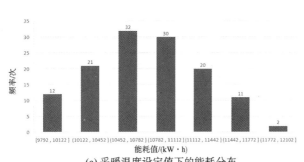

(a) 采暖温度设定值下的能耗分布

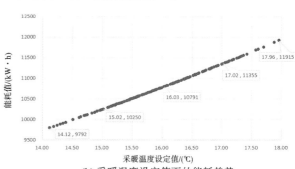

(b) 采暖温度设定值下的能耗趋势

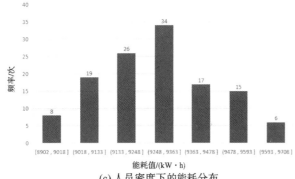

(c) 人员密度下的能耗分布

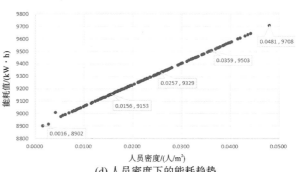

(d) 人员密度下的能耗趋势

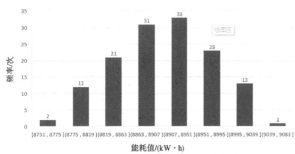

(e) 室内设备功率密度下的能耗分布

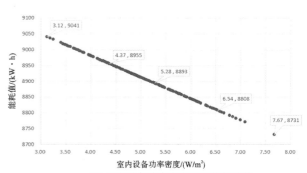

(f) 室内设备功率密度下的能耗趋势

图 2 单影响因素能耗分布及变化趋势

448

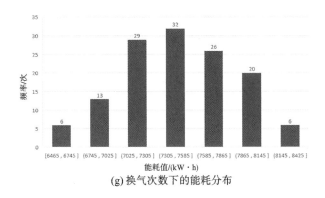

(g) 换气次数下的能耗分布

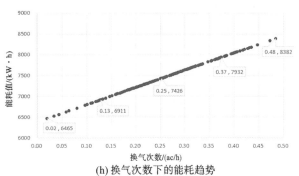

(h) 换气次数下的能耗趋势

续图2

表2 图2中选取的节点对应的能耗值(kW·h)

影响因素	a	b	c	d
	采暖温度设定值	人员密度	室内设备功率密度	换气次数
1	11915	9708	8731	8382
2	11355	9503	8808	7932
3	10791	9329	8893	7426
4	10250	9153	8955	6911
5	9792	8902	9041	6465

根据图2与表2信息,在冬季采暖期内各因素对采暖能耗的影响和趋势如下。

(1)采暖温度设定值影响下的采暖能耗主要分布在 10452～11112 kW·h,换算成能耗密度为 99.4～105.7 kW·h/m²,80%的采暖能耗数据分布在 10122～11442 kW·h,为 96.29～108.85 kW·h/m²。最低值为 9792 kW·h,为 93.15 kW·h/m²,最高值为 11915 kW·h,为 113.35 kW·h/m²。

采暖能耗随着采暖温度设定值的增高,也逐步增高;其线性回归方程见式(1):

$$F=552.86\,x+1928.58, R^2=1 \qquad (1)$$

式中,F 为采暖能耗(kW·h),x 为采暖温度设定值(℃),R^2 为判定系数。

(2)人员密度影响下的采暖能耗主要分布在 9133～9363 kW·h,换算成能耗密度为 86.88～89.07 kW·h/m²。76.8% 的采暖能耗数据分布在 9018～9478 kW·h,为 85.79～90.16 kW·h/m²。当人员密度为 0.0016时,采暖能耗最低为 8902 kW·h,当人员密度为 0.0481时,采暖能耗达到最高值 9708 kW·h。

人员密度与采暖能耗呈现正相关的趋势,其线性回归方程见式(2):

$$F=17332.68\,x+8883.06, R^2=1 \qquad (2)$$

式中,F 为采暖能耗(kW·h),x 为人员密度(人/m²),R^2 为判定系数。

(3)室内设备功率密度影响下的采暖能耗主要分布在 8863～8951 kW·h,换算成能耗密度为 84.31～85.15 kW·h/m²,79.4%的采暖能耗数据分布在 8819～8995 kW·h,为 83.89～85.57 kW·h/m²。当室内设备功率密度为 3.12时,采暖能耗为最高值 9041 kW·h,当室内设备功率密度为 7.67 时,采暖能耗达到最低值 8731 kW·h。

室内设备功率密度与采暖能耗呈现负相关的趋势,其线性回归方程见式(3):

$$F=-68.12\,x+9253.06, R^2=1 \qquad (3)$$

式中,F 为采暖能耗(kW·h),x 为室内设备功率(W/m²),R^2 为判定系数。

根据式(3),室内设备通过散热对冬季采暖能耗具有一定程度的积极作用,但其 k 值为 -68.12,说明室内设备功率密度的变化对采暖能耗幅度的变化影响程度相对有限。

(4)换气次数影响下的采暖能耗主要分布在 7025～7865 kW·h,换算成能耗密度为 66.83～74.82 kW·h/m²;81.1%的采暖能耗数据分布在 7025～8145 kW·h,为 66.83～77.48 kW·h/m²。当换气次数为 0.02 时,采暖能耗最低为 6465 kW·h,当换气次数为 0.48 时,采暖能耗达到最高值 8382 kW·h。

换气次数与采暖能耗呈现正相关的趋势,其线性回归方程见式(4):

$$F=4167.39\,x+6384.15, R^2=1 \qquad (4)$$

式中,F 为采暖能耗(kW·h),x 为换气次数(ac/h),R^2 为判定系数。

3.2 多因素不确定性及敏感性结果与分析

多因素分析采用随机抽样方法进行分析。敏感性分析采用回归方法。回归分析(多元线性回归)是一种估计输入变量之间关系的统计方法。回归分析有助于理解当任何一个输入变量发生变化时(假设输入变量相互独立),输出的典型值是如何变化的。标准化回归系数(SRC)表示输入变量对输出变量的相对灵敏度,从而确定最重要和最不重要的变量。每个 SRC 值右侧的数值是 p 值,有助于确定结果的置信度和可靠性,水平调整后的 R^2 值表示整个模型的拟合优度,它表明输入变量解释了输出的变化程度。多因素影响下的不确定性分析结果见图3,多因素影响下的敏感性分析结果见图4。

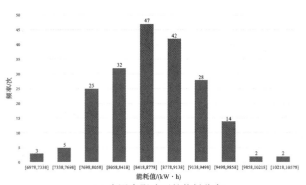

(a) 多因素影响下的能耗分布

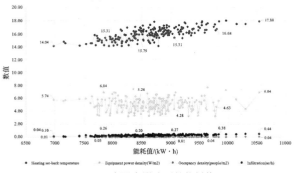

(b) 多因素影响下的能耗值

图3 多因素影响下的不确定性分析结果

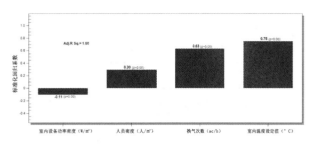

图4 多因素影响下的敏感性分析结果

根据图3与图4的信息,冬季采暖期内多因素对采暖能耗的不确定性和敏感性分析如下。

(1)不确定性分析表明,采暖能耗主要分布在8418~9138 kW·h。87% 的数据分布在7698~9498 kW·h。当采暖温度设定值为 17.88 ℃,人员密度为 0.04 人/m²,室内设备功率密度为 6.84 W/m²,换气次数为0.44 ac/h时,采暖能耗达到最高值11539 kW·h;当采暖温度设定值为 14.04 ℃,人员密度为 0.01 人/m²,室内设备功率密度为 5.74 W/m²,换气次数为 0.1 ac/h时,采暖能耗为最低值 6978 kW·h。

(2)敏感性分析表明,对于这座建筑,基于上述定义的输入变量的不确定性范围,采暖能耗受采暖温度设定值影响最大(℃)。输入和输出的关系是直接相关的。采暖温度设定值的增加导致采暖能耗的增加。此外,采暖能耗还受换气次数(ac/h)和人员密度的强烈影响。采暖能耗也受到室内设备功率密度的一定影响。

(3)设备功率密度与采暖能耗使用呈负相关。说明随着设备负载的增加,内部散热增加,从而减少了加热能源的使用。

(4)图4 中有输入的 p 值都是 0。所有输入变量的 p 值均小于 0.05。说明输入变量是重要的,并且它们各自的回归结果值具有很高的置信度。这些回归结果可以有效地对最敏感和最不敏感的输入变量进行排序。

4 结论

本文采用 DesignBuilder 软件对影响道口古镇民居建筑冬季采暖能耗的 4 项因素进行单因素模拟及不确定性和敏感性分析,得到以下结论。

(1)采暖温度设定值(℃)是影响道口古镇民居建筑采暖能耗的最显著因素,其余依次是换气次数(ac/h)、人员密度(人/m²)、室内设备功率密度(W/m²)。

(2)人员密度、换气次数、供暖温度设定值均与采暖能耗呈现正相关趋势,室内设备功率密度与采暖能耗呈现负相关趋势。

(3)频繁出入房间会导致换气次数增加,进而导致采暖能耗急剧增加。我们可以采取一定的优化措施,减少进出房间的次数,从而减少建筑能耗。

参考文献

[1] 清华大学建筑节能研究中心.中国建筑节能年度发展研究报告 2020[R].北京:中国建筑工业出版社,2020.

[2] 孙晓峰,魏力恺,季宏.从 CAAD 沿革看 BIM 与参数化设计[J].建筑学报,2014(8):5.

［3］ 阮方,钱晓倩,钱匡亮,等.人行为模式对外墙内外保温节能效果的影响[J].哈尔滨工业大学学报,2017,49(2):109-115.

［4］ 程烜,郑竺凌,卜震.人员行为模式对住宅建筑空调行为及能耗的影响案例分析[J].建筑科学,2015,31(10):94-98.

［5］ 王莹莹,康文俊,刘加平,等.基于居民行为模式的陕西村镇民居采暖策略[J].太阳能学报,2018,39(11):3026-3031.

［6］ 孙禹,冷红,蒋存妍.基于人行为影响的住区建筑多主体集成能耗模型[J].土木建筑与环境工程,2017,39(1):38-50.

［7］ 王闯,燕达,丰晓航,等.基于马氏链与事件的室内人员移动模型[J].建筑科学,2015,31(10):188-198.

［8］ 付祥建,余卫东,杜子璇.河南省气候资源分析[C]//中国气象学会2008年会.北京:中国气象学会,2008:121-125.

郑斐[1]* 沈志成[1] 王月涛[1]

1. 山东建筑大学；zf1667@163.com

Zheng Fei[1]* Shen Zhicheng[1] Wang Yuetao[1]*

1. Shandong Jianzhu University

山东省研究生教育优质课程建设项目(SDYKC19112)、山东省自然科学基金(ZR2020 ME213)、山东建筑大学博士科研基金项目(X22055Z)

基于遗传优化算法的寒冷地区住宅 BIPV 系统设计研究

Research on Optimization Design of Photovoltaic Shutter Based on Genetic Algorithm

摘 要：基于我国双碳目标，以居住环境中人的舒适度、UDI$_{100\text{-}2000}$等指标为依据，通过建构基本住宅模拟单元对BIPV系统中的光伏百叶窗进行多目标优化。基于Grasshopper参数化平台，通过参数化建模、优化目标模拟、遗传算法优化的技术流程，明确光伏百叶窗设计角度和光伏间距的配置形式。研究发现，通过优化光伏百叶窗，减碳量提高19％，UDI$_{100\text{-}2000}$百分比提高5％，全年热舒适时长提高8％。通过将光伏百叶窗和透明玻璃窗有效结合，提出一种基于合理光、热环境条件下，发电效率最佳的光伏百叶窗优化模拟方法，提高了住宅建筑的节能效果与居住品质。

关键词：光伏建筑一体化；遗传算法；多目标优化；光伏百叶窗

Abstract: Based on China's carbon peaking and carbon neutrality goals, and based on human comfort in the residential environment, UDI$_{100\text{-}2000}$ and other indicators, the PV blind in the BIPV system are multi-objective optimized by building a basic residential simulation unit. Based on the Grasshopper parametric platform, through the technical process of parametric modeling, optimization target simulation and genetic algorithm optimization, confirm the configuration form of its angle and photovoltaic spacing in the photovoltaic louver design process. It is found that the carbon reduction amount of photovoltaic is increased by 19％, the percentage of UDI$_{100\text{-}2000}$ is increased by 5％, and the annual thermal comfort hour is increased by 8％ through optimization. Through the effective combination of photovoltaic louver and transparent glass window, a photovoltaic louver optimization simulation method based on the optimal power generation efficiency under reasonable light and thermal environment conditions is proposed. The energy-saving effect and living quality of residential buildings are improved.

Keywords: BIPV; Genetic Algorithm; Multiobjective Optimization; PV Blind

1 引言

随着全球气候变化对人类社会构成的重大威胁，低碳发展成为全球未来发展的共同愿景和行动纲领，中国的双碳目标提出后，推进绿色建筑发展对于加快实现建筑领域的双碳目标具有重要意义。太阳能、风能等可再生能源的利用，对于实现双碳目标有重大意义。住宅作为城市建筑的重要组成部分，其整体能源消耗和碳排放，与住宅能源使用、住宅形态密切相关。建筑光伏一体化(BIPV)作为太阳能光伏系统应用在建筑中的新技术，将成为实现建筑节能和低碳发展目标的关键路径。对于量大面广的住宅建筑来说，没有足够的安装光伏组件的屋顶和立面,却拥有大规模的窗户,窗帘遮阳行业经过近年来的发展,已不再单纯追求遮阳功能,而是向如何充分利用其所遮挡的太阳光来产生电能转变。因此 BIPV 系统中的光伏百叶窗在住宅建筑中应用最为广泛,既释放了屋顶空间,又起到了很好的节能效果,本研究重点讨论光伏百叶窗的综合能效优化问题。在寒冷地区,太阳辐射得热通过窗进入室内的热量是造成夏季室内过热的主要原因。百叶窗遮阳是获得舒适温度、减少夏季空调能耗的有效措施,但会阻挡冬季阳光进入室内,对太阳能的利用和建筑节能是不利的,因而,百叶窗设计需要考虑夏季和冬季遮阳性能的匹配问题。这个问题对于光伏百叶窗来说同样存在,同时光伏百叶独有的光伏发电功能决定了其设计还需考虑光伏电池板的具体参数。

尽管太阳能光伏技术与百叶玻璃窗结合技术愈发成熟,但还是有设计因素上的缺陷。例如百叶窗发电效率不佳、造成室内光环境缺陷等问题。针对这些缺陷,国内外研究人员从光伏百叶构造入手进行模拟和计算。Kim[1]等人通过实验比较使用角度控制光伏百叶的发电量与光伏百叶角度为 0°时的发电量,结果发现前者控制光伏百叶正交于轮廓角时的发电量比后者多 32%。Hong[2]根据百叶宽度和百叶与百叶之间的距离提出一种新的控制策略,即通过控制光伏百叶高度限制进入室内直射光的深度,通过控制光伏百叶角度来防止眩光的产生。Luo[3]通过数值模拟和实验研究双层光伏百叶窗在不同通风模式下、不同光伏百叶间隔下和不同光伏百叶角度下的热工性能,并且和普通双层窗进行了比较。

分析以往研究发现,虽然很多研究人员对光伏百叶窗性能进行研究,但是较少有研究考虑光伏百叶窗对建筑物的室内热环境的影响和光伏百叶的发电性能的综合影响。本文基于以上讨论,率先提出了一种基于遗传算法的多变量、多目标的光伏百叶性能的综合模拟优化方法,对寒冷地区济南多层住宅安装南向百叶窗,在合理光环境、舒适度等条件下综合性能最佳的原则得到光伏百叶全年逐时最佳倾斜角与光伏百叶阵列间距。然后,进一步模拟光伏百叶窗建筑综合性能的影响,筛选得出全年光伏百叶最佳控制模式。

2 方法路线

为实现光伏设计参数的优化和综合能效的评价,本研究比较和选择相关建模平台、模拟软件和优化算法,以解决以下两个问题。

2.1 光伏组件综合能效模拟问题

大多数建筑模拟软件存在与建模及优化软件数据衔接不便的问题。一些环境性能化研究只考虑了某一

种环境性能,而当多性能需要耦合时,热环境、能耗和光环境模拟所需要的模拟平台和建模环境不同,互相之间无法进行兼容。在此情况下建筑师不得不在多平台进行多次模拟分析,极大地增加了误差,也降低了效率。[4]

为了提高模拟效率,本文将参数化软件 Grasshopper 里的 Ladybug&Honeybee 插件与 PV watts、Radiance 和 Daysim 结合起来,模拟分析了在不同控制策略下光伏百叶窗对室内采光性能、室内热辐射与光伏组件减碳量的影响,Ladybug1.4.0 版本能够进行建筑的阴影遮挡分析,Honeybee 能够连接 Energy Plus、Radiance、Daysim 和 Open Studio 等经过验证的模拟软件进行耦合计算(图 1),用于建筑能耗、热舒适、采光和照明模拟,其可靠性已得到许多研究人员验证。

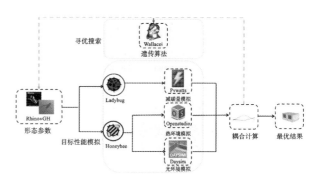

图 1 多引擎协同模拟

(图片来源:作者自绘)

2.2 光伏组件多目标优化问题

国内外学者在建筑性能多目标优化领域有过一些研究和应用,例如 Evinsr 等人的综述中显示,过去 10 年中大约 40%的性能优化中使用了帕累托前沿优化[5],具体方法为如果有两个以上的目标需要最小化,处于标记的解其目标值均优于其他解,这些解就被称为帕累托前沿解(图 2)。

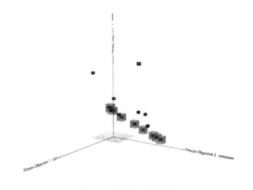

图 2 帕累托前沿解

(图片来源:作者自绘)

本文通过对比不同多目标优化算法,选择在现有相关研究中应用最广泛的遗传算法进行多目标优化,遗传算法具有自组织、自适应的特点,速度快、效率高、搜索范围广[6],对光伏百叶优化过程中限定条件多、设计变量多、解空间巨大等问题的解决具有先天优势。使用多目标优化插件 Wallaacei,其开发团队主要由 Mohammed Makki、Milad Showkatbakhsh 和 Yutao Song 三位人员组成。

3 光伏百叶综合能效分析

3.1 模拟单元模型建立

本研究中光伏百叶窗运行效果主要包括对住宅室内环境的影响效果和光伏系统发电效果两个部分。对于室内环境的影响效果,模拟主要参数为室内热舒适度和室内照度,光伏系统发电量则为评价光伏系统发电效果的主要模拟参数。根据《城市居住区规划设计标准》(GB 50180—2018),住宅建筑应不低于冬至日 2 h 日照,南向接受太阳辐射量最大,对住宅整体舒适度、采光等品质影响最大。对于光伏百叶窗来说,南向设置可获得最佳的太阳辐射量,充分提升其发电效率。住宅模拟单元及光伏百叶设置区域如图 3 所示。

住宅模拟单元
光伏百叶设置区域

图 3 住宅模拟单元及光伏百叶设置区域
(图片来源:作者自绘)

使用 Rhino&Grasshopper 参数化建模建立模拟单元与光伏百叶窗建筑模型(图 4),导入 Honeybee 中进行拾取,本模型用于模拟分析住宅中光伏百叶窗在不同设计变量下对室内自然采光性能、室内热舒适的影响,故通过 Honeybee 设置材料的热工性能和光学性能(表 1、表 2),其中透光围护结构,即墙体、面和地板的反射率设定为 0.35。百叶宽度采用标准百叶宽度,即 50 mm,长度尺寸根据南立面开窗尺寸设定。光伏百叶初始阵列间距与百叶宽度一致,即 50 mm。模型中的光伏百叶总共有 36 片,两扇窗各 18 片,片与片之间形成阵列。

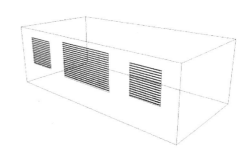

图 4 模拟单元模型
(图片来源:作者自绘)

表 1 不透明围护结构参数取值
(来源:作者自绘)

位置	传热系数 /[W/(m²·K)]	可见光反射率	厚度 /mm	密度/ (kg/m²)	比热容/ [J/(kg·K)]
屋顶	0.30	0.80	300	1800	1000
地面	0.60	0.35	300	1800	1000
墙壁	0.30	0.80	240	1800	1000

表 2 透明围护结构参数取值
(来源:作者自绘)

外窗构造	太阳得热系数 SHGC	可见光透射比	传热系数 /[W/(m²·K)]	遮阳系数 SC
6 透明+12 A+6 透明	0.75	0.71	2.80	0.86

3.2 基于 PVWatts 的光伏减碳量模拟

NRELPVWatts© R 计算器是由美国国家可再生能源实验室(NREL)开发的一个网络应用程序,它基于一些简单的输入来估计网格光伏系统的发电量。PVWatts 结合了许多子模型来预测系统的整体性能,并包括几个对用户隐藏的内置参数。基于 PVWatts 算法,Ladybug 插件发布了一套新的免费模块用于光伏分析,该模块支持晶体硅固定倾斜光伏。这些组件可以用于屋顶、建筑立面、太阳能停车场安装光伏电池板等多种使用场景的光伏性能分析。它们允许定义可能影响光伏系统的不同类型的损失。分析或者找到它的最佳倾斜和方向,或分析其性能、能源价值、消耗、排放等功能。

在 Ladybug 中的 pv 模块拾取住宅模型中的光伏百叶窗,并结合济南市典型气象数据进行全年发电量模拟,模拟结果乘以华北地区电网碳排放因子 0.8843 kg/(kW·h)换算为光伏组件全年减碳量,在 pv surface 组件中输入光伏参数,AC to DC 衰减率设置为 0.86。

3.3 热环境影响因素及优化指标设定

从建筑热环境方面来说,PMV 指标(表 3)给出了一定活动量和着装的人群在一定环境中的热感觉平均投票值[7]。因为总优化目标参数要控制在一定数量范围内,所以选择了全年热舒适小时数比例作为人体热环境舒适度的目标。在 Generate EP Output 选择 hourly,代表计算时间间隔为 1 h。利用 GH 中 Ladybug 模拟插件及 EnergyPlus 能够计算出无空调及采暖情况下全年 8760 h 的 PMV 值,利用 GH 中的选择区间算出 PMV 指标在 -1.0～+1.0 之间的总时间,除以全年 8760 h,得出全年热舒适时长比例。

表 3 不同舒适度的 PMV 值
(来源:作者自绘)

舒适度	寒冷	凉	稍凉	热舒适	稍暖	暖	热
PMV 值	-3	-2	-1	0	1	2	3

3.4 光环境影响因素及优化指标

不同外遮阳对室内照度的调控作用并不能代表对室内采光环境的改善效果。在国际上,有学者提出了可利用天然光照度(useful daylight illuminance, UDI)来进行室内采光质量评价,其中将 100 lx 和 2000 lx 作为可利用天然光照度的下限与上限,当室内照度小于 100 lx 时,表示室内自然光对工作所需的照度贡献不大;而室内照度超过 2000 lx 时,容易对室内产生不舒适眩光,因此可用 2000 lx 这个值来评价天然光是否会带来不舒适眩光[7](图 5)。

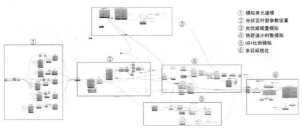

图 5 参数化模拟框架
(图片来源:作者自绘)

4 遗传算法优化

4.1 光伏百叶优化技术流程

利用遗传算法进行光伏百叶优化的基本思路:首先,在既定光伏安装方案基础上,通过遗传算法尽可能广地搜索可行的光伏组件配置方案;其次,根据综合模拟分析结果优选出其中最具适应性的方案集合,并将其进行可视化展示;最终,结合量化分析结果选定最终实施方案。具体的技术流程如下:第一步初始化,即根据光伏百叶的设计条件和相关变量设定变量初始值;第二步自然选择,即通过对方案池中的每个个体进行适应度评价,通过对比后剔除适应性差的方案,在光伏百叶优化中最重要的适应度评价指标为 PMV 值、UDI、光伏减碳量;第三步交配与遗传,即将适应度较好的方案通过交叉配对产生新的子代方案并将其变量遗传至子代[6];第四步变异运算,引入变异因素对方案池中的方案进行随机变量改变,然后反复循环第二、三步骤,直到达到预设的迭代次数或形成满足设计条件要求的方案组(图 6)。

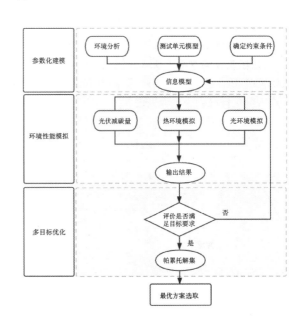

图 6 遗传算法图解
(图片来源:作者自绘)

4.2 光伏百叶窗变量设置

为保证日照获取量最高,每块光伏组件均需旋转特定角度以接收日照,同时光伏组件间相互遮挡影响发电效率。因此该光伏百叶优化变量为光伏组件水平旋转角度 α 和组件阵列间距 h(图 7)。每个光伏组件相对于初始的最大转角范围为 180°,光伏组件间距最大为 100 mm。光伏旋转角度初始值为 0°,组件间距初始值为 50 mm(表 4)。

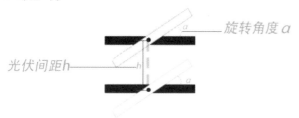

图 7 优化变量

(图片来源:作者自绘)

表 4 待优化变量取值范围

(来源:作者自绘)

变量名称	初始值	取值范围	步长
光伏旋转角度 α	0	[−90,90]	1
光伏组件间距 h	0.05	[50,0.10]	0.01

4.3 目标函数

光伏百叶优化是一个典型的多目标优化问题,需要兼顾最佳热环境、最佳光环境、pv 组件最大减碳量三个目标的平衡。通过调整光伏组件角度和间距变量,尽可能提高光伏组件的太阳能获取并优化室内热环境、光环境,相关分析通过 Grasshopper 平台的 Ladybug 工具完成,具体优化目标约束条件见表 5。

表 5 优化目标约束条件

(来源:作者自绘)

优化目标名称	取值上限	取值下限	参数变化	目标函数
$UDI_{100-2000}$	1	无	取负值	数值
全年热舒适时长比例	1	无	取负值	数值
光伏减碳量	无	无	取负值	数值

4.4 结果分析

由于未经优化,初始光伏组件角度未达到最佳,并且存在明显相互遮挡,其全年总二氧化碳减少量为 337.652 吨,全年热舒适时长比例为 35%,$UDI_{100-2000}$ 面积比例为 55%。通过 Wallacei 进行 100 次迭代优化后,获得了若干优化方案,不同方案有不同侧重,方案 1 $UDI_{100-2000}$ 比例与全年热舒适时长比例最优,方案 2 热光伏减碳量最优,方案 3 实现了目标函数综合最佳平衡,最终选取方案三为最优解(图 8),其中光伏减碳量提高 19%,$UDI_{100-2000}$ 比例提高 5%(图 9),全年热舒适时长提高 8%(图 10)。对比初始方案均得到了较大的提升,通过优化调整了各个光伏组件的角度与间距,一方面提升了光伏发电效率,创造了更好的发电条件;另一方面改善了住宅室内物理环境,提升了住宅居住品质。计算结果表明,遗传算法能够有效地与 BIPV 综合能效优化相结合,并具有较高的实践价值。

图 8 最优方案选取

(图片来源:作者自绘)

图 9 最优解 $UDI_{100-2000}$ 比例

(图片来源:作者自绘)

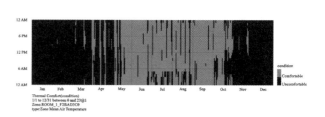

图 10 最优解全年热舒适时长比例

(图片来源:作者自绘)

5 结论

本文将遗传算法应用于光伏百叶窗的设计参数优化过程中,提出一种可推广的光伏遮阳组件优化流程。本研究的工作可以得出以下结论。

(1)参数化生成和遗传算法可以结合运用到光伏百叶窗的设计过程中,既能改善自身发电效率,又能改善室内环境性能。

(2)本方法具有较高的操作灵活性,建筑师可通过可视化方案反馈,实时、可靠地调整方案,确定光伏百叶窗的最优解。

(3)光伏百叶窗多用于住宅建筑类型,此研究方法可根据光伏百叶窗分布情况,推广到整个住宅平面单元,乃至整个小区进行相关性能预测,对住宅设计与改造具有指导意义。

参考文献

[1] KIM S H, KIM I T, CHOI A S, et al. Evaluation of optimized PV power generation and electrical lighting energy savings from the PV blind-integrated daylight responsive dimming system using LED lighting [J]. Solar Energy, 2014, 107(7): 746-757.

[2] HONG S K, CHOI A S, SUNG M K, et al. Development and verification of a slat control method for a bi-directional PV blind[J]. Applied Energy, 2017, 206: 1321-1333.

[3] LUO Y Q, ZHANG L, WANG X L, et al. A comparative study on thermal performance evaluation of a new double skin façade system integrated with photovoltaic blinds[J]. Applied Energy, 2017, 199: 281-293.

[4] 陈鑫星,李珺杰. 环境要素影响下的中庭原型空间多维性能互联优化推演[J]. 世界建筑, 2021(11): 112-117,126.

[5] EVINSR J R, REVIEW S S E. A review of computational optimisation methods applied to sustainable building design[J]. [s. n.]: 2013, 22: 230-245.

[6] 张龙巍,隋金廷,吕宵,等. 基于日照性能分析与遗传算法的BIPV曲面幕墙设计研究[J]. 建筑学报, 2019(S2): 58-62.

[7] 赵川. 光伏百叶窗角度控制优化与综合性能模拟研究[D]. 长沙:湖南大学,2019.

何逸[1]　王艳廷[1]　于洪文[1*]　薛一冰[1]　杨倩苗[1]　孙海莉[2]

1. 山东建筑大学；hongwen_yu@163.com

2. 中教能源研究院(北京)有限公司

He Yi[1]　Wang Yanting[1]　Yu Hongwen[1*]　Xue Yibing[1]　Yang Qianmiao[1]　Sun Haili[2]

1. Shandong Jianzhu University

2. China Education Energy Institute (Beijing)Co. ,Ltd.

山东省自然科学基金重点项目(ZR2020 KE020)

老旧小区建筑节能改造碳核算与碳排放研究
Carbon Accounting and Emission Analysis of Building Energy Renovation for Old Residence

摘　要：以济南市某老旧小区建筑节能改造为研究对象，采用全生命周期管理方法，分析建筑节能改造措施全过程碳排放清单，提出建筑节能改造寿命期内碳排放评估指标及核算方法，包括碳增量、单位面积改造碳排放强度、运行节碳量、碳增量静态回收期。研究多目标改造措施的建筑运行碳排放、措施实施优先级及重要性，为寒冷地区老旧小区建筑节能低碳改造规划、实施、评估及碳排放核算提供参考依据。

关键词：建筑节能改造；碳排放；碳增量静态回收期；节碳量；量化评估

Abstract：Taking the building energy-saving renovation of an old residential building in Jinan as the research object, the life cycle management is adopted to analyze the carbon emissions in the life cycle of energy-saving renovation measures. Evaluation index and calculation methods of building energy-saving renovation measures are put forward, including carbon increment, carbon emission intensity, carbon savings in operation stage and the static payback period of carbon increment. This paper studies building operation emission, the importance and priority of multi-objective renovaiton measures, it provides reference for low-carbon renovation designs and carbon emission accounting in old residential areas.

Keywords：Building Energy Renovation；Carbon Emissions；The Static Payback Period of Carbon Increment；Carbon Savings；Quantitative Evaluation

1　引言

我国北方采暖区域老旧小区建筑面积约占该区域城镇建筑面积的 40%，由于设计标准和建筑年代问题，主要以非节能建筑为主，其运行能耗产生的碳排放与我国建筑运行碳排放相比，占比超过 50%。因此，针对北方区域老旧小区建筑节能低碳改造及其改造后运行减碳，成为建筑领域落实国家"双碳"目标的关键环节。

建筑节能改造是系统工程，具有不同技术路线和改造策略，国内外研究学者在改造措施、能耗评估及实施机制等方面已经取得丰富的研究成果，但在建筑低碳化节能改造、碳增量及运行节碳量量化评估等方面尚处于起步阶段。本文采用全生命周期(LCA)方法，量化分析改造措施碳增量及建筑单位面积改造碳排放强度，研究多目标改造措施对建筑运行碳排放、节碳量的重要性及影响，构建建筑节能改造碳核算、运行减碳量及碳增量静态回收期计算方法，为老旧小区低碳化节能改造规划、实施、评估及运行碳排放核算提供指导。

2　研究方法

从建筑全生命周期看，建筑碳排放是建材生产、运输、施工的物化阶段、运行阶段及拆除阶段全过程碳排放的总和,但建筑节能改造措施依托于建筑本体,建筑节能措施拆除阶段的碳排放难以精确计量。依据"清洁发展机制(CDM)""基于实在的、可测量的、长期的碳减排量核算"的基本原则,针对老旧小区建筑节能改造寿命周期内的碳排放核算,包含建材生产、运输、施工的物化阶段和改造后建筑寿命周期内运行阶段的碳排放,不包含建筑节能措施拆除阶段产生的碳排放。老旧小区建筑节能改造碳排放研究技术路线如图1所示。

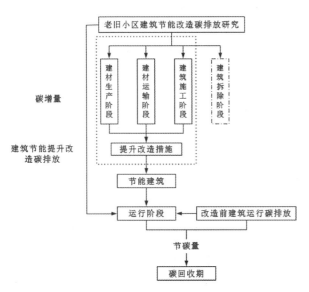

图1 老旧小区建筑节能改造碳排放研究技术路线图
(图片来源:作者自绘)

3 老旧小区建筑节能改造碳排放评估指标

3.1 建筑节能改造碳增量

针对老旧小区建筑节能公共改造可以达到建筑节能降耗的目标,同时,在改造过程中,建材的使用、运输、施工等环节,增加了建筑领域的碳排放。其建材生产、运输、施工、运行阶段的碳排放均采用国家公示相应的碳足迹数据,相应碳排放因子按照《建筑碳排放计算标准》(GB/T 51366—2019)附录选取。因此,设置、调控建筑节能改造产生的碳增量指标,是控制建筑耗能和改善民生的重要参数,是改造措施中建材的生产、运输、施工阶段产生的碳排放之和,按照公式(1)计算。

$$C_z = C_{sc} + C_{ys} + C_{jz} \quad (1)$$

式中:C_z——建筑节能改造碳增量,$kgCO_2$;

C_{sc}——建材生产阶段碳排放量,$kgCO_2$;

C_{ys}——建材运输阶段碳排放量,$kgCO_2$;

C_{jz}——建筑施工阶段碳排放量,$kgCO_2$。

3.2 建筑节能改造寿命期内碳核算

老旧小区建筑节能改造寿命周期内碳排放核算包含建筑节能改造产生的碳增量和改造后建筑寿命周期内运行阶段碳排放,按照公式(2)计算。

$$C_{gz} = C_z + C_m y \quad (2)$$

式中:C_{gz}——建筑节能改造碳增量,$kgCO_2$;

C_m——建筑年度运行阶段碳排放量,$kgCO_2$;

y——改造措施设计寿命,相关材料没有明确寿命的,以建筑设计寿命剩余年限为准。

3.3 建筑节能改造单位面积碳排放强度

建筑节能改造单位面积碳排放强度是衡量区域或城市尺度老旧小区改造措施用碳指标的参数。建筑节能改造单位面积碳排放强度,按照公式(3)计算。

$$C_{GZ} = \frac{C_{gz}}{Ay} \quad (3)$$

式中:C_{gz}——建筑节能改造寿命期内碳排放量,$kgCO_2$;

C_{GZ}——建筑节能改造单位面积碳排放强度,$kgCO_2e/(m^2 \cdot a)$;

A——节能改造建筑面积,m^2。

3.4 建筑节能改造运行节碳量

在运行阶段,相比未改造的建筑,改造后的建筑会降低制冷、供热、照明、热水等建筑能耗,按照公式(4)计算。

$$C_j = |C_m - C'_m| + \Delta E \cdot EF_i \cdot y \quad (4)$$

式中:C_j——建筑节能改造年度节碳量,$kgCO_2$;

C_m——改造后建筑运行年度碳排放量,$kgCO_2$;

C'_m——改造前建筑运行年度碳排放量,$kgCO_2$;

ΔE——能耗年度修正量。

3.5 建筑节能改造碳增量静态回收期

参照经济学观点,对碳增量进行静态回收期T计算,见公式(5)。

$$T = (C_{sc} + C_{ys} + C_{jz})/C_j \quad (5)$$

4 实证分析

4.1 研究对象

本文选取建筑位于山东省济南市,寒冷B区,建成于1990年,设计寿命50年。建筑概况:5层居住建筑,高度16 m,建筑面积1800.72 m^2,墙体结构为砖混结构,外墙面积1427.87 m^2,传热系数为2.24 W/($m^2 \cdot K$);屋顶为平顶,屋面面积500.45 m^2,传热系数为1.14 W/($m^2 \cdot K$),单层铝合金窗,外窗面积371.25 m^2,传热系数为4.70 W/($m^2 \cdot K$),分为3个单元,单元楼梯间为开放式,单元门、楼梯间公共窗户损坏,楼梯间公共照明采用每层楼45 W白炽灯,延时60 s控制,冬季采用集中供暖,室外热网损失约为20%。

通过模拟得到建筑负荷,根据电力碳排放因子0.8843 $tCO_2/(MW \cdot h)$、热力碳排放因子0.11 tCO_2/GJ计算得到全年建筑制冷、供暖、公共照明能耗的碳排放总量为97.84 tCO_2/a(表1)。

表 1　改造前全年制冷、供暖、公共照明碳排放量

（来源：作者自绘）

项目	建筑能耗	折算能源用量	碳排放量/(tCO₂/a)
制冷	57499.85 kW·h	22999.94 kW·h 电力	14.03
供暖	759214.728 MJ	759214.728 MJ 热力	83.51
公共照明	492.75 kW·h	492.75 kW·h 电力	0.30
合计			97.84

4.2　建筑节能公共改造提升方案碳核算

按照《山东省居住建筑节能设计标准》(DB 37/5026—2014)标准要求，改造后建筑节能率达到 75%，确定本建筑节能公共区域改造方案，如图 2 所示。

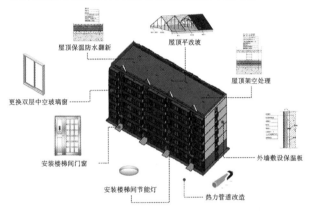

图 2　既有建筑节能改造措施

（图片来源：作者自绘）

具体措施如下：

(1)屋面：屋顶保温层采用 35 mmXPS 保温板进行翻新施工，并架设轻型镀锌彩钢四面坡屋顶。改造后，屋顶传热系数为 0.35 W/(m²·K)。

(2)外墙：对建筑外墙节能改造采用 EPS 外保温系统。通过计算，确定本项目 EPS 保温板为 80 mm，改造后外墙传热系数为 0.40 W/(m²·K)。

(3)外窗：将外窗更换为铝塑共挤双层玻璃窗，其传热系数为 2.3 W/(m²·K)。

(4)楼梯间：单元楼梯间设置门窗，增加整个建筑的气密性，有利于提高建筑的保温性能。

(5)公共照明：原建筑楼梯间门公共照明采用 45 W 白炽灯，声光延时 60 s 控制，在同等光通量下，改用 7 W 的 LED 灯。

(6)热力公共管网：热力管网接近使用寿命，进行输配管网保温更新，加装气候补偿器、热量计量装置等。

改造过程中使用的建材在生产阶段(表 2)、建材运输阶段(表 3)、施工阶段(表 4)共排放 195.61 tCO₂(表 5)。

5　建筑节能公共改造对建筑碳排放的影响

5.1　建筑节能公共改造寿命期内碳核算

进行建筑节能改造后，热力管网损失按照 10% 计算，该建筑建成于 1990 年，设计寿命 50 年，尚有 18 年使用设计寿命。经过模拟，改造后建筑制冷、供暖能耗、公共照明运行阶段年度碳排放总量为 25.81 tCO₂/a。建筑节能改造寿命期内碳核算见表 6。

表 2　建材生产阶段清单及碳排放统计表

（来源：作者自绘）

改造内容	建材	工程量	碳排放因子	碳排放量/tCO₂
屋面保温翻新	面砖 30 mm	500.45 m²	19.5 kgCO₂e/m²	9.76
	水泥砂浆找平层 20 mm	13.01 t	735 kgCO₂e/t	9.56
	XPS 保温板 35 mm	17.52 m³	669 kgCO₂e/m³	11.72
屋面防水翻新	SBS 改性沥青防水卷材[2]	500.45 m²	4.01 kgCO₂e/m²	2.01
平改坡	方钢 120 mm×2.5 mm	0.62 t	2190 kgCO₂e/t	1.36
	方钢 60 mm×2.0 mm	0.26 t	2190 kgCO₂e/t	0.57
	C 型钢 C140×50×20×2.5 mm	3.99 t	2190 kgCO₂e/t	8.74
	彩钢瓦	4.98 t	2190 kgCO₂e/t	10.91
EPS 外保温系统	黏合砂浆 5～8 mm	12.85 t	274 kgCO₂e/t	3.52
	EPS 板 80 mm	114.23 m³	534 kgCO₂e/m³	61.00
	抹面砂浆 5～8 mm	12.85 t	242 kgCO₂e/t	3.11
	锚栓	0.26 t	2190 kgCO₂e/t	0.57
	玻璃纤维网格	0.28 t	574 kgCO₂e/t	0.16
	涂料	0.28 t	2410 kgCO₂e/t	0.67

改造内容	建材	工程量	碳排放因子	碳排放量/tCO$_2$
外窗	铝塑共挤双层玻璃窗	371.25 m^2	129.5 kgCO$_2$e/m^2	48.08
楼梯间门、窗	钢制单元门、铝塑共挤双层玻璃窗	18.96 m^2	129.5 kgCO$_2$e/m^2	2.46
公共照明	LED灯 7 W	105 W	0.067 kgCO$_2$e/W[3]	0.01
热力公共管网	碳钢无缝钢管,ϕ159,100 m	3.67 t	3150 kgCO$_2$e/t	11.56
	聚氨酯保温管,32.5 mm,100 m	0.40 t	5220 kgCO$_2$e/t	2.09
	合计			187.86

表3　建材运输阶段碳排放量

（来源:作者自绘）

建材	材料量/t	碳排放因子/[kgCO$_2$e/(t·km)]	运输方式	运输距离	建材运输碳排放量/tCO$_2$
钢材	10.39	0.129	重型货车(18 t)		0.07
水泥	38.71	0.057	重型货车(46 t)		0.11
涂料	0.28	0.344	轻型货车(2 t)		0.01
砖	10	0.162	重型货车(10 t)	50 km	0.08
保温材料	3.95	0.344	轻型货车(2 t)		0.07
防水材料	1	0.344	轻型货车(2 t)		0.02
门窗	4	0.344	轻型货车(2 t)		0.07
热力管网	4.07	0.179	中型货车(8 t)		0.04
			合计		0.47

表4　施工阶段碳排放量

（来源:作者自绘）

机械名称	台班	能源用量	碳排放因子	施工阶段排放量/tCO$_2$
汽车式起重机(8 t)	5	柴油,28.43 kg	72.59 tCO$_2$/TJ	0.45
半自动切割机	30	电,98.00 kW·h	0.6101 tCO$_2$/(MW·h)	0.003
电焊机(1000 A)	30	电,147 kW·h		0.004
自卸汽车(5 t)	30	汽油,31.34 kg	67.91 tCO$_2$/TJ	6.82
		合计		7.277

表5　建筑节能公共改造中建材各阶段碳排放统计表

（来源:作者自绘）

阶段	碳排放量/tCO$_2$	占比
建材生产阶段	187.86	96.04%
建材运输阶段	0.47	0.24%
建材施工阶段	7.277	3.72%
合计	195.61	100%

表6　建筑节能改造寿命期内碳核算

（来源:作者自绘）

阶段	碳排放量/tCO$_2$	寿命期内碳排放量/tCO$_2$	占比
建材生产阶段	187.86	187.86	28.46%
建材运输阶段	0.47	0.47	0.07%

阶段	碳排放量/tCO₂	寿命期内碳排放量/tCO₂	占比
建材施工阶段	7.277	7.28	1.10%
建筑运行阶段	25.81	464.58	70.37%
合计	221.417	660.19	100%

5.2 建筑节能公共改造减碳量

对建筑进行节能公共改造时,在建材生产、运输、施工阶段增加了建筑寿命周期内碳排放量。如表7所示,改造后的建筑,在运行阶段中制冷、供暖、公共照明的碳排放均有所下降,减碳量分别为 3.50 tCO₂/a、68.28 tCO₂/a、0.25 tCO₂/a,共计年减碳量为 72.03 tCO₂,建筑运行年减碳率73.6%,单位建筑面积年度减碳量40.02 kgCO₂/(m²·a)。由此可见,针对北方采暖区域老旧小区,建筑节能改造对既有建筑运行碳排放有着显著的减碳作用。

经过计算,该建筑节能公共改造寿命期内碳排放为660.19 tCO₂,建筑节能公共改造单位面积碳排放强度20.37 kgCO₂/(m²·a)。建筑节能改造中建材生产阶段和寿命期内建筑运行碳排放占主要份额,分别占总量的

表7 建筑寿命期内运行阶段减碳量

(来源:作者自绘)

项目	年度减碳量/(tCO₂/a)	减碳率	寿命期内减碳量/tCO₂
制冷	3.50	−24.9%	−63.00
供暖	68.28	−81.8%	−1229.04
公共照明	0.25	−83.3%	−4.50
合计	72.03	−73.6%	−1296.54

28.46%和70.37%,运输阶段和施工阶段之和占总量不到1.2%。

5.3 建筑节能公共改造对碳增量的影响

图3为建筑节能改造措施及系统碳增量静态回收期,案例所涉活动产生的碳增量为 195.62 tCO₂,单位建筑面积碳增量108.63 kgCO₂/m²。可以看出,碳增量越多的节能改造措施,静态回收期越长,其改造的优先性和重要性越低。热力公共管网改造和公共照明改造对节碳量影响明显,回收期仅为 0.2 a 和 0.04 a。按照案例采用的建筑节能改造措施组合,其碳增量的静态回收期为 2.72 a,经过改造后建筑与原建筑运行阶段年度碳排放减碳率可达73.6%,可见建筑本体节能改造和热力公共管网改造对建筑运行减碳效果显著,作用明显。

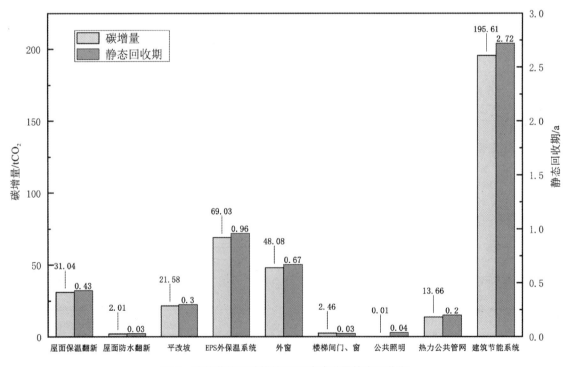

图3 建筑节能改造措施及系统碳增量静态回收期

(图片来源:作者自绘)

6 结论

通过对寒冷气候区济南市一居住建筑进行节能改造案例分析,基于碳排放,我们提出了建筑节能改造措施评估指标及计算方法,用于量化评估老旧小区提质改造减碳效果,为制定老旧小区节能改造实施方案、评估节能效果起到参考意义,相关结论如下。

(1)针对寒冷地区老旧小区实施了建筑公共区域改造(EPS外保温、屋顶平改坡、外窗、屋面保温、楼梯间门、窗更新)和能源更新(公共照明,热力公共管网改造),对比建筑改造前后的运行阶段碳排放,单位建筑面积年度减碳量 40.02 $kgCO_2/(m^2 \cdot a)$,运行阶段年度碳排放减碳率可达 73.6%,减碳效果显著。

(2)建筑节能改造中建材生产阶段和寿命期内建筑运行碳排放占主要份额,分别占总量的 28.46% 和 70.37%,运输阶段和施工阶段之和占总量不到 1.2%。

(3)提出建筑节能改造碳排放核算及碳增量静态回收期计算方法,分析各种建筑节能措施碳增量和静态回收期,确定改造措施的优先级和重要性。案例采用了多种节能措施,其碳增量静态回收期为 2.72a。

参考文献

[1] ALMEIDA M, FERREIRA M. Ten questions concerning cost-effective energy and carbon emissions optimization in building renovation [J]. Building and Environment,2018,143:15-23.

[2] 俞海勇,曾杰,胡晓珍,等.基于LCA的化学建材生产碳排放量研究分析[J].化工新型材料,2015,43(2):218-221.

[3] 杨洋,廖洪波,陈建华,等.LED日光灯低碳产品标准研制的实践与启示—以重庆实践为例[J].标准科学,2013,2013(8):33-35.

王艳霞[1,2]　　杨鹏[1,2]*

1. 河北工程大学建筑与艺术学院;758313843@qq.com
2. 邯郸市建筑物理环境及地域建筑保护技术重点实验室

Wang Yanxia[1,2]　　Yang Peng[1,2]*

1. School of Architecture and Art, Hebei University of Engineering
2. Handan Key Laboratory of Building Physical Environment and Regional Building Protection Technology

基于响应度分析的校园生活区风环境优化设计研究
Research on the Optimal Design of Wind Environment in Campus Living Area Based on Responsiveness Analysis

摘　要:近些年在节能减排政策下,建筑师也在对既有建筑环境进行着大量的改革更新,尽可能地优化建筑周边的物理环境。同时,在后疫情防控时代,校园生活区成了一个重点关注的对象,其周边的建筑风环境对学生的身心健康及建筑的节能减排也有着举足轻重的作用。本文以河北工程大学生活区作为研究对象,分析校园内现状生活区内的风环境状况,以正交试验作为研究方法,以建筑布局、建筑长度、建筑的间距作为主要影响因素,以得到13组试验组合,通过Phoenics分析模拟,分别对13组试验组合进行数值模拟。选择区域内200个测试点分析风环境数据,以平均风速、平均空气龄作为评价标准,再将正交试验的数据通过Design Expert分析其线性回归模型判断其相关性,以响应度曲线为依据判断影响室外风环境的主导因素,最后结果表明行列式布局、建筑长度60 m及建筑间距25 m是最优组合,能够有效地改善校园的现状风环境,将优化组合与现状风环境状况对比研究,得出解决现状不足的策略,优化现状生活区风环境存在的不良问题也为后期校园规划设计提供一些理论依据。

关键词:风环境;正交试验;响应度分析;CFD模拟

Abstract: In recent years, under the policy of energy conservation and emission reduction, architects have also carried out a large number of reforms and updates to the existing built environment, so as to optimize the physical environment around the building as much as possible. At the same time, in the post-epidemic prevention and control era, the campus living area has become a focus of attention, and the surrounding architectural wind environment also plays a pivotal role in the physical and mental health of students and the energy saving and emission reduction of buildings. Taking the living area of Hebei University of Engineering as the research object, this paper analyzes the wind environment conditions of the living area in the current situation on the campus. The orthogonal test is taken as the research method, and the building layout, building length and building spacing are taken as the main influencing factors to obtain 13 groups of test combinations. The Phoenics analysis and simulation are carried out to numerically simulate the 13 groups of test combinations respectively. 200 test points within the region were selected to analyze the wind environment data, and the average wind speed and average air age were taken as the evaluation criteria. Then, the orthogonal test data were analyzed by the linear regression model through the Design Expert to judge the correlation, and the leading factors affecting the outdoor wind environment were determined based on the responsiveness curve. The final results show that the determinant layout, the building length of 60 meters and the building spacing of 25 meters are the optimal combination, which can effectively improve the current wind environment of the campus. By comparing the optimization combination with the current wind environment, the strategy to solve the current situation is obtained. The optimization of the existing adverse problems in the wind environment of the current living area can also provide some theoretical basis for the later campus planning and design.

Keyword：Wind Environment；Orthogonal Test；Responsiveness Analysis；CFD Simulation

1 引言

随着城市化建设的不断发展,校园成为一个备受社会群体关注的对象。在最近两年,学生感染新冠病毒的情况频频发生,在此情况下,校园里的生活区域作为学生生活、学习的后勤保障部分就显得非常重要,对日常生活起居及流行疾病防控都有着轴承般的作用。另外,在校园里,生活区也是学生活动比较频繁的区域之一,生活区建筑内部设备的运行对节能环保有着很大的联系。在国家大力推行的"碳中和""碳达峰"政策下,对建筑设计进行反思,不仅仅在建筑方案设计阶段对建筑的外观进行优化,也需要在建筑节能减排方面做出相应的优化策略。从全球的碳排放数据来看,建筑业的运行产生的碳排放已经达到了28%,全球建筑相关用能碳排放达到了40%[1]。在建筑的使用过程中产生能耗较多的就是设备的制冷与制热、加热设备的能耗、照明设备的能耗等。如果能够有效地利用建筑室外的自然物理环境就可以在很大程度上减少设备的运行,从而为国家的碳排放事业贡献一丝力量。

目前,通过对校园风环境相关研究的梳理,校园的研究主要分为宏观和微观两方面进行[2],宏观在于对整体的校园空间规划布局进行研究提出优化方案,微观在于从校园某个局部节点出发对小环境进行改善,从而有效缓解节点部位的风环境。所以,立足于实际情况,本文将以河北工程大学新校区为例,以校园内部的生活区作为研究对象,对此处的风环境进行模拟分析,希望能通过本次研究对改善校园内部的风环境质量和对建筑本身的节能环保提出相应的建议。

2 研究概况

河北邯郸处于华北平原的冀南地区,按照我国的热工分区属于寒冷地区,查阅相关气象资料发现邯郸市多年的平均风速为2.4 m/s,一年中春季的平均风速最大为3.1 m/s,夏季为2.4 m/s,秋冬季的平均风速相差很小均为2.2m/s。该地区常年主导S风的时间最长,春夏

秋均是,冬季的主导风向为N风[3]。河北工程大学新校区位于邯郸市的东北部并且处于城市的郊区,校园内共有建筑50余栋,除了图书馆,其余建筑组团均为多层建筑。在校园中,总共分为4个生活组团区域,各建筑的布局方式大致呈围合的形态,如图1所示。调研分析生活区环境发现,在夏季、冬季的室外风环境很难达到满足人体舒适的状态,夏季多风的情况下很容易带起周围的扬尘,造成生活区空气质量的低下,同时也对使用者的身心健康造成一定的影响;冬季由于北风的影响带来大量的寒流侵袭,室外的风速造成温度的骤降等。所以,本文将从改善生活区风环境质量的角度出发,探索对生活区风环境影响的因素,为全校师生打造一个良好舒适的校园空间。

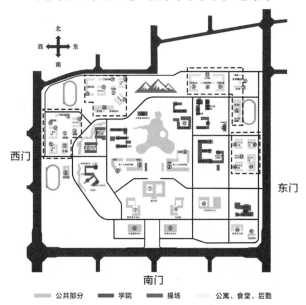

图1 学校生活组团分布图
(图片来源:河北工程大学官网)

3 CFD 数值模拟分析

通过阅读与风环境研究相关的文献,目前常用的风环境分析方法主要有实际测量法、风洞实验、数值模拟方法。每个方案都有其存在的优势,其中CFD数值模拟

的方法运算成本较低,时间安排上也比较灵活,其运算结果也有着较高的参考性[4]。在风环境的模拟中,可供选择的分析工具有很多,本文将选用 Phoenics2019 来分析生活区的风环境,综合考虑流场、风速、空气龄等因素。应先对现状建筑布局的夏季、冬季工况的风环境进行分析,用于后期优化后的风环境比较分析。

3.1 几何模拟模型

根据《民用建筑绿色性能计算标准》(JGJ/T 449—2018),对建筑室外风环境进行模拟时,需要建出周围 1~2H 的建筑体量,由于本次研究的对象为高校生活区,为了保证模拟数据的有效性和真实性,本次模拟分析将先以整个校园空间为例进行整体的风环境模拟,再分析其中的生活区部分的风环境状况。另外,根据实际情况,校园处于邯郸市的东北郊区部位,建筑周围空旷且周遭的建筑分布均已超过了规范要求的距离,所以本次校园整体空间的风环境分析就不再对周围的体量进行建模处理。先在 SketchUp 中对校园进行建模处理,再将模型导入 Phoencis 中。模型区域的尺寸为东西向 1469.50 m,南北向 1125.16 m,最高处的建筑尺寸为 32.00 m。模拟的计算域为 5500 m×5200 m×165 m,计算网格采用目标建筑域局部加密为 0.5 m×0.5 m,目标建筑群外的网格数量不均匀划分,网格过渡值取 1.1。建筑高度方向 1.5 m 内有 5 个网格,1.5 m 至计算域顶部有 30 个网格。

3.2 风环境模拟参数设置

建筑来流方向风速分布均匀,不同高度处的来流风速沿建筑高度方向按照梯度递增形成梯度风,在不同地形分布的情况下,风速梯度也是不同的。出流边界条件上按湍流充分发展考虑,边界条件按自由出口设置。本次模拟湍流模型采用标准 k-ε 模型,离散方式为二阶迎风格式。在模拟中连续性方程和动量方程残差应小于 1.0×10^{-4},K 方程和 ε 方程残差应小于 1.0×10^{-7},当残差值大于上述值时模拟停止,另外在迷你过程中,除观测残差值变化外,还应检测观察点的曲线变化趋势,当观测曲线的变量与残差趋于稳定时,说明收敛有效。

4 校园生活区风环境现状

根据《绿色建筑评价标准》(GB/T 50378—2019),本文将 1.5m 高度处的风速 1~5 m/s 视为舒适风的范围。如表 1 所示,在夏季工况下,风由南侧吹入校园内部,从风速云图可以看出,校园内部存在诸多风速小于 1 m/s 的区域,此区域显示为静风区,其中在一社区 D 楼的左侧由于呈三面围合的开口状态,此处庭院内部通风良

好,风速流动均匀,有利于室内外的自然通风,一社区 B、C 楼均处于 D 楼的风影区内,其南北向的风环境质量不佳,尤其是夏季,风速较慢,容易滋生细菌的同时,也很容易增加室内空气调节设备的运行时间,不利于节能环保等。在校园的实际生活中,一社区食堂的西北角设置了厨余垃圾棚,此处正处于夏季主导风向的通风廊道上,并且此处的风速较大,很容易就把垃圾的气味吹入生活社区内部,加剧局部空气的恶化,且容易导致呼吸道疾病的发生。A 楼由于其原始的布局正对一社区的通风廊道,此楼入口处以及迎风面一侧风速较周围大,会导致出入口的体验感不好。二社区组团的宿舍楼围合的开口正处于通风廊道的一侧,其围合庭院内的风速良好,但是由于迎风面处建筑的长度较大,导致庭院内部南、北、西侧较高楼层处长期在夏季处于静风区域,空气流通不够,散热速度缓慢。三社区的整体布局和二社区相似,由于在建筑体量的分隔上存在区别,三社区建筑空间布局较好,有利于空气的流通,所以整体上三社区的室外风环境较二社区良好。四社区部分均处于前侧建筑的风影区内,庭院内部也存在较多的静风区。冬季工况下,整体的建筑室外风环境质量较夏季好,由于冬季主导风向为北风,而生活区多数区域正好处于偏北的部位,所以在主导风向上能有一定的改善。

表 1 现状风环境模拟分析

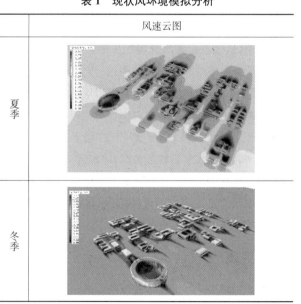

| 风速云图 |
| 夏季 |
| 冬季 |

分析夏季、冬季不同工况的风环境发现,建筑之间的距离对风环境质量影响较大,特别是处于前排建筑的风影区内的情况,另外建筑的围合形式也在很大程度上影响周围的风环境品质等。

5 基于正交试验的多因素分析

前文已经对夏季、冬季工况的生活区进行了风环境模拟,发现内部存在较大面积的静风区,在此情况下,夏季风速较低,建筑周围的热量不能及时带走会导致人们的舒适度不佳,也会导致夏季设备的高负荷运行,增加碳排放,不利于节能。冬季风速低,不利于自然通风,容易导致疾病的发生等。梳理文献发现,风环境的影响因素很多且并不是单一作用,所以本文将讨论在多因素作用下风环境的各影响因素的重要程度。

5.1 正交试验设计

正交试验是研究多因素多水平的设计方法,运算原理是从试验中挑选出具有代表性的点进行试验,目的是减少试验的次数,能够快速地找出试验的最优解,并明确各因素的权重次序[5]。本文以建筑布局、迎风面建筑长度、建筑间距作为影响因素,每个影响因素取三个水平,以平均风速、平均空气龄为不同影响因素下的评价指标。用 Google Earth 中的量尺工具对生活区的建筑进行大致的测量并且取平均值,综合分析决定建筑长度分别取 60 m、65 m、70 m,建筑间距分别取 25 m、30 m、35 m。建筑布局在现状的基础上取围合架空式、三面围合式、行列式。

5.2 多因素风环境模拟分析

用 Design Expert 得到 13 组正交试验组合,然后分别对 13 组试验模型进行 CFD 数值模拟,将每一组得到的风环境数据分别导入后处理工具 Tecplot,每一个试验组合分别取 200 个测试点,综合取平均风速、平均空气龄指标,正交试验结果如表 2 所示。运用 Design Expert 进行数据分析,得到平均风速、空气龄的二次多项式回归模型为:$Y_1=2.42-0.08A-0.19B-0.13C-0.10AB+0.25AC-1.08A^2-0.02B^2+0.06C^2$;$Y_2=310.11+20.20A-21.10B+7.00C+10.16AB-10.71AC+2.74BC+26.12A^2-6.64B^2-4.91C^2$。式中:$Y_1$ 为平均风速;Y_2 为平均空气龄;A 为建筑布局;B 为建筑长度;C 为建筑间距。Y_1 模型平方和为 4.23,均方为 0.47,F 值为 14.82,P 值为 0.0242,计算表示模型显著,说明本次试验的数据有效,在 Y_1 回归模型中,试验因素对平均风速的影响从大到小依次为建筑布局、建筑长度、建筑间距。Y_2 模型平方和 3962.95,均方 440.33,F 值 40.83,P 值 0.0056,计算模型显著,试验数据有效。在 Y_2 回归模型中,试验因素对平均空气龄的影响从大到小依次为建筑长度、建筑间距、建筑布局。

表 2 正交试验结果

试验号	布局	长度/m	间距/m	平均风速/(m·s^{-1})	空气龄/s
1	三面围合	65	25	2.64	312.62
2	围合架空	60	30	1.45	341.50
3	三面围合	70	30	1.36	348.42
4	三面围合	60	30	2.86	309.68
5	行列式	60	25	1.86	335.74
6	三面围合	65	35	1.65	362.35
7	行列式	60	35	2.94	310.30
8	围合架空	65	25	1.96	328.64
9	围合架空	65	35	2.71	325.75
10	围合架空	70	30	2.01	336.76
11	行列式	70	25	2.57	324.21
12	行列式	70	35	1.28	358.14
13	行列式	65	30	1.61	357.19

根据回归模型,利用 Design Expert 绘制各因素交互效应 3D 响应面曲线,如表 3 所示。平均风速的响应度,布局为行列式时,建筑长度减小,风速有增大的趋势,相比行列式布局而言,其余两种布局对风速的影响相对较小,随着建筑间距从 35 m 到 25 m 递减,风速先缓慢减小再逐渐增大,在间距为 25 m 时达到峰值。布局为围合架空式且间距为 35 m 时风速最低,伴随着间距的减小风速有递增的趋势。另外,对空气龄的响应面进行分析可知,对于行列式布局,长度越小,空气龄也越小,这表示该试验组合的空气流动速率最快,空气品质最佳。综上所述,建筑布局对风速和空气龄的影响最大,其中行列式布局对风环境的影响效果最显著。

表 3 响应面分析

	布局与长度	布局与间距	长度与间距
平均风速			
平均空气龄			

5.3 优化方案及策略

对风速和空气龄的二次多项式回归模型,以平均风速最大、空气龄最小为条件,利用 Design Expert 中的 Optimization 优化功能对 13 组试验进行筛选,得到行列式布局、长度 60 m、间距 25 m 的组合是最优的。为了验证可靠性,将该组合的数值和现状条件的风环境进行对比研究,如表 4 所示。数据上,现状的风速和空气龄为 1.98 m/s、965.06 s,优化后的数据为 2.86 m/s、309.68 s。对此,得出如下的优化策略,在布局方面尽可能减少围合式的建筑形态,采用行列式可以有效地避免出现大面积的静风区导致气流不通畅。建筑间距方面,本次试验 25 m 的间距能够有效地改善室外风环境,可为后续的生活区设计提供一定的参考。长度方面,过大的长度会对后排建筑产生较大的风影区,导致后排建筑通风不均匀。

表 4 优化前后对比

	风速云图	空气龄
优化前		
优化后		

6 结语

采用正交试验的方法对试验组合进行响应度分析,得到影响风速的因素由大到小依次为布局、长度、间距;影响空气龄的因素由大到小依次为长度、间距、布局。行列式布局、60 m 长度及间距 25 m 可以对风环境进行有效的改善。本研究可以为后续的校园空间增建以及改造提供有益的参考依据。

参考文献

[1] 林波荣. 建筑行业碳中和挑战与实现路径探讨[J]. 可持续发展经济导刊,2021(Z1):23-25.

[2] 丁志鹏,张考,黄春华. 国内校园风环境研究进展综述[J]. 低碳世界,2021,11(4):161-162.

[3] 李菊香,田秀霞,谷永利,等. 邯郸市近 46 年风向风速特征分析[J]. 气象与环境科学,2021,44(4):81-88.

[4] 张伯寅,桑建国,吴国昌. 建筑群环境风场的特性及模拟——风环境模拟研究之一[J]. 力学与实践,2004(3):1-9.

[5] 徐仲安,王天保,李常英,等,苗玉宁. 正交试验设计法简介[J]. 科技情报开发与经济,2002(5):148-150.

许珑还[1*]

1. 美国密歇根大学安娜堡分校陶布曼建筑与城市规划学院;longhuan@umich.edu

Xu Longhuan[1*]

1. Taubman College of Architecture and Urban Planning,University of Michigan,Ann-Arbor,USA

教室之外的环境教育:从绿色学校建筑的使用者角色中学习

Environmental Education Beyond the Classroom: Learning from the Role of Occupants in Green School Buildings

摘　要:为了阐明双碳目标下绿色建筑教学对使用者行为的影响,文章基于数字模拟技术和访谈问卷进行研究,围绕北京实验二中朝阳学校展开,探讨绿色学校建筑中使用者的作用并提出见解。通过 Ladybug 的模拟分析,研究充分考虑光照和屋顶绿化等条件下使用者的环境响应行为,并结合访谈内容得出结论。结果表明,在绿色学校建筑中,室外环境特征更有利于提升使用者对绿色性能的环境敏感度,以及提高使用者对建筑节能减排设施的参与度。

关键词:环境教育;绿色建筑教学;使用者行为;环境响应行为;模拟分析

Abstract: To articulate the influence of occupant performance in the context of teaching green buildings under the dual carbon goals,the research paper is based on digital simulation techniques and interview questionnaires,focusing on Beijing Experimental No. 2 Chaoyang School as exemplar to explore the role of users in green school buildings and provide insights. Through Ladybug's simulation analysis,the research takes adequate account of the environmentally responsible behavior of users under conditions such as light and green roofs,and concludes in conjunction with the content of the interview questionnaires. The results indicate that in green school buildings,outdoor environmental features are more conducive to enhancing the environmental sensitivity of users to green features,as well as increasing user participation in building energy efficiency and emission reduction facilities.

Keywords: Environmental Education; Teaching Green Buildings(TGB); Occupant Performance; Environmentally Responsible Behavior (ERB); Simulation Analysis

1　前言

在我国双碳目标的指引下,绿色建筑成为主流,为了满足先进可持续教育的更高要求,越来越多的绿色学校建筑建成,以推行"在绿色学校环境中教学"的概念。绿色建筑环境教育与传授课本知识的传统环境教育不同,它不仅增强了使用者对自然的审美体验,而且凭借学校建筑的日常运作促进空间使用者被动学习。绿色学校建筑的兴起鼓励建筑师们探索和注重长期环境影响的设计。自 2009 年起,绿色建筑评级系统——领先能源与环境设计(leadership in energy and environmental design,简称 LEED)开始为以绿色学校建筑作为教学工具的设计师发放绿色职业认证的学分。然而,绿色学校设计存在使用者参与度低、环境特征流于表面等潜在问题,间接阻碍了环境建筑教育的发展。由此,为了更好地研究绿色学校设计如何影响使用者行为,文章从北京实验二小朝阳学校——全亚洲第一座获得 LEED 铂金认证的学校建筑出发,利用 Rhino 体块模型和 Ladybug 插件,对实际绿色学校建筑典范案例进行模拟分析,并结合具备绿建设计和研究经验的学者的访谈问卷结果,总结和剖析绿色学校建筑设计的方法。

2 北京实验二小朝阳学校绿色学校建筑实践

北京实验二小朝阳学校(又名北京金茂府小学)于2011年7月开工建设,于2012年5月建成。此项目前身是北京化工厂旧址,坐落于朝阳区广渠路大郊亭西北角,建设用地面积13400 ㎡,学校总体建筑面积10079.7 ㎡(地上8040 ㎡,地下2039.7 ㎡),建筑高度18米,共有地上4层,地下1层。学校绿化率35%,建筑密度16%[1](图1、图2)。学校教学规模24个班级,可容纳720名学生。随着1996年绿色学校概念出现在公众视野并在世界范围内得到广泛应用,学校建筑设计更加专注于加强绿色教育和增强使用者的环境意识,引导设计师以创新性的方式解决环保问题。绿色学校的认证和评定标准也逐步走向规范。

图1 北京实验二小朝阳学校区位航拍
(图片来源:谷歌地图)

图2 北京实验二小朝阳学校实际项目照片
(图片来源:建造绿色希望教育之城——
北京金茂府小学绿色设计实践)

领先能源与环境设计(简称LEED)是绿色建筑评估标准的模范体系。它的评分体系具有分项严格且实时更新的特点,受到美国大部分州到世界范围内的一些国家的广泛认可,并被有些地区定为法定标准。据USGBC(美国绿色建筑委员会)颁布的LEED 2009 for Schools New Construction and Major Renovations Rating System[2]评估指标表(LEED scorecard)所示,北京实验二小朝阳学校在绿色教育和室内空气质量(indoor environmental quality)等指标上均有绿色学校建筑的突出表现,并且在节水效率(water efficiency)、创新与设计(innovation)和地区优先性(regional priority credits)等评估体系中达到满分。

2.1 建筑布局

北京实验二小朝阳学校选用四合院围合式的建筑布局。教学空间和活动空间通过庭院达到动静分离的效果,功能分区依次排开,井然有序。学校的功能布局考虑到学生课余时间的体育活动空间设置和室内空间的采光通风质量,增设下沉式庭院,优化空间的自然光体验。通过下沉式庭院,太阳光可直达南面的体育活动室和中部的食堂以及地下车库,为室内补充自然采光[3]。整体校园空间体量合理,布局紧凑,充分利用边角空间,对学校中影响隔音、采光和自然通风等因素的被动式设计有优化作用,为师生打造人性化的、环保舒适的教育环境(图3)。

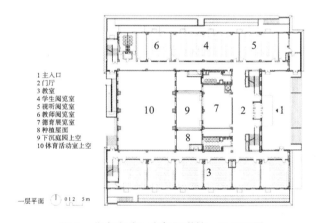

1 主入口
2 门厅
3 教室
4 学生阅览室
5 视听阅览室
6 教师阅览室
7 德育展览室
8 种植屋面
9 下沉庭园上空
10 体育活动室上空

一层平面

图3 北京实验二小朝阳学校一层平面图
(图片来源:建造绿色希望教育之城——
北京金茂府小学绿色设计实践)

2.2 节水效率

鉴于北京市人均水资源量低于国际承认的缺水警戒线,即人均水资源量已降至100立方米的实情[1],北京实验二小朝阳学校在节约水资源方面达成LEED评分体系中非传统水资源重复利用的指标,再利用率高达60%(表1)。其中,卫生间用水和绿化灌溉用水中皆选用市政中水,室内积极选用节水设施和卫生器具,绿化灌溉选用喷灌和滴管等技术节约水源[3]。

表 1　建筑用水量

(来源:建造绿色希望教育之城——北京金茂府小学绿色设计实践)

供水系统	用水项目名称	用水量/(t/a)	总计/(t/a)
生活给水系统	生活总用水量	3203.37	3523.71
	部分未预见水量	320.34	
中水系统	冲厕用水量	4276.97	5395.57
	绿化浇灌用水量	628.09	
	部分未预见水量	490.51	

2.3　绿色创新

北京实验二小朝阳学校的绿化面积为11939.5 m²,其中 VP 植草圈铺装草皮面积为 267 m²,室外透水地面面积占比为 70.85%,相较于北京市整体室外绿化率高出 25%[1]。屋面可绿化面积 100% 采用种植屋面(图4),利用屋顶绿化达到保温隔热的效果,从而缓解热岛效应,优化学校环境,对空气进行净化,吸收大气浮尘,减少建筑能耗,进而推动节能减排目标的实现(表2)。

图 4　北京实验二小朝阳学校建筑外部围护结构

(图片来源:建造绿色希望教育之城——
北京金茂府小学绿色设计实践)

表 2　围护结构设计

(来源:北京金茂府小学绿色学校设计实践)

外墙	外窗	屋顶
传热系数≤0.32 W/(m²·K)	传热系数≤1.80 W/(m²·K)	传热系数≤0.25 W/(m²·K)
相当于 95 mm 厚的挤塑聚苯板	遮阳系数≤0.35	相当于 120 mm 厚的挤塑聚苯板

2.4　室内空气质量

为了让建筑物保持自然通风,并节约空调系统的能源消耗,北京实验二小朝阳学校采用置换式新风系统、生态空调等绿色举措来优化室内空气质量。结合建筑外部满足透光通风、保温隔热等需求的围护结构,学校建筑物可以在北京的季风过渡气候下将前后压基本稳定在 0~2 Pa 的区间[4]。此外,建筑采用全热回收的新风机组,且在建筑首层的楼宇控制室设有监控系统,可以对与教室、办公室等空间新风机连接的二氧化碳传感器进行实时监控获得数据,科学控制能源消耗。

2.5　小结

从绿色校园全生命周期的能源节约角度出发,北京实验二小朝阳学校满足绿色学校建筑比普通学校平均能源运行成本降低30%~40%、用水成本降低约30%的预期[4]。创新性的被动式设计立足绿色建筑教学,在收获节能效益的同时,通过可持续性的场址选择以及室内空气质量的改善,为师生提供更加宜人和可持续的学习环境。

在全球 35 所获得绿色建筑最高级评级——铂金级 LEED 认证的学校中,北京实验二小朝阳学校以其远超标准绿色指标数值的建筑效能表现,成为亚洲首个通过 LEED 铂金级认证的学校建筑项目。在国家普及低碳学校的政策积极鼓励下,荣获我国"三星级绿色建筑设计标识证书"。北京实验二小朝阳学校以"绿色育人"为宗旨,积极开设绿色课程,积极建设国家绿色校园监测和展示平台。同时,学校与国际绿色教育体系接轨,致力于打造低碳学校实验科普教育示范区[4]。

3　北京实验二小朝阳学校绿色设计环境模拟分析

在绿色学校设计方案推敲的过程中,建筑团队常选用计算机辅助的模拟分析方法对日照条件、风环境、噪声影响和系统能耗进行初步研究,以达成优化设计策略的目的[4]。在文章的研究中,模拟分析的作用是用来捕捉绿色性能在整体绿色学校设计中的关注点,以及建筑使用者易于察觉的光照、绿化等性能,在实际模拟运行环境中是否达到设计者的预想,能否激发预期中的环境响应行为。

3.1 模拟分析的工作流程

Ladybug 插件是模拟条件分析的实用工具(图5),主要运用于设计的体块推敲阶段。其模拟分析的工作流程如下。①平面图/模型体块生成;②根据项目场地所在地理位置,载入标准的 Energy Plus Weather 文件(.EPW)进行气候数据模拟;③输入光照和风影响的因素和数据;④根据时间周期和运动轨迹,输出光照或室外舒适度条件的分析图表;⑤视觉舒适度评估;⑥使用者基于环境进行决策。

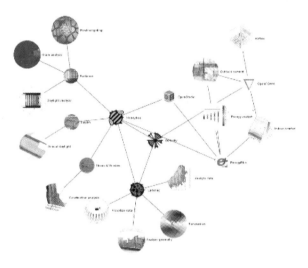

图5　Ladybug 的环境条件分析系统
(来源:Ladybug Tools 官网)

3.2 基于 Grasshopper 中 Ladybug 插件的日照分析

基于 Grasshopper 中 Ladybug 插件的日照分析如图6所示。

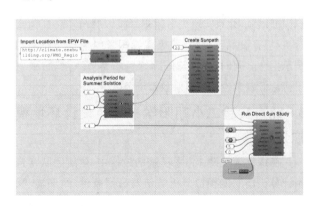

图6　基于 Grasshopper 中 Ladybug 插件的日照分析

3.3 基于 Grasshopper 中 Ladybug 插件的室外舒适度分析

基于 Grasshopper 中 Ladybug 插件的室外舒适度分析如图7所示。

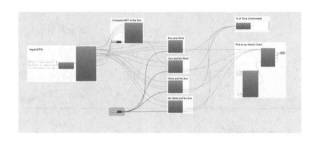

图7　基于 Grasshopper 中 Ladybug 插件的室外舒适度分析

3.4 小结

通过运用 Grasshopper 中的模拟自然条件插件作为辅助设计工具,研究证实了动态日光空间的视觉舒适度,以此来预判使用者在绿色学校环境中的行为。结果表明,建筑的采光质量和绿化特征在评价空间的感知方面起着重要作用。为了促进定性分析以支持绿色学校设计决策,日照模拟分析被用来研究空间的光照周期和对采光的时间依赖性,而绿化分析则更倾向于给予直观的视觉和环境舒适度,这对于评价一个绿色教育空间的性能至关重要。

4 基于具备绿建经验者的访谈问卷的观点反馈

访谈问卷问题共分为两部分,即绿色学校建筑部分(以北京实验二小朝阳学校作为实际案例)和使用者体验部分,以此来研究绿色学校建筑承受力和使用者的环境响应行为之间的预测关系,并综述以上观点回馈得出结论。

4.1 绿色学校建筑部分

相比没有绿色建筑经验的使用者,具有绿色建筑经验的学者会对绿色学校建筑特征持有更多关注,并且对这些空间如何改变他们的文化和行为产生好奇。根据对建筑的观察和研究了解到的信息,受访者都谈及了建筑外部的被动式设计策略,这些措施例如建筑围护结构及屋顶阳光走廊和台式下沉庭院等,都有效地增强了对学生的环境教育。虽然受访者都注意到绿色学校建筑的问题,即只有开发商或设计师能够理解绿色建筑的工作原理,但他们针对绿色学校建筑中学生的环境响应行为,都对整体节约能源意识的提升给予了肯定。他们表示,具备绿色建筑知识的学生更愿意通过绿色建筑设计参与环境教育。

4.2 使用者体验部分

以绿色学校建筑中的亲身经历为参考依据,受访者均对阅览室和教室等需要保持长时间自然光充足的空间表示体验感良好。此外,建筑四楼(顶层)的太阳窗、上空活动和庭院空间为特定区域引入了室外光线,满足节约能耗的同时,起到了调节心理状态和身体舒适度的作用。建筑空间中穿插的可见绿化特征,如立体绿化空间、下沉庭院和屋顶绿化等,也为观者带来直观的视觉舒适和放松感,并且有利于降低热岛效应,引导人们走出封闭空间去更多感受和体验环境所带来的改变。然而,使用者体验和绿色学校建筑的改造所产生的经费预算具有不相容性。在有些情况下,预算昂贵的功能不会让居住者感到舒适。目前世界上的绿色学校建筑都是为解决技术或预算问题而量身定做的,这样就会与环境教育的实际功能脱节,忽略了作为学校使用者的师生的基本需求[5]。

4.3 小结

结合上文的模拟分析结果,使用者对绿色学校建筑在技术和运营方面关注的信息点均作出了积极的环境响应,且在这个过程中收获了在绿色学校环境中被动学习的机会。除此之外,绿色教育的普及程度和绿色学校项目的预算费用将成为下一步绿色学校教育发展亟待解决的问题。

5 绿色学校建筑设计建议

总而言之,上述环境模拟分析的数据收集和访谈问卷的观点反馈以使用者的环境响应行为作为依据,对绿色学校建筑提出设计建议,可以总结为三个要点。绿色学校建筑的教育模式如图8所示。

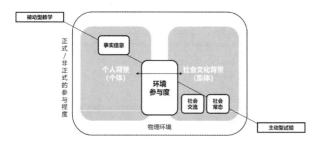

图8 绿色学校建筑的教育模式

5.1 建筑室外环境特征更具教学价值

通过模拟分析,结果表现出建筑室外环境所提供的能量分布更加直观,比起室内空间所消耗光、电、热能的

只能通过电子仪表等可实时更新的仪器展示的数据,使用被动方式达成节能效果的建筑外部装置更为绿色环境教育推崇。与此同时,学校建筑的室外环境特征能够激发使用者对环境的兴趣。室外易于察觉的绿色特征如立体绿化空间和建筑外部暖色材料均能带给观者以视觉的冲击,直观地引导使用者行为。尤其是针对案例研究中的小学项目,小学生所需要的室外活动时间在一定程度上超过了在室内空间学习的时间,因此更具有教学参考价值。

5.2 绿色科技教育应与学校建筑环境特征加强联系

在绿色建筑教学领域,建立绿色环境课程与建筑环境特征的联系是从周围环境中汲取知识的一种有效方式。尽管将基本绿色教育课程纳入周围学校环境中可能存在刻意性,但是对于教师这一使用者群体来说,在绿色学校环境中教学更加舒适。环境友好型的氛围也能促进学生积极参与活动,而不是仅从课本中主动获取知识。

5.3 绿色科技教育的有效方式是通过同伴和老师的行为进行学习

诸如北京实验二小朝阳学校一类的绿色学校建筑是极佳的绿色科技教育试点。学生在沉浸式的绿色校园中受到同龄人和指导教师团队的影响,也受到环境的影响。日常活动相互交流,潜移默化地影响着学生对环境教育的理解,文化和社会互动进一步改变学生的学习行为。提高使用者对建筑绿色特征的关注度和相关活动的参与度,也为同一环境友好学校建筑中的同龄人学习起到促进作用。

6 结语

尽管绿色学校建筑普遍出现的技术和预算问题仍然显著,但是使用者对环境教育的行为表现在绿色学校项目中得到了较为积极的反馈,达到了更好地服务于使用者、使用者也能受益于建筑的目的。此外,绿色建筑的普及也使得 LEED 认证中的绿色建筑评级的后续工作变得更加普遍,设计师们将有机会从日益增长的绿色学校项目中获得更有参考价值的数据,在设计过程中进行更具意义的批判性思考。随着我国"十四五"降低能耗指标逐步落实,节能减排政策机制更加健全,绿色学校建筑势必会顺应创新型学习的发展策略,进一步改善现存实际问题,最终达成有效地传授环境保护知识和可持续发展价值观的目标。

参考文献

[1] 田慧峰,张欢,刘凯英.绿色建筑评价设计标识三星级项目——北京金茂府小学绿色学校设计实践[J].建设科技,2013,244(12):60-63.

[2] LEED 2009 for Schools New Construction and Major Renovations Rating System,USGBC.2009.

[3] 刘莉娟.从北京金茂府小学节能设计引出对沈阳地区中小学建筑节能改造的思考[J].居舍,2020(32):95-97.

[4] 孙国栋,左建波.建造绿色希望教育之城——北京金茂府绿色小学设计实践[J].建筑学报,2013,538(6):110-112.

[5] HAMILTON, KIRK D, WATKINS D H. Evidence-based design for multiple building types[M]. Hoboken：John Wiley & Sons,2009.

Ⅶ　数字化建筑遗产保护更新

胡潜[1]　唐芃[1]

1. 东南大学建筑学院；220210110@seu.edu.cn

Hu Qian[1]　Tang Peng[1]

1. School of Architecture, Southeast University

国家自然科学基金面上项目(52178008)

基于网络信息平台的历史地段数据收集方法研究
Research on Data Collecting Method of Historical Area Based on Online Information Platform

摘　要：在历史地段的更新保护中，实地调研以收集数据是不可或缺的工作。由于缺乏系统的工作方法和专门的工具平台，调研工作时常效率低下，难以改良。群智计算的广泛应用启示笔者，可以通过划分数据收集工作、搭建网络信息平台予以优化。本研究在群智、众包背景下，基于实际调研经验，提出了一种多端合作、实时共享、高效便捷的调研方法，研究了对应的网络信息平台结构和数据组织。

关键词：历史地段；数据收集；网络信息平台

Abstract: In the renewal and protection of historical areas, field research for data collection plays an important role. Lacking systematic working methods and specific tools, research work can be rather inefficient, difficult to improve. The wide application of Swarm Intelligence Computing enlightens us to divide data collection into several parts and build a network information platform, which may helps. Under the background of Swarm-Intelligence and Crowd-sourcing, based on the actual research experience, this study proposes a real-time sharing research method to cooperate better and studies the corresponding network information platform, from the aspects of structure and data organization.

Keywords: Historical Area; Data Collection; Network Information Platform

1　概述

1.1　缘起

历史地段是具有一定规模，存有建筑遗产，能够反映所在地区传统建筑风貌的区域，其保护更新设计需要实地调研、数据收集的支撑。这就要求调研团队通过建筑本体、社会公众获取大量数据。

传统的数据收集方法一般为依托纸质地形图和表格，分若干小组，进行数据记录和照片拍摄[1]。调研中的各个工作项目不限于平行关系；工作项目之间存在一定的先后次序和逻辑关联；同一项目的不同调研者需要实时共享数据成果以相互统一的评价标准。非实时的数据汇总不能完全满足协作需求。

在传统调研方法的基础上，为了满足高度联结的协作需求，团队成员可以最大化利用智能手机、平板电脑上常见的应用软件和通信工具，频繁地汇总数据，以图片、文字、表格多种形式相互传输调研成果。图 1 所示界面为笔者所在团队在调研实践中使用的绘图应用软件界面，使用方法为在航拍图和地形图上按照约定方式绘制图线、标注信息，并通过截图发送的方式相互传递。

基于实际调研经验，笔者认为，传统调研方法在大尺度历史地段调研中过于烦琐，而上述基于非专门的应用软件和非系统的交互方式的改良策略收效甚微。如果能够梳理历史地段调研的数据传输秩序，并匹配相应的实时交互网络平台，调研工作或将更为准确、高效。

图 1　常见绘图应用软件界面

1.2　参照

数字化技术的运用改变了设计师认识、分析、设计历史地段的方式,近年来兴起的群智计算(crowd computing)或将成为多主体高效协同开展历史地段调查研究、更新设计的基础。

群智计算的代表性系统包括众包(crowd sourcing)系统和群智感知(crowd sensing)系统等。这些系统的工作模式启示笔者将任务量巨大的历史地段调研、设计工作划分为若干部分,并通过网络信息平台分配给携带移动设备的多个调研者,由他们协作完成。

事实上,早在 2011 年,清华大学的张弓等就采用了移动 GIS 引擎提高传统建筑数据收集效率[1],避免了携带纸质文档实地调研,减轻了后续数据整理匹配的工作量。2020 年,刘康宁等在历史建筑的普查与认定研究中,仍沿用了相关技术构架[2]。然而,这些研究并未充分考虑团队分工协作的需求,不能体现出群智感知的潜在优势。Adriana Marra 等介绍了两个在文化遗产数据收集中运用网络技术的案例,体现了众包系统在建筑现状数据收集中的可行性和可靠性[3]。

本研究试图通过调研流程方法的讨论和关注的问题:在网络信息平台支持下,以什么样的方式开展协作调研可以更高效地收集数据？与这种方式匹配的网络信息平台应该是什么样的？

2　网络信息平台

2.1　平台结构

笔者预想的网络信息平台包含数据层、逻辑层、表现层(图 2)。数据层是采集数据的存储区域,包含调研前预置的数据和调研中获得的数据(也可能体现为对预置数据的操作);逻辑层是各类服务的主要提供者,也就是通常所说的后端,例如 GIS 服务器,WEB 服务器等;表现层是调研团队成员使用的主要端口,也就是整个平台的前端部分。

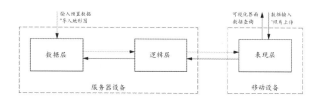

图 2　网络信息平台组成部分

网络平台的工作原理:团队中各调研者携带移动设备,通过网络发起读取数据、上传数据的请求;后端服务器响应请求并执行操作;数据被存储在特定文件中,按照规定方式被调用。整个过程中,成员之间相当于实现了实时交互,无形中也遵循了平台本身暗含的规定和要求。

数据层采用 shp 等常用格式,既能在平台中调用,又能兼容 ArcGIS 等成熟软件;后端服务器基于 GeoServer 开源包建立,可由前端请求调用或后端自带界面(图)直接操作;前端部分调用 OpenLayers 等现有库,实现基本的数据收集和可视化功能。

2.2　数据组织

本研究所述网络信息平台的功能主要通过数据即时传输实现。为了保证数据收集、读取、分析的秩序,可将数据以"属性"的身份,分配到不同类型的对象中,对象类型主要有建筑、路径、地块等。

建筑是最为核心的对象,与地形图中的封闭多段线相互对应,包含收集的主要数据。路径是表征建筑进入方向的对象,每个建筑对象都被链接在唯一的路径对象上。路径对象可以在界面中被具象绘制为线段或折线段(不分叉),绘制功能与路径、建筑链接关系在程序逻辑上可以是独立的两个部分。地块是表征建筑产权关系的对象,许多空间上相邻的建筑在产权上属于同一主体。建筑、路径、地块的关系如图 3 所示。

这种组织方式一方面将建筑的组织关系的描述和路径的连通关系统一起来,另一方面能够与笔者所在团队开发的形态类型学互动式决策分析辅助工具串联起来,形成从调研到分析,再服务于设计的工作流线。

每个建筑、路径、地块各自拥有预置的属性表,调研者从前端对这些属性进行请求操作,亦可从后端扩充属

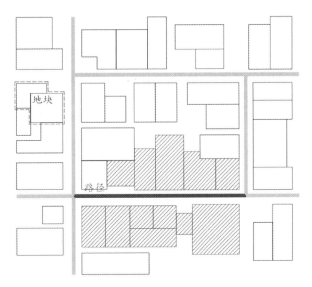

图 3 建筑、路径、地块的关系

性条目。表 1 展示了"建筑"对象包含的部分数据和对应准许的操作。

表 1 建筑对象的属性及操作

(来源：作者自绘)

名称	类型	操作
建筑轮廓	Polygon	增加、删除、合并、分割
建筑 ID	String	自动编号、编辑
门牌号	String	编辑
…	…	…
年代	Int(选项)	选择
功能	Int(选项)	选择
产权	Int(选项)	选择
(各类)评分	Int(选项)	选择
…	…	…
照片	JPG	上传
备注	String	编辑

3 调研流程方法

3.1 准备工作

调研开始前，需提前传输预置文件至数据层，主要有：包含建筑轮廓和定位坐标的地形图、无人机拍摄的航拍图等。从前端读取到的建筑轮廓、航拍照片如图 4 所示。

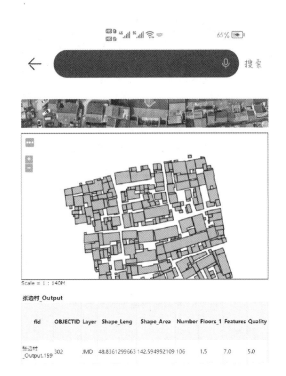

图 4 将地形图导入平台

调研期间，诸多数据的收集通常无法由同一位调研者连续完成，需要预先分工、协作配合，分工方式并不唯一。下面列举一种分工方式来阐述调研的内容、流程以及不同项目之间的关联。

3.2 路径梳理与地形图校正

历史地段的室外空间结构复杂，地形图包含的信息不能够完美地体现当前的实地状况。测绘与调研之间的时间差通常意味着大量改变的发生，常见的改变包括自发加建造成断头路，公共空间被私人占用，拆除建筑形成新通道，等等。这些改变使得调研者无法通过地形图准确得知全部建筑轮廓和可达路径，因而无法直接、有秩序地推进后续调研工作。

建筑轮廓是第 2.2 节中"建筑"对象得以形成的基础，调研者的工作是在预置的包含建筑轮廓地形图基础上进行修改。可达路径是建筑对象被有序组织的依托，同时也意蕴调研者们必须到达的定位集合(图 5)。调研者的工作是理解场地上全部的建筑如何被到达，并以此为据确定每个建筑链接的路径。在链接关系确定后，调研者还需要手动在界面上绘制折线段，以辅助后续调研。

在传统方法调研中，本节所述的工作内容相当于被每个调研者重复，且需要花费时间精力来统一意见。通过网络信息平台的帮助，可以去除这种重复。

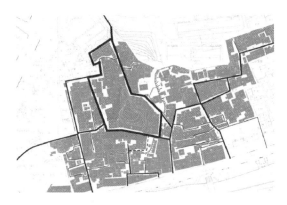

图 5   历史地段可达路径示意图

3.3 照片拍摄与基本信息记录

照片是历史风貌信息最为集中、丰富的体现,通过键盘输入的信息则倾向于抽象特征的提取。在建筑、路径基本确定后,沿着路径为这些建筑拍摄照片、记录信息,相当于在平台上构建了一个平行于现实空间的、感知建筑风貌的通道(图 6)。

图 6   按照路径分类的照片集

及时进行照片拍摄和实时共享对调研具有如下作用:一是远在千百公里外的专家能够实时参与后续评分环节,对现场调研者的失误予以纠正;二是抽象特征的提取获得了底线保证——即便现场调研被迫中断,也能在后续通过照片观察进行一定程度上的补救;三是出现失误时能够通过预览照片快速锁定受影响范围,不需要走遍所有可能出错的路径、区域。

基本信息主要指层高、材料、屋顶形式等客观数据。这些数据的记录可以由专门的调研者负责,也可以和照片拍摄并行。

3.4 各项评分

评分是所收集数据中特殊的种类,具有一定的主观性,因而需要尽可能具体的参考标准和尽可能稳定的评分人员。根据调研经验,安排专门调研者进行评分,较之与其他分工混合,更利于评分的准确性;多个调研者分区域进行评分时,应相互统一评价标准,高频交流当前打分情况。

在具体项目的评分过程中,调研者需要按照稳定的标准对整个地段的所有建筑对象分别进行评分,对具有特殊性的建筑可以及时记录在备注栏目中。在此期间,可能会因为新的评分或其他调研者共享的评分而意识到此前对个别建筑过于严格(或宽松)的问题,通过照片浏览便能够很快确定失误范围,并予以修正。

基本信息和各项评分录入平台的同时,调研者们能够得到如图 7 所示的一系列历史地段分析图。这些分析图对于调研者相互统一标准,共同把握所调研地段的研究和设计重点具有很大帮助。

图 7   历史地段分析图

3.5 入户调研

入户调研是最为烦琐的调研环节之一,包含内容多样而杂乱。例如,老旧建筑的设备管线使用状况,改建建筑的实际功能和物理性能,有改造潜力的建筑中居民的改建意愿等,都需要通过入户走访调研才能获知。

大尺度历史地段的更新设计中,全域开展入户详细调研需要耗费大量时间和精力。因入户调研内容多具有特殊的针对性,在有限条件下,入户调研应当针对重点范围、特定建筑、对应内容开展,调研对象的确定依赖于前述调研项目的反馈。

通过获取网络信息平台实时生成的历史地段分析图,负责入户走访的调研者能够紧密跟进调研进度,快速判断需要入户的建筑对象,及时制定和修改入户调研计划,从而提高整体工作效率。

4 总结

本研究从历史地段调研实践中发现提高效率的可能,并基于网络信息平台技术探讨了新的调研方法和调研工具。在群智计算广泛应用的时代背景下,在线交互、众包合作的历史地段更新设计模式将颠覆传统的设计师工作方法。从工具、方法研究作为开端的调研阶段,对整个模式的优化具有重要意义。

参考文献

[1] 张弓,霍晓卫,张杰.基于移动 GIS 平台的历史文化名城、镇、村、街区传统建筑信息数字化采集系统[C]//2011 中国城市规划年会论文集.2011:8281-8288.

[2] 刘康宁,薛杨.基于 GIS 的历史建筑普查与认定方法研究[C]//2020 中国城市规划年会论文集.2021:1-10.

[3] ADRIANA MARRA, GIOVANNI FABBROC INO. Crowd-Based Tools for Indirect Condition Assessment and Conservation of Cultural Heritage[C]// Digital heritage, Springer, 1:38-50.

王嘉城[1*]　　胡震宇[1]　　唐芃[1,2]

1. 东南大学建筑设计研究院有限公司;1595290727@qq.com

2. 东南大学建筑学院

Wang Jiacheng[1*]　　Hu Zhenyu[1]　　Tang Peng[1,2]

1. ARCHITECTS & ENGINEERS CO. ,LTD. OF SOUTHEAST UNIVERSITY

2. School of Architecture,Southeast University

国家自然科学基金面上项目(52178008)

传统街区分层级路网提取方法
Traditional Block Hierarchical Road Network Extraction Method

摘　要:传统街区常常由于其丰富的空间肌理,自然形成较为复杂曲折的街巷空间,因此对传统街区街巷的整理也成为一个复杂烦琐的问题。本文从矢量测绘图出发,根据所设置的不同道路宽度层级,构建相应层级的约束 Delaunay 三角网,提取出不同宽度等级的道路中心线后进行合并。因为始终保持矢量运算,故而能够在保持较高精确度基础上实现对传统街区不同宽度道路路网提取。

关键词:传统街区;道路提取;约束 Delaunay 三角化

Abstract: Traditional blocks form complex and tortuous streets and alleys due to their rich spatial texture,so the arrangement of traditional streets and alleys also becomes a complicated and cumbersome problem. In this paper, starting from the vector mapping drawing,according to the different road width levels set,the constrained Delaunay triangulation of the corresponding level is constructed,and the road centerlines of different width levels are extracted and merged. By maintaining the vector operation,the extraction of road networks of different widths in traditional blocks can be achieved on the basis of maintaining high accuracy.

Keywords: Traditional Blocks; Road Network Extraction; Constrained Delaunay Triangulation

1 引言

传统街区空间中的街道空间往往承载着传统空间的空间肌理,反映了街区的空间特色,因此在街区更新设计中,街巷道路的整理十分重要。而在目前的设计流程中,有关于街区的信息,比较容易获得的是相关的建筑测绘图,测绘图往往由基本的建筑轮廓组成,对于传统街区内部的道路信息,则是缺乏有效的数据来源,需要设计师在设计之初对于街巷道路进行整理。而传统街区独特的巷道空间,则为这一整理工作带来一些困难。

2 研究现状

目前对于道路中心线的提取,大多借助于 ArcGIS

进行。具体方法是先将道路部分整理为栅格化图像,然后利用 ArcGIS 中的中心线矢量化工具,将道路所在的面域转化为道路中心线(图 1(a))[1]。在实际操作过程中,因为该方法需要对矢量文件进行栅格化,所以会产生两个问题:一方面栅格化过程中会产生一些噪点,对生成的中心线会产生影响;另一方面在栅格化 DPI 的选择上,存在着精度保留和运行效率两方面的矛盾,需要进行一定的栅格化参数尝试来取得两边的平衡,同时也为后期人工检查和修改带来一定的工作量。

另一种提取道路中心线的方法,则是基于约束 Delaunay 三角网对道路中心线进行提取[2]。基本原理是先将道路面域进行三角化,然后对每一个三角形内部进行一定规则的连线,将所有线段整合,即为道路中心线路网(图 1(b))。在此方法中,利用 Delaunay 三角网结构的外接圆规则,能够较大限度地避免狭长三角形的出现,而约束的三角网,则保证道路的边界强制性成为三角网中三角形的边。此外,在使用该方法时,如果道路边界上的点疏密差距较大,需要对道路边界点进行加密,避免生成狭长三角形,以便较好地保持 Delaunay 三角网均匀的特点[3]。相比于 ArcGIS,该方法保留了原本测绘图较为精确的矢量化信息,避免了对原本道路网边界栅格化所形成的误差。

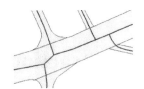 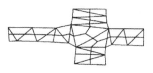

(a) ArcGIS提取道路中心线　　(b) 通过约束Delaunay三角网
　　　　　　　　　　　　　　　　　提取道路中心线

图 1　现有路网生成方法

(图片来源:(a)参考文献[1];(b)参考文献[2])

对于街区而言,街巷的道路空间,通常也就是街区内建筑物之间的空白区域所在的空间。虽然利用上述方法也可以得到相应的中心线骨架网[4][5](图 2),但是生成的道路骨架仅仅表示了抽象的通达关系,每一段道路缺少对应的宽度信息。在后续的街区更新设计中,无法以此为依据直接建立街道的宽度等级系统,从而根据所得到的路网进行例如消防可通达性的判断,也无法根据街巷宽度进行相应的空间研究。

(a) 通过ArcGIS提取街区　　(b) 通过约束Delaunay三角网
　　道路骨架线　　　　　　　　　提取街区道路骨架线

图 2　街区道路骨架线生成

(图片来源:(a)参考文献[4];(b)参考文献[5])

综合以上研究,本文参考后一种方法,改进现有的路网生成方法,通过分层级的方式对建筑物进行梳理,再利用约束 Delaunay 三角网构建不同宽度、通达度的街区路网。

3　研究方法

本文基于 Java 平台进行开发试验,并主要借助于 JTS 运算库进行研究。分层级街区路网提取方法流程如图 3 所示。研究主要分为五个流程,从导入的测绘图开

始,根据所输入的不同道路宽度,程序将地块内建筑物梳理为不同层级的区块,再根据区块形成不同层级的道路关系。

图 3　方法流程图

(图片来源:作者自绘)

3.1　CAD 导入

在提取道路之初,需要做的准备工作是对所给定的测绘图进行导入。同时,需要对导入后的测绘图进行一些预处理,以便于后续的操作,也可以避免极个别特殊数据导致的程序错误,增加程序的鲁棒性。

对于导入的测绘 dwg 文件,主要读取其中的 JMD 图层。读取后的主要有两个方面的内容:一个是闭合的 Polygon,代表建筑物;另一个是 Polyline,代表围墙等信息(图 4)。

(a) 位于分幅地带　　(b) 中间点重复　　(c) 线段重叠
　Polygon被切断

图 4　导入 dwg 文件可能存在的问题

(图片来源:作者自绘)

因为测绘图通常有分幅误差,如果研究的地段恰好处于相邻分幅地带,由于分幅带来的误差,有时会导致在 CAD 中的 join 操作,无法将被分幅切开的建筑物合并为一个闭合多边形。因此对散落的多段线,需要在程序中搜寻相邻多段线,如果两段首尾端点距离小于一个阈值 λ,则将其合并为一个闭合多边形。

此外,有时还会存在多段线中间点重复、线段部分段落重叠等问题,这些都会对接下来的程序造成不良影响,故而需要一开始就进行整理。

通过整理之后,街区分为代表建筑物的 Polygon,以及代表围墙等障碍物的多段线 Polyline。

3.2　建立不同层级区域

在整理过 Polygon 与 Polyline 之后,需要设定街区道路所分的层级,以及每个层级道路所对应的最小宽度。依据所输入的不同宽度的道路等级,进一步对所有的建筑物及围墙进行分层级的聚类。

此处利用的是"缓冲区"合并的原理。在地理信息系统和空间分析中,"缓冲区"用来指代地理特征周围的区域,广泛应用在邻近分析中[①]。本文中的"缓冲区"对应于 JTS 库中的 buffer 操作[②],该方法有些类似于 cad 中偏移曲线的操作,buffer 后的几何图形将转变为具有一定面积的区域。考虑到道路宽度和建筑物间距的关系,如果需要保证道路的宽度为 αm,则只需要将建筑物向外 buffer 0.5 * αm 的间距(图5),建筑物周围所形成的缓冲区是道路中心线无法到达的,而所剩下的空白区域,则表示相应宽度的道路中心线能够通过的区域。通过这个方法,可以得到对应宽度的道路所能到达的范围。

图5　由建筑物生成缓冲区
(图片来源:作者自绘)

在实际操作中,本文将所输入的道路宽度从小到大排序后,依次根据不同的道路宽度顺次进行缓冲区的建立。在建立过程中,相邻建筑物之间的缓冲区可能会形成交叠,则将产生交叠的对象进行合并(图6),建立一个更大的区域,该区域代表某一个道路宽度中心线所能到达的最小建筑物范围集合,与道路的层级结构相一致。同时下一个层级的区域则在该区域的基础上进一步buffer 来建立。

图6　缓冲区合并
(图片来源:作者自绘)

通过上述操作,能够建立起不同层级的缓冲区域。每一个区域包含若干个更低等级的区域,也记录了内部所有建筑物信息。最大的区域由整个街区的外轮廓进行一定的 buffer 求得,以保证其中包含了所有的层级区域(图7)。

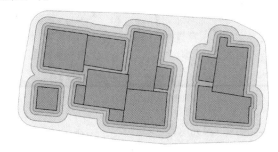

图7　多个层级缓冲区示意
(图片来源:作者自绘)

3.3　创建不同等级道路

在建立不同层级的区域之后,将某一个区域与其中低一层级区域多边形求差集,可以得到相应的带洞多边形。根据带洞多边形,采用约束 Delaunay 三角网的方式,可以提取出相应的骨架线。该骨架线,则可以代表该层级的宽度道路中心线(图8)。

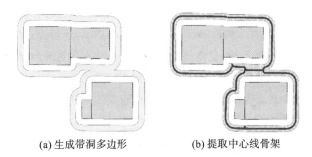

(a) 生成带洞多边形　　　(b) 提取中心线骨架

图8　多边形求差集及生成骨架线
(图片来源:作者自绘)

值得一提的是,为了使所建立的三角网均匀,在创建三角网之前,可以将所形成的带洞多边形进行重构。重构的逻辑主要是对多边形进行轮廓加密,加密的长度依据则参考于该层级下道路的宽度。重构使得带洞多边形所生成的约束 Delaunay 三角网每一条边长度相差较小,避免了特别尖锐的三角形出现(图9)。

① 资料来源:https://en. wikipedia. org/wiki/Buffer_analysis。
② 资料来源:http://www. tsusiatsoftware. net/jts/javadoc/com/vividsolutions/jts/operation/buffer/BufferOp. html. f

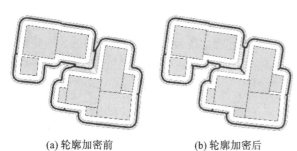

| (a) 轮廓加密前 | (b) 轮廓加密后 |

图9　轮廓加密生成三角网提取效果对比
（图片来源：作者自绘）

三角网构建完成后，根据每一个三角形边位于多边形内的情况，可以将三角形分为三类（图10）。

| (a) Ⅰ类三角形 | (b) Ⅱ类三角形 | (c) Ⅲ类三角形 |

图10　三种三角形提取骨架线示意图
（图片来源：作者自绘）

具体规则如下。a.Ⅰ类三角形：三条边均在多边形内部。b.Ⅱ类三角形：有两条边在多边形内部，一条边在多边形轮廓上。c.Ⅲ类三角形：只有一条边在多边形内部，其余两条边在多边形轮廓上。对该三类三角形，依照不同的方法进行骨架线的提取：对于Ⅰ类三角形，将每一条边的中点与三角形中心点相连；对Ⅱ类三角形，连接位于多边形内部的两条边的中心点；对Ⅲ类三角形，连接位于多边形内边的中点与中心点。将所有的骨架线连接起来，则形成了该层级下的区域范围内的道路网。

3.4　合并不同等级道路

在建立不同层级道路骨架网之后，则是进一步对相邻层级的道路进行合并。本文所采取的顺序是由低层级道路向高层级道路合并。具体合并方式如下：①对某层级道路骨架进行梳理，通过该层级下缓冲区外边界向内buffer一定距离形成一个较小范围boundary，根据是否处于boundary内，区分出最外环道路与内部道路；②将该层级下的外环道路舍去，并将内部道路断开点和高一个层级路网相连，并将道路信息保存在高层级路网中；③重复前两个步骤直至所有层级道路都合并到一起（图11）。

| (a) 获取较小范围 | (b) 舍去边界外环道路 | (c) 与高一层级路网相连 |

图11　道路合并示意图
（图片来源：作者自绘）

3.5　道路骨架网线化简

最终的道路网图是一个相互连接的统一的图。其中每一段道路都记录了自身所对应的道路层级。并根据所连接道路的数目，区分出三种节点。a.Ⅰ类节点：与三段道路相连，往往作为交叉路口。b.Ⅱ类节点：与两段道路相连，往往需要进行进一步化简。c.Ⅲ类节点：仅与一段道路相连，往往代表尽端路。

街区内建筑物排布不规律，不整齐，基于约束Delaunay三角网生成的道路骨架网，会存在复杂弯曲以及悬挂链的问题（图12）。需要进一步对道路骨架网线进行化简。

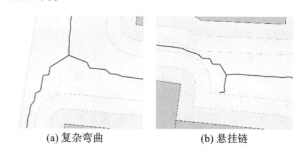

| (a) 复杂弯曲 | (b) 悬挂链 |

图12　两种骨架问题
（图片来源：作者自绘）

对于复杂弯曲，主要是对Ⅰ类节点或者Ⅰ、Ⅲ类节点之间的路段进行操作。本文主要采取的措施是对其进行拉直处理，通过Douglas-Peucker算法进行节点的简化，同时在简化过程中，同时需要保证简化后的道路不能够与建筑物相交。

悬挂链的产生可能来自两种情况：一是由于建筑物排布不整齐形成凹凸面，此类的悬挂链一般长度较短，形成悬挂链的Ⅲ类节点与Ⅰ类节点之间的段落较少，可以直接删去；二是由于较长的尽端路，或者道路收窄，此类悬挂链是需要保留的。本文在整体道路网建立的情况下，根据悬挂链的长度以及所包含的节点数进行综合判断，删除多余的悬挂链进行化简。

4 案例实验

4.1 实验

本文选取淮安市某街区地块进行算法验证,对街区进行不同层级路网的建立实验。综合考虑消防需要、车辆通行等通常要素,将道路宽度划分输入设定为 4 m、2 m、1 m(图13)。具体步骤如下:①导入 CAD,通过程序对 CAD 进行初步的整理;②根据道路宽度,进行缓冲区的建立;创建出不同层级的带洞多边形;③每个层级区域进行道路骨架网的建立,各自生成相应的道路网;④对道路网进行合并,生成整体骨架;⑤化简道路网。

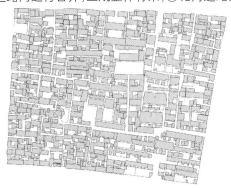

(a) 导入CAD

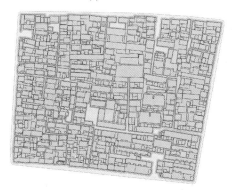

(b) 建立不同层级缓冲区

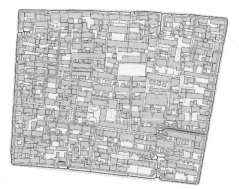

(c) 建立不同等级道路

图13 淮安市某街区地块道路提取实验

(图片来源:作者自绘)

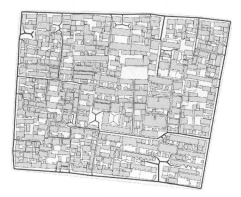

(d) 道路融合

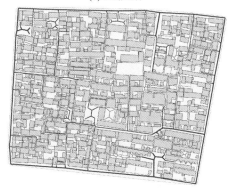

(e) 道路化简

续图 13

4.2 结果分析

由实验可以看出,本文方法在道路宽度设定的情况下,能够迅速将街区内各种层级道路进行区分,形成结构明晰的道路网,其优点如下。

(1)有助于设计师迅速掌握目前街区结构,在设计中利用不同宽度道路对街区空间进行人流引导,从而有助于整个街区的空间统筹以及整体的设计提升。

(2)有助于结合道路宽度进行街区消防系统的建立。充分发掘可以利用的路段,寻求满足消防安全需求与最小化拆除之间的最优解。

5 结语

传统街区街巷曲折串联,空间丰富,在街区的更新设计中,复杂的街巷路网也让设计一开始对街巷空间的梳理带来一定的困难。本文以不同道路宽度作为分层级依据,通过设定缓冲区以及缓冲区求并集的方式,对街区中的建筑物进行层级归纳整理,接着借助约束 Delaunay 三角网提取出道路骨架网线,进而生成整体的道路框架。对比于 ArcGIS,能够有效地区分出道路宽度信息,梳理出街区不同层级的道路关系。同时因为其矢量化运算的特点,也避免了 ArcGIS 工具栅格化所带来的误差,能够作为较为精细化设计的参考依据。

层级化道路网有助于设计师在街区更新设计初期对街区空间进行统筹设计。同时,当所设定的道路宽度与消防宽度一致时,也能够直观呈现出目前街区的消防通达度,有助于后续消防的布局设计。在层级化道路网的基础上,后续也可以利用相关的智能化算法进行消防栓选点、人流通达设计等进一步的数字化设计。

参考文献

[1] 殷俊,黄宗维.基于ArcGIS的道路中心线自动提取方法[J].地矿测绘,2016,32(1):40-42.

[2] 李功权,蔡祥云.一种基于约束三角网的道路中心线的提取方法[J].长江大学学报(自然版)理工卷,2013,10(2):47-50.

[3] 艾廷华,郭仁忠.基于约束Delaunay结构的街道中轴线提取及网络模型建立[J].测绘学报,2000,29(4):348-354.

[4] 刘闯,钱海忠,王骁,等.利用城市骨架线网的道路和居民地联动匹配方法[J].测绘学报,2016,45(12):1485-1494.

[5] 胡震宇.高密度历史文化街区更新改造中的消防系统生成设计探索与应用——以扬州东关历史文化街区为例[D].南京:东南大学,2021.

张菁[1]　蒋楠[2*]
1. 东南大学建筑学院;zhangjing9599@163.com
2. 东南大学建筑设计与理论研究中心;jnseuarch@163.com
Zhang Jing[1]　Jiang Nan[2*]
1. School of Architecture,Southeast University
2. Architectural Design and Theory Research Centre,Southeastern University

国家自然科学基金(51878141)

基于多元价值实现的近现代建筑遗产全生命周期构件编码体系与数据平台建构

Components Coding System and Data Platform Construction for the Whole Life Cycle of Modern Architectural Heritage Based on Multiple Value Realization

摘　要:当前,近现代建筑遗产保护与利用日益受到广泛关注,在以遗产多元价值为核心,价值实现为目标的遗产保护利用实践工作中,结合数字化技术手段推动遗产保护的科技创新逐步成为热点。在此前提下,本文尝试将BIM技术应用到建筑遗产保护利用的全过程中,从多元价值实现角度,对遗产BIM平台中的构件编码和数字化协同模式进行了初步探索,建立"全生命周期_功能类型_结构类型_元素类型"的编码体系,以使建筑遗产在保护利用全过程中更好地实现多元价值,为推进其数字化保护建立基础。

关键词:近现代建筑遗产;全生命周期;构件编码体系;BIM;数据平台

Abstract: At present, the conservation and utilisation of modern architectural heritage is receiving increasing attention. The conservation of heritage in practice is centred on the multiple values and the realisation of values. Combining digital technology to promote technological innovation in heritage conservation has gradually become a hot spot. On this basis, the paper attempts to apply BIM technology to the whole process of architectural heritage conservation and utilisation. From the perspective of multiple value realisation, this paper makes a preliminary exploration of the component coding and digital collaboration model in the heritage BIM platform. The coding system of "whole life cycle_function type_structure type_element type" is established. This will enable architectural heritage to better realise multiple values in the whole process of conservation and establish a basis for promoting its digital conservation.

Keywords: Modern Architectural Heritage; Whole Life Cycle; Component Coding System; BIM; Data Platform

近年来,我国在近现代建筑遗产保护利用中已取得持续进步,但在数字化保护层面仍有很大的发展潜力。国家在政策层面对遗产建设数字化与信息化等十分重视,正如《"十四五"文物保护和科技创新规划》中指出:应建设国家文物资源大数据库、建立文物数字化标准规范体系、构建产学研用深度融合的文物科技创新体系等重点任务[1]。而在遗产数字化保护研究中,基于BIM技术的数字化平台及跨学科研究具有较大的应用前景。

在遗产BIM技术应用中,构件编码与数据平台是关键一环。虽有《建筑信息模型分类和编码标准》(GB/T

51269—2017)可资借鉴,但鉴于近现代建筑遗产保护利用的复杂性和多元性,BIM技术平台中的遗产构件编码还有以下几个关键问题亟待解决:第一,现有的BIM编码标准多针对新建建筑,如何通过遗产构件编码反映其历史维度和价值信息等特殊性;第二,对于建筑全生命周期的研究多针对新建建筑,如何兼顾遗产历史状态进行全过程编码;第三,近现代建筑遗产有不同于古建筑的特殊性,如何通过编码体系综合表现近现代建筑遗产的多元价值和再利用的针对性;第四,现有规范与编码体系的各表代码内容独立平行,如何解决一串编码无法综合反应建筑遗产各项复杂信息的问题。

本文以第二批国家工业遗产、全国重点文物保护单位大生纱厂-唐闸实业小学教学楼(民间称为"张謇楼")BIM协同设计为载体,探讨了全生命周期中遗产元素编码体系与数据平台的建构。该楼(图1)建于20世纪30年代,为一座二层十一开间砖木结构建筑,歇山屋面,清水外墙,平面呈T形,建筑面积1336平方米,采用南通近代中西合璧建筑形式中的梁柱式廊屋与大屋顶式样建造。本文结合近现代建筑遗产的特征对张謇楼构件分类整理,在价值实现维度建立全新的BIM构件族库分类、命名及编码标准,形成"全生命周期_功能类型_结构类型_元素类型"的编码体系。

图1 张謇楼现状照片

(图片来源:作者自摄)

1 基于保护利用全过程与遗产历史价值的时间分期

近年来,建筑遗产的全过程保护利用日益受到广泛关注,而全生命周期正是BIM应用于建筑及遗产保护领域的优势所在。对于普通建筑来说,全生命周期的划分通常从策划开始,加之设计、施工、运营阶段,然而这种划分方式没有表现出近现代建筑遗产的特殊性及其历史价值。因此,可以再利用为标准,将建筑遗产全生命周期划分为再利用前、中、后三期,共六个阶段,从而突出近现代建筑遗产保护与活化利用的主要特征与多元价值。

1.1 遗产再利用前

1.1.1 建筑遗产初建阶段

近现代建筑初建阶段为其历史原真状态的真实表达,其新形式、新工艺、新技术的展现使其具有较高的科学、文化、历史价值。此阶段的数据资料来源于图纸资料(图2)、建成后见诸报纸杂志的文献、口述访谈、文字记录等。

图2 唐闸实业小学校舍图

(图片来源:东南大学建筑设计研究院有限公司
大生纱厂-唐闸实业小学教学楼旧址修缮设计文本)

1.1.2 建筑遗产历史修缮阶段

近现代建筑遗产在建成至今的历史过程中,为满足不同社会文化经济条件下的生产、使用需求,往往需要进行修缮、改造等复杂过程。此阶段的数据资料来源于历次修缮记录表(图3)、修缮执行者的口述、历史图纸档案等。

图3 2002年修缮记录表

(图片来源:东南大学建筑设计研究院有限公司
大生纱厂-唐闸实业小学教学楼旧址修缮设计文本)

1.1.3 建筑遗产现状阶段

近现代建筑遗产的现存状态不仅是对历史价值和建筑价值的反映，同时积淀了社会变迁、文化发展和科学进步的过程中所产生的社会、文化、科学价值。此阶段的数据资料来源于现场调研、利用三维扫描等数字化技术进行测绘与制图(图4)等。

图4 张謇楼三维扫描成像

(图片来源：东南大学建筑设计研究院有限公司
大生纱厂-唐闸实业小学教学楼旧址修缮设计文本)

1.2 遗产再利用中

1.2.1 建筑遗产再利用设计阶段

修缮设计工程中应对建筑进行全面勘察，消除影响结构安全的残损，弥补最初建设阶段各种原因造成的遗憾和疏漏。此阶段的数据资料来源于保护与修缮设计图纸、文本、照片等。

1.2.2 建筑遗产再利用施工阶段

施工阶段对于建筑遗产来说主要包括建筑拆除阶段、建材生产运输阶段、建造阶段，相比新建建筑来说，新旧结构与材料如何更好结合是施工过程中的技术难题。此阶段的数据资料来源于材料清单、施工图纸与过程记录等。

1.3 遗产再利用后

在建筑遗产管理运维阶段，将遗产保护全过程的数据信息进行集成管理，结合实时监控，记录遗产变迁轨迹，实现全程跟踪。此阶段的数据资料来源于全过程评价流程与记录、多源平台数据等。

2 基于遗产活化利用价值的功能与结构分类

2.1 功能分类

只有被利用的遗产才是真正的遗产——任何文物或遗址的价值都源自其用途[2]。不同于新建建筑，对近现代建筑遗产的再利用需要考虑其原有的功能类型，并以此建立动态的功能观作为价值实现的依据。不同类型遗产的功能布局有所差异，其空间置换潜力也不相

同，再利用前后的功能也可能发生变化，因此功能编码必须反映遗产不同历史阶段的功能类型及其主要特征。常见的建筑类型有办公建筑、商业建筑、博览建筑、宾馆建筑、文化建筑、医疗建筑、教育建筑、宗教建筑、工业建筑、居住建筑等。

以"张謇楼"为例，从创办之初的教学用房，到目前拟作为张謇教育思想纪念馆等用途的百余年，其见证了南通唐闸地区近现代基础教育和实业教育的发展历程。功能转变使得张謇楼从模式较为固定到平面布局相对自由，在编码体系中反映其前后的变化对于再利用价值的动态实现有着重要影响。

2.2 结构分类

近现代建筑遗产的再利用方式受到原有结构的制约，因此在对遗产进行改造再利用之前，认定其结构类型、评估其适用性是实现其再利用价值的重要前提。不同结构类型适用的改造方式和空间利用价值均有所差异。根据材料特性可将主体结构分为四类，分别是砖木结构、砖混结构、钢筋混凝土结构和钢结构。而屋架作为横向传力构件，承载了屋面的自重和风雪等荷载，根据材料可分为混凝土屋架、钢屋架、木屋架以及组合式屋架。

以"张謇楼"为例，其主体结构为砖木结构，以梁柱式廊屋与大屋顶式样建造，成为研究中国近代"中西合璧"建筑的典型实例，在编码体系中反映其主体结构与屋架结构形式是进行后续构件编码的重要步骤之一。

3 基于遗产科学与艺术价值的元素分类

近现代建筑遗产元素涉及建筑自身及场地中各主要部件，是反映遗产类型与特征的根本要素。以《建筑信息模型分类和编码标准》(GB/T 51269—2017)为基础，将元素分为建筑与结构两大类，并根据近现代建筑遗产的特征进行补充与修正，例如其中对于结构元素的分类缺少遗产中常见的木结构和混合结构，因此在编码方式中对其进行扩充。

3.1 遗产建筑元素类型与细分

建筑元素按照室内外关系分为场地、建筑构件、室内装饰三部分。①建筑遗产本身与场地是紧密结合的，场地反映了遗产所处的环境和建筑周边设施，主要包含道路、园林景观和场地附属设施。②建筑构件涉及建筑各主要部件的类型与分类，这些部件包括墙、门、窗、屋顶、楼地板、幕墙、天花板、楼梯、台阶等，其退化程度与

病害情况直接影响着建筑本身的科学价值。③对于建筑遗产来说，室内装饰也有历史与艺术价值，包括室内构造、设备、灯具、内庭和陈设，在一定程度上反映了建造技术与工艺。

3.2 遗产结构元素类型与细分

不同于新建建筑，建筑遗产的结构元素完好与否直接关系到整体的安全性、正常使用性、可靠性和耐久性，拟将结构元素共划分为四类(表1)。①地基基础作为地下的墙柱扩大部分，在进行遗产再利用的结构加固过程中，需考虑其位置等因素。②混凝土结构可分为板、梁、柱、节点、预埋件、结构缝等构件。③钢结构在再利用过程中有明显潜力，钢桁架、网架、拉索等结构构件自身的轻巧灵活性已是一种艺术价值的体现。④木结构是遗产建筑区分于新建建筑的特殊存在形式，将木构件进行细分编码对于建筑遗产保护有其应用需求。

表1　遗产建筑与结构元素分类

(来源：作者自绘)

(表格内容为密集分类编码表，含建筑构件14-10.20.00、道路14-10.10.03、园林景观14-10.10.18、场地14-10.10.21、室内装饰14-10.30.00、地基基础14-20.10.00、混凝土结构14-20.20.00、钢结构14-20.30.00、木结构14-20.50.00等分类及其细分编码)

4　构件编码体系与数据平台建构

4.1　构件编码方法与结构

结合近现代建筑遗产的特性，以《建筑信息模型分类和编码标准》(GB/T 51269—2017)分类系统为基础，初步构建建筑遗产构件编码。国标编码方式采用表代码和全数字的表内编码，其主要针对民用建筑和工业厂房建筑，而在对建筑遗产进行编码的过程中，在以下两个方面进行改进：第一，重点考虑建筑遗产不同于新建建筑的复杂性，包括全生命周期内容、构件类型与细分等；第二，增强遗产复杂信息整合性，解决各表代码内容独立平行、无法在一串编码中综合反应建筑及构件各项信息的问题。

根据编码体系与规范，建立遗产构件"全生命周期-功能类型-结构类型-遗产元素"的编码结构(图5)。

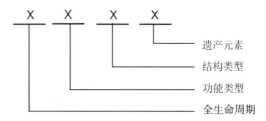

图5　近现代建筑遗产构件编码结构

(图片来源：作者自绘)

第一项编码为全生命周期，代码为20，在全生命周期阶段中进行细分，例如再利用前阶段为20-10.00.00，再利用前阶段中的建筑遗产初建阶段为20-10.00.01。第二项编码为功能类型，代码为10，张謇楼再利用前功能为教学楼，再利用后为展览馆，因此本项目中的此项编码分别为10-03.00.00和10-08.15.00。第三项编码为结构类型，代码为02，张謇楼的砖木结构与木屋架形式编码为02-10.10.01。第四项编码为遗产元素，代码为14，对元素进行细分，例如建筑遗产元素为14-10.00.00，遗产元素中的建筑构件为14-10.20.00，建筑构件细分下的建筑墙为14-10.20.03，建筑墙包含的建筑内墙为14-10.20.03.03(表2)。

表2　近现代建筑遗产部分码段范例表

(来源：作者自绘)

码段名称	码段体系	码段说明
全生命周期	01-10.10.01	建筑遗产初建阶段
全生命周期	01-10.10.02	建筑遗产历史修缮阶段
全生命周期	01-10.10.03	建筑遗产现状阶段
功能类型	10-03.00.00	教育建筑
功能类型	10-08.15.00	展览馆
结构类型	02-10.10.01	砖木结构与木屋架
遗产元素细分一级	14-10.00.00	建筑
遗产元素细分二级	14-10.20.00	建筑构件
遗产元素细分三级	14-10.20.03	建筑墙
遗产元素细分四级	14-10.20.03.03	建筑内墙

最终形成的编码示例为"01-10.10.02 _10-03.00.00 _03-10.10.10 _14-10.20.03.03"，编码含义为建筑遗产历史修缮阶段中展览馆功能的砖木结构木屋架建筑中的

建筑内墙(表3)。

码段	全生命周期阶段	功能类型	结构类型	元素类型
构建编码	01-10.10.02,	10-03.00.00,	03-10.10.10,	14-10.20.03.03
编码含义	建筑遗产历史修缮阶段中,展览馆功能的 砖木结构木屋架建筑中的建筑内墙			

4.2 构建数据平台

以全过程编码体系为基础,利用 Revit 建模软件创建"张謇楼"的三维模型,通过自身编码功能中族属性的部件代码与部件说明,体现构件特性与命名。同时结合轻量化平台,进行建筑构件的拆分与重组(图6),明确建筑各构件的数量、位置、存在形式和之间的关系。

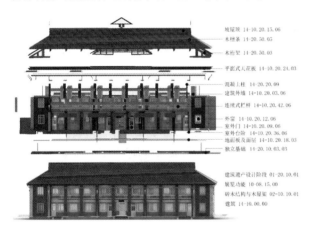

图6 张謇楼 Revit 模型与构件拆分

(图片来源:东南大学建筑设计研究院有限公司
大生纱厂-唐闸实业小学教学楼旧址修缮设计文本)

Revit 编码体系使用了 Uniformat 编码规则,表现为部件代码表,由编码内容、类目名称、目录级数和 CODE 码表示的族类别四部分构成。第一部分编码内容是在原有基础上,将"全生命周期_功能类型_结构类型_遗产元素"的体系重新编码并导入。第二部分导入构件的具体名称。第三部分的层级编号根据所需的编码结构,将目录级数分为5级,第一级为表代码,二到四级分别为大类代码、中类代码、小类代码,第五级为细类代码。第四部分录入族类别对应的 CODE 码,以便与 Revit 产生更好的联动。将以上表格整理完成后导出为 txt 文本文件的 UNICODE 模式,在 Revit 的部件代码中重新载入(图7),并为每个构件录入编码(图8)。

图7 导入 Revit 的编码体系

(图片来源:作者自绘)

图8 为张謇楼 Revit 模型录入编码

(图片来源:作者自绘)

4.3 应用场景

以"张謇楼"为例,通过遗产构件编码体系与数据平台的研究,试图完善并推进近现代建筑遗产保护中的数字化、信息化水平,其应用场景主要包括如下。

第一,以构件编码为依托,结合近现代建筑遗产保护利用全过程评价体系(图9),实现全过程量化评价,并与建筑遗产保护与再利用的决策紧密对接,以此推动近现代建筑遗产保护利用决策机制的完善[3]。

第二,通过 BIM 模型记录构件不同阶段的信息,保证数据信息的规范化、标准化及全程化,将遗产保护全过程的数据信息进行数字化集成归档,便于遗产的动态管理。

第三,在数据平台的基础上进行多源融合,打造遗

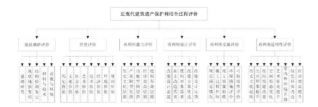

图9 近现代建筑遗产保护利用全过程评价

(图片来源:作者自绘)

产全生命周期数字孪生平台(图10),实现全景漫游和全程跟踪,完整记录遗产变迁轨迹,实现遗产的多元价值。

图10 张謇楼保护利用数字孪生平台

(图片来源:东南大学建筑设计研究院有限公司
大生纱厂-唐闸实业小学教学楼旧址修缮设计文本)

5 结语

基于遗产保护全过程管理的现实需求,同时针对我国近现代建筑遗产的"多元价值"及"再利用"等特点,将遗产构件转化为带有多元信息的数据载体,形成基于近现代建筑遗产全生命周期价值实现的编码体系与相关数据平台,为推进近现代建筑遗产的数字化保护建立基础。在实践应用中,还可将编码体系与遗产保护利用全过程评价、数字化存档、决策机制、数字孪生等技术平台相结合,推动近现代遗产保护的数字化与科学化。

6 致谢

本研究得到了东南大学建筑设计研究院有限公司黄文胜、杨红波、高齐璐等多位老师的支持与帮助,特致谢忱。

参考文献

[1] "十四五"文物保护和科技创新规划[N].中国文物报,2021-11-09(003).

[2] 史密斯.遗产利用[M].苏小燕,张朝枝,译.北京:科学出版社,2020.

[3] 蒋楠,王建国.基于全程评价的近现代建筑遗产登录制度探索[J].新建筑,2017(6):98-102.

李景韵¹ 唐芃¹ 李力¹ 黄晴怡¹ 洪溪悦¹

1. 东南大学建筑学院；17854160931@163.com

Li Jingyun¹ Tang Peng¹ Li Li¹ Huang Qingyi¹ Hong Xiyue¹

1. School of Architecture, Southeast University

国家重点研发计划：村镇社区空间优化与布局研究项目（2019YFD1100805）

基于 Wi-Fi 定位技术的乡村公共空间提升方法研究
——以宜兴市丁蜀镇芳溪村村落更新为例

Research on Rural Public Space Enhancement Method Based on Wi-Fi Positioning Technology：A Case Study of Village Renewal in Fangxi Village，Dingshu，Yixing

摘　要：公共空间是聚落活动的主要载体，公共空间提升是乡村建设中的重要环节。在当前乡村公共空间的相关更新改造中，设计策略多依赖于经验和主观判断，忽略了客观行为活动分析。Wi-Fi 定位技术的精度和适用规模均能满足聚落层级分析，提供了一种新的调研方式。本文以芳溪村为研究对象，通过布设设备，对收集的 420 万条数据进行清洗，得到不同人群的分布与轨迹等信息，总结出相关规律，以期为建筑师后续设计提供客观和量化的决策参考和依据。

关键词：Wi-Fi 定位技术；乡村公共空间；大数据；时空行为

Abstract：Public space is the main carrier of settlement activities，and its improvement is an important link in rural construction. In the current related renovation，the design strategies mostly rely on experience and subjective judgment，ignoring objective behavior activity analysis. The accuracy and applicable scale of Wi-Fi positioning technology can satisfy the settlement level analysis，providing a new research method. This paper took Fangxi Village as the research object，desensitized and cleaned 4. 2 million data collected by setting up equipment，and obtained the distribution and trajectory information of different populations. Relevant rules were summarized in order to provide objective and quantitative reference and basis for architects' subsequent design decisions.

Keywords：Wi-Fi Probe；Rural Public Space；Big Data；Space-time Behavior

1　引言

1.1　研究背景

作为村落活力的主要载体，乡村公共空间的主要价值在于它包括了公共服务、情感支撑、社会整合、文化教育等多种功能[1]。相关基础设施和环境建设在近二十年走上了快速重构的道路[2]，但在繁荣背后存在着建设粗糙、空间割裂等一系列问题。例如对传统空间如水井、寺庙所在地关注不多，"另起炉灶"问题显现；新增公共空间同生活区域相分隔，与村民生活渐行渐远；相关建设以城市为模板，缺乏小规模精细化的"针灸式"对策。其中原因之一，是缺乏对于村民行为活动客观理性的调研，仅凭经验和主观判断的设计结果会造成公共空间质量、数量与现实要求不相符。

国家现代化离不开城镇与农村的发展互补，乡村振兴下的农村空间建设仍存在着诸多问题。探索效率高且能广泛普及的农村人居环境调研方法，总结相关规律，仍是一个重要的课题。

1.2　时空行为调研技术

对于微观个体的时空行为调研，相关探索由来已久。早期基于纸质问卷的活动日志调查,对居民一天24小时活动进行数据采集[3]。该方法精度高但成本较大且无法覆盖大尺度场景。随着科技的发展,移动终端大规模普及,网络传输方式也不断更新,丰富多维的行为数据可以被实时记录,这为研究时空行为提供了全新的方法。当前主要有GPS、超宽带(UWB)定位、位置服务(LBS)技术、Wi-Fi探针定位等技术。GPS定位的精度决定了其更适宜城市尺度,且需要为被调查者提供定位设备,因此难以获取大群体的空间数据。超宽带(UWB)定位具有复杂度、功耗低而精度高的特点,但同样受限于需要依赖设备的问题,更适用于精细化小尺度如室内场景的调研。位置服务(LBS)数据为手机通话数据,其精度与数据取决于电信运营商与基站密度,且无法区分研究对象属性差异。Wi-Fi探针定位技术基于Wi-Fi信息传输技术,无需向被调查者发放设备,具有介入性低、观测时间长、覆盖范围广泛的特点。该技术适用于街区、村落、大型公共建筑等尺度,当前已有针对航站楼、景区的相关探索,并得到了可靠的数据验证。

本文选取宜兴芳溪村作为研究对象,探索基于Wi-Fi定位技术的乡村公共空间提升方法。通过对村民、游客两类人群,工作日、休息日、节假日三类日期属性的活动特点进行归纳,探寻芳溪村的时空行为规律,从而提出相应的空间提升策略。

1.3 研究对象简介

芳溪村位于江苏省宜兴市丁蜀镇,面积约3.5平方千米,整体形态呈现南北长、东西窄。东临宁杭高速、湖滨公路,西临芳溪河,南接芳溪路,前西路贯穿村落,是村内的主干道。本文研究范围主要在村北的居住区域,面积约73610 m²,南部的工厂用地及周边大量农田不纳入研究考虑(图1点画线内为研究范围)。

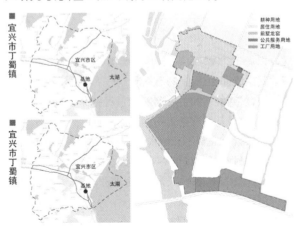

图1　芳溪村区位及用地情况

该村产业以紫砂制品、工业陶瓷、旅游为主,保留有创烧于明代的前墅龙窑,该龙窑是宜兴地区仍以传统方法烧制陶瓷器的唯一一座龙窑。当下,芳溪村面临着发展瓶颈,具体包括如何扩大自身旅游影响力、有针对性地提升村民生活品质、平衡好游客与村民的需求等问题。

2　研究方法

2.1　Wi-Fi探针

Wi-Fi探针设备主要由4G模块、Wi-Fi模块、电池、主板四部分组成(图2),这些组成部分包裹于塑料外壳中,体积小,耐候性好可置于户外。Wi-Fi探针的原理在于移动设备开启Wi-Fi功能时不断向外发射信号,该信号中包含唯一的ID-MAC地址。探针设备会侦测附近所有设备的MAC地址,当设备经过探针附近时,数据便会被收集。探针实际有效工作半径约15 m,最大覆盖半径约30 m,其精度可以根据探针设备的密度进行相应调整。探针内的4G模块每隔15分钟将数据发送到相关位置服务器上,通过调用云端服务器的数据,利用MangoDB数据库,对每条数据进行储存、编号。

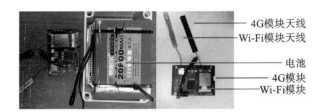

图2　Wi-Fi探针

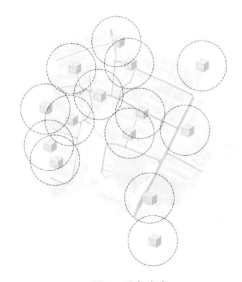

图3　设备布点

494

本研究共布设 14 个探针设备,布点位置包括村内主干道、村口、龙窑博物馆、菜场等(图3),覆盖了芳溪村大部分关键路口节点和主要公共区域。研究收集了 2021 年 4 月 14 日—5 月 9 日的数据,其中部分天数数据缺失,实际有效时间为 21 天,共获取 4215641 条信号记录与 87399 个 MAC 地址(图4)。分析定位数据量与移动设备数量的逐日变动情况,其相关性为 0.59,具有中度相关性。每条数据包含了设备 MAC 地址、收集时间戳、探针编号、设备与探针距离。

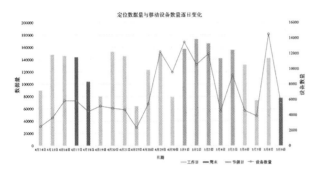

图 4　定位数据量与移动设备数量

2.2　数据清洗分类

由于 Wi-Fi 探针可以侦测到工作半径内一切设备的 Wi-Fi 信号,包括路由器、智能家电等固定设备,部分设备的伪 MAC 地址等,为过滤掉这一部分的干扰,结合芳溪村实际情况,进行相应数据清洗。具体而言,清洗如下数据:①单一停留的时间长于 8 小时或少于 0.5 小时的数据;②只出现一次 MAC 地址的数据;③在非日常活动时间,如深夜凌晨出现的数据。

在前期的实地调研中,芳溪村的人群主要分为两类:本地居民与外来游客。综合村落本身旅游资源较少,多以短期游览为主的特点,根据 MAC 地址出现的时间,将出现天数超过 3 天且单一一天总计时长超过 7 小时的视为本地村民,将出现天数小于 3 天的视为游客。

3　数据分析

3.1　基于地理位置的分析

累计数据量反映了两方面特征:个体数量与个体所停留时间,个体停留时间越长,发送的数据越多。芳溪村内的数据分布存在着较大的地理差异。对每一探针点进行 21 天流量累计,可以得出各监测点的流量分布情况(图5),在村落的西入口与前墅龙窑附近的 41、24、67、105 号监测点人流量密度显著高于其他位置。进一步对居民和游客两类人群分别分析,可以看出两类人群的活动地点具有不同的特征,在前墅龙窑附近高度重合,而在村子内部,游客聚集明显减少。

总体流量分布　　居民流量分布　　游客流量分布

图 5　流量分布情况

将上述四个具有高流量的监测点数据单独提取,进行逐日热力图分析(图6)。结果显示,相比其他监测点,24 号监测点受日期影响变化最大,人流峰值主要出现在一周的周中与节假日。其余探针与日期关联性较小,或者说明人停留的时间并不长。

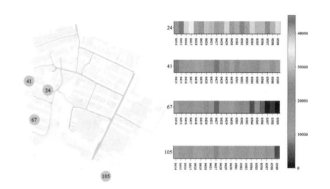

图 6　41、24、67、105 号监测点逐日热力图

3.2　基于日期属性的分析

在 21 天的数据收集时间跨度内主要有三类日期属性:工作日、周末、节假日。对应这三类日期,各监测点在一天内(5:00—23:00)的流量变化有着不同的特征。以 13 号监测点为例,中午(11:00—13:00)以及傍晚(17:00—19:00)流量显著高于其他时段,与其相似的还有 60 号监测点。基于三种日期属性内一天的流量变化,对所有监测点数据进行归纳总结,可以得出两类基本特征点(图7)。

特征点一:在中午(11:00—13:00)以及傍晚(17:00—19:00)会有数据的高峰;假期数据均衡;工作日、周末数据密集;部分周末的晚上会有数据的减少,此类点多位于居民宅前或巷口。

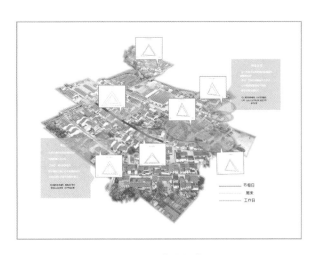

图7　两类特征点

特征点二：三个时间点没有明显的数据偏向，数据量均衡，周末、节假日数据高于工作日；白天的数据普遍高于夜晚；都在前墅龙窑附近。

3.3　路径分析

对同一 MAC 地址在一天内被探针所监测到的顺序进行排列，点与点的连接可近似拟合出该 MAC 地址在一天内的流线。再加入停留时间数据的累加，便可知道路的使用频率。Wi-Fi 探针数据并非能完整记录轨迹，因此需要结合村庄内实际道路调研情况对其进行修正。具体操作为在前期经过实地调研分析出村内道路情况，区分公共道路与村内小道。对数据可视化（图8），可发现村落西入口、前西路与东西走向的村内主干道的使用频率远高于其他道路，该道路连接前墅龙窑至前西路公共汽车站。

图8　路径流量

4　公共空间优化策略

结合时空行为数据分析与实地调研对芳溪村的公共空间进行优化，主要分为三个方面：适用于游客-村民的大中型公共空间优化；适用于村民的中小型公共空间优化；道路空间优化（图9）。

4.1　适用于游客—村民的大型公共空间优化

根据数据分析结果，特征点二即前墅龙窑周边区域（24号监测点）集中了芳溪村主要的旅游资源，游客、村民的流量都较高且白天高于夜晚。整体优化思路为将该区域打造为潮汐功能地块，平时满足村民的活动，旅游旺季时可兼顾游客的需求。根据游客主要由村庄西入口而来的特点，同时将41、24、23、13号监测点进行道路整治，打通断头路，增强可达性，丰富龙窑游览流线。毗邻龙窑的23号监测点数据量相比其他点急剧下降，现实情况是此地为大片空置绿地与一个公共厕所，少有人至。为进一步提升旅游服务能力且解决芳溪村村民没有大型室内公共空间的问题，应在该区域新建一个综合了游客中心与村民活动的服务中心。

4.2　适用于村民的中小型公共空间优化

对于村庄内部而言，游客数据量大幅减少，该区域主要针对村民日常生活进行微空间改造。主要涉及三部分空间：一是沿河开敞空地，根据道路流量可视化，发现此地块饭前饭后有居民前往，适宜作为休憩交流空间，可进行池塘景观梳理、改建垃圾点等；二是宅间围合空间，可增设较为安静的功能空间，并对其进行景观规划，如花圃小景等，避免杂乱；三是宅前与道路相接的小广场，该区域人流量多但使用率较低，可增设小部分休闲座椅并用铺地限定广场空间。

4.3　道路空间优化

道路空间的优化分为两部分，村庄入口空间与村内主干道。对于人流量较多的西入口，设置入口标识并修建停车场。而东北、西北两个入口多为村民使用，与农田相隔较近，因此在此处主要利用原先空地设置一些村口活动交流场地。村内东西干道与前西路经过人流多，需要注重芳溪村沿街立面的营造，将建筑立面进行强化连续，对于影响交通的建筑物、构筑物等进行拆除，归还道路空间；并通过绿化和小广场使空间凹凸有层次。前墅龙窑片区在节假日汇聚人流量大，对于内部道路铺地已有较好的区分，可对其进行优化，加入座位休闲区域，以及点式配置植物与建筑景观小品进行活化。

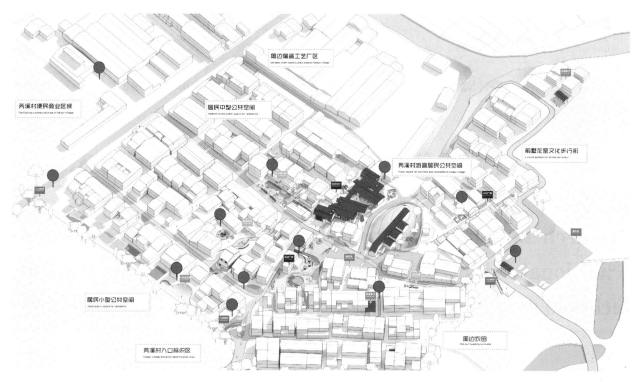

图 9 村落更新设计

5 结语

村落微空间改造的干扰性小，成本低，是当前村落更新中值得探索的方法，对时空行为的客观调研有助于提高其针对性。本文基于 Wi-Fi 探针技术，对宜兴芳溪村进行环境行为数据收集，并对其进行清洗和分析，对村民、游客两类人群在不同地理位置、不同日期属性下的行为特征进行了具体讨论与分析，并结合相应实地调研结果提出相应的公共空间改造策略。本文通过定量分析，希望为建筑师后续设计提供客观理性的参考和依据。

需要指出的是，数字化技术需要与传统调研相互配合，不能顾此失彼。Wi-Fi 定位技术仍存在一定的缺陷，如设备辐射范围较小、受干扰波动较大、部分设备存在发送伪 MAC 地址等问题，都需要后续关注。在之后的研究中，会通过布置更多设备，综合其他时空行为的数字化调研方法来进一步修正分析结果，以期实验更客观全面。

参考文献

[1] 张诚,刘祖云.乡村公共空间的公共性困境及其重塑[J].华中农业大学学报(社会科学版),2019(2)：1-7.

[2] 龙花楼.论土地整治与乡村空间重构[J].地理学报,2013(8)：1019-1028.

[3] 柴彦威,申悦,马修军,等.北京居民活动与出行行为时空数据采集与管理[J].地理研究,2013,32(3)：441 451.

[4] 林雨铭,黄蔚欣.基于 Wi-Fi 定位技术的航站楼旅客时空行为特征分析——以上海虹桥机场 T2 航站楼为例[J].新建筑,2021(2)：24-30.

[5] 李斌.环境行为学的环境行为理论及其拓展[J].建筑学报,2008(2)：30-33.

[6] 李力,张婧,方立新.低精度 WiFi 探针数据采集分析方法研究——以街区尺度环境行为研究为例[C]//智筑未来——2021 年全国建筑院系建筑数字技术教学与研究学术研讨会论文集,2021.

戴海超¹ 冷嘉伟¹ 周颖¹ 邢寓¹ 王举尚¹

1. 东南大学建筑学院;2168394896@qq.com

Dai Haichao¹ Leng Jiawei¹ Zhou Ying¹ Xing Yu¹ Wang Jushang¹

1. SEU-ARCH

教育部产学合作协同育人项目(202101042020)、东南大学校级重大创新训练项目(202201006)、江苏省大学生创新创业项目(S202210286001)

眼动追踪技术视角下的传统村落功能空间形态认知研究

Research on Functional Spatial Morphology Perception of Traditional Villages from the Perspective of Eye-tracking Technology

摘 要:乡村振兴战略背景下,传统村落的空间形态随着村落的发展而改变,村落内部空间品质也随之变化,因此我们要对传统村落空间形态有更深刻的认知,有针对性地进行空间优化。传统的空间形态研究方法主要包括村落文献、史料的收集、整理实地调研考察和比较分析法。本研究以眼动追踪技术为视角,探讨人因工程学实验在村落研究中的作用,补充该方面村落之间横向空间形态对比分析和数据变化的量化研究。

关键词:乡村振兴;眼动追踪;传统村落;空间形态

Abstract:Under the background of rural revitalization strategy, the spatial morphology of traditional villages changes with the development of villages, and the spatial quality within villages also changes, so we need to have a deeper knowledge of the spatial morphology of traditional villages and carry out spatial optimization in a targeted way. The traditional spatial morphology research methods mainly include the collection and collation of village literature and historical materials, field research study, and comparative analysis method. This study takes eye-tracking technology as a perspective to explore the role of ergonomic experiments in village research again, and complements the comparative analysis of spatial morphology between villages in this area and the quantitative study of data changes.

Keywords:Rural Revitalization;Eye-tracking;Traditional Villages;Spatial Morphology

1 引言

1.1 研究背景

中华民族灿烂的农耕文明,其根基是乡村,乡村见证了千百年来国家社会的变革,承载着无数乡土人群的记忆。习近平总书记强调"乡土文化的根不能断,农村不能成为荒芜的农村、留守的农村、记忆中的故园"[1]。江苏有较多的国家级历史文化城镇,同时保存一批具有地域多样性、历史传承性和文化乡土性的历史文化名村和传统村落,要把它们保护好、传承下去,让人们望得见山、看得见水、记得住乡愁。

在乡村振兴的战略背景下,乡村的建设与改造为其带来发展与机遇的同时,在建设过程中也出现了一些问题,如缺少科学规划与村落乡土特色,村落的空间形态发生改变,破坏本土的原有面貌与特点,导致"千村一面"的情况出现。中国村落基数大、类型多、差异大,是内容价值丰富的活态农耕文明聚落群,也是乡村振兴不可忽略的重要内容。

眼动仪是一种整合了光学、计算机和摄影技术的先进科学仪器，被广泛用于研究视觉感知、注意力和阅读。在本项研究中，移动式眼球运动仪被用作研究工具，通过眼球运动实验和被试的眼球运动数据，探索视觉感知及其背后的客观心理过程。

1.2 既往研究

对中国传统村落空间形态的研究始于 20 世纪 80 年代，由人文地理学开创；20 世纪 90 年代形成了村落形态研究的基本框架；2000 年以来不断完善和深化；2011 年以来，在新技术的影响下，村落形态研究日趋活跃。

目前对空间形态特征的研究主要集中在村庄的自然形态、空间格局、功能布局、街道空间、庭院空间和建筑空间等方面，并运用形态类型学、空间语法和 GIS 空间分析等多种方法提取空间形态特征，为传统村落保护、历史环境整治、人居环境改善和旅游质量改善提出控制措施。它建议采取各种保护和发展战略，包括有机更新、自主更新、村民自治和自我建设[2]。

本文基于人因工程学前沿技术手段——眼动追踪技术，对传统村落空间形态研究赋予新解。

2 研究方法

2.1 研究框架

本文研究框架是以眼动实验和主观问卷为主，对传统村落功能空间形态进行认知研究。眼动实验以 AOI 兴趣区分析为主，以注视次数、注视总时长、访问次数、访问总时长为四个指标；问卷使用语义差别方法。通过 Excel 软件对眼动数据和问卷数据进行分析，得到传统村落的空间认知机制和横向对比村落空间品质的因素差异。

2.2 研究对象

本研究采用室内佩戴眼动仪观察村落总平面和村落局部平面。选取南京具有代表性的三处传统村落进行调查研究，分别是：①佘村，位于江宁区东山街道，以自上而下、自发型村民自建和改造为主；②苏家理想村，位于溧水区，以建筑市、规划师的"中等程度介入"改造村落建设；③李巷村，位于江宁区秣陵街道，是建筑市、规划师完全"反客为主"的建设。通过现场调研，对村落总平面图进行无人机拍摄，为眼动技术实验提供基础。

2.3 被试者

本次研究的调查对象为东南大学 19 级和 21 级建筑类专业学生，一共 12 名。专业背景的被试者对实验更有敏感度。被试裸眼视力和矫正视力均为正常。以眼动采用率为 85% 作为标准，对数据进行筛选，除去两组无效数据，共获得 10 组有效数据，其中男女生各 5 人，男女比例 1∶1。

2.4 眼动实验

2.3.1 实验器材

该实验使用 Tobii Pro Glass 2 记录受试者观察传统村庄总平面的眼动数据，眼动采样率为 100 Hz，场景相机记录角度/视野为水平 82°和垂直 52°。设备包括一台显示屏和一台连接眼动仪设备的笔记本电脑。

2.3.2 实验流程

①帮助被试者正确了解实验过程，佩戴眼动仪并且进行调试；②调式完毕，请被试坐于显示屏前 1.5 m 处，并向被试说明实验规则；③通过多媒体播放 18 张样本照片，且眼动仪开始追踪眼动数据，每张照片时长 7 s，每 6 张照片为一个村落集合，间隔 5 s 眼动休息；④实验结束后，被试者填写主观评价问卷，对 18 张图片进行评价打分。

2.3.3 实验分析

眼动技术测量得出多种眼动数据，以 AOI 兴趣区分析方法为主，主要选择注视次数、注视总时长、访问次数、访问总时长四个指标，对数据使用 Excel 软件进行分析，选择比值、平均值和总值为观察数值。

2.3.4 AOI 兴趣分区划分

以村落功能为主要区块，分为 4 个部分，分别为建筑肌理，景观设计，入口广场和自然环境。

2.5 问卷调查

2.5.1 确定评价尺度

从心理学实验角度来说，不混淆被试者的处理感觉量级需要在 5～7 个，过高或者过低的评价尺度设计会干扰被试者的判断和降低评价效率。本次问卷调查采用 7 级评定尺度。

2.5.2 收集调查数据

7 个评价尺度和 10 组（表 1）形容词对组合成问卷。有研究表明，专业背景与非专业背景的被试者在主观评价上差异不大，差别在于对专业研究的敏感度。向被试者介绍实验内容、佩戴仪器以及调试眼动仪后，通过多媒体展示村庄总平面图和局部功能平面图，每张照片展示 7 s。调查问卷的回收率为 100%，经平均计算后获得数据见表 2。

表 1　十组形容词对

项目因子	x1	x2	x3	x4	x5	x6	x7	x8	x9	x10
形容词	朴实	旧	传统	狭窄	阴暗	杂乱	繁忙	嘈杂	冷漠	无规划
形容词	华丽	新	现代	宽阔	明亮	整洁	悠闲	宁静	热闹	有规划

表 2　问卷平均评价值表格
（来源:作者自绘）

村落1局部样本	x1	x2	x3	x4	x5	x6	x7	x8	x9	x10	样本平均值
样本 01	0.55	1.45	1.55	1.73	1	1.45	0.64	0.64	0.18	−1.36	0.783
样本 02	2.09	2.36	1.73	1.73	1.82	1.45	0.36	−0.18	0.73	−1.45	1.064
样本 03	−0.73	0.09	−0.55	−1.09	0.09	−0.64	0.73	0.45	0.82	0.73	−0.01
样本 04	−0.27	−0.36	−0.45	0.45	0.82	0.91	0.45	0.27	0.64	−0.73	0.173
样本 05	−1.73	−1	0	1	0	0.18	−1	−1.18	−0.55	0.18	−0.41
项目因子平均数	−0.018	0.508	0.456	0.764	0.746	0.67	0.236	0	0.364	−0.528	0.32

村落2局部样本	x1	x2	x3	x4	x5	x6	x7	x8	x9	x10	样本平均值
样本 01	−1.09	0.36	0.45	−0.82	−0.73	0.55	0.55	0.27	0.18	−0.36	−0.064
样本 02	−1	0.18	0.55	0.55	−0.36	1.18	−1.55	−1.64	−0.91	−0.64	−0.401
样本 03	0	0.82	0.55	0	0	0.36	0.36	0.09	0.45	−0.45	0.218
样本 04	0.18	1.45	1.91	1.64	1.55	1.45	−1.36	0.18	1.36	−1.55	0.681
样本 05	−1.91	−1.27	−1.64	1.73	1	0.55	−0.91	−1.64	−1.27	−0.18	−0.554
项目因子平均数	−0.764	0.308	0.29	0.62	0.292	0.818	−0.582	−0.548	−0.038	−0.636	0.024

村落3局部样本	x1	x2	x3	x4	x5	x6	x7	x8	x9	x10	样本平均值
样本 01	0	1	1	0.27	0.18	1	0.91	0.45	1.45	−0.64	0.562
样本 02	−0.45	−0.27	−0.18	0.64	0.09	0.36	−0.82	−1	0	−0.55	−0.218
样本 03	−0.09	0	−0.18	−0.55	0.27	0.45	0.73	0.64	0.82	−0.55	0.154
样本 04	1.09	1.73	1	0.64	1.09	1	0.45	0.36	1.18	−1.18	0.736
样本 05	−0.18	0.27	0.45	1.91	2.18	0.73	−0.36	−0.64	0.09	−0.09	0.436
项目因子平均数	0.074	0.546	0.418	0.582	0.762	0.708	0.182	−0.038	0.708	−0.602	0.334

3　实验结果

3.1　语义差别问卷分析

从表2中村落1可见,除了样本03与05,都是正面评价,样本02平均评价值高达1.064,但是样本05平均评价值低至−0.41。每个局部样本的项目因子的变化幅度曲线大,5个样本评价极差最小的是样本04,达到1.64;最大为样本02,达到3.81。以样本05作为样本项目因子的变化情况说明。样本05中有5项小于0,3项大于0和2项等于0,从该样本的负面评价可以看出,自然环境的朴实、旧、嘈杂和冷清,总体评价为负值。

从表2中村落2可见,除了样本03和04,都是负面

500

评价,样本 05 的平均评价值低至-0.554,平均评价值为 0.681 为正常数值。5 个项目评价极差最小为样本 03,数值为 1.27;最高是样本 04,数值为 3.64。

从表 2 中村落 3 可见,除了样本 02,都是正面评价,样本 04 的平均评价值最高,为 0.736,样本 02 的平均评价值最低,达到-0.218。5 个项目评价极差最小为样本 03,为 1.37;极差最大为项目 04,极差为 2.91。

从图 1 中可以看出村落间的异同之处。村落 1 和村落 3 的整体折线斜率相似,所以村落 1 和 3 的整体氛围相似。不同之处在于 x4 和 x9 两个项目因子,村落 1 的 x4 处比村落 3 数值高,达到 0.182,但在 x9 处村落 3 比村落 1 数值高,达到 0.344。而村落 2 相对比前两者,折线变化程度更高。

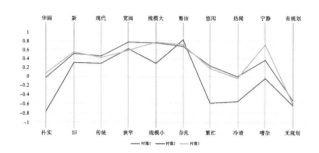

图 1 村落横向平均评价值对比图

从表 3 可以看出,评价平均值最高是村落 3,值为 0.334;最低的是村落 2,值为-0.024。村落 2 较为特殊,通过项目因子可以解释为,村落 2 相对比村落 1 和 3,更加朴实、繁忙、嘈杂、规模小。

表 3 村落横向平均评价值对比分析表

样本	x1	x2	x3	x4	x5	x6	x7	x8	x9	x10	样本平均值
村落 1	-0.018	0.508	0.456	0.764	0.746	0.67	0.236	0	0.364	-0.525	0.32
村落 2	-0.764	0.308	0.29	0.62	0.292	0.818	-0.582	-0.548	-0.036	-0.656	-0.024
村落 3	0.074	0.546	0.418	0.562	0.762	0.708	0.182	-0.038	0.708	0.602	0.334

3.2 眼动仪实验分析

从表 4 可见,村落 1 的建筑肌理兴趣区(以下兴趣区称为区)和景观设计区的关注平均占比较高,达到 42%和 39%;最低的是入口广场区,仅达到 7%。村落 2 除了入口广场区的关注平均占比最低,低至 3%,剩余的三要素中,建筑肌理区和景观设计区的占比较高,平均为 36%和 35%。村落 3 的景观设计区和入口广场区的关注平均占比很低,低至 4%和 1%,而建筑肌理的占地高达 61%。村落要素横向对比数据表见表 5。

续表

	村落 1				村落 2				村落 3			
	建筑肌理	景观设计	入口广场	自然环境	建筑肌理	景观设计	入口广场	自然环境	建筑肌理	景观设计	入口广场	自然环境
访问总时长	46%	39%	6%	9%	38%	34%	2%	26%	68%	3%	1%	28%
平均	42%	39%	7%	11%	36%	35%	3%	26%	61%	4%	1%	35%

表 4 村落要素的眼动数据表

	村落 1				村落 2				村落 3			
	建筑肌理	景观设计	入口广场	自然环境	建筑肌理	景观设计	入口广场	自然环境	建筑肌理	景观设计	入口广场	自然环境
注视次数	43%	38%	8%	11%	37%	34%	3%	24%	64%	3%	1%	33%
注视总时长	45%	39%	7%	10%	37%	34%	2%	27%	65%	3%	1%	32%
访问次数	37%	38%	7%	15%	34%	37%	2%	26%	48%	6%	1%	48%

表 5 村落要素横向对比数据表

	建筑肌理				景观设计			
	注视次数	注视总时长	访问次数	访问总时长	注视次数	注视总时长	访问次数	访问总时长
村落 1	43%	45%	37%	46%	38%	39%	38%	39%
村落 2	37%	37%	34%	38%	34%	34%	37%	37%
村落 3	64%	65%	46%	68%	3%	3%	6%	3%

	入口广场				自然环境			
	注视次数	注视总时长	访问次数	访问总时长	注视次数	注视总时长	访问次数	访问总时长
村落 1	8%	7%	7%	6%	11%	10%	15%	39%

	入口广场				自然环境			
	注视次数	注视总时长	访问次数	访问总时长	注视次数	注视总时长	访问次数	访问总时长
村落2	3%	2%	2%	2%	24%	27%	26%	26%
村落3	1%	1%	1%	1%	33%	32%	48%	29%

从三个村落之间来看(图2),被试者对于建筑肌理区的关注占比最大;从景观设计区来看,村落1和村落2的关注平均占比在30%以上,而村落3的景观设计是三个村子中占比最低的,不到10%;从入口广场区来看,三个村落的整体占比都不超过10%,为四个要素中占比最少的;从自然环境区可见,村落3的自然环境区的关注平均占比的最高,达到35%,其次是村落2自然环境区,最低是村落1的自然环境区,仅达到11%。

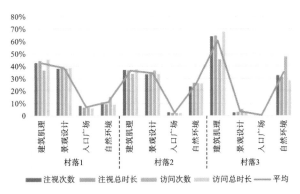

图2　村落功能要素对比分析图

图例:注视次数　注视总时长　访问次数　访问总时长　平均

4 讨论

4.1 问卷结果讨论

村落1为佘村,是一个自上而下、自发型村民自建和改造为主的村落。村落3为苏家理想村,位于溧水区,建筑规划师"中等程度介入"改造村落建设。村落2为苏家理想村,是建筑师规划师完全"反客为主"建设的村落,平均评价值为负数。村落1和村落3也仅是保持在正常评价以上,村落的整体氛围处于静的状态,需要增设公共建筑为村落提供活动场所,增添村落整体热闹的氛围。两者在规划方面价值评价平均值为负分,说明两个传统村落的原真性保护措施做得不错。村落2还需要进行更多的设计改造,使整体村落更加具有悠闲的气氛,也需要对村落的产业进行更新,促进村落经济的发展,使村落更加热闹,恢复村落的生活气息。

由此我们可以看得出,村落的平均评价值与改造程度成正比,如今的美丽乡村的建设与改造,村落的原真性在改造建设过程中受到损害。在建设过程中需要寻找村落自身的独特之处,对此方面进行研究设计后再进行建设,努力保护村落的原有风貌和特点,避免"千村一面"的情况出现。

4.2 眼动仪结果讨论

三个村落的入口广场区的整体占比都不超过10%,村落的入口空间区域是内部与外部空间的重要连接点,作为村落景观序列的起始部分,所以三个村子对于入口广场还需要进行更深入的研究设计。

从眼动仪分析中可以得知被试者对于建筑肌理的关注程度最高(表6),村落3的块状建筑肌理形态更是备受被试者的关注,因为村落3中建筑占大部分面积,且以块状形态分布,所以人眼关注时更具有向心性。而村落2散点状的建筑肌理使得被关注的层面最少,人眼观测时需要扫射建筑肌理区,这与本身的建筑肌理的散点分布也是相吻合的。村落1的建筑肌理受关注程度仅比村落2多5%,虽然村落1的建筑也是占据村落整体大部分,但是村落1的景观设计区受关注层级与建筑肌理区差不多,这是因为村落1的景观区域设计完整度高。

表6　村落黑白建筑肌理图

	村落1	村落2	村落3
建筑肌理			
形态	发散状	散点状	块状

4.3 主观问卷与客观眼动实验讨论

村落1与村落3的平均评价值都在0.3左右,两个村落的整体氛围相似,但从眼动实验数据分析得知,村落3的景观设计区与村落1相差30%,仅入口空间区与建筑肌理区注视占比相似,说明客观与主观之间的联系性。

而村落2的平均评价值最低,但从眼动实验数据分析讨论却得出,村落2除了入口广场区,其余三区占比十分平均,所以整体设计均衡。主观与客观结果的产生差异性,村落2作为被全面改造的度假村,对于村落原真性产生一定的破坏,但是通过客观实验结果可以看出,村落2的整体改造相对良好。这说明在保留村落原真性的基础上进行村落建设改造,使村落整体规划变得更完整。

4.4 研究局限性和展望

本次研究具有一定的局限性,具体表现在以下几个方面。第一,本次研究仅采用一种人因技术手段,数据类型单一,今后会采用更多的人因技术手段,例如脑电波、心跳检测等技术参与研究,使整体实验数据类型多样化,更具有说服力。第二,研究对象属性单一、量级少,被试者都是建筑学院学生。今后会在人群属性上进行扩大,对比不同人群属性之间差异性。第三,实验方式的局限性,通过多媒体播放照片观看村落的总平面图与局部空间平面图,这与现实场景具有差异性,今后引入其他人因技术设备后,则需要被试者进入村落中体验内部空间形态,使研究的整体性更充足。

5 结语

本文在人眼追踪技术基础上,以佘村、苏家理想村和李巷村为例,以建筑肌理、景观设计、入口广场和自然环境四个兴趣区进行分类,用眼动技术注视次数、注视总时长、访问次数和访问总时长四个指标对传统村落功能空间形态的研究分析。结果表明:①传统村落的建筑肌理形态影响权重最高,人眼关注与村落建筑肌理形态相关;②传统村落的原真性越高,问卷评价越高,村落原有风貌和特点需要努力保护,应避免村落重复性。

本文从形态学的角度研究南京传统村落的功能形态特征,并以人因技术为研究手段进行探讨,以期为传统村落的设计建设与改造提供有益参考。在乡村振兴的战略背景下,无论村落是进行更新保护还是设计改造,在整体建筑肌理、景观设计、入口广场和自然环境等功能形态方面尚存在许多值得关注并思考的问题。

参考文献

[1] 段进,章国琴.政策导向下的当代村庄空间形态演变——无锡市乡村田野调查报告[J].城市规划学刊,2015(2):65-71.

[2] 袁媛,李鹏宇.传统村落空间形态的句法研究初探——以鄂东麻城市深沟垸为例[J].建筑与文化,2020(12):212-213.

[3] 孔祥荣,王琳.基于蔡家沟村空间形态分析的乡村振兴策略[J].可持续发展,2020,10(5):687-693.

黄瑞克[1]　李力[1]

1. 东南大学建筑学院；101012053@seu.edu.cn

Huang Ruike [1]　Li Li [1]

1. School of Architecture, Southeast University

国家重点研发计划 2019YFD1100805

基于定位大数据和行动轨迹聚类的乡村居民行为特征挖掘
——以宜兴市丁蜀镇西望村为例

Behavior Feature Mining of Rural Residents Based on Location Big Data and Action Trajectory Clustering: A Case Study for Xiwang Village, Dingshu, Yixing

摘　要：乡村振兴离不开乡村建设，当今乡村的建设规划与设计具有自上而下的主观性质，一定程度造成了低效建设和资源浪费，大数据应用的发展为乡村建设指导打开了新思路。本文以宜兴市丁蜀镇西望村为研究对象，运用 Wi-Fi 探针定位技术进行中尺度、无感知的居民定位大数据采集，经过多层级数据清洗及路径可视化处理后得到单日乡村居民个体行动轨迹图。通过卷积自编码神经网络实现行为轨迹图的降维后进行聚类分析和可视化，进一步结合乡村特征，总结出该乡村行为特征并归纳得出 5 种该乡村中典型的行为模式。本研究较为全面反映了乡村居民生活的实际情况，为乡村人居环境研究提供了新方法，能够为乡村规划和改造提供决策支持。

关键词：乡村行为模式；行动轨迹聚类；Wi-Fi 探针定位技术

Abstract：Rural revitalization is inseparable from rural construction, and now the planning and design for rural construction have a top-down subjective nature, resulting in inefficient construction and waste of resources to a certain extent. The development of big data applications has opened up new ideas for rural construction guidance. This paper takes Xiwang Village, Dingshu Town, Yixing City as the research object, and uses Wi-Fi probe positioning technology to collect middle-scale, non-perceptual resident positioning big data. After multi-level data cleaning and path visualization processing, the single-day rural residents are obtained graph of individual movement trajectories. The dimensionality reduction of the behavioral trajectory graph is achieved through the convolutional auto-encoding neural network, and then clustering analysis and visualization is carried out, further combined with the characteristics of the village, five typical behavioral patterns in the village are summarized. This research comprehensively reflects the actual living conditions of rural residents, provides a new method for the study of rural living environment, and can provide decision support for rural planning and reconstruction.

Keywords：Rural Behavior Pattern; Action Trajectory Clustering; Wi-Fi Probe Positioning Technology

推进全面乡村振兴并逐步实现全体人民共同富裕是近年来国内重大议题，而乡村环境建设和改造是乡村振兴的主力军之一。国内乡村数量极其众多且多样，而直接参与乡村建设的设计师数量相对较少，设计师无法深入调研每个乡村且缺乏客观、理性而有效的数据支撑,导致设计往往依赖设计师自身经验和主观判断,经常出现"城市视角"的乡村建设,出现一定程度的过度开发和资源浪费。

对环境中居民的行为特征进行分析能够帮助设计师有效、快速了解该环境的潜在因素与特点,熟悉场地人群的活动方式,从而更好地帮助设计师设计出以人为本、因地制宜地设计方案。国内外已有不少学者从环境行为特征入手探究场地特点。丹麦学者杨·盖尔于1970年就已在丹麦皇家建筑学的专项研究通过 PSPL 调研法[1](公共空间-公共生活调研法)对环境中的公共活动模式进行研究。在国内,冯建喜等[2]以国家统计局的调查数据为基础,研究老年人在城市空间中的出行特征,为城市空间的适老化发展提供有效支撑。随着科技发展,相较于传统需要大量人工与时间进行数据收集的调研方式,新兴大数据采集技术和分析技术的介入能够收集到更全面的数据基础和提供更深度的数据分析。陈仲等[3]通过对手机信令数据进行分析归纳出三亚市中居民的典型出行模式;徐晓伟等[4]以城市交通卡数据为基础,探索多元出行数据下居民行为特征的分析方法。

通过大数据对居民行为特征进行分析进而支撑环境改造,在城市中已有广泛的应用基础,但在国内数以万计的乡村中,由于基础设施薄弱,大数据技术并未在乡村中得到充分实施。Wi-Fi 探针技术能够有效适应乡村环境的中尺度、弱基础设施的现状,对人群数据进行高效采集。而乡村具有人口基数小、人口流动性弱等特点也使得乡村行为特征研究能够有效指导乡村建设。

本文以宜兴市丁蜀镇西望村为研究对象,通过 Wi-Fi 探针技术采集的定位大数据构建乡村中居民个体行动轨迹。结合乡村特征对轨迹图像进行降维和聚类,挖掘出特有行为特征和5种居民当日典型行为模式,为西望村后续的环境规划与改造提供了坚实的支撑。

1 数据与方法

1.1 Wi-Fi 探针定位技术

常用的定位技术有 GPS、蓝牙定位、超宽带(UWB)定位等,GPS 范围大但是精度低,不适合乡村中尺度的定位应用;蓝牙定位和超宽带定位虽然能在中尺度上做到高精度定位,但需要被测者额外携带信号发射设备。

Wi-Fi 探针技术基于 IEEE 802.11 协议,采用WLAN(无线局域网)技术实现对开启或连接 Wi-Fi 的设备(如智能手机、智能手表、智能家居等)进行 MAC 信息

采集,每台联网设备具有全球独一无二的 MAC 地址,结合采集设备的位置信息便可以对智能设备进行定位。随着乡村中智能手机的普及,通过 Wi-Fi 探针技术对乡村中智能设备携带者进行定位数据采集已可以实现。

本次研究采用由东南大学建筑学院建筑运算与运用研究所研发的 Wi-Fi 嗅探设备进行数据收集,其具有低环境介入、高便携性、无感知收集和续航持久等特点,仅需被测者手机 Wi-Fi 开启状态就能收集到其定位信息,能够被轻易布置在乡村各角落进行定位数据收集。无感知的收集方式也能最大程度保证数据的真实性。

结合村落环境在特定空间节点进行 Wi-Fi 嗅探装置布点(图1),本次研究采集到 1300 万余条定位数据,巨大的样本量能为后续客观理性分析提供有效支撑。

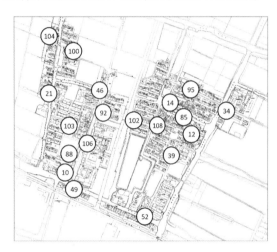

图 1　西望村 Wi-Fi 嗅探装置布点(数字为装置编号)
(图片来源:作者自绘)

1.2 定位数据清洗及整合

采用 Wi-Fi 探针技术进行的定位数据采集方式缺点是会收集到大量干扰信息:①凡是具有 Wi-Fi 功能的设备均会被纳入定位对象中;②本次研究采集数据重点是行动轨迹,而部分经过性质的瞬时数据也会对主要数据造成干扰;③部分智能手机具有 MAC 信息隐私保护功能,会向外发送伪 MAC 地址而导致设备无法获取正确的定位信息;④受到信号干扰,部分定位信息获取不完全以至呈片段式,会对轨迹数据总体分析造成影响。

运用相应的数学统计算法、关联规则算法及结合伪 MAC 地址特征标识,能够针对上述问题对数据进行高效清洗,清洗后有效数据有 370 余万条,极大提高了定位大数据的可靠性。以清洗后具备有效性的单个 MAC 地址为索引,便可获取该 MAC 在村庄中一天内各时段定位坐标变化(平均每日 180 余条)。本研究中由于只需要保留轨迹拓扑关系,故采用村内相对坐标(表1)。

表 1　单个 MAC 地址坐标信息示例

（来源:作者自绘）

MAC	探针编号	相对坐标	时间	信号强度
180,251,xxx,xxx,1,124	108	(71.972,42.254)	2021-04-17 06:06:17	-34
180,251,xxx,xxx,1,124	14	(78.651,51.368)	2021-04-17 07:55:54	-33
…	…	…	…	…
180,251,xxx,xxx,1,124	108	(71.972,42.254)	2021-04-17 21:42:01	-36

1.3　行动轨迹可视化

经过数据清洗后,整理得到 8000 余个 MAC 地址的坐标变化信息。MAC 地址坐标变化信息经过处理后能够得到该 MAC 在当日的行动轨迹。受限于 Wi-Fi 嗅探设备的铺设密度,其初始数据仅能以"点到点"形式呈现,但在布置设备时综合考虑了设备之间路径的唯一性,同时,结合 Dijkstra 寻径算法计算出任意设备间的最短路径,便可以批量化地尽可能真实还原每个被测目标在村落中真实的行动轨迹(图 2)。

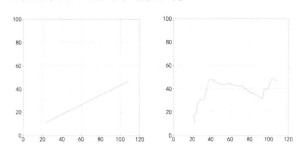

图 2　相对坐标下还原后轨迹

（图片来源:作者自绘）

活规律性强,一天中的行动轨迹如仅在二维平面上表示则会有大量重合,导致时间信息无法呈现。将时间作为第三维度,并以不同色彩表示行动轨迹在一天中的时间分布,相应的时间信息就能体现在所绘制的轨迹图中。由图 3 可以看出某 MAC 地址在 2021 年 4 月 16 日中在村落中的行动轨迹时空分布,结合西望村实际环境可做以下推断:该被测对象 8 点左右从住处前往工作地点,12 点返回住处,午休 1 小时左右后返回工作地点,之后于 18 点结束工作回到住处。

1.4　基于轨迹图像聚类

MAC 轨迹数据数量庞大,且每个轨迹数据所记录的坐标变化规律不尽相同,直接对坐标数据进行聚类效果较差。

1.4.1　卷积自编码神经网络降维

卷积自编码神经网络(convolutional auto-encoder,

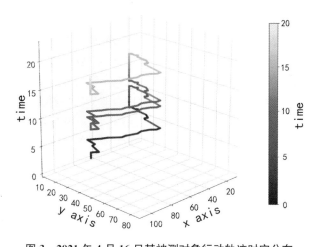

图 3　2021 年 4 月 16 日某被测对象行动轨迹时空分布

（图片来源:作者自绘）

CAE)综合了卷积神经网络和自编码神经网络两者特点,其不具有类型标签,是一种无监督学习,目前在图像特征提取方面已有广泛应用。对其进行训练学习,经过一系列卷积、池化和反卷积操作后,卷积自编码神经网络能够提取出尽可能包含图像所有信息的特征向量集,从而实现图像信息降维,以得到的特征向量集为基础便能实现较为精确的聚类。

本文以定位大数据得到的 8000 余张像素为 128 * 128 的 RGB 轨迹图像集为训练基础,设定相应的卷积自编码神经网络卷积层、池化层参数后,最终将每个轨迹图像降维至由 24 个特征向量构成的集合。

1.4.2　降维后数据聚类

本文使用基于 K-means 改良的 K-means++算法对神经网络降维后的 24 维数据进行聚类。K-means++有效解决了 K-means 初始化随机种子的不确定性,能够实现更好的聚类结果。

与 K-means 相同,K-means++需要在聚类前人为确定聚类数量,轮廓分析(silhouette analysis)能够对聚类质量进行定量分析,其将聚类样本与最近簇中所有点之间的平均距离——分离度,与聚类样本与簇内其他点之间的平均距离——内聚度相减,再除以二者中的较大值,从而得到轮廓系数。轮廓系数取值范围为-1~1,越接近于1表示聚类质量越好。

本文设定k值范围为2~20,针对每个k值多次计算求得轮廓系数的平均值,根据轮廓系数最大值所对应的k值来确定最终聚类数。当$k=5$时,轮廓系数达到范围内最大值(图4),故将聚类数设定为5。

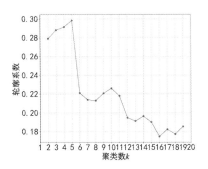

图4 聚类数k与轮廓系数分布图
(图片来源:作者自绘)

采用t-SNE算法可将高维数据集映射到二维平面以观察聚类效果(图5),不同簇按照颜色区分,可见降维后相互重叠较少,聚类结果较为明晰。

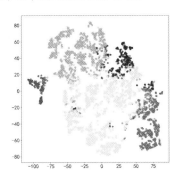

图5 t-SNE算法降维后的可视化聚类效果
(图片来源:作者自绘)

2 轨迹特征分析

2.1 总体特征

将所有轨迹路径分解成排布在平面上的点阵,当个体经过或停留在其中一点时,点的大小随之变大,由此可反映居民整体在场地中的行动和停留状况。如图6所示,深色区域越大即代表居民在此停留时间越长,图中序号为探针编号。可以发现西望村最大量的居民活动集中在108、102、92号探针处,这也是西望村居住区的中心区域。其次是西边蜀古路沿线(46、92、103、106、49号探针)——西望村核心商业区和研发生产区,和东北角(95、34号探针)——西望村较小的研发生产区,两地行动轨迹密度仅次于西望村中心居住区。

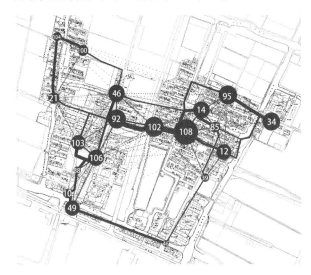

图6 西望村总体行动轨迹(数字为设备编号)
(图片来源:作者自绘)

2.2 行动轨迹聚类及特征分析

通过卷积自编码神经网络对$128\times128\times3$维度图像降维至24维特征向量后,结合K-means++聚类算法,本文最终在8000余个行动轨迹基础上得到5种乡村典型行为模式。

2.2.1 空间特征

图7为不同模式的行动轨迹,其中区域深色面积越大代表居民个体在此停留时间越长。可以看出,占比44.35%的模式1居民行动轨迹主要分布在中心居住区和村西南边商业区,但一直在一点原地停留的活动方式占绝大多数,居民流动性较弱;占比27.53%的模式2主要分布在蜀古路沿线,蜀古路北段具有更多行动轨迹分布,且此处是蜀古路区域与西望村蜀古路以东区域之间的主要交通口;模式3在西望村东北角具有更为活跃的行动轨迹,但其总体占比只有古蜀路沿线的一半左右,为15.47%;模式4与模式1相似,主要活动区域为中心居住区,但更少涉足于西南的商业区,其占比仅有模式1的五分之一左右,为8.32%,但模式4在中心居住区的流动性更大;模式5占比仅有4.33%,主要分布在西望村西北角,且在西望村的活动范围大部分局限在蜀古路以西。

归纳后可得出,模式1与模式4居民行动轨迹能够代表大部分西望村居民的行为模式,即主要在中心居住区和西南边商业区活跃;模式2可代表西望村的商业行为模式,其以蜀古路为交通依托;模式3活跃区与中心居住区相近;模式5体现出希望村西北角居民的行动轨迹,其活跃性远不及其他类别。

507

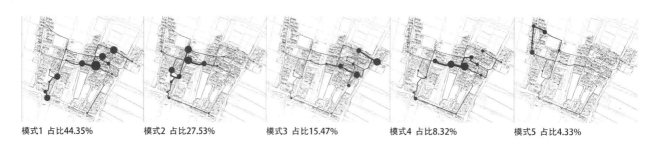

模式1 占比44.35%　　　模式2 占比27.53%　　　模式3 占比15.47%　　　模式4 占比8.32%　　　模式5 占比4.33%

图7　不同行为模式的空间分布
（图片来源：作者自绘）

2.2.2　时间特征

大部分居民行动轨迹特征呈现为一直在同一地点不变，其行动轨迹在一天内的时间属性不具有研究意义。将不同模式群体中具有空间变化特征的个体行动轨迹单独绘制，能够进一步对不同模式群体行为的时间属性进行分析。

图8为所有模式中有移动属性的行动轨迹在时间作为第三维度下的轨迹图，模式1的行动轨迹无论从时间分布还是空间分布相较于其他模式都具有更强的不规律性，且活动范围遍及西望村大部分区域，主要体现在

西南角和东北角之间；主体分布在蜀古路的模式2主要沿蜀古路进行南北向移动，偶尔东西向进入居住区，这种行动模式在一天中几乎任何时间都有发生；模式3主要由西望村东北角进入村内，这种行动模式从6点左右开始发生，一直持续到晚8点左右；与模式1活动范围相似的模式4表现出更强的规律性，从早6点左右开始至晚9点左右表现为在中心居住区东西向道路活动；模式5从西望村西北边进入村内，从6时开始产生进入村内的移动轨迹并持续到晚8点左右。

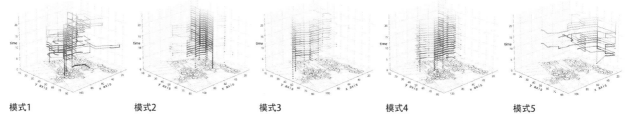

模式1　　　　　模式2　　　　　模式3　　　　　模式4　　　　　模式5

图8　不同行为模式的时空分布
（图片来源：作者自绘）

图9为不同聚类中个体发生移动行为的次数总和在一天内的时间分布，其横轴越宽代表发生活动的次数越多。除模式5从6点才开始有活动发生外，其余行为模式均从5点就开始有活动发生。其中占比多但流动性较弱、位于中心居住区的模式1在晚6点达到活动高峰，其余时间活动次数并无明显变化；靠近蜀古路、位于商业区的模式2在早9点达到活动高峰，且活动发生次数随时间波动性较大；分布在西望村东北角的模式3活动次数在中午1点左右出现次高峰，在饭前即下午5点左右，和饭后晚9点左右达到活动高峰；与模式1分布相近的模式4在上午7点、中午12点和下午4点达到活动高峰，且在晚11点仍然有较多活动发生；模式5活动在中午12点后出现低谷，在晚6点到达活动高峰，但在晚10点便无活动。

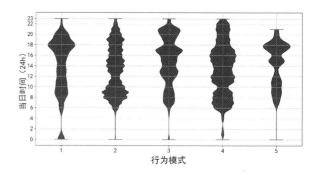

图9　不同模式中个体发生移动行为次数总和的时间分布
（图片来源：作者自绘）

总体而言，不同的行为模式表现出了差异性较大的活动时间分布特点，5种模式整体活动发生次数随时间节点变化而变化的规律性较强。

508

3 结论与展望

本文依托 Wi-Fi 探针技术收集的宜兴市丁蜀镇西望村居民定位大数据进行了行动轨迹可视化和聚类分析，挖掘出西望村居民的行为特征和 5 种行为模式，且 5 种行为模式均表现出了不同的空间分布和时间分布特征。相较于传统人工走访调研的村落环境的方式，本文采用的大数据采集、处理与分析方式能够有效帮助设计师更快速、更全面了解村内生活环境，为乡村设计和改造提供数理性支撑。

然而，本文的研究仍然具有一定局限性。本文所研究的时间跨度局限在单日，不能体现长时间跨度下的行为特征。另外，受限于 Wi-Fi 探针对被测对象所携带智能设备的要求，部分没有智能设备的小孩、老人无法被纳入分析对象，导致分析结果不具有全面性。今后，更多相关数理关系算法的应用能够让定位大数据得到更细致的挖掘，随着自研 Wi-Fi 标签的应用，老人和小孩也能够进一步被纳入探测对象，使研究更具全面性。伴随相关大数据采集设备应用进一步成熟以及数据处理、分析方式更加系统，在未来会有更多乡村大数据的研究探索。

参考文献

[1] GEHL J, GEMZOE L. Public Space-Public Life [M]. Copenhagen: The Danish Architectural Press, 1996.

[2] 冯建喜, 杨振山. 南京市城市老年人出行行为的影响因素[J]. 地理科学进展, 2015, 34（12）: 1598-1608.

[3] 陈仲, 杨克青. 居民个体出行行为聚类及出行模式分析——以三亚市为例[J]. 上海城市规划, 2020（5）: 30-35.

[4] 徐晓伟, 杜一, 周园春. 基于多源出行数据的居民行为模式分析方法[J]. 计算机应用, 2017, 37（8）: 2362-2367.

秦琴[1]　张智敏[1,2*]　杨頲[2,3]　梁静雯[2]

1. 华南理工大学；zhangzhimin@fyworkshop.com

2. 广州方舆科技有限公司

3. 广州美术学院

Qin Qin [1]　Zhang Zhimin[1,2*]　Yang Ting[2,3]　Liang Jingwen[2]

1. South China University of Technology

2. GuangzhouFangyu Technology Co., Ltd

3. The Guangzhou Academy of Fine Arts

基于本体论和 HBIM 的建筑遗产信息化资产管理模式研究
——以广州中山纪念堂为例

Research on Information Asset Management Model of Architectural Heritage Based on Ontology and HBIM：Taking Guangzhou Sun Yat-sen Memorial Hall as an Example

摘　要：本文通过引入计算机和信息科学领域中的本体论的概念与方法，运用 HBIM 建筑遗产信息模型工具，尝试构建一种基于现代信息技术的精细化的文物建筑资产管理体系。以全国重点文物保护单位广州中山纪念堂为研究对象，在完整获取建筑三维信息的基础上，运用本体论方法对中山纪念堂的各类建筑部件资产进行层次化梳理和属性的清晰化定义，并结合实际管理需求，构建中山纪念堂的建筑本体模型和 HBIM 模型。

关键词：HBIM；本体；建筑遗产；资产管理

Abstract：By introducing the concept and method of Ontology in the field of computer and information science, and using HBIM architectural heritage information model tool, this paper attempts to build a refined cultural relics construction asset management system based on modern information technology. Taking Guangzhou Sun Yat-sen Memorial Hall, a national key cultural relics protection unit, as the research object, based on the complete acquisition of the three-dimensional information of the building, this paper uses the ontology method to sort out the various building component assets of Sun Yat-sen Memorial Hall hierarchically and clearly define the attributes, and constructs the architectural ontology model of Sun Yat-sen Memorial Hall in combination with the actual management needs. Then the model is materialized in HBIM tool.

Keywords：HBIM；Ontology；Architectural Heritage；Asset Management

本文针对目前国内建筑遗产管理普遍中存在的信息化程度低、管理颗粒度不足的问题，通过引入计算机和信息科学领域中的本体论的概念与方法，运用 HBIM 建筑遗产信息模型工具，尝试构建一种基于现代信息技术的精细化的文物建筑资产管理体系。

1　研究现状

随着 BIM 技术的不断发展，HBIM 概念被提出并运用在建筑遗产保护领域。同时，建筑学和计算机及其他学科不断交叉融合，本体论也被引入建筑领域。

1.1 本体论

本体(Ontology),源自哲学概念,指客观存在的一个系统的解释或说明。后来这一概念被学者应用在计算机知识工程领域,用于对客观世界的存在进行系统化描述,方便知识的重用和交互[1]。本体论运用在建筑学领域,主要描述了建筑领域的知识结构和核心概念注重概念的统一的层次化表达,以达到建筑领域的信息共享。

1.1.1 计算机领域的本体

本体的概念主要包括四个方面:概念化、明确化、形式化和共享化。本体的构建方法的原则为清晰性、一致性、可扩展性、最小编码误差以及本体约定最小化。本体的基本要素包括:类(概念)、属性、实例、关系、函数、公理。本体构建方法主要有 TOVE 法、Methontology 法和七步法等。本体的构建工具主要有两类,第一类是基于特定语言的人工智能领域的开发工具,第二类是基于应用内部结构功能进行构建的开发工具。第二类中的 Protégé 系列工具由于其开放免费而被广泛使用。

1.1.2 建筑领域的本体建构

目前,对建筑领域的本体建构尚处于初始阶段。李旭展开了建筑领域本体构建的相关内容和实例论述,以建筑构件核心概念"墙"和"柱"以及"交叉"属性为例,使用七步法和 Methontology 法相结合构建建筑领域本体,包括定义概念(类)和属性、定义属性之间的关系、编码与形式化和建筑领域本体的完善[2]。杨超用本体建模技术构建出徽派建筑知识图谱的模式层,对"七步法"进行改进,加入"骨架法"的本体评价标准,结合徽派建筑领域知识的特点,提出了适用于徽派建筑领域的知识本体构建框架[3]。陈伟提出将本体技术引入古建筑知识表达中,建立基于本体的古建筑知识表达,从古建筑设计、建造、修缮三个角度,分别提出基于本体的古建筑物本体模型、基于古建筑工艺本体模型以及古建筑残损本体模型[4]。谢伟提出了一种基于 BIM 和本体的知识映射方法,并对映射关系赋予了强度属性,创建用于云模型计算评分矩阵,开发文物建筑运维知识管理平台,从而提高文物建筑维护管理和知识管理的有效性和效率[5]。但以上研究主要在理论探索阶段,实践应用较为不足。

1.2 HBIM

HBIM(historic/heritage building information model)指具有三维模型的历史建筑生命周期中的信息管理工具[6]。通过激光扫描、摄影测量等方法对建筑遗产进行数据采集,在 HBIM 工具中构建三维模型,为保护单位、管理部门提供了一个新的管理平台。

1.2.1 HBIM 研究领域及工作流程

HBIM 概念在 2009 年首次被提出,到现在仅十余年,近三年的相关文献量显著增加,目前处于增速发展阶段。HBIM 研究主题在不断演化,出现明显的分化融合现象。李渊、郭晶通过文献计量分析,梳理了 HBIM 研究脉络、研究主题演化和案例的空间分布:从研究领域看,主要包括 HBIM 模型,激光点云、摄影测量与参数模型,HBIM 与 GIS 集成,HBIM 方法论,BIM 软件应 5 个方向[7]。其中,BIM 结合激光点云、摄影测量形成参数化三维模型的相关研究较多。

HBIM 主要工作流程包括 6 个方面:前期分析、数据采集、构建信息、创建 HBIM、数字复原和建筑展示[7]。工作流程中,主要存在的难点问题之一是复杂模型的 3D 建模。3D 建模使用的参数化软件包括 Revit、Rhino、ArchiCAD 等。其中 ArchiCAD 具备的几何描述语言(GDL),可以构建复杂的参数化对象。

1.2.2 HBIM 与建筑遗产的资产管理

Joanna H.,Ian J. E. 通过政策文件研究和实际案例研究建立专门用于 BIM 的数据参数框架,以实现基于保护、修复和维护的文化遗产资产管理[8]。在实际案例的数据采集阶段,其重点是捕捉准确的资产数据,并将其添加到资产信息模型(AIM)中。Piaia、Maietti、Di 等开发了一款嵌入式建筑信息模型(BIM)软件 H2020-INCEPTION,在历史建筑的修复、保护和维护的决策框架内,利用 BIM 中的现有数据来进行专业评估、优化维护方案、提高养护检查质量、对文化遗产进行资产管理[9]。

2 具体应用

本研究选取全国重点文物保护单位广州中山纪念堂作为研究对象。中山纪念堂于 1931 年建成,是中国固有式建筑的代表建筑之一。采用当时西方先进的钢结构建筑技术,突破了大空间建筑受中国传统木结构的限制,创造性地运用中国古建筑手法,将斗拱、额枋、雀替等一系列传统建筑符号进行简化,并精妙地组合在一起。

2.1 本体模型

在具体应用中,本研究使用七步法和 Protégé 工具,从三维模型重建角度,提出基于本体的广州中山纪念堂本体模型。

2.1.1 本体框架

采用七步法搭建本体框架,包括 7 个步骤:确定本体的领域和范围;分析研究已有本体可被使用的可能;列出构建本体中重要的术语;定义本体基本元素类和类的层次结构;分析定义类所具有的属性;定义属性的关系;根据上述关系和属性创建个别实例[10]。

在分析已有本体模型时,目前研究分别有两种本体模型,一是基于IFC标准的本体构建,另一个是按照传统古建营造工艺的本体构建。广州中山纪念堂的单体设计中式为体、西式为用,中西融合的建筑形式特点使其无法单一采用这两种本体模型,需要将这两者进行有选择的合并,形成新的本体模型。

依据广州中山纪念堂筑的层次体系及关系特征,抽取其中的概念及关系描述作为建筑实体本体的构建基础(图1),逻辑清晰地搭建建筑本体框架。本体构建的关键是构建领域知识本质的抽象概念(图2),广州中山纪念堂筑的本体模型首先抽象出三个类:空间类、构件类、连接类。

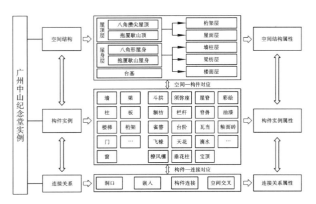

图1　广州中山纪念堂模型架构

（图片来源:作者自绘）

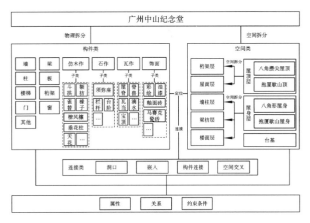

图2　广州中山纪念堂本体框架

（图片来源:作者自绘）

空间类是按照建筑结构特点及空间功能,将建筑进行空间拆分,为建筑构件提供空间定位。广州中山纪念堂的"五段式"构图,自上而下分为八角攒尖屋顶、八角

形屋身、抱厦歇山顶、抱厦歇山屋身以及台基。可以概括为屋顶层、屋身层和台基三个子类,再进行空间拆分,分为桁架层、屋面层、墙柱层、梁枋层和楼面层五个子类。

构件类表示组成建筑的物理构件,按照不同的构件特征因素,可以将构件进行分类。先详细罗列,再对构件进行多层次分类。广州中山纪念堂的构件类包括墙、梁、板、柱等IFC标准建筑构件,同时也包括木作、石作、瓦作等古建营造工艺构件。各构件类再进行下一层分类,例如,瓦作子类分为屋脊、脊兽、瓦当、宝顶等。

连接类是建筑构件连接方式的表达,广州中山纪念堂的采用现代建筑的施工工艺,其构件连接方式主要分为洞口、嵌入、构件连接和空间交叉四个子类。

2.1.2　Protégé本体模型

Protégé软件是斯坦福大学医学院生物信息研究中心基于Java语言开发的本体编辑软件,是语义网中本体构建的核心开发工具。Protégé提供了本体概念类、关系、属性和实例的构建,可以在概念层次上进行领域本体模型的构建。

利用Protégé软件进行广州中山纪念堂本体的构建,分别建立相应的类、对象属性、数据属性的层级结构(图3),然后将实例加入本体,最终形成本体模型。

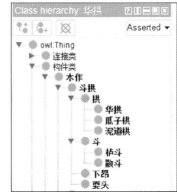

图3　类的创建与类的层次

（图片来源:作者自绘）

不同层次的本体概念对应着不同的属性说明,建筑物主要包含空间属性、构件属性、连接属性三类属性。在分类层次结构中,子类构件可以继承上一层级类构件的属性。

2.2　HBIM模型

本文主要采用ArchiCAD来进行HBIM模型的构建。在建模过程中,运用GDL对象进行复杂构件的建模。建模完成后,生成计算报告表格,作为建筑遗产资产的量化管理基础数据。

2.2.1 GDL 对象

　　GDL 是一种参数化编程语言,它描述了 3D 实体对象,如门、窗、家具、楼梯等,以及在平面图上表示它们的 2D 符号。使用 GDL 描述的每个库部件都有其脚本,包括主脚本、2D 脚本、3D 脚本、属性脚本、用户界面脚本等。

　　在这些脚本中,2D 脚本用来绘制线条、多边形等 2D 符号。3D 脚本是 GDL 对象的主体,通过 3D 形状的脚本公式,可以创建几乎所有的简单图形。用户界面脚本是在脚本和图像之间建立一个自定义设置的对话框,可以选择或者输入用户需要的参数,以此来调整 GDL 对象。

　　GDL 对象可以用 ArchiCAD 自带的 GDL 编辑器编辑,也可以用其自带的插件快速生成。例如,桁架插件 TrussMaker。广州中山纪念堂的屋顶结合了西方钢结构建筑技术和传统建筑八角顶、歇山顶形制,屋顶的结构受力传递从上到下依次为屋面—1.5 m×0.4 m 的预制混凝土面板—工字钢檩条—钢桁架。在建构支撑屋顶的钢桁架时,运用自带的桁架插件 TrussMaker 可以快速生成(图 4)。

图 4　歇山顶钢桁架的 3D 脚本

　　广州中山纪念堂采用了符号化的表达手法,将传统建筑构件都进行了简化运用。例如,传统的斗拱从四铺作简化仅有立面装饰作用的重拱。歇山顶下的简化斗拱构造,由下至上依次为栌斗—泥道拱—华拱—坐斗—瓜子拱—耍头—坐斗。

　　不仅组合形式进行了简化抽象,单个构件也进行了简化。例如,坐斗的简化,减掉了四耳,倒棱柱体边线化曲为直。简化的坐斗可用 3D 形状 FRISM 的脚本公式来创建(图 5)。

　　通过 GDL 对象进行桁架、斗拱、雀替、额枋、屋顶、瓦片、天花、栏杆等复杂构件的建构,完成了广州中山纪念堂 HBIM 模型(图 6)。

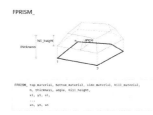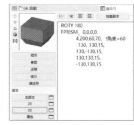

图 5　坐斗的 3D 脚本

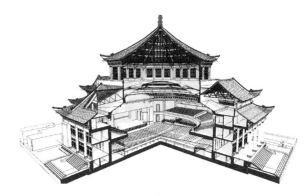

图 6　广州中山纪念堂 HBIM 模型剖透视图
（图片来源:作者自绘）

2.2.2 计算表格

　　从 HBIM 模型可以生成三种计算表格,元素列表、组分列表和区域列表:元素列表用于创建清单、详细目录和显示基本结构元素的参数表。组分列表用于统计材料单、数量扣除或价格表,通常都是做概括说明。区域列表一般用来创建房间清单和饰层清单,区域列表实际上就是一个元素列表,在该列表中计算元素的范围被它们所属的区域限定了。

　　在窗元素列表中,可查看窗宽、窗高、窗台高等几何信息,并显示窗的平面和立面视图,广州中山纪念堂的窗共有 134 个,分为 25 种类型,如表 1 所示。

表 1　窗元素统计列表(来源:作者自绘)

元素 ID	开洞名称	宽×高尺寸	2D 符号	3D 后视图	数量
WD-004	矩形窗洞口 25	1,000×1,500			2
WD-004	矩形窗洞口 25	1,500×1,500			4
WD-004	矩形窗洞口 25	1,800×1,500			6
WD-004	矩形窗洞口 25	600×1,500			2
WD-004	矩形窗洞口 25	900×1,500			4
WD-005	2窗滑动窗 25	1,000×1,000			1
WD-005	2窗滑动窗 25	1,800×1,000			1
WD-005	矩形窗洞口 25	1,500×1,500			1
WD-006	窗1	4,215×3,390			3
WD-007	窗1	4,215×3,390			12
WD-008	窗2	2,450×3,390			3
WD-009	窗3	1,230×3,390			2
WD-009	西南侧窗1	950×2,650			2
WD-010	窗1	4,215×3,390			3
WD-010	西南侧窗2	950×3,030			2
WD-011	西南侧窗3	950×3,410			8
WD-015	五层窗	2,890×4,290			24
WD-018	一层东侧窗	660×1,080			1
WD-020	北侧窗1	1,585×2,240			19
WD-021	北侧窗2	1,395×2,200			2
WD-021	北侧窗3	1,580×1,050			2
WD-022	北侧窗3	2,020×1,050			2
WD-023	北侧窗4	1,415×990			2
WD-024	北侧窗5	850×1,959			9
WD-025	北侧窗6	850×930			21

2.3 管理模式

在上述的本体论和 HBIM 技术基础上,本文提出建筑遗产的信息化资产管理模式,这一新的管理模式主要有三个内容:档案信息记录;建筑遗产的评估管理;建立共享数据库。

2.3.1 档案信息记录

不可移动文物、历史建筑等建筑遗产目前主要的档案管理有基础档案信息、测绘图纸、二维图像和三维扫描点云模型。在 HBIM 平台可以统一记录以上档案,同时增加了主要构件的信息,构件尺寸等几何信息和构件类型、材料、现状、物理特性、维修信息等非几何信息,这基本实现了建筑遗产全生命周期的各类信息覆盖。此外,通过 HBIM 系统的二次开发,还可以满足分级、分权限的日常管理、维护修缮、应急抢修和线上展示等各类需求(图7)。

图7 广州中山纪念堂 BIMX 模型
(图片来源:作者自绘)

2.3.2 建筑遗产的评估管理

目前建筑遗产的评估管理主要存在两个问题:一是管理颗粒度较低,评估过程较为笼统,决策方案的细节不够详尽;二是评估判定的指标难以量化,对风险的重要程度分级不够清晰。HBIM 管理平台能有效解决以上问题,数据协同管理能让专家们查看和记录数据信息、评估管理决策,并反馈给管理者,使其更快、更准确、更细致地进行建筑遗产的评估管理。

在提高管理颗粒度方面,在 HBIM 模型中选中构件。然后,通过本体模型中关联系数的计算,得出具体数值,以此量化评估判定的指标,作为有力的判定依据。之后,遗产保护专家读取数据,并依据量化指标评定风险因素和损坏程度。最后,保护专家评定风险等级和响应措施,在虚拟构件上记录文本以指导修复。这一过程的所有数据都可保存在 HBIM 数据库中,未来的修缮计划可借鉴这些累积的信息。

具体的评估指标量化公式如下:评估数值 $K = N_1 * i_1 + N_2 * i_2 + \cdots + N_n * i_n$,其中 i_1、$i_2 \cdots i_n$ 为关联系数,关联系数 i 由构件类型、损伤类型、层级数控制;N_1、N_2 $\cdots N_n$ 为本体模型中分层级的关联构件个数。以地基、承重墙、檐柱、斗拱为例进行评估指标量化(表2),从表中评估数值 K 比较得出重要性排序为:承重墙 SW-078 > 梁 BMR-027 > 檐柱 CRE-001 > 斗拱 FU-001526。

表2 部分构件评估指标量化数值列表(来源:作者自绘)

构建类型	空间位置	残损类型	第一层级关联系数 i_1	第一层级关联构建个数 N_1	第二层级关联系数 i_2	第二层级关联构建个数 N_2	第三层级关联系数 i_3	第三层级关联构建个数 N_3	评估数值 K
梁	负一层 BMR-027	开裂	0.8	4	0.5	32	0.2	36	26.4
承重墙	八角形屋身 SW-078	孔洞	1.1	3	0.8	32	0.5	48	28.9
檐柱	抱夏歇山屋身 CRE-001	裂缝	0.7	6	0.5	9	0.3	30	17.7
斗拱	抱夏歇山屋身 FU-001526	剥落	0.6	4	0.4	6	0.2	10	6.8

2.3.3 建立共享数据库

建立以参数化模型为载体的广州中山纪念堂建筑信息数据库,与各相关部门共享各相关专业信息,实现联合交流。其中,包括广州城维部门的地理信息系统;中山纪念堂管理部门的空间信息,如几何形体、结构尺寸信息;应急消防部门的电气、暖通工程信息,如电气与暖通管道布置;文物财政部门的建材信息,如建筑材料与构造方式。所有这些信息均包含于 3D 模型中。

3　结论

　　综上，基于本体论和 HBIM 技术的建筑遗产新的信息化管理模式更加理性、精确度更高、更集约化、更具开放性，共享数据库有效降低了管理成本，有较大的应用前景。本研究通过广州中山纪念堂为例，运用 HBIM 技术，在本体论的视角下，构建了历史建筑信息模型，探讨了建筑遗产的新管理模式，为信息化管理模式的应用打下了基础。但本文仍存在一些不足，如本体模型建构尚不完整，关联系数仍需调整，未在实际的管理中运用，不足之处将在今后的研究工作中不断改进。

参考文献

　　[1]　李善平，尹奇韡，胡玉杰，等.本体论研究综述[J].计算机研究与发展，2004，41(7)：1041-1052.

　　[2]　李旭.建筑领域本体构建及其案例推理研究[D].哈尔滨：东北林业大学，2016.

　　[3]　杨超.基于本体的徽派建筑知识图谱构建研究[D].合肥：安徽建筑大学，2021.

　　[4]　陈伟.基于本体的古建筑知识表达及案例推理[D].西安：西安建筑科技大学，2020.

　　[5]　谢伟.基于 BIM 和本体的文物建筑维护云模型知识映射方法[D].成都：西南交通大学，2020.

　　[6]　商墩江，袁华斌."互联网＋"下 HBIM 技术在建筑遗产数据中的可视化研究——以磺溪书院为例[J].长春大学学报(自然科学版)，2021，31(2)：37-41.

　　[7]　李渊，郭晶.基于 BIM＋理念的建筑文化遗产保护研究综述[J].城市建筑，2021，18(34)：157-161，167.

　　[8]　HULL J，EWART I J. Conservation data parameters for BIM-enabled heritage asset management [J]. Automation in Construction，2020(119)：537-547.

　　[9]　EMANUELE P，MAIETTI F，DI G R，et al. BIM-based Cultural Heritage Asset Management Tool. Innovative Solution to Orient the Preservation and Valorization of Historic Buildings[J]. International Journal of Architectural Heritage，2020，15(6)：897-920.

　　[10]　NOY N F，MCGUINNESS D L. Ontology development 101：A guide to creating your first ontology [J]. 2001.

朱莹[1,2] 李心怡[1,2] 张向宁[3*]

1. 哈尔滨工业大学建筑学院；duttdoing@163.com
2. 寒地城乡人居环境科学与技术工业和信息化部重点实验室
3. 哈尔滨工业大学建筑设计研究院有限公司

Zhu Ying [1,2] Li Xinyi [1,2] Zhang Xiangning [3*]

1. School of Architecture，Harbin Institute of Technology
2. key Laboratory of Cold Region Urban and Rural Human Settlement Environment Science and Technology，Ministry of Industry and Information Technology
3. The Architectural Design and Research Institute of HIT Co. ，Ltd.

黑龙江省教育厅教育教学改革研究项目(SJGY20200224)、黑龙江省教育厅教育教学改革研究项目(SJGY20190208)

数字孪生技术下松花江流域多民族聚落保护体系构建研究

Research on the construction of multi-ethnic settlement protection system in Songhua River Basin under digital twin technology

摘　要：松花江流域内多民族历史价值巨大，但其保护存在诸多技术瓶颈，亟待整体保护。而数字孪生作为以全生命周期为核心特征的第二代数字化模拟技术，为建筑遗产在数字化保护、决策等应用中提供新方法和新工具。本文将数字孪生技术与多民族聚落遗产保护相契合，基于松花江流域特质，对世居民族聚落以多维循证构建数据库，自上而下地研究历史演化，诠释数字化，自下而上地研究保护更新，实践孪生化，构建多技叠合的整体保护体系。

关键词：数字孪生；松花江流域；民族聚落；数字化建设；整体保护

Abstract：The multi-ethnic historical value in the Songhua River Basin is huge，but there are many technical bottlenecks in its protection，which urgently need to be protected as a whole. As a second-generation digital simulation technology with the core feature of the whole life cycle，digital twins provide new methods and tools for architectural heritage in digital protection，decision-making and other applications. Based on the characteristics of the Songhua River Basin，this paper combines digital twin technology with the protection of multi-ethnic settlement heritage，constructs a multi-dimensional evidence-based database of ethnic settlements，studies historical evolution from top to bottom，interprets digitization，studies conservation and renewal from bottom to top，practices twins，and constructs an overall protection system of multi-skill superposition.

Keywords：Digital Twins；Songhua River Basin；Ethnic Settlements；Digital Construction；Holistic Protection

松花江，在隋代称难河，唐代称那水，辽金两代称鸭子河、混同江，清代称混同江。松花江流经东北地区中北部，流域面积 55.72 万平方公里（图 1），行政区涉及内蒙古、吉林、黑龙江和辽宁四省、24 个市（地、盟）、84 个县（市、旗）。

自旧石器早期人类活动遗址遍布松花江流域，到周代，东北各地的原始部族经过融和、迁徙，逐渐形成了很多分支。从原始社会（约前 170 万年——公元前 21 世

图1 松花江流域范围示意图
（图片来源：作者自绘）

纪)到现代(21世纪)，民族谱系虽非一脉相承，但"流域古代民族的筑城史自秽族、索离、夫余筑城至满族，在长达2000多年的历史长河中不绝如缕，几乎未有间断"[1]。

今日，松花江流域仍分布有汉、满、赫哲、鄂伦春、鄂温克、蒙古、达斡尔、柯尔克孜、朝鲜、回等世居民族。2017年至今全国有5批共计6819座村落入选"中国传统村落"①，松花江流域面积占东北三省总面积69.32%，有十数个民族生活于此，承载了东北70%以上的农村人口，其所入选名录的村落是少之又少，只有22座，仅占总数的0.3%。而22座村落之外，尚未被"传统"认可且广泛分布于流域中的近1000座村落，在急速城镇化建设中仍处于风貌"被同化"、特色"被消失"的危境，暴露出诸多问题：行政区划下村落保护各自为政，聚落空心化、汉化严重，现存遗产保护不利，历史营建技艺失传，传统居住文化断裂，非物质文化濒危，原生居住模式消失，村落特色风貌趋同、村落更新不见成效等，这些如瓶颈般桎梏着松花江流域多民族聚落保护与更新。

1 革新化——松花江流域多民族聚落保护与数孪技术的结合势在必行

NASA在2012年发布的技术路线图中使用了"数字孪生(Digital Twin)"的表述。全球最具权威的IT研究与顾问咨询公司Gartner连续两年(2017、2018年)将数字孪生列为当年十大战略科技发展趋势之一，使这一概念受到广泛关注。近年随着对智慧城市研究的深入，数字孪生技术逐渐走进城市规划和建筑设计等领域。

数字孪生是一个对物理实体或流程的实时数字化镜像，以数据为线索实现对物理实体的全周期集成与管理，实现数据驱动的信息物理系统双向互控及混合智能

---

① 数据来源：传统村落网-国家名录。

决策，人工智能贯穿整个系统。数字孪生的基础是计算机辅助(CAX)软件(尤其是广义仿真软件)，本质是通过建模仿真，实现物理系统与赛博系统的相互控制，进而实现数据驱动的虚实一体互动和智慧决策支持。

国内对"数字孪生"在近四年关注度极高。庄存波等总结了产品数字孪生体的内涵，阐述了其基本结构和发展趋势[2]；陶飞等提出数字孪生五维模型、标准体系及十大应用领域[3]，其中涉及卫星通信网络、船舶、车辆、发电厂、飞机、复杂机电装备、立体仓库、医疗、制造车间、智慧城市，得到了学术界的广泛关注；秦晓珠等从技术构架层面阐述了数字孪生技术在物质文化遗产数字化建设中的应用[4]。中国《数字孪生应用白皮书2020版》的发布，标志着我国进入数字孪生技术的应用研究行列。以中国知网CNKI为数据源，搜索关键词"数字孪生"，中文文献总数3411篇，从2014年的1篇到2022年中的1559篇，学科分布占比呈均质化，比例最高的是计算机软件及计算机应用15.69%，建筑科学与工程占5.79%。搜索数字化/数字乡村/数字孪生+建筑，累计153篇文献，搜索数字孪生+保护，仅15篇文献，依据可视化分析结果(图2)，数字孪生可谓异军突起，但其与建筑设计、智能建造、智慧城市等方向的结合正在进行，而其在遗产保护领域的应用亟待拓展。

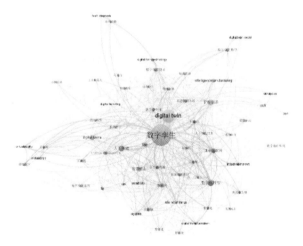

图2 文献可视化分析
（图片来源：作者自绘）

松花江流域多民族聚落已开始尝试数字化保护，从仅有的10篇文献来看，研究成效不佳且未见落地，而数字乡村已是国家发展重点、东北振兴的转机、黑龙江重点发展目标、数字旅游业的转型支持。面对这些重大需求，对流域聚落保护的数字化转型是当务之急。数字化

不仅是以信息存储、单向传播为目的的单级保护。更重要的是实现信息—数据—模型—算法—交互的层层递进，对看不见的历史，进行复现、还原和复原，对看不清的未来进行模拟、决策、反馈，对现实生活场景和历史传统情境进行虚拟仿真、混合现实，以期全生命周期地精准保护。

2 数字孪生技术研究框架

今日，松花江流域千座村落的多民族根源，在松花江流域独特的史地背景和自然环境制约下，创造了极富地域特色和民族文化的聚落、建筑，它们是寒地大河流域文明的物质承载和精神象征，特别是绵延至今的民族传统聚落和民居，以大江大河为脉，以丘陵山峦为屏、以平原草场为拓展、以林海雪原为屏界，以簇群式层叠相生、群落式相附相依，游居式迁徙往复，定居式契合适应，筑就流域"多民族聚落"的图与底，千百年间，代代传承、不断演化，构成了流域丰富且多元，极富地域营造特色和民族文化特质"风土"根脉。

松花江流域民族聚落保护研究，应首先以建构整体保护框架及技术体系为目标，统合碎片化研究现状，融合数字孪生技术，进行整体性保护；针对松花江流域多民族聚落风貌同化严重、特色趋于消失、文化传承极弱等现状，构建数据库，推进数字化保护，抢救流域内濒危民族聚落。

其次，突破流域聚落保护的三个瓶颈，自上而下地提出整体保护方法：①弥合断裂的聚落演化历程，保护时空格局的连续；②挖掘簇群相生的聚居结构，保护聚居模式的类型；③提取民族聚落的空间基因，保护村落特色传承。

最后，应对流域聚落建设的多种需求，自下而上地提出整体保护策略：①尝试构建传统村落数字孪生，保护村落场景的交互性；②构建四个数据库、提出四种保护方法、促进遗产数字化保护、数字乡村、数字旅游、乡村振兴建设。

如何将新技术与旧问题进行融合，如何以新技术特点解决旧问题瓶颈，如何以新技术优势攻克旧问题顽疾等，均是数字孪生技术与松花江流域多民族聚落结合是否契合的关键。引入科学理论（考古学、生态学、人类学、民族学、基因论、复杂系统演化论等）善用理论架构（群落—集群—基因—遗传—图谱）让单一的问题有机化，引入先进技术（GIS、空间句法、BIM、虚拟现实、混合现实）将无形的机能具象化，创造互生体系（基因与图谱的互生，理论框架与空间模型、图解分析与模型模拟）将

静态的模拟动态化，构建松花江流域多民族聚落保护数字孪生理论框架(图3)。

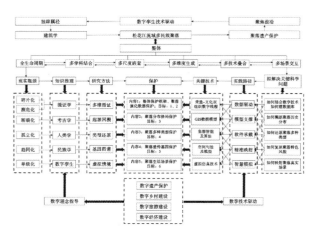

图3 多民族聚落数字孪生保护理论框架
(图片来源：作者自绘)

3 数字孪生技术的研究方式

数字孪生技术下，松花江流域多民族聚落保护体系构建研究应针对亟待解决的问题展开：如何将"流域多民族聚落保护"复杂问题域与"数字孪生"相结合，精准保护？如何以数字孪生技术驱动"松花江流域多民族聚落保护"具体繁杂问题群的解决，实现数字化保护？松花江流域多民族聚落的研究成果，怎样与数孪技术建立契合点，促进整体保护？

3.1 数孪理念下的整体保护

数字孪生是充分利用物理模型、传感器更新、运行历史等数据，集成多学科、多物理量、多尺度、多概率的仿真过程，在虚拟空间中完成映射，从而反映相对应的实体装备的全生命周期过程[5]。数孪理念融合下的整体保护，是全生命周期、多尺度嵌套，多维度生成、多技术叠合、多场景交互、多层级反馈地协同保护。

数字孪生技术的三个核心是数据线索、知识推理、混合全局 AI（知识、数据、算法、算力等的高度融合）。构架整体保护技术，数据驱动，模型支撑，软件承载，精准映射，智慧模拟，精准校正。依据数孪技术的四大功能，即描述、诊断、预测、决策，明确保护的整体路径：通过历史描述诊断现实问题、通过现实问题挖掘过去起源、通过模型预测辅助规划与设计、通过未来结果反馈现实，凸显历史研究—现实评价—未来反馈互相校正的整体保护。

3.2 数孪技术对聚落保护的驱动

建立保护的时空观，将松花江流域多民族聚落的演化视为一个完整、连续的生命历程，以此连接历史—现实—未来，古代2000多座聚落遗址点、现代1000多座村

落视为一个时空连续体,是历史研究—现实分析—未来模拟下,再现—复现—复原—镜像—复核的双向保护,以此提出数孪技术支持下整体保护的五个向度,历史循证、源点回溯、类型还原、风貌推演、虚拟仿真的多系统混合映射。

研究对象近万年的演化,承载了大量的信息流,数孪技术的结合需要几个转译,由信息—数据—算法—模型—镜像—AI的层层递推。贯通知识推理与技术驱动,量化现象、定性本质、客观还原、准确复原、精准映射,以此连接不同问题(图4)。

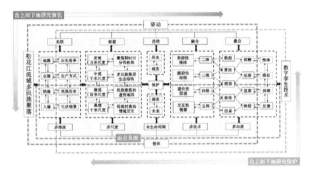

图4 数字孪生对多民族聚落保护的驱动
(图片来源:作者自绘)

松花江多民族聚落的演化,是自然、社会环境的塑造,也是文化、民族的创造,更是生活、生计、生存的承载所需,是民族、群体及个体的习俗绵延。以地缘、业缘、族缘、人缘梳理史料,以宏观(1000~10000 m)、中观(100~1000 m)、微观(10~100 m)、典型(1~10 m)明晰层级,自上而下地研究保护的内容。

通过五维——1-2座传统村落的数字孪生优化,四维——聚落民族文化基因优化,三维——聚居生态结构优化、流域聚落空间布局优化,对接规划、景观、建筑、数媒的保护设计层级,自下而上地校正指导现实保护。

3.3 数孪技术与理论框架的结合

松花江流域多民族聚落保护的理论框架应与数孪技术结合,建立包含全景保护、格局保护、类型保护、特色保护、孪生保护的整体保护模式。

以"群落"理解多民族聚落的格局、类型、基因、样态,保护是对聚落群体历史格局、聚落组团生态结构、聚落单体遗传基因、典型传统村落情境交互的全景保护。

交叉考古学,针对松花江流域多民族聚落时空演化的断裂性问题,聚焦古代,回溯流域聚落遗址点的时空分布规律,构建GIS模型等对古代进行"回溯",对比今天,优化明天,提出聚落群原生格局保护的方法。

交叉人类学,针对松花江流域多民族聚居的簇群化特点,聚焦古代,还原流域聚落遗址分布的空间结构,通

过集群算法推演等,对古代进行"推演",对比今天,优化明天,提出多类型聚居模式保护的方法。

交叉民族学,针对松花江流域民族聚落特色消失的严重性,聚焦近代-现代,通过空间句法推演等,复原6-8个民族典型聚落,对比现代,优化未来,提出聚落民族特色多样性保护的方法。

交叉虚拟现实,选择1-2座传统村落,通过建模、虚拟仿真及混合现实,推进数字孪生建设,提出数字保护多极化的保护方法。

数孪技术下的保护,是对时空连续性、类型多样新、基因遗传性、场景交互性的全面保护,是宏观、中观、微观、典型的全局保护,更是对基底、结构、机能、机制的全数保护(图5)。

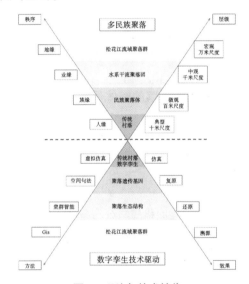

图5 理论与技术镜像
(图片来源:作者自绘)

4 数字孪生的技术方法

4.1 多民族聚落的信息采集及数据库构建方法

基于松花江流域时空绵延特质,对世居民族聚落以多维循证构建数据库,包括乡野查证、资料立证、口述询证、知识探证、技术拟证等,将资料向数据维度转向(图6)。

多维循证——依据医学循证思想,构建"理论论证+乡野取证+口述询证+文献查证+个案例证+技术拟证"复合式信息采集方法。以松花江流域10个民族为主体,汉(站人)、满、赫哲、鄂伦春、鄂温克、蒙古、达斡尔、柯尔克孜、朝鲜族(排名不分先后)为主体,重在全面采集、全局认知。特别重视"口述询证"

"营建-文化"双尺建库——通过多维循证厘清多元信息流,此基础上,将聚落营建信息通过四对关联进行梳理、将文化传承信息通过四对关联进行梳理,实现信息向数据转译,在细分属性、细化属性值,构建四个层级

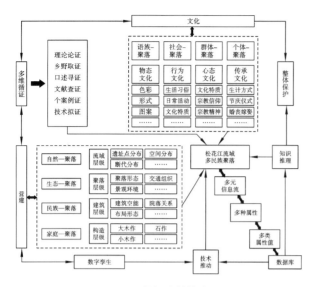

图 6　数据库的构建

(图片来源:作者自绘)

数据库。

4.2　构建多民族聚落的整体保护理论和技术框架方法

基于双模型推进——知识模型推理与技术模型推动的双动力,实现知识发掘与技术发现的"双模孪生",研究松花江流域多民族聚落的时空格局、类型、基因、孪生的保护方法。

以生态学中"空间格局与分布型"方法理解流域内多民族聚落的"集群分布",即植物种群个体的分布极不均匀,常成群,成簇,成块或斑点地密集分布。可用三种特征加以描述,格局规模、格局强度、格局纹理。

以考古类型学中"情境还原"方法,对多民族聚落类型给予还原,即考古学家可以通过用他们的现代语言将过去翻译出来的方法,重新回到基本原则之中。建立在对情境基础的认知基础之上的发掘和阐释的方法得到显著发展。

以生物学的"基因图谱"方法,对各民族聚落开展深层次的"基因"分析,形成源流谱系,对特征性进行辨别和量化。基因图谱指综合各种方法绘制成的基因在染色体上的线性排列图。

"数字孪生"方法,落实于对 1-2 座传统村落具体建设,再以各层级的未来模拟为基础,自下而上地促进整体保护。数字指的是数据的对接,先要将设备的相关数据收集再传输给一个中央平台。孪生就是物体(比如设备、建筑、工厂)等的三维呈现,数据和孪生结合实现了数字孪生,可通过线上控制线下,起到监控、预警的作用。

5　结语

大河流域繁衍生息的各民族之间不是孤立存在的,

而是彼此间此消彼长、相伴相生。多民族聚落如同生物群落的繁衍,是与自然环境、社会发展共生共栖、相互塑造的过程。2015—2020 年间,笔者对东北地域渔猎民族传统聚落进行了深入研究,对赫哲、鄂伦春、鄂温克传统聚落进行了详细阐释,但在研究中发现民族彼此间的文化交融和影响,特别是处于同一河道和水系的民族聚落的相近性;又注意到松花江流域、黑龙江流域与多民族聚落的演化之间的关系,进而以更广阔的时空范围、更系统化的认知体系、更全局化的研究内容对我国境内的"松花江流域多民族聚落"进行整体研究。

数字孪生技术在 2018 年异军突起,其与建筑遗产的结合虽刚刚开始,却显示了强大的技术优势。新技术能给旧问题带来巨大突破,东北地域民族聚落演化研究瓶颈较多,如渔猎民族一样,松花江流域 10 个世居民族聚落均面临着聚落原始风貌渐趋消失、民族文化渐趋濒危等严峻问题,而其民族众多、类型多元、资料不足,以及有些民族有语言无文字、人口较少甚至稀少等,又为保护研究增加难度,尤其是 20 世纪 50 年代之后,原游居、游猎民族均变成定居、农耕民族,原生风貌遭遇巨大变革,随着人口老龄化,民族居住文化急速断层,保护更是难上加难。聚落/村落是多个维度的,除民族性外,应有类型性、区域性、全域性挖掘,民族性研究是对一个民族一种居住模式的研究,类型性则是以生产方式为划分,对多个采用同一生产方式的民族的居住模式的研究,而全域更是以松花江流域为基底,对其上古代遗址点、当今村落分布格局的研究,这样的聚落/村落研究才是完整的。

参考文献

〔1〕　王禹浪,王俊铮,王天姿.东北古代民族筑城源流及文化特征述论〔J〕.地域文化研究,2018(6):122-130.

〔2〕　庄存波,刘检华,熊辉,等.产品数字孪生体的内涵、体系结构及其发展趋势〔J〕.计算机集成制造系统,2017,23(4):753-768.

〔3〕　陶飞,刘蔚然,张萌,等.数字孪生五维模型及十大领域应用〔J〕.计算机集成制造系统,2019,25(1):1-18.

〔4〕　秦晓珠,张兴旺.数字孪生技术在物质文化遗产数字化建设中的应用〔J〕.情报资料工作,2018(2):103-111.

〔5〕　《智慧工厂》编辑部(译).数字孪生——工业 4.0 时代智能制造的未来趋势〔J〕.智慧工厂,2020(3):19.

李娜[1,2]　张姗姗[1,2]*

1.哈尔滨工业大学建筑学院；zhangshanshan@hit.edu.cn
2.寒地城乡人居环境科学与技术工业和信息化部重点实验室
Li Na [1,2]　Zhang Shanshan [1,2]*

1. School of Architecture, Harbin Institute of Technology
2. Key Laboratory of Cold Region Urban and Rural Human Settlement Environment Science and Technology, Ministry of Industry and Information Technology

黑龙江省哲学社科研究规划项目青年项目(21MZC211)、中国博士后科学基金第68批面上项目(2020M681109)

基于 CiteSpace 的传统村落建筑风貌数字化保护研究知识图谱分析

Knowledge Maps Analysis of Digital Preservation of Traditional Villages Architecture Style Research Based on the CiteSpace

摘　要：数字化技术的发展为传统村落建筑风貌的保护提供了新思路,但目前仍没有系统的梳理其应用途径和未来研究方向。以2000—2022年CNKI数据库和2000—2022年Web of Science核心合集数据库中的相关论文为数据基础,利用CiteSpace建立传统村落建筑风貌数字化保护的知识图谱。知识图谱表明,国内对建筑风貌进行数字化保护的时间比国外晚,越来越多的技术应用到保护中来。今后,利用数字化技术对建筑风貌进行数字化解析与重构将成为研究重点。

关键词：传统村落；建筑风貌；数字化保护；CiteSpace

Abstract: The development of digital technology has provided new ideas for the conservation of the architectural style of traditional villages, but there is still no systematic combing of its application channels and future research directions. Using the relevant papers in the CNKI database from 2000—2022 and the Web of Science core collection database from 2000—2022 as the data base, CiteSpace was used to establish the knowledge map of digital conservation of the architectural style of traditional villages. The knowledge map shows that the digital conservation of architectural style in China is later than that in foreign countries, and more and more technologies are being applied to conservation. In the future, the use of digital technology to digitally analyse and reconstruct the architectural style will become the focus of research.

Keywords: Traditional Village; Architectural Style; Digital Preservation; CiteSpace

1　引言

2012年4月,由国家住房和城乡建设部、文化和旅游部、国家文物局、财政部联合下发《关于开展传统村落调查的通知》,首次联合启动了中国传统村落的调查,同

年8月,联合评审了《中国传统村落名录》,到2020年先后有五批6819个具有保护价值的村落列入其中。2017年启动了"传统村落数字博物馆"项目,加大对传统村落价值的传播与展示,通过数字化手段,展示每一个传统村落的聚落风貌、传统建筑、非物质文化遗产等,成为世

521

界了解中华文明的窗口[1]。传统村落自身拥有较高的价值，其拥有物质形态和非物质形态的文化遗产，具有鲜明的地域性乡土文化，具有较高的历史、文化、科学、艺术、社会和经济价值[2]，对其保护具有必要性。可是，最近对村落调查的统计数据让我们意识到传统村落正在无声无息地消失，对其保护具有紧迫性。进入二十一世纪时，我国自然村总数约 363 万个，每天消亡约 246个。建筑风貌是传统村落的重要组成部分，在传统村落消失的同时，其建筑风貌特征也在逐渐消失。传统村落建筑风貌保护的困境具体体现在建筑风貌的缺失、建筑风貌特征模糊、保护规划导则存在的问题、现有的保护规划工具在传统村落保护方面存在局限性等方面。

本文借助 CiteSpace V6.1.R1 对 2000—2022 年中国传统村落数字化保护及 2000—2022 年外国建筑遗产数字化保护研究的相关文献进行分析，通过图像揭示该研究方向的演变过程，并通过对关键文献的解读分析来预测研究趋势，以期为后续的研究人员提供思路。

2 文献来源与研究方法

2.1 文献来源

本文以文献覆盖范围最广的 CNKI 中国学术网络出版总库及 Web of Science 为样本数据。本文以"传统村落＋数字化"为关键词在 CNKI 中进行检索，经过筛选得到 121 篇有效样本；在 Web of Science 核心合集数据库中选择"architectural heritage digital protection"作为检索词得到 74 篇，筛选后得到 61 篇样本。样本包括作者、机构、摘要、关键词、发表时间等信息，将所有文献导出到 CiteSpace 软件中进行处理。

2.2 研究方法

CiteSpace 软件是陈超美教授基于 Java 语言开发的一款着眼于分析科学研究中蕴含的潜在知识的可视化软件。该软件是在科学计量学、数据挖掘技术和信息可视化背景下发展起来的。CiteSpace 作为一款优秀的文献计量学软件，能够挖掘文献之间的关系并以可视化知识图谱的方式展现出来，为研究者梳理研究轨迹、挖掘科学前言，寻找研究热点，从而更为顺利地开展研究课题提供了研究途径。

本文采用 CiteSpace 软件，运行时间为 2022 年 4 月 10 日，中文论文时间跨度为 2000—2022 年（slice length＝1），英文论文时间跨度为 2000—2022 年（slice length＝1），使用剪切（pruning）联系中的修剪切片网络（pruning sliced networks）功能。选择每个时间分区中出现频次最高的前几个数据进行关键词共现分析并生成可视化知识

识图谱。

3 研究热点的聚类分析

3.1 研究热点

关键词是一篇论文的高度概括，对其进行分析可以了解该领域的热点和内在联系[4]。图 1 展现了中国 2000—2022 年传统村落建筑风貌数字化保护研究关键词共现图谱。节点越大表明关键词出现的频率越高，连线越多表示两个关键词共现次数越多，连线越粗表明联系程度越强[3]。从可视化图谱分析结果看，关键词共现频率最高的依次是"数字化""传统建筑""传统村落""传统聚落""传承""古村落""乡村振兴""藏式寺庙建筑"。随着乡村振兴政策的颁布与实施，对传统村落的保护与传承逐渐得到重视，传统村落的数字化保护也逐渐成为学术界关注的热点，学者们就数字化保护过程中各种数字技术的应用途径与场景进行了大量的研究。

图 1　CNKI 2000—2022 年传统村落建筑风貌数字化保护研究关键词图谱
（图片来源：作者自绘）

国外对建筑遗产的数字化保护研究主要体现在"虚拟重建""3D 建模""历史环境""近距离传感""青铜时代""建筑遗产"（图 2）。国外对建筑遗产的数字化保护具体细化到了应用到技术或研究视角，研究内容更为细致、深入。国外的学者注重对建筑遗产的数字化重建，从而进行虚拟展示等。以"地理信息系统（GIS）"为核心，形成了建筑遗产数字化保护的分支，其广泛应用于建筑的管理、建模、遥感以及识别特征等方面。

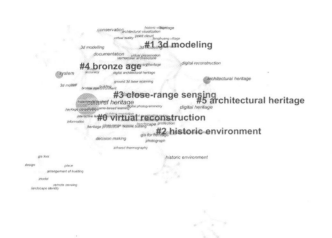

图 2　WOS 2000—2022 年建筑遗产数字化保护研究关键词图谱

（图片来源：作者自绘）

对比来看，国外的建筑遗产保护方向已形成了多个分支，从多方面进行了深入的研究与探索，而国内目前还没有形成细化的研究视角，数字化技术对传统村落的保护研究还不够深入。

3.2　研究热点的时序分析

在 CiteSpace 中对传统村落建筑风貌数字化保护研究文献关键词共现分析生成共现时区图谱（图 3、图 4）。由图 3 可见，2008 年是传统村落建筑风貌数字化保护的萌芽阶段，对传统村落建筑风貌的数字化保护方法主要是建立数据库，数字化保护方法较为单一。2008—2016 年是传统村落建筑风貌数字化保护的初步多元化阶段，注重对传统村落的保护与传承。2016—2019 年是传统

村落建筑风貌数字化保护的快速多元化阶段。随着国家对传统村落数字化保护的重视以及数字化技术的发展，2016 年以后，越来越多的技术应用到保护中来。

2019 年至今是传统村落建筑风貌数字化保护的深入研究阶段，形成了新的研究节点。从数字技术种类和应用途径来说，城建档案等技术用于建筑风貌的存储；虚拟仿真与体验、摄影摄像、互联网＋、交互设计等技术用于展示与推广。结合关键词图谱（图 1）来看，三维点云、低空摄影等技术应用到了建筑风貌采集与获取方面。数字生成、图像建模是以人工智能和计算机图形学为基础的数字技术，其在建筑风貌的信息获取、形态特征的理性分析、保护导则的设计与管理等方面均能发挥重要作用[5]。

从图 4 可以看出国外的研究现状，2005 年是建筑遗产数字化保护的起步阶段；2005—2016 年是建筑遗产数字化保护的发展阶段；2016—2022 年是建筑遗产数字化保护的深入研究阶段。2016 年之后，建筑遗产数字化保护的研究逐渐增多。国外对遗产的保护注重对建筑质量的检查，"地面穿透雷达""近距离传感""三维点云""地面三维扫描"等技术用于对建筑遗产的数字化记录及视觉重建；"文档工具""地理信息系统（GIS）"用于对建筑遗产的数字化存储与解析；"环境现实""基于数字游戏的学习""数据融合""数据共享"等技术被应用于建筑遗产的展示。

综合来看，国外对建筑遗产的保护开展的较早，而国内从 2008 年开始有数字化保护的概念，到 2016 年各种技术百花齐放，但其在建筑风貌数字化保护方面仍处在探索阶段。

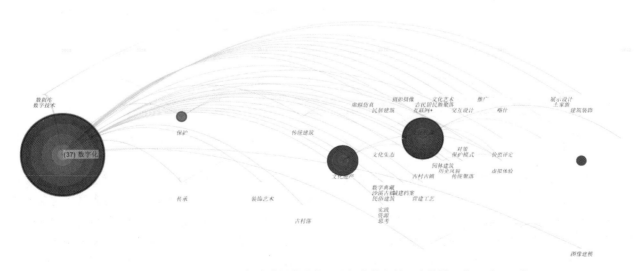

图 3　CNKI 2000—2022 年传统村落建筑风貌数字化保护研究关键词共现时区图谱

（图片来源：作者自绘）

图 4　WOS 2000—2022 年建筑遗产数字化保护研究关键词共现时区图谱

(图片来源:作者自绘)

通过对相关文献的阅读,总结出在对传统村落建筑风貌保护过程中应用到的数字技术(表 1),从最初的建筑风貌采集与存储,逐渐发展到对建筑风貌的展示,而对建筑风貌的数字化解析与重构将是未来的主要研究方向,其与数字生成技术、知识发现等前沿计算机技术相结合,从更为理性的视角对建筑风貌进行深入的研究。

表 1　建筑风貌保护过程中应用的数字技术(来源:作者自绘)

数字化保护应用	中国	外国
建筑风貌采集	无人机图像采集;三维激光扫描;遥感;图像采集与风格分类方法	无人机图像采集/无人机系统辅助下的多传感器信息采集;地理信息;技术和激光扫描技术;移动设备(手机、相机等)近景摄影测量
建筑风貌存储	地理信息系统技术(GIS)	基本元数据模板;地理信息系统(GIS);建筑信息模型(BIM);开源地理空间软件管理
建筑风貌展示	虚拟现实技术;手机 APP	地理信息技术(GIS);移动平台;沉浸式技术;虚拟现实技术、增强现实技术;导航服务、移动互联网及云技术
建筑风貌数字化解析与重构	形状语法;CityEngine;知识发现	计算机算法;空间句法;地理信息技术(GIS)

4　结论与展望

数字化建筑风貌保护满足传统村落研究和实践的需求,同时也是国家政策引导的重要趋势。数字化技术可以有效地采集、存储、分析、展示建筑风貌的特征及价值,避免传统村落建筑风貌消失,促进传统村落数字化保护。数字化技术为传统村落建筑风貌保护提供了新方法与新思路。

首先,数字化数据采集方法辅助传统测绘方法提高了建筑风貌信息采集效率,有利于推动保护工作的开展。其次,数字化数据存储与管理将促进建筑风貌信息的整合,有利于信息的查询与梳理。随着数字化采集技术的发展,建筑风貌的数字化存储与管理将朝着动态化和智能化方向发展,可以周期性关注挂牌保护建筑风貌的使用情况,对建筑的保护提出针对性策略。同时,知识发现、机器学习等技术能够提高建筑风貌特征识别与解析效率。定量描述建筑风貌特征能够促进其更加清晰地传承,避免传统村落新建建筑与原有风貌建筑不协调的现象出现。最后,建筑风貌重构能够在保护与规划两方面进行应用,而多样的数字化技术能够为公众提供不同的体验方式,促进建筑风貌知识的传播与公众的参与,促进建筑风貌研究与实践过程中的多学科合作,使建筑风貌的研究朝着开放性、多样性、互动性等方向发展。

目前数字化技术在传统村落保护中的应用仍处于初级阶段,还不够完善。未来对建筑风貌进行数字化解析与重构将成为研究热点。但对建筑风貌特征的总结不能完全依赖技术,如何利用新兴技术提高传统村落建筑风貌保护与发展仍需要继续探索。

参考文献

[1] 中国乡村发现.数字博物馆如何拯救传统村落[EB/OL]. http://www. dmctv. cn/villages. aspx? lx=cl. 2018-04-28

[2] 赵玉奇,余压芳,陈清鋆.大数据与文化基因在传统村落保护中的应用[C]//新常态:传承与变革——2015中国城市规划年会论文集(14乡村规划).北京:中国建筑工业出版社,2015:1403-1406.

[3] 李伯华,罗琴,刘沛林,等.基于Citespace的中国传统村落研究知识图谱分析[J].经济地理,2017,37(9):207-214,232.

[4] 余构雄,戴光全.基于《旅游学刊》关键词计量分析的旅游学科创新力及知识体系构建[J].旅游学刊,2017,32(1):99-110.

[5] 王笑.基于知识发现和数字生成的传统聚落历史风貌分析与保护方法研究[D].南京:东南大学,2018.

崔凌英[1] 张卫[1]
1. 湖南大学建筑与规划学院;237072729@qq.com
Cui Lingying [1] Zhang Wei [1]
1. College of Architecture and Planning,Hunan University

数字人文视角下的江南三大名楼景观印象认知
The Perception of Landscape Impressions of Three Famous Towers in the South of the Yangtze River from the Perspective of Digital Humanities

摘　要:文化名楼是士人阶层寄情山水的物质媒介,楼阁文学蕴含着丰富的景观信息。本文以江南三大名楼为研究对象,从数字人文的视角对相关古诗词中的景观印象进行文本挖掘、数据分析与可视化呈现,通过定量与定性相结合的研究方法,对江南三大名楼整体和单体景观印象实现再认知,并将景观印象提取结果划分为八大景观类型。同时,本文验证了古诗词文本挖掘对于文化名楼研究的可行性,以期对楼阁景观的保护与延续有一定参考意义。

关键词:数字人文;文化名楼;古诗词;景观认知

Abstract: Famous cultural towers are the material medium for poets to express their emotions for the landscape,and the literature of the towers contains landscape information. This paper takes the three famous towers in the South of the Yangtze River as objects,carries out text mining,data analysis and literary mapping from the relevant ancient poems. Through a combination of quantitative and qualitative research methods,the overall and individual landscape impressions of the three famous towers in the South of the Yangtze River are re-cognized,and the results of landscape impression extraction are divided into eight categories. The feasibility of ancient poetic text mining for the study of cultural towers is also explored,with a view to having some reference significance.

Keywords: Digital Humanities; Famous Cultural Towers ; Ancient Poems; Landscape Perception

1 引言

文化名楼虽为建筑景观,却常以其山水环境衬托、文学作品传颂而获得盛赞,楼阁建筑、山水景观与文学作品相辅相成,正如滕子京在《与范经略求记书》所写:"天下郡国,非有山水环异者不为胜,山水非有楼观登览者不为显,楼观非有文字称记者不为久,文字非出于雄才巨卿者不成著。"

文化名楼中有着"江南三大名楼"之称的岳阳楼、黄鹤楼与滕王阁深受士人阶层欢迎,有着独特的楼阁文学,印证着"文以景生,景以文传"的观点。目前对于江南三大名楼的研究,多从文学、方志学、档案学、旅游学等方面开展研究[1]。研究重心集中在楼阁本身,从"历史名楼""文化名楼"等整体角度进行研究的较少。且研究较为关注楼阁建筑本身及其文化背景,多忽视楼阁的自然与人文环境。笔者以为对于江南三大名楼的研究有持续深入的可能,运用数字人文的研究思路,将对文化名楼的研究锁定在古诗词领域,探讨江南三大名楼的景观图景。

2 研究数据与方法

2.1 数据来源

本研究选取江南三大名楼相关古诗词为研究数据,为确保数据的准确性,岳阳楼、黄鹤楼、滕王阁均有不止一部专著作为数据来源,最终选定《岳阳楼诗文》[2]《岳阳楼诗词选》[3]《黄鹤楼诗文》[4]《黄鹤楼诗词文联选集》[5]《唐宋诗词中的武汉》[6]《滕王阁诗文》[7]《滕王阁志》[8]为研究文本,通过 OCR 文字识别、人工校正以及整合、筛选高关联性诗词,形成数据库:岳阳楼相关古诗词 97 首,黄鹤楼相关古诗词 131 首,滕王阁相关古诗词 107 首,共计 335 首。

2.2 研究方法

2.2.1 软件选择与适用性分析

本研究选用 ROST-CM6 与 Gephi 结合的分析方式。ROST-CM6 是武汉大学沈阳教授研发编码的社会计算平台,可对文本进行分词、词频统计、字频统计、社会语义分析等。Gephi 是基于 JVM 的复杂网络分析软件,计算的内容包括网络的总体特征、网络的模块化、节点的中心度、节点的动态度等。

ROST-CM6 与 Gephi 均为开源软件,可获取度高、操作性强,本研究利用 ROST-CM6 对文本进行分词、词频统计、字频统计与语义网络分析,使用 Gephi 深化 ROST-CM6 的语义网络分析结果,并进行可视化呈现。

2.2.2 分析步骤

(1)ROST-CM6 分词及文本预处理。

由于古诗词中包含大量隐喻、典故,数字人文研究中对古代汉语的自动分析研究薄弱,机器分词的结果并不完全准确。为此,本研究对自动分词后的结果进行人工预处理,主要进行三方面的调整:第一,对描绘景观的单音节词,改分为多音节词;第二,单音节形容词与单音节名词组合顺序统一,从而尽可能全面地筛选出景观印象词条;第三,对人名、地名、典故等固定词汇进行精确化调整;第四,为提高分词结果的有效性,将带有虚词的多音节词拆分,以减少无意义词条。

(2)词条的转译与分析。

使用 ROST-CM6 对分词后的文本进行词频统计,并对其进行分类与词条标准化,参考李春玲、刘滨谊等人提取诗词景观要素的方法[9][10],人工提取并转化诗词中的同语义异化的源词条,如将"滕王阁""滕王高阁""滕阁"统一为"滕王阁"。将同类景观的源词条使用 UltraReplace 进行标准词条替换,对替换后的文本使用 ROST-CM6 的语义网络分析,最后使用 Gephi 深化分析并完成可视化呈现。

3 江南三大名楼的景观印象认知

现有研究中关于江南三大楼阁的景观印象丰富性有余,而系统性、客观性不足,通常是经验性的感知与判断。而定量分析的方法,可以明确看出楼阁周边景观的构成,提炼出对迁客骚人、官商行旅最具有吸引力的景观印象。

3.1 江南三大名楼古诗词景观印象分类

本研究参考李明晨的分类思路[11]以及《旅游资源分类、调查与评价》(GB/T 18972—2017),对所选诗词文本中的景观印象词条分为自然景观、人文景观和包含自然与人文的声音景观三个范畴。自然景观又分为水域景观、山岳景观、天象气候景观、植物景观与动物景观五类。人文景观则分为建筑景观与人文活动景观两类,然后将 8 类景观划分为 29 种景观印象要素(图 1)。其中,声音具有无形、易于消逝的属性,故以往的研究对文化名楼景观中声音景观的关注度极低。本次将声音景观作为8 大类型之一,探寻诗人对于楼阁景观的多感官认知。

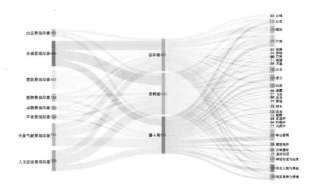

图 1 江南三大楼阁综合景观印象分类与要素

3.2 江南三大名楼单体景观印象分析

对于江南三大名楼的普遍景观印象,有研究者认为"江、湖、山、城"是岳阳楼景观构成要素,[12]"洞庭湖、君山"是最具有代表性的自然景观,吕洞宾、鲁肃、二妃、屈原、张说、杜孟等是常被提及的历史人物。[13]黄鹤楼以鹦鹉洲、明月、江汉、笛声为代表,祢衡是被吊念最多的对象。[14]滕王阁的"江水""明月""山峰"和"南浦"受到更多关注,孺子亭、洪崖丹井、铁柱观是滕王阁的特色人文景观。[15]此研究数据分析的结果显示出更具体的景观印象内容,既有对以往景观印象的验证,也存在一定的差异性认知。

3.2.1 比率分析与景观图景

对景观印象单元数量进行比率计算与排序,可以看出岳阳楼景观印象中以水域景观、天象气候景观、人文活动景观为主。黄鹤楼的景观印象以水域景观、人文活动景观、天象气候景观为主。滕王阁景观印象则以天象气候景观、建筑景观、水域景观为主。滕王阁对景观环境的关注重点与岳阳楼、黄鹤楼存在的明显差异。山川有异,但风月同天,三大名楼对于天象气候景观的关注度都很高,而对于山岳景观、植物景观、动物景观、声音景观的关注较少(图2)。

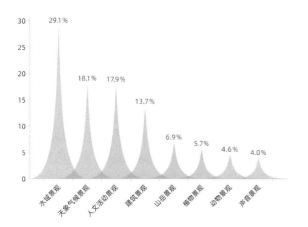

岳阳楼景观印象统计图

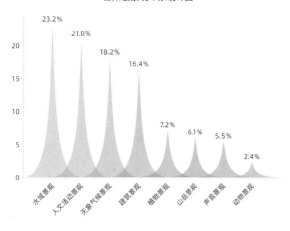

黄鹤楼景观印象统计图

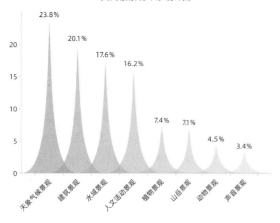

滕王阁景观印象统计图

图2 江南三大楼阁综合景观印象比率图

3.2.2 中心度分析与景观感知

使用ROST-CM6设定适宜的文档分析、构建网络与供词矩阵的高频词提取量,展开语义网络分析,将分析结果导入Gephi,使用平均度功能分析并进行可视化呈现。根据节点网络图,将景观印象感知层次,分为核心层、次核心层、深关联层与浅关联层(图3)。

岳阳楼的核心层景观感知印象为湖泊、楼阁、舟楫,次核心层为山峰、芳草、江流、清风,深关联层有树木、古城、夕阳、山峦、阑干等,浅关联层包括猿猴、天星、江浦、笛声、阴雨等。黄鹤楼的核心层景观为江流、楼阁,次核心层为阑干、仙兽、清风、白云、湖泊、祢衡,深关联层有山峦、古城、舟楫、笛声等,浅关联层有山峰、烟霞、水鸟、岸屿等。滕王阁的景观核心层为楼阁、阑干、明月,次核心层为山峦、江流、白云、夕阳、阴雨、清风等,深关联层包括汀洲、歌舞、野花、灯火、飞檐等,浅关联层包含浪涛、晴空、飞鸟、游鱼等。可见江南三大名楼诗词中楼阁建筑景观与水域景观的中心度更高。

3.2.3 聚类分析与景观类型

通过聚类分析可得出景观印象要素的相关性,聚类图中关联性强的要素会自动用相同深度色彩,并集中形成网状结构[9]。使用Gephi调整合适的数字解析度进行模块化分析,江南三大名楼各自景观聚类结构如下。

(1)岳阳楼景观聚类图景。

岳阳楼景观印象通过聚类分析形成4类图景(图4):以"湖泊(洞庭湖)"为核心要素的"湖泊—楼阁—山峰—古城—阑干—晴空—白云"景观图景;以"江流"为核心要素的"江流—钟声—夕阳—山峦—烟霞"景观图景;以"舟楫"为核心要素的"舟楫—浪涛—水鸟—清风—明月—笛声—亭台"的景观图景,以及以"芳草"为核心要素的"芳草—文人雅士—轩皇张乐—湘妃斑竹—吟唱声"景观图景。江流与钟声、夕阳、山峦、烟霞共同构成残暮空照水的图画胜景,登楼清风闲坐,见漂泊舟楫,看月听笛,恰如"一声铁笛风帘外,几叶渔舟烟渚中①",凝岸芷汀兰更忆轩皇张乐、湘妃斑竹。

总体看来,岳阳楼的景观印象以洞庭湖水与君山景色为主体,声音景观主要为钟声、玉笛声,天象有白昼晴空、日暮夕阳及深夜醉月。

---

① 引自明代毛伯温《岳阳楼》。

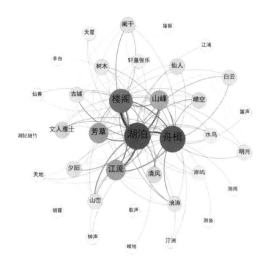

岳阳楼景观印象节点网络图

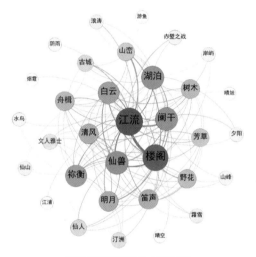

黄鹤楼景观印象节点网络图

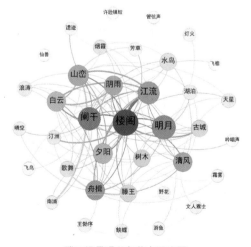

滕王阁景观印象节点网络图

图3 江南三大楼阁景观印象节点网络图

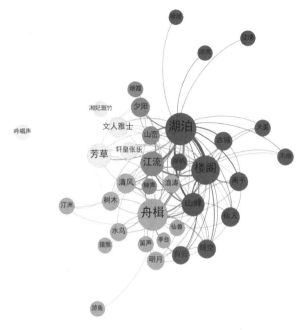

图4 岳阳楼景观印象聚类图

(2)黄鹤楼景观聚类图景。

黄鹤楼景观印象通过聚类分析形成4类图景(图5):以"江流"为核心要素的"江流—楼阁—山峦—古城—烟霞霜雪—岸屿江浦—赤壁之战"景观图景;以"湖泊"为核心要素的"湖泊—阑干—舟楫—夕阳—晴旭—水鸟—游鱼"景观图景;以"鹦鹉洲"为核心要素的"鹦鹉洲—白云—树木—芳草—野花—笛声"景观图景以及以"黄鹤"为核心要素的"仙兽—清风—明月—山峰—仙人—汀洲—文人雅士"景观图景。诗人登临高阁,见江流奔腾、重峦叠嶂、浦屿崎岖。远眺,古城烟霞之意境开阔,鹦鹉洲之优美秀丽,云海翻涌,而笛声相闻更为登楼所见景象添哀思。

综合来看,黄鹤楼的景观聚类图景以江汉、鹦鹉洲、仙人与黄鹤为代表性元素,形成"汉江北泻、鹦鹉洲云、野草闲花"的自然景观与"赤壁之战、崔颢题诗、仙人驾鹤"的人文活动景观相融合的景观印象。

(3)滕王阁景观聚类图景。

滕王阁景观印象通过聚类分析形成4类图景(图6):以"楼阁"为核心要素的"楼阁—山峦—江流—夕阳—阑干—古城—南浦—汀洲"景观图景;以"舟楫"为核心要素的"舟楫—阴雨—白云—树木—浪涛—水鸟—烟霞"景观图景;以"明月"为核心要素的"明月—清风—湖泊—游鱼—灯火—蛱蝶"景观图景和以"滕王"为核心要素的"滕王—歌舞—野花"景观图景。登滕王高阁远

529

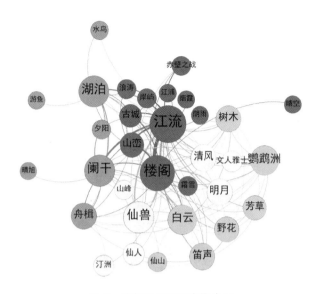

图 5 黄鹤楼景观印象聚类图

眺,看西山苍翠欲滴,江流波涛激荡,朱阑对夕阳,古城临南浦,构成日暮落霞下的山水城楼图画,恰如"卷帘山历历,倚槛水悠悠。月出江城暮,凄凉万古愁"①所绘山水相映景象。

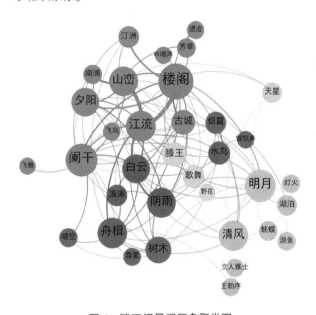

图 6 滕王阁景观印象聚类图

综合而言,滕王阁的黄鹤楼的景观聚类图景以"滕王高阁、舟楫、明月、滕王画蝶"为核心景观印象,对滕王

阁建筑自身的感知强烈,对滕王宴游相关的人文活动景观较为关注。

4 结语

楼阁是中国传统的山水人文环境中的典型景观要素[16],研究楼阁周围的景观实际是对楼阁自身研究的补充。本研究从数字人文角度解析建筑景观,利用文本挖掘技术对江南三大名楼的古诗词文本,并进行筛选处理与分析,划分水域景观、山岳景观、天象气候景观、植物景观、动物景观、声音景观、建筑景观、人文活动景观共计八类景观印象,通过比率分析、中心度分析、聚类分析完成对岳阳楼、黄鹤楼、滕王阁的景观图景架构、景观层次感知以及景观聚类分析。同时,本研究希望以小见大,为相关领域的深入探讨提供借鉴与参考。

参考文献

［1］ 邵大为.文化名楼的历史还原[D].武汉:武汉大学,2015.

［2］ 方伟华.岳阳楼诗文[M].长春:吉林摄影出版社,2004.

［3］ 方祖雄,方授楚,董咏芹,等.岳阳楼诗词选[M].长沙:湖南人民出版社,1981.

［4］ 王兆鹏.唐诗宋词中的武汉[M].武汉:武汉出版社,2017.

［5］ 方伟华.黄鹤楼诗文[M].长春:吉林摄影出版社,2004.

［6］ 张诚杰.黄鹤楼诗词文联选集[M].武汉:华中工学院出版社,1986.

［7］ 方伟华.滕王阁诗文[M].长春:吉林摄影出版社,2004.

［8］ 南昌市地方志编纂委员会.滕王阁志[M].南昌:江西人民出版社,1993.

［9］ 李春玲,李绪刚,赵炜.基于古诗词语义解析的乡村景观认知——以成都平原为例[J].中国园林,2020,36(5):76-81.

［10］ 刘滨谊,刘婉榕,胡金龙.唐至清代桂林山水诗词中植物景观的时空分布与意境探析[J].规划师,2022,38(1):143-152.

---

① 引自宋代邹登龙《滕王阁》。

［11］ 李明晨.黄鹤楼的历史演变与旅游开发［D］.武汉:华中师范大学,2009.

［12］ 陈湘源.岳阳楼景观文化特色探析［J］.岳阳职业技术学院学报,2011,26(2):47-49

［13］ 蒋丽.从诗文看岳阳楼文学现象［D］.苏州:苏州大学,2005.

［14］ 魏冬志.唐宋黄鹤楼诗歌研究［D］.保定:河北大学,2021.

［15］ 郭但婷.唐至明代滕王阁诗研究［D］.南昌:江西师范大学,2016.

［16］ 范婷婷.历史环境中的中国传统楼阁建筑设计研究［D］.南京:南京工业大学,2020.

531

张子怡[1]　邹贻权[1*]

1. 湖北工业大学土木建筑与环境学院；102000679@hbut.edu.cn

Zhang Ziyi[1]　Zou Yiquan[1*]

1. College of Civil Engineering, Architecture and Environment, Hubei University of Technology

基于 HBIM 的建筑遗产保护应用综述
Overview of Architectural Heritage Conservation Applications Based on HBIM

摘　要：近几年，HBIM(Heritage Building Information Modelling)的范例被广泛研究，将 HBIM 应用于建筑遗产保护中，有着良好的可行性和广阔的前景。本文首先对 2010—2022 年间发表的期刊论文进行分析，从 HBIM 的研究现状、发展历程和实际应用综合阐述，在主题研究中重点探讨了两个方面：一是关于 HBIM 在历史建筑信息模型应用层面与其他信息技术的整合；二是对 HBIM 在数据集成管理等方面的应用。在此基础上，对该领域存在的问题和挑战加以分析，并讨论其未来的研究趋势。

关键词：HBIM；建筑遗产保护；科学计量学；本体论；数据集成管理

Abstract： In recent years, the paradigm of HBIM (Heritage building information modelling) has been studied, and the application of HBIM to heritage building conservation has good feasibility and broad prospects. This paper first analyzes journal papers published from 2010 to 2022, and synthesizes the current research status, development history and practical applications of HBIM, focusing on two aspects in the thematic study, one is about the integration of HBIM with other information technologies at the level of historical building information modelling application, and the other is for the application of HBIM in data integration management and other aspects. Based on this, the problems and challenges in this field are analyzed and its future research trends are discussed.

Keywords： HBIM; Architectural Heritage Preservation; Scientometrics; Ontology; Data Integration Management

1　引言

2022 年是《保护世界文化与自然遗产》公约正式签署的 50 周年，联合国教科文组织认为，不应该仅仅回顾过往 50 年中所取得的成就，更应该以此为契机，致力于对世界遗产的未来发展开展跨学科的反思，并指出在"下一个 50 年"要致力于遗产保护的数字化转型。自 2009 年，都柏林大学的 Murphy M. 等人[1]首次将 HBIM (Heritage Building Information Modelling)一词引入学者们的视野，明确了 BIM 技术在历史场景中的应用，该领域相关的研究至今已有近 13 年，对建筑遗产的数字化保护起到了极大的促进作用。

我国现存的建筑遗产大多是木结构建筑，面临着最为重要的一项风险是防火。在 HBIM 的实际应用方面，

Giulia Frosini 等人[2]在 2016 年时提出基于 HBIM 流程的自动化程序分析消防安全系统，可以识别和分析建筑中可能的逃生路线和防火分区。木结构建筑面临着的另一个风险是管理和维护，Alvaro Mol 等人[3]在 2020 年提出了一种基于 HBIM 的工作流，结合无损测试和几何测量的结果，可以对木建筑的几何数据、腐烂程度和材料进行建模、分析和储存，实现对木结构的建筑遗产的预防性保护。此外，在历史建筑的综合保护方面，Florent Poux 等人[4]在 2020 年提出一个关于历史建筑数字化管理的通用系统框架，该系统中包含历史建筑的空间信息和时间信息；Roque 等人[5]在 2020 年讨论了以图像和数据表的形式展现当前处于保护状态下的历史建筑信息过程。

在诸多的预防性保护措施中，都涉及多方的软件数

据协同和技术协同。基于此,本文首先分析了国内外与HBIM相关的研究,对HBIM的发展历程和实际应用现状进行分析,之后重点阐述了HBIM与其他技术的结合和数据集成管理两个方面,在此基础上,最后对该领域内存在的问题加以分析,并讨论其未来趋势。

2 HBIM的研究现状分析

在Web of Science数据库和中国知网中分别对2010至2021年间的与HBIM研究相关的文献进行统计,得到如图1所示的结果。需说明的是,关于综述类型的文章数据受到检索源和关键词的限制,且不同机构购买的数据库不同,会导致不同机构的网络查询数据出现微小差异,本研究基于湖北工业大学图书馆的数据库进行分析,时间为2022年3月18日。

从图1中可知,在2010至2016年间,关于HBIM研究尚未成熟,其刊物数量呈现微小波动趋势;2016至2021年,随着相关技术的成熟发展,软件工具的普及,对HBIM领域的研究虽偶有下降,但整体呈现加速上升趋势。

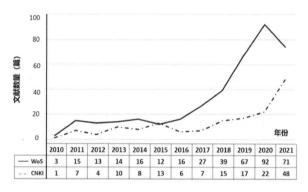

图1 WoS、CNKI数据库中文献数量
(图片来源:作者自绘)

从研究领域分布来看,HBIM领域的研究与遗产、测绘和计算机等领域存在着交叉。在对出版物的来源进行分析时,排名较靠前的国外期刊分别是 *Journal of Cultural Heritage*、*Applied Sciences Basel* 和 *International Journal of Architectural Heritage*,国内收录较多的是《新建筑》《城市建筑》和《华中建筑》等期刊。

此外,本项研究显示,国内外有近60个主要的国家或地区在从事HBIM领域的研究,意大利是出版物数量最多的国家,首次发文年为2011年。其次是西班牙、葡萄牙和中国等国家。从文献来源机构分析,排名较为靠前国外机构是米兰理工大学(Politecnico di Milano)、都灵

理工大学(Politecnico di Torino)等,国内关于HBIM研究较多是天津大学、清华大学等。

3 HBIM的发展历程与应用

3.1 HBIM的发展历程

2009年Murphy M.等人首次提出了HBIM的概念,标志着BIM在历史建筑研究领域的地位和价值的确立,2012年Murphy M.将HBIM的应用流程阐述为"三维激光扫描—点云数据处理—参数化逻辑设计—参数化建模—HBIM模型价值评估和测试",DORE在2013年将其阐述为一种利用历史数据和激光扫描或摄影测量数据来生成数字模型的方法[7]。但就现状来看,这些概念的定义显然是有失偏颇的,他们局限于单个建筑的点云数据建模,而忽视了HBIM本身所具有的强大的全生命周期能力。

在我国,HBIM一词最早由清华大学设计研究院建筑与文化遗产保护研究所在2009年时提出,如图2所示,展示了HBIM在国内外的发展历程。

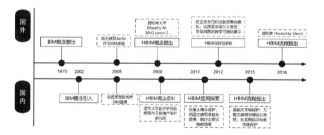

图2 HBIM在国内外的发展历程
(图片来源:作者自绘)

3.2 应用现状

HBIM的出现,代表了AEC(architecture,engineering & construction)行业的一个新概念,许多相关的研究工作已经证实了HBIM的成功应用,本文梳理了自2010年来,较具有代表性的案例,可以分为以下几类[9]:

·用于对建筑的能源效率等性能进行分析,如照明或通风等[10];

·用于维护或翻新时的设施管理,对现场的工程进度进行跟踪[12];

·用于文化旅游、虚拟博物馆的AR(增强现实)[13];

·用于检查结构的完整性和年代阶段性[10];

·用于评估消防安全要求以维护文物建筑[2];

·用于检查或模拟周围的环境,VR(虚拟现实)[14]。

4 主题研究讨论

4.1 HBIM 与其他技术的结合

数字技术的出现,迅速弥补了传统技术的不足,HBIM 创造性地将数字化技术引入建筑遗产保护领域中。该领域发展至今,我们已经身处于数字无所不在的时代,但建筑遗产保护领域对数字化的应用还远远滞后于信息技术的发展。人工智能、物联网、点云、虚拟修复等前沿技术的蓬勃发展为这一领域的研究带来了更多的可能性。

4.1.1 HBIM+点云

在建筑遗产的几何建模阶段,手工建模是一项烦琐而复杂的工作,相关研究团体提出了将 HBIM 定义为从测量数据开始创建模型的过程,同时,HBIM 模型相较于传统的几何模型在信息储存和建模效率上更近了一步,增加了参数和语义数据[15]。随着地面三维激光扫描技术(terrestrial laser scanning,TLS)和摄影测量技术的不断发展,二者的结合可产生精确的三维点云和整体网格来记录历史建筑的几何形状,这被认为是当前 HBIM 的建模中最先进的技术。虽然航空摄影测量和光探测与测距(LiDAR)可以用来生成历史建筑的数字地表模型(digital surface mode,DSM),但在精度和细节方面很难满足历史建筑应用的需求,历史建筑的建模需要较为复杂和精确的集合表示[19]。

目前点云在 HBIM 领域的研究已趋向成熟,在实际应用中,Zhihua Xu 等人在[20]2014 年使用地面激光扫描仪(TLS)和 UAV 无人驾驶飞行系统捕捉三维点云,创建了高质量的三维模型;Altuntas C. 等人[21]在 2016 年使用地面激光扫描仪(TLS)与 3D 飞行时间技术(Time-Of-Flight,TOF)对复杂历史结构建筑的进行三维模型创建。

4.1.2 HBIM+AI

建筑遗产具有较高的文化和历史价值,快速调查和损害评估对其保护至关重要,与 AI(artificial intelligence)的结合,可以很好地促进建筑遗产智能检测的常规化发展。结合无人机扫描和深度学习,可在机器驱动的平台内执行自动诊断,用于初步分析知识、识别古建筑的病理和裂缝[22]。此外,通过卷积神经网络对图像的视觉识别,可以有助于从获取的图片或 3D 模型中更快地绘制病理、裂缝图案和识别沉降,同样的技术也可用于分析热成像和雷达成像,以支持材料的结构特征。

在大型的建筑遗产检测和损害评估的方面,如中国的古长城,因范围大、游客多、完整的检测一次要耗半年之久。因此,Niannian Wang 等人[23]在 2019 年时提出了将移动人群感知技术(mobile crowd sensing,MCS)与最先进的深度学习算法结合,可应用于大型建筑遗产的快速调查和数据收集。

4.1.3 HBIM+IoT

物联网(internet of things,IoT)的出现和发展,使所有能够被独立寻址的普通物理对象形成互联互通的网络。HBIM 与基于 RFID(radio frequency identification)技术的无限传感器网络结合,可实现历史建筑的远程数据监测和异常分析,尤其是对于损耗较为严重的建筑整体或节点部位,实时检测其光照度、水平度周围的湿度和温度[24]。

HBIM 与物联网和 Web-GIS 的结合,可以将建筑遗产的物理世界与数字世界联系起来,在机器内部对建筑遗产进行损害评估后,可以将实时的数据从实时诊断传输到 BIM 模型,及时向专家和用户发出危险情况警报,以便正确记录和管理文化遗产[22][25]。

当无人机、AI 与无线传感器网络相连接时,就可以无须人工干预定期将无人机扫描数据传输到网络端,深度学习,分析建筑遗产的损耗,结合无线传感器网络可直接定位损耗的节点部位。

4.1.4 HBIM+BKM

随着 BIM 的进一步发展,如何系统地将建筑专家的知识转换成计算机可识别和传递的共享知识,逐渐成为知识图谱相关研究的一个重要方向,建筑知识管理(building knowledge modelling,BKM)的概念由此出现,BKM 对相关领域的知识起到结构化组织和重复利用的作用[26]。

知识本体与 BIM 模型之间的映射关系是 BKM 的主要研究方向,但很少应用于 HBIM 领域的研究中,将知识本体与 HBIM 模型的集成有助于建筑遗产维修知识的获取与重用。为提高历史建筑的知识管理运维功能,现已有相关学者提出依托 BKM 与 HBIM 创建文物建筑运维知识管理系统,实现更加合理的信息化文物建筑运维管理方式。

本体则是一种特殊类型的术语集合,可以在计算机系统之间相互传递,对领域内的知识进行结构化表达的过程即本体建模的过程。将知识本体模型与 HBIM 几何模型结合起来,当风险发生时,几何模型的构件映射到知识本体中的构件,并使用语义规则和推理方法进行风险知识推理,得出风险发生的原因和处理方法。

4.1.5 HBIM+虚拟修复

随着数字孪生(digital twin,DT)、虚拟现实技术

(virtual reality, VR)的蓬勃发展,对于建筑遗产的数据记录、储存、归档和分析有着重要意义。虚拟修复是逐渐由虚拟考古、虚拟遗产等词发展而来的,1991 年 Paul Reilly 在《迈向虚拟考古》(*Towards a Virtual Archaeology*)一文中第一次提出了"虚拟考古"(Virtual Archeology)的概念,"当文物、建筑已经消失或保存状况很差,使用计算机技术进行三维可视化和现实虚拟展示的形式对其进行研究"[27]-[28]。

虚拟技术的意义在于为信息模型建立一种具有交互性的数据传播手段,有研究尝试将异构性数据整合在一个信息模型之内,使用元数据与交互元数据使文化遗产的数据扁平化,通过编码、解码和语义分析,增强信息模型访问的交互性。

在实际应用方面,Pierre Jouan 等人[30]在 2020 年提出了将 DT 应用到历史建筑的预防性保护管理计划中,使用 HBIM 模型作为建筑遗产的数字孪生,可构建预防性保护策略信息的数据模型。

4.2 HBIM 的数据集成管理

在建筑遗产领域,数据的集成管理主要分为信息的存储和传递,处于遗产建筑数字化保护过程中的决定性地位。HBIM 模型包含特定的几何和语义数据信息,按照数据的类型不同,可分为几何参数信息和非几何参数信息。前者主要是几何模型的信息,后者是与本体相关的语义知识信息。

4.2.1 几何参数信息

几何参数信息可用于建筑遗产数字化保护过程中的能源效率性能分析、结构完整性检查和模拟周围的环境等,每一方面都会涉及多方软件的协同。Andreas Georgopoulos 在 2013 年时提出[31],HBIM 在实际应用中所要面临的一个主要问题就是模型数据的交换和互操作性。

Building SMART International(BSI)为促进 BIM 使用的标准化提出了 OpenBIM[32]——一个基于开放标准和工作流程的协同设计。OpenBIM 的出现提高了建筑行业中数据的可交换性和互操作性。Laurens 在 2022 年[31]提出将 OpenBIM 应用于建筑遗产领域,以确保其高质量的数据交换。基于 OpenBIM 的 HBIM 应用流程可归结为,在行业交付标准(industry foundation classes, IFC)基础上个开发一个专门的信息交付手册(information delivery manual, IDM),产生专门的模型视图定义(model view definition, MVD)来支持数据在不同软件解决方案之间的迁移,并尽可能减少数据的丢失。该流程已被证实是有效可行的,关于不同标准间的应用流程如图 3 所示。

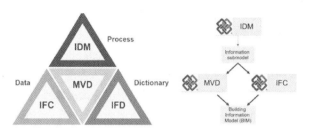

图 3 不同标准间的应用流程

(图片来源:An openBIM Approach to IoT Integration with Incomplete As-Built Data)

HBIM 在实际项目的应用中,有组织的存储管理、简单的分析查询数据也是极为重要的。在共享数据的查询方面,Nazarena Bruno 等人在 2019[35] 年时为 HBIM 的实际应用设计了一个独立的数据库操作系统。此数据库既可通过桌面程序访问,也可通过网络界面访问,确保了数据共享以及易用性。此外,该系统还可以将建筑遗产模型构件的几何参数信息与外部的数据库通过唯一的标识码(ID)进行链接,保证模型的每一个元素在数据库中都有对应物。

4.2.2 非几何参数信息

建筑遗产的本体模型信息常用于语义查询,在一定程度上,基于本体模型的信息和基于几何模型的信息可使用标识符 ID 进行链接,既扩展 HBIM 的附加异质知识的能力,又提高了使用效率。

截至目前,已有相关学者提出了从几何模型的 IFC 到本体模型的 RDF/PWL 的转换程序,并证实了其可行性。Yang 等人[36]在 2019 年时开发了 IFC-to-RDF 的转换工具,一旦在几何模型环境中建立了 HBIM 模型,就可以直接把模型转换为 IFC 格式,并通过使用 IFC-to-RDF 转换工具转换为本体 RDF 格式。Simeone 等人[37]致力于开发语义丰富的 HBIM 模型,通过本体论将 HBIM 的几何参数模型和非几何参数模型集成建立知识库,作为增强知识表示和管理的一种方式。Pin-Chan Lee 等人[38]在 2019 年时提出一种采用 FMEA(故障模式和效果分析)来连接本体和 BIM 的方法,以促进 BKM 的研究,目的是在对历史建筑进行维护管理时涉及不确定的信息时可以更好地处理,提高可靠性。

5 结语

过去从未消亡,它甚至从未过去。
—— 威廉·福克纳(William Faulkner)

建筑遗产背后蕴含的历史信息与文化内核是我国城市发展过程中不可或缺的宝贵财富,伴随着人们对建筑遗产保护意识的增强，有关 HBIM 领域的研究日趋增加。本文系统梳理了近十年与 HBIM 相关的文献，对其发展历程与现状进行阐述，重点讨论了 HBIM 与其他技术的结合和 HBIM 的数据集成管理两大主题，旨在为建筑遗产保护理论研究与实际应用提供建议和参考。

正如 Kuhn 的范式理论中所阐述的，任何一个学科的发展都是范式积累与范式变革的交替运动过程，HBIM 领域的研究在迭代中不断发展和前进。文中第三部分主题研究讨论的技术尚存在着许多技术性、规范性和操作性的难题，但数字化的思维模式需在处理和应对建筑遗产保护领域得到加强。在这一语境下，我国的建筑遗产保护应结合最新 HBIM 与其他技术，朝着积极和迭代的路径迈进。

参考文献

［1］ COŞGUN N T, ÇÜGEN H, SELÇUK S A. A bibliometric analysis on heritage building information modeling (HBIM) tools［J］. ATA Planlama ve Tasarım Dergisi, 2021, 5: 61-80.

［2］ FROSINI G, BIAGINI C, CAPONE P, et al. HBIM and fire prevention in historical building heritage management［C］//Proceedings of the 33rd International Symposium on Automation and Robotics in Construction and Mining. Auburn, Alabama, USA. ISARC, 2016.

［3］ MOL A, CABALEIRO M, SOUSA H S, et al. HBIM for storing life-cycle data regarding decay and damage in existing timber structures［J］. Automation in Construction, 2020, 117: 103262.

［4］ POUX F, BILLEN R, KASPRZYK J-P, etal. A Built Heritage Information System Based on Point Cloud Data: HIS-PC［J］. ISPRS international journal of geo-information, Basel: Mdpi, 2020, 9(10): 588.

［5］ ANGULO-FORNOS R, CASTELLANO-ROMAN M. HBIM as support of preventive conservation actions in heritage architecture. experience of the Renaissance Quadrant Facade of the Cathedral of Seville［J］. Applied sciences-basel, Basel: Mdpi, 2020, 10(7): 2428.

［6］ 秦红岭. 乡愁: 建筑遗产独特的情感价值［J］. 北京联合大学学报(人文社会科学版), 2015, 13(4): 58-63.

［7］ DORE C, MURPHY M. Semi-automatic modelling of building façades with shape grammars using historic building information modelling［J］. ISPRS-international archives of the photogrammetry, remote sensing and spatial information sciences, 2013, XL-5/W1: 57-64.

［8］ 李新建, 朱光亚. 中国建筑遗产保护对策［J］. 新建筑, 2003(4): 38-40.

［9］ MURPHY M, MCGOVERN E, PAVIA S. Historic building information modelling (HBIM)［J］. Structural survey, Emerald Group Publishing Limited, 2009, 27(4): 311-327.

［10］ BRUMANA R, ORENI D, RAIMONDI A, et al. From survey to HBIM for documentation, dissemination and management of built heritage: The case study of St. Maria in Scaria d'Intelvi［J］. 2013 Digital Heritage International Congress (Digital Heritage), 2013.

［11］ 戎卿文, 张剑葳. 从防救蚀溃到规划远续: 论国际建筑遗产预防性保护之意涵［J］. 建筑学报, 2019(2): 88-93.

［12］ FASSI F, ACHILLE C, MANDELLI A, et al. A New idea of BIM system for visualization, web sharing and using huge complex 3D models for facility management［A］. 2015, XL-5/W4.

［13］ BARAZZETTI L, BANFI F, BRUMANA R, et al. HBIM and augmented information: towards a wider user community of image and range-based reconstructions［J］. ISPRS international archives of the photogrammetry, remote sensing and spatial information sciences, 2015: 35-42.

［14］ LIN Y C. Application of integration of HBIM and VR technology to 3D immersive digital management—take Han Type traditional architecture as an example［J］. ISPRS-international archives of the photogrammetry, Remote Sensing and Spatial Information Sciences, 2017, XLII-2/W5: 443-446.

［15］ YANG X, GRUSSENMEYER P, KOEHL M, et al. Review of built heritage modelling: integration of HBIM and other information techniques［J］. Journal of cultural heritage, 2020, 46: 350-360.

［16］ 戎卿文, 张剑葳, 吴美萍, 等. 论意大利建筑预防性保护思想与实践中的整体观［J］. 建筑学报, 2020(1): 86-93.

［17］ 李旭健, 李皓, 熊玖朋. 虚拟现实技术在文化遗产领域的应用［J］. 科技导报, 2020, 38(22): 50-58.

［18］ 杨一帆.中国近代的建筑保护与再利用［J］. 建筑学报,2012(10):83-87.

［19］ REMONDINO F, EL-HAKIM S F. Image-based 3D modelling: a review ［J］. The Photogrammetric Record,2006,21(115):269-291.

［20］ XU Z H, WU L X, SHEN Y L, et al. Tridimensional reconstruction applied to cultural heritage with the use of camera-equipped UAV and terrestrial laser scanner［J］. Remote Sensing,2014.

［21］ ALTUNTAS C, YILDIZ F, SCAIONI M. Laser scanning and data integration for three-dimensional digital recording of complex historical structures: the case of Mevlana Museum［J］. ISPRS international journal of geo-information,Basel:Mdpi,2016,5(2):18.

［22］ BRUNO S, FINO M D, FATIGUSO F. Historic building information modelling: performance assessment for diagnosis-aided information modelling and management［J］. Automation in construction, Amsterdam: Elsevier Science Bv,2018,86:256-276.

［23］ WANG N N, ZHAO X W, PZOU Z , et al. Automatic damage detection of historic masonry buildings based on mobile deep learning ［J］. Automation in construction,2019,103:53-66.

［24］ 杨静.基于RFID技术的古建筑监控管理系统设计与实现［D］.苏州:苏州大学,2015.

［25］ JAVIER SANCHEZ-APARICIO L, MASCIOTTA M G, Garcia-Alvarez J, et al. Web-GIS approach to preventive conservation of heritage buildings ［J］. Automation in construction, Amsterdam: Elsevier, 2020,118:103304.

［26］ 谢伟.基于BIM和本体的文物建筑维护云模型知识映射方法［D］.成都:西南交通大学,2020.

［27］ 铁钟.文化遗产信息模型的虚拟修复研究［D］.杭州:中国美术学院,2019.

［28］ REILLY P. Towards a virtual archaeology［J］. Computer applications and quantitative methods in archaeology,1991.

［29］ 张松,周瑾.论近现代建筑遗产保护的制度建设［J］.建筑学报,2005(7):5-7.

［30］ JOUAN P, HALLOT P. Digital twin:research framework to support preventive conservation policies［J］. ISPRS international journal of geo-information, 2020, 9 (4):228.

［31］ ORENI D,BRUMANA R,GEORGOPOULOS A, et al. Hbim for conservation and management of built heritage: towards a library of vaults and wooden bean floors［J］. JSPRS annals of the photogrammetry, remote sensing and spatial information sciences, 2013 (2):215-221.

［32］ MORETTI N, XIE X, MERINO J, et al. An open BIM approach to Io T integration with incomplete as-built data［J］. Applied Sciences-Basel, Basel: Mdpi, 2020,10(22):8287.

［33］ 刘沛林,邓运员.数字化保护:历史文化村镇保护的新途径［J］.北京大学学报(哲学社会科学版),2017,54(6):104-110.

［34］ 吴美萍,朱光亚.建筑遗产的预防性保护研究初探［J］.建筑学报,2010(6):37-39.

［35］ BRUNO N, RONCELLA R. HBIM for conservation:a New proposal for information modeling ［J］. Remote sensing,2019,11(15):1751.

［36］ YANG X,LU Y C,MURTIYOSO A,et al. HBIM modeling from the surface mesh and its extended capability of knowledge representation ［J］. ISPRS international journal of geo-Information, 2019, 8 (7):301.

［37］ ACIERNO M, CURSI S, SIMEONE D, et al. Architectural heritage knowledge modelling: an ontology-based framework for conservation process［J］. Journal of cultural heritage,2017,24:124-133.

［38］ LEE P C, XIE W, LO T P, et al. A cloud model-based knowledge mapping method for historic building maintenance based on building information modelling and ontology ［J］. KSCE journal of civil engineering, Seoul: Korean Society of Civil Engineers-Ksce,2019,23(8):3285-3290.

刘珍[1]　王银平[2]　刘小虎[3]*

1. 湖北工程学院建筑学院；1044754527@qq.com
2. 华中农业大学公共管理学院
3. 华中科技大学建筑与城市规划学院 liuxiaohu@hust.edu.cn

Liu Zhen[1]　Wang Yinping[2]　Liu Xiaohu[3]*

1. School of Architecture, Hubei Engineering University
2. School of Public Administration, Huazhong Agricultural University
3. School of Architecture and Urban Planning, Huazhong University of Science and Technology

国家自然科学基金项目(51978295)

基于 GH-Python 的乡村住宅平面生成研究
——以鄂西南为例

Research on Generating Plan of Rural Residential Based on GH_Python: Taking Southwestern Hubei as an Example

摘　要：随着乡村居民生活水平的提高,在追求现代化乡村住宅时,传统乡村住宅的精神文化内涵与建造技术逐渐消逝。在大力推行乡村振兴的时代背景下,乡村住宅不仅需要满足日常生活,激活乡村住宅的新活力也刻不容缓。本文的研究对象为鄂西南地区乡村住宅,运用类型学和形态学的方法归纳其平面特征。以 grasshopper 平台为载体,利用 GH_Python 编程语言搭建乡村住宅平面的生成算法,同时结合遗传算法构建了乡村住宅平面的目标优化算法。

关键词：平面生成；鄂西南；乡村住宅；GH_Python；遗传算法

Abstract: With the improvement of the living standards of rural residents, the spiritual and cultural connotation and construction technology of traditional rural houses gradually disappeared when they pursued modern rural houses. In the era of vigorously promoting rural revitalization, rural houses not only need to meet the needs of daily life, but also need to activate the new vitality of rural houses. The research object of this paper is the rural house in southwestern Hubei, and its plane characteristics are summarized by the methods of typology and morphology. Taking grasshopper platform as the carrier, using GH_Python programming language to build the generation algorithm of rural residential plane, and combined with genetic algorithm to construct the objective optimization algorithm of rural residential plane.

Keywords: Generate Plane; Southwest of Hubei Province; Rural Residence; GH_Python; Genetic Algorithm

1　引言

目前,计算机编程语言已经渗透到各个学科,无论是医疗领域的影像识别,还是生活人脸识别,抑或是建筑领域的机器学习和风格迁移。基于算法语言的生成设计在建筑设计中作为新方向,在城市规划应用领域,景观环境、建筑的结构空间与功能应用等方面,都有极大的发展空间。利用算法语言来描述解决问题的机制,用明确的指令指导执行,以此生成符合条件的结果。若能将其融入乡村建设之中,可有效缓解当前乡村振兴所面临的问题。

2 算法语言在建筑中的应用概述

随着信息技术的发展,建筑数字化发展逐渐由参数化向智能化发展,但建筑的自动生成上仍然存在一些问题。从住宅建筑的平面生成和三维模型生成经历了不同时期的演变。

首先,在平面生成上,由2010年的虚拟游戏模拟[1]到2016年java平台编程[2],再演化到2019年的算法编程语言,编程的平台随着信息技术的进步不断发展。生成的结果由简单的功能分区演化为可提取原有图形特征拓扑生成多种可用平面,最后发展为自动适应不同平面生成带有家具布置平面图。由此可见平面的自动生成也越来越成熟。

其次,在三维模型生成上,早在2010年Koltun据用户所提供的信息,基于贝叶斯网络进行数据分析、随机优化,完成住宅建筑三维模型[3]。此后的十年间由于机器学习的可用数据短缺,造成机器学习的方式很难在建筑设计中应用。于是,研究者另辟蹊径,从参数化方面寻找可行之路。终于在2019年,两所瑞典建筑工作室Wallgren Arkitekter和BOX Bygg共同开发Finch3D的平面图自动生成设计平台,Finch3D的出现为住宅智能化设计解决了一系列问题,例如三维模型的直观呈现、适应不同的面积要求和建筑师直接关联等问题。由于Finch3D以城市住宅为模板构建参数化逻辑,因此生成的结果缺乏对乡村住宅的地域性特色思考,不符合我国乡村建筑特征。

对于生成建筑设计,国内刚刚起步,传统建筑的数据库远远不足以作为机器学习的样本,因此需挖掘传统乡村住宅设计手法,以一种高效的方式生成具有传统特征的现代化乡村住宅。

3 住宅平面生成设计方法研究

建筑的生成设计方法主要包含两种,第一种为参数化动态生成方法,第二种为利用编程语言构建机器学习平台生成多方案的方法。利用类型法对比两种生成方法的特征,从而得出适合乡村住宅的平面生成方法。

3.1 基于参数化生成方法

建筑参数化生成设计是建筑生成的方法之一,在参数化平台中将建筑设计过程转化为功能命令,把影响生成结果的元素设为变量,通过改变变量来生成不同的建筑方案。在建筑设计中主要依托Rhino与Grasshopper

中的插件实现[4],如空间句法、Magnetizing_FPG磁化平面生成器、Noah和Finch3D等,其原理为利用参数化的方式动态生成设计[5]。此方法可以实现对公共建筑和城市住宅的生成,对于传统的乡村建筑生成还具有一定的局限性。参数化生成方法的本质为组织Grasshopper内置运算器来解决某一类问题。因此,参数化生成方法对乡村住宅生成设计具有一定的参考价值。

3.2 基于编程语言的生成方法

利用编程语言构建生成算法平台,从大量的数据样本中提炼生成逻辑,输入不同的变量能生成相应方案。如利用机器学习训练对抗神经网络[6]、遗传算法优化生成[7]、编程语言生成与优化输出等,可以实现建筑的规划布局[8]、平面功能的细化与优化[9],其本质为对大量的数据样本进行训练得出生成规律,或构建对比函数经过不断迭代生成最优方案。因此需要成千上万的数据样本,但对于鄂西南乡村住宅平面的数量远远达不到训练样本的要求。由于编程语言具有强大的数据处理能力、可更改性大和结合性强等特点,在乡村住宅生成中具有很大的借鉴意义。

3.3 乡村住宅平面生成方法总结

对比研究参数化生成和编程语言生成方法,总结提炼出适合鄂西南乡村住宅平面的生成方法,以编程语言强大的数据处理以及条件选择循环为优势,将平面设计的经验转化为数理逻辑关系,利用Grasshopper运算器构建鄂西南乡村住宅的平面特征,再利用编程语言循环生成,从而实现鄂西南乡村住宅的平面生成。

4 鄂西南地区传统乡村住宅特征

鄂西南地区坐落于湖北省西南部,西北侧与重庆市毗邻,南侧为湖南省,依据《两湖民居》,鄂西南地区包含恩施州全境和宜昌西南角的五峰长阳苗族土家族自治县。根据对鄂西南地区的村落调研可得,具有代表性的传统住宅有四种类型,分别座子屋、钥匙头、三合水与四合天井(表1)。

(1)座子屋:整体呈"一"字形排列,房屋整体坐落于地面上,一般没有吊脚形式,故为座子屋。常见座子屋为三、四开间,极少为五开间,七开间甚是罕见。在平面形制上形成"一明两暗五间房"的空间格局[10],在功能分布上,呈现中为堂屋、左为厨房、右为主卧火塘屋,上层为厢房和储藏间的功能分区。

表1　传统乡村住宅平面形式（来源：笔者总结）

座子屋	钥匙头	三合水	四合天井
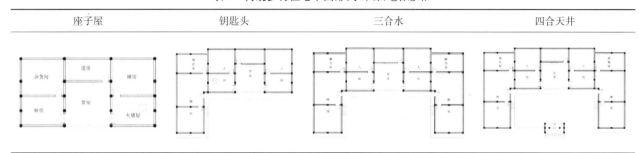			

（2）钥匙头：外观上呈现"L"形，由正屋和一横屋形式组成，横屋多在正屋的西边，即堂屋入口的左手边，当地人称为"钥匙头"。常见的钥匙头住宅的正屋为三开间：中为堂屋，左右两边分别为卧室或堂屋。横屋也由间组成，同样也为三开间，靠近主屋的一侧多为厨房等具有辅助功能的部分，伸出主屋之外的部分多为厢房。

（3）三合水：外观上呈现"U"字形，在"一"字形的房屋两侧都增加横屋，两侧横屋均与主屋垂直。由正屋和左右两侧各一横屋的形式组成，当地人称之为"三合水"。常见的三合水住宅的正屋为三开间，横屋也由间组成，同样也为三开间，主屋形成"一明两暗三间五间房"的布局，左右两侧横屋靠近堂屋部分为厨房，伸出主屋之外部分为厢房。

（4）四合水：在原有在三合水的基础上增加一道院门，形成了"口"字形的平面，又称"四合水"形式[10]。常见正屋与横屋多为三开间，当进深较大时，则形成四合天井或四合院类型。在鄂西南地区中四合水类型并不常见，大多用墙将住宅的横屋和主屋围合起来。

综上所述，可得出鄂西南乡村住宅的内部功能特征是正屋正中间为堂屋、左右两边称为饶间，作居住、做饭之用。饶间以中柱为界分为两半，前面作炕，后作卧室。厢房楼上用作绣房，楼下为猪栏、牛圈、杂物间。

5　鄂西南地区乡村住宅平面生成过程

5.1　乡村住宅功能特征提炼要素

根据乡村住宅平面特点，提炼平面生成设计的影响要素来控制算法生成结果，筛选适应鄂西南地区功能布局的平面形制。影响要素包含三个主要因素，分别是住宅总面积大小、住宅层数要求与功能分区和平面特殊要素。

（1）面积规模：结合传统以及现代的乡村住宅，得到住宅总面积在90～250 m²。

（2）层数与功能分区：乡村住宅的层数在1～2层左右；主要功能为堂屋、主卧、火塘屋、厨房和卫生间；非必

要功能为厢房、楼梯间、杂物间。

（3）特殊平面要点：在传统乡村住宅中有一些特殊元素的保存，例如内凹槽门、兼为餐厅的火塘屋都是需要考虑的特殊要素。

5.2　乡村住宅平面功能生成数理关系

乡村住宅平面功能算法构建外墙与内墙分割逻辑算法，提取常用的民居平面形制构建外墙算法，归纳民居功能组合单元之间的面积比例构建内墙分割算法。

5.2.1　平面外墙数理关系

鄂西南民居有四种常用的平面形制，分别是座子屋、钥匙头、三合水以及四合水。民居无论是钥匙头、三合水还是四合水形式，都可转化为求两矩形 Rct3 与 Rct1 的差集（图1）。

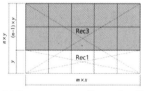 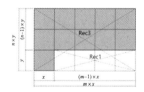

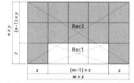 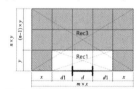

(a) $S=m \times x \times n \times y - Y \times x \times (m-0)$　(b) $S=m \times x \times n \times y - Y \times x \times (m-1)$

(c) $S=m \times x \times n \times y - Y \times x \times (m-2)$　(d) $S=m \times x \times n \times y - Y \times x \times (m-2)$

图1　平面轮廓数理关系示意图

（图片来源：笔者自绘）

5.2.2　平面功能布局数理关系

民居功能分区以堂屋为中心向其他功能发散，分析功能布局特征本质从房间点位出发，根据点位建立动态线段和功能属性。在民居中，功能按照开间关系组合之后，同开间内为一个单元，因此将功能组合成以一间为单位的功能单元，分别可组成堂屋、主卧和厨卫等3个功能单元（图2）。

堂屋功能单元
主卧功能单元
厨卫功能单元

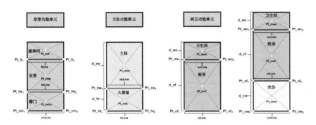

图 2　各间单元内功能组成

（图片来源：笔者自绘）

5.2.3　平面内墙分割逻辑关系

通过对大量乡村住宅进行平面分析，得出各功能单元内墙分隔规则。当开间不变时，主屋内墙分隔方式不变，横屋分隔与横屋进深和横屋数量有关；当进深不变时，各功能单元的数量随着开间变化而增减，开间数量影响堂屋功能单元位置，但对其数量不产生影响，因此开间数量既影响居住和辅助功能单元的位置，也影响其数量（图 3）。

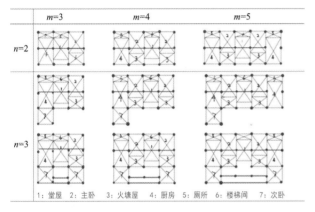

m=3
m=4
m=5
n=2
n=3
1：堂屋　2：主卧　3：火塘屋　4：厨房　5：厕所　6：楼梯间　7：次卧

图 3　功能单元内墙分割与开间进深的关系

（图片来源：笔者自绘）

5.3　乡村住宅平面功能生成算法构建

5.3.1　外轮廓生成算法构建

生成平面外轮廓主要用生成 Rct3 主体矩形、Rct1 消减矩形和移动点等运算器，其输出包含两个矩形参数，其一为生成 Rct3 主体矩形的参数，长度 $X=m\times x$ 作为矩形运算器的 Xsize 取值，宽度 $Y=n\times y$ 作为 Ysize 的取值，在原点 $X0(0,0,0)$ 生成；其二为建立 Rct1 消减矩形参数（图 4），Xsize 取值 $XRct1=(m-HW)\times x$，Ysize 取值为 $YRct1=y$，其原点为 $X1(x,0,0)$（图 5）。

选择编程语句生成平面外轮廓，其编程逻辑为条件语句，变量在不同的范围内所用的函数会不同。对于座子屋、钥匙头和三合水平面形制之间存在一定的共性关系，其平面的建筑面积 $S=m\times x\times n\times y-y\times(m-0)$，其形制生成都为 Rct3 主体矩形与 Rct1 消减矩形的差集，

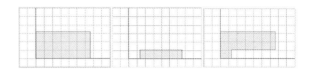

图 4　外轮廓生成

（图片来源：Grasshopper 生成）

```
#1.3 建立 Rec1 坐标原点，两种情况，当 n=2 两开间时，
X1 为原点坐标；
#  当 n=3 时，坐标 X1 (m-HW, 0, 0)
if HW==0:
    b=0
    X1=rs.AddPoint((b,0,0))#原点
if HW==1 or HW==2 :
    b=x
    X1=rs.AddPoint((b,0,0))#坐标 X1 (m-HW, 0, 0)
```

图 5　X1 坐标代码

（图片来源：作者编写）

首先建立主体矩形 Rec3 函数。其次建立消减矩形 Rec1 函数，建立坐标点 $X0=$rs. AddPoint(0,0,0)和 $X1(m-HW,0,0)$来得到平面形制。建立 Rec1 坐标原点，两种情况：当 $n=2$ 时，$X1=X0$ 为原点坐标；当 $n=3$ 时，坐标 $X1(m-HW,0,0)$，生成平面轮廓见图 6。

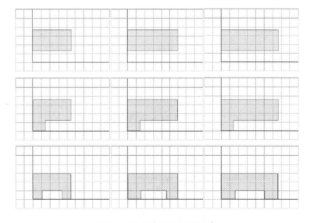

图 6　生成部分平面轮廓

（图片来源：Grasshopper 生成）

4.3.2　平面功能布局生成算法构建

将平面各单元功能内墙划分转化为算法语言的功

能函数,每个功能的生成包含三部分:其一,构建各功能单元分布点位;其二,各功能内墙划分算法;其三,条件语句下的功能单元隔墙生成。

(1)确定分布位置。

将起始点位设为 pt_cm1,因此横屋设定边线设定在 $Y=y$ 轴线上。堂屋单元位置可分为奇数开间和偶数开间两种分布方式,当开间为奇数三、五时,堂屋单元起始点为 pt_cm1[$(m-1)\times2,y,0$],当开间为偶数四时,则 pt_cm1 为 $(mx/2,y,0)$,居住功能单元与辅助功能单元点位分布如图 2 所示。

(2)内墙划分函数关系。

功能内墙分隔算法为生成分隔墙体的点位取值和生成线段的函数关系。堂屋内单元开间功能主要包含有堂屋部分,入口内凹槽门,当民居为两层时,还有楼梯间的部分。居住功能单元开间内分别包含主卧与火塘屋功能两部分;辅助功能单元分别包含卫生间、厨房与厢房功能。

(3)功能条件算法与分隔生成。

堂屋、居住与辅助功能单元隔墙算法的构建,其本质为条件语句下的坐标点位和线段生成,将生成过程构建为条件语句,整体分为以开间数 m、进深数 n 以及层数 f 为变量的条件语句,在 GH_Python 中编辑好相应的程序关系,再将对应的数据传递给 GH 运算器,实现功能条件算法构建与墙体分隔生成。其函数关系、算法框图与生成结果如图 7~图 9 所示。

```
if n=2:
    HW=0
    次卧为零 cwLine=0
    if m=3、4:
        生成厨卫功能单元起始坐标点
        pt_cf1=(x,y,0);
        生成厨房与卫生间的隔墙线 wcLine;
    if m=5:
        生成厨卫功能单元起始坐标点
        pt_cf1=(x,y,0);pt_cf3=((m-1)x,y,0);
        生成厨房与卫生间的隔墙线 wcLine1、wcLine2
if n=3:
    生成居住功能单元起始坐标点;
    pt_ht1=(x,y,0); pt_ht3=((m-1)x,y,0);
    if m=5:
        if HW=1:
            次卧数为1,cwLine1=x
            if m=3、4:
                生成厨卫功能单元起始坐标点
                pt_cf1=(x,y,0);
                生成厨房与卫生间的隔墙线 wcLine;
            if m=5:
                生成厨卫功能单元起始坐标点
                pt_cf1=(x,y,0);pt_cf3=((m-1)x,y,0);
                生成厨房与卫生间的隔墙线 wcLine1、wcLine2
        if HW=2:
            次卧数为2,cwLine1=x、cwLine2=x
            if m=3、4:
                生成厨卫功能单元起始坐标点
                pt_cf1=(x,y,0);
                生成厨房与卫生间的隔墙线 wcLine;
            if m=5:
                生成厨卫功能单元起始坐标点
                pt_cf1=(x,y,0);pt_cf3=((m-1)x,y,0);
                生成厨房与卫生间的隔墙线 wcLine1、wcLine2
```

图 7　辅助功能编程代码

（图片来源：作者编写）

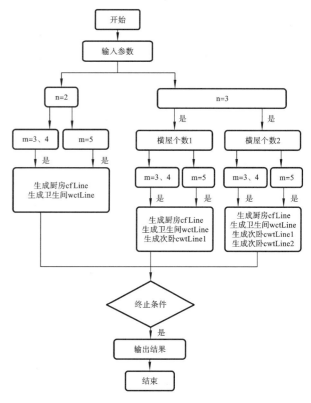

图 8　辅助单元内墙生成程序框图

（图片来源：作者编写）

图 9　辅助功能单元内墙分隔生成

（图片来源：Grasshopper 生成）

542

5.4 平面生成目标面积优化算法

平面算法优化结果为给定乡村住宅面积大小,能生成符合鄂西南地区平面特征的方案。由于实现的目标比较单一,因此可利用单目标优化的方式来优化生成结果。平面生成面积优化算法包括优化函数的构建和遗传算法搭建。

5.4.1 平面面积优化函数

在面积优化函数搭建时,实际面积与目标面积的差值最小即为目标平面。假设目标平面为 S_m,乡村住宅的实际面积为 S(式(1)),只要得到面积差值 ΔS_{min} 最小值(式(2)),即可得出目标平面。x 为开间大小、y 为进深大小、n 为进深数、m 为开间数、HW 为横屋个数、f 为层数。

$$S=[m \times x \times n \times y-(m-HW) \times x \times y] \times f \quad (1)$$
$$\Delta S_{min}=S_m-S \quad (2)$$

5.4.2 遗传算法搭建

由上述公式构建利用 GH_Python 来构建变量为 m、n、x、y、HW、f 和目标面积 S_m,输出面积 ΔS_{min} 的计算函数。将 ΔS_{min} 输入遗传算法 Galapagos 中,求得最小值则为目标平面,如图 10 所示。

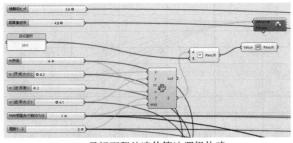

(a) 目标面积的遗传算法逻辑构建

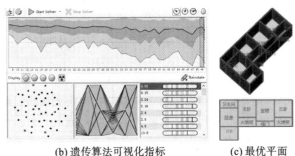

(b) 遗传算法可视化指标　　(c) 最优平面

图 10　目标面积的遗传算法生成
(图片来源:gh 生成)

利用 Grasshopper 中的 Galapagos 插件实现单目标的布局优化,限定乡村住宅面积大小来提取函数关系,利用差值极限来判断生成方案的最优结果,也可以根据单目标的遗传算法得到目标面积的近似方案。

6　结语

本文首先通过对参数化与编程语言生成方法的对比,探索出适合鄂西南地区乡村住宅的生成方法;其次通过大量乡村调研提炼了乡村住宅的设计要素,将平面功能设计经验转化为运算器与编程语言相结合的算法逻辑,构建了乡村住宅的数量关系,搭建乡村平面生成逻辑体系,实现乡村住宅平面设计的条件化、数理化、多样化;最后将目标面积优化函数和遗传算法相结合,利用目标面积优化算法实现乡村住宅平面方案的可视化、智能化的多方案输出。针对鄂西南乡村住宅活化的问题,提供新思路、新方法、新策略。

参考文献

[1] MARSON F, MUSSE S R. Automatic real-time generation of floor plans based on squarified treemaps algorithm[J]. International Journal of Computer Games Technology, 2010, 10.

[2] HUA H. Irregular architectural layout synthesis with graphical inputs[J]. Automation in Construction, 2016 (72):388-396.

[3] MERREL P, SCHKUFZA E, KOLTUN V. Computer-generated residential building layouts[J]. ACM Trans action on Graphics, 2010, 29 (6):1-12.

[4] 刘小虎.《营造法原》参数化——基于算法语言的参数化自生成建筑模型[J]. 新建筑, 2012(1):16-20.

[5] 叶海林. 壮族干栏民居参数化生成及优化研究[D]. 南宁: 广西大学, 2019.

[6] 梁晏恺. 浅谈人工智能技术在建筑设计中的应用——以小库 xkool 为例[J]. 智能建筑与智慧城市, 2019(1):43-45.

[7] 刘少博. 基于丘陵地区环境特征的湖南住宅生成设计研究[D]. 长沙: 湖南大学, 2014.

[8] 李思颖. 基于整数规划的住区生成方法初探[D]. 南京: 东南大学, 2019.

[9] 郭梓峰. 功能拓扑关系限定下的建筑生成方法研究[D]. 南京: 东南大学, 2017.

[10] 潘伟. 鄂西南土家族大木作建造特征与民间营造技术研究[D]. 武汉: 华中科技大学, 2012.

张可寒[1] 张娜[1] 李渊[1] 王绍森[1*]

1. 厦门大学建筑与土木工程学院；kehan_zhang_design@163.com

Zhang Kehan[1] Zhang Na[1] Li Yuan[1] Wang Shaosen[1*]

1. School of Architecture and Civil Engineering，Xiamen University

基于形状语法的鼓浪屿近代洋楼布局数字生成方法研究

Digital Generative Approach Research on the Plan of Kulangsu Modern Western-style House Based on Shape Grammar

摘 要： 鼓浪屿近代洋楼是近代中国外来建筑文化在本土进行跨区域传播与本土化融合的代表，其布局呈现地域性、多样性、交融性的特点，且具有较为明显的规律性。文章以形状语法作为研究方法与算法生形基础，参考鼓浪屿近代洋楼的典型空间布局，借助 Grasshopper 软件设计一种鼓浪屿近代洋楼布局形状语法生形方法。利用该方法，设计师可以较为快速地生成具有鼓浪屿近代洋楼布局特征的数字建筑群体，为计算机辅助设计提供帮助

关键词： 鼓浪屿近代洋楼；形状语法；数字生形；计算机辅助设计

Abstract： The modern foreign buildings on Kulangsu are typical cases which represent the cross-regional communication and localization integration of foreign architectural culture in modern China. Their plans demonstrate the characteristics of regionalism，diversity，integration and regularity. This paper develops a digital form generation method which combines shape grammar theory，digital form-finding techniques and typical plans of modern foreign buildings on Kulangsu，using Grasshopper as a design tool. By applying this method，designers can quickly generate digital architectural models with the planning characteristics of modern buildings on Kulangsu，improving the efficacy of computer-aided-design process.

Keywords： Modern Foreign Buildings on Kulangsu；Shape Grammar；Digital Form-finding；Computer-aided-design

1 前言

随着国家对建筑遗产与历史城区保护的重视，传承传统建筑文化、发扬地域建筑特色，逐渐成为建筑存量与增量设计中不可或缺的部分。建筑遗产由于经过了时间与文化的双重洗礼，很大程度反映着本土建筑的地域性特征。其中，形式与空间尤为重要。相比于建筑外在相对直观的形式要素，建筑遗产的空间布局更依托于文化属性与精神要素，受到自然气候、地理环境、社会人文等多方面的影响，从抽象、隐含的角度展现本土建筑文化的内涵[1]。相比于独立的建筑遗产，历史城区的建筑群更能够反映出本土地域文化的共性，建筑的单体布局呈现出整体有序与微观无序的特点。前者表现出宏观一致性，在相似的时间、空间背景下，展现出布局的高度相似，这为建筑遗产的保护带来了可参考的源头。后者表现出微观多样性，每栋建筑的人、物、地，均有着不同的背景条件，这为每处建筑遗产的更新带来了活力，也带来了挑战。总结历史城区建筑遗产空间布局特征，可以为建筑遗产的存量保护与增量设计提供有力参考。

鼓浪屿历史国际社区在 2017 年通过了世界文化遗

产地的申报,成为中国第 52 个世界遗产。鼓浪屿的近代洋楼作为鼓浪屿历史建筑群的重要组成部分,受到闽南本土文化、海洋文化与西洋文化的多重作用,形成了布局多样化、文化交融化与传统延续化的特点,作为厦门传统地域建筑,被总结为"厦门装饰风"[2](图 1)。这种强烈的地域建筑文化特色,使鼓浪屿上除了以修缮为主的存量保护,同样有着发扬厦门本土地域建筑文化的部分重建与增量设计强烈需求。传统建筑设计方法与数字技术相结合成为数字设计研究的重要方向。其中,形状语法(shape grammar)作为一种以建筑构成规律为基础研究内容的形式生成系统,可以打通建筑设计逻辑与计算机运行逻辑中间的壁垒。在这样的背景下,本文以形状语法逻辑作为基础,总结鼓浪屿近代洋楼的布局特点,利用数字工具 Grasshopper 设计一种鼓浪屿近代洋楼布局数字生形方法,为鼓浪屿的建筑保护与设计提供参考与帮助。

图 1　鼓浪屿近代洋楼
(图片来源:鼓浪屿世界文化遗产监测中心提供)

2　形状语法与建筑生成规则

形状语法是由麻省理工学院 Stiny 教授于 20 世纪 70 年代提出的一种图形生成方法,该方法受到了语言学中"生成语法(generative grammar)"的影响,应用于图形设计与绘画表达时,追求以规则分析对象,并通过重组形成新的设计[3]。形状语法被拓展到诸多的设计领域中,其灵活性、可拓展性,都与计算机的生成逻辑十分契合[4]。形状语法的基础是数据库与规则,包含库数据、语法体系、参量与输出量等内容,将抽象的形态转化成简单逻辑,并用规则重组。在建筑领域内,形状语法适用于建筑分析与建筑生成,与建筑学传统图解及语义分析思想类似,但更强调简化与规律挖掘。形状语法常应用于建筑形式与布局组合的研究,传统的手段借助人工分析对建筑的形态进行简化总结,并输出图解类的成果,如 O. Erem 等利用形态语法分析土耳其乡土建筑遗产的特征[5]。随着技术发展,研究倾向于开发相应的程序,生成具有特定特征的建筑形体或者群组。如侯丹以形状语法为基础提出借助数字工具建立建筑空间形态

语法化的生成方法[6],熊璐等借助数字工具与形状语法对江南水乡滨水空间进行了生成设计[7]。

形状语法应用分为三个步骤,即确定初始形状、创建形状规则、形状重组与推导。其主要涉及的元素分为四个组成部分[3][6][8]:

$$SG = (S, L, R, I) \qquad (1)$$

式中,S(shape)为形状集合,L(lable)为符号 /标签集合,R(rule)为形状规则集合,I(initial)为初始形状。S 与 L 两个部分相当于数据集合,I 为一种初始条件,R 中则包含了从形状 α→β 的转换过程,在形状语法中称为 LHS(left-hand site)到 RHS(right-hand site)的过程,代表规则的应用,其包含对 LHS 部分的形态变化,如旋转、平移等,以形成新的 RHS 形态。简而言之,形状语法的过程就是先建立一个形状集合,并相应设置标签,以初始条件为起始,根据规则让形状进行演化。其中,对形状与规则的研究是最为重要的部分之一。

本研究以鼓浪屿近代洋楼的空间布局作为研究对象。结合形状语法的形式化表达与鼓浪屿洋楼的空间语汇对各个部分的参数进行合理转译:(1)形状(S)以鼓浪屿近代洋楼的房间作为分类的基础,建立数据集合;(2)规则(R)则基于对鼓浪屿近代洋楼现有布局方式进行归类,并总结出其主要特性,包含房间数量,要素相邻,空间顺序等参数;(3)标签(L)与形状结合紧密,作为与规则对接的桥梁,用于功能的方向、功能之间连接方式的确定;(4)初始状态(I)则为鼓浪屿近代洋房中均存在的中厅或中堂空间。

在以上规则的建立下,本文以对鼓浪屿近代洋房布局的既有研究为基础信息,进行数字生成的探索。

3　鼓浪屿近代洋楼的形状语法转译

鼓浪屿近代洋楼是中国近代建筑发展过程里中西交融的代表案例。自 1844 年鼓浪屿建造英国领事馆起,外来的建筑文化就开始影响鼓浪屿的建筑。自 20 世纪起,大量归国华侨在鼓浪屿建立了大量洋楼,根据 2000 年《厦门市鼓浪屿历史风貌建筑保护条例》,认定 714 栋历史风貌建筑中有 664 栋为近代洋楼,其中大部分均受到了外来文化与本土文化的双重影响,展现出厦门地域建筑的特征。李渊、钱毅等学者通过大量案例,对洋楼的布局特征进行了总结,以传统布局与外来式布局归纳了平面形式[9-10]。姜珊将洋楼平面中的本土典型平面、外来典型平面、综合式平面等进行了详细的划分[11]。

结合既往的研究,鼓浪屿近代洋楼可分为传统布局

与外来影响两大类,所涵盖的基本元素包括主空间与辅助空间两种。主空间以厅堂和卧室为主要研究对象,辅助空间涵盖交通、走廊、天井、护厝、翼楼、榉头等。可以此为基础建立形状语法规则。

首先,鼓浪屿近代洋楼的传统布局类别中,厅堂常常占据了建筑的核心区域。大部分的平面中,厅堂位于平面的中心,也有少部分为偏厅。厅堂的主要功能地位以及空间的必要性,使厅堂成为一个良好的初始形状,即作为形状语法中的I集合,成为平面布局生成系统的起点元素,以长(IT-length)、宽(IT-width)作为基本参数,并以入口所在的位置作为初始形状的标签(LT1),确定空间的方向。厅堂的后方在闽南大厝中为狭长的后轩,在洋楼中,则通常为内廊或楼梯,由于其通常与厅堂同宽,所以仅控制其进深,以SL-width为参数。增设后轩的变换规则表达为 $\alpha \rightarrow \beta$ 的模式,即

$$R0:LHS = IT \rightarrow RHS = S0 \quad (2)$$
$$= IT+[SL,t(SL\text{-width}),LL]$$

式中,R0为变换规则,LHS为初始形状,RHS为变换过的形状,$t(SL\text{-width})$为变换函数,LL为标签,用以控制走廊方位与形态。依照此法,可实现从厅堂到厅堂加走廊的形状变化控制。

围绕着厅堂与后轩,为卧室空间和部分辅助用房。卧室空间的数量不定,通常为左右各一或左右各二,前者被称为一明两暗式布局,后者被称为四方看厅式布局,二者均来源于传统的闽南大厝,门分别开往主厅与后轩。通过这个规律,建立了传统布局类平面的两种基本规则,即R1(一明两暗)、R2(四方看厅)。在规则当中,包含添加、移动、差值三个步骤,应确定两间与四间卧室的选型及其开间尺寸。由于近代洋楼的主体部分倾向于对称设计,且前后对齐,通过整体的楼长与主要房间宽度即可确定其他房间尺寸,控制参数为SF1-width、SF1-length、SF2-length(分别控制房间的宽高)。受到外来文化的影响,鼓浪屿近代洋楼大多具有外廊的结构。确认房间的位置,添加外廊形状SWL进入形状集合,并创建外廊相关规则RWL,则可较为完整地建立两种基本的传统式近代洋房布局,以确定房间的R1、R2规则作为主要区分,具体变换模式本文不赘述(图2)。

鼓浪屿近代洋楼除了延续传统大厝式的布局,同时也受到了外来文化的影响。其中具有代表性的是一廊多房类的布局形式。一廊多房的主要特点是以在平面布局中沿进深的方向布置宽度较宽的长方形廊道,既作

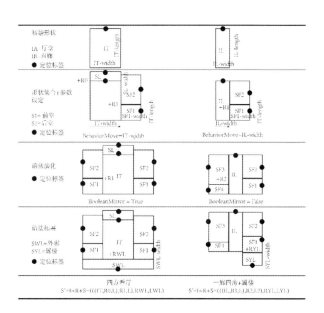

图2 鼓浪屿近代洋楼形状语法变化图示示例
(图片来源:作者自绘)

为交通空间,也承担一部分休憩空间功能。其形状语法的建立与上述传统式的方法类似。将语法的初始形状(I)由厅堂替换为交通空间(IL)。由于本文只关注于建筑的基本生成原理,以参数尽可能共用为原则。交通空间的长宽定义为SL-width、SL-length,与传统式布局参数共用。以直廊为中心,房间围绕两侧布置,与传统式布局类似。参考传统式布局R1与R2,可建立规则R3~R6,分别代表一廊两房、一廊四房、一廊六房、一廊八房,并使参数共用。再加上添加外廊的语法步骤,这样就完成了鼓浪屿近代洋楼最主要的6种形状语法原型。

综合以上传统与外来两大类主要原型,其语法集合可表达为:

$$I=(IL,IT) \quad (3)$$
$$S=(S0,SF1,SF2,SF3,SWL) \quad (4)$$
$$R=(R0,R1,R2,R3,R4,R5,R6,RWL) \quad (5)$$

$$S'=I+R+S= \begin{cases} ((IT,R0,L),R1,L) \\ ((IT,R0,L),R2,L) \\ (IL,R3,L) \\ (IL,R4,L) \\ (IL,R5,L) \\ (IL,R6,L) \end{cases} ,RWL,LWL$$
$$(6)$$

在以上六种鼓浪屿近代洋房布局原型的基础上,由于本土建筑原型与外来建筑原型在地域文化与人、物、

环境的多重作用中,也产生出了各类变体。其主要特征是在传统与外来两种原型的基础上,与其他辅助空间诸如"外廊""内廊""后落""护厝""翼楼"及"榉头"等空间形式进行了自由组合,极大丰富了洋楼的形式与地域风貌。从形状语法的建立来看,这些辅助空间可用图形形式添加至S集合中,依照进一步的规则生成空间布局。在诸多典型鼓浪屿洋楼的变体布局中,以四方看厅+一明两暗+单面廊、四方看厅+翼楼+单面廊、四方看厅+内廊+后落等洋楼建筑平面变体数量较多。以四方看厅+一明两暗+单面廊为例,其形状语法的生成逻辑即是从四方看厅的基础上,在楼栋一侧并入一明两暗的布局,同时在一侧加入单面廊,语法可简化表达为:

$$SG1 = ((S'1, RS'2, LS'2), RWL, LWL)$$

其中,S'1为四方看厅的语法建立形状,汇入S集合,同时也作为初始形状。RS'2为一明两暗的语法建立规则,在S'1的基础上实行变换,本文不赘述此二者语法扩展表达。最后叠加外廊的语法形状变换规则RWL与外廊标签LWL,完成语法建立。此法也适用于两面廊与三面廊等多外廊形式,通过规则RWL与标签LWL共同定位外廊的位置与尺寸,实现叠加变换。

与叠加外廊类似,护厝、翼楼、榉头等外接辅助空间,通过建立相应的规则(RHC、RYL)等,借助标签进行定位,即可在原型基础上,建立诸如四方看厅+内廊+后落,一明两暗+翼楼等典型布局。这些外接辅助空间,往往会影响到外廊的尺寸与形式,如翼楼通常为截断外廊布置,榉头则有外接至外廊与打断外廊两种形式。这些变化较大地增加了平面布局的可变性与复杂性,因此需要在外廊的规则建立层面设定好变化原则。在形状语法建立中,实现如此变化需要建立大量的同级别规则集,规则集越丰富,则语法贴近越准确,因此需要花费大量精力于建立各类规则当中,一定程度上降低了生成效率。同时部分洋楼的布局变化较为特殊,如自由化平面与部分大厝楼化案例,规律性较弱,不适合纳入本次形状语法生成的范畴之内,这些情况体现了形状语法在布局生成应用上的局限性。如需打破这样的局限性,则需要借助其他的数字工具寻求更为自动化的方式。

由于篇幅所限,以上为鼓浪屿形状语法转译的基本逻辑与表达式。后文将对以上内容进行数字化实践。

4 鼓浪屿近代洋楼形状语法数字化实践

在建筑领域,形状语法的主流数字工具包括CityEngine 的 CGA 编 程 工 具、Processing、Microsoft

ADO、SortalGI、Rhino Grasshopper 等。其中,CityEngine的应用较多,但由于其预设程度较强,所以限制程度较大。Processing、ADO 以及 SortalGI 均为文本型编程工具,上手难度较大。Grasshopper 作为现今风行的可视化编程平台,因其便捷性与拓展性,受到建筑从业者的欢迎,本文以 Grasshopper(以下简称 GH)作为平台,建立鼓浪屿近代洋楼形状语法生成方法。

基于上文所述的传统与外来两种近代洋楼布局原型的形态语法表达式,可在 GH 中建立原型的数字模型。首先,形状语法的生成逻辑以初始(I)、形状(S)与规则(R)集合作为基础。在 GH 中,设置了两种初始情况,即厅堂与中间直廊,分别对应 IT 与 IL。形状与规则集合,则采用分类建立的方式,先通过各项参数建立以方形为主的房间与走廊,合并为独立功能包,预留参数输入接口与输出接口。通过这样的形式,即可建立出其他功能相关的集合 S。形状语法的建立逻辑中,S 集合也包含了通过规则变化而形成的形状。由于这种叠加形状不符合 GH 建模逻辑,所以本文了建立包含外廊、卧室(普通房间)、外廊、翼楼、榉头、后落等空间的功能包,叠加形状则不算进集合 S 当中。规则方面,由于 GH 并不包含特定的规则集合建立方法,所以其变化规则分散在各个功能包之内以及功能包与功能包之前的联系当中(图 3)。

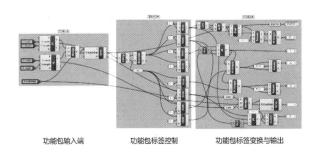

功能包输入端　　功能包标签控制　　功能包标签变换与输出

图 3　厅堂功能包程序示意
(图片来源:作者自绘)

其主要规则变化内容包括:①尺寸类,包括房间开间与进深大小、整体楼栋尺寸两项;②数量类,即房间的数量、开口的数量等;③定位类,包括房间位置、房间方向两项。与此同时,建立了与形状语法逻辑中标签 L 集合对应的一系列控制要素,包括相邻房间的联系逻辑、出口位置等。以上这些规则的建立过程中使用较多的包括移动、旋转、阵列等 GH 功能,基本可以满足模型生成的需求。其基本案例如图 4 所示。

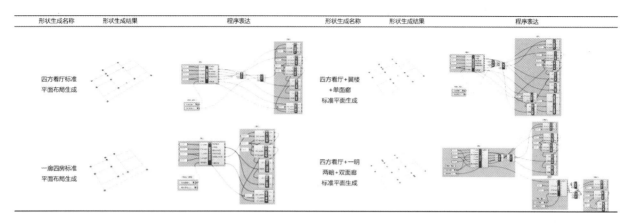

形状生成名称	形状生成结果	程序表达	形状生成名称	形状生成结果	程序表达
四方看厅标准平面布局生成			四方看厅+翼楼+单面廊标准平面生成		
一廊四房标准平面布局生成			四方看厅+一明两暗+双面廊标准平面生成		

图4 厅堂功能包程序示意

（图片来源：作者自绘）

利用这样的方法，可以基本实现基于形状语法的鼓浪屿近代洋楼布局生成过程。其整体呈现一个树状的结构，从两种初始状态出发，通过不同参数的输入，可以快速生成四方看厅、一明两暗、一廊多房等基本的平面布局原型，也可以通过连接独立的功能包，加入翼楼、后落、榉头等形态或改变外廊的形态，形成四方看厅＋一明两暗＋单面廊、四方看厅＋内廊＋后落等鼓浪屿近代洋楼的平面变体(图5)。在平面的基础上，本文对立面生成做了简单的拓展，形成墙体、外廊柱、屋顶等标准布置，在本文中不进行讨论。通过对不同的模型进行生成建立并排列，可以形成一组由不同形态的鼓浪屿近代洋楼的虚拟街区，反映出鼓浪屿近代洋楼的地域统一性与形态多样性(图6)。

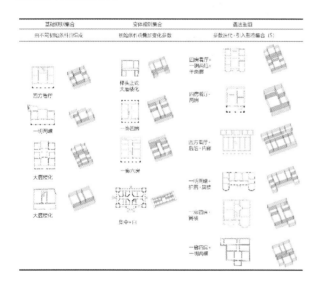

图5 近代洋楼布局空间数字生成表

（图片来源：作者自绘）

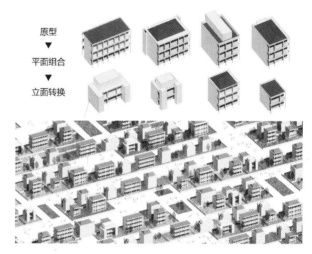

图6 近代洋楼布局空间数字生成成果

（图片来源：作者自绘）

5 结论与展望

空间布局作为一种抽象反映本土地域文化的内容，能够较好地体现出地域化的建筑遗产的特色。针对鼓浪屿近代洋楼的形状语法数字化研究，有着以下意义。①形状语法能够较好地对鼓浪屿近代洋楼的空间布局进行图示化分类与简化，通过形状、数字与图解的方式，将空间布局中的规律进行总结与精炼，可以对鼓浪屿近代洋楼进行建筑群分析，对数据库搭建等进行进一步研究。②结合形状语法与数字工具，可以快速形成具有鼓浪屿近代洋楼空间布局特征的鼓浪屿建筑数字模型，为大批量生成低精度模型提供了数字工具。③对形状语法空间布局的研究可以从立面设计拓展到细部设计，最后形成完整的鼓浪屿近代洋楼生成方法。

形状语法与数字化技术的结合,展现了鼓浪屿近代洋楼作为典型地域建筑所具有的宏观确定性与微观差异性。一方面体现在形态语法总结出的规律性,另一方面体现在数字工具中所需求的参数与最后模型的表征展现出的一致性。在确定性的基础上,通过不同的功能组合搭配与延伸,形成了每一座鼓浪屿近代洋楼的独特性与差异性,展现外部环境、使用人群、功能设计与文化冲击对建筑遗产丰富度所施加的影响。本研究是对形状语法在鼓浪屿建筑遗产的数字化生形的初步尝试,其涵盖的参数有限,且设置的房间种类与功能无法包含所有鼓浪屿近代洋楼的变体。在未来的研究中,将从变体的丰富度、三维模型的建立与近代洋楼细部设计几个方面,继续进行形状语法数字化生形的研究。

参考文献

[1] 杨华刚,王绍森.现代建筑遗产价值体系的厘定、冲突及其调适——以福建土楼为样本的建筑遗产价值回溯与再认识[J].中国文化遗产,2020(6):15-25.

[2] 钱毅.从殖民地外廊式到"厦门装饰风格"——鼓浪屿近代外廊建筑的演变[J].建筑学报,2011(S1):108-111.

[3] STINY G. Introduction to shape and shape grammars[J]. Environment and Planning B: Planning and Design,1980,7(3):343-351.

[4] 谢晓晔,丁沃沃.从形状语法逻辑到建筑空间生成设计[J].建筑学报,2021(2):42-49.

[5] EREM O, ERMIYAGIL M S A . Adapted design generation for Turkish vernacular housing grammar[J]. Environment and Planning B: Planning and Design, 2016,43(5):893-919.

[6] 侯丹.建筑空间形态的语法化生成研究[D].天津:天津大学,2019.

[7] 熊璐,张红霞,冷天翔.形状语法参数化城市设计模型初探——以江南水乡滨水空间生成为例[J].新建筑,2018(4):24-27.

[8] 李尚林,谢文军,李琳,等.计算机快速建筑建模方法综述[J].计算机学报,2019,42(9):1966-1990.

[9] 李渊,张娜,黄竞雄.基于空间图式与空间句法的跨文化居住空间隐性要素归因——以历史国际社区鼓浪屿八卦楼为例[J].中外建筑,2021(11):94-100.

[10] 钱毅,魏青.近代化与本土化——鼓浪屿建筑的发展[J].建筑史,2017(1):151-161.

[11] 姜珊.鼓浪屿近代洋楼平面研究[D].厦门:华侨大学,2018.

肖佩如[1]　王量量[1*]

1.厦门大学建筑与土木工程学院；leonwang@xmu.edu.cn

Xiao Peiru[1]　Wang Liangliang[1*]

1. School of Architecture and Civil Engineering,Xiamen University

基于空间句法的传统村落空间结构优化策略探究
——以泉州晋江福林村为例

Exploring the Spatial Structure Optimization Strategy of Traditional Villages Based on Spatial Syntax：Taking Fulin Village as an Example

摘　要：传统村落是乡村振兴的重要载体，是美丽中国的建设基础。本文以空间句法理论为依据，以福建省泉州市福林村为例，通过村域层、街巷层和节点层三个维度解读村落的空间形态，探索基于空间句法理论的传统村落活化路径。最后，针对福林村的空间形态问题，从片区保护引导、交通脉络梳理、空间节点强化三个角度提出优化策略，以期为今后的村落保护与更新提供借鉴。

关键词：空间句法；传统村落；空间更新；福林村

Abstract：Traditional villages are important carriers of rural revitalization and the foundation of the construction of Beautiful China. Based on the spatial syntax theory, this paper takes Fulin Village in Quanzhou City, Fujian Province as an example to interpret the spatial form of the village through the three dimensions of village domain layer, street layer and node layer, and to explore the activation path of traditional villages. Finally, in view of the spatial morphology of Fulin Village, the optimization strategy is put forward from three aspects：district protection guiding, traffic vein combing and spatial node strengthening, in order to provide enlightenment for future village protection and renewal.

Keywords：Spatial Syntax；Traditional Village；Spatial Renewal；Fulin Village

1　引言

2017年10月18日，党的十九大报告中提出实施乡村振兴的战略，提出"产业兴旺、生态宜居、乡风文明、治理有效、生活富裕"的总体要求和根本任务，坚持农业农村优先发展，探寻乡村因地制宜的发展模式。传统村落作为乡村振兴的重要载体，拥有丰富的自然与文化资源，具有极高的历史、文化、艺术、经济和社会价值。

福林村隶属于福建省晋江市龙湖镇，常住人口约2200人，旅居海外的华侨高达8000人，其村民主要为许氏瑶林族系。在福林村中，街道呈现"一横两纵"的不规则网状布局（图1），在该路网之中，又衍生出格状的街巷连接大厝。因此，福林村总体呈现出以巷为主，以街为辅，街巷交织的街巷形态。

图1　福林村的用地现状和街巷现状图

（图片来源：天津城市规划设计研究院）

在福林村更新与优化的过程中,村落的产业逐渐从传统农业向休闲农业和乡村旅游结合的模式转变,村民的生产需求和生活需求逐渐提高,原始粗放的乡村改造模式难以为继。

因此,如何在保留福林村特色街巷格局的前提下,使其转变为满足村民生活需求和村落发展的公共空间,是福林村面临的难题。具体表现在以下三个方面:①福林村拥有深厚的历史文化遗存,人文景观分布较为集中,如何强化村落核心空间的向心力,持续发力活态文化脉络传承;②福林村的路网呈现为"一横两纵"的不规则网状布局,如何对村落的街巷轴线关系进行梳理,在不破坏肌理的前提下让中心路段和人文景观相匹配,强化村落的脉络基底;③福林村的街巷以线性空间为主,如何选取适当的空间节点结合村落文化进行景观改造,使其在满足村民生活需求的同时成为乡土文化的新记忆点。

因此,本文运用空间句法理论,选取位于福建省泉州市的中国历史文化名村——福林村,作为研究对象,针对前文的三大难题,以 Depthmap 软件的分析数据为依据,从多层次探索村落空间的形态构成和优化策略,以期完善福建省传统村落空间形态的研究体系,为今后福林村的优化更新提供参考,帮助其实现"看得见山、望得见水、记得住乡愁"的美好图景。

2 福林村空间结构解析

在福林村的空间结构研究中,本文将提取村落核心区的街巷网络,根据尺度规模将其分为村域层、街巷层和节点层三个维度进行空间句法数据分析。

2.1 村域层:整合度与可理解度分析

在空间句法中,整合度反映某一空间与其他空间的聚集或离散程度,常作为表现某一空间相对其他空间的中心性指标,可以反映出村落的商业中心。

在此利用 Depthmap 软件,通过选取全局整合度和局部整合度($R=3$)两组数据进行线性回归,得到可理解度 $R2$ 并对其进行分析,分析后得到表 1 数据。

表 1 福林村整合度和可理解度数据

名称	最大值	最小值	平均值
整体整合度	1.565	0.719	1.063
局部整合度	2.570	0.422	1.431
可理解度	—	—	0.876

根据福林村整体整合度轴线图(图 2)可知,村落层

整合度数值最高值出现在光荣大道从通安街到望月楼一带(数值为 1.565),在这条道路两侧分布有通安街、至公堂、许氏祖祠等多处人文景点。同时,光荣大道中部与仁远大道南部路段共同构成了福林村的集成核,整合度以其为中心,"回"字形向外逐渐降低,整合度较低的路段位于村落周边地带,光荣大道靠龙狮大道一带断头支路的整合度最低(数值为 0.719),可达性较差。

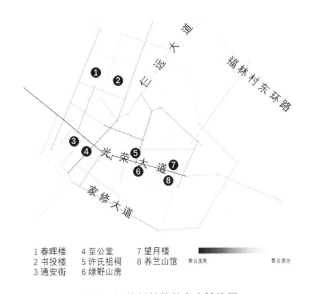

1 春晖楼　4 至公堂　7 望月楼
2 书投楼　5 许氏祖祠　8 养兰山馆
3 通安街　6 绿野山房

整合度高　整合度低

图 2 福林村整体整合度轴线图

此外,数值 $R2$ 可以衡量人通过局部空间认知全局空间的难度。福林村的可理解度散点图(图 3)呈现高度相关的状态,同时 $R2=0.876>0.7$,说明福林村的局部整合度和整体整合度之间具有较高相关性。

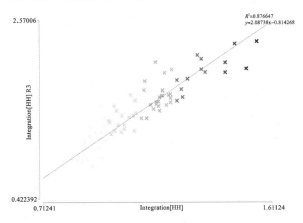

图 3 福林村可理解度散点图

因此,根据分析可得福林村的局部空间和整体空间具有较高相关性。同时,光荣大道中部和仁远大道南部为村中的商业中心,可达性和中心性较高,容易聚集人流。这两条路不仅为村落路网的重要组成部分,更分别

与村外的阳溪北路和龙狮大道相连,应成为福林村未来保护与规划中需要优先布局和保护的对象。

2.2 街巷层:视域控制度与视域整合度

在福林村中,街巷空间不仅承担着交通要道的功能,更是乡村的"毛细血管"。在此选取福林村集成核的街巷作为研究对象,采用视域空间模型进行分析,该区域的句法特征如下。

从福林村视域整合度分析图(图4)来看,该区域的视域整合度最高值为2.19,位于光荣大道的两个拐角处,最低值为0.82,位于光荣大道最东侧的道路上。从整体分布情况来看,光荣大道东侧和仁远大道南侧所形成的"回"字结构的整合度最高,并且随着向外部延伸,整合度逐渐降低。从具体分布情况来看,位于街巷交汇处和拐角处空间的视域整合度更高,说明它们在整体街巷系统中更容易到达,吸引交通到达潜力更高。

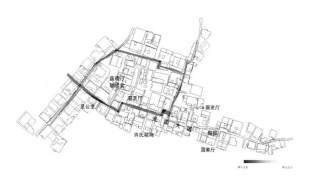

图4　福林村视域整合度分析图

视域控制度反映一个空间对其周围空间的影响程度。从分析结果(图5)来看,福林村的视域控制度最大值为2.24,位于光荣大道东侧的十字路口。最小值为0.16,位于许氏祖祠北侧的拐角处。同时,视域控制度呈现出整体数值较均匀,道路交叉处数值较高的分布情况。说明在该区域街巷的空间视线广度较为平均,具有观察全局的有利位置。

图5　福林村视域控制度分析图

基于以上的分析结果,可以得出以下结论。

首先,主要道路相比起次要道路具有更强的公共性,福林村的"回"字结构核心不仅具有更高的视域整合度,还有更低的视域平均深度,具有易到达、吸引交通潜力高、可视度好等特点,宜结合人文景点设计引导人群聚集的公共空间。其次,街巷的交界处和人文景点附近具有较高的视域控制度,能够更好观察街巷全景,宜在其周边进行引导指示和节点设计。

2.3 节点层:视域平均深度与人群模拟分析

在福林村中,国理厅、睦祖堂和君灵厅为重要人文景点,本地居民和外地游客常汇聚于此处,为福林村内的重要节点。

对其进行视域分析(图6)可得,国理厅、睦祖堂东侧拐角处路段的平均深度最小,公共性最好,且在睦祖堂和君灵堂之间的交叉路口存在视域整合度最大值,说明该处拐角的中心性最好,整段道路的公共性以该拐角为中心,沿此道路南北向逐渐降低。

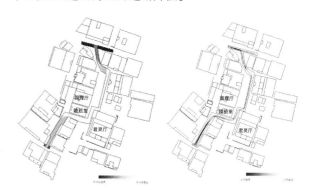

图6　视域平均深度(左)与人群模拟数值(右)

同时,由人群模拟可得,西南侧和北侧道路的人流量较大,与该路的公共性规律不相符,且视域控制度同样仅在拐角处突变。说明该处缺乏引导公众停留的公共空间,应结合人文景点进行景观设计,激发节点活力。

3　福林村空间优化策略

3.1　延续村落历史文脉,推进片区保护引导

福林村的空间脉络以许氏祖祠为核心,逐步向外发散,拥有丰富的历史文化遗存。因此在进行村落更新时,可以根据其轴线模型的平均深度值,将村落分为核心风貌、过渡控制和环境协调三个区域(图7)。

光荣大道片区的文化遗存较为集中,应设其为核心风貌区,严格对已有的建筑进行保护和修缮。控制过渡区为反映村落历史风貌的过渡建设区,宜对于风貌较差和不协调的传统建筑进行风格调整。环境协调区主要

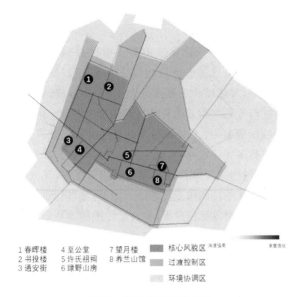

图 7 福林村分区示意图

1 春晖楼	4 至公堂	7 望月楼
2 书投楼	5 许氏祖祠	8 养兰山馆
3 通安街	6 绿野山房	

核心风貌区
过渡控制区
环境协调区

以周边农田为主,应以保护村落周边的自然资源为主。

综上所述,以福林村的空间深度值为依据,对村落空间进行三个层次的规划分区,通过不同层次的整治规划手法,有助于引导福林村有序开展更新和建设工作。

3.2 梳理交通脉络关系,优化集成空间组织

在村落的发展过程中,集成核作为全局整合度最高的空间,一般作为社会活动和经济活动的中心。在改造前,村落的集成核分别在东西两侧都形成了次级商业中心(图8),"回"字路网并未成为村落的集成核,与人文景点位置不匹配。

因此,在道路更新上延伸西侧路网,使其与集成核相交,凸显出西侧次级商业中心的空间地位。改造后(图8),福林村的可理解度和整合度有略微提升,保持了原有的高理解度范畴(图9)。一方面,村落西侧的整合度明显提高,集成核集中在村落人文景点附近,促进商业结合人文景点同步发展。另一方面,"回"字结构的中心性得到提升,强化其作为重要公共空间地位。

3.3 提取文化景观记忆,重点强化空间节点

福林村保留了街巷交织的路网形式,宜重点强化路网交叉点和文化景观附近的公共空间设计。由前文分析得,国理厅、睦祖堂东侧拐角处路段的主要问题在于空间形式以线性为主,缺乏引导人群停留的空间,导致视域整合度较低,公共性较差。因此,可在对其进行路网梳理后,以线性空间作为轴,结合拐角处和人文景观进行微景观设计。

对改造后的道路进行视域整合度分析,可以发现整合度平均值由原来的 3.17 上升到 10.13,整条道路的视

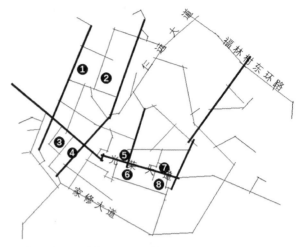

1 春晖楼	4 至公堂	7 望月楼
2 书投楼	5 许氏祖祠	8 养兰山馆
3 通安街	6 绿野山房	

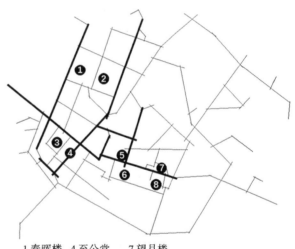

1 春晖楼	4 至公堂	7 望月楼
2 书投楼	5 许氏祖祠	8 养兰山馆
3 通安街	6 绿野山房	

图 8 改造前集成核(上)与改造后集成核(下)

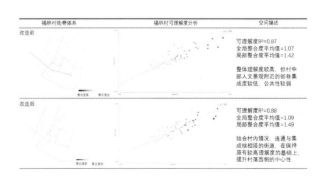

图 9 改造前后的整合度和可理解度

域条件得到明显改善(图10),文化景观的整体性得以延续,并使空间能够满足村民日常生活、民俗活动等需求。

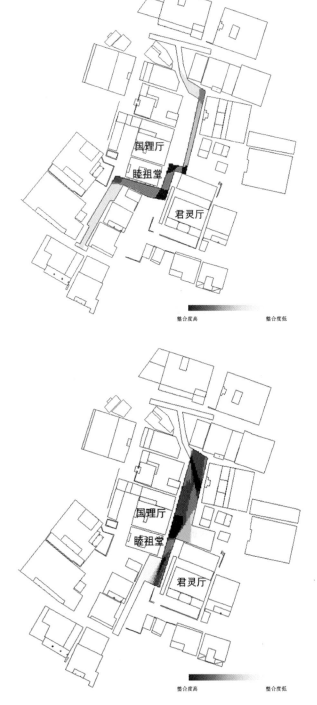

图10 改造前视域整合度(上)与改造后视域整合度(下)

4 结语

本研究立足于福建泉州晋江福林村,基于对村域层、街巷层、节点层进行空间句法解析,可以发现:在轴线模型中,集成核作为商业活动的中心,应成为村落未来保护与规划中需要优先布局和保护的对象。同时,在视域空间模型中,人文景观节点往往呈现出较高意义。因此在村落优化过程中,应注重集成核与人文景点相匹配,在保持村落空间高理解度范畴的前提下,充分发挥商业和人文的协同效应。因此,通过对福林村进行基于空间句法的村落结构挖掘,本文对传统村落更新模式提出积极启示,在后续的开发工作中,也应倡导推进片区引导、梳理交通脉络、强化空间节点等多级活化措施。同时,随着数字技术的蓬勃发展,以新兴技术推动的现代化农村建设正在成为助力乡村振兴的重要手段,将有助于探索更好的乡村保护路径。

参考文献

[1] 王月琪.基于空间句法分析的辽宁传统村落空间形态特征研究[D].辽宁:沈阳建筑大学,2021.

[2] 孟晓鹏,叶茂乐,陈锦椿.传统村落微介入式更新实践——以晋江市福林村为例[J].城市建筑,2020,17(22):93-97.

[3] 刘益曦,王宁,王雅娜,等.基于空间句法的传统村落保护与传承优化策略研究——以永嘉芙蓉村为例[J].天津大学学报(社会科学版),2020,22(3):275-281.

[4] 李苏豫,韩洁,王量量.基于侨乡复兴的多维度乡村活化策略与设计——以晋江福林村为例[J].城市建筑,2019,16(16):47-51.

[5] 白梅,朱晓.基于空间句法理论的冀南传统聚落空间形态特征分析——以伯延村为例[J].装饰,2018(11):126-127.

[6] 陈驰,李伯华,袁佳利,等.基于空间句法的传统村落空间形态认知——以杭州市芹川村为例[J].经济地理,2018,38(10):234-240.

[7] 陈晓华,余洋.基于空间句法的传统村落空间演变与活化路径探析——以绩溪县仁里村为例[J].安徽建筑大学学报,2018,26(4):88-93.

刘颖喆[1] 朱柯桢[1] 杨哲[1]

1.厦门大学建筑与土木工程学院;15868152765@163.com

Liu Yingzhe[1] Zhu Kezhen[1] Yang Zhe[1]

1. School of architecture and civil engineering,Xiamen University

基于三维数字技术的传统村落建筑遗产保护与更新策略研究

——以贵州省雷山县雀鸟村为例

Research on the Protection and Renewal Strategy of Traditional Village Architectural Heritage Based on Three-dimensional Digital Technology：A Case Study of Queniao Village，Leishan County，Guizhou Province

摘 要：乡村振兴战略背景下,传统村落建筑遗产的保护与更新面临着前所未有的挑战。三维数字技术因其高效性、准确性和智能性,为传统村落建筑遗产的保护与更新提供了新的方法和思路。本文以贵州省雷山县雀鸟村为例,通过三维数字技术的应用实践收集大量相关数据,形成村落、建筑倾斜摄影三维模型和单体建筑三维点云模型,建立传统村落建筑遗产信息库,探索传统村落建筑遗产保护与更新的策略。

关键词：三维数字技术;建筑遗产;保护与更新;雀鸟村

Abstract： In the process of rural revitalization,the protection and renewal of traditional village architectural heritage are facing unprecedented challenges. Because of its high efficiency, accuracy and convenience, 3D digital technology provides new methods and ideas for the protection and renewal of traditional village architectural heritage. Taking Queniao village, Leishan County, Guizhou Province as an example, this paper collects a large number of relevant data through the application practice of three-dimensional digital technology, forms the village with absolute elevation information, the three-dimensional model of building tilt photography and the three-dimensional point cloud model of single building, establishes the traditional village and its architectural heritage information database, and opens a new situation for the protection and renewal of traditional village architectural heritage.

Keywords： 3D Digital Technology ; Architectural Heritage ; Protection and Renewal ; Queniao Village

在新型城镇化和乡村振兴战略背景下的当代中国,传统村落的保护与更新成为建筑学、社会学以及遗产保护等领域亟待解决的重要课题。作为中国传统社会制度和传统文明载体的传统村落是一类具有综合性质的文化遗产[1]。其中的传统建筑作为传统村落的基本构成元素之一,是人们适应和改造当地自然环境后铸造的智慧与工艺的结晶,是先民们遗留下来具有典型社会意义、历史文化意义、审美工艺意义等特点的重要物质文化遗产和见证[2]。

然而,在我国经济的高速发展期,快速扩张的城市空间与未及时保护的传统村落之间迸发出了巨大的冲突,湮灭了诸多具有深厚底蕴和鲜明特色的传统村落。与此同时,当地村民未加引导的修补与改造对传统村落建筑造成了人为的二次破坏。传统建筑及其所属传统村落一旦损坏均不可逆,因此需要对遗产信息进行数字化并予以保护,获取正确的建筑几何信息将会有益于后期修复、改造更新等工作的跟进。利用无人机倾斜摄影、三维激光扫描以及数字地球等空间信息技术,获取完整、立体的传统村落三维信息模型,记录包含全要素的传统村落环境、建筑聚落及单体,可用于情景再现与

改善发展[3]。

本文以贵州省黔东南自治州雷山县雀鸟村为例,通过无人机倾斜摄影及三维激光扫描应用实践收集大量相关数据,建立传统村落及其建筑遗产信息库,探索村落整体到建筑单体的全方面保护与更新策略。本研究技术路线图如图1所示。

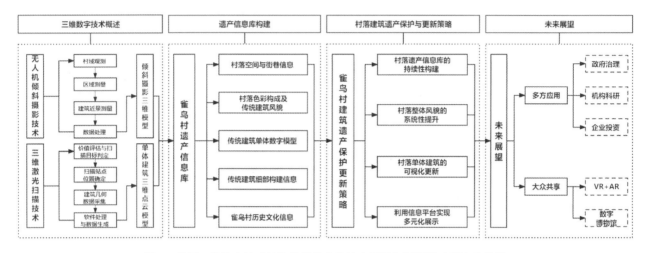

图1　基于三维数字技术的传统村落建筑遗产保护与更新策略研究路线图

1 三维数字技术概述

无人机倾斜摄影与三维激光扫描作为新型测量技术,在建筑测绘领域得到了广泛的应用[5-7],将两项技术相结合,应用于传统村落建筑遗产的保护研究中,有助于提升信息采集工作的时效性和准确性,以适应时代对于技术发展的要求。

1.1 倾斜摄影技术

倾斜摄影是通过无人机搭载光学传感设备获取地面高程及影像数据信息的测量技术,其特点在于能将所获取的数据信息利用软件生成能准确反应地面各要素信息的三维模型,该技术可用于区域空间的宏观监控与精准测量工作[4]。

倾斜摄影技术的运用,很大程度地提高了传统村落全貌的可读性,为使用者从全局视角掌握村落空间构成以及基本村落格局等信息提供了途径,村落信息不再是局部性、碎片化的拼接,而是全面性、完整化的呈现。依据目前无人机倾斜摄影技术相关研究文献显示的设备所能达到的采集标准,以及实际操作中对村落建筑遗产信息的采集层级和精度的需求,将采集步骤分为以下四个阶段:①村域观测,是对飞行任务的调研和飞行航线的预设阶段;②区域测量,是对村落整体空间测量的阶

段;③建筑近景测量,是对院落与建筑单体近景测量的阶段;④数据处理,是使用相关的三维模型生成软件对所采集数据进行处理的阶段。

无人机倾斜摄影快速建立的村落三维数字模型能够真实反映雀鸟村村落格局、道路街巷和建筑之间的关系,促进对村落空间节点、街巷结构、色彩构成[5]、建筑风貌等村落构成要素的准确分析,为村域整体性研究与规划提供参考。在对村落进行定期数据采集的过程中,将不同时段所采集的信息进行对比,可以观测到村落空间格局的改变,用以针对性指导村落的规划设计,同时能够对村域环境进行监测,起到预判的作用。

1.2 三维激光扫描技术

三维激光扫描以激光测距原理为基础,通过高速打点运转的方式生成密集的、附有坐标信息的点数据,并由点数据组成反映被测物体的空间几何信息[6]。

三维激光扫描技术能在一定范围内尽可能地缩短获取村落建筑数据信息所用的时间,数据分为单站数据和整体数据,相较于传统数据采集模式,具有准确性高、可操作性强,便于存储和管理的优点,最值得一提的是其配套软件给后续建筑技术性图纸的绘制带来了便利,其自动化程度有效促进了传统村落信息档案的形成,并为传统村落建筑遗产保护与更新策略的提出提供了可

靠的数据支持。

该技术可针对村落中价值较高、问题较突出、亟须保护与修缮的建筑数据采集,结合软硬件技术及数据需求将操作步骤分为四个阶段:①价值评估与扫描目标判定;②扫描站点位置确定;③建筑几何数据采集;④软件处理与数据生成。

对传统村落建筑扫描得到的点云模数据涵盖了单体建筑全方位的几何信息,准确记录了建筑结构空间关系[7]。建筑技术图纸的绘制建立在单体数据之上,单体建筑的三维点云模型可提供建筑的进深、面宽、面积、角度等数据,且调阅便利。多组单体建筑数据则可构建单体建筑数据库,归纳分类,以便后续修补与更新工作的展开。

1.3 三维数字技术对传统村落的意义

目前,传统村落建筑遗产保护与更新研究已得到社会各界的重视,传统的信息采集与整理工作模式重复率高、时效性较差,准确性无法得到保障。而三维数字技术在信息采集的过程中以机器代替人力,很好地提升了工作效率,并很大程度地提高了信息的真实性。同时,三维数字技术应用与村落建筑遗产保护与更新中,也促进了建筑学与测绘学、自然地理学等多学科的交叉融合,相互补充,以实现学科多元化的发展。

2 雀鸟村遗产信息库

通过前期倾斜摄影技术与三维激光扫描技术获取与整理的数据,本文以雀鸟村为实践案例,对其村落遗产信息库进行构建,并对信息库各部分内容信息进行详尽说明。

2.1 雀鸟村

本文以雷山县雀鸟村作为研究对象。雀鸟村于贵州省黔东南雷山县雷公山主峰南面,雷公山自然保护区核心区,2013 年入选第二批中国传统村落名录。雀鸟村原生态特征显著,村落所在地海拔 1150 米,雀鸟村宅基地面积为 1.4130 hm²,户均宅基地面积 103.14 m²[8]。近年来,雀鸟村通过"支部＋合作社＋农户"的模式发展了折耳根、茶叶、辣椒、中药材、蜡染等具有村落与地域特色的产业,切实提高了村民的收入水平和生活质量。雀鸟村村民以苗族特色民居木制吊脚楼为居。建筑沿山势错落分布,其中多数为砖木混合结构,少数为砖结构(图2、图3)。村寨建筑保存完善,苗寨氛围浓厚,苗族活态资源丰富,具有较高的保护价值。

图 2　雀鸟村航拍图
(图片来源:张承博、陈蕴哲拍摄)

图 3　雀鸟村实景图
(1. 全貌;2. 单体;3. 局部;4. 细部)

2.2 雀鸟村遗产信息库的构建

所收集到的信息是多元的、纷杂的,首先要对其进行甄别和整理,以类型学的方式对其进行分门别类的梳理,以形成层次分明、逻辑合理的系统结构,便于后续的搜索和调取。雀鸟村遗产信息库由五大板块,以及各自所包含的数个子项目组成。

2.2.1 村落空间与街巷信息

无人机倾斜摄影技术可以完成对雀鸟村村落空间以及街巷信息的采集,包括道路、田地、水系、树木、建筑顶界面及院落(图4),并以此作为基础信息赋予模型,通过定期的拍摄记录和分析其变化过程。

2.2.2 村落色彩构成及传统建筑风貌

通过对倾斜摄影图片的整合和对点云数据的处理,绘制村落以及建筑的平、立、剖面图(图5),将所获取的建筑信息赋予图纸,提高雀鸟村数据库的系统性与丰富度,以完善村落建筑平面、立面以及村落公共空间的保护与更新途径。

图4　雀鸟村村落空间与街巷信息

图5　雀鸟村传统建筑风貌信息

2.2.3　传统建筑单体数字模型

在倾斜摄影、激光扫描、BIM 等多技术的协作互补之下，建立雀鸟村建筑三维数字模型(图6)，以及包含建筑结构、材料、装饰特点、建造历史、使用情况以及产权信息等的数据库，以图像数据结合文本信息的方式，完成数据信息可视化操作。

图6　雀鸟村单体建筑数字模型信息

2.2.4　传统建筑细部构建信息

雀鸟村民居吊脚楼多属歇山穿斗挑梁木建筑，具有丰富的细部装饰和构造特色，对其细部构造单独建库便于对其进行系统的研究。该部分包含榫卯梁柱、青瓦屋檐、卵石基础、美人靠等内容。

2.2.5　雀鸟村历史文化信息

通过对该地区地方志、历史文献以及口述史进行整理与汇编，结合现有研究文献对当地人口、土地、经济现状的描述，系统梳理雀鸟村历史脉络和包括民俗活动和传统手艺在内的非物质文化遗产相关情况。

3　雀鸟村建筑遗产保护更新策略

3.1　村落遗产信息库的持续性构建

传统村落遗产信息数据库的建立不是村落保护工作流程的结束，而是对村落进行全面系统的保护以及更新体系建立的开始。受气候、环境、生产生活等因素的影响，遗产信息一直处于变化过程，通过定期的信息收集与采集，周期性地对建筑的破损情况、修复与复原情况等相关信息进行分析和跟踪，以保证保护更新策略的时效性；对建筑的安全性能进行监测，提高对发生情况可能性的预判度，减少危险发生的风险性，实现遗产信息库的动态更新和可持续性构建。

3.2　村落整体风貌的系统性提升

村落中的道路、田地、水系、树木、建筑等物质要素构成了村落的空间格局，是形成村落整体风貌的重要组成部分。在雀鸟村的保护与更新中，既要保留传统苗寨的肌理与空间布局，增加公共空间，形成具有层次的空间序列，又要延续传统苗寨的历史文脉，深入挖掘现存物质要素的价值，按现存形式和功能有区别和有针对性地进行保护和更新，兼顾地域文化，留住村史乡愁。

3.3　村落单体建筑的可视化更新

村落中的民居作为传统文化的重要物质载体，与村民们的日常生活息息相关，在现实生活中发挥着作用。在雀鸟村单体建筑的保护更新策略方面，从现状真实性、成果可视化的角度出发，依托于信息库的云端特性，每位村民可以通过手机端呈现的信息，了解到全村建筑的现状，从而自发参与房屋的保护与修缮，承担建筑遗产保护的责任。同时也需要通过对话、座谈等形式向村民进行保护需求的宣讲与意见的征集。

3.4　利用信息平台实现多元化展示

传统的二维图像信息很难实现村落建筑遗产的全方位展示，而基于三维数字技术的村落遗产信息库可以对村落现状进行还原，如雀鸟村吊脚楼民居的特色、村中古树资源及其周边环境情况等，并对雀鸟村保护更新方案进行模拟，实现从景观生态到村落格局，再到民居修缮的数字化展示，增强方案的可读性及可感知性。与此同时，随着短视频、直播等形式被更多人接受和使用，其传播速度惊人且受众更为广泛,这无疑为雀鸟村苗族的服装饰品、刺绣蜡染、制茶炒茶等特色民俗和传统手工艺得到更多人的关注,提供了多元化的展示途径。目前,各地政府都在积极推进传统村落数字博物馆的建设,VR、AR等具有虚实结合、实时交互、三维沉浸特点的技术逐渐普及,搭配基于倾斜摄影和三维激光扫描技术构建的传统村落遗产信息库,无疑为雀鸟村数字博物馆的建立提供了坚实的基础。未来数字博物馆将成为承载传统村落展示功能的重要平台,从而满足政府治理、机构科研、企业投资等多方对于数据的需求。

4 结语

三维数字技术呈现的智慧化、自动化、精准化的特点,解决了传统采集与整理方式时效性差、准确性低,工作效率不高的问题,实现了从村落的空间构成,到单体建筑的信息,再到建筑细部构造做法的全方位、多层次信息库构建,为传统村落建筑遗产的保护与更新策略提供了新思路。在此基础上,信息库的持续性更新也为村落从宏观的系统性到微观的可视化研究工作提供了有力依据。随着数字化技术的发展,信息平台的建立也为多领域的共建共享提供了数据基础,结合了VR、AR等新兴技术的传统村落数字博物馆建设为乡村文旅发展带来了新机遇。目前,三维数字技术在传统村落的保护与更新的策略研究与实例应用方面仍存在很大的发展空间,单一学科的研究现状亟待改善,多领域与新技术介入的需求日趋明显。相信在未来会有更多的学科与

更先进的技术参与传统村落建筑遗产的保护与更新研究,为我国乡村振兴贡献更多的思路与力量。

参考文献

[1] 杨哲.聚落寻源[M].厦门:厦门大学出版社,2019:417-490.

[2] 刘沛林.中国传统聚落景观基因图谱的构建与应用研究[D].北京:北京大学,2011.

[3] 刘沛林,李伯华.传统村落数字化保护的缘起、误区及应对[J].首都师范大学学报(社会科学版),2018(5):140-146.

[4] 罗杨,张凯,梁继红,等.古村落的数字化保护与传承[J].文化纵横,2019(1):134-137.

[5] 党雨田,庄惟敏,常强.乡村建筑策划与设计新工具——无人机倾斜摄影获取真三维模型技术探析[J].华中建筑,2020,38(2):32-37.

[6] 王莫.三维激光扫描技术在故宫古建筑测绘中的应用研究[J].故宫博物院院刊,2011(6):143-156.

[7] 胡岷山.三维激光扫描技术在古建测绘中的应用——以教学实验课程为例[J].建筑学报,2018(S1):126-128.

[8] 冯应斌,孔令桑,任瑞英,等.苗族村寨聚居空间特征及其重构策略分析——以贵州雷山县雀鸟苗寨为例[J].西南师范大学学报(自然科学版),2019,44(7):93-100.

张家浩¹ 卓凌辰¹ 费迎庆¹* 孙昊¹

1. 华侨大学建筑学院，福建省城乡建筑遗产保护技术重点实验室；zhangjh@hqu.edu.cn，dawnzhuo@163.com

Zhang Jiahao¹ Zhuo Lingchen¹ Fei Yingqing¹* Sun Hao¹

1. School of Architecture, HuaQiao University, Urban and Rural Architectural Heritage Protection Technology Key Laboratory of Fujian Province

闽南近代地域性建筑 HBIM 信息管理体系建构
——以福建铁路公司协董官邸举人第为例

Construction of HBIM Information Management System for Modern Regional Architecture in Southern Fujian: A Case Study of the Official Residence of Chairman of Fujian Railway Company

摘要:本文在对厦门海沧举人第的建筑构件和细部进行梳理的基础上，运用信息化测绘技术和BIM技术，建立建筑信息模型和建立构件族库，对举人第的历史信息进行还原、现状残损进行记录、残损等级进行分级，并记录正在进行的修缮工程信息。通过 HBIM 技术在建筑遗产保护中的运用，可以更加可视化、更直观、更准确地展示遗产对象特点和价值；更全面、更系统地记录和管理遗产的历史信息、现状残损信息和维护修缮过程；更有利于建筑遗产的传播，更系统、更完整地阐释遗产的普遍价值和潜在价值。

关键词:近代建筑；HBIM；地域性；信息管理

Abstract: On the basis of combing the building components and details of Jurendi in Haicang, Xiamen, this paper uses three-dimensional laser scanning technology and BIM Technology to establish the building information model and component family library, restores the historical information of Jurendi, records the current damage, grades the damage, and records the information of the ongoing repair project. Through the application of HBIM technology in architectural heritage protection, the characteristics and values of heritage objects can be displayed more visually, intuitively and accurately; more comprehensively and systematically records and manage the historical information, current damage information and maintenance and repair process of the heritage; it is more conducive to the spread of architectural heritage, and more systematically and completely explain the universal value and potential value of heritage.

Keywords: Modern Architecture; HBIM; Regionality; Information Management

1 引言

历史建筑信息模型(HBIM)是建筑遗产信息管理和数字化保护的一种方法，不仅能更直观准确地进行建筑原貌的三维数据可视化表达，也能够对建筑各类非空间的属性信息进行记录，建筑遗产的信息化管理已是当今趋势。HBIM 即历史建筑信息模型(historic building information modelling)，是 Murphy 于 2009 年针对历史遗产提出的一套技术路线，准确地将点云或摄影测量映射到参数化历史建筑构件，可以在历史建筑信息模型中自动生成完整的工程图纸、正交模型、剖面模型和三维模型[1]。

芦塘举人第(棣鄂楼)位于福建省厦门市海沧区芦塘村,始建于1919年,建成于1924年,现为未定级不可移动文物。举人第一层结构使用砖拱楼板和工字钢等近代结构体系,建筑二层采用闽南传统木构架结构;建筑的立面和屋顶采用西式比例及构图,建筑细部的装饰采用闽南传统元素和材料,举人第融合近代结构体系和闽南传统建筑意匠,创造出了极具闽南特色的近代民族主义建筑。本研究对举人第的建筑结构和构件进行测绘时,运用信息化测绘技术和人工测绘相结合的方式获得举人第点云数据,将举人第点云数据作为建立举人第HBIM族库和HBIM模型的依据(图1),将测绘勘察获得的信息录入举人第HBIM模型,对举人第的历史信息进行还原、现状残损进行记录、残损等级进行分级,并记录正在进行的修缮工程信息(图2)。通过HBIM技术在建筑遗产保护中的运用,可以更加可视化、更直观、更准确地展示遗产对象特点和价值;更全面、更系统地记录和管理遗产的历史信息、现状残损信息和维护修缮过程;更有利于建筑遗产的传播,更系统更完整地阐释遗产的价值[2]。

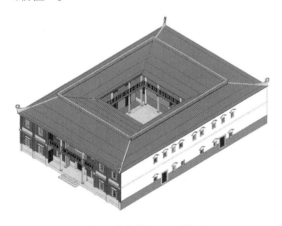

图1 举人第 HBIM 模型

(图片来源:笔者自绘)

2 举人第概况

举人第整体面积约1368平方米,其坐西北朝东南,方向145°,总进深36.7米,宽25米。举人第平面为矩形,分为前楼、后楼、左楼、右楼和天井回廊五个部分。前楼和后楼面阔7间,进深两间,十五架圆;左楼与右楼面阔3间,进深一间,九架圆。四栋楼呈回字形围合布局,中间为天井。举人第主体为两层,举人第的建筑结构为一层近代混合结构与二层砖木结构相结合的混合结构体系,立面造型为西式整体构图与中式细节装饰相融合。

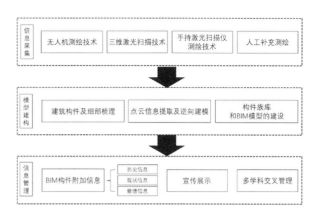

图2 建筑遗产 HBIM 信息管理逻辑图

(图片来源:笔者自绘)

举人第的结构体系为近代混合结构与闽南砖木结构相结合。举人第一层为砖墙、石柱、工字钢梁和砖拱楼板构成的近代混合结构体系,采用砖墙承重,石柱和工字钢梁作为辅助承重;二层为插梁式构架结合硬山搁檩的闽南传统砖木结构体系。举人第采用近代西方的混合结构与闽南传统的砖木结构相结合的建造技术,是闽南传统建筑向近代转型的重要建筑案例,表现了近代时期闽南当地的传统工匠基于实践经验,在面对新技术和新材料时,诞生了中西方建造技术杂糅的创造性结果。

举人第的立面采用西式比例和构图,立面装饰和纹样都采用闽南传统装饰主题和材料。举人第的构件虽然采用了许多近代结构构件,如砖拱楼板和工字钢梁,但却用闽南传统装饰工艺将这些构件"伪装"或"隐藏",如:用石灰将工字钢梁的梁头包裹,在工字钢梁的两侧填石灰,涂木纹彩绘伪装成木梁;用随梁枋、吊筒、雀替等木构件装饰隐藏钢梁。

综上所述,举人第作为近代西式结构技术与传统闽南表现形式有机融合的重要建筑案例。通过对举人第的研究,可以探索近代时期我国建筑技术的转型过程,可以探索东西方建筑风格地域性融合的发展过程,对未来我国具有类似结构体系的近代建筑遗产研究与保护工作的开展具有借鉴意义。

3 基于数据融合的信息化测绘实践

举人第的测绘采用信息化测绘技术和人工补测相结合的方式。信息化测绘中主要采用三维激光扫描仪、无人机倾斜摄影技术和手持激光扫描仪技术。运用Trimble X7激光扫描仪对举人第的外立面、室内各房间、天井各立面扫描获得点云数据。运用大疆无人机对举人第的屋顶、外立面正投影及周边环境测量,利用DJI Terra软件处理后获得点云数据;利用无人机倾斜摄影在周边建筑稠密、可视性较低、可达性较差的区域进行建筑遗产的测量;对于复杂的纹样、繁复的装饰构件等,利用 IReal 2E 手持式彩色三维扫描仪扫描获得点云数据;对于难以采用激光扫描的区域或构件,利用传统的测绘方式进行测绘和记录;利用相机记录举人第的现状和修缮过程,用于遗产信息的附加和管理。信息化测绘技术的运用,对于闽南建筑遗产建筑区位多山、建筑基地狭小、建筑周边稠密且建筑立面装饰繁复华丽等特征,更有实用性的意义。

4　举人第 HBIM 信息模型建构

由于举人第中构件类型繁多且复杂,运用 Autodesk Revit 软件(Autodesk 公司研发的一款 BIM 软件)搭建举人第的 HBIM 模型,Revit 具有对构件和构件库(在 Revit 中称为"族"和"族库")的良好分类和管理功能。*Metric Survey Specifications for Cultural Heritage* 中提出了遗产应用 LOD(level of detail,即 HBIM 模型的详细程度)的四个级别[3][4],LOD 仅指对象(几何体)的外观,而不是相关信息的数量。用简单的几何体表达举人第的构件,利用附加的参数信息丰富 HBIM 模型。举人第的 HBIM 模型为 LOD3 级别,即"理想化模型"[5]。举人第 HBIM 模型的搭建遵循 Revit 的建模逻辑,首先建设举人第的族库,根据现场勘测的结果对构件进行梳理并建立族库体系,各类族库采用不同的族模板绘制各个族,在 Revit 项目中调用各种族,搭建举人第 HBIM 模型。利用 Revit 软件建立的建筑遗产 HBIM 模型,相比传统的 Sketchup 模型或 Rhino 模型,可以对每个构件族赋予参数信息,对建筑遗产的信息管理具有重要意义。

4.1　举人第构件梳理

族库建设需要先基于类型学对举人第构件进行系统化梳理。举人第中的柱主要分为一层石柱、二层木柱;檐柱为仿木斗栱柱头,步柱为莲花柱头,石柱皆有柱础。举人第一层的梁主要为工字钢梁,分为双工字钢梁和三工字钢梁两类,梁的外层用灰塑包裹并涂彩绘装饰;二层为闽南传统木梁形式。梁柱的配套结构有雀替、垂花、随梁枋、额枋等木制装饰构件。楼地板为红色斗底砖铺砌,分为工字铺和斜铺;天井为花岗岩条石回字铺;二层为砖拱楼板,砖拱楼板用砖拱和钢梁支撑,上覆三合土和红色斗底砖。墙体分为正立面墙、其他立面墙、内部空间墙,正立面墙体为镜面墙,装饰华丽、纹样丰富,其他墙体朴素、装饰较少。屋顶构件有檩条、屋

面、正脊、斜脊。举人第的窗皆为条枳窗,窗楣有书卷窗楣、拱形窗楣、题字窗楣三类。举人第的门类型较多,分为板门、笼扇、梳门、圆洞门四种。

4.2　举人第 HBIM 信息模型建设

由上文可知,以信息化测绘所获得的点云数据为基础,在 Revit 中建设举人第族库,族库共分为九类:柱族、梁族、楼地板族、天花板族、墙体族、屋顶族、门族、窗族、公制常规模型族。各族库内的各种构件族分为两种类型:基于实地勘测和点云的数据,依据构件的尺寸信息和材质信息建立 Revit 族,称为"普通构件";利用点云数据逆向建模,将三维模型导入 Revit 中保存为族,称为"精细构件"。各构件族建设完成后,将构件从族库中载入至 Revit 项目中进行举人第 HBIM 模型的搭建。本文利用 Revit 作为建筑遗产信息的记录建档方式和索引目录模型,记录和保存遗产信息。此外,举人第族库的建设,可以作为闽南传统建筑族库的一部分使用,有利于未来其他闽南传统建筑遗产的 HBIM 模型建设和仿古历史街区的 HBIM 模型建设。

4.3　点云提取及逆向建模

4.3.1　点云数据融合

三维激光扫描仪、无人机倾斜摄影、手持激光扫描仪各有缺陷,获得的点云数据各有缺失。笔者利用 Trimble Realworks 软件,将三维激光扫描仪、无人机倾斜摄影和手持激光扫描仪所获得的点云数据拼接,拼接后的点云数据具有数据齐全无缺失、精度高的特点,为后续的数据测量和逆向建模提供数据支持。

4.3.2　"精细构件"逆向建模

在 Trimble RealWorks 中利用"裁剪盒"工具将需要裁剪逆向建模的构件模型,并删除不需要的其他点云。将裁剪好的构件点云另存为 pts 格式文件,导入 Geomagic Wrap 软件中,删除噪点,利用"封装"工具将点云文件转化为多边形文件(即 stl 格式文件),删除钉状物、填补破损孔洞后,利用"精准曲面"和"自动曲面"工具将多边形文件曲面化,并导出 sat 格式文件。在 Revit 文件中新建体量族后导入 sat 文件,建立构件的现状实体模型。本文以举人第中的前檐檐柱为例,将前檐檐柱从举人第的完整点云文件中截取,逆向建模后导入 Revit 中,作为内嵌族,与"檐柱柱头""柱础"族结合为"前檐檐柱"族文件(图 3)。

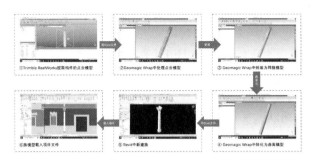

图3 "精细构件"逆向建模流程图
(图片来源:笔者自绘)

5 基于 HBIM 模型二次开发的信息管理探索

5.1 HBIM 构件附加信息

用 Revit 搭建的举人第 HBIM 模型作为建筑遗产的保护和修缮工程的索引框架模型,其中的各个族可以作为各种信息的载体。举人第的各个族应该附加三种类型的历史建筑信息:①历史信息;②现状信息;③修缮信息。

5.1.1 历史信息

对于举人第各构件的历史信息、属性信息主要为文本信息,在项目中建立共享参数记录进行管理。而几何信息和材质参数因为各构件的不同,会需要不同的参数,故采用族内参数记录构件信息。

5.1.2 现状信息

残损信息采用共享参数附加到各个构件之中。利用"影子族"[6]-[8]可以在建筑遗产模型中表达构件的残损情况,如构件位移、局部破损、局部坍塌等;利用"视图"选项卡中的"阶段化"工具和"可见性/图形"工具,创建新的残损视图后采用不同的颜色对构件的残损类型和残损程度进行标记;利用标注工具对其残损的具体信息注释。

5.1.3 修缮信息

建筑的修缮信息即举人第修缮施工过程中的信息记录。修缮信息中的"修缮时间""修缮位置"和"修缮结果"用共享参数记录。对于"修缮过程"信息,Revit 用"施工阶段"工具记录,但"施工阶段"需要建立多阶段模型,且无法应对修缮过程中的实时更新的改变,人力成本及时间成本较大,不利于实际修缮工程中应用。因此,笔者用二次开发插件——建筑遗产修缮信息管理软件,进行记录,对某一构件的修缮过程记录时,针对各构件记录各阶段的建筑遗产修缮信息,记录其修缮时间、修缮前样式和修缮后样式。

5.2 基于二次开发的修缮信息管理

修缮信息利用 Revit 中"附加工具"栏中的"外部工具",载入"建筑遗产修缮管理软件"插件,运行"信息录入"工具,可填入"录入人""录入时间""保存状态评估""残损类型""修缮前描述"和"修缮前图片"等信息。运行"信息修改"工具,可填入"审核人""审核时间""是否修缮""修缮过程情况"及"修缮后图片"等信息。待修缮前信息和修缮后信息填写完成后,可在"信息汇总"界面查看所有记录的信息(图4)。应用该二次开发插件,可以将 Revit 中的 HBIM 模型作为信息记录的建档方式和索引模型来使用。

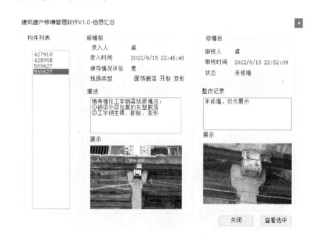

图4 Revit 建筑遗产修缮信息管理软件插件应用
(图片来源:笔者自绘)

6 结论与展望

本研究以三维激光扫描仪、无人机倾斜摄影和手持扫描仪获得的点云数据为基础,建立完整的构件族库和建筑遗产 HBIM 模型,并赋予 HBIM 模型中的构件各种类型的参数,将 HBIM 模型作为建筑遗产信息的记录建档方式和索引目录模型。在 Revit 原有属性记录基础上,进行二次开发建筑遗产修缮信息管理软件,实现基于单一模型的文物修缮工程各阶段信息管理。基于本研究,一方面举人第 HBIM 构件族库的建设,对闽南传统建筑构件族库的建设具有重要的技术探索意义,对未来闽南传统建筑修缮、历史街区整治设计等具有一定借鉴价值;另一方面,二次开发可对基于 Revit 的建筑遗产修缮工程各阶段的信息管理模式和方法进行探索。未来,以 HBIM 模型为基础,本研究团队将结合增强现实技术(augmented reality,简称 AR)和虚拟现实技术(virtual reality,简称 VR),对建立"闽南传统建筑虚拟仿真系统"进行技术探索[9][10]。

参考文献

[1] MURPHY M, MCGOVERN E, PAVIA S. Historic building information modelling (HBIM)[J]. Structural Survey,2009,27(4).

[2] 吴葱,李珂,李舒静,等.从数字化到信息化：信息技术在建筑遗产领域的应用刍议[J].中国文化遗产,2016(2):18-24.

[3] BRYAN P, BLAKE B, BEDFORD J, et al. Metric survey specifications for cultural heritage[M]. English Heritage,2013.

[4] POCOBELLI D P, BOEHM J, BRYAN P, et al. BIM for heritage science:a review[J]. Heritage Science,2018,6(1):1-15.

[5] 李珂.基于 HBIM 的嘉峪关信息化测绘研究[D].天津:天津大学,2016.

[6] 韩赛.基于 HBIM 的勘察设计信息管理与表达[D].天津:天津大学,2020.

[7] 荆松锋.BIM 技术在建筑遗产信息表达中的应用[D].邯郸:河北工程大学,2017.

[8] 李舒静.信息化测绘背景下基于 BIM 技术的建筑遗产信息采集与表达[D].天津:天津大学,2014.

[9] 李渊,郭晶.基于 BIM+理念的建筑文化遗产保护研究综述[J].城市建筑,2021,18(34):157-161.

[10] 李渊,陈瑶,张可寒,等.基于 BIM 技术的建筑遗产信息管理初探——以鼓浪屿八卦楼为例[J].城市建筑,2020,17(31):110-113.

刘婷[1*]　孙帅[1]　艾洁[1]

1. 北方工业大学建筑与艺术学院；1184867467@qq.com

Liu Ting[1*]　Sun Shuai[1]　Ai Jie[1]

1. School of Architecture and Art, North China University of Technology

北京市教委社科计划一般项目（KM202010009002）、北方工业大学"青年培优人才培养计划"

基于空间句法的渭南市旅游景点可达性分析及优化策略

Accessibility Analysis and Optimization Strategy of Tourist Attractions in Weinan City Based on Spatial Syntax

摘　要：渭南市是陕西省重要的旅游城市，拥有丰富旅游资源。本文主要基于空间句法、ArcGIS 软件，运用轴线分析法和核密度分析法等，分别从全局可达性、局部可达性、感知可达性对渭南市 81 个 A 级旅游景点进行可达性分析评价，再基于评价结果及影响因素对渭南市景点可达性提出优化策略，为未来渭南市旅游景点的建设提供依据与参考意见。

关键词：空间句法；可达性评价；旅游景点；优化策略

Abstract：Weinan City is an important tourism city in Shaanxi Province, with abundant tourism resources. Based on spatial syntax and ArcGIS software, this paper uses axis analysis method and kernel density analysis method to analyze and evaluate the accessibility of **81** A-level tourist attractions in Weinan City from the aspects of global accessibility, local accessibility and perceived accessibility, and then puts forward optimization strategies for the accessibility of scenic spots in Weinan City based on the evaluation results and influencing factors, providing the basis and reference for the future construction of tourism attractions in Weinan City.

Keywords：Space Syntax；Accessibility Evaluation；Tourist Attraction；Optimization Strategy

随着经济的快速发展，人民对精神方面的需求也越来越高。渭南市作为陕西省重要的旅游城市，拥有华山、少华山森林公园、党家村、司马迁祠等旅游景点。本文主要对渭南市旅游景点与城市道路进行可达性分析评价，并基于评价结果提供可达性优化策略。自 1959 年 Hansen 首次提出了可达性的概念以来[1]。可达性一直是研究的热点议题。目前可达性评价方法有许多，空间句法就是其中一种，由 Hillie 及其领导的研究小组提出。以往空间句法主要在空间形态[2]、传统村落[3]、交通可达性[4]、城市设计的方案比选[5]、房价[6]等方面有一定的实证研究，可达性也一直是空间句法研究的重点。因此，对旅游景点可达性的研究具有重要意义[7]。但以往基于空间句法对旅游景点可达性分析及优化策略的

研究较少。因此，对其研究具有一定意义，可为未来渭南市旅游景点的建设提供依据与参考意见。对未来城市旅游发展也具有一定意义。

1　数据来源

本文以渭南市作为研究区域，选取渭南市内 81 个 A 级景点（截至 2022 年初）以及渭市道路为研究对象，其中 5A 级景点 1 个，4A 级景点 17 个，3A 级景点 62 个，2A 级景点 1 个（图 1）。渭南市 A 级景点名录主要从陕西省文化与旅游厅官网获取，利用高德地图、网络数据爬取等方法获取 A 级景区的空间位置信息，并在 ArcGIS 中建立空间数据库。研究区域交通数据主要从《渭南市城市总体规划（2016—2030）》交通底图及高德

地图中获得,主要道路包括城市快速路、地铁线、地铁站点、高速公路、国道、省道、县道、乡道等(图2)。获得的数据最终通过 ArcGIS 与 Depthmap 软件进行可视化分析与分析。

图1　渭南市景点与道路　　图2　渭南市整体规划图
　　分布图　　　　　　　　（图片来源:渭南市
（图片来源:作者自绘）　　　　　　　　人民政府官网）

2 研究方法

　　轴线法是空间句法分割方法之一,用最长且最少的直线来分割整体[8]。研究选取空间句法中的全局穿行度(choice)与全局集成度(global integration index)来表达旅游景点的全局可达性,连接度(connectivity)与局部集成度(local integration index)来表达旅游景点的局部可达性,运用可理解(intelligibility)来评价旅游景点的感知可达性,再利用 ArcGIS 10.6 对测度结果进行可视化表达及统计分析。最后基于研究结果结合可达性影响因素,对渭南市旅游景点可达性提出优化策略。

3 渭南市旅游景点分布特征

　　运用 ArcGIS 10.6 核密度分析对渭南市旅游景点进行分析(图3)。了解到渭南市旅游景点分布整体差异不大,旅游景点主要沿三条西北往东南方向的轴线,形成六个相对密集的集聚区,城市边界线相对密集,城市内部相对分散。渭南市北部与南部核密度相对密集,中间相对分散,韩城市聚集程度最高。空间分布格局呈现群聚式非均匀分布。

　　渭南市 A 级旅游景点共 81 个分为 4 类,分别是 5A 级景点 1 个、4A 级景点 17 个、3A 级景点 62 个、2A 级景点 1 个。通过各级景点核密度分析(图4)发现其中 2A 和 5A 级旅游景点主要分布在靠近城市边缘交通相对不发达的地区。渭南市 3A 级旅游景点分布最多共 62 个,其与渭南市旅游景点整体分布特征相似,形成多个相对密集的聚集区,空间分布呈群聚式分布。4A 级旅游景点在渭南市东北角上分布相对集中,其余部分分布相对

分散平均,整体呈分散状态。

图3　渭南市景点核　　　图4　渭南市各级景点
　　密度分析图　　　　　　核密度分析图
（图片来源:作者自绘）　　（图片来源:作者自绘）

4 渭南市旅游景点可达性分析

4.1 全局可达性分析

　　渭南市旅游景点全局可达性分析主要运用空间句法的全局集成度(integration)(图5)与全局穿行度(图6)进行分析。通过分析发现渭南市形成以蒲城县为中心向四周扩散的放射状路网。其从西面向东北面扩散,形成一条连接富平县、蒲城县、澄城县、合阳县、韩城市的轴线。这条主轴贯穿渭南县西南与东北。从蒲城县逐渐向东南扩散连接大荔县。整个渭南市道路形成了以蒲城县为核心,各县域为轴线的放射状路网模式。全局穿行度(图5)表明渭南市穿行度最高的道路呈现出西部往东南与东北方向的延伸,这条轴线与渭南市高速公路、国道和省道基本吻合,高穿行度的轴线呈环状连接各县。

图5　渭南市全局集成度　　图6　渭南市全局穿行度
（图片来源:作者自绘）　　（图片来源:作者自绘）

　　通过统计分析渭南市全局集成度,按高低顺序选取集成度最高和最低十名,得出全局集成度排名表(表1)。渭南市旅游景点平均值为663.91,全局集成度较高。通过表1可以了解到渭南市旅游景点前十中有6个分布在蒲城县,分布相对集聚,且位于渭南市中部。排名后十的景点,分布相对分散,主要分布在韩城市、白水县。

　　分析表明旅游景点越靠近行政范围边界的全局集成度越低。且西南全局可达性高于东北。景点相对集中的韩城市,其全局可达性较低,渭南市全局可达性与景点存在一定空间错位。

渭南市 2A-5A 景点全局可达性平均值分别为48.9、710.01、441.07、36.72。5A 与 2A 级景点较低，3A 级景点最高。这与 2A、5A 景点大多分布在山地、水源丰富的地区有密切关系。景点等级与全局可达性也存在空间错位。其中全局集成度排名前十的只有一个 4A 级景点蒲城桥陵景区。尤其是渭南市唯一的 5A 级景区华山景区，其全局可达性最低，但也存在一定优化空间。

表1 渭南市全局集成度前十与后十（来源：作者自绘）

排名	景点名称	全局集成	排名	景点名称	全局集成
1	清代考院唐惠陵景区	1697.62	72	潼关黄河古渡口景区	28.26
2	杨虎城将牢纪念馆	1696.86	73	秦王寨马刨泉	27.09
3	金地景区	1677.63	74	黑池秋千谷	25.83
4	林则徐纪念馆	1672.00	75	华阴市城市文化公园	25.57
5	王鼎纪念馆	1666.56	76	福山景区	25
6	蒲城桥陵景区	1573.85	77	普照寺	19.49
7	大荔县八鱼石墓博物馆	1540.06	78	韩城市晋公山滑雪场	18.28
8	巴厘岛温泉	1530.74	79	王峰景区	17.70
9	大荔新堡月季文化产业园	1515.25	80	渭南葡萄产业园	16.15
10	龙首坝景区	1375.28	81	韩城市党家村景区	11.12
	全局平均值	633.91		全局平均值	633.91

4.2 局部可达性分析

渭南市旅游景点局部可达性分析主要运用空间句法的局部集成度（图7）与连接度（connectivity）（图8）。渭南市各旅游景点驻地连接值普遍高于其他地区。越靠近高速公路、国道，可达性越高。可达性整体呈现南部高于北部。

通过统计渭南市局部集成度，按高低顺序得出局部集成度排名表（表2），显示渭南市平均局部集成度为36.5，其中27.5％的景点高于平均值。统计显示局部集成度排名前十的景点分布在高速、国道、省道附近，受道路路网等级影响较大，排名后十也主要集中在韩城市，

图7 渭南市局部集成度
（图片来源：作者自绘）

图8 渭南市连接度
（图片来源：作者自绘）

这与渭南市旅游景点也存在一定空间错位。整个渭南市局部集成度也呈现西高东低的趋势。高速路 G5、G6521、G3021、G3511 附近景点局部集成度普遍高于其他地区。根据行政区位划分总结渭南市各县局部集成度排名如表3所示，其中连接度最高的临渭县、华洲区、潼关县。整个渭南市局部可达性也存在从中心城市向县城递减的趋势。

表2 渭南市局部集成度前十与后十
（来源：作者自绘）

排名	景点名称	局部集成	排名	景点名称	局部集成
1	唐惠陵景区	341.33	72	大荔平罗农业公园	13.79
2	渭南葡萄产业园	256	73	合阳县山水岔峪景区	13.49
3	同州湖	147.07	74	鸵鸟王生态园	13.26
4	潼关古城	147.06	75	渭华起义纪念馆	13.15
5	张桥文化园	141.24	76	司马迁祠景区	12.55
6	和园景区	131.41	77	华阴市城市文化公园	9.14
7	韩城市梁带村芮国遗址博物馆	126.70	78	王峰景区	8.54
8	法王庙	119.17	79	韩城市党家村景区管理处	7.56
9	中垦华山牧	103.23	80	状元府博物馆	6.87
10	临渭区桓物园	83.95	81	北营庙景区	5.75
	局部平均值	43.39		局部平均值	43.39

表3 渭南市局部集成度行政区排名

（来源：作者自绘）

排名	景点名称	局部集成	排名	景点名称	局部集成
1	临渭区	84.54	7	韩城市	31.31
2	蒲城县	58.92	8	澄城县	27.61
3	华洲区	54.99	9	富平县	27.33
4	潼关县	54.34	10	合阳县	21.51
5	白水县	48.11	11	华阴市	21.34
6	大荔县	46.53			

渭南市 2A-5A 景点局部集成度平均值分别 42.42、34.23、58.73、23.79，其中 4A 级景点集成度最高、5A 级集成度最低。这与 5A 级景点位于南部山地地区有一定关系。5A 级景点所在华阴市的局部可达性也是最低。

从全局可达性与局部可达性对比来看，5A 级景点较低，华山景区的全局可达性也最低。局部可达性较低的韩城市其全部可达性也较低。全局集成度较高的富平县与大荔县其局部集成度处于中等水平。通过数据分析了解到渭南市全局可达性与局部可达性存在一定关联性与差异性。

4.3 感知可达性分析

运用集成度（图9）和可理解度（intelligibility）（图10）来分析旅游景点的感知可达性。空间句法可理解度主要反应渭南市连接度与全局整合度关系，数值越大代表可理解度越高。通过图10可以了解到渭南市可理解度与全局可达性刚好相反，旅游景点越靠近行政范围边界，可理解度越高，感知可达性也越高。渭南市旅游景点可理解度最高为 0.31，最低为 −1。整个渭南市空间连通性感知整个空间的能力较差，空间形态的识别性与导向性弱，城市空间相似性较高，游客在道路空间中容易迷路，感知可达性较低。

5 可达性影响因素

5.1 自然因素

渭南市位于陕西省中部、关中渭河平原东部，是陕西省的"东大门"，西临省会城市西安。渭河贯穿东西，形成南北两山、两塬和中部平川五大地貌类型区，整个渭南市地形呈现两边高中间低的趋势。受地形影响，渭南市北部和南部不利于交通路网建设，地形复杂、海拔较高地区的可达性也越低，通过分析图5～图10可以发现地势复杂的韩城市西北部、临渭区南部、华洲区南部、华阴市南部、白水县西部及北部其全局集成度、局部集

图9 渭南市各市县局部集成度

（图片来源：作者自绘）

图10 渭南市可理解度

（图片来源：作者自绘）

成度、穿行度、连接度都较低。黄河沿渭南市东部现边界线流经韩城市、合阳县、大荔县、潼关县。渭南属暖温带半湿润半干旱季风气候区，气候条件优越（图11）。

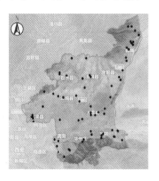

图11 渭南市地形图

（图片来源：作者自绘）

5.2 交通因素

道路等级与分布对旅游景点可达性有较大影响，渭

南市旅游景点越靠近高速公路、国道,可达性越高。目前渭南市已成为陕西省交通第二大枢纽区域,现已建成高速 G6521、G3511、G5、G30、G3022,形成三横一竖的"丰"字形交通贯穿全省,建成国道 G108、G327、G242、G342、G310、6521,建成省道 S106、S107、S108、S201、S202、S205(图 12)。受交通影响排名前十的局部与全局集成度都靠近高速、国道、省道,通过局部集成度图(图 7)可以观察到渭南市 G5、G301、G6521、S108、S201 的道路局部可达性都是最高的。渭南市全市交通发达,旅游景点可达性受交通等级影响较大。

图 12 渭南市主要交通图
(图片来源:作者自绘)

5.3 人文经济因素

地形与交通使得渭南市南部、北部、行政边界景点可达性可达性较低。经济因素也是影响可达性的重要因素。渭南市国内生产总值在陕西省内排名中等,但旅游业占比较大。据统计,渭南市各行政区的年 GDP 排名为临渭区、韩城市、蒲城县、华洲区、大荔县、富平县、澄城县、华阴市、合阳县、白水县、潼关县,其中临渭区、蒲城县、华洲区、大荔县 GDP 较高,其局部与全局可达性也较高,可见经济的发展是影响这些区域景点可达性的重要因素。地区开发程度越高、城镇化越明显的地区,其景点可达性也相对较高。

6 结论与优化策略

6.1 结论

基于空间句法理论及可达性影响因素对渭南市景点可达性可达性进行分析,得出以下结论。

(1)渭南市旅游景点城市边界线附近相对密集,城市内部相对分散。其中北面韩城市旅游景区相对密集,南部相对分散。旅游景点形成六个相对密集的集聚区,空间分布格局呈现群聚式非均匀分布。

(2)渭南市道路形成了以蒲城县为核心,各县域为轴线的放射状路网模式。受渭南市地形、道路分布、道

路等级、经济影响,旅游景点越靠近行政范围边界与南北山地地区,全局集成度越低。西南全局可达性高于东北。景点相对集中的韩城市,其全局可达性与局部可达性较低,但其景点密度较高。渭南市 5A 与 4A 级景点全局可达性低于 3A 级景点,这也与其分布在山地、水系丰富经济较弱的地区有一定关系。但是 5A 级景点华山景区与景点核密度较高的韩城市其可达性最低,也存在一定可优化空间。

(3)渭南市旅游景点驻地可达性略高于周边。主城局部可达性高于县城可达性。渭南市局部可达性南部可达性高于北部。靠近高速公路、国道、省道等道路等级较高的地区其可达性越高。与全局可达性一样,渭南市 5A 景点局部可达性是最低的。

(4)渭南市感知可达性较低,渭南市空间形态的识别性与导向性弱。感知可达性与全局可达性刚好相反,旅游景点越靠近行政范围边界可理解性越高,感知可达性就越高。

(5)渭南市全局可达性与局部可达性较好,但旅游景点空间分布与可达性之间、景点等级与可达性之间存在空间错位,如景点核密度最高的韩城市,其全局可达性最低,局部可达性也较低。

6.2 优化策略

根据渭南市旅游可达性结论与可达性影响因素,提出以下优化策略。

(1)提升华山景区可达性,带动华阴市旅游经济发展。华山景区作为渭南市唯一的 5A 级旅游景点,其全局可达性排名 69,局部可达性排名 46,华山景区所在的华阴市旅游景点全局可达性平均值在渭南市 11 个县市中排名第 9,局部可达性平均值排名第 11。整个华山景区与华阴市旅游景点可达性都较低。华阴市年 GDP 位于渭南市第八位。观察渭南市道路客运发现,通过华阴市的道路澄商高速、G30、G310、G242,其道路可达性也较低。尤其是澄商高速、G242,这两条道路主要往北发展连接大荔县、澄城县、合阳县。因此渭南市华山景区与华阴市应加强华阴市与蒲城县、临渭区、华洲区的交通联系,补充完善交通路网。提升原有道路澄商高速、G242 的连通水平。最终带动区域经济发展。

(2)打破自然因素限制,增强道路可达性。受自然因素影响,地形复杂、海拔较高的地区,其道路建设成本、难度较高,必然影响区域社会经济发展、道路等级,以及与外界联系程度。最终影响到地区旅游景点的可达性。因此,应继续优化韩城市西北部、临渭区南部、华洲区南部、华阴市南部、白水县西部及北部道路路网建设,提升旅游景点的吸引力。有利于推动旅游、交通、经

济的协调发展。

(3)提升西部旅游景点可达性,优化韩城旅游景点可达性。渭南市要结合旅游景点逐步建立层次分明、功能完善、道路发达的路网结构。渭南市东部合阳县、韩城市、华阴市可达性较低。渭南市整体西部旅游景点可达性高于东部。渭南市旅游景点最密集、4A级景点分布最多的韩城市,其旅游景点全局可达性在渭南市11个县、市中排名第10,局部可达性排名第7。虽然韩城市景点可达性受地形限制,但仍然还有较多的提升空间。应增强与西部临渭区、蒲城县的交通联系,强化南部合阳县的整体可达性,提升韩城市旅游景点可达性。

参考文献

[1] HANSEN W G. How accessibility shapes land-use [J]. Journal of the American Institute of Planners, 1959,25(2):73-76.

[2] 李留通,张森森,赵新正,等.文化产业成长对城市空间形态演变的影响——以西安市核心区为例[J].地理研究,2021,40(2):431-445.

[3] 宋玢,任云英,冯淼.黄土高原沟壑区传统村落的空间特征及其影响要素——以陕西省榆林市国家级传统村落为例[J].地域研究与开发,2021,40(2):162-168.

[4] 刘洋,宋瑞,李志杰.基于空间句法的轨道交通可达性评价[J].都市快轨交通,2014,27(6):70-74.

[5] 盛强,方可.基于多源数据空间句法分析的数字化城市设计——以武汉三阳路城市更新项目为例[J].国际城市规划,2018,33(1):52-59.

[6] 肖扬,李志刚,宋小冬.道路网络结构对住宅价格的影响机制——基于"经典"拓扑的空间句法,以南京为例[J].城市发展研究,2015,22(9):6-11.

[7] 张琪,谢双玉,王晓芳,等.基于空间句法的武汉市旅游景点可达性评价[J].经济地理,2015,35(8):200-208.

[8] 刘承良,余瑞林,段德忠.基于空间句法的武汉城市圈城乡道路网通达性演化分析[J].地理科学,2015,35(6):698-707.

刘淑倩¹ 郑斐¹ 秦浩之¹ 王月涛¹*
1. 山东建筑大学;zf1667@163.com
Liu Shuqian¹ Zheng fei¹ Qin Haozhi¹ Wang Yuetao¹*
Shandong Jianzhu University

1. 山东省研究生教育优质课程建设项目(SDYKC19112)、山东省自然科学基金项目(ZR2020 mE213)、山东建筑大学博士科研基金项目(X22055Z)

基于 Phoenics 模拟的寒冷地区冬季街区风环境优化设计研究
——以济南商埠区典型历史街区为例

Research on Optimization Design of Winter Block Wind Environment in Cold Area Based on Phoenics Simulation: Taking the Typical Historical District of Jinan commercial Port Area as an Example

摘　要: 历史街区复杂系统中存在一定的物质能量循环,风作为系统中能量流动的关键因素,对街区舒适度、生态环境健康具有重要影响。本文以济南某历史街区为研究对象,以营造舒适、健康生态的街区环境为目标,基于 Phoenics 平台,通过风环境模拟,分析建筑围合度、高度、街区道路特征等要素对街区内风环境的影响,提出街区风环境改善措施。研究表明:随着建筑围合度及高度增加,街区的通风换气速率明显下降,易出现热量堆积,污染物难以排除的问题。合理改善建筑密度、公共空间及道路系统的布局能够起到引导风流,改变场地风力和滞风现象的作用。

关键词: 历史街区;风环境模拟;改善方法;健康生态

Abstract: There are certain material and energy cycles in the complex system of historical blocks. Wind, as the key factor of energy flow in the system, has an important impact on the comfort of the block and the health of the ecological environment. This paper takes a historical block in Jinan as the research object, and aims to create a comfortable and healthy ecological block environment. Based on the Phoenics platform, through the wind environment simulation, it analyzes the impact of building enclosure, height, block road characteristics and other factors on the wind environment in the block, and puts forward measures to improve the wind environment of the block. The research shows that with the increase of building enclosure and height, the ventilation rate of the block decreases significantly, and the problems of heat accumulation and difficult removal of pollutants are easy to occur. Reasonably improving the layout of building density, public space and road system can guide the wind flow and change the wind and stagnation of the site.

Keywords: Historic District; Wind Environment Simulation; Improvement Methods; Healthy Ecology

1 概述

街区风环境是影响街区物理环境品质的重要性能指标。[1]历史街区作为城市文化形象的主要承担者,在城市建设与更新过程中的再改造需要充分考虑风要素在街区中的利用,其对街区内的建筑用能、街区舒适度、生态环境健康都将产生重要影响。

国内外学者利用现场风洞模拟实验、实地测量及计算机数值模拟等多种方法对街区风环境在城市更新设计中的作用规律进行了大量的研究。1973年,David对英国一座银行大厦在设计阶段进行了建筑的风环境风洞试验,人们开始将建筑风环境作为设计考虑的重要部分。Cheng Hu,Fan Wang等学者利用实地测量与数值模拟相结合的方法,总结了已建成街区中街区风环境受建筑高度比的影响规律。风洞实验以及现场实测方法受气象条件以及技术设备影响,费用高且周期长,而计算机数值模拟法成本低、设定简单、可视性高,是目前最常用的风环境模拟方法之一。2012年清华大学王宇婧[2]和Omar S. Asfoury等分别应用PHOENICS、FLUENT等工具研究了不同风向对相同建筑布局所形成的风环境特征,以及不同等级道路和公园绿地等开敞空间对风环境的作用规律。

本文将研究尺度聚焦于历史城区中的城市街区,以济南商埠区中纬四路东侧街区为研究对象。历史城区作为城市历史特色和文化价值的主要承担者,能够体现城市历史发展过程或某一发展时期的风貌,在城市现代化转型发展过程中,其问题也最为突出。[3]研究通过CFD数值模拟分析的方法,探索建筑围合度、建筑高度、街区道路系统特征等街区要素对内部风环境的作用关系,以提升风环境舒适度、营造健康生态街区为目标,提出对街区空间形态的改善措施。

2 研究区域概况

寒冷地区是指我国最冷月平均温度满足−10 ℃～0 ℃,日平均温度不超过5 ℃的天数为90～145天的地区,是我国五个气候区之一,主要包括北京、山东、天津以及江苏北部等多个地区。城市更新过程中历史街区风环境质量的提升需要从当地的主导风向、风速等多个方面进行综合考量。研究所选的济南地区冬季风环境受城市微气候影响较大,在北方地区有一定的代表性。

2.1 街区概况

本研究所选街区位于济南商埠区内,东起纬二路,西至纬四路,南北延伸至经七、经六路。济南商埠区创造了近代中国内陆城市对外开放的先例,在其发展过程中风格各异的西洋建筑在泉城大量出现。所选街区内

部建有充满日耳曼异国情调的德式别墅住宅区、梨花公馆旧址以及仁爱街民居等多处文保单位及历史建筑。此外,街区中的现代化新建居民楼、商场等多种建筑类型同内部的道路系统、绿地景观等要素共同营造了街区的建成环境。商埠区百年的发展与革新承载了济南城市的文化底蕴及现代化发展进程,具有重要的研究价值。

2.2 风环境条件

济南市位于北纬36°02′～37°54′,东经116°21′～117°93′,地处山东省中西部,南依泰山,北跨黄河,三面环山,属于温带季风气候。济南气候四季分明,春季干旱少雨且多风,夏季炎热且降水量大,秋季凉爽干燥,冬季寒冷少雪。利用ladybug软件生成济南地区气候参数(图1):冬季主导风向为东风,平均风速为2.9 m/s,主导风向频率为7.9%,平均温度1.5 ℃。

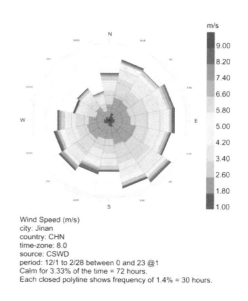

Wind Speed (m/s)
city: Jinan
country: CHN
time-zone: 8.0
source: CSWD
period: 12/1 to 2/28 between 0 and 23 @1
Calm for 3.33% of the time = 72 hours.
Each closed polyline shows frequency of 1.4% = 30 hours.

图1 济南地区气候参数
(来源:作者自绘)

3 街区风环境模拟过程

PHOENICS软件利用计算流体力学的方法,通过计算机建立物理分析模型并进行数值计算和后处理得到的图像,以经济的成本提供快速和精确的模拟,对包含流体流动和热传导等相关物理现象的系统进行分析。[4]由于其模拟结果精度高、运算速度快、应用范围广,可以对不同形状目标进行模拟,现阶段已经成为较主流的风环境模拟分析工具。

3.1 计算区域设置

模拟过程中要根据物理模型的实际大小来针对性地设置计算区域大小,选择较为合适的计算区域有利于提高模拟计算结果的准确性。本研究所选街区东起纬

二路,西至纬四路,南起经七路,北至经六路。通常模拟区域的计算高度为模型最高点高度的 3 倍,计算宽度为物理模型宽度的 5 倍(图 2),由此确定街区模型模拟计算区域的 x、y、z 轴数值分别为 2400、1100、90。

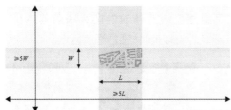

图 2 计算区域设置及网格划分

(图片来源:作者自绘)

3.2 网格划分及风参数确定

研究区域所设置的网格数目和类型能够对仿真结果的准确性产生较大的影响。合理设置网格数目,能够在保证运算速度的同时提高结果准确性。模拟区域为形状规则的建筑,因此使用非均匀性的结构化网格技术划分方式。计算区域内的建筑计算区域网格相对较密集,网格尺寸为 1 m×1 m;非建筑计算区域的计算网格相对稀疏,网格尺寸为 5m×5m(图 2)。风参数依照上文利用 ladybug 软件生成的济南市冬季风环境数值进行设置,模拟的迭代计算次数设置为 1500 次,每次模拟计算约为 11 个小时,在确保模拟结果准确的同时,加快模拟运算速度,提高效率。

3.3 模拟边界确定

本研究讨论历史街区内部行人高度的风环境,它是大气层下部的不能压缩流体,故选取边界条件为速度入流边界。根据研究对象地域所对应的地面粗糙度指数,将 α 取值为 0.2。出口边界采用完全发展的出流边界条件,用于研究出口边界压力和速度都未知的情况,将出口边界设为自由出口,不做限制。

4 结果分析及优化策略

4.1 结果分析

4.1.1 风舒适度标准

目前国内外关于风环境的评价尚未能够建立起统一的标准,本文采用的舒适风速比率评价标准(表 1)是现在在科学研究中经常采取的风环境评估标准之一。

文章主要针对人体对街区内部风环境舒适度进行分析,因此选取人行高度 1.5 m 处的风环境模拟结果进行探讨。按照表 1 中舒适风速特征显示,满足人行高度处的人体舒适度的风速值为 1~5 m/s,超过 5 m/s 就会感受到风带来的不适,而低于 1 m/s 容易造成通风不畅,污染物质难以排出,危害行人身体健康。因此,本文将 1~5 m/s 作为人体风舒适度以及街区风环境健康的评价标准。

表 1 风速舒适性特征

(来源:作者自绘)

类型	舒适性特征	风速标准	特征
1	静风,舒适性很差	$V > 0.3$ m/s	静风,舒适性很差
2	差	0.3 m/s≤V≤0.6 m/s	较差的热舒适性
3	低	0.6 m/s≤V≤1.0 m/s	较低热舒适性,可以忍受
4	基本满意	1.0 m/s<V≤1.3 m/s	基本满意的热舒适性
5	好	1.3 m/s≤V≤5 m/s	较好的热舒适性

4.1.2 风模拟结果分析

通过风速模拟结果(图 3)可以看出,此地块冬季模拟风速小于 0.2 m/s 的静风区占地面积较大,且风速值小于 0.84 m/s 的区域占基地总面积的 50% 左右,其中建筑密集以及单个建筑占地面积较大的区域西侧风速值均小于 0.84 m/s。基地内部风速在 1.13~2.53 m/s 之间的区域分布面积不足整个地块面积的 20%;风速最大的区域出现在基地东北角两栋建筑之间,风速值约为 4.22 m/s,分布面积不足 2%。从整体上看,建筑西侧的风速值均低于东侧,造成这种现象的原因是该段区域主导风向为东风。

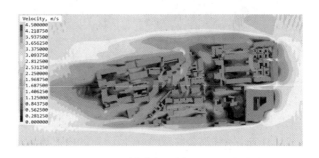

图 3 风速模拟结果

(图片来源:作者自绘)

通过对所选街区风环境的模拟结果与人体对风速要求的舒适度对比分析,得出如下结论。

(1)建筑围合度:在模拟街区内部相同建筑高度的建筑类型中,由于建筑的围合度不同,容易形成不同的内部风环境,从而影响人体舒适度。围合度是指一定范围的地块中所有外侧建筑沿路的边长之和与整个地块边线长的比值。由图4可以看出,左侧围合度高的区域风速在0.84 m/s以下,风速较低,体感舒适性差,且不利于内部公共区域的自然通风,容易造成内部民居风环境的质量较差,污染物质难以排出,危害居民身体健康。右侧低围合度区域风速基本上大于1.12 m/s,能够形成较为满意的舒适性。

图4 高低围合度风速对比

(图片来源:作者自绘)

(2)建筑形体:临街建筑的面宽、高度、退让三个方向都会对其周边的风环境流动程度产生比较大的影响,进而影响街区内部的环境质量。在街区迎风面方向,建筑高度越高,街区的透风性能越差。通过图5中较高的居民楼和单层民居的对比可以发现,单层民居建筑前后大部分区域风速大于1.41 m/s,能够满足居民基本的舒适性,其透风性能较好;而多层居民楼周围大部分区域风速小于0.84 m/s,透风性能较差,不利于污染物的排除,影响街区环境质量。

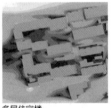

图5 不同高度建筑周围风速对比

(图片来源:作者自绘)

(3)道路系统及公共空间:在同一街区内部建筑高度相对统一的前提下,其道路系统以及公共空间的布置对风环境的流通具有较大的影响。街道分割越密集,与公共空间联通性越强,街区内部空气流通性越好,能够

促使风环境质量更趋于均匀化,在驱散街区污染物的同时满足人体健康舒适度。由图6可以看出,街区公共空间占比比较大时,其内部大部分区域风速基本上在1.13 m/s以上,能够满足人体基本的舒适度,而建筑密度较大且道路系统不畅通的区域风速基本小于0.84 m/s,风环境质量较差,体感舒适度较低。

道路分割密集　　　　建筑密度大

图6 不同建筑密度及公共空间周围风速对比

(图片来源:作者自绘)

4.2 优化策略

基于上述分析,研究针对街区形态对风环境所营造的人体舒适度影响,通过对街区空间围合度、建筑高度、街区公共空间、绿化景观及道路系统等方面提出改善策略,并进行模拟对比分析(图7),从而营造健康、舒适的街区风环境。[5]

(1)对于街区中因为高围合度空间所形成的静风区进而导致内部污染物堆积、环境质量较差的现状。可以采取降低地块边缘的空间围合度、顺应城市主导风向开放建筑的方法,引入城市自然通风以提高该地段风速,驱散污染物堆积,从而营造健康舒适的街区风环境。图7中I处,降低多层住宅楼的空间围合度,使建筑形体顺城市主导风向形成较规则形状,利用城市的自然通风形成较少的静风区,在街区风环境舒适度提高的同时其内部环境质量也得到了提升。

(2)在街区的垂直视角上,针对街区迎风面被建筑遮挡而造成的区域风速低、环境质量差的现状,可以采取控制建筑高度,利用高低错落的建筑高度差形成气压差促进基地内部空气流动的方法,促使街区内部空气流动,提升环境质量。如图7中II处,对形成较大区域静风区的建筑形态以及街区边缘阻挡城市自然风进入的建筑高度进行调整,使建筑周边区域的风速得到了明显提高,驱散冬季污染物堆积,营造健康街区风环境。

(3)通过利用街区内部的公共空间、街道路网、绿地景观等要素,形成与城市相连的通风廊道,对于城市冬季空气污染物的疏散具有重要作用,同时是营造健康、舒适街区风环境的重要措施。同时基地内部其他区域的改造会提高整个街区内部风环境质量,如图7的Ⅲ处中在未改造的基础上提升了建筑周围风环境质量。

图7 优化风速模拟对比

(图片来源:作者自绘)

5 展望

在城市现代化转型发展的过程中,适宜的人体舒适度能够有效提高城市历史城区中街道空间的活力与利用率。本文以济南商埠区纬四路东侧街区为例,对历史街区风环境影响因素进行分析,探索风环境与街区内部

舒适度之间的关联规律,并提出基于风环境的街区空间形态优化策略。希望本文的个案研究能为营造舒适、宜居的城市空间提供有益的借鉴。

参考文献

[1] 刘加平.城市环境物理[M].北京:中国建筑工业出版社,2011.

[2] 王宇婧.北京城市人行高度风环境CFD模拟的适用条件研究[D].北京:清华大学,2012.

[3] 何依.走向"后名城时代"——历史城区的建构性探索[J].建筑遗产,2017(3):24-33.

[4] SATO T, MURSKAMI S, OOKA R. Analysis of regional characteristics of the atmospheric heat balance in the Tokyo metropolitan area in summer[J]. Journal of Wind Engineering and Industrial Aerodynamics, 2008, 96(10):1640-1654.

[5] 胡兴,魏迪,李保峰,等.城市空间形态指标与街区风环境相关性研究[J].新建筑,2020(5):139-143.

林进[1*]　何川[1]　熊颖[1]　宋炯锋[1]

1. 长沙理工大学建筑学院；1354719984@qq.com

Lin Jin[1*]　He Chuan[1]　Xiong Ying[1]　Song Jiong feng[1]

1. School of Architecture，Changsha University of Science & Technology

湖南省教育厅重点科学研究项目(21A018)

基于 BIM 技术的湘西地域性建筑更新设计研究
——以怀化横岭侗寨为例

Based on BIM Technology under the Design of Regional Building Renovation in Western Hunan：A Case Study of Hengling Dong Settlement in Huaihua

摘要：本文研究以"乡村振兴"为背景，结合怀化横岭侗寨的空间现状与实际需求，对鼓楼场所开展了数字化更新研究。将"文化感知"与"情感记忆"作为侗族村落的切入点，结合其地域环境、行为、心理需求等方面。通过BIM技术的数字化解构与分析方法，对其地域性建筑的结构构造、空间形态、人居环境等方面进行研究。通过实地调研问卷，将村民反馈意见纳入设计范畴，从而提升原有鼓楼空间的适用性。此外，研究运用BIM技术的VR模拟、日照采光等分析方法，对其更新设计方案进行评估，发现其适宜地域性建筑空间更新的模式，以及延续性设计方法。基于数字化技术对鼓楼空间进行"情感—记忆—文化"设计，以营造出具有民族性、记忆性的公共空间，寻求传统公共空间的保护与更新策略。

关键词：BIM技术；地域性建筑；更新设计；延续发展

Absrtact：Based on the background of "rural revitalization" and combined with the spatial status and actual needs of Hengling Dong Settlement in Huaihua，this paper carried out digital renewal research on drum Tower site. Taking "cultural perception" and "emotional memory" as the entry point of Dong Settlement，combining their regional environment，behavior，psychological needs and other aspects. Through the digital deconstruction of BIM technology Analysis method，to its regional architecture structure，space form，human settlements and other aspects of the study. With the field survey questionnaire，the feedback of villagers are incorporated into the design category，so as to improve the applicability of the original drum tower space. In addition，the research uses BIM technology VR simulation，sunlight and other analysis methods to evaluate its renewal design scheme，and finds that it is suitable for regional buildings space renewal mode，as well as continuity design method. Based on digital technology，the "emotional-memory-culture" design of drum Tower space is carried out to create a public space with national character and to seek the protection and renewal strategy of traditional public space.

KeyWords：BIM Technology；Regional Architecture；Update Design；Continued Development

1　前言

侗族人民喜群居，而善与自然共生，大部分村落都依山傍水。侗族人民喜爱歌舞的天性，以及聚会、庆祝、祭祀等活动的行为需求，侗族村落内形成了独特的鼓楼公共场所。在当下众多外来文化的喧嚣中，村落内的公共场所开始失去昔日的活力,独具特色的传统聚落空间开始遭到破坏。因此,研究以怀化通道侗族自治县的横岭侗寨为例,对聚落空间内鼓楼场所的更新设计展开研究。此外,基于数字化技术对鼓楼地域性建筑的设计应用,对未来侗族聚落空间的活力发展、民族文化的延续有着重要的研究意义。关注民族文化,复兴传统场所,已成为当下地域性建筑更新的重要议题。

2 研究区域概况

2.1 横岭侗寨概况

横岭侗寨位于湖南省怀化市通道侗族自治县,因横向山岭延伸处而得名。相传宋朝前,平日、坪坦先祖曾先后聚集在此,随后相继迁入横岭而生存。而横岭侗寨位于坪坦河流域核心区域,拥有着较好的自然资源,以及丰富的文化遗产。横岭临水而依、背靠山峦,形成了聚落空间与自然生态的和谐画卷。当下传统村落都面临着发展滞后的困境,以及侗族的文化传承与发扬等问题。因此,研究从建筑遗产保护的视角出发,结合数字化技术的应用设计,以期实现地域性建筑空间的活化。

2.2 建筑风貌特征

横岭侗寨作为"百里侗文化长廊"的核心建设村落之一,现存地域性建筑遗产众多。聚落内的侗族民居、鼓楼、寨门的特色鲜明,具有丰富的地域性建筑文化。其中侗族民居大部分以传统干栏式为主,而鼓楼则是以穿榫衔接的结构形式为主。鼓楼场所作为地域文化与民族文化、以及地理环境共同影响下的智慧结晶,满足着村民的日常休憩、集会等众多行为活动的需求。因此,选取了横岭村内的三朝鼓楼为实践案例,通过数字化技术展开鼓楼空间的保护更新研究,从而推动地域性建筑的延续与发展。

3 场所现状与设计分析

3.1 空间场所现状与问题

三朝鼓楼位于横岭侗寨核心位置,景色宜人,因由鼓楼主体和一号、二号寨门楼三部分构成而得名。鼓楼主体史建于1855年,一、二号寨门分别于1864年与1883年而建,后毁于火灾而重建在1986年。由此可见,三朝鼓楼在横岭村村民心目有着十分的重要地位,同时也寄托着村民的情感记忆(图1)。基于横岭的PSPL调研与问卷访谈,可发现三朝鼓楼已成为村民、游客集中休憩的场所,但地域性建筑内部的现状问题众多急需解决,才能满足当下个体的需求;主要问题集中在以下两点:①内部空间尺度不合理,且无法满足日常游客与村民的行为活动需求;②空间环境较差且简陋,设施老旧、生态景观未能较好利用,整体具有一定安全隐患。

图1 三朝鼓楼空间现状图
(来源:作者自摄)

3.2 空间要素的设计分析

对鼓楼场所进行空间要素分析,可明确地域性建筑设计的出发点。正如扬·盖尔所说:"判断公共空间的好坏,不只是看空间内聚集的人数,还需观察空间人的感受状态、活动行为等[1]。"由此,对地域性公共建筑的更新设计,就应从人的感知、行为与体验出发。首先应满足各群体的不同需求,其次是提升空间舒适度,以及丰富体验感等,最终才能实现传统空间真正的更新与延续。基于此,运用SD分析法对三朝鼓楼空间展开了相关研究,得到其评价数据图表(表1)。在鼓楼更新设计中,从物质空间的功能要素上分析,主要由休憩、集会、展示三大功能要素构成;而从非物质空间的要素分析,主要由文化、记忆、情感三部分要素构成,两者相互依存构建起三朝鼓楼的更新内核。

表1 SD评价指数表
(来源:作者自绘)

类型要素	指数(评价因子)	三朝鼓楼
行为	活动类型(丰富的—单一的)	活动类型 -0.6
	活动频率(频繁的—缺乏的)	活动频率 0.68
	活动人数(大量的—较少的)	活动人数 1.2
空间	空间尺度(适宜的—不当的)	活动类型 0.06
	功能丰富度(丰富的—匮乏的)	功能丰富度 -0.68
	体验感受(良好的—较差的)	体验感受 -0.45
文化	认同感(认可的—无感的)	文化认同 0.78
	丰富度(浓厚的—淡薄的)	文化丰富度 1.28
	感知(熟悉的—陌生的)	文化感知度 -0.45
心理	亲和度(和谐的—突兀的)	亲和度 0.26
	满足度(满意的—不满的)	满足度 -0.47
	舒适度(适宜满足—较差不满)	舒适度 -0.85

4 地域性建筑的建构分析

4.1 建筑整体的建构

基于BIM技术下地域性建筑的更新设计,不止单一的关注建筑物,还需考虑人与空间、环境的关系。参考国外对建筑遗产保护更新路径,通过"地方行动小组"(GAL)与当地政府的合作模式所展开,其中地域性的GAL代表能较好收集民意与建筑遗产的基本情况,并为后续保护更新提供指导方案[2]。由此,可通过BIM技术的交互共享功能,实现设计方案的可视化交流与虚拟体验,让设计过程中利益各方都能做出理性的判断,且达成统一的决策。随着信息化时代的快速发展,无人机测绘、三维激光扫描技术开始应用,推动了BIM模型数据的准确与交互性[3]。此外,基于数字信息模型的建构,实现点云数据源的交互协同,同时为地域性建筑的信息化管理提供了平台。其中,对地域性建筑的信息采集可分为三部分:①空间形态信息,包括平面、立面、细部构件尺寸等;②空间场所信息,包括地理位置、朝向与气候等;③建筑构成信息,包括鼓楼的构件材料、建造技艺、建筑风格、时间年代等。

4.2 结构构造的分析

三朝鼓楼整体以穿斗式结构为主,主体为双重檐歇山顶,而一层方形主体与一、二号门楼两檐相交,其中一、二号门楼均采用如意斗拱出挑。实地调研的数据收集,以及建筑整体的建构,使更新设计中的技艺构造的延续问题得到解决。

基于数字化软件中Revit基础平台,在三朝鼓楼更新设计的前期,主要解决建构分析、设计优化等问题。针对结构构造的分析流程,主要可分为以下几步:①建立Level of development(LOD)标准,对设计建模进行精细化的划分,以解决后续设计精度不够的问题[4];②组织搭建族构件库,主要基于族样板文件,对族构件进行参数化的创建并存储为"rfa"外部格式,以便于后续实践案例的应用与调取;③建立BIM管理平台,对鼓楼结构构件信息进行系统的管理,其中包括尺寸、材质、修缮记录等信息。通过BIM技术对鼓楼结构构造的分析,以及族库与管理平台的搭建,实现建筑全生命周期的管理。

4.3 数字模拟的分析

室内环境的优化,从提升三朝鼓楼的空间品质出发,发现其建筑空间环境的不足。由此,对鼓楼空间展开相应的模拟分析,进而提升鼓楼空间的人居环境。其分析流程大致如下:①数据信息的设置,调整好建筑的地理位置、气候与时间等信息;②模型数据的输出,将设计模型导出Gbxml格式的文件,便于后期模型数据的交互与分析;③数据结论的分析,通过InSight在线平台展开前期的采光分析,并输出分析图(图2)。综上分析结论,可发现局部采光不足、西晒影响较大、以及内部空气流程不畅等问题。因此,更新设计在保护地域建筑的整体形态的前提下,对部分屋顶的瓦片进行拆除并外增设其屋顶,可满足室内基础的采光需求,同时提升室内空间的空气流通性。

图2　BIM模型采光分析图
(来源:作者自绘)

5 情感记忆的数字化更新

5.1 情感记忆的更新路径

情感记忆一直是人与聚落空间的联系纽带,鼓楼空间作为村落中重要的地域性标志物,牵绊着村民的情感与记忆。由地理学家段义孚所提出"恋地情结"的概念中,认为人与场所之间有着一种特殊的感知与联系,可产生出一种较强的依赖感[5]。基于此,对地域性建筑的更新设计研究,应以提升村民情感、记忆与文化的感知为目的,实现侗族人民对传统空间的认同依赖。

根据PSPL调研法与问卷访谈等方式,对三朝鼓楼公共空间进行数据的收集,发现不同人群间的聚集时间、行为方式与心理需求等。将鼓楼空间功能的需求量与时间点进行计点计数,从而得到不同时间维度下村民与游客的功能需求表(表2)。此外,对文化、记忆与行为要素进行分析,发现人与场所空间之间的联系点。而对地域性鼓楼场所的更新设计从以下两点展开:①鼓楼空间情感记忆的发掘,应增加地域空间文化与行为要素,比如阅读、休憩与集会空间等,提升个体对场所情感记忆的感知;②鼓楼空间民族文化的传承,应充分结合与利用民族的文化特点,比如民族性聚会、活动等,提升群体对场所空间所承载的文化认知。最终,数字化技术对鼓楼空间进行"情感—记忆—文化"设计,以营造出具有民族性、记忆性的鼓楼场所,使人与空间场所发生更紧密的联系。

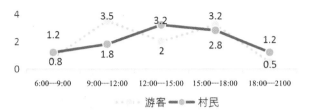

表2 不同群体时间需求量表
（来源：作者自绘）

5.2 整体形态的延续拓展

在三朝鼓楼的更新设计上，为了既有建筑的协调统一，在空间拓展与风格造型上采用同等材料、构造方式进行营造。在地域性建筑的延续设计原则下，注重空间整体形态的拓展且满足协调平衡，实现地域性建筑的活化与复兴。

为了贴近村民对传统建筑空间的认知，设计采用数字化技术的参数控制与调整，进而控制更新置入与整体形态之间的匹配度。可视化的参数调整，通过 Revit 中的族参数控制，实现对外部幕墙的选取调节（图3）。此外，在鼓楼整体形态的延续方面，主要从下三部分展开：①建造技艺的延续，通过数字化技术的整体分析，对既有建筑的结构体系进行修复，而拓展空间的结构则仍沿用穿斗式；②建筑立面的协调，贴合村民的视角感知与统一，保护好鼓楼南面的建筑形态与景观空间，利用闲置的北侧空间进行空间拓展，拓展功能空间采用三段式的递进，对三朝鼓楼主体进行回望与致敬，达到村民记忆追思的目的；③材料选取的统一，在鼓楼建筑空间的更新设计上内外部都采用统一的材料，加强新老空间的融合与统一。

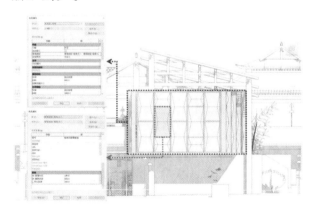

图3 参数调节关系图
（来源：作者自绘）

5.3 场所需求的功能更新

鼓楼空间的更新设计过程中，结合地域特色进行功能更新，以促进村落空间的活力发展。在更新设计中应符合村民意见与村落发展需求，同时让村民参与到整个更新建造过程中，使之对鼓楼空间产生新的情感记忆。由此，村民会对村落内传统鼓楼空间产生新的认同感，使设计师的作品更好地融入地域特色。

根据三朝鼓楼空间现状与各要素需求，将消极的空间进行重新利用，让焕然一新的功能空间带给不同群体良好的体验感知。在鼓楼空间内部的功能更新与拓展中，设计满足既有功能需求，同时对闲置空间进行合理的再利用（图4）。根据情感记忆与场所需求的分析，得到功能需求依次为日常休闲、学习阅览、文创展示等。在鼓楼主体内部空间，除了保留原有的休闲娱乐功能，还拓展了其相应的集会空间，以满足未来村民日常集会与摆设长龙宴聚餐等需求。在北侧拓展的新空间，主要为满足群体的日常休闲与阅读等需要，同时也为村内学生提供课外学习的活动空间。而在鼓楼对下部闲置空间进行利用的过程中，将地下一层空间打造成为侗族村落的文化创意空间，为村落的民族性文化输出提供场所。此外，该场所可提供给横岭侗寨一个历史文化记录与展示空间，以及民族性手工艺品展示与售卖的平台，最终实现地域性建筑空间的活力新生。

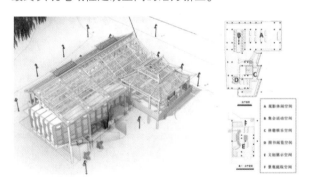

图4 鼓楼空间平面与模型图
（来源：作者自绘）

5.4 地域建筑的文化感知

随着外来文化不断侵入，村民对地域性文化的感知正在减弱。因此，对地域建筑的改造更新，其重要意义是为了延续侗族聚落的文化整体。在整个更新设计中，可看作为提升村落主体与人之间联系的过程，同时也应是建筑文化的保护、发扬与再生的过程。

基于数字化技术的应用，除了对建筑单体的研究分析，还应深刻考虑群体间的文化总和，从而找到地域建筑的更新设计初衷。因此，对地域性建筑空间的文化营造分为两部分：①建筑整体的文化，主要体现在建造技艺、建筑风格、形态特征等方面；②内涵精神的文化，主要体现在餐饮集会、习俗活动与祭祀庆祝等方面。基于文化感知提升的前提下，满足村民自我刺激与感知，将鼓楼空间改造更贴近村民传统印象的空间场所。通过数字模拟的分析，呈现不同时间点的视觉感受(图5)。此外，通过文创空间的功能置入，将大大提升文化感知度，其主要从以下两部分展开：①文化展示与传播，通过将闲置空间的功能置换，提供大面积的展示与售卖区，实现民族文化特性与地域建筑主体的融合发展；②文化活动与体验，在横岭侗寨中找到民族文化的集体记忆，以丰富民族活动与游客体验为基础，使更新设计更快融入聚落整体，并且满足实际文化需求。最终鼓楼空间的功能更新，不仅要提升群体的文化感知，还应推动湘西地区地域文化的延续与传承。

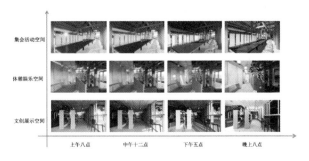

图5 室内时间点模拟图

(来源：作者自绘)

6 结语

本文以横岭侗寨地域性建筑的更新设计为例，结合

情感、文化的感知，对既有空间展开了行为、心理等需求分析，从而发现更新设计的基本要素。通过数字建构与模拟分析，对既有建筑的结构体系、空间环境进行研究。基于情感、记忆与文化的感知需求，提出了更新设计的路径与方法，推动建筑文化的延续发展。基于此，从地域文化与场所需求展开相应的功能更新研究，充分利用数字化技术的设计优势，助力湘西地域性建筑空间的延续发展。

参考文献

[1] 盖尔.公共生活公共空间[M].北京：中国建筑工业出版社，2003.

[2] 牧骑，艾博理，陈莉."合力"模式下的意大利乡村建成遗产保护及更新——以皮埃蒙特大区为例[J].建筑师，2021，209(1)：34-41.

[3] 林进，何川，向鑫，等.基于BIM技术下湘西传统民居的更新保护策略研究——以湘西浦市古镇为例[C]//智筑未来——2021年全国建筑院系建筑数字技术教学与研究学术研讨会论文集.武汉：华中科技大学出版社，2021：496-505.

[4] 许蓁.BIM应用设计[M].上海：同济大学出版社，2016.

[5] TUAN Y F. Space and place：Humanistic perspective[J]. Progress in Geography，1974(6)：233-246.

Ⅷ　智能城市与未来人居

李帅[1]*　唐芃[1]

1. 东南大学建筑学院；kalishuai@163.com

Li Shuai[1]*　Tang Peng[1]

1. School of Architecture，Southeast University

国家自然科学基金面上项目(52178008)

基于大数据的应急避难场所服务能力评价
——以南京市为例

Emergency Shelter Capacity Evaluation Based on Big Data：A Case Study of Nanjing

摘　要：应急避难场所的建设是城市减灾防灾的重要环节，也是人民安全的重要保障。对应急避难场所的服务能力进行评价可以为城市避难场所规划建设提供参考和建议。在应急避难场所的评价中，人口数据的获取是十分重要也是相对困难的环节。本研究以南京市为例，首先利用腾讯位置大数据的定位次数与常住人口之间的显著相关性，构建了 1 km×1 km 精度的人口估算模型，实现了任意区域的常住人口数据的实时获取，然后构建了可达性和有效性指标，对南京市的应急避难场所服务能力进行了定量评价，得出了各区域和各避难场所的避难人口配置缺口和避难面积配置缺口的具体数值。研究结果既可以在宏观上为城市完善应急避难场所的布局和体系提供参考，也可以为单个应急避难场所的优化提供指导。

关键词：应急避难场所；大数据；服务能力评价

Abstract：The construction of emergency shelters is an important part of urban disaster mitigation and prevention system，and it is also an important guarantee of people's safety. The evaluation of the service capacity of emergency shelters can provide references and suggestions for the planning and construction of urban shelters. In the evaluation of emergency shelters，the acquisition of population data is a very important and relatively difficult part. Taking Nanjing as an example，this research firstly constructs a population estimation model with 1 km×1 km accuracy by using the significant correlation between the positioning times of Tencent's location big data and the resident population，and realizes the real-time acquisition of the resident population data of any area. Then，the accessibility and effectiveness index are constructed to quantitatively evaluate the emergency shelter service capacity in Nanjing，and the specific values of the refuge population allocation gap and the refuge area allocation gap in each area and each shelter are obtained. The results of the study can provide reference for the city to improve the layout and system of emergency shelters at a macro level，and also provide guidance for the construction of individual emergency shelters.

Keywords：Emergency Shelter；Big Data；Service Capacity Evaluation

1　引言

应急避难场所建设是减灾防灾的重要环节。在城市的快速发展增加了众多不可预知事件发生的可能，以往建设的应急避难场所可能无法满足当下与未来的避难需求。因此，应急避难场所的规划应该及时调整与更新，而应用大数据实时获取和快速分析的特点对应急避难场所的服务能力进行评价，可以反馈其当下的服务能力,从而为下一步规划建设提供指引。

对应急避难场所服务能力评价的研究重点在于评价指标的构建和用于指标计算的数据获取。

在应急避难场所的评价指标构建的研究中,相关学者从安全性、有效性、可达性、公平性等方面对评价指标进行了较为完善的构建[1]。对于多个指标构成的评价体系,采用 AHP 层次分析法、改进灰色关联分析法等研究了影响因素的权重[2][3]。

在数据获取方面,周玉科运用 POI 数据和地理国情监测云平台提供的 2010 年 1 km×1 km 的人口密度分布数据对指标进行了计算[3];魏本勇采用 2010 年全国人口普查中的公里网格化(1 km×1 km)人口数据对北京市的应急避难场所服务效能进行了评价[4]。可以看出多数研究获取的人口数据都具有一定滞后性。叶堃晖采用腾讯位置大数据提供的人口热力数据对重庆市渝中半岛的避难场所进行了评价[5];蒋柱通过获取百度地图的热力图数据对长沙市应急避难场所的覆盖效果进行了研究[6]。利用类似的人口热力数据只能进行定性的分析和评价。

本文在既往研究的基础之上,利用大数据的方法,对腾讯位置大数据的定位数据与常住人口进行回归分析,利用定位次数求取常住人口的公式,进而构建了 1 km×1 km 的人口网格,该人口网格具有实时性。结合 OpenStreetMap 提供的路网数据和居住区 AOI 数据在 ArchGIS 平台构建数据集,从可达性和有效性两方面对南京市已有的应急避难场所的服务能力进行了定量评价,以期为应急避难场所的评价研究和南京市应急避难场所的规划建设提供参考。

2 研究区域概况

南京市是江苏省省会,面积为 6587.02 km²,常住人口为 942.34 万人,共有 11 个市辖区,其中中心城区由鼓楼区、玄武区、秦淮区、雨花台区、建邺区和栖霞区 6 个市辖区组成。

南京市地震局官网发布的《南京防震减灾年报(2019 年度)》显示,南京市共有中心级应急避难场所 8 个,固定级应急避难场所 25 个。《江苏省城市应急避难场所建设标准》(DGJ32/J122-2011)指出,应急避难场所可分为三个级别:中心级避难场所,固定级避难场所,紧急级避难场所。其中中心级避难场所服务范围为 5 km,固定级避难场所服务范围为 2 km,紧急级避难场所服务范围为 0.5 km。本文主要研究中长期避难场所的服务能力,因此选取中心级避难场所和固定级避难场所为研

究对象。

3 研究方法

3.1 数据集建立

3.1.1 数据来源

(1)腾讯位置大数据:当用户调用腾讯产品的位置服务时,就会产生一次用户的定位信息。本研究运用 Python 爬虫技术爬取了网站 https://heat.qq.com 中南京市 1 km×1 km 精度的定位数据,爬取时间为 2019 年 4 月 28 日-5 月 10 日。

(2)路网数据:数据来源于 OpenStreetMap 官网下载的南京市路网数据,数据获取时间为 2022 年 3 月 20 日。

(3)应急避难场所数据:数据来源于南京市地震局官网发布的《南京防震减灾年报(2019 年度)》。

(4)居住区 AOI 数据:数据来源于 Python 调用百度地图 API 获取的居住区的建筑轮廓数据,数据获取时间为 2022 年 5 月 28 日—5 月 30 日。

(5)市辖区与街道层级的常住人口数据:数据来源于知网和政府官网提供的 2019 年南京市统计年鉴和各市辖区的统计年鉴。

3.1.2 人口网格数据

研究发现腾讯位置大数据的定位次数(以下称为定位次数)与常住人口之间存在紧密相关性[7]。本研究采用了求取定位次数与常住人口之间的回归方程的方式来构建人口网格。研究首先筛选出 13 天的南京市 21 时—24 时各个计数点的定位次数进行求和,然后将各个街道的总定位次数与各街道的常住人口数在 SPSS 软件中进行回归分析(图 1)。分析发现,二者之间用二次多项式进行拟合时,拟合程度较好,其显著性为 0.00,远远小于 0.001,说明二者之间呈显著相关;$R=0.863$,$R^2=0.744$,表明其拟合程度较好,数据可以用二次多项式进行描述。由此求出的回归方程为式(1),式中 y 为街道常住人口,x 为该街道的总定位次数。

$$y=-0.000006325 x^2+2.821x+36402.265 \quad (1)$$

式(1)为街道层级的人口计算方法,还需对其进行降尺度处理才能应用于网格尺度。对式(1)降尺度即对式中的常数项进行降尺度。本研究采用将常数项乘以该网格内定位次数与该网格所在街道总定位次数的比值的方法进行降尺度处理。由此得到网格人数的计算公式为式(2),式中 y_g 为网格内的人口,x_g 为该网格内的定位次数,d 为该网格所在街道的总定位次数。

$$y_g=-0.000006325 x_g{}^2+2.821 x_g+36402.265 \times \frac{x_g}{d}$$

$$(2)$$

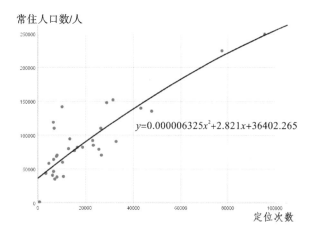

常住人口数/人

$y=0.000006325x^2+2.821x+36402.265$

定位次数

图1　街道层级常住人口与定位次数回归分析
（来源：作者自绘）

将式(2)应用于所有的网格之上，即可求出南京市
1 km×1 km精度的人口网格。

3.2　评价指标构建

3.2.1　区域层级评价指标构建

在区域层级的研究中，主要从可达性、有效性进行
评价指标构建。

可达性是指到达某一目标的容易程度。区域层级
避难场所的可达性可通过人均避难路程这一指标进行
评价。人均避难路程是指研究范围内所有居民到达最
近的应急避难场所所需路程的平均值，其计算方式是不
断扩大避难场所的服务范围，直到研究区域完全被避难
场所覆盖为止，通过每次扩大的范围内的人口与路程的
积的叠加求得的总避难路程除以总人口得到，具体计算
公式如式(3)：

$$\overline{S} = \frac{\sum_{i=500}^{n} \sum_{i=1}^{m} P_j \overline{S_j}}{P} \qquad (3)$$

式(3)中 $\overline{S}$ 为人均路程；i 表示研究区域内的第 i 个避难
场所，其取值范围为 $i \in [1,m]$，m 为研究区域内的避难
场所总数；j 表示避难场所的覆盖半径，$j=500,1000,$
$1500,\cdots,n-500,n$，即 j 按 500 m的步长逐渐扩大到避
难场所能覆盖整个研究区域为止；$\overline{S_j}$ 表示 j 到 $j-1$ 之间
的范围内到达避难场所的平均路程，取 j 与 $j-1$ 的平均
值；P 为研究区域内的总人口，P_j 表示 j 到 $j-1$ 之间范
围内的人口数。

区域层级的避难场所的有效性可通过避难人口配
置缺口和避难面积配置缺口进行评价。

$$P_d = P_b - P_a \qquad (4)$$
$$S_d = S_b - S_a \qquad (5)$$

式(4)中 P_d 表示研究区域的人口配置缺口，P_a 表示研究

区域内的需避难人口，P_b 表示研究区域内所有避难场所
的总设计容量。式(5)中 S_d 表示研究区域内避难场所的
面积配置缺口，S_a 表示研究区域所需避难面积，S_b 表示
研究区域内的已有避难总面积。

3.2.2　各避难场所评价指标构建

在对区域层级的避难场所的整体服务能力进行评
价之后，本研究还对每个避难场所的服务能力进行了评
价。评价依旧从可达性和有效性展开。

可达性评价沿用与区域层级评价中同样的方法，逐
渐对每个避难场所的覆盖范围进行扩大，直到覆盖半径
达到该避难场所的最大半径为止。

$$\overline{S_i} = \frac{\sum_{j=500}^{q} P_{aj} \overline{S_j}}{P_a} \qquad (6)$$

式(6)中 $\overline{S_i}$ 表示该避难场所的人均避难路程，P_{aj} 表示
$j-1$ 到 j 范围内的需避难人口，$\overline{S_j}$ 表示 j 到 $j-1$ 之间的
范围到达避难场所的平均路程，取 j 与 $j-1$ 的平均值，
P_a 表示该避难场所最大覆盖范围内的需避难人口数。

各避难场所的有效性评价通过人口配置缺口和避
难面积配置缺口进行衡量。

$$P_{id} = P_{ib} - P_{ia} \qquad (7)$$
$$S_{id} = S_{ib} - S_{ia} \qquad (8)$$

式(7)中 P_{id} 表示该避难场所的人口配置缺口，P_{ia} 表示
该避难场所覆盖范围内的需避难人口，P_{ib} 表示该避难
场所的人口设计容量。式(8)中 S_{id} 表示该避难场所的
面积配置缺口，S_{ia} 表示该避难场所内需避难人口的需
避难面积，S_{ib} 表示该避难场所的已有避难面积。

3.3　评价指标计算

从上述建立的南京市的数据集中提取所需数据代
入评级指标计算公式中进行计算。其中，提取任意范围
内的人口数据主要有两种方式。

方式一：对于AOI数据完整的城区范围内的人口数
据获取，由于每个网格的人口数据和网格内的总建筑面
积是已知的，可以先计算能覆盖该范围的所有网格内的
人均居住面积，再用需计算范围内的总建筑面积除以人
均居住面积的方式获取所需范围内的人口。式(9)中 a
为人均居住面积，S_{ar} 为建筑面积，P 为人口数。

$$a = \frac{S_{ar}}{P} \qquad (9)$$

方式二：对于AOI数据不完善的郊区，采用式(10)
的面积比例法计算，式中 P_x 表示计算范围内的人口，S_x
为计算范围的面积，S_g 为能覆盖该计算范围的网格面
积，P_g 表示这些网格的面积。

$$P_x = \frac{S_x}{S_g} P_g \qquad (10)$$

研究范围内的总人口并不等于需避难人口,本文按照陈志芬提出的避难人口预测的经验模型对 7 级地震设防的南京市进行 7 级地震下的避难人口预测,并将其运用于指标计算[8]。

4 南京市实证研究结果与分析

4.1 区域层级的研究结果分析

区域层级的研究对南京市的中心城区、六合区、浦口区、江宁区、溧水区、高淳区进行了比较分析。可达性和有效性评价结果如表 1 所示。

从有效性评价结果来看(表 1、图 2(a)、图 2(b)、图 2(c)),中心城区由于地价高、人口多,其避难场所的有效

性还有较大不足,约 30.82 万需避难人口的避难需求得不到满足,缺少 332400.19 m² 的有效避难面积。六合区和浦口区在避难场所的避难人口设计容量和有效避难面积上都存在较大缺口;江宁区和溧水区有效避难面积达标但避难人口设计容量还分别存在 11.85 万人和 1.21 万人的缺口;只有高淳区在有效性指标中满足要求。区域层级的可达性指标反映了区域内的人到达避难场所的容易程度,还可以反映避难场所的覆盖效率性和选址合理性。结果表明(图 2(d)),中心城区的人均避难路程最短,周边城区相对来说人均避难路程普遍更长。这说明中心城区的避难场所布局更为合理,江宁、浦口、高淳的避难场所布局较为合理但存在部分人口密集区域未覆盖的漏洞,六合区和溧水区的避难场所覆盖均匀度则存在较大问题。

表 1　南京市各区域应急避难场所服务能力评价结果

(来源:作者自绘)

研究区域	常住人口 /(万人)	需避难人口 /(万人)	需避难面积 /m²	人口配置缺口 /(万人)	避难面积配置缺口 /m²	人均避难路程 /(km/人)
中心城区	434.99	38.24	764711.20	−30.82	−332400.19	3.99
江宁区	192.61	16.93	338611.37	−11.85	52888.63	6.01
浦口区	117.16	10.30	205967.81	−7.13	−24967.81	6.52
高淳区	42.92	3.77	75448.61	0.40	214551.3866	6.56
溧水区	49.13	4.32	86376.87	−1.21	230823.13	7.16
六合区	4.66	8.32	166405.78	−4.99	−42105.78	8.40

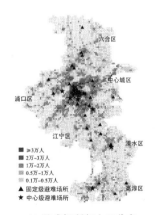  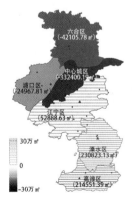 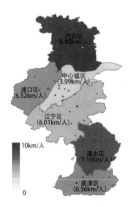

(a) 避难场所与人口分布　　(b) 各区域避难人口配置缺口　　(c) 各区域避难面积配置缺口　　(d) 各区域人均避难路程

图 2　区域层级评价结果

(来源:作者自绘)

4.2 各避难场所研究结果分析

对区域层级的研究可以发现避难场所整体覆盖情况的漏洞,对各个避难场所进一步进行评价可以得出每个避难场所当下的承载能力。对各避难场所的有效性评价结果显示(图3(a)、图3(b)),在已建成的避难场所中周边城区的避难场所几乎都满足有效性要求。但中心城区的避难场所多数无法满足有效性指标,如编号为10、11、e的避难场所的人口设计容量和有效避难面积均存在较大缺口,编号d、12等避难场所只满足一项有效性指标。

可达性结果显示周边城区的避难场所可达性优于中心城区,这是由于周边城区避难场所多建于人口高度集中的城镇,而中心城区却很难在人口高度集中的地区建设大型避难场所(图3(c))。

4.3 优化建议

中心城区、六合区、浦口区的避难人口和避难面积配置都存在较大缺口,需要建设新的避难场所满足避难需求。江宁区和溧水区的避难面积达标,但避难人口配置存在缺口,这主要是因为该区域避难场所集中在城区部分,对于周边城镇、乡村的重视不够,需要在下一阶段建设中提高避难场所覆盖的均匀度。

针对已建成的避难场所来说,对于避难人口和避难面积配置均不达标的,需要在邻近区域新建避难场所以减轻其避难压力。对于避难面积达标,避难人口配置不达标的,可以增加安全设施提高其人口容量。对于避难人口达标,避难面积不达标的避难场所,建议在邻近区域扩展其有效避难面积。

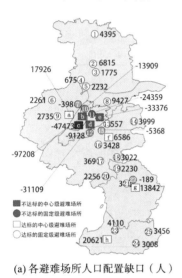 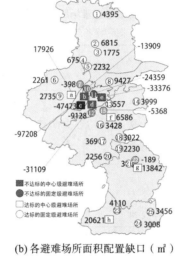 

(a) 各避难场所人口配置缺口(人)　　(b) 各避难场所面积配置缺口(m²)　　(c) 各避难场所人均避难路程(km/人)

图3　各避难场所评价结果

(来源:作者自绘)

(图中编号对应的避难场所为:1-马集初级中学避难场所;2-金陵中学避难场所;3-蒋湾小学避难场所;4-扬子中学避难场所;5-太子山公园避难场所;6-永宁知青故里避难场所;7-浦口公园避难场所;8-尧化门避难场所;9-汉开书院避难场所;10-古林公园避难场所;11-大行宫避难场所;12-将军山中学避难场所;13-觅秀街中学避难场所;14-宁峰路避难场所;15-江宁高级中学避难场所;16-游府西街小学上秦淮分校避难场所;17-南京百家湖小学避难场所;18-周岗中学避难场所;19-溧水柘塘中学避难场所;20-金肯职业技术学院避难场所;21-江苏省溧中附中避难场所;22-溧水区第一初级中学避难场所;23-湖滨中学避难场所;24-东坝中学避难场所;25-桠溪中学避难场所;a-国防园中心避难场所;b-青奥公园中心避难场所;c-河西中央公园中心避难场所;d-科技中心中心避难场所;e-月牙湖公园中心避难场所;f-江宁体育中心中心避难场所;g-溧水体育公园中心避难场所;h-高淳中心城区避难场所)

5 总结与讨论

本研究用大数据的方法获取了实时的人口数据,采用指标法从可达性和有效性的角度对南京市应急避难场所服务能力进行了评价,得出了各个区域和各个场所具体的避难人口配置和避难面积配置的缺口数值及其可达性数值。

总体来看,不论是区域层级的评价结果还是各个避难场所的评价结果均显示,南京市中心城区的避难场所建设还存在较大问题,表现在避难人口配置和避难面积配置的缺失上。另外,乡镇、乡村的避难场所数量少、规模小,从公平性的角度来看,乡镇避难场所建设也需要纳入城市整体的防灾避难体系建设之中。

由于缺乏乡镇的居住区 AOI 数据,研究在部分区域的人口数获取时采用的面积比例法具有一定的误差,后续还需继续改进。本研究采用的数据获取方法和指标评价法可以为区域层级避难场所和单个避难场所的建设与更新提供定量参考与借鉴。

参考文献

[1] 吴宗之,黄典剑,蔡嗣经,等.基于模糊集值理论的城市应急避难所应急适应能力评价方法研究[J].安全与环境学报,2005(06):100-103.

[2] 张海波,袁菲,石媛.基于 AHP 和 GIS 的城市应急避难场所承载力评价——以南京市为例[J].防灾科技学院学报,2019,21(03):39-47.

[3] 周玉科,刘建文,梁娟珠.基于改进灰色关联的福州市避难所适宜性综合评价[J].地理与地理信息科学,2018,34(06):63-70+1.

[4] 魏本勇,谭庆全,李晓丽.北京市应急避难场所的空间布局与服务效能评估[J].地震研究,2019,42(02):295-303+306.

[5] 叶堃晖,苏晓倩.数据驱动下山地城市避难所空间布局供需错位研究——以重庆市渝中区为例[J].城市发展研究,2022,29(01):54-59+33.

[6] 蒋柱,戚智勇,肖淦楠.基于多源数据的城市避难场所服务能力评价与规划应对[J].中外建筑,2020(01):53-57.

[7] 吴中元,许捍卫,胡钟敏.基于腾讯位置大数据的精细尺度人口空间化——以南京市江宁区秣陵街道为例[J].地理与地理信息科学,2019,35(06):61-65.

[8] 陈志芬,周健,王家卓,等.应急避难场所规划中避难人口预测的简便方法——以地震灾害为例[J].城市规划,2016,40(09):105-112.

吴凌菊[1*] 李飚[1] 华好[1*]
1. 东南大学建筑学院；1543685251@qq.com
Wu Lingju[1*] Li Biao[1] Hua Hao[1]
1. School of Architecture，Southeast University

基于整数规划的树形垂直社区生成
Tree Vertical Community Generation Based on Integer Planning

摘　要：随着城市剩余空间不断趋于饱和，能够承载丰富生活场景的高层综合垂直社区成为城市建设关注的热点。本文提出以超高层建筑为载体的树形垂直社区，将办公、居住、电商、交际等多重功能空间从横向的层级转化为三维空间内四种组团，制定不同组团在三维空间内的分布规则，建立 0-1 整数规划数学模型，通过数学求解器求得解集，生成与优化树形垂直社区空间。本研究帮助探索新型高层社区组织模式，提升高层空间利用效率，拓宽垂直社区的概念，为未来超高层社区发展提供新思路。

关键词：生成设计；垂直社区；整数规划；超高层

Abstract： As the remaining space in the city continues to be saturated，high-rise integrated vertical communities that can carry rich living scenes become a hot spot for urban construction concerns. In this paper，we propose a tree-shaped vertical community with super high-rise buildings as the carrier，transforming multiple functional space such as office，residential，e-commerce，and sociability from horizontal layers into four kinds of clusters in three-dimensional space，formulating the distribution rules of different clusters in three-dimensional space，establishing a 0-1 integer planning mathematical model，and generating and optimizing tree-shaped vertical community space by finding the solution set through a mathematical solver. This study helps to explore a new model of high-rise community organization，improve the efficiency of high-rise space utilization，broaden the concept of vertical communities，and provide new ideas for future super high-rise community development.

Keywords： Generative Design；Vertical Communities；Integer Planning；Super High-rise

1 引言

　　在传统高层社区设计中，空间以不同高度区间的层级划分为多个功能组团，空间拓扑关系的优化限于平面构成和剖面构成。随着城市剩余空间逐渐饱和，空间聚落向上生长已经成为必然趋势，那么仅以同一平面层级作为单元模板组织高层社区的方式，很难同时满足合理性与空间丰富性的需求[1]。本文提出以超高层建筑为载体的垂直树形社区模式（图1），将办公、居住、电商、交际等多重功能空间从横向的层级转化为立体空间组团，缩小满足日常生活的生活圈半径，希望能在最小空间范围内满足各类需求，最大程度提高空间利用效率。

图 1　树形垂直社区结构

　　但树形垂直社区规模庞大，完全依靠建筑师人力考虑全部设计需求，既效率低下，又不能保证方案的合理性。而运用计算机辅助的生成设计为高层社区发展打开了一种新思路，国内外相关的探索已经很多，整数规划算法的运用就是其中之一。本文基于 0-1 整数规划算法，进行树形垂直社区生成设计探索，提取城市不同类型功能空间，转译为三维空间内的单元模板，围绕垂直交通在高层空间范围内分布，并穿插联系交通空间通道保证功能分区间流通，从而形成高层社区空间拓扑关系与空间形态。

整数规划(integer programming)属于数学规划(mathematical programming)的范畴，是变量为整数的优化问题或约束补偿问题。在整数规划问题中，其目标函数和约束为线性，整数规划问题为 NP 完全问题。整数规划主要适用于以下两种数学模型：一是模型中的变量都只能通过整数进行表达的模型，例如规划停车的数量时，不可能出现 3.7 辆车，其中的变量均为整数；另一种是模型中的变量只能通过 0 或者 1 进行表达的模型，变量用来表示非"是"即"否"的状态，这也是整数规划中的一个重要分支(0-1 规划)。整数规划在日常的各个领域都有广泛的应用，例如生产计划、时间表安排、通信网络布置等问题[2]。

整数规划的经典表达式如下：

$$\max \quad c^T x$$
$$s.t. \quad Ax \leqslant b$$
$$x \geqslant 0$$
$$x \in Z^n$$

其核心是将实际问题进行数学模型抽象，用方程组来约束模型中的每一个变量，通过设置目标函数来寻找满足方程的解，从而获得对于实际问题的解答。它被用于描述准确的数理模型与设置合适的目标函数，亦可以用来解决建筑领域的问题[3]。其中路径规划、地块内的建筑布局、建筑平面是整数规划三个最常见的应用，基本要素便是将平面排布问题抽象为预定模板在网格中的拼贴问题。如 Peng 的城市路网生成研究、东南大学的日照强排应用与住区平面生成研究等[4]。

本研究便是在这些研究方法的基础上，运用 Java 编程语言，搭建整数规划数学模型，将场地原有条件与设计需求转化为条件约束，确定优化目标，并用 Gurobi 求解器得到空间解集，实现规定体量空间内三维模板排布。

2 优化模型搭建

2.1 三维模板拼接实验

模板填充问题是可以利用整数规划方法解决的典型问题。研究开始，首先进行三维模板填充的实验，其基础目标是在既定的区域内，尽可能密集地排布固定形状的多种模板单元，同时保证模板之间不相互重叠。

将基础场地预留体量划分成(w, l, h)的三维正交网格，确定原点$(0,0,0)$的格点位置。所有格点依照次序$(0,1,2,\cdots,wlh-1)$设为集合 M，某一确定次序 i，对应三维网格内唯一格点信息(x_i, y_i, z_i)。设置 N 个模板单元，任意第 n 个模板 T_n，同样设置基准点原点与模板占据的空间格点位置集合 T_N，对 M 内第 i 个格点 X_i，设置一个取值为 0 或 1 的参数 T_{ni}，表示基准点在此格点内的占据信息。

定义限制条件是建立整数规划数学模型的关键步骤，也是对实际问题抽象提炼的难点所在[5]。保证模板排布，基础约束如下：

(1)不重叠、不超界约束：对给定的模板设定判定点，以此确定模板在单元格中的占据情况。给定场地单元格内，格点 X_i 被第 n 个模板 T_n 覆盖时，基准点的分布如图 2 中的几种情况。这些情况下模板参照点所组成的区域即为判定 T_n 所覆盖的判定区域，设为 P_n。M 内格点 X_i 对于模板 T_n 的判定区域任一格点 $X_t(x_t, y_t, z_t)$ 均可以通过计算得到。

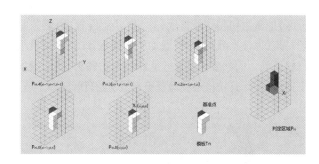

图 2　模板单元与其作用下的判定区域

当格点 X_i 被模板 T_n 占据，当前格点序号相对应的判定区域合集 P_n(图 3)内所有格点相加为 1，为保证每个格点只被单一模板占据，应设立条件约束，令每个格点相对于模板$(T_0, T_1, T_2, \cdots, T_n)$的对应判定区的序号并集 P_n 对应的格点参数小于等于 1。

$$\sum_{j \in P_n} \sum_{n=0}^{N-1} Tnj \leqslant 1, \forall i \in M$$

(2)目标确立：基于对空间效率提升的需求，我们将目标设立为给定单元网格内被占据的空间最多，通过每个模板占据三维单位空间的数量$(s_0, s_1, s_2, \cdots, s_n)$计算模板最终总体积。

$$\max \sum_{i \in M} \sum_{n=0}^{N-1} S_n T_{ni}$$

格点数据被记录后,可以将其转化为可视化结果(图3),模型实验中,计算机数学求解器仅需要极短时间便得到所有可行解,印证选择此算法的合理性。

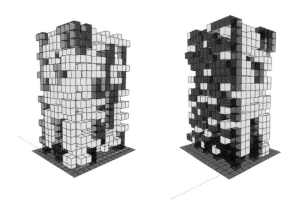

图3 整数规划运用求解器得出最优解
(来源:程序导出)

2.2 社区空间排布

从模板拼接实验转化为垂直社区生成设计,首先确定垂直社区的总体功能分区拓扑关系。考虑到社区的功能丰富度,这里选取 8 m 为单元格长度的 $10 \times 10 \times 42$ 三维网格,从场地体量中心预留 2×2 的核心筒位置。社区内功能分区抽象为办公、居住、电商、交际四种功能分区,抽象为四种功能模板(Ts, Tl, Tb, Ty)。为避免组团粘连,保证光照与通风,增加中庭模板 Tz。同时模板与核心筒之间需要满足直行道路的消防需求,因此增加交通模板 Tt 连接核心筒与模板形成流线(图4)。

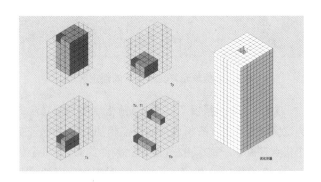

图4 优化体量与各模板形状

除去不超界、不重叠、数量范围的基本约束,社区各功能分区之间需要遵循排布规则,包括模板相邻连接关系、服务范围内相应模板的数量范围、整体数量比例、模板类型数量范围等。为保证实际居住社区的合理性,功能模板将以居住模板为核心展开生成,得到各模板空间拓扑关系(图5)。

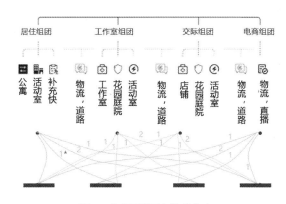

图5 各组团拓扑关系集合

模板拓扑关系抽象转化的核心与和判定模板是否重叠本质一样,均是寻找判定区域内基准点的数量。拓扑关系抽象转化,可以分为两类:模板相邻、模板服务范围内数量限制。

(1)模板相邻:若模板 Ts 需要与模板 Tb 相邻,某格点被 Ts 基准点占据,则检索 Ts 在模板边界沿 $x-y$ 平面周围一圈格点序号,设为集合 P_{tn},并在 P_{tn} 范围内,继续寻找相对于 Tb 的占据判定区,将所有判定区域取并集 P_{ti},对 P_{ti} 内 Tb 模板基准点计次,若总数大于1,即对应的模板达到相邻条件,若总数为0,则模板不相邻(图6)。假如把判定区域缩小为特定边长的拓展,则可以限定模板间的确切相邻关系。

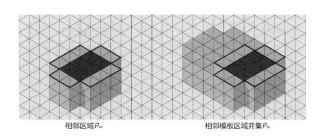

图6 拓扑关系判定区域

(2)模板服务范围内数量限制:这是相邻问题的拓展,根据需求,连接区域从周围一圈变为某个特定区域。例如在 Ts 模板 Z 轴方向拓展 3 圈的范围内,需要至少包含1个模板 Tb,那么可以将 Ts 模板对于此范围内格点次序设为 P_{bi} 集合,同样在这个范围内,继续寻找 Tb 模板的不重叠判定区域总集合 P_{bi},并对判定区域内的 Tb 模板计次,令其大于等于1。

此类问题均可以抽象为约束 P_{ti} 内的判定点数量 S 的值域,约束通式如下:

$$S_{\min} \leq \sum_{j \in P_{ti}} Tb_j \leq S_{\max}, \forall i \in M$$

实际应用中模板面临方向问题,模板 Ts 需要在水平方向内旋转,则以固定判定点为原点,得到旋转 $(0, 1/2\pi, \pi, 3/2\pi)$ 后的一共四种模板,对应的 i 格点占据信息为 $(Ts_{0i}, Ts_{1i}, Ts_{2i}, Ts_{3i})$。同时还可以通过规定模板的比例达到社区功能均衡调控的目的。例如设模板 Ts 数量与模板 Tb 数量之比大于等于 1,小于等于 2,则应转化为 0-1 整数规划不等式:

$$\sum_{i \in M} \sum_{n=0}^{3} (Ts_{ni} - 2Tb_{ni}) \leqslant 0$$

$$\sum_{i \in M} \sum_{n=0}^{3} (Ts_{ni} - Tb_{ni}) \geqslant 0$$

2.3 连续道路连接

垂直社区的道路分为两种类型:一种是连接核心筒与离散功能模块的水平主要道路,另一种是塑造公共空间的连续平台流线。前者生成逻辑与功能拓扑关系抽取的方式一致,限定功能模板需要与道路相邻且道路需要与核心筒相邻。后者更为复杂,连续道路需要设置出入口与必须经过的节点,且必须避免道路自身闭环出现死胡同,连接条件设施是关键因素[6]。

连续道路需要两类模板。一类是梯段模板 F,体积范围占据水平单向三个格点,分为四个方向 F_0, F_1, F_2, F_3 四种模板,对应格点 X_i 计次信息为 $F_{0i}, F_{1i}, F_{2i}, F_{3i}$。另一类是平台模板 L,占据一个格点,对应格点 X_i 计次信息 L_i。模板 F 与模板 L 连接的方式和相应接口位置、基准点判定区域如图 7 所示。

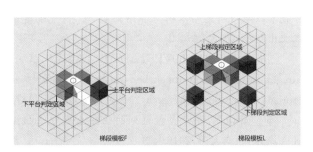

图 7 连续道路模板与相应判定区

为保证一个平台有上下两段梯段,一个模板 L 上下部接口都至少连接一种模板 F,这代表一个模板 L 在其上下部判定区域 P_{0i}, P_{1i} 都至少包含一个模板 F 基准点。

$$\sum_{j \in P_{0i}} \sum_{n=0}^{3} F_{nj} \geqslant 1, \forall i \in M$$

$$\sum_{j \in P_{1i}} \sum_{n=0}^{3} F_{nj} \geqslant 1, \forall i \in M$$

在连续道路必须经过的节点 X_i 处,可以令其格点必须被平台模板占据,既 $L_i = 1$。假如格点是道路尽头,梯段不再延伸,可以单独设置模板 D,设置上部和下部判定区域并集 P_f,令此区域内最少 1 个模板 F 节点,并限

制模板 D 数量为路径端点数量,禁止多余悬空平台生成。

$$\sum_{j \in P_f} \sum_{n=0}^{3} F_{nj} \geqslant 1, \forall i \in M$$

相应的,一个模板 F,在其上下部判定区域 P_{2i}, P_{3i} 也都至少包含一个模板 L 基准点。双重限定下形成了梯段与平台的捆绑关系。

$$\sum_{j \in P_{2i}} (L_j + D_j) \geqslant 1, \forall i \in M$$

$$\sum_{j \in P_{3i}} (L_j + D_j) \geqslant 1, \forall i \in M$$

优化目标可以设置为楼梯总长最多,即三种模板的基准点技术参数与其相应占据空间格点个数 (s_f, s_d, s_l) 乘积的累加。

$$\max \sum_{j \in M} \left(\sum_{n=0}^{3} S_f F_{ni} + S_l L_i + S_d D_i \right)$$

在此基础上,可以继续增加约束条件,限定梯段上方或者特定位置的平台数量和梯段数量,基于不同约束条件可得不同结果(图 8),很大程度上增加空间丰富性。

生成结果1　　　　　生成结果2

图 8 连续道路生成实验结果
(来源:程序导出)

此过程中比较烦琐的一步是定义具体的判定区域,基准点的设置在问题中十分关键。一般倾向于将基准点放置于模板中靠近角落的位置,减少寻找连接情况的难度。

2.4 分层级优化

上述步骤确定了功能模板的拓扑关系,预留道路与连续公共空间,下一层级则是细化在确定的功能模板范围内添加新模板与新约束条件,生成完整社区空间。由于第二层级内拼接单元是建筑单体尺度,我们在 8 m 网格单元里进一步划分,尺度缩减为 4 m 网格单元。这一步生成过程与上述一致,确定不同属性的模板,确定旋转方向,确定连接关系,抽取为整数规划约束式,进行生成设计。

随着约束逐渐增多,目标设为占据三维空间模板数量最多时,模型运算效率较低,在 2000 s 时才开始找到结果。为了优化模型节省算力,可以设定居住空间与相应其他空间的比例,将目标设置为居住空间模板数量最多,运算效率得到很大提升。

模板排布的结果是设计的空间排布的模板空间位置,可视化这一步骤仍需要将细化好的模板单体替换到空间位置内,形成最终设计结果。分层级优化过程如图 9 所示。

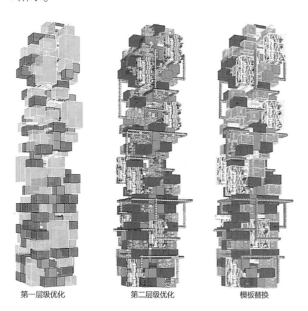

第一层级优化　　　第二层级优化　　　模板替换

图 9　分层级优化过程

(来源:程序导出)

3　总结展望

此次对于树形垂直社区的生成设计实验,本研究利

用整数规划算法帮助确定了复杂的功能分区拓扑关系,解决流线问题,最大程度利用空间效率,生成形态丰富优美,是一次良好尝试。但该模型与真正解决设计中的种种问题还相去甚远,存在很大优化空间。譬如约束过多后的模型数据结构优化问题、连续道路的边界梯段处理问题等。在之后的研究中,更多的参考因素将逐渐被添加到整数规划模型中,完善对树形垂直社区的生成设计过程。此次基于计算机模型搭建的生成设计探索带来很多思考,如今计算机、数学等领域的各类算法被应用于建筑生成设计中,搭建基于"数字链"的参数化信息模型辅助设计生成已成必然趋势[7]。虽然建筑设计不能被技术取代,但建筑师可以把握目标,明确需求可以拥抱技术,运用计算机、数字工具解决具体复杂问题,这也将是未来建筑领域的一项重要工作。

参考文献

[1]　徐千里.构建立体宜居的竖向社区——关于高层建筑与城市关系的反思及实践[J].当代建筑,2021,(07):18-22.

[2]　孙小玲,李端.整数规划[M].北京:科学出版社,2010:1-2.

[3]　李鸿渐.基于整数规划的传统民居聚落生成设计探索——以苏州地区为例[C]//刘启波.数字技术·建筑全生命周期——2018年全国建筑院系建筑数字技术教学与研究学术研讨会论文集.北京:中国建筑工业出版社,2018:246-249.

[4]　HUA H,HOVESTADT L,TANG P,et al. Integer programming for urban design[J]. European Journal of Operational Research,2019,274(3):1125-1137.

[5]　李思颖.基于整数规划的住区生成方法初探[D].南京:东南大学,2019.

[6]　华好,李飚,霍夫施塔特.运算化住宅设计——从科研到教学[J].新建筑,2018(04):34-38.

[7]　李飚,郭梓峰,李荣."数字链"建筑生成的技术间隙填充[J].建筑学报,2014(08):20-25.

汪瑜娇[1*] 唐芃[1]

1. 东南大学建筑学院；220210101@seu.edu.cn

Wang Yujiao[1*] Tang Peng[1]

1. Architecture School, Southeast University

国家自然科学基金面上项目(52178008)

居民视角下的城市公共卫生服务设施满意度评价研究
——以南京中心城区为例

Satisfaction Evaluation of Urban Public Health Service Facilities from the Perspective of Residents: A Case Study of Nanjing Downtown Area

摘 要：公共卫生资源配置的良好性是评判健康社区的一项重要标准。评判健康社区有以下困难。一方面，从区域的角度分析公共资源的空间分布情况无法直接反映到社区；另一方面，居民的主观选择在分析供需关系中占据一定的作用，针对居民的使用后评价渠道尚未普及。因此，本文将公共卫生资源映射到居住小区的分析单元，从居民可选择的丰富性、客观的获取便利程度和基于就医意愿的供需对比情况三个维度，提出公共卫生资源的丰富度、可达性、匹配度三项指标，考虑城市医疗资源、社区卫生服务资源以及药品保健资源等方面，尝试建立居住小区对于公共卫生服务设施满意度评价的方法。

关键词：公共卫生；满意度；评价体系；城市大数据

Abstract：The good allocation of public health resources is an important criterion for judging healthy communities. On the one hand, the analysis of the spatial distribution of public resources from a regional perspective cannot be directly reflected to the community; on the other hand, the subjective choices of residents occupy a certain role in the analysis of supply and demand, and the post-use evaluation channels for residents are not yet popular. Therefore, this paper proposes three indicators of the richness, accessibility, and matching of public health resources, considering urban medical resources, community health service resources, and pharmaceutical and health care resources, by mapping public health resources to the unit of analysis of residential communities, and trying to establish a method to evaluate the satisfaction of residential communities with public health service facilities in terms of the richness of options available to residents, the objective degree of convenience of access, and the comparison of supply and demand based on the willingness to seek medical treatment. The method of satisfaction evaluation of public health service facilities in residential communities.

Keywords：Public Health; Satisfaction; Evaluation System; Urban Big Data

《"健康中国 2030"规划纲要》提出强化覆盖全民的公共卫生服务、提供优质高效的医疗服务。利用城市大数据这一有效工具，包括城市医疗设施和社区医疗设施在内的公共卫生服务资源的空间配置情况受到广泛的关注。在城市医疗方面,已有学者通过分析城市中医疗设施POI总体分布的均衡性[2]、居住点到医疗设施的可达性[3]的总体情况研究医疗设施布局的合理性和公平性;在社区医疗方面,李漱洋基于健康韧性的视角,提出从均衡性、可达性和适用性三个维度对社区医疗的空间布局情况进行分析[4]。公共卫生服务设施的服务主体是城市中每个个体,"以人为本"的视角逐渐受到关注,将宏观维度的数据与微观视角相结合的方法被运用于城市公共卫生服务设施配置的研究中。武田艳等建立GDLC模型模拟居民对优质医疗的竞争,在此基础上评价医疗设施服务的承载力[5]。聂艺菲等则基于分级诊疗将居民多级医疗机构之间转诊的行为纳入考虑,分析就医的可达性[6]。已有研究从客观布局角度和个体需求角度提出多种模型方法,将评价结果反映到城市中的区、街道、社区等单位中,缺少一个居民视角评价体系;同时,社区医疗实际上属于城市医疗的重要部分,在考虑公共卫生服务资源的配置时,无法将二者分立;而不同级别的医疗设施在服务范围、承载力等方面又有所差异,日常保健设施的配合也需纳入考虑,因此在分析时需要分级分类考虑。在此基础上,本文将分析单元细化到居住小区,尝试刻画居民需求、建立居民视角下的公共服务设施满意度评价体系。

本文将城市医疗设施、基层医疗设施以及其他相关保健设施综合进行分类考虑,通过数量评价居住小区周边卫生服务设施分布的丰富度;将各级医疗设施依据路网的便利程度进行分级;使用引力模型计算选择意愿,并根据供需关系数量和居民点人口规模模拟资源配置情况、计算匹配度。结合以上指标,以南京市中心城区为例,进行具体分析实验,为健康社区的建设提供参考依据。

1 研究方法

1.1 研究对象与数据获取

基于以上分析方法,本文结合 Python 编程工具,通过百度地图、Open Street Map 等平台以及政府发布的官方数据获取研究所需的居住小区、医疗卫生服务设施以及人口和道路数据。

1.1.1 分析单元

本文采用居住小区作为研究单元,对每个居住小区获取公共卫生设施的难易程度进行分析量化,从而统计各居住小区的满意度。已有研究较多采用社区、街道等较大的分析单元,然而,对于基层医疗设施和保健设施而言,需要重点考虑"15分钟生活圈"的范围,而社区及

以上的分析单元自身范围较大,研究范围相对模糊。因此,本研究考虑采用更小层级的居住小区作为研究单元,采用更加符合居民视角的评价方式。

居住小区数据需要包含小区位置、范围以及建筑总面积。本文通过调用百度地图 API,获取居住小区轮廓点的信息并生成居住小区 AOI(兴趣面)。通过与获取的建筑轮廓数据关联,提取居住小区当中的建筑信息,从而统计每个居住小区的建筑总面积、容积率等数据。

1.1.2 分析对象

公共卫生服务资源的分析对象分为城市医院、社区医疗设施以及相关保健设施三类。按照《医院分级管理指标》,医院按照规模、人员设备配置等划分为三级,其中一级医院为基层医疗设施、卫生院,二级及以上的医院为地区性医院,包括县、区、市级及以上医院。因此本文将二级及以上的综合医院作为城市医疗设施,一级医院、社区卫生服务中心和服务站以及诊所、卫生院等作为社区基层医疗设施。而其他保健设施包括药店、保健用品和保健服务店等相关设施点,配合基层医疗设施,提供日常健康咨询、健康服务和健康用品。

本书通过地图平台获取医疗卫生服务设施 POI,与卫生健康委员会发布的医疗设施等级、分类等相关信息相关联,获得较为全面的医疗设施信息数据。

1.2 数据分析方法

1.2.1 丰富度

居住小区周边相关设施数量能够直观反映居民可获取公共卫生服务资源的多样性。"15分钟生活圈"的规划导则要求在居住点起始的15分钟步行路程范围内,配套居民获取日常生活所需的基本服务功能。研究对居住小区建立15分钟步行距离的缓冲区,统计范围内公共卫生设施数量。

城市医院数量少、服务半径较大。在对城市医院丰富度进行计算时,分别对医院建立 3 km、5 km 及 10 km 缓冲区,计算居住点被覆盖次数,将其作为丰富度。

1.2.2 便利度

居民获取医疗帮助的便利度主要依靠最短空间距离进行评价。在 OSM 获取路网信息并依据道路分级进行筛选、简化的基础上,对于每个居民点,寻找最近的设施点,并计算沿路网的最短路径。其中,相关保健设施和单一类型的医疗设施不足以满足各方面需求,本研究对其便利度不做考虑。

1.2.3 匹配度

在考虑医疗设施空间分布上的丰富度和便利度后,仍然需要一项指标衡量供给的医疗资源与居民的需求

是否满足。居民在选择医疗机构时，具有多种可能性且并不单纯考虑距离因素，因此需要根据居民对医疗机构的行为模式建立对医疗机构的选择意愿，计算每个居民点对于每个设施点的需求量。引力模型通过吸引关系表示供需主体之间的供需关系，考虑道路距离衰减因素，被广泛地应用于设施分析，其基本模型为：

$$A_i = \sum_{j=1}^{n} A_{ij} = \sum_{j=1}^{n} M_j / D_{ij}^{\beta} \qquad (1)$$

医疗设施能够提供的总资源需要分配给多个居民点，需要考虑每个设施点被需求的总量、人口规模和居民意愿。本文在引力模型的基础上，将总资源量按照各方需求量占比进行分配，匹配度的计算公式：

$$E_i = \sum_{j=1}^{m} E_{ij} = \sum_{j=1}^{m} \frac{N_{ij} M_i}{N_j P_i} \qquad (2)$$

式中，E_i表示居民点i的匹配度，即人均获得的医疗资源量；m为最大距离范围内居民点i连接到各医疗设施的数量，M_j为j的资源总量即承载力，P_i为i点人口数。N_j、N_{ij}分别为设施点j被需求的总量和按照意愿居民点i对于其中的医疗点j的需求量：

$$N_{ij} = \frac{A_{ij} \times P_i}{A_i} \qquad (3)$$

$$N_j = \sum_{k=1}^{n} N_{kj} \qquad (4)$$

式中，n表示医疗点j服务的居民点总数。

各级医院的承载力选用病床数来衡量。基层医疗机构类别众多，一般将社区服务中心承载力设为100，社区服务站、卫生所、私人诊所承载力设为50。研究利用ArcGIS平台的网络分析，获取最大可接受范围内的所有居民点到设施点的连接关系并一一计算实际路线距离以及时间。居民点到医院的距离设置为25 min车行的距离，社区医疗设置为25 min步行距离。

另外，居民选择保健设施的意愿依靠实际需求，其类型多样、数量繁多，因此不考虑选择意愿和承载力的不同，匹配度计算公式简化为：

$$\begin{cases} N_{ij} = \dfrac{P_i}{m} \\ E_i = \sum_{j=1}^{m} E_{ij} = \sum_{j=1}^{m} \dfrac{N_{ij}}{P_i \sum_{i=1}^{n} N_{kj}} \end{cases} \qquad (5)$$

1.2.4 综合满意度

将每项指标按照自然间断点分隔法分为十个等级，赋予1~10分，并赋予权重计算整体满意度。根据各项指标及其对于评价各级资源的重要性，设置权重分配，如表1所示。

表1　评价指标

权重	城市医院	基层医疗设施	相关保健设施
丰富度	0.15	0.4	0.5
便利度	0.4	0.2	—
匹配度	0.45	0.4	0.5
综合满意度	1	1	1

2 南京中心城区数据概况

2.1 研究区域

南京市城市总体规划将南京中心城区划分为南京主城区及仙林、江北、东山三个副城[9]，包括鼓楼、建邺、秦淮、玄武、栖霞局部、雨花台局部、江宁区局部等，总面积约920平方千米，人口数约670万。南京中心城区是南京历史文化的主要承载地，具有丰富的自然、人文资源。主城区医疗设施丰富，同时也有大量新旧混杂的高密度居住区，资源竞争大；而周边新区不断建设，相关设施也在完善过程中。因此，该区域内居民公共卫生资源的满意度研究可以为新区基础设施建设和老旧社区改善提供数据支撑。

2.2 研究数据概况

研究共获取有效居住小区医疗设施数据3380个，其中鼓楼区居住小区数据最多，约900个，占27%；秦淮区居住小区数据占19%（图1）。

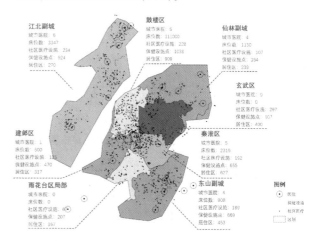

图1　各区数据概况

根据南京市卫健委发布的医院等级表，排除远离研究范围的高淳区人民医院以及溧水区人民医院，研究共选取医院30个；医院规模按照床位数为100~4000个，其中鼓楼医院床位数达到3800个。按照区域分布，主城区内医院集中分布在鼓楼区，占总床位数的57%。副

595

城区的江北新区医院数量最多,床位数达到3347个。

社区医疗设施1260个,包括一级医院、卫生服务中心、私人诊所等,秦淮区、鼓楼区以及江北、东山两副城区。主城区中各区交界点的医疗设施分布密度最高。相关保健设施4644个,分布情况与社区医疗设施相近。

3 南京中心城区居住小区公共卫生服务设施满意度评价

3.1 城市医疗资源

丰富度整体展现出从主城区中心向外衰减的趋势,其中汉中门大街附件的秦淮河两岸区域表现出高丰富度,达到14~15。浦口区中心、建邺区南部居住小区丰富度仅为1,说明周边10 km内仅有一处二级医疗设施。

便利度的分布情况表现为由各区中心区向周边降低,其中鼓楼区、秦淮区、仙林副城的居住小区整体便利度较高。80%居住小区就医距离为0.8~5 km,其中东山、江北副城以及玄武区便利度低的居住小区占比较多。区域整体丰富度低而便利度高表明该区域医院分布相对均匀,例如仙林副城;反之,建邺区便利度差异大,医疗资源便利程度受到区位影响较大。

匹配度数值差异较大,这是由于一些医疗资源竞争较小,周边居住小区能够获得的资源量大;一些居住小区距离医疗资源较远,无法竞争到足够的医疗资源。匹配度的分布情况与医院分布情况并不十分吻合:在医院分布密集的秦淮区东部,医疗资源的匹配度有限,表明该区域居民需求量较大,医院承载力与居民需求不匹配,需要考虑扩大医院规模;而在江北新城,人口密度小、医院资源分布较多,具有较好的匹配度。东山新城尽管医院分布较多,但医院规模普遍较小,以床位数100~300个居多,需要增加等级较高的综合医院。

按照权重计算各居住小区对城市医疗资源的综合满意度,总体而言,城市医疗的综合满意度不高,表明南京市中心城区仍然需要扩大城市医疗资源的供给量,而在周边副城需要均衡医疗设施的布局、促进居民就医的公平性,提高整体就医满意度(图2)。

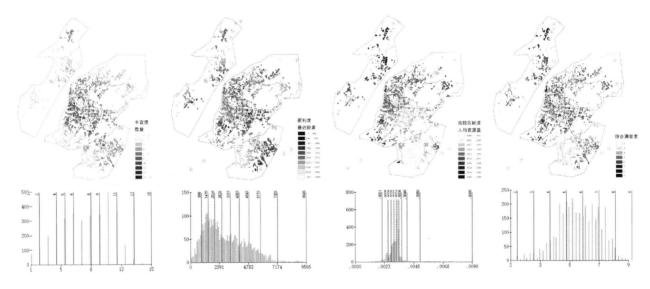

图2 城市医疗资源满意度评价分布及分级标准

3.2 社区医疗设施

社区医疗设施整体丰富度差异较大,在15分钟生活圈内,秦淮区和建邺区北部的居住小区周边社区医疗设施达到40个以上,而三个副城以及玄武区钟山风景区以东的居住小区都存在未被社区医疗设施覆盖的居住小区。80%的居住小区医疗设施为2~18个,据此进行1~10分分级。

居住小区的便利度数值差异同样很大,到达最近社区医疗点的距离为0.1~3 km不等。社区医疗便利度分布中心化特征相对丰富度较弱,其中东山副城、建邺区便利度低,需要适当增加社区卫生服务设施。

匹配度整体分布情况与丰富度接近,但两极分化更大。江北副城中心区域由于居民需求量小、资源供给量大,汉中门附近设施丰富,表现出极高的匹配度;而东山新城的部分居住小区周边设施不足,匹配度极低。

社区医疗的各项指标分布相近,综合满意度评分大多分布在4~7分(表2)。城市中心区域社区医疗设施分布丰富,居民普遍满意度较高;低分居住小区主要分布在东山和建邺区南部,需要完善社区医疗建设。

表 2 综合满意度评分

评分	1~4	4~7	7~10
城市医院	262	1741	717
基层医疗设施	648	2301	431
相关保健设施	1210	1948	222

3.3 相关保健设施

江北副城中心、主城区中心和东山副城中心的居住小区都具有较高的保健设施丰富度,周边设施最多达到200个;各区周边及仙林副城丰富度偏低,存在周边设施为0的居住小区。

相关保健设施的匹配度分布中,江北副城中心区域表现出较高的匹配度,秦淮区、建邺区北部匹配度和丰富度相对符合。值得注意的是,在丰富度相对较高的玄武区,匹配度在研究区域内相对偏低。而东山副城不同区域匹配度分化明显,存在获取资源匹配度极低的居住小区。

3.4 总结

如图3、图4所示,按照低、中、高三个区间统计居住小区数量,总体而言,南京中心城区居民对于公共服务设施的满意度不高,表明在丰富性、便利性和匹配性三个维度上表现一般。中心城区的医疗设施存在匹配度不足、周边地区便利度较低的问题,需要扩大中心城区的医院规模、提高周边配置。仙林、东山以及玄武区需

图 3 社区满意度分布情况

要考虑增设基层医疗设施;除主城区中心和江北中心区外,需要考虑增加保健设施、改善布局合理性,配合基层医疗设施,为居民日常生活提供必要的健康资源。

图 4 相关保健设施满意度分布情况

4 结论

本文从居民选择的视角、以居住小区作为单元,评价居民对于公共卫生服务的满意度。建立丰富度、便利度以及资源与需求的匹配度三项指标的满意度评价体系,基于引力模型提出匹配度模型。在南京中心城区的实践中,三项指标表现出差异性和相关性,证明其有效性。

运用匹配度模型计算城市医院时,由于未考虑到研究区域外的少量居住小区对医院设施的需求,在边界处存在一定的误差。

参考文献

[1] 李金泽,唐芃,龙瀛.基于多源数据的城市公共应急服务设施选址模型研究[J].建筑科学,2021,37(12):62-70+168.

[2] 朱恺易,张伟铭.基于大数据和网格化的医疗设施布局社会公平性评价[J].城市建筑,2020,17(17):22-24.

[3] 胡舒云,陆玉麒,胡国建,等.基于多源大数据的深圳市医疗设施可达性与公平性测算[J].经济地理,2021,41(11):87-96.

[4] 李漱洋,蔡志昶,唐寄翁.健康韧性视角下社区医疗设施空间布局分析——以南京市中心城区为例[J].现代城市研究,2021(07):45-52+59.

[5] 武田艳,唐春雷,张若晨,等.居民选择行为视角下医疗设施服务承载力GDCL评价方法——以基本公共卫生服务为例[J].地理与地理信息科学,2020,36(04):64-69.

[6] 聂艺菲,冯长春.基于分级诊疗的就医可达性研究——以潍坊市中心城区为例[J].北京大学学报(自然科学版),202B.

顾启力[1]　王伟[1]

1. 东南大学建筑学院；220210247@seu.edu.cn

Gu Qili[1]　Wang Wei[1]

1. School of Architecture, Southeast University

城市形态与能耗需求映射下的城市街区能源细胞与用能铭牌设计策略

Energy Cell and Energy Nameplate Design Strategy of Urban Block under the Mapping of Urban Form and Energy Consumption Demand

摘　要：在全球气候环境恶化与推行"双碳"战略的大背景下，本文针对城市能耗主体建筑环境中以主干交通为街区形态边界，以主导功能为区域能耗特征影响主因素的城市特点，将城市不同职能系统（如居住区、商业区、行政办公区等），类比人体细胞组成，将复杂城市环境进行数量性分裂与功能性分化，并按照城市规划设计层级特点，建立具有设计活动介入性的城市形态指标与能耗特征指标数据库，并对两者进行关联分析，形成形态与能耗的互洽反馈。

关键词：能源细胞；能耗模拟；城市形态；城市街区

Abstract：Under the background of global climate environment and domestic "double carbon" strategy, this paper aims at the urban characteristics that the main building environment of urban energy consumption takes the trunk traffic as the block shape boundary and the leading function as the main factor affecting the regional energy consumption characteristics. The different functional systems of the city, such as residential areas, commercial areas, administrative offices, etc., are analogous to the composition of human cells, and the complex urban environment is divided quantitatively and functionally. According to the hierarchical characteristics of urban planning and design, a database of urban form indicators and energy consumption indicators with the involvement of design activities is established, and the correlation analysis is carried out between them to form a consistent feedback between form and energy consumption.

Keywords：Energy Cell; UBEM; Urban Form; City Block

1　国内外研究综述

据联合国《世界城市化前景》统计，2018—2050 年，世界城市人口占比将由 55% 上升至 68%，城市也将因此进一步接纳 25 亿的新居民，为此城市的必要性扩展不可避免[1]。2013—2030 年间，全球城市新建与重建的建筑面积将超过 800 亿平方米，相当于 2014 年世界建筑总存量的 60%，且城市环境在能源消耗与温室气体排放上均占全球总量的 70% 以上[2]。无论是当下还是未来，城市环境都是减碳节能目标实现的重要领域。

对于城市形态与城市能耗特征的研究由来已久。1996 年，在地理大气候分区环境下，有学者进行了相关研究，城市形态对气候环境的适应性设计，以及对城市微气候的影响有着前瞻性的定性判断[3]。近年来，对于城市能耗与具体城市形态指标间的影响关系有着更多且更为深入的研究，在尺度层次上，相关研究主要聚焦于街区尺度与单体尺度中的形态指标对能耗特征的影响。如同济大学于航教授研究团队对上海市办公建筑节能策略的研究，提出"长宽比"（南北向长度与东西向长度的比值）和"内区比例"两个针对性的城市形态指标，通过建立回归模型揭示了两个城市形态指标对建筑能耗的影响程度[4]。西安建筑大学于洋教授团队将城市街道峡谷的几何形态和太阳能效益联系起来，分析了街道朝向、街道高宽比、街道天空视野因子与太阳能潜力的相关性程度和正负影响状况[5]。相关呈现着由早期的宽领域定性研究向多层面体系化、深层次专领域的定量研究发展的特点。

2 城市规划设计层级中的城市形态节能板块

上述学者在城市形态指标对城市能耗特征的具体影响上做了丰富且明确的研究，有一定参考和理论支撑意义，但无法直接成为规划文本或设计任务书中的"动态"限定指标。这种指标应当是建立在形态与能耗相互反馈的基础上的，以使得具体的设计活动在能源限定引导下进行。即从微观—单体、中观—区域和宏观—城市形态规划的设计活动梯级中进一步思考，以引入城市形态节能规划指标和控制性详细规划中的节能指标，并进一步完善城市规划层级中城市形态节能板块[6]。而中观尺度的街区层级方面，有着在控制性详细规划层面与50～200 m半径范围的建筑能耗管理单元进一步结合的重要可能性[7]。因此，倘若在具体区域的设计活动开展之初，便将一些必要的设计指标（如容积率、开放空间率、平均体形系数等）进行总的能耗的限制。一方面，在设计之始便搭接起空间容器与空间能源排放之间的关系，使得在总体设计活动中保证一定的宏观能控思维；另一方面，在特定城市的改造及与能源管理部门对接时，也能在城市能源细胞划分的基础上，对各细胞体系内进行指标的改造反馈。

因此，本研究在指标选取时综合已有研究成果，选取设计活动中常见的影响城市能耗特征的潜在指标，形成总体规划层级—城市设计层级—宏观单元控制层级的三个层级指标（表1），以提出贯穿设计活动的指标控制与介入体系，并在能耗端选取街区单元能耗特征代表指标：能耗峰谷值、总体能耗值及区域太阳能潜力以代表区域可再生能源板块（表2），太阳能潜力计算公式如式（1）所示。

表1 城市形态指标

层级	指标名	公式	描述
总体规划层级	建筑密度	$\mathrm{BCR} = \dfrac{\sum\limits_{i=1}^{n} f_i}{A_s}$ f_i指第i栋建筑占地面积；A_s指街区用地面积	主要衡量区域内建筑整体规模与开发强度
	容积率	$\mathrm{FAR} = \dfrac{\sum\limits_{i=1}^{n} S_i}{A_s}$ S_i指第i栋建筑地上总建筑面积；A_s指街区用地面积	
城市设计	维护系数	$\mathrm{BESA} = \dfrac{\sum\limits_{i=1}^{n} c_i}{A_s}$ A_s指街区用地面积；c_i指第i栋建筑外表面积	反映场地内建筑与环境的接触程度，场地内建筑外表面与用地面积间的比值
	平均街道高宽比	$\mathrm{BESA} = \sum\limits_{i=1}^{n} \dfrac{H_i}{W_i}$ H_i指第i个测量点所在街道两侧建筑高度平均值；W_i指第i个测量点所在街道宽度	反映街区空间形态，影响建筑间的遮挡与通风，街道高度与宽度的比值
	开放空间率	$\mathrm{OSR} = \dfrac{A_i - \sum\limits_{i=1}^{n} f_i}{\sum\limits_{i=1}^{n} S_i}$ A_i指街区用地面积；f_i指第i栋建筑占地面积；S_i指第i栋建筑总建筑面积	用地内室外开放空间与建筑总面积之比
	街区错落度	$\mathrm{SD} = h_{max} - h_a$ ； $h_a = \dfrac{\sum\limits_{i=1}^{n} h_i f_i}{\sum\limits_{i=1}^{n} f_i}$ h_{max}指地块内最高建筑高度；h_a指平均建筑高度；f_i指第i栋建筑占地面积；h_i指第i栋建筑高度	反映用地内垂直方向的分布特征，街区建筑最高值与平均值的差值

层级	指标名	公式	描述
宏观单体控制	平均体形系数	$$SF = \dfrac{\sum_{i=1}^{n} C_i}{\sum_{i=1}^{n} h_i f_i}$$ f_i指第i栋建筑占地面积；c_i指第i栋建筑外表面积；h_i指第i栋建筑高度	反映建筑在空间上的紧凑度，建筑外表面积与建筑体积的比值的平均值
	平均面积周长比	$$APR = \dfrac{\sum_{i=1}^{n} f_i}{\sum_{i=1}^{n} p_i}$$ f_i指第i栋建筑占地面积；p_i指第i栋建筑标准层周长	反映建筑单体平面上集中度，建筑占地面积与建筑标准层周长比
	平均层数	—	描述整体高度

表2　能耗特征指标

	指标名	描述
能耗特征	能耗峰值	能耗峰谷与总体能耗偏于衡量区域能耗需求的主要特征
	能耗谷值	
	总体能耗	
可再生能源	PV太阳能潜力	可再生能源潜力

太阳能光电利用资源量计算公式如下：

$$E_{PV} = Q_0 \times (v/n) \times \lambda_{PV} \times \eta_{PV} \times k \times A \tag{1}$$

式中，E_{PV}——太阳能光热利用资源量，kJ；

Q_0——太阳能年辐射量，kJ/(m²·a)；

v——容积率；

n——建筑平均层数；

λ_{PV}——屋顶面积可使用率；

k——太阳能光电效率修正系数；

η_{PV}——太阳能光电转换效率；

A——建筑用地面积，m²。

3　城市节能板块介入方法——基于城市主导功能的能源细胞单元概念

本研究针对现实城市空间中，以主干交通为街区形态边界，以主导功能为区域能耗特征影响主因素的城市特点，将城市不同职能系统如居住区、商业区、行政办公区等，类比成生物组织系统中细胞分裂（量）、分化（质）的关系，结合上述城市形态与能耗特征指标，建立起城市典型能源细胞数据库，将庞大的整体城市空间进行功能性分化和数量性分裂，并通过对典型能源细胞的形态指标与能耗指标的关联性分析，以达到快速还原预测城市系统的能耗特征，并最终通过对上述不同层级的形态指标的限定，形成在具体活动中以能耗为靶向性的设计指标限定。因此，在关联性分析的基础上，最终形成城市形态指标与能耗指标的互治性配合，使得设计师可以通过设计过程中的关键指标对整体能耗进行快速预测，而能源管理部门也可以快速对接反馈出城市形态指标的调整要求（图1）。

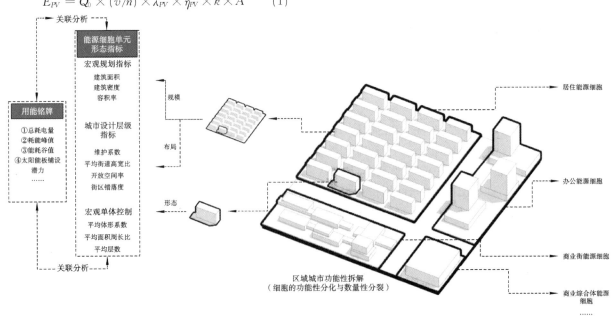

图1　城市细胞单元分解

4 城市形态与能耗需求映射下的城市街区能源细胞与用能铭牌设计策略框架

在上述能源细胞单元的基础上,对目标单元的用能特征进行仿真,通过基于实际数据校准的仿真结果得出各细胞单元的总能耗值、用电峰谷(按月)等,并计算出各小区的太阳能节能潜力(顶面 PV 板),以得出单个细胞的用能指标。结合上述形态指标,共同组成城市复杂环境中的细胞用能铭牌(技术框架如图 2 所示);一方面,作为快速浏览获取城市空间数据与能耗数据的表现形式,另一方面,通过两者的关联性分析,为城市设计者与能源规划人员快速建立起互洽反馈的沟通桥梁。

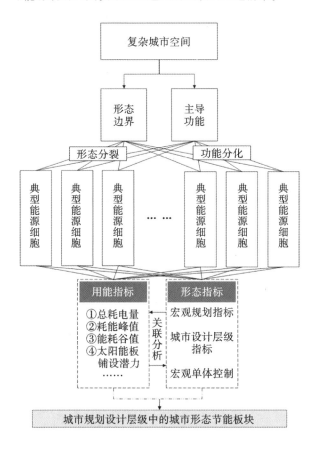

图 2 技术框架

5 案例实施

5.1 案例选址

本研究现阶段聚焦城市功能主体居住区,选取江苏省盐城市 43 座居住小区为研究对象。

5.2 数据获取与处理

数据预处理:前期我们通过对案例小区进行实地调研

与形态数据的统计,获取了小区宏观至单体的各层级形态数据,如总体占地面积、容积率、建筑密度、街道高宽比、体形系数、建筑高度、建筑年代等信息,而后根据上述城市形态指标(表 1)处理并得出相关数据。我们通过相关部门获得了各个小区 2015—2017 年每年的总用能数据,并以此为实测数据,通过城市建筑能耗模拟(UBEM)模拟出各个小区每年 12 月中的能耗峰值与谷值以及全年总能耗强度,另外还包括各小区的 PV 铺设节能潜力,即表 2 中的各项能耗特征指标。

模型建立:本研究选用 grasshopper 为平台进行相关模型的能耗模拟,因此,根据现场实测的物理数据建立相关小区的 Rhino 物理模型。

参数输入:小区位于中国江苏省盐城市,大多在 2016 年前建造完成。因此,相关建筑维护结构的热性能参数根据《民用建筑节能设计标准 JGJ 26—2010》设置。

模拟与校准:根据上述实测数据对模拟结果进行调整,最终获得与真实数值相差不超过 20% 的模拟结果。

用能特征:对模拟结果进行处理,获取表 2 中的主要能耗指标。部分结果如图 3 所示,其能耗峰值为 178847.9 kW·h,谷值为 32863.2 kW·h,全年总能耗为 888086.4 kW·h,与实测数据相差不超过 20%。该小区 PV 太阳能潜在能力为 8531002.08 kW·h。

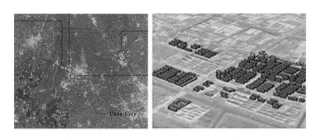

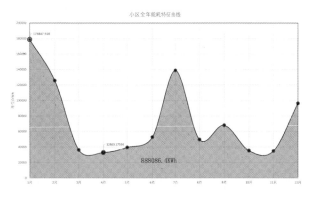

图 3 八号小区全年能耗特征曲线

5.3 形态指标与能耗需求映射

按照上述流程对相关小区进行能耗特征数据的补全，最后以表1中的建筑形态数据为自变量，以能耗特征值中的小区全年能耗峰谷值及能耗总值为目标值，建立回归模型，或采用人工神经网络进行函数模型的预测，形成城市形态指标与能耗需求特征值的关联预测。

6 讨论与展望

随着我国"双碳"战略的快速推进，节能减碳需求愈来愈成为城市规划设计师不可忽略的要素。一方面是宏观战略方面的迫切需求，另一方面是单体建筑设计活动的自主性，两者需要在大范围可实施性与单体设计自由度上获得平衡。而街区层面的宏观限制性指标在给予建筑设计师足够自主性的同时，传导宏观层面的低碳政策要求。因此，本研究聚焦城市街区层级对城市总体环境的功能性拆解，建立形态指标与能耗特征的典型城市能源细胞，以达到形态与能耗的互洽反馈。

本研究仍有许多亟待改善的地方。最后笔者结合相关研究就本文中的相关问题与展望提出以下几点。

(1)随着图像识别的快速发展，基于GIS的图像识别与快速建模将为能源细胞的前期大面积建模提供更为便利的方法，且相关研究表明该建模方法在居住建筑领域的平均精确度已达80%[8]。

(2)随着我国能耗数据监测技术的快速发展，相关能耗的实测数据也愈来愈多，未来相关地域性典型功能细胞的设计限定指标可由官方通过数据分析进行确定，即通过数据驱动的方式快速获取能耗特征[9]，以保证能耗对形态指标限定的统一性和普遍性。

(3)近年来尚未形成对能耗指标的统一性分析，且也未与设计活动中的指标进行对接。倘若能够在结合指标对能耗影响性的定量分析的基础上，结合设计活动

中的常用指标，或者提出可有效实施的新型指标，将大大提高设计活动的节能效率。

参考文献

[1] United Nations, Department of Economic and Social Affairs, Population Division (2019). World Urbanization Prospects: The 2018 Revision (ST/ESA/SER. A/420). New York: United Nations.

[2] Architecture 2030. Why the building sector: 2017. Retrieved October 28, 2019, from Architecture 2030.

[3] GOLANY G S. Urban design morphology and thermal performance[J]. Pergarnon, 1995, 7.

[4] 刘瑞, 于航, 梁浩. 上海地区办公建筑形态对单位能耗影响的研究[J]. 建筑热能通风空调, 2019, 38(02): 42-45+10.

[5] 白一飞, 刘加平, 张伟荣, 等. 以城市街区建筑为对象的低碳技术方法[J]. 工业建筑, 2020, 50(07): 166-174.

[6] 冷红, 宋世一. 严寒地区城市形态对建筑用电能耗影响实证研究[J]. 建筑学报, 2021(S1): 108-113.

[7] 冷红, 刘畅, 于婷婷, 等. 小城镇中心商业区典型形态能耗模拟研究[J]. 建筑科学, 2021, 37(06): 10-19+27.

[8] 邓章, 陈毅兴. 基于GIS和历史卫星影像的城市建筑大数据识别[J]. 湖南大学学报(自然科学版), 2022(5): 49.

[9] YU QIAN ANG, ZACHARY MICHAEL B, CHRISTOPH F R. From concept to application: A review of use cases in urban building[J]. Energy Modeling. Applied Energy, 2020, 279: 115738.

周奕辰[1]　张丹阳[2]　胡宇琳[1]　陈梦阮[1]　吴晓龙[1]　姚佳伟[1,3]*

1 同济大学建筑与城市规划学院；1954034@tongji.edu.cn

2 同济大学电子与信息工程学院

3 国土空间智能规划技术自然资源部重点实验室

Zhou Yichen[1]　Zhang Danyang[2]　Hu Yulin[1]　Chen Mengruan[1]　Wu Xiaolong[1]　Yao Jiawei[1,3]*

1. College of Architecture and Urban Planning, Tongji University

2. College of Electronic and Information Engineering, Tongji University

3. Key Laboratory of Soil Space Intelligence Planning Technology, Ministry of Natural Resources

面向人居环境优化的城市微气象智能感知方法研究
Research on Urban Micrometeorological Intelligent Sensing Method for Human Settlement Environment Optimization

摘　要：大幅度的城市发展带来了气候变化加剧等问题，但目前城市气象监测与感知仅能满足日常基本需求，存在着时空分辨率不足、短期预报精准性不够、缺少城市场景等问题。因此，本研究尝试利用大数据平台，帮助城市向健康可持续的生产生活方式发展，为当前人居环境气候韧性提升提供建议，以期形成城市气象感知与决策综合系统，为未来"智慧城市"以及"数字孪生"的建设提供有力支撑。

关键词：城市微气象；监测系统；物联感知；机器学习；数字孪生

Abstract: The rapid urban development has brought about the aggravation of climate change and other problems, so the accurate and real-time urban meteorological monitoring is urgently needed. However, at present, urban meteorological monitoring and perception can only meet the basic needs of daily life, and there are problems such as insufficient temporal and spatial resolution, insufficient accuracy of short-term forecast, and lack of urban scenes. Therefore, this study tries to use the big data platform to help cities regulate healthy and sustainable production and life style and provide suggestions for improving the climate resilience of the current living environment, so as to form a comprehensive system of urban meteorological perception and decision-making and provide strong support for the construction of "smart city" and "digital twin" in the future.

Keywords: Urban Micrometeorology; Monitoring System; IoT Perception; Machine Learning; Digital Twin

1 引言

在过去的几十年中，快速的城市化进程对城市微气候产生了重要的影响。同时，由于交通排热和建筑排热的综合影响以及卜垫面结构的改变，城市热环境不断恶化，"热岛现象"及其负面作用日渐凸显。气候风险影响到国家安全、经济安全、人类健康、基础设施以及生态系统稳定等领域。世界经济论坛发布的《全球风险报告2022》将气候变化问题列为全球十大最紧迫风险之一。

联合国政府间气候变化专门委员会（IPCC）第六次评估报告《气候变化2022：影响、适应和脆弱性》指出，人类正在挑战气候承受能力的极限，并点明未来十年内气候转型的紧迫性。因此，城市气候研究对城市健康发展有着重要意义。

城市微气候作为人民生存和发展的直接载体，是人民共建共享的基础支撑，只有营造健康、和谐的城市，人民才能安居乐业，人民的潜能才能得到充分发挥。但目前对于城市微气候的测定仍不完善。一方面，国家对各地的气象报告与预测精度有限,往往每个区域仅有一台气候感知设备;另一方面,传统的环境监测设备需借助 hobo 等气象监测系统,费用昂贵,体积庞大,存在种种限制。

智慧城市是数字城市的智能化,是数字城市功能的延伸、拓展和升华[1],通过物联网把数字城市和物理城市无缝连接起来,利用云计算和人工智能等技术对实时感知数据进行即时处理并提供智能化服务[2]。2012 年,国家智慧城市试点工作正式开展,上海进入首批国家智慧城市试点名单。2021 年 7 月上海发布的《关于全面推进上海城市数字化转型的意见》明确指出:上海需构建全面适用于数字政府治理、智能城市运行、数字经济发展和智慧生活服务的数据基座,进一步指出构建智慧城市的必要性。智慧城市以信息化为基础,以互联网、物联网、空间信息技术为主要支撑,通过参与式的治理,投资人力、资本、现代信息和通信技术基础设施,以促进经济可持续发展和人类高质量生活,实现城市信息化阶段从数字化到网络化、再到智慧化[3]。数字孪生是智慧城市发展的重要途径,基于该理念下的城市信息模型(City Information Modeling,CIM)的建立在城市研究领域稳步推进。国内学术界基于近几年建立 CIM 的试点城市的试点成果分析论证 CIM 技术为新时代城市全面信息化发展的必然,是支撑城市发展的信息底座[4]。

城市微气候数据来源分实地监测与卫星监测两类。在实地监测的方式中,固定式的气象站依然是传统的方法之一,监测领域主要集中于热湿环境、风环境与空气质量。但固定式气象站数量少、精度低、体积大,且往往存在部分时间序列上的缺失,气温观测的记录在空间和时间上都是不完整的。因而,部分研究者采用移动测量法监测室内外环境,在移动载具上存在步行、自行车[5]与出驻车[6]等多种方式。其中,Peter Gallinelli[7]等开发了一种创新的便携式监控系统,可以放置在步行时携带的背包中,监测不同时间、季节的城市微气候,从而可以得到人行尺度与视角下的城市微气候环境的动态数据。但上述移动测量法处于持续空间移动的状态,无法获得某一点位长期的、具有时间序列性的数据。卫星监测上,Josh Hooker[8]等学者基于卫星测量地表温度的基础上,运用遥感技术实测并建立数据库,开发出新型包含地理和气候相似性信息的统计模型,从全球遥感地表温度预测气温。但遥感得到的数据并不能精准而便捷地反映小尺度、复杂多样的局地环境。

事实上,也有部分学者开始尝试进行低成本监测设备与实时监测体系的相关研究。在传感器方面,刘刚等优化了单片机的硬件电路,实现了结构简单、功耗小、成本低、运行可靠的技术突破[9]。蔡晶晶的自动气象站软件系统具有实时修正辐射误差功能[10]。在实时监测更新的技术上,梁淑贤等人成功构建了室内集成式建筑环境实时监测系统[11]。

综合来看,小型气象站改造具有低成本、广应用、高精度等优点。一方面,低成本气象站可以大规模部署,弥补了固定站数量不足的问题。另一方面,较小的体积也可以灵活用于移动监测。此外,该实测数据可以与卫星数据源相互佐证确保数据稳定性,且可通过大范围铺设形成片区内微气候网络,收集数字孪生所需求的基本数据,并将预测结果不断与现实环境数据进行比对和优化,最终实现精确气候预测的全套体系。

为此,本文聚焦于城市微气候感知、时空大数据管理与分析等智慧城市前沿领域,运用环境监测与感知方法,结合机器学习优化当前软件模拟算法,以提升数据采集的精确度、有效性和实时性,为进一步预测微气候打好基础。通过构建以微电子技术和城市物联网为基础的气象盒子,实现对小尺度下的基本环境因素的精准测定与实时感知,以弥补现有城市微气候探测技术的缺陷,满足未来人居环境优化的需求。

2 构建要素

2.1 硬件设计

鉴于微气候气象传感系统的设计用途和目标,其硬件部分应满足以下设计要求。

一是能够实现多用途、可拓展的多种气象数据的测量。能够实现对温度、湿度、大气压、VOC(有机挥发物)浓度、CO_2 浓度、甲醛浓度、光照强度、风速、风向、粉尘浓度等方面数据的精确测量。二是能够通过卫星通信得到装置自身较为精确的位置信息。三是能够使用 WIFI 将上述数据传输至云端。四是能够接受三种不同的供电方式:市电、蓄电池和太阳能。五是体积小、集成度高,轻便易携。六是成本低、性价比高。

根据气象传感系统的数据测量、通信和其他各方面要求,其硬件总体框架构建如下。

如图 1 所示,硬件系统分为核心控制单元、传感器、数据通信、卫星定位、电力供应五大模块。各类微气候数据首先由传感器模块中的各类传感器采集获得,然后传递给核心控制单元进行自动化数据处理,最后发送给数据通信模块,将其传向下一级工作设备。此外,卫星定位模块负责获取"气象盒子"的准确的地理位置数据;电力供应模块提供三种不同的供电路径,分别是市电、市电→蓄电池和太阳能板→蓄电池。

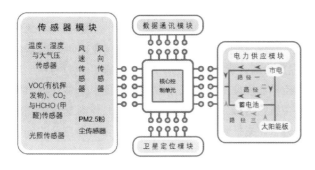

图1 硬件系统总体框架(图源:作者自绘)

对于数据通信模块,目前常见的几种无线通信技术有NFC、ZigBee、蓝牙、WIFI等。经过比较研究,NFC与蓝牙通信距离较短,ZigBee通信速率太低,结合系统使用环境和WIFI网络在我国的普及现状,本装置应当选用WIFI技术进行数据通信。

气象传感器是微气象探测系统最小的核心功能模块,也是最基础的构成部分。本系统所选传感器满足采集数据稳定可靠、采购成本相对低廉、适用环境较为广泛等要求(表1)。

表1 传感器参数要求

(图源:作者自绘)

传感器＼技术指标	气象要素	测量范围	分辨力	允差
温度、湿度与大气压传感模块粉尘传感器	温度	−40~60 ℃	0.1 ℃	±0.2 ℃
	相对湿度	(0~100)%RH	1%RH	5%RH
	大气压	500~1100 hPa	0.1 hPa	±0.3 hPa
	$PM_{2.5}$浓度	0~500 $\mu g/m^3$	1 $\mu g/m^3$,	±2 $\mu g/m^3$
VOC(有机挥发物)、CO_2与HCHO(甲醛)传感模块	VOC浓度	0~1000 ppm	0.5 ppm	±1 ppm
	CO_2浓度	0~2000 ppm	0.5 ppm	±1 ppm
	HCHO浓度	0~200 ppm	0.5 ppm	±1 ppm
光照传感器风速、风向传感模块	光照强度	0~60000 lx	0.1 lx	±0.5 lx
	风速	0~60 m/s	0.1 m/s	±(0.3+0.02 v) m/s
	风向	0~360°	2.8125°	±0.3°

综合各项指标要求,本系统选型方案见表2。

表2 本系统选型方案

模块	部件	型号	选型理由
中央小系统	微型控制单元(MCU)	STM32F429IGT6	具有3路ADC采样接口、3路I2C接口和4路USART接口,大部分都会在本次设计中利用
传感器模块	温度、湿度与大气压传感器 VOC(有机挥发物)、CO_2与HCHO(甲醛)传感器	AHT20和BMP280一体化构件 基于SC−401P/W传感器的JW01−V2.2三合一构件	既保留了原先各类传感器灵敏度高、稳定性强的特点,同时提高了电子器件的集成度,降低了成本与占用空间
	光照传感器	BH1750FVI	传感器内置AD转换器将采集得到的原始模拟量得以数字输出,从而可以省略复杂计算和标定FVI等过程,得到稳定准确的数据
	粉尘传感器	GP2Y1014AU	最小粒子检出值达到0.8 μm,能够在−10~65 ℃的温度下正常工作
	风速、风向传感器	RS485	具有抗风强度大、测量范围宽、工作可靠、抗干扰能力强等多种优越性能
数据通信模块	串口WIFI模块	ESP8266	ESP8266高度片内集成,仅需极少的外部电路,且包括前端模块在内的整个解决方案在设计时将所占PCB空间降到最低
卫星定位模块	GNSS定位模组	GT−U12	支持GPS,北斗等主流卫星导航系统。其集成电源管理架构为GNSS导航应用提供高精度、高灵敏度、低功耗的解决方案,并内置天线检测电路
电力供应模块	蓄电池	16850锂电池	能够实现太阳能存储和稳定输出,支持过充、过放、短路保护

2.2 软件设计

系统硬件部分经过 WIFI 传输到网络端,数据抵达 OneNET 云平台中心(图2),平台内部集成了应用孵化环境、应用集成工具、设备管理、设备接入这四个大的模块,项目主要通过 MQTT 协议接入设备,确保设备安全稳定以及数据稳定传输,然后通过设备管理部分进行数据的相关储存,数据的分析,设备监控、数据分析以及对数据的在线调试,最后通过应用孵化环境部分的应用编辑模块编辑可视化部分,通过应用展示模块进行展示,并在应用层面上利用显示端(PC 端或移动端)查看云平台集成式传感器位置、状态、所测数据以及数据预测等进行实时更新的可视化展示(图3)。此外,在平台所能提供的服务方面,应用集成工具中的 HTTP 推送工具能提供数据推送功能,可以过滤掉设备端频繁的周期性上报数据,将用户关心的实时性较高的数据,通过 HTTP/HTTPS 的方式推送到用户的应用服务器上。而消息队列 MQ 可以用于实现应用层快速、即时、可靠的获取设备消息。

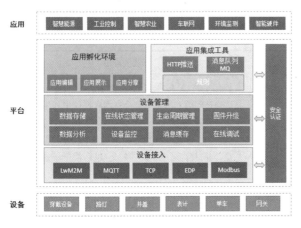

图 2　智慧城市云平台 PC 终端显示页面
(图片来源:作者自摄)

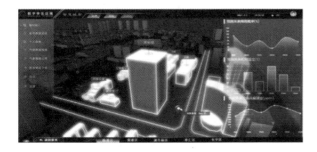

图 3　OneNet 物联网平台架构
(图片来源:OneNet 平台官网文档手册)

2.3 预测部分

目前气象数据的预测方法主要分为两种,一种为传统的物理建模法,即将各项气象指标数据录入数学模型,输出高分辨率的时空预测数值;第二种为利用全球时空排放模型的宏观气象数据历时信息来估计城市网络中特定区域的气象指标。然而以上均尚未考虑到城市微气候指标随网络图形结构的变化以及复杂的外部环境因素。

本研究计划采用时空图卷积网络(STGCN),可以捕捉时空变化模式并了解复杂环境因素的影响,将时间序列上的同一位置的气象数据视为一组展开预测分析,并利用同一位点的气象数据时间相关性与网络结构本身特性进行微气候指标预测。与一般常见模型相比,CNN 仅能表示规则网格而非网络,RNN 包括 LSTM 存在迭代误差以及计算量大的问题,而时空图卷积网络在交通流量预测、空气质量预测等实际任务测试之中均展现出了良好的性能,且不同地区的气象流表现差异较大,非常适合运用此预测网络形式(图4)。

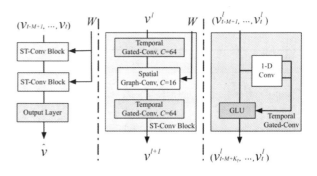

图 4　预测方法图示
(图片来源:https://blog.csdn.net/CCSUXWZ/
article/details/108053694)

预测流程拟采用四步开展。①将空间网络划分出的区域定义为节点,区域之间的线段表示为边缘,构建时空图卷积网络(STGCN),将图形本身结构特性视为城市网络的固有属性。②选用已有的卫星数据源如上海市气象站与欧洲气象中心数据以及数字孪生平台数据进行模型的训练和验证。③通过时空图卷积神经网络结合传感器实测数据进行建模,即获得初步预测结果。④为了数据更为精确,拟加入 WRF 降尺度方法,将铺设点位处 WRF 中尺度数据线性插值的结果与神经网络模拟预测的气象数据求和取平均得到更为精准的预测结果。

3 案例研究

3.1 地点选取

本文以上海市同济大学为案例,进行微气象智能感知方法研究。该区域位于亚热带海洋性季风气候区,具有夏热冬冷、部分季节高温高湿的特点。该校区内部绿化众多、水体丰富,具备形成小气候的条件。考虑到地面干扰因素众多,室外环境监测系统应放置于各建筑楼顶处并位于同一高度、干扰较小的区域。位于楼顶的"气象盒子"同时要注意避雷设计。

3.2 布置方案

四平路校区内部绿化、建筑分布相对均匀,但是街道轴线错动,因此适宜采用依照街道划分布置传感器的方式对空间环境进行长期监测。根据具体的空间情况与室外环境监测需求,可采用"气象盒子",以个体为单位布置成分布式网络系统的方案,以掌握环境动态变化的具体情况。在每两条街道的交界处设置"气象盒子"并对其进行编号,测定该处的温湿度、风速风向等数据。该布置方式满足了空间均匀化布置传感器的要求,构建了四平路校区内的气象监测网络(图5)。

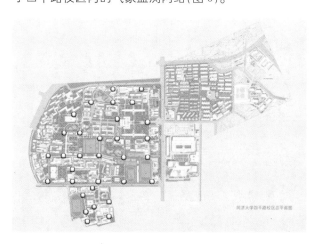

图5 同济大学四平路校区平面图
(图片来源:同济大学基建处)

3.3 前景展望

对该系统进行分析,可以发现其具有以下优势与应用前景。

(1)不同于区市级的气象预报,该气象信息系统提供的地域单位可以精确到街区级别,更为精准,对智慧城市构建、大气科学研究等领域具有重要意义。

(2)不同于官方气象服务,该气象监测网络不需要覆盖到人烟稀少的区域,可以对一些特定区域(如城市、农田、航站楼等)进行监测。加之其低成本、易携带等优

势,更容易为特定产业实现私人化定制服务,如与区域能源建模结合,协助能源公司调整设备配置,与航空公司结合实现更精准的航班安排等。

(3)基于物联网和云平台技术,结合人体对建筑环境舒适度的需求,该系统可实现建筑智能控制系统的控制优化,帮助其更精准灵敏地调节建筑室内环境,为节约能源、减少碳排放做出贡献,促进绿色建筑发展。此外,其也可以为制定规划设计导则等城市建设、城市更新指导性文件提供参考,以应对城市气候变化并改善城市环境。

未来各专业相关领域的学者可根据需求对本系统进行拓建,服务于多样化产业的气象环境监测与预测。

4 结论与展望

本文根据分析环境监测系统设计与研究现状,成功架构了一套基于云物联网的实时气象监测系统,并稳定运行于建筑室外环境实际测试中。该系统上电即可自动采集环境数据并实现数据的稳定传输,于云平台上实现数据可视化,并利用神经网络技术(NN)和基于长短期记忆(LSTM)的深度学习方法实现气象数据的预测分析[12]。该系统之后可通过 Zig Bee 网络通信技术,感知建筑内不同区域的照度、温湿度、空气质量等各项环境参数并发往中央空调控制系统、照明控制系统等,进一步应用于建筑电气节能领域;或借助深度学习,辅助以烟花算法与 k-means 聚类算法[13],建立温湿度、风速与体感温度相关模型,为建筑室内热舒适提供参考等。

参考文献

[1] 龚健雅,张翔,向隆刚,等.智慧城市综合感知与智能决策的进展及应用[J].测绘学报,2019,48(12):1482-1497.

[2] 党安荣,甄茂成,王丹,等.中国新型智慧城市发展进程与趋势[J].科技导报,2018,36(18):16-29.

[3] 田琨泽,王昱鑫,郑绍江.基于智慧城市理念下未来景观设计的思考[J].现代园艺,2021,44(09):152-154.

[4] 党安荣,王飞飞,曲葳,等.城市信息模型(CIM)赋能新型智慧城市发展综述[J].中国名城,2022,36(01):40-45.

[5] SAMAD A, VOGT U. Investigation of urban air quality by performing mobile measurements using a bicycle (MOBAIR)[J]. Urban Climate,2020,33:100650.

［6］　WU Y Z，WANG Y X，WANG L W，et al．Application of a taxi-based mobile atmospheric monitoring system in Cangzhou，China［J］．Transportation Research Part D：Transport and Environment，2020，86：102449．

［7］　GALLINELLI P，CAMPONOVO，R，GUILLOT V．CityFeel-micro climate monitoring for climate mitigation and urban design［J］．Energy Procedia，2017，122，391-396．

［8］　HOOKER J，DUVEILLER G，CESCATTI A．A global dataset of air temperature derived from satellite remote sensing and weather stations［J］．Scientific data，2018，5(1)：1-11．

［9］　刘刚，冯元元，易冲冲．基于STC12C5A60S2单片机的环境监测传感器节点设计［J］．电子世界，2016(5)：140-142．

［10］　蔡晶晶．温度传感器辐射误差修正及自动气象站设计［D］．南京：南京信息工程大学，2018．

［11］　梁淑贤，吕瑶，肖毅强．基于云物联技术的集成式建筑环境实时监测系统构建及应用［C］//智筑未来——2021年全国建筑院系建筑数字技术教学与研究学术研讨会论文集，武汉：华中科技大学出版社，2021．

［12］　马景奕，刘维成，闫文君．基于深度学习的气象要素预测方法［J］．热带气象学报，2021，37(02)：186-193．

［13］　张安然．基于新能源和物联网的校园生态环境监测系统设计［D］．北京：华北电力大学(北京)，2021．

林瑾如[1]　董智勇[2]*

1. 同济大学建筑与城市规划学院, jadya.lin@gmail.com
2. 华南理工大学建筑学院, zhiyong_Dong@foxmail.com, ar_dongzhiyong@mail.scut.edu.cn

Lin Jinru[1]　Dong Zhiyong[2]*

1. College of Architecture and Urban Planning, Tongji University
2. School of Architecture, South China University of Technology

图像到图像的生成对抗网络在城市肌理生成中的应用研究

Urban Fabric Generation Based on Image-to-image Generative Adversarial Networks

摘　要：城市演化的复杂过程塑造了城市肌理。本文结合城市形态学中常用的诺利地图的标记方法,使用图像到图像的生成对抗网络探究城市内在的演化规律。实验收集了欧洲城市的地图数据,构建了成对的城市肌理数据集,将其输入生成对抗网络模型中进行学习,经过训练的模型可根据基础结构生成清晰的城市肌理图像。结果表明,机器能够学习复杂城市形态的内在规律,证明数据驱动的生成方法可以成为城市研究的新途径。

关键词：城市肌理；城市形态学；深度学习；生成对抗网络；诺利地图

Abstract：The complex process of urban evolution shapes the urban fabric. In this paper, we combine the labeled method Nolli map to explore the inherent evolutionary rules of cities through Image-to-Image Generative Adversarial Networks. The cartographic data of European cities are collected, and the basic structures are labeled as training set A and urban fabric as training set B. Then input the dataset into GAN and generate new urban morphology, which resulted in the generation of clear fabric images. The results show that the machine is able to learn the intrinsic rules of complex urban morphology, demonstrating that data-driven generation methods can be a new approach to urban research.

Keywords：Urban Fabric；Morphology；Deep Learning；GAN；Nolli Map

1736 年,教皇本笃十四世(Pope Benedict XIV)委托建筑师兼测绘师詹巴斯塔·诺利(Giambattista Noli)绘制了有史以来最准确的罗马平面图（图 1）。诺利使用了多种类型的符号来表达建筑、街道、广场和绿地等城市空间。这些符号准确地揭示城市各有形要素组合成的城市肌理。诺利地图作为最为广泛的城市形态图示方式被广大研究学者使用[1]。

城市形态在描述和定义城市各有形要素的空间布置方式上发挥了重要的价值。而城市形态是动态的,新时期的城市形态在旧时期保留的基础上不断叠加产生,

图 1　1748 年诺利地图

（图片来源：https://nolli.stanford.edu/）

609

呈现出极强的历时性和复杂性[2]。近年来，开放数据平台和大数据的发展为城市形态的量化提供了丰富的数据资源，多种计算性城市数据分析方法出现[3]。然而城市形态的复杂来源于复合规律下社会、经济、政治等多因素的综合影响。基于传统的统计学量化分析下的城市形态研究，未能真正实现全要素的整合，也无法表现出城市形态的演化规律。

随着以深度学习技术为代表的人工智能的兴起，这些问题或许有解决的出口。有别于传统的分析方法，深度学习的重要特征是在数据驱动下，机器通过数据学习自动提取数据中的一般性特征。这可能为准确表征和理解城市形态提供了一种新的思维方式。本文将通过深度学习来探索城市形态的内在规律。

1 研究背景

本研究在实验前总结了诺利地图的表现形式和研究意义，并分析了现有的深度学习在城市生成方面的研究。

1.1 城市形态图示方法

在罗马诺利地图中，整个地图的信息可以根据城市功能、位置的不同进行汇总并分为四类不同的空间类别，分别是城市建成环境空间、自然环境要素、街道和市政基础设施[4]。在城市与建筑的研究视角下，诺利地图能够更为全面和真实地反映城市形态的有形特征。通过涂黑和留白，区分建筑和室外空间组成的空隙，展示出城市的肌理形态[5]。地图又标记了自然、水体、农田等其他空间要素。全面的要素信息和清晰的形态特征，将有助于深度学习方法下的机器对城市形态的学习(表1)。

表1　诺利地图图示方法(来源：作者自绘)

分类1	分类2	图示标注
建成区域	街道	
	广场	
	建筑	
	人造绿地	
自然环境要素	小山	
	河流	
	种植园	
城市家具	桥梁	
	喷泉	
	下水道	

其他针对城市形态的图示研究方法或不适用于机器对城市肌理的快速学习。康泽恩学派根据建筑、地块、街道划分类型，对城市结构和形态的描述忽略了其他的空间要素[6]；规划领域通过色彩标记地块容积率、功能密度和高度等，形态特征作为指标数据，没有体现空间特征；空间政策与城市形态关联性的研究使用点、线、面几何要素，肌理的有形形式无法体现。

而过往学者的研究丰富了诺利地图的图示表达方法，并指出数字化和机器学习的未来研究趋势。Huimin Ji 提出了新的城市公共空间制图方法，并指出可以结合现有的各种数字地图中的城市地图和室内地图，进一步创建了这些区域的诺利类型的地图[4]；Hwang 和 Kimberlie 提出了波士顿主要街道公共领域的图示方法，并讨论了机器学习技术在该图示中的作用[7]。本实验便是在城市开放数据的支持下借助诺利地图的图示方法建立样本数据库，尝试利用机器学习训练实现城市肌理的模拟生成。

1.2 深度学习在城市设计中的应用

在城市层面，机器学习的最初应用主要是在城市街景图的拟合生成[8]和街区改造的快速预览[9]；后续的相关研究逐步涉及不同尺度下的平面布局生成，刘跃中、斯托夫斯·卢迪等学者使用城市数据库训练的模型生成地块内不同建筑密度下的建筑布局[10]。郑豪将生成对抗网络应用于城市设计中，帮助设计人员在给定城市条件下自动生成建筑物配置的预测细节，通过Pix2PixHD模型训练现存的道路条件与建筑物配置之间的关系[11]。Claudia Pasquero 利用 cycleGAN 将生物形态的风格迁移到城市地图中，探索城市的独特形态[12]。Yuzhe Pan 等学者通过机器学习对住宅进行大规模样本训练，生成多样化的地块内建筑布局[13]。Runjia Tian 根据不同的用地条件和设计规则自动设计生成方案[14]。Stanislava Fedorova 通过学习五个现有的城市环境，观察模型的表现和不同城市之间风格转换的可能性，对结果提出了定量和定性评价[15]。

1.3 研究目的

本文的研究目的是探索基于机器学习模拟城市肌理的生成策略，利用深度学习技术中的生成对抗网络实现城市形态的生成设计。根据城市形态的演化规律梳理成对的数据集的对应关系，自动生成城市肌理的平面格局。实验调节了图像到图像的生成对抗网络的模型架构以适应高分辨率的图像，便于大范围的城市图像的学习。城市整体形态规律的机器认知在大尺度上得以突破，进而证明机器通过学习拥有感知和模拟城市总体形态特征的能力。

2 研究对象、内容和方法

城市肌理的机器学习生成的主要探索过程如下:

(1)数据库的建立。选择符合标准的城市数据,收集其相关信息。

(2)样本处理和标注。在城市形态学知识的基础上,对城市肌理样本进行重绘和标记。

(3)训练和测试。输入成对数据集、设置训练参数来训练和测试机器学习模型。

(4)评估和修改。对结果进行评估,并对标注方法提出进一步的调整,以提高最终生成的结果。

2.1 模型架构

本次实验选用的深度学习算法是图像到图像的条件生成对抗网络模型(Image-to-Image Conditional Generative Adversarial Networks)[16]。生成对抗网络(Generative Adversarial Networks, GAN)的概念最早在2014年由 Ian Goodfellow、Jean Pouget-Abadie、Mehdi Mirza 等学者提出[17]。GAN 由一个生成器和一个判别器组成。在训练过程中,生成器首先从潜在空间生成一个替代图像,将其传递给判别器。判别器输入真实图像或替代图像,并试图区分当前输入的是真实数据还是替代数据。经过生成器和鉴别器之间的相互博弈,GAN 模型完成对数据的有效学习,最终合成出高质量的模拟图像(图2)。而图像到图像的条件生成对抗网络模型则是在 GAN 的基础上去寻找成对图像之间的对应关系。

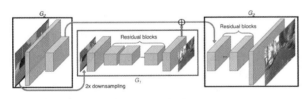

图2 生成对抗网络架构

(图片来源:Ting-Chun Wang[18])

2.2 数据集构建

根据实验目的和深度学习模型的要求,本次实验收集了符合要求的城市数据,然后对其进行分类、分析和标注。城市数据的来源是 OpenStreetMap,实验使用 QGIS 和 Python 下载 136 个欧洲城市的 OSM 数据。这些样本可以代表典型的城市形态特征。

在城市数据获取完成后,实验在数据处理阶段完成对数据集(训练集 A 和训练集 B)的数据分析图示标记及图像的导出。

本文基于 OSM 中的属性分类对数据进行筛选和清洗,用纹理标记的方法标记城市中的主要形态要素。数据的标记形式由诺利地图转化而来。不同元素由不同标记符号表示:黑色体块为建筑;斜线填充及灰色区域为绿地;点状区域为水系;空白区域为城市中市民可自由到达的区域。

在训练集 A(图3)中,OSM 数据属性中的主要道路、绿地及水系等影响城市形态演化的基础信息被标记,实验删除了部分人造绿化,并对自然绿地进行了扩张;在训练集 B(图4)中,现有建筑、绿地及水系信息被标记保留。机器通过训练集 A 到训练集 B 的学习,探索城市演化过程中结构要素对城市形态的影响。

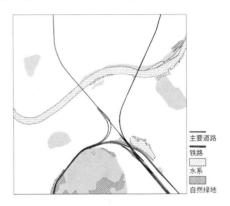

图3 数据集 A 示例

(图片来源:作者自绘)

图4 数据集 B 示例

(图片来源:作者自绘)

2.3 训练和测试

数据集包括 136 对城市数据,其中 120 对作为训练数据,16 对作为测试数据(图5)。然后,训练数据集被输入到生成对抗网络中。在训练中,神经网络的层数和每层的神经元数量被调整以适应高分辨率图像学习。

在训练过程中,生成器和判别器相互博弈,生成器

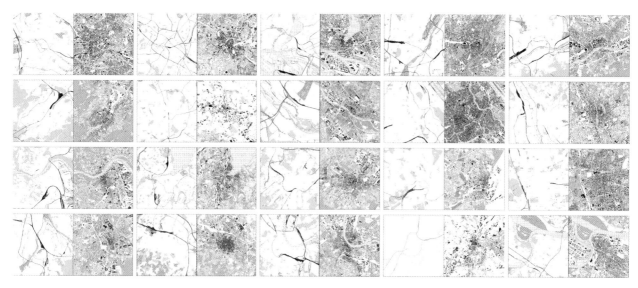

图5 城市数据集部分样本

(图片来源:作者自绘)

和判别器的损失值波动变缓意味着训练过程趋于成功。本文通过监控网页记录的拟合图像(图6)来进一步判断机器的学习效果:在第50 Epoch之前,生成图像较为模糊;第50至500 Epoch记录的生成图像充满了重复的街区,缺乏城市形态的多样性;第500至800 Epoch记录的生成图像更加合理,城市街道更加明显。在第800 Epoch中,机器已经掌握了比较明显的城市形态学规律。最后,经过800 Epoch训练的模型被选为城市肌理的生成模型。

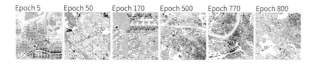

图6 机器的训练过程

(图片来源:作者自绘)

在训练完成后,通过输入测试集数据,模型可以快速输出回应输入的基础结构的城市肌理图像。

3 实验分析

实验对模型进行了验证。验证数据集图像包含道路、绿地和水系等城市基础结构信息。数据被分为真实城市和虚拟城市两类。当其被输入生成模型后,实验得到了机器合成的两类城市肌理图像。通过与真实城市的对比分析和对虚拟城市的形态分析,机器对城市的学习能力被进一步揭示。

3.1 真实城市对比分析

在真实城市对比分析(图7)中,研究发现:模拟生成

的城市肌理与真实肌理虽然不相同,但保留了一致化的城市形态特征。在慕尼黑的肌理对比中,真实城市中巴洛克式的放射状路网虽然被自然有机形态的路网所取代,但合成图保留了由环状中心和以放射轴为骨架的形态结构。利兹的生成图像中,街区的形状、二级路网的形态差异较大,但生成图像呈现出与真实肌理相同的城市布局:东部和南部布置了规整地块和工业区;北部布置点状和条状建筑形态的居住区。在两个城市的肌理对比中可发现,建筑和街块的尺度合理且变化规律高度相似,城区中心区密度极高,有可被识别的中世纪城市边界。同时,街区形态完美地回应了各种城市结构的控制要素,对主干道、铁路和河流等各种线性城市要素进行了退让,并顺应了线状城市要素的形态走势。

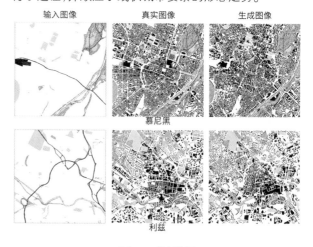

图7 对比验证

(图片来源:作者自绘)

3.2 虚拟城市形态分析

实验又输入了虚拟的城市基础结构,得到机器模拟的城市肌理图像(图8)。生成的图像基本保持了欧洲城市的主要特征:街道肌理顺应了城市的骨架结构,并呈现为自然有机的形态特征,局部出现小型放射状结构;街块尺度整体保持在50~100 m之间,且呈现中心密度高、城郊密度低的形态规律;城市中心区建筑以高密度围合组群为主,城郊出现更多独立建筑体量。建筑布局对城市形态的道路、河流等固结线要素做出清晰的退让;水体附近模拟出了更多的绿地;市中心的建筑围合出清晰的公共绿地和广场。

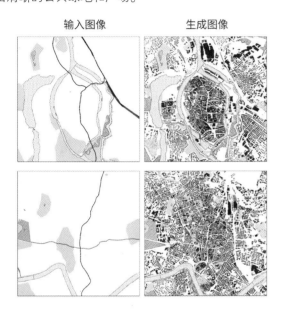

输入图像　　　　生成图像

图8 生成城市肌理

(图片来源:作者自绘)

4 结论

该实验基本完成了基于生成对抗网络的城市肌理生成,证明了数据驱动的生成方法可以成为城市形态研究的新途径。诺利地图的图示方法与深度学习的数据训练相适配,城市形态图示语言有利于机器对城市要素关系的学习。通过对标记的城市数据集进行学习,训练完成的生成对抗网络模型可以根据基础结构快速生成合理的城市肌理,为设计师提供有效的设计辅助。该实验证明,生成对抗网络结合诺利地图的图示方式将能有效提高机器的学习能力;人工智能与机器学习将在城市计算性设计领域表现出巨大的潜力。

参考文献

［1］ 李梦然,冯江.诺利地图及其方法价值[J].新建筑,2017(04):11-16.

［2］ KOSTOF S. The City Shaped:Urban patterns and meanings through history[M]. New York:Bulfinch Press,1991.

［3］ 叶宇,庄宇.城市形态学中量化分析方法的涌现[J].城市设计,2016 (04):56-65.

［4］ JI H M,DING W W. Mapping urban public spaces based on the Nolli map method[J]. Frontiers of Architectural Research,2021:10(3):540-554.

［5］ HEBBERT M. Figure-ground:History and practice of a planning technique[J]. The town planning review,2016,87(6):705-728.

［6］ CONZEN M R G. Alnwick,Northumberland:a study in town-plan analysis［J］. Progress in human geography,2009,33(6):859-864.

［7］ HWANG J E,KOILE K. Heuristic Nolli Map:Representing the Public Domain in Urban Space［J］. Proceedings of CUPUM05 1,2005:16.

［8］ STEINFELD K. GAN Loci:Imaging Place using Generative Adversarial Networks[J]. Proceedings of the 39th Annual Conference of the Association for Computer Aided Design in Architecture (ACADIA),2019:392-403.

［9］ 许恒玮,李力.基于深度学习的街景色彩的分析与生成研究[C]//智筑未来——2021年全国建筑院系建筑数字技术教学与研究学术研讨会论文集,武汉:华中科技大学出版社.2021.

［10］ 刘跃中,卢迪,杨阳.基于条件生成对抗网络的城市设计研究[J].建筑学报,2018(09):108-113.

［11］ SHEN J,LIU C,REN Y, et al. Machine Learning Assisted Urban Filling[C]//Proceedings of the 25th International Conference on Computer-Aided Architectural Design Research in Asia (CAADRIA),2020:679-688.

［12］ PASQUERO C,POLETTO M. DeepGreen:Coupling Biological and Artificial Intelligence in Urban Design[C]//Proceedings of the 40th Annual Conference of the Association of Computer Aided Design in Architecture (ACADIA),2020:668-677.

［13］ PAN Y Z,QIAN J,HU Y D. A preliminary study on the formation of the general layouts on the northern neighborhood community based on GauGAN diversity output generator ［C］//The International

Conference on Computational Design and Robotic Fabrication. Springer,Singapore,2020.

［14］ TIAN R. Suggestive Site Planning with Conditional GAN and Urban GIS Data［C］//Proceedings of the 2nd International Conference on Computational Design and Robotic Fabrication （ CDRF ）. Springer,Singapore,2020.

［15］ FEDOROVA S. GANs for Urban Design［J］. arXiv preprint arXiv,2021:2105. 01727.

［16］ ISOLA P,ZHU J Y,ZHOU T H,et al. Image-to-image Translation with Conditional Adversarial Networks［C］//Proceedings of the IEEE conference on computer vision and pattern recognition,2017:1125-1134.

［17］ GOODFELLOW I, POUGET-ABADIE J, MIRZA M, et al. Generative Adversarial Nets ［C］// Advances in neural information processing systems,2014.

［18］ WANG T C,LIU M Y,ZHU J Y,et al. High-Resolution Image Synthesis and Semantic Manipulation with Conditional GANs［C］//Proceedings of the IEEE conference on computer vision and pattern recognition,2018.

苑思楠[1,2*]　孙悦[1,2]

1. 天津大学建筑学院

2. 建筑文化遗产传承信息技术文化和旅游部重点实验室；yuansinan@tju.edu.cn

Yuan Sinan[1,2*]　Sun Yue[1,2]

1. School of Architecture,Tianjin University

2. Key Laboratory of Information Technology for the Inheritance of Architectura Cultural Heritage,Ministry of Culture and Tourism.

国家自然科学基金项目(51978441)

基于真实使用情况下的"公园-住区"双向游憩引力分析
——以天津滨海新区为例

Based on the Real Use of the "Park-residential" Two-way Recreation Gravity Analysis: Take Tianjin Binhai New Area as an Example

摘　要: 滨海新区作为中国特色城镇化进程中的新城新区代表,区域建设面临着社会服务设施薄弱、公园绿地使用率滞后和空间失活等挑战;其大量规划的城市级公园未被有效利用,存在用地布局与实际使用脱节、日常使用率不高的问题。针对城市公园对居民的吸引力存在分异的现象,引入实地调研数据并通过对可达性计算中常用的引力模型进行系数修正,提出一种基于真实使用情况的双向引力计算方法。

关键词: 引力模型;游憩吸引力;城市公园;建成环境;曲线拟合

Abstract: As the representative of the new city in the process of Urbanization with Chinese characteristics, Binhai New Area is faced with challenges such as weak social service facilities, lagging utilization rate of park green space and spatial inactivation. A large number of planned city-level parks have not been effectively used, and there is a disconnection between land layout and actual use, which leads to the problem of low daily use rate of many residents. Aiming at the diversity of attraction of urban parks to residents, a bidirectional gravity calculation method based on real use was proposed by introducing field survey data and modifying the coefficient of gravity model commonly used in accessibility calculation.

Keywords: Gravitational Models, Recreational Attraction; Urban Parks; Built Environment; Curve Fitting

1 引言

本文总结建成环境与城市公园使用的既有研究成果,旨在提供一种基于城市公园真实使用情况的修正方法,希望能够通过使用后调研得到的真实反馈对城市规划下城市公园的使用与可达性提供新的思路。

2 研究方法与算法实现

本文提出一种对"公园-住区"引力模型修正的新思路,研究区域为天津市滨海新区。

2.1 引力模型与修正假设

这些基于万有引力公式的变形数学模型主要在今

天的区域经济、交通运输等领域被广泛应用。同时，引力模型作为一种常见的计算可达性的方法，具有能够充分考虑广场公园的吸引力、距离的衰减效应，以及人口势能等复杂因素对公园可达性的影响的优势，并系统地对公园的可达性做出客观合理的评价[1]。综合上述公式，本次研究中扩大可变参量，将基础引力模型公式修正为：

$$T_{ij} = \frac{S_i V_j}{D_{ij}^{\beta}} \tag{1}$$

式中，S_i 为公园吸引力指标，V_j 为住区游憩能力指标，D_{ij} 为两点间距离，β 为引力随距离变化的摩擦系数。

2.2 住区游憩能力与公园吸引力指标建立

2.2.1 基于5D建成环境指标的住区游憩能力

既有研究将城市与出行密切相关的影响因素归纳为 3 个方面：密度（density）、混合度（diversity）、设计（design），在此基础上，之后的研究又增加了目的地可达性（destination accessibility）和到站点距离（distance to transit）两个维度[2]。根据已有研究总结出五大类符合滨海区域特征的住区游憩能力评价指标及他们对应的次级指标。

2.2.2 基于既有研究的公园吸引力指标

为建立与住区评价体系有一定对应关系的结构，将既有研究[3-6]的公园吸引力因子进行筛选与重新组合，以建立适应港区的公园吸引力评价体系，从公园的景观质量、设施条件、区域条件和可达性这四方面构建本文的城市公园吸引力指标评价体系。

2.3 指标层析权重确定

基于基础数据的回归分析、因子分析以及既往研究成果，综合考虑确定准则层任意两个因子之间对于公园游憩吸引力与住区游憩能力的影响强弱，并建立两两判断矩阵。该方法可以使分析结果更加准确，既往研究也经常使用此方法。通过两两判断矩阵并使用层析分析法确定最终权重，并得到模型如下：

$$S_i = 0.0310\text{area}(i) +$$
$$0.0310\text{quality}(i) + 0.0621\text{level}(i) +$$
$$0.0926\text{commercedensity}(i) +$$
$$0.0926\text{busstopdensity}(i) +$$
$$0.0926\text{fooddensity}(i) +$$
$$0.1823\text{popdensity}(i) +$$
$$0.1823\text{nearcbd}(i) + 0.0563\text{medn}(i) +$$
$$0.0492\text{numberofjoint}(i) + 0.1281\text{betn}(i) \tag{2}$$

式中，area(i) 为公园面积，quality(i) 为以百度评分数据为准的公园质量；level(i) 为公园级别，commercedensity(i) 为商业 poi 计算点密度，busstopdensity(i) 为公交站 poi 计算点密度，fooddensity(i) 为餐饮 poi 计算点密度，popdensity(i) 为人口密度，nearcbd(i) 为距中心（CBD）距离，medn(i) 为全局穿行度；numberofjoint(i) 为 400 m 范围内交叉路口数量；betn(i) 为全局可达性（上述数据均采用标准化后数值进行计算）。

$$V_j = 0.378\text{nearbus}(j) + 0.0272\text{nearroad}(j) +$$
$$0.0998\text{commercedensity}(j) +$$
$$0.0998\text{busstopdensity}(j) +$$
$$0.0998\text{fooddensity}(j) +$$
$$0.0684\text{popdensity}(j) +$$
$$0.2265\text{nearport}(j) + 0.1297\text{medn}(j) +$$
$$0.0815\text{numberofjoint}(j) + 0.1297\text{betn}(j) \tag{3}$$

式中，nearbus(j) 为到公交站距离，nearroad(j) 为到最近快速路的距离，commercedensity(j) 为商业 poi 计算点密度，busstopdensity(j) 为公交站 poi 计算点密度，fooddensity(j) 为餐饮 poi 计算点密度，popdensity(j) 为人口密度，nearport(j) 为距站点距离，medn(j) 为全局穿行度，numberofjoint(j) 为街区交叉路口数量，betn(j) 为全局可达性（上述数据均采用标准化后数值进行计算）。

2.4 幂函数拟合模型

在原始引力模型公式中，S_i，V_j，D_{ij} 与 T_{ij} 均为原始收集样本数据以及指标建立计算后的已知值，将四者替换成已知参量可得到如下模型：

$$T_{ij} = \frac{S_i V_j}{D_{ij}^{\beta}} \tag{4}$$

$$T = G\frac{SV}{D^{\beta}} \tag{5}$$

式中，T 为已知的因变量引力值，S 为已知的自变量公园吸引力系数，V 为已知的自变量住区游憩能力系数，D 为已知距离，G 为固定常数，对研究区内的公园分三类得到 β 值拟合最优解及相应的曲线模型（图1）：

$$T_{ij} = 909.44216\frac{S_i V_j}{D_{ij}^{0.4347402}} \tag{6}$$

$$T_{ij} = 2991.487\frac{S_i V_j}{D_{ij}^{0.61351}} \tag{7}$$

$$T_{ij} = 766.0794\frac{S_i V_j}{D_{ij}^{0.47614}} \tag{8}$$

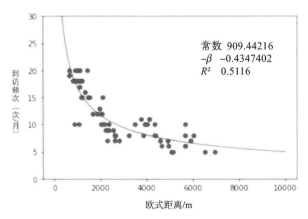

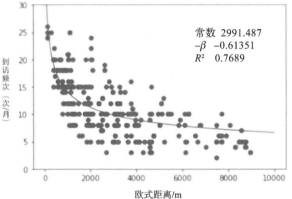

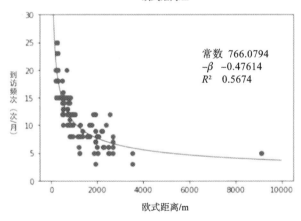

图1 不同类型公园β值拟合曲线

3 研究结果及分析

3.1 双向引力计算结论

本次研究中,调研公园分别为紫云公园、新港公园、塘沽森林公园、海门园、于家堡沿河公园1期、于家堡滨河公园2期、彩带公园、河滨公园。

在既有的城市调研数据支撑下,通过式(8)、式(9)、式(10)对单一住区所有引力值进行叠加计算,并通过ARCGIS生成研究区住区游憩可能性现状的分布情况(图2)。结果显示:研究区整体住区游憩可能性现状显

示出自点状中心塘沽站区域向外辐射状递减,线状中心海河带至津塘公路向南北向递减,并在南北中断区域呈现出极小值的谷地整体趋势。

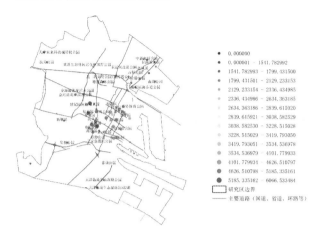

图2 研究区住区游憩能力现状分布图

通过式(6)、式(7)、式(8)对单一公园所有引力值进行叠加计算,并通过ARCGIS生成研究区公园游憩吸引力现状的分布情况(图3)。结果显示:研究区整体公园游憩吸引力现状呈现以点状中心滨海文化中心与万达广场综合区域向外辐射递减的趋势。

图3 研究区公园游憩吸引力现状分布图

4 结语

本文提出了一种使用真实调研数据自下而上进行区域"城市-公园"双向引力强度的判断方法,从而更实际地为城市规划提出建设性意见。方法具有一定的可拓展性以及普适性,能够较好地适应相异的地块,具有对症下药的灵活决策能力。但模型的可靠性以及稳定性依旧需要进一步验证,在后续研究中可以通过设定测试

集以及扩大样本量的方式对其进行检验。

参考文献

［1］ 张博.基于引力多边形的哈尔滨城市公园绿地布局研究［D］.哈尔滨：东北林业大学,2012.

［2］ CERVERO R,EWING R. Travel and the Built Environment：A Synthesis［J］. Transportation Research Record：Journal of the Transportation Research Board,2001(1780)：87-114.

［3］ 索世琦.宁波市中心城区社区公园吸引力影响因素研究［C］//面向高质量发展的空间治理——2021中国城市规划年会论文集(08 城市生态规划).中国城市规划学会、成都市人民政府：中国城市规划学会,2021：684-695.

［4］ 李琼.免费开放城市公园的居民满意度研究——以南京玄武湖公园为例［D］.南京：南京大学：2011.

［5］ 杜娟.南宁市城市公园吸引力评价［D］.南宁：广西大学,2020.

［6］ 毛之夏.城市公园游憩吸引力研究［D］.哈尔滨：中国科学院大学(中国科学院东北地理与农业生态研究所),2017.

康志浩[1] 刘雅心[2] 胡一可[1*]

1.天津大学建筑学院;836579096@qq.com

2.成都市市政工程设计研究院有限公司

Kang Zhihao[1] Liu Yaxin[2] Hu Yike[1*]

1. School of Architecture,Tianjin University

2. Chengdu Municipal Engineering Design and Research Institute Co,Ltd.

电动汽车充电站空间布局与使用评价研究
——以上海市为例

Study on the Spatial Layout and Usage Evaluation of Electric Vehicle Charging Stations:Taking Shanghai as an Example

摘 要:近年来,国家对节能减排日益重视,而电动汽车充电站科学选址及使用问题仍有待优化。本文对上海市充电站进行空间布局和使用评价研究,总结其空间分布特征及人群使用影响因素,并提出规划布局及使用要素的优化策略。结果表明,上海市充电站呈现"大聚集、小分散",由中心城区向外沿整合度较高的道路多中心分布的特点。使用者更关注使用费用、设施服务、便捷程度等因素。未来应进一步降低使用成本,加强充电设施管理,提高充电站可达性。

关键词:充电站;使用评价;空间分布;语义文本

Abstract: In recent years,China has paid more and more attention to energy conservation and emission reduction,but the scientific location and use of electric vehicle charging stations still need to be optimized. This paper studies the spatial layout and use evaluation of charging stations in Shanghai,summarizes their spatial distribution characteristics and influencing factors of population use,and puts forward optimization strategies of planning layout and use factors. The results show that the charging stations in Shanghai are "large cluster and small dispersion",and they are distributed in multiple centers from the central urban area to the road with high integration degree. Users pay more attention to the use cost,facilities and service,convenience and other factors. In the future,we should further reduce the use cost,strengthen the management of charging facilities,and improve the accessibility of charging stations.

Keywords: Charging Station; Usage Evaluation; Spatial Distribution; Semantic Text

1 引言

随着节能减排政策的推行,近年中国明确提出"碳达峰"与"碳中和"目标,大力支持新能源汽车发展,城市充电站建设重要性不断增强[1]。本文选择上海市作为研究范围,进行空间布局研究和语义文本评价的综合性研究,探究其空间分布特征及现有使用情况,为城市充电站空间布局和建设管理提出新的优化策略。

1.1 研究背景

当前,随着全球气候变化、石油供应紧张日益成为全人类面临的重大议题,国家开展了一系列以节能减排为目标的工作,大力推广新能源汽车,同时将电动汽车充电站列为"新基建"七大领域之一①。

上海市在 2021 年对外公布《上海市加快新能源汽车产业发展实施计划(2021-2025 年)》,鼓励建设集中式

---

① 数据来源:https://baijiahao.baidu.com/s? id=1663943093529107605。

充电站、出租车充电示范站，完善经营性充换电网络布局，为中国整体电动汽车充电站布局规划打开集中研究的新局面[2]。因此，本文选择以上海为例，分析充电站空间布局与使用评价。

高德地图 App 作为国内使用率较高的地图软件①，其在出行领域对于数据的广泛采集性及应用的便捷性对充电站分布与用户查询有很大帮助，因此本文选择高德地图 App 作为充电站数据的主要来源。

1.2 研究目的

因现有充电站属于不同机构，布局算法不同，部分区域存在充电站覆盖范围重复或充电站数量过少的现象，造成使用效率低下及大量资源浪费[3]。研究首先对布局相对完善的上海市充电站空间分布特征进行总结，发现其不足之处。

同时，通过获取高德地图中上海市电动汽车充电站使用人群对充电站的大量评价，提取用户的打分、用户具体评价文本、用户评价时间等信息，明确人群对现有充电站的使用评价及使用偏好。

进而通过核密度分析及空间句法分析理清城市交通状态中充电站的分布状况，叠加通过高德地图提取的用户使用评价，综合研判区域充电站数量是否合理，明确具体优化改进方向。

1.3 研究现状

电动汽车充电站空间布局已有多位学者研究，如毛薇等[4]以电动汽车充电距离成本最小化和充电站建设成本最小化为目标，基于 ArcGIS 空间分析技术对电动汽车充电站选址渐进优化布局进行研究；王雨晨等[5,6]基于武汉市电动汽车充电站数据，分析中心城区充电站的空间分布特征，探究了充电站的区位影响因素，提出规划布局优化建议；Liu[7]考虑多需求场景和多类型充电桩的城市电动汽车充电站双层规划方法，提出了以建设运营年利润最大和电动汽车综合充电成本最小为多目标函数的充电站双层规划模型，并构建了充电站空间布局供需匹配的评价模型。

在充电站的使用评价方面，Csiszar 等[8]利用权重多目标方法开发了两层的充电站选址方法。刘铭周等[9]考虑车流量、成本费用和方便性作为充电站选址的影响因素对充电站进行综合评估和选址。乔明娅等[10]结合我国新能源物流车发展的实际情况及其需求，建立新能源物流车专用充电站选址的评价指标体系，并以某市待建物流专用充电站为对象进行综合评价。

上述研究分别聚焦电动汽车充电站空间布局及使用评价方面的研究，较少将二者结合；在充电站使用评价方面过于主观，缺少真实的用户使用数据进行分析。

本文将宏观层面布局的空间分布与微观层面使用的语义评价结合，将具体的使用者评价在物质空间上可视化，将空间布局及使用体验结合提出优化策略。

2 研究框架

2.1 研究方法

本文通过核密度分析城市中电动汽车充电站的集散态势，通过空间句法分析城市道路整合度与充电站分布状况之间的关系。从空间布局层面总结上海市电动汽车充电站空间分布特点。

同时，爬取高德地图中上海市电动汽车充电站使用评价信息，通过词频统计、语义网络等分析，直观反映使用者对充电站建设的关注要素。通过以上工作，总结近年上海市充电站发展的主要特征。

通过空间布局和语义文本评价的综合研究，分析当前充电站分布特点及不足之处，分析其中的原因，并提出充电站布局规划的优化策略，在空间上进行可视化表达，为下一步充电站的建设规划提供参考，提高充电站使用者的满意度，进而促进新能源汽车发展。

2.2 数据收集

2.2.1 兴趣点数据

本文关于电动汽车充电站的空间数据来自高德地图的 POI 数据，爬取并筛选 1764 个上海市充电站的信息，如图 1 所示。

2.2.2 OSM 数据

本文通过 OSM 数据创建路网数据，整理上海市城市路网，在道路分析前进行城市道路空间预处理，使用 sDNA 进行空间句法分析。

2.2.3 使用评价数据

高德地图针对上海市充电站的用户评价数据记录了用户评价时间、满意度打分、具体评价内容等充电站使用评价信息。高德地图充电站使用评价信息界面如图 2 所示，通过高德地图爬取的部分充电站使用评价信息如图 3 所示。

---

① 数据来源：https://new.qq.com/omn/20210609/20210609A05C6Z00.html。

地址	名称	id	latitude	longitude	评论数
华志路33	星星充电	B0HR55AF	31.2313	121.234	
新府中路	星星充电	B0FFH0TK	31.2287	121.233	
国顺路36	星星充电	B0FFH10F	30.9316	121.46	
新府中路	星星充电	B0I6R7T5	31.2311	121.233	
运河路20	星星充电	B0FFGYB6	30.9252	121.469	
新桥镇新	星星充电	B0FFK09Y	31.0467	121.307	1
永新路与	星星充电	B0FFI7S4	31.4154	121.262	
柳梁路与	星星充电	B0FFH024	31.377	121.229	
柳梁路与	星星充电	B0FFHJ4E	31.3771	121.227	
竹柏路36	星星充电	B0FFM7GN	30.9016	121.909	1
慈竹路83	星星充电	B0FFJ3VM	31.3816	121.213	3
竹柏路33	星星充电	B0IB7R6E	30.8974	121.909	
南汇新城	星星充电	B0I6A52W	30.8972	121.916	
林绿路69	星星充电	B0FFK4YM	31.0939	121.223	
芦潮港镇	星星充电	B0FFKS0P	30.8658	121.859	2
世盛路61	星星充电	B0GD758X	31.3981	121.187	
奉炮公路	星星充电	B0HA9N50	30.8452	121.515	
奉炮公路	星星充电	B0HAJL7I	30.8456	121.515	
奉炮公路	星星充电	B0I6R7T5	30.845	121.51	
奉炮公路	星星充电	B0FFHGVG	30.8437	121.511	
民丰路81	星星充电	B0FFKDWB	31.3054	121.156	
文诚路50	星星充电	B0FFK4YL	31.0319	121.215	3
沈巷镇沈	星星充电	B0H2A55G	31.0359	121.091	3
朱泾镇	星星充电	B0FFHJC1	30.901	121.173	1
朱泾镇秀	星星充电	B0HK09ME	30.9012	121.172	

图1 通过高德地图爬取的上海市充电站部分 POI 数据

（图片来源:作者自绘）

〈 全部评价

全部　带图　最新　差评

石头剪子布
1.0分
2021-05-27 高德地图
好多车都占位置，没充电。差评。。。
浏览5　　　　抢首赞

amap_139**4919**
1.0分
2021-01-21 高德地图
慢充充电桩竟然没有充电枪，充个屁啊!
浏览5　　　　抢首赞

牛犇犇7580
1.0分
2019-12-10 高德地图
停车费这么贵! 傻子才会去使用! 国家这么规划是绝对错误的!
浏览5　　　　抢首赞

wx_菱菱_8yqvK4
5.0分
2018-01-13 高德地图
就是很正规，就是有点贵了吧。

立即评价帮助更多人

图2 高德地图充电站使用评价信息界面

（图片来源:作者自绘）

id	author_id	评论	打分	评论时间
B0FFHJJ3GU	653ecc4f-c2ca-42c4-9cd5-db5e0644	不错，抢到 个停车位，开始充电	5	2017-09-28
B0FFHJJ3GU	653ecc4f-c2ca-42c4-9cd5-db5e0644	不错不错很顺利，没问题	5	2017-09-28
B0FFHJJ3GU	653ecc4f-c2ca-42c4-9cd5-db5e0644	今天不错，没问题，明天继续	5	2017-09-27
B0FFHJJ3GU	653ecc4f-c2ca-42c4-9cd5-db5e0644	渐渐找到了方法，越来越快	5	2017-09-27
B0FFHJJ3GU	653ecc4f-c2ca-42c4-9cd5-db5e0644	今天一开始不太顺利，后面可以了	5	2017-09-25
B0FFHJJ3GU	653ecc4f-c2ca-42c4-9cd5-db5e0644	如我们的稳定和方便	5	2017-09-22
B0FFHJJ3GU	653ecc4f-c2ca-42c4-9cd5-db5e0644	不错很顺利的 一次充电	5	2017-09-20
B0FFHJJ3GU	653ecc4f-c2ca-42c4-9cd5-db5e0644	今天不错，越来越顺利了	5	2017-09-20
B0FFHJJ3GU	653ecc4f-c2ca-42c4-9cd5-db5e0644	好像这个桩有问题，充不了	5	2017-09-18
B0FFHJQMUH	d996f967-397e-4715-be93-9be49914	就是其他什么都占用也电车停比较严重	5	2017-11-11
B0FFHJQMUH	1735f849-ba9a-418b-a2d0-d92f21f0	百圆四桩慢充所占，那被都被占光了1	3	2017-10-11
B0FFHJQMUH	77085319c-e86c-423f-b22b-7304 2afe	几乎无人充电的，或见晚了没位置	1	2017-10-10
B0FFHJQMUH	77085319c-e86c-423f-b22b-7304 2afe	免费充电的真的好，价格有	5	2017-10-10
B0FFI6N6KJ	501efa61-b882-4287-ae91-e1a3d333	101桩4.5角一度电，用的102功	4	2017-10-06
B0FFI6N6KJ	304ac6fd-2f5a-46bf-bf64-cc3af96e	车位实用，没人管理	5	2017-09-25
B0FFHJQMUH	77085319c-e86c-423f-b22b-7304 2afe	最近充电也算方便，希望一直保持	5	2017-09-25
B0FFHJQMUH	d98b23b1-5dc8-447a-816c-6f8ae88c	老是被人插桩都什么人都么占着表	1	2017-09-17
B0FFHJQMUH	d98b23b1-5dc8-447a-816c-6f8ae88c	没有充电能接好 我去拍了	1	2017-09-17
B0FFHJQMUH	77085319c-e86c-423f-b22b-7304 2afe	油卡投有把这位置都都占	5	2017-09-15
B0FFI6N6KJ	4b3f7a35-157a-4541-9f9e-dd809b66	充电方便，停车位较多	5	2017-09-08
B0FFI6N6KJ	4b3f7a35-157a-4541-9f9e-dd809b66	竟然忘记了充电，余额也是了	5	2017-09-07

图3 通过高德地图爬取的部分充电站使用评价信息

（图片来源:作者自绘）

3 研究结果

3.1 上海市充电站空间分布特征

如图4所示,对上海市充电站核密度进行分析,再通过空间句法模型分析出全局整合度(Rn)图,如图5所示,从而综合总结出上海市电动汽车充电站空间分布规律。

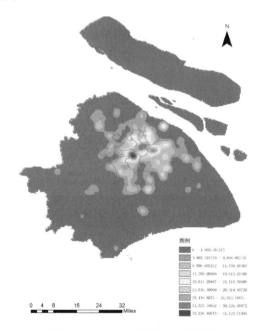

图4 上海市充电站核密度分析图

（图片来源:作者自绘）

由核密度分析可知,上海市城市范围内充电站呈现"大聚集、小分散""内密外疏",由中心城区向外扩展的多中心分布特点。由图4所示,静安区、卢湾区、徐汇区以及浦东新区西部的部分区域有着较高的集中热力,在宝山区、嘉定区等靠近中心城区的部分区域也有部分充电站点的分布,崇明区充电站设置不足。

研究结合空间句法进行整合度分析,发现充电站密

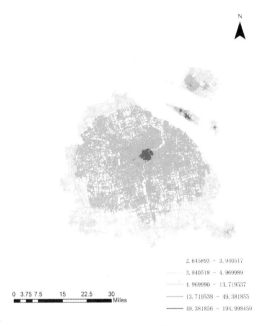

图5　上海市全局整合度

（图片来源：作者自绘）

度随着城市道路全局整合度由内向外扩散而逐渐降低。

3.2　高德地图语义文本评价分析

3.2.1　词频统计分析

　　如表1所示，从上海市充电站的文本评价中提取出50个高频词汇。词频越高说明居民在使用充电站时对该要素的认知深刻度与关注度越高。可以看出，排名前50的高频特征词，主要集中在使用费用、设施服务、便捷程度等方面。在使用费用方面，可以发现所包含的费用主要为"停车费""电费""服务费"等。其中，最关注的是"停车费"，与使用费用相关的特征词还包括"免费""价格""收费""太贵""便宜"等，表明居民在使用充电站时，对所产生的费用给予了特别关注。在设施服务方面，主要的特征词包括"车位""停车场""环境""车库""停车位"等。与"停车"相关的设施最受关注，其次是充电站的环境设施。在便捷程度方面，主要的特征词包括"方便""顺利""找到""很快""小区"，可以发现居民对充电站的可达性、易达性同样给予了很高的关注度。

表1　上海市充电站文本评价词频统计分析表

（来源：作者自绘）

序号	词汇	词频	序号	词汇	词频
1	充电	968	26	希望	41
2	停车费	169	27	全部	41
3	停车	165	28	速度	41
4	方便	146	29	找到	40
5	不错	137	30	开通	40
6	车位	135	31	现在	39
7	油车	109	32	电费	38
8	占位	102	33	充电站	38
9	位置	96	34	但是	37
10	免费	92	35	知道	36
11	快充	85	36	其他	35
12	慢充	75	37	比较	35
13	地方	75	38	车库	35
14	保安	71	39	汽油车	35
15	价格	67	40	问题	34
16	二维码	62	41	显示	34
17	收费	58	42	很快	33
18	太贵	56	43	今天	32
19	地下	55	44	车辆	32
20	占用	52	45	管理	31
21	停车场	52	46	便宜	31
22	使用	50	47	已经	31
23	来电	48	48	停车位	30
24	环境	47	49	服务费	30
25	顺利	42	50	小区	29

3.2.2　语义网络分析

　　如图6所示，对评论数据建立语义网络，挖掘特征

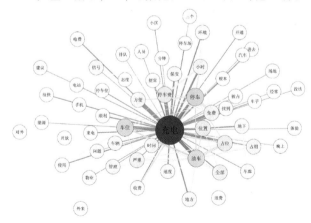

图6　上海市充电站核密度分析图

（图片来源：作者自绘）

词之间的联系。可以发现,以"充电"为核心词建立各特征词之间的语义联系,与"充电"联系最紧密的特征词包括"停车费""免费""车位""方便"等,这与上文词频统计中,以使用费用、设施服务、便捷程度为关注要素的总结予以对应。值得注意的是,除了以上要素,"充电"与"油车""占位"也有着较强的关联性。"油车"与"车位""占位""位置""占用"等有关停车位使用的特征词有着较强的关联性,这表明,在设施服务方面,充电站中的停车位管理欠佳,汽油车占用停车位情况较为严重,导致充电车充电没有足够的停车位。而诸多关于"车位"的特征词与"充电"紧密相连的情况表明,有关车位的管理和使用是当前充电站所面临的最大问题。

3.3 评论满意度逐年分析

将评论按年份统计,其差评率、中评率以及好评率,按照高德地图的评价规则分为五个星值等级,本文将打1星、2星的评论作为差评,打3星的评论作为中评,打4星、5星的评论作为好评,分别统计每年的差评、中评、好评占比。可得,2016年,刚推广充电站时,差评率与好评率几乎相当。2016—2017年,差评率、中评率呈现出下降的趋势,好评率呈现出上升的趋势,且好评率远高于差评率。2017—2020年,差评率呈现逐年上升的趋势,好评率呈现出逐年下降的趋势。2020—2021年,差评率有所下降,中评率、好评率略有上升。相关资料表明充电站还处于一个高速扩张期。2017年,充电站的大力推广获得了居民的认可,但随着充电站的高速扩张,充电站的服务质量良莠不齐,引起了居民的不满,因此,2017—2020年,差评率逐年上升,好评率逐年下降。但随着充电站管理者服务意识的提高,从2021年开始,差评率有所回落,好评率有所上升(图7)。

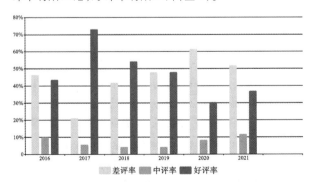

图7 2016—2021年上海市充电站评论满意度柱状图
(图片来源:作者自绘)

3.4 充电站满意度空间分布

如图8所示,将充电站的星值等级取平均值作为满意度,在空间上进行分布,并根据分值大小对充电站点的标记大小和颜色进行区分。可以发现,中心城区中满意度较高的充电站相对较为集中,但同时,高满意度充电站周边往往分布有较为显著的低满意度充电站。

图8 上海市充电站满意度评分分布
(图片来源:作者自绘)

3.5 评论关键词空间分布

如图9所示,将各充电站的评论按词频进行统计,提取出前五个关键词,将其落位到空间中,并根据充电站的满意度,对关键词的颜色和大小进行区分。可以发现,高满意度的充电站评价往往有"不贵、价格便宜、实惠、停车位、充足、方便"等关键词,而低满意度充电站往

图9 上海市充电站评论关键词空间分布
(图片来源:作者自绘)

往有"停车费、太贵、油车、占用、占位、内部、保安、不让、挡住、找到"等关键词,进一步印证了使用费用、设施服务、便捷程度是影响居民使用充电站满意度的主要因素。

此外还发现,在设施服务方面,充电站充电速度、建设质量也是影响满意度的重要因素。

4 研究结论

4.1 空间分布特征总结

上海市充电站多集中于中心城区,呈现"大聚集、小分散""内密外疏"、由中心城区沿城市整合度高的道路向外扩展、多中心分布特点。

通过满意度的空间分布,研究发现中心城区分布有较为显著的高满意度充电站,但同时在高满意度充电站周边也往往分布有低满意度充电站,这说明充电站的建设质量参差不齐,尚未在整体上呈现出高满意度的态势。

4.2 人群对现有充电站的使用评价

研究发现使用费用、设施服务、便捷程度是影响居民充电站使用满意度的主要因素。在使用费用方面,充电站的使用包含了"停车费""电费""服务费"等多项费用,导致居民使用成本增加,满意度降低。在设施服务方面,居民重点反映的是充电站的停车服务问题,如停车位数量不足、停车位被汽油车占用等,充电站环境、充电速度、设施完善程度等也是影响居民满意度的设施服务问题。在便捷程度方面,居民反映了充电站的可达性、标识不够明显等问题。尽管在空间分析中发现,充电站多分布在整合度较高的地区,特别是分布在上海的中心城区,但仍然需要扩大充电站的覆盖面,并在细节设计中增加明显的标识物,方便居民寻找。此外,有些充电站为仅限园区内部使用的充电站,却并未在服务导航中加以说明,也给居民的使用带来不便。

4.3 优化策略

在整体布局方面,需要进一步关注上海中心城区外充电站建设。上海市充电站除中心城区外区域设置充电站数量过少,可在调研居住区分布及区域人口密度后结合现有充电站位置积极推广社区充电模式,加大充电站在上海市全域分布数量。

在使用费用方面,鼓励社区建设多车一桩的车位共享模式,鼓励商场、产业园、办公楼经营主体减免充电车辆停车费。

在设施服务提升方面,首先关注停车位不足问题,减少燃油车占用充电车位的情况。鼓励商场、产业园等内部的充电站分时段对外开放。其次关注充电站环境及设施建设,纳入其所在公园绿地、高架桥、商场卫生区域管理体系。再者针对中心城区可达性高的区域增大快充充电站比例,保障充电速度。

在便捷程度方面,需要在居民点周边增加充电站数量,提高充电站可达性,并增加明显标识。

5 研究展望

在国家对环境保护及节能减排日益重视的大背景下,本文通过对上海市充电站进行空间布局研究和语义文本评价,直观快速地反映出充电站空间分布特征及使用者关注点;从多角度进行现有充电站使用评价,为国家"新基建"之一的电动汽车充电站规划布局提供自下而上的数据支持与决策依据。

我国新能源汽车产业规模巨大、潜力无穷,未来我们期待挖掘出更多数据,在充电站建设、能源利用层面进一步为公众提供更好的使用感受,健全管理系统,构建良好充电站服务网络。

参考文献

[1] 彭华.中国新能源汽车产业发展及空间布局研究[D].长春:吉林大学,2019.

[2] 申善毅.上海电动汽车及其充电基础设施运营模式的研究[D].上海:上海交通大学,2011.

[3] 吉增宝,魏健,颜炳.电动汽车充电站后评价内容及指标体系研究[J].电气时代,2021(07):45-48.

[4] 毛薇,谢莉莉.基于ArcGIS空间分析技术的电动汽车充电站选址渐进优化布局研究[J].物流技术,2019,38(06):56-60.

[5] 王雨晨,刘紫荆,朱欣然,等.基于多源数据的武汉市电动汽车充电站空间供需匹配研究[C]//中国城市规划年会暨2021中国城市规划学术季,2021:10.

[6] 王雨晨,刘合林,郑天铭.武汉市电动汽车充电站空间分布特征及区位影响因素研究[C]//中国城市规划年会暨2021中国城市规划学术季,2021.

[7] LIU X. Bi-level planning method of urban electric vehicle charging station considering multiple demand scenarios and multi-type charging piles[J]. Journal of Energy Storage,2022,48.

[8] Csiszar C, Csonka B, Foldes D, et al. Urban public charging station locating method for electric vehicles based on land use approach[J]. Journal of Transport Geography,2019,74(1):173-180.

[9] 刘铭周,肖杨.基于AHP的电动汽车充电站选址模糊综合评价模型[J].中国新技术新产品,2018(14):4-5.

[10] 乔明娅,王登登.新能源物流车专用充电站选址评价研究[J].浙江万里学院学报,2020,33(01):26-30+59.

刘宇波[1] 郝洪庆[1] 董智勇[1] 邓巧明[1*]

1. 华南理工大学建筑学院，亚热带建筑科学国家级重点实验室；Hongqing_Hao0916@163.com

Liu Yubo[1] Hao Hongqing[1] Dong Zhiyong[1] Deng Qiaoming[1*]

1. School of architecture，South China University of Technology，State Key Laboratory of Subtropical Building Science

国家自然科学基金项目(51978268、51978269)、华南理工大学研究生教育创新计划资助项目

基于深度学习的城市空间功能识别与分析探索
Recognition and Analysis of Urban Spatial Functions Based on Deep Learning

摘　要：本文尝试利用深度学习技术来探索城市平面形态之下的内在功能逻辑，实现对城市遥感图像的要素提取及功能识别。本文以欧洲城市为研究对象，通过数据收集、处理及标记完成数据集构建，将成对数据集输入到生成对抗网络模型中进行机器学习并对学习结果进行分析。研究表明机器可以认知到城市中的建筑形态及内在的功能布局逻辑；基于对大量城市样本学习和分析之后产生的生成结果，可以为未来城市的功能布局提供建议。

关键词：深度学习；生成对抗网络；城市功能布局；功能识别；建筑提取

Abstract：This paper is to use deep learning technology to explore the inner functional logic under the urban planar form，and realize the element extraction and functional recognition of urban remote sensing images. In this paper，we take some European cities as the research object，and construct the dataset through data collection，processing and labeling，and input the paired dataset into the generative adversarial network model for machine learning and analysis of the learning results. The study shows that the machine can recognize the building forms and the inherent functional layout logic in the cities；the generated results based on the learning and analysis of a large number of city samples can provide suggestions for the future functional layout of the cities.

Keywords：Deep Learning；Generative Adversarial Networks；Urban Functional Layout；Functional Recognition；Building Extraction

1 研究背景

城市是人文要素影响下人工地物与自然条件耦合的产物，是容纳了居住、工作、娱乐、交通等多种功能的空间集合[1]。而城市的空间形态是城市内部功能在物质层面上的呈现。

影响城市形态和功能布局的因素多样且复杂，齐康指出在城市内的自然环境、社会文化、生产力水平都会影响城市的功能分布[2]，进而影响城市的空间形态特征。部分现代主义建筑师曾凭个人意志机械式地为城市规划了各功能分区，这种乌托邦式的城市规划或许在短时间内促进了城市的快速发展，但无视了城市发展过程中的复杂内在规律，终究会带来很多问题[3]。阿尔多·罗西(Aldo Rossi)认为，经过漫长历史时期的发展，城市不单是物质层面的实体空间，还包含了住民们的历史，是该地社会文化观念的具象化[4]，城市也因多重因素的影响在空间上表现为无法明确分割的连续整体。

城市的卫星遥感图像最大程度上包含了城市形态的各个要素以及建筑在城市区域内的分布信息。但由

于上述复杂性的存在,一直以来相关研究无法直接从城市的卫星遥感图像中认知出城市各部分空间的功能。如今深度学习技术所具有的数据驱动和表征学习特点,为城市功能识别这类复杂问题的研究提供了新的视角。

本次研究尝试利用深度学习算法,基于城市遥感图像实现对城市空间功能的识别,以此实现直接从城市遥感图像中获取该城市的功能分布信息,提高设计师信息获取的效率,并且希望通过机器生成的结果获得对优化城市功能布局方面的建议。

2 国内外研究现状

在建筑学领域的已有研究中,深度学习技术多用于生成性设计而非图像识别,且空间尺度较小,主要着眼于给定边界条件下的生成性设计,如户型的生成[5]、校园空间的平面生成[6-7],及住区平面功能布局生成[8-10]等;也有学者尝试基于城市尺度进行图像生成,如 Deng 等人利用 cGAN 模型生成了给定高空图像对应位置的地面视图[11],Escalera 等人基于城市的语义分割图生成了航拍风格的城市图像[12]。

在城市图像的功能识别方面,有学者完成了对城市中部分要素进行提取的研究,如李强、鄂文波研究了如何利用 GAN 对城市中的道路进行提取[13-15],也有些学者完成了从城市中识别出建筑物的工作[16-18]。

笔者认为,目前城市功能识别方面的已有研究存在

局限性,部分研究虽完成了对城市范围内部分要素的提取(道路、建筑物等),但未能实现对整体范围内不同空间要素的功能识别;并且相关研究的实验样本都是分割之后的城市地块,城市在此类研究中被分解成多个尺度不超过 500 米的地块进行独立研究,导致其视野局限于其中某个单独的地块而缺乏对城市整体区域差异问题的思考。

3 实验设计思路

3.1 实验目标

城市的空间形态是城市内部功能分布逻辑在物质层面上的表现,而城市的遥感图像可以很好地表达城市形态和功能信息,所以本次研究尝试借助城市遥感图像,利用深度学习算法识别城市中各空间的功能。

城市空间功能识别实验选用的是图像到图像的生成对抗网络模型(pix2pix),其模型结构如图 1 所示。生成对抗网络(GAN)最早由 Goodfellow 和 Pouget-Abadie 等在 2014 年提出[19],是深度学习算法模型中具有强大生成能力的模型,其主要被应用在图像生成、语义分割、视觉识别方面。生成对抗网络模型由数据来驱动生成过程,本质是基于统计学分析而自动获取数据的特征,其具有的这种数据驱动特点为解决城市功能识别这类复杂问题提供了新的视野。

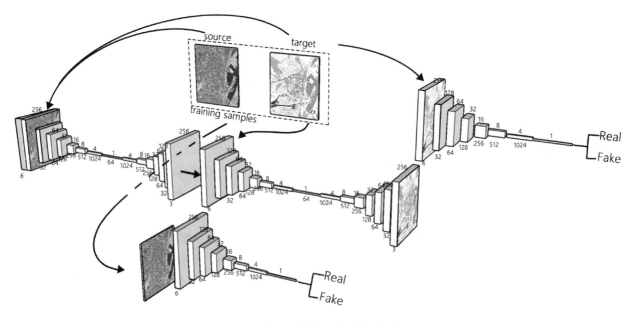

图 1　图像到图像的生成对抗网络模型

(图片来源:作者自绘)

具体来说,首先实验筛选部分欧洲城市作为研究对象,并收集其数据;其次对收集到的数据进行处理,从而构建成对的数据集 A 和 B,其中数据集 A 为欧洲城市遥感图像,数据集 B 为该城市经过标注处理的城市功能分布图像;然后从数据集中建立训练集和测试集,并使用训练集训练 pix2pix 模型;最后,通过输入某一城市的遥感图像,使训练后的 pix2pix 模型自动生成该城市对应的功能分布图像。

3.2 实验创新点:城市形态与功能布局的关系

在城市中,建筑的功能分布与城市形态息息相关。庄宇在《城市设计实践教程》中指出,在古老的城市中,人们往往围绕河流等自然要素汇集了居住、商贸功能而形成早期的城市中心区[3],现今的传统城市也大多由历史上的城市中心区发展而来,并且经过漫长历史时期的演化,最终呈现出由城市中心区向外空间密度递减、功能由商业和公共活动为多转变为居住为多的渐变布局形式[20-21]。

城市中心区内一般具有强烈的意象和各种标志性的建筑,并且聚集了密集的活动和丰富活力,在经济规律的影响下,该地区往往趋向于形成更高密度的商业区[20,22]。在城市空间从中心区向外逐步拓展的过程中,许多生产和商业空间会为了贸易和生产运输的便捷而选择沿道路布置,于是道路便成为组织各功能活动的关键要素[20,21,23]。人口的不断增长会促使住民在当时城市的边缘建立起居住区,推动城市继续向外扩张。当城市扩张达到一定范围,城市边缘会因为土地成本的降低而更趋向于沿水平方向发展,从而形成郊区周边的低密度布局形式[23]。

4 城市空间功能识别实验流程

4.1 数据收集

数据收集是建立数据集的第一步,通常需要收集足量的样本来保证机器学习的效果。经过筛选,笔者收集了欧洲 106 个城市的数据进行研究。

本次实验中的城市遥感图像(图 2)的获取是以 Google Earth 平台为基础,借助 QGIS 软件的 API(application programming interface)接口自动下载。城市中各要素的属性图像来源于 OpenStreetMap(OSM)平台,OSM 的数据涵盖了城市中各要素的属性信息,包括水系、绿地、道路、铁路、商业建筑、住宅、公共建筑等,笔者结合 QGIS 和编程软件 Python 实现了 OSM 城市数据的自动化获取。

图 2 城市遥感图像

(图片来源:作者基于 Google Earth 自绘)

4.2 数据处理

对于通过上述步骤收集到的数据,如果不进行处理就直接导入到算法模型中训练,其训练结果往往很不理想。所以数据处理工作是构建数据集的关键一步。

首先,对数据集中的样本进行尺寸和比例的统一。经过处理后的图像数据分辨率统一为 300 像素/英寸,图像尺寸为 2362×2362 像素,图像显示范围为 2 km×2 km 的城市空间,显示比例为 1∶5000。

其次,对于从 OSM 平台下载的城市属性图像进行数据标注,用 RGB 色彩模式中不同的通道值来区分图像中不同要素的功能,具体标记规则如表 1 所示。经过处理之后的城市要素标记图像如图 3 所示。

表 1 城市要素标记图像颜色标记规则(来源:作者自绘)

要素功能	R	G	B	透明度	
水系	0	192	255	100	
绿地	0	255	64	100	
一级道路	0	0	0	100	
二级道路	0	0	0	70	
三级道路	0	0	0	40	
铁路	64	0	255	100	
商业建筑	255	64	0	100	
居住建筑	255	128	0	100	

627

要素功能	R	G	B	透明度	
公共建筑	255	192	0	100	
体育建筑	255	255	0	100	
火车站	5	145	147	100	
古城堡	54	144	193	100	
储藏建筑	255	0	128	100	
停车场	128	0	255	100	

图3 城市要素标记图像
（图片来源：作者自绘）

经过处理，本次实验构建了由106对城市数据组成的数据库，其部分数据如图4所示。其中98对作为实验训练集，8对作为实验测试集。

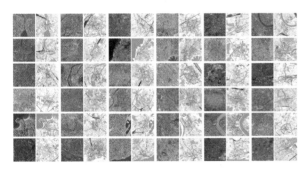

图4 部分训练数据集
（图片来源：作者自绘）

4.3 模型训练与测试

在数据集构建完成后，将其中的训练数据集输入到pix2pix模型中。在训练过程中，生成器和鉴别器相互博弈，生成器和鉴别器的损失值波动变缓意味着训练过程趋于成功。在对模型进行训练的过程中，通过观察训练过程损失函数图像（图5）可以得知，模型的生成器和鉴别器在前期迭代过程中损失波动较大，此阶段生成的图像也较模糊；在中期生成器损失值逐渐升高，鉴别器损失值逐渐降低，且波动幅度减小，此阶段生成图像逐渐清晰，但无法有效的反映城市范围内各要素的功能；后期生成器和鉴别器的损失波动逐渐收敛，最终生成的图像对城市建筑功能得出了较为清晰的识别结果。

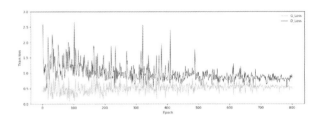

图5 训练过程损失变化
（图片来源：作者自绘）

5 实验结果分析

实验的评估关键在于：①机器能否从遥感图像中识别出城市各类要素；②在建筑要素中，根据卫星图像中建筑的平面形态及分布规律识别出建筑的功能。因此，在分析阶段，将包含在训练过程中使用的数据和独立的数据分别输入到训练完成的模型中进行测试。

在图6中，对训练数据进行测试发现，机器识别出的城市形态图像与真实城市形态分布表现出极强的一致性，训练而成的模型在图像识别及建筑功能判别等方面有较好的表现。以San Sebastian和Plzen城市为例，建筑轮廓清晰，功能明确，但在建筑功能的排布上合成图像与真实情况表现出了一定差距，这极大程度上是特定城市与一般性规律的偏差。

由独立数据识别而来的城市形态图像如图7所示。合成图像中，城市中的主要要素被识别出来，绿地、水系等自然要素识别较为明确，但建筑轮廓相对有些模糊；整体功能与真实情况一致，标志性建筑被识别出来，如Wolverhampton中的体育场。但是，部分功能并未得到有效识别，在Edinburgh的铁路及火车站就未能被有效判别出来、图像右下角的公共建筑组团功能也标记错误，在Wolverhampton内环路的控制区域被识别为水系。

从训练数据和独立数据的测试结果来看，现阶段训练的识别模型可以有效地对训练数据的差异特征进行

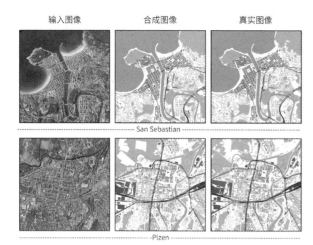

输入图像　　　　合成图像　　　　真实图像

— San Sebastian —

— Plzen —

图6　训练数据识别分析

（图片来源：作者自绘）

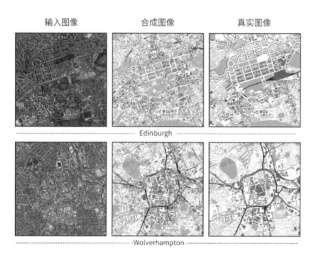

输入图像　　　　合成图像　　　　真实图像

— Edinburgh —

— Wolverhampton —

图7　独立数据识别分析

（图片来源：作者自绘）

标识，也可对独立数据中的特征要素进行识别，保持整体的准确效果，但在具体应用中仍然存在进一步探索的空间。

6　总结与展望

　　本次研究基于深度学习的生成对抗网络模型，完成了对城市遥感图像中空间功能的识别工作，展现了深度学习技术在城市空间识别与分析领域所具有的强大能力。研究中使用的生成对抗网络模型通过对数据集的分析，可以自动提取其数据特征，并生成与数据集具有相似特征的结果。这种数据驱动的特点为城市层面复杂问题的研究提供了新的视角和有力支撑。

　　基于深度学习技术的城市空间功能识别方法，实现了对城市遥感图像中海量信息的自动化快速提取，大大提高了设计师信息获取的效率，并且可以在设计师进行城市功能布局优化时为其提供建议。但本次研究仍存在不足之处，在后续研究中将尝试对数据样本进行标签分类，以提高机器对样本学习的准确度。在本次研究中，深度学习技术为研究城市功能布局这类复杂问题提供了新的路径。今后，相信随着深度学习技术的不断发展，建筑学领域的问题研究将被注入更多活力。

参考文献

　　[1]　王建国.城市设计[M].南京：东南大学出版社，2004.

　　[2]　齐康.城市的形态[J].现代城市研究，2011，5.

　　[3]　庄宇.城市设计实践教程[M].北京：中国建筑工业出版社，2020.

　　[4]　（意）罗西著；黄士钧译.城市建筑学[M].北京：中国建筑工业出版社，2006.

　　[5]　HUANG W，HAO Z. Architectural Drawings Recognition and Generation through Machine Learning [C]//Proceedings of the 38th Annual Conference of the Association for Computer Aided Design in Architecture (ACADIA). Mexico，2018：156-165.

　　[6]　林文强.基于深度学习的小学校园设计布局自动生成研究[D].广州：华南理工大学，2020.

　　[7]　邓巧明，欧恒，王子安，等.基于GAN模型生成总平面布局的二维图像识别与三维立体生成研究——以小学校园为例[A]//智筑未来——2021年全国建筑院系建筑数字技术教学与研究学术研讨会论文集.武汉：华中科技大学出版社，2021：597-602.

　　[8]　张彤.基于深度学习的住宅群体排布生成实验[D].南京：南京大学，2022.

　　[9]　杨倩楠.基于机器学习的建筑排布自动生成方法研究[D].北京：北京建筑大学，2021.

　　[10]　丛欣宇.基于CGAN的居住区强排方案生成设计方法研究[D].哈尔滨：哈尔滨工业大学，2020.

　　[11]　DENG X Q，ZHU Y，NEWSAM S . What is it like down there? generating dense ground-level views and image features from overhead imagery using conditional generative adversarial networks ［C］. SIGSPATIAL 2018，18.

　　[12]　ESCALERA S. SSSGAN：Satellite Style and Structure Generative Adversarial Networks［J］. Remote Sensing，2021，13.

［13］ 韩骁.基于生成对抗网的高分辨率遥感影像道路提取[D].西安:西安电子科技大学,2019.

［14］ 李强.基于生成对抗网络的遥感图像道路提取研究[D].北京:中国地质大学(北京),2020.

［15］ 鄢文波.基于生成对抗网络的遥感图像道路识别研究[D].成都:成都理工大学,2019.

［16］ 王玉龙,蒲军,赵江华,等.基于生成对抗网络的地面新增建筑检测[J].计算机应用,2019,39(05):1518-1522.

［17］ 景国强.深度对抗网络在新增建筑物检测中的应用[D].广州:广东工业大学,2019.

［18］ MAO L D, ZHENG Z, MENG X F, et al. Large-scale automatic identification of urban vacant land using semantic segmentation of high-resolution remote sensing images［J］. Landscape and Urban Planning, 2022,222.

［19］ GOODFELLOW I, POUGET-ABADIE J, MIRZA M,et al. Generative Adversarial Nets[C]//Neural Information Processing Systems. MIT Press,2014.

［20］ 凯文·林奇.城市意象[M].方益萍,何晓军,译.北京:华夏出版社,2001.

［21］ 罗伯·克里尔.城镇空间-传统城市主义的当代诠释[M].金秋野,王又佳,译.北京:中国建筑工业出版社,2007.

［22］ 黄滔.克里尔·理论及其对新城市主义理论发展的影响[D].重庆:重庆大学,2020.

［23］ 克里尔.社会建筑[M].北京:中国建筑工业出版社,2011.

何建[1]　王佳才[2]　李琼[1*]　唐培杰[1]　李复翔[1]

1. 华南理工大学亚热带建筑科学国家重点实验室,2215644035@qq.com

2. 浙江工业大学工程设计集团有限公司

He Jian[1]　Wang Jiacai[1]　Li Qiong[1*]　Tang Peijie[1]　Li Fuxiang[1]

1. State Key Laboratory of Subtropical Building Science,South China University of Technology

2. Zhejiang University of Technology Engineering Design Group Co. ,LTD.

"一带一路"沿线地区中暑风险评估

Research on the Risk Assessment of Heatstroke in the Areas along "the Belt and Road"

摘　要:在全球气候变暖背景下,"一带一路"沿线地区室外高温灾害日益严峻,中暑事件频发。本文基于中暑风险评估模型,对"一带一路"沿线国家30个城市的中暑风险进行了定量分析。结果表明:人口密度大的城市多分布在东亚、南亚,西亚国家的城市人口密度相对较低,中暑风险分布规律与之相似;西亚地区较东亚、南亚脆弱性更大;"一带一路"沿线地区存在严重的中暑风险,达卡、阿拉哈巴德、巴格达、加尔各答、马尼拉等城市中暑风险大于 10 人/km²。

关键词:"一带一路";中暑风险;WBGT;模型评估

Abstract:In the context of global warming,outdoor high temperature disasters in areas along the "the Belt and Road" are becoming increasingly severe,and heatstroke occur frequently. Based on the heatstroke risk assessment model, this paper quantitatively analyzes the heatstroke risk in 30 cities along the "the Belt and Road" countries. The results show that:cities with high population density are mostly distributed in East Asia and South Asia. The population density of cities in West Asia countries is relatively low,and the distribution of heatstroke risk is similar. West Asia is more vulnerable than East Asia and South Asia. There is a serious risk of heatstroke in areas along the "the Belt and Road". The risk of heatstroke in cities such as Dhaka, Allahabad, Baghdad, Kolkata, and Manila is greater than 10 persons/km².

Keywords:"the Belt and Road";Heatstroke Risk;WBGT;Model Evaluation

1 引言

　　"一带一路"是中国政府关于合作发展理念提出的"丝绸之路经济带"和"21世纪海上丝绸之路"的简称,是中国实施对外开放的重大举措,对促进"一带一路"沿线国家的经济繁荣与发展有重大意义。"一带一路"沿线包括8个主要区域,即东亚、东南亚、南亚、中亚、西亚、北非、东非和西非,涉及68个国家。"一带一路"沿线国家多是发展中国家和经济转型国家,约2/3国家的GDP低于世界平均水平,抵御自然灾害的能力不容乐观。

　　高温灾害对人体健康构成了威胁,对人类的日常经济活动造成了不利影响,受到学术界的广泛关注,已成为气候变暖的研究热点。既有研究多集中在分析高温和中暑、热死亡事件的相关性方面。中国学者针对中国不同城市,分析了最高气温、最低气温、持续性高温与中暑事件的关系[2][7]。日本学者利用 WBGT 作为热应力指标评估了日本不同城市的中暑风险[8][10]。Sharafkhani,Rahim[11][12] 等分析了伊朗大不里士和乌尔米亚昼夜温差与死亡率的关系。Kumar 等[13] 基于印度政府开放数据,统计了热浪造成的死亡人数,并分析了其在时间、空间、性别上的分布特征。Rathi,S K[14] 分析了印度最高气温、相对湿度、热指数对全因死亡率空间变异性的影响。上述研究多集中于一个或几个城市,无法对"一带一路"沿线室外热环境建设提供宏观上的指导意见。

因此,本文基于各地典型气象年数据和欧盟委员会联合研究中心的人口网格化数据,采用中暑风险评估概念模型,定量分析"一带一路"沿线国家 30 个关键城市的中暑情况,为当地室外热环境改善提供理论和数据支撑。

2 研究方法

2.1 研究区域

在研究中为保证研究地点分布的合理性,在尽可能涉及"一带一路"区域内的所有国家的前提下,按人口密度选取具有代表性的城市进行中暑风险评估研究。本研究选择"一带一路"核心区域的 30 个城市,涉及东亚 7 国、西亚 7 国、南亚 5 国等 19 个国家。由于印度和东南亚国家人口数量多、密度大,因而布置的研究点较多。

2.2 数据来源

计算使用数据采用的是从 EnergyPlus 官网获取的典型气象年天气数据和人口网格化数据。人口网格化数据有多种分辨率和年份选项。本研究选用的数据为 2015 年,分辨率为 1 km×1 km 的 tif 文件数据。

2.3 中暑风险评估模型

图 1 阐明了灾害风险评估的概念模型。在防灾领域,地震、飓风或洪水等灾害风险在危害、脆弱性和暴露交叉的位置最大[15]。"危害"一词包含了可能导致自然灾害的危险因素,"脆弱性"代表了增加一个地区灾害风险的潜在弱点。"暴露"代表人们生活在可能受到危害的地方,通常被量化为相关区域的人口。Masataka Kasai 等人[8]对评估灾害风险的概念模型[15]进行优化,提出了一种评估中暑风险的方法(图 1)。

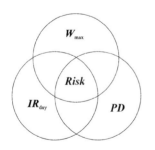 

图 1 中暑风险评估概念模型(左)和
灾害风险评估概念模型(右)

本文基于 Masataka Kasai 的中暑风险评估方法,把中暑风险定义为最热月每平方千米范围内的最大中暑人数($Risk$,人/(km²·月))。危害被定义为最热月单日最大逐时 $WBGT$[①](W_{max},℃)。$WBGT$ 作为评价室外热环境舒适度的评价指标,已经得到了广泛的应用,并且被美国职业与安全研究所选作评价室外环境的指标。脆弱性和暴露这两个指数分别被定义为最热月单日每百万人口中暑人数(IR_{day},为 W_{max} 的函数,人/(百万人·日))和当地的最大人口密度(PD,人/km²)。脆弱性函数依据 Masataka Kasai[8]等人提出的公式。

$$IR_{day} = \begin{cases} 0.10W_{max} - 2.01 & (W_{max} < 28.3) \\ 1.64W_{max} - 45.82 & (W_{max} \geqslant 28.3) \end{cases} \quad (1)$$

$$Risk = \left(\sum_{day=1}^{day=30} IR_{day} \times PD \right) / 10^6 \quad (2)$$

为统一概念,最热月的定义是一年中月平均 $WBGT$ 最高的月份。最热月最热时段指的是最热月 $WBGT$ 最大的时刻。最大人口密度是对分辨率为 1 km×1 km 的人口网格化数据进行比较分析,得出的当地 1 km² 范围内人口数量的最大值。最大中暑人数基于最大人口密度被算出。

$WBGT$ 按公式(3)进行计算[16]。

$$WBGT = 0.1T_a + 0.7T_w + 0.2T_g \quad (3)$$

式中:T_a 为干球温度(℃),T_w 为湿球温度(℃),T_g 为黑球温度(℃)。

干球温度(T_a),即为空气温度,可从典型气象年数据中直接获取。T_g 和 T_w 需要通过计算获得,无法直接获取。

(1)T_w 的计算

根据 Sprung 法则[17]有

$$\begin{aligned} f &= f_{ws} - Ap(T_a - T_w) \\ f &= f_s\varphi \end{aligned} \quad (4)$$

式中,f 为水蒸气分压,Pa;f_{ws} 为 T_w 下的饱和水蒸气分压,Pa;A 为常数 0.000662,℃⁻¹;p 为大气压,Pa;f_s 为饱和水蒸气分压,Pa;φ 为相对湿度,%。

根据 Tetens[18]提出的公式:

$$\frac{f_s}{100} = 6.1078 \times 10^{7.5\frac{T}{T+237.3}} \quad (5)$$

由上述公式可知,湿球温度是关于大气压、空气温度、相对湿度的隐函数,计算困难,且线性拟合需忽略大

---

① 为方便阅读,后文中 WBGT 统一用斜体表示。

气压的影响从而会产生误差[19]。为解决上述问题，徐正等[20]提出了基于二分法的 Excel VBA 计算方法。这种方法得出的结果准确度高，且代码可以反复使用。本研究的湿球温度计算也采用了这种方法。

（2）T_g 的计算

$$T_g = T_a + 0.557 + 0.0277S_o - 2.39U^{0.5} \quad (S_o \leqslant 400 \ \text{W/m}^2)$$
$$T_g = T_a + 6.40 + 0.0142S_o - 3.83U^{0.5} \quad (S_o > 400 \ \text{W/m}^2)$$

(6)

式中，S_o 为水平面太阳辐射量，W/m^2；U 为风速，m/s。

公式由 Tonouchi 和 Murayama[21] 提出，被日本环境部门用来计算 WBGT。

3 结果与讨论

对 30 个城市的各类信息进行了统计，包括一年中最热月份、最热月最热时段、经纬度、最大人口密度、脆弱性和中暑风险等，结果如表 1 所示。

3.1 纬度与最热月关系

在 30 个城市中，最热时间段分布在 12:00—15:00。其中最热时间段为 13:00 的城市最多（占 60%），往后排列依次为 15:00、14:00、12:00，这意味着一个地区室外热环境最恶劣的时刻出现在 13:00 左右。

各城市最热月分布在 4—8 月份，最热月为 5、6、7、8 月的城市数量都差不多（分别是 8 个、6 个、6 个、7 个），最热月为 4 月的城市数量最少（3 个），这说明北半球低纬度地区最热月范围为 5—8 月（所有城市纬度范围为 -6.2° 到 35.7°）。同时城市纬度与其最热月份存在一定的相关性见图 2，决定系数为 0.621，由于海得拉巴、巴耶利峇、雅加达三个城市离拟合线较远而没有纳入计算。

3.2 暴露和脆弱性

由表 1 可知，达卡最大人口密度（17.5 万人/km²）高于其他所有城市，往后排列依次是马尼拉、加尔各答等城市。人口密度越大意味着暴露指数越高。最大人口密度在 10 万人/km²（下文同单位）以上的城市有 4 个，主要分布在印度、菲律宾、孟加拉国等国家；6~9.9 的城市有 8 个，主要分布在孟加拉国、印度、新加坡、伊拉克、越南等国家；2~5.9 的城市有 14 个；小于 2 的城市有 4 个。人口密度大的城市多分布在东亚、南亚，西亚国家的城市人口密度相对较低。

表 1 各城市详情

城市	最热月最热时间段	最热月	经度/(°)	纬度/(°)	PD/(万人/km²)	最热月最热时段平均WBGT	IR_day/(人/百万人/日)	Risk/(人/km²/月)
越南胡志明	13:00	4	106.8	11.0	6.1	29.5	2.7	5.0
越南河内	13:00	7	105.8	21.0	4.5	30.6	4.7	6.4
约旦安曼	13:00	7	36.0	32.0	2.3	25.0	0.5	0.3
印度尼西亚雅加达	13:00	5	106.8	-6.2	2.4	29.5	2.7	1.9
印度新德里	13:00	8	77.2	28.6	6.5	30.1	4.4	8.5
印度浦那	13:00	5	73.9	18.5	6	26.2	0.6	1.1
印度孟买	13:00	6	72.8	18.9	8.9	28.7	1.6	4.2
印度金奈	13:00	5	80.2	13.0	6.4	30.9	4.9	9.5
印度加尔各答	12:00	6	88.5	22.7	11.5	30.3	4.0	13.7
印度班加罗尔	13:00	5	77.6	13.0	5.9	25.1	0.5	0.9
印度艾哈迈达巴德	15:00	6	72.6	23.1	5.3	30.9	5.1	8.1
印度阿姆利则	15:00	6	78.5	17.5	4.3	27.0	0.8	1.0
印度阿拉哈巴德	13:00	6	81.7	25.5	10.1	30.6	4.7	14.2
伊朗德黑兰	13:00	8	51.3	35.7	2.1	24.4	0.4	0.3
伊拉克巴格达	15:00	8	44.2	33.3	6.8	31.8	6.8	13.9
叙利亚大马士革	15:00	8	36.2	33.5	2.9	24.3	0.4	0.4
新加坡巴耶利峇	12:00	5	103.9	1.4	7.2	29.0	2.0	4.4
泰国曼谷	14:00	6	100.6	13.9	2.4	28.8	1.8	1.3
斯里兰卡科伦坡	13:00	4	79.9	6.9	3.2	29.1	2.0	2.0

城市	最热月最热时间段	最热月	经度/(°)	纬度/(°)	PD/(万人/km²)	最热月最热时段平均WBGT	IR$_{day}$/(人/百万人/日)	Risk/(人/km²/月)
沙特阿拉伯利雅得	15:00	8	46.7	24.7	0.9	30.5	4.2	1.1
缅甸毗摩那	14:00	4	96.2	19.7	2	31.0	5.0	3.0
孟加拉国吉大港	13:00	5	91.8	22.3	9.1	28.4	1.5	4.2
孟加拉国达卡	14:00	8	90.4	23.8	17.5	30.1	3.6	19.2
老挝万象	15:00	7	102.6	18.0	1.1	29.1	2.4	0.8
科威特	13:00	7	48.0	29.4	1.5	33.5	9.1	4.1
菲律宾马尼拉	13:00	5	121.0	14.6	11.8	29.5	2.9	10.2
巴基斯坦伊斯兰堡	13:00	8	73.1	33.6	3.9	28.4	3.0	3.5
巴基斯坦海得拉巴	13:00	5	74.5	31.1	3.3	27.7	1.1	1.1
阿曼马斯喀特	13:00	7	58.6	23.6	1.2	31.1	5.2	1.9
阿富汗喀布尔	14:00	7	69.2	34.6	3.8	22.9	0.3	0.3

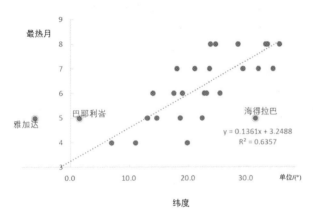

图 2 最热月-纬度线性拟合
● 代表被排除的城市

低 12 ℃,但是湿球温度(24.3 ℃)依然大于科威特,因此WBGT 也较大(所有城市排第 5)。综上所述,西亚高脆弱性地区特点表现为高空气温度以及较低相对湿度,东亚地区高脆弱性地区特点表现为较高空气温度以及高相对湿度。

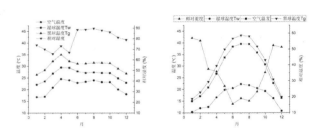

图 3 毗摩那(左)和科威特(右)各月的平均气象数

科威特最热月脆弱性最大(9.1 人/(百万人·日)),往后排列依次是巴格达、马斯喀特等城市。最热月脆弱性在6 人/(百万人·日)(下文同单位)以上的城市有 2 个;3~5.9 的城市有 11 个;1~2.9 的城市有 10 个;1 以下的城市有 7 个。脆弱性大的城市多分布在西亚,这是由于西亚地区空气温度普遍偏高。

科威特和毗摩那分别位于西亚和东亚,各月平均气象数据如图 3 所示。科威特的相对湿度和空气温度均变化较大(分别是 42%、25 ℃),在 7 月份时,相对湿度不足 20%,空气温度可达 40 ℃。较低的相对湿度会得出较低的湿球温度值(小于 22 ℃),然而过高的空气温度同样导致科威特有一个极高的 WBGT(所有城市中最大)。同时,毗摩那的相对湿度和空气温度波动均较小(分别是 34%、7.5 ℃),在 4 月份时,相对湿度接近70%,空气温度为 28 ℃。毗摩那比科威特的空气温度

3.3 各城市中暑风险

由表 1 可知,达卡的中暑风险最大,在最热月 1 km² 范围内最大中暑人数(后称中暑风险)可达 17.5 人/km²,往后排列依次是阿拉哈巴德、巴格达等城市。中暑风险大于 10 的城市有 5 个,主要分布在印度、孟加拉国、伊拉克等国家(图 4);6~9.9 的城市有 4 个,主要分布在印度、越南等国家;2~5.9 的城市有 8 个,除科威特外其他城市都分布在东南亚;小于 2 的城市有 13 个。分布规律与人口密度相似:中暑风险大的城市多分布在东亚、南亚,西亚国家的城市中暑风险相对较低。原因在于人口密度相较于脆弱性对中暑风险影响更大。

文献[11]通过 WRF(the weather research and forecasting)模型进行天气模拟,对日本仙台未来的中暑情况进行量化分析发现:在 2034 年 8 月,仙台最大人口

密度可达 6.8 万 /km²，但最大中暑人数为 2.5 人/(1 km²·月)，仅为达卡的 1/8，在 30 个城市中排第 17。这可能有以下几点原因：

(1)本文所选城市人口密度太大。中暑风险大于 10 的 5 个城市最大人口密度均大于 6.8 万 /km²，有 4 个城市最大人口密度大于 10 万 /km²。中暑风险大于 2.5 的城市有 16 个，其中最大人口密度小于 4 万 /km² 的城市只有 3 个。

(2)本文所选城市 WBGT 更大。中暑风险大于 10 的 5 个城市最热月最热时段平均 WBGT 均大于 29 ℃，其中有 4 个城市大于 30 ℃。而在 2034 年 8 月 12:00，仙台人口密度最大位置的月平均 WBGT 仅为 28 ℃ 左右。中暑风险大于 2.5 的 16 个城市最热月最热时段平均 WBGT 均大于 28 ℃，其中科威特达 33.5 ℃。

(3)不同地区对 WBGT 的敏感性不同。中国哈尔滨、北京、上海、深圳冬季人体中性温度各不相同[22]。

(4)本文所选城市存在严重的中暑风险。中暑风险大于 2.5 的城市，尤其是 6～9.9 的 4 个城市如马尼拉、金奈、新德里、艾哈迈达巴德，以及大于 10 的 4 个城市如达卡、阿拉哈巴德、巴格达、加尔各答应该得到高度的关注。

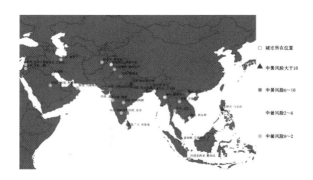

图 4　各城市的中暑风险及其分布

4　结论与展望

本文采用中暑风险评估模型，基于各地人口网格化数据和典型气象年数据，对"一带一路"沿线地区 30 个城市进行了中暑风险评估。

通过不同城市间的比较发现：城市纬度与最热月存在一定的相关性，决定系数为 0.621；人口密度大的城市多分布在东亚、南亚，西亚国家的城市人口密度相对较低，中暑风险分布规律与之相似；脆弱性大的城市多分布在西亚，东亚、南亚国家的城市脆弱性较小。

通过跟现有研究比较发现："一带一路"沿线地区存在严重的中暑风险，尤其达卡、阿拉哈巴德等地应该得到高度关注。

因为疫情的原因，我们无法到"一带一路"沿线地区进行实地考察，未来的研究可以对本文的评估内容进行验证和拓展。

参考文献

[1]　任福民,高辉,刘绿柳,等.极端天气气候事件监测与预测研究进展及其应用综述[J].气象,2014,40(7).

[2]　吴成峰,张乾驰,丁士昌.2012—2016 年安徽铜陵市高温中暑病例分析[J].公共卫生与预防医学,2017,28(5):61-63.

[3]　李娜,蒋晓霞,严志宏,等.2017 年张家港市高温中暑病例分析[J].河南预防医学杂志,2018,29(8):615-618.

[4]　孙仕强,鹿文涵,郭建民,等.2012—2016 年宁波市中暑流行特征及热浪对其影响分析[J].气象与环境学报,2019,35(1):66-71.

[5]　宣普.安徽省高温时空分布特征及其对居民中暑的影响[D].合肥:安徽农业大学,2018.

[6]　卢晶晶,吕劲文,钱峥.宁波市高温中暑气象等级评定方法研究[J].气象与环境学报,2016,32(4):91-97.

[7]　侯学文,李广益,孙晓晨,等.淄博市 2018 年高温中暑发病特征及其与气象因子相关性分析[J].职业卫生与应急救援,2020,38(6):616-620.

[8]　KASAN M,OKAZE T,MOCHIDA A,et al. Heatstroke Risk Predictions for Current and Near-future Summers in Sendai, Japan, Based on Mesoscale WRF Simulations[J].Sustainability,2017,9(8):1467.

[9]　OHASHI Y,KIKEGAWA Y,IHARA T,et al. Numerical Simulations of Outdoor Heat Stress Index and Heat Disorder Risk in the 23 Wards of Tokyo[J].Journal of Applied Meteorology and Climatology,2014,53(3):583-597.

[10]　KIKUMOTO H,OOKA R,ARIMA Y. A Study of Urban Thermal Environment in Tokyo in Summer of the 2030s Under Influence of Global Warming[J]. Energy and Buildings,2016,114(Venice,ITALY):54-61.

[11]　SHARAFKHANI R, KHANJANI N, BAKHTIARI B, et al. Diurnal Temperature Range and Mortality in Urmia, the Northwest of Iran[J]. Journal of

Thermal Biology,2017,69:281-287.

［12］ SHARAFKHANI R, KHANJANI N, BAKHTIARI B,et al. Diurnal Temperature Range and Mortality in Tabriz（the Northwest of Iran）［J］. Urban Climate,2019,27:204-211.

［13］ KUMAR A,SINGH D P. Heat Stroke-related Deaths in India:an Analysis of Natural Causes of Deaths, Associated with the Regional Heatwave［J］. Journal of Thermal Biology,2021,95.

［14］ RATHI S K,DESAI V K,JARIWALA P,et al. Summer Temperature and Spatial Variability of All-cause Mortality in Surat City, India［J］. Indian Journal of Community Medicine: Official Publication of Indian Association of Preventive & Social Medicine,2017,42(2): 111-115.

［15］ BIRCH E,BIRCH E L. Climate Change 2014: Impacts,Adaptation,and Vulnerability［J］. Journal of the American Planning Association,2014,80(2):184-185.

［16］ YAGLOU C P,MINARD D. Control of Heat Casualties at Military Training Centers.［J］. Archives of Industrial Health,1957,16(4):302-305.

［17］ HOLMES M J, HACKER J N. Climate Change,Thermal Comfort and Energy:Meeting the Design Challenges of the 21st Century［J］. Energy and Buildings, 2007,39(7):802-814.

［18］ TETENS O. Uber einige meteorologische begriffe［J］. Geophys,1930:297-309.

［19］ 中央气象局.湿度查算表［M］.北京:气象出版社,1980.

［20］ 徐正,张晴,徐妍.湿球温度计算方法研究［J］.河北工业科技,2018(2).

［21］ TONOUCHI M. MURAYAMA K. Regional characteristic for the risk of heat attack and HWDI［J］, 2008,45(3).

［22］ 曹彬.气候与建筑环境对人体热适应性的影响研究［D］.北京:清华大学,2012.

邱靖涵[1] 史立刚[1] 许傲[1]

1. 哈尔滨工业大学建筑学院寒地城乡人居环境科学与技术工业和信息化部重点实验室

Qiu Jinghan[1] Shi Ligang[1] Xu Ao[1]

1. School of Architecture, Harbin Institute of Technology; Key Laboratory of Cold Region Urban and Rural Human Settlement Environment Science and Technology, Ministry of Industry and Information Technology

国家自然科学基金面上项目(51878200)、黑龙江省高等教育教学改革项目(SJGY20210296)

基于动态用户画像体系构建的超图社区设计研究
Research on Hypergraph Community Design Based on Dynamic User Portrait System

摘 要：职住分离导致的城市社区空间社区认同感渐趋走低、钟摆式通勤交通、空间类型结构单一等成为当前我国城市建设的痛点和焦点问题。本文以2021基准杯竞赛"超图社区"为例，从"超图"概念的抽象及转译入手，基于人群关系的映射和空间关系的拓扑分析，提出城市社区空间营建的用户画像抽取策略、路径生成策略和空间结构优化策略。

关键词：职住分离；超图理论；动态用户画像；社区共同体

Abstract：The separation of work and residence has led to the gradual decline of community identity in urban community space, the pendulum commuter traffic, the single space type structure and so on, which have become the pain point and the focus of urban construction in China. This paper takes "hypergraph community" of 2021 Benchmark Cup competition as an example, starts from the abstraction and translation of the concept of "hypergraph", conducts topological analysis of mapping and spatial relations based on crowd relations, and proposes user portrait extraction strategy, path generation strategy and spatial structure optimization strategy for urban community space construction.

Keywords：Separation of Workspace and Residence; Hypergraph Theory; Dynamic User Portrait; Community

1 研究背景

1.1 城市社区空间发展问题

近三十年来，在城市快速扩张和社会空间结构加速转型的过程中，职住分离、职住空间不匹配情况日趋严重。北京、上海和广州等城市居民的平均通勤距离超过8 km [1]。职住分离所引发的城市问题目前已成为社会高度关注的焦点。

1.1.1 社区认同感渐趋走低，邻里关系淡化

1990年代单位福利房制度发展到如今的商品化住房，居民的邻里互动减少，社区参与水平较低，导致社区共同体意识减弱、满意度低、缺乏信任等问题。

1.1.2 通勤成本增加，钟摆式交通现象加重

由于在大城市的生活成本增加，上班族们被迫住在距离工作地较远的住处，通勤时间增加不仅不利于人们身心健康，也造成城市拥堵、碳排放加重导致城市环境严重污染。

1.1.3 场所精神缺失，居住区空间类型结构单一

菜单式的居住区规划设计模式是中国目前千城一面的根源。多位学者研究发现社区公共空间的多样性可以丰富住区空间，提高居民对公共空间的使用频率，对增强居民的邻里交往和社区信任有间接作用[2]。目前我国对于社区公共空间的研究多以室外景观、特殊人群空间营造为主，对室内社区公共空间的探讨较少。

1.2 研究概念

Berge 在 1989 年首次提出超图的定义[3],超图是指具有共同属性特征的对象属于一个集合,不同的抽象层次可归属于集合的集合,以此构成以集合的包含关系为基础的结构[4](图 1)。

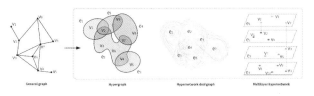

图 1 超图概念解析

1.2.1 人群关系的映射

社区作为生活共同体,是以地域、意识、行为以及利益为特征,由具有共同价值观念的同质人口所组成的关系亲密、守望相助、存在一种富有人情味的社会关系的社会团体。社区之中人与人之间的复杂关系网络存在着"强连带"和"弱连带"两种状态,它们共同作用将不同特征的社会网络连接起来,其复杂的结构关系已不能用简单的图形关系来解释。超图理论应用于人与人的关系之中,节点抽象为对特定人群进行标签化的比拟,超边抽象为人们之间的生活圈、社交圈。当今多维的社交渠道使我们在现实和虚拟世界中实现超链接的交往模式。

1.2.2 空间关系的拓扑

在文化愈加多元化的当今社会,数字化技术构建的虚拟空间在潜移默化地影响着我们的生活。与实体空间相比,虚拟空间中的超链接的空间结构呈现出非线性、跳跃性的特征,不同空间之间的联系不再受到物理空间中距离的制约,增加了体验序列的多样性。这种多维空间的拓扑可以极大地丰富建筑空间,增强人们的体验感和兴趣,更加满足当代人们的空间需求。

2 研究问题与方法

2.1 国内外研究现状

1968 年,凯恩(John Kain)提出了"空间错位假说"[5]。1980 年克拉克(Clark)指出交通成本对居民职住分离现象的影响随城市扩张而加剧[6]。郑思齐等提出居住与就业空间关系的影响因素[7]。陈蕾等通过对北京职住——就业空间结构研究分析了职住分离影响因素[8]。本文基于既有理论,从"超图"概念的抽象及转译入手,探讨在职住分离的大背景下"社区"的困境和现有问题并提出设计策略。

2.2 研究基地背景

2.2.1 人口结构复杂,社区邻里关系浅层化

北京市昌平区回龙观社区是全国乃至亚洲最大的相对独立的居住社区之一,社区住房以经济适用房为主,着重解决科教人员的住房问题,兼有拆迁安置房、回迁房、单位团购房等房型存在,房屋租赁现象突出。目前回龙观 32.5 万居住人口中外来人口占比近 80%,社区居民的社会构成复杂,社区的社会空间秩序面临重构。作为典型的郊区大型居住区,回龙观的邻里交往较为浅层化,但居民具有较高的交往意愿;邻里互助情况较少,但具有很强的互助意愿。

2.2.2 通勤成本增加,早晚高峰交通拥堵

回龙观地区居住人口的工作地主要集中在西二旗、上地、中关村等区域,平均职住半径高达 10.23 km,职住半径在 3～20 km 的人口数量占比 58.86%[9](表 1)。由于工作地点远、工作时间较长等问题,上班族们回到居住区的时间逐渐后移,回龙观社区逐渐变成了"睡城"。

表 1 2018 年 6 月回龙观居住人口职住半径分布

职住半径	居住人口	占比
3 km 以内	82388	31.47%
3～10 km	73405	28.04%
10～20 km	80679	30.82%
20 km 以上	25318	9.67%

(来源:《基于移动通信大数据的人口监测分析方法研究》,作者:李璨)

2.2.3 社区空间格局与城市肌理割裂

回龙观区域住房以多层板房为主的城市肌理与传统老北京四合院的城市空间大相径庭。居住区规划肌理单一,规模尺度大,有一定的封闭性等问题,严重影响了城市原有的风貌(图 2)。

图 2 回龙观基地分析

2.3 研究方法

2.3.1 人群分析

作为本文目标人群,程序员是高收入、高强度的工作,加班多,业余生活较为单调,单身者居多,留给大众"宅男""工科男"、衣着邋遢、不擅交际等消极的刻板印象。动态用户画像是通过综合分析住户历史数据,抽象出一个可代表住户各项维度的标签特征,分析住户的历史行为偏好在一定程度上可以预测住户的行为变化。本文尝试基于 IT 人群用户行为产生的大量数据,分析和构建动态用户画像体系,并以此指导未来各设计要素的支持性设计(图 3)。

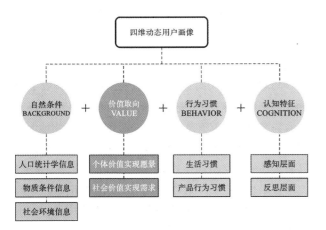

图 3 动态用户画像系统框架

2.3.2 路径分析

在当前居住区场地规划中,由于法律规范、日照间距、采光朝向等诸多实际问题,形成一套系统的规划设计方法,依据此方法所形成的方案虽符合上述硬性要求,但空间单一、结构单调,同时也花费了大量人力和时间。数字化技术可以有效地对多种影响因子进行处理和数据的整合,极大地提高了居住区设计研究的效率和准确性。

2.3.3 空间结构分析

集合型住宅是城市人口的主要居住形式,节约土地、相对独立的同时,较原来的北京大院相比,公共活动空间相对减少,更加强调的是私密性、安全性。另外,空间公共性是研究人与空间关系的重要切入点。

3 设计策略

线上办公方式解决了交通不便的局限,远程办公会节约大量的通勤时间,实现了办公空间上的超链接。通过打造职住一体化的城市社区,力图创造具有认同感、安全感的社区空间和邻里关系(图 4)。

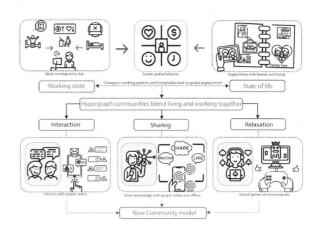

图 4 方案设计策略

3.1 用户画像抽取策略

根据动态用户画像系统,对住户进行系统性的描绘、组合、分析,抽象出不同阶层的四类人群,将人的行为活动主要分为工作与生活两种状态,对应如洽谈室和咖啡区、办公区和阅读区等物理空间,根据人的行为活动来划分整合功能空间,建构多元功能复合的职住一体化社区空间(图 5)。

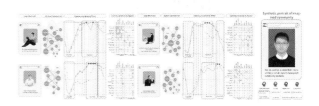

图 5 人群画像分析

3.2 路径生成策略

据动态用户画像系统筛选出特定人群的行为活动特征,将目标人群的起点和终点连线构成不同人群的多种行为路径,通过对路径和核心空间进行拓扑,借由 T-Splines 得到空间原型基础形体,并通过 Kangaroo 工具再实施结构优化,经过力学收缩后的网格结构更加符合力学特征。

3.3 空间结构优化策略

本研究将社区架设在原有建筑之上,利用交通核的延伸实现原有居民和超图社区的超链接。同时将社区中的居住空间设置为传统的第一坐标系,而北京大院中的庭院空间则设置为第二坐标系,两种坐标系叠加与碰撞产生三类空间:居住模块、过渡界面、公共空间。通过公共空间的置入,让原有割裂的行为活动在时间和空间上相互渗透,产生更多元的交流空间(图 6)。

整体建筑结构为通过原有场地中建筑结构固定的

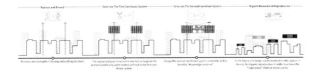

图6 基地生成策略

悬挂式巨构体系。非线性、流动的公共空间通过拉紧木边界梁之间的索网，并连接顶部的织物模板，为空间提供形状。功能设置知乎分享模式、豆瓣兴趣小组模式、弹性工作模式等社区公共活动空间。同时，营造多维的廊道空间引导连续曲面，模糊空间边界，构建超图多维空间秩序以提高社区活力。建筑外部悬挂高度工业预制化的居住舱体模块，主要有3种组合形式，用以针对不同人群的使用需求，以期达到城市活力的"超图"模式（图7~图10）。

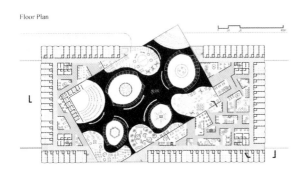

图7 方案平面图

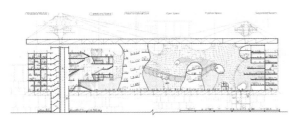

图8 结构示意图

图9 室内场景效果图

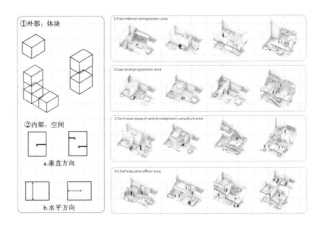

图10 居住舱体模块示意图

4 结语

随着信息时代的到来，人们的生活、工作和社会活动变得更加丰富，不再局限于物理空间维度，而是逐渐扩展到虚拟空间。信息技术的发展和应用，有效地促进了人类社会的发展，使人们的生活习惯和工作方式发生了根本性的变化。

社区是一个由人组成的复杂的社会网络，运用动态用户画像体系可以精准地预测、描绘、提取用户的生活行为特征，可为人们提供更加全面、满足个性需求的空间策略。基于动态用户画像构建理论及方法以获得革命性且秩序的改造状态，并可进行社区内部的自我调节。

传统住区规划满足规范的同时已经丧失乐趣与活力，利用数字化技术提取行为轨迹，形成符合不同人群生活习惯的路径空间，实现多点之间的超链接。

超图社区可以成为激活点，唤醒整个地区，通过未来的不断发展，超图社区可以成为一个促进人际沟通、增强认同感和安全感、提高人们生产和生活水平的社区空间，提高工作效率，缓解城市"钟摆式交通"的压力，最终使社区朝着更加平等、自由、开放的方向发展。

参考文献

［1］贾晓朋,王芳,孟斌,等.中国特大城市职住空间分析——以北京、上海、广州为例［J］.中国经贸导刊（中）,2021(02):158-159.

［2］程雪洁,刘志林,王晓梦.职住分离背景下社区公共空间对社区融合的影响——以北京市为例［J］.城市发展研究,2019,26(12):28-36＋45.

［3］ BERGE C. Graphs and hypergraphs［M］. New

York:Elsevier,1973.

［4］ 王志平,王众托.超网络理论及其应用［M］.北京:科学出版社,2008.

［5］ KAIN J F. Housing segregation, negro employment and decentralization［J］. Quarterly Journal of Economics,1968(2):175-197.

［6］ CLARK W A V, Burt J E. The impact of workplace on residential relocation［J］. Annals of the Association of American Geographers,1980,70(1):59-67.

［7］ 郑思齐,曹洋.居住与就业空间关系的决定机理和影响因素——对北京市通勤时间和通勤流量的实证研究［J］.城市发展研究,2009,16(6):28-35.

［8］ 陈蕾,孟晓晨.北京市居住—就业空间结构及影响因素分析［J］.地理科学进展,2011,30(10):1210-1217.

［9］ 李璨.基于移动通信大数据的人口监测分析方法研究［D］.北京:北京交通大学,2019.

董宇[1] 许傲[1]* 邱靖涵[1] 张睿南[1]*

1. 哈尔滨工业大学建筑学院，寒地城乡人居环境科学与技术工业和信息化部重点实验室；728593058@qq.com，17b334006@stu.hit.edu.cn

Dong Yu[1] Xu Ao[1]* Qiu Jinghan[1] Zhang Ruinan[1]*

1. School of Architecture, Harbin Institute of Technology; Key Laboratory of Cold Region Urban and Rural Human Settlement Environment Science and Technology, Ministry of Industry and Information Technology

黑龙江省自然科学基金项目(LH2019E055)、国家自然科学基金项目(51878200)

基于信息时代需求与数字化设计的城市公共空间微更新模式初探

Preliminary Research on the Micro Regeneration Mode of Urban Public Space Based on the Needs of the Information Age and Digital Design

摘　要：在我国开发建设由增量时期转向存量时期和信息时代技术革命的双重驱动下，生活模式与交往方式需要重新定义，城市近郊大型居住区职住分离和公共服务设施不足等问题亟待解决。本文以北京市回龙观地区居住建筑改扩建为例，结合信息时代需求，通过虚拟仿真技术与性能驱动算法进行功能、形态和结构性能的优化与验证，初探数字化设计思维在空间布局与形态优化设计中的应用，以期对城市公共空间微更新模式的理性设计提供依据和启发。

关键词：信息时代需求；数字化设计；公共空间；城市微更新

Abstract：With the development and construction of our country from the incremental period to the stock period and the dual drive of the technological revolution of the information age, life patterns and communication methods need to be redefined, and problems such as separation of work and housing in large residential areas in the suburbs and insufficient public service facilities need to be solved urgently. This paper takes the reconstruction and expansion of residential buildings in Huilongguan area of Beijing as an example, combined with the needs of the information age, through virtual simulation technology and performance-driven algorithm to optimize and verify the function, form and structural performance, and explore the optimization design of digital design thinking in spatial layout and form. In order to provide the basis and inspiration for the rational design of the micro regeneration mode of urban public space.

Keywords：Information Age Needs; Digital Design; Public Space; Urban Micro Regeneration

1 引言

自 20 世纪 80 年代以来，我国改革开放取得丰硕成果，经济快速发展，国家实力提升，物质生活质量与城市化率均显著提高。然而，快速的城市化进程也暴露了诸多问题，规划层面的不合理、监管与评估制度的不健全，致使国内大城市居住空间郊区化问题尤为突出。由于城市中心城区地价与拆迁成本过高，为疏散中心城区人口压力，大量紧密排列的居住建筑于城市近郊区涌现，随着大量人口入住，大型居住区严重的交通钟摆效应、公共服务设施配套严重不足、现有物质环境难以满足当代精神文化生活等问题亟待解决。国家"十四五规划"与《2035 年远景目标纲要》提出，施行城市更新，推动城市空间结构优化和品质的提升。探索智能城市与未来人居模式,离不开当下新时代人民对高品质生活的诉求、职住分离、住区公共服务设施匮乏等热点话题。数字设计思维的发展和相关算法的日趋成熟与增强,拓展了建筑师处理复杂信息的能力,优化过程中的计算化思维有助于建筑问题的阐明和设计逻辑的厘清[1]。本文以北京回龙观社区人居环境微更新为例,通过分析场地要素、结合信息时代需求、城市微更新的目标定位,通过步行仿真模拟与力学找形模拟,试探析数字化设计思维在空间布局与形态的优化设计中的应用,以期对城市公共空间微更新模式的理性设计提供依据和启发。

2 城市公共空间微更新

城市更新概念源于西方的城市更新运动,随着半个多世纪的不断发展与探索,其理念经历了从形体主义到人本主义、从推倒重建走向渐进式谨慎更新、从单纯物质层面走向综合更新、从地块改造提升走向区域整体复兴的转变[2]。我国的城市更新开始于 20 世纪 80 年代,相关学者提出了不同的定义与讨论[3]。我国城市在经历了三十余年的大规模快速扩张后,随着土地资源的日趋短缺,以往大规模扩张式的发展已难以为继,城市发展也从"增量扩张"向"存量挖潜"转型[4]。城市微更新源于城市更新,本文中"城市微更新"是指通过更新周期较短、更新成本较低的方式,对更新对象进行适当规模、合理尺度、功能补足和环境提升,对局部小地块进行更新以形成区域自主更新的连锁效应和可持续发展[5]。其中周武夫等提出城镇低效用地的再开发思路,对存量用地有效盘整,实现土地资源的集约节约利用,强化城市核心功能[6];蔡永洁等学者探讨了以日常生活需求为导向的城市微更新策略[7];严铮等则以"存量型"城市居住旧区更新为研究对象,提出以"问题导向"型的规划方法及思路[8]。在城市微更新中住区和历史街区是重点研究目标。

从相关文献可知我国城市微更新话题和相关理论研究及实践已经在学界得到普遍关注,但目前仍多限于宏观视角的机制导向、路径思路、策略方法等探讨,尚缺少结合虚拟仿真技术与性能驱动算法的更新设计方法研究。

3 简析公共空间设计的需求与方法

3.1 住区现状困境探讨

北京市居住空间郊区化问题尤为突出,典型案例之一是于近郊区建设用来缓解中心城区人口压力的以经济适用房为主体的居住区——天通苑。天通苑位于北京市北部,昌平区南部,此类居住区的开发建设对拆迁安置和外来人口居住等问题进行了有效缓解。但随着 2002 年至 2009 年北京城市化进程加速,大量人口来京就业生活,住房需求迫切。加之我国商品房政策趋于成熟,逐利的商品房开发模式逐渐取代了经济适用房的建设,加剧了回龙观地区职住不平衡、文化教育设施匮乏、交通堵塞等问题。根据调研,该地区居民人口数量约 40 万,人群主要以外来人口为主,多为中青年,约占人口的 77%,超过 60% 的人口在高科技产业园就业,30% 的居民为 IT 行业从事者,薪资水平较高[9]。针对该地居民特点和社群属性,构建用户画像,寻找社区居民集合的"想象共同体"特征。结合调研结果发现居民工作平均时间为 8:00—22:00,早 7 点、8 点与晚 7 点、9 点为通勤高峰期,往往只有休息时才返回居住地,现有的配套设施无法满足居民日常生活和工作要求,回龙观地区因而被戏称为"睡城"。从居民需求频次和类别整体来看,需求较高的公共服务设施有:文化休闲类的咖啡厅一类的交往场所和影剧院及临时办公场所、体育运动类的健身房和运动场地、教育类场所等。

"新冠肺炎疫情"的爆发加速了对工作居住模式、生活场域、空间与人等建筑学概念变革。以个人为单位的隔离生存与线上工作学习,进一步模糊了工作和生活的边界,消解着家庭或企业等社会结构[10]。元宇宙、万物互联、区块链等新兴概念的探索与应用和无人配送、电商平台、数字化交往平台等技术日趋成熟也预示着"信息时代"的加速到来,未来人居或在技术驱动下呈现出扁平化和去中心性的社会组织和空间结构。值得注意的是,线上数字化经济冲击着实体产业,网络社交软件交友成为潮流,短视频与信息消耗着人的精力与时间成本,公共空间的使用缺失导致面对面社交减少、人情淡漠、现实生活品质下降等一系列问题。信息时代人与人之间的交往关系与方式、职住模式和公共空间都需要重新定义。

在传统居住区模式的困境下,本设计面向时代背景需求与场地功能补足,通过数字化设计对回龙观地区居住建筑进行微更新,探讨适应当代及未来人居生活模式的城市公共空间微更新的立体叠合优化设计方法,满足信息社会场所精神要求(图1)。

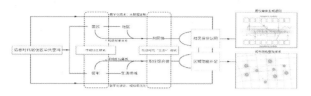

图 1 信息时代城市公共空间微更新模式示意
(图片来源:作者自绘)

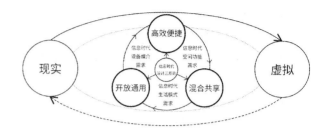

图 2 信息时代空间功能设计原则示意图
(图片来源:作者自绘)

3.2 基于信息时代空间功能的设计原则简析

信息时代,人们对于公共空间的需求日趋多元化,随着技术快速更新迭代,传统空间形式已经难以满足和承载其功能要求。信息传播推动着物质空间的转型,通过空间的塑造,融合虚拟与现实作为一个整体系统,将大幅提升空间的灵活性与丰富性,拓展人们感知范围,创造信息时代特有的生活情景。此外,数字信息的传播还具有高效性、便捷性、互动性等特征,促进着物质空间向开放、透明和共享转变。这种趋向使工作与休闲活动界限愈发模糊,将二者有机整合起来,能大幅降低时间和经济成本,在更小的范围内实现多种日常生活情景。空间功能设计与数字化媒介互相影响,互为表里,应具有更加高效便捷、开放通用、混合共享的信息时代特征[11]。

3.3 数字化设计方法尝试

面向信息时代,物质流信息流更加高效流通,基于场地现状,保留并改造现有居住建筑,为解决功能的流动性与多功能的整合的问题,居民可以通过互联网定制个人居住模块。居住模块单元组合作为"第一坐标系"满足个性化居住需求。核心空间"生活+"容器作为新接口将满足居民文化娱乐需求,实现弹性工作空间,兼顾信息时代共享模式下的知乎等自媒体发声与分享功能。"生活+"容器作为"第二坐标系",是物质和信息流动的核心空间,通过流线引导连续的曲面,以"容器"为设计概念,有机混合多种功能为一体,打破交流障碍的同时模糊空间边界,通过多维廊道空间、丰富的看与被看的主客关系和高效的空间通过性诱导社交行为发生。"两类坐标系"的有机组合将碰撞出三类不同属性空间:居住空间、过渡空间、"生活+"空间,从而满足信息时代中的使用者与建筑的互动性、人与人之间交往方式的多样性、建筑功能的复合性等要求(图2)。从城市角度来看,高度工业化的模块单元可以较廉价和快速地进行生产和使用,在城市原有基底上叠加由新社区组成的垂直网络,补充和完善场地现有功能的缺失,以实现城市空间结构的重组与优化。

引入拓扑学思维方法可以保证建筑师预设的功能空间秩序不变的情况下调整空间的形态的表现形式。在设计阶段可以使结构的力学分析与结构的形态生成一体化,有利于建筑师在方案设计阶段自然地融入结构性能优化的概念。更重要的是在本设计中,通过拓扑学思维转译到空间设计中,空间形态的收缩与舒张可以很好地体现人流的移动与汇聚的状态。

4 城市公共空间的数字驱动式设计实践

4.1 设计实践案例

基于前文分析与设计原则,本研究方案计算机模型以 Rhinoceros3D 建模软件平台及其 Grasshopper 插件按1:1尺寸建立。因其"生活+"容器为数字生成设计的主要模拟分析对象,确定模拟计算区域尺寸为 85 m(长)×50 m(宽)×24 m(高)的立方体范围。将前期建筑策划需求结合人群步行行为仿真模拟,对功能空间布局进行反馈与优化,再通过插件模拟找形优化,对初始空间界面进行优化收缩变形后,提升结构合理性、达到轻型化效果,节省建造材料,满足微更新模式的要求(图3)。

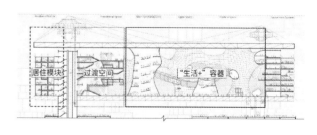

图 3 三类空间示意图
(图片来源:作者自绘)

4.2 人群流线仿真模拟与空间界面优化

通过步行仿真模拟插件,须根据调研结果输入人群的起点、终点及兴趣点,确定不同人群行为活动的时序特征及可能会访问的兴趣点。本方案首先按空间动与静的属性、人群特征、活动的行为特征、设备特征等初步分区,再将多种功能即兴趣点分成三种组合模式和布局位置,具体功能组合如大型信息交流空间与小型会议、沙龙空间的组合,娱乐空间与健身空间的组合等。而后将模拟结果在三维空间进行垂直叠加,进行功能组合的调整设计。但上述模拟过程(图4)中预设的功能组合需要承载其功能的空间形态发生对应改变,在兼顾功能合理性的同时避免形态过于怪异与结构性能不必要的损耗,以及浪费等不利影响。因此,在空间形式的尺寸和形态确定后,选用曲面网格界面。网格的优势在于其拓扑方便更改[12],在模拟过程中,通过设计大小空间的组合秩序来改变找形结果,直至获得匹配使用功能的理想的形式(图5)。

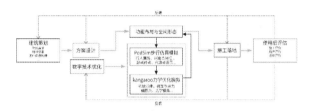

图4 基于信息时代需求与数字化设计的城市公共空间微更新设计优化流程图
(图片来源:作者自绘)

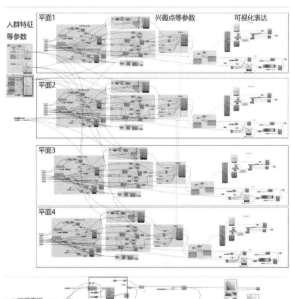

图5 基于 Grasshopper 平台的人群流线仿真模拟与空间界面优化设计逻辑
(图片来源:作者自绘)

4.3 设计流程与成果

本设计研究应用 Grasshopper-PedSim-Kangaroo 算法驱动式生成设计方法。首先应用 Grasshopper-Pedsim 计算出在公共大空间中人群兴趣热区分布图,将人流兴趣热度较高的区域设置为公共交流空间;再通过 Grasshopper-Kangaroo 将公共交流空间的空间界面进行极小曲面拓扑变形,在提升结构效率的同时降低改造材料消耗。

初始阶段只按人群步行行为简单地分为交通性空间与聚集性空间,以各目标点步行路径最短为原则。模拟结果呈现以直线与折线为主,空间流线集中,停留行为少,空间利用率低;同时空间形态缺乏优化,以致部分区域不符合功能要求、力学性能较差、形态怪异导致领域感弱化。

进一步生成设计将兼顾步行路径长度、人群活动的类型及方式与停留时常等行为要素,重点关注除通行性空间以外的其他生活功能性空间。通过层次丰富的功能组合方式,以包裹和围绕式的柔性界面模糊空间边界感,形成以四个核心单元为主体向四周发散的有机形态。不同的行为需要对应不同特征的空间,丰富的空间形态有利于满足多样化活动的发生,打造邻里交流的场所。从模拟结果来看,人群访问流线明显增加,围绕式开放广场为演艺与知识分享等活动提供空间支持,多维的视看关系促进了人与人之间的互动与停留;同时延伸发散的廊道能够方便居民在不同核心空间快速转换;不同核心空间用休憩座椅与绿植进行过渡,提升了空间品质和美观程度。空间形态表现出更强的空间层次感。但过于复杂的流线与界面形态也产生空间感的丧失、混杂的不同活动类型可能会彼此影响、结构成本高等问题。

针对上述两个问题综合调整,承载功能的空间是具有比例、尺度和时间要求的四维空间,结合空间尺度和空间形态对功能布局进一步重组与限定。采用放大局部节点、缩小核心功能单元界面、删减部分使用率低的廊道、换用灵活可移动的装置或隔墙进行空间分隔等方式优化。在综合平衡功能布局合理性、步行便捷性、美学等要求下,模拟结果呈现出较明显的通行与访问流线,结构性能更优。

本文基于数字化模型,通过步行仿真模拟分析和力学模拟找形,提出城市公共基于信息时代需求与数字化设计的城市公共空间微更新生成设计方法(图6)。针对上述提出的模拟优化方法,数字化设计工具虽然能为建筑师提供更多思路,但建筑设计是多因素统筹与平衡的动态重复过程,优化模拟不是被动的,工具并不能取代设计。因此本设计重点讨论三组方案优化过程,兼顾功能布局合理性与结构技术的实用性,初探数字化设计思维与方法的应用。

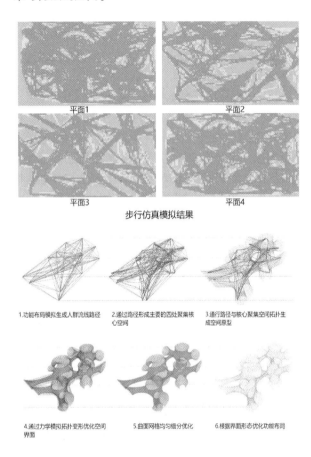

平面1　平面2

平面3　平面4

步行仿真模拟结果

1.功能布局模拟生成人群流线路径　2.通过路径形成主要的四处聚集核心空间　3.通行路径与核心聚集空间拓扑生成空间原型

4.通过力学模拟拓扑变形优化空间界面　5.曲面网格均匀细分优化　6.根据界面形态优化功能布局

图6　基于 Grasshopper-PedSim-Kangaroo 生成设计方法
(图片来源:作者自绘)

5　结语

随着我国时代发展和城市化进程步入新阶段,过往时期的城市空间无序扩张模式将被"存量盘活型"城市更新和"精明增长"的路径所替代[13]。本文以北京市回龙观地区居住建筑更新为例,以城市微更新为出发点,结合拓扑学思维方法,构建数字化设计的公共空间功能布局,提出形态优化设计策略建议,尝试通过结合虚拟仿真技术与性能驱动算法探讨适应信息社会生活模式的城市公共空间微更新的生成式设计方法。但受限于目前数据量和模拟技术手段,本文研究尚处于方案阶段,

实际建设过程中尚需结合具体情况分析。本文初探数字化设计思维在空间布局与形态的优化设计中的应用,以期对城市公共空间微更新模式的理性设计提供依据和启发。

参考文献

[1]　孔黎明,罗智星."基于计算思维的建筑性能优化设计"教学探索与思考[J].新建筑,2021(05):107-111.

[2]　刘巍,吕涛.存量语境下的城市更新——关于规划转型方向的思考[J].上海城市规划,2017(05):17-22.

[3]　丁凡,伍江.城市更新相关概念的演进及在当今的现实意义[J].城市规划学刊,2017(06):87-95.

[4]　周婷婷,熊茵.基于存量空间优化的城市更新路径研究[J].规划师,2013,29(S2):36-40.

[5]　宁昱西,吉倩妘,孙世界,等.微更新理念在西安老城更新中的运用[J].规划师,2016,32(12):50-56.

[6]　周武夫,谢继昌.有机更新视角下城镇低效用地再开发思路——以温州为例[J].规划师,2014,30(S3):203-207.

[7]　蔡永洁,史清俊.以日常需求为导向的城市微更新　一次毕业设计中的上海老城区探索[J].时代建筑,2016(04):18-23.

[8]　严铮,陶承洁."存量型"城市居住旧区更新规划方法初探[J].现代城市研究,2013(11):118-120.

[9]　丁志国.回龙观地区公共服务设施优化对策研究[D].哈尔滨:哈尔滨工业大学,2019.

[10]　群论:当代城市·新型人居·建筑设计[J].建筑学报,2020(Z1):2-27.

[11]　琚慧.媒介情境视角下的城市公共空间协同更新[D].哈尔滨:哈尔滨工业大学,2020.

[12]　唐一伦,许蓁,陈译民,等.曲面生形的传统方法再认知与结构逻辑解读——以 Grasshopper 平台下的 Kangaroo 插件生形为例[C]//数字技术·建筑全生命周期——2018 年全国建筑院系建筑数字技术教学与研究学术研讨会论文集,2018:138-146.

[13]　邹兵.由"增量扩张"转向"存量优化"——深圳市城市总体规划转型的动因与路径[J].规划师,2013,29(05):5-10.

杨斌[1,2,3*]　刘一航[2]　刘朋举[2]　石峰[1*]

1. 厦门大学；shifengx@xmu.edu.cn

2. 西安建筑科技大学；yangbin@xauat.edu.cn

3. 天津城建大学；binyang@tcu.edu.cn

Yang Bin[1,2,3*]　Liu Yihang[2]　Liu Pengju[2]　Shi Feng[1*]

1. Xiamen University

2. Xi'an University of Architecture and Technology

3. Tianjin Chengjian University

非接触式检测方法在建筑室内人员信息检测领域的应用

Application of Non-contact Detection Methods in the Field of Building Indoor Occupant Information Detection

摘　要：基于实时室内人员信息的通风空调系统调控策略,可在满足人员实际热舒适需求的同时降低系统运行能耗。国内外学者对建筑室内人员信息检测方法进行了大量研究,本文回顾了近3年非接触式检测方法在建筑室内人员信息检测领域的相关研究成果,并着重分析了视频图像处理技术。最后,本文通过室内人员检测实验分析了YOLO算法的检测性能和实际效果,并展望了非接触式室内人员信息检测方法在暖通空调领域的应用场景。

关键词：室内人员信息;非接触式检测方法;视频图像处理技术;暖通空调

Abstract：The control strategy of ventilation and air conditioning system based on real－time indoor occupant information can satisfy the actual thermal comfort needs of occupants and decrease the energy consumption of the system. Domestic and foreign scholars have carried out a lot of research on the detection methods of indoor occupant information. This paper reviews the relevant research results of non－contact detection methods in the field of indoor occupant information detection in recent three years, and focuses on the analysis of video image processing technology. Finally, this paper analyzes the detection performance and practical effect of YOLO algorithm through indoor occupant detection experiment, and prospects the application of non－contact indoor occupant information detection methods in HVAC field application scenarios.

Keywords：Indoor Occupant Information; Non-contact Detection Methods; Video Image Processing Technology; HVAC

1　引言

美国能源部发布的相关文件显示,建筑能源消耗占一次能源消耗的40%以上,其中住宅和商业建筑分别占28%和14%。供暖、通风和空调(HVAC)系统占建筑物总能耗40%[1]。建筑室内人员信息会显著影响HVAC系统的运行状态和系统能耗。传统的通风空调调控策略无法与室内人员的实际需求匹配,例如,基于事前定义的固定人员时间表和满员人员负荷的假设,很少考虑建筑室内实际的人员信息和需求。相关研究结果表明,现有的空调系统调节工作区的同时也调节了完全未使用或部分未占用的室内空间,从而导致房间空调不足或空调过度,并浪费大量的能源[2]。

通过不同类型的传感器和检测装置可以实现从建筑空间捕获环境参数和人员信息,进而节省 HVAC 系统能耗并提高能源效率。非接触式检测方法可以避免半接触式检测方法产生的异物感和接触式检测方法对正常工作生活产生的干扰,基于非接触式的环境传感器、运动传感器、射频传感器、视频图像处理技术等方法可以获取人员位置、人员数目和人员姿态等建筑室内人员信息。

非接触式检测方法的框架如图 1 所示,二氧化碳传感器和温度传感器等环境传感器仅提供对室内占用率的粗略估计,传感器的位置会影响检测精度。PIR 传感器、超声波检测器和压力传感器等运动传感器用于检测室内是否有人[3],但不能用于检测人员的数量或位置。随着传感器技术的发展,射频识别(RFID)传感器可以确定室内人员的空间坐标[4],但每个居住者都必须携带一个 RFID 标签。WiFi 传感器可以识别手机或者电脑设备来检测人数[5],但检测精度会受到室内人员使用设备和生活习惯的影响。搭载机器学习模型的图像检测系统可以用于预测人员数目和人员活动[6],准确度范围为 80%~97%。本文详细讨论了非接触式检测方法中的视频图像处理技术,并研究了基于 YOLO 算法的人员检测技术的检测性能和实际效果,并对非接触式检测方法的应用场景进行展望,主要展望非接触式检测方法在暖通空调领域的应用前景。

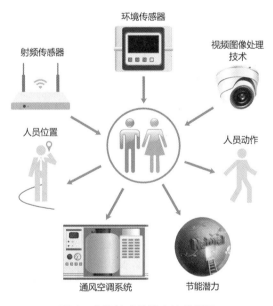

图 1　非接触式检测方法的框架

2　非接触式检测方法

非接触式检测方法中视频图像处理技术可以识别人员的皮肤温度等生理参数信息,也可以识别人员数目、位置等占用信息,还可以识别人员姿态等行为信息。

2.1　生理参数信息

Yang 等人提出基于微变放大和深度学习算法的欧拉视频放大技术,可以用于测量脉搏、心率、肤色、血流变化等生理参数。通过构建肤色饱和度和皮肤温度之间关系的深度神经网络,可以实现实时检测人员的皮肤温度。结果表明,平均误差和中值误差分别为 0.476 ℃和 0.343 ℃,精度提高了 39.07% 和 38.76%[7]。

Metzmacher 等人提出一种能够跟踪人脸和姿态的运动传感器与用于皮肤温度跟踪的低分辨率热成像装置相结合的方法,对面部和身体的区域进行分割,以构建测量数据(图 2)。在实验过程中,测量值与真实值的差值在 0.23K 以内。他们还开发出多模态传感器输入融合的开放可扩展架构,用于实时分析皮肤温度和热舒适[8]。

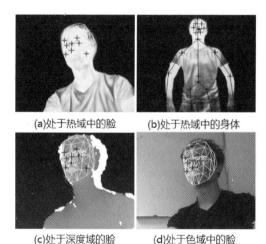

(a)处于热域中的脸　　(b)处于热域中的身体

(c)处于深度域的脸　　(d)处于色域中的脸

图 2　红外、深度和可见域中的人脸
和身体跟踪及所需的测量点[8]

2.2　人员占用信息

Redmon 等人提出基于 YOLO 算法的目标检测追踪技术,可实现"你只需要看一下图像(You Only Look Once)"就能识别检测目标的效果。基本原理是采用一个卷积神经网络同时预测出多个边界框和与之对应的类概率。由于该算法对整个图像进行训练,因此直接优化了目标检测追踪的精度[9]。

上述视频图像处理技术可以达到较高的检测精度,

目前大量研究人员开始使用该技术来检测室内人员,但摄像机监控系统不适用于保护人员隐私的场所,且成本较高。PIR 传感器作为成本较低的传感器,被广泛用于照明系统等,但现有的 PIR 传感器检测人员的原理导致检测精度较低,部分研究人员通过改进 PIR 传感器检测框架来提高 PIR 人员检测的精度。

Wahl 等人利用分布式放置的 PIR 传感器和可以处理分布式传感器信息的算法来准确预测每个办公空间的人数,可以部分补偿检测到运动后传感器屏蔽时间引入的检测误差,从而提高检测性能[10]。

2.3 人员行为信息

Yang 等人将人体骨骼节点位移模型用于非接触测量人体热不适姿态,通过摄像机采集了与热调节相关的人体姿态图像,开发算法来识别与热不适相关的不同姿势,如擦汗、用手扇风、抖 T 恤、挠头、卷起袖子、走路、抖肩膀、双臂交叉、交叉腿、双手抱颈、哈气暖手和跺脚 12 种热不适姿态,如图 3 所示,实验表明 12 种与热不适相关的姿势都能被有效识别[11]。

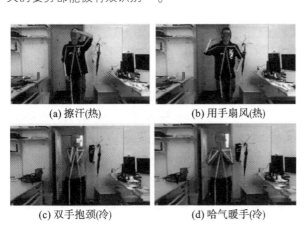

(a) 擦汗(热)　　　　(b) 用手扇风(热)

(c) 双手抱颈(冷)　　　(d) 哈气暖手(冷)

图 3　热不舒适姿态识别[11]

Tien 等人采用卷积神经网络实现占用活动的检测和分类,并将该模型部署到支持实时检测的摄像机上,检测办公室中不同水平的活动,如行走、站立、坐姿,平均检测准确率为 98.65%[12]。

3　结果与讨论

3.1　YOLO 算法的检测性能

在视频图像处理技术中,YOLO 算法在人数检测方面的精度较高且实时性好,可以满足调控照明设备和 HVAC 系统所需的检测性能。最新的 YOLOv5 算法于

2020 年 5 月发布,本文探究 YOLOv5s 算法在办公场景人员活动状态下的检测效果,在实验室环境下共采集六个姿态(坐姿背对摄像头,坐姿左侧对摄像头、坐姿右侧对摄像头、坐姿相互背靠背、坐姿正对摄像头以及站姿)的数据。在实验过程中,室内人数固定为 5 人,经筛选后,选出共计 4800 条数据(每个姿势数据量为 800 条)进行检测性能分析。

如图 4 所示,在坐姿情况下,背对摄像头的数据波动在 4～5 人之间。因无法检测到人脸且图像暴露面积小,所以会出现误判的情况,如图 5 所示。其余四个姿势的平均值非常接近 5 人,检测精度优于背对摄像头。在站姿情况下,数据波动在 5～6 人之间,因为在实验过程中人员保持走动的状态,且光源在侧墙上,所以在检测过程中会出现把影子误判为人的情况,如图 6 所示。

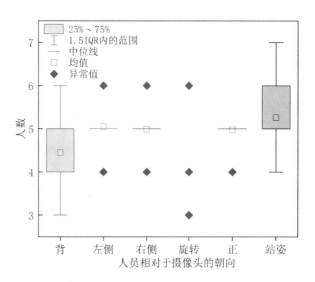

图 4　坐姿和站姿各种情况下的检测数据分布情况

图 5　坐姿背对摄像头误判案例

图6 站姿误判案例

Jung 等人推荐归一化均方根误差(NRMSE)作为评价精度的性能指标[13],NRMSE 表示实际值和预测值之间的差值,它越接近于零,算法检测值就越接近真实值。NRMSE 为标准化的评价指标,可以将该指标与其他研究的结论进行对比。因此,本研究采用 NRMSE 作为检测性能的评价指标。

如图7所示,从性能指标上来看,右侧对着摄像头效果最好,NRMSE 为 0.106,背对摄像头效果最差,NRMSE 为 0.781。综合上述计算结果和误判原因分析来看,训练 YOLOv5s 算法的数据库可以从这两个方面进行优化。在办公环境下,六种姿势的 NRMSE 平均值为 0.394,基于 YOLO 算法的人员检测方法为 HVAC 系统动态的输入参数提供了一种参考方法。

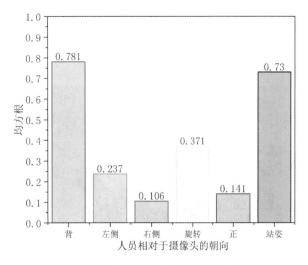

图7 六种姿势均方根误差对比分析

3.2 HVAC 系统按需调节策略

基于实时室内人员情况预测空调系统的运行参数,根据室内人员变动按需调节通风空调系统,在满足人员热舒适的基础上降低能耗。

按需调节策略主要包含三种场景,第一种为高大空间,以交通枢纽为代表,具有客流量大、停留时间不等、不同区域功能不同等特点,现有空调系统可以根据客流量逐时调节。第二种为公共建筑,以办公环境为代表,具有工作时间规律、室内人员密度较小、分区明显等特点,现有系统运行参数可以与人员分布情况相匹配。第三种为局部微环境,具有局部环境与人员热偏好相关、个体化差异明显等特点,因其响应速度快,与之前两种建筑相比,该环境更适用于按需调节,可达到实时调节个性化装置并实时响应的效果。

在公共建筑中,Wang 等人基于 YOLO 算法提出一种兼顾疫情防控和按需调节的低成本通风控制策略,根据室内人员密度自动切换按需通风模式和防感染模式,将控制信号发送给空调系统[14]。Tien 等人将检测到的室内人员信息与开发的开放办公室建筑能耗模型相结合,量化其节能效果[12]。Wang 等人提出一种基于骨骼关键节点的三维室内人员定位系统,通过调控不同区域独立的风机盘管来满足室内人员的需求[15]。

3.3 暖通空调领域其他应用场景

在睡眠领域中,人在入睡前和入睡中对环境温度的需求具有个体差异,但处于入睡状态的人员无法根据自身冷热需求调节空调设定温度,这将导致较差的睡眠质量。利用非接触式检测方法可以识别人员的睡姿与动作(如拉被子、踢被子、身体蜷缩与舒展),同时识别人员的被子覆盖率,将人员姿态、被子覆盖率和皮肤温度相结合,来综合判断睡眠人员的冷热状态,进而实时控制空调送风温度。

在施工运维环境中,非接触式检测技术可以识别施工运维环境中的设备和工具,监测工作人员操作的规范程度以及所处环境的潜在危险因素,排除安全隐患和误操作现象,还可以识别工人的服装热阻,根据工种判断其劳动强度,预防夏季中暑情况的发生。Xu 等人提出基于音频和视频(可见光和红外视频)及相关算法的非接触故障诊断方法,利用卷积神经网络对图像进行分类,通过音频传感器监控泵的异常声音,通过表盘数据检测管道系统的运行,通过红外成像捕捉泵表面的最高温度,如图8所示,用于检测设备的机械故障和管道的热力故障[16]。

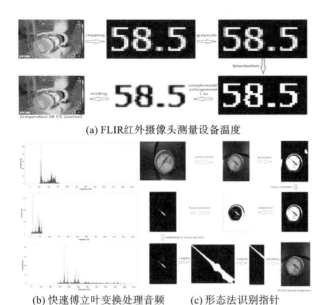

(a) FLIR红外摄像头测量设备温度

(b) 快速傅立叶变换处理音频　　(c) 形态法识别指针

图8　设备温度、异常声音以及表盘数据检测原理[16]

4　总结与展望

本文主要阐述了应用于建筑室内人员信息检测的非接触式检测方法,回顾了近三年部分研究人员提出的非接触式检测方法,并展开分析了视频图像处理技术用于检测生理参数信息、占用信息、行为信息三种室内人员信息的检测方法。同时,对YOLO算法检测办公环境人员占用信息的性能、实际效果及改进方案进行简单讨论。最后,讨论了非接触式检测方法在暖通空调领域的具体应用场景,如HVAC系统按需调节策略领域、睡眠监测领域以及施工运维领域。

在非接触式检测方法中,视频图像处理技术检测性能优于环境传感器、运动传感器和射频传感器,但不能满足所有场景的要求。通过多模传感器融合技术,避开各个传感器的劣势,综合各个传感器的优势,则可以达到满足需求的检测精度。

参考文献

[1]　PÉREZ-LOMBARD L, ORTIZ J, POUT C. A review on buildings energy consumption information[J]. Energy and buildings, 2008, 40(3):394-398.

[2]　WEI S, CALAUTIT J K S. Development of deep learning-based equipment heat load detection for energy demand estimation and investigation of the impact of illumination[J]. International Journal of Energy Research, 2020(1):1-18.

[3]　YANG B, LI X, HOU Y, et al. Non-invasive (non-contact) measurements of human thermal physiology signals and thermal comfort/discomfort poses -A review [J]. Energy and Buildings, 2020, 224:110261.

[4]　HOBSON B W, LOWCAY D, GUNAY H B, et al. Opportunistic occupancy-count estimation using sensor fusion: A case study[J]. Building and Environment, 2019, 159:106154.

[5]　WEEKLY K, ZOU H, XIE L, et al. Indoor occupant positioning system using active RFID deployment and particle filters[C]//2014 IEEE International Conference on Distributed Computing in Sensor Systems. IEEE, 2014:35-42.

[6]　ZOU H, JIANG H, YANG J, et al. Non-intrusive occupancy sensing in commercial buildings[J]. Energy and Buildings, 2017, 154:633-643.

[7]　CHENG X, YANG B, OLOFSSON T, et al. A pilot study of online non-invasive measuring technology based on video magnification to determine skin temperature [J]. Building and Environment, 2017, 121:1-10.

[8]　METZMACHER H, WÖLKI D, SCHMIDT C, et al. Real-time human skin temperature analysis using thermal image recognition for thermal comfort assessment [J]. Energy and Buildings, 2018, 158:1063-1078.

[9]　REDMON J, DIVVALA S, GIRSHICK R, et al. You only look once: Unified, real-time object detection [C]//Proceedings of the IEEE conference on computer vision and pattern recognition, 2016:779-788.

[10]　WAHL F, MILENKOVIC M, AMFT O. A distributed PIR-based approach for estimating people count in office environments[C]//2012 IEEE 15th International Conference on Computational Science and Engineering. IEEE, 2012:640-647.

[11]　YANG B, CHENG X, DAI D, et al. Real-time and contactless measurements of thermal discomfort based on human poses for energy efficient control of buildings [J]. Building and Environment, 2019, 162:106284.

[12]　TIEN P W, WEI S, CALAUTIT J K, et al. Vision-based human activity recognition for reducing building energy demand[J]. Building Services Engineering Research and Technology, 2021, 42(6):691-713.

[13]　JUNG W, JAZIZADEH F. Human-in-the-loop HVAC operations: A quantitative review on occupancy,

comfort, and energy-efficiency dimensions[J]. Applied Energy,2019,239:1471-1508.

[14] WANG J, HUANG J, FENG Z, et al. Occupant-density-detection based energy efficient ventilation system: Prevention of infection transmission[J]. Energy and Buildings,2021,240:110883.

[15] WANG H, WANG G, LI X. Image-based occupancy positioning system using pose-estimation model for demand-oriented ventilation[J]. Journal of Building Engineering,2021,39:102220.

[16] HE R,XU P,CHEN Z,et al. A non-intrusive approach for fault detection and diagnosis of water distribution systems based on image sensors,audio sensors and an inspection robot[J]. Energy and Buildings,2021,243:110967.

罗宇豪[1] 孙穆群[1] 唐莲[1*]

1.南京大学建筑与城市规划学院;tanglian@nju.edu.cn

Luo Yuhao[1] Sun Muqun[1] Tang Lian[1*]

1. School of Architecture and Urban Planning, Nanjing University

基于数字化历史资源活化的城市公共空间更新设计
Public Space Renewal Design Based on Activation of Digital Historical Resources

摘　要:在当代的城市更新中,如何让大众更好地享有历史资源成为重要的议题。数字技术给历史资源的活化利用带来了新的机遇。本文以南京市前线文工团及周边地块为例,探索数字化历史资源活化的途径。根据挖掘到的场地历史信息,恢复场地历史空间结构,在其基础上通过数字技术构建历史信息展示空间。本设计通过数字化手段活化历史资源,打开了原先被封闭的城市空间,让场地历史资源为更多的人所关注和利用,提升城市公共空间品质。

关键词:城市设计;城市更新;数字化历史信息呈现

Abstract: In contemporary urban renewal, how to make historical resources better enjoyed by the public has become an important issue. Digital technology has brought new opportunities for the activation and utilization of historical resources. This paper takes the Nanjing Frontline Sing and Dance Troupe and the surrounding plots as an example to explore the ways to revitalize digital historical resources. According to the historical information, the historical space structure of the site is restored, and the historical information display space is constructed through digital technology on its basis. By activating historical resources by digital means, this design opens up the originally enclosed urban space, so that the historical resources of the site can be paid attention to and utilized by more people, and the quality of urban public space is improved.

Keywords: Urban Design; Urban Renewal; Digital Historical Information Presentation

1 引言

在过去的二三十年内,我国城市经历了快速的发展扩张,但随着经济发展走向新常态,城市扩张逐渐停止,而快速增长时期城市建设质量低下的问题取代了城市化水平不高的问题,成为我国下一阶段城市建设面临的主要问题。随着我国城市从增量发展走向存量发展,如何有效解决问题,创造有特色有人气的高质量城市公共空间成为城市设计的主要着眼点。

本文针对历史资源丰富却缺乏特征和场所感的当代城市空间,提出了一种利用数字技术活化历史资源的更新策略。随着城市化的推进,城市空间的历史空间结构被改变;大量历史遗存为大众所忽视;少量得到了保护的历史遗存,与城市居民的生活脱节;部分历史遗迹虽然得到保护,但由于其权属问题未能对公众开放。本策略以场地丰富的历史资源为抓手,主要思路是基于历史空间结构,梳理提升原有公共空间,再通过活化场地上的历史遗存和资源,赋予其特色和场所感,进而提升空间品质与活力。当代数字技术的发展为历史资源活化带来了新机遇,通过数字技术活化历史资源,可以将对历史遗存的介入降到最小,可以将历史信息的呈现方式变得更加多元灵活,可以更好地让历史资源被大众共享。具体方法是,在基于历史空间结构重新梳理的物质空间上,构建数字化历史呈现系统,从而构建现实物质空间和虚拟空间相互结合联动的历史文化空间。该历史文化空间可以与场地内的业态结合,从而使历史资源带来更大的价值,更好的被不同的人群享有。为了验证数字化历史资源活化的更新策略的可行性,本文选择了南京市前线歌舞团及周边地块作具体的设计验证。

2 案例场地条件

2.1 场地简介

本文选取的场地位于南京市玄武区卫岗,钟山风景名胜区内,内部包括前线文工团,南京手表厂以及钟山管理局三个地块(图1)。由于地理位置优越,历史资源丰富,该地块具有极大的利用价值,但由于地块中心前线文工团驻地不向外界开放,该地块的价值没有得到充分发挥,地块内部的历史资源难以被公众享有,再加上可达性差,活动空间缺乏等问题,导致地块作为城市空间缺少活力。

图1 场地范围

2.2 场地历史资源

场地内的历史资源相当丰富,且在不同时期呈现出一定的空间结构。场地的历史信息在三个时间段比较密集,第一段是明朝,第二段是民国时期,第三段是中华人民共和国成立到改革开放前。在明朝,场地内有明孝陵神道通过。在当时,明孝陵的谒陵路线是从场地东侧的下马坊出发,向西到现前线文工团大院大门,再折向北,沿现在的四方城路一直向北到达大金门和四方城,再向西折,进入现在的明孝陵陵区。虽然这条神道现在已无遗存,但它奠定了场地南北向主要空间轴线,这条轴线对民国时期场地上的新建建筑产生了重要影响。

民国时期,中山陵及其配套设施的建设对钟山产生了极大的影响。场地上先后建设了陵园大道,四方城路和国民革命军遗族学校。后来又在场地南侧建设了遗族学校牧场。陵园大道从场地的西南角沿山势向上,穿过四方城和大金门之间的神道,较为强势的截断了明孝

陵谒陵路线。遗族学校校区的建设较为尊重明孝陵谒陵路径确定的空间结构,校园主要道路四方城路从大金门出发,沿原有谒陵路线向南连接宁杭公路。主校区建设在四方城路西侧。国民革命军遗族学校是中山陵整体规划的一部分,是为了安置在北伐战争中去世的将士的子女而建设的。为了让遗族学校学生学习到农业技术知识,场地南侧新建了遗族学校农场,它是后来卫岗乳业的前身。民国时期的建设较大地改变了场地的状况,它在尊重谒陵路径这一主要空间轴线时,增加了遗族学校—牧场这一次级空间轴线,自此,场地空间格局基本确立。

南京解放后,国民革命军遗族学校和遗族学校农场被军队接管,前者称为前线文工团驻地,后者成为后来的卫岗乳业。在前线文工团大院里的遗族学校先后作为华东军区干部子弟学校和卫岗小学,后在20世纪60年代被废校。在原遗族学校的北侧,大金门的南侧,20世纪60年代江南造钟厂迁入,后改名为南京手表厂。南京手表厂生产的手表一度风靡南京城,成为南京市民难以忘怀的记忆。中华人民共和国成立后,随着时代发展,场地分为卫岗乳业、前线文工团和南京手表厂三块,改变了场地原有的空间结构(图2)。

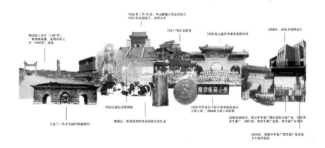

图2 场地历史资源图片

2.3 场地现状分析

当前场地主要存在两大问题:一是历史资源被遗忘埋没,二是场地可达性较差。场地的历史资源中,卫岗乳业原址被商业办公楼占据,国民革命军遗族学校被封闭在前线文工团大院中,且大院新建的大量住宅楼破坏了历史风貌,南京手表厂被改建为六朝文化园,明孝陵神道被陵园大道和前线文工团大院截断。此外,大院的封闭和场地南侧中山门大街的阻隔导致公共空间之间相互割裂。前线文工团大院无法进入导致场地西南苜蓿园地铁站和场地东南侧下马坊地铁站的人流要想到达场地北侧只能绕行;场地南侧中山门大街过于宽阔,地势起伏较大导致其人行道不适合步行,进一步限制了行人进入场地内部。而可达性的限制使得场地作为钟

山南大门的区位优势得不到发挥,钟山南侧上山道的缺失,也对钟山乃至整个紫东地区的发展有不利影响(图3)。

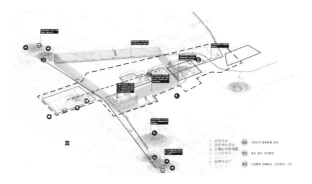

图3　场地条件分析

3　城市设计方案

3.1　物质空间设计

通过城市设计提升场地公共空间品质,首先要基于场地现状,重新梳理场地空间结构。场地的历史空间结构主要包括明孝陵谒陵道路确定的主要轴线和民国时期遗族学校—牧场的次要轴线。中华人民共和国成立后的历史遗存为散点状分布,没有明显空间轴线。方案在恢复历史空间结构的同时,增加了一条连接下马坊和苜蓿园地铁站的次要轴线,以便将人流更好的引入场地。在空间结构基本确定后,为了更好地呈现历史风貌,需要对场地的功能业态和建筑作重新调整。首先,拆除钟山管理局和前线文工团地块内的住宅,恢复场地的自然生态和历史风貌,保留较新的前线大剧院和遗族学校牧场旧址的商业办公楼,进行改造更新。接着,在场地内根据空间结构进行公共空间重构。先按照明孝陵谒陵路径,加入从下马坊公园到前线文工团正门再折向四方城的地上地下立体公共空间,用以展现场地明代历史信息,恢复历史空间结构并提供达到钟山风景区的路径。再依据遗族学校—牧场空间轴线增加南北向连接天桥,在提示民国次要空间轴线、展现民国历史的同时,方便行人过街,增强场地可达性。然后,打通苜蓿园地铁站到前线文工团正门的轴线,在二者之间的坡地上布置吸引人流、适宜人行的低层立体商业设施,在提升步行体验、吸引人气的同时打通两个地铁站之间的人行路径,增加可达性。最后,植入适合于历史风貌区和自然风景区,与市民生活和场地资源有联系的业态。方案在苜蓿园地铁站到前线文工团大门之间的坡地上和牧

场旧址的商业办公楼中植入文创开发、特色餐饮、教育培训等商业业态;原前线大剧院保留剧场功能,作为文化中心使用;原前线大剧院北侧住宅区恢复草地植被,部分地上区域和地下区域作为体育运动设施对市民开放(图4、图5)。

图4　设计策略

图5　空间结构

3.2　历史文化空间构建

在物质空间设计的基础上,本方案通过数字技术构建与现实空间相交联的虚拟空间,最终形成现实与虚拟结合的历史文化空间。对于三段不同时期的历史资源,本方案利用AR技术和声音装置两种技术,构建了不同的历史呈现系统,形成了丰富多样的历史文化空间,不仅保护场地历史资源,吸引人流增强场地活力,也为市民和游客提供了游览钟山的新途径,对钟山风景区与紫东文化区的整体发展有所推动。下文将对这两种技术做介绍,并从三段不同时期的历史文化空间构建的角度阐述这两种技术在本方案中的运用。

3.2.1　AR技术与声音装置简介

AR技术,或称增强现实技术,在近年来得到了极大发展并被运用于历史遗迹保护实践中。AR的一种技术路线是,开发者先采集实时三维数据进行模型构建,并在模型中载入虚拟信息,接着将模型与摄像机镜头的图形信息进行识别匹配,最后在输出平台显示现实图像和虚拟信息融合的图景。另一种AR技术的技术路线是根

据使用者所在位置进行实时定位,再在移动设备拍摄的实景中加入合成的虚拟景象或利用投影设备于现实中投影。这两种路径在本方案中均有运用。声音装置的设置,是通过发声装置发出特定声音,通过调动人的听觉起到独特的效果。本方案应用了引导式声音装置和互动式声音装置两种装置进行声景构建。引导式声景装置在特定空间内朝一定的方向发出特定的音频,引导行人朝着声源方向前行。互动式声景装置在特定位置布置,与视觉展示方式联动,通过声音和虚拟画面展现具体历史场景,使人有身临其境般的体验。

3.2.2 明代历史文化空间构建

在明代历史文化空间构建中,本方案主要运用声音装置设置(图6),希望通过声音引导系统还原历史路径,吸引人流。同时,由于这段路径位于地下空间且较长,利用声景引导效果较好,也能让人有新奇的体验,抵消空间单一封闭的负面效应。声音引导系统主要放置在明朝历史路径沿线,这条路径从下马坊地铁站2号口出发向西先经过一段地下路径到达前线歌舞团,然后向北直至大金门。该路径全程以地下空间为主,首先,行人从地铁站到下马坊,再从下马坊由地上进入地下,由嘈杂到较为安静再到完全寂静,完成从现实声场到历史声景的转换。接下来本方案将以声音装置为主复原明朝洪武年间大臣朝圣之路,沿线每隔一段距离设置发声装置,结合相应历史图片以及实体雕塑,引导人在空间中循声而行。为了提高互动性,空间内设置部分互动式声景装置,互动方式基于行人所持有的移动智能设备,有多种选择,如通过传感器检测特定空间内移动智能设备的数量,改变声音的响度与频率等参数;还可结合图片和雕塑设置激活场地内声音的特殊触发装置等。在这条路线的末端,有展示明孝陵历史的展厅,这些展厅利用互动式声景设备,辅以投影设施,构造视听联动交感的历史展示空间,让人们可以静下心来感受生动具体的历史,一定程度上在改变传统历史信息的表达与接受方式。在路线的末端限制声音,营造寂静氛围,增强回到地面时大金门造成的视觉冲击。这条路径除了呈现以明孝陵谒陵路径为中心的历史文化空间景观,也为城市交通服务,一方面将东侧的人流引导至场地;另一方面,通过声音装置加强人和历史的互动,缓解场地西首蓓园地铁站的客流压力,为明孝陵风景区增加新的浏览路径。在明代历史空间中得到应用的声音装置也可以结合进利用AR技术的民国历史空间构建,这一点将在下

一节详细阐述。

图6 明代历史空间声音装置

3.2.3 民国历史文化空间构建

民国历史文化空间构建通过将现实物理空间与AR技术结合,生成含有历史情境和信息的文化空间。本方案通过建构包含遗族学校和遗族学校牧场旧址的民国时期地块历史数字地图(图7),以便携智能设备为媒介,将其呈现给场地中的行人。智能设备通过摄像头扫描物理空间,识别到现实物体并与模型数据库匹配后,在屏幕上呈现出历史信息和场景。该路径的重点是建立现实空间的模型数据库,该数据库覆盖地块内遗族学校及遗族学校牧场旧址上的商业办公空间,包括了主要建筑以及公共空间的节点标志物,接着在这个模型数据库内选择对应于现实物体的模型加载历史信息。在将智能设备与该数据库衔接之后,用户即可从智能设备端体验到展现了历史信息的现实图景。该路径可以结合声音装置(图8),从视觉和听觉两个方面引导行人,展现历史。在场地中结合历史建筑群放置音频定向扬声器,该扬声器可以在空间中发出带有方向性的声波,空间中的人可以感受到来自某个方向的声音,例如上课铃声,广播体操的背景声以此带给人方向引导,在空间中步行游览。行人从城市进入场地后,城市嘈杂的声场先是转向安静,接着行人察觉到引导性声音,循声来到遗族学校的大门前。他用智能手机识别遗族学校大门,手机上呈现出遗族学校的地图和历史信息,行人按照智能设备的引导,进入历史建筑中更加深入地游览。在通过定位信息判断行人结束遗族学校的游览后,智能平台可以基于民国时期的钟山规划,向行人展示与场地有关的其他历

图7 民国时期历史数字地图

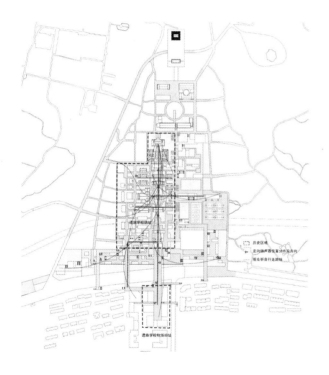

图8 民国历史空间声音装置

史遗迹,并为其规划游览路线。

由于该数据库是可以扩充的,如果按照上述原则建立其他时期的历史数字地图,那么用户就可以方便地了解到同一地点在不同历史时间的变迁,这样既能将对历史建筑的干预降到最小,又能方便地展示场地多层次的历史信息。

3.2.4 中华人民共和国成立后的历史文化空间构建

中华人民共和国成立后的历史遗迹的空间分布较为分散,大部分历史遗迹与民国遗迹位置重合(图9)。中华人民共和国成立后的历史文化空间构建基于民国地块历史数字地图,以现场投影为媒介复现历史场景。

在特定点位上设置的投影仪,会在建筑侧墙上投影历史照片和历史影像。该方式与行人存在互动的可能。比如在一定范围内,如果检测到了行人携带的智能设备的定位信号,投影就会开始工作;行人也可通过智能设备发布评论信息,它们可以通过投影,以弹幕的方式呈现出来,以此实现互动。这种历史呈现方式可以与场地内业态和居民的生活有效联系。例如智能设备展示历史信息可以用于场地内特色商业,通过智能设备拍摄店铺和商品,可以得知商品信息和背后的历史故事。现场投影为媒介展示历史信息的路径也可以与居民的生活有效联系,例如可以征集与地块历史有关的老照片和老物件,以投影的方式展示出来,留住居民对于城市的历史记忆。该系统也可以接入更大的智慧城市网络,利用更多信息,进行历史展示之外的文化活动。

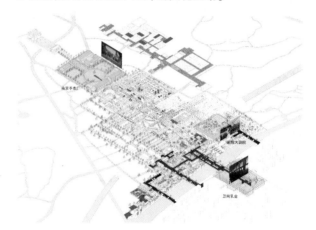

图9 中华人民共和国成立后的历史文化空间

4 总结

数字技术的快速发展为城市更新带来了新的可能性。基于数字技术的历史资源活化,让一度被忽视的历史资源能够更加活跃的在当代城市生活中发挥积极作用。以数字化历史资源活化为切入点,综合处理场地在可达性、业态等方面的复杂问题,为城市公共空间更新和区域发展提供了新方法。基于数字化技术的现实空间与虚拟空间交联的历史文化空间和历史呈现数字系统的构建,为历史遗迹保护和历史风景区发展提供了新思路。随着经济社会发展,人们对于历史保护的自觉性日渐增强,对公共空间的质量要求日益提升,本文提出的策略虽然较为初步(图10),但随着技术的逐渐成熟和需求的增加,它将在未来有更加广泛的运用前景。

图 10　最终效果

参考文献

[1] 刘奔腾,董卫.基于分层思想的历史地段保护方法探讨——以明孝陵神道南段保护规划为例[J].规划师,2008(10):19-23.

[2] 赵男.民国时期中山陵园规划建设和管理制度补遗[D].南京:东南大学,2018.

[3] 汪瑶.南京国民政府时期遗族学校研究[D].南京:南京大学,2011.

[4] 徐耀新,魏正瑾,金承平,等.南京文化志上册[M].北京:中国书籍出版社,2003.

[5] 改工业厂房为现代化博物馆的尝试——明孝陵博物馆新馆的陈列与陈列艺术[J].中国博物馆,2009(04):90-99.

[6] 吴百辉.南京市玄武区教育志(上部)[M].2008.

[7] 张运.基于增强现实技术的城市遗迹文化研究[D].南昌:江西师范大学,2021.

[8] 温也.AR介入历史街区更新的探讨——以贡院片区为例[C]//面向高质量发展的空间治理——2021中国城市规划年会论文集(02城市更新),2021:581-591.

[9] 何志华,王彬瑶,刘思雨.基于增强现实技术(AR)的城市中心区的再生——以南昌市八一广场南地段城市设计为例[J].建筑与文化,2022(04):114-116.

顾祥姝[1*]　田舒琳[1]　童滋雨[1*]

1. 南京大学；tzy@nju.edu.cn

Gu Xiangshu[1*]　Tian Shulin[1]　Tong Ziyu[1*]

1. Nanjing University

构建多层街道空间的计算性城市更新设计
Computational Urban Renewal Design：Constructing Multi-level Urban Street Topograph

摘　要：本文以南京市鼓楼区上海路街巷空间为研究对象，针对上海路现存的问题，用 DepthmapX 和 UNA 等数字技术分析街道的可达性、人流和吸引力，并从街道的剖面入手，通过系列剖切面确定 Topograph 剖面形态线，再将线拟合生成多层 Topograph 曲面，引入两侧建筑与所夹街道的宽高比调整曲面的曲率，通过日照率、可达性和吸引力分析的结果控制洞口的大小与分布情况，构建多层城市街道空间，从而探索街道空间与周边建筑建立三维空间关系的可能性，激发街道活力。

关键词：数字化城市设计；街道更新；多层街道空间；地形学

Abstract：The research takes Shanghai Road in Gulou District in Nanjing as design object. To analyze the existing problems of Shanghai Road, digital technologies such as DepthmapX and UNA are used to analyze the accessibility, flow of people and attractiveness of the street. Street section provides a new way to map and analyze street space and the paper tries to construct a multi-layered urban street space called Topograph from the perspective of section. The design first generate a series of street sections, which determine each curvilinear line of Topograph, and then construct a multi-layer Topograph surface using the lines. We introduce the ratio of heights of the buildings on both sides with the width of street space to adjust the curvature of Topograph and introduce the sunshine rate, accessibility and attractiveness analysis results to control the size and distribution of the openings of Topograph. Thus the multi-layered urban street space, Topograph is constructed, through which we explore the possibility of establishing a three-dimensional spatial relationship between the street space and surrounding buildings, and then stimulate the vitality of the street.

Keywords：Computational Urban Design；Street Renewal；Multilayer Street Space；Topography

1　研究背景

　　传统的街道空间更新设计多从平面鸟瞰的视角出发进行研究、分析和设计。城市系列剖面为我们提供了一种新的研究城市的视角。同时借助各类空间分析、数据统计、算法设计等数字技术，可以更好地认知城市空间形态，从而进行街道空间的改造和设计。

　　本设计以南京大学建筑与城市规划学院的一次课程设计为背景，以南京市鼓楼区的上海路为研究对象，从剖面视角认知街道空间，并借助各类数字技术手段进行分析，构建多层城市街道空间，从而探索街道空间与周边建筑建立三维空间关系的可能性，激发街道活力。

2　上海路分析

　　上海路位于南京市鼓楼区西部，于 1996 年改建为鼓楼区内主干道，南起汉中路，北至北京西路，全长 1916 m，行车道宽 26 m[1]。设计研究范围位于南京市鼓楼区上海路两侧，北至北京西路，南至广州路，总长度约 1 千米，西至宁海路，东至陶谷新村、南京大学鼓楼校区（图 1）。

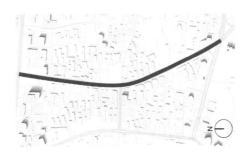

图1　上海路设计范围

这里曾经聚集了众多具有特色的店铺,游客络绎不绝,而现在整个街道以机动车为主,人行道多被机动车道和自行车临时停车区域挤压侵占,道路两边绿化较少,沿街店铺也逐渐向内部支路延伸,整条街道缺乏公共节点和活力。我们分别从上海路街道空间、车行道及人行道、两侧的建筑群和人群进行调研分析。

2.1　上海路调研分析

上海路街道在二维平面视图中呈现出明显的弯曲曲线,街道空间整体按照线形序列排布,其地形高低起伏,街道两侧有一定的台地及自然植被覆盖,并以南北向街道的走向作为空间轴线,由街道两旁建筑界面围合依次展开。

2.1.1　上海路公共空间分析

上海路沿街建筑分布密集,立面连续且完整,具有良好的连续性和围合性。在调研过程中我们发现,在道路交叉口处车行道变宽,街道空间也过于空旷,缺乏连续性和指引性。街道的线性次序感在部分交叉路口处被削弱和打乱,因此在设计过程中也需要采取适当措施使街道的线性次序感得以延续和加强。上海路街道沿街建筑大多紧贴道路建设,退让街道的空间十分局促,这也造成了街道上面节点性的公共空间缺失明显。[2]

2.1.2　上海路人行道分析

长期以来上海路进行道路扩宽项目时,只增加了车行道的数量,对于人行道却没有做整治和改进,这就导致了上海路车行道越来越宽,而人行道越来越窄,城市街道空间逐渐让步给汽车,而行人可活动的街道空间进一步被压缩。上海路大部分路段都存在人行道尺度严重不足的情况,在上下班高峰期常常出现拥挤的情况。有的路段人行道空间已经十分局促,还存在被沿街店铺、停车、行道树挤占的情况(图2)。由于上海路存在高差较大的状况,有的人行道与车行道高差达两米多,这进一步增加了人行道建设的难度和复杂性。

图2　上海路人行道实景

2.1.3　上海路街道建筑群分析

虽然道路两侧建筑轮廓线有高有低,起伏变化,建筑功能种类和分类也较为丰富,但整体空间仍较为单调。由于上海路是一条南北方向的道路,沿街建筑大多以山墙面朝向街道,建筑退让街道道路距离普遍偏小。

2.1.4　上海路人群分析

通过对上海路街道建筑功能的划分,我们发现主要有五类人群,即商户、社区居民、学生、职工以及游客,在上海路发生居住、停留、聚集以及通过等行为。不同的人群对于上海路的空间功能需求不同。在对这五类人群进行采访的过程中,我们发现这五类人群主要可以分为上海路社区居民和南京市其他社区居民,而他们在上海路的行为也主要可分为居住和通过。因此,不同的群体和行为所需要的街道空间、公共空间也不完全相同。

2.2　基于DepthmapX对上海路进行视域、可达性分析

DepthmapX是一种以数学、计算机图形学为支撑,用于描述和分析空间的数学方法。对于这一种方法而言,空间本身并不重要,重要的是空间与空间之间的关联。

本研究运用DepthmapX这一方法对上海路进行视域分析和可达性分析。Visual Integration［HH］在视域分析中是衡量视线范围的指标。值越高,表示这个元素只需要较少的转折,就能看到全系统中的其他元素,越容易吸引到视线的关注,越容易被看到;而值越低,也越难以吸引到注视的目光。反映在颜色上,街道越是偏暖的部分,视线整合度的值越高,表明在这一位置设置地标建筑以及公共节点能够使更多人看见,从而达到吸引人流的效果(图3(a))。

对于可达性分析图,颜色越暖表示可达性越高,人群越容易聚集,反之颜色越冷,表示可达性越低,人群越难到达(图3(b))。

由两种分析图得出,上海路分别在被北京西路、汉口路及广州路切分的路口处公共性、可达性最高,这三处应当设置吸引人流的地标性建筑和公共节点。其余路段,公共性和可达性较弱,在研究设计过程中应当充分

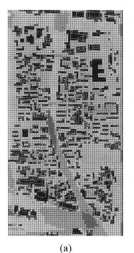

(a)   (b)

图 3   DepthmapX 视域分析(图(a))和可达性分析(图(b))

考虑与城市其他支路的连接和互动,以激发其内在活力。

2.3   基于 UNA 对上海路人流、吸引力分析

UNA 是一种基于 GIS 网络分析工具的城市空间网络分析技术,可以让空间距离按照拓扑关系或者几何距离度量,还能将目标赋予不同权重进行选择,提供了将物质空间与经济、社会、交通等现象关联分析的可能性。

在用 UNA 对这条街道各项数据进行吸引力分析的过程中,我们首先分析了上海路周边主要的交通站点。地铁站的吸引度是明显大于公交站点的,我们假设公交站点的吸引度为 1,地铁站的吸引度为 5,颜色越深表示该区域的吸引度越强,而这时深色区域已明显向地铁站偏移[3]。

根据 POI 点将上海路周边业态进行分类,并按照其吸引程度划分为不同等级,进而得到不同业态对人群吸引力的分布情况,然后将附近主要的业态进行合并,将其分为"面向社区外市民"和"面向本社区居民"两大类,并用 UNA 进行分析(图 4)。可以发现吸引力都集中分布在上海路中心区域,也就是连接汉口西路和陶谷新村的路口,这里也是地势下凹的地方,吸引力向四周发散。

用相同方式对上海路进行人流分析。其中,云南路地铁站附近人流较集中。美食餐饮人流主要集中在上海路中央路口偏北的路段,而超市市场便利店人流主要集中在连接上海路和宁海路的汉口西路路段,这里有很多大型的批发市场。对于社区外市民来说,他们主要集中在金银街路段,也有部分集中在陶谷新村路段。而对于上海路社区居民来说,人流主要集中在汉口西路以及上海路中心偏北的区域(图 5),这里有个小型广场,是居民们饭后的活动场所。

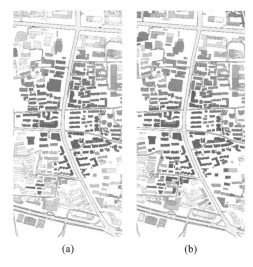

(a)   (b)

图 4   "面向社区外市民"(图(a))和"面向社区居民"(图(b))的吸引度分析

(a)   (b)

图 5   "面向社区外市民"(图(a))和"面向本社区居民"(图(b))的人流分析

2.4   从剖面视角对上海路进行再认知

因为上海路地势起伏明显,周边建筑依据地势下沉或抬高,建筑与街道空间的进退关系变化十分丰富,所以我们尝试对上海路街道剖面进行分析。

我们借用了 Sectionmatrix 的方式将上海路街道依次以 50 m、20 m、10 m 间隔进行剖切,得到系列切片。垂直方向上,保留了街边建筑高度以及地势;水平方向上,保留了街道宽度、建筑与街道之间的距离。然后再将切片指标进行量化,得到街道维度上的 LR、AR、WR、AH、HR、WHR 六项指标[4],它们都在一定程度上反映了上海路街道的整体变化情况,最后选用了拟合程度更高的 10 m 间隔的切片以及宽高比(WHR)指标(图 6),

因为该指标既考虑了建筑与街道的进退关系,又考虑了有一定坡度地势的周围建筑的高度,且标准差较大,说明变化较大,更能反映上海路街道的基本情况。

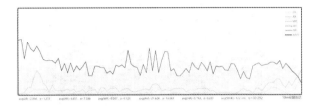

图6 10 m 间隔剖切下上海路各项指标的变化

2.5 上海路现存问题分析

通过对上海路街道进行实地调研,我们发现沿街建筑分布密集,具有较好的连续性和围合感,但是在道路交叉口处街道空间缺少一定的指引性和连续性。同时,因为上海路是一条南北方向的道路,沿街建筑大多以山墙面朝向街道,建筑退让街道道路距离普遍偏小,人行空间不断受到挤压。再加上上海路街道两旁的少量绿化带和围墙大多紧贴道路建设,既限制了人行区域,又给非机动车的停放造成了不便。另一方面,街道空间的局促性在一定程度上也造成了街道节点性的公共空间缺失明显,除了中心路段附近的小型广场,几乎没有能够供人们集中活动的场所。

对于街道附近的建筑群来说,上海路在北京西路至广州路路段东面建筑以多层为主,也有高层和超高层建筑,街道轮廓线呈现中段平缓,两边高起的趋势。由于中段建筑大多是多层住宅,天际线过于平淡,缺少变化和层次,而两旁的住宅小区又较为封闭,阳光不充足,居民们的日常晾晒有时需要到上海路上进行,这也说明了居民的生活空间不足,甚至需要占用一定的公共空间。

3 设计策略

3.1 改造一层街道平面

为了解决上海路人行区域受限、停车空间不足、绿化难以安置的问题,我们采取了将上海路的六车道缩减为四车道的方式,让出两车道的空间改造成人行区和机动车与非机动车停车区,并用绿化带进行分隔。因为与北端的北京西路和南端的广州路日常路况相比,上海路更加通畅,即使在节假日也很难达到拥堵的程度,所以减少两个车道能够在满足主要车流量的情况下将更多的公共空间释放给城市居民。

3.2 构建二层街道空间 Topograph

为了扩展上海路的公共空间,让街道与居民们生活更加紧密,并能展现上海路分段式历史变化和生活状态,我们决定建立二层 Topograph。

3.2.1 从系列剖面切片构建 Topograph

我们从剖面入手,通过生成的系列剖面切片中街道两旁建筑每层的高度确定二层 Topograph 剖面形态线,再将这些线拟合生成二层 Topograph 曲面。然后用之前得到的宽高比控制 Topograph 剖切线的振幅(图7),让其形成更加丰富的自由曲面。这样的曲面是由两侧建筑高度、街道宽度、地势起伏共同控制的,因而与上海路街道本身的特征也更为接近。[5]

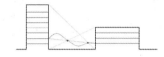

图7 宽高比控制下的剖面形态曲线

3.2.2 Topograph 洞口处理

二层 Topograph 的建立既服务于本社区居民,又是面向社区外市民的,因此也需要在满足人们新的需求与便利的同时,与原来的街道建立良好的共生关系,比如光照、绿化、人流的影响,与原有的公共空间之间的关系、与支路的关系等。因此我们又对二层 Topograph 曲面进行了挖洞处理。洞口的大小和疏密程度同时由支路以及最具有吸引力的区域进行控制。我们将支路量化成曲线,区域量化成点,即"吸引子",同时控制洞口的分布,使得人流密集、集中的地方,洞口较大而稀少;人流稀疏、分散的地方,洞口较小而数量较多,并进行了日照率的检测。然后我们再将曲面与周围人流较大的支路进行连接,增强了各点的可达性[6]。

3.2.3 将计算机分析与 Topograph 平面设计融合

我们依据各类业态的吸引力分布情况将 Topograph 进行功能分区,包括餐饮、娱乐、休憩等,在为市民增加更多公共空间的基础上也为附近居民增加了日常活动休憩场所。后续我们又引入了多层 Topograph 的概念,让整条街道的人群从二维上的横纵流动转为三维的上下流动,使街道换发更多活力(图8)。

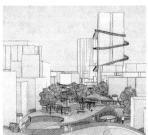

图8 宽高比控制下的剖面形态曲线

4 总结分析

街道空间改造设计有多种方式，在本次课程设计中我们采取了在不拆除原有建筑的条件下，从街道剖面的角度，构建多层 Topograph 的方法，从而探索了多层街道空间的更多可能性。通过这种方式，我们将上海路沿街建筑的屋顶、人行道路、围墙、小支路都串联了起来，再加以用剖面构建的流动曲面，让街道形态更加丰富，焕发出新的活力。

尽管设计还有许多不足，但我们希望能够寻找到一种三维街道空间的搭建方式，将人的行为活动与街道空间串联起来，而不仅局限于水平的流动形式，为未来城市的设计与更新提供一种新的参考思路。

参考文献

[1] 张健.南京市上海路街道风貌综合整治对策研究[D].南京:南京工业大学,2014.

[2] 李军.南京市上海路街道形象评价研究[D].南京:南京工业大学,2014.

[3] 陈晓东.城市空间网络分析技术(UNA)及其在城市规划设计中的应用展望[J].江苏城市规划,2013,(2):25-29.

[4] GU X, TIAN S, ZHANG B, et al. Sectionmatrix:mapping urban form through urban sections[J]. CAADRIA, 2021,2,599-608.

[5] 董晶晶.基于剖面视角的城市形态量化分析研究[D].南京:南京大学,2019.

[6] HAUPT P, PONT M B. Spacemate:The Spatial Logic of Urban Density[M]. Delft:Delft University Press,2004.

附

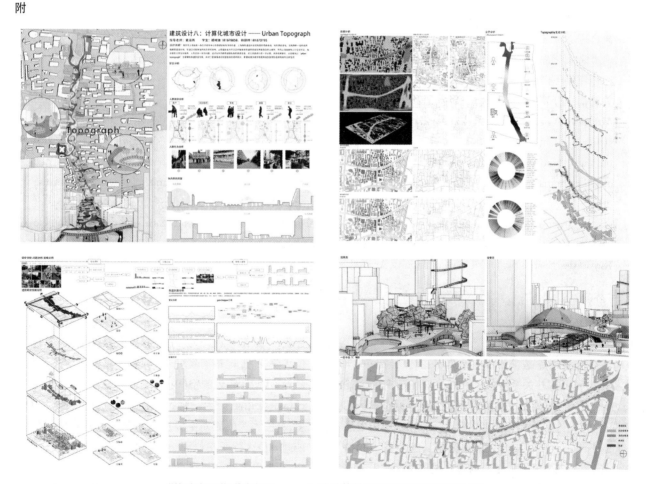

"构建多层街道空间 Topograph 的计算性城市更新设计"最终图纸

陈锐娇[1]　杨朵[1]　唐莲[1]*

1. 南京大学建筑与城市规划学院；tanglian@nju.edu.cn

Chen Ruijiao[1]　Yang Duo[1]　Tang Lian[1]*

1. School of Architecture and Urban Planning，Nanjing University

国家自然科学基金青年科学基金项目(51708274)、南京大学创新训练计划项目(202010284078Z)

基于空间句法的城市设计：城市更新中的单位大院公共空间重塑

Urban Design Based on Spatial Syntax：Public Space Reconstruction in Urban Renewal of Unit Community Area

摘　要：空间句法作为一种成熟的分析技术，在城市设计中获得了广泛应用：分析道路结构，认定公共空间活力，帮助架构更理性的空间结构。单位大院在城市更新中主要面临从封闭到开放的转换，协同单位大院所在的周边地块的城市空间结构进行重组。本文在以单位大院城市更新为主题的城市设计课程中，以空间结构的空间句法分析为主要技术手段，分析量化公共空间活力，找到最适宜的道路布局和公共空间结构，并对设计结果进行评估优化。

关键词：空间句法；单位大院；城市更新

Abstract：As a mature analytical technique，spatial syntax has been widely used in urban design to analyze the road structure，identify the vitality of public space，and help to construct a more rational spatial structure. The renewal of the unit community area is mainly faced with the transformation from closed to open，and the reorganization is carried out in coordination with the urban spatial structure of the surrounding plots where the unit yard is located. In the urban design course with the theme of unit community area renewal，this paper takes the spatial syntax analysis of spatial structure as the main technical means to analyze and quantify the vitality of public space，find the most suitable road layout and public space structure，and evaluate and optimize the design results.

Keywords：Spatial Syntax；Unit Community Area；Urban Renewal

1　前言

空间句法理论是由比尔·希列尔在 20 世纪 70 年代提出的利用拓扑关系对空间和社会进行研究的理论与方法[1]，其分析的量化结果可以被应用于城市设计的前期分析、设计实践和方案评估[2]。随着我国城市发展"存量时代"的到来，城市空间质量得到越来越多的关注，城市更新成为建设的主要内容。城市设计在城市更新过程中承担重要的作用，空间句法模型有助于更加理性地得出空间问题所在，并提升空间品质[3]。

改革开放以来，中国的城市空间经历着一系列空间重构。随着市场经济的发展，以单位为基本空间单元的民生、市政工程逐渐减少，转而向商业区发展，使得"单位大院"的土地被有偿使用，导致了单位大院用地功能的置换，职住相近的空间模式走向分解[4]。单位大院的改造是城市更新中一种特殊的类型，从空间结构的角度，单位大院的更新主要面临从封闭到开放的转换[5]，协同单位大院所在的周边地块的城市空间结构进行重组，形成整体的公共空间结构；从城市功能的角度，单位大院更新还面临社区重组、城市记忆传承、空间再利用等一系列任务。

本文以本科四年级城市设计课程为基础，探索单位大院在城市更新中空间句法技术的应用,尝试以空间结构的空间句法分析为主要技术手段,分析量化公共空间结构的可达性、关键景观要素的可视性,预测更新后空间使用模式,找到最适宜的道路布局和公共空间结构,并对设计结果进行评估优化。

2 设计实践

2.1 设计背景:基于空间句法的可达性分析

前线歌舞团及周边地块位于钟山风景名胜区,历史人文资源丰富(图1)。前线歌舞团地块原属于原南京军区政治部文工团所在,是典型的单位大院用地,封闭地块内设有演出、排练场所,以及多个居住组团;地块内存有原国民革命军遗族学校旧址,是南京市重要近现代保护建筑。十朝历史文化园地块由原南京手表厂旧址改造而来,南京手表厂中4栋厂房是南京首批工业遗产保护建筑,目前被改造为博物馆等,是景区重要的入口导览空间。苜蓿园地铁站地块是地铁2号线的站点,是城市居民到达中山陵景区的主要地铁站点之一,目前地块承担了配套餐饮、停车、换乘等多重功能。

图1 设计范围
(图片来源:课程设计任务书)

随着文工团的逐步迁出,地块亟待整体更新,以符合城市发展的新的需求:钟山风景名胜区总体城市设计将设计地块定位为风景区的南门户,是"景城连接"的重要节点。基于这个定位,通过功能立体化配置来激活地块活力,通过地块建筑改造或更新来重塑公共空间,最终形成连接城市与景区的有活力的城市区域,提供景区公共服务、传承历史文化记忆。

在城市尺度上,场地位于紫金山南部、玄武湖东南部、老城区以东,属于绕城公路环内生态保护区的重要隔离绿带。场地北侧是钟山风景区,南侧是居住用地和公共服务用地。场地内部分区域属于一级史迹保护区,属于严格禁止建设区域(图2)。

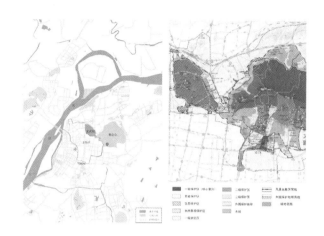

图2 区位分析
(图片来源:课程设计组员)

该地块内公共空间分为地上和地下两部分,地下公共空间由地铁站空间组成,地上公共空间又分为城市层级和单位层级,目前单位内公共空间不对公众开放(图3)。

图3 公共空间

2.1.1 可达性分析

空间句法分析中的整合度指标是指空间中某一元素与其他元素之间的离散或聚集程度,衡量了其作为目的地吸引人们到达的能力,整合度越高,可达性越高,人流越容易聚集[1]。因此本文中将整合度作为衡量可达性的指标。首先,我们用DepthmapX软件将道路结构现状进行空间句法分析,得到目前街道整合度(图4、图5)。其中目标点1对应中山门大街北侧,点2对应前线大院轴线,点3和4对应遗族学校旧址,点5对应大金门。

为了减少边缘对计算结果的影响,对场地范围进行适当扩大作为计算范围,即为图示范围内所有道路线段。平均整合度的取值范围为地块范围内所有道路线段,前线大院轴线和中山门大街北侧整合度为道路整合

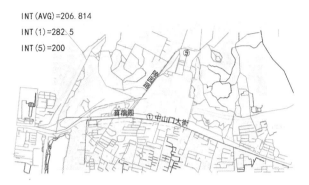

图 4　城市尺度可达性(局部)

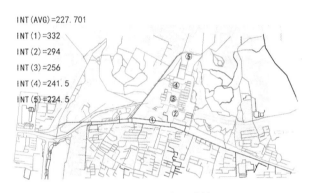

图 5　单位尺度可达性

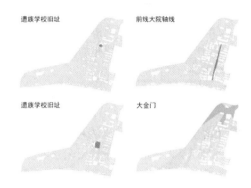

图 6　可视性

2.1.3　其他相关分析

除此之外,我们还对设计地块的高程、人流量等进行分析,作为城市设计优化道路与空间结构的重要依据。在高程上(图 7),场地在东西方向上呈现两侧低,中间高的态势,场地中部西南方位有区域坡度较大(图 8)。

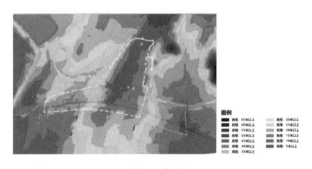

图 7　高程

度,目标点 3、4、5 的整合度为区域内的所有道路整合度的平均值。

从结果看出可达性高的街道集中在中山门大街两侧、陵园路和苜蓿园地铁站附近。中山门大街南侧分布了大量居民区和学校,南侧的可达性较北侧更高。陵园路在结构上可达性高,但现实中缺乏良好的步行空间,因此人流稀少。

前线大院由封闭转为开放后,地块整体的整合度提升(图 5)。前线大院内部因为只有一个出入口与城市道路联通,小区分散布置互不联通,因此前线大院内部总体整合度较低。

2.1.2　可视性分析

我们对部分重要的历史景点例如大金门、遗族学校旧址、前线大院轴线进行了空间句法的视域分析(图 6)。前线大院内的各住宅组团密度较高,基本在 4~6 层之间,目前这些住宅几乎是以前单位分配的,供相关工作人员居住,但是现在入住率并不高,多数空置。住宅楼遮挡了重要景点的视域,但是前线大院轴线和大金门因道路等级和地势,视域较广。

图 8　坡度

在空间结构上,目前的公共空间中地铁出入口、十朝文化博物馆的停车场人流量较大(图 9),这与现实相符。钟山风景区内有一处大空间在结构上显示人流也比较多,但是现实中因为天气原因、少休息设施、没有遮挡等,不便停留,所以人流量不大。

图 9　人流统计

2.2　设计原则与目标:提高目标点可达性

结合文保建筑、历史建筑、谒陵路径、规划保护区等范围,历史建筑保留,质量较差的遗族学校旧址做修缮处理。内部小区根据功能保留,适当开放公共空间。

前线大院轴线上有许多绿地广场和公共空间,但不对公众开放,可达性较低。本次设计以增加前线大院轴线和提高几个重要区域的可达性为目标,根据DepthmapX计算结果,设计新的步行道路结构(图10)。运用空间句法的可达性分析对道路网络的结构进行评价,根据不同方案的计算结果得到合理的道路网络布局,最终再布置合理的功能引导人流。

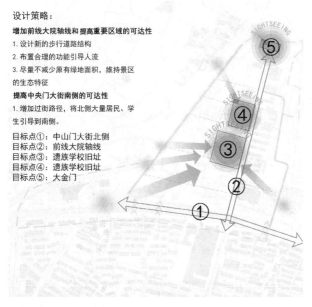

图 10　设计策略

从DepthmapX计算结果来看,中央门大街南侧的可达性较低,因此需要增加过街路径,将北侧大量居民、学生引导到南侧,提高中央门大街南侧的公共空间活力。

2.3　设计步骤
2.3.1　道路生成

在前期分析得到的街道可达性分析基础上,保留前线大院内和景区内的联通道路,增加目标点与周边地块、地铁站的道路,吸引人流。根据坡度规划陵园路旁的商业步行道,分担陵园路的人流,并创造体验好的步行空间。根据可达性的评价结果,尝试增加道路(图11~图13、表1)。

图 11　道路生成步骤

图 12　新增道路后可达性

图 13　改造后可达性

表 1　改造前后各目标点整合度

	平均	目标点 1	目标点 2	目标点 3	目标点 4	目标点 5
改造前城市尺度	206.8	282.5				200
改造前单位尺度	227.7	332	294	256	241.5	224.5

续表

	平均	目标点1	目标点2	目标点3	目标点4	目标点5
尝试1	245.2	324	370	302	334	370
尝试2	248.5	328	375	315	349	374
改造后	253.3	364	385	322	329	400

在第四步验证了几种不同的道路结构。尝试1增加了周边地块出入口与目标点的连接,尝试2在1的基础上增加了更多交叉的周边地块出入口与目标点的连线,保留的改造道路是在尝试1的基础上,增加了地块内部一些与现有道路平行的路。经空间句法可达性的验证评价,这种道路结构较改造前的其他两种试验的道路结构,地块整体的可达性提高较多,除目标点4,其他目标点的可达性也更高。

2.3.2 地块划分

根据生成道路,将地块进行划分,并将地块抬升形成界面,再根据透视图挖空建筑体量,或是生成景观绿化。

根据地块的组团位置,我们将设计范围划分为北侧和南侧两部分。北侧地块设计主要提高遗族学校旧址、大金门和前线大院轴线的可达性,南侧地块设计主要关注将南侧居民区和地铁站的人流向北引入遗族学校旧址和前线大院轴线(图14)。

图14 总平面图

2.3.3 北侧地块深化设计

遗族学校旧址西侧地块因高差较大,通过高差自然形成不同层级的步行空间(图15),将陵园路的人流疏散到场地内。将37 m和47 m高程的公共空间延伸,在中间商业街的街道联通形成三层立体的步行系统,同时又用多首层的方式消解了场地高差。

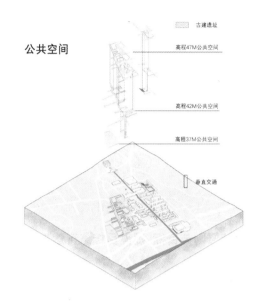

图15 北侧地块公共空间分层

各层级步行空间之间的水平联通通过透视图(图16)确定其所在的高度,比如在42 m处能看见历史景点,就作为42 m处的步行空间;如果视线被遮挡,就抬升至47 m高程,确保各个东西向连线上对历史景点的可视性,将场地西侧的人流汇聚到中部,提高三个目标点和前线大院中轴的可达性。

图16 透视图

2.3.4 南侧地块深化设计

前期根据Depthmap计算结果,保留生成的道路网络布局。首先将道路划分成的地块升起作为建筑体量或者广场,形成初步方案。为了使得人们在步道各个方向可以看到古建筑,因此将古建筑设置为视线的目标点,根据视域分析结果进一步分割建筑体量和改善公共空间界面(图17)。

地铁站的三个出口可以从地上进入场地,而中央门大街南侧居民区的人流可以通过二层商业,经过增加的过街天桥进入场地,提高了场地活力。二层设置的步道贯穿原单位大院内部的居民区,穿过层作为公共空间进行改造,提高其开放性(图18)。

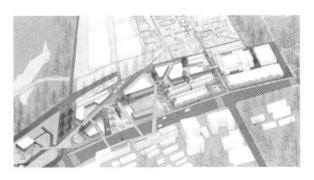

图 17 南侧地块轴测图

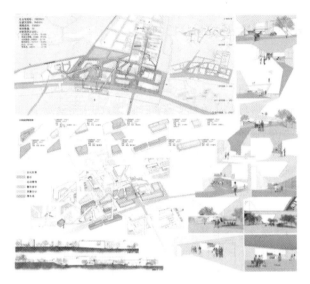

图 18 南侧地块透视图

对于地下空间,在苜蓿园地铁站下方设置地下超市和停车场。因为场地东西方向高差较大,于是利用高差

形成了一个可以从地面进入的半地下公共空间(图19)。

图 19 剖面图

3 结语

结果表明,基于空间句法提出的量化的分析模式,有助于优化封闭的单位大院的公共空间结构,确定合理的功能布局和道路系统结构,增强对其历史文化的保护,综合提升城市空间品质。此外,空间句法的平面模型和视域模型分析结果有助于解决重要空间节点的可视性问题,提升空间活力。

参考文献

[1] HILLIER B, TZORTZI K. Space syntax[M]. Hoboken:Blackwell Publishing Ltd,2007.

[2] 袁浣.空间句法在旧城更新空间设计中的应用[D].南京:东南大学,2019.

[3] 常恩铭.传统街巷更新的空间定量优化研究[D].武汉:武汉理工大学,2018.

[4] 邓元媛,操小晋.我国单位大院街区化更新技术体系研究[J].中国名城,2020(5):33-39.

[5] 程明.城市更新中集体社区转型策略——以武钢单位大院为例[J].城市住宅,2020,27(4):87-89.

肖俊[1*]

1. 宾夕法尼亚大学建筑热工实验室；junx026@gmail.com

Xiao Jun[1*]

1. University of Pennsylvania，Thermal Architecture Lab

基于 UTCI 评价的亚热带城市肌理计算性设计探究
——以广州地区为例

Generative Programming for Subtropical Urban Fabric Based on UTCI：A Case Study on Guangzhou

摘　要：高密度的建筑群在营造舒适的室外开放空间中存在遮阴、热岛效应两面的作用。因此，在双面效应中寻得平衡并优化舒适度的计算性生形模型，可归纳出一定开发强度下拥有最佳室外热气候表现的城市肌理。本研究基于通用热气候指数(UTCI)评价，以亚热带城市——广州的气候为例，结合元胞自动机与进化算法，为探讨亚热带地区建筑群组遮阴与热岛效应的平衡提供了计算性设计的解决思路。研究基于搭建的程序框架，比较了不同建筑密度下的生形结果，评价了一定开发强度下低层高密度社区在亚热带城市中的室外热气候表现。

关键词：元胞自动机；通用热气候指数；亚热带气候；城市肌理；低层高密度社区

Abstract：High-density urban development has two-sword on Urban Heat Island Effect (UHI) with its shading and internal heating among the contents. A generative model is sensible for modern urban planning by simulating and optimizing the UHI effect in subtropical high-density urban area, for the sake of the best outdoor thermal comfort performance within given building density and plot ratio. This research integrating Cellular Automation (CA) and Evolutionary Algorithm (EA) into a generative agent-based model to emphasizing the balance of building density and UHI with the evaluation under the Universal Thermal Comfort Index (UTCI). The article validates the method by the comparison of generative and real urban fabric, and suggests the advantages of low-rise high-density community in subtropical area by the comparison between different generative results with different building density.

Keywords：Cellular Automation；UTCI；Subtropical Climate；Urban Fabric；Low-rise High-density Community

1　绪论

"城市热岛效应"(urban heat island effect, UHI)指由于城市环境的高人工产热、建筑材料高蓄热、城市环境缺乏绿植等因素引起的高温化。基于热量来源的分析，提出主动或被动式缓解热岛效应的几个主要手段[1]：高反射屋面，高热质量建筑材料，高蒸发植被等。后期的研究认为[2]，上述策略仅试图缓解表象，回避了热岛效应最根本的矛盾：高建筑密度减少的太阳辐射、以及增加的建筑产热之间的矛盾。

这与当前亚热带地区城市规划的矛盾是相同的。当前亚热带新城市规划多以区划法为基础，在30%～40%的建筑密度下进行高容积率的开发，结合绿地率控制、建筑高度和沿街面控制、建筑材料和立面控制等策略缓解热岛效应对城市的负面影响。这些策略并没有讨论热岛效应在建筑密度上的矛盾属性，也缺乏建筑密度对热岛效应双面影响的定量分析。在亚热带的城市规划中，需要更量化、更理性地分析高密度建设带来的后果。

通 用 热 气 候 指 数 (the universal thermal climate

index,UTCI)是最为适合衡量热岛效应影响城市气候的指标。UTCI是自2002年以来在"国际生物气象学会"(ISB)的协助下开发的热指标,常用于评估室外空间的热压力,能精细地反映温度、平均辐射温度、湿度和风速等因素引起的室外热舒适变化[3]。Ladybug Tools团队基于城市热源模型整合出Dragonfly工具得以较为精确地进行上述因子的模拟,因而可在一定前提条件下进行热岛效应的定量分析。

本文基于Ladybug＋Dragonfly的模拟平台,以广州地区的气候为例,通过多智能体模型进一步探讨亚热带地区一定容积率下高建筑密度对室外热舒适度的影响。在给定容积率与建筑密度下,本模型整合元胞自动机(cellular automation, CA)与进化算法(evolutionary algorithm, EA)[5]对二维城市肌理进行优化,产出规定建筑密度下,广州地区全年极端炎热时间UTCI最低的城市形态。元胞自动机为城市肌理生形提供倾向性,UTCI作为进化算法中的评价模型为元胞自动机提供收敛,每一代通过扰动提供随机性,参与到生形过程中。研究通过不同建筑密度产生的形态之间的横向比较评价了低层高密度社区在亚热带地区的室外热气候表现。

2 研究方法

本研究整合了元胞自动机(CA)多智能体模型与进化算法对网格化的尺度为300 m×300 m街区的UTCI进行模拟和优化。其中UTCI评价设定为进化算法中评价子代C_n是否保留的适合度(F_n)。研究方法将分为3部分进行概述:

(1)CA设定与规则:概述CA模型的定义,以及本研究中的尺度、几何体与变换规则。

(2)UTCI模拟方法:概述从CA网格C_n获取街区UTCI分布与UTCI平均值F_n的方法。

(3)对比实验计划:概述本研究如何证明生形模型

的有效性,以及通过比较不同建筑密度、不同容积率获得的优化结果,得出容积率或建筑密度对UTCI双面影响的量化评价。

2.1 元胞自动机(CA)设定

多智能体模型(agent-based model)[5]在模型中设置为具有独立行为的个体(agent),并模拟个体间的行为与相互影响,通过模拟个体之间的竞争与合作关系的平衡从而达到整个系统的稳定状态。其中,元胞自动机(cellular automation, CA)是最为基础的多智能体模型,通过直接将空间网格中的单个网格视为个体(agent),计算每个网格节点激活、不激活的情况来模拟系统的稳定状态。其中,个体间的行为和相互影响视为CA模型的规则。当CA规则复杂,或难以直接通过规则在研究中给出优化的倾向性时,CA模型就需要其他优化算法为其提供收敛。常用的收敛辅助手段包括对CA模型的人工筛选[6]、对CA规则使用进化算法进行优化[7]、以及将CA模型嵌入进化算法循环中等[8]。

进化算法(EA)是一系列通过模拟自然进化法则为模型提供优化的算法,其算法逻辑一般包括变换、适合度计算、筛选与遗传四个步骤。受限于有限而耗时的模拟手段与有限的热舒适抽象手段,CA模型无法在热舒适方面为系统提供倾向性。因此,程序整合CA模型进入EA的优化流程中,通过EA的筛选优化机制为CA模型提供热舒适方面的倾向性。

在本研究中,受UTCI的模拟效率所限,本研究采用population为1的遗传算法,即每一代(gen)中有且仅有一个进行变换的CA模型。在本研究中,这四个步骤可以描述为图1所示流程。

变换:50×50的空间网格遵循设定的CA规则进行1000次变换。

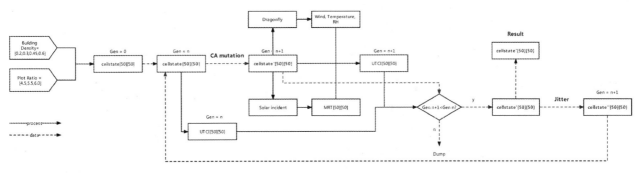

图1 程序流程

适合度计算:将空间网格赋予层高形成三维模型,导入 Dragonfly 中模拟热岛效应并修正气候文件中的空气温湿度等;而后利用结果计算出每一个网格节点的 UTCI 的平均值作为该子代 $n+1$ 的适合度 F_{n+1}。

筛选:比较 F_n 与 F_{n+1},判断子代是否得到保留。

遗传:根据 UTCI 的分布进行有倾向的扰动,并遗传到下一子代。

CA 为扰动或随机结果提供倾向性。研究的模拟对象街区为 300 m×300 m,在 CA 模型中表示为 xy 方向各有 50 单位的网格。每个网格尺度为 6 m×6 m,按照 von Neumann 冯诺依曼型邻居计算个体间的相互影响[9]。用二维数组描述为:

$$C_n[50][50] = c, c \in \{1, 0\}$$

$c=1$ 表示该空间网格为建筑空间,$c=0$ 则表示为室外空间,n 为 CA 模型的迭代次数。CA 的规则共有 2 条,两条规则的操作对象皆为室外空间,即当 $C_n[i][j]=0$ 时才会触发规则与发生行为。S_1 将散落的建筑空间聚集到数个斑块中,表述如下:

$$S_1 = \sum \text{IFF}(C_n[p][q] = 0),$$
$$p \in \{i-1, i+1\}, q \in \{j-1, j+1\}$$

当 $S_1 < 2$ 时,使 $C_n[i][j]=1$,并使任意一个 $c=1$ 的邻居更改为 $c=0$。S_1 与 S_2 规则图示如图 2 所示。

S_2 确保保留的室外空间的连接性,为街区创造道路网格。S_2 确保 $C_n[i][j]$ 能通过其十字方向的相邻网格连接到 $C_n[0][0]$ 与 $C_n[50][50]$(即所有的室外空间都要求与场地的西南与东北角相连),否则 $C_n[i][j]=1$,并使空间中随机网格更改为 0。图 2 中的路径搜索使用深度优先搜索算法完成[10]。

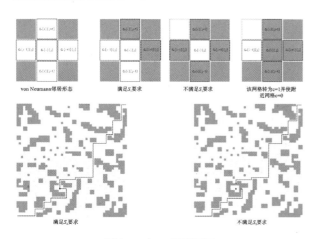

图 2　S_1 与 S_2 规则图示

2.2　UTCI 模拟方法

在进行 100 次变换,获得形成斑块的城市肌理 $C'_n[50][50]$ 后,程序根据容积率与建筑密度在合理高度范围内赋予斑块一定差别的建筑高度,以模拟真实环境的建设情况。UTCI 等效温度(equivalent temperature, ET)的计算公式[11]为:

$$\text{UTCI}_h = 3.21 + 0.872T_{air} + 0.2459T_{mrt} - 2.5078V_{air} - 0.0176Rh$$

城市环境文件取自广州市珠江新城北岸沿江地区的气候观测站(Guangdong Guangzhou 592870 (IWEC))。通过模拟修正经过热岛效应影响的空气温度 T_{air},地面风速 V_{air},相对湿度 Rh。T_{mrt} 由简化人体模型[4]进行模拟。太阳辐射部分通过人体对天空视角、太阳对人体视角计算漫射天光辐射与直射天光辐射完成,建筑物辐射部分则读取热岛效应模拟结果中的建筑表面温度完成(图 3)。

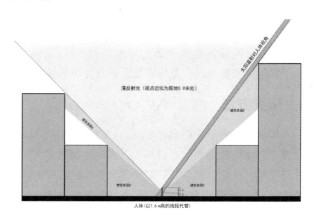

图 3　辐射温度 MRT 简化计算模型

2.3　对比实验方法

确认 CA 模型的搭建后,研究对比了不同建筑密度下本城市肌理生形程序产生的 UTCI 优化结果。由于模拟效率限制,优化算法的退出机制设定为当 50 次迭代没有出现更优子代时即退出循环。研究设定时间为 8 月 29 日 10 时至 14 时,为广州珠江新城气象文件记录的最为炎热的时间段。该时段空气温度升至 34 度,太阳辐射约为全年正午时间平均值的 1.75 倍,开放空间 ET 为 38.13 ℃。模型、设定以及相关编号如表 1 所示。

表 1　模型变量

编号	建筑密度	容积率
D1	0.3	4.5

编号	建筑密度	容积率
D2	0.45	4.5
D3	0.6	4.5
D4	0.75	4.5
P1	0.6	2
P2	0.6	3
P3	0.6	4.5
P4	0.6	6

研究将对比下列指标：①热岛效应导致的空气温度上升值；②每次迭代 UTCI 合格率，即等效温度(ET) 低于 34 ℃；③每次迭代的区域平均等效温度(ET)；④每次 CA 变换中网格状态变化的总次数,体现系统的稳定情况。

3 实验结果

前述 4 个观测指标在最后一次优化的结果见表 2。以模型 D3 为例生成的城市模型以及该模型的演变过程如图 4 所示。实验结果的呈现分为三部分：①单个模型演变结果；②D1 至 D4 建筑密度对比结果；③P1 至 P4 容积率对比结果。单个模型的循环次数为 250～300 次,发生优化的次数为 4～5 次。

表 2 生形结果统计

	D1	D2	D3	D4	P1	P2	P3	P4
ΔT_{air}/(℃)	+1.53	+1.56	+1.60	+1.70	+1.58	+1.58	+1.60	1.71
$ET<34\%$	18.2%	47.8%	36.5%	35.7%	2.9%	11.2%	36.5%	49.4%
ET_{avg}/(℃)	35.62	35.02	35.07	35.16	36.51	36.01	35.07	35.05
$N_{mutation}$	47	49	41	49	39	42	41	48

* $N_{mutation}$ 代表在最后一次循环中 2500 个网格中仍不稳定的值。

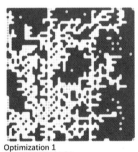  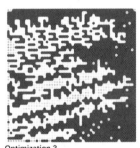 

Optimization 1
Average UTCI:35.84

Optimization 2
Average UTCI:35.42

Optimization 3
Average UTCI:35.21

Optimization 4
Average UTCI:35.07

图 4 模型 D3/P3 收敛过程

由单个模型的优化过程(图 4)可知,优化过程中肌理逐渐呈现出碎片化、行列化的倾向。建筑间距控制在 12～18 米(2～3 个网格)之间,且由无规律的肌理逐渐优化为东西向通廊为主的规律肌理。

肌理优化的过程十分符合预期,产生的肌理结果,包括形态、空间尺度与建筑关系等非常接近南方地区的城市斑块,例如广州荔湾或海珠规划于晚清与民国时期的传统城市肌理。另一方面,模型刻意营造出东高西低的形态,研究认为系模型设计问题导致：由于左侧网格总是先于右侧网格进行变换,导致室外空间在肌理左侧堆积。在后续研究中,将考虑通过例外产生强随机的指针数列用于乱序循环,以产生不受循环顺序影响的肌理结果。

从 D1 至 D4 的横向比较中(表 2)可看出,在控制容积率的条件下,建筑密度的提升将导致热岛效应的提升。分析模拟结果 D1 与 D4 中各项指标可以得知,当建筑密度提升时：①正午时期 T_{air} 下降约 0.1 ℃,其余时间 T_{air} 提升约 0.2 ℃；②Rh 随温度变化产生的微小变化可忽略不计；③由于对太阳遮挡,T_{mrt} 降低了 8 ℃；④受密集建筑物遮挡,地面风速 V_{air} 降低了 20%。根据 UTCI 公式与表 2 数据皆可得知,四者的综合作用并不会使得 UTCI 呈现随建筑密度单调变化的状态。

上述分析表明,建筑密度与室外 UTCI 间不存在正相关的关系。根据本文推测,亚热带地区存在在室外热舒适方面最适宜的建筑密度数值。在 4.5 的高容积率设置的前提下,该数值为 0.45～0.6。

从 P1 至 P4 的横向比较(表 2)可看出,容积率的增加导致空气温度的上升,受阳光遮挡的影响,UTCI 实际上呈下降趋势。

4 讨论

本研究建立了基于 UTCI 评价进行优化的城市肌理生形设计逻辑,并利用该程序对不同建筑密度和容积率的斑块进行了模拟与测试。根据程序呈现的城市肌理优化结果,本文总结出以下结论:

(1)东西巷道、南北通廊的行列式布局不仅在通风上存在优势,当建筑间距合适时,建筑对室外空间的遮阳效果最好;

(2)适宜的建筑密度(0.45～0.6)可提升亚热带地区室外空间的热舒适度,然而建筑密度的提升也将伴随热岛效应的增强;

(3)容积率的提升会显著增强热岛效应,但在高建筑密度的背景下,室外空间会因遮阴而变得更为舒适。

相较于纯开放的室外空间,模型中的外部空间均得到了不同程度的热舒适度优化。然而,模型在以下方面仍存在不足:

模型运行过程中,随机性问题需要进一步解决。除遍历顺序带来的东侧建筑体量的堆积外,诸如变换中的随机选取、S_2 规则中的遍历路径、遗传步骤中的扰动等,均因遍历顺序由大到小的问题在模拟中产生某种不合理的倾向。在后续程序设计中,程序需要在读取空间位置时就产生一个乱序指针数列,从而将网格编号与空间信息完全分离。

程序的算法效率仍非常低下,导致优化迭代次数不够、优化结果不佳。在当前程序中,每次迭代运行时间在 10 分钟上下,其中 T_{mrt} 模拟用时 7 分钟,UTCI 计算用时 2 分钟。若要提升算法效率,程序必须找到一种更为简化、效率更高的 T_{mrt} 计算方法。

对比实验中的模型数量设计不足,导致样本无法完全可靠地支撑结论。同时由于优化次数受限与变换次数受限,最终形成的肌理仍不够稳定,仍有继续收敛的可能。此问题需结合算法效率的提升进一步深化对比实验。

城市肌理生成的基础场地是完全架空的,缺乏周围建筑的围蔽,这势必会导致程序倾向于内向型的街区肌理。在进一步的研究中,需要导入外部环境的影响从而获得更为准确的结果。

综上所述,本研究建立的生形模型取得的阶段性成果证明,建筑密度在 0.45 以上的底层高密度社区在热舒适上具有优越性。这个结论与一般街区规划并不矛盾。在一般的规划中,容积率 4.5 的地块建筑密度一般控制在 0.35 左右,从而使得建筑高度处在多层建筑与高层建筑之间。本研究建议,在亚热带地区的新城市建设中,适当提升建筑密度将有助于营造舒适良好的外部环境。结合屋顶绿化、采用低热值材料等措施,能进一步改善亚热带地区城市热岛效应带来的负面影响。

参考文献

[1] OKE T R. City size and the urban heat island [J]. Atmospheric Environment,1967,769-779.

[2] BERGER M. Urban heat-balling: A review of measures on reducing heat in tropical and subtropical cities [J]. Sustainable Future Energy,2012,445-451.

[3] JENDRITZKY G, HAVENITH G, WEIHS P, et al. The Universal thermal climate index UTCI goal and state of COST action 730 [C] STŘELCOVÁ, K, ŠKVARENINA J, BLAŽENEC, M et al. Bioclimatology and Natural Hazards International Scientific Conference,2007.

[4] MACKEY C, GALANOS T, NORFORD L, et al. Wind, sun, surface temperature, and heat island: critical variables for high-resolution outdoor thermal comfort[C]. Proceedings of the 15th IBPSA Conference San Francisco, CA, USA, Aug. 7-9, 2017.

[5] MACAL C M, NORTH M J. Tutorial on agent-based modelling and simulation[J]. Journal of Simulation, 2010,4(3):151-162.

[6] ZAWIDZKI M. A cellular automaton controlled shading for a building Facade [C]//Springer Berlin Heideberg,2010,365-372.

[7] GUO Z F, LI B. Evolutionary approach for spatial architecture layout design enhanced by an agent-based topology finding system [J]. Frontiers of Architectural Research,2017,6(1),53-62.

[8] DILLENBURGER B, BRAACH M, HOVE-STADT L. Building design as an individual compromise between qualities and costs: a general approach for

automated building generation under permanent cost and quality control[J]. Proceedings of the 13th International CAAD Futures Conference,2009.

[9] MCINTOSH H. Discrete Tools in Cellular Automata Theory Introduction [J]. JOURNAL OF CELLULAR AUTOMATA ,2008,3(3):181-186.

[10] PENG W G,PENG NN,NG K M,et al.

Optimal depth-first algorithms and equilibria of independent distributions on multi-branching trees[J]. Information Processing Letters,2017,125:41-45.

[11] BLAZEJCZYK K,EPSTEIN Y,JENDRITZKY G,et al. Comparison of UTCI to selected thermal indices [J]. International Journal of Biometeorology,2012,56(3): 515-535.

华宇声[1]*

1.爱丁堡大学建筑与景观建筑学院；S2211252@ed.ac.uk

Hua Yusheng[1]*

1. School of Architecture and Landscape Architecture,University of Edinburgh

水城关系视角下的城市韧性发展
Urban Resilience Development Based on the Perspective of the Relationship Between Water and City

摘　要：本文以上海市苏州河北岸地区为例，通过分形计算方法与空间句法分别量化分析不同时期城市的空间形态特征，运用 ArcGIS 平台空间叠置分析城市形态演变与水系的关联性，发现上海城市形态演变与水系具有紧密联系。本文运用分型计算理论、空间句法等一系列量化分析方法，为定量研究城市形态与水系的关系提供可能，对把握未来城市发展方向具有重要意义，对从水城关系思考城市韧性发展具有借鉴意义，为城市可持续发展提供思路。

关键词：城市韧性；水系；城市空间形态；分型理论；空间句法

Abstract：Taking the north bank of the Suzhou Creek in Shanghai as an example, this paper analyzes the spatial morphological characteristics of the city in different periods quantitatively through the fractal calculation method and the spatial syntax method, and uses the ArcGIS platform to analyze the correlation between the urban morphological evolution and the water system, and finds that the urban morphological evolution of Shanghai is closely related to the water system. This paper uses a series of quantitative analysis methods such as fractal calculation theory and spatial syntax to provide the possibility of quantitative research on the relationship between urban morphology and water systems, which is important for grasping the future direction of urban development, and is of reference for thinking about the development of urban resilience from the water-city relationship, providing ideas for sustainable urban development.

Keywords：Urban Resilience；Water Systems；Urban Spatial Morphology；Fractal Theory；Space Syntax

当全球城市人口和中国城市人口都相继超过总人口的半数，城市成为人类最主要的居住地之时，可持续的概念已开始更深刻地影响城市发展和规划。[1]作为人类最主要的居住地，当前人类社会面临的主要风险来源于城市，提高城市韧性是城市发展的重中之重。

城市"因水而生，因水而兴"，水系对城市的形成及发展都有着突出的影响，而水系形态与城市形态之间更是存在着明显的耦合关系[2]。

受水网的地理特征的影响，近代上海大多数地区在街道规划中采用"顺着水道和水系形态"的思路，这种思路相对于传统建筑规划更加经济高效，也使得城市发展的初期呈现依据自然地理环境的"有机生长"状态，城市形态沿水系发展。不同于老城厢地区，苏州河北岸区域初期依靠码头业主在码头区修建的出浦通道形成最早的路网，以此形成基本的道路格局，在此基础上迅速形成了越浜沿江的码头、堆栈及住宅建筑等，城市迅速扩张，经过百年的发展形成如今的格局。苏州河北岸地区的城市化进程与近代上海城市化过程总体趋势同步，都是以外国租界的扩张为原点在水系的影响下逐步扩张，其发展过程可以看作是上海近代以来城市发展的一个缩影。

借助对苏州河北岸地区的城市形态演变的研究，探索近代以来上海城市空间形态演变与水系的关系，为今后城市形态发展提供借鉴与参考。

1 分形理论与空间句法

1.1 分形理论

分形理论是一种研究复杂的自相似图形或结构的几何学,城市内部的自相似性使其具有分形属性,分形维数 D 是描述分形结构的重要参数,反映了图形(或系统)对空间的填充能力以及其不规则边界的复杂程度。[3]

在研究城市空间形态演变的过程中,通过计算城市演变过程中不同时间的建设用地边界分维数,定量研究城市形态,可以直观地反映不同时间城市空间外部形态特征以及拓展方式。分维数增大,说明城市建设用地紧凑度变低,此段时间城市空间以外向拓展为主;分维数变小,说明城市建设用地紧凑度变高,此段时间城市空间以内向填充为主;分维数不变,说明城市进入相对稳定的发展阶段[4]。

目前关于城市形态研究的分形维数计算方法主要有三种,分别是侧重于研究城市向外扩张土地利用密度变化趋势的半径维数法;侧重于反应某一类城市要素分布情况、不同要素混合程度以及同类要素联系程度的网格维数法;以及最早提出的也是最简便的刻画城市形态的边界维数法[5]。

本文采用最简便直观的边界维数法,通过利用城市建设用地周长、面积等标度计算分维数值 D,计算公式如下:

$$D = 2\ln(P/4)/\ln(A)$$

其中,P 为城市各用地斑块周长总和,A 为城市各用地斑块面积总和[6]。

1.2 空间句法

空间句法是一种研究空间组织与人类社会之间关系的理论与方法,对包括建筑、聚落、城市甚至景观在内的人居空间结构进行量化描述[7],由英国学者 Bill Hillier 在 1970 年创立,为城市形态的研究提供了一个新的量化方法。

通过空间句法来研究城市空间形态,有助于在时间序列上理解城市空间内部结构的演进规律。本文主要利用轴线地图(Axial Map)来分析展现城市发展的中心区域及线段地图(Segment Map)分析街巷密度。

空间句法常见的变量指标包括连接度(connectivity value)、集成度(integration value)、可理解度(intelligibility)、深度值(depth value)等。这当中,深度值与集成度又可分为全局值和局部值,在轴线地图中用以表示单个轴线与系统内所有轴线或周边几步之内轴线的关系[8]。

在城市空间中,有一部分轴线的全局集成度在城市中处于支配地位,构成城市全局集成核,代表城市中心性最强的区域,一部分轴线的局部集成度较高,构成局部集成核,代表了一定范围内的城市生活中心[9]。

本文通过利用集成到 ArcGIS10.8 环境下的不同年代城市地图,提取轴线地图进行对全局集成度及局部集成度的分析,并通过 DepthmapX 平台提取线段地图进行街巷密度分析。

1.3 叠置分析

叠置分析是将不同的两层或者多层图像要素进行叠置形成一个新的图像要素层的操作手法,新的图像要素层不仅具有新的空间关系还将综合原来两层或多层要素所具有的属性。叠置分析的关键在于不同的要素层面所基于的坐标系统及叠加层面间的基准面相同,基于集成到 ArcGIS10.8 平台的不同年代城市地图,叠置边界分型研究与空间句法研究的图像要素,可以对城市空间的外部拓展方式及内部结构演进方式进行综合研究,再引入对水系的叠置,可以研判城市形态演变过程与水系的关联性。

2 研究目的与意义

水城关系作为当今社会发展的关键性议题,对城市的可持续发展具有重要意义。通过将分形维数和空间句法的定量计算方法与叠置分析的定性分析结合,以苏州河北岸地区为例,分析城市空间形态演变过程中的特征,揭示城市形态演变与水系的内在联系,为城市韧性可持续发展提供思路。

3 研究步骤

3.1 数据来源提取

本文选取从上海开埠以来到现在五个具有代表性的时期地图,分别为:1873 年清国上海全图、1929 年上海新地图、1956 年上海市区图、1980 年上海市交通图、2020 年上海市交通图,涵盖了上海开埠至今 150 余年城市发展的五个典型时期。

3.2 分维值 D 计算过程

(1)在 ArcGIS10.8 环境中,将不同年代城市图像数据进行校正地理配准,使其具有统一的坐标系,以便于进行数据的分析与对比。

(2)在 ArcGIS10.8 环境中,判断提取上海市苏州河北岸地区城市建成区的边界及各用地斑块,统计各用地斑块的周长与面积,计算周长总与面积总和。

(3)验证不同时期苏州河北岸地区城市建成区是否具有分形特征并计算不同时期的分维值 D(表1)。

表1 上海苏州河北岸地区分维数值表(自绘)

年份	1873年	1929年	1956年	1980年	2020年
分维数 D	1.41	1.44	1.42	1.43	1.45

3.3 空间句法具体操作过程

(1)在ArcGIS10.8环境中,运用校正配准后的各年代城市地图提取各年代城市空间的轴线地图并运用DepthmapX平台计算句法变量(集成度),分别用 n 步限制全局集成度与局部集成度的步距,从而得到苏州河北岸地区不同年代的全局集成度与局部集成度。

(2)在DepthmapX平台中将轴线地图转化为线段地图,从而进行基于线段地图的苏州河北岸地区不同年代街巷密度的分析。

3.4 GIS空间叠置分析

(1)在ArcGIS10.8环境中,以时间序列将相同年代的城市边界图像与空间句法集成度变量分析图像、水系图像叠置分析,从而得到城市发展方向与水系的关系。

(2)在ArcGIS10.8环境中,以时间序列将相同年代空间句法街巷密度分析图像与水系图像叠置分析,从而得到街巷密度情况与水系的关联性。

4 演变历程

4.1 分维值与空间句法计算

1873年,上海苏州河北岸地区分维数值为1.41,相对较小,说明此时苏州河北岸地区城市建设用地较为紧凑。城市外部形态沿以黄浦江、苏州河为主的水系线性展开。轴线地图上可以反映出位于苏州河与黄浦江交汇地区的道路轴线具有较高的全局集成度,构成此时苏州河北岸地区城市的全局集成核,城市的中心区位于江河交汇之处(图1)。局部集成度不仅表明江河交汇之处是城市生活的中心,也说明城市有沿江发展的趋势(图2)。通过街巷密度分析可以发现江河交汇之处街巷密度相对较大,沿水系的区域街巷密度普遍高于其他区域街巷密度,水系对城市建设有促进作用(图3)。

图1 1873年城市用地及全局集成度

图2 1873年城市用地及局部集成度

图3 1873年城市街巷密度

1873—1929年,上海苏州河北岸地区分维数值增大至1.44,说明此段时间内苏州河北岸地区城市建设用地紧凑度下降,城市空间以向外拓展为主。城市外部形态沿水系扩展了很多,与1873年相比有着很大的变化。轴线地图上反映出这段时间虽然城市空间有了大幅度扩展并且滨江空间相对1873年被填充了很多,但位于江河交汇之处的道路轴线仍具有较高的全局集成度,城市内部结构空间形态变化不大,城市中心仍位于江河交汇之处,但同时可以发现全局集成核数量有所增多,主要由原本的紧贴江河交汇之处沿虹口港向内陆延展,城市中心范围有大幅度增长(图4)。局部集成度表明这段时间内城市迅速向东沿江拓展,城市向多中心化发展(图5)。通过街巷密度分析可以发现此段时间内街巷数量明显增长,并且密度相对较高的区域均位处水系周边,水系是城市发展的主导因素(图6)。

图4 1929年城市用地及全局集成度

图5 1929年城市用地及局部集成度

图6 1929年城市街巷密度

1929—1956 年,上海苏州河北岸地区分维数值下降为 1.42,说明此段时间内苏州河北岸地区城市建设用地紧凑度上升,城市空间的拓展主要以向内填充为主。城市外部形态的扩展主要沿水系向内陆展开,与 1929 年相比主要是东部区域向内陆延展较多。轴线地图上反映出城市尺度变大,轴线数量增加,但城市内部结构的整体形态仍旧维持稳定不变,城市中心仍旧位于江河交汇之处。全局集成度表明城市全局集成核的数量继续增多,城市中心的范围继续沿水系扩展(图 7),而局部集成度表明此段时间内城市东部的发展十分迅速,但局部集成核仍旧分布在水系周边,东部区域已成为城市新的生活中心(图 8)。通过街巷密度分析发现,尽管这段时间城市的拓展以向内填充为主,很多空间被新的道路轴线填充,但街巷密度较高的区域仍旧分布在水系周边,水系仍旧是城市发展的主导因素(图 9)。

图 7 1956 年城市用地及全局集成度

图 8 1956 年城市用地及局部集成度

图 9 1956 年城市街巷密度

1956—1980 年,上海苏州河北岸地区分维数值增长至 1.43,说明此段时间内苏州河北岸地区城市建设用地紧凑度下降,城市空间以向外拓展为主。城市外部形态扩展沿水系向内陆展开。与前几个阶段相比,向内陆扩展的范围有了极大提升,轴线地图上反映出城市尺度继续增大,轴线数量增加,城市内部结构的整体形态相对前几个阶段有了改变。此段时间,位于江河交汇之处的全局集成核数量较少,沿五角场方向出现了新的全局集成核,城市中心位置开始发生改变,但与水系关系仍旧密切(图 10)。局部集成度表明此段时间虽然局部集成

核有所减少,但是东部区域的五角场有形成新生活中心的趋势,同时东部一些沿水系空间仍旧是局部的中心区域(图 11)。通过街巷密度分析发现,尽管这段时间城市开始出现新的中心,但街巷密度较高的区域仍旧分布在水系周边,水系对城市发展仍具有促进作用(图 12)。

图 10 1980 年城市用地及全局集成度

图 11 1980 年城市用地及局部集成度

图 12 1980 年城市街巷密度

1980—2020 年,上海苏州河北岸地区分维数值继续增长至 1.45,说明此段时间内苏州河北岸地区城市建设用地紧凑度下降,城市空间继续向外拓展。城市外部形态扩展逐渐脱离原有的水系引导,开始向内陆疯狂拓展。轴线地图上反映出城市尺度得到了空前的扩大,轴线数量增加,城市内部结构的整体形态演变延续了上一个阶段,形成新的城市中心。全局集成核主要分布在五角场区域,表明五角场区域已经形成了新的城市中心,城市中心与水系关系减弱(图 13)。局部集成度表明此段时间内城市局部的生活中心增多,城市向多中心结构发展(图 14)。通过街巷密度分析发现,尽管城市中心发生迁变,城市开始多中心发展,但是街巷密度较高的区域仍旧分布在水系周边,水系对城市发展的引导作用仍旧不减(图 15)。

图 13 2020 年城市用地及全局集成度

图14 2020年城市用地及局部集成度

图15 2020年城市街巷密度

4.2 演变规律

通过观察自开埠以来上海苏州河北岸地区一百五十余年的演变历程，可以发现其城市形态的演变有着以下规律。首先，从分形维数的变化可以发现，城市形态的演变既有外部形态的扩展又有内部空间结构的演变，二者相互影响紧密互动引导城市形态的演变，而对苏州河北岸地区而言，城市形态主要沿水系展开，与水系有着密不可分的联系。其次，从集成度分析可以发现城市中心的形成与演变均显现出较强的亲水性，城市范围的中心与城市局部的生活中心基本都沿水系形成，仅进入20世纪末改革开放之后形成的五角场新中心与水系关系相对减弱，但二者之间仍旧具有紧密的关联性。最后，从街巷密度分析可以发现，无论在哪个时期，街巷密度相对较高的区域总是分布在水系周边，说明任何时代水系总是促进城市发展的主导因素，水环境对城市及街巷的形成发展都有积极影响。

5 结语

通过借助对上海苏州河北岸地区城市空间形态演变的分析，探索上海的城市形态演变特征。通过运用分形维数模型，发现城市的外部形态拓展与内部结构演变有着互相引导推动的关联性；通过运用空间句法，发现上海城市形态演变过程中存在着明显的亲水性，水系对城市形态的演变起到积极的促进作用；通过运用GIS平台将分形维数模型与空间句法模型以及水系进行叠置，为从水城关系视角出发定量与定性相结合研究城市空间形态演变规律提供可能，更加直观地反映城市形态演变过程中与水系的关联性，揭示上海城市形态演变与水系的内在联系，对于把握城市未来的发展方向与模式、城市空间结构的演变有着重要意义，为城市韧性发展起到借鉴作用，为城市可持续发展提供思路。

参考文献

[1] 吴志强,吕荟."欧洲绿色之都"评选与城市可持续性评估的思议[J].上海城市规划,2012(06):81-84.

[2] 唐瑜慧.武汉市城市形态与水系形态的耦合关系研究[D].武汉:华中科技大学,2019.

[3] BATTY M,LONGLEY P. Fractal cities:a geometry of form and function[M]. London:Academic Press,1994.

[4] 詹庆明,徐涛,周俊.基于分形理论和空间句法的城市形态演变研究——以福州市为例[J].华中建筑,2010,28(04):7-10.

[5] 陈彦光,刘继生.城市形态边界维数与常用空间测度的关系[J].东北师大学报(自然科学版),2006(02):126-131.

[6] 王青.城市形态空间演变定量研究初探——以太原市为例[J].经济地理,2002(03):339-341.

[7] BAFNA S. Space syntax:a brief introduction to its logic and analytical techniques[J]. Environment and Behavior,2003,35(1):17-29.

[8] 李江,郭庆胜.基于空间句法的城市空间形态定量研究[J].武汉大学学报(工学版),2003,36(2):69-73.

[9] 宫东风.1990年以来苏州市句法空间集成核演变[J].东南大学学报(自然科学版),2007,35(1):257-260.

刘姝宇[1]　陈雨琦[1]　宋代风[1*]　王克男[2]

1. 厦门大学建筑与土木工程学院;songdf22@163.com
2. 浙江省上虞曹娥江旅游度假区旅游发展中心

Liu Shuyu[1]　Chen Yuqi[1]　Song Daifeng[1]　Wang Kenan[2]

1. School of architecture and civil engineering,Xiamen University
2. Cao'e River tourist resort tourism development center in Shangyu,Zhejiang

厦门市建设科技计划项目(XJK2020-1-11)

面向室外热环境优化的闽东南高层居住组团布局类型研究
——以厦门市为例

Research on the Layout Types of High-rise Residential Groups in Southeastern Fujian for the Optimization of Outdoor Thermal Environment:Taking Xiamen as an Example

摘　要:在"双碳"战略下,通过数值模拟、控制变量与关联性分析等方法,开展闽东南高层住区居住组团布局类型与室外热环境之间的关联性研究,从而为应对城市热岛的居住组团布局类型优选提供依据。结果显示,居住组团的布局类型对其室外热环境有显著影响;通过布局类型优化改善室外热环境的思路具可行性;同一布局类型下,建设用地方位、建筑排布的紧凑程度、布局方式、建筑群开口大小与方向等因素均能对室外热环境构成影响。

关键词:室外热环境;高层居住组团;布局类型;厦门

Abstract: Under the dual carbon strategy,through numerical simulation,control variable and correlation analysis,to carry out research on the correlation between residential group layout types and outdoor thermal environment in high-rise residential areas in southeastern Fujian,so as to provide a basis for the optimization of residential cluster layout types in response to urban heat island. The results show that the layout type of the residential group has a significant impact on its outdoor thermal environment; the idea of improving outdoor thermal environment through layout type optimization is feasible; under the same layout type,factors such as layout,construction land orientation,layout compactness,opening size and opening direction will affect the outdoor thermal environment.

Keywords: Outdoor Thermal Environment; High-rise Residential Groups; Layout Types ; Xiamen

1　研究思路

　　20世纪60年代,剑桥大学马丁建筑与城市研究中心最早关注布局类型与气候性能之间的关联性[1]。20世纪90年代中期以来,我国学者开始针对街道、住区、水体、广场等对象开展布局形态与微气候环境的相关性研究,并获得长足进步[2-6]。然而,已有研究对住区布局类型的划分还较为简单或过于抽象,导致研究成果难以直接应用于复杂条件下的多尺度住区环境性能优化[4-5]。

　　本研究以形态设计工作的实际需求为导向,构建精细化的布局类型体系,采用定量与定性相结合的方法,探讨布局类型与室外热环境间的相关关系,最终为设计实践提供类型优选与优化建议。首先,通过田野调查和抽样获取厦门市高层居住组团典型布局类型,并通过对高层住区居住组团设计流程的分解实现精细化的布局类型体系搭建;其次,获取当地温度、风速等气象数据,获取当地高层住区建筑布局规则与尺寸要求,为控制变量实验提供研究框架;再次,构建评价体系,数值模拟提供基础;之后,采用控制变量法设计实验,利用PHOENICS软件开展数值模拟,获取不同布局下的室外热环境实验数据;在此基础上,通过统计分析获取布局类型与热环境性能间的关系;最后,结合某建成住区开展实证研究,验证结论的有效性。需指出,暂不考虑道路、建筑单体差异导致的室外热环境影响。

2 研究内容

2.1 布局类型体系构建

为了使研究结果更好地匹配设计实践的实际需求,本研究进行了精细化的布局类型划定:第一,通过抽样调查提取当地高层居住组团的典型布局大类;第二,据各设计步骤待解决的实际问题(如确定建设用地方位、布局方式、建筑排布紧凑度、建筑群开口方向及开口大小等)对布局大类进行细分和穷举。

基于抽样调查,居住组团布局主要有四类:集中式、半围合式、围合式以及分散式;各布局类型再根据其现实设计亟待解决的实际问题(如确定建设用地方位、布局方式、建筑排布紧凑度、建筑群开口方向及开口大小等),系统地进行二级分类与穷举(表1)。

表1 精细化类型体系对照

续表

2.2 框架条件获取

通过对当地高层住区用地规模及住宅建筑物尺寸的统计分析,确定基地尺寸(即287 m×192 m的横向地块,各边红线后退15 m)及典型高层建筑物尺寸(即,55.5 m×14 m×56 m的板式建筑、32.5 m×24 m×56 m的点式建筑);基于厦门市土地利用强度相关规定,本实验忽略建筑高度对热环境的影响,设定住宅建筑层数为18层,每层高3 m,总高度54 m。依据《厦门市城乡规划管理技术规定(2016)》及高层住区建筑单组团与住区间关系,将本研究容积率取为2.3。据此,获得基地内可容纳的建筑数量(9个)。

2.3 评价体系建立

闽东南沿海地处夏热冬暖地区,住宅建筑能耗需求主要为夏季降温,无冬季取暖需求。因此,本研究相关实验的主旨在于比较不同布局的夏季室外热环境性能。

据此,采用"多指标均值雷达图综合评价法"反映各布局的上述性能。即选取评价效能较强的空气温度(TAIR)、体感温度(TAPR)进行定量分析,并采用分值评定法综合评价各类布局的室外热环境性能(图1)。为了全面反映一天中各时点的室外热环境分布情况,本研究将利用一日中三个时点的温度分布来抓取早、午及其最热时段的热环境状况。对三个时刻各布局距地1.5 m高处的空气温度(TAIR8、TAIR12、TAIR14)和体感温度(TAPR8、TAPR12、TAPR14)等六个指标在地块内的平均值进行数据统计,并根据所有实验地块的数据情况建立整体布局各项指标得分分值划定标准,以此评价各个布局热环境性能优劣情况。热环境质量与得分呈负相关,评分越低越好。该评价方法不仅能反映不同布局类型综合性能之间的差异,而且能直观反映各布局自身不同时点、不同指标分项的优劣。

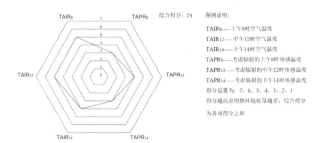

图 1　多指标均值雷达图及其评分方法

图例说明:
TAIR8——上午8时空气温度
TAIR12——中午12时空气温度
TAIR14——下午14时空气温度
TAPR8——考虑辐射的上午8时体感温度
TAPR12——考虑辐射的中午12时体感温度
TAPR14——考虑辐射的下午14时体感温度
得分设置为:7、6、5、4、3、2、1
得分越高表明热环境质量越差,综合得分为各项得分之和

2.4　建模与数值模拟

前期调研成果表明,当地高层住区建筑常见形式为点式和板式。故本研究依据表1中的布局类型、遵照2.2节所获取的框架条件,分别针对各类布局(含二级分类)进行典型布局排布,且对点式和板式分别讨论。最终,对由此获得的222个布局模型进行编号、开展数值模拟实验。由于要记录三个时点的模拟数据,故而需针对每个模型模拟三次,每个模型获得6项指标数据,用以支持等级评价与多指标均值雷达图制作。

本研究尺度较小、不考虑材质等因素影响,选取较易操作且输出直观的 PHOENICS 软件开展数值模拟。选择能量方程 TEMPERATURE、湍流方程 KEMODL、辐射模型 IMMERSOL 开展数值模拟。参数设置方面,参考当地相关气象数据并在 wind 与 sun 模块中设置温度、湿度、风速等理想实验边界条件。为增强仿真效果,在模型中加入恒温(30 ℃)土壤层边界。需要指出,本研究边界条件暂不考虑其他建筑物或构筑物影响。

3　成果分析

3.1　规律探讨

3.1.1　不同大类间的性能比较

四个大类布局方式的室外热环境质量存在显著差异,从优及劣分别为分散式、围合式、半围合式、集中式(图2)。也就是说,分散式应被作为当地高层居住组团的最优推荐布局,而集中式则是最应避免的布局类型。此结论的原因可能在于,由于分散式布局地块内若干绿地小组团的存在,增加了建筑间距、减少了建筑间的热辐射,因此其 1.5 m 处的室外热环境较好;而集中式布局则恰恰相反,其局部较高的建筑密度造成热量常在建筑立面与地面之间多次反射,难以消散。

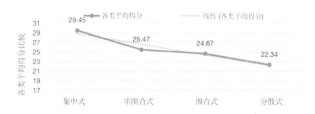

图 2　四个大类布局室外热环境质量综合得分情况

3.1.2　同一大类内的影响因素探讨

(1)集中式。

集中式布局中,各组布局热环境质量由优及劣顺序为:A、E、F、B、C、D、G。其中,A 组布局建筑物南北间距最大,有利于通风;建筑群与集中绿地接触面积较小,这使得两者间的热辐射干扰小。D 组布局建筑物间距小导致热量淤积,同时绿地日间吸收的太阳辐射对建筑群影响较大。

二级类型室外热环境质量排序见表2。

表 2　集中式布局的室外热环境质量排序

类型	二级类型室外热环境质量排序
集 中 式 A	■ ■ ■
B	■ ■ ■
C	■ ■ ■ ■
D	■ ■ ■
E	◣ ◣ ◿ ◣ ◿ ◿
F	◥ ◥ ◥ ◥ ◥
G	◣ ◣ ◿ ◿

影响集中式布局室外热环境质量的要素有建设用地方位、建筑物紧凑程度等。其中,建筑物集中布置在地块西侧、南侧时,室外热环境质量较好(如 A1 好于 A3,B1 好于 B3);建筑物布置排得越松散,室外热环境质量较好(如 E 组整体好于 G 组)。

(2)半围合式。

半围合式布局中,各组布局热环境质量由优及劣顺序为:M、P、H、N(Q)、O、I、R、L、J、K(Kk)。其中,M 组建筑物排布更松散,不易产生较大热源且利于通风,故室外热环境质量最好。K 组建筑布置过于集中,导致热量易淤积,建筑群内热量难以消散,故室外热环境质量最差。

各大类下面各二级分类的室外热环境质量排序见表 3。

683

表3 半围合式布局的室外热环境质量排序

类型	二级类型室外热环境质量排序			
半围合式	H			
	I			
	J			
	K			
	K			
	L			
	M			
	N			
	O			
	P			
	Q			
	R			

影响半围合式布局室外热环境质量的要素有建设用地方位、布局紧凑程度及开口方向。其中，建筑用地位于用地西南角时，室外热环境质量最好；其次是东南角；最差的是位于西北角。建筑物布置排布得越分散，室外热环境质量越高（如M组整体好于N组，P组整体好于Q组）。板式布局中，建筑群东侧开口的室外热环境质量好于西侧开口（如M1优于M2）；点式布局中，建筑群北侧开口好于南侧开口（如M3优于M4）。

（3）围合式。

围合式布局中，各组布局热环境质量由优及劣顺序为：S、T、V、U。其中，S组布局的建筑物布局更为分散，利于通风且建筑之间热辐射相互影响较低，故室外热环境质量最好；U组布局建筑物间距较小，不利于通风散热且建筑物与绿地间的热辐射相互影响较大，故室外热环境质量最差。

二级类型室外热环境质量排序见表4。

表4 围合式布局的室外热环境质量排序

类型	二级类型室外热环境质量排序					
围合式	A					
	B					
	C					
	D					

影响围合式布局室外热环境质量的要素有建设用地方位、建筑排布的紧凑程度。其中，建设用地位于用地西南侧时，室外热环境质量最好；位于用地东南侧时，室外热环境质量最差（如V1优于V6）。建筑排布松散布局时，室外热环境质量则更好（如S组好于U组）。

（4）分散式

分散式布局中，各组布局热环境质量由优及劣顺序为：Y、W、Z、X。对点式建筑物布局而言，分散式小型绿地数量越多，其室外热环境质量越高。原因在于，绿地增加了建筑物间距，利于通风。板式建筑物布局则与此相反，原因在于小型绿地会压缩建筑间距且板式建筑面宽较长，热量不易分散。

二级类型室外热环境质量排序见表5。

表5 分散式的室外热环境质量排序

类型	二级类型室外热环境质量排序				
分散式	A				
	B				
	C				
	D				

影响分散式布局室外热环境质量的要素主要是建筑物的紧凑程度。建筑物紧凑程度越低，则室外热环境质量越优（如Y组优于Z组）。

3.2 实证研究

为了验证上述结论的有效性，选择厦门市某实际高层住区开展实证探究，即对真实案例进行布局优化，并通过布局优化前后的室外热环境模拟结果比对，证明布局优化规则的有效性。

对遵照本研究开展数值模拟的高层组团规模与建筑物框架条件进行案例选取，指定建筑物数量控制在6～10个、建筑物为18层。最终选取了点式布局小区（山水新座）、板式布局小区（禾丰新景）各一。基于可行性及经济性原则，布局优化工作只移动建筑，其余条件不变。山水新座将组团开口由向西改为向东；禾丰新景将组团开口由西偏南改为东偏北。

模拟结果显示，布局优化后室外热环境质量均有改善（图3）。其中，优化后山水新座小区8时、12时、14时的空气温度及12时体感温度均有改善，14时的体感温度变化不大，8时的体感温度有所下降，整体热环境质量得到明显提升;优化后禾丰新景小区 8 时、12 时的空气温度及 12 时、14 时的体感温度均有改善,8 时的体感温度变化不大,14 时的空气温度有所下降,整体热环境质量得到明显提升。这表明,本研究所得有关高层居住组团布局与室外热环境质量的影响机理较为有效。

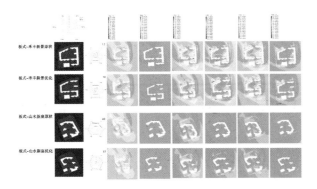

图 3

4 结语

一方面,本研究进一步证实高层居住组团布局方式对室外热环境质量有显著影响,且居住组团布局类型对室外热环境的作用机理有必要予以重视。不同布局下,高层居住组团的室外人体体感温度差距可达 0.8 ℃,室外气温差距可达 0.5 ℃。已有研究显示,室外温度每升高 1 ℃,通过建筑维护结构的逐时传热得热量就会增加 11%～28%。显然,采用更具优势的布局类型将从根本上对绿色低碳策略产生支撑。

另一方面,本研究也证实了通过优化住区布局来提高室外热环境质量的思路具有可行性。为了更好地服务

于实践,本研究放弃了简单化、概括化的布局典型类型划分,转而结合住区规划设计流程,根据实际建设需求及各阶段所解决的问题进行类型细化。研究结果显示,即使在同一布局类型下,建设用地方位、建筑排布的紧凑程度、建筑群开口大小与方向等因素均能显著影响高层居住组团的室外热环境质量。

本研究所采用的研究思路尚处于探索阶段,在研究精度、内容广度、样本数量、数据采集维度等方面还存在一定提升空间。随着跨学科合作理论成果的积累、计算机迭代技术的更新,研究思路和实验方法将在地域化、精准化等方面不断更新,以期实现实验结论向实践的全面转化。

参考文献

[1] MARTIN L, MARCH L. Urban space and structures [M]. Cambridge: Cambridge University Press, 1972.

[2] 董靓. 街谷夏季热环境研究[D]. 重庆:重庆建筑大学, 1996.

[3] 柳孝图,陈恩水,余德敏,等. 城市热环境及其微热环境的改善[J]. 环境科学, 1997,18(1):54-58.

[4] 郭琳琳,李保峰,陈宏. 我国在街区尺度的城市微气候研究进展[J]. 城市发展研究, 2017,24(01):75-81.

[5] 丁沃沃,胡友培,窦平平. 城市形态与城市微气候的关联性研究[J]. 建筑学报, 2012(07):16-21.

[6] 文远高,连之伟. 气候变暖对建筑能耗的影响[J]. 建筑热能通风调, 2003(03):37-38+42.

武昕[1*]　朱秋燕[1,2]　方舒涵[1,3]　郑琦珊[1]

1. 福州大学;572471554@qq.com

2. 南京大学

3. 哥伦比亚大学

Wu Xin[1*]　Zhu Qiuyan[1,2]　Fang Shuhan[1,3]　Zheng Qishan[1]

1. Fuzhou University

2. Nanjing University

3. Columbia University

公共物品视角下的保障性住房公共服务设施供需匹配度评价
——以厦门市为例

Evaluation of the Matching of Supply and Demand of Public Services Facilities for Indemnificatory Housing from the Perspective of Public Goods:Take Xiamen City as an Example

摘　要:为讨论保障住区的保障效益,本文提出保障性住房"公共服务供需匹配程度"的概念,并以厦门市 44 个保障性住房社区为案例,利用 ArcGIS 软件分析保障社区 8 大类公共服务设施的空间可达性和覆盖率,以此作为供给指标,来评价厦门市保障性住房公共服务设施的供给现状;同时,以保障性住房居民对公共服务设施的需求作为需求指标,将二者的比较值作为保障性住房公共服务设施的供需匹配依据,并提出对应的配置优化建议。

关键词:保障性住房;公共服务设施;供需匹配度;ArcGIS;可达性

Abstract:In order to discuss the security benefits of subsidized housing areas, this paper proposes the concept of "matching the supply and demand of public services" in subsidized housing, and uses 44 subsidized housing communities in Xiamen as a case study. At the same time,the demand for public services facilities in the communities is used as the demand indicator,and the comparison between the two is used as the basis for matching the supply and demand of public services facilities in the communities,and corresponding suggestions are made for optimizing the allocation.

Keywords:Indemnificatory Housing; Public Service Facilities; Matching of Supply and Demand; ArcGIS; Accessibility

1　引言

我国自 1994 年开始建立保障性住房制度,经过各城市 20 多年的实践探索,已形成明确的保障目标,以多种住房产品缓解各类受保障群体家庭的住房困难。到 2018 年底,全国城镇已建成保障性安居工程约 8000 万套,还有累计近 2200 万困难群众领取了公租房租赁补贴,圆了约 2 亿受保障群体的"安居梦"。与发展规模相比,学界目前对保障性住房的研究依然不足。尽管保障性住房因其申请条件限定,属于广义公共物品中的俱乐部物品(club goods),但国内外既有研究大都停留于讨论诸如户型、房屋品质、社区环境、邻里关系[1]、社区认同和物业管理等的私人物品(private goods)视角,而鲜有关于政府服务质量等立足公共物品(public goods)角度的讨论。

本研究从对保障性住房的公共物品评价入手,以厦门市为例,基于 GIS 技术,利用全量兴趣点(Point of Interests,POI)数据,尝试从基本公共服务供需匹配的角度,讨论厦门市已建成保障房住区的居住便利性和吸引力,以便为厦门市政府进一步优化城市公共服务,实现"十四五"新型城镇化战略提供理论和事实依据。

2 供需研究综述

2.1 城市公共服务供给研究

在城市规划和城市发展领域,公共服务供给研究主要基于区位理论,以实现公共物品供给效率与公平的最大化为目标,以公共设施可达性(accessibility)作为服务可获得性(availability)一项重要指标。对居住小区设施的空间测度多基于城市地图导航服务收集的 POI 数据进行[2]。目前,对低收入群体公共服务的研究主要存在三个问题:其一,既有评价研究多为对设施自上而下供给的单向评价,而对居民活动行为的相关性研究较少,缺少对设施供需匹配[3]的双向评估;其二,既有研究大多关注供给的"均衡化",缺少立足使用视角的"便利化"研究;其三,可达性度量标准不统一。本文以使用的便利性为核心,通过住户需求调查进行双向评价,并用步行统一基本公共服务设施可达性度量。

2.2 城市公共服务需求研究

在公共服务需求研究方面,受数据采集工具所限,只能通过访谈调研和问卷调查,以条件评价法(Contingent Valuation Method,CVM)等介入方法[4]收集定性数据。这种调研较为深入,但需求受个体主观意愿和行为方式的影响较大,群体数据的离散程度严重受到居民收入、教育程度、流动性、生命周期阶段等个体差异[5]的影响,呈现出阶段性变化。本文因而舍弃不同特征居民群体之间的比较,而将比较的重点放在不同城区的小区之间,并根据住区公共服务设施配置相关的国家标准《城市居住区规划设计规范》(GB 50180-93)和相关

地方标准筛选出最常用的金融邮电、商业、教育等 8 类公共服务设施(表 1)。其配置的综合状况可以在一定程度上反映各保障性住房项目周边公共服务设施的完备程度。

表 1 本研究所用公共服务设施详细分类情况

公共服务设施	详细设施
金融邮电	银行、邮电局
商业	菜市场、超市、便利店、餐饮
教育	幼儿园、小学、中学
文化体育	公园、广场、体育场馆、文化中心
医疗	医保定点医院、卫生院、诊所
市政公用	消防站、垃圾回收站、公厕
社区服务	养老院、居委会、社区服务站
行政管理及交通	派出所、公交站及地铁站

3 数据和方法

3.1 研究数据

本文综合考虑数据获取以及研究目的等因素,选定厦门岛内外 6 个行政区。以截至 2020 年底厦门市建设的 44 个保障房项目(29 个完成交付与 15 个正在建设中)作为研究案例进行分析。保障性住房与公共服务设施数据的收集与选取均依此范围而行。本研究所用保障性住房包括用地规模、套数等基础数据来自厦门市建设局。

3.2 研究方法

为弥补供给研究相对客观而需求研究主观性强的缺陷,本文采用了混合方法:以覆盖率和核密度法测度公共物品供给,而采用 CVM 方法测度公共物品需求。

基于 POI 数据的公共服务设施空间覆盖率分析经过位置和属性筛选,得出现有 44 个保障社区 POI 点位。另外,以保障房社区为中心,以 1000 米作为缓冲区,测度居住区公共服务设施配置状况和覆盖水平。

核密度估计法由 Murray Rosenblatt 和 Emanuel Parzen[6]提出,被广泛应用于空间热点分析与探测研究中,可以量化分析社区公共设施分布的集中度,其结果能够表现出距离核心越近的区域受核心辐射越大的特征,符合公共服务设施对周边保障性住房影响的扩散分布特点。

这两种方法分别用于描述公共设施供给情况的两个不同属性:覆盖率在空间分布中体现公共服务设施的

均衡性,而核密度在空间分布中体现公共服务设施的集中程度。

4 研究发现

4.1 公共服务设施覆盖率

从厦门市全域来看,在住区步行可达范围内,8类公共服务设施的覆盖率情况见图1。

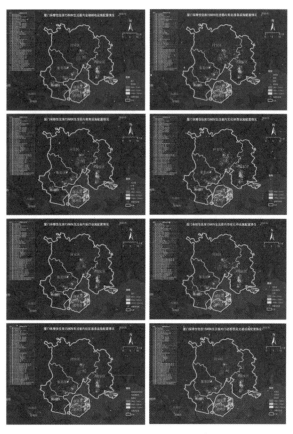

图1 保障房公共服务设施配置情况
(分析顺序同上)

从各城区的公共服务设施供给程度看,岛内两个区湖里区和思明区在各类公共服务设施供给水平较高,而翔安区和同安区两城区各类公共服务设施供给水平大部分低于全市平均水平,城区间差异明显。

4.2 核密度分析

从图2的空间分布上看,厦门市公共服务设施分布聚集明显,各区分布密度不均衡。不同城区间设施供给程度存在显著差异。

60%以上的公共服务设施聚集在岛内中心城区,思明和湖里区供给程度较高。岛外四个区的公共服务设施总供给量不及岛内两个城区,供给程度较低。

研究结果表明,公共服务设施的可达性从高到低依次为社区服务、医疗、市政公用、文化体育、教育、金融邮电、商业、行政管理及交通。从公共服务设施达标情况看,商业、行政管理及交通设施的达标率低且城区差异大,反映了城区间公共服务设施供给程度差异较大,导致不同城区间保障性住房与公共服务设施的空间分异。

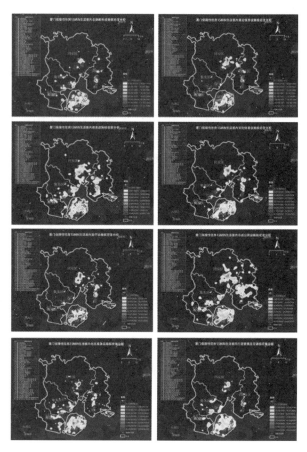

图2 保障房公共服务设施核密度分析
(分析顺序同上)

4.3 需求分析

本研究于2021年11月在厦门市6城区29个保障房住区内完成实地问卷调查638份,共获得有效问卷586份,有效率91.85%。通过表格和定位图展现问卷数据的联系,确认定类数据具有关系,查看对应图进一步分析关系情况。

从图3可以看出保障房住区公共服务设施需求的内容和便利程度。在公共服务设施便利性方面,岛内10个小区,除社区服务设施外,其余7类公共服务设施均配置合理;岛外19个小区金融邮电、商业、教育、市政公用和行政管理及交通5类设施均能较好满足居民需求,但文化体育设施和医疗设施便利性较差,居民满意度偏低,不能满足居民需求。实际上,各小区对社区服务设施评分均低,且在岛内外没有表现出显著差异($p<0.05$),均需要改进。

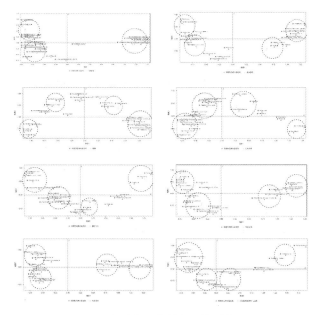

图3 保障房公共服务设施对应图

(分析顺序同上)

4.4 公共服务设施供需匹配度

本文通过 ArcGIS 软件展开空间可达性和覆盖率分析,此评价作为厦门市保障性住房公共服务设施的供给指标;同时以保障性住房居民公共服务设施的评价需求作为需求指标,将二者的比较值作为保障性住房公共服务设施的供需匹配依据。根据供需匹配情况,将供需匹配状态分为5种匹配特征。

问卷调查发现,对厦门市的保障性住房来说,公共服务设施可达性与便利性存在落差。8类设施的供需匹配情况大体可分为三类:①厦门岛内两城区保障房住区的各类公共服务设施的供给均能满足需求;②近郊两城区(海沧区和集美区),除了海沧区的社区服务设施和金融邮电设施以及两区的市政公用设施存在供需不匹配的情况外,大部分设施都能满足所需;③厦门远郊两城区(同安区和翔安区),除了商业和教育设施能够满足保障社区居民所需外,包括医疗设施在内的其他设施都存在供需不匹配的情况。

5 讨论

覆盖率和核密度两种计算结果会出现覆盖率高而核密度低或覆盖率低而核密度高的情况,原因如下。

(1)公共服务设施的自身服务属性不同,对覆盖率和核密度的标准也不同。例如,商业服务设施因其具有集聚效应属性,导致在空间的分布上呈现出覆盖率较低,

核密度值较高的特点。

(2)部分相邻保障性住房之间由于共享公共服务设施,其生活圈圈层不可避免地存在着交叉与重合的现象,呈现出覆盖率较高、核密度较低的空间分布特点。

此外,利用 ArcGIS 和电脑技术,采取定性与定量混合的数据收集和分析方法,在一定程度上解决了单用定性或定量方法的数据偏差问题。但由于社区建成情况、调研时间和调研人员数量等条件限制,问卷抽样样本容量有限,在一定程度上可能会影响研究结论的普适性。

6 研究结论

8类设施在厦门6区的供需匹配情况整体较好,但城区间发展不均衡,由岛内向外辐射。保障住区配套的公共服务设施是城市政府面向低收入弱势群体发放的"福利大礼包",以解决他们的生活问题,帮助他们实现安居、宜居的目标,提供与住区相关联的教育、医疗、就业等公共服务。

本研究表明,公共配套设施虽然在供给总量上达到了规范的要求,但是在实际使用中却出现了"有需求但供给不足",或者"有供给但需求不足"等错配现象。量度不能仅以物化的指标数字为标准,而应以使用者实际需求为导向,切实满足保障房居民需求。

参考文献

[1] 杨婕,陶印华,刘志林,等.邻里效应视角下社区交往对生活满意度的影响——基于北京市26个社区居民的多层次路径分析[J].人文地理,2021,36(2):27-34+54.

[2] 赵彦云,张波,周芳.基于POI的北京市"15分钟社区生活圈"空间测度研究[J].调研世界,2018,296(5):17-24.

[3] 陈红霞.大型保障房社区基本公共服务设施可达性评价——以南京岱山保障房片区为例[J].建筑经济,2018,39(12):81-85.

[4] 陈燕萍.保障房公共服务设施的供需匹配研究[J].规划师,2019,35(10):41-46.

[5] 杨赞,张蔚.公共租赁住房的可支付性和可达性研究——以北京为例[J].城市发展研究,2013,20(10):69-74.

[6] PARZEN E. On Estimation of a probability density function and mod[J]. Annals of Mathematical Statistics,1962,33(3):1065-1076.

公丕欣[1*] 黄骁然[1] 黄辰宇[1]
1. 北方工业大学建筑与艺术学院；pixingong@qq.com
Gong Pixin[1*] Huang Xiaoran[1] Huang Chenyu[1]
1. School of Architecture and Art，North China University of Technology

国家自然科学基金项目(52208039)、国家重点研发计划"科技冬奥"重点专项(2020YFF0304900)、北京市教育委员会科学研究计划项目资助(KM202210009008)

社区生活圈街道活力测度与可步行性关联度研究
Research on the Correlation Between Street Vitality Measurement and Walkability in Community Life Circle

摘 要：本研究依托多源数据，以上海市传统中心城区(浦西七区)小区生活圈为研究单元，借助 ArcGIS 软件，构建广义线性模型和地理加权模型，探究生活性街道的活力特征与街道可步行性之间的关系。研究得到以下结论：a)生活圈街道活力和可步行性均出现空间集聚现象，两者在空间分布上有相关性；b)两种回归模型的拟合结果可以接受，广义线性模型 R2 为 0.646，地理加权回归模型 R2 为 0.884；c)由广义线性回归模型结论可知，四种可步行性影响因素对生活圈街道活力的影响程度排序分别为街道连通度、零售密度、用地混合度和居住人口密度，其中前两个为正向影响；d)地理加权回归模型局部拟合效果具有差异性，拟合效果较好的主要在普陀区、杨浦区北部区域，拟合效果较差在黄埔和虹口部分区域；e)四种可步行性影响因素对街道活力的解释能力具有空间异质性特点。

关键词：生活圈；街道活力；可步行性；地理加权回归模型

Abstract：With the support of multi－source data，this study takes the community life circle in the traditional central urban area of Shanghai (Puxi seventh district) as the research units，and with the help of ArcGIS software，constructs a generalized linear model and a geographically weighted model to explore the correlation between the vitality characteristics of living streets and the walkability. The conclusions of the study are as follows：a) the vitality and walkability of the streets in the life circle are spatially clustered，and the two are related in spatial location distribution；b) The regression results of the two regression models o in the life circle are acceptable. The R2 of generalized linear model is 0. 646，and the R2 of geographically weighted regression model is 0. 884；c) The global conclusion of the regression model can be drawn that the influence degree of the four factors on the street vitality is ranked as street connectivity，retail density，land mix and residential population density respectively，of which the first two are positive；d) The results of geographical weighted regression model show that the better fitting effect is mainly in the northern area of Putuo District and Yangpu District，and the worse fitting effect is in some areas of Huangpu and Hongkou；e) The interpretation of street vitality by the four walkability influencing factors has the characteristics of spatial heterogeneity.

Keywords：Life circle；Street Vitality；Walkability；Geographically Weighted Regression Model

《城市居住区规划设计标准》(GB 50180－2018) 的颁布，意味着我国的住区规划正式开始由居住区模式转变为生活圈模式[1]。自 2016 年上海市颁布《上海 15 分钟社区生活圈规划导则》以来，各大城市相继提出生活圈建设目标。15 分钟生活圈是指社区生活的基本单元，即"在 15 分钟步行可达范围内，配备生活所需的基本服务功能与公共活动空间，形成安全、友好、舒适的社会基本生活平台"[2]。生活圈内的生活性街道作为日常生活中最常用的公共空间[3]，承载着市民日常生活、游憩、通勤、和交往等重要的功能[4]。然而，过去城市大规模住宅小区的低质建设，忽视了对居民日常生活的关注，带来了活力缺失、邻里关系淡漠和居民生活幸福感下降等问题。自21世纪初，各国政府将视角转移到街道的活力品质提升方面，2004年伦敦发布《伦敦街道设计导则》（*London Streetscape Guidance*）后，纽约、阿布扎比、新德里等城市相继出台街道设计相关的文件法案[5]。上海市在2016年出台《街道设计导则》，开始了对街道设计的针对性指引，该导则明确提出建设"活力街道"的目标，随后街道设计受到各省市的普遍关注和重视。提升街道空间品质、重塑街道活力，尤其是生活性街道的活力营造成为"新时代"背景下满足居民需求，提升城市品质的重要抓手[3]。

1 街道活力研究相关文献综述

街道活力一直是研究热点[6]，关于街道活力的影响因素，Jacobs[7]提出了影响街道活力的四条件：土地使用混合度、小街段、密度和老建筑；Ewing和Cervero[8]提出了影响出行的5ds理论：密度、多样性、设计、可达性和交通设施距；Montgomery[9]认为土地功能、业态类型及规模、广场绿地等开放性空间、用地功能混合性与多样性等是决定街道活力的关键要素；随着新城市数据科学的发展，该研究领域在不同维度取得了许多新的进展[10]。例如，司睿[11]等学者利用多源数据建立分时段模型，探讨了商业街道和生活街道活力的时空分布特征及建成环境对其产生的影响，发现功能混合度、界面连续程度、界面多样性对生活性街道活力有正向影响；高原[12]等结合多源数据验证了功能密度和功能混合度对广州历史街区活力的正向影响；陈锦棠[13]从功能混合度、开发强度、交叉口密度、连续底层商业、人流集散点等方面探索空间活力与空间特征的关联性，从而提出广州市建设新村街道空间品质提升策略。邹思聪[14]利用手机信令数据测度活动空间，分析不同类型人群日常活动特征；毛志睿[15]研究发现，可达性、功能密度与街道活力呈显著正相关、街道长度呈显著负相关，其影响力大小依次为可达性＞功能密度＞街道长度。Liang Yang[16]评估了可步行性的吸引力属性在提升城市活力方面的潜力；钮心毅[17]以南京西路为研究案例，构建了五个分时段模型，测度功能混合、小街段、老建筑、密度、交通和场地设计等15个建成环境指标对街道活力的影响，发现影响街道活力最显著的指标是地铁站出入口和沿街商业业态多样性。总体来看，关于街道活力研究多专注于历史街道和商业街道，较少关注生活性街道，尤其是生活圈内的街道活力；对于可步行性因素与街道活力之间

相关性的定量研究较少；对街道活力的影响因素的探讨通常为全局性结论，忽略了空间异质性特点。

2 研究内容

2.1 研究框架

本文在多源数据支持下，以社区生活圈为研究单元，探究生活性街道的活力特征与街道可步行性间的关系。使用日间和夜间人口流量数据计算各生活圈街道活力值，以劳伦斯·弗兰克可步行性理论为基本依据计算生活圈街道可步行性。通过相关性分析和回归分析解释生活圈内街道活力特征和可步行性之间的关系，最后通过构建地理加权回归模型，解释街道活力影响因素的异质性特点。

2.2 研究区位

本研究选择上海浦西七区为研究案例，浦西七区是上海市传统中心城区，包括黄浦区、虹口区、杨浦区、静安区、普陀区、长宁区和徐汇区。浦西七区人口密度高，而且老龄化严重，人群对于生活圈质量更为敏感。研究区域如图1所示。

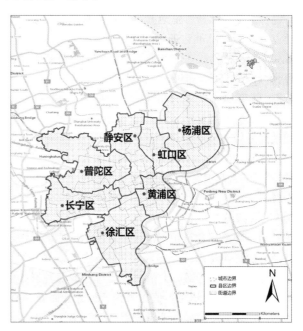

图1 研究区位

2.3 数据来源

本文所用的数据来源如下：小区地理空间数据来源于房天下网站，经过筛选之后有效数量为14577个；各小区15分钟生活圈数据，来源于Mapbox网站；道路网络数据、POI数据来源于百度地图；日间和夜间人口流量数据来源于上海脉策数据科技有限公司。

3 研究方法

3.1 各生活圈街道活力值计算与空间自相关分析

本文用各生活圈内街道的日间和夜间人口流量数值作为活力表征,在ArcGIS中使用道路网络建立50米缓冲带,使用缓冲带选取与之相交的日间和夜间人口流量栅格,在各生活圈内进行数值汇总作为街道活力值,计算结果通过Z—Score标准化进行数据变换。结合全局莫兰指数和局部莫兰指数进行空间自相关分析,描述各生活圈街道活力的空间分布集聚特征。

3.2 生活圈可步行性计算

劳伦斯·弗兰克的可步行性理论[18][19]认为,可步行性影响因素有用地类型混合度、道路交叉口密度、零售容积率和居住人口密度四种因素,并且提出了可步行性指数的计算公式:Walkability Index＝用地混合度＋2×道路交叉口密度＋零售容积率＋居住人口密度(本研究使用包括零售、超市、餐饮在内多种POI密度作为零售密度代替零售容积率指标,并且将四种指标命名为用地混合度、道路连通度、零售密度和居住人口密度)。在ArgGIS中计算各小区生活圈内四种指标数值,根据可步行性计算公式计算各生活圈可步行性数值。各项数值通过Z—Score标准化进行数据变换。结合全局莫兰指数和局部莫兰指数进行空间自相关分析,描述各生活圈可步行性的空间分布集聚特征。

3.3 双变量相关性分析

本研究使用皮尔逊法对街道活力和可步行性进行相关性分析,相关性绝对值越大,两者之间相关性越高。然后,使用Python的第三方库Seaborn绘制双变量相关性矩阵图,直观展现生活圈街道活力和可步行性相关性程度。

3.4 回归分析

为了定量探究可步行性因素对各小区生活圈内街道活力的影响特点,在ArcGIS中使用广义线性模型和地理加权模型进行回归分析。可步行性的四种影响因素作为自变量,街道活力值作为因变量进行回归分析,全局回归结果可解释各变量在整体上对街道活力的影响程度。地理加权回归模型局部回归结果,可以解释各影响因素由于地理位置的不同而呈现的空间异质性特征。

4 计算结果与讨论

4.1 各生活圈街道活力值计算结果

由生活圈活力值计算结果(图2)得知,高值和低值区域交错分布,总体上东北区域生活圈街道活力较高。

在空间集聚状态上,街道活力较高的生活圈主要集中分布在虹口区和杨浦区区域,而长宁区的小区生活圈相对而言街道活力较低。

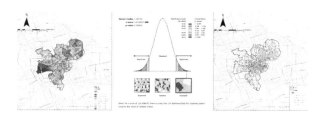

图2 生活圈街道活力计算结果
(从左到右:克里金插值图,全局莫兰指数
计算结果,局部莫兰指数计算结果)

4.2 各生活圈街道可步行性计算结果

由可步行性计算结果(图3)得知,虹口区和杨浦区部分可步行性高的生活圈呈现集聚分布,在空间位置分布上与街道活力数值的分布有一定的相似性。而长宁区、静安区、黄浦区横向直线区域可步行性呈现低值分布。

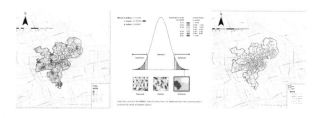

图3 生活圈街道可步行性计算结果
(从左到右:克里金插值图,全局莫兰指数
计算结果,局部莫兰指数计算结果)

由四种可步行性的影响因素计算结果(图4)得出:道路连通度在杨浦区、静安区、普陀区、徐汇区出现较高值;用地混合度在长宁区西南区域数值较高;居住人口密度在长宁区、普陀区北部等区域密度较高;零售商业的密度在虹口区、杨浦区、徐汇区区域出现高值分布,而长宁区、静安区两个区域零售商业密度较小。

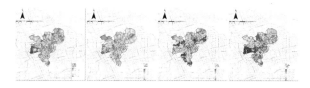

图4 生活圈街道可步行性影响因素计算结果
(从左到右:道路连通度,用地混合度,居住人口密度,零售密度)

4.3 相关性分析结果

从皮尔逊相关性分析结果而知,小区生活圈活力与可步行性有较高相关性。小区活力与道路连通度、零售密度呈现正相关,与用地混合度和居住人口密度呈现负相关(图5)。

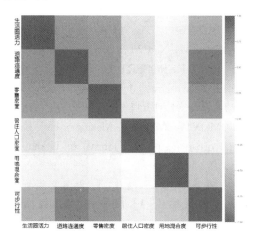

图5 双变量相关性矩阵
(街道活力与可步行性影响因素)

4.4 回归分析结果

4.4.1 广义线性模型回归分析结果

广义线性模型回归结果如表1所示,四种可步行性因素对于街道活力的影响显著,影响排序分别为道路连通度、零售密度、用地混合度和居住人口密度,其中前两个为正向影响。广义线性模型总体回归效果 R^2 为0.646,模型可以解释大部分变量,总体可以接受。根据Koenker (BP) Statistic($p<0.01$)测试结果数值显著,说明变量在空间上存在异质性特点。

4.4.2 地理加权模型回归分析结果

地理加权回归的全局回归效果(调整后 R^2 为0.884),相比于广义线性模型,模型拟合优度有所提升;局部拟合效果如图6所示,局部拟合效果较好的区域主要在普陀区、杨浦区北部区域,拟合效果较差的区域在黄浦区和虹口区部分区域(图6)。

表1 广义线性模型计算结果

Variable	Coefficient	StdError	t-Statistic	Probability	Robust_SE	Robust_t	Robust_Pr[b]	VIF [c]
道路连通度	0.485015	0.006864	70.659161	0.000000 *	0.007360	65.895229	0.000000 *	1.939221
零售密度	0.353169	0.006799	51.943802	0.000000 *	0.007745	45.602433	0.000000 *	1.902619
居住人口密度	−0.104403	0.005058	−20.641569	0.000000 *	0.018009	−5.797366	0.000000 *	1.052926
用地混合度	−0.177574	0.004961	−35.795879	0.000000 *	0.007079	−25.084765	0.000000 *	1.012852

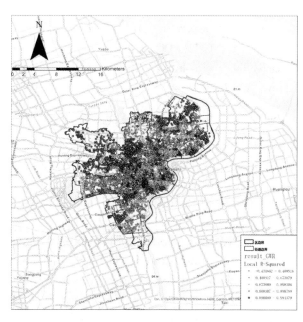

图6 局部拟合效果分布

4.4.3 四种可步行性影响因素空间异质性

从图7可以看到四种可步行性因素在影响生活圈街道活力方面的空间异质性特点。道路连通度在徐汇区、普陀区和静安区部分区域影响程度较强,在杨浦区和虹口区影响程度相对较弱;用地混合度在黄浦区附近对于街道活力影响较弱,在虹口区和杨浦区影响程度较强;居住人口密度对街道活力的影响呈现为均匀分布,长宁、静安区相对影响力较强;零售密度在长宁区、静安区和杨浦区的部分区域影响程度较强,在其余大部分区域影响程度相对较弱。

图7 四种可步行性影响因素系数
(从左到右:道路连通度,用地混合度,居住人口密度,零售密度)

693

5 总结

本研究在多源数据支持下，以上海市中心城区小区生活圈为研究单元，借助 ArcGIS 工具，探究生活性街道的活力特征与街道可步行性间的关系，得出以下结论：

(1)生活圈街道活力和可步行性均出现空间集聚现象：街道活力较高的小区生活圈主要集中分布在虹口区和杨浦区区域，而长宁区的小区生活圈相对而言街道活力较低；在虹口区和杨浦区部分可步行性高的小区生活圈呈现集聚分布，而长宁区、静安区、黄浦区横向直线区域可步行性呈现低值分布；两者在空间位置分布上有相关性。

(2)生活圈街道活力和可步行性四种影响因素的两种回归模型的回归结果可以接受，广义线性模型 $R2$ 为 0.646，地理加权回归模型 $R2$ 为 0.884。

(3)广义线性回归模型全局性结论可以得出，四种可步行性影响因素对生活圈街道活力都有显著性影响，按影响程度排序为道路连通度、零售密度、用地混合度和居住人口密度，其中前两个为正向影响。

(4)四种可步行性影响因素对街道活力的解释具有空间异质性特点。地理加权回归模型结果显示，局部拟合效果较好的区域主要在普陀区、杨浦区北部，拟合效果较差的区域在黄浦区和虹口区部分区域。

(5)四种可步行性影响因素在空间上的异质性特点显著：道路连通度在徐汇区、普陀区和静安区部分区域影响程度较强，在杨浦区和虹口区影响程度相对较弱；用地混合度在黄浦区附近对于街道活力影响较弱，在虹口区和杨浦区影响程度较强；居住人口密度对街道活力的影响呈现较为均匀分布，长宁区、静安区相对影响力较强；零售密度对于街道活力的影响在长宁区、静安区和杨浦区的部分区域影响程度较强，在其余大部分区域影响程度相对较弱。

参考文献

[1] 吴夏安,徐磊青,仲亮.《城市居住区规划设计标准》中 15 分钟生活圈关键指标讨论[J].规划师,2020, 36(08):33-40.

[2] 上海规划与土地资源管理局,上海市 15 分钟社区生活圈规划导则(试行)[S].2016.

[3] 黄丹,戴冬晖.生活性街道构成要素对活力的影响——以深圳典型街道为例[J].中国园林,2019,35 (09):89-94.

[4] D A. Livable Street[M]. Berkeley:University of California Press,1982.

[5] 张帆,骆悰,葛岩.街道设计导则创新与规划转型思考[J].城市规划学刊,2018(02):75-80.

[6] 邢忠,陈子龙,顾媛媛,等.基于大数据的城市街道活力影响因素定量分析[J].西部人居环境学刊, 2021,36(03):98-105.

[7] JACOBS J. The Death and Life of Great American Cities[M]. New York:Random House,1961.

[8] REID E, ROBERT C. Travel and the built environment:a synthesis [J]. Transportation Research Record,2001,1780(1):87-113.

[9] MONTGOMERY J. Making a city:Urbanity, vitality and urban design[J]. Journal of Urban Design, 1998,3(1):93-116.

[10] 高巍,贾梦涵,赵玫,等.街道空间研究进展与量化测度方法综述[J].城市规划,2022,46(03): 106-114.

[11] 司睿,林姚宇,肖作鹏,等.基于街景数据的建成环境与街道活力时空分析——以深圳福田区为例[J].地理科学,2021,41(09):1536-1545.

[12] 高原,陆晓东.大数据背景下的广州历史文化街区活力定量研究[J].中国名城,2020(07):53-61.

[13] 陈锦棠,邓明亮,梁斌注,等.建成街道活力时空特征及提质策略研究——以广州市建设新村为例[J].规划师,2021,37(16):13-21.

[14] 邹思聪,张姗琪,甄峰.基于居民时空行为的社区日常活动空间测度及活力影响因素研究——以南京市沙洲、南苑街道为例[J].地理科学进展,2021,40 (04):580-596.

[15] 毛志睿,陈笑葵,项振海,等.历史街区街道活力测度及影响因素研究——以昆明市文明街历史街区为例[J].南方建筑,2021(04):54-61.

[16] YANG LA, DD A, AS A, et al. The more walkable, the more livable? can urban attractiveness improve urban vitality? [J]. Transportation Research Procedia,2022,60:322-329.

[17] 钮心毅,吴莞姝,李萌.基于 LBS 定位数据的建成环境对街道活力的影响及其时空特征研究[J].国际城市规划,2019,34(01):28-37.

[18] FRANK L, DEVLIN A, JOHNSTONE S, et al. Neighbourhood design, travel, and health in Metro Vancouver:Using a walkability index[J]. 2010.

[19] FRANK L D,SALLIS J F,CONWAY T L,et al. Many pathways from land use to health:associations between neighborhood walkability and active transportation, body mass index, and air quality [J]. Journal of the American planning Association,2006,72(1),75-87.

张欣怡[1*] 郭俊明[1,2] 余翰武[1,2] 黄译萱[3]

1. 湖南科技大学建筑与艺术设计学院；zxinyi18773180089@163.com
2. 湖南科技大学地域建筑与人居环境研究所
3. 湘潭市住房和城乡建设局

Zhang Xinyi [1*] Guo Junming [1,2] Yu Hanwu[1] Huang Yixuan[3]

1. School of Architecture and Art Design, Hunan University of Science and Technology
2. Researoh Institute of Regional Architecture and Human Settlements, Hunan University of Science and Technology
3. Xiangtan Housing and Urban-Rural Development Bureau

湖南省社科成果评审基金项目（XSP20YBZ160）、教育部人文社会科学研究项目（19YJAZH027）、湖南省自然科学基金项目（2022JJ30250）

基于黏菌行为模拟优化的城市微更新空间激活研究
Spatial Activation Research of Urban Micro-renewal Based on Simulation Optimization of Slime Mold Behavior

摘 要：本文针对近年来我国城市在快速发展过程中出现的特色危机和文脉失语的问题，利用 Physarealm 插件可模拟黏菌规划最优路线的特性，探索如何激活旧区空间活力。本文以湘潭市瞻岳门片区为例，运用 Grasshopper 中的 Physarealm 插件进行基于黏菌行为模拟优化的城市微更新研究，以片区文脉的物质延续与人情延续为基础，通过分析路径轨迹，着重分析重合点位置，进行并行线路优化设计，为城市既有社区的改造与更新提供参考。

关键词：城市微更新；黏菌群落；人流分布；空间激活

Abstract：This paper, aimed at the present crisis and place context failure in the process of the rapid development of Chinese cities in recent years, explores how to activate the spatial vitality of old districts by using the Physarealm plug-in which can simulate the mucilaginous bacteria planing optimal routes. Taking the Zhanyue Gate area of Xiangtan City as an example, the Physarealm plug-in in Grasshopper is used to carry out a study on the optimisation of urban micro-renewal with the simulation of mucilaginous behaviour as its basis. Based on the physical continuity and human interest continuity of the area's cultural heritage, this paper focuses on the location of overlapping points and carries out parallel route optimisation design to provide a reference for the renovation and renewal of existing urban communities through the path trajectory analysis.

Keywords：Urban Design；The Slime Mold Colony；Flow Distribution；Space to Activate

1 引言

1.1 研究背景

现阶段大规模、快速化的城市建设使得城市中原有的历史文化建筑遭受严重破坏，相当一部分具有历史记忆的空间场所和城市环境已不复存在，而这些空间是本地地域文化的集中表现，它们是否具有活力与整个片区聚落的兴衰有着直接关系。《中共中央关于制定国民经济和社会发展第十四个五年规划和二〇三五远景目标的建议》中提出对实施城市更新行动、强化历史文化保护、塑造城市风貌的展望，同时强调要让数字技术全面融入社会交往和日常生活新趋势，促进公共服务和社会运行方式创新，构筑全民畅享的数字生活。这也对城市微更新中的数字化设计提出了要求。

1.2 研究内容及方法

本文以湘潭市瞻岳门片区城市微更新设计为例，引入 Grasshopper 中 Physarealm 插件的黏菌行为模拟优化算法，通过黏菌的行为逻辑模拟场地中人流分布和行动情况，针对片区的路径、节点进行优化更新，达到修复片区文脉、激活场地的效果。具体内容为：①将场地四周的端点作为黏菌初始生长点，场地内现有人群集集点为黏菌吸引目标，以菌落在建筑物之间移动生长的路径与分布状况，模拟出内部人流在片区内的主要轨迹路线；②通过 Ladybug 软件优化场地，以优化后的场地为载体，将场地主要出入口作为黏菌初始生长点，场地内历史文化建筑为黏菌吸引目标，模拟出外部人流在片区内移动的主要轨迹路线；③经过多次模拟验证，总结模拟结果和内外部人流轨迹的共同规律，梳理出高效率的空间路网组织结构，优先对核心节点和街区进行改造；④最后，以节点与路径为放射点，得出改造后片区激活效果并与改造前场地活力分布情况作对比。

依据黏菌行为模拟算法进行城市微更新设计的创新点在于：①运用黏菌手法，结合建筑日照性能，对片区住区空间环境进行优化，将不能满足住区日照性能的民居拆除，可将原片区内堵点打开，以疏通路径；②通过对轨迹的模拟分析，将并行线改造为二层廊道，优化上下层关系，提升二层商业价值，既保留内部居民生活方式，又能吸引外来游客，带来商业活力；③通过黏菌行为模拟，解决场地内缺乏空间保护和休闲设施不足的问题，将内外人流轨迹重合点作为核心节点，增加公共空间所需休闲设施，带动空间内的活动，激活空间活力。

2 黏菌研究发展

黏菌是一类广泛分布在陆地生态系统中的真核生物[1]。多头绒泡菌原生质团作为一种黏菌模式生物可应用于生物智能研究中，其中的经典实验是黏菌能找到通过迷宫的最短路径（Nakagaki et al. 2000；Nakagaki 2001）。Atsushi Tero 因此希望借助黏菌的智能行为特性去构建高效网格，并应用于城际铁路网络、通信网络等基础设施的规划设计。研究人员在多次实验中观察到多头绒泡菌首先在周围构建出纤细而密集的网络，随着网络向四周扩散，网络会从中心出发向周围扩散，逐渐变得更加清晰，一两天后，在容器内连接形成的图案和东京的铁轨系统高度一致。可见，黏菌行为模拟同样适用于城市微更新中的路径优化研究。

3 城市微更新空间激活实践

3.1 场地现状

公共空间的活力是社区更新发展的关键要素，且对城市发展也有重要作用。因此，激活公共空间对瞻岳门片区的空间秩序重构等方面有着不可或缺的功效。

瞻岳门片区隶属于湖南省湘潭市雨湖区河西地段（图1），位于通济门路以西，沿江风光带以北，雨湖公园、八仙桥以东，熙春路以南，总面积 1.26 平方公里。其中主要道路有雨湖路、雨湖街、城正街、瞻岳门路（图2）。

图1 瞻岳门片区用地红线

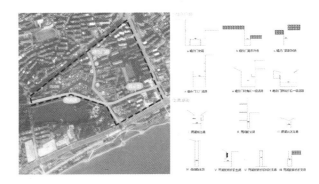

图2 瞻岳门片区道路现状

瞻岳门片区是湘潭城区文明的发祥地，这里曾见证了小南京"金湘潭"的辉煌。片区内有许多重要的历史文化建筑，如清代古建筑文庙以及近现代重要历史遗迹湘潭抗日阵亡将士纪念碑等（图3），故瞻岳门片区是湘潭城市旧城区更新中非常重要的地块之一。

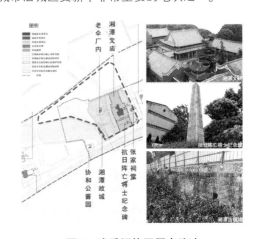

图3 瞻岳门片区历史遗迹

随着湘潭城市格局的发展变化,瞻岳门片区逐渐成为被人遗忘的老城区。片区多年遗留下来许多问题(表1)。

表1 瞻岳门片区空间现状

空间现状	问题
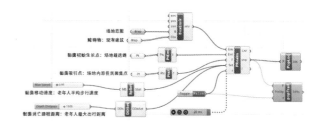	路径有待疏通
	住区环境有待优化、现有建筑风貌持续恶化
	人群单一、片区活跃度难提高
	户外公共活动空间活力不足

3.2 生成步骤

针对研究内容展开分析,根据 Physarealm 插件的使用方法与黏菌的行为方式类似的原则展开探索:首先将指定点作为粒子发射器,模拟黏菌初始生长点的位置;然后将指定点作为食物终点。经过主模拟器的运算,自动生成高效率的空间网络。因此,设计者在进行模拟时只需要根据片区实际情况布置合理的黏菌初始生长点和吸引点即可。

3.2.1 场地内部人流轨迹模拟

城市是人对自然及其客体改造的结果。对于该设计而言,经过走访和实地勘察发现,瞻岳门片区内现居居民主要为老年人,根据他们的生活需求,将场地内部居民主要吸引点设置为茶室或棋牌室。而场地内棋牌室、茶室集中于西部公园区域或中部区域,场地四周端点处居民到达人群聚集点距离最远,需要重点计算这部分居民前往内部人群聚居点的情况。采用 Physarealm 插件将场地端点设置为黏菌的初始生长点,将场地内人群聚集的茶室、棋牌室设置为黏菌吸引点,将黏菌生长速度设置为老年人平均速度,将黏菌消亡距离设置为老

年人最大活动半径(图4)。经过多次模拟验证,总结模拟结果和共同规律,梳理出现有的空间路网组织结构(图5)。

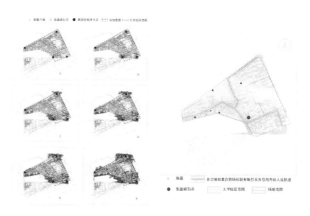

图4 内部人流轨迹模拟

图5 内部人流轨迹模拟结果

3.2.2 现有片区建筑日照性能

该片区内居民主要为老年人,日照需求较高。根据湘潭市居住建筑日照分析管理技术规定,将现有基地的周边建筑体块输入 Grasshopper 软件的 Ladybug 插件中,对应生成大寒日有效日照时长分布图(图6),计算出场地内现有不满足大寒日日照标准的民居,并进行拆除。拆除后,使场地民居既满足日照需求,又能将空间与黏菌菌落在建筑物之间移动生长的路径相结合,达到激活场地路径的目的。

图6 瞻岳门建筑日照模拟

697

3.2.3 场地外部人流轨迹模拟

进行内部人流轨迹模拟的同时模拟外部人流轨迹。以片区内代表性历史文化建筑为黏菌吸引点、场地各入口为黏菌初始生长点,黏菌生长速度为年轻人平均步行速度,黏菌消亡距离为年轻人最大活动半径(图7)。进行多次模拟,总结模拟结果和共同规律,梳理活化空间路网组织结构(图8)。

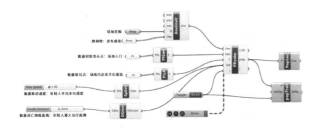

图7 外部人流轨迹模拟电池

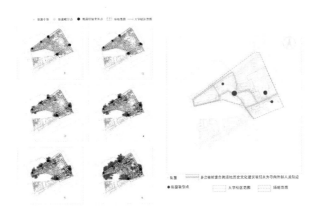

图8 外部人流轨迹模拟结果

3.2.4 内外部人流轨迹叠加分析

对两种导向人流轨迹路径模拟结果(图9)进行分析,得出其交叉点与并行线(图10),可以根据模拟得到的两种黏菌网络推测片区内两种人流行动轨迹。

图9 场地内外部人流轨迹模拟结果

图10 场地内外部人流并行线、交叉点设计

改造中设置立体交通,将内外人流并行轨迹利用廊道进行分流,并在二层设置部分商业空间,为片区引入商业活力,同时为街道多元化活动提供场地。由于内部人流年龄较大,主要通过地面原有街道交通,而外部人流则主要通过上部的交通,应尽可能减少外部人流对内部人流活动的影响,构建富有生活化的生活场景,吸引外部人员参与片区营建,激发片区活力。

公共活动空间承载了居民的公共活动,但片区内存在功能丰富度不足的问题。通过增加体育运动的辅助设施,使得居民可以自行组织或自发地进行休闲活动,以活泼的空间氛围激发片区活力;同时在广场适当植入外来游客服务空间,吸引游客促进片区经济发展,丰富片区内年龄结构,激发片区活力。

3.2.5 改造前后片区活力情况对比

以改造后节点、路径为放射点,多次模拟后总结得出节点为中心片区活化范围(图11),并与之前场地原活力情况对比(图12),得出结果:通过改造,场地内人群能够在较短时间聚集到整个片区空间,原本活力较少的场地东北角落也得到了活化。显而易见,优化激活了瞻岳门片区活力,达到城市微更新空间激活的目的。

图11 改造前活力分布

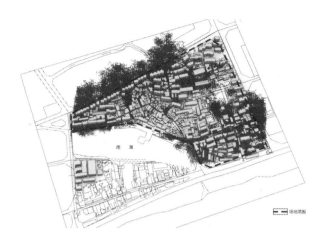

图 12 改造后活力分布

4 结语

本文通过湘潭市瞻岳门片区的实践研究,结合数据分析,得出以下结果:①通过黏菌模拟方式激活了场地活动路径,带动了局部节点的空间改造;②模拟内外部不同路径并进行叠合研究,梳理了区域内的行为活力,以商业的行为模式带动瞻岳门片区发展和城市微更新。本文以黏菌行为模拟的方法为城市微更新的空间激活提供了思路。

参考文献

[1] 李姝,王琦,李玉.黏菌个体发育特征及其与系统发育关联的研究进展[J].菌物学报,2021,40(2):282-293.

[2] 李力,王笑,方榕.环境数据驱动的城市设计互动生成方法研究[C]//高等学校建筑学专业教学指导分委员会建筑数字技术教学工作委员会.数智营造:2020年全国建筑院系建筑数字技术教学与研究学术研讨会论文集.北京:中国建筑工业出版社,2020.

[3] 邹月,刘朴,李玉.网柄细胞状黏菌生物学特征及其应用研究进展[J].菌物学报,2021,40(2):294-305.

Ⅸ　数字孪生与元宇宙

王朔[1*]

1. 华南理工大学建筑学院；shwang@scut.edu.cn

Wang Shuo[1*]

1. School of Architecture, South China University of Technology

基于 VR 引擎的 BIM 模型共享交付平台
BIM Model Sharing and Delivery Platform Based on VR Engine

摘　要：BIM 建筑信息模型技术在设计、施工、管理中的应用越来越广泛，针对 BIM 模型在项目各参与团队及项目过程中的共享及传递问题，结合项目具体应用，开发了基于 VR 引擎的 BIM 模型共享平台。该平台主要面向提升用户体验、模型管理及项目版本管理、多用户模型审查标注、GIS、CIM、智能化系统集成应用等几个重点进行设计；同时，对平台的应用框架及系统实现也进行了相关的阐述。

关键词：VR 引擎；BIM 建筑信息模型；共享交付平台

Abstract: BIM technology is more and more widely applied in building design, construction and management process. Aiming at the application of better sharing and transmission of BIM models among participating teams and in the project process, the BIM model sharing platform based on VR engine is developed. The platform is mainly designed for improving user experience, model version management, multi-user model review and annotation, GIS, CIM, building intelligence system integration, etc; At the same time, the application framework and system implementation of the platform are also described.

Keywords: VR Engine; Building Information Modeling; Shared Delivery Platform

1　项目背景

当前，BIM 建筑信息模型技术在设计、施工、管理中的应用越来越广泛，BIM 模型在项目各参与团队及项目过程中的共享及传递成为 BIM 应用中重要的问题之一。

目前 BIM 以交付施工图和 BIM 相关分析报告为主，辅以 3D 轻量化的 BIM 模型，如 Navisworks 模型。不同的 BIM 设计软件平台本身配置了相应的软件，如 Autodesk 的 Revit 平台，推荐使用 NavisWork 软件，支持将 Revit 模型直接导出为 NavisWork 文件，并保留 Revit 项目本身的结构及构件的相关信息[1]。Autodesk 同时提供了 Forge 共享平台，提供了数据存储、对象存储、对象查看器等多种服务，支持用户创建模型共享平台，并支持基于 WebGL 的 JavaScript 的网络端平台浏览；同时，Forge 还提供了设计自动化服务，利用 Autodesk 云端服务的功能，通过设计自动化 API，将部分模型修改处理过程移转到 Forge 平台[2]。

类似的，ArchiCAD 也提供了 BIMx Viewer 软件，支持快速浏览 ArchiCAD 3D 模型及 2D 图纸，具有较强的交互性能[3]。

一些第三方的软件开发商提供了各类 BIM 模型浏览及共享工具。Fuzor 是由 KallocStudios 公司提供的虚拟现实级的可视化 BIM 软件[4]，与 Revit、ArchiCAD 等建模软件实现了实时双向同步，Fuzor 兼容主流 BIM 模型，整合了 Revit、Sketchup、FBX 等不同格式的文件，支持在 2D、3D 和 VR 模式下查看项目。同时，Fuzor 支持基于云端服务器的多人协同操作，无论在局域网内部还是互联网，项目各参与方都可以通过 Fuzor 搭建的私有云服务器来进行问题追踪，实现 3D 实时协同交流。

类似的软件还包括 Revizto，Revizto 支持轻量化处理多种格式的三维 BIM 模型，并将 BIM 模型、PDF 图纸、DWF 图纸上传到云端，供项目参与人员查看、审核、批注、沟通，实现异地多人实时协同[5]。

国内目前也有相关软件公司开发类似软件产品。

鲁班工场(Luban iWorks)采用 App 形式加载三维模型,包括用户可根据楼层、施工段来查看分解模型,隐藏板、装饰等有遮挡效果的构件,针对模型位置关联构件、相关文档说明资料、相关负责人信息,对问题位置拍照上传,对相关问题快速发起任务协作流程,对问题持续跟踪留底,借助 BIM 技术实现对问题位置构件的快速定位等功能[6]。

类似的软件也包括广联达公司提供的 BIM BOX 平台,也是采用 WebGL 相关技术在浏览器端实现模型的应用[7]。表1针对目前应用较多的 BIM 共享工具进行了统计。

上述软件产品虽得到了广泛的应用,但仍存在以下几个问题。

(1)部分软件采用了以 WebGL 相关技术在网页端

浏览场景的模式,包括 Autodesk 的 Forge 平台,鲁班工场(Luban iWorks)和 BIM BOX 等。WebGL 引擎支持的模型体量受到资源的限制,无法加载较大的模型。另外,WebGL 渲染效果受限,难以满足对于效果有较高要求的应用场景。

(2)部分应用提供的 SaaS 的服务模式,数据及软件服务器在国外,对于国内的用户,数据安全及数据存放的问题导致某些项目不能部署在私有云或私有服务器上,限制了具体的应用。

(3)BIM 模型的另一个应用需求是面向 BIM 模型审查及后续的施工运维阶段应用,也包括面向 CIM、数字城市的相关应用,上述软件不支持用户定制化的功能需求及不同的扩展应用,受到一定的功能限制。

表1 不同 BIM 模型共享平台主要功能及特点

软件名称	公司	主要功能	运行平台及部署模式	软件特点
Naviswork	Autodesk Inc.	模型浏览、构件信息查询	Windows/桌面程序	直接应用,扩展性不强
ArchiCAD BIMx	InfoGraphics Inc.	模型浏览、构件信息查询	Windows/IOS/	直接应用,扩展性不强
Revizto	Vizerra SA Inc.	模型浏览、构件信息查询,创建 4D/5D 应用	Windows、网页、IOS、Android 多种类型终端	与 Revit 软件协同
Enscape	Enscape Inc.	3D 引擎,支持模型可视化,不支持 BIM 工程信息	Windows	简单,方便,扩展功能较弱
Unity 3D[8]	Unity Inc.	3D 引擎,支持二次开发及多平台发布,所有支持 BIM 应用功能需二次开发	Windows、网页、IOS、Android 多种类型终端	功能强大,需要开发
Unreal[9]	Epics Inc.	3D 引擎,支持二次开发及多平台发布,所有支持 BIM 应用功能需二次开发	Windows、网页、IOS、Android 多种类型终端	功能强大,需要开发
Forge	Autodesk Inc.	模型浏览、构件信息查询,创建 BIM Web 应用	后台/网页端	支持开发 BIM Web 应用,需要开发使用
广联达 BIMFACE	广联达软件	以模型及图纸轻量化解析与展示为基础,结合地理信息系统(GIS)、模型渲染与效果呈现、项目文档管理等扩展功能,助力开发者打造以建筑信息模型为核心的多元管理平台	网页端	支持一般类型直接应用,支持开发 BIM Web 应用
鲁班软件	鲁班软件	从项目信息的数据采集到项目信息的标准化、集成化、智能化、移动化方向进行汇总分析处理,形成集团性项目信息展示中心,数据处理平台,为项目决策指导,项目数据分析处理提供基础和应用集成	网页端	支持一般类型直接应用,支持开发 BIM Web 应用

2 共享平台需求

研究借鉴了不同软件公司的产品，结合项目具体应用，开发了基于 VR 引擎的 BIM 模型共享软件，该软件应用需求主要面向以下几点。

(1)更方便的场景浏览模式及更好的用户体验。

在 BIM 设计、交付及成果共享过程中，更有效方便的交流方式成为新的应用需求。除了传统的 CAD、PDF、效果图、动画外，VR 交付已经逐渐成为项目交付过程中采用越来越多的形式。

(2)更方便模型管理及项目版本管理机制。

在实际的应用中，VR 交付面临的一个问题是整个项目资源打包后体量庞大，10G 以上的模型都较为常见，如果每次项目的局部更新都重新打包采用离线分发的形式发送给参与方，无疑在使用上非常不便。同时，采用 web GL 技术为主的网页端浏览模式对于浏览较大规模的建筑设计项目来说较难实现。本项目采用了桌面程序的形式，将模型资源在云端部署，采用增量更新的模式分发，并支持版本的更新及历史版本回溯。

(3)多用户模型审查，标注。

在实际的应用中，经常需要对设计中存在问题的地方进行准确的定位并标注相关的问题，同时将问题提交给各方参与者，这要求在 BIM 模型中准确的定位，标注相关的问题。由于项目构件较多，需要关闭相关的构件，如装修、天花等面层已展示内部的构件，这要求系统提供相应的功能对问题进行相应的记录，记录该位置用户设定的显示状态并共享给相关的用户。不同的用户可以针对该问题发起后续的批注等操作。

(4)面向 GIS、CIM、智能化系统集成的综合应用。

建筑工程项目分属在不同的地理位置，有时需要将工程项目放置在实际的地理空间位置，目前不少的应用在 3D 场景中集成了 3D GIS 内容，这对于展示项目的地理及环境特征非常重要，尤其是对于较大规模地理空间分布的项目。当前 BIM、CIM 也日益成为智慧城市、智慧建筑的重要数据基础，因此，越来越多的应用要求 BIM 数据集成面向 CIM、智能化应用等集成需求。

3 应用框架及系统实现

软件设计综合考虑了上述几个问题，系统采用了 Unreal 引擎作为 3D 应用开发平台；BIM 模型，国内设计项目以 Revit 软件为主流应用软件。

首先将 Revit 构件按项目对应的场景结构形式打包输出为 Unreal 资源文件，并将其在软件中重新组成对应

的 SceneGraph 树，用户可以以重载的方式重构场景树，或添加其他软件创建的资源，包括 Lidar Cloud 点云数据、3D GIS 数据等。这样做的原因是 Unreal 本身作为通用的 3D 开发平台，场景本身并不能直接支持自动生成特定的场景树结构，需要用户按自己的需求构建，采用与 Revit 项目一致的形式，方便支持各类特定的场景操作，如只显示某个楼层、关闭某个类别的构件等。

构建好对应的程序后，系统将保存相应的场景配置文件，同时将项目的资源文件上传到项目网站，将对应的内容存储在云端资源上。

由于 Revit 构件导出为 3D 模型时，其 BIM 相对应的工程属性信息是不会被保留的，因此需要将对应的类别、类型信息、工程属性信息保存至相应的数据库中，在具体的应用中调用。这部分信息通过构建单元的 ID 值关联。

项目分为模型管理 BIM Manager 及模型浏览 VR App View 两个主要的部分，其中模型管理采用 VRMana-ger Web 应用的部署形式，其主要形式是一个资源管理网站，主要的功能包括用户管理、内容管理、项目内容管理、用户操作管理等。其中，用户管理主要是给用户分配不同的组，设置不同的权限，如能否看到具体的某个项目、能否截图留言、能否修改删除场景、能否对场景进行操作等。系统架构见图 1。

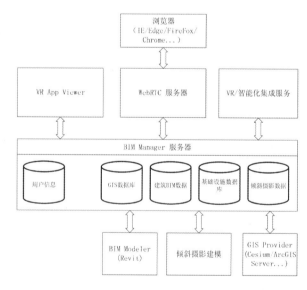

图 1　系统架构

VR App View 为客户端浏览程序，用户下载对应的 App 程序运行登录后，会根据用户的权限下载相应的场景文件到本地，在本地保留一份对应场景的拷贝。每次

如果场景有变化，可以同步到云端，用户再次登录后会提示更新场景，只做修改部分的场景更新。在管理端，上传用户可以为项目设置时间戳，系统会保存该时间戳对应的副本，以提供其他用户回溯项目的不同版本。这样做的好处是用户只需下载一次应用程序，可以同时浏览多个项目，同时保证场景的更新状态。应用 Unreal 平台的像素流传送技术，可以将程序发布为 WebRTC 技术支持的像素流服务，支持用户通过浏览器浏览场景，获得高品质的浏览效果。图 2 为 VR App Viewer 运行的部分截图。

(a) VRManager 项目管理　　　(b) VRApp Viewer

(c) 图层显示　　　　　　(d) 多用户批注查看

图 2　协同平台

4　应用及总结

本研究较好地解决了 BIM 模型共享及快速浏览的共性需求，特别是高质量及流畅的浏览效果。系统提供了多种更具用户体验的浏览模式，包括在不同的楼层之间切换及地图定位等功能。同时，不同专业之间审核，标注及共享的功能较为方便，在实际工程中得到各专业的认可。

在已有的 BIM 模型应用的基础上，进行了建筑智能化系统的集成应用开发。主要的内容包括：

（1）用户自定义动态的场景组建。主要是针对项目维护过程中动态添加各类智能化设备构件，同时包括场景树编辑，添加、删除、替换等。

（2）模型属性管理，模型属性包括：是否能够选择（通过鼠标点击）、ID 号（将来关联到设备等）、观察位置（相机观察坐标，能够定位到该模型等）、地面情况（行走时的地面检查）、楼层信息（模型显示）。

（3）设备模型的状态显示（如报警灯的开关状态与实际的设备运行状态同步）。

（4）设备模型的动画状态，如风机转动、汽车等。

同时，系统将 BIM 技术、GIS 技术、物联网 IOT 技术进行融合，针对 BIM 运维阶段进行了相关的应用，包括在智慧校园项目里集成了各类智能化系统数据（图 3），在北江航道虚拟踏勘项目中集成了 60 公里范围内倾斜摄影数据、BIM 数据、GIS 基础数据、CAD 工程数据等（图 4、图 5）。

图 3　华南理工大学国际校区
（VR/BIM 与建筑智能化系统集成）

图 4　北江航道扩充升级工程虚拟踏勘
（VR/GIS，60 公里沿线倾斜摄影 Lidar
Cloud/BIM/GIS/CAD 数字化集成）

图 5　海上风电 GIS 设施管理系统
（GIS/BIM 数据范围-广东省海岸线 3000 公里）

当前，上述平台在部分工程中进行了不同侧重的应用，如浏览体验、资源分发、用户批注共享等。其他各种更为详细的功能还需要完善，如一键式自动上传模型及与建模软件同步，功能的模块化及定制化，面向 CIM 及智慧建筑的应用等。

软件平台网址

[1]　Navisworks 3D. https://www.autodesk.com.cn/products/navisworks/3d-viewers.

[2]　Autodesk Forge. https://forge.autodesk.com/.

[3]　BIMx - Graphisoft. https://graphisoft.com/solutions/bimx.

［4］ Revizto 综合协作平台. https://revizto.com/zh.

［5］ Fuzor（kalloctech. com）. https://www.kalloctech. com/.

［6］ 鲁班软件-BIM 轻量化引擎. http://www.lubansoft. com/product/show/1/49.

［7］ 广联达 BIMFACE - BIM 轻量化引擎赋能 BIM 二次开发应用. https://bimface. com/.

［8］ 虚幻引擎- Unreal Engine. https://www.unrealengine. com/zh-CN.

［9］ Unity Real-Time Development Platform 3D,2D VR & AR Engine. https://unity. com/.

李舒阳[1]　孙澄宇[1]*　邹明妍[1]

1. 同济大学建筑与城市规划学院；ibund@126.com

Li Shuyang[1]　Sun Chengyu[1]*　Zou Mingyan[1]

1. College of Architecture and Urban Planning, Tongji University

国家自然科学基金面上项目(51778417)

数据驱动的虚拟环境背景人群复现方法
A Data-driven Approach to Reproduce Background Crowds in Virtual Environment

摘　要：虚拟现实技术被广泛应用的当下，由于虚拟环境中缺少与真实世界对应的背景人群，导致了基于虚拟现实技术开展的研究被质疑。本团队开发了虚拟环境背景人群工具包，并设计了虚拟人偶路径数据的扩增机制和替换机制，用以驱动大规模的背景人群。目前，该方法已经应用于浦东国际机场卫星厅在线虚拟寻路实验平台。随着参与实验人数的增多，采集到的真实寻路路径数据更为丰富翔实，虚拟环境中背景人群的行为逐步接近于真实世界。

关键词：元宇宙；虚拟人偶；虚拟空间；寻路实验

Abstract：At a time when virtual reality technology is widely used, the lack of background people in virtual environments that correspond to real-world has led to argument for research based on virtual reality technology. We developed a background crowd toolkit for virtual environment and designed an amplification mechanism and replacement mechanism for avatars' trajectories data to drive large-scale background crowds. The approach has been applied to an online virtual wayfinding experiment platform of the Satellite Terminal of Pudong International Airport. With the number of participants in the experiment increases, the trajectories data collected becomes more abundant and detailed, the behaviour of the background crowd in the virtual environment gradually close to that of the real world.

Keywords：Metaverse；Avatars；Virtual Environment；Wayfinding Experiment

2021年底，美国科技公司Facebook改名为Meta，将"元宇宙"的概念推向新的高潮。"元宇宙"概念的核心技术——虚拟现实技术已经被广泛应用于建筑相关的领域。随着计算机图形学技术的发展，人们可以在虚拟世界中还原接近真实的建筑空间，虚拟世界与真实世界的边界愈加模糊。然而，对于虚拟现实技术的质疑，集中在虚拟环境中缺少与真实世界对应的背景人群。这种情况必然会导致体验者无法在虚拟环境中获得接近真实的体验，进而导致相关研究的可信度降低。

1　研究背景

在数字孪生逐步进入各个学科领域的趋势下，虚拟现实技术作为数字世界的一种呈现形式，为我们研究真实世界的客观规律提供了便利。建筑学作为人居环境科学的重要组成部分，也将受益于虚拟现实技术。借助虚拟现实技术，可以将已建成和未建成的建筑或城市空间立体地呈现，进而可以通过改变虚拟环境中的特定元素，开展与空间认知和环境评估相关的研究；或者是作为设计推敲的一种方式，多人协同、沉浸式的虚拟现实体验能够有效推进设计方案的优化更新。

环境行为学和环境心理学研究建成环境与空间对人的影响机制，虚拟现实技术的介入，促使相关研究以低成本、可行性高的方式完成。除了建筑空间、颜色、材质等，体验者周边人群（我们称之为"背景人群"）的存在与活动也是影响空间体验与认知的一个重要因素。已有研究团队关注到了这一点，针对虚拟环境中背景人群对体验者的影响进行了实验探究，强调了虚拟环境中背景人群存在的必要性[1]。

目前，已有一些软件（如 Lumion 和 Mars）能够在虚拟建成环境中构建背景人群。但是，这种软件中背景人群依赖人为设定，在行为多样性方面与真实世界中背景人群有较为明显的差别，容易造成体验者在虚拟环境中的"间离效果（defamiliarization effect）"。如何在虚拟环境中构建接近真实世界的背景人群，就成为基于虚拟现实技术的人居环境研究中一个亟需解决的技术难题。

2　文献综述

环境行为学与环境心理学研究领域中，在对建成空间开展以寻路效能为目标的使用后评估时，通常会构建一个人群模拟模型，以生成虚拟环境中的大规模背景人群[2]。这一技术路径主要包含人群数据采集、人群数据建模和人群模拟控制三个部分。为了提高人群仿真模拟的准确度，国内外的研究团队针对上述技术路径中的各个环节都开展了深入研究。

数据采集阶段，大部分的研究采用现场调研的方法。人工跟踪记录是一种较为传统的方法，数据采集工作主要依靠实验员完成，人力成本较高[3]。传感器设备（GPS、WiFi、UWB、RFID、蓝牙等）可以捕获大量的多细节数据，但也存在着定位精度、适用范围、隐私保护等诸多问题[4]。随着计算机图形学技术的发展，通过遍布于室内外的监控视频采集人群数据，再利用 ReID 等行人再识别算法，也可以记录人群的轨迹及行为[5]；然而，鉴于真实建成环境中的物体遮挡、光环境和个体着装的改变，行人再识别算法的准确度和实用性还有待提升。

关于人群数据建模，国内外的研究团队从不同的角度提出了多种建模思路。从数学和物理学的角度，Dirk Helbing 提出了社会力模型[6]，Treuille 提出了密度场模型[7]，Corbetta 提出了节点网络模型[8]。从生物群体行为的角度，Reynolds 提出了鸟群模型[9]，Tu X 等人提出了人工鱼群模型[10]。在构建人群模拟模型时，会忽略一些特殊的人群行为和发生概率较小的人群行为。因此，

人群模拟模型并不能完全反映出真实世界中人群行为的多样性。

基于人群模拟模型，通过输入和调整一系列的参数设定，可以实现人群模拟控制。人群模拟会假定虚拟人偶具有一定的环境感知能力（或者是全局信息已知）[11]，可以根据建筑空间形式和标识进行路径规划，虚拟人偶也具备个体层面的碰撞检测与避让机制。人群模拟通常的设定为紧急情况，如火灾疏散逃生或者是局部建筑空间的通行能力压力测试[12]，人群的状态（数量、密度、速度）和行为与正常情况下有明显差异。然而，建成空间运行的大部分时间都是处于正常情况，如果套用人群模拟模型的参数设定，必然会导致人群模拟结果的可信度较差。

由于人群模拟模型的简洁性，人群数据建模不可避免会造成原始数据的"损失"；受制于人群模拟模型的参数设计，应用场景和建筑空间类型的改变，都会造成人群模拟模型的"失真"。因此，"采集—建模—模拟"这一技术路径存在天然的缺陷，导致人群模拟模型的实用性较低。

3　技术路径

随着计算机技术的发展，算力得到了显著提升，使得"大数据"的存储和处理成为可能。借鉴深度学习的思路，我们可以绕过数据建模这一环节，把人群模拟模型背后的机制视作"黑箱"，将采集到的人群数据直接用于人群模拟，就可以保留人群行为的真实性和多样性。

基于上述思路，我们设计了"采集—模拟"的技术路径。为了在短时间内获得大量的人群数据，且面临着"后疫情时代"现场调研的诸多限制，我们采用了在线虚拟寻路实验的方式。此外，考虑到采集到的数据量不足以等比例匹配大规模背景人群的情况，我们设计了数据扩增机制和数据替换机制。

3.1　数据采集

数据采集部分，我们采用了在线虚拟寻路实验的方式。受益于互联网的传播性，可以在短时间内收集到大量的、翔实的实验数据。

以上海浦东国际机场卫星厅作为建筑空间原型，基于 Unity 3D 平台，采用"低细节三维模型＋高分辨率全景贴图"的方式，开发了在线虚拟寻路实验平台。在线虚拟寻路实验平台的网址为 http://pvg.plans.run，支持 Chrome、FireFox、IE、Edge 和 Safari 浏览器登录，体验者可以通过电脑、平板、手机等移动互联设备在线参与寻路实验（图 1）。

图1 在线虚拟寻路实验平台登录界面

实验平台会给被试者随机派发寻路任务,被试者需要在指定登机时间前抵达登机口,并根据提示完成商店购物、上卫生间等打卡任务,以更好地模拟旅客在机场航站楼内的行为。被试者的路径轨迹、行为动作和时间会被记录为.JSON格式的数据(图2),并被保存在服务器端。

3.2 数据扩增机制

考虑到浦东国际机场卫星厅在运营阶段,旅客数量应该为两万人左右;而在虚拟寻路实验初期,采集到的数据量不足以赋予虚拟人偶。为了给虚拟环境中的全部虚拟人偶提供真实的寻路路径数据,我们设计了数据扩增机制。数据扩增机制包含了两个部分:路径数据的切片和路径数据的复制。

真实的寻路路径是由若干个坐标点按照时间序列组成的一条数据,在一些重要的空间节点(商店、餐厅、卫生间等)会发生停留的行为。以上述的空间节点作为标记点,按照排列组合的方式选中任意两个空间节点,可以将真实的寻路路径划分成若干个不同的片段(图3)。将真实路径数据按照上述方式进行切片,得到的片段仍然可以被视作真实的寻路路径数据。

截取真实寻路路径的某个片段,在这一片段路径的其他途径点和时间消耗不变的情况下,"平移"这一片段的起始时刻,即可得到一条"复制"的真实寻路路径数据(图4)。为了得到大规模的、最接近真实情况的虚拟背景人群,每一条真实路径数据都会按照一定的规则与倍率(即复制次数K),衍生出多条扩增数据,来驱动多个虚拟人偶的移动。

3.3 数据替换机制

在实验开始阶段,虚拟场景内的虚拟人偶全部由预设路径数据驱动(最短路径算法)。随着参与寻路实验人数的增加,数据替换机制不断地被触发,即时更新虚拟人偶的路径数据。预设路径数据会首先被清除(后续

```
"TaskNumber":"86273081230000",

"TaskID":47,

"RealPathDataRatio":67,

"Sex":1,

"StartLevel":20,

"StartPoint":3,

"StartTime":"13:27",

"GateNo":"G101",

"FlightNumber":"QF357",

"DeadLine":"14:25",

"IsComplete":true,

"Score":100,

"EndTime":"13:45",

"TravellerType":0,

"Speed":1,

"TravellerSeed":0,

"TaskItemList":

        {

            "TaskName":"商店购物",

            "StayType":2,

            "IsComplete":true

        }

"datapathlist":

        {

            "m_levelName":"81_1290_00",

            "m_levelNum":20,

            "m_nodenum":120,

            "m_CurTime":807.4556884765625,

            "m_StampTime":0.4556884765625,

            "m_RecordTime":19.9219970703125,

            "m_DecisionTime":17.565521240234376,

            "mPostion":

                "x":0.20000000298023226,

                "y":1.7000000476837159,

                "z":375.6000061035156

            },
```

图2 数据格式

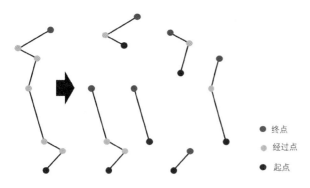

图 3　路径数据切片

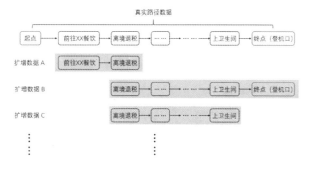

图 4　数据扩增机制

被试观察到的周边人群是真实的),然后真实路径数据
与扩增数据间的复制倍率 K 会逐渐减小(后续被试观察
到的周边人群的多样性会逼近真实情况),最终逼近每
个虚拟人偶都由一条真实路径数据驱动的状态。

受制于实验规模的原因,假设在仅有 300 多条真实
路径数据的情况下,如果虚拟环境内需要有 3000 名虚
拟人偶,就需要将原有的真实路径数据扩增 9 倍。而随
着今后实验人数规模的增加,在完成 1000 人次的实验
后,仅需将原有的真实路径数据扩增 3 倍即可满足要求。

替换机制保证了虚拟环境中的背景人群处于一个
动态更新的状态下。随着实验被试人数的不断增加,每
条真实路径数据的复制倍率 K 会不断降低(图 5),由预
设路径数据和扩增数据驱动的虚拟人偶会被逐渐剔除,
最终实现了虚拟环境中的背景人群与真实世界中的人
群具有相同的行为、规模和状态。这从根本上解决了计
算机模拟人群的可信度问题。

图 5　数据替换机制

3.4　数据复现

虚拟环境中的背景人群是由多个虚拟人偶个体组
成的,个体外在特征的不同也反映了背景人群的多样
性。基于 Unity 3D 平台,我们开发了具有亚裔人种特征
的虚拟人偶工具包,包含了 12 个虚拟人偶(后续也可以
继续增加),其中男女各 6 人,老中青比例为 1∶2∶1。
我们给虚拟人偶设计了坐、走、跑、观察、打电话等 14 个
的常见动作(图 6),并设计了动作衔接和动作触发,尽可
能接近旅客在航站楼内的行为动作。

图 6　虚拟人偶的动作

在初始化阶段,虚拟人偶会被随机赋予一条真实路
径数据,并被赋予一定的属性(性别、年龄、行走速度
等)。虚拟人偶的属性会影响到人偶的行为(老人的行
走速度比中青年慢,男性不能进入女卫生间等),进一步
增加了背景人群的真实性和多样性。

此外,我们设计了可编辑的参数设定,用于控制虚
拟环境中的人偶数量和人群密度(图 7)。在后续的环境
行为学和心理学研究中,可以针对某一特定的建筑空
间,设置不同数量和不同密度的背景人群,以便于做定
量化的实验探究。

图 7　虚拟环境背景人群的参数控制

4 应用探究

根据上述技术路径,我们以在虚拟环境中复现浦东国际机场卫星厅内的人群为目标,设计了完整的实验流程。本次研究中,我们邀请了 435 名被试者参与在线虚拟寻路实验,获得了共计 13712 条实验数据,其中有效数据 13010 条。

将收集到的实验数据在虚拟环境中复现(图 8),选取了两个观测点,分别记录了真实寻路路径数据为 1000 条、5000 条和 10000 条三种情况下背景人群的状态(图 9、图 10)。可以观察到,随着参与实验人数的增多,人群的行为多样性显著提升,且更加接近真实世界的人群状态,验证了技术路径的可行性。

图 8　虚拟环境中的背景人群

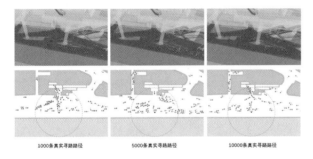

图 9　观测点 A 处背景人群的状态

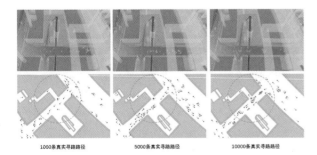

图 10　观测点 B 处背景人群的状态

对比两个观测点的背景人群,观测点 A 处仅有少量背景人群进入通道内,而观测点 B 处有一半以上的背景人群进入了通道。观测点 A 处的局部位置,背景人群的密度要远高于其他区域,而观测点 B 处背景人群的分布则较为均匀。人群的分布规律与建筑空间形式可能存在潜在的关系,有待后续做更为深入的研究。

5 结语

本文提出了一种数据驱动的虚拟环境中背景人群的复现方法,可以在虚拟环境中构建接近真实世界的人群,为基于虚拟现实技术开展的人居环境研究提供了新的技术路径。以浦东国际机场卫星厅为例,研究验证了技术路径的可行性。虚拟现实寻路实验平台可以在短时间内采集到大量的人群行为数据;采用数据扩增机制和数据替换机制,能够在虚拟环境中构建足够数量的、具有真实行为的虚拟人群,以满足在不同尺度建成空间开展环境行为学研究的需求。

本项研究中也发现,不同类型的空间中,人群的密度、分布状态、移动速度等存在着显著差异。将虚拟寻路实验平台与虚拟人群复现技术结合,可以控制虚拟环境中的无关变量,聚焦于建筑空间形式和人群行为这两个因素,以进一步探究其中存在的潜在联系。

参考文献

[1] SCHWARZKOPF S, STULPNAGEL R V, BUCHNER S J, et al. What lab eye-tracking tells us about wayfinding: a comparison of stationary and mobile eye-tracking in a large building scenario[C]. Vienna: Eye-tracking for Spatial Research, 2013: 31-36.

[2] TANG M. From agent to avatar - integrate avatar and agent simulation in the virtual reality for wayfinding[C]. Adapting and Prototyping - Proceedings of the 23rd CAADRIA Conference, 2018: 503-512.

[3] 徐磊青, 甄怡, 汤众. 商业综合体上下楼层空间错位的空间易读性——上海龙之梦购物中心的空间认知与寻路[J]. 建筑学报, 2011(S1): 5.

[4] 褚冬竹, 马可, 魏书祥. "行为—空间/时间"研究动态探略——兼议城市设计精细化趋向[J]. 新建筑, 2016(03): 92-98.

[5] 黄蔚欣, 齐大勇, 周宇舫, 等. 基于视频数据提取的环境行为分析初探——以清华大学校河与近春园区域为例[J]. 住区, 2019(4): 7.

[6] HELBING D, FARKAS I, VICES T.

Simulating dynamical features of escape panic[J]. Nature, 2000,407(28):487-490.

[7] TREUILLE A, LEE Y, POPOVIC Z. Near-optimal character animation with continuous control[J]. ACM Transactions on Graphics,2007,26(3).

[8] CORBETTA A, MEEUSEN J, LEE C M, et al. Continuous measurements of real-life bidirectional pedestrian flows on a wide walkway[C]. Pedestrian & Evacuation Dynamics,2016.

[9] REYNOLDS C W. Flocks, herds and schools: a distributed behavioral model[C]//Proceedings of the 14th annual conference on computer graphics and interactive techniques. 1987: 25-34.

[10] XIAOYUAN T, DEMETRI T. Artificial fishes: physics, locomotion, perception, behavior[J]. ACM Siggraph Computer Graphics,2000,28.

[11] SUN C F, VRIES B D, BAI W F, et al. A Comparative Study on Choice Modeling Framework for Evacuation Simulation[J]. Communications in Computer & Information Science,2013:274-285.

[12] 郭芳. 基于人群仿真的大型体育馆坐席性能化疏散设计研究[D]. 哈尔滨:哈尔滨工业大学,2015.

项星玮[1]*　陈诗逸[2]　白洁[3]　王志会[3]　周从越[4]　马晓婷[5]

1. 华中科技大学建筑与城市规划学院；xiangxingwei@zju.edu.cn

2. 重庆大学建筑城规学院

3. 浙江大学机械工程学院

4. 浙江大学建筑工程学院

5. 山西省城乡规划设计研究院有限公司

Xiang Xingwei[1]*　Chen Shiyi[2]　Bai Jie[3]　Wang Zhihui[3]　Zhou Congyue[4]　Ma Xiaoting[5]

1. School of Architecture and Urban Planning, Huazhool University of Science and Tecshnology

2. College of Architecture and Urban Planning, Chongqing University

3. School of Mechanical Engineering, Zhejiang University

4. College of Civil Engineering and Architecture, Zhejiang University

5. ShanXi urban&-rural planning and design institute Co, Ltd.

平台技术视角下建筑设计业和"元宇宙"的联系
The Correlation between the Architectural Design Industry and the "Metaverse" from the Perspective of Platform Technology

摘　要：首先，本文基于平台技术发展情况，分析建筑设计业中的平台和平台技术。其次，结合"元宇宙"的特征，分析其平台属性和所需的平台技术。然后，梳理建筑设计业和"元宇宙"在平台技术方面的共性技术，并基于这些共性技术探讨两者的平台架构关联性、平台功能关联性。最后，论述上述"关联性"对于建筑设计业转型升级的启示。

关键词：平台技术；"元宇宙"；互联网平台；建筑设计业

Abstract：From the perspective of promoting the transformation and upgrading of the architectural design industry, it is necessary to explore the correlation between the architectural design industry and the "Metaverse" from the perspective of platform technology. First of all, this thesis analyzes platforms and platform technologies in the architectural design industry based on the development of platform technology. Secondly, the platform attributes and required platform technologies are analyzed in combination with the characteristics of the "Metaverse". Thirdly, the common technologies of the architectural design industry and the 'Metaverse" in terms of platform technology are sorted out, and then platform architecture correlation and platform function correlation of the two are discussed based on common technologies. Finally, the thesis expounds the enlightenment of the above-mentioned "correlation" to the transformation and upgrading of the architectural design industry.

Keywords：Platform Technology；Metaverse；Internet Platform；Architectural Design Industry

1　平台技术概述

1.1　平台和平台技术

互联网技术的发展和应用，引发了平台（platform）的质变。消费互联网平台（例如淘宝、京东等互联网交易平台）的普及和繁荣，不仅促成了平台经济崛起，也促成了交易环节价值链重塑。随着大数据、云计算等新兴信息技术的使用以及工业互联网的兴起，以工业互联网平台为代表的产业互联网平台开始"替代"消费互联网平台成为互联网平台的主流形态。而"元宇宙"概念的提出,则为产业互联网平台带来了描绘未来业态、使用场景等的蓝图。如今,平台对整个经济社会的影响力已经显现出来。在互联网成为整个经济社会的社会操作系统和底层架构的观念下,平台被视为是其中的核心和关键[1]。

平台和平台技术可谓是一体两面。作为与平台密切相关且支撑其运行和发展的技术,平台技术并不是指某种特定技术,而是包含多种技术的技术集合体系。目前,消费互联网平台所采用的平台技术通常包含互联网(包括移动互联网)、无线传输、大数据、人工智能等技术;工业互联网平台和产业互联网平台所采用的平台技术较之消费互联网平台则更加多样,扩展了诸如物联网、云计算、边缘计算、区块链等技术。在平台技术的支持下,平台演变为一个由多主体交互作用、数据与技术驱动的复杂适应性网络生态系统[2],并产生了平台多主体协同共生、平台使用者增量式赋权、平台内外资源整合重构等技术赋能效应。

1.2 建筑设计业中的平台技术

受到消费互联网平台普及、平台经济崛起等因素的影响,在俗称的互联网"上半场",即消费互联网时代,建筑设计业开始尝试建立和使用一些区别于"软件平台"的平台。从平台提供服务的类型角度看,这些平台多数属于匹配平台、功能平台;从平台形式角度看,这些平台包括建筑在线教育平台、建筑在线接单平台、建筑信息汇集平台、建筑云端模型与素材库等[3]。而在互联网"下半场",即产业互联网时代,建筑设计业开始尝试建立和使用一些与建筑设计过程、建造过程关联更为紧密的具有产业互联网属性的平台,例如"建筑性能模拟平台"[4]"小库设计云""设计与建造一体化建筑机器人软件平台"[5]"建筑机器人柔性建造平台"[5]。如今,传统基于生产要素、市场活动的信息传播、价值创造、社会交往活动、社会生产、政务管理等活动正逐步通过平台实现[2]。基于这一情况,可以预见,建筑设计活动中与方案设计、性能分析、实体建造等相关联的"核心部分"以及与项目接单、设计资源管理、人力资源组织等相关联的"辅助部分",将依托于平台运行。

与建筑设计业中的平台不断演变、迭代相对应的是,建筑设计业中的平台技术也在不断扩展、更新。从消费互联网时代的互联网、无线传输等技术,到当前产业互联网时代的大数据、人工智能、扩展现实等技术,建筑设计业中的平台技术和各种新兴信息技术产生了愈来愈广泛的交集。随着产业互联网向以"元宇宙"为蓝

本的新形态的发展,建筑设计业中的平台技术将很可能融入并整合更多新兴信息技术,例如物联网、云计算、雾计算、边缘计算等。

2 "元宇宙"的特征

2.1 "元宇宙"的平台属性

虽然"元宇宙"概念的提出夹杂了商业噱头,但这个概念及其描述的场景并非没有依据。一方面,大数据、云计算、人工智能、数字孪生等的研究和应用为"元宇宙"提供了来自不同产业领域的技术积淀(图1);另一方面,互联网以及互联网平台的演变为"元宇宙"带来了由商业模式、社交方式、生产方式、社会观念等要素组成的关联于经济、文化、社会等的基础性特质。某种意义上说,"元宇宙"既扎根于现实又超越现实,既继承当前的新兴信息技术、互联网模式,同时又探索开拓这些技术和模式。由此不难理解,为何一些专家、学者、企业人士等将"元宇宙"与当前以及未来的产业互联网形式联系在一起,将其视为是产业互联网的理想景象或是终极形态。在这样的理解下,"元宇宙"便具有了一个重要特征,即平台属性。

图1 英伟达(NVIDIA)的"实时仿真与协作平台"(Omniverse)中的数字孪生城市场景

(图片来源: https://www.nvidia.cn/omniverse/solutions/digital-twins/)

在平台高度发达的社会中,"元宇宙"和其平台属性的关系,甚至会超过平台和平台技术的关系:不只是一体两面的,更是显性的和可互换的。换句话说,"元宇宙"即平台。就平台类型而言,"元宇宙"或将是一种深度融合了消费互联网和产业互联网的复合型平台。就平台特性而言,"元宇宙"或将继承、整合现有消费互联网平台、产业互联网平台(包括工业互联网平台)的特性,并在与这些平台的碰撞激荡之中形成当前互联网平台所不具有的诸如实时性、在场感、虚实融合性、互操作

性等新特性[6]。

2.2 "元宇宙"所需的平台技术

作为信息化发展的一个新阶段,"元宇宙"不宜称为新技术[7]。鉴于"元宇宙"与互联网平台的密切联系,"元宇宙"所需的平台技术和当前互联网平台所需的平台技术存在较多重合,尤其是工业互联网平台、产业互联网平台所需的平台技术。这些平台技术包括已经具有一定成熟度并进入了实际应用的信息技术,例如物联网、云计算、大数据、虚拟现实等技术;包括尚在发展但已经有初步应用的信息技术,例如数字孪生、5G无线传输、雾计算、边缘计算、区块链等技术;也包括尚在探索和研发的信息技术,例如6G无线传输、人联网(Internet of People,IoP)、思维联网(Internet of Thinking,IoTk)、脑机接口(Brain-computer interface,BCI)等技术。在"元宇宙"中,这些平台技术需要整合在一起,通过综合性的集成化的方式加以运用,为复杂功能的实现提供支撑。

3 平台技术层面建筑设计业和"元宇宙"的关联性

在平台技术层面,建筑设计业和"元宇宙"的关联性主要通过各自的平台体现。需要强调的是,为了充分阐述以上两者的关联性,下文所指的"建筑设计业中的平台"由于融入了工业互联网、产业互联网的内容,较之建筑设计业现有的平台,其内涵将会更加广义,其所需的平台技术、所形成的平台架构、所具有的平台功能等也会更加多样。

3.1 技术关联性:平台所涉及的共性技术

建筑设计业和"元宇宙"两者的平台所涉及的共性技术取决于建筑设计业自身的需求以及"元宇宙"自身在平台架构、平台功能、应用场景等方面的考量。具体来说,"需求"关联的是综合建筑设计业在性能分析(包括环境、材料、结构等性能)、辅助决策、智能感知等方面的需求;"考量"关联的是构建"元宇宙"所需要的基础设施、软硬件环境以及所期望实现的展示环境、社交场景等情况。基于以上分析,结合对相关文献、案例等的研究,本文梳理了建筑设计业和"元宇宙"两者的平台所涉及的共性技术,包括高速无线传输(5G、6G)、物联网、云计算、雾计算、边缘计算、扩展现实等。其中,高速无线传输(5G、6G)、物联网、云计算、雾计算、边缘计算这些技术在"元宇宙"中属于网络及运算技术,它们既影响着数据的传输、资源的共享,也影响着"元宇宙"中的管理技术、建模技术;扩展现实技术在"元宇宙"中属于虚实空间交互与融合技术,是"元宇宙"具备沉浸感体验的基本条件。

3.2 共性技术主导下的平台架构关联性

平台架构是平台的核心。虽然实际建设中不同企业的工业互联网平台、产业互联网平台在架构方面不尽相同,但是这些平台的架构通常可以归纳为3个或4个层级。图2展示了制造业的平台生态系统常见的三层架构形式。以图2展示的三层架构为例,以上述的共性技术为主要技术,结合其他信息技术(包括已实现的、尚在发展的、尚在研发的信息技术),可以发现建筑设计业和"元宇宙"各自所构建的层级在数据层能够形成较强的技术共通关系,在处理层、应用层能够形成一定的技术包含关系。

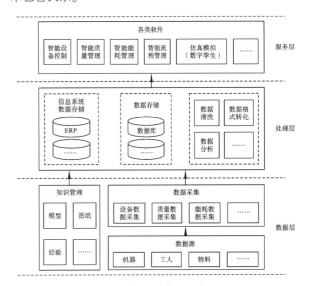

图2 制造业的平台生态系统常见的架构
(图片来源:项星玮,林再国,张烨,王浩楠,刘翠. 先进制造业的典型生产模式对于建筑设计平台架构的启示[J].建筑师,2021(04):96-104.)

"技术共通关系"指的是建筑设计业和"元宇宙"各自所构建的数据层依赖于一个相近的技术体系。一方面,建筑设计关联于人、环境(包括建筑物、构筑物、热环境等)的泛在连接特征,使得构建"元宇宙"数据层所需的技术在建筑设计业构建其数据层时也可能同样适用,事实上,共性技术中的绝大部分技术正是构建"元宇宙"数据层的主要技术[7];另一方面,共性技术所具有的高兼容性特征,使得共性技术对于不同行业具有较好的普适性,体现了通用数字技术不断扩散的结果。

"技术包含关系"指的是建筑设计业和"元宇宙"各自所构建的处理层、应用层在技术体系方面存在后者对前者的包含关系。这种"包含关系",从微观层面看形成的是一种子集概念,从宏观层面看呼应的是"每个行业都有属于自身的'元宇宙'"的观点。与数据层的通用性不同,处理层、应用层都具有较为明显的行业个性化特征:处理层需要较多适应行业自身特点的规则、算法;应用层需要较多适应行业自身特点的软件、系统。

总体来看,建筑设计业和"元宇宙"各自的平台架构具有层级上的整体相似性,而不同层级所涉及的技术体系则既有共通关系也有包含关系。形象地说,可以将两者的平台架构联系看作是"相同分母,不同分子"的关系。

3.3 共性技术主导下的平台功能关联性

在共性技术主导下,建筑设计业和"元宇宙"两者的平台所构建的平台功能都将包含"数据处理""虚实场景融合"两大类。数据处理功能可包含数据清洗、数据分析、辅助决策、数据转化等子功能;虚实场景融合功能可包含虚实世界视觉、听觉、触觉、嗅觉等方面的交互功能。

对于建筑设计业的平台而言,数据处理在建筑设计的传统设计过程中并不突出,而且数据处理功能在建筑设计业当前的平台中也不完善,这一功能的实现和优化需要向工业互联网平台、产业互联网平台学习,例如学习工业互联网平台中边缘计算网络的架构方式(图3),这更像是平台后天习得的功能;而虚实场景融合功能,由于契合建筑学注重设计表现(representation)的传统,且设计方案建模已是建筑设计过程中的重要环节,因此抛开实现虚实场景的技术和软硬件角度看,这更像是平台与生俱来的功能。

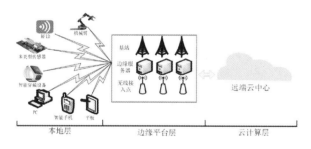

图3 边缘计算网络架构
(图片来源:王志会. 面向边缘计算的制造任务调度机制及其可靠性分配的研究[D]. 杭州:杭州电子科技大学,2020.)

对于"元宇宙"的平台而言,其数据处理功能很大程度上源于工业互联网平台对于生产制造过程的数据处理功能,属于平台的一种基本功能,因此这更像是平台与生俱来的功能;而虚实场景融合功能属于平台期望实现的应用场景功能,由于"元宇宙"虚实场景的丰富程度、复杂程度等远超工业互联网平台对于设备、车间、生产线等的仿真要求,需要不同行业的资源和从业者共同营造,因此这更像是后天习得的功能。

基于以上论述,建筑设计业的平台所具有的数据处理功能、虚实场景融合功能与"元宇宙"的平台所具有的

这两大类功能存在如下联系:前者的数据处理功能需要参考、借鉴后者的这类功能;前者的虚实场景融合功能需要一定程度地参与构建后者的这类功能,即一种主动参与关系,这意味着建筑师具备塑造元宇宙线上、线下应用场景的潜力。

4 基于"关联性"的建筑设计业转型升级启示

基于上述"关联性",针对建筑设计业转型升级可获得如下启示:①关注平台在互联网时代的内涵、扮演的角色和呈现的形式,以及在建筑"设计—建造"过程的性能分析、辅助决策、流程再造、智能设备控制等方面可能发挥的作用;②关注汽车、船舶、飞机等先进制造业对于新兴信息技术的应用以及由此建立的新生产模式;③重视建筑"设计—建造"过程中应用、探索数字技术的新需求,拓展建筑学中所用数字技术的边界和范围,发掘数字技术对于建筑设计、建造的必要性和不可替代性。

5 结语

通过对平台技术的概述以及"元宇宙"特征的讨论,本文从平台技术视角阐述了建筑设计业和"元宇宙"的联系,其联系主要体现在技术关联性、平台架构关联性、平台功能关联性等三个方面。本文有助于明晰平台技术、平台模式对于建筑设计业的影响,能够提供建筑"设计—建造"过程中运用平台技术、平台模式的思路。

参考文献

[1] 郭全中,刘翠霞. 互联网平台经济崛起的深层次原因初探[J]. 新闻爱好者,2021(07):12-15.

[2] 范如国. 平台技术赋能、公共博弈与复杂适应性治理[J]. 中国社会科学,2021(12):131-152+202.

[3] 项星玮. 建筑设计的新商业模式[M]. 杭州:浙江教育出版社,2017.

[4] 孙澄,韩昀松,庄典. "性能驱动"思维下的动态建筑信息建模技术研究[J]. 建筑学报,2017(08):68-71.

[5] 袁烽,张立名,高天轶. 面向柔性批量化定制的建筑机器人数字建造未来[J]. 世界建筑,2021(07):36-42+128.

[6] 胡泳,刘纯懿. 元宇宙转向:重思数字时代平台的价值、危机与未来[J]. 新闻与写作,2022(03):45-55.

[7] 王文喜,周芳,万月亮,宁焕生. 元宇宙技术综述[J]. 工程科学学报,2022,44(04):744-756.

董蕴晨[1,2] 王振[1,2]*
1. 华中科技大学建筑与城市规划学院；wangz@hust.edu.cn
2. 湖北省城镇化工程技术研究中心
Dong Yunchen [1,2] Wang Zhen [1,2]*
1. School of Architecture and Urban Planning, Huazhong University of Science and Technology
2. Hubei Engineering and Technology Research Center of Urbanization

数字孪生背景下城市设计与 GIS 技术方法研究综述
A Review of Urban Design and GIS Technology Approaches in the Context of Digital Twin

摘　要：近年来智慧城市、数字孪生与元宇宙受到普遍关注，有关 GIS（地理信息系统）的技术更新与数字化结合出现了新的机遇与挑战，如何在当今的新城市科学范式下探索和拓展学科新技术、新方法是当务之急。本文首先通过文献计量法对 Web of Science 以及 CNKI 知网数据库中相关权威文献提及的 GIS 辅助城市设计方法进行梳理，运用网络数据及可视化知识图谱对 GIS、城市设计等关键词进行共现分析，了解国内外 GIS 技术方法的应用趋势及热点。根据分析结果对 GIS 技术方法结合数字孪生、元宇宙等前沿技术进行讨论，提出新背景下 GIS 技术发展的新方向。

关键词：地理信息系统；城市设计；文献计量法；数字孪生

Abstract：In recent years, due to the widespread use of big data and the common interest in smart cities, digital twins and meta-universes, new opportunities and challenges have emerged regarding the technological renewal and digital integration of GIS (Geographic Information Systems). This paper firstly compares the GIS-assisted urban design methods mentioned in relevant authoritative literature in Web of Science and CNKI databases through bibliometric method, and uses web data and visual knowledge mapping to analyse the co-occurrence of key words such as GIS and urban design to understand the application trends and hotspots of GIS technology methods in urban design at home and abroad. Based on the results of the analysis, the frontier development of GIS technology methods combined with digital twin and meta-universe is discussed, and new directions of GIS technology development in the new context are proposed.

Keywords：GIS；Urban Design；Bibliometric Method；Digital Twin

1　引言

在人类造城的历史长河中，城市设计的技术方法由于不同时期的城市现状以及生产力水平演进一直处于变革之中。有关学者总结了城市设计的几个阶段，分别是：遵循建筑学基本原理与古典美学的第一代传统城市设计，工业革命后以科技、技术、美学、功能、经济等因素综合考量整体规划的第二代现代城市设计，20 世纪 70 年代后因反对现代主义机器美学而转向城市生态环境保护的绿色城市设计，以及近年来由于计算机技术突飞猛进而逐渐浮现的第四代数字化城市设计[1]。在如今第四次工业革命时代来临之际，城市设计中最重要的分析"原料"无疑为庞杂宏大的各类数据。因此，基于空间数据管理分析的 GIS（地理信息系统，全称 Geographic Information System）技术由于其强大的复合数据计算能力而被广泛应用在建成环境学科的各个领域。随着智慧城市、数字孪生及元宇宙等新概念新技术的涌现，城市设计者们对于城市数据的收集不再困难，甚至往往会出现"数据远多于方法"的局面。传统的 GIS 应用方法应用场景繁多复杂，实际操作时也许会难以快速选择合适的模块以达到预期效果，如何紧跟时代的步伐找到高效的数据应用方向值得我们关注。

2 研究对象

2.1 数据来源

本文外文文献以 Web of Science 数据库作为数据来源。在网站核心合集中检索主题"GIS AND 'Urban Design'"得到文献 269 篇。将检索词改为"GIS AND 'digital twin'"得到 20 篇相关文献。

中文文献以中国知网(CNKI)作为数据来源网站，首先以检索式为"GIS OR 地理信息系统"进行检索，并在结果中限定专辑为工程科技学科Ⅱ辑，专题为"建筑科学与工程"，得到 10572 篇相关文献。将检索词设置为"(GIS OR 地理信息系统)AND 城市设计"再次进行主题精确检索，得到 144 篇相关文献。将检索词设置为"(GIS OR 地理信息系统)AND 数字孪生"进行主题精确搜索，得到相关文献 53 篇。

2.2 研究方法

本文以以上文献结果作为研究基础，结合人工筛选与高被引文献阅读，采用 Vosviewer 软件以及网站可视化数据进行关键词、研究方向、作者、研究地区等因素的共现分析并整理归纳，对于目前 GIS 在城市设计领域及未来数字孪生背景下的研究进展进行梳理与总结。

3 研究进展

3.1 GIS 辅助城市设计

3.1.1 国外文献分析

GIS 技术在美国与加拿大萌发，同时具有"工具"、"资源"和"学科"三大属性[2]。早期国外对于 GIS 与建成环境学科的结合主要在城市规划范畴内，包括地图处理、规划管理、分析与决策支持、公众参与等方面，并逐渐开始与城市设计有关联[3]。有关 GIS 辅助城市设计的研究最早正式出现 1999 年，英国学者 Batty 等人在对 GIS 与虚拟城市环境结合进行研究后，进一步探索了 GIS 技术在城市设计中应用的可行性[4]。2008 年"地理设计"的概念在美国被提出，拓展了 GIS 辅助城市设计的新路径[5]。近年来，国外出现了许多 GIS 与街道网络、步行系统、公共空间的相关研究，以进一步辅助建成环境审计的工作。

根据 Web of Science 数据库检索成果分析，国外 GIS 与城市设计相结合的文献发表年份为 1998—2022 年，说明国外有关 GIS 的研究开展较早，但 GIS 结合城市设计的相关研究在近 20 年才逐渐涌现。研究类别不仅仅

局限于建成环境学科(图 1)。研究成果较多的地区如表 1 所示，美国在此方向处于领先地位，其次为中国、澳大利亚、英国等国家。经过 Vosviewer 进行文献关键词共引可视化分析得到图 2，其中共现次数排名前十的关键词如表 2 所示(剔除搜索主题词 GIS、城市设计后)，共现次数最高的关键词为步行、身体活动、建筑环境等。根据关键词共现聚类可将该领域的研究方向主要分为环境类、社区类、形态类、街道类、土地类五部分，其中社区类与环境类关键词总共现次数占比最高(表 3)。

图 1 GIS 与城市设计研究类别比例
(图片来源：Web of Science 网站可视化数据)

表 1 文献成果地区排序
(来源：根据 WoS 数据库资料自绘)

排序方式	1	2	3	4	5
文献总量	美国	中国	澳大利亚	英国	荷兰
文献引用量	美国	澳大利亚	中国	英国	新西兰
总链接强度	美国	荷兰	葡萄牙	澳大利亚	中国

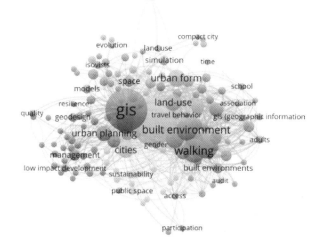

图 2 GIS 与城市设计关键词聚类
(图片来源：根据 WoS 数据库资料自绘)

表 2　GIS＋城市设计关键词共现排序

(来源:作者自绘)

排序	关键词	共现次数	占比	平均年份/年
1	步行	34	3.44%	2016
2	身体活动	33	3.34%	2015
3	建筑环境	28	2.83%	2017
4	健康	21	2.13%	2016
5	可步行性	20	2.03%	2017
6	城市形态	19	1.93%	2013
7	土地使用	18	1.82%	2015
8	城市规划	16	1.62%	2016
9	空间句法	14	1.42%	2016
10	社区	14	1.42%	2015

表 3　国外 GIS＋城市设计关键词共现聚类

(来源:作者自绘)

聚类集	主要关键词(按共现频次从高到低)	总共现次数	总占比
环境类	地理信息系统/城市规划/管理/地理设计/低影响发展/气候变化/生态系统服务 风险/雨水/绿色基础设施/基础设施/热舒适度/气候变化/复原力/整合/热岛/脆弱性/景观/规划支持系统/曝光/3D GIS/水敏城市设计/三维可视化/适应性/可持续城市设计	215	21.85%
社区类	步行/身体活动/建筑环境/健康/可步行性/社区/可及性/肥胖症/决定因素/身体活动/社区设计/公园/公共开放空间/体重指数/绿地/成人/学校/感知/街道连接/邻近地区/儿童/指标/距离/宜居性/有效性/社区步行能力	301	30.59%
形态类	空间/城市形态学/行为/模型/密度/多样性/建筑物/形态学/等离子体/空间分析/土地利用/图像/性别/能见度/数据挖掘/偏好/城市结构/安全/参数化建模	105	10.67%
街道类	城市设计/空间句法/公共空间/可持续性/连通性/城市化/街区/植被/可视化 街道网络/地点/环境/温度/舒适/街道/大学校园/志愿地理信息(Vgi)	167	16.97%
土地类	土地使用/城市/环境/形式/模拟/运输/城市设计质量/系统/城市更新/时间/基础设施/审计/无序扩张/积极旅行/紧凑型城市/缩小的城市	93	9.45%
其他	—	—	10.47%

3.1.2　国内文献分析

根据知网文献分析数据可以得知,国内研究类型中占比最多的为工程研究(2160 篇),其次为技术研究(1151 篇)与技术开发(573 篇)。由此可见 GIS 在本学科中发挥最大效用的属性为工具属性,多应用于具体工程。有关 GIS 结合城市设计应用的文献研究时间集中在 2001—2022 年间。第一篇文献出自武汉大学学报,作者杨丽等,介绍了 GIS 在"绿色城市设计"中的四个应用场景[6]。

将 GIS 与城市设计的文献检索结果进行分析,可知目前该领域文献被引量最高的学者为同济大学的钮心毅,发文最多的学者为东南大学的吴晓。文献来源最多的机构为重庆大学与《华中建筑》,其次为东南大学与《规划师》等。使用 Vosviewer 进行关键词共现分析后得到图 3,其中出现了 5 个主要聚类集,可以代表 GIS 在城市设计中大致的 5 个研究类别(表 4),包括高度控制类、总体设计类、规划可视化类、空间分析类与地理设计类。聚类集中以高度控制类应用最为广泛。

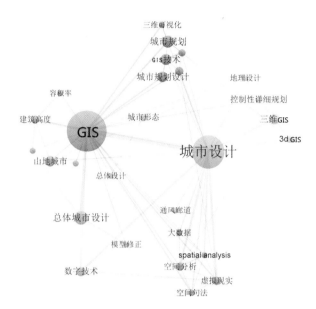

图3 国内GIS与城市设计关键词共现聚类

(图片来源:根据知网数据库自绘)

表4 国内GIS+城市设计关键词共现聚类

(来源:作者自绘)

聚类集	关键词(按共现频次从高到低)	总共现次数	总占比
高度控制类	GIS/山地城市/建筑高度/天际线/容积率/建筑高度控制	82	36.44%
总体设计类	城市设计/总体城市设计/数字技术/城市形态/总体设计/模型修正/通风廊道	74	32.89%
规划可视化类	城市规划/GIS技术/城市规划设计应用/三维可视化	32	14.22%
空间分析类	空间分析/虚拟现实/大数据/空间句法	19	8.44%
地理设计类	3D GIS/控制性详细规划/地理设计	18	8.00%

3.2 数字孪生背景下的GIS应用

3.2.1 国外研究进展

数字孪生(Digital Twin)的概念由Grieves教授在2003年首次提出并应用在工业界[7],近年来,数字孪生的概念逐步与建成环境学科相结合。有关数字孪生与GIS结合的文献分布在2018—2022年间,研究成果最多的地区为中国,其次为意大利、澳大利亚和英国。研究分布最多的领域为建筑科学、环境科学与遥感、其次为能源燃料、工程土木、绿色可持续技术、影像科学摄影技术和工程电气电子等。各个行业对于数字孪生与GIS结合有着不同的应用模式。2019年,美国学者Delgado等提出WebGIS模式可以运用于农业的数字孪生管理中[8]。2020年Lehner H.等以维也纳为例讨论了将三维测绘数据与地理信息系统直接建模"地理数字孪生"的可能性[9]。Zhu J.等提出使用shapefile格式类促进BIM模型在GIS中的使用,以满足数字孪生的发展需要[10]。Park J等以韩国全州市为例开发了用于可持续评估碳排

放量并支持GIS的数字孪生系统结构图[11]。

3.2.2 国内研究进展

根据Web of Science数据中中国地区的文献以及知网数据库的文献检索可知,中国目前在数字孪生与GIS应用结合方向的研究相对全球来说较为活跃,在现有研究成果中占比最高。此方向研究最多的学科为计算机软件、自然地理学和测绘学,其次为建筑科学与工程、水利水电工程,此外公路与水路运输、信息经济与邮政经济、电力工业等学科也有所涉及。

在具体研究内容上,郭仁忠等提出通过GIS建立三元空间的关联,初步分析了面向智慧城市的未来GIS框架可能发展的方向[12]。郑伟皓等以数字孪生五维模型为指导,探讨了建筑信息模型(BIM)+地理信息系统(GIS)技术在交通业的应用途径[13]。饶小康等自主设计研发了基于GIS+BIM+IoT数字孪生堤防安全管理平台,在长江流域典型堤段进行了实践。李强分析了包含不同模块的城市数字孪生体模型中有关城市洪涝灾害评估与预警系统实现的可能性[14]。总体来说,目前相关

文献类型以技术研究与技术开发为主,说明有关数字孪生背景下的GIS应用多处于研究初期,还未有较多工程应用与实践成果。

4 讨论

4.1 分析结论

根据第3章的分析可知,国内外有关GIS与城市设计结合的应用在整体趋势与研究热点具备共同点的前提下保持了差异性,具体特征如下。

(1)国外有关城市尺度的GIS应用最多,包括环境类、形态类及土地类应用方向,偏向系统性分析与认知城市。此外,GIS在社区尺度的应用包含街道量化、社区生活等分析内容,更加注重与人的关联性。

(2)国内有关GIS结合城市设计的应用目前集中在城市尺度,以高度控制类应用最多,并包含规划可视化、空间分析、地理设计等其他内容,但对于更精细的社区尺度应用尚待进一步研究。

(3)数字孪生结合GIS的应用出现在众多工程行业,并与BIM、CIM、IoT等技术联系紧密。

(4)数字孪生结合GIS的研究发展还处于早期阶段,各个行业的相关研究较为分散,还未形成完整研究体系。但数字孪生背景下的GIS应用与城市研究结合较为紧密,未来有较大的发展空间。

4.2 延伸讨论

关于GIS辅助城市设计的文献计量结果差异,除了真实的研究方向的偏好不同,笔者认为还可能与国内外对于"城市设计"概念的界定有关。国外对于"城市设计"的定义涵盖范围更广,包含社区生活、公共空间等元素,国内则主要集中在"形体设计""政策设计""设计综合"等方向的大尺度范式之中[15]。近年来这种趋势有所转变,例如有学者通过手机信令数据、位置服务等信息分析城市的真实运行状态[16]。以及运用GIS技术进行建成环境审计等等。未来的数据应用会更为细致,并更加强调以人为核心的研究方向。

另一方面,在数字孪生与元宇宙的背景下,城市设计的范围也被拓展。Kaur K等在使用城市排水系统的数字孪生模型模拟降雨与洪涝风险的方向进行了研究[17]。Naoki等开发了一种整合增强现实与无人机系统系统的互联网架构,对于城市数字孪生景观可视化做出了贡献[18]。杨滔等论述了数字孪生城市雄安新区拓展未来数字资产交易的可能性[19]。数字孪生背景下的城市设计拥有更多辅助判断的数据条件,在未来,GIS技术也有望结合CIM、ICT、元宇宙等概念发展出丰富的研究成果。

5 结语

GIS技术在其诞生后的70年间为城市设计做出了巨大的贡献,结合国内外GIS辅助城市设计的发展研究现状,笔者认为未来在数字孪生背景下的GIS辅助城市设计技术将有以下几个转变方向。

(1)从大尺度到精细化,有关GIS的研究从辅助城市规划的大尺度转向关注社区生活的人本视角。未来的数据应向全尺度与精细化发展。

(2)从单一学科到多学科集成,数字孪生背景下的城市设计要求考虑多个复杂数据源的整合分析,GIS以共同的地理信息为数据底板,有潜力也应向多学科数据集成的方向拓展,未来有望以GIS技术为基础整合更多专业信息,形成数据与体系更为全面的"城市孪生体"。

(3)从科学化到人性化,GIS在未来除了科学分析物理空间以外,与人有关的主观研究会通过一定量化的方式加入总体设计考量,使城市更为人性化。

技术高速发展给人们的生活带来了新的挑战。面对新的城市背景,顺应时代改进技术,才能使传统技术在保留原有优势的基础上发挥更大的作用。

参考文献

[1] 王建国.基于人机互动的数字化城市设计——城市设计第四代范型刍议[J].国际城市规划,2018,33(01):1-6.

[2] 邱枫.基于GIS的宁波城市肌理研究[D].上海:同济大学,2006.

[3] 宋小冬,钮心毅.城市规划中GIS应用历程与趋势——中美差异及展望[J].城市规划,2010,34(10):23-29.

[4] BATTY M, DODGE M, JIANG B, et al. GIS and Urban Design[M] //Geographical In formation and Planning:European Perspectives, London, New York, Berlin:Springer Verlag. 1999.

[5] 洪成,杨阳.基于GIS的城市设计工作方法探索[J].国际城市规划,2015,30(02):100-106.

[6] 杨丽,庞弘,周艳芳.GIS在"绿色城市设计"应用中的探索[J].武汉大学学报(工学版),2001,(6):100-103.

[7] GRIEVES M, VICKERS J. Digital twin: mitigating unpredictable, undesirable emergent behavior in complex system[M]//Trans—disciplinary Perspectives on Complex Systems. Berlin, Germany:Springer-Verlag, 2016.

[8] DELGADO J A, SHORT N M, ROBERTS D

P,et al. Big data analysis for sustainable agriculture on a geospatial cloud framework[J]. Frontiers in Sustainable Food Systems,2019,3.

［9］ LEHNER H,DORFFNER L . Digital geo twin Vienna:towards a digital twin city as geodata hub[J]. PFG-Journal of Photogrammetry Remote Sensing and Geoinformation Science,2020,88(W1).

［10］ ZHU J,WU P . Towards effective BIM/GIS data integration for smart city by integrating computer graphics technique ［J］. Remote Sensing, 2021, 13 (10):1889.

［11］ PARK J,YANG B. GIS—Enabled digital twin system for sustainable evaluation of carbon emissions: a case study of Jeonju City,South Korea[J]. Sustainability, 2020,12.

［12］ 郭仁忠,林浩嘉,贺彪,等.面向智慧城市的 GIS框架[J].武汉大学学报(信息科学版),2020,45 (12):1829-1835.

［13］ 郑伟皓,周星宇,吴虹坪,等.基于三维GIS 技术的公路交通数字孪生系统[J].计算机集成制造系 统,2020,26(1):28-39.

［14］ 李强.基于数字孪生技术的城市洪涝灾害评 估与预警系统分析[J].北京工业大学学报,2022,48 (05):476-485.

［15］ 刘晋华.中国城市设计的范式演变研究 (1921—2018)[D].南京:东南大学,2019.

［16］ 龙瀛,张恩嘉.科技革命促进城市研究与实 践的三个路径:城市实验室、新城市与未来城市[J].世界 建筑,2021(3):62-65＋124.

［17］ KAUR K . Integrated decision support system for pluvial flood—resilient spatial planning in urban areas [J].Water,2021,13.

［18］ NAOKI K,TOMOHIRO F,NOBUYOSHI Y. Future landscape visualization using a city digital twin: integration of augmented reality and drones with implementation of 3D model—based occlusion handling [J]. Journal of Computational Design and Engineering, 2022,9(2):837-856.

［19］ 杨滔,杨保军,鲍巧玲,等.数字孪生城市与 城市信息模型(CIM)思辨——以雄安新区规划建设 BIM管理平台项目为例[J].城乡建设,2021(02):34-37.

王荷池[1]　魏欣[2]　黄艳雁[1]　邹贻权[1]　曾毓隽[1]　胡占芳[3]　陈鑫鑫[1]

1. 湖北工业大学土木建筑与环境学院；wanghechi@163.com

2. 中南建筑设计院股份有限公司

3. 南京工业大学建筑学院

Wang Hechi[1]　Wei Xin[2]　Huang Yanyan[1]　Zou Yiquan[1]　Zeng Yujuan[1]　Hu Zhanfang[3]　Chen Xinxin[1]

1. School of Civil Engineering, Architecture and the Environment, Hubei University of Technology

2. Central-South Architectural Design Institute Co. , Ltd.

3. College of Architecture, Nanjing Tech University

国家自然科学基金青年基金(52008157)、湖北工业大学博士启动基金项目(BSQD2019044)、江苏高校哲学社会科学研究项目(2019SJA0193)、大学生创新创业训练计划项目(S202110500063)

基于元宇宙理念的 BIM 设计协同方法与应用研究
Research on BIM Design Collaboration Method and Application Based on Metaverse Concept

摘　要：目前正向 BIM 协同设计在建筑方案设计阶段推行难，建筑设计软件对电脑性能要求高，现有云端协同平台不能满足 GPU 算力要求高的计算、渲染场景的应用需求，加之不同专业设计软件多样，但现有以 Revit 为主的工具软件未很好解决多源数据流转的问题，束缚了 BIM 设计应用。基于目前上述问题，本文拟契合数字化转型升级发展战略，积累元宇宙建筑设计经验，并探索基于 Omnivere 的 3D 实时协同设计，探索 3D 成果 BIM 化技术，为全面实施正向 BIM 设计工作提供技术路径和参照样本。本文基于新一代超算云服务平台，攻克了 GPU 集群共享关键技术，形成了软硬一体化设计云平台解决方案。融合 Omniverse 和 GPU 集群共享技术，形成了一套 3D、BIM 混合的协同设计工作模式整体解决方案，以实现全员正向 BIM 设计。

关键词：元宇宙；BIM；Omnivere；3D；协同设计

Abstract：At present, it is difficult to implement BIM collaborative design in the architectural design stage. Architectural design software has high requirements on computer performance, and the existing cloud collaborative platform cannot meet the application requirements of computing and rendering scenarios that require high GPU computing power. In addition, different professional design software is diverse, but the existing tool software mainly based on Revit cannot solve the problem of multi-source data flow well, which restricts the application of BIM design. Based on the above problems, this paper intends to fit the development strategy of digital transformation and upgrading, accumulate experience in Metaverse architectural design, explore 3D real-time collaborative design based on Omnivere, and explore BIM technology for 3D achievements, so as to provide a technical path for the full implementation of positive BIM design work. Based on a new generation of supercomputing cloud service platform, this paper overcomes the key technology of GPU cluster sharing, and forms a cloud platform solution for integrated software and hardware design. Integrating Omniverse and GPU cluster sharing technology, a set of 3D and BIM hybrid collaborative design work mode overall solution is formed to realize positive BIM design for all staff.

Keywords：Metaverse；BIM；Omnivere；3D；Collaborative Design

1 引言

元宇宙作为一种映射现实载体、完成现实交互的虚拟世界，其巨大的创造潜力令人震撼。构建一个元宇宙世界需要现实城市数据支撑，而科技手段和数字化的构建方式在建筑设计方面已有专门的研究领域。这个体系就是大家所熟知的 BIM 技术，利用该项技术原则上可以很好地实现全员 3D 协同创作，在极大程度上全方位、全视角展示设计方案的种种细节。然而由于技术层面的原因，多元数据流转并不能达到理想状态，导致如何在方案阶段正向推行 BIM 技术成为难题。

本成果探索了基于 Omnivere 的 3D 实时协同设计；探索了 3D 成果 BIM 化技术，给全面实施正向 BIM 设计工作提供了技术路径和参照样本。

2 现状及问题

2.1 传统的基于 CAD 的协同设计

传统的基于 CAD 的协同设计主要是一个线性协同过程，其核心是对项目文件夹的图形文件和文本文件进行一定程度的管理，并通过采用图形统一文件名、图层名称、外部参数等多种辅助方法，提高文档协同的规范性和方便性。在实现该方法时，建筑设计过程中的各种信息仍然存储在不同 CAD 文件的相应层中，不同功能的二次开发非常困难。基于 CAD 的协同设计具有平面表达实用、绘图效率高等优点。设计与施工协同作业需设计完成 CAD 施工图后，其他参与部门才能根据施工图纸中的平面图、立面图和剖面图解读设计信息。此外，由于各专业的工作成果主要局限于 CAD 图纸，在对各专业图纸进行汇总后，难免会出现"错漏碰缺"的问题。设计图纸中二维图纸信息表达不完整还会导致施工错误。

2.2 基于 BIM 的协同设计

目前，大多数研究都是基于 BIM 的设计和施工协同工作模式，这种模式能将整个设计环节与施工环节结合起来，并在设计和施工协同阶段实施合作(图 1)。

图 1 BIM 模型信息对接

(图片来源：作者自绘)

BIM 的优势是协同工作，不同于传统的二维离散、点对点的协作模式，各学科、各层次的参与者可以在同一模型的基础上"同步"工作，并在统一的信息标准的基础上实现协同工作。在 BIM 协同运行模式下，每个设计师的工作内容成为整体模型的一部分。所有参与者根据通用的建模标准完成总体设计模型。每个阶段的参与者可以从设计开始就"同步"参与，提供建设性意见，即在设计阶段可以模拟和演练整个过程，在设计阶段工作的基础上，生产和施工阶段展开工作来丰富和完善该环节中各要素的信息，通过 BIM 实现项目过程的集成管理和控制。但目前国内建筑 BIM 应用还未真正实现 BIM 的全生命周期应用，设计到施工环节还存在一定的脱节现象，无法有效协同。BIM 模型包含建筑构件精确的几何信息和丰富的非几何(属性)信息，一个项目的全专业模型可能达到几百 MB 甚至几 GB，BIM 模型本身的可视化表达效果也不是很好，需要借助于渲染软件进行渲染，重型的模型难以在单机上实现轻量的可视化。

2.3 基于元宇宙理念的协同设计

目前主要有基于 CAD 的二维设计协同和基于 BIM 的设计协同两种工作方式；这两种方式都很难满足设计团队跨软件协作、高品质渲染和快速交流设计的需求。建筑工程设计涉及多专业、多团队协同作业。随着计算机和网络技术的高速发展，基于云计算机支持下的协同设计可快速完成信息交互、提升协作效率，是当今设计行业技术更新的一个重要方向，也是设计技术发展的必然趋势。

因此，为了实现基于互联网的各参与方实时在线协同交流工作，可将 BIM 模型通过云平台技术提供给每位用户，通过轻量化终端登录个人设计工作空间，利用 NVIDIA GPU 技术，无须 BIM 模型"轻量化"，模型可继续添加建筑工程信息，实现实时建筑可视化、多维度协同创意创作。

3 拟实施方案

3.1 理论(技术)研究

目前主要有基于 CAD 的二维设计协同和基于 BIM 的设计协同两种工作方式。这两种方式都很难满足设计团队跨软件协作、高品质渲染和快速交流设计的需求。

3.1.1 研究思路

引入一个跨行业、超写实物理仿真的实时协作平台 Omniverse；引入一个革新技术——高性能显卡 GPU 集群算力共享技术；将以上技术和现有的 CAD、BIM 协同工作模式(图2)融合,形成新的协同工作模式,大幅提升设计沟通效能,全员普及 3D＋BIM 的非破坏性数字化设计工作流。

图2 BIM 模型信息对接
(图片来源:作者自绘)

3.1.2 技术路线

搭建高性能显卡 GPU 集群共享的本地局域网协同设计云平台环境,利用 Omniverse 作为实时合模、渲染和仿真的协同设计平台,先测试各专业常用软件和 Omniverse 的联动功能,再测试多专业多软件和 Omniverse 的联动功能,再测试 3D＋BIM 的非破坏性数字化设计工作流。制定协同工作流程、阶段成果交付标准和实施指南,并在项目中应用,最后迭代改进、推广应用。

3.1.3 研究内容

平台环境维度——针对建筑设计过程中各专业各环节对算力的不平衡需求,研究性价比高、安全稳定、易用的云端协同设计环境配置方案。软件维度——研究各专业常用设计软件与 Omniverse 之间的协同方法、优势和局限。流程维度——针对协同设计中的不同阶段不同专业多源数据流转难题,研究基于元宇宙理念的非破坏 BIM 协同设计工作流。标准维度——聚焦协同工作效率,研究全过程各环节协同设计交付标准和工作标准。

3.2 技术难点

3.2.1 技术研究难点

难点:方案阶段以 3D 协同为主,初步设计和施工图阶段以 BIM 协同为主,各专业形成的 3D 成果如何转化为 BIM 成果并快速出图,实现全过程全员正向 BIM 设计是行业公认的技术难点。

解决思路:拟引入 BricsCAD 产品作为 3D 成果到 BIM 成果的转化工具,或开发插件解决。

3.2.2 开发及试点应用预期技术难点

难点:Omniverse 对显卡要求很高,英伟达推出了 Omniverse Cloud 云计算服务,以减少用户对本地电脑显卡性能的依赖;考虑到数据安全可控,国内项目数据不宜放在国外服务器上,我们面临云计算服务和数据安全的两难。

解决思路:设置本地服务器保障数据安全,本课题合作单位兴和云公司有能力攻克 GPU 集群共享关键技术,降低设备投入成本,新的解决方案可实现人均投入硬件设备成本不高于现有人均投入。

3.2.3 示范过程预期困难

难点:困难在于设计师的习惯不容易改变,如习惯了本地单机工作,不习惯基于云平台设计。

解决思路:在技术测试阶段,留存能体现新工作方式优势的数据、视频证据,在示范应用前做好宣传工作、培训工作。

3.3 拟采用的技术路线

3.3.1 基于超算云的一体化协同平台环境搭建

测试阶段,在合作单位兴和云公司仙桃电信机房部署数块高性能英伟达显卡,运用公司 GPU 集群共享核心技术,搭建新一代超算云服务协同设计平台(图3)。平台上安装部署 Omniverse 以及常用设计软件,通过软件虚拟化技术,可以远程实现各专业软件和 Omniverse 之间的协同工作测试。项目应用示范阶段,则在我院局域网上部署超算云的一体化协同平台。

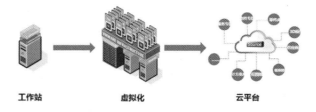

图3 云平台技术架构
(图片来源:作者自绘)

3.3.2 基于 Omniverse 的 AEC 主流工具软件测试和全过程 BIM 设计协同工作流测试

测试工作以合作单位为主,具体测试内容有:

(1)建筑结构水暖电、景观、室内各专业设计软件虚拟化应用测试;

(2)现有以 Revit 为协同设计核心软件的 BIM 工作流在云端一体化协同平台上的应用测试;

(3)Sketchup、Rhino、Revit、3dsMax 等常用设计软件与 Omniverse 协同测试;

(4)Omniverse 暂时不直接读取的其他设计软件,通过 Revit 或 3dsMax,在 Omniverse 中合模、渲染与仿真测试;

(5)测试效果图公司提供的 3dsMax 3D 成果 BIM 化

的技术;测试设计师提供的 Sketchup、Rhino 3D 成果 BIM 化技术;

(6)基于 Omniverse 的沟通展示交底技术,模拟不同阶段设计师和业主进行设计沟通的场景。

3.4 协同设计方案与工作标准制定

根据测试反馈结果,构建基于云端一体化协同平台的 3D+BIM 的协同设计整体解决方案,并对各阶段各环节各专业的工作流程、工作标准、交付标准进行梳理规范,形成能落地指导的实施文件。

3.5 项目应用示范

选择一个本项目负责人牵头的项目,全过程全专业应用新的协同设计方法。项目应用示范前做好项目组人员宣传培训工作,过程中跟踪辅导、迭代反馈,完善工作标准。

3.6 理论研究和试验内容与项目总目标的因果关系

(1)要实现远程协同设计,首先需要搭建远程协同设计环境,即需要研究软件虚拟化部署技术。

(2)建筑设计软件对显卡性能、CPU 等要求高,一般云桌面技术不能满足建筑行业需求,研发高性能显卡 GPU 集群共享技术,可以在满足使用的前提下大幅减少人均硬件投资成本,有利于落地推广。

(3)对 Omniverse 在建筑设计领域的表现进行研究与测试,把 Omniverse 纳入我们设计工作流程中来,可提高协同创作效率和业主的沟通决策效率。

(4)研究 3D 模型 BIM 化的技术,不改变现有工作习惯,扫清了正向 BIM 设计实施的障碍;效果图公司的 3dsMax 成果,如遵循一定建模规则,其成果也可以 BIM 化,则将是一大突破。

(5)引入新的技术必然会导致流程重组,研究新技术新流程下的工作标准、交付标准有利于推广应用。

4 项目成果对该现状和技术发展的意义

Omniverse 整合了 NVIDIA 在图形、仿真和 AI 领域的突破,是全球首个基于 NVIDIA RTX 的 3D 仿真模拟和协作平台。该平台融合了物理和虚拟世界,能够实时模拟出细节逼真的现实世界,使设计师、艺术家和评论家能够在共享的虚拟世界中,使用各自不同的软件应用程序进行实时协作。

通过 NVIDIA Omniverse 和 NVIDIA RTX,KPF 建筑事务所实现了同步设计协作和交互式设计审核。在设计审核期间,KPF 建筑事务所依靠 Omniverse 协作环

节来让其团队、客户和利益相关者能够与方案互动并进行实时反馈。Omniverse 还助力 KPF 建筑事务所使用 VR 和 AR 进行设计审核。AR 在未来的设计体验和决策中可以发挥强大的作用,KPF 建筑事务所把所有计算、几何和可视化工作传输至云端,让员工可以在笔记本电脑和平板电脑等设备上运行复杂的计算功能。而向云端的迁移将使得计算资源共享变得更加高效和可扩展,并使 KPF 建筑事务所能够更加灵活地升级和维护基础设施。

Omniverse 创新性地打通了跨行业跨软件应用的开发与制作流程,本成果的实现会形成一套基于 Omniverse 的建筑方案设计阶段高效 3D 协同工作模式以及施工图设计阶段高效 BIM 协同工作模式,把全员正向 BIM 设计落到实处。具体作用与意义如下:

建筑设计团队越来越需要在设计过程中进行有效合作,加速渲染作业中的迭代,并对精确模拟和逼真度有越来越高的期望。当团队异地工作时,这些需求可能变得更加难以满足。不需要准备数据或提取模型,团队就可以轻松地创建出具有物理准确性的真实视觉效果。Omniverse 将更广泛、更深入地应用到公司的业务中,以创造长期的商业价值,提高创作效率,并将渲染时间从几小时缩短到几秒钟。

目前,在建筑设计领域,传统的三维设计和制作过程需要从基本的建模开始,然后进行材质映射、灯光、渲染,最后生成图纸。通常有许多专业部门和角色负责人,如建模师、动画师、灯光师、特效工程师和渲染师。他们需要按照流程的顺序协同工作,将不同格式的文件数据导出到不同的专业应用程序中,然后将其传递到下一步,最终生成成品。如果一个阶段需要突然修改,可能会导致整个过程重新开始。

NVIDIA Omniverse 是一个开放式平台,专为虚拟协作和实时真实仿真而构建。NVIDIA 推出的 Omniverse 平台既可以解决数据传输问题,还可以统一应用软件格式,让建筑师、工程师和开发人员可以展开不同地点地协同设计,这大大地提高了设计的效率。

5 结论

通过不同专业不同软件在 NVIDIA Omnivere 上协同设计,解决现有 BIM 解决方案统一平台统一软件难的问题,大幅降低协同难度,大幅提升协同效率。利用 NVIDIA Omnivere 实现游戏级别的体验,提升向业主传达设计意图的能力;增强与施工方、材料补品产品供应商的协同工作能力;促进数字孪生建筑的建设能力。

参考文献

［1］林康强.面向数字建筑的结构形态协同设计研究［D］.广州：华南理工大学,2020.

［2］Reallusion releases iClone connector for NVIDIA omniverse：Breakthrough character animation workflow comes to NVIDIA omniverse with the new reallusion iClone connector［J］. Reallusion,2021,11.

［3］NVIDIA brings millions more into the metaverse with expanded omniverse platform：Introduction of blender,upcoming integration with major adobe 3D apps enable creators everywhere［N］. Nvidia News,2021-08-10.